科学出版社“十三五”普通高等教育研究生规划教材
创新型现代农林院校研究生系列教材

植物基因组学

Plant Genomics

主　编　樊龙江
参编人员　邱　杰　毛凌峰　叶楚玉　陈　曦
褚琴洁　吴东亚　贾　磊　陈美虹
沈一飞　沈恩惠　陈洪瑜　朱新恬
李丹青　白盼攀

科学出版社
北　京

内 容 简 介

本教材分为总论和各论两篇，分别包括15章和10章。总论系统介绍了植物基因组学的基础理论和方法，包括植物基因组测序拼接、转录修饰、进化选择、育种利用，以及植物单细胞基因组、三维基因组和合成基因组等前沿研究，同时兼顾植物群体基因组和细胞器基因组等主题。总论提供了植物基因组的总体概貌和共性知识。各论着重介绍了代表性植物物种（如模式植物、重要农作物和进化起源相关植物）的基因组。各论展现了植物基因组的多样性和异质性。

本教材适用于植物学及农学等相关专业本科生和研究生。

图书在版编目（CIP）数据

植物基因组学 / 樊龙江主编．—北京：科学出版社，2020.3

科学出版社"十三五"普通高等教育研究生规划教材　创新型现代农林院校研究生系列教材

ISBN 978-7-03-063313-2

Ⅰ．①植…　Ⅱ．①樊…　Ⅲ．①植物-基因组-研究生-教材
Ⅳ．①Q943

中国版本图书馆CIP数据核字（2019）第255558号

责任编辑：张静秋　文　茜 / 责任校对：严　娜
责任印制：赵　博 / 封面设计：耕者设计

科学出版社 出版
北京东黄城根北街16号
邮政编码：100717
http://www.sciencep.com

北京富资园科技发展有限公司印刷

科学出版社发行　各地新华书店经销

*

2020年3月第　一　版　开本：787×1092　1/16
2024年7月第六次印刷　印张：29 1/4
字数：750 000

定价：108.00 元

（如有印装质量问题，我社负责调换）

序

Foreword

自20世纪末人类基因组被测序以来，整个生命科学研究至今都处在"基因组浪潮"中。同样，自20世纪末和21世纪初双子叶十字花科植物拟南芥及单子叶禾本科作物水稻的全基因组序列被精确测定以来，植物科学研究也一直处于"基因组浪潮"中。迄今已发表的全基因组被测序的植物有355种（包括被子植物、裸子植物和藻类），人类认识植物的遗传多样性，以及植物的遗传、生长发育、物质能量代谢的规律不再是简单依据实验观察和描述，而是能够基于基因组数据，系统深入地解析植物复杂生命现象的内在规律，植物基因组学的快速发展极大地推动了整个植物科学的发展。可以说，研究植物基因组学已成为植物科学研究的核心，特别是植物分子生物学和遗传学研究的核心。虽然我本人和我的实验室一直从事水稻基因组学研究，也在不断追踪与探索最新的植物基因组学研究方法和技术，但是，我认为我们一直缺乏一本系统、前沿和权威的植物基因组学教科书。幸运的是，浙江大学樊龙江教授和他的团队，历经数年精心编写了这本《植物基因组学》，我很荣幸能先睹这部巨著的书稿，也非常高兴为该书作序。

樊龙江教授有植物基因组学和生物信息学教学的丰富经验，也有多年从事植物基因组学前沿研究的经历，更重要的是他有编写这部教科书的热情和强烈的责任感。我读完全书，感觉这是一本系统、全面和前沿的植物基因组学教科书，语言简洁、可读性强，是能够为越来越多有志于从事植物科学研究的本科生、研究生及青年科研人员提供从入门到独立开展植物基因组学研究的指导的参考书，值得向广大读者推荐。该书包括了总论和各论两部分。总论系统地介绍了植物基因组研究的内容和最新方法，是该书的核心部分；各论则重点介绍了一些模式植物或重要作物的基因组测序、注释分析、进化起源等最新研究成果，是典型的"案例"分析，对有一定研究基础的研究人员特别有帮助。

当读者手捧该书的时候已经能够看到该书的全部章节，我不需要在这里一一详述各章节内容。我想强调，植物基因组学的核心内容是基因组测序和功能分析，但是实现高效、准确的植物基因组测序和组装分析，以及准确的基因组注释和功能分析是非常有挑战性的。一方面，由于植物的遗传多样性丰富、基因组重复序列多，一些多倍体植物的基因组更大、结构更加复杂；另一方面，基因组测序技术发展快速，基因组学研究方法也不断改进。DNA测序技术迄今经历了三代的发展。DNA测序技术起始于20世纪70年代中后期，随后的20多年，第一代测序技术完成了人类基因组测序，并逐步诞生了高通量第二代测序技术。近年来，单分子等第三代测序技术开始出现，测序成本不断降低，也预示着测序技术的应用更广。基因组注释是利用生物信息学方法和工具，对基因组所有基因和其他结构进行高通量注释（如重复序列的识别、非编码RNA的预测、基因结构预测、基因功能注释、假基因的识别和物种个性化信息分析），是当前基因组学研究的热点。该书对这些植物基因组学研究的主要内容和方法特点都有详细的阐述，这有助于读者较为全面地了解和掌握植物基因组学的研究技术和方法。群体基因组学将基因组概念和群体遗传学理论体系相结合，有助于我们从基因组水平上更好地理解群体的进化分化历史和地理分布规律。而全基因组重测序和高通量基因分型技术的发展，促进了群体基因组学研究的飞速发展，解决了许多重要的植物科学问题：揭示物种起源驯化之谜，通过全基因组关联分析鉴定控制作物重要农艺性状的位点，解析杂种优势遗传基础，探究植物环境适应的机制。这些前沿研究的进展和研究方法也在书中有详尽的介绍。

我相信随着更精确的测序技术的发展，将能够获得更完整、更高质量的植物基因组参考序列，植物遗传多样性之谜也将随着植物泛基因组的深入研究和基因组、表型组等大数据分析技术的发展被逐步揭开。目前的基因组研究技术可为植物基因组序列多态性、植物进化和作物驯化、基因定位、基因组高效编辑和基于全基因组信息的作物遗传育种提供快速、精准的信息，从而推动整个植物科学的发展。我希望这本教科书能引导更多的本科生、研究生喜爱植物基因组学这门新兴和朝气蓬勃的学科，并从中受益良多。

韩斌

（中国科学院国家基因研究中心主任、中科院分子植物科学卓越创新中心主任、中科院上海植物生理生态研究所所长，中科院院士）

2019年11月11日于上海

Preface 前言

2012年，浙江大学第一次开设“植物基因组学”本科生课程。根据当时制订的教学大纲，该课程应针对植物基因组特征讲解已积累的植物基因组学知识和最新研究进展。但时至今日，仍找不到一本与该课程配套的教材！虽然目前已有一些基因组学方面的教材，如杨焕明院士和杨金水教授分别编著的《基因组学》、布朗的《基因组》等，但这些教材均属于综合性教材，针对性不够强。第一个植物基因组20年前就已测序完成，同时近十年来大量基因组被测序，我们对植物基因组的认识已相当深入。但至今没有一本教材对这些知识进行总结，实属意外。我只有根据自己在植物基因组方面的研究经历，梳理和总结国内外相关成果，并组织教案。本教材在此基础上编写而成。

我大概是从1999年开始了解植物基因组，而真正接触植物基因组是在2001年加入郝柏林院士的水稻基因组研究小组之后。由于有了研究水稻基因组的基础，后来就一直围绕水稻开展基因组研究。2005年我们实验室发表了第一篇植物基因组论文，证实水稻进化过程中经历了两次全基因组加倍过程。这是我独立开展植物基因组研究的最初经历，后来陆续开展了水稻相关物种（如杂草稻和稻田稗草等）基因组测序与非编码RNA分析等工作。这些研究经历使我编写本教材成为可能，同时也有了许多第一手资料。水稻与拟南芥一直“领跑”植物基因组学研究，为本教材的编写提供了许多有趣案例。此外，我的生物信息学教学和科研经历，使我能更好地跟踪基因组学技术前沿及其在植物学领域的应用进展。

为了更好地组织内容，本教材借鉴了经典教材《作物育种学》（赵洪璋主编）总论和各论的组织方式，即从纵横两个角度介绍植物基因组学的相关内容。总论包括15章，主要介绍植物基因组学基础理论和方法，按照植物基因组测序、拼接、转录、功能、进化和利用等脉络分章，兼顾植物群体和细胞器基因组等主题，同时努力囊括目前植物基因组学的前沿研究，如单细胞基因组、三维基因组和合成基因组等。总论提供了植物基因组的总体概貌和共性知识，即一个纵切面。各论着重介绍具有代表性的植物物种基因组，代表性物种主要包括模式植物（拟南芥）、重要农作物（水稻、玉米、小麦、大豆、棉花、油菜、蔬菜、林果花卉）和早期主要进化节点植物（非维管束植物），分10章进行介绍。各论展现了植物基因组的多样性和异质性，即若干横切面。限于篇幅，尚有许多重要和有趣的植物物种本教材未能涉及，只能有待以后补充；同时，大量参考文献和大部分附录内容只能通过扫描二维码后阅读。

有关专家学者对本教材相关章节进行了审阅（按姓氏笔画排序）：王希胤、王晓武、田志喜、朱乾浩、严建兵、李国亮、吴为人、张天真、张忠华、钱前、徐强、徐云碧、郭亚龙、凌宏清、黄三文、黄学辉、葛颂、储成才。他们在百忙之中认真审阅，并提出许多宝贵意见。此外，方磊、徐建红、李响等同事帮助修改了有关章节内容，翁溪坊、孙砚青、孙硕、刘芳杰、丁昱雯、徐希、蒋知妍、陶天怡、龚杭荻、丁菁雯等参与材料收集、整理和翻译等工作，在此一并表示感谢。我本人主持编写了第1-1、1-3、1-6、1-10、1-14、2-1、2-2、2-4、2-10章和附录2，参与了若干其他章节的编写，并进行全书统编和统稿。参编人员中邱杰主持编写了第1-7章；毛凌峰主持编写了第1-2、1-9、1-15章，参与第2-7章和附录1的编写；叶楚玉编写了第1-11章，参与第1-3和第2-9章的编写；陈曦编写了第1-8和第1-12章，参与第 1-13 和第 2-10 章的编写；褚琴洁编写了第 1-4 章，参与第 1-5 章的编写；吴东亚编写了第 2-8 章，参与第 2-1 章等的编写；贾磊参与编写了第 1-14 章；陈美虹参与编写了第 2-9 章、附录 1 和全书统编；沈一飞参与编写了第 1-14 章等；沈恩惠参与编写了第 2-7 章等；陈洪瑜编写了第 2-3 章；朱新恬编写了第 2-5 章；李丹青参与编写了第 2-9 章；白盼攀参与编写了第 1-5 和第 2-6 章。自 2016 年 11 月启动编写计划以来，本教材参编人员投入了大量时间，没有他们的参与，不可能完成如此庞大的编写内容。本教材的出版得到了浙江大学研究生院和农业与生物技术学院的联合资助。

与其他生物学领域一样，植物学及其相关学科正处在基因组学的发展浪潮之中，其涉及面广，技术变革日新月异。编写这样一本教材，并非易事。本教材实属抛砖引玉之作。囿于时间和学识，本书难免存在遗漏和错误，为了能够全面总结和准确反映植物基因组学的发展状况，热切希望国内外广大同行不吝赐教，以便我们再版时更正。

樊龙江

浙江大学紫金港校区启真湖畔

2019 年 5 月 16 日

Contents

目　　录

第一篇　总　　论

第二篇 各 论

第一篇　总　　论

第1-1章 绪　论

第一节 基因组及基因组学概念

一、基因组基本概念

（一）什么是基因组？

一个生物体的基因组是指一套完整染色体DNA序列。例如，生物个体体细胞中的二倍体由两套染色体组成，其中一套DNA序列就是一个基因组。也就是说，基因组是指一个细胞或者生物体所携带的一套完整的单倍体序列。单倍体序列包括蛋白质编码和非编码序列在内的全部DNA序列。“基因组”一词可以特指整套核DNA（如核基因组），也可以包含细胞器基因组，如线粒体基因组和叶绿体基因组。一个有性生殖物种的基因组，通常是指一套常染色体和两种性染色体的序列。

1920年，德国汉堡大学汉斯·温克勒（Hans Winkler）将“gene”和“chromosome”组合，首次提出“genome”一词。

一套基因组序列可能也综合了来自不同个体的染色体，即所谓的泛基因组。2005年，Tettelin等提出了泛基因组（pan-genome）概念，泛基因组包括核心基因组（core genome）和非必需基因组（dispensable genome）：核心基因组指的是在所有菌株中都存在的基因；非必需基因组指的是仅在部分菌株中存在的基因。2009年，我国科学家在*Nature Biotechnology*上发表《构建人类泛基因组序列图谱》，首次提出了“人类泛基因组”的概念，即人类群体基因序列的总和。2013年泛基因组测序开始应用于动植物研究领域。

（二）基因组大小与构成

基因组大小是指一个基因组中的单拷贝DNA总量，一般用皮克（10^{-12}g）或核苷酸碱基总数［往往以百万个碱基（Mb）为单位］来表示。一般原核生物（如细菌和古细菌）基因组较小，真核生物基因组较大。即使同一类型生物，其基因组大小也会存在巨大差异。植物是基因组跨度最大的一类生物，其核基因组大小可以从40Mb到150Gb（详见第1-3章第一节）。植物除核基因组外，还包含叶绿体基因组和线粒体基因组。叶绿体基因组大小相对稳定，一般在150kb左右（详见第1-11章第一节）；而植物线粒体基因组大小跨度很大，藻类线粒体基因组大小在13～96kb，而被子植物跨度能达到200～700kb，有的甚至能达到11Mb左右（详见第1-12章第一节）。

基因组DNA序列看似简单，其实其构成很复杂。真核生物核基因组一般包括35%～80%的重复序列和约5%的蛋白质编码序列，这些编码序列分布于整个基因组区域；同时，基因组上有大量非编码序列，包括结构RNA［如转运RNA（tRNA）、核糖体RNA（rRNA）、核小RNA（snRNA）］、调节RNA［如小RNA（miRNA）］和所谓假基因（详见第1-3章第二节）。从基因组序列中确定这些蛋白质编码和非编码基因是生物信息学的一个重要任务。

（三）基因组与转录组和蛋白质组的关系

当我们测序获得一个生物基因组后，得到的仅仅是其一张遗传蓝图或标准照，对其基因组上的大量基因如何表达和互作及功能还一无所知。这时就涉及其基因组的转录和翻译，即转录组和蛋白质组等问题。三个组之间存在密切关系（图 1-1-1）。

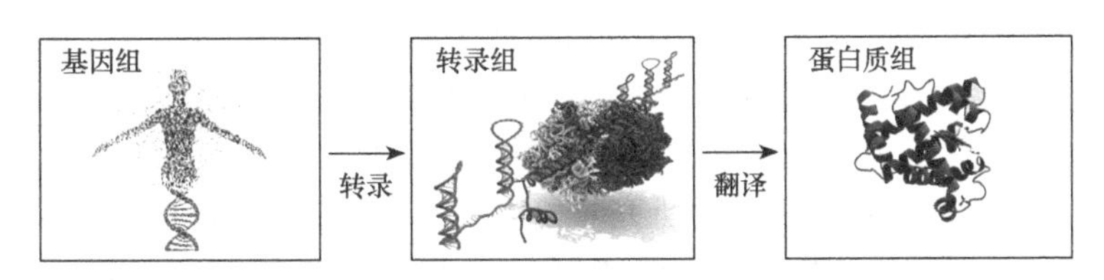

图 1-1-1　基因组与转录组和蛋白质组的关系

转录组（transcriptome）在广义上指某一生理条件下，细胞内所有转录产物的集合，包括信使 RNA（mRNA）、rRNA、tRNA 及其他非编码 RNA；狭义上表示所有 mRNA 的集合，为一个细胞在某一发育阶段包含的必需生物信息，这些 RNA 分子会指导合成基因组表达最终产物——蛋白质。在 DNA 和 RNA 水平上可能发生甲基化，直接影响基因转录表达，即影响转录组构成。蛋白质组（proteome）是指一个生物体基因组、一个细胞或组织所表达的全部蛋白质成分。与基因组不同，转录组和蛋白质组作为一个整体，在不同的时空条件下，在一个生物体的不同组织中是不同的，而一个生物体仅有一个特定的基因组。一个生物体的转录组和蛋白质组未必与基因组存在一一对应关系，主要是由于基因存在转录后的不同剪接方式和翻译后蛋白质的修饰等。从基因表达的角度来看，蛋白质组的蛋白质数量总是多于基因组的注释基因数量。从蛋白质修饰的角度来看，蛋白质组的蛋白质数多于其相应的可读框（ORF）数目，因为 mRNA 的剪切和编辑可使一个 ORF 产生数种蛋白质，蛋白质翻译后的修饰，如甲基化、乙酰化、糖基化、磷酸化、泛素化等，同样增加蛋白质的种类。氨基酸序列一致的一级结构，在一定条件下可以形成功能完全不一样的具有不同空间结构的蛋白质。由此在 DNA、RNA 和蛋白质水平上，出现了许多基于高通量测序等技术的各种组学数据，除了转录组、蛋白质组外，同时包括甲基化组、组蛋白修饰组等。这些组学数据是基因组表达和功能研究的重要基础数据。

除此之外，基因组还可能产生一些内源性代谢产物（如氨基酸、有机酸、核酸、脂肪酸、胺、糖、维生素、色素、抗生素等），它们有别于蛋白质、RNA 和 DNA 等大分子。这些代谢产物构成了代谢组的一部分。代谢组（metabolomics）是指生物样品中发现的一整套小分子化学物质。生物样品可以是细胞、细胞器、器官、组织、组织提取物、体液或整个生物体。在给定代谢组中，小分子化学物质包括生物体天然产生的内源性代谢物，以及生物体不能自然产生的外源性化学物质（如药物、环境污染物、食品添加剂、毒素等）。换句话说，既有内源代谢组又有外源代谢组。内源代谢组可以进一步细分为“主要”和“次要”代谢组（特别是涉及植物代谢组时，植物次生代谢产物非常丰富）。代谢组小分子通常必须具有＜1500Da 的分子质量，包括糖脂、多糖、短肽（＜14 个氨基酸）和小寡核苷酸（＜5 个碱基）等。最终，植物组学数据决定了其性状，如何准确、全面地收集和确定某一物种全部性状特征或表型数据——所谓表型组（phenomics），就成为基因组学研究的最末端或最外围部分了。

本书内容仅限定对植物基因组本身及其直接产物（即转录组）进行介绍，不再延伸到下一级产物组学内容（如蛋白质组和代谢组等）。

二、基因组学及其技术概述

（一）基因组学定义

基因组学是通过分析基因组 DNA 序列或其表达中间过程 / 产物等来解读基因组信息的一门学科。在技术上，基因组学通过测序和解读两个相对独立的环节来达到目标。定位、注释基因组序列中功能元件是解读基因组序列的重要内容，这是一个以生物信息学技术为基础，并与分子生物学等实验相结合的过程（中国生物技术发展中心和深圳华大基因研究院，2012）。与分子生物学或遗传学学科的研究对象为单个或一组基因不同，基因组学研究的对象是相关物种的全部基因组信息。Thomas Roderick 于 1986 年在美国举行的人类基因组会议上首先使用“genomics”一词（Yadav，2007），将其定义为一门针对基因组进行图谱构建、测序及分析的学科（“mapping，sequencing and characterizing genomes”）。可以说，1986 年“genomics”一词的出现和 1987 年 *Genomics* 刊物的创刊，标志着基因组学科的创立（详见本节“三、基因组学发展简史”部分）。

最近 20 年生物学领域最重要的研究进展是基因组学研究。基因组的测序与分析结果对整个生物学认识具有重要意义。例如，报道第一个被测序的细菌 *Haemophilus influenza* 基因组（Fleischmann et al.，1995）的论文发表不到 5 年，引用次数已超过 2000 次，截至 2018 年 10 月引用已达到 6400 次。该基因组的发表对当时许多生物学领域研究产生了影响，如基因组测序、比较基因组学、功能基因研究、病菌与宿主互作、最小基因组、DNA 芯片和蛋白质组学等领域。

（二）基因组学与其他学科关系

基因组学与细胞遗传学、分子生物学、生物信息学、进化生物学学科关系最为密切。例如，当你把一本基因组学方面书籍或综述论文进行“词云”分析，你会发现生物信息学总是出现频率很高（图 1-1-2A）。因为基因组学往往离不开下一代测序（next generation sequencing，

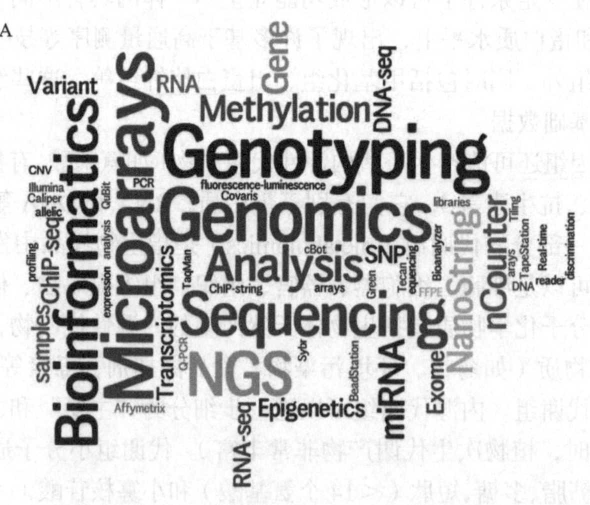

图 1-1-2　基因组学词云分析（A）及与其他学科（生物信息学和分子进化）的关系（B）
（引自 Wolfe and Li，2003）

A. 基因组学“词云”中可见生物信息学（Bioinformatics）、芯片（Microarrays）、遗传分型（Genotyping）、测序（Sequencing）、下一代测序（NGS）技术等；B. 基因组学、生物信息学、分子进化 3 个学科早期发展的一些主要事件及其关联性（连线），并列出了 GenBank 数据库核苷酸序列数据增长情况

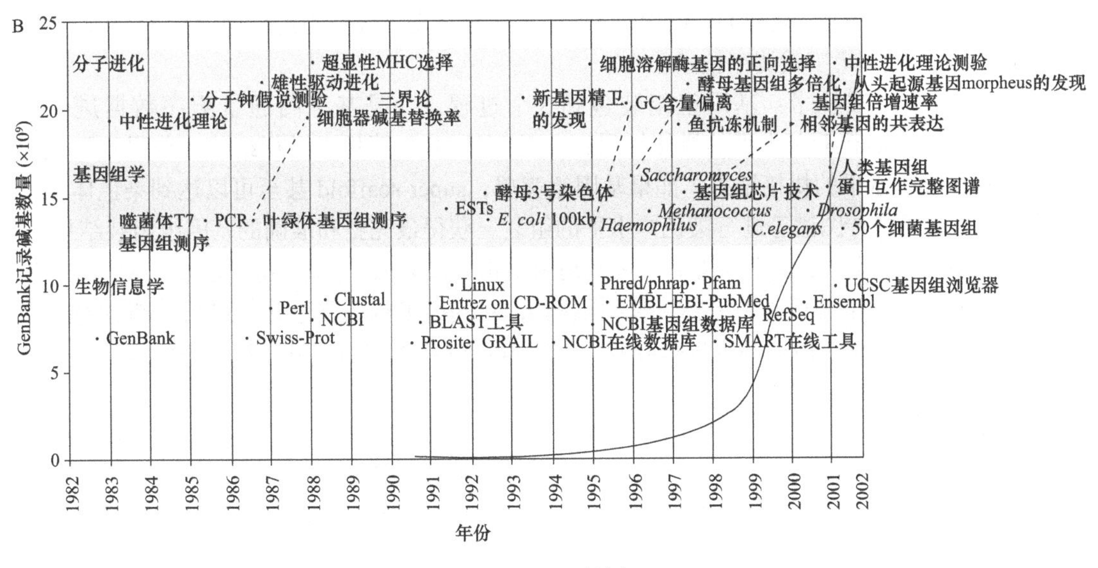

图 1-1-2 （续）

NGS）技术、序列测定和芯片等，这些都需要利用生物信息学技术。2003 年就有人对基因组学与生物信息学和分子进化的关系及发展相关性进行论述（Wolfe and Li，2003）："基因组学、生物信息学和分子进化三者越来越交织在一起：进化机制正在成为基因组学数据分析的核心，分子进化研究的进展取决于基因组数据，而在没有生物信息学技术的情况下，没有人能处理这些基因组数据"。他们罗列了 3 个学科早期（1982～2001 年）发展的一些主要事件（图 1-1-2B）。基因组学研究促进了分子进化新认识（图 1-1-2B 中虚线）。同时，由于高通量测序技术的出现，每年产生的核苷酸序列数据剧增，序列数据的存储和挖掘技术也蓬勃发展。

（三）基因组学相关技术

基因组学有其自身技术与方法，同时也引入了大量其他相关学科的方法。基因组学相关技术较多，表 1-1-1 仅罗列主要技术。部分技术简单概述如下，以后相应章节中将进一步介绍。

表 1-1-1　基因组学主要技术概述

类别	具体方法	本篇相应章节
细胞遗传学技术	流式细胞仪、FISH/ 染色体观测（荧光）	第 1-2 章
DNA 测序技术	第一至第三代测序技术；各种与基因组相关测序方式	第 1-2～第 1-5 章
基因组组装技术	基因组拼接、遗传图谱、物理图谱；Hi-C 等	第 1-2 章
基因组等组学序列分析技术	基因注释、进化分析、可视化、转录组、甲基化等技术	第 1-3～第 1-7 章
单细胞基因组技术	分离及测序技术	第 1-8 章
三维基因组技术	Hi-C 等测序与分析	第 1-9 章
合成基因组技术	基因组和代谢途径设计、基因线路、DNA 拼接与转化	第 1-10 章
功能基因组学技术	QTL、GWAS、BSA 等定位技术；T-DNA、EMS、TILLING 等突变技术；RNAi 和基因组编辑等功能分析技术	第 1-13 章

注：FISH. 荧光原位杂交；Hi-C. 染色体构象捕获技术；QTL. 数量性状基因座；GWAS. 全基因组关联分析；BSA. 混池（混合）分离分析；T-DNA. 转移 DNA；EMS. 甲基磺酸乙酯；TILLING. 定向诱导基因组局部突变技术；RNAi. RNA 干扰

1）细胞遗传学技术：一般包括利用流式细胞仪进行基因组大小估计、利用细胞遗传学技术进行染色体水平的分析，如染色体基数、荧光原位杂交（FISH）等。

2）DNA测序技术：目前DNA测序技术主要包括3类，分别为传统测序技术（Sanger测序技术）、第二代和第三代测序技术。

3）基因组组装技术：基因组组装包括3个过程，一是基于高通量测序数据进行拼接，获得支架（scaffold）水平的拼接结果；二是利用Hi-C等技术进行组装，获得超级支架（super-scaffold）水平的拼接结果，如果基因组简单，super-scaffold甚至可以达到染色体系列水平；三是利用遗传图谱等进行染色体水平的组装，获得最完整和准确的基因组组装结果。

4）基因组等组学序列分析技术：获得基因组组装结果后，一般利用生物信息学和进化生物学技术对基因组进行基因注释（基因预测）；对基因组构成和进化等进行分析；对基因组概貌（基因组大小、倍性等）进行分析；同时也可以利用生物信息学技术对转录组、甲基化组等表达数据进行分析。

5）功能基因组学技术：该方面技术比较多。一是以数量遗传学的基因定位全基因组关联分析，如QTL、GWAS、BSA；二是全基因组范围的突变体技术，如T-DNA插入、EMS、TILLING；三是基因敲除和过量表达等功能技术，如RNAi技术、基因组编辑技术等。

三、基因组学发展简史

（一）基因组学起始——人类基因组测序

基因组学是随着人类基因组研究的不断深入而逐步形成的。1984～1986年，美国能源部（DOE）先后组织了多次会议，开始讨论人类基因组测序的重要性和可行性；1989年，美国国立卫生研究院（NIH）成立国家人类基因组研究中心（NHGRC），成为国际上第一个国家级基因组研究机构，由沃森（James Watson）任主任；1990年，经过6年的酝酿和反复论证，美国国会批准启动人类基因组计划（HGP）项目，拨款30亿美元，计划15年内完成测序。1993年Francis Collins接替沃森任NHGRC主任，领导HGP项目，并组织协调后续国际人类基因组测序协作组（IHGSC；杨焕明领导的中国团队参与1%测序任务），直至完成。2001年人类基因组测序完成。由Eric Lander和文特尔（Craig Venter）领衔的两支队伍，分别在*Nature*和*Science*以专刊形式发表了他们的基因组测序和分析研究结果（图1-1-3）。

图1-1-3 2001年*Nature*和*Science*发表的人类基因组专刊封面

Eric Lander 领衔的研究队伍为 IHGSC，由来自 6 个国家的科研人员组成；文特尔领衔的队伍来自一家由他创立的基因组科技公司 Celera Genomics。

Science 人类基因组专刊对人类基因组测序历史进行了回顾（表 1-1-2）。1953 年沃森和克里克发现 DNA 双螺旋结构，吹响了破解人类基因组的号角，随后 1977 年 DNA 测序技术的发明、1987 年酵母人工染色体（YAC）技术和后续细菌人工染色体（BAC）等克隆技术及自动测序仪的发明奠定了基因组测序的技术基础，而后 1991 年，文特尔发明的表达序列标签（EST）技术解决了大规模基因表达测定鉴定问题，并提出全基因组鸟枪法测序技术的概念；Uberbacher 发展了基因组中基因预测工具等。这些技术的进步都为最终人类基因组的测序完成建立了基础。

表 1-1-2　基因组学发展历史及人类基因组测序过程（改自 Roberts et al.，2001）

年份	事件
1953	Watson 和 Crick 提出 DNA 双螺旋结构模型
1972	Berg 构建第一个 DNA 重组分子
1977	Maxam、Gilbert 和 Sanger 发明 DNA 测序技术
1980	Botstein、Davis、Skolnick、White 提议用限制性片段长度多态性（RFLP）绘制人类遗传图
1982	Wada 提议建造自动测序仪
1984	第一个大基因组——艾巴氏病毒（170kb）基因组公布
1985	Sinsheimer 在美国主持讨论人类基因组测序计划
1986	美国能源部开始资助基因组研究（5300 万美元）
1987	Gilbert 宣布组建公司测定 DNA；Burke、Olson 和 Carle 发明了酵母人工染色体（YAC）技术；Donis-Keller 发表了第一张遗传图谱（403 个标记）；Hood 设计出第一台自动测序仪
1988	美国国立卫生研究院资助人类基因组测序计划，Watson 领导该项目
1989	Hood、Olson、Botstein 和 Cantor 提议使用序列标签位点（STS）标记绘制人类遗传图谱
1990	提出到 2005 年模式生物测序量达 20Mb；Lipman 和 Myers 发布 BLAST 算法
1991	Venter 发明表达序列标签（EST）技术，并计划专利部分 cDNA 序列；Uberbacher 发展了一个基因预测程序——GRAIL
1992	Simon 发明 BAC 技术；美国和法国的团队发布了第一个染色体物理图谱；第一个大鼠和人类遗传图谱被发布
1993	Collins 被任命为 NHGRC 主任；计划 2005 年完成人类基因组测序
1995	Venter 发表第一个非寄生生物流感嗜血杆菌基因组（1.8Mb）；Brown 公布 DNA 芯片
1996	模式生物酵母（*Saccharomyces cerevisiae*）基因组测序完成
1997	Blattner 和 Plunket 完成大肠杆菌（*Escherichia coli*）基因组测序；毛细管测序仪出现
1998	发起人类单核苷酸多态性（SNP）项目；水稻基因组项目启动；文特尔创建 Celera Genomics 公司，并计划在三年内完成人类基因组测序；秀丽隐杆线虫（*Caeonrhabditis elegans*）基因组测序完成
1999	美国 NIH 提出三年内完成大鼠基因组的测序；公布人类第 22 号染色体序列
2000	Celera Genomics 公司发表黑腹果蝇（*Drosophila melanogaster*）基因组（180Mb）；人类 21 号染色体测序完成；提出对河豚（*Takifugu rubripes*）进行基因组测序；拟南芥（*Arabidopsis thaliana*）基因组测序完成
2001	人类基因组分别由 Celera Genomics 公司在 *Science* 和 IHGSC 在 *Nature* 上发表

人类基因组测序历史的一段有趣篇章

人类基因组测序从酝酿到起始，一直由沃森和 Francis Collins 领导。该项目采取的是逐步克隆（clone by clone）的技术路线，即从构建遗传图谱和克隆文库开始，然后获得克隆构成的物理图谱，对每个克隆分别进行鸟枪法测序，测序完成的克隆利用两端重叠序列拼出染色体全长。这一策略的优势是其染色体水平的准确性和测序工作（当时的技术瓶颈）可以并行化，可以由多个实验室分工协作进行测序。该技术路线在 1998 年受到挑战。文特尔当年离开 NIH 下属研究所，创立了 Celera Genomics 公司，他们采取了另外一条基因组测序技术路线——由文特尔发明的全基因组鸟枪法测序，即将人类 DNA 序列打碎成短序列，直接进行测序，然后基于测序短序列（约 700bp）和生物信息学技术把各条染色体拼装出来。他们提出在三年内完成人类基因组测序。这是对 IHGSC 主导的基因组测序项目的巨大挑战。文特尔团队利用该技术路线首先在果蝇等相对小的基因组上进行测试，取得了理想效果。2001 年 Celera Genomics 公司宣布完成人类基因组测序，并与 IHGSC 一起发表了各自完成的基因组序列及其分析结果。文特尔的 Celera Genomics 团队异军突起，与领导 IHGSC 的沃森和 Francis Collins 观点不同，由此产生了很大矛盾，这也成为人类基因组测序历史的一段有趣篇章。沃森对文特尔最初在 NIH 开展的 EST 工作就多有微词，随着文特尔成立 Celera Genomics 公司，他们的不合就更加激烈，沃森甚至称文特尔为“希特勒”。Francis Collins 同样对文特尔也有意见，在其 2010 年出版的 *The Language of Life* 一书中写道：“猛然间，一大片乌云出现在地平线上。惯于标新立异的文特尔在不差钱的 Applera 公司的支持下，于 1998 年 5 月宣布已筹集 4 亿美元，将组织大规模非政府力量破解人类基因组”（“Then a large cloud appeared on the horizon. The maverick scientist Craig Venter，supported by the deep pockets of the Applera Corporation，announced in May 1998 that he had access to 400 million and would mount a massive competitive private effort to read out all of the human genome sequence”）（Francis Collins et al.，2010）。可以说，这场人类基因组测序的竞争，以 Francis Collins、沃森为代表的政府团队和以文特尔为代表的公司团队算是打了一个平手。2001 年，在 Francis Collins 和文特尔共同陪同下，美国总统克林顿在白宫宣布人类基因组测序完成。随着 2007 年第一个和第二个个人基因组（分别为文特尔和沃森的个人基因组）被公布，这场竞争算是告一段落。后来文特尔更多地投入人工合成基因组和宏基因组等领域，并离开 Celera Genomics 公司，成立以他名字命名的非营利研究所，继续其人类基因组学研究，而 Francis Collins 则继续其政府管理生涯，目前任 NIH 主任。

（二）植物等模式生物基因组早期测序与分析

人类对破解和了解基因组的渴望，其实从 DNA 测序技术发明就开始了。桑格（Frederick Sanger）于 1977 年发明 DNA 测序技术后，马上进行了对第一个基因组——噬菌体 Φ-X174 基因组（5386 个碱基）的测序（Sanger et al.，1977），随后是 λ 和 T 噬菌体基因组（Sanger et al.，1982；Dunnand et al.，1983）及病毒基因组（170kb）（Matsuo et al.，1984）。随后 10 年，基因组测序历史上迎来里程碑意义的工作：1995 年文特尔领导的团队首次完成了对可以独立生存生物基因组——流感嗜血杆菌基因组（1.8Mb；Fleischman et al.，1995）的测序。

美国在 1990 年启动 HGP 项目后，随着技术进步，1993 年对 HGP 项目作了修订，将模式生物基因组计划（Model Organism Genome Project，MOGP）也列入其中，认为通过对较为简单的模式生物基因组进行研究，可为人类基因功能的鉴定提供线索。由此开始了 7 个模式生物（大肠杆菌、酿酒酵母、秀丽隐杆线虫、拟南芥、黑腹果蝇、河豚和小鼠）的基因组测序工作。短短几年内就完成了对酿酒酵母（12Mb，1996 年）、大肠杆菌（5Mb，1997 年）、秀丽隐杆线虫（100Mb，1998 年）、黑腹果蝇（130Mb，1999 年）和拟南芥（157Mb，2000 年）基因组的测序。这些基因组均早于人类基因组被测序完成。2002 年，最后 2 个模式生物河豚和小鼠基因组测序完成。在此期间，还有大量细菌和古细菌基因组被测序（图 1-1-4）。上述模式生物及人类等基因组的测序，极大促进了基因组相关技术的进步，促进了我们对基因组的了解。

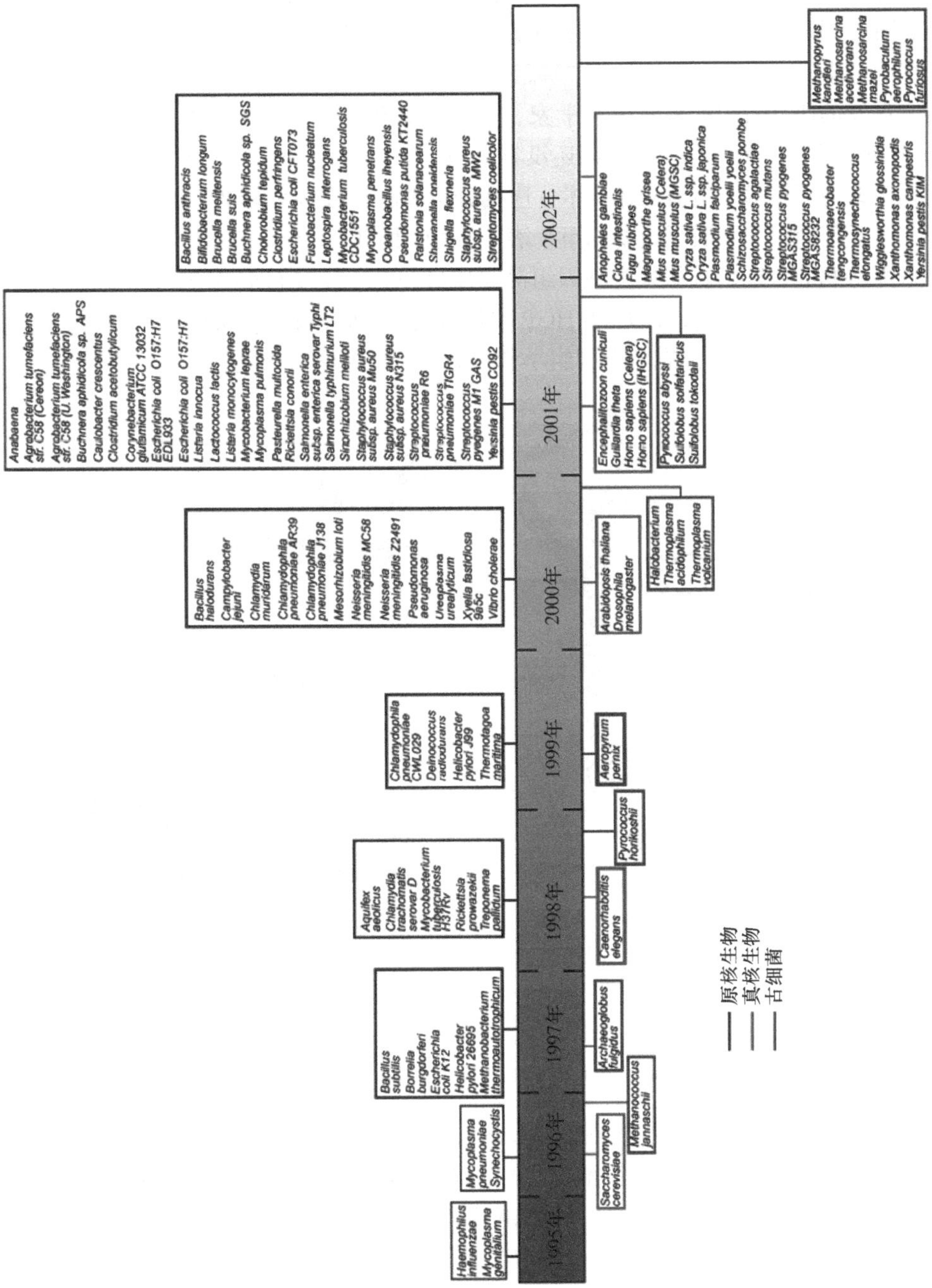

1995年
Haemophilus influenzae
Mycoplasma genitalium
Saccharomyces cerevisiae

1996年
Mycoplasma pneumoniae
Synechocystis
Methanococcus jannaschii

1997年
Bacillus subtilis
Borrelia burgdorferi
Escherichia coli K12
Helicobacter pylori 26695
Methanobacterium thermoautotrophicum
Archaeoglobus fulgidus

1998年
Aquifex aeolicus
Chlamydia trachomatis serovar D
Mycobacterium tuberculosis H37Rv
Rickettsia prowazekii
Treponema pallidum
Caenorhabditis elegans
Pyrococcus horikoshii

1999年
Chlamydophila pneumoniae CWL029
Deinococcus radiodurans
Helicobacter pylori J99
Thermotagoa maritima
Aeropyrum pernix

2000年
Bacillus halodurans
Campylobacter jejuni
Chlamydia muridarum
Chlamydophila pneumoniae AR39
Chlamydophila pneumoniae J138
Mesorhizobium loti
Neisseria meningitidis MC58
Neisseria meningitidis Z2491
Pseudomonas aeruginosa
Ureaplasma urealyticum
Xyella fastidiosa 9a5c
Vibrio cholerae
Arabidopsis thaliana
Drosophila melanogaster
Halobacterium
Thermoplasma acidophilum
Thermoplasma volcanium

2001年
Anabaena
Agrobacterium tumefaciens str. C58 (Cereon)
Agrobacterium tumefaciens str. C58 (U. Washington)
Buchnera aphidicola sp. APS
Caulobacter crescentus
Clostridium acetobutylicum
Corynebacterium glutamicum ATCC 13032
Escherichia coli O157:H7 EDL933
Escherichia coli O157:H7
Listeria innocua
Lactococcus lactis
Listeria monocytogenes
Mycobacterium leprae
Mycoplasma pulmonis
Pasteurella multocida
Rickettsia conorii
Salmonella enterica subsp. enterica serovar Typhi
Salmonella typhimurium LT2
Sinorhizobium meliloti
Staphylococcus aureus subsp. aureus Mu50
Staphylococcus aureus subsp. aureus N315
Streptococcus pneumoniae R6
Streptococcus pneumoniae TIGR4
Streptococcus pyegenes M1 GAS
Yersinia pestis CO92
Encephalitozoon cuniculi
Guillardia theta
Homo sapiens (Celera)
Homo sapiens (IHGSC)
Pyrococcus abyssi
Sulfolobus solfataricus
Sulfolobus tokodaii

2002年
Bacillus anthracis
Bifidobacterium longum
Brucella melitensis
Brucella suis
Buchnera aphidicola sp. SGS
Cholorobium tepidum
Clostridium perfringens
Escherichia coli CFT073
Fusobacterium nucleatum
Leptospira interrogans
Mycobacterium tuberculosis CDC1551
Mycoplasma penetrans
Oceanobacillus iheyensis
Pseudomonas putida KT2440
Ralstonia solanacearum
Shewanella oneidensis
Shigella flexneria
Staphylococcus aureus subsp. aureus MW2
Streptomyces coelicolor
Anopheles gambiae
Ciona intestinalis
Fugu rubripes
Magnaporthe grisea
Mus musculus (Celera)
Mus musculus (MGSC)
Oryza sativa L. ssp. indica
Oryza sativa L. ssp. japonica
Plasmodium falciparum
Plasmodium yoelii yoelii
Schizosaccharomyces pombe
Streptococcus agalactiae
Streptococcus mutans
Streptococcus pyogenes MGAS315
Streptococcus pyogenes MGAS8232
Thermoanaerobacter tengcongensis
Thermosynechococcus elongatus
Wigglesworthia glossinidia
Xanthomonas axonopodis
Xanthomonas campestris
Yersinia pestis KIM
Methanopyrus kandleri
Methanosarcina acetivorans
Methanosarcina mazei
Pyrobaculum aerophilum
Pyrococcus furiosus

—— 原核生物
—— 真核生物
—— 古细菌

图 1-1-4 早期基因组测序情况

截至 2002 年只有拟南芥（2000 年）和水稻（2002 年）两种植物的基因组被测序完成

（三）基因组学相关刊物和教材

1986年，Thomas Roderick 为了描述基因组研究领域造出“genomics”一词，美国科学家 Victor McKusick 等就借用这个新词于1987年创立新刊 *Genomics*（图1-1-5A）。这是基因组学方面第二本专业刊物（第一本为 *Genome*），在创刊词“A new discipline，a new name，a new journal”中，明确提出基因组学作为一个新学科已经形成，包括它的名字(即“genomics”)已取好。基因组学研究对象包括遗传图、基因组测序与分析，该学科被定义为一个新兴学科、交叉学科，涉及的研究者包括分子生物学家、生物化学家、细胞遗传学家、计算机学家［当时“bioinformatics”（生物信息学）一词还没有出现］等，该刊还详细罗列了若干个可能涉及的具体问题，如测序技术、图谱构建技术、序列分析算法和数据库构建等。同时，1987年也发生了一些对于基因组学发展很重要的事（表1-1-2）。因此，1953～1986年，可以说是基因组学学科的酝酿和准备期，就像人类基因组测序项目一样（经过6年酝酿，随着基因组学和生物信息学等学科真正成熟了，1990年 HGP 项目启动）。1986年“genomics”一词的创立和1987 *Genomics* 刊物的创刊，标志着基因组学科作为一个成熟学科被创立了。

A

B

图1-1-5 *Genomics*（A）和 *The Plant Genome*（B）2018年封面

上面提及的第一个基因组学专业期刊 *Genome*，在1959年就由加拿大有关机构创刊，致力于对基因组方面研究的报道。虽然1920年汉斯·温克勒（Hans Winkler）就创造了“genome”新词，但20世纪50年代，基因组这个词还是很时髦的。60多年来，该刊与 *Genomics* 一样，坚持办刊特色（影响因子保持在2～3分），好像没有受到后来出现的基因组测序“大跃进”的影响。

1991年，另一个重要基因组学专业学术期刊 *Genome Research* 创刊，而 *Genome Biology*、*BMC Genomics* 等于2010年创刊。目前这些期刊已成为基因组学研究的主流专业刊物。同时，与基因组密切相关的转录组方面期刊也大量出现，如比较经典的 *RNA*、*RNA Biology* 等，同时还有不少以“epi-”开头（如 *Epigenetics*）或以“omics”结尾的新刊物，许多发表转录组水平的研究结果。植物基因组学方面也有自己的专业期刊 *The Plant Genome*（图 1-1-5B），其于 2008 年创刊，2005 年之前作为 *Crop Science* 副刊出版。

一个学科的发展往往伴随教材的出现。基因组学方面教材很多，20 世纪 90 年代开始出现相关教材，比较经典的当属 T. A. Brown 的《基因组》，1999 年出版第一版，2002 年第二版，2007 年第三版（被翻译后引入我国，于 2009 年由科学出版社出版），目前已出版到第四版（2017）。国内基因组学教材出现略晚：复旦大学杨金水主编《基因组学》（2002 年由高等教育出版社出版，2012 年出版第三版）；2016 年杨焕明出版《基因组学》。截至 2019 年 10 月，我国尚无植物基因组学教材出版。

第二节 植物基因组测序历史与特征

一、植物基因组测序历史及其进展

（一）叶绿体基因组首先被测序完成

1986 年，地钱（*Marchantia polymorpha*）和烟草（*Nicotiana tabacum*）的叶绿体基因组被测序完成（Ohyama et al.，1986；Shinozaki et al.，1986）。这是植物领域最早被测序完成的基因组。由于叶绿体等细胞器基因组比较小（150kb 左右），将它们作为首选测序对象是一个不错的选择。当时其他生物基因组测序还仅限于病毒基因组（基因组大小也是 kb 级别）。随后玉米和拟南芥叶绿体基因组也被测序完成（Maier et al.，1995；Sato et al.，1999），同时期，其他生物（如细菌等）基因组（Mb 级别）已被测序完成。

（二）拟南芥基因组——开启植物基因组测序序幕

1999 年，拟南芥（*Arabidopsis thaliana*）核基因组 2 号和 4 号染色体相继被测序完成，分别在 *Nature* 发表［其中 2 号染色体由文特尔领导的美国基因组研究所（TIGR）完成测序］。2000 年 12 月拟南芥全部染色体被测序完成并发表，早于人类基因组（2001 年发表）。

拟南芥基因组测序工程起步迟［1993 年启动，1996 年正式成立拟南芥基因组测序国际协作组（AGI）］，但完成早，是 7 个模式生物（大肠杆菌、酿酒酵母、秀丽隐杆线虫、拟南芥、黑腹果蝇、河豚和小鼠）中第 5 个被完成的。其实拟南芥基因组基础研究从 20 世纪 80 年代就已开始（详见国际拟南芥基因组协作组网站，www.tair.org）：1983 年第一张比较完整的拟南芥遗传图谱构建完成，1984 年其基因组大小确定，1985 年被确定为植物遗传研究模式植物，1988 年第一张 RFLP 分子标记遗传图谱完成，1993 年美国拟南芥基因组测序项目启动（属模式生物基因组项目一部分），1996 年拟南芥基因组测序国际协作组成立，1997 年拟南芥全基因组物理图谱完成。

拟南芥核基因组的测序完成，第一次为植物学家提供了植物基因组的面貌和构成，为植物遗传研究打开了第一扇天窗。

（三）水稻基因组——第一个被测序完成的作物基因组

亚洲栽培稻（*Oryza sativa*）作为模式作物，特别是单子叶禾本科模式植物，其基因组的测序完成也是植物基因组学历史上的一件大事。亚洲栽培稻共有 2 个亚种［籼稻（*Oryza sativa* ssp. *indica*）和粳稻（*Oryza sativa* ssp. *japonica*）]，其基因组草图（全基因组鸟枪法）2002 年发表于 *Science*。同期发表了两个基因组：一个籼稻品种（'93-11'）基因组，由中国科学家杨焕明领导的团队完成（Yu et al.，2002）；一个粳稻品种（'日本晴'）基因组，由 Sergenta 公司完成（Goff et al.，2002）。同年，日本科学家和中国科学家韩斌领导的团队分别发表了粳稻（'日本晴'）基因组 1 号和 4 号染色体序列（Sasaki et al.，2002；Feng et al.，2002）。后续其 10 号染色体序列（The Rice Chromosome 10 Sequencing Consortium，2003）和全部基因组（International Rice Genome Sequencing Project，2005）的测序也相继完成。作为禾本科或单子叶植物的模式植物，水稻基因组的测序以粳稻'日本晴'的基因组为基础，进行了大量完善工作，不断公布更新的版本（如 MUS7）。同时也建立了相应的水稻基因组数据库，例如，Rice Genome Annotation Project（http://rice.plantbiology.msu.edu/）（2013 年后不再更新）、The Rice Annotation Project（RAP-DB）（http://rapdb.dna.affrc.go.jp/）、RiceVarMap（http://ricevarmap.ncpgr.cn/v2/）（详见表 2-2-5）等。对于籼稻'93-11'基因组，华大基因后期也进行了更新（Yu et al.，2005）并建立了数据库，同时其他一些籼稻品种基因组也陆续被测序和公布，如我国完成的'珍汕 97'（'ZS97'）和'明恢 63'（'MH63'）（Zhang et al.，2016），为籼稻提供了很好的参考基因组，并建立了相应数据库 Rice Information GateWay（RIGW）。最新的一个籼稻基因组测序来自一个籼型恢复系'蜀恢 498'（'R498'），研究者除了利用传统的遗传图谱，还利用第三代测序等最新技术对其进行了全面组装，获得了一个目前据称最为完整的水稻基因组（Du et al.，2017）。同时，其他一些水稻材料，包括非洲栽培稻和野生稻等也陆续完成测序（详见第 2-2 章第一节）。

水稻基因组的公布，中国团队功不可没。该基因组为植物学家，特别是作物遗传育种工作者提供了第一个作物基因组，即一个受到长期人工选择的基因组（拟南芥为野生植物，基因组上没有人工选择留下的痕迹）。同样，该基因组也为后续作物育种分子机制研究和主要农艺性状相关基因克隆建立了重要基础。

（四）目前植物基因组测序情况

随着拟南芥和水稻基因组的测序完成，植物基因组研究也跟其他领域一样，由于测序成本和传统测序技术效率等问题，基因组测序进展缓慢，2000～2010 年测序完成的植物物种并不多（表 1-1-3）。2005 年高通量测序技术的发明，极大促进了植物基因组测序及其相关研究。2010 年后迎来植物基因组测序的高潮，几乎每年都有十几个或几十个植物物种被测序完成。截至 2018 年 12 月，已有 363 个植物基因组被测序发表（详见附录 1）。

表 1-1-3　早期被基因组测序的植物物种清单（完整清单见附录 1）

编号	中文名	拉丁名	发表时间	发表刊物	科属	基因组大小 /Mb
1	拟南芥	*Arabidopsis thaliana*	2000.12	*Nature*	十字花科鼠耳芥属	125
2	水稻（籼稻）	*Oryza sativa* ssp. *indica*	2002.04	*Science*	禾本科稻属	400
3	水稻（粳稻）	*Oryza sativa* ssp. *japonica*	2002.04	*Science*	禾本科稻属	400
			2005.08	*Nature*	禾本科稻属	400
4	毛果杨	*Populus trichocarpa*	2006.09	*Science*	杨柳科杨属	480
5	葡萄	*Vitis vinifera*	2007.09	*Nature*	葡萄科葡萄属	490
6	莱茵衣藻	*Chlamydomonas reinhardtii*	2007.01	*Science*	衣藻科衣藻属	130
7	小立碗藓	*Physcomitrella patens*	2008.01	*Science*	葫芦藓科小立碗藓属	480

续表

编号	中文名	拉丁名	发表时间	发表刊物	科属	基因组大小 /Mb
8	番木瓜	*Carica papaya*	2008.04	*Nature*	番木瓜科番木瓜属	370
9	百脉根	*Lotus japonicus*	2008.05	*DNA Research*	豆科百脉根属	472
10	高粱	*Sorghum bicolor*	2009.01	*Nature*	禾本科高粱属	730
11	玉米	*Zea mays*	2009.11	*Science*	禾本科玉米属	2300
12	黄瓜	*Cucumis sativus*	2009.11	*Nature Genetics*	葫芦科黄瓜属	350
13	大豆	*Glycine max*	2010.01	*Nature*	豆科大豆属	1100
14	二穗短柄草	*Brachypodium distachyon*	2010.02	*Nature*	禾本科短柄草属	260

二、植物基因组特征

随着植物和其他生物基因组测序完成，开展了大量比较基因组学研究。研究发现植物基因组有许多独有特征，有别于动物、微生物等基因组。2014 年 *The Scientist* 发表了一篇题为“基因组疯了”（“Genomes gone wild”）的科普文章，描述了植物基因组的特异性，认为植物基因组不可思议，它正在挑战我们对生物进化，包括我们自身进化的一些认识（“Weird and wonderful，plant DNA is challenging preconceptions about the evolution of life，including our own species.”）。植物基因组大致具有如下特征。

（一）基因组大小跨度大

真核生物中，植物基因组大小跨度最大，超过动物基因组（图 1-1-6；详见第 1-3 章第一节）。高等植物中最小的基因组（*Genlisea margaretae*）只有 63Mb，而低等植物可能只有 40～50Mb（如已测序的小球藻只有 46Mb），最大的有花植物 *Pieris japonica* 的基因组可达 150Gb。目前已经基因组测序的最大基因组植物包括唐松（31Gb）、火炬松（23.2Gb）等（附录 1），而最小的包括 *Genlisea margaretae*（63Mb）和狸藻类植物（*Utricularia gibba*，82Mb）等。

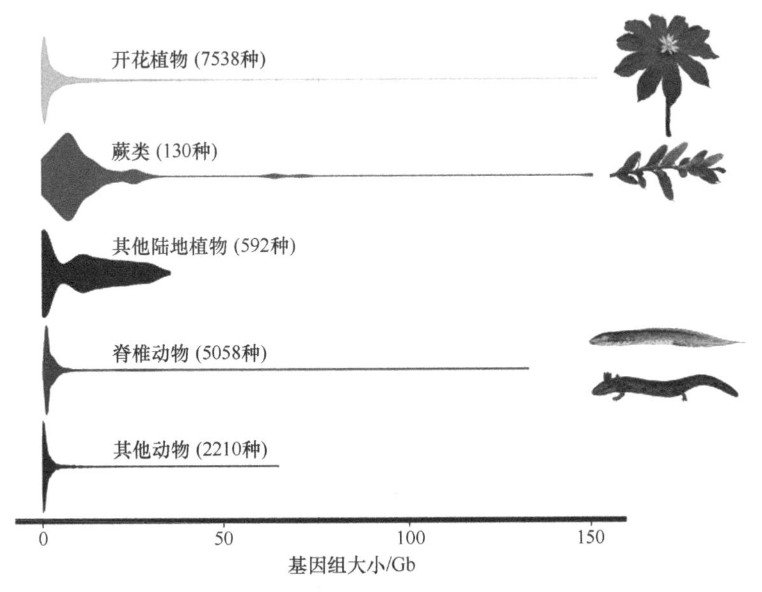

图 1-1-6 动植物基因组大小范围和分布（引自 Hidalgo et al.，2017）

（二）基因组多倍化频繁

基因组大小的快速扩增有两个重要机制：一个是基因组的多倍化；另一个是重复元件（TE）的快速增殖。植物界基因组倍增（duplication）和三倍化（triplication）频繁发生，可以说有花植物都经历过全基因倍增过程，有些植物物种（如十字花科）甚至同时经历基因组倍增和三倍化过程（图 1-1-7；详见第 1-6 章第三节）。因此，可以说植物都是古老的多倍体。如此频繁的全基因组倍增导致基因组大小变化，在其他生物（包括我们人类自身）的基因组中并不多见。动物往往是 TE 的快速增殖导致基因组变大（植物界偶尔也有这样的案例）。

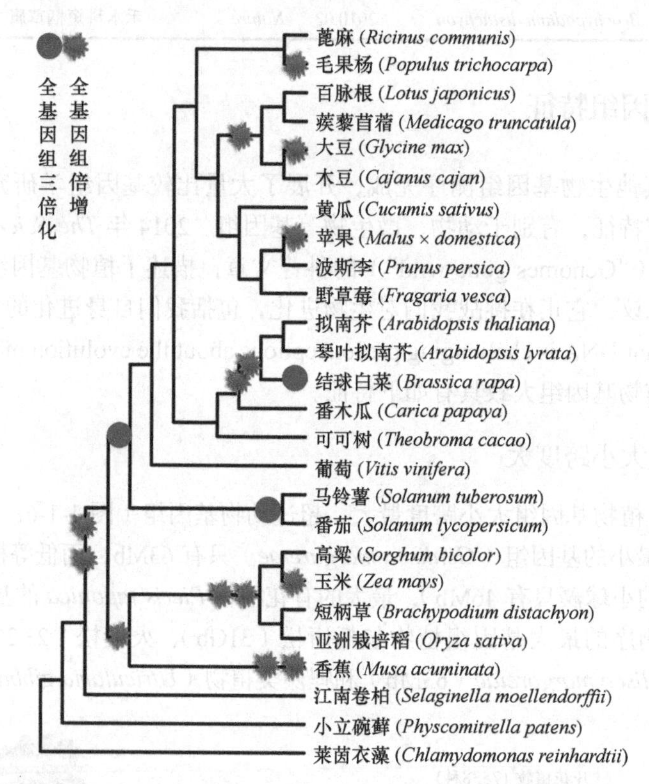

图 1-1-7　植物进化过程中经历的基因组多倍化事件
（引自 Plant Genome Duplication Database 数据库）

（三）基因组快速与缓慢进化并存

植物基因组的进化还有许多特殊之处：①植物在进化上不仅依靠传统的 DNA 突变获得新基因、新功能，还可以通过基因横向转移（horizontal gene transfer，HGT）获得遗传资源，而动物很少利用该机制来获得新基因；②植物一个细胞中拥有进化速率最为缓慢的叶绿体基因组，也有最为快速的线粒体基因组；③植物起源久远，不同类型植物间分化跨度大。例如，我们熟悉的水稻、小麦等单子叶植物与拟南芥、大豆等双子叶植物，它们在 1.5 亿年前就分开了（图 1-1-8），而那时人类和老鼠还没有出现分化。

（四）独有叶绿体基因组

植物独有的叶绿体，被认为是内共生起源的细胞器，其具有独立基因组。叶绿体基因组是一个裸露的环状双链 DNA 分子，其大小一般在 120～180kb，编码多种蛋白质，以及蛋白质合成所需的各种 tRNA 和 rRNA，主要是与光合作用密切相关的一些蛋白质和核糖体蛋白。叶绿体基因组编码的基因数目多于线粒体基因组。叶绿体基因组可以自主地进行复制，但同时需要细胞核遗传系统提供遗传信息。

（五）基因组构成特征明显

与人和其他动物相比，植物基因组上的基因明显更小（长度短），DNA 序列长度超过 10kb 的基因很少，而人和其他动物基因组上大量基因超过 10kb（人类最长的基因超过 2Mb），同时植物每个基因的外显子数量少，植物基因组重复元件构成有其特异性，*Copia*/*Gypsy* 类长末端重复元件（LTR）比例最高，且没有人类基因组上大量存在的 *Alu* 等重复元件。

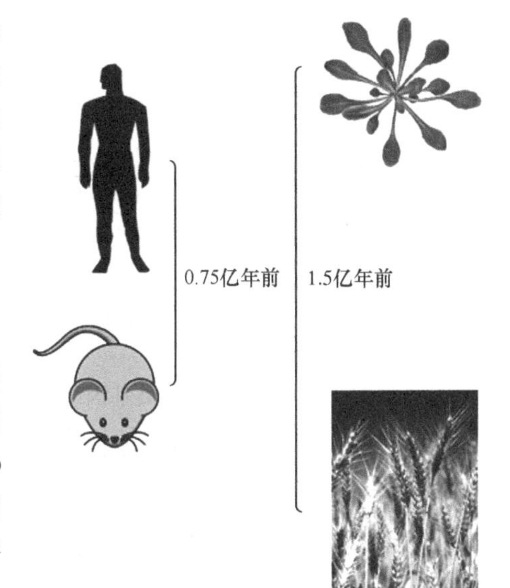

图 1-1-8　植物和动物不同物种分化时间比较

拟南芥和小麦在 1.5 亿年前就已分化，而人和老鼠在 0.75 亿年前才开始分化

（六）基因组表观遗传学环境不同

DNA 甲基化是主要表观遗传修饰之一，动植物甲基化特征有所不同。例如，脊椎动物基因组 CpG 双核苷酸中 60%～80% 的胞嘧啶（C）被甲基化，而被子植物基因组中，只有 20%～30% 的胞嘧啶被甲基化。在哺乳动物的基因组上，除了 CpG 岛，甲基化的胞嘧啶还均匀地分布在其他区域，如编码区。但是植物基因组中的甲基化大部分发生在转座子和重复序列中。在哺乳动物中，DNA 甲基化在胚胎发育的早期需要一个全部抹除和重新建立的过程，而这一过程在植物中不存在，所以植物的 DNA 甲基化状态和甲基化的变化往往能忠实地被后代继承。

第三节　植物基因组学展望

一、植物基因组学研究路线图

人类基因组研究在基因组学领域中处于引领地位。如果回顾人类基因组研究历程，可以发现其研究路线图（roadmap）主要包括 4 条路径（图 1-1-9A）：个体基因组学、群体基因组学、功能基因组学和比较基因组学研究。个体基因组向个性化医疗发展；基因组群体调查规模从几十个到一千、几十万，甚至到一个国家群体，不断扩大；功能基因组研究主要指向基因组的非编码 RNA 和所谓“垃圾”DNA 区域。

植物基因组学研究似乎也是沿着上述路径推进（图 1-1-9B）。个体基因组研究集中在作物系谱（或家系）和自交系及其杂种；基因组群体调查同样经历了个体数量从几十个到成百上千的过程，部分（如水稻）已达到上万个个体的规模。由于涉及作物种类众多，不同物种群体规模不一。对于早期测序完成的植物物种（如拟南芥、水稻、玉米等），其基因组功能研究同样从编码基因转向非编码 RNA。同时，众多植物基因组的测序完成，为比较基因组学研究提供了巨大空间，通过比较基因组学结果，可以发现许多不同类型植物基因组及其基

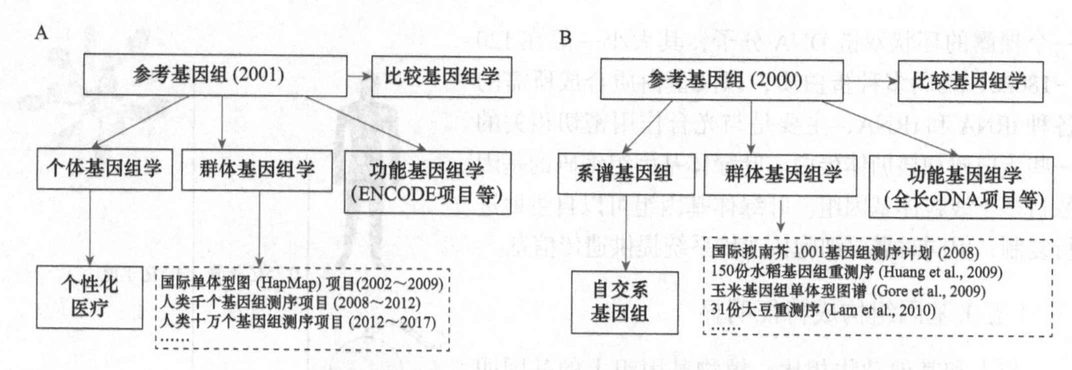

图 1-1-9 人类基因组研究历程（A）和植物基因组研究路线图（B）

因的特征。可以预见，植物基因组研究还会沿着这张路线图继续一段时期。

第一个植物基因组被破解（2000 年）已有 20 年了，20 年来植物基因组给我们带来了什么新知识？在哪些方面得到了很好应用？显然，它对植物遗传与育种的贡献是巨大的，它提供了一个新的平台，为许多以前无法企及的研究和应用提供了可能：①遗传方面，重要性状功能基因的定位与克隆、全基因组水平基因表达与调控网络研究、基于基因组遗传变异的群体进化与环境适应分析、基于基因组遗传变异的植物病虫害种群调查、植物基因组结构变化、进化和互作等；②作物育种方面，首先是对育种理论和育种选择的分子遗传基础的认识，其次是基于基因组的育种新方法，如基因组选择育种、基于基因组大数据的育种技术、特定代谢途径和基因组合成育种技术等；③植物基因组在健康（如基于特定代谢途径和基因组设计的药物生产）、军事和环境（如创制特定指示和报警植物等）等领域也展现出美好前景。本书多个章节都涉及上述植物基因组数据应用，如植物基因组数据育种利用、植物基因组设计与合成、作物群体遗传变异与人工选择等。

二、植物基因组学面临的挑战与展望

植物基因组与人类或其他动物基因组所面临的问题并不完全一样。例如，基因组合成生物学技术可能是目前所有生物面临的挑战，复杂大基因组从头（*de novo*）测序可能是动植物面临的挑战，而植物基因组研究中存在一些特有的难题，如植物单细胞测序、植物人工基因组合成技术、基因组大数据作物育种利用等。

2005 年，*Science* 为纪念其创刊 125 周年（图 1-1-10），提出 125 个尚未解决的重要科学问题（7 月 1 日专刊）。其中若干问题与基因组学有关，这些问题同样是植物基因组研究需要回答的。目前，其中的一些问题我们已经开始有些认识，但要完全破解这些问题还有很长的路要走。

图 1-1-10 *Science* 创刊 125 周年封面图

有所认识的部分问题

不同形式的 RNA 在基因组功能中扮演什么角色？

RNA 正在变成一个让人眼花缭乱的多面手，从后代遗传信息传递到基因表达的调控。科学家们正在加紧解密这个多功能的分子。

那些“垃圾 DNA”在我们的基因组中都做了些什么？

基因之间的 DNA 被证明对于基因组功能和新物种的进化具有重要意义。序列比较、芯片技术和实验室工作正在帮助基因组学家在这些“垃圾 DNA”中发现大量的遗传学宝库。

端粒和着丝粒在基因组功能中扮演什么角色?

这些染色体特征仍然是个秘密，直到新的技术能对它们进行测序，谜题才能得以解开。

为什么有些基因组很大，而其他一些基因组非常紧凑?

河豚基因组为 4 亿个碱基，肺鱼基因组碱基数高达 1330 亿个。DNA 的重复和复制不能解释为什么存在这么大的尺寸差异。

新的测序技术将会降低多少测序成本?

新的工具和概念上的突破正在推动 DNA 测序的成本大幅下降。这些成本的降低使从个性化医疗到进化生物学研究成为可能。

扫码见英文原文

植物基因组学已经历约 30 年发展。随着技术进步和基因组数据应用的深入，目前植物基因组研究呈现如下 5 点发展趋势。

1）植物复杂大基因组将被陆续破解：利用读序更长的第三代和其他测序新技术，一批基因组大、杂合率高的多倍体植物物种基因组将被测序，从而填补植物基因组数据的短板，这将极大加深我们对植物复杂基因组进化、遗传的认识，并促进提高育种利用水平。

2）单细胞基因组学技术广泛应用，以破解单细胞水平基因表达和发育：目前我们的基因组和转录组等表达分析多基于组织混合多细胞植物材料。随着植物单细胞测序技术的不断改进，我们可以在单细胞水平上检测遗传变异和表达水平等。植物有许多定向发育的细胞，如纤毛、腺体等，单细胞技术将有利于解析这些细胞发育过程（详见第 1-8 章第二节）。

3）基因组水平表达调控网络深入解析，涵盖非编码 RNA 和空间表达：基因组水平的表达调控网络最终决定植物性状，破解该网络需要各种组学数据分析，包括非编码 RNA 等表观遗传和空间长距离调控等，有赖于组学测定新技术和生物信息学分析技术的不断提升（详见第 1-4 章、第 1-5 章、第 1-9 章等有关章节）。

4）作物个体基因组时代来临，基因组大数据广泛应用于作物育种：由于测序成本的下降，基因组重测序将广泛应用于作物育种，重要作物品种、品系和育种材料的基因组都将被测序，并用于育种选择和评价。基于基因组的大数据育种技术将广泛应用于品种评价、杂种优势预测等；基于基因组的基因组编辑技术和基因组选择技术广泛应用于育种过程和特定性状改良（详见第 1-14 章第三节）。

5）植物基因组进入合成生物学时代：基于基因组设计与合成的合成生物学技术将广泛应用于植物育种和特定代谢途径设计与利用等，彻底改变植物基因组概念，合成基因组将成为植物基因组中的重要类型（详见第 1-10 章第二节）。

第1-2章　植物基因组测序与拼装

扫码见
本章彩图

第一节　基因组概貌调查

正如第一代DNA测序技术发明者Sanger于1980年在诺贝尔化学奖获奖感言中所说，基因组序列能够极大促进我们对于生命的了解（“knowledge of sequences could contribute much to our understanding of living matter”）。核苷酸序列包含了生命体基本的遗传信息，完整的基因组能够更好地解读生命密码。

对于一个尚未进行基因组测序的植物物种，在开始基因组测序前，往往需要对该物种进行基因组概貌调查（genome survey）。一般通过两个途径：细胞遗传学和基因组调查测序与分析，获得目标基因组大小、倍性、杂合性等基本信息，为后续基因组测序提供必要参考。

一、细胞遗传学分析

（一）基于流式细胞术进行基因组大小测定

核基因组DNA的*C*值和基因组大小是重要的生物多样性指标。Swift最早在1950年提出DNA的*C*值概念，即一个物种的核DNA数量值。它是在不考虑倍性水平情况下，不重复配子核中的核DNA数量（Swift，1950）。因此在细胞周期中的G_1期，拥有两个拷贝的未经复制的基因组具有2*C*的核DNA数量。2*C*核DNA数量的测定共有两种方式：从大量细胞中提取DNA进行分析和对单个细胞核DNA进行测定。其中化学分析法（chemical analysis）和复性动力学法（reassociation kinetics）是第一种方式的代表性方法。由于用来提取DNA的组织中，通常含有具不同核DNA数量的细胞或不同时期的细胞，因此由化学提取方法鉴定的结果不能代表2*C*核DNA数量，同时由复性动力学法所产生的结果曲线由于细胞核中存在多种不同类型的重复序列而无法解释。第二种方式，即单核测定方法，更加准确。早期使用显微光密度测定法和DNA图像细胞计数法。后来出现的流式细胞术（flow cytometry）则是对悬浮在液体流中的单细胞，通过检测标记的荧光信号，实现高速、逐一细胞定量分析和分选。由于流式细胞术不需要细胞分裂组织，样本制备更加简易，并且可以对大量细胞快速检测，因此目前核DNA数量测量主要采用流式细胞术。流式细胞术通过内标法或者内参法，即通过将未知样本和参考物种同时进行提取、着色及分析，保证了测定精度。染色核的相对荧光强度是在线性范围内进行测量的，通常每个样本会对5000～20 000个着色细胞核进行分析，而一个样本绝对核DNA数量的计算方法是基于G_1峰的平均峰值，因此计算公式为：

$$\text{样本二倍核 DNA 含量} = \text{样本 } G_1 \text{ 峰平均值} \div \text{标样 } G_1 \text{ 峰平均值} \times \text{标样二倍核 DNA 含量（pg DNA）}$$

以我们测定的稻田稗草（*Echinochloa crus-galli*）为例（图1-2-1），将流式细胞仪得到的稻田稗草的峰值与内参（玉米）的峰值（分别为64.26和100.40）进行比较，已知玉米基因组大小为2.3Gb，由此可以估测出稻田稗草基因组大小约为1.47Gb。

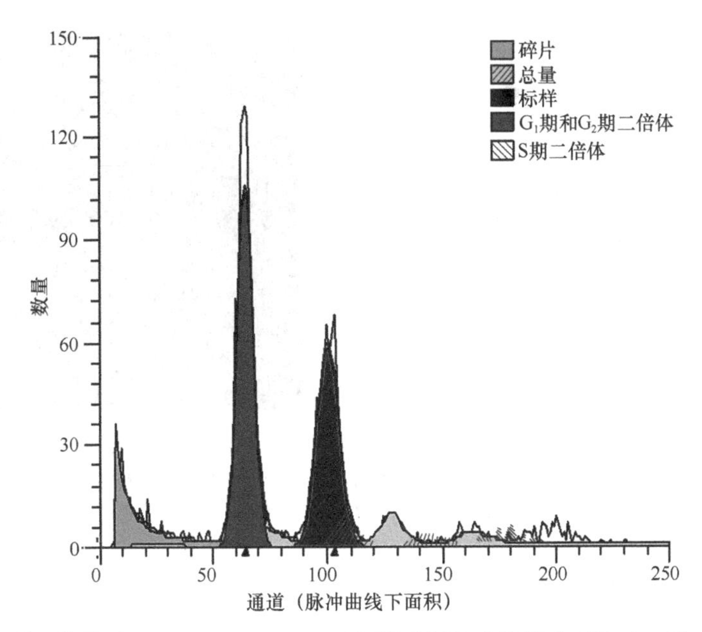

图 1-2-1　稻田稗草（*Echinochloa crus-galli*）流式细胞术结果（玉米‘B73’作为内参）（引自 Guo et al.，2017）

图中 G_1、S、G_2 代表有丝分裂间期三个阶段，G_1 期的 DNA 含量可间接反映该细胞的倍性水平

绝对核 DNA 数量通常用 pg 为单位。随着分子生物学和基因组学研究进展，人们更加习惯以 bp（碱基对）来表示核 DNA 碱基数量，即基因组大小。一般而言，基因组大小是用来描述在 G_1 期核 DNA 碱基数量。pg 和 bp 之间的转换存在一些分歧，1pg DNA 在（0.965～0.980）$\times10^9$bp。根据 Doležel 等（2003）研究结果，即考虑到 AT 和 GC 之间 1∶1 的关系及忽略存在化学修饰的碱基等，目前确定 1pg DNA $=0.978\times10^9$bp。

综上所述，在使用植物流式细胞术进行基因组大小测定时，需注意以下几个要素：第一，需要提取足够数量并且完整的细胞核，同时 DNA 不能被降解或者修饰；第二，必须对目标物种和参考物种进行相同的化学处理过程；第三，参考物种基因组大小必须是已知的。具体关于流式细胞术的样本制备过程等详细信息，可参考 2007 年发表在 *Nature Protocol* 上的“Estimation of nuclear DNA content in plants using flow cytometry”一文。

（二）基于显微镜的细胞染色体观察

一种生物的染色体核型一般是相对稳定的，因此对该物种的核型进行分析鉴定是植物学分类及遗传研究的一个重要手段。细胞染色体的数目是染色体核型分析的重要组成部分。采用一定时期一定部位的植物组织进行染色体染色、计数是最直接也是最简便的植物染色体数目观察方法。一般步骤为：取材、预处理、固定、解离、染色及镜检。目前制片步骤根据材料不同略有不同，主要采用常规压片法和去壁低渗法。除了对植物组织直接进行染色体染色、计数外，原位杂交（*in situ* hybridization，ISH）技术及荧光原位杂交（fluorescence *in situ* hybridization，FISH）技术在植物核型分析中也得到广泛应用。图 1-2-2 给出了直接染色体染色计数和原位杂交技术获得的植物染色体观察结果，即分别用改良的苯酚品红染色法和荧光原位杂交技术对禾本科菰（*Zizania latifolia*）的染色体观察，在压片光学显微镜下观察表明，菰染色体数目为 2*n*=34，该结果与用 Bio-dUTP 标记的 45S rDNA 探针荧光原位杂交后观察到的染色体结果一致（王营营等，2013）。

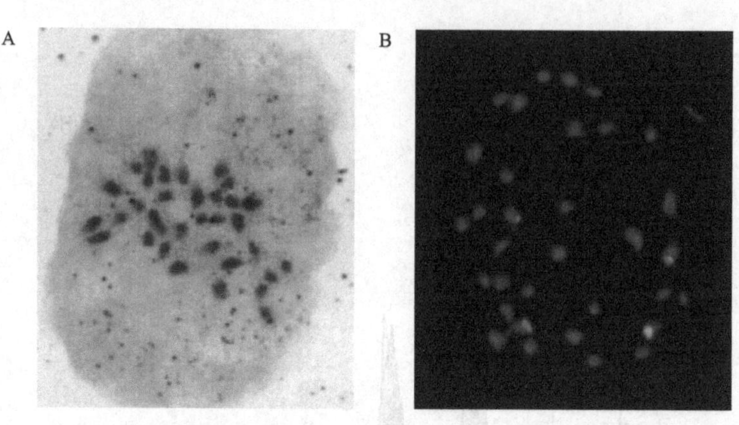

图 1-2-2 禾本科菰的染色体数目观察（引自王营营等，2013）
A. 用改良的苯酚品红染色法观察到的菰染色体数目；B. 用荧光原位杂交技术观察到的菰染色体数目，其中红色信号为 45S rDNA，蓝色信号为 DAPI（一种荧光染料）染色的中期染色体

二、基因组调查测序与 *K*-mer 分析

除了通过流式细胞术等实验手段对基因组大小等进行估计外，通过对目标物种进行所谓基因组调查测序（如第二代测序技术）和 *K*-mer 分布频率分析技术手段，同样可以估计出基因组的一些关键信息，如基因组大小、重复序列比例、倍性、杂合度等。在实际基因组概貌调查中，流式细胞术、染色体基数观察和基因组调查测序往往同时进行，这样能帮助我们提升对目标基因组的了解，更加准确地判断一个基因组是否复杂，以及基因组测序策略的可行性等。

在基因组从头测序项目中，*K*-mer 分布频率分析往往会被用来预测基因组大小等。早在 2003 年，Waterman 课题组就发表了基于混合泊松模型（mixed-Poisson model）和 EM 算法的 *K*-mer 估测方法用于预测基因组大小和重复序列结构。2009 年 Shan 基于 Waterman 的方法，发表了一个适用性优良的 *K*-mer 预测软件 GSP（genome size prediction），但由于真实测序数据的复杂性，这两种方法并不能得到很好的预测结果。直到 2013 年 Liu 等发布了 GCE（genome characteristics estimation），通过引入 *K*-mer 个体及浮点精准预测技术，解决了测序过程中可能存在的错误和覆盖偏好性等问题。同时该技术还拓展了估计杂合率的功能。最近 Vurture 等（2017）发表了在线预测基因组特性工具 GenomeScope，相对于 GCE，其更加自动化，无须使用者根据经验去反复测试参数，并提升了基因组杂合度估计的功能性。

在预测基因组特性之前，需要进行 *K*-mer 的频率计算，目前较为常用的软件为 Jellyfish（Marcais and Kingsford，2011）。GCE 软件包的 Kmerfreq 可用于 *K*-mer 频数统计。在计算之前，需要注意的是避免将 *K*-mer 大小设置过大以免内存占用过多，同时也需注意 *K*-mer 不能过小，以保持绝大部分 *K*-mer 在基因组中是独特的。一般会将 *K*-mer 设置为 17～22。

（一）基因组大小估计

基于测序结果，假设我们获得了一个基因组的所有 *K*-mer（即 *K* 长度的序列短串），根据 Lander-Waterman 模型（1988），基因组大小（*G*）可以根据如下公式估计：

$$G=K_{\mathrm{num}}/K_{\mathrm{depth}}$$

式中，K_{num} 是 *K*-mer 的总数；K_{depth} 是 *K*-mer 的期望测序深度。

人类基因组测序工程初期，需要构建人类基因组的物理图谱。物理图谱构建过程中，一个棘手问题是需要挑选多少克隆才能覆盖整个基因组？挑选太多，工作量巨大；太少则无法覆盖整个基因组。为此 Lander 和 Waterman（1988）进行了理论测算，提出了上述方法并给出了一些参数的统计特征。*K*-mer 的总数可以根据获得的所有测序读序进行估计。如果我们能进一步知道 *K*-mer 的期望测序深度，就可以基于上述公式估算出基因组大小。据 Lander 和 Waterman（1988）分析，*K*-mer 深度频率分布遵循泊松分布，可以将 *K*-mer 频率分布曲线的峰值作为其期望测序深度。后来，Li 和 Waterman（2003）等把它引入基因组调查序列数据，特别是基于高通量测序数据的基因组大小估计。实际应用中，根据高通量测序数据 *K*-mer 分布曲线峰值，获得 *K*-mer 深度估计值，并进一步用于估计基因组大小。

以 17-mer 为例，估计禾本科物种菰的基因组大小。我们首先进行了基因组调查测序，即测定了大约 30× 基因组覆盖度的短序列；基于该数据得到约 1.72 亿个 17-mer，其深度分布如图 1-2-3 所示。根据此图，可见其 17-mer 深度分布峰值在 29× 处。由此，我们估计其基因组大小为 *K*-mer 数量 /*K*-mer 深度＝17 238.2/29＝594.4Mb。该结果与流式细胞仪测定的该物种基因组大小一致（Guo et al.，2015）。

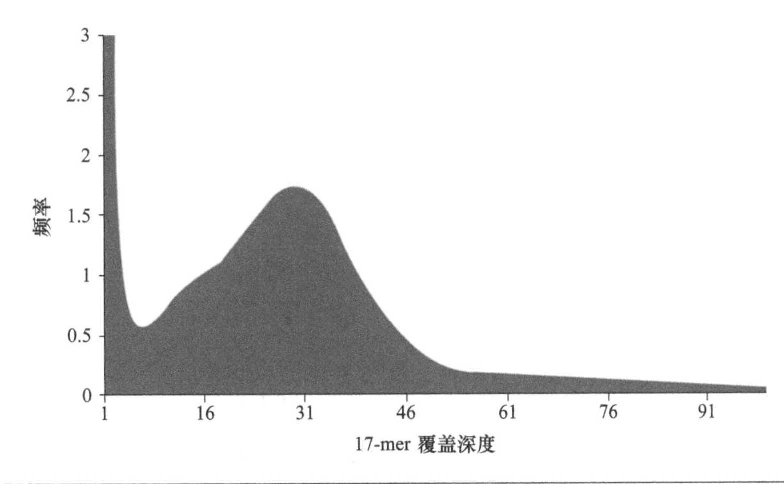

物种	*K*值	*K*-mer数量	深度	基因组大小/bp	有效碱基数	读序数量	测序深度
菰 'HSD02'	17	17 238 224 304	29	594 421 527	20 521 695 600	205 216 956	34.5

图 1-2-3　禾本科物种菰基因组调查测序及其 17-mer 覆盖深度分布图（引自 Guo et al.，2015）

（二）基因组复杂度估计

由于杂合性和倍性等因素，一些植物物种基因组变得异常复杂，这增加了基因组拼接的难度。由于基因组杂合性、倍性、重复序列等因素，*K*-mer 频率分布曲线会发生变化。通过该分布曲线，我们可以估计目标基因组上述信息。

基因组的杂合性，会使来自杂合区段的 *K*-mer 深度较纯合区段降低 50%。例如，来自基因组的一个 17-mer 片段，如果没有杂合性，其覆盖深度为 2；如果有一个杂合位点，则这个片段将会产生 2 条序列，构成不同的 17-mer，同等测序数量情况下，2 个 17-mer 的深度均为 1。因此，如果目标基因组有一定的杂合性，会在 *K*-mer 深度分布曲线主峰位置（c）的 1/2 处（$c/2$）出现一个小峰（图 1-2-4A。实际案例见图 1-2-3）。同时，杂合率越高，该峰越明显。

如果目标基因组为多倍体物种，特别是同源多倍体或相近物种杂交形成的多倍体，两个或多个基因组序列高度同源，许多长序列片段（>*K*-mer 长度）甚至完全相同，在测序量一定的情况下，这样就导致相应区域的 *K*-mer 数量成倍增加，*K*-mer 深度分布曲线就会在主峰深度位置的 1 倍（四倍体）或 1 倍和 2 倍处（六倍体）出现峰值。以一个禾本科六倍体物种稗草为例，构建一个短序列测序库并测定了其 40× 基因组序列，基于该数据构建了其 17-mer 深度分布图。从该图可见 3 个明显的分布峰（图 1-2-4B）。如果基因组重复序列很高，导致高深度的 *K*-mer 数量增加，其 *K*-mer 深度频率分布右端会出现一个比较明显的拖尾（图 1-2-4A）。一个武断但基本靠谱的重复序列比例估计方法，就是计算基因组调查测序数据中大于 2*c* 深度 *K*-mer 的比例，将其作为目标基因组重复序列的估计值。如果读序测序质量不高，导致出现大量碱基测序误差，这样会使低深度［（1～2）×］的 *K*-mer 数量大量增加（图 1-2-4A），而使主峰不明显或不出现；同时，如果测序深度不够（特别是目标基因组比较大的情况下），也同样无法使目标基因组 *K*-mer 分布特征峰出现。基因组 DNA 的 *K*-mer 分布特征会随基因组的复杂性增加而变化，一些更为复杂的基因组 *K*-mer 分布特征可参见一些理论研究结果（Chor et al.，2009）。由此可见，基因组的 *K*-mer 分布，就像我们体检中的很多生化指标一样，可以为我们了解基因组基本状况提供重要信息。

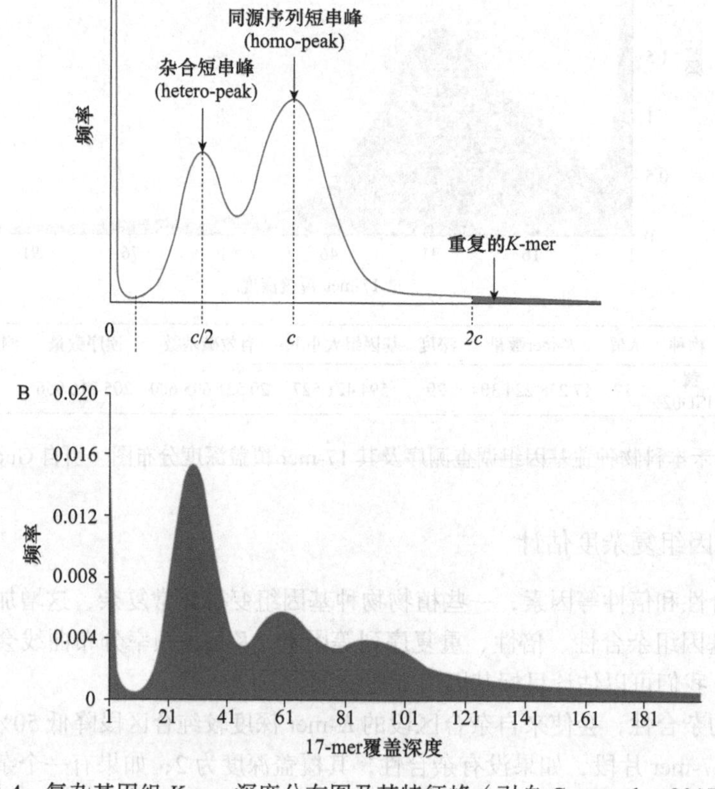

图 1-2-4 复杂基因组 *K*-mer 深度分布图及其特征峰（引自 Guo et al.，2017）

A. 一个具有复杂基因组的 *K*-mer 深度分布模式图。在 *K*-mer 频率分布特征位置上，基因组杂合性（hetero-peak）和重复序列（repetitive *K*-mer）会在 *K*-mer 深度分布产生特征峰；B. 多倍化基因组的 *K*-mer 深度分布图。以禾本科六倍体物种稗草 17-mer 分布为例

第二节　植物基因组测序

一、目前主要测序技术

（一）第一代测序技术（Sanger 测序）

第一代测序技术以 Sanger 法为主要代表。Sanger 等在 1965 年发明了 RNA 小片段序列测定法，并完成了大肠杆菌 5S rRNA 的 120 个核苷酸测定。1975 年，Sanger 和 Coulson 发明了 DNA 测序技术，即“加减法”测定 DNA 序列。1977 年在引入双脱氧核苷酸三磷酸（ddNTP）后形成了双脱氧链终止法，使得 DNA 测定的效率和准确性大大提高。几乎在 Sanger 法测序发展的同期，Maxam 和 Gilbert 也在 1977 年提出了化学降解法，但受限于实验条件而难以推广，且随着 Sanger 法测序反应的不断完善，第一代 DNA 测序大都采用 Sanger 法进行。Sanger 法测序准确性可以高达 99.9999%，但测序成本高、通量低等缺点严重影响了其在基因组测序中的大规模推广和使用。众所周知，最初人类基因组项目就是利用 Sanger 法进行从头测序，其预算高达 30 亿美元。而在植物中，仅水稻、大豆、高粱、葡萄、白杨及拟南芥等少数物种进行了 Sanger 法全基因组测序。虽然 Sanger 法测序成本高，但由于其准确性高于第二代和第三代测序技术且操作方便，目前仍广泛应用于生命科学领域。

（二）第二代测序技术（Illumina/454/SOLiD/BGISeq）

经过不断的技术研发和改善，兼具成本低、通量高、速度快等特点的第二代测序技术应运而生（图 1-2-5）。第二代测序技术又称下一代测序（next generation sequencing，NGS），或者高通量测序（high-throughput sequencing）技术，在植物基因组、转录组、表观遗传学研究中发挥了重要作用。第二代测序平台的主要代表有 Illumina 公司的 HiSeq 系列和 Novoseq 系列基因组测序仪（Illumina Genome Analyzer）、Roche 公司的 454 测序仪（Roche GS FLX sequencer）和 ABI（Applied BioSystem）公司的 SOLiD 测序仪（ABI SOLiD sequencer）（图 1-2-5）。这 3 个平台的测序原理各不相同，454 测序仪和 SOLiD 测序仪核心技术都是利用了 Sanger 法中的可中断 DNA 合成反应的 dNTP，而 Illumina 的技术则有所不同（由于篇幅有限，关于第二代测序技术 3 个平台的测序原理的具体介绍，请阅读樊龙江主编的《生物信息学》第一章“生物信息类型及其产生途径”）。

目前最为主流的第二代测序技术需要对荧光信号进行识别，但由于荧光信号较弱，因此需要进行扩增建库，这导致测序数据存在一定的偏好性。许多植物基因组经历了基因组多倍化等事件，出现许多高重复序列、高杂合、多倍体等复杂基因组类型（Michael et al., 2015），而第二代测序技术中存在的 GC 偏好性及读长较短等系统性缺陷（Goodwin et al., 2016），导致其在复杂植物基因组的拼接中受到了一定限制。但第二代测序技术通量大、成本持续降低，这极大地促进了其在植物基因组学研究领域快速发展。

（三）第三代测序技术（PacBio/Nanopore）

第二代测序技术的优势和短板并存，因此第三代测序技术应运而生。第三代测序（third generation sequencing，TGS）是基于单个分子信号检测的 DNA 测序技术，也称为单分子测

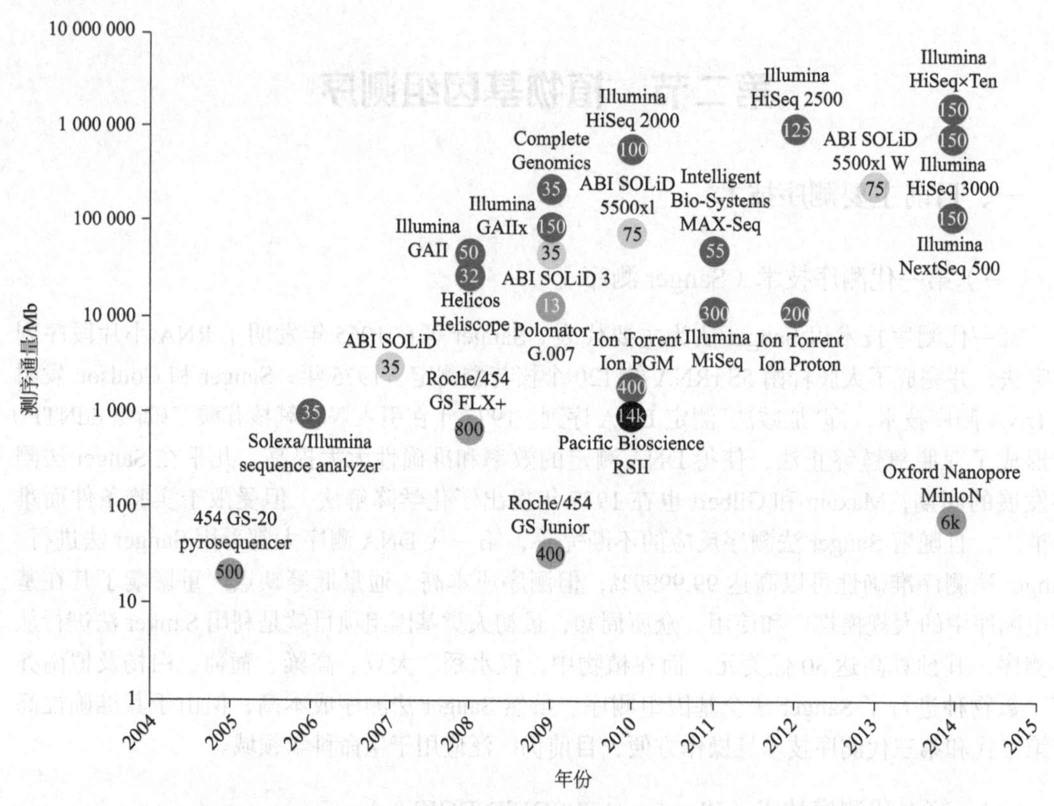

图 1-2-5 高通量测序技术出现年份及其测序通量变化趋势（引自 Reuter et al.，2015）

序（single molecule sequencing，SMS）。目前，第三代测序技术主要包括 PacBio 的 SMRT、Oxford 的 Nanopore、Helicos 的 tSMS（图 1-2-5），以及一些尚处于开发阶段的技术。

第三代测序技术由于其错误是随机的（无偏好性），且平均读长可达 8～25kb，解决了第二代测序中很多无法解决的问题。此外，第三代测序技术的读长可跨过重复序列区域，极大促进了拼接指标的提升。测试数据分析表明，测序读长一旦长于 7kb 时，基因组的拼接片段（Contig）数目就会急剧下降，而不同测序覆盖度对拼接影响相对小些（图 1-2-6）。这是因为第三代测序的长读长可以直接跨越包含重复序列等复杂区域，显著减少缺失序列（gap）数量，

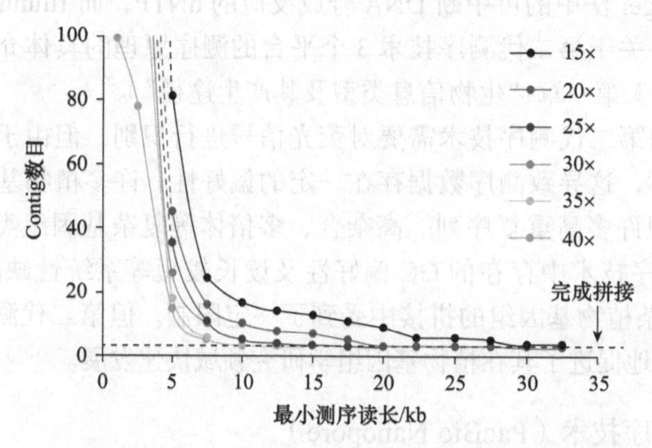

图 1-2-6 拼接片段（Contig）数目随测序读长及覆盖度的变化趋势图

横坐标代表测序读长，纵坐标代表基因组拼接结果中 Contig 数目，

不同颜色曲线代表不同测序覆盖深度的 Contig 数目变化曲线

进而提高基因组拼接质量。截至 2019 年，PacBio 公司的 Sequel 测序平台和 Nanopore 公司的 PromethION 平台“强强对话”，两个平台单次分别可以进行 640Gb 和 7.2Tb 的理论测序，通量极大。虽然第三代测序技术的通量较早期有了质的飞跃，但目前测序成本相对于第二代测序技术还是偏高，同时其测序错误率较高，这些都制约了第三代测序技术的大范围应用。

二、植物基因组测序策略

通过流式细胞术、染色体观察及 *K*-mer 的基因组序列分析，我们可以获得包括基因组大小、重复比例、杂合率及倍性等基因组概貌信息。根据这些植物基因组概貌信息，制订一个合适的基因组测序策略，对于整个基因组项目的顺利进行将起到关键作用，尤其是对于拥有复杂基因组类型的植物基因组，正所谓“磨刀不误砍柴工”。

根据基因组的重复序列比例、杂合率、基因组大小及多倍化等指标，可以将基因组分为简单基因组和复杂基因组：一般可以将重复序列比例低于 50%、杂合率低于 0.5%，同时基因组小于 2Gb 的二倍体植物基因组视为简单基因组，如胡萝卜单倍体及高纯合二倍体物种苹果和月季等（表 1-2-1）；复杂基因组一般指重复序列比例高于 60%，或者杂合率大于 0.5%，或者基因组大于 2Gb，或者多倍体基因组，如重复序列比例超过 70% 的烟草和茶叶等基因组，杂合率大于 1% 的 F_1 杂合拟南芥基因组等。对于复杂基因组，与简单基因组同样的测序投入只会得到远低于简单基因组的拼接指标。目前基因组拼接工具通常是针对非植物物种进行设计及参数测试的，所以对于高重复序列、高杂合率及多倍化等植物常见复杂基因组，往往表现不佳。因此，我们需要针对植物基因组，制订更加个性化的测序策略以获得满意的拼接结果。

表 1-2-1　植物简单基因组不同测序策略举例

基因组概貌	测序策略	基因组拼接指标
胡萝卜基因组（Iorizzo et al.，2016） 染色体倍性：单倍体加倍 基因组预估大小：473Mb 重复序列比例：41.0%	纯二代测序策略 二代测序深度：约 300 层（×） 二代建库方式：170bp/280bp/800bp/ 2kb/5kb/10kb/20kb/40kb	基因组大小：421Mb Scaffold N50：12.7Mb Contig N50：31.2kb
苹果基因组（Daccord et al.，2017） 染色体倍性：高纯合二倍体 基因组预估大小：651Mb 重复序列比例：57.3%	二代三代组合测序策略 二代测序深度：约 135 层（×） 二代建库插入长度：300bp/2kb/5kb/10kb 三代测序深度：约 35 层（×） 三代建库插入长度：20kb	基因组大小：649.7Mb Scaffold N50：2.65Mb Contig N50：620kb
月季基因组（Raymond et al.，2018） 染色体倍性：高纯合二倍体 基因组预估大小：391Mb 重复序列比例：42.1%	纯三代测序策略 三代测序深度：约 80 层（×） 三代建库插入长度：20kb	基因组大小：503Mb Contig N50：24Mb

根据目前的两种主流测序技术，植物基因组的测序策略可以大致分为 3 种：纯二代测序策略、二代三代组合测序策略及纯三代测序策略。目前这些策略在植物基因组测序中都被采用，表 1-2-2 给出了一些案例。随着第三代测序技术成本的下降，目前更多纯三代测序策略被采用。对于复杂基因组（如多倍体物种），如果仅采用第二代测序技术，受限于第二代测序技术的读长，杂合或者多倍化导致的亚基因组（m 和 n）在拼接中产生了很多不能确认的区域，也就是拼接中常说的包（bubble），从而影响了拼接的连续性和拼接指标（图 1-2-7A）。如果采取纯三代测序策略，可以将两个亚基因组区分开，对于多倍体物种而言是好事（图 1-2-7B）。对

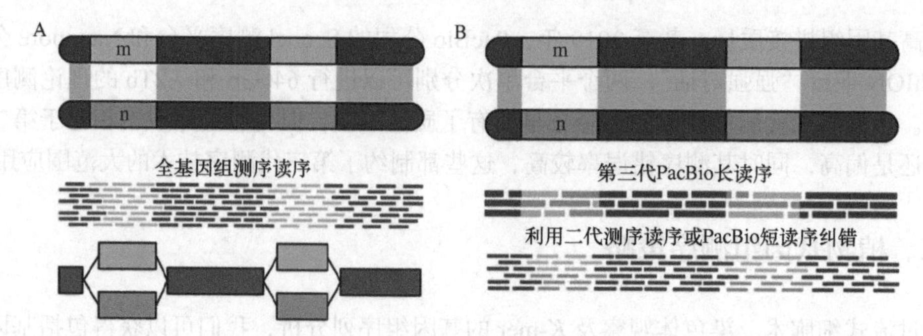

图 1-2-7 第二代和第三代测序技术用于植物复杂基因组拼接效果比较（改自 Michael et al.，2015）

m 和 n 分别代表的是复杂基因组（如多倍体）中的亚基因组，灰色线条将完全一样的区域连接起来，淡蓝色和淡红色区域代表分化差异的序列。A．利用纯二代测序策略进行复杂基因组测序会产生分离区域；B．利用纯三代测序策略进行复杂基因组拼接的模式图。相对于纯二代测序策略序列分离区域产生的包，纯三代测序策略拼接会产生两个完整的亚基因组

于杂合率较高的二倍体物种而言，纯三代拼接会多一份拷贝，生物信息学分析上可能就会多一份困扰。由于成本等各类原因，目前植物基因组测序，往往各类测序数据都会产生，拼接策略上会尽量利用上述各类测序数据，如二代三代测序混合拼接；增加一些 BAC 等克隆测序，等等。对于简单基因组，即高纯合二倍体和单倍体基因组，往往利用各类数据都可以拼出理想的参考基因组。由此可见，对于上述定义的简单植物基因组和复杂植物基因组，最大的区别就在于复杂植物基因组由于其重复序列等多种情况，导致无法很好地进行基因组复杂区域拼接，从而致使基因组从头拼接效果不佳，以致时常影响深入解析一些关键生物学问题。

表 1-2-2 植物复杂基因组不同测序策略举例

基因组概貌	测序策略	基因组拼接指标
茶树基因组（Xia et al.，2017） 染色体倍性：二倍体 基因组预估大小：3Gb 重复序列比例：80.1%	纯二代测序策略 二代测序深度：约 300 层（×） 二代建库方式：180bp/260bp/300bp/500bp 2kb/3kb/4kb/5kb/8kb/20kb	基因组大小：3.02Gb Scaffold N50：449kb Contig N50：20.0kb
稗草基因组（Guo et al.，2017） 染色体倍性：六倍体 基因组预估大小：1.5Gb 重复序列比例：约 40%	二代三代组合测序策略 二代测序深度：约 150 层（×） 二代建库插入长度：300bp/500bp/800bp/ 2kb/5kb/10kb/20kb 三代测序深度：约 23 层（×） 三代建库插入长度：20kb	基因组大小：1.48Gb Scaffold N50：1.8Mb Contig N50：26.5kb
向日葵基因组（Badouin et al.，2017） 染色体倍性：二倍体 基因组预估大小：3.75Gb 重复序列比例：>75%	纯三代测序策略 三代测序深度：约 102 层（×） 三代建库插入长度：20kb	基因组大小：2.94Gb Contig N50：399kb

第三节 植物基因组拼接组装

一、基因组拼接

基因组拼接是生物信息学的一项重要任务。一个完整的基因组序列，对目标物种的遗传研究至关重要，特别是对该物种遗传育种、进化、基因功能等研究具有重要支撑作用。目前

高通量测序技术（包括第二代和第三代测序技术）测序通量大，可以在很短的时间内获得目标物种基因组几十倍甚至几百倍覆盖的基因组 DNA 序列数据。但是，第二代高通量测序仪产生的读序（“read”）一般为 100～150bp，第三代测序仪产生的读序通常为 8～150kb，相对于一条染色体几十 Mb 的长度，如何利用这些短序列拼接出高质量基因组序列，对于生物信息学来说是一个挑战。我们不知道基因组整条序列是如何排列或组合的，同时，目前的技术又无法实现一次把整条染色体序列完整测序。所以，我们只有通过算法和计算机的帮助，把这些短序列组装起来，拼出一条完整的真实序列，即所谓从头拼接（*de novo* assembly）。目前应用于基因组从头拼接的算法主要包括德布鲁因图（de Brujin graph，DBG）和序列重叠一致性（overlap-layout-consensus，OLC）两种（由于篇幅有限，这里不对具体的算法展开具体描述，感兴趣的读者可参考樊龙江主编的《生物信息学》有关“基因组拼接与分析”一章）。

基因组拼接主要步骤（图 1-2-8）如下：①全基因组鸟枪法测序，包括单端测序（single-end）、双端测序（paired-end）及大片段末端双端测序（mate-pair），其中目前的第三代测序也是单端测序的一种，双端测序特指短片段建库双端测序，大片段末端双端测序还包括了 Hi-C、Chicago、10x 等大片段建库测序前沿技术；②原始序列的矫正和质量控制；③基因组 *de novo* 组装；④基因组组装改善提升，主要包括拼接延长（scaffolding）、补洞（gap filling）及拼接一致性矫正（polishment）。

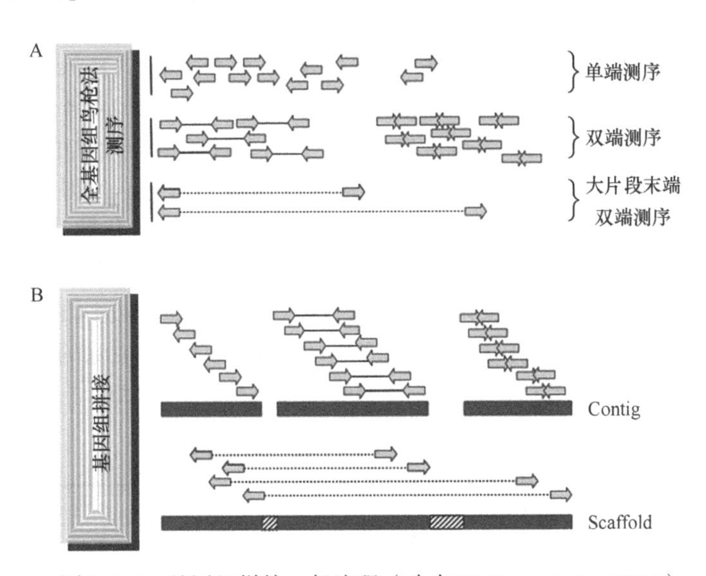

图 1-2-8 基因组拼接一般流程（改自 Ekblom et al.，2014）

A. 全基因组鸟枪法测序所产生的数据类型，包括单端测序、双端测序及大片段末端双端测序；

B. 基因组拼接过程，拼接会产生两种拼接序列（Contig/Scaffold），其中 Scaffold 序列中间尚有未测通的部分

根据以上基因组拼接步骤，以下分别进行具体介绍，并列举植物基因组拼接中一些代表性软件工具。

（一）原始序列的质量控制与错误矫正

如上所述，二代和三代测序均因为测序技术本身存在或多或少的测序错误或者偏差，所以其读序在正式用于基因组拼接前，需要特殊步骤进行矫正，以提升基因组拼接的质量。表 1-2-3 中列出了目前用于二代和三代测序质量控制与碱基错误矫正的代表性软件。二代测序可以根据测序文件中对于每个碱基的质量值标注，对低质量的读序进行去除，也就是所

谓的质量控制，如NGSQC toolkit（Patel et al.，2012）。尽管二代测序经过质量控制后碱基准确率可以达到99.9%以上，但部分系统错误仍旧存在，可以通过*K*-mer算法进一步矫正，如Lighter（Song et al.，2014）。三代测序由于其错误随机产生，与二代测序错误具有偏好性不同，所以在质量控制策略上也大不相同。包括PacBio和Nanopore两家公司产生的三代测序序列均可以通过高覆盖度进行自我矫正，目前较为常用的是Canu软件自带的矫正模块（Koren et al.，2017），也有通过二代测序构建DBG图对三代测序进行矫正的，如LoRDEC（Salmela et al.，2014）。Nanocorrect是专门针对Nanopore纳米孔测序技术设计的矫正软件（Loman et al.，2015）。

表 1-2-3 常用读序质量控制与错误矫正软件

软件	下载地址	软件	下载地址
NGSQC toolkit	http://www.nipgr.res.in/ngsqctoolkit.html	LoRDEC	http://atgc.lirmm.fr/lordec/
Lighter	https://github.com/mourisl/Lighter	Nanocorrect	https://github.com/jts/nanocorrect/
Canu	https://github.com/marbl/canu		

（二）植物基因组 *de novo* 拼接

对于植物简单基因组，利用目前主流的拼接软件就可以获得很好的拼接结果，如二代拼接软件SOAPdenovo2（Luo et al.，2012）、三代拼接软件Canu（Koren et al.，2017），以及二代三代混拼软件HybridSPAdes（Antipov et al.，2016）等（表1-2-4）。对于植物复杂基因组，如上所述，目前大部分基因组拼接软件在设计时，往往不会针对植物基因组特性，因此进行植物复杂基因组组装时，常规方法往往效果不太令人满意。值得一提的是，Platanus（Kajitani et al.，2014）是特别针对植物基因组复杂特性进行设计优化的二代测序拼接软件；FALCON-unzip（Chin et al.，2016）在进行基因组拼接时，可获得复杂基因组两个完整的拼接版本并做主次划分，这尤其符合复杂基因组的拼接特性；Redundans（Pryszcz et al.，2016）中包括了可以对植物复杂基因组拼接中可能产生的冗余序列进行去除的模块；NOVOPlasty（Dierckxsens et al.，2016）是专门针对线粒体和叶绿体拼接设计的软件。

表 1-2-4 主流植物基因组 *de novo* 拼接软件

软件	下载地址	软件	下载地址
SOAPdenovo2	https://github.com/aquaskyline/SOAPdenovo2	Canu	https://github.com/marbl/canu
Platanus	http://platanus.bio.titech.ac.jp/	FALCON-unzip	https://github.com/PacificBiosciences/FALCON
Redundans	https://github.com/lpryszcz/redundans	NOVOPlasty	https://github.com/ndierckx/NOVOPlasty
HybridSPAdes	http://cab.spbu.ru/software/spades/		

（三）基因组拼接改善提升

在完成基础的基因组拼接之后，我们往往会利用二代测序、三代测序及其他的一些数据对基因组拼接进行进一步提升，提高基因组拼接指标，如Contig N50和Scaffold N50长度。对基因组进行改善提升的方法通常有三类：①补洞（gapfilling），如利用二代测序的GapFiller（Boetzer et al.，2012），利用三代测序的PBJelly（English et al.，2012）；②延长（scaffolding），如利用二代测序的SSPACE（Boetzer et al.，2011），利用三代测序的SSPACE-LongRead（Boetzer et al.，2014）；③拼接一致性矫正（polishment），如利用二代测序的 Pilon（Walker et al.，2014）、针对 PacBio 序列的 Quiver & Arrow（PacBio，SMRT Link）及针对 Nanopore 序列的 Nanopolish（Simpson et al.，2017）（表 1-2-5）。

表 1-2-5　基因组拼接提升相关软件工具

软件	下载地址	软件	下载地址
GapFiller	https://www.baseclear.com/services/bioinformatics/basetools/	Pilon	http://software.broadinstitute.org/software/pilon/
PBJelly	https://sourceforge.net/projects/pb-jelly/	Quiver & Arrow	https://www.pacb.com/support/software-downloads/
SSPACE	https://www.baseclear.com/services/bioinformatics/basetools/	Nanopolish	https://github.com/jts/nanopolish
SSPACE-LongRead	https://www.baseclear.com/services/bioinformatics/basetools/		

二、染色体水平组装

对于一个重要物种基因组，Scaffold 水平的基因组草图序列明显是不够的，而染色体水平的基因组组装对于其遗传研究至关重要。因此，往往需要通过添加一些额外的数据进行染色体水平组装。这项工作通常又称为“准染色体重建”（pseudo-chromosomes reconstruction），其中“准”代表的是基因组组装仍旧存在很多不确定的地方，需要各种可能的证据来进行校验。染色体水平组装目前通常利用遗传图谱（genetic map）、光学图谱技术、Hi-C 等技术来进行辅助组装。

（一）遗传图谱

利用遗传群体及其高质量 SNP 等分子标记进行连锁分析，进而可以构建高密度的遗传图谱，其中遗传图谱的标记、标记对应的遗传距离和标记对应的染色体是用于辅助基因组组装的重要信息。利用遗传图谱辅助进行组装主要分“三步走”，即将分子标记定位到 Scaffold、通过标记的定位信息确定 Scaffold 的染色体定位信息，以及最终将 Scaffold 组装成染色体。目前用于遗传图谱辅助基因组组装的软件较多，如唐海宝等（Tang et al.，2015a）开发的 Allmaps 软件，可以通过设置权重来同时利用多个遗传图谱来进行染色体水平的辅助组装（图 1-2-9 提供了一个案例）。多个可靠的遗传图谱既可以提高染色体水平组装的总长度，也可以提高拼接序列的准确率。

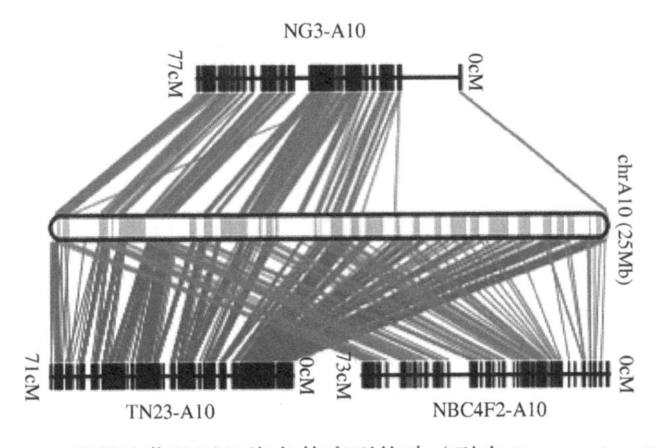

图 1-2-9　亚洲油菜基因组染色体序列构建（引自 Zou et al.，2019）

基于 NBC4F2（绿色）、TN23（蓝色）和 NG3（黄色）三个遗传图谱，并通过 Allmaps 工具进行染色体的构建

（二）基因组组装新技术

利用遗传图谱组装基因组有其局限性，如需要构建遗传群体、构图周期长等。为此许多新技术不断被开发并应用于辅助基因组组装，使基因组组装的连续性和准确性不断提高，如Hi-C技术、光学图谱技术（BioNano Genomics）、Chicago技术（Dovetails Genomics）、Linked-reads技术（10x Genomics）等。下面对这些技术进行简要介绍。

1. Hi-C技术

Hi-C技术指高通量染色体构象捕获（high-throughput chromosome conformation capture）技术，是一种研究全基因组三维构象及分析染色质片段相互作用的前沿技术。对于基因组组装，Hi-C技术主要基于染色体内的相互作用远大于染色体之间的相互作用，近距离的相互作用大于远距离的相互作用的基本原理，进行染色体基因组序列聚类和排序，并定向到它们的正确位置。它与利用遗传图谱将基因组序列组装到染色体水平的方法类似。但遗传图谱需要构建专门的做图群体，而Hi-C技术只需要单个个体就可以实现序列染色体定位（详见第1-9章）。

2. Chicago技术和Linked-reads技术

与Hi-C技术一样，Chicago技术、Linked-reads技术均是基于Illunima二代测序平台而进行的特大片段建库技术。Hi-C技术需要通过提取活细胞染色质构建大片段文库，由此产生一些生物学信号干扰，进而会影响基因组组装。Dovetail Genomics公司的Chicago技术以重组染色质为基础构建大片段文库，通过将DNA、纯化的组蛋白及染色质组装因子结合来重构染色质，可以去除生物学信号的干扰，产生高质量的数据。同时Dovetail在发布Chicago技术的同时，还发布了专门配套的组装软件HiRise（Putnam et al.，2016）。例如，藜麦基因组（Jarvis et al.，2017）的基因组组装工作就采用了Chicago技术进行辅助基因组组装。Chicago技术的劣势是产出片段跨度范围明显小于Hi-C技术，不能进行染色体水平的组装。10x Genomics公司的读序连接（Linked-reads）技术，通过在DNA片段上加入特异性条形码（barcode）序列，并通过追踪barcode序列信息追踪来自每个大片段DNA模板的多个读序，从而获得大片段序列的信息，并以此信息来辅助组装。10x Genomics公司同样也开发了其配套的组装软件Supernova（https://support.10xgenomics.com/de-novo-assembly/software/downloads/latest）。例如，大豆野生近缘种*Glycine latifolia*的基因组即是以Linked-reads技术为主进行的基因组组装（Liu et al.，2018b）。但Linked-reads技术的一个很大局限在于其只能用于二倍体拼接。

3. 光学图谱技术

与前面所提及的基于测序技术系统有所不同，光学图谱技术是一种非测序系统技术，它通过对尽可能长的DNA片段进行成像分析，制成可视基因组图谱。其中BioNano Genomics公司是目前最主流的光学图谱技术服务提供商，提供了IRYS和SAPHYR两种光学图谱平台。在辅助基因组组装方面，光学图谱除了能够用于基因组拼接片段的排序和定向，还可以用于基因组拼接片段的错误矫正及估计相邻片段之间缺口序列长度。基于SAPHYR光学图谱平台的最新基因组DNA标记技术DLS（direct label and stain technology），对于DNA进行标记时完全损坏，因而可以产生染色体尺度的光学图谱。例如，Deeley等（2018）利用BioNano的DLS技术进行高粱染色体水平的辅助组装，其DLS光学图谱的DNA分子长度N50达到了286kb，借此拼接出的高粱基因组N50达到了33.8Mb，接近染色体水平。在植物中，光学图谱技术加上第三代测序技术及Hi-C技术，基本可以解决植物基因组高重复、高杂合及多倍化等可能存在的复杂问题，从而获得高质量的植物复杂参考基因组。

（三）组装质量评估

基因组组装完成后，可以通过一些方法对基因组拼接质量进行评估，常见的方法包括如下几种：①拼接指标，如 Contig N50 和 Scaffold N50 指标，指标越高说明基因组拼接的连续性越好；②矫正后的测序数据比对到拼接基因组上的比例，通过将矫正后的二代或三代测序数据与基因组进行比对，通过比对有效比例和覆盖度来评估拼接基因组和数据的一致性，通常有效比例越高，覆盖度越均匀，组装效果越好；③利用已发表评判基因组拼接完整度的保守基因数据库或软件进行评估，如 CEGMA、BUSCO、LAI 等；④通过 BioNano 光学图谱、BAC 序列、Hi-C 及遗传图谱等各种类型的数据和基因组拼接进行一致性比较，从多个维度来验证基因组拼接的准确性，通常一致性越高，基因组拼接越准确。

第 1-3 章　植物基因组构成

第一节　植物基因组大小与基本结构

扫码见
本章彩图

一、植物基因组大小

基因组大小是指一个基因组中单个拷贝 DNA 的总量，往往用百万个碱基（Mb）为单位。对于二倍体生物，基因组大小还可用 *C* 值（*C*-value）来说明，该值是指一个单倍体（即配子）核中 DNA 总量。许多原核微生物基因组为环形，而真核生物基因组均为线形（一条或多条线性染色体构成）。一般原核微生物（如细菌和古细菌）基因组较小，真核生物基因组较大（图 1-3-1）。即使同一类型生物，其基因组大小也会存在巨大差异。例如，原生动物（protozoa）是基因组大小跨度最大的一类生物，其次是有花植物（flowering plant）、扁形动物（flatworm）、甲壳类动物（crustacean）等。表 1-3-1 列出了部分生物的基因组大小，包括第一个被基因组测序

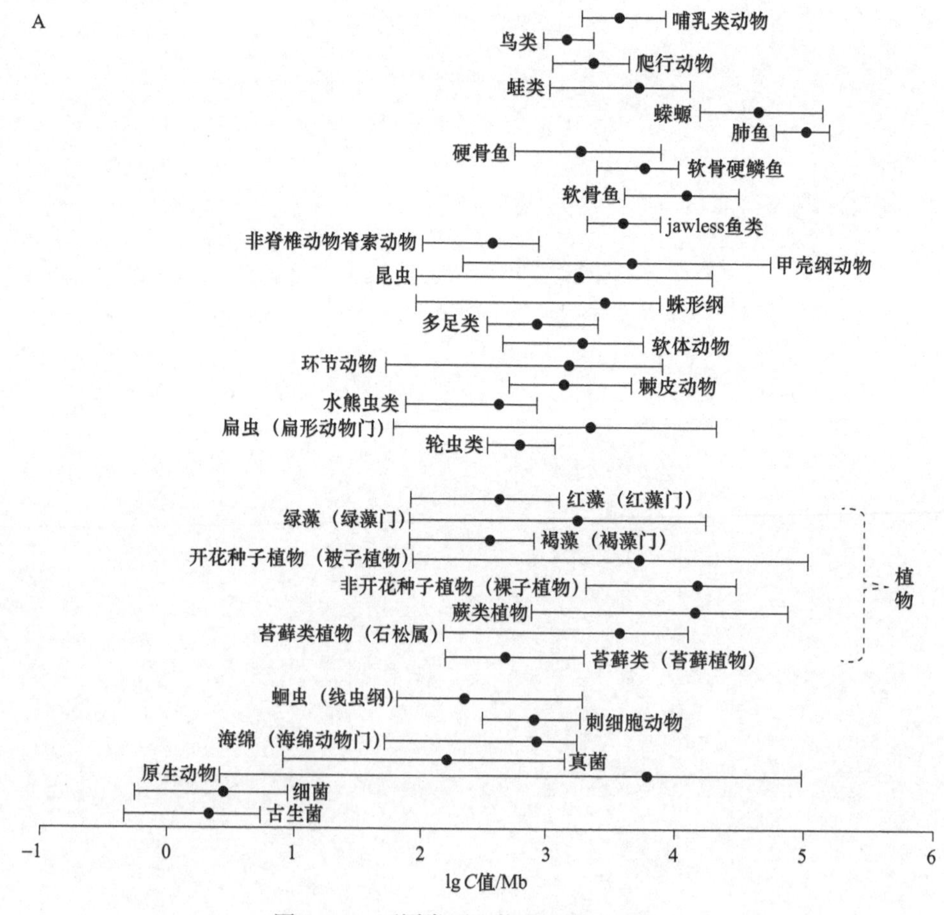

图 1-3-1　不同类型生物基因组大小分布

A．不同类别植物和其他生物基因组大小分布（改自 Gregory et al.，2005）；B．不同基因组大小物种举例（引自 Tulpan and Leger，2017）。图中列出了每个物种染色体（chr）基数和蛋白质编码基因（cds）数量

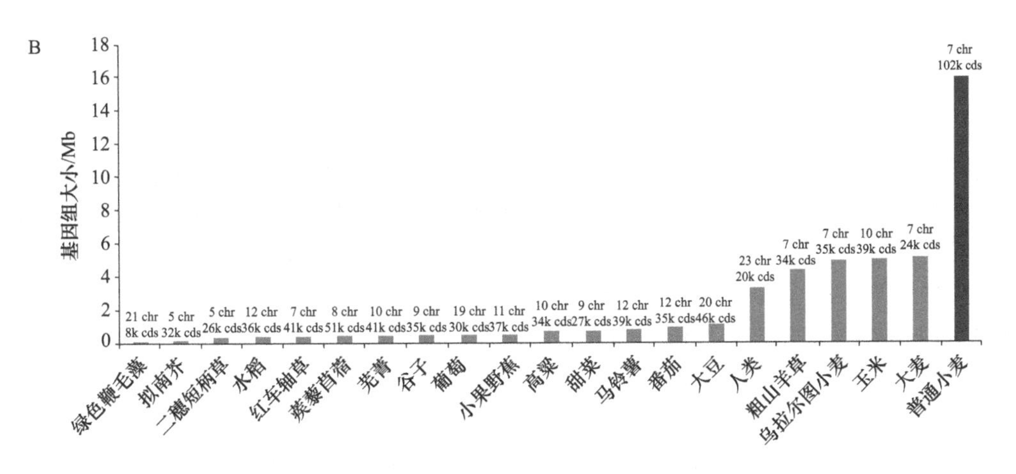

图 1-3-1 （续）

的物种、同一类型中具有最大或最小基因组的物种。

表 1-3-1　不同类型生物基因组大小举例

类型	物种	基因组大小	说明
病毒	MS2 细菌噬菌体	3.5kb	第一个测序的 RNA 基因组
	SV40（猿猴空泡病毒 40）	5.2kb	
	噬菌体 Φ-X174	5.4kb	第一个测序的 DNA 基因组
	HIV（人类免疫缺陷病毒）	9.7kb	
	λ 噬菌体	48kb	
	巨型病毒	1.2Mb	已知最大病毒基因组
细菌	流感嗜血杆菌（*Haemophilus influenzae*）	1.8Mb	第一个非寄生生物基因组（1995 年）
	木虱原生共生细菌（*Carsonella ruddii*）	160kb	已知最小非病毒基因组
	蚜虫初级内共生菌（*Buchnera aphidicola*）	600kb	
	Wigglesworthia glossinidia	700kb	
	大肠杆菌（*Escherichia coli*）	4.6Mb	
	Solibacter usitatus（strain Ellin 6076）	10Mb	已知最大细菌基因组
变形虫类	无恒变形虫（*Polychaos dubium*）	670Gb	已知最大基因组
植物	拟南芥（*Arabidopsis thaliana*）	157Mb	第一个测序的植物基因组（2000 年）
	螺旋狸藻（*Genlisea margaretae*）	63Mb	最小开花植物基因组（2006 年）
	Fritillaria assyrica	130Gb	
	毛果杨（*Populus trichocarpa*）	480Mb	第一个测序的林木基因组（2006 年）
	马醉木（*Pieris japonica*）	150Gb	已知最大植物基因组
苔藓	小立碗藓（*Physcomitrella patens*）	480Mb	第一个测序的苔藓类植物基因组（2008 年）
酵母	酿酒酵母（*Saccharomyces cerevisiae*）	12.1Mb	第一个测序的真核生物基因组（1996 年）
真菌	构巢曲霉（*Aspergillus nidulans*）	30Mb	
线虫类	秀丽隐杆线虫（*Caenorhabditis elegans*）	100Mb	第一个测序的多细胞动物基因组（1998 年）
	南方根腐线虫（*Pratylenchus coffeae*）	20Mb	已知最小动物基因组
昆虫	黑腹果蝇（*Drosophila melanogaster*）	130Mb	
	家蚕（蚕蛾）（*Bombyx mori*）	530Mb	
	意大利蜜蜂（*Apis mellifera*）	236Mb	
	红火蚁（*Solenopsis invicta*）	480Mb	
鱼类	青斑河豚（*Tetraodon nigroviridis*）	390Mb	已知最小脊椎动物基因组
	石花肺鱼（*Protopterus aethiopicus*）	130Gb	已知最大脊椎动物基因组
哺乳动物	人类（*Homo sapiens*）	3.2Gb	

二、植物基因组基本结构

基因组DNA序列看似简单，其实构成很复杂。真核生物核基因组一般包括35%～80%的重复序列和约5%的蛋白质编码序列，这些编码序列分布于整个基因组区域。相对而言，染色体着丝粒附近重复序列比例很高。基因组上有大量非编码序列，其构成比较复杂，转录主要形成两种RNA：管家ncRNA和调节性ncRNA（具体分类将在本章第二节详细描述）。调节性ncRNA会参与蛋白质编码基因表达的调控，发挥重要功能（详见第1-5章第一节）。许多非编码序列中包含所谓假基因，它们原来为蛋白质编码基因，但由于进化过程中碱基删除或变异等，丧失了编码蛋白质的功能。

不同类型植物基因组构成和大小均有所不同（图1-3-2和表1-3-1）。例如，拟南芥、水稻、玉米的基因组大小不同，染色体条数分别为5条、12条和10条。图1-3-2显示拟南芥、水稻、玉米基因组中编码区域、重复序列占基因组的比例皆有不同。以单子叶植物水稻基因组为例，其蛋白质编码基因总数达3.9万个，重复序列占整个基因组35%左右，主要是

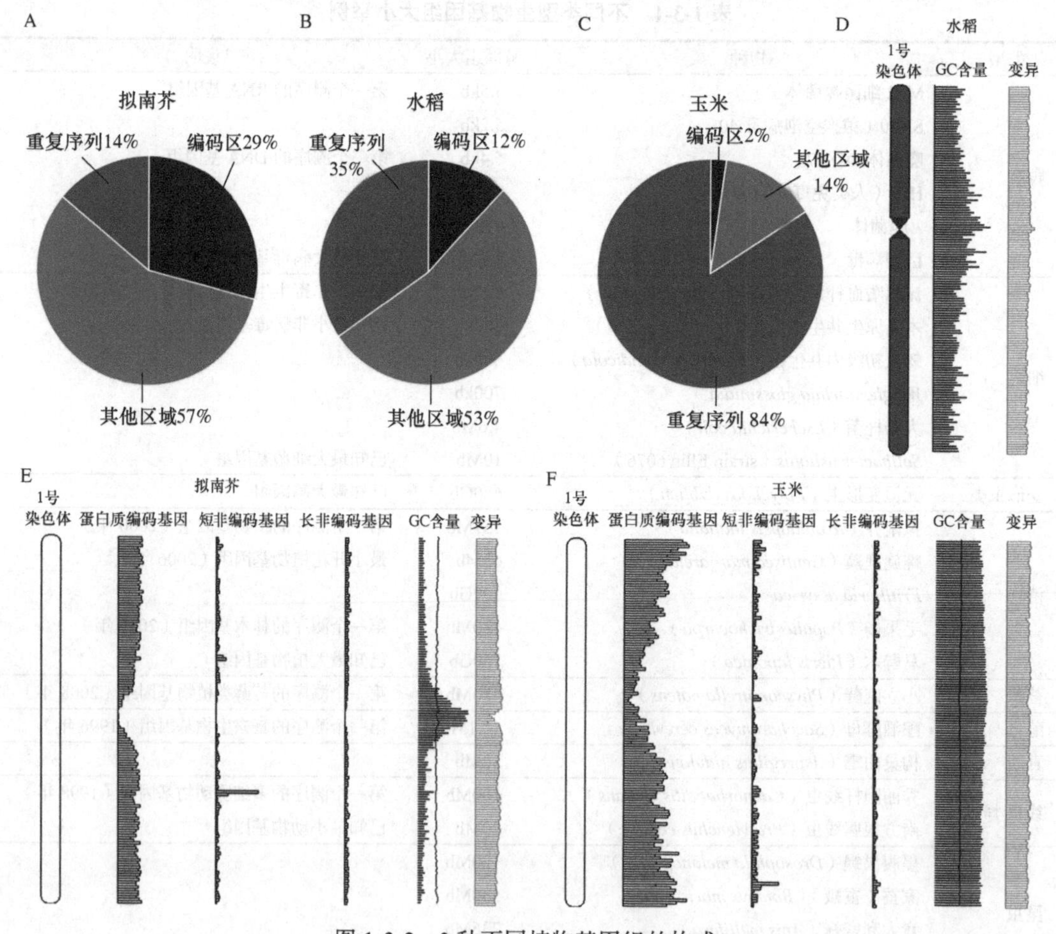

图1-3-2　3种不同植物基因组的构成

A、B、C分别代表拟南芥（引自The Arabidopsis Genome Initiative，2000）、水稻（引自International RGSP，2005）和玉米（引自Schnable et al.，2009）中的编码区、重复序列和其他区域（包括内含子和其他非编码区域等）占基因组的比例（不同基因组版本之间可能存在差异，但是数量级一般不变）；D、E、F分别代表水稻、拟南芥和玉米基因组的1号染色体上蛋白质编码基因（红色）、非编码基因（蓝色）、GC含量（灰色）、变异（黄色）的分布情况（数据来自Ensembl Plants）

反转座子和 DNA 转座子类重复序列。随机选取水稻核基因组一段长 50kb 的 DNA 片段为例（图 1-3-3A），该 50kb 基因组区段中包含 11 个蛋白质编码基因和 9 个非编码基因。即使是同一种类生物，不同物种之间基因组构成也会千差万别，如同为禾本科物种的水稻和玉米基因组。玉米基因组由于物种分化后转座子类重复序列大量增多，其基因组重复序列比例高达约 84%（图 1-3-2C）。重复序列使玉米基因组相对其他禾本科物种较大，因此其一个 50kb 基因组序列片段上编码基因很少（图 1-3-3C）。相反，完全不同的植物——双子叶植物拟南芥基因组却与单子叶植物水稻基因组类似，其基因组更小，基因构成更紧密。图 1-3-3B 展示了拟南芥基因组随机选取的一个 50kb 片段内基因的数量和分布。

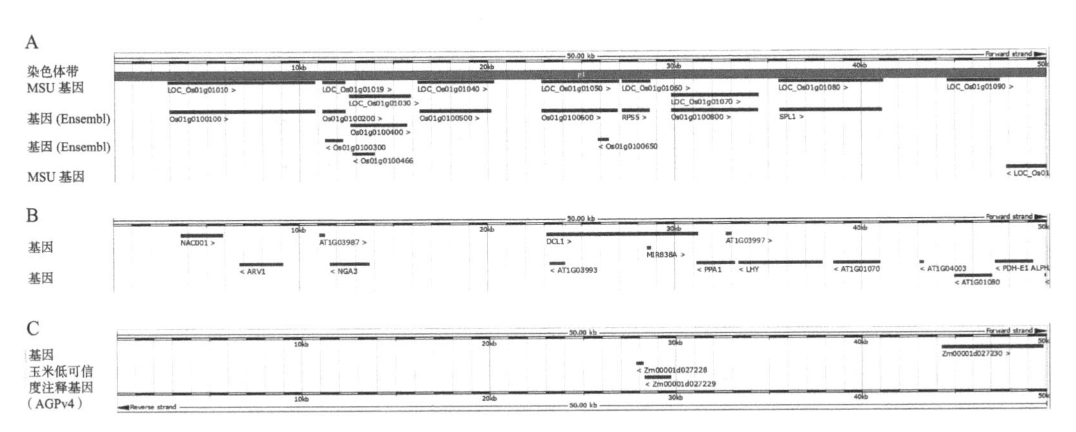

图 1-3-3　植物基因组序列构成举例（50kb 长度片段）：水稻（A）、拟南芥（B）和玉米（C）
（数据来自 Ensembl Plants）

第二节　植物基因组主要构成因子

一个植物细胞中包含 3 个基因组：一个细胞核基因组和两个细胞器基因组（叶绿体和线粒体）。叶绿体和线粒体基因组将在本篇第 11 章和第 12 章中详细论述，本节仅就核基因组的构成进行介绍。一般情况下，一个物种的核基因组可根据其注释信息，大致分为蛋白质编码基因、非编码基因、重复序列和假基因等。

一、蛋白质编码基因

一个蛋白质编码基因的典型结构包括启动子区域（promoter）、5′ 端非翻译区（5′-untranslated region，5′-UTR）、外显子（exon）、内含子（intron）、3′ 端非翻译区（3′-UTR）和终止子。基因表达后被转录成前体 mRNA，经过剪接，切除其中非编码序列（即内含子等）后，编码序列（即外显子）连接形成成熟 mRNA，并翻译成蛋白质。

（一）植物蛋白质编码基因概况及特征

蛋白质编码序列分布于整个基因组区域。相对而言，染色体着丝粒附近重复序列多而编码序列分布少。蛋白质编码序列在植物基因组中所占比例很低。一个植物基因组中，编码基因的数量通常在 2 万～4 万个（表 1-3-2），如拟南芥中有编码基因 2.7 万个、水稻中有 3.9 万个。而一些藻类植物基因数量会偏少，如 *Ostreococcus lucimarinus* 仅有 7800 个编码基

表 1-3-2 植物基因组蛋白质编码基因概况（数据来源：Phytozome，V12）

物种拉丁名	物种中文名	基因数	最长基因的长度 /bp	基因平均长度 /bp	编码序列的最长长度 /bp	编码序列的平均长度 /bp	最多外显子个数	平均外显子个数	最长外显子长度 /bp	平均外显子长度 /bp	最长内含子长度 /bp	平均内含子长度 /bp
A. coerulea	蓝花耧斗菜	30 023	53 214	3 580	16 125	1 142	80	4.7	6 993	245	10 991	463
A. comosus	菠萝	27 024	217 655	4 894	16 224	1 171	82	5.5	7 743	212	112 910	699
A. halleri	圆叶拟南芥	25 008	30 393	2 179	16 140	1 146	75	5.1	7 722	225	10 834	185
A. hypochondriacus	千穗谷	23 038	61 643	4 939	15 969	1 173	76	5.1	7 881	228	17 999	783
A. lyrata	琴叶拟南芥	31 073	26 566	2 333	16 176	1 155	77	5.0	7 734	233	12 918	170
A. thaliana	拟南芥	27 416	31 258	2 206	16 182	1 218	78	5.1	7 761	238	10 234	158
A. trichopoda	无油樟	26 846	198 478	5 665	14 973	946	65	4.1	6 559	231	175 748	1 528
B. distachyon	短柄草	34 310	47 230	3 373	16 122	1 132	79	4.4	6 460	255	17 912	400
B. oleraceacapitata	卷心菜	35 400	24 442	1 769	14 091	1 039	62	4.6	11 195	227	9 985	205
B. rapaFPsc	芜菁	40 492	27 238	2 233	16 125	1 153	79	4.9	7 677	234	18 193	197
B. stacei	—	29 898	47 224	3 335	16 080	1 206	79	4.8	6 457	252	19 605	393
B. stricta	—	27 416	31 600	2 368	16 164	1 181	77	5.1	7 725	232	11 962	202
C. clementina	克莱门柚	24 533	38 251	3 046	15 537	1 250	76	5.1	7 962	246	4 675	340
C. grandiflora	桉叶藤	24 805	30 280	2 240	15 735	1 230	78	5.2	7 716	235	11 736	173
C. papaya	番木瓜	27 769	65 167	2 358	10 605	892	45	4.1	4 766	220	53 382	479
C. reinhardtii	莱茵衣藻	17 741	108 752	5 343	71 580	2 207	173	8.5	12 274	261	28 216	269
C. rubella	—	26 521	30 789	2 330	16 170	1 249	79	5.2	7 713	241	9 579	169
C. sativus	藏红花	21 503	69 944	3 514	15 618	1 188	74	5.2	6 517	230	9 963	453
C. sinensis	茶树	25 379	39 297	2 768	16 203	1 149	76	4.7	7 965	242	9 949	341
C. subellipsoidea C-169	胶球藻（C-169）	9 629	83 961	3 520	47 394	1 282	184	8.1	3 480	159	16 805	284
D. carota	胡萝卜	32 113	169 277	3 118	15 759	1 188	76	5.0	12 413	237	41 368	478

续表

物种拉丁名	物种中文名	基因数	最长基因的长度/bp	基因平均长度/bp	编码序列的最长长度/bp	编码序列的平均长度/bp	最多外显子个数	平均外显子个数	最长外显子长度/bp	平均外显子长度/bp	最长内含子长度/bp	平均内含子长度/bp
D. salina	盐生杜氏藻	16 697	151 004	10 884	17 247	1 210	109	7.3	6 053	166	23 391	1 430
E. grandis	巨桉	36 349	56 415	3 105	14 487	1 163	77	4.6	7 038	253	9 190	417
E. salsugineum	油棕	26 351	30 769	2 210	16 176	1 225	79	5.2	7 785	234	5 767	175
F. vesca	野草莓	32 831	47 138	2 867	15 804	1 185	80	5.1	5 916	233	9 988	411
G. max	大豆	56 044	94 722	3 855	16 308	1 131	77	4.9	7 929	232	18 215	482
G. raimondii	雷蒙德氏棉	37 505	51 175	3 243	20 301	1 200	79	5.0	7 926	238	12 700	342
K. fedtschenkoi	玉吊钟	30 964	51 439	2 880	15 168	1 129	78	4.9	6 940	231	15 936	279
K. laxiflora	—	50 461	49 475	3 033	16 401	1 254	79	5.4	7 914	230	20 370	266
L. usitatissimum	亚麻	43 471	72 320	2 309	14 619	1 201	78	5.0	9 636	239	49 834	275
M. acuminata	香蕉	36 528	69 205	3 804	36 036	1 039	62	5.4	34 282	192	25 266	579
M. domestica	苹果	63 514	31 979	2 639	16 248	1 120	63	4.7	8 016	236	26 383	406
M. esculenta	木薯	33 033	63 652	3 507	16 035	1 169	74	4.9	7 923	241	17 006	468
M. guttatus	猴面花	28 140	36 978	2 740	16 191	1 184	79	4.9	6 053	240	8 136	282
M. polymorpha	地钱	19 287	57 194	3 753	29 805	1 216	79	4.8	14 306	253	19 489	346
M. truncatula	蒺藜苜蓿	50 894	102 191	2 617	16 158	985	78	4.0	7 926	243	100 988	440
O. lucimarinus	绿色鞭毛藻	7 796	54 582	1 309	54 582	1 217	16	1.3	54 582	934	5 602	160
O. sativa	水稻	42 189	57 094	2 872	16 311	1 112	78	4.2	15 363	263	18 269	391
O. thomaeum	复活草	28 446	202 841	2 729	14 988	954	62	4.5	5 913	210	202 169	446
P. hallii	哈氏黍	37 232	58 399	2 987	16 143	1 110	79	4.4	7 845	254	21 207	357
P. patens	小立碗藓	32 926	34 144	3 271	28 230	1 137	78	4.8	10 268	235	12 645	263
P. persica	桃	26 873	36 935	3 240	16 092	1 231	79	4.9	7 929	249	8 150	327
P. trichocarpa	毛果杨	41 335	41 460	3 108	15 198	1 120	63	4.6	7 893	243	10 053	371

续表

物种拉丁名	物种中文名	基因数	最长基因的长度 /bp	基因平均长度 /bp	编码序列的最长长度 /bp	编码序列的平均长度 /bp	最多外显子个数	平均外显子个数	最长外显子长度 /bp	平均外显子长度 /bp	最长内含子长度 /bp	平均内含子长度 /bp
P. virgatum	柳枝稷	98 007	46 532	2 480	15 711	892	60	3.6	7 842	247	18 637	377
P. vulgaris	欧洲报春	27 433	90 772	3 944	16 278	1 230	78	5.1	9 807	240	16 630	484
R. communis	蓖麻	31 221	51 831	2 262	15 849	1 004	77	4.1	6 592	242	33 291	378
S. bicolor	高粱	34 211	88 337	3 712	16 311	1 162	80	4.5	7 860	258	24 755	454
S. fallax	—	26 939	34 344	3 742	27 381	1 352	78	5.5	13 585	247	6 130	317
S. italica	粟	34 584	49 022	3 180	16 146	1 190	79	4.6	7 851	257	14 896	362
S. lycopersicum	番茄	34 725	244 094	3 164	15 315	1 036	71	4.5	6 837	229	38 338	540
S. moellendorffii	江南卷柏	22 285	49 154	1 702	25 389	1 146	79	5.5	20 532	208	48 860	111
S. polyrhiza	浮萍	19 623	43 594	3 458	15 810	1 108	79	5.2	7 944	213	25 148	559
S. purpurea	紫瓶子草	37 865	40 510	3 360	16 419	1 209	75	5.0	7 914	242	20 005	391
S. tuberosum	马铃薯	39 028	53 145	2 525	7 761	927	57	3.5	6 918	267	14 994	622
S. viridis	狗尾草	35 214	46 738	3 153	16 116	1 167	79	4.6	7 851	256	13 797	363
T. cacao	烟草	29 452	2 225 449	6 092	16 221	1 153	79	4.8	7 947	242	1 284 698	540
T. pratense	红车轴草	39 948	77 770	3 323	15 306	1 033	72	4.3	7 947	241	60 588	507
V. carteri	团藻	14 247	57 517	6 017	21 639	1 962	85	7.7	9 080	254	18 916	416
V. vinifera	葡萄	26 346	156 861	6 454	40 713	1 137	103	6.0	40 410	191	39 916	970
Z. marina	大叶藻	20 450	119 393	3 342	15 909	1 177	75	5.2	8 582	227	43 948	442
Z. mays	玉米	63 480	191 581	3 002	14 232	830	53	3.6	7 833	233	169 080	639
平均值		32 490	107 384	3 360	19 377	1 169	78	5.0	10 024	246	51 612	422

因。部分多倍体植物蛋白质编码基因可达 10 万个左右，如四倍体植物油菜（Chalhoub et al., 2014）、六倍体植物小麦和稗草（Guo et al., 2017；IWGSC, 2018）。

我们分析了 Phytozome（Goodstein et al., 2012）数据库中收录的 63 个植物基因组，植物基因的平均长度为 3.36kb，最长的基因一般可达 30～100kb。部分基因注释中可以发现基因长度超过 100kb，考虑到基因注释所采用的标准有所不同，这些特别长的基因还有待进一步实验验证。一个植物基因的蛋白质编码序列平均长度多数在 1～1.3kb，最长的编码序列可达十几 kb，也有部分达到 30kb 以上，同样，这些特别长的编码序列也有待进一步实验验证。一个植物基因所包含的外显子个数平均为 4 个或 5 个，外显子个数最多的一般在 70～80 个。不同物种，每个基因所包含的内含子平均长度差异较大，一般在 150～700bp，最长的内含子可达 10kb（表 1-3-2）。

（二）植物蛋白质编码基因家族概况

蛋白质编码基因往往是以基因家族的形式存在，即有多个序列相似（保守）的成员。在维管束植物中，50% 以上的基因都具有 10 个以上拷贝（图 1-3-4）。低等植物中，高拷贝基因显著少于维管束植物，其多数基因仅有 1 个或 2 个拷贝。例如，在莱茵衣藻、团藻和小立碗藓中仅有约 30% 的基因具有 10 个以上拷贝，而有约 40% 的基因是 1 个或 2 个拷贝（Ye et al., 2013）。

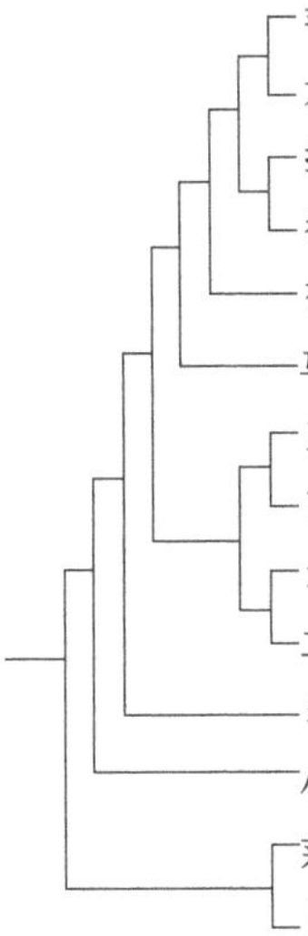

物种	1 个或 2 个拷贝		3～10 个拷贝		＞10 个拷贝	
	基因数	比例 /%	基因数	比例 /%	基因数	比例 /%
毛果杨 (*Populus trichocarpa*)	6 147	15.1	9 177	22.6	25 344	62.3
大豆 (*Glycine max*)	3 858	8.3	10 083	21.8	32 426	69.9
拟南芥 (*Arabidopsis thaliana*)	5 465	20.1	7 153	26.3	14 584	53.6
番木瓜 (*Carica papaya*)	7 247	26.3	6 872	24.9	13 183	47.8
葡萄 (*Vitis vinifera*)	6 562	24.9	6 396	24.3	13 314	50.5
马铃薯 (*Solanum tuberosum*)	6 007	15.4	7 451	19.1	25 572	65.5
玉米 (*Zea mays*)	7 944	20.0	10 122	25.5	21 590	54.4
高粱 (*Sorghum bicolor*)	4 386	15.9	6 748	24.4	16 473	59.7
水稻 (*Oryza sativa*)	10 754	22.5	8 388	21.5	19 903	51.0
二穗短柄草 (*Brachypodium distachyon*)	4 482	17.6	6 613	25.9	14 437	56.5
卷柏 (*Selaginella moellendorffii*)	4 624	20.8	6 022	27.0	11 627	52.2
小立碗藓 (*Physcomitrella patens*)	13 350	41.4	8 155	25.3	10 750	33.3
莱茵衣藻 (*Chlamydomonas reinhardtii*)	6 913	40.4	4 592	26.8	5 603	32.7
团藻 (*Volvox carteri*)	5 854	40.4	3 559	24.6	5 078	35.0

图 1-3-4　部分植物基因组中具有不同拷贝数量的基因分布情况（引自 Ye et al., 2013）

植物基因家族包括细胞色素 P450（cytochrome P450, CYP450）、蛋白激酶及 MYB 等转录因子家族。通过对拟南芥基因的结构域注释（Pfam）发现，其中含有以下 8 个结构域的基因成员最多，分别是 PF00646（F-box）、PF07714（Pkinase_Tyr，酪氨酸蛋白激酶）/PF00069（Pkinase）、PF13041（PPR repeat family，PPR 重复）/PF01535（PPR）、PF13855（leucine rich repeat，LRR，富亮氨酸重复）、PF00067（P450）、PF13639（ring finger domain，环指功能域）、PF00249（MYB-like DNA-binding domain）、PF00076（RNA recognition motif，RNA 识别基序）。基

因家族并非在所有植物中都有很多成员，如 F-box 基因，即使在被子植物内部其成员个数相差也很大，多的达到 300 以上甚至 500 个，而少的只有不到 200 甚至不到 100 个成员（表 1-3-3）。

表 1-3-3　植物基因组中不同基因家族大小拷贝数量情况
（仅列出拟南芥基因组中家族成员最多的 8 个基因家族*）（数据来源：Phytozome，V12）

物种拉丁名	物种中文名	F-box	酪氨酸蛋白激酶	PPR 重复	富亮氨酸重复	P450	环指功能域	MYB	RNA 识别基序
A. thaliana	拟南芥	515	501	423	258	249	246	238	232
A. coerulea	蓝花耧斗菜	485	427	679	304	498	191	172	213
A. comosus	菠萝	75	402	490	241	182	198	195	212
A. halleri	圆叶拟南芥	580	474	391	236	191	210	217	225
A. hypochondriacus	千穗谷	105	383	368	231	196	156	177	193
A. lyrata	琴叶拟南芥	732	534	458	266	243	248	245	255
A. trichopoda	无油樟	99	274	516	205	233	125	124	167
B. distachyon	短柄草	325	545	421	281	264	286	229	235
B. oleraceacapitata	卷心菜	268	550	317	214	274	274	277	291
B. rapaFPsc	芜菁	668	805	439	393	343	389	432	340
B. stacei	—	272	494	406	250	244	279	227	223
B. stricta	—	313	505	452	273	209	216	242	225
C. clementina	克莱门柚	236	734	484	603	359	222	265	364
C. grandiflora	桉叶藤	508	485	410	228	210	223	244	222
C. papaya	番木瓜	68	341	424	155	179	152	174	158
C. reinhardtii	莱茵衣藻	12	303	6	32	41	34	41	90
C. rubella	—	679	574	436	286	243	249	266	266
C. sativus	藏红花	86	372	409	196	222	166	206	163
C. sinensis	茶树	280	1068	537	738	355	295	332	513
C. subellipsoidea	胶球藻	5	90	14	14	37	23	21	77
D. carota	胡萝卜	215	522	427	328	316	187	269	293
D. salina	盐生杜氏藻	10	126	6	25	30	22	16	87
E. grandis	巨桉	193	1021	527	887	572	200	260	194
E. salsugineum	油棕	580	545	442	269	217	232	247	268
F. vesca	野草莓	540	474	475	306	297	234	198	205
G. max	大豆	305	1085	788	629	442	410	577	477
G. raimondii	雷蒙德氏棉	203	664	531	591	373	334	374	310
K. fedtschenkoi	玉吊钟	167	497	474	250	321	260	283	266
K. laxiflora	—	292	896	871	449	526	447	530	490
L. usitatissimum	亚麻	240	778	718	389	443	283	373	373
M. acuminata	香蕉	93	664	428	361	239	259	478	328
M. domestica	苹果	353	1261	982	820	612	357	441	424
M. esculenta	木薯	152	642	564	428	342	261	314	258

续表

物种拉丁名	物种中文名	F-box	酪氨酸蛋白激酶	PPR 重复	富亮氨酸重复	P450	环指功能域	MYB	RNA 识别基序
M. guttatus	猴面花	474	507	524	271	346	268	236	222
M. polymorpha	地钱	128	170	65	159	148	50	57	109
M. pusilla	细小微单胞藻	6	58	10	19	13	32	24	74
M. commoda（RCC299）	—	8	57	10	63	12	33	24	73
M. truncatula	蒺藜苜蓿	810	730	599	558	426	285	307	243
O. lucimarinus	绿色鞭毛藻	4	50	14	10	11	25	22	55
O. sativa	水稻	349	628	423	378	362	278	227	228
O. thomaeum	复活草	109	270	264	43	101	105	194	201
P. hallii	哈氏黍	216	585	419	341	316	289	231	235
P. patens	小立碗藓	126	384	99	135	94	94	157	187
P. persica	桃	218	508	503	400	295	204	206	201
P. trichocarpa	毛果杨	191	898	535	636	415	281	351	306
P. virgatum	柳枝稷	522	1367	927	702	696	553	456	463
P. vulgaris	欧洲报春	135	608	466	311	273	271	287	252
R. communis	蓖麻	108	417	451	235	265	172	200	173
S. bicolor	高粱	303	537	439	308	350	292	245	234
S. fallax	—	102	538	288	173	205	101	125	187
S. italica	粟	322	609	453	390	364	288	247	227
S. lycopersicum	番茄	192	519	420	286	255	220	258	243
S. moellendorffii	卷柏	100	288	806	167	292	86	85	141
S. polyrhiza	浮萍	59	366	487	213	153	121	159	184
S. purpurea	紫瓶子草	170	801	530	594	363	273	407	321
S. tuberosum	马铃薯	313	451	460	390	480	228	220	204
S. viridis	狗尾草	284	588	434	337	348	289	248	221
T. cacao	烟草	182	502	467	428	301	202	215	213
T. pratense	红车轴草	251	636	518	403	426	253	267	237
V. carteri	团藻	10	203	6	22	18	37	35	90
V. vinifera	葡萄	71	533	440	360	321	129	232	196
Z. marina	大叶藻	67	346	406	147	110	182	166	201
Z. mays	玉米	125	678	464	253	301	319	321	309
平均值（绿色植物）		248	538	432	315	279	216	236	236
平均值（维管束植物）		288	598	498	363	321	246	269	259

* 酪氨酸蛋白激酶：Pkinase_Tyr；PPR 重复：PPR repeat；富亮氨酸重复：leucine rich repeat；环指功能域：ring finger domain；RNA 识别基序：RNA recognition motif

植物基因组中有一大类基因属于转录因子家族。转录因子是一类能与基因 5′ 端上游启动子区域特定序列结合，从而调控基因的表达的蛋白质分子。因此转录因子在细胞中起着重要的作用。目前有多个植物转录因子数据库，包括北京大学搭建的 PlantTFDB（Jin et al.,

2016b），该数据库目前收录了165种植物的转录因子，其中单子叶和双子叶植物平均含有5%左右的转录因子（表1-3-4）。

表1-3-4　不同类型植物转录因子数量情况（引自Jin et al.，2016b）

植物类群	物种数量	转录因子数量（所占百分比/%）	基因家族数量
绿藻门（Chlorophytae）	16	129（1.19）	36
轮藻门（Charophyta）	1	273（1.68）	45
地钱门（Marchantiophyta）	1	398（2.06）	51
苔藓植物门（Bryophyta）	2	1091（3.64）	55
石松门（Lycopodiophyta）	1	665（2.98）	54
松柏植物门（Coniferophyta）	5	1511（3.72）	55
基部被子植物门（Basal Magnoliophyta）	1	900（3.35）	58
单子叶植物（Monocots）	38	1876（4.73）	58
双子叶植物（Eudicots）	100	1959（5.10）	58

（三）蛋白质编码基因预测

所谓基因预测或注释（annotation）就是指基因结构预测，一般是指预测基因组DNA序列中编码蛋白质的区域（cds）。目前基因区域的预测已从单纯编码区预测发展到整个基因结构的预测，包括启动子预测及UTR区域预测等。多种因素使得基因注释并非易事。例如，蛋白质编码基因在基因组中所占比例很小，基因密度低；DNA序列仅由4个碱基构成，无明显的基因信号；第一个和最后一个外显子（包含UTR区域）无剪切信号可供判断；蛋白质编码基因存在大量可变剪切情况等。对于植物基因组，特别是多倍体的复杂基因组的预测更为不易。

在基因预测之前，一般首先会对全基因组进行重复序列鉴定和屏蔽。植物基因组中存在较高比例的重复序列（详见本节“三、重复序列”）。重复序列的存在对基因组预测的准确性会产生较大的影响，因此通常重复序列的鉴定是基因组预测的第一步。由于重复序列保守性很差，因而对不同物种都需构建该物种的重复序列库。值得注意的是，在构建的该物种的重复序列库中不应包括和已知基因相似性高的序列，如编码组蛋白、维管蛋白等基因序列。对基因组重复序列处理的好坏将直接影响后续基因预测的质量。

目前基因预测主要方法包括两大类：一类是从头预测方法；另一类是同源比对方法。这两类方法在实际应用中往往配合使用（图1-3-5）。

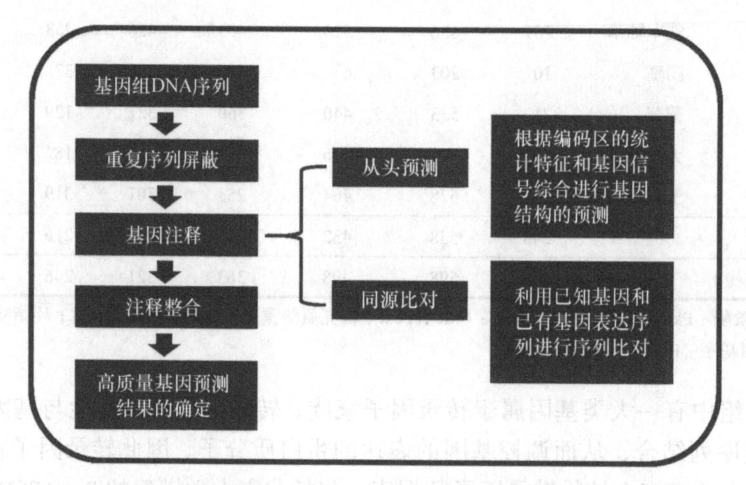

图1-3-5　植物基因组中蛋白质编码基因预测（注释）流程

1. 从头预测方法

从头预测方法（*ab initio* method）是根据编码区的统计特征和基因信号进行基因结构的预测。编码区特征的统计测验需要基于一定的基因模型。从头预测方法中，最早是通过序列核苷酸频率、密码子等特性进行预测，如最长 ORF 法、CpG 岛等。最长 ORF 法是将每条链按 6 个读码框全部翻译出来，找出所有可能的可读框（open reading frame，ORF）。CpG 岛（CpG island）描述的是基因组上的一部分 DNA 序列，其特点是胞嘧啶（C）与鸟嘌呤（G）的总和超过 4 种碱基总和的 50%，即每 10 个核苷酸约出现一次双核苷酸序列 CG。具有这种特点的序列仅占基因组 DNA 总量的 10% 左右。从已知的 DNA 序列统计发现，几乎所有的管家基因（house keeping gene）及约 40% 的组织特异性基因的 5′ 端含有 CpG 岛，其序列可能落在基因转录的启动子及第一个外显子。因此，在大规模基因测序中，每发现一个 CpG 岛，则预示可能在此存在基因。后来，一些其他方法陆续被提出，如隐马尔可夫模型（HMM）、神经网络（NN）、动态规划法（dynamic programming，DP）等。大量研究表明，HMM 用于基因预测表现良好。目前从头预测方法的主流方法均基于 HMM，如 FGENESH、AUGUSTUS、GENSCAN 等。从头预测方法的最大优势在于其不需利用外部的证据来鉴定基因及判断该基因的外显子-内含子结构，而是利用各种数学模型预测基因模型。这类方法的主要问题在于，从头预测新物种基因时，需利用已有模式物种的基因模型作为参数文件，但即使是非常相近物种，它们之间的内含子长度、密码子频率、GC 含量等重要参数也会存在一定的差异。

2. 同源比对方法

同源比对方法（homology method）是利用已知基因（包括近缘种的基因）和已有基因表达序列进行序列比对，发现同源序列或表达序列定位区域，并结合基因信号（外显子内含子剪切信号、基因起始和终止密码子等）进行基因结构预测。由于基因蛋白序列在相近物种间存在较高的保守性，因而这部分序列经常被作为基因注释过程中的主要证据，即将相近物种的蛋白序列联配到目标基因组上，获得这些蛋白序列在基因组上的对应位置，从而确定外显子边界。在这一过程中选择高质量的物种注释结果作为辅助证据尤为关键。很多研究者由于利用了低质量的注释结果，导致将注释错误从一个物种延续到另一物种当中。此外，表达数据（如 EST）、转录组数据（如 RNA-Seq）等对基因注释的准确性提升有很大帮助。

当利用以上两种策略完成注释后，会获得很多重叠或者有出入的基因结构。这时，可以通过基因注释整合工具获得一个完整且较为准确的注释结果。这类软件可以从各种来源的结构注释结果中选取最为可能的外显子，然后将它们合并整合成完整的基因结构，如 EVidenceModeler（EVM）和 GLEAN 等。经过以上步骤注释出来的结果通常还存在一定数量低质量的基因预测结果（假基因、ORF 太短等），需要再进行人工筛选。一般会过滤掉编码蛋白长度小于 50 个氨基酸、编码不完整、基因长度过长、基因中间存在大量未知碱基（N）等情况的基因。

二、非编码 RNA

基因组上除了少量的蛋白质编码序列，还存在大量非编码序列。非编码序列转录形成非编码 RNA（non-coding RNA，ncRNA）。非编码 RNA 包括管家非编码 RNA（housekeeping ncRNA）和调节性非编码 RNA（regulatory ncRNA）（Inamura，2017）。

管家非编码 RNA 包括转运 RNA（tRNA）、核糖体 RNA（rRNA）（图 1-3-6）。tRNA 为具有携带并转运氨基酸功能的一类小分子核糖核酸，由一条长为 70～90 个核苷酸并折叠成三叶草形的短链组成。rRNA 是细胞内含量最多的一类 RNA，与蛋白质结合而形成核糖体，参与氨

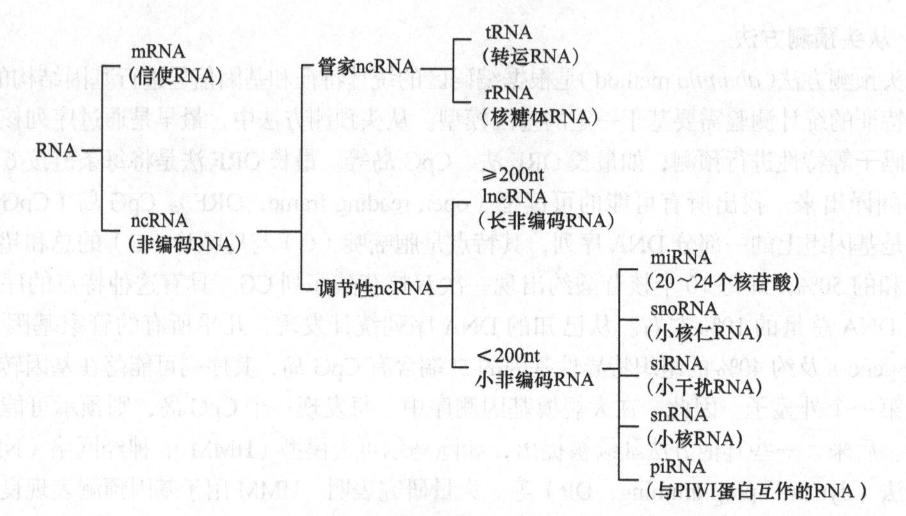

图 1-3-6 RNA 分类（引自 Inamura et al.，2017）

基酸合成过程。

调节性非编码 RNA 根据 RNA 的长度可分为长非编码 RNA（long non-coding RNA，lncRNA）和小非编码 RNA（small ncRNA，小 RNA）。小非编码 RNA 又可分为微小 RNA（micro RNA，miRNA）、小核仁 RNA（small nucleolar RNA，snoRNA）、小干扰 RNA（small interfering RNA，siRNA）、小核 RNA（small nuclear RNA，snRNA）、piRNA（Piwi-interacting RNA）。近年来环形 RNA（circular RNA，circRNA）也逐渐成为研究热点。环形 RNA 是一种以共价键结合的环形单链 RNA 分子。以前此类调节性非编码 RNA 因其不编码蛋白质而被认为是"垃圾 RNA"（junk RNA）。现在许多研究表明这类调节性非编码 RNA 在生物体的生命活动中发挥着极广泛和重要的调控作用。

部分植物中的非编码 RNA 种类和数量见表 1-3-5（Kalvari et al.，2018）。其他非编码 RNA 数量详见本节及第 1-4 章第二节"一、植物转录本构成及其数量"。

表 1-3-5 部分植物非编码 RNA 种类和数量（数据来源：Rfam，http://rfam.xfam.org/）

物种	snRNA	snoRNA	tRNA	rRNA
拟南芥	1048	957	704	573
大豆	1830	1664	969	462
毛果杨	1226	1015	1281	405
水稻	841	750	777	349
玉米	1261	772	1817	413

（一）小非编码 RNA（sRNA）

小非编码 RNA 包括 miRNA 和 siRNA。

1. miRNA

miRNA 是目前研究最为透彻的一类非编码 RNA。在植物中，miRNA 的生成起源于一种 miRNA 初级转录（pri-miRNA），它由 miRNA 基因经 *Pol* Ⅱ转录酶转录并折叠形成具有茎环结构的 miRNA 前体（pre-miRNA，图 1-3-7）。在 DCL1（dicer-like enzyme 1）、HYL1（hyponasty leaves 1）和 SE（serrate）酶共同催化作用下，miRNA 前体茎环结构切割形成 miRNA/miRNA* 的双链复合结构（miRNA* 为与 miRNA 互补的另一条茎序列）。该复合结构

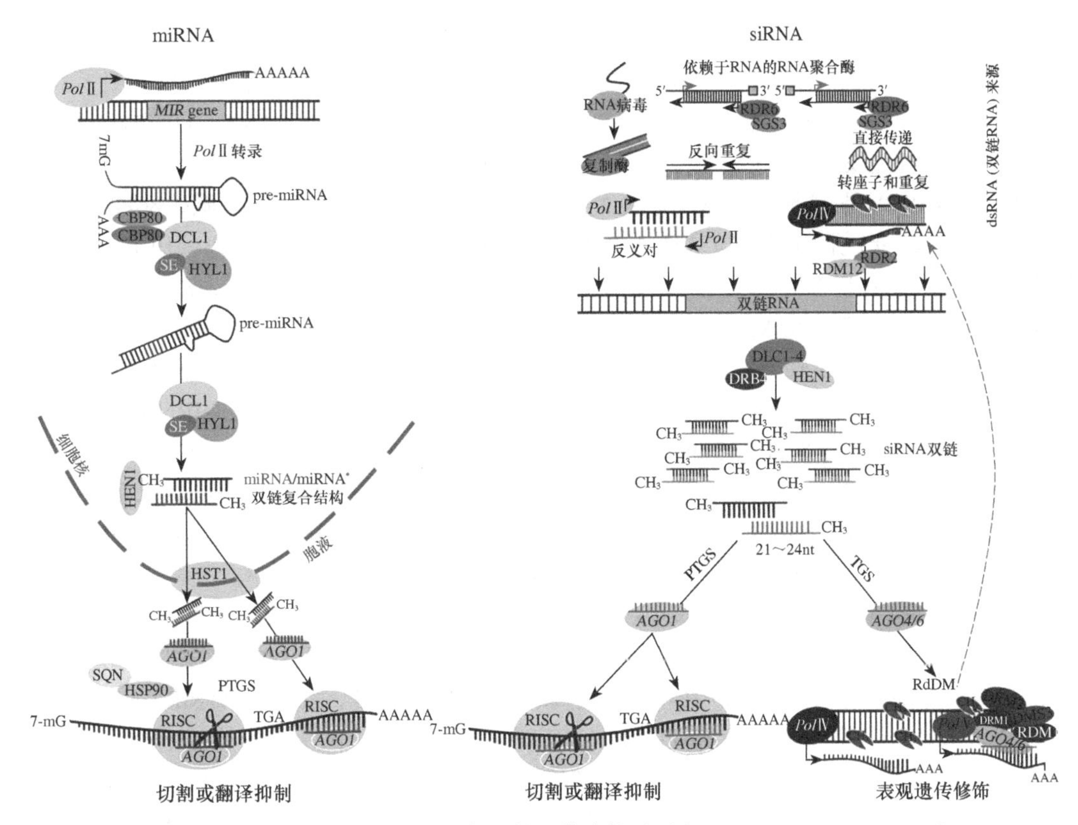

图 1-3-7 miRNA 和 siRNA 形成机制及其功能（引自 Khraiwesh et al.，2012）

的 3′ 端在 HEN1（HUA enhancer 1）酶作用下甲基化，并由 HST（HASTY）转运蛋白输出到细胞质。在细胞质中，该复合结构的其中一条链与 AGO（Argonaute）蛋白结合形成 RISC（RNA-induced silencing complex），该复合体通过碱基互补配对原则作用到靶基因，从而调节目标靶基因在植物体中的表达。而与成熟 miRNA 呈互补结构的 miRNA*，通常情况下都会降解并且不发挥调控基因表达的功能。大部分植物中 miRNA 和靶基因会形成完全或近似完全的匹配，根据与靶位点结合的紧密程度决定对目标 mRNA 切割或是抑制其表达。

miRNA 的成熟序列一般在 21nt 左右，前体序列长度一般在 60～350 个碱基，通常为 150 个碱基（表 1-3-6）。在植物基因组中，一般有几百个 miRNA，如 miRBase 数据库（Kozomara and Griffiths-Jones，2014）最新版本（V22）中收录的拟南芥和水稻成熟 miRNA 序列分别有 428 条和 738 条。miRBase 是一个全面收集不同物种（包括动物和人）miRNA 的数据库。随着越来越多基因组序列的释放及小 RNA 测序数据的增多，很多物种的 miRNA 被大规模鉴定，部分物种的 miRNA 数量可达 1000 个以上。

表 1-3-6 部分植物中已鉴定的 miRNA 数量（数据来源：miRBase，V22）

物种	成熟序列数量	前体序列数量	成熟序列长度分布 /nt	前体序列平均长度 /nt
拟南芥	428	326	19～24	177
大豆	756	684	18～25	136
水稻	738	604	19～25	154
毛果杨	401	352	17～24	128
玉米	325	174	18～24	132

2. siRNA

与miRNA不同，siRNA主要通过双链RNA复合体在DCL酶的切割下产生（图1-3-7）。植物内源性siRNA首先发现于拟南芥，许多新类型siRNA（如nat-siRNA、ta-siRNA）最初也都是在拟南芥上发现的。以下简要介绍这两种类型siRNA。

1）nat-siRNA是起源于NAT位点的siRNA，主要介导转录后沉默。NAT（natural antisense transcript）是指可以与其他转录本互补形成RNA双链的编码或非编码RNA序列。根据它们在基因组上的相对位置不同，NAT可以分为两类：*cis*-NAT和*trans*-NAT。*cis*-NAT是指自然状态下源于基因相同区域的反义RNA；*trans*-NAT是指与它的互补序列来源于基因不同区域的反义RNA。研究表明哺乳动物和植物中5%～10%的基因转录本都存在*cis*-NAT。Wang等（2006b）从拟南芥中预测出1320个*trans*-NAT。第一个nat-siRNA是2005年从拟南芥中鉴定的，是来自P5CDH和SRO5基因转录物形成的dsRNA（double strand RNA）（Borsani et al.，2005）。目前已有若干大规模鉴定nat-siRNA的工作在拟南芥和水稻中开展，并发现部分nat-siRNA具有重要功能。例如，nat-siRNA可能在生物/非生物胁迫方面起重要作用（Borsani et al.，2005；Katiyar-Agarwal et al.，2006）。

2）ta-siRNA（trans acting siRNA）是在植物中发现的一类siRNA，产生该类siRNA的位点称为*TAS*基因。最初植物*TAS*基因是在拟南芥上发现的，目前已在拟南芥中发现4个亚家族（*TAS1*～*TAS4*），其中*TAS3*在植物界是保守的（Shen et al.，2009）。ta-siRNA的形成需miRNA介导，产生按21nt相位排列的siRNA（phasi RNA）。不同*TAS*家族受不同的miRNA介导，其中*TAS1*和*TAS2*受miR173介导，*TAS4*受miR828介导，*TAS3*受miR390介导，并且在两端有两个结合位点（其他3个*TAS*家族均只有一个miRNA介导位点）（de Felippes et al.，2017）。*TAS3*来源的ta-siRNA调控生长素相关基因*ARF*（auxin response factor），在植物生长发育过程中发挥重要调控功能（Fei et al.，2013）。

（二）长非编码RNA

长非编码RNA一般是指长度大于200个核苷酸的非编码RNA。尽管目前对植物lncRNA功能的研究较少，仍然有部分报道表明lncRNA具有重要功能，其作用机制包括产生小RNA、吸附蛋白质/miRNA等。例如，拟南芥lncRNA基因*COLDAIR*参与调控开花基因*FLC*表达（Heo and Sung，2011）、*IPS1*具有吸附或诱捕miR399的功能（Franco-Zorrilla et al.，2007）、ASCO-lncRNA通过竞争性吸附蛋白质从而影响基因可变剪切（Bardou et al.，2014）等。

根据lncRNA与蛋白质编码基因的关系，可以将其分为以下几类（图1-3-8）：lncRNA与编码基因有重叠，并且转录方向一致，为同义长非编码RNA（sense lncRNA）；lncRNA与蛋白质编码基因有重叠，但转录方向不一致（lncRNA在反义链上），为反义长非编码RNA（antisense lncRNA），也称为反义长非编码转录本（long non-coding natural antisense transcripts，lncNAT）；由蛋白质编码基因的内含子转录产生的lncRNA，为内含子长非编码RNA（intronic lncRNA）；位于两个编码基因之间非编码区的lncRNA，为基因间长非编码RNA（intergenic lncRNA，lincRNA）；还有些lncRNA位于上游启动子区域等，又可细分为其他类型（Wang and Chekanova，2017）。

目前利用转录组数据，已经在拟南芥、水稻、玉米等多个物种中鉴定了大量的lncRNA。例如，Wang等（2014a）通过对拟南芥200多个转录组数据的分析，在拟南芥中鉴定出了近4万条lncRNA，包括3万多条的lncNAT和约6000条lincRNA；超过70%的蛋白质编码基因产生lncNAT。Zhang等（2014b）通过对水稻40多个RNA-Seq数据（包括去核糖体RNA

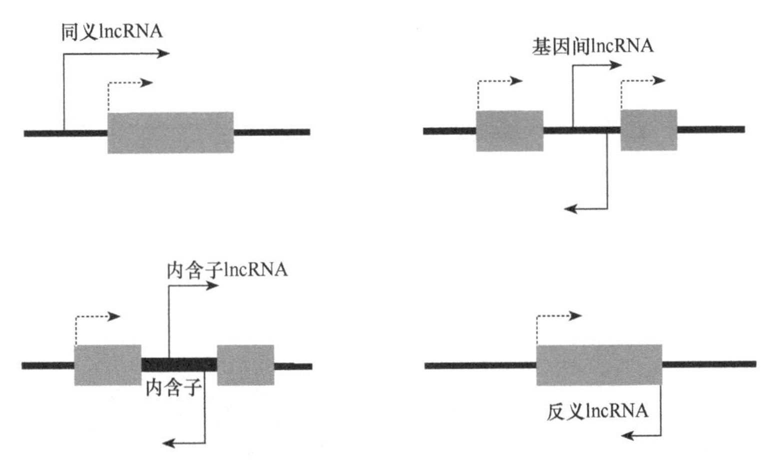

图 1-3-8　长非编码 RNA（lncRNA）类型

方框表示编码基因外显子，虚线箭头表示蛋白质编码基因转录方向，实线箭头表示不同类型长非编码 RNA 及其转录方向

转录组数据）的分析，在水稻中鉴定出了高可信度的 2000 多条 lncRNA，其中包括 1600 多条 lincRNA 和 600 条 lncNAT。Li 等（2014）在玉米中通过对来自于 30 个不同实验的 RNA-Seq 及 EST 数据，鉴定出 1704 条高可信度 lncRNA。实际上，随着转录组数据的增加，越来越多的 lncRNA 会被鉴定，因此目前还难以确定一个物种所有 lncRNA 的准确数目。

（三）环形 RNA

环形 RNA（circular RNA，circRNA）是一类由于反向剪接（back splicing）而形成的单链环形 RNA 分子（图 1-3-9）。随着高通量测序技术的发展，近年来 circRNA 分子在人类、动物及植物基因组中被大量鉴定，并被研究证明具有重要生物学功能，如作为 miRNA 的竞争靶标分子、调控编码母基因表达、吸附蛋白质等。植物中第一个被功能验证的 circRNA 来源于拟南芥 *SEP3* 基因的第 6 个外显子，该 circRNA 具有调控其母基因（即 *SEP3*）可变剪接的功能（Conn et al.，2017）。大部分 circRNA 是非编码 RNA，但最近研究发现有部分 circRNA 可以编码蛋白质。

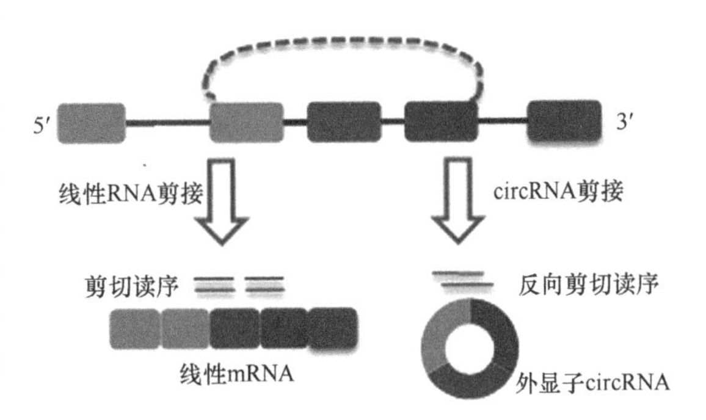

图 1-3-9　线性 mRNA 和 circRNA 剪接模式比较（引自 Ye et al.，2015）

circRNA 根据其产生的位置，可分为外显子类型 circRNA、内含子类型 circRNA、基因间区 circRNA 等（图 1-3-10）。目前，水稻和拟南芥的 circRNA 的鉴定较为全面，数量约 4 万个（表 1-3-7），其中外显子类型 circRNA 达到一半以上；从基因位点来看，1/3 的蛋白质编码基因都能产生 circRNA。同时，其他植物（玉米、大麦、小麦、大豆、棉花和番茄等）中也鉴定了大量 circRNA。

（四）假基因

假基因（pseudogene）是一类染色体上的基因片段，其序列通常与对应的基因相似，但至少丧失了一部分功能，如基因不能表达或编码的蛋白质没有功能。一般来说，假基因的形

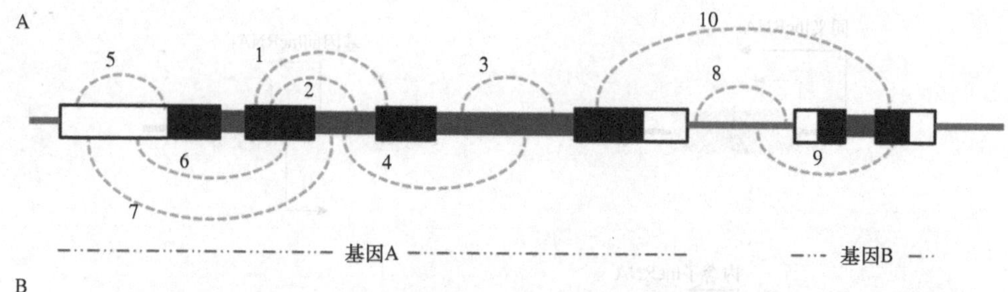

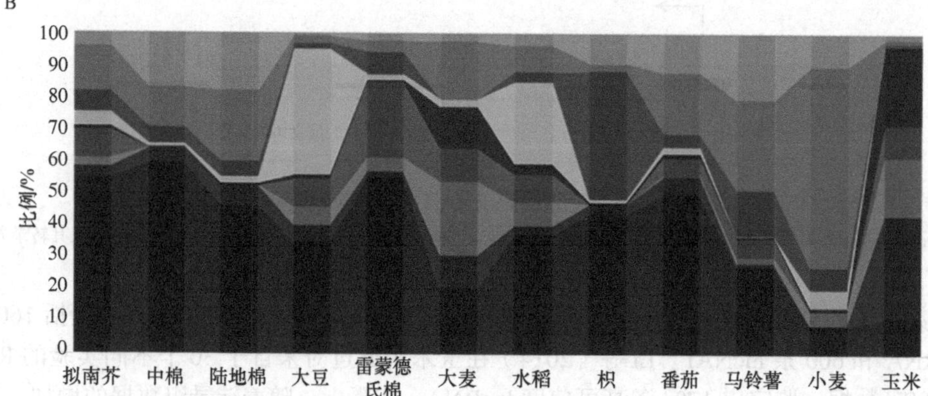

图 1-3-10 不同植物物种中各种类型 circRNA 分布比例（引自 Chu et al.，2018）

共 10 种不同类型植物 circRNA（A 图 1～10）在水稻、拟南芥等 12 种植物物种中的分布（B）

表 1-3-7 植物基因组中 circRNA 鉴定情况（数据来源：PlantcircBase，Release 3）

物种	circRNA 数量	物种	circRNA 数量
水稻	40 311	番茄	1 904
拟南芥	38 938	亚洲棉	1 041
玉米	3 238	雷蒙德氏棉	1 478
大豆	5 323	马铃薯	1 728

成有两种假说（图 1-3-11）：一种是基因发生了复制，随后其中的一个基因发生突变，成为假基因；另一种说法是，基因转录的 RNA 反转录并且整合到 DNA 上形成假基因。长期以来假基因一直被认为是没有功能的“垃圾 DNA”，但是近年来的研究表明假基因和其他非编码片段一样，拥有调控基因表达的功能。例如，对 1000 多个全球分布的拟南芥基因组分析发现，66% 的基因发生假基因化突变，1% 的假基因在群体里受到正向选择，表明假基因与适应性进化密切相关（Xu et al.，2019）。

（五）植物非编码 RNA 鉴定

1. miRNA 鉴定

miRNA 鉴定大体可以分为两类方法。

1）第一类方法是同源比对的方式，即基于植物 miRNA 在不同物种中具有一定保守性的特征，以已知 miRNA 序列作为搜索序列，目标物种基因组或表达序列为搜索库。EST（expressed sequence tag）序列是很好的表达数据资源，所以预测的结果更加准确可信。搜索程序可以选择 BLAST，如果是利用成熟 miRNA 序列进行搜索，因为序列较短，*E* 值一般要

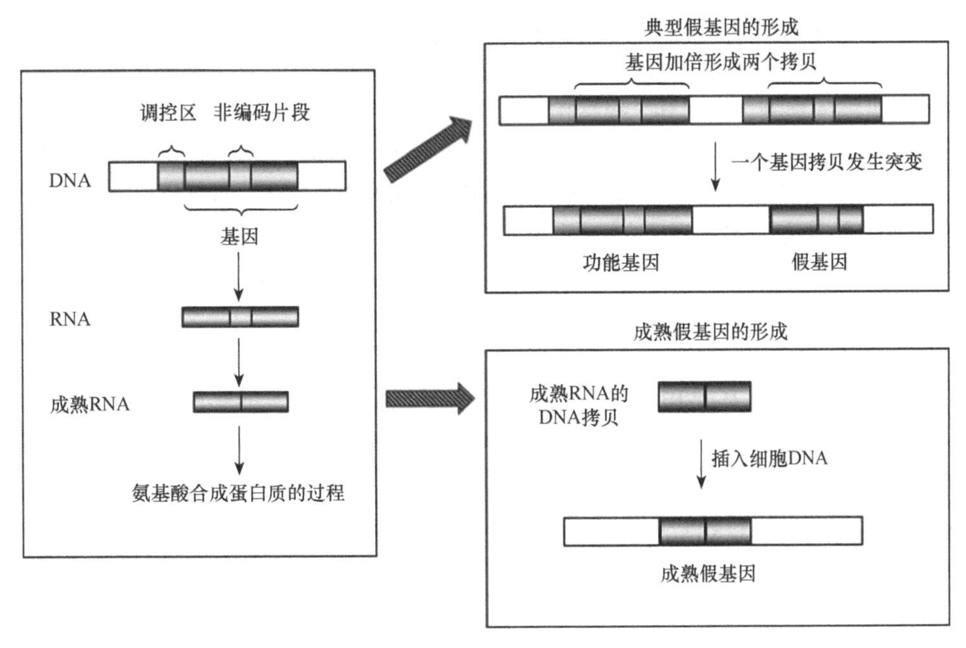

图 1-3-11 假基因形成假说

高于 0.01，最小字符长度改为 7。另外，软件 ERPIN 也可以用来搜索数据库中的 miRNA 同源基因位点。通过提交一组特定 RNA 的联配序列及二级结构信息，ERPIN 可以搜索特定模式的 RNA 序列，从而获得更加准确特异的结果。同源比对方法还要注意以下几点：①数据处理过程中一般先通过 BLASTX 搜索蛋白质数据库，以排除蛋白质编码序列，提高检索效率；②需要对候选 miRNA 位点周围的序列进行二级结构预测，以确定该段序列是否可能形成茎环结构，并需要验证 miRNA 的位置及 miRNA 与 $miRNA^*$ 的互补情况；③在确定了可能的 miRNA 前体序列后，需要计算该段序列的 MEF 及 MEFI 值，一般情况下 miRNA 前体的 MEF 很小，MEFI＞0.85。基于同源搜索方法有很多 miRNA 鉴定软件，包括 miRNAlign、microHARVESTER、miRNAminer 等。

2）第二类方法是通过大规模小 RNA 测序数据对物种进行 miRNA 的从头预测。随着二代测序技术的发展，小 RNA 高通量测序每次都可以产生百万级读序的数据，这为 miRNA 的从头预测提供了重要数据基础。获得高通量测序小 RNA 数据后，首先是进行常规的数据处理，如去接头、质量控制等。同时，将来自管家 ncRNA（如 rRNA）的读序排除，避免用于下一步分析。对于已有基因组数据的物种，如水稻、拟南芥等，可以将测得的小 RNA 匹配到基因组上（＞18nt）。这样我们就得到了一个全基因组的小 RNA 的分布图谱。根据全基因组的注释，排除匹配到重复序列区域和编码区的小 RNA。由于 miRNA 在产生过程中需要形成 $miRNA/miRNA^*$ 复合体，首先，根据小 RNA 的分布寻找候选的 $miRNA/miRNA^*$ 复合体。一般标准如下：①候选 miRNA 序列及其互补链 $miRNA^*$ 匹配到同一染色体的同一条链，且相距不超过 400nt；②不允许有很多其他小 RNA 匹配到两条序列之间的区域（特别是有另外的小 RNA 跟其中一条部分配对，形成“拖尾”现象）；③每条小 RNA 在全基因组的匹配位置不能太多（不超过 10 处）；④来自候选 miRNA 序列及其互补链 $miRNA^*$ 的小 RNA 的读序数需要相差 5 倍以上（根据 miRNA 合成原理，$miRNA^*$ 在与 miRNA 分开后会很快降解）。候选 miRNA 序列及其互补链 $miRNA^*$ 的配对也需要符合一定的标准，如总共不超过 7 个碱基（更严格的话可以设为 4 个碱基）的错配；不超过 3 个碱基的连续错配；不存在一条链上超过两个碱基错配而在另一条链上没有错配碱基的对应。满足以上条件的两条序列被作为候选的 miRNA/miRNA* 序列。从基因组或转录本上切下包含两条序列作为候选的 miRNA 前体序列进行二级结构预测，根据其二级结构及两条序列所处的位置判断是否为候选的 miRNA 基因。目前可选用 Mireap（Jeong et al.，2011）、miRPlant（An et al.，2014）等 miRNA 鉴定软件。

以上计算方法虽然提供了一些相对方便的鉴定 miRNA 手段，而且目前大部分 miRNA 序列都是通过计算方法预测出来的，但由于不同的预测方法都存在或多或少的缺陷或者假阳性，所以预测得到的候选 miRNA 基因仍然需要通过实验方法进行验证，包括直接克隆、Northern、5′-RACE（5′ rapid amplification of cDNA ends）等。

2. lncRNA 鉴定

lncRNA 的鉴定主要基于 RNA-Seq 数据，通常是以去除 rRNA 的建库方式进行的 lncRNA 测序，也可以是普通的基于 poly（A）尾巴富集的 mRNA-Seq，往往两种数据结合，能更全面鉴定 lncRNA。首先，我们需将这些数据比对到基因组上（可选用软件 TopHat），利用 Cufflink 等转录组拼接软件可以得到新的转录本，用于之后 lncRNA 的甄别。鉴定 lncRNA 最关键在于确定其非编码性，主要通过过滤编码蛋白质的转录本实现。编码性首先通过可读框长度来判别。对于编码蛋白质的 mRNA 来说，其可读框长度一般大于 300nt，也就是说编码的蛋白质序列长度大于 100 个氨基酸。因此，若 RNA 序列的可读框小于 300nt，其编码蛋白质的可能性会非常小，会被判定为非编码 RNA。然而这种武断的判断方法会存在一些问题，一些 lncRNA 会被错误地划分为 mRNA。类似的，有些可读框长度小于此阈值的 mRNA 也会被误判为 ncRNA。因此，可先根据可读框保守性，采用比较基因组学的方法进行甄别。mRNA 的可读框具有保守性，即可编码蛋白质的转录本序列与已经注释的蛋白质或蛋白质结构域有同源相似性。因此可以采用 BLASTX、Pfam 等方法，进行蛋白质库搜索，最后根据比对得到的同源相似性得分来判别是否可能编码蛋白质。不过值得注意的是，有些 mRNA 进化而来的 lncRNA 也会表现出与蛋白质序列类似的同源相似性，从而被错误地判断为 mRNA。因此，通常需要采用综合性方法进行甄别，如利用 CPC 等软件，它们可以通过比较肽链长度、氨基酸构成、蛋白质同源性、二级结构、蛋白质比对或表达等多种特征，建立分类模型，从而确定编码性。

3. circRNA 鉴定

circRNA 鉴定的关键在于确定反向剪接位点。下面简要介绍子读序比对、候选分子法、机器学习等方法的原理和特点。

1）子读序比对：这种方法的一般步骤是将不能比对到基因组上的读序（可能来自反向剪切位点）切成两段，分别做比对，得到交替比对的情况，然后根据一系列过滤条件得到最终的环形 RNA 读序。该方法使用最广泛的预测工具就是 find_circ。该工具首先提取比对不上的读序的两端（20bp），称为短序列（anchor）。将短序列比对到基因组上后，检测这些短序列是否支持 circRNA 的反向剪接位点。检测的条件如下：GU/AG 在剪接位点的两侧出现；可以检测到清晰的断裂点（breakpoint）；只支持两个错配（mismatch）；断裂点不能在短序列（anchor）两个碱基之外的地方出现；至少有两条读序支持这个反向剪切等。

2）候选分子法：Salzman 等（2013）首先根据基因组注释信息构建出大量理论上存在的 circRNA 分子，然后利用 RNA-Seq 读序去比对这些假想的 circRNA 分子，如果读序能刚好比对到反向剪接的切口处，则认为此 circRNA 分子是存在的。他们构建了以假阳性率（false discovery rate，FDR）为基础的过滤策略。然而这样的方法需要基因组注释信息，对于没有完全基因组注释信息的基因组则无能为力，而且对于 RNA-Seq 的低覆盖度区域也不是很有效。

3）机器学习：从 *de novo* 拼接的转录本中识别 circRNA 分子，即使用机器学习等方法区分 circRNA 和线性 RNA。首先是提取可以区分的特征，包括保守信息、序列特征、重复序列、SNP 密度、转录本的可读框，然后使用机器学习或统计等方法整合这些特征。

目前 circRNA 鉴定方法研发得较多，包括 circRNA_finder、find_circ、CIRCexplorer、CIRI、MapSplice、TopHat-Fusion、segemehl 和其他一些内部脚本流程等。我们专门针对植物 circRNA 提出了鉴定方法 PcircRNA_finder（Chen et al.，2016c）。该方法通过结合多种软件如 TopHat-Fusion、STAR-Fusion、MapSplice、segemehl、find_circ 等，希望能找到一个更全面的反向融合 RNA 候选位点，从而提高方法的敏感性。当然各种 circRNA 的鉴定方法之间也存在一些差异，并且每种方法都存在一些假阳性，因此想要真正判断 circRNA 的存在与否，还是要通过实验验证的方法。

三、重复序列

基因组 DNA 的总含量与物种的进化复杂性无关，甚至矛盾，即所谓的 *C* 值矛盾（*C*-value paradox）。如上所述，编码基因数量在不同物种中总体相似，而造成基因组大小显著差异的主要来自重复序列。植物基因组中重复序列通常占了很大比例，分布在着丝粒、端粒及染色体各区域。根据序列排列方式可以将重复序列分为两类：一类是串联重复序列，重复单元（单位）首尾相连，成串排列；另一类为散在重复序列，其排列方式不是首尾相连簇集在一起，而是散布在不同位置，转座子（transposable element）即是典型的散在重复序列。

（一）串联重复序列

串联重复序列按照其重复单位的长短可分为三类：微卫星 DNA（micro-satellite DNA）、小卫星 DNA（mini-satellite DNA）、卫星 DNA（satellite DNA）。微卫星 DNA 序列，又称短串联重复序列（short tandem repeats，STR）或简单重复序列（simple sequence repeats，SSR），是一类由几个核苷酸（一般为 1～6bp）为重复单元簇集而成的长达几十个重复单元的串联重复序列。小卫星 DNA 序列通常是指以 7～100bp（多数为 15bp 左右）为重复单元的串联重复序列，长度多在 0.5～30kb。卫星 DNA 通常包含富含 AT 的重复单元，一个重复单元长度通常在 150～400bp，形成长度可达 100Mb 的串联重复序列（Mehrotra and Goyal，2014）。

微卫星 DNA 可分布在整个基因组的不同位置上，包括编码和非编码区域。这类重复序列最大的特点是长度的高度变异性，突变率比基因组其他部分高得多（López-Flores and Garrido-Ramos，2012）。同时，微卫星 DNA 两端的序列多是相对保守的单拷贝序列，因而可根据两端的序列设计一对特异的引物，扩增每个位点的微卫星 DNA 序列。微卫星 DNA 的丰富多态性、共显性、基因组位置上广泛分布等特性，使得微卫星 DNA 作为遗传标记受到人们的普遍关注（Miah et al.，2013）。在植物微卫星 DNA 中，AG/CT 是最为常见的，而在动物中，A 和 AC 重复是最常见的。Yu 等（2017）搭建了植物微卫星 DNA 数据库（PMDBase），该数据库中收录了 110 个已测序植物基因组。表 1-3-8 列举了其中几个植物基因组中的微卫星 DNA 情况。

表 1-3-8 植物基因组微卫星 DNA 概况（引自 Yu et al.，2017）

物种	微卫星 DNA 个数	累计长度 /bp	不同重复单元微卫星 DNA 个数*					
			Mono	Di	Tri	Tetra	Penta	Hexa
拟南芥	45 552	881 467	34 751	9 375	5 593	169	41	57
水稻	124 340	2 738 682	70 130	37 841	29 709	2 593	548	357

续表

物种	微卫星DNA个数	累计长度/bp	不同重复单元微卫星DNA个数*					
			Mono	Di	Tri	Tetra	Penta	Hexa
玉米	180 183	3 668 218	85 853	65 190	42 822	3 316	1 064	616
油菜	326 319	7 025 546	250 678	86 974	22 079	1 841	473	484
大豆	382 236	8 871 496	276 404	105 796	40 810	4 202	1 239	297
毛果杨	241 319	5 435 389	194 557	54 304	25 130	3 178	772	665
小麦	624 900	12 705 261	235 273	301 936	144 906	12 486	1 487	1 412
高粱	116 355	2 673 686	55 906	38 138	28 480	5 368	946	726

* Mono 至 Hexa 依次表示 1～6 个碱基重复单元

卫星DNA位于染色体的各个不同区域，主要在着丝粒周围及亚端粒区域。重复单位长度多为135～195bp和315～375bp。卫星DNA在植物基因组中占比多的可高达20%，拷贝数可高达10^6～10^7（Macas et al.，2010）。一个物种中有多种不同的卫星DNA家族，一个家族也可能出现在不同物种中（López-Flores and Garrido-Ramos，2012）。卫星DNA具有很高的进化速率，多数卫星DNA是物种或属特异性的。PlantSat是一个专门的植物卫星DNA数据库，收录了154个卫星DNA家族，如拟南芥中的AR3家族（重复单位159bp）、水稻中的RCS2家族（重复单位159bp）、玉米中的CentC家族（重复单位155bp）等（Macas et al.，2002）。随着一些新技术应用及算法的研发，越来越多的卫星DNA被发现。例如，Novak等（2017）在蚕豆（*Vicia faba*）中新鉴定了30多个卫星DNA家族，而之前仅鉴定了4个家族。

（二）转座子

基因组上存在可移动的元件，是由美国科学家麦克林托克（Barbara McClintock）在玉米中发现的，后来这类元件被命名为转座子（transposable element）。转座子依据其转座机制不同可以分为两大类，一类是先转录成RNA，然后以RNA为模板反转录成新的转座子拷贝，再整合到基因组完成转座，这一类称为反转座子（retrotransposon，Class Ⅰ element），即所谓“复制-粘贴”机制（图1-3-12）。反转座子又分为长末端重复元件（long terminal repeat element，LTR）反转座子和非LTR反转座子，后者包括长散落元件（long interspersed nuclear element，LINE）和短散落元件（short interspersed nuclear element，SINE）。另一类是通过切离和重整等一系列过程，基因组DNA从一个区域跳跃至另一个区域（“剪接-粘贴”机制，图1-3-12），即DNA转座子（DNA transposon，Class Ⅱ element）。LTR类型通过末端反向重复(terminal inverted repeat，TIR)实现不同类别的转座子的转座，又可以细分为超级家族(super family）或家族（family），如*Gypsy*和*Copia*就属于LTR超级家族。

越来越多的研究表明，转座子具有重要功能，包括影响基因组的结构和进化，参与调控基因表达、产生新基因、性染色体分化等。转座子在植物基因组中大量分布，如在玉米和小麦中占基因组80%以上（Ma et al.，2015a）。在植物基因组中，通常是反转座子比DNA转座子多，而反转座子中LTR类最多。

作为重复序列，尽管部分转座子在植物基因组中可以达到几千个拷贝，但是多数转座子在基因组中只是呈现出低或中等拷贝数（Sahebi et al.，2018）。例如，在玉米400个LTR家族中，超过250个家族仅有一个或两个成员。LTR在玉米基因组中占75%，而其中70%仅由20个LTR家族所贡献，剩下的380个家族仅占基因组的5%（Baucom et al.，2009）。

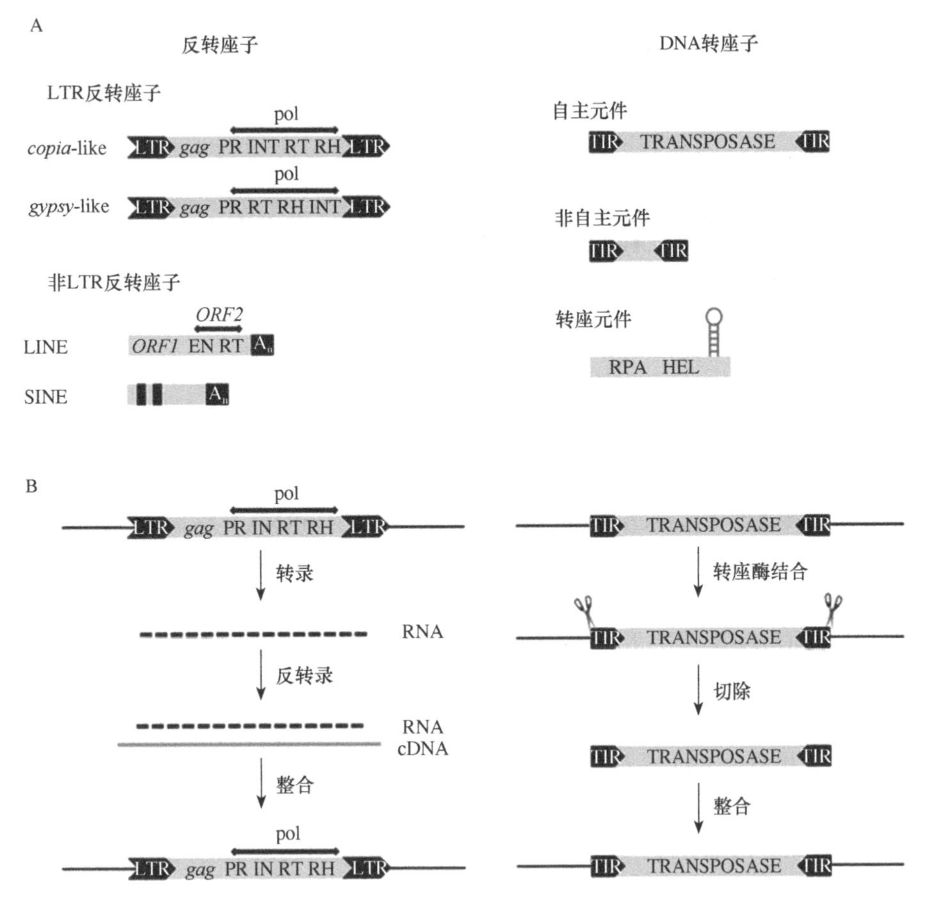

图 1-3-12 拟南芥中转座子类型（A）及其转座机制（B）（引自 Joly-Lopez and Bureau，2014）

LTR. 长末端重复元件；TIR. 末端反向重复；TRANSPOSASE. 转座酶

（三）重复序列鉴定

最常用的转座子鉴定方法是利用 RepeatMasker 软件进行鉴定。RepeatMasker（http://www.repeatmasker.org/）主要是基于已知转座子一致性序列，利用同源搜索，从而鉴定转座子。Greedier 也同样是利用同源搜索的一个转座子鉴定软件（Li et al.，2008）。然而这类方法的主要缺陷是不能鉴定新的转座子及分化程度大的已知类型转座子。针对这个缺陷，一些从头预测的方法被提出。例如，RECON（Bao and Eddy，2003）和 RepeatScout（Price et al.，2005a）通过目标基因组中的所有序列互相比较，从而将超过一定拷贝数的序列作为重复序列。然而这一类方法的缺陷在于不能区别转座子和非转座子类别的重复序列，且不能有效地检测低拷贝的重复序列。另外一类从头预测的方法是基于信号特征，鉴定具有特定结构模式的序列，从而鉴定转座子，如 LTR_finder（Xu and Wang，2007）等。当然也有一些整合多个软件的方法，如 LTR_retriver（https://github.com/oushujun/LTR_retriever）和 RepeatModeler（http://www.repeatmasker.org/RepeatModeler/）。

第 1-4 章　植物基因组转录

第一节　植物基因组转录概述

扫码见
本章彩图

一、转录组及其测定

（一）转录组测序技术的发展

广义上，在相同环境或生理条件下的一个细胞或者一群细胞的基因组转录出的所有 RNA 的总和即为转录组（transcriptome），包括信使 RNA（mRNA）及非编码 RNA（ncRNA，详见第 1-3 章第二节）。1991 年表达序列标签（expressed sequence tag，EST）技术发明后，便开启了大规模的转录组序列测定。EST 技术基于传统的 Sanger 测序技术，可以对特定样本转录本双端分别进行一个读序（700bp 左右）测定。该技术出现后首先应用于人类（Adams et al.，1991），而植物领域首先在拟南芥上进行大规模 EST 测定和分析（Höfte et al.，1993）。1996 年 NCBI 的 EST 数据库（dbEST）就有超过 25 000 条来自拟南芥的 EST 序列（Rounsley et al.，1996）。大规模的 EST 数据使我们第一次在基因组水平上观察到植物基因组的转录情况。同时 EST 也进一步用于植物遗传多态性的鉴定（如拟南芥）（Schmid et al.，2003）。由于 EST 往往是转录本的部分序列，为了满足分子生物学者对转录本全长的渴求，产生了一个与 EST 技术对应的同样基于传统测序技术的全长 cDNA（full-length cDNA）测序技术。拟南芥全长 cDNA 的大规模测序同样是植物界最早的。

EST、全长 cDNA 及大量功能基因的克隆，催生了另外一个技术的出现——基因芯片（microarray）。基因芯片可以大规模观察基因表达情况。第一张植物基因芯片来自拟南芥（Schena et al.,1995），随后还有多种不同类型基因芯片出现，如基于全长 cDNA 的芯片（Seki et al.，2001）。同样，基因芯片除了测定大量基因表达，也用于遗传多态性（SNP）的鉴定，以及植物群体分析。

随着二代测序仪和第二代测序技术的发展（主要的测序平台有 Illumina 公司的 Solexa 基因组分析仪、罗氏公司的 454 测序仪和 ABI 的 SOLiD 测序仪），RNA-Seq 越来越广泛地运用到动植物的研究中。最早的植物 RNA-Seq 研究来自拟南芥和水稻（Weber et al.，2007；Filichkin et al.，2010；Lu et al.，2010；Zhang et al.，2010）。随后，小非编码 RNA、长非编码 RNA 及 DNA 甲基化等分析都相继在拟南芥和水稻上报道。

（二）高通量转录组测序技术

转录组测序可以获得某一物种特定组织或细胞在某一特定状态下的基因的覆盖度，以此来分析蛋白质编码基因的表达量、差异表达等，还可分析可变剪接、基因融合等现象，也可预测新转录本，为科学研究提供便利。目前转录组测序的流程已非常成熟，并且可针对不同的研究需求收集不同类型转录本进行高通量测序（图 1-4-1）。高通量测序步骤主要包括建库和测序两部分。

转录组的测序可以在不同的平台实现（第二代测序技术原理的具体介绍可参见樊龙江

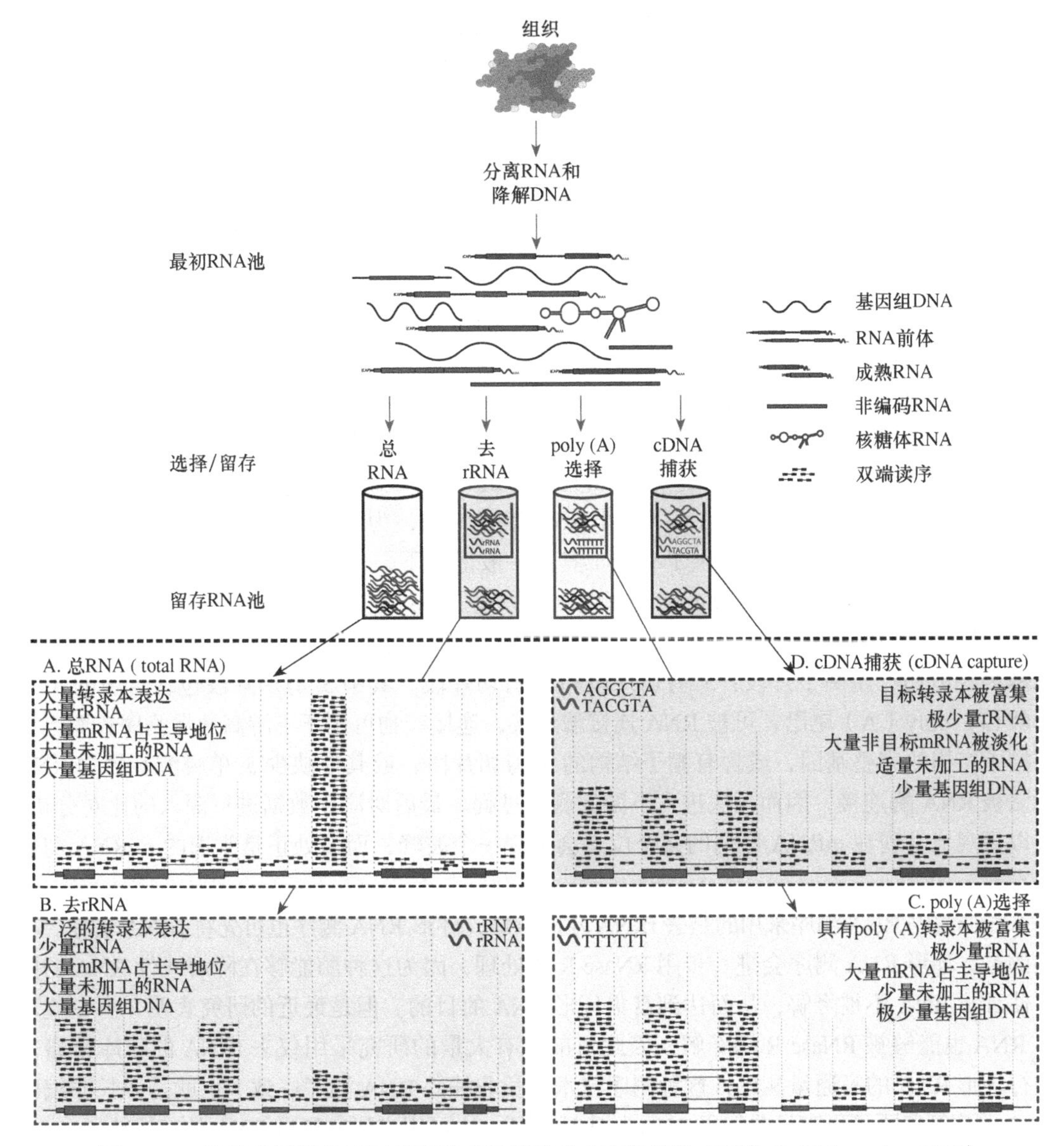

图 1-4-1 转录组测序的不同建库策略及其转录本富集情况（引自 Griffith et al.，2015）

主编的《生物信息学》第 1-1 章）。而使用不同转录组测序的建库策略的目的是富集不同类型的转录本。图 1-4-1 和表 1-4-1 分别详细展示了不同类型的转录本的富集策略，以及几种不同转录组测序建库方法之间的异同（Griffith et al.，2015）。具体来说，首先从各组织分离 RNA，并且利用脱氧核糖核酸酶（deoxyribonuclease，DNase）降解基因组 DNA，从而获得总 RNA。RNA 的质量可用凝胶和毛细管电泳评估，RNA 的质量和总量会对后续的测序和分析产生影响。其次根据不同的测序策略富集不同类型的转录本，常见的有总 RNA、poly（A）选择、去 rRNA、RNA 捕获等（表 1-4-1）。

常规转录组测序则富集的是带有 poly（A）尾巴的转录本，采用的方法是用 poly（dT）低聚物与 RNA 杂交，然后将 RNA 反转录成 cDNA。cDNA 常被片段化处理并且通过大小选择进行纯化以适用于高通量测序机器。最后是高通量测序。常规转录组测序技术不能提供序列转录的方向信息（这个信息对于转录组注释很重要），但是可以采用单链测序（single-strand

表 1-4-1 几种转录组测序建库方法比较

建库策略	RNA 类型	rRNA 含量	未加工 RNA 含量	DNA 含量	RNA 分离方法
总 RNA	全部 RNA	高	高	高	无
poly（A）选择	编码	低	低	低	用 poly（dT）低聚物杂交
去 rRNA	编码和非编码	低	高	高	去除与 rRNA 互补的寡聚物
RNA 捕获	目标 RNA	低	中等	低	用所需转录本互补的探针杂交

sequencing）或链特异性测序（strand-specific sequencing）技术解决这一问题。当前这种测序技术已经成为转录组测序技术发展的一个重要方向。

非编码 RNA 测序富集的是不编码蛋白质的 RNA 转录本，此处主要介绍小 RNA 测序（sRNA-Seq）、长非编码 RNA 测序（lncRNA-Seq）和环形 RNA 测序（circRNA-Seq）。

小 RNA 测序是对目标物种小 RNA 富集之后进行的大规模测序分析。小 RNA 测序能够快速全面地鉴定该物种在特定状态下的小 RNA 表达情况，为研究小 RNA 的种类、结构、功能及此物种的基因调控机制提供了有力工具。一般情况下，与小 RNA 测序配套进行的是降解组测序（degradome sequencing）。降解组测序原理如下：绝大多数的 miRNA 是通过剪切作用调控靶基因的表达，且剪切常发生在 miRNA 与 mRNA 互补区域的第 10～11 位核苷酸上。靶基因经剪切产生两个片段：5′ 剪切片段和 3′ 剪切片段。其中 3′ 剪切片段包含自由的 5′ 单磷酸和 3′ poly（A）尾巴，可被 RNA 连接酶连接，连接产物可用于下游高通量测序；而含有 5′ 帽子结构的完整基因，或含有帽子结构的 5′ 剪切片段，或其他缺少 5′ 单磷酸基团的 RNA 无法被 RNA 酶连接，因而无法进入下游的测序过程。最后对测序数据进行深入的比对分析，可以直观地发现在 mRNA 序列的某个位点会出现一个波峰，而该处正是候选的 miRNA 剪切位点。

长非编码 RNA 测序采用的是去 rRNA 建库策略，环形 RNA 测序也可先将 rRNA 去除。不同的是，环形 RNA 测序会进一步用 RNase R 酶处理，因为这种酶能够在降解线性 RNA 的同时使环形 RNA 不被降解，从而达到富集环形 RNA 的目的。但是最近的研究表明，有一些环形 RNA 也能够被 RNase R 酶降解，因此目前也有大量的研究采用仅去 rRNA 的建库策略来进行环形 RNA 的高通量测序，这种测序技术与长非编码 RNA 测序一致。也就是说长非编码 RNA 测序策略既可研究长非编码 RNA 的表达特征，也可用来研究环形 RNA 的表达特征。

二、基因转录水平分析

基因的表达量常被用来定量评估基因的转录水平。计算基因表达量的常用指标有比对到基因上的读序数量（read count），以及基因表达量标准化指标 RPKM、FPKM 和 TPM。由于基因长度和测序深度等干扰因素的存在，难以使用读序数量来比较基因间的表达量差异，而标准化指标 RPKM、FPKM 和 TPM 正好排除了这些因素的影响。

（一）RPKM 和 FPKM

RPKM（reads per kilobase of exon model per million mapped reads）指每百万比对上的读序中比对到每千个碱基长度的读序数量，计算公式如下：RPKM＝total exon reads/［mapped reads（millions）×exon length（kb）］，即 RPKM＝比对到外显子上的读序数量 /（比对到基因组上的总读序数量 × 外显子长度）。

FPKM（fragments per kilobase of exon model per million mapped fragments）指每百万比对上的片段中比对到每千个碱基长度的片段数量，计算公式如下：FPKM＝total exon fragments/[mapped fragments(millions)×exon length(kb)]，即 FPKM＝比对到外显子上的片段数量/(比对到基因组上的总片段数量 × 外显子长度)。

RPKM 和 FPKM 的区别是：RPKM 计算的是读序数量；而 FPKM 计算的是片段数量。在单端测序的数据中，理论上这两者相同，因为一条读序就是一条片段；但有时人工计算与软件给出的结果仍有一些差异，是因为不同的软件存在一些内部算法的不同。而在双端测序的数据中，如果一对读序都比对到基因上了，那么计算 FPKM 的时候算的是一条片段，而计算 RPKM 的时候算的是两条读序；如果一对读序中的其中一条读序比对到基因上，另一条读序没有比对到基因上，那么计算 FPKM 的时候算的是一条片段，计算 RPKM 的时候算的是一条读序。

（二）TPM

TPM（transcripts per kilobase of exon model per million mapped reads）指每百万比对上的读序中比对到每千个碱基长度的转录本上的读序数量，计算公式如下：

$$\mathrm{TPM}=\frac{N_i/L_i\times 10^6}{N_1/L_1+N_2/L_2+\cdots+N_n/L_n}$$

式中，N_i 为比对到基因 i 上的读序数量；L_i 为基因 i 的外显子长度的总和；n 为具体读序。

TPM 的计算首先是按转录本的长度对读序数量进行标准化，消除转录本长度造成的差异；随后消除样本间测序总读序数量（即测序深度）不同造成的差异。

非编码基因的转录水平评估与编码的基因的表达量的计算方式大致相同，不同的是其计算比对到非编码基因上的 RNA-Seq 读序。

三、植物基因组转录调控

在分子生物学和遗传学中，转录调控（transcriptional regulation）就是通过调节 DNA 到 RNA 的转换（即转录），从而改变基因的表达水平。在所有生物体内，转录调控都是一个很重要的过程。转录调控的过程是由转录因子和其他蛋白质协同工作的，这些蛋白质通过各种机制精细地调节 RNA 的产量。原核生物和真核生物中的转录调控策略不同，但是有一点是两者共有的，那就是转录调控相关各个因子之间的协同工作。除此之外，表观遗传（epigenetics）调控也是调节基因表达的重要机制之一（详见第 1-5 章第一节）。

转录因子是一类 DNA 绑定蛋白，可以在转录水平调节基因的表达。Xiong 等（2005）在拟南芥和水稻中分别鉴定了 1510 个和 1611 个转录因子基因。PlnTFDB 3.0(Pérez-Rodríguez et al.，2009）分别收集了 2722 个和 2451 个水稻和拟南芥的转录因子。PlantTFDB 4.0（Jin et al.,2016b）收集了共 165 个植物物种的转录因子，其中包括水稻(2408 个）和拟南芥(2296 个）的转录因子。以转录因子 WRKY 为例。WRKY 转录因子是植物中最大的转录调节因子家族之一，并且是调节植物生长发育过程信号网络的重要组成部分。图 1-4-2 展示了 WRKY 调节的两种途径。其中一个途径涉及抗性蛋白 MLA 和 WRKY；另一个途径涉及 MAP 激酶途径，包括 MEK 激酶激酶（MEKK），MAP 激酶激酶（MKK）和 MAP 激酶（MAPK）。MAMP 或 PAMP（pathogen-associated molecular pattern，病原相关分子模式）被受体感知，该受体通过 MAPK 级联系统开始转导信号。信号激活了未知的 WRKY 转录激活因子

（图 1-4-2 中红色）和 WRKY1/2 阻遏物（图 1-4-2 中蓝色）。WRKY 阻遏物可以阻止慢性防御基因激活，而 MLA 受体被 RAR1、SGT1 和细胞溶质 HSP90 折叠，从而产生了基础防御。通过白粉菌（*Blumeria graminis* f.sp. *hordei*）激活一种或几种 MAMP 或 PAMP 受体（这里为 AVR_A），触发了整合的 MAMP 或 PAMP 与 MLA 的免疫反应。激活的 MLA 与 WRKY1/2 阻遏物相关，从而解除 MAMP 触发的免疫。基础防御反应的去抑制被认为可以上调防御相关基因的表达。MEKK1-MKK1/2-MPK4 模块被 MAMP 或 PAMP 激活，这导致 MPK4-MKS1-WRKY33 复合物的核解离和 WRKY33 与 MKS1 的释放。WRKY33 可增强 PAD3 的表达，而 PAD3 是合成抗生素所必需的。

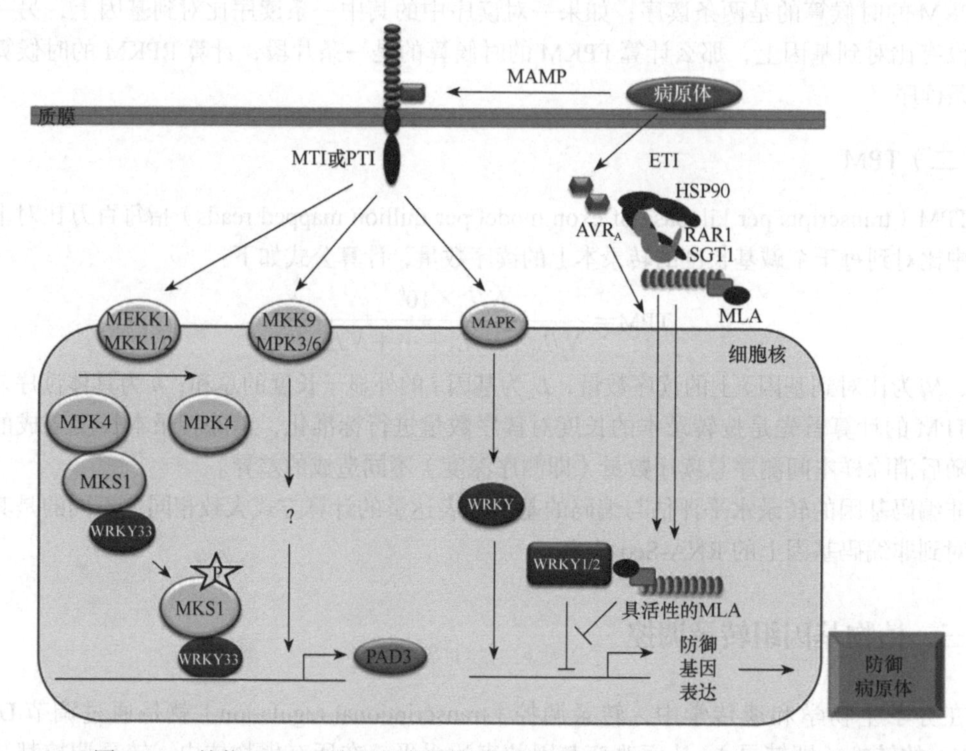

图 1-4-2 植物 WRKY 转录因子介导的免疫反应（引自 Rushton et al.，2010）

ETI（effector-triggered immunity）. 效应子触发的免疫；HSP90（heat shock protein 90）. 热激蛋白 90；MAMP（microbe-associated molecular pattern）. 微生物相关分子模式；MLA（mildew-resistance locus A）. 霉菌抗性基因座 A；MTI（microbe-associated molecular pattern-triggered immunity）. 微生物相关分子模式触发的免疫；PAD3（phytoalexin deficient 3）. 植物抗毒素缺乏蛋白 3；PTI（pathogen-associated molecular pattern-triggered immunity）. 病原相关分子模式引发的免疫；RAR1（required for Mla12 resistance 1）. Mla12 抗性所需蛋白 1；SGT1（suppressor of G-two allele of skp1）. skp1 抑制因子

第二节 植物基因组转录特征

一、植物转录本构成及其数量

基因组转录而来的转录本包含所有的 RNA 类型，其中包括常见的 mRNA、rRNA、tRNA 和其他调节性 ncRNA（如 sRNA、lncRNA 等），而 rRNA 大约占总 RNA 的 80%。由于不同植物的基因组存在差异，因此不同植物基因组转录而来的转录本的类型和数量也存在差异。以水稻和拟南芥为例，植物基因组一般会存在 5 万个左右编码蛋白质的转录本，

300～500 个 miRNA，1 万条左右长非编码 RNA 和 2 万～4 万个可以转录环形 RNA 的位点（表 1-4-2）。这些转录产物长度不同，同时，不同类型植物（如多倍体植物）转录组构成与规模会存在一定差异。

表 1-4-2 植物转录组主要构成及其高通量测定技术

类型	编码特征*	长度	形状	转录本数量	测序技术
mRNA	编码	150bp 以上	线性	约 5 万	RNA-Seq
小 RNA（miRNA）	非编码	20～24bp	线性	300～500	sRNA-Seq
长非编码 RNA	非编码	200bp 以上	线性	约 1 万	lncRNA-Seq
环形 RNA	非编码	50bp～5kb	环形	2 万～4 万	circRNA-Seq

* 部分非编码 RNA 具有编码小肽的潜能

Chen 等（2019）对一个烟草样本同时进行了 4 种转录组测定（表 1-4-3），共鉴定到 85 570 个 mRNA，12 414 个 circRNA，832 个 miRNA 和 7423 个 lncRNA。烟草打顶后 48h 叶片不同转录本的构成、数量及表达量都存在差异（图 1-4-3）。此外，我们还收集了水稻、拟南芥等植物中上述 4 种 RNA 的信息，发现整体数量趋势类似，即 mRNA＞circRNA＞lncRNA＞miRNA。

表 1-4-3 烟草及其他植物基因组上鉴定的 4 种 RNA 分子数量

RNA 类型	拟南芥	水稻	番茄	烟草
mRNA	35 386	52 424	34 727	85 570
circRNA	38 938	40 312	1 904	12 414
miRNA	384	738	147	832
lncRNA	3 008	5 237	3 440	7 423

二、蛋白质编码基因转录水平与特征

随着高通量测序技术的发展，转录组测序技术的广泛应用使人们对基因转录的认识更加清晰。一个物种基因组上的成千上万个基因各司其职，在不同组织、时期、环境下表达，从而能够翻译出应对不同生长需求或不同环境条件的蛋白质，达到生长发育或者应激响应等目的。

（一）蛋白质编码基因整体转录水平

植物不同组织在不同的发育时期，表达的编码基因数量存在差异。例如，在水稻中，正常生长的植株表达的基因占所有基因数量的 40%～70%（图 1-4-4A），也就是 1.5 万～2.7 万个基因。并且，水稻的不同组织中，表达基因的数量也存在差异，由图 1-4-4 可知，水稻四叶期幼苗中表达的基因数量最多（约占 70%，约 2.7 万个），而授粉后 25 天的胚乳中

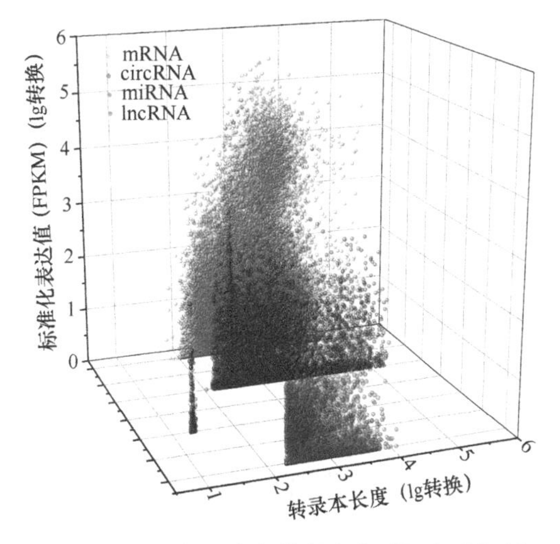

图 1-4-3 烟草叶片在特定发育时间点（打顶后 48h）转录的各类转录本数量和表达量（引自 Chen et al.，2019）

表达的基因数量最少（约占 40%，约 1.5 万个）。图 1-4-4 所使用的数据（NCBI SRA 编号：SRP008821）显示，水稻中不同组织基因表达的数量由多到少依次为：四叶期幼苗、抽穗前花序、抽穗后花序、雌蕊、授粉后 5 天的种子、花药、生长 20 天的叶片、授粉后 25 天的胚芽、初生幼苗（shoots）、授粉后 10 天的种子、授粉后 25 天的胚乳。

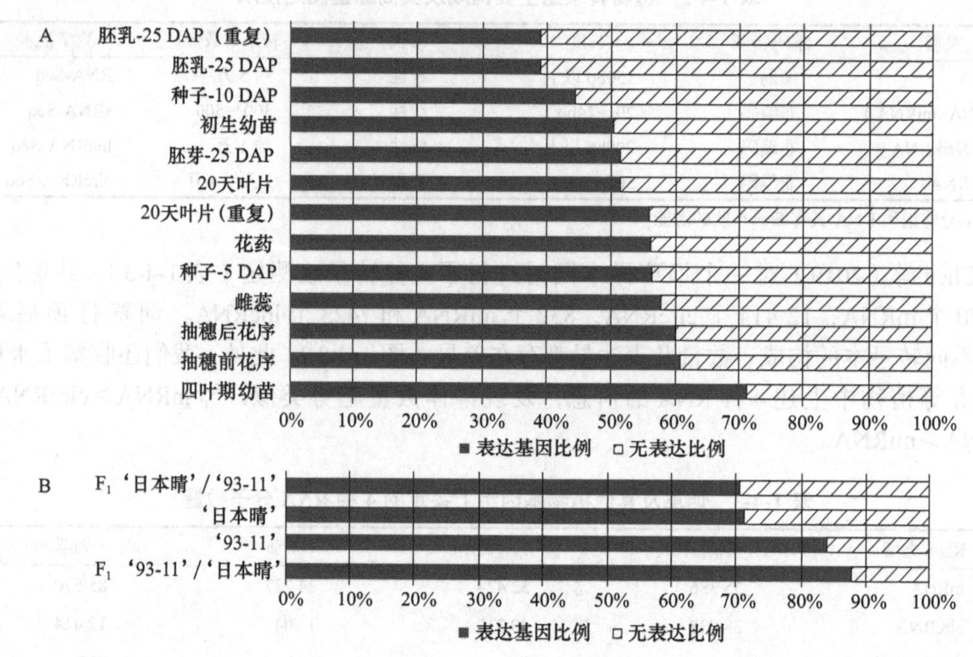

图 1-4-4 水稻转录组转录情况，包括不同组织中基因表达的数量（A）和不同品种水稻四叶期幼苗的基因表达量（B）

图中统计基于水稻参照基因组（‘日本晴’）39 045 个蛋白质编码基因（以 RGAP7 的注释为依据）的表达情况。横坐标以百分数的形式展示，黑色填充的为表达的基因所占比例，斜线填充的为不表达的基因（即基因的表达量为零）所占比例；纵坐标表示的是不同的组织或者品种。图中所用的表达数据来源于 RGAP 数据库。DAP 表示授粉后的天数

不同植物，甚至是同一物种的不同品种之间，表达的基因数量也存在差异。图 1-4-4B 展示了水稻品种‘日本晴’‘93-11’和分别以它们为父母本的两个 F_1 四叶期幼苗中表达基因的数量所占的比例。总体来说，与图 1-4-4A‘日本晴’的不同组织相比，这 4 个品种的基因表达的数量都占很大比例（都高达 70% 以上）。但是‘93-11’和以‘93-11’为父本的 F_1 四叶期幼苗中表达基因的数量（占 80% 以上，甚至接近于 90%），明显大于‘日本晴’和以‘日本晴’为父本的 F_1 四叶期幼苗（约占 70%）。

除了表达的基因数量，已表达基因的表达量的数值大小也存在组织、品种、发育时期差异。图 1-4-5 展示的是水稻不同组织中基因的表达量，由图 1-4-5A 可知，水稻大部分基因的表达量在 0～25，并且在不同组织中，基因的表达量分布也稍有不同。虽然大部分基因的表达量都在 25 以下，但是仍然存在一些表达量高达上万的基因（图 1-4-5B），这些基因可能在特定的生长发育过程中起到关键作用。

（二）蛋白质编码基因可变剪接

通过对 mRNA 前体的剪接，有些特殊的外显子可能在成熟 mRNA 中被去除或者保留，导致一个基因位点产生多个蛋白质，这就是可变剪接（alternative splicing，又称选择性剪接，图 1-4-6）。如图 1-4-6 中所示，该基因由于可变剪接可以形成 3 种不同的 mRNA 转录本，其

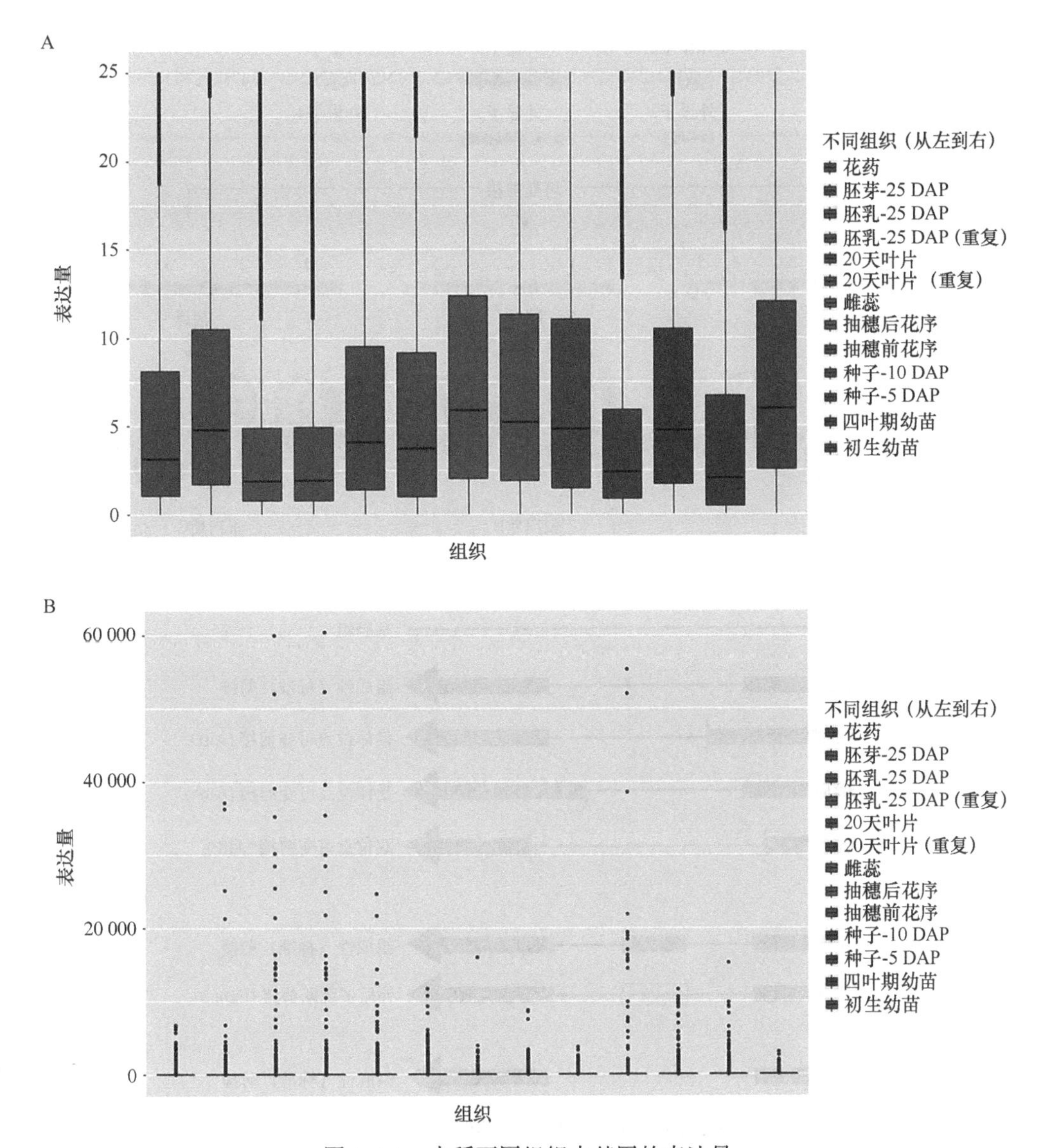

图 1-4-5 水稻不同组织中基因的表达量

A. 不同组织基因的表达量在 0～25 的分布情况，方框中的横线表示基因表达量的中位数；B. 不同组织所有表达的基因的表达量的整体分布情况。表达数据来自 RGAP 数据库，表达量计算基于 Cufflinks 软件

中由 1～5 号外显子转录而来的 mRNA 可翻译成蛋白质 A，1、2、4、5 号外显子转录而来的 mRNA 可翻译成蛋白质 B，1、2、3、5 号外显子转录而来的 mRNA 可翻译成蛋白质 C。

可变剪接在真核生物中是一种很常见的现象，它在有限的基因组大小内极大地增加了蛋白质的生物多样性。研究显示，人类基因组上，约 95% 的多外显子基因上有可变剪接现象（Pan et al.，2008）。根据剪接的位置，可变剪接可被分为 5 类（图 1-4-7）：供体位点可变剪接（alternative donor site，AltD）、受体位点可变剪接（alternative acceptor site，AltA）、双位点可变剪接（alternative position，AltP）、外显子跳跃剪接（exon skipping，ExonS）和内含子保留剪接（intron retention，IntronR）。

Wang 和 Brendel（2006）在植物的可变剪接事件研究中发现，在 EST 和 cDNA 的证据支持下，4707 个拟南芥基因（约 21.8%）上有 8264 个可变剪接事件，其中约 56% 可变剪接

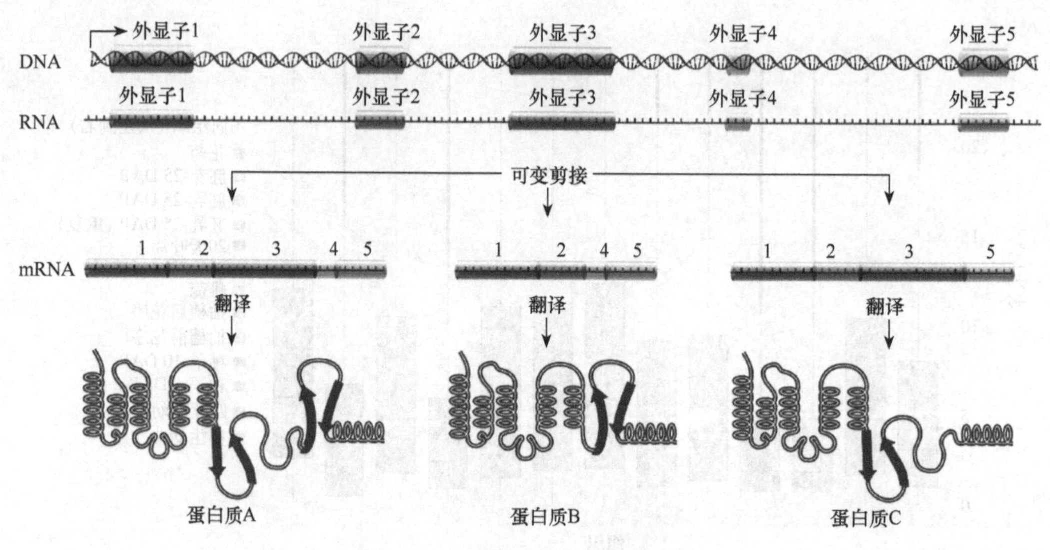

图 1-4-6　不同可变剪接方式列举

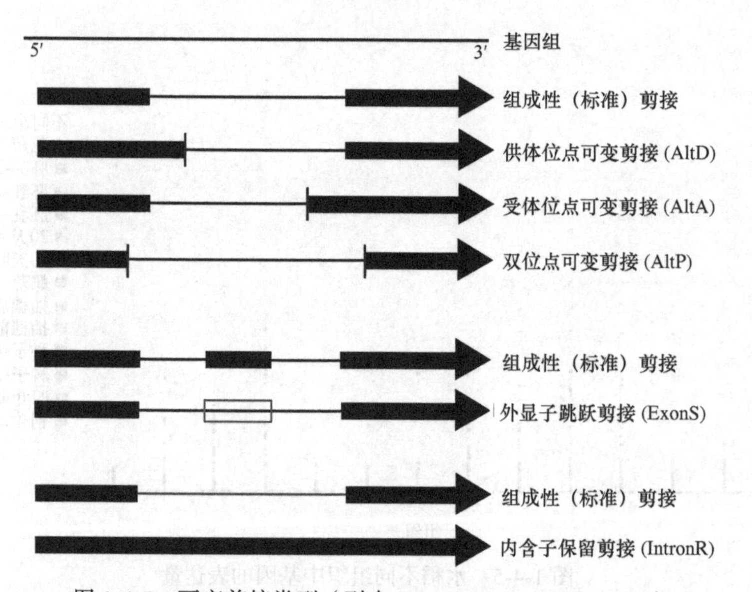

图 1-4-7　可变剪接类型（引自 Wang and Brendel，2006）

黑色填充方块代表外显子，箭头代表转录方向，透明方块代表可变剪接排除的外显子，方块之间的连线代表内含子

事件是内含子保留类型，只有 8% 是外显子跳跃类型；6568 个水稻基因（约 21.2%）上有 14 542 个可变剪接事件，其中约 53.5% 可变剪接事件是内含子保留类型，13.8% 是外显子跳跃类型。通过高通量测序手段，Lu 等（2010）发现水稻中约 48% 的基因上存在可变剪接现象；Filichkin 等（2010）发现拟南芥中有约 42% 的基因存在可变剪接。

三、发育和环境胁迫下编码基因转录变化

（一）不同发育阶段转录水平变化

如上所述，植物在不同的发育时期，为了满足不同的发育需求，表达的编码基因数量和表达值的大小都存在差异，如图 1-4-4 和图 1-4-5 展示的不同发育时期的基因表达的数量和

基因表达的数值。同样，同一个基因在不同发育时期的表达量可能存在显著差异。

早在 2009 年，Jiao 等利用基因芯片数据，对水稻几个不同发育时期的茎、叶和幼苗等的 40 种细胞类型进行研究，发现了水稻基因表达的细胞特异性。图 1-4-8 展示了蛋白质编码基因在水稻不同发育阶段的表达变化。图 1-4-8A 表示差异表达基因在不同细胞类型中的表达量，在这 40 种不同的水稻细胞类型中，一共表达约 2.5 万个基因，而每个细胞类型中表达的基因数量为 0.6 万～1.6 万个（也就是 26%～52%，图 1-4-8B）；其中有 2188 个（约 7%）基因只在某个特定的细胞类型中表达，而 2171 个（约 7%）基因在 40 种细胞类型都表达（图 1-4-8 C）。

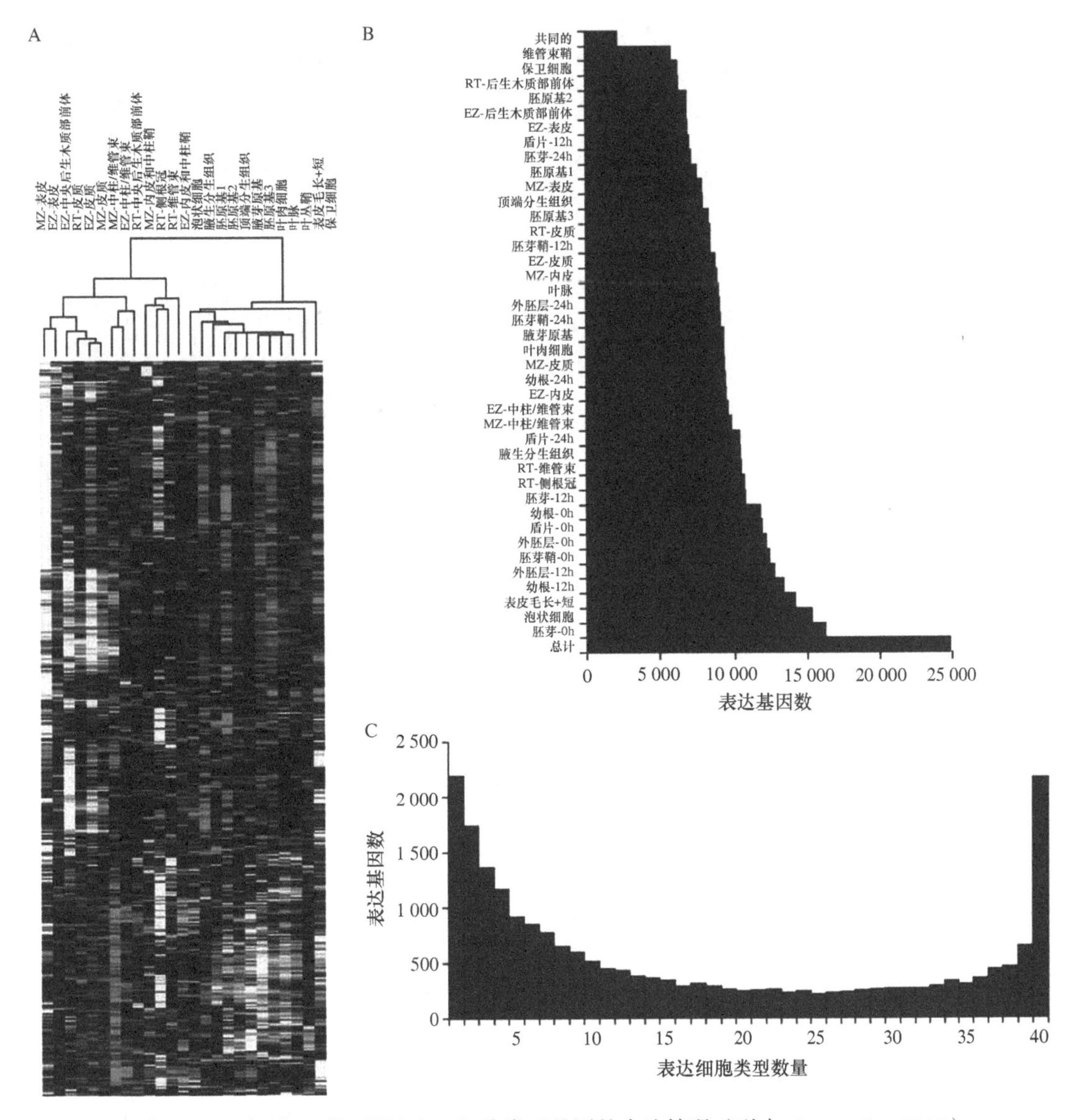

图 1-4-8 水稻 40 种不同组织 / 细胞类型基因的表达情况（引自 Jiao et al.，2009）

A. 差异表达基因在不同细胞类型中的表达值。黄色和蓝色分别代表基因在某个特定的细胞类型中高表达和低表达；B. 不同细胞类型中基因表达的数量；C. 在多个细胞类型中表达的基因数量。MZ（maturation zone）表示成熟区；EZ（elongation zone）表示伸长区；RT（root tip）表示根尖

Lu 等（2010）在粳稻‘日本晴’、籼稻‘93-11’和‘广陆矮 4 号’（‘Gla4’）的幼苗中，利用 RNA-Seq 数据发现，这 3 个品种水稻两两之间存在一定数量的差异表达基因。他们发现有 3464 个可靠的差异表达基因至少在两个品种中存在。具体来说，‘93-11’和‘Gla4’之间有 1353 个差异表达基因，‘93-11’和‘日本晴’之间有 1802 个差异表达基因，‘Gla4’和‘日本晴’之间有 2000 个差异表达基因，并且有 80 个基因在这 3 个品种中都差异表达。图 1-4-9 展示了 3 个品种间的差异表达基因及其可能的功能。

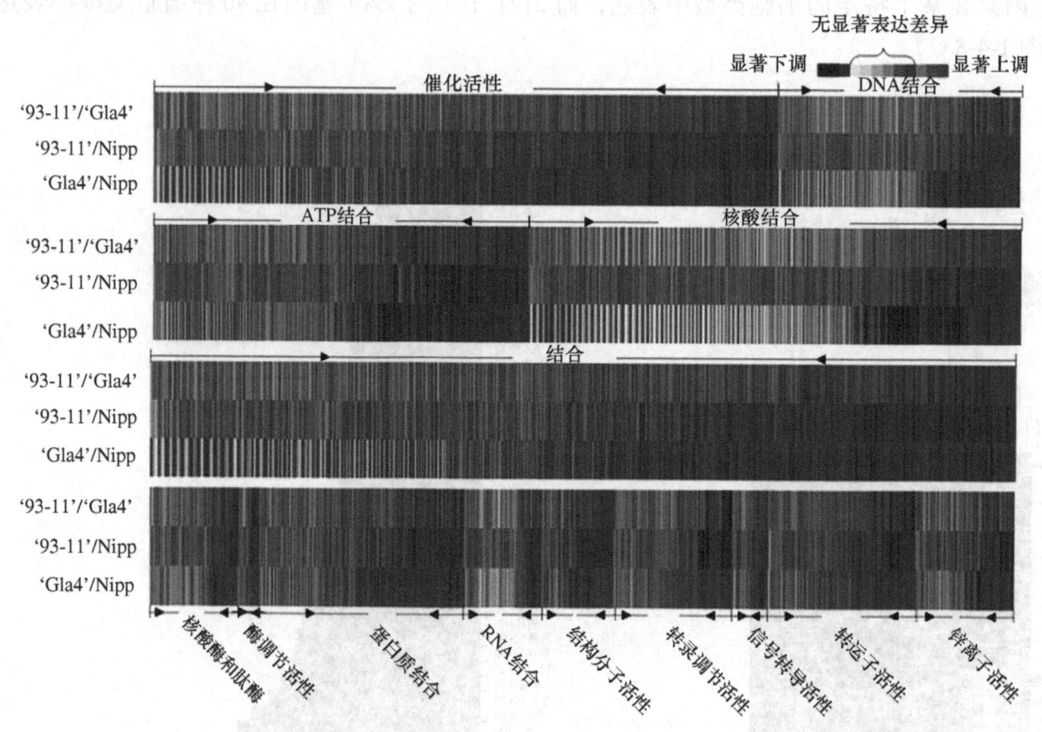

图 1-4-9　不同类型功能基因（基于 GO 分类）在不同水稻材料的差异表达情况

（引自 Lu et al.，2010）

红色和蓝色分别代表上调和下调的差异表达基因，灰色代表没有差异表达的基因，图片最下方的文字代表这些基因可能的功能，Nipp 表示 Nipponbare（‘日本晴’）

（二）不同环境条件下转录水平变化

植物为应对不同的环境，编码基因的表达也会发生变化。早在 2002 年，Kreps 利用基因芯片技术（一共约有 8100 个基因探针），对低温（4℃）、高盐（100mmol/L 氯化钠）、干旱（200mmol/L 甘露醇）环境下的拟南芥的根和叶的研究发现，与正常情况生长的拟南芥相比，有 2409 个基因的表达量至少是正常表达量的两倍。也就是说约有 30% 的转录组对这些常见的逆境能够做出响应。

Zhang 等（2017e）对水稻幼苗在缺钾条件和正常生长情况下的转录组进行研究，一共发现 805 个差异表达基因，在缺钾环境中有 536 个基因表达上调，269 个基因表达下调。基因功能分析发现这些基因的功能主要集中在养分运输、蛋白激酶、转录过程、植物激素等方面。此外，当 Zhang 等将自己的结果与公共数据库的芯片数据比较后发现，在缺钾条件下差异表达的基因同样在其他逆境中也有表达量的变化。

四、发育和环境胁迫下非编码 RNA 转录变化

（一）不同发育阶段非编码 RNA 转录水平变化

长非编码 RNA 的表达具有组织特异性。以水稻为例，很多长非编码 RNA 在生殖繁育的时候特异性表达。当检测它们的表达水平时，可以发现 lincRNA 和 lncNAT 通常具有相似的表达水平，但是信使 RNA 的表达量会显著地高于长非编码 RNA 的表达量（图 1-4-10A），此外，那些转座子相关的信使 RNA（TE-mRNA）的表达量水平会显著低于长非编码 RNA。利用 JS（Jensen-Shannon）散度评估长非编码 RNA 和信使 RNA 差异表达的程度，可以发现基因间区长非编码 RNA 较自然反义长非编码 RNA 更容易差异表达。同时，两种类型的长非编码 RNA 较信使 RNA 都更容易差异表达（图 1-4-10B）。基因间区长非编码 RNA 的低表达水平及高度的差异表达模式同样也存在于拟南芥和动物中，暗示着长非编码 RNA 表达的物种保守性。长非编码 RNA 的这种高度的组织表达特异性可以作为在众多转录本中分类出长非编码 RNA 的依据。Zhang 等（2014）通过水稻长非编码 RNA 表达的聚类分析，将长非编码 RNA 划分为三大类：①在生殖器官中高度表达的长非编码 RNA；②在营养器官中高度表达的长非编码 RNA；③在多种器官中表达或在特定测序数据中表达（图 1-4-10C）。有趣的是，其中有一些水稻长非编码 RNA 只会在某个特定的生长发育时期特异性表达，如长非编码 RNA 在整个有性生殖过程中特异性表达暗示着其在有性生殖过程中的潜在功能。

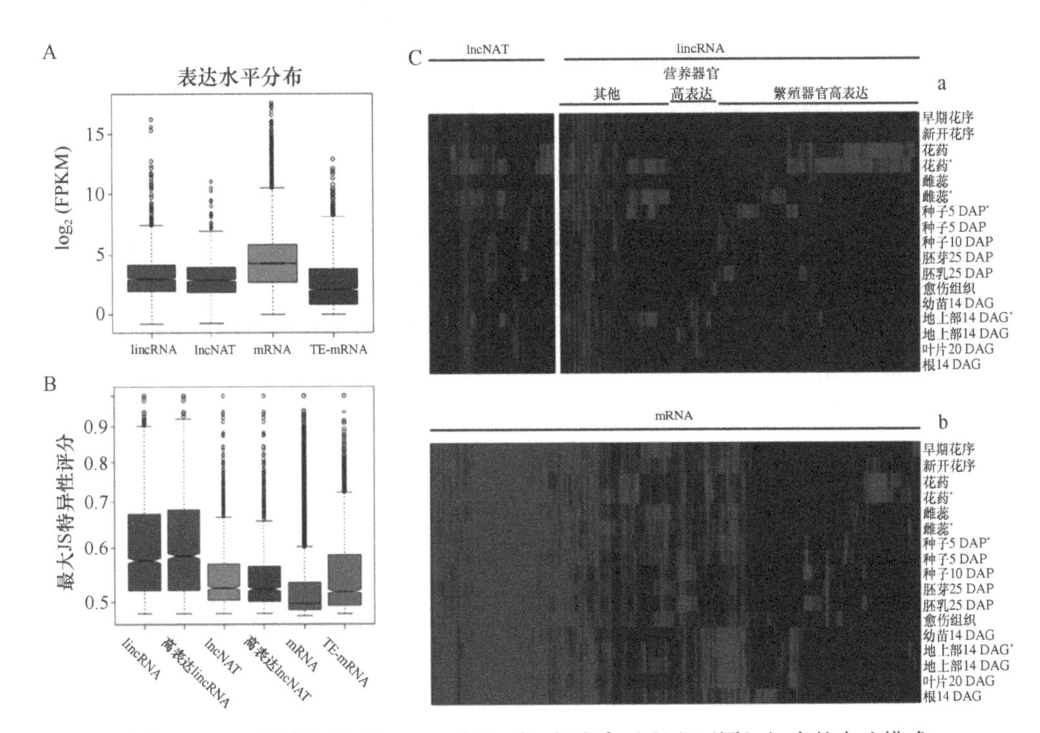

图 1-4-10　水稻长非编码 RNA 在不同生长发育过程和不同组织中的表达模式

（引自 Zhang et al.，2014b）

A．lincRNA 和 lncNAT 的表达水平低于蛋白质编码基因，但高于 TE-mRNA；B．所有 lincRNA、lncNAT、蛋白质编码基因和 TE-mRNA 的最大 JS 特异性得分分布；C．17 个阶段 / 组织中所有表达的 lincRNA 和 lncNAT（a 图）和蛋白质编码基因（b 图）的丰度。红色代表高表达；黑色代表低表达。DAP（days after pollination）表示授粉后天数；DAG（days after germination）表示萌发后天数；* 表示链特异性转录组测序

miRNA 在不同发育时期的表达也具有特异性。Lan 等（2012）针对水稻 G_1（开花后 6～12 天）、G_2（开花后 13～17 天）、G_3（开花后 18～20 天）3 个时期的籽粒中的 miRNA 进行了研究，在 G_1、G_2、G_3 分别鉴定到 190 个、168 个、187 个 miRNA（图 1-4-11A）。其中有 143 个 miRNA 在 3 个时期全部表达，分别有 26 个、12 个、30 个 miRNA 在 G_1、G_2、G_3 中特异表达。图 1-4-11B 表明来自 13 个 miRNA 家族的 18 个 miRNA 在水稻的 3 个不同时期差异表达，其中分别有 9 个 miRNA 呈现出上调和下调的表达趋势。

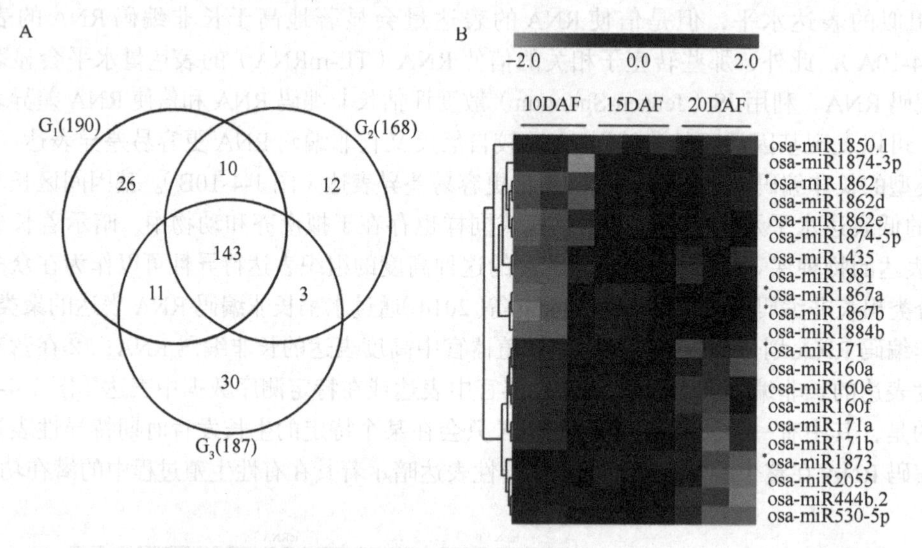

图 1-4-11 水稻 miRNA 在不同生长发育过程中的表达模式（引自 Lan et al.，2012）

A．水稻 G_1、G_2、G_3 3 个时期分别鉴定到的 miRNA 的数量；B．3 个时期（开花后 10 天、15 天和 20 天）miRNA 的差异表达情况。DAF（day after flowering）表示开花后天数；* 表示前导序列与已知 miRNA 有所不同

（二）不同环境条件下非编码 RNA 转录水平变化

miRNA 能够通过序列互补识别它们的靶基因，并且通过降解靶基因来抑制其表达或者抑制靶基因的翻译。表 1-4-4 展示了各植物物种应对生物和非生物胁迫时 miRNA 的表达变化（Sunkar et al.，2012）。

表 1-4-4　不同植物物种应对生物和非生物胁迫时 miRNA 的表达变化（引自 Sunkar et al.，2012）

miRNA	生物胁迫	干旱	盐	冷	热	脱落酸	氧化	低氧	紫外线
miR156	nd	Ath↑，Ttu↑，Hvu↑，Osa↓，Peu↑	Ath↑，Vun↑，Zma↓	Ptc↓，Mes^{a}	Tae↑	nd	nd	Ath↑	Ath↑，Pte↑
miR159	Ath↑	Ath↑，Peu↑	Ath↑	Mes^{a}	Tae↑	Ath↑	nd	Ath↑，Zma^{c}↑	Ath↑，Pte↓
miR160	Ath↑	Mes^{a}，Peu↑	Vun↑	Mes^{a}	Tae↑	Ath↑	nd	Zma^{c}	Ath↑，Pte↑
miR162	nd	Peu↑	Zma↑，Vun↑	Mes^{a}	nd	nd	nd	Zma^	nd
miR165/miR166	Ath↑	Hvu↑ leaf，Ttu↓，Hvu↓ root，Mes^{a}，Gma^{b}，Peu↑$^{\&}$↓	nd	Ath↑，Mes^{a}	Tae↑	nd	nd	Zma^	Ath↑，Pte↑
miR167	Ath↑	Ath↑，Mes^{a}，Peu↑	Ath↑，Zma↓	Osa↓，Mes^{c}	nd	Osa↓	nd	Zma^	Ath↑，Pte↑
miR168	nd	Ath↑，Osa↓，Peu↓	Ath↑，Zma↑，Vun↑	Ptc↑，Ath↑	Tae↑	nd	nd	Zma^	Ath↑，Pte↑
miR169	nd	Ath↓，Osa↑，Mtr↓，Peu↑	Ath↑，Zma↑，Vun↑，Osa↑	Ath↑，Bdi↑	Tae↑	Ath↓，Osa↓	Osa↑	Ath↑$^{\&}$↓	Ath↑，Pte↓
miR170/miR171	nd	Ath↑，Hvu↑ leaf，Ttu↓，Osa↑$^{\&}$↓，Peu↑$^{\&}$↓	Ath↑，Ptc↓	Mes^{a}，Ptc↓，Ath↑，Osa↓	Ptc↓	nd	nd	Zma↑	Ath↑
miR172	nd	Osa↓，Peu↑$^{\&}$↓	nd	Ath↑，Bdi↑	Tae↓	nd	nd	Ath↑	Ath↑
miR390	Ath↓	Peu↓	nd	nd	nd	nd	nd	Ath↑	nd
miR319	Ath↑	Ath↑，Osa↑$^{\&}$↓，Peu↑$^{\&}$↓	Ath↑	Ath↑，Osa↓	nd	Ath↑，Osa↑	nd	nd	nd
miR393	Ath↑	Ath↑，Osa↑，Mtr↑，Pvu↑，Peu↑$^{\&}$↓	Ath↑，Pvu↑，Osa↓	Ath↑	Tae↑	Ath↑，Pvu↑	nd	nd	Ath↑，Pte↓
miR395	nd	Peu↑$^{\&}$↓，Osa↑	Zma↑	Mes^{a}	nd	nd	nd	Zma^{c}	nd
miR396	nd	Ath↑，Osa↓，Ttu↓，Peu↑$^{\&}$↓	Ath↑，Osa↓，Zma↓	Ath↑，Mes^{a}	nd	nd	nd	Zma↑	nd
miR397	nd	Ath↑，Osa↓，Gma^{b}，Peu↑	Ath↑	Ath↑，Bdi↑，Mes^{a}	nd	Ath↑	Osa↑	nd	nd
miR398	Ath↓	Mtr↑，Ttu↑，Peu↑	Ath↓，Pte^{c}	Ath↓	nd	Ath↓，Pte^{c}	Ath↓	nd	Ath↑，Pte↑
miR408	Ath↓	Ath↑，Mtr↑，Hvu↑，Osa↓	Vun↑	Ath↑	nd	nd	nd	nd	nd

注：（1）Ath，拟南芥（*Arabidopsis thaliana*）；Bdi，二穗短柄草（*Brachypodium distachyon*）；Gma，大豆（*Glycine max*）；Hvu，大麦（*Hordeum vulgare*）；Mtr，蒺藜（*Medicago truncatula*）；Mes，木薯（*Manihot esculenta*）；Pvu，菜豆（*Phaseolus vulgaris*）；Peu，胡杨（*Populus euphratica*）；Ptc，毛果杨（*Populus trichocarpa*）；Pte，欧洲山杨（*Populus tremula*）；Ttu，圆锥小麦（*Triticum turgidum*）；Osa，水稻（*Oryza sativa*）；Vun，豇豆（*Vigna unguiculata*）；Zma，玉米（*Zea mays*）

（2）nd 表示没有变化或者目前还未确定；↑表示上调；^表示刚开始上调后来又回到正常表达水平；↓表示下调；↑$^{\&}$↓表示这个家族里的 miRNA，有些上调有些下调

（3）上标标识说明：a 表示在不同生态条件下生长的两种木薯品种表现出相反的表达模式；b 表示敏感和耐受的基因型植株对胁迫的反应不同；c 表示动态表达模式

第 1-5 章 植物基因组表观遗传修饰

第一节 植物基因组甲基化

扫码见
本章彩图

一、DNA 甲基化及其测定

（一）DNA 甲基化及植物 DNA 甲基化特征

DNA 甲基化（methylation）是最早发现的遗传修饰途径之一。大量研究表明，DNA 甲基化能引起染色质结构、DNA 构象、DNA 稳定性及 DNA 与蛋白质相互作用方式的改变，从而控制基因表达。DNA 甲基化常见于基因的 5′-CG-3′ 序列在甲基转移酶的催化下，DNA 的 CG 两个核苷酸的胞嘧啶被选择性地添加甲基，形成 5-甲基胞嘧啶。大多数脊椎动物基因组 DNA 都有少量的甲基化胞嘧啶，主要集中在基因 5′ 端的非编码区，并成簇存在。甲基化位点可随 DNA 的复制而遗传，因为 DNA 复制后，甲基化酶可将新合成的未甲基化的位点进行甲基化。DNA 的甲基化可引起基因的失活，DNA 甲基化导致某些区域 DNA 构象变化，从而影响了蛋白质与 DNA 的相互作用，甲基化达到一定程度时会发生从常规的 B-DNA 向 Z-DNA 的过渡，由于 Z-DNA 结构收缩，螺旋加深，使许多蛋白质因子赖以结合的元件缩入大沟而不利于转录的起始，导致基因失活。DNA 甲基化主要形成 5-甲基胞嘧啶（5-mC）和少量的 N6-甲基腺嘌呤（N6-mA）及 7-甲基鸟嘌呤（7-mG）。

植物 DNA 甲基化主要有两种：6-甲基腺嘌呤（6-mA）和 5-甲基胞嘧啶（5-mC），其中以胞嘧啶的甲基化为主，5-mC 的含量可达 DNA 中胞嘧啶碱基的 1/3，而且在不同的植物品种中胞嘧啶的甲基化比例有很大的差别。植物胞嘧啶甲基化的另一个特点是除了会发生在 CG 位点之外，还会发生在 CNG（N 代表 A、G、C、T 中的任何一种碱基）和 CHH（H 代表 A、C、T 中的任何一种碱基）位点上（图 1-5-1）。植物中非 CG 甲基化（即 CNG 和 CHH）主要发生在转座子，而 CG 甲基化既可发生在转座子，也可发生在基因上。

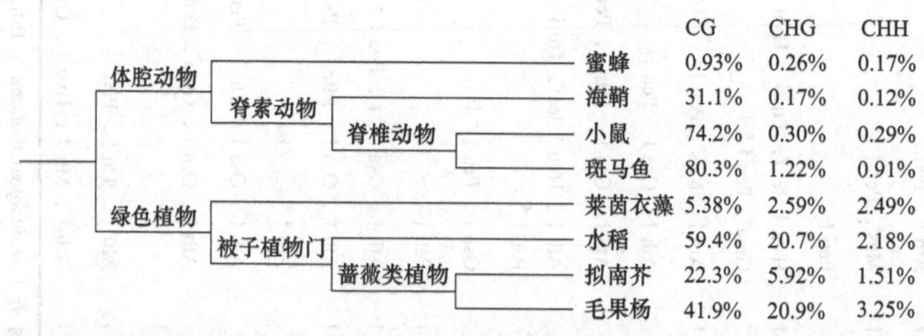

图 1-5-1 8 种代表性真核生物 CG、CHG、CHH 甲基化水平（引自 Feng et al.，2010）

8 个物种分别为拟南芥（*Arabidopsis thaliana*）、水稻（*Oryza sativa*）、毛果杨（*Populus trichocarpa*）、莱茵衣藻（*Chlamydomonas reinhardtii*）、海鞘（*Ciona intestinalis*）、蜜蜂（*Apis mellifera*）、斑马鱼（*Danio rerio*）和小鼠（*Mus musculus*）

在植物中，CG 位点拟南芥甲基化水平为 22.3%、水稻为 59.4%、油菜为 53%；CHG 位点拟南芥甲基化水平为 5.9%、水稻为 20.7%、油菜为 22%；CHH 位点拟南芥甲基化水平为 1.5%、水稻为 2.2%、油菜为 7%（Plass and Smiraglia，2006；Feng et al.，2010；Law and Jacobsen，2010；Chalhoub et al.，2014）。DNA 甲基化在植物的生长发育中起重要作用。到目前为止，研究者已对水稻（甚至是杂交水稻）不同发育时期的 DNA 甲基化进行了研究，包括生殖发育、种子发育、愈伤组织等，同时还研究了水稻在盐胁迫、干旱、缺磷、农药暴露等逆境下的 DNA 甲基化情况。研究结果显示，由于基因组结构等的不同，水稻的 DNA 甲基化水平比拟南芥高 4 倍（Deng et al.，2016）。He 等（2010）和 Li 等（2008）的研究发现，水稻中一半以上的编码基因都有 DNA 甲基化，并且在基因上和基因的启动子区域都有可能发生 DNA 甲基化。

植物基因组中的甲基化大部分发生在转座子和重复序列当中，这些部位的甲基化可能与异染色质的形成和转座子的失活有密切的关系。在拟南芥的基因组上只有 1/3 基因的编码区存在胞嘧啶甲基化现象。而且容易发生甲基化的基因都是中等程度表达的基因，相对高表达和低表达的基因很少被甲基化修饰（Law and Jacobsen，2010；Li et al.，2011）。

甲基化水平在植物基因区域的分布不均匀。植物基因区域的两端甲基化的水平要明显低于中间部分（图 1-5-2A）。在基因的两端 CG 位点拟南芥甲基化水平约为 5%、水稻约为 20%；基因的中间部分 CG 位点拟南芥甲基化水平约为 25%、水稻约为 50%。植物基因组重复序列区域甲基化的水平要明显高于其上下游区域（图 1-5-2B）。在植物的重复序列区域 CG 位点拟南芥甲基化水平约为 70%、水稻约为 80%；重复序列的上下游区域 CG 位点拟南芥甲基化水平约为 40%、水稻约为 60%。植物外显子区域的甲基化水平也要高于内含子区域的甲基化水平（图 1-5-2C）。在植物的外显子区域 CG 位点拟南芥甲基化水平约为 30%、水稻约为 60%；内含子区域 CG 位点拟南芥甲基化水平约为 20%、水稻约为 50%（Feng et al.，2010；Marí-Ordóñez et al.，2013）。

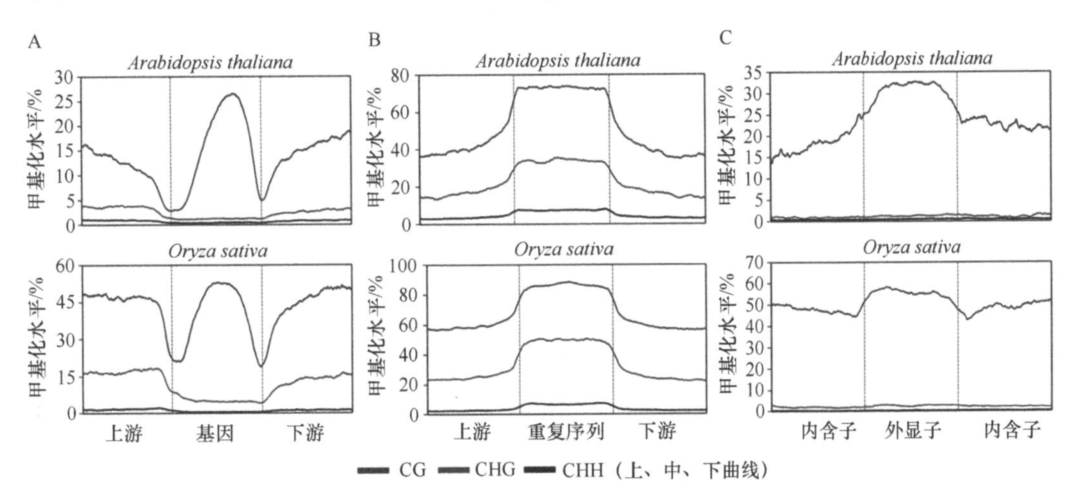

图 1-5-2　植物基因组不同类型序列甲基化水平比较（引自 Feng et al.，2010）

图中包括双子叶植物拟南芥（*Arabidopsis thaliana*）和单子叶植物水稻（*Oryza sativa*）的蛋白质编码基因（A）、DNA 重复序列区域（B）和外显子及内含子的 DNA 甲基化水平分布（C）

植物的 DNA 甲基化状态和甲基化的变化往往能被后代继承。植物甲基化的这一特性也使植物成为 DNA 甲基化研究的很好材料。与哺乳动物基因组甲基化的改变发生在胚胎发育的早期不同的是，植物可以通过有丝分裂来传承表观遗传学的改变。由于园艺和农学的发展都着眼于植物特征的变化，人们渐渐发现，产生表观遗传学突变的后代与其亲本相比，表观遗传的变化要大于遗传上的变化。而且，由于在植物中进行转基因相对容易，因此在植物中获得了大量与转基因相关的有价值的数据积累（Stroud et al.，2013；Kawakatsu et al.，2016）。

已有研究表明，小干扰 RNA 能通过 RdDM（RNA-directed DNA methylation）通路，识

别同源基因组DNA序列，发生甲基化。在这个过程中，小干扰RNA指导的DNA甲基化转移酶DRM2到同源序列位点建立甲基化，进而产生基因沉默，介导转座子和重复序列的DNA甲基化（图1-5-3）（Zhang et al.，2018a）。RdDM通路的表观调控机制，主要通过小干扰RNA影响基因而产生作用。对RdDM组分突变体的遗传学分析表明RdDM通路参与植物免疫反应（Law et al.，2013；Lang and Gong，2016）。RdDM路径通过小分子RNA介导DNA甲基化来参与胁迫响应，对其分子机制的深入研究，能够为育种提供借鉴意义。例如，在油菜杂种优势机理研究中发现，杂交子代的siRNA表达量总体高于亲本，从而导致了子代中甲基化水平的上升，可能与杂种优势的形成密切相关（Shen et al.，2017a）。同时，表观修饰变化能够遗传给后代，将促进DNA甲基化等表观修饰变化在作物育种中的应用。例如，利用DNA甲基化抑制剂处理植物的种子或者幼苗，然后选择优良性状用于育种。另外也可以开发表观遗传学标记，如DNA甲基化标记，进而辅助育种。随着RdDM抗病路径分子机理的深入研究，将为抗病品种的选育和品质改良提供表观遗传修饰方面的理论依据（Yu et al.，2013；Zemach et al.，2013）。

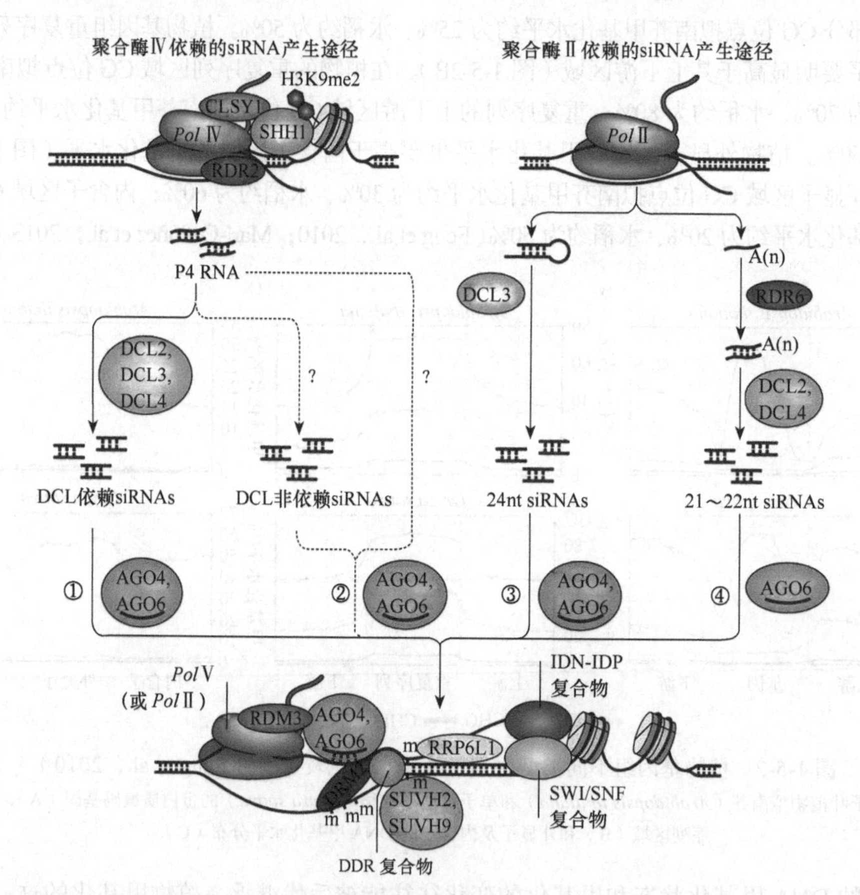

图1-5-3　植物RNA介导的DNA甲基化通路（引自Zhang et al.，2018a）

H3K9me2．组蛋白H3赖氨酸9；CLSY1．含染色质重塑SNF2结构域的蛋白；*Pol*．RNA聚合酶；SHH1．SAWADEE同源域同系物1；RDR．RNA依赖的RNA聚合酶；DCL．类DICER蛋白；RDM．RNA定向的DNA甲基化；DRM．结构域重排的甲基化酶；SUVH．3-9变异同系物蛋白的抑制因子；RRP6L1．类RRP6的RNA结合蛋白1。？表示机制不明确

（二）DNA甲基化测定

DNA甲基化测序方法按原理可以分成三大类：①重亚硫酸盐测序；②基于限制性内切

核酸酶的甲基化测序；③靶向富集甲基化位点测序。

1．重亚硫酸盐测序

重亚硫酸盐测序（Bisulfite-Seq）原理是用重亚硫酸盐使 DNA 中未发生甲基化的胞嘧啶脱氨基转变成尿嘧啶，而甲基化的胞嘧啶保持不变，用 PCR 扩增（引物设计时尽量避免有 CpG，以免受甲基化因素的影响）所需片段，则尿嘧啶全部转化成胸腺嘧啶。最后，对 PCR 产物进行测序，并且与未经处理的序列比较，判断 CpG 位点是否发生甲基化。此方法是一种可靠性及精确度都很高的方法，能明确目的片段中每一个 CpG 位点的甲基化状态（图 1-5-4）。在寻找有意义的关键性 CpG 位点方面，有其他方法无法比拟的优点。该方法的主要不足是耗费时间和资金过多，要测序 10 个以上克隆才能获得可靠数据，需要大量的克隆及质粒提取测序，过程较为烦琐、成本较高。在甲基化变异细胞占少数的混杂样品中，由于所用链特异性 PCR 不是特异扩增变异靶序列，故灵敏度并不是很高。

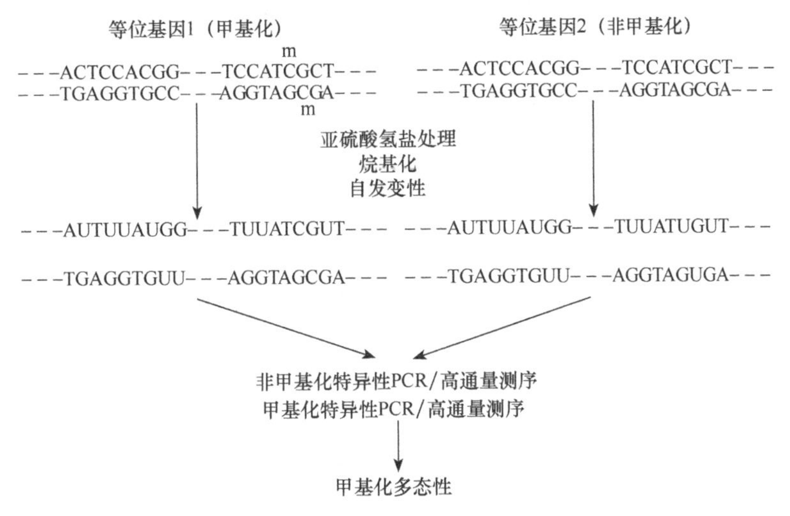

图 1-5-4　重亚硫酸盐甲基化测序与分析原理

2．基于限制性内切核酸酶的甲基化测序

基于限制性内切核酸酶发展出来的甲基化测序有多种方法，简化重亚硫酸盐测序技术（reduced representation bisulfite sequencing，RRBS）便是其中一种。简化基因组测序（reduced-representation sequencing）是在第二代测序技术基础上发展起来的一种利用酶切技术、序列捕获芯片技术或其他实验手段降低物种基因组复杂程度，针对基因组特定区域进行测序，进而反映部分基因组序列结构信息的测序技术。目前发展起来的简化基因组测序有限制性酶切位点相关的 DNA（restriction-site associated DNA，RAD）测序、基因分型测序（genotyping by sequencing，GBS）等。简化重亚硫酸盐测序方法在重亚硫酸盐处理前，使用 *Msp* Ⅰ（该酶的酶切位点为 CCGG）对样本进行处理，去除低 CG 含量 DNA 片段，从而使用较小的数据量富集到尽可能多的包含 CpG 位点的 DNA 片段。该方法精确度较高，在其覆盖范围内可达到单碱基分辨率；重复性好，多样本的覆盖区域重复性可达到 85%～95%，适用于多样本间的差异分析；检测范围也很广，能够覆盖全基因组范围内超过 500 万个 CpG 位点；性价比高，测序区域更有针对性，数据利用率更高。但是酶切的效率是这个方法的弱点，有些甲基化的位点并没有被酶切开，导致分析结果不全面。

基于限制性内切核酸酶的另外一种方法为甲基化修饰依赖性内切酶测序法（methylation-dependent restriction-site associated DNA sequencing，MethylRAD-Seq），该技术是基于甲基化修饰依赖性内切酶和 2b-RAD 技术结合的方法，既能对全基因组中的甲基化位点进行定性和定量分析，也能用于评估基因组染色体区段 DNA 甲基化水平分布，是一种高效、低成本的全基因组 DNA 甲基化检测技术。MethylRAD-Seq 技术的原理主要是利用甲基化修饰依赖性内切酶 *Fsp*E Ⅰ对 基因组 DNA 进行酶切，基因组中 C ^{m}CGG 或 C ^{m}CHGG 位点上的甲基化修饰均可以被 *Fsp*E Ⅰ识别，酶切后产生具有核心甲基化位点的等长标签，设计有黏性末端的接头可以直接对标签进行连接、扩增，还可以通过接头末端添加选择性碱基控制获得甲基化标签的密度，然后对标签文库进行高通量测序技术，可以获得全基因组范围内的甲基化位点序列信息（图 1-5-5）。由于等长标签在 PCR 反应中扩增效率一致，因此可以用甲基化位点的覆盖深度来衡量该位点的甲基化水平。MethylRAD-Seq 建库流程简便快速，手动操作需要 4h，完成整个建库流程仅需 3 天，可同时对多个样本的全基因组 DNA 甲基化谱进行比较分析，并且所需的成本较低。MethylRAD-Seq 对甲基化位点的分析检测无须基因组参考序列，对于基因组信息相对匮乏的非模式生物是一种成本较低、简单快速的高通量全基因组甲基化分析方法。

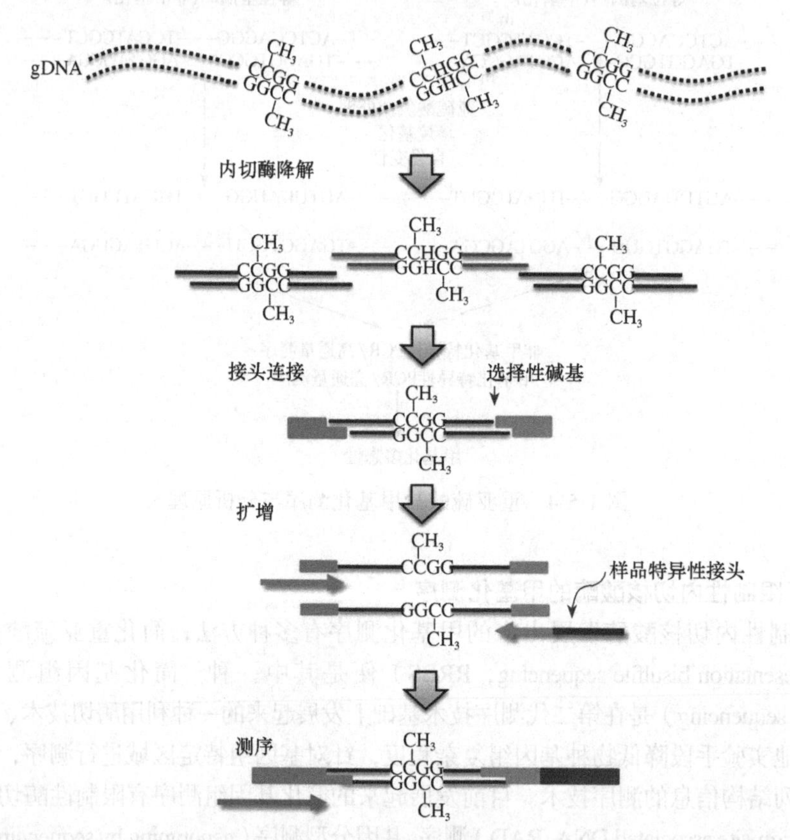

图 1-5-5　甲基化修饰依赖性内切酶测序法流程（引自 Wang et al.，2015d）

3. 靶向富集甲基化位点测序

甲基化 DNA 免疫共沉淀测序（methylated DNA immunoprecipitation sequencing，MeDIP-Seq）是通过胞嘧啶抗体特异性富集基因组上发生甲基化的 DNA 片段进行测序的方法（图 1-5-6）。该方法优点在于覆盖范围广，可以对整个基因组范围的甲基化区域进行研究，性价比高，可以进行多样品间 DNA 甲基化区域的比较分析。但是该方法的不足之处是无法精确到单个碱基的甲基化状态，并且所需起始 DNA 量较大，抗体的价格昂贵且对富集区域有偏好性，对高度甲基化、高 CpG 密度的区域更为敏感。

甲基结合蛋白测序（methylated DNA binding domain sequencing，MBD-Seq）与 MeDIP-Seq 技术类似，都是基于富集的原理（图 1-5-6）。MBD-Seq 通过特异性结合甲基化 DNA 的 MBD2b 蛋白富集甲基化的 DNA 片段，对高度甲基化和富含中等密度的 CpG 序列更为敏感，也不能做到单碱基的分辨率。

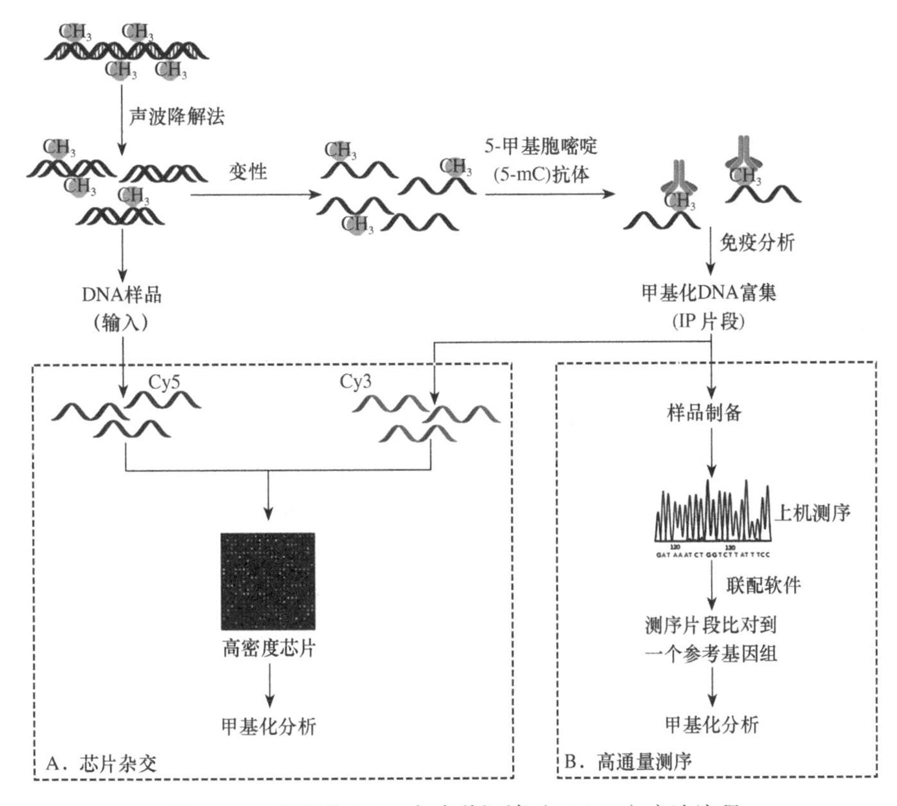

图 1-5-6 甲基化 DNA 免疫共沉淀（MeDIP）方法流程

基于抗体富集原理进行测序的全基因组甲基化检测技术，采用甲基化 DNA 免疫共沉淀技术，通过 5-甲基胞嘧啶抗体特异性富集基因组上发生甲基化的 DNA 片段，可以利用芯片技术进行芯片杂交（A），也可通过高通量测序在全基因组水平上进行高精度的 CpG 密集的高甲基化区域研究（B）

二、植物发育与胁迫过程 DNA 甲基化变化

（一）植物生长发育与 DNA 甲基化的变化及调控

DNA 甲基化水平的维持和在特定阶段的变化是植物正常生长及发育所必需的。同一种植物在不同时期和不同组织中的甲基化水平也有很大的差异。通常认为处于休眠或沉寂状态的植物种子的甲基化水平最高，而未成熟组织和原生质体的甲基化水平较低。以番茄为实验材料证实原生质体、成熟的组织、成熟的花粉和种子的甲基化水平分别为 20%、25%、22% 和 27%。以拟南芥为材料的研究结果也表明种子中 DNA 甲基化的水平高于成熟的叶片，成熟的叶片 DNA 甲基化水平又高于幼苗。但也存在例外，如水稻幼苗的甲基化水平高于旗叶。在最近的研究中还发现，在番茄果实成熟的过程中，随着 DNA 去甲基化酶 DML2 的表达量升高，导致数百个基因的去甲基化，其中包括与果实成熟相关的 *CNR* 基因，从而影响番茄果实的成熟过程（图 1-5-7）（Liu et al.，2015；Lang et al.，2017）。

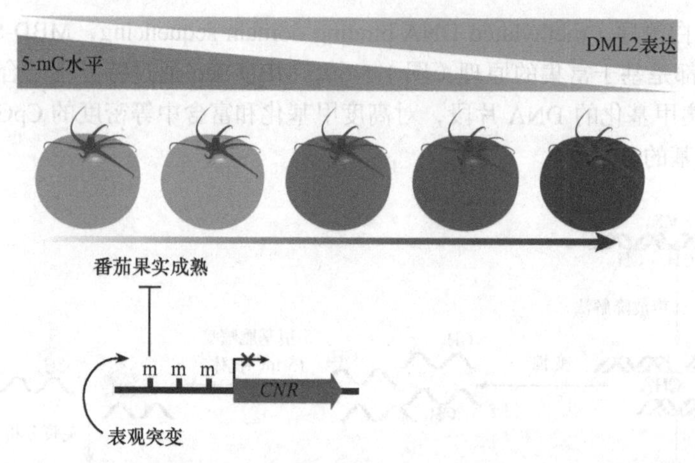

图 1-5-7 DNA 甲基化在植物生长发育过程中的变化过程（引自 Zhang et al.，2018）

番茄果实在成熟过程中，DNA 去甲基化酶 DME-LIKE2（DML2）的表达量逐渐增加，从而导致多个基因位点上的 DNA 甲基化（5-mC，5-甲基胞嘧啶）水平逐渐降低，其中包括抑制成熟的基因 *CNR*，从而使番茄果实逐步成熟

在植物中，甲基化水平不足会导致许多异常现象，包括生长发育迟缓、表型变化甚至死亡。研究人员采用甲基化胞嘧啶的类似物 5-azaC 处理植物体来使植物整体的甲基化水平下降。以甘蓝和水稻为材料的实验结果显示，DNA 甲基化水平的降低导致植株矮化、叶片变小、株成丛状等表型异常现象。另外一种降低整体 DNA 甲基化水平的方法是将甲基转移酶反义基因转入植物体。例如，将甲基转移酶反义基因 *met1* 转入拟南芥和烟草中，发现 DNA 甲基化水平的降低，当代与后代的营养器官及生殖结构均表现异常，而且甲基化水平越低，表现出的异常现象越严重。总而言之，以上的研究结果都说明 DNA 甲基化是植物正常生长发育所必需的（Li et al.，2011）。

（二）环境胁迫与植物 DNA 甲基化的变化及调控

环境胁迫会导致植物的 DNA 甲基化水平发生改变，从而改变胁迫响应基因的表达量。同时，胁迫基因的表达量改变，又会导致基因组甲基化的水平发生变化（图 1-5-8）（Zhang et al.，2018）。例如，在缺磷元素的条件下，水稻基因组中的甲基化水平发生显著改变，特别是转座子相关区域的甲基化水平，从而改变基因表达量来响应环境胁迫；拟南芥中，在缺磷和盐胁迫的条件下，基因组中发生了重新甲基化的过程。因此 DNA 甲基化可能是植物防御应激调控的因子之一（Secco et al.，2015；Yong-Villalobos et al.，2015）。

近期的研究表明，植物 DNA 甲基化水平的改变与不同的环境胁迫有关。例如，冷处理和热处理白菜（*Brassica rapa*）后，其基因组中发生了重新甲基化或去甲基化，甲基化模式和水平发生明显改变；对生长在中等渗透胁迫下的烟草细胞培养物进行甲基化分析，结果表明在异染色质区的重复序列发生了甲基化增强，而两个叶绿体基因的甲基化却始终没变，说明胁迫诱导的超甲基化特异地发生在细胞核序列，当除去胁迫条件时，超甲基化的 DNA 又可逆地发生去甲基化，恢复为原来的状态，说明烟草中催化胞嘧啶甲基化的体系是相当灵活的，从而确保植物在 DNA 水平缓冲环境的变化；对豌豆的研究也表明，水分缺乏时其基因组的 DNA 甲基化水平增强；对小麦幼苗进行盐胁迫处理后，发现耐盐品种叶片和根 DNA 都发生了超甲基化，并且耐盐品种叶片和根 DNA 中的 5-甲基胞嘧啶的百分含量要比盐敏感品种的高，超甲基化可能是通过改变染色体的结构，调节基因表达，从而提高植物的耐盐性（Xu et al.，2015；Liu et al.，2017）。

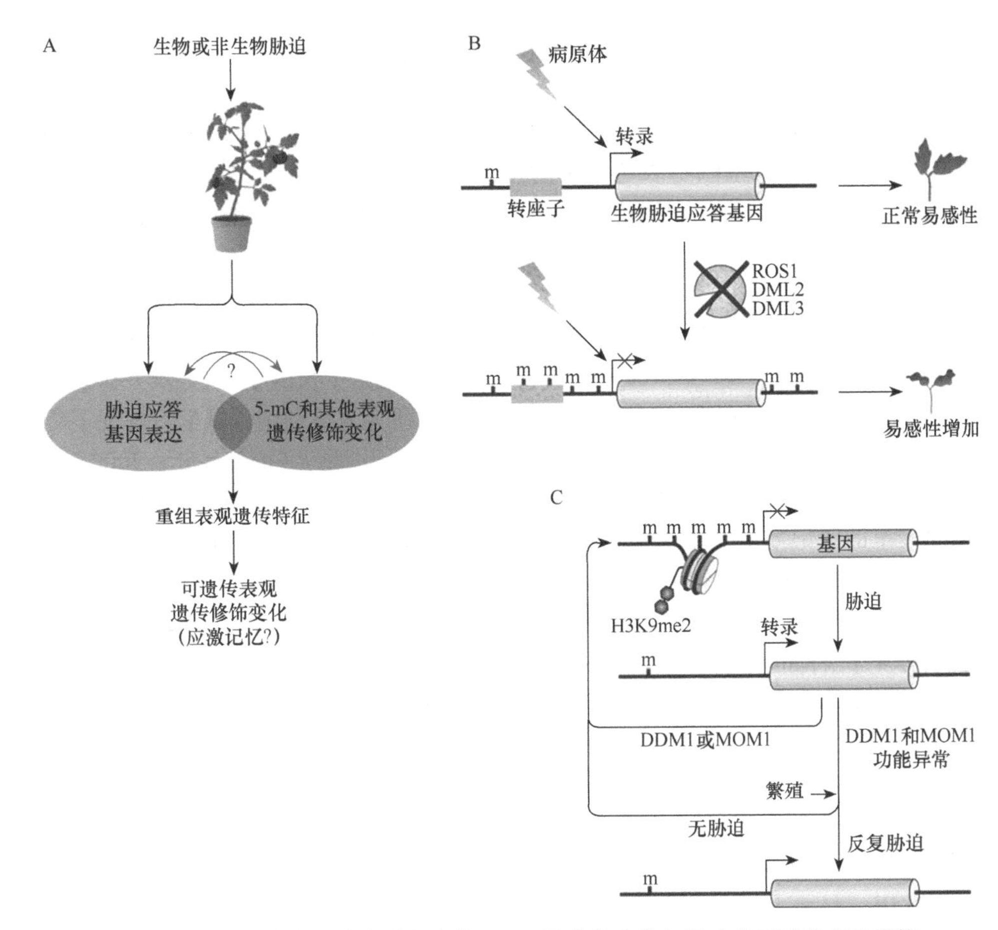

图 1-5-8 环境胁迫响应过程中的 DNA 甲基化变化与潜在的可遗传表观修饰
（引自 Zhang et al.，2018a）

A．植物中生物或非生物胁迫可引起 5-甲基胞嘧啶（5-mC）DNA 甲基化发生变化；B．拟南芥中 DNA 甲基化的调节机制；C．拟南芥热应激恢复过程中应激诱导的表观遗传记忆的消除机制。ROS．沉默抑制因子；DML．类 DME 转录激活剂；H3K9me2．组蛋白 H3 赖氨酸 9；DDM1．减少 DNA 甲基化 1；MOM1．莫非斯分子 1。? 表示机制不明确

一些植物对重金属胁迫表现出特有的适应能力，可以忍受毒害或致死水平的胁迫，而另外一些植物则表现出对很低剂量的重金属胁迫相当敏感。研究表明，受重金属（铜、镉和汞）胁迫后，水稻和小麦地上部叶和穗 DNA 中胞嘧啶的甲基化水平提高，推测重金属可能引起作物体内的过氧化胁迫，而导致大量甲基自由基的产生，甲基自由基直接攻击 DNA 中的胞嘧啶造成了 5-甲基胞嘧啶水平的提高。有文献报道，镉、镍和铬等重金属化合物所引起的氧化损伤会诱导 DNA 甲基化水平的下降（Cerda and Weitzman，1997；Narsai et al.，2017）。

第二节 植物基因组印记

一、基因组印记概述

（一）基因组印记概念和特征

基因组印记是指来源于双亲的等位基因差异表达，即父源或母源等位基因在配子的传

递过程中，只表达父源或母源一方遗传信息的现象。这些差异表达基因的两个等位基因碱基序列相同，表观遗传修饰引起它们基因表达的差异。具有基因组印记现象的基因被称为印记基因，其中父系等位基因不表达者称为父系印记基因（imprinted parentally expressed gene，PEG），而母系等位基因不表达者称为母系印记基因（imprinted maternally expressed gene，MEG）。基因组印记是表观遗传的一种形式，基因组印记现象无法用孟德尔遗传定律解释。

基因组印记的研究最早可追溯到 1960 年（图 1-5-9），由 Crouse 在昆虫研究中首次提出。他发现尖眼蕈蚊属（*Sciara*）昆虫的两条 X 染色体中，只有母系等位基因有表达活性，父系等位基因处于沉默状态。1991 年，de Chiara 等在小鼠胰岛素生长因子 2（*Igf2*）基因敲除实验中首次证实了印记基因的存在。2007 年，杜克大学的研究人员利用机器学习发现了 156 个印记基因，并以此为技术绘制了第一张人类基因组印记基因图谱（Luedi et al.，2007）。

在植物中报道的第一个印记基因是在玉米 R 位点上发现的（Kermicle，1970）。在拟南芥中发现的最早的印记基因为非双受精种子（fertilization-independent seed，FIS）系列基因，包括 *mea* 和 *fisz*（Kinoshita，1999；Vielle-Calzada et al.，1999）。植物中利用传统实验方法只鉴定到 22 个印记基因或潜在的印记基因，在拟南芥和玉米中各有 11 个，其中 MEG 有 18 个，PEG 只有 4 个（Raissig et al.，2011）。随着高通量技术的出现，利用 RNA-Seq 数据已经在许多植物物种中鉴定了数百个印记基因，包括拟南芥、水稻、玉米、蓖麻、高粱、拟南芥和荠菜（详见本章本节“二、植物基因组印记研究举例”）。

印记基因在调节胚胎的发育和谱系发育，以及行为和代谢过程中发挥重要作用。在植物中基因组印记主要发生在被子植物的三倍体胚乳组织中，且在胚乳及种子的发育过程中扮演着重要的角色。印记基因一般在染色体上成簇分布，成簇的印记基因之间相互协调，包含 3～12 个基因，形成一个或几个印记控制区（imprinting control region，ICR），印记控制区域的 DNA 在父系及母系等位基因上常呈现差异性甲基化状态，所以又称为甲基化差异区（differentially methylated region，DMR），该区域与一个 2kb 的 DNA 片段相对应，对核酸酶敏感。印记调控区是印记基因表达的关键调控序列，来源于双亲等位基因中的一个 ICR 会被 DNA 甲基化标记，这些区域的差异性甲基化使双亲等位基因出现差异表达。

印记基因的印记表达状态具有发育的时间特异性、组织细胞的空间特异性。随着发育阶段及细胞类型的不同而有所差异。该种印记表达模式可以在子代细胞中维持（图 1-5-10）。同时，印记基因对环境信号特别敏感，因为印记基因仅有一个有活性等位基因，任何遗传学改变或突变，对基因表达均有较大的影响；环境信号还能作用于印记过程本身，食物、激素和毒素均能作用于这一过程，并影响下一代的基因表达。物种之内印记基因的发生是防止孤雌生殖发生的有效手段之一。另外，基因组印记现象对遗传“中心法则”提出了挑战。在中心法则中，遗传信息的传递是在 DNA 和 RNA 间以一种十分保守的方式进行的，但是众所周知，个体的表象是由遗传因素和环境因素共同作用的，基因组印记的发现对环境影响基因表达提供了合理的解释。环境的变化可由后程修饰机制根据需要选择性地激活或关闭某些基因来改变表型，并且这种改变还可通过生殖细胞的后程修饰遗传给后代。

DNA 甲基化被认为是影响印记基因表达的关键因素，等位基因特异性组蛋白修饰、非编码 RNA 等也影响了基因组印记的表达。在差异甲基化区由于亲本来源不同的 DNA 序列甲基化状态不同，使印记基因的表达具有亲本选择性，即发生遗传印记。目前所发现的印记控制中心都是一个差异甲基化区。哺乳动物基因的印记包括印记擦除（去甲基化）、印记

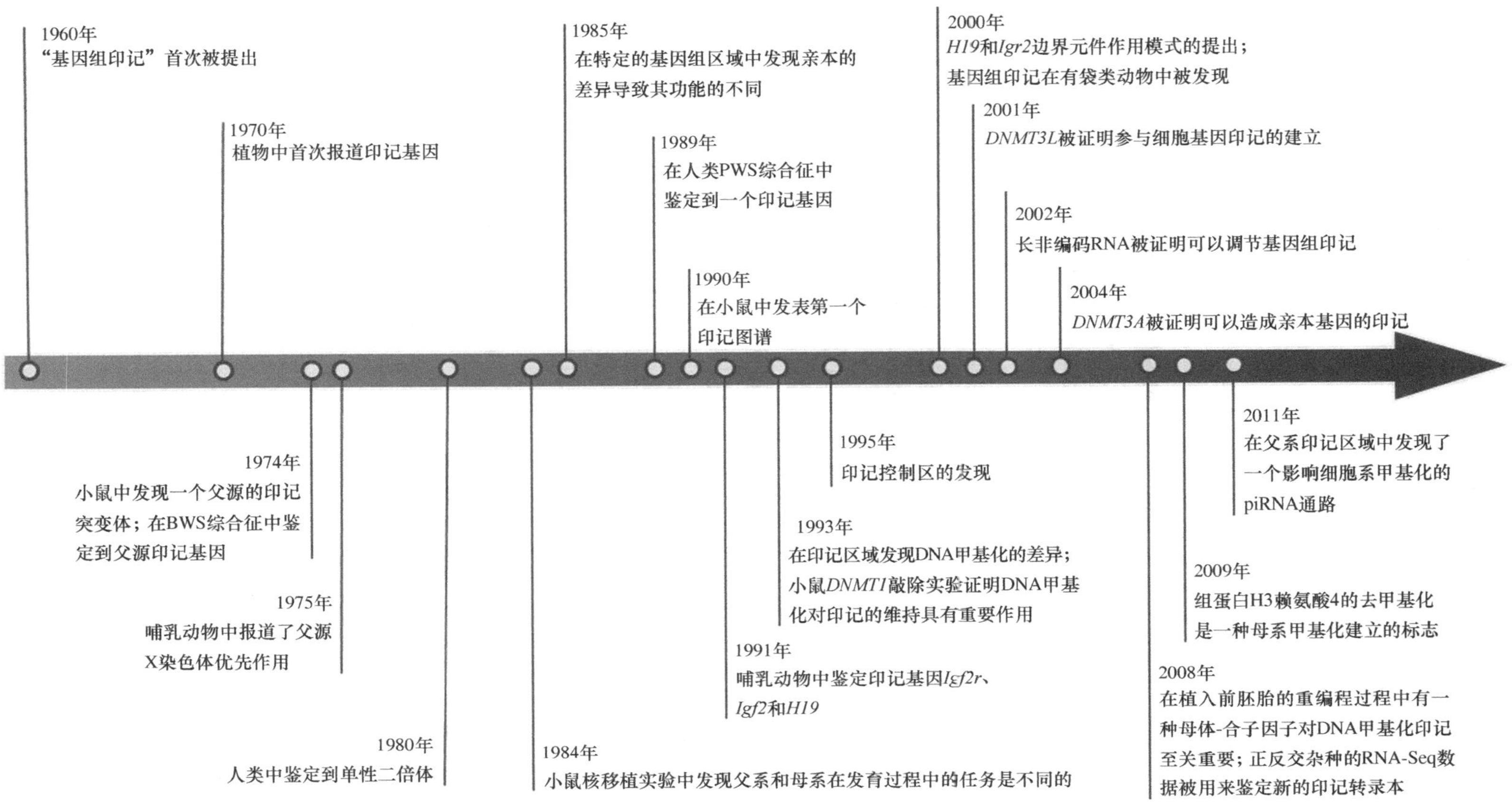

1960年
“基因组印记”首次被提出

1970年
植物中首次报道印记基因

1974年
小鼠中发现一个父源的印记突变体；在BWS综合征中鉴定到父源印记基因

1975年
哺乳动物中报道了父源X染色体优先作用

1980年
人类中鉴定到单性二倍体

1984年
小鼠核移植实验中发现父系和母系在发育过程中的任务是不同的

1985年
在特定的基因组区域中发现亲本的差异导致其功能的不同

1989年
在人类PWS综合征中鉴定到一个印记基因

1990年
在小鼠中发表第一个印记图谱

1991年
哺乳动物中鉴定印记基因*Igf2r*、*Igf2*和*H19*

1993年
在印记区域发现DNA甲基化的差异；小鼠*DNMT1*敲除实验证明DNA甲基化对印记的维持具有重要作用

1995年
印记控制区的发现

2000年
*H19*和*Igr2*边界元件作用模式的提出；基因组印记在有袋类动物中被发现

2001年
*DNMT3L*被证明参与细胞基因印记的建立

2002年
长非编码RNA被证明可以调节基因组印记

2004年
*DNMT3A*被证明可以造成亲本基因的印记

2008年
在植入前胚胎的重编程过程中有一种母体-合子因子对DNA甲基化印记至关重要；正反交杂种的RNA-Seq数据被用来鉴定新的印记转录本

2009年
组蛋白H3赖氨酸4的去甲基化是一种母系甲基化建立的标志

2011年
在父系印记区域中发现了一个影响细胞系甲基化的piRNA通路

图 1-5-9　基因组印记研究历程中的早期重要事件（引自 Ferguson-Smith，2011）

BWS 代表贝-维（Beckwith-Wiedemann）综合征；Igf2 代表类胰岛素生长因子 2（insulin-like growth factor 2）；Igf2r 代表 Igf2 受体；piRNA 代表 PIWI-interacting RNA；PWS 代表普拉德-威利（Prader-Willi）综合征；DNMT3L 代表 DNA 甲基转移酶 3like；DNMT3A 代表 DNA 甲基转移酶 3α

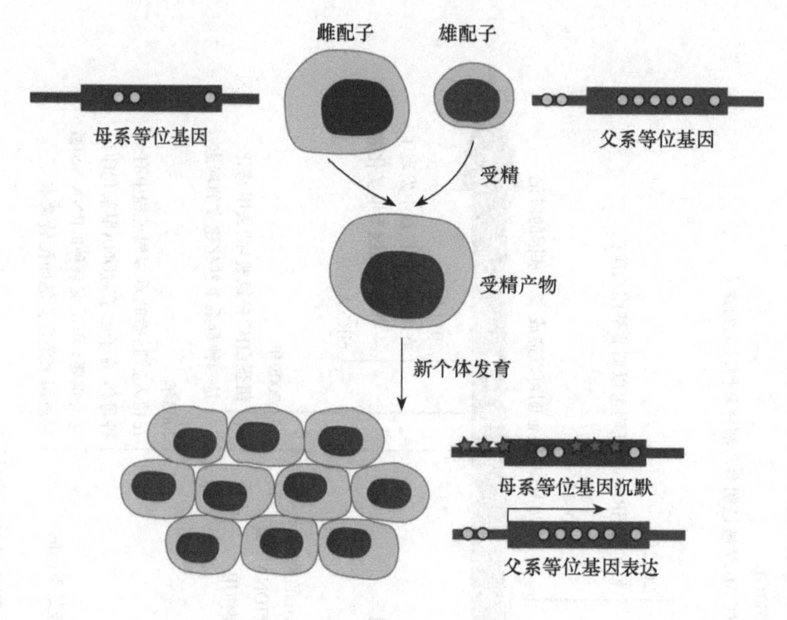

图 1-5-10 印记基因表达模式（引自 Rodrigues and Zilberman，2015）

表观遗传时，父系或母系等位基因被印记，从而导致其在受精卵中的差异表达

形成（重新甲基化）、印记维持（甲基化维持）3 个过程。在胚胎发育过程中，原始生殖细胞中的印记全部被擦除，之后在生殖细胞发育成熟过程中基因印记又重新建立，并在配子受精后及胚胎发育过程中维持印记直至成年个体。目前所发现的印记基因，大多数是通过对启动子、边界元件及非编码 RNA 的作用来调控基因表达。

基因组印记在动植物中独立进化（图 1-5-11）。在昆虫、哺乳动物中均发现了基因组印记现象，而在鸟类、鱼类、爬行类和两栖类动物中普遍认为不存在印记现象，说明基因组印记与正兽亚纲动物的共同祖先在 2 亿～1.6 亿年前进化为胎生有关。在植物中，基因组印记发生在开花植物中，说明基因组印记与 1.45 亿～1 亿年前植物胚乳的进化有关（Pires and Grossniklaus，2014）。

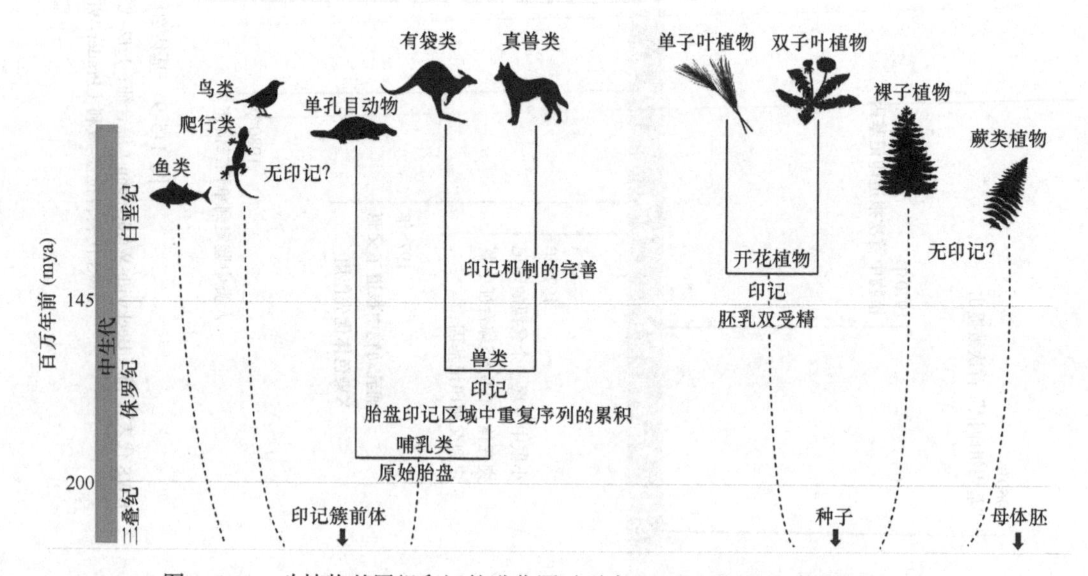

图 1-5-11 动植物基因组印记的进化图（引自 Pires and Grossniklaus，2014）

父母冲突理论或亲缘关系理论认为印记是从母亲到后代分配资源而产生的基因组间冲突的结果，在物种繁殖过程中，父本活性基因会尽可能地转移营养物质到正在发育的胚胎中，而母本基因组通过抑制由父本活性基因诱导的生长来为胚胎提供其生长发育所需物质。与父母冲突理论预测的一致，印记发生在哺乳动物胎盘和开花植物的胚乳中，这两者都为子代提供了母体资源。目前裸子植物和母体胚（maternal care of embryo）植物未见印记现象。通过对印记基因的功能进行注释，发现这些印记基因的功能范围广泛，可能参与的生物学过程包括色素合成、蛋白质储存、转录调控、染色质修饰和细胞骨架形成等（Raissig et al.，2011）。

与哺乳动物中印记基因成簇分布相反，印记基因在植物中的聚集并不明显。在拟南芥、水稻和玉米中进行的全基因组调查发现胚乳中有数百个印记基因。由于这些基因具有不同的功能，只有少数基因的印记表达在拟南芥和单子叶植物之间是保守的，印记基因的低保守性表明印记调控基因在物种形成过程中迅速进化并且可能有助于生殖隔离。植物的全基因组分析表明许多印记基因位于转座子或重复序列附近，这意味着转座子插入与印记基因的进化有关。拟南芥、水稻、玉米、蓖麻和高粱相关研究中都发现印记基因的周围显著存在等位基因间差异的甲基化区域，而且在拟南芥、水稻和玉米的胚乳中，依赖于亲本来源的差异甲基化区域都已经被鉴定。

与动物印记基因研究相比，植物中被实验验证的印记基因为数不多，很多印记基因的功能也尚不清楚，其印记表达方式对其基因功能的发挥有何影响也不清楚。植物中基因组印记的产生机制及规律还有待更深入的研究。

（二）印记基因鉴定方法

为了鉴定印记基因是来源于父亲还是母亲，研究者通过亲本基因组中的单核苷酸多态性（SNP）标记来区分基因的亲本来源。伴随着芯片技术和测序技术的发展，目前研究印记基因表达主要依赖高通量测序技术，也有通过染色体拓扑结构研究印记基因。

转录组测序技术常被用来研究印记基因。为了鉴定表达基因的亲本来源，使用 SNP 作为标记，同时为了降低等位基因随机表达效应、亲本效应、品系效应的干扰，在实验操作上将两种有 SNP 差异的实验材料进行正反交，取子一代材料进行测序。通过生物信息学的分析，将特异性表达基因与印记基因的区域进行比对，由此定位表达差异基因是否定位于印记基因簇附近，从而判断是否为印记基因。在转录组测序鉴定结果的基础上，利用 DNA 甲基化测序结果，结合基因位置是否位于 DMR 附近，更能准确地鉴定印记基因。对于单个印记基因的功能研究，往往依赖于传统的细胞生物学研究方法，细胞水平上如 RNA 干扰、基因过表达、蛋白-蛋白的互作实验等，组织水平上如基因敲除小鼠的构建、免疫组化、原位杂交等技术手段。

二、植物基因组印记研究举例

（一）水稻印记基因与高温胁迫

水稻 MADS-box 转录因子 *OsMADS87* 是一个热敏感的胚乳印记基因（Ishikawa et al.，2011），它能够促进合胞体细胞增殖、抑制细胞化（图 1-5-12）。与野生型种子相比，缺少 *OsMADS87* 的种子较小，细胞化速度加快。在水稻胚乳发育的合胞阶段，*OsMADS87* 有较高的表达。在极端高温下，*OsMADS87* 在胚乳中异常积累，导致细胞化受到抑制，从而引起种子败育。研究人员通过 RNAi 技术干扰 *OsMADS87* 的表达，发现能够降低胚乳发育过程中对高温的敏感性，从而为水稻耐高温性状的遗传改良提供了潜在的靶标基因（Chen et al.，2016a）。

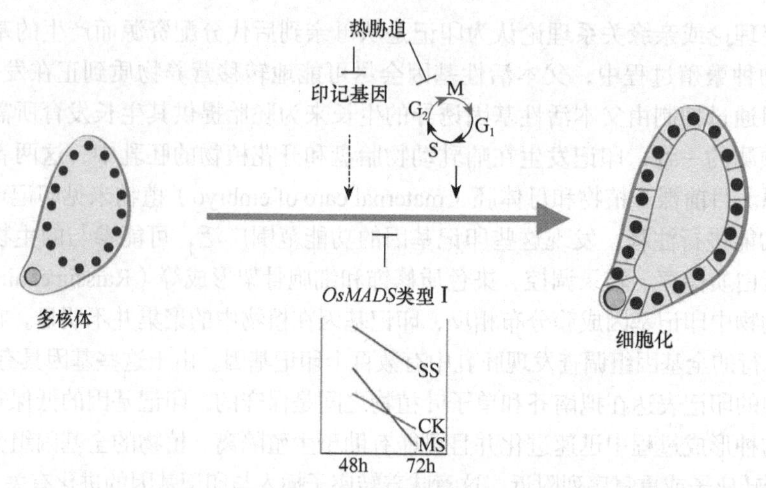

图 1-5-12　印记基因参与高温影响水稻胚乳发育作用机制（引自 Chen et al.，2016）

箭头和⊤符号分别表示信号促进和抑制。CK、MS 和 SS 分别表示无高温胁迫、中等高温胁迫和严重的高温胁迫下，MADS 基因在胚乳发育过程（受精后 48～72h）表达水平变化

（二）玉米基因组印记与核小体定位

核小体是染色质的基本单元，在基因转录调控中起着关键作用。然而，目前尚不清楚不同的核小体分布是否与印记基因的等位基因特异性表达有关。因此，Dong 等（2018b）以玉米授粉后 12 天的‘B73’和‘Mo17’正反交胚乳为材料，利用 MNase-Seq 获得了植物中第一个全基因组范围内的等位基因特异的核小体定位图谱（图 1-5-13），并且对核小体的定位与亲本依赖基因的表达和 DNA 甲基化的关系进行了综合分析。研究结果表明，在约 800 万

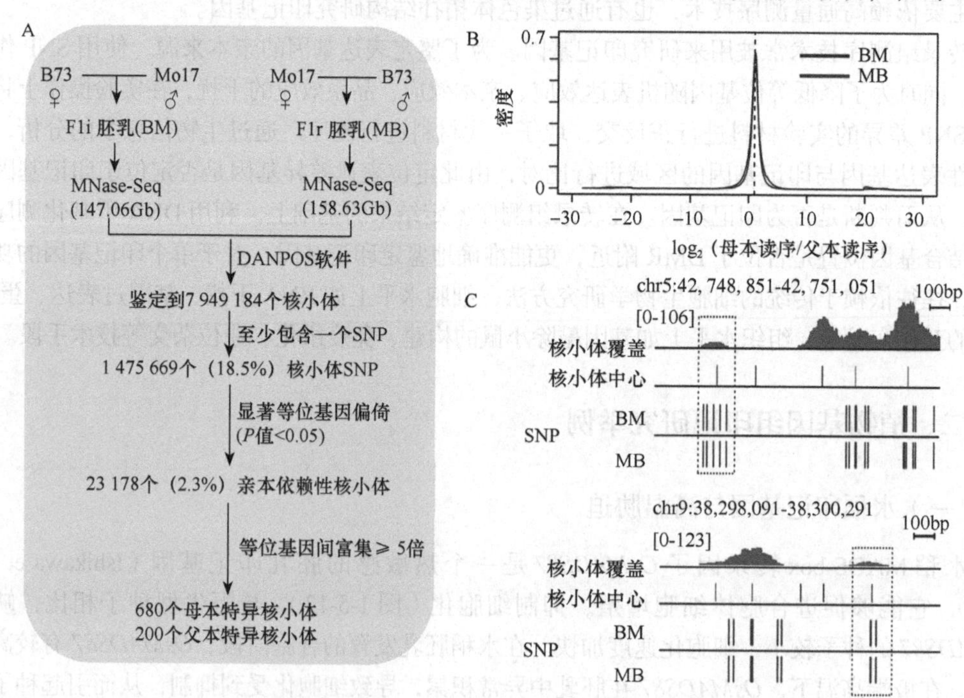

图 1-5-13　玉米亲本偏好型核小体的鉴定（引自 Dong et al.，2018b）

A. 利用玉米授粉后 12 天的‘B73’和‘Mo17’两个自交系正反交胚乳为材料，使用 MNase-Seq 鉴定出胚乳核小体的流程；B. 玉米胚乳核小体的等位基因特异性分析；C. 亲本偏好型核小体的定位。图中 BM 表示 B73×Mo17；MB 表示 Mo17×B73

个玉米胚乳核小体中，有约 2.3% 的核小体表现出显著的亲本偏好性。亲本偏好型核小体主要作为单个分离的核小体存在，并且与印记基因的等位基因特异性表达显著相关，这些核小体主要定位于印记基因的非表达等位基因的启动子中。此外，他们还发现大多数父系特异性定位的核小体（paternal specifically positioned nucleosome）表现为父本的高甲基化和母本的低甲基化。然而母系特异性定位的核小体（maternal specifically positioned nucleosome）不依赖于等位基因特异性的 DNA 甲基化，但似乎与等位基因特异性组蛋白修饰相关。研究还发现，父系特异性定位的核小体往往与 MEG 关联，并且主要落在 MEG 的转录起始位点上；而母系特异性定位的核小体往往与 PEG 关联，也主要落在 PEG 的转录起始位点上。这暗示着等位基因特异的核小体的解离与印记基因单等位基因表达存在着密切的关系。

（三）小麦印记基因表达保守性

为了了解等位基因的表达模式，Yang 等（2018）利用 RNA-Seq 技术，在二倍体小麦（DD）、四倍体小麦（AADD）、异源六倍体小麦（AABBDD）胚乳中分别鉴定到 91 个（62 个 MEG，29 个 PEG）、135 个（90 个 MEG，45 个 PEG）、146 个（94 个 MEG，52 个 PEG）印记基因。47.3% 的印记基因在小麦生长发育的各个阶段均表达，其余印记基因在胚乳发育过程中特异性表达。进一步的研究表明，这些在阶段特异性表达的基因在其他生长发育的阶段也表达，但是它们亲本的等位基因却差异表达，表明这些印记基因对差异表达模式具有调节作用。研究发现，MEG 和 PEG 在植物胚乳中特异性表达，并且 MEG 在胚乳中的平均表达水平更高（图 1-5-14）。GO 分析结果表明 MEG 参与调节营养物质的合成和代谢等过程，PEG 参与转录、RNA 合成等过程，说明 MEG 在调控胚乳中营养物质合成中发挥重要作用。他们还发现 35 个（二倍体小麦和四倍体小麦中分别有 8 个和 27 个）印记基因中有 18 个在六倍体小麦中仍为印记基因，这些保守的印记基因在小麦种子的发育过程中发挥着重要的作用。

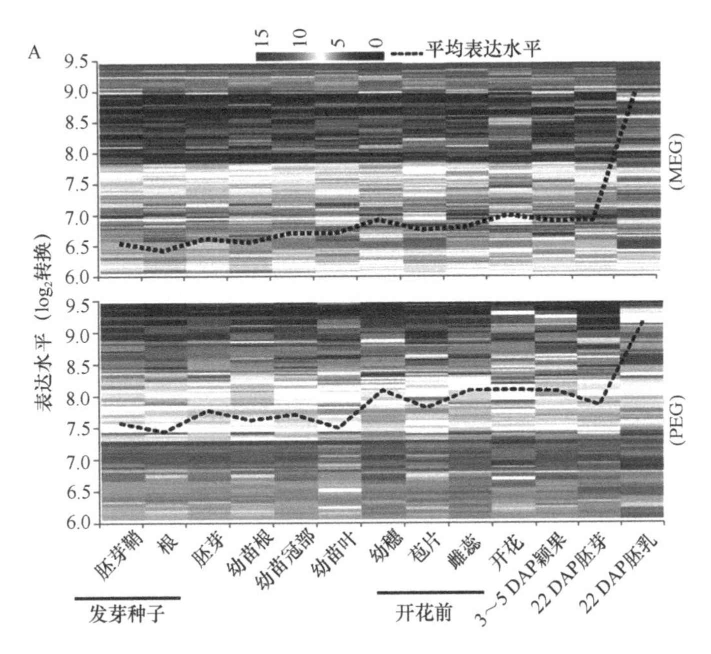

图 1-5-14　印记基因在小麦不同组织中的表达水平（引自 Yang et al.，2018）

A．母系印记基因（MEG）和父系印记基因（PEG）在小麦 13 个组织中的表达水平。相较其他组织，胚乳中印记基因具有更高的表达水平。虚线表示印记基因在不同组织中的平均表达水平。B．MEG 和 PEG 在二倍体、四倍体、六倍体小麦中比未表现出印记的基因具有更高的表达水平。DAP．授粉后天数

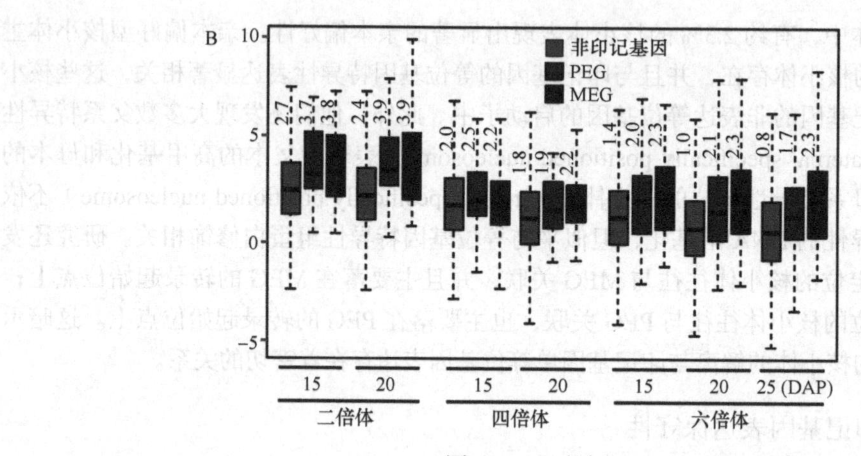
B
10
5
0
−5
非印记基因
PEG
MEG
2.7 3.7 3.8
2.4 3.9 3.9
2.0 2.5 2.2
1.8 1.9 2.2
1.4 2.0 2.3
1.0 2.1 2.3
0.8 1.7 2.3
15
20
15
20
15
20
25 (DAP)
二倍体
四倍体
六倍体

图 1-5-14 （续）

第 1-6 章　植物基因组进化

扫码见
本章彩图

第一节　植物基因组起源与复制

一、植物基因组起源与进化

（一）植物起源

植物起源于水生藻类。植物的进化是遵循着由简单到复杂、由水生到陆生的方向进行的。原始单细胞绿藻（Chlorophyta）在原始海洋中，经过漫长的年代，进化为多细胞藻类。典型的绿藻细胞具有一中央液泡，色素在质体中，细胞壁由两层纤维素和果胶质组成。几乎所有的绿藻都拥有叶绿体。绿藻纲包括衣藻属、团藻属等。绿藻进化出链形植物（Streptophyta），如克里藻（Klebsormidiophyceae）和轮藻（Charophyccac）（图 1-6-1）。轮藻在植物体结构及生殖方式方面都比绿藻纲复杂，轮藻有类似根、茎、叶的分化，生殖器官构造可与高等植物的性器官相比较。后来，由于地壳的剧烈运动，不少水域变成陆地，某些古老轮藻进化为苔藓类植物（bryophyte）以适应陆地环境。苔藓类植物缺乏维管组织和真正的根，但已拥有所有陆地植物进化所需的关键创新。石松类植物（lycophytes）的起源还有争议，其中一个观点是认为其由苔藓类植物进化而来。蕨类植物是高等植物中比较低级的和最原始的维管植物，

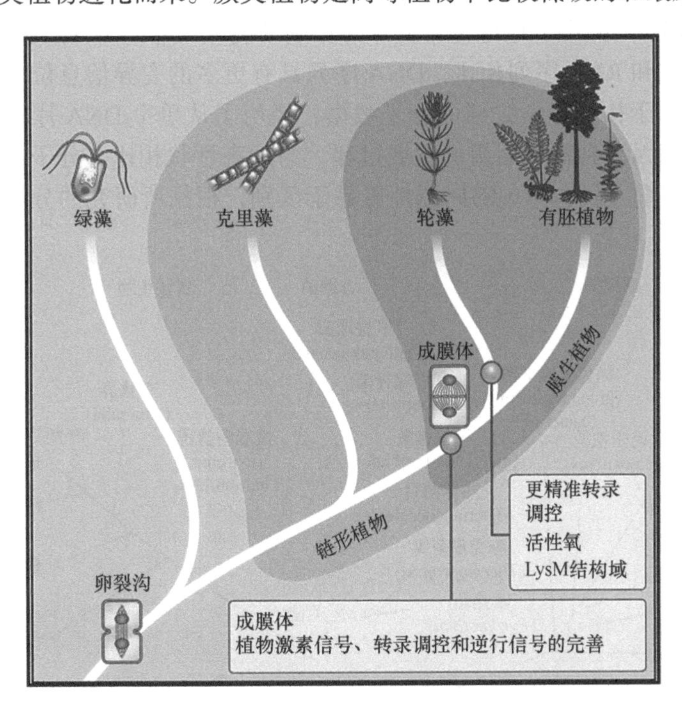

图 1-6-1　植物的起源（Nishiyama et al.，2018）

植物起源于水生单细胞绿藻，绿藻进一步进化出链形植物，如克里藻和轮藻。轮藻是膜生植物（Phragmoplastophyta）的一支，具有在新生细胞壁形成过程中起作用的成膜体（phragmoplast），为陆生有胚植物（Embryophyta，如苔藓类、蕨类、裸子和被子植物）最亲近的亲属

分化出较原始的维管组织构成维管系统，和苔藓植物一样都具有明显的世代交替现象。后来由于陆地气候干燥，蕨类植物进化为裸子植物（gymnosperm），用种子繁殖，完全摆脱对水域的依赖。再经过一段时期，某些裸子植物进化出被子植物（angiosperm），更能适应外界不良条件，成为今天植物界的主角。

在植物起源后漫长的地质年代中，不同类型植物类群在地球上依次出现。在4亿～30亿年以前，地球上的植物仅为原始的、低等的藻类。随后，苔藓植物和蕨类植物扩展到了陆地，蕨类植物成为当时陆生植被的主角。3亿多年前，裸子植物出现，并逐渐取代蕨类植物在陆地上的主角地位。大约1.3亿年前的早白垩世（白垩纪是地质年代中中生代的最后一个纪，始于1.45亿年以前，结束于6500万年以前，历经8000万年，分为早白垩世和晚白垩世），被子植物起源并迅速发展起来，成为地球上种类最多、分布最广泛、适应性最强的优势类群。时至今日，被子植物可分成两个类别：双子叶植物和单子叶植物。被子植物基部群包括小类群和单子叶植物，其中小类群包括无油樟目、睡莲目等植物，形成一个单系群，在系统发育上可以描述为双子叶植物的一个特化分支；大部分双子叶植物可组成单系群，称为真双子叶植物分支。

（二）植物基因的保守性

物种在基因水平具备保守性的概念（即所有生物具有相同的基因），大约是在20世纪70年代建立起来的。1990年，Woese和Fox开创性地采用16S小亚基核糖体RNA的碱基序列构建了包括动物、植物和微生物的生命之树（universal tree of life）（图1-6-2）。基因在进化过程中，会发生缓慢的碱基突变，这些变异与物种亲缘关系远近直接相关，这样构建的系统发生树可以真实反映植物物种之间的系统发生关系。通过生命之树，他们发现了古细菌域（Archaea），并提出了地球生命世界的三域学说（三界论），即真细菌、古细菌和真核生物。与蛋白质和RNA序列相比，DNA序列具有更多的变异信息位点，可以应用到更广泛的类群中。用于构建生命之树的分子数据，经历了从单个DNA片段、多DNA片段、叶绿体或线粒体基因组到核基因组的发展过程。与形态性状相比，分子性状的变异在大尺度上（如界、门、纲、目、科）的同源性更易于区别，根据所研究的分类阶元选择相应的

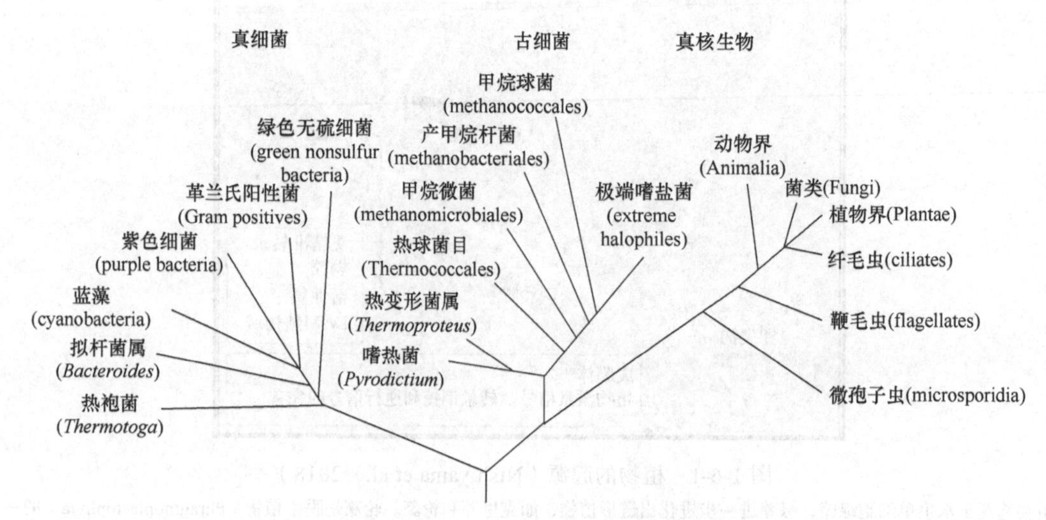

图1-6-2　基于rRNA的生命之树（改自Woese et al.，1990）

可见生物界明显的三域分类。植物界物种系统发生树详见第2-10章第一节

具有不同进化速率的分子片段，为准确构建包括更大范围类群的生命之树提供了可能，如植物界的物种发生关系（详见第 2-10 章第一节）。这种保守基因在各自基因组上的位置分布也可能具有保守特征，由此可以发现基因组水平的保守性［详见本章本节“（三）植物基因组的保守性——共线性”］。

任何两个植物物种基因组之间，即使是同一物种不同个体之间，在序列水平上虽然存在保守性，但都会存在一定变异。基于基因序列变异可以开展许多植物进化分析，如系统发生、群体结构和进化选择等。例如，基于单个或多个基因的序列差异构建植物系统发生树（phylogenetic tree），已成为分子进化的一个比较成熟的分析内容，形成了完善的进化模型和建树方法（详见 Nei 和 Kumar 主编的《分子进化与系统发育》）。

植物基因的保守性由此引入一个问题：植物保守的核心基因和特有基因有哪些？基于植物基因的保守性，国际上已确定了一个植物核心基因集，建立了相关数据库。目前国际公认保守基因集来自 BUSCO（Benchmarking Universal Single-Copy Orthologs），其对各个物种大类都有一个所谓保守基因集合。目前其植物数据集（“Plant Set”）包括 1440 个保守基因（详见第 1-10 章第二节），代表了植物核心基因集。该数据集往往被用于植物基因组测序完备性评估的基础之一。

植物经历长期进化过程，不同类型植物基因形成了一些各自特性。例如，单/双子叶植物基因序列构成上总体上有所不同。如果我们以基因密码子第三位 GC 含量（mean GC3）为横坐标，以其 GC3 含量变异（standard deviation GC3）为纵坐标画图，单/双子叶植物基因可以大致分为两个类群，呈现出不同的特征（图 1-6-3）。同时，植物进化出许多单/双子叶植物特有的抗性和免疫系统相关基因。例如，*SDS2*（*SPL11* cell-death suppressor 2）就是这样一个基因（Fan et al.，2018），为单子叶植物特有，参与调控植物程序性细胞死亡（PCD，programmed cell death）。另外，植物还进化出许多科属甚至物种特异的抗性和免疫系统相关基因，如模式识别受体类基因 *PRR*（pattern recognition receptor）。*EFR*（EF-TU receptor）和 *LORE*（lipooligosaccharide-specific reduced elicitation）是十字花科特有 *PRR* 基因，识别细菌 EF-Tu 和 LPS 蛋白；*CORE*（cold shock protein receptor）为茄科特有 *PRR* 基因，识别细菌冷激蛋白。这些特有基因构成了不同类植物基因组的保守性和特异性。

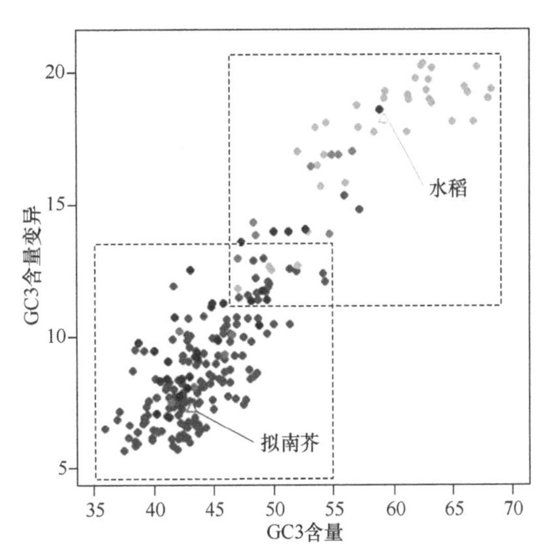

图 1-6-3　植物密码子第三位 GC 含量与其 GC3 含量变异呈显著正相关，不同类型植物其特征不同（改自 Serres-Giardi et al.，2012）

单子叶植物往往有比较高的 GC3 含量和变异（右上角虚框），而双子叶植物（包括裸子植物）正好相反（左下角虚框）

（三）植物基因组的保守性——共线性

植物除了在基因水平上存在保守性，同样在一定亲缘关系以内，在基因组水平上也存在保守性——即不同植物基因组间的共线性。在经典遗传学中，共线性描述了个体或物种内同一染色体上遗传基因座的物理位置相邻性。然而现代生物学家通常用共线性表示两条染色体之间一些基因组区块（如基因）排列顺序的保守性（“the conservation of blocks of order within two sets of chromosomes that are being compared with each other”）。共线性的英文术语一般用“synteny”或“collinearity”，两词在共线性程度上有所不同，“collinearity”强调基因排列顺序的保守性（Tang et al.，2008）。

第一个经典植物基因组共线性图出现在20多年前（Gale and Devos，1998），令当时的植物科学家们印象深刻。其实，对于植物基因组保守性，早在遗传图谱出现时就已被注意到。1988年，康奈尔大学Tanksley就观察到番茄和马铃薯遗传图谱中RFLP分子标记的共线性（Bonierbale et al.，1988）；1998年，在还没有获得任何植物基因组序列的情况下，英国John Innes Centre的Michael Gale和Katrien Devos等，就利用RFLP分子标记构造了禾本科作物基因组共线性图（图1-6-4A）。

2002年以后，水稻、高粱、玉米等植物基因组陆续被测序完成，于是在基因组序列水平上可以建立它们的比较图（图1-6-4B）。如果用连线把那些水稻基因组各条染色体之间的保守区块（BLOCK）连接起来（图中内圈），可见许多保守区块在各自基因组物理位置上依次排列。

植物基因组之间共线性与进化距离有关：进化距离越近，基因组共线性越明显（如禾本科内物种）；进化距离远，基因组共线性就明显下降。例如，最早测序完成的双子叶植物拟南芥和单子叶植物水稻，1.5亿年前它们就已分化开来，导致拟南芥和水稻基因组的共线性已不存在或难以发现（Wang et al.，2006）。拟南芥最早被确定为植物界模式物种，随着植物基因组测序进展，发现在基因组水平上单子叶和双子叶基因组序列保守性已很弱了。因此，植物需要多个参照基因组。

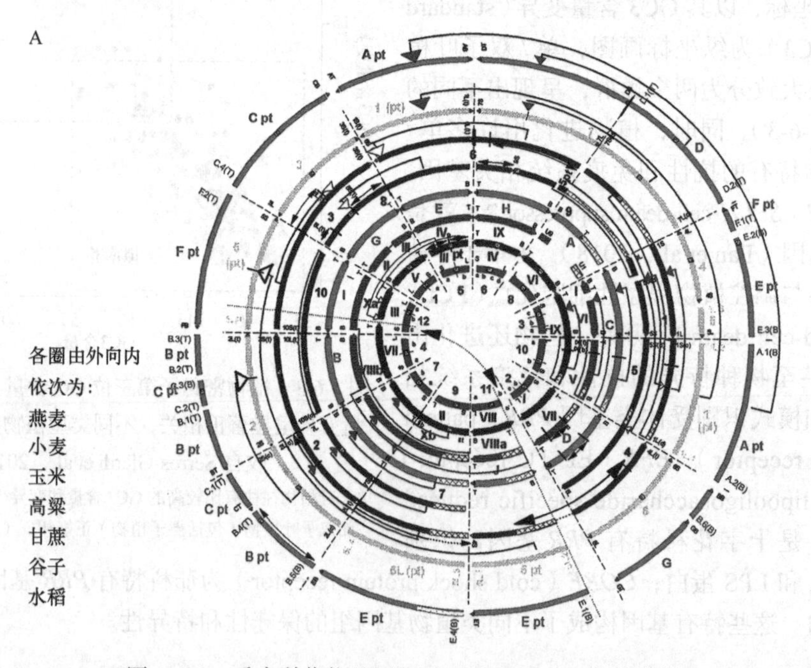

图1-6-4 禾本科作物基因组（grass genomes）共线性

A．一张早期经典禾本科作物基因组整合遗传图（a consensus grass comparative map）（Gale and Devos.，1998）；B．基于基因组序列的禾本科作物基因组保守性（Wang et al.，2015f）。图中列出了与水稻12条染色体（OS01～OS12）共线性的其他禾本科物种各条染色体；最内圈连线表示基因组内部序列保守区块。A，粗山羊草（*Aegilops tauschii*）（小麦D基因组）；B，短柄草（*Brachypodium distachyon*）；F，谷子（*Setaria italica*）；H，青稞（*Hordeum vulgare*）（大麦基因组）；O，水稻（*Oryza sativa*）；S，高粱（*Sorghum bicolor*）；T，乌拉尔图小麦（*Triticum uratu*）（小麦A基因组）；Z，玉米（*Zea mays*）

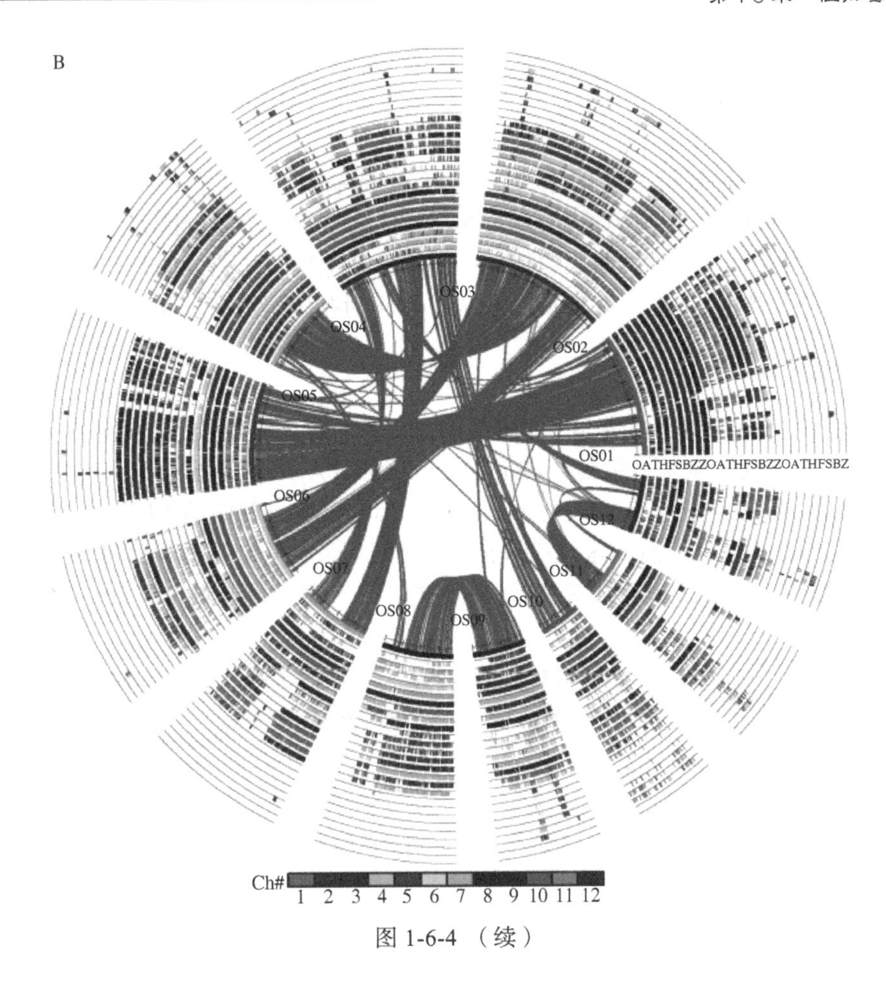

图 1-6-4 （续）

（四）基因组进化分子机制

除了基因组的保守性，我们能更多看到的是序列变异。即使最近缘的植物物种之间，甚至是同一作物物种的不同品种基因组之间，都能看到大量序列变异。我们可以看到基因组之间的差异包括序列碱基变异、基因家族大小构成不同、重复序列含量不同、基因组大小差异明显、基因组片段的重组重排等（表 1-6-1）。那么这些变异从何而来？

表 1-6-1　导致基因组变异的遗传进化机制

基因组变异	可能的进化分子机制
序列碱基变异	复制过程中的 DNA 突变
基因构成和家族大小	基因组及基因水平的倍增；横向基因转移等
染色体序列间相似性或共线性	基因组多倍化、基因组片段倍增等
重复序列含量不同	重复元件转座与插入
基因组大小	基因组多倍化；重复元件转座与插入；基因组多倍化过程等

大量研究已经证实，引起这些变异的遗传机制包括基因组复制过程中的 DNA 突变、染色体重组、重复元件转座与插入、基因组及基因水平多倍化、横向基因转移等。我们观察到的植物基因组之间的任何差异（如基因组大小）都是某一个或多个遗传机制作用的结果，同时也是在植物长期进化过程中不断累积的结果。本章第二至四节将分别介绍上述基因组进化机制。

二、基因组复制

基因组复制是物种繁衍和进化的基础。为了维持基因组的功能，基因组必须在细胞的每次分裂都能进行复制，细胞的整个 DNA 在细胞周期特定阶段进行拷贝，子代细胞中新产生的 DNA 分子都是一个完整的基因组拷贝。基于分子生物学知识，基因组复制分为 3 个阶段：起始、延伸和终止（Brown，2009；2017）。以下对基因组复制过程进行简要说明。

（一）起始

复制的起始（initiation）并非是一个随机的过程，它总是从 DNA 分子上同一个或多个位置开始的，这些位点称为复制起点（origin of replication）。一旦复制开始，基因组中就形成两个复制叉，沿着 DNA 分子向相反的方向进行，因此复制是双向的（图 1-6-5）。环形的细菌基因组只有单一的复制起点，这就意味着每一个复制叉要复制几千 kb 的 DNA。真核细胞基因组具有多个复制起点，其复制叉的行程要短得多，一般复制起点相隔 30～100kb。

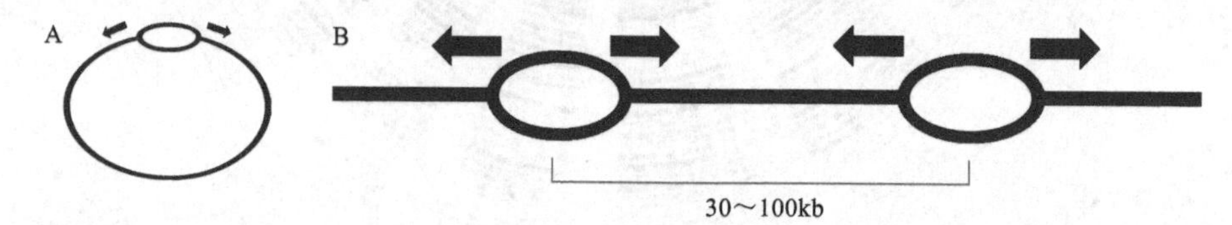

图 1-6-5 环状细菌染色体（A）和线形真核细胞染色体（B）复制（改自 Brown，2017）
图中箭头为复制方向

（二）延伸

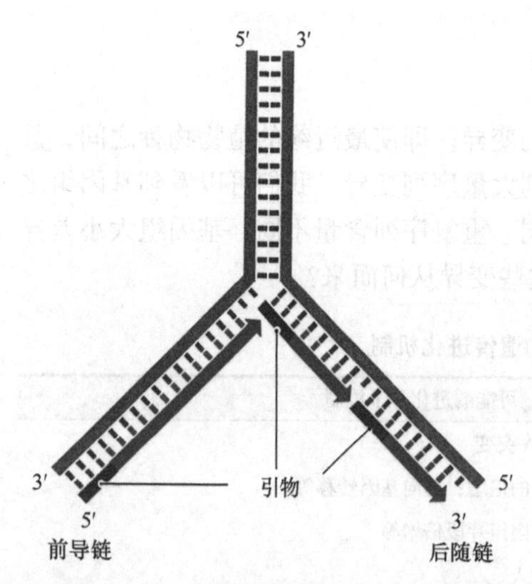

图 1-6-6 DNA 复制过程（引自 Brown，2017）
双链 DNA 复制过程中前导链能从 5′ → 3′ 方向连续复制，而后随链的复制是非连续的。同时，DNA 合成起始需要引物

一旦复制起始，复制叉就沿着 DNA 分子前进，进行基因组的复制延伸（elongation），即合成与亲代多聚核苷酸互补的两条新 DNA 链。以下两个因素使 DNA 复制更为复杂，而转录则不存在这些问题（图 1-6-6）：①在 DNA 复制时，双螺旋的两条链都必须被拷贝。因为 DNA 聚合酶只能从 5′ → 3′ 方向合成 DNA，这使复制变得非常复杂，这也就意味着亲代双螺旋中的一条链，即前导链（leading strand），可以连续复制；而后随链（lagging strand）的复制就只能以非连续的方式进行，即当一系列的短片段合成以后，才被连接起来形成完整的子链。②模板依赖性的 DNA 聚合酶不能在单股 DNA 分子上启动 DNA 的合成，它必须有一个短的双链区为酶提供一个能添加新核苷酸的 3′ 端。这就意味着需要引物（primer），即在前导链启动互补链合成时所需的一个片段；后随链启动每个不连续 DNA 片段合成时，也都需要的一个片段。

（三）终止

迄今为止人们对真核生物复制终止（termination）机制认识有限。现在认为在 DNA 上也存在着复制终止位点，DNA 复制将在复制终止位点处终止，但并不一定等全部 DNA 复制完毕后才终止。但目前对复制终止位点的结构和功能了解甚少。真核细胞中尚未发现与细菌终止位点等同的序列或者 Tus 相似的蛋白质。

DNA 复制过程中必须考虑最后一个线性 DNA 分子的末端维持问题。这个问题关系到随着 DNA 的连续复制，必须采取措施以避免线性双链分子的末端越来越短。端粒是真核生物染色体末端特殊的 DNA 序列。端粒 DNA 由一种微卫星序列组成，在大多数高等真核生物中这种微卫星序列含有多个拷贝的短重复基序 5′-TTAGGG-3′（植物为 5′-TTTAGGG-3′），在每条染色体的末端随机地重复上百次，因此解决末端缩短问题的方法就在于端粒 DNA 的合成。大部分端粒 DNA 在 DNA 复制中以正常方式被复制，但这并不是它合成的唯一方法。为弥补复制过程的局限性，端粒也可以由端粒酶（telomerase）所催化的独立反应延伸。端粒酶是一种由蛋白质和 RNA 组成的不同寻常的酶。端粒酶的活性必须进行精准调控以保证每条染色体末端延伸适当的长度。

缺乏端粒酶活性的细胞每次分裂都会导致染色体缩短。最终，经过多次细胞分裂，染色体末端严重短缺会使一些重要基因丢失。但这并非因缺乏端粒酶活性导致细胞发生缺陷的主要原因。更重要的因素在于，在每一个染色体末端需要一个蛋白质“帽”，以避免 DNA 修复酶将染色体末端与染色体意外断裂形成的无帽断端链接。那些形成保护帽的蛋白质，如 TRF1、TRF2、POT1、TIN2、TPP1 和 RAP1，可识别端粒的重复序列并与之结合。因此，如果端粒丢失了，这些蛋白质将失去其附着点。如果缺乏这些蛋白质，修复酶就会在缩短但仍完整的染色体末端形成不正确的连接，这可能是端粒缩短导致细胞周期破坏的潜在原因。

第二节 基因组突变、重组与转座

一、DNA 突变与修复

基因组复制过程的 DNA 突变是基因组变异的重要分子机制之一。突变（mutation）是基因组小范围的核苷酸序列的变化，主要为单个核苷酸替换的点突变（point mutation），这种点突变根据嘌呤和嘧啶内部或之间的替换分为转换（transition）和颠换（transversion）两类（Brown，2009；2017）。其他突变包括一个或多个核苷酸的插入或缺失 / 删除（insertion/deletion，合称 Indel）。

（一）DNA 突变及其对基因组影响

突变的发生包括两种方式：非复制突变和复制过程中的自发（spontaneous）错误。自发错误逃避了在复制叉上合成新核苷酸的 DNA 聚合酶校正作用，这些突变称为错配（mismatch），因为按碱基配对原则，子代多聚核苷酸突变位置上插入的核苷酸与模板 DNA 对应位置上的核苷酸并不配对（图 1-6-7A）。若此次错配在子代双螺旋中得以保存，经第二轮 DNA 复制将产生一个携带该突变的永久性的子代分子。亲代 DNA 发生的非复制突变，造成了结构改变并影响了发生改变的核苷酸碱基配对能力。通常这种改变仅影响亲代双螺旋DNA中的一条链，故仅一个子代分子携带该变异，而经下一轮复制产生的子二代分子中，将有两个分子携带该突变（图1-6-7B）。复制中发生的错误是点突变的来源之一。

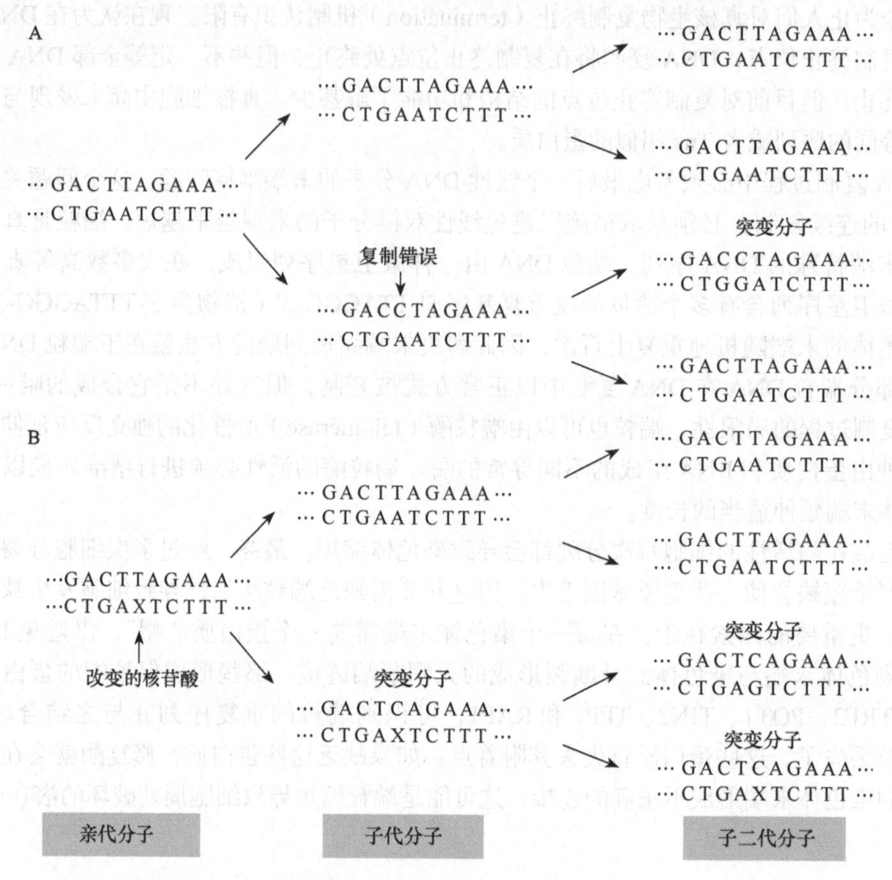

图1-6-7 DNA突变类型及其传递过程（引自Brown，2017）

A．复制过程出现的突变：复制中发生的错误导致子代双螺旋中的一处错配，由模板DNA的一个A的错误拷贝而导致T→C的改变。错配分子自身复制时，产生一个具有正确序列的双螺旋和一个含有突变序列的双螺旋。B．非复制因素改变了亲代分子的下面一条链中A的结构，形成不能与另一链中的T碱基配对核苷酸X，结果造成一个错配。亲代分子复制时，X与C碱基配对，形成一个突变的子代分子，该分子复制时，两个子二代分子就继承了该突变

并非所有的复制错误都是点突变，复制错误还可造成插入或缺失突变。异常复制可造成合成的多聚核苷酸中插入少量多余核苷酸或模板中部分核苷酸未被拷贝。插入与缺失若出现在编码区，可导致移码突变（frame shift），从而改变基因编码蛋白质的读码框。当然，发生3或3的整数倍核苷酸插入或删除时，仅是添加或去除一些密码子或者间隔开原来相邻密码子，并不会影响读码框。当模板DNA含有短重复序列时（如微卫星DNA），插入和删除发生尤为普遍。这是因为重复序列可诱发复制滑移（replication slippage），即模板链及其拷贝发生相对移动，使部分模板被重复复制或者被遗漏。其结果是新合成的核苷酸拥有或多或少一些重复元件（图1-6-8）。复制滑移不时产生新的长度不同的等位基因，这就是微卫星序列会如此多变的主要原因。

当细胞允许增加自身基因组中突变的发生率时，就会发生高频突变。高频突变是DNA修复功能失常的结果。细胞是否有可能增加基因组中突变发生率或将突变指向特定基因？初看上去，这两种情况都与已突变随机出现的常识相矛盾。突变的随机性是生物学中一个重要的概念，一般认为DNA改变是随机发生的。高频突变（hypermutation）和程序性突变

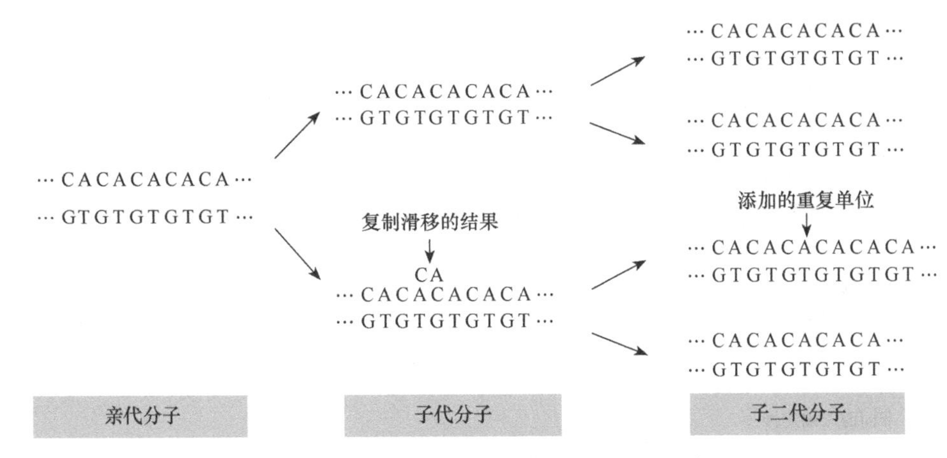

图 1-6-8　复制滑移（引自 Brown，2017）

图中显示 5 个“CA”微卫星重复元件的复制。滑移出现在亲代分子复制过程中，在一个子代分子的新合成多聚核苷酸中添加了一个重复元件。子代分子复制时产生了一个子二代分子，其微卫星序列较原亲本多出一个重复元件

（programmed mutation）就是违背随机法则的条件下发生的两种现象。当细胞允许增加自身基因组中突变的发生率时，就发生了高频突变。我们已知几个高频突变的例子，其中一个例子就是脊椎动物（包括人类）利用这种机制产生各种免疫球蛋白；植物利用该机制快速产生抗性基因，以适应环境（Sasaki et al.，2012）。突变频率的提高通常被认为是用于纠正复制错误的修复系统异常所导致，即高频突变是非正常 DNA 修复的结果。在基因组的其他位置，错配修复通过寻找子代链中的错配并替换其核苷酸来进行修复，因为子代链是刚合成的，所以它才可能存在错误。

程序性突变的例子在大肠杆菌和植物上都可以发现。大肠杆菌菌株 *lacZ* 基因实验结果显示，当乳糖营养缺陷型细菌置于乳糖作为唯一糖分的基本培养基时，环境要求细菌只有突变为乳糖原养型才能生存，则出现的乳糖原养型的数目比按突变随机出现所预计的数目要多很多。换句话说，一些细胞发生适应性的突变并获得了为耐受选择压力所需的特异性 DNA 序列改变。这些实验表明细菌能够根据所面对的选择压力来设计其突变，即所谓程序性突变。

（二）DNA 修复

从基因组所受到的数以千计的损伤及复制时出现的错误来看，细胞必须具备有效的修复系统。没有这些修复系统，关键基因 DNA 损伤而失活后，基因组维持细胞的基本功能无法超过几小时。多数细胞具有 4 类不同的 DNA 修复系统（图 1-6-9）：①直接修复（direct repair），直接作用于受损核苷酸，将之恢复为原来的核苷酸；②切除修复（excision repair），先切除一段含有损伤部位的核苷酸，然后利用 DNA 多聚酶重新合成正确的核苷酸序列；③错配修复（mismatch repair），修正复制错误时，也是通过切除含有异常核苷酸的 DNA 单链区段，再修复所造成的缺口；④非同源末端链接（non-homologous end-joining），用于双链断裂的修补。

如果基因组的一个区域存在大量损伤，修复系统将会无能为力。生物（如大肠杆菌）在基因组复制时会采取 SOS 应答（SOS response）作为应急措施，绕过主要损伤位点。

二、同源重组

同源重组和转座是植物基因组经常发生的遗传事件，是植物进化的重要推动力。重组

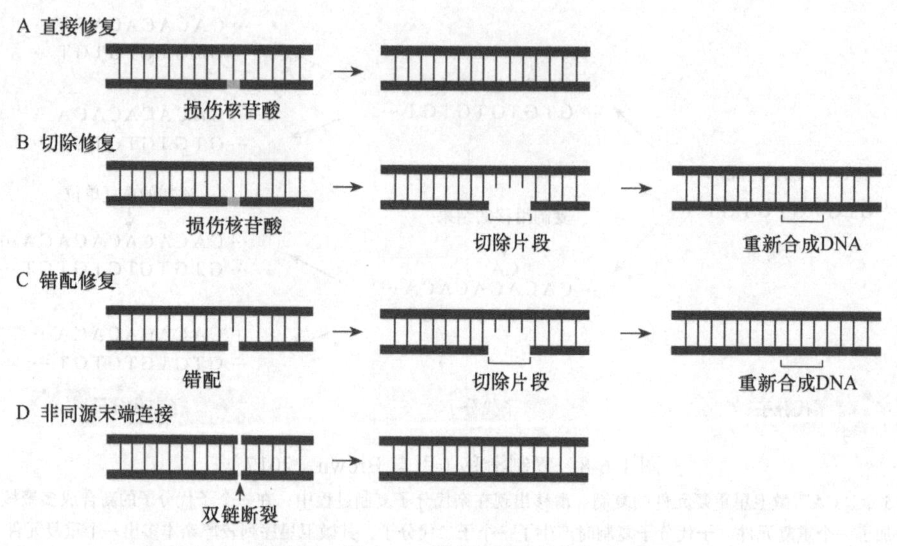

图 1-6-9 基因组 4 类 DNA 修复系统（引自 Brown，2017）

（recombination）最初被遗传学家用来形容减数分裂过程中同源染色体对之间互换的结果。互换可以使子代染色体具有和其父本染色体不同的等位基因组合。在 20 世纪 60 年代，生物学家意识到 DNA 重组的关键是 DNA 分子的断裂和再连接过程。同源重组（homologous recombination），也称一般性重组（general recombination，generalized recombination），发生在具有高度序列同源性的 DNA 片段之间。这些片段可能处在不同的染色体上，或者也可以是同一染色体的不同部分（图 1-6-10）。同源重组发生在减数分裂过程中，它在细胞中的首要作用是 DNA 修复。如果没有重组，基因组可以保持一个相对稳定的结构，染色体重建就不会发生，基因组的进化潜能将大大受到限制。

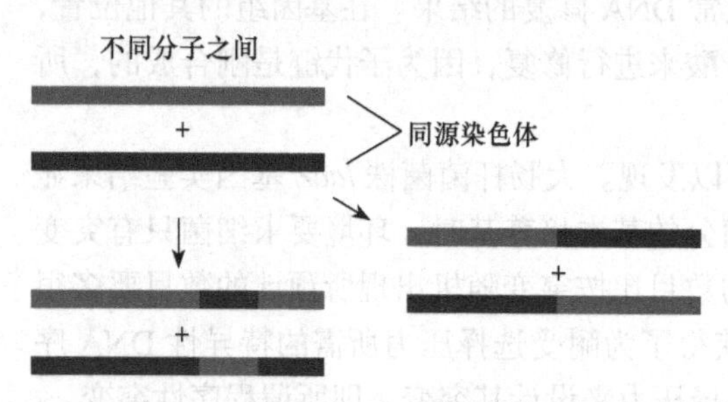

图 1-6-10 同源染色体之间同源重组模式

（一）重组模型

同源重组过程包括重组过程中多聚核苷酸的断裂和再连接模型，以及一系列生化相关重组通路。人们认识到同源重组是几类重要的 DNA 修复机制的基础，这种修复功能对细胞而言，其重要性远远大于同源重组在染色体互换中的作用。

同源重组研究在 20 世纪 60～70 年代取得大量突破，提出了一系列用于解释 DNA 分子断裂和再连接导致染色体片段交换的模型。例如，同源重组的 Holliday 模型和 Meselson-Radding 模型。这些模型用以描述具有相同或相近序列的两条同源双链分子间的重组。模型的核心特征是两条同源分子之间交换多聚核苷酸片段而形成异源双链（heteroduplex）（图 1-6-11）。异源双链开始由每条转移链与接收它的核苷酸链间的碱基配对所稳定，该碱基配对因两分子间的序列相似性而发生。然后，缺口由 DNA 连接酶封闭，形成一个 Holliday 结构。该结构是动态的，如果两螺旋以同样的方向旋转，则可能发生导致长片段 DNA 交换的分子迁移（branch migration）。

通过分支点的断裂，Holliday 结构分离或解离（resolution）而成为单个的双链分子。这是整个重组过程的关键，因为剪切可以任一方向发生，Holliday 结构的 X 形三维构象 Chi 结构（Chi form）清楚地提示了这一点（图 1-6-11），这两种剪切结果非常不同。如果剪切以左右方向跨过图 1-6-11 所示的 Chi 结构，则所发生的只是小片段多聚核苷酸在两个分子间的转移，片段大小因 Holliday 结构分支移动距离而不同。而上下垂直方向的剪切造成交互链交换（reciprocal strand exchange），双链 DNA 在两分子间转移，从而使一个分子的末端与另一个分子的末端进行交换。这是交换过程中所看到的 DNA 转移。

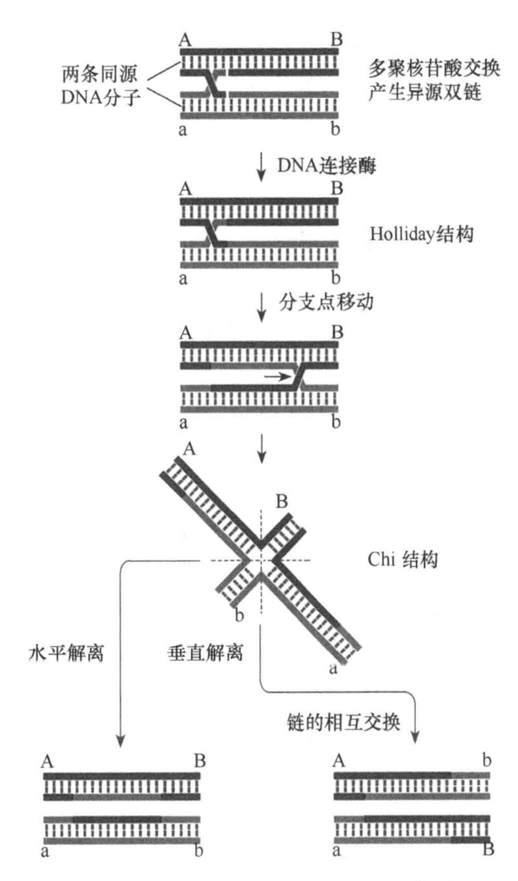

图 1-6-11　同源重组的 Holliday 模型
（引自 Brown，2017）

同源重组的 Holliday 模型虽然可以解释所有生物中的大部分重组结果，但仍存在一些不足。例如，Holliday 模型无法解释基因转换（gene conversion），这是一种首先在酵母和真菌中发现的现象，后发现也存在于许多真核生物中。由此提出了同源重组中的双链断裂模型。

双链断裂（DSB）模型可以解释重组过程中发生的基因转换。它不是以一个单链切口开始，而是起始于一个双链剪切，将重组的一方断为两个片段（图 1-6-12）。双链被切开后，两个半截分子中有一条链被截短，所以每个末端都具有一个 3′ 的突出端。其中一个突出端以

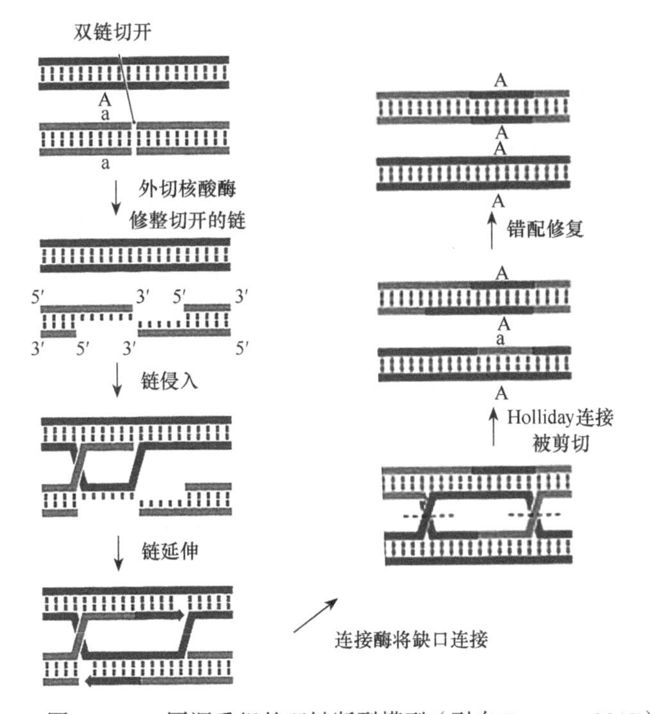

图 1-6-12　同源重组的双链断裂模型（引自 Brown，2017）

Maselson-Radding 模式类型的方式侵入同源 DNA 分子中，如果侵入链被 DNA 聚合酶延长，则形成一个能沿异源双链移动的 Holliday 链接。为完成异源双链，Holliday 连接中未涉及的另一断裂的链也被延长。注意这里所有的 DNA 合成是延长双链被剪切的一方，而将未剪切的一方的对应区域作为模板。这是基因转换的基础，因为它意味着被外切核酸酶从剪切方去除的多聚核苷酸片段被未剪切方的 DNA 拷贝所取代。连接后形成的异源双链有一对 Holliday 结构，可以多种方式解开，某些造成基因转换（图 1-6-12），其他形成标准的交互链互换。

尽管双链断裂模型最初只是用来解释酵母中基因转换的机制，但是现在它已经被认为是同源重组发生的一种重要机制。在植物细胞减数分裂时，染色体发生双链断裂的概率比一般情况高 100～1000 倍。这表明，双链断裂是减数分裂一个重要组成部分。双链断裂还是同源重组在 DNA 修复中发挥功能的具体方式，尤其是修补 DNA 复制过程中发生的双链断裂。

同源重组发生在所有的生物体内。重组分子机制初始研究大多是在大肠杆菌中获得的。通过突变研究已经鉴定了大量大肠杆菌重组相关基因，这些基因一旦发生失活将导致同源重组缺陷，这就意味着这些基因的蛋白质产物以某种方式参与此过程。目前已经发现了 3 个独立的重组系统，分别是 RecBCD、RecE 和 RecF 途径，其中 RecBCD 显然是细菌中最重要的一个途径。

同源区域长度并不是重组的必要前提条件，该过程也能由两个只具有很短甚至可能只是几个碱基序列的 DNA 分子引发，这称为位点特异性重组（site-specific recombination），因其在 λ 噬菌体的感染周期中的作用而得到了深入的研究。噬菌体 P1 基因组的插入和切除只需要一个酶——Cre 重组酶，Cre 识别 34bp 的目标序列，称为 *loxP* 位点。Cre/loxP 系统的简单性使它成为重要的基因编辑技术之一，其中一项重要的应用是遗传编辑植物。大多数的植物转基因载体携带选择抗性标记基因，可以使转基因植物得到快速鉴定和筛选。最后获得的转基因植株，Cre 重组酶可以用于该植株 DNA 中切除抗性标记基因，去除可能的风险。

（二）基因功能域重组

基因水平的结构域倍增和重排是新基因产生的重要遗传机制。植物上虽然没有人类和动物如此普遍，但可以发现不少倍增和重排的事件。结构域倍增将在本章第三节中介绍，下文介绍结构域重排或重组事件。

结构域重排（domain shuffling）是指来自完全不同基因的结构域区段重组形成一个新的编码序列，它相应产生杂合或嵌合的蛋白质（图 1-6-13）。这种蛋白质序列可能具有不同结构域组合，并可能使细胞具有全新的生化功能。高通量测序技术（如二代 Illumina 技术双端测序方式和三代长读序）为大规模寻找重组基因提供了有效途径。通过大规模转录组测序（RNA-Seq），Zhang 等（2010）在水稻转录本中发现了各种重组融合基因：来自同一染色体的两个相邻位置或很远位置，甚至来自不同染色体的两个转录本都有可能发生融合（图 1-6-14）。

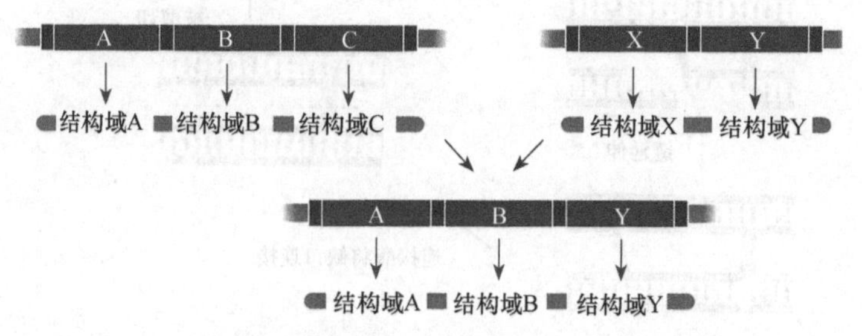

图 1-6-13　通过结构域重排产生新基因（引自 Brown，2017）

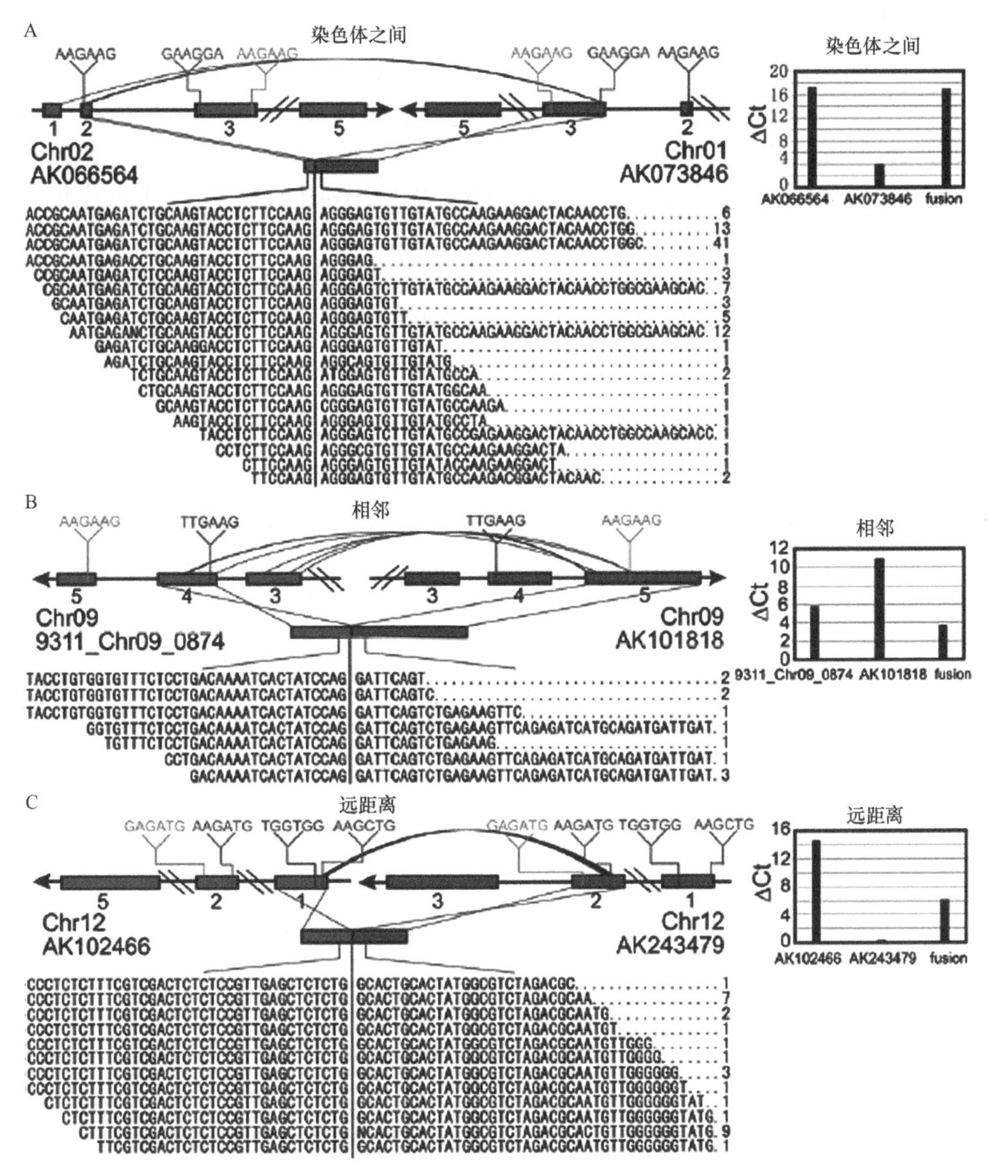

图 1-6-14　基于转录组测序鉴定的水稻基因融合与重组（引自 Zhang et al.，2010）

基因融合可能发生在位于不同染色体之间（A）、同一染色体相邻（B）或远距离（C）位置的两个基因

另外一种基因重组机制与转座元件有关。目前已经鉴定的植物转座子约 150 种，许多可以参与携带基因片段的 DNA 转座。例如，MULE（mutator-like transposable element）可以将外显子或者其他基因片段带到基因组其他位置，这种情况已经在很多真核生物中观察到，在植物中尤为常见。MULE 在其自身的 DNA 序列中常带有基因组的某些基因片段，因此 MULE 的转座也可将其包含的基因转移到一个新的基因组位置。在 MULE 转座过程中，不同的基因片段被收集起来，随着 MULE 的迁移而形成新的融合基因。因此，基因组中转座子引起的转座重组同样是基因进化的重要动力之一。

结构域倍增和重排的发生可能是以一种不太精确的方式，使得许多重排获得的基因没有功能，即基因编码结构域的区段并没有与外显子或外显子组完全相符或对应。虽然这些遗传事件很随意，但很多编码基序的核苷酸序列的确被转移到许多不同的基因中，说明倍增和重排的确发挥着重要进化作用。

当然，还有一类基因不通过已有基因或功能域序列重组，而是从非编码序列进化出一个新基因，即从头（*de novo*）起源。这类新基因为从无到有的创造，一直被认为是小概率事件，其起源进化机制也知之甚少。王文团队以模式生物果蝇为研究对象，系统分析了黑腹果蝇基因组中的新基因起源机制，发现12%的新基因从非编码序列从头起源，表明从头起源新基因在物种进化过程中可能发挥了重要生物功能（Zhou et al.，2008）。目前在植物上的这类新基因进化研究还不多。龙漫远团队最新研究发现，水稻基因组上有175个从头起源基因，且超过一半基因可以检测到翻译信号（Zhang et al.，2019a）。

三、转座

转座（transposition）不是一种重组类型，而是一个利用重组的过程，其结果是将DNA片段从基因组的一个位置转移到另一位置。转座的一个特征是转移片段两端具有一对短重复序列，这是转座过程中形成的。真核及原核生物中的各种转座元件，根据转座机制，可将它们粗略分为三类：①复制型DNA转座子，其原有转座子拷贝依然存在，一个新拷贝出现在基因组的其他位置（图1-6-15）；②保守型DNA转座子，通过剪切-粘贴过程，原有转座子移至新位点（图1-6-15）；③反转录元件，其转座通过RNA介导。

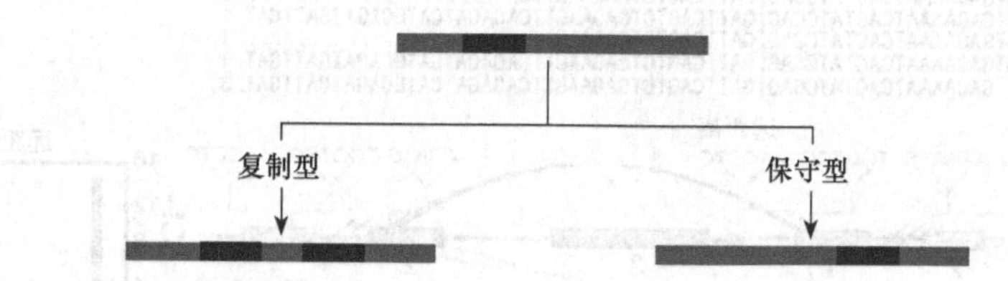

图1-6-15　基因组中转座元件的两种转座机制（引自Brown，2017）

（一）复制型和保守型转座

复制型和保守型转座过程由一个或多个内切核酸酶引发，这些内切核酸酶在转座子两端和转座元件新拷贝插入的靶位点上产生单链切点（图1-6-16）。靶位点的两切点间隔少量碱基对，故断裂的双链分子具有短的5′突出。这些5′突出与转座子两侧的游离3′端连接形成一个杂合分子，原来的两个DNA分子，即含有转座子的和含有靶位点的两个分子，由转座元件连接在一起，两侧形成一对复制叉样的结构。DNA在复制叉处合成，从而拷贝该转座元件，并将初始杂合体转化为一个共联体（cointegrate），其中原来两个DNA分子仍相互连接。两转座子拷贝之间的同源重组将共联体解偶联，仍带有其转座子拷贝的原DNA分子与现在含有一个转座子拷贝的靶分子分开，从而发生了复制型转座。对上述过程的适当修改可将转座方式从复制型变为保守型：杂合体结构通过在转座子两端产生另外的单链切口转变为两条分离的DNA分子，而不是通过DNA合成产生DNA分子。这样将转座子从其原来所在位置切除，"粘贴"在靶DNA上（图1-6-16）。

（二）反转录元件的转座

反转座的第一步是合成插入的反转录元件的RNA拷贝。元件5′端的长末端重复序列（long terminal repeat，LTR）含有"TATA"序列，可作为RNA聚合酶Ⅱ进行转录的启动子，某些反转录元件还具有增强子序列以调节转录次数。转录持续进行到元件全长，直到3′ LTR

的多聚腺苷酸序列。转录产物可以作为 RNA 依赖的 DNA 合成反应模板，该反应由反转录元件的 *Pol* 基因所编码的反转录酶催化。因为 DNA 的合成需要一个引物，与 DNA 复制一样，引物是 RNA 而不是 DNA。在基因组复制时，引物是由聚合酶从头合成的，但反转录元件不编码 RNA 聚合酶，因而不能以这种方式产生引物，而是利用细胞中的某一 tRNA 分子作为引物，用哪一种 tRNA 取决于反转录元件。*Ty1/copia* 家族总是利用 $tRNA^{Met}$，但其他反转录元件利用不同的 tRNA。

DNA 第一链的合成形成了一个 DNA-RNA 杂交体。*Pol* 基因另一部分所编码的 RNaseH 降解部分 RNA。未降解的 RNA 通常只是结合于毗邻 3′ LTR 的一段单一短聚嘌呤序列片段，又作为合成 DNA 第二链的引物，反应由反转录酶催化。反转录酶可作为依赖 RNA 的 DNA 聚合酶发挥作用。同 DNA 第一链合成一样，第二链合成开始只形成了 LTR 的 DNA 拷贝，但向分子另一端的第二次模板转换使 DNA 拷贝得以扩增全长。最终的双链 DNA 包括反转录元件内部区及两端 LTR 的完整拷贝。

反转录元件新形成的拷贝如何插入基因组中？原来认为插入是随机发生的，但现在看来，尽管没有特异序列作为靶位点，整合还是优先发生于某些特定位点。插入过程包括由整合酶从双链反转录元件 3′ 端去除两个核苷酸。整合酶还在基因组 DNA 上进行交错切割，使反转座子与整合位点都具有 5′ 突出（图 1-6-17）。这些突出端可能不具备互补序列，但似乎仍以某种方式相互作用，从而使反转录元件插入基因组 DNA 中。这种相互作用导致反转录元件突出端的消失及剩余缺口的填补，这意味着整合位点被复制成一对正向重复序列，再插入反转录元件的两侧。

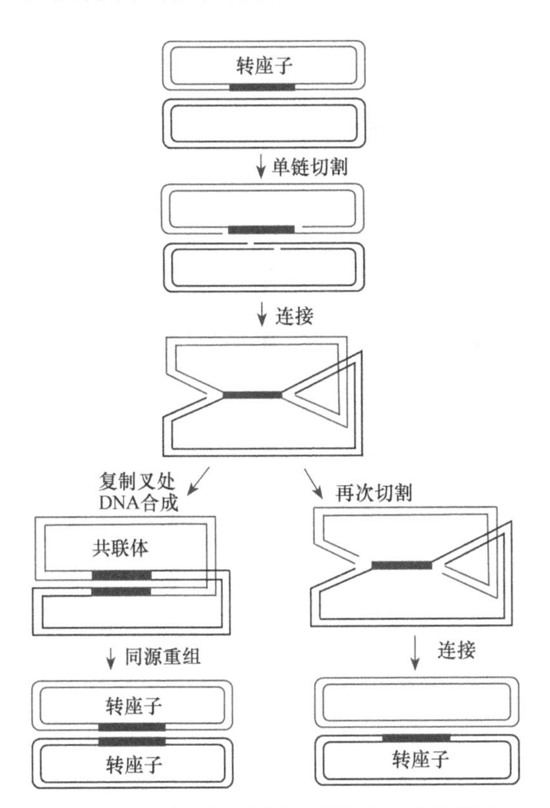

图 1-6-16　复制型和保守型转座过程的模型（引自 Brown，2017）

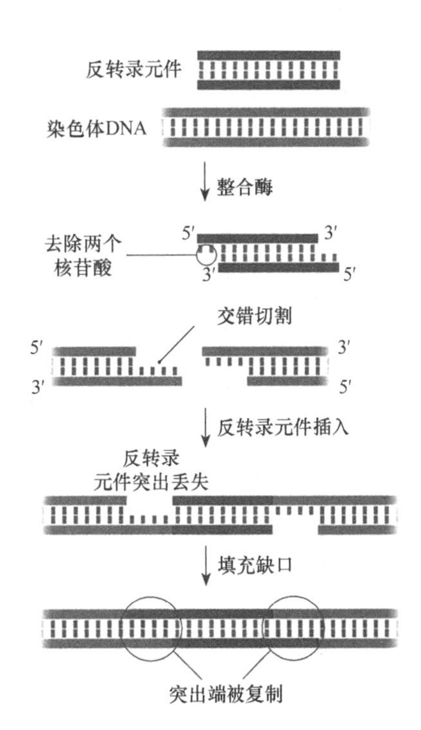

图 1-6-17　反转录元件整合到基因组 DNA 新位点的过程（引自 Brown，2017）

转座对基因组可能产生一些有害的影响。例如，插入某一基因编码区或启动子和增强子序列，这些序列会改变临近基因的表达模式。转座还常常一起双链断裂，这种断裂对基因组的完整性具有严重破坏作用。转座子等重复序列在基因组中往往占有相当高的比例。例如，在许多植物基因组中超过 50%，这些序列大部分是可以移动的。对于宿主基因组而言，如果失去对转座元件的有效抑制，这些元件将对基因表达和基因组的稳定性构成影响。因此，基因组存在限制转座元件移动的机制。阻止 DNA 转座子和反转录元件转座的一种方法是将它们的 DNA 序列甲基化。甲基化是沉默基因组序列的常用方式，许多转座元件的序列确实是高甲基化的。例如，甲基化系统缺陷的拟南芥突变体会发生比正常个体多得多的转座事件；水稻中，一些表观遗传调控因子（如水稻特异的组蛋白 H3K4me3/2/1 去甲基化酶 JMJ703）在调控反转座子活性中具有重要作用。

第三节　基因组多倍化

一、基因组片段倍增

（一）基因倍增及其发生机制

当植物基因组测序完成后，对基因组序列进行最简单的分析，就能发现大量基因是由于基因倍增产生的。可以说，基因倍增在基因组上经常发生。植物基因组中包含大量基因家族，这些基因家族成员有些序列完全相同或仅有几个碱基的变异，有些成员间序列变异巨大，遗传分化明显，在植物生长发育过程中行使不同的功能。

一些基因家族由完全相同的成簇成员组成。例如，水稻 1 号、4 号、9 号染色体上均存在一个 *OsCP* 基因家族基因簇（Wang et al.，2018f）（图 1-6-18A）。基因簇可以是因重复而

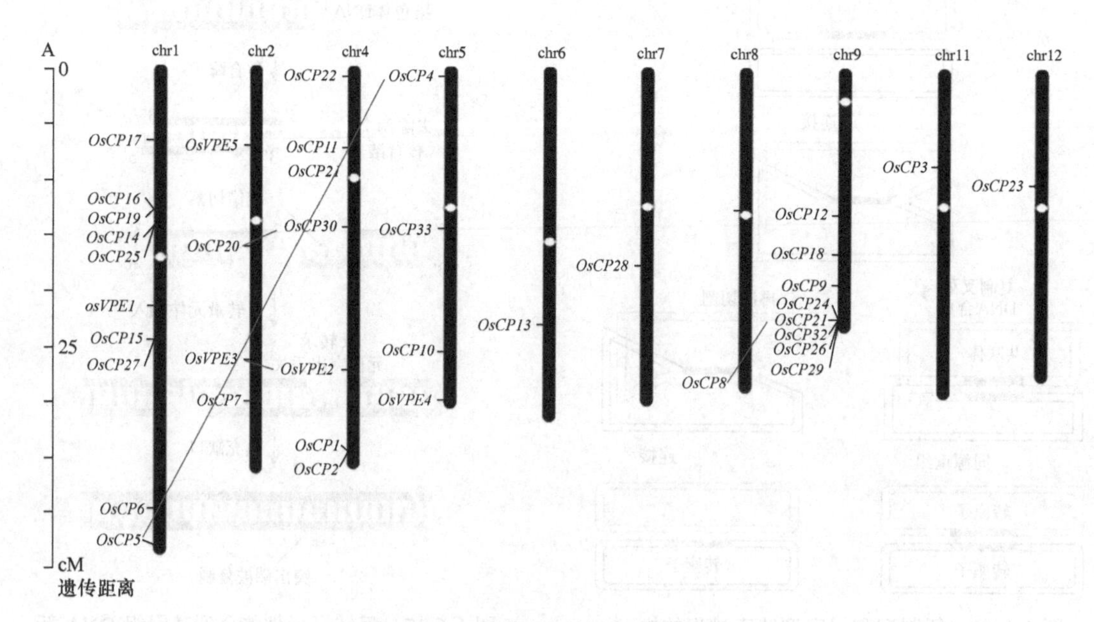

图 1-6-18　植物基因簇和功能域倍增

A. 水稻基因簇案例（Wang et al.，2018f），图中连线表示相应家族成员来自片段倍增；B、C. 两个功能域倍增基因案例，分别来自拟南芥 AT1G67140（功能域 F4HRS2）和水稻 LOC4350436（功能域 A0A0P0Y1P2）

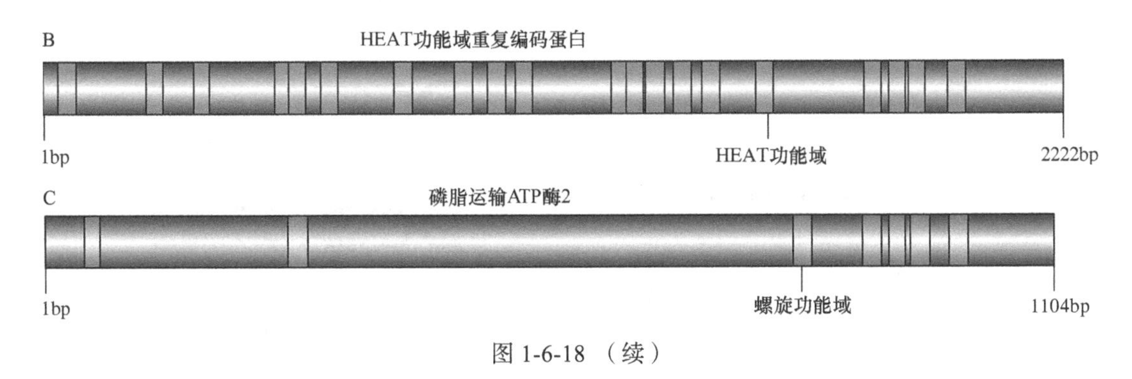

图 1-6-18 （续）

产生的两个相邻基因，也可以是数百个相同基因串联排列在一起。在其产物被极度需要的情况下，大量的串联重复可能出现，如 rRNA 基因和组蛋白基因。这样的串联重复基因簇是由于基因组复制过程中 DNA 片段性错配，并未启动修复机制而造成基因倍增形成的。

另外，一个基因内的功能域也会发生倍增事件。功能域倍增（domain duplication）是指编码结构域的基因片段通过不等位交换、复制滑移或其他方式发生倍增。植物具有这样结构的基因比比皆是。串联功能域重复深刻影响了基因进化。图 1-6-18 给出了两个例子：拟南芥 Sweetie 基因（AT1G67140，HEAT repeat-containing protein；UniProtKB：F4HRS2）和水稻腺苷三磷酸酶基因（LOC4350436，phospholipid-transporting ATPase 2，A0A0P0Y1P2），它们都内含多个功能域重复单元。倍增的结果是蛋白质结构域重复，该结果可能有优势，如使蛋白质更稳定；倍增的结构域也可能因为其编码序列突变而逐渐改变，使蛋白质结构改变，产生新的功能。值得注意的是，结构域倍增使基因变长。基因变长可能是基因组进化的普遍趋势，总体上高等真核生物的基因平均长度大于低等生物。另外，人类及动物基因长于植物基因。

有多种途径可以使具有一个或多个基因的 DNA 短片段得到倍增，例如，①不等位交换（unequal crossing-over）：一对同源染色体上不同位置的相似核苷酸序列间产生的重组。如图 1-6-19A 所示，不等位交换的结果是重组后的一条染色体上一段 DNA 被倍增；②不等位姐妹染色单体互换（unequal sister chromatid exchange）：与不等位交换发生机制相同，但发生在同一染色体的一对姐妹染色单体之间（图 1-6-19B）；③ DNA 扩增（DNA amplification）：细菌和其他单倍体生物中的基因倍增。倍增可能来自复制泡中两个子代 DNA 分子的不等位重组（图 1-6-19C）。这 3 种过程都会导致串联倍增，即两个倍增片段在基因组上相邻。这和我们观察到的很多基因家族分布模式一致，基因家族的成员之间也并不总是都排列在一起。这些拷贝可能曾经是串联排列，后来由于大规模的染色体重排而分散开。它们之间的距离当然也有可能是倍增过程中产生的。

基因倍增也可以由反转录产生，这种反转座作用类似于已加工的假基因的形成。已加工的假基因是由于一个基因的 mRNA 被反转录成 cDNA，再重新插入基因组而形成的。如果插入的位点不含有启动子序列，那么插入的序列不能再被转录，形成假基因。如果插入的位点位于另一个基因的启动子附近，就会获得转录活性。这种方式产生的倍增基因称作反转录基因（retrogene）。反转录基因的显著性特征是不包含内含子。这段拷贝可能在距离原始基因很远的地方插入。最近研究发现反转录基因也可能是完整的基因，不但包括内含子，而且包含部分或全部的启动子序列。人们逐渐认识到反义 RNA 并不是一种罕见的现象，而且在基因调控中确实起到一定的作用，其作用方式可能与 miRNA 类似。

基因水平倍增在基因组进化中发挥重要的作用。基因倍增后，最初的结果是出现两个完

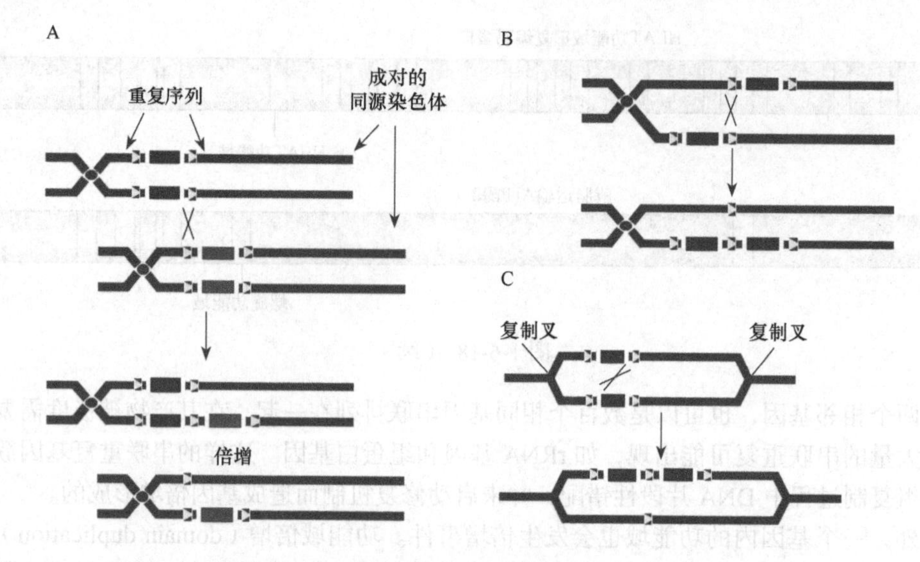

图 1-6-19 基因倍增模式（引自 Brown，2017）

A. 不等位交换；B. 不等位姐妹染色单体互换；C. DNA 扩增。每种模型中，重组发生于短重复序列（以深色表示）的两个不同拷贝之间，导致重复序列间的片段倍增。同源染色体不等位交换和不等位姐妹单体互换基本相同，差别仅在于前者发生于同一染色体的染色单体之间

全一样的基因。在选择压的作用下，其中的一个保持原来的序列，或至少保留与原来的相似的序列，从而可以继续提供原有单拷贝基因编码的蛋白质功能。对于第二个基因，一种可能是承受同样的选择压，保持序列不变，这样可以加快基因产物的合成速率，从而有利于物种生存（图 1-6-20）。然而更常见的情况是，第二个基因不能给物种带来任何好处，从而不受选择压的作用，随机突变积累。有证据表明，大部分由基因倍增而产生的新基因会由于删除突变而失活，变成假基因。通过对现存假基因进行的研究可以发现，最常见的失活突变是读码框位移和位于编码区的无义突变。然而，在一些特殊情况下，这些突变也会不引起基因失活，而是使其产生对生物有用的新功能（图 1-6-20）。

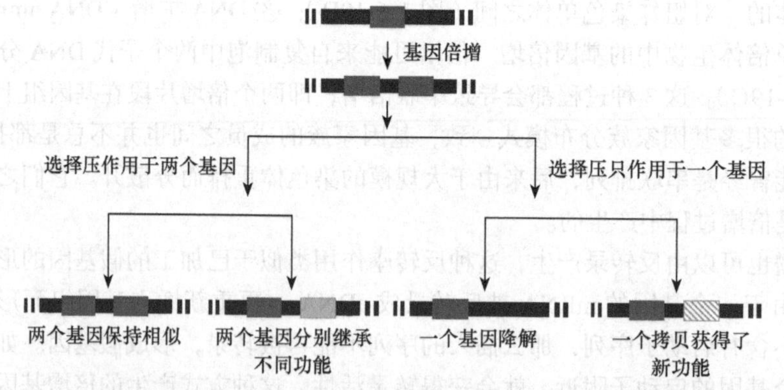

图 1-6-20 基因倍增后的 4 种进化后果（改自 Brown，2017；Wang et al.，2009b）

（二）基因组大片段倍增

前面介绍的倍增过程产生的都是较小的 DNA 倍增片段，长度一般在 100kb 以下。基因组上也可能发生更大片段（Mb 尺度）的倍增。植物基因组测序完成后，这样的事件就可以

清楚地被发现。一个经典的例子是水稻基因组上发生的 11 号和 12 号染色体片段倍增事件。基于刚刚测序完成的水稻基因组序列，可以发现水稻基因组 12 条染色体之间存在大量共线性片段，对这些片段发生倍增的时间进行估计（图 1-6-21），发现除了 11 号和 12 号染色体之间约 5Mb 长度片段发生时间为 500 万～700 万年，而其他片段均发生在 7000 万～8000 万年（Zhang et al.，2005b；International Rice Genome Sequencing Project，2005；Wang et al.，2005）。根据这些时间估计，可以确定 11 号和 12 号染色体之间发生的是片段倍增，而其他倍增片段（几乎覆盖整个基因组）来自一次全基因组倍增（详见第 2-2 章第二节）[①]。许多植物基因组中存在这样的基因组片段倍增（Wendel，2015）。

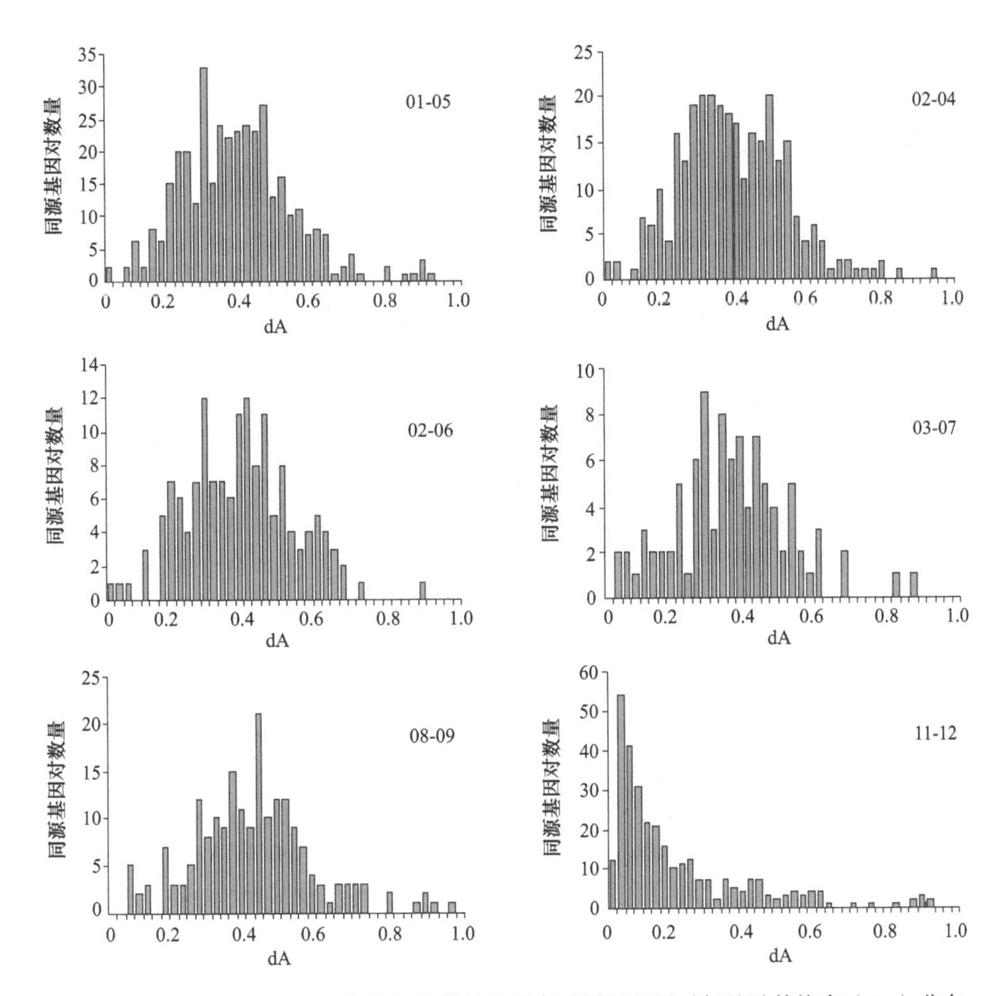

图 1-6-21　水稻基因组染色体间共线性片段旁系同源基因对氨基酸替换率（dA）分布（引自 Zhang et al.，2005）

水稻经历过一次全基因组倍增，其倍增形成的共线性区块上同源基因对的氨基酸替换率分布峰值相近（0.4 附近），而其中 11 号和 12 号染色体之间约 5Mb 长度片段的分布峰值明显不同（即发生时间可能不同），说明其来自一次片段倍增事件或平行进化。各图右上角数字为染色体序号

① 后续研究发现，在高粱等其他禾本科植物基因组中也存在相同的同源性片段对。由此认为，11 号和 12 号染色体同源片段对其实也来自禾本科分化前的那次全基因组倍增事件（the pan-grass polyploidization），只是后来由于协同进化或平行进化（concerted evolution in parallel），导致它们序列相似度特别高，不同于其他同源片段对（Wang et al.，2009b；2011b）。

二、基因组多倍化方式

（一）全基因组倍增

当减数分裂产生配子的过程中发生错误，导致配子是二倍体而不是单倍体时，全基因组倍增（genome duplication）就有可能发生。如果两个二倍体配子融合，将会产生同源多倍体（autopolyploid），此时四倍体细胞核中含有每条染色体的4个拷贝。同源多倍性像其他类型的多倍性一样，在植物中很普遍。同源多倍体通常可以存活，因为每条染色体仍具有同源配对体，并可能在减数分裂时形成二价体。这使得同源多倍体可以繁殖，但通常不能与其来源生物体进行变种间杂交。这是因为当二倍体和四倍体杂交时，产生的子代三倍体因为有一套染色体缺乏同源配对体而不能繁殖。同源多倍化是植物产生新物种的一种普遍机制。但动物中，特别是具有明显两性分化的动物中，同源多倍体很少见。同时，植物中两种不同的物种种间杂交产生的异源多倍体（allopolyploidy）也很普遍，像同源多倍体一样能产生可生存的杂合体。通常形成异源多倍体的两个物种亲缘关系很近，许多基因是共有的。但每个亲本都拥有一些对方不具有的基因，或至少是共有基因中也略有所不同，属于不同等位基因。例如，普通小麦为异源六倍体，是四倍体的栽培二粒小麦和二倍体的粗山羊草之间异源多倍体化后产生的六倍体；油菜、棉花和烟草等作物都属于异源四倍体。

随着植物基因组测序完成，为观察植物基因组多倍化进化事件提供了绝佳机会。2000年第一个植物基因组——拟南芥基因组的测序完成，第一次在基因组序列水平上证实，典型的二倍体拟南芥其实是一个古老多倍体植物，其进化过程中发生过多次全基因组倍增事件（Bowers et al.，2003）。2002年水稻基因组测序完成，包括本书编者在内的多个研究小组同样发现清晰的基因组倍增证据，证明典型的二倍体水稻其实也是古老多倍体，在禾本科植物分化前（即共同祖先种），经历过一次全基因组倍增过程（详见第2-2章第二节）。随着植物基因组不断被测序和拼接完成，更多证据表明植物在进化过程中经历过多次全基因组倍增过程（Lee et al.，2013）。可以说，在长期进化过程中，几乎所有植物都经历过全基因组倍增，甚至经历多次全基因组倍增事件，同时还包括三倍化事件［详见本章本节“（二）基因组三倍化”部分］。这使得目前我们看到的一些植物基因组，其实是在原有基因组加倍几十到几百次后形成的基因组。基于各个时期植物经历的基因组倍增和三倍化事件，可以推测出各个物种的大致倍性（Wendel，2015）。例如，拟南芥、水稻、玉米、小麦、大豆、棉花、油菜、番茄等分别经历了48倍、32倍、64倍、96倍、48倍、144倍、288倍和36倍扩增。这是植物基因组有别于其他生物基因组的一个显著特征。

基于大量植物基因组序列，最新研究发现植物基因组倍增事件大量发生在白垩纪-古近纪交界时期［the Cretaceous-Paleogene（K-Pg）boundary，或the Cretaceous-Tertiary（K-T）boundary］，距今6600万年左右（图1-6-22）（Vanneste et al.，2014）。这个时期涉及大规模的物种灭绝［包括所有恐龙（但鸟幸存下来）］。该时期植物基因组倍增，可能与环境胁迫有关，为植物物种生存提供了重要遗传基础。但上述K-T时间估计也许有偏差。根据最新化石证据，禾本科分化前发生的那次著名多倍化事件，发生时间被重新估计为9600万年前（Wang et al.，2015），这意味着这次事件发生在K-T之前。

（二）基因组三倍化

植物除了可能发生全基因组倍增外，还可能发生基因组三倍化（triplication）。这一独特

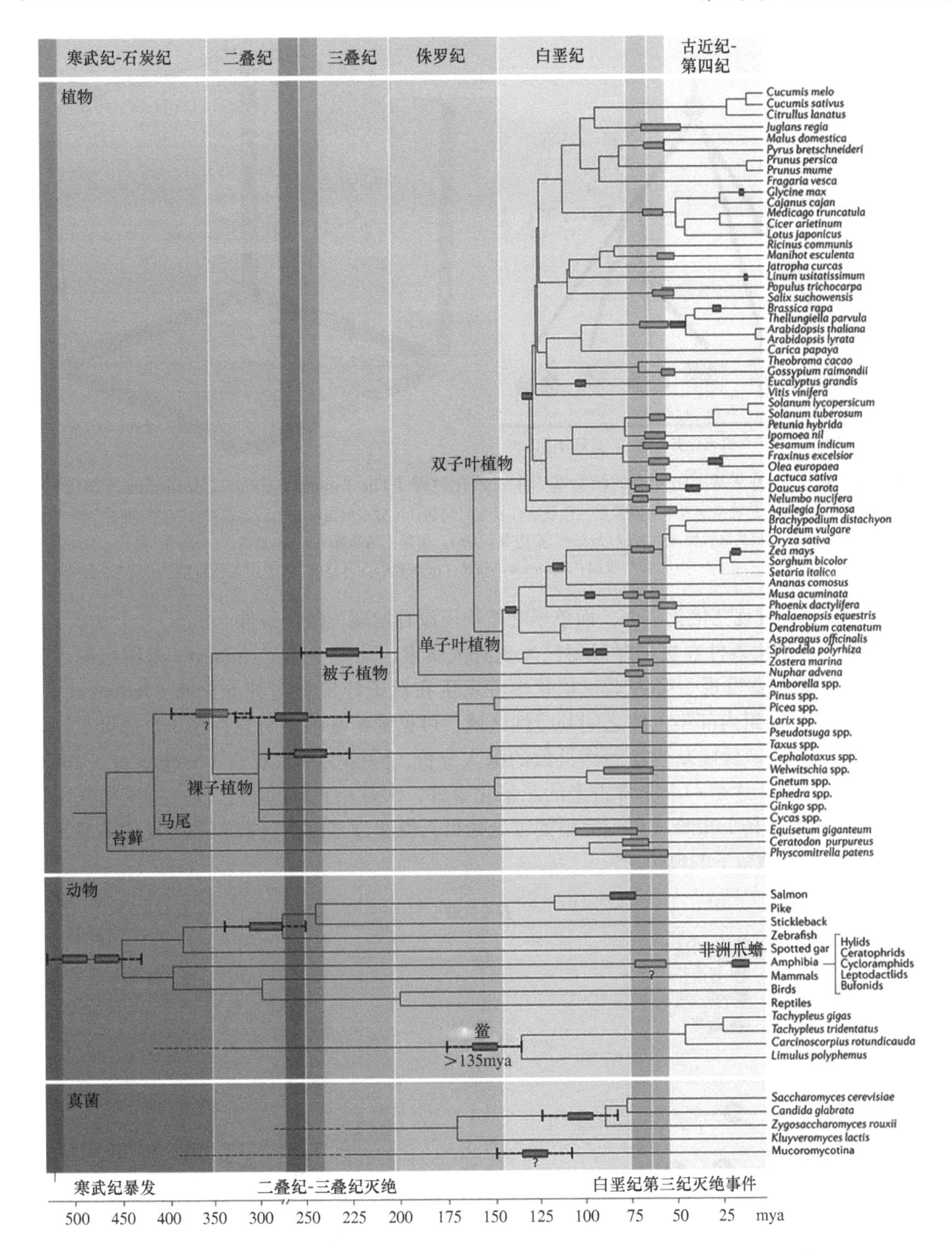

图 1-6-22　植物基因组倍增事件发生的地质时期（van de Peer et al.，2017）

动植物等系统发生树中方框表示基因组多倍化发生时间，可见其大量发生在白垩纪-古近纪交界时期。mya 表示百万年前

进化现象，十字花科白菜和茄科番茄基因组给出了清晰的染色体序列水平的证据（Wang et al.，2011；The Tomato Genome Consortium，2012）。研究者发现一个基因组三倍化事件发生在茄科茄属（*Solanum*）分化前（9100 万～5200 万年前），相对比较近代，可见 3 条染色体具有很高的序列相似度（图 1-6-23），这是基因组三倍化事件清晰的证据。迄今为止，仅

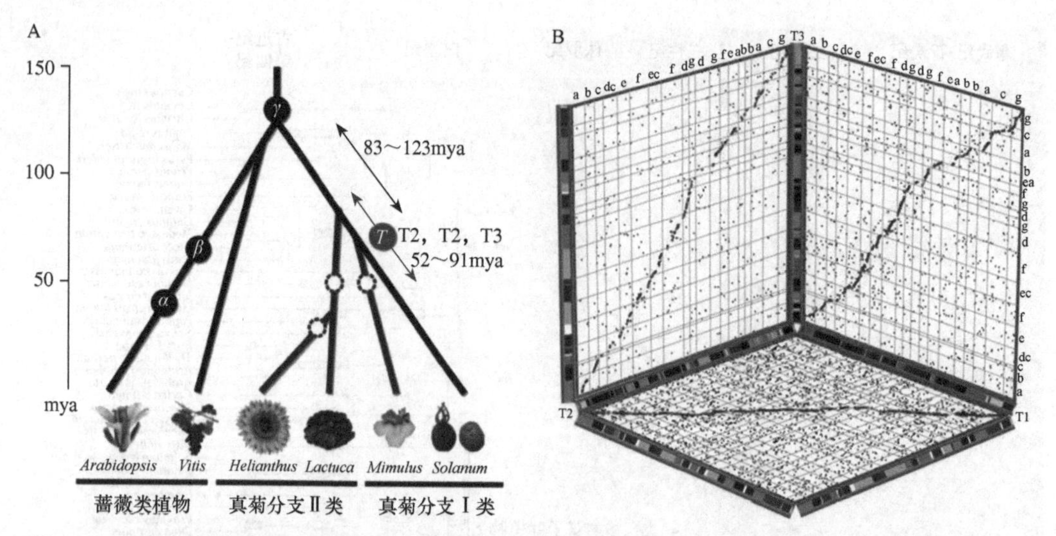

图 1-6-23　基于番茄基因组发现的植物基因组三倍化过程（The Tomato Genome Consortium，2012）

A．番茄和其他双子叶植物系统发生关系及其三倍化事件发生时间估计（52～91mya）；B．番茄来自三倍化的 3 条染色体（T1～T3）之间的基因组共线性情况。*Arabidopsis*．拟南芥；*Vitis*．葡萄；*Helianthus*．向日葵；*Lactuca*．莴苣；*Mimulus*．沟酸浆属；*Solanum*．茄属。mya 表示百万年前

在双子叶植物中发现三倍化事件，而单子叶植物还没有发现三倍化事件。

其实，三倍化事件在更早时候就已发现有关线索。葡萄（*Vitis vinifera*）基因组测序完成后，科学家们就发现一个古老三倍化事件发生在双子叶植物物种分化前（Jaillon et al.，2007）。从其基因组内部染色体之间共线性区域，可见葡萄基因组明显存在 3 个拷贝（详见第 2-9 章第一节）。后续基于基因拷贝数的深入分析，同样支持该观察（Tang et al.，2008）（图 1-6-24）。由于这是一个非常古老的三倍化事件，大量染色体重组已使一些植物基因组（如拟南芥和毛果杨）很难观察到完整的古老拷贝，但通过基因拷贝数和系统发生关系，可以发现这个事件遗留下的痕迹。

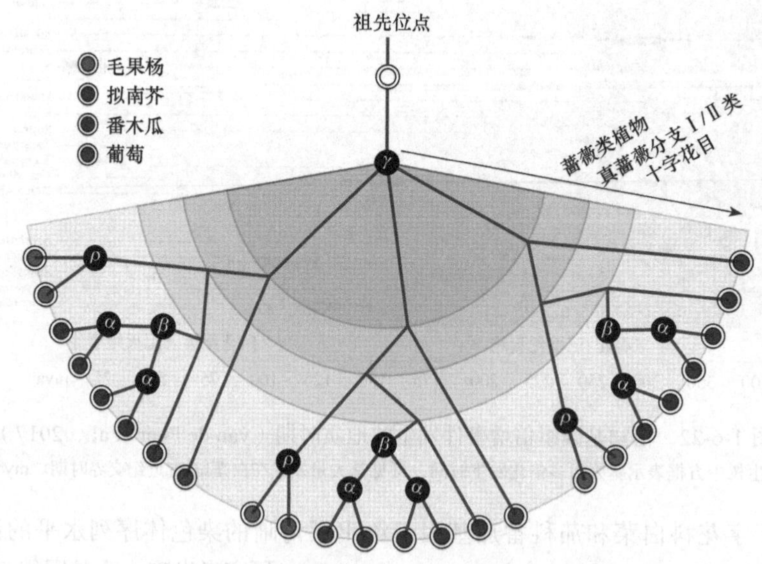

图 1-6-24　基于系统发生关系观察到的双子叶植物一次古老基因组 3 倍化事件（γ）和 3 次倍增事件（α、β 和 ρ）（Tang et al.，2008）

图中列出了拟南芥、毛果杨、葡萄和番木瓜基因组中同源基因 3 个拷贝情况

植物基因组多倍化很普遍，这是其基因组进化的一个重要因素（Wendel，2000；Adams and Wendel，2005）。关于植物基因组多倍化的生物学意义，一般认为其是一种环境适应性的进化形式。Ni 等（2009）做了一个有趣的实验说明了这一点（图 1-6-25）。他们利用二倍体 *Arabidopsis thaliana* 和 *Arabidopsis arenosa* 人工合成了异源四倍体 *Arabidopsis suecica*。与很多多倍体一样，人工合成的异源四倍体 *Arabidopsis suecica* 株型和生物量较祖先二倍体更大。通过基因表达分析，四倍体中表达上调的 128 个基因中有 67% 的基因上游存在 CCA1（生物节律相关基因）或者夜间单元绑定位点（evening-element binding site）。基于此，推测人工合成的异源多倍体生长更加旺盛的原因与生物节律有关系。进一步分析发现，通过 CCA1 等表观遗传抑制，导致异源四倍体淀粉合成和叶绿素含量的增加，表现出更大的生物量。

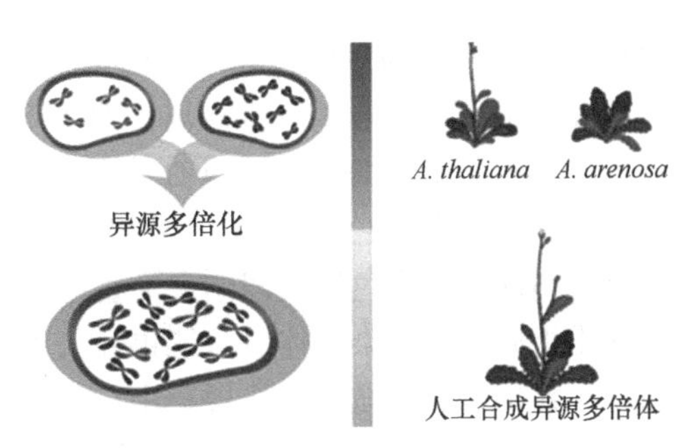

图 1-6-25　利用二倍体拟南芥 *A. thaliana* 和 *A. arenosa* 人工合成异源四倍体拟南芥（Ni et al.，2009）

三、基因组多倍化后二倍化过程

植物基因组一个显著特征之一是其基因组大小变幅很大，既有基因组很小的物种，也有基因组很大的物种。如上所述，植物基因组经历几十甚至几百次全基因组多倍化事件，这些遗传事件将不断增大基因组；同时，大量重复元件增殖等，也会不断增加植物基因组大小。植物基因组是否还在不断增大？植物基因组大小的上限在哪里？同时，我们看到有些植物基因组并不大。说明一定存在其他遗传机制可去除植物基因组 DNA 序列，降低植物基因组大小。在多倍化发生后，整个基因组将经历一个快速二倍化过程（diploidization），即重建二倍体的进化过程。在二倍化过程中，将发生大量和持续性的基因丢失事件。Wendel 等（2016）总结了植物基因组倍增后的二倍化过程，该过程会发生一系列遗传事件，导致基因和染色体缩减（图 1-6-26）。基因

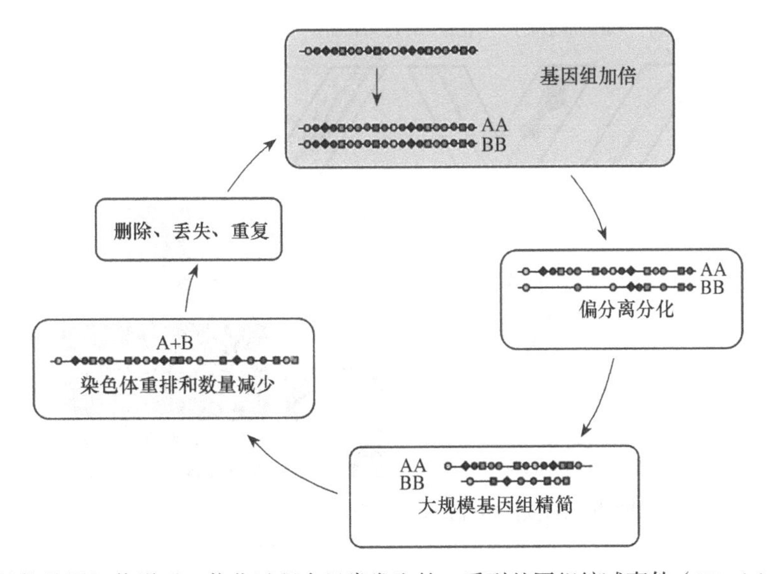

图 1-6-26　植物基因组倍增后二倍化过程中经常发生的一系列基因组缩减事件（Wendel et al.，2016）

组倍增后，在漫长的进化过程中，两个倍增而来的同源染色体（A 和 B），各自基因的存留或删除并不平衡，导致基因偏分离（即 A 和 B 染色体上基因数量和种类不同），同时会发生大规模基因组缩减（downsize）（B 染色体比 A 染色体短）、染色体重组而数量减少（A 和 B 染色体重组为一条染色体）等。染色体数量减少最有可能的机制是通过端粒“侵入”，导致同条染色体内部和染色体之间的交叉重组，丢失多余的中心粒或端粒（Wang et al.，2015e）。多倍化重组后的同源染色体，可能再经历第二次基因组多倍化过程，如此循环往复。植物基因组永远在扩张和缩减的进化过程中。例如，目前四倍体作物，如油菜、棉花和烟草等，其四倍化时间各不相同。油菜是最近发生多倍化的作物，大约发生在 7500 年前（详见第 2-7 章第一节），其二倍化过程才刚刚开始。

由此可见，植物基因组构成和大小永远在变化，我们现在看到的各个物种基因组组成及其倍性，都是其不断变化的一个瞬间。也就是说，基因组进化是一个动态过程，除了基因组多倍化和重复序列扩增等增大基因组过程外，还包括大量降低基因组大小的删除事件等。两种作用的组合结果决定了植物基因组的最终大小。以狸藻类植物 *Utricularia gibba* 为例，它也经历多次基因组倍增过程，为古老八倍体基因组，但其基因组很小（82Mb），为典型二倍体植物（图 1-6-27A）。通过分析该物种基因组，可以观察其基因组多倍化后的二倍体化过程——即基因组变小过程（Ibarra-Laclette et al.，2013）。比较基因组学分析发现，狸藻在基因组倍增后，加倍的每条染色体就不断发生基因丢失；该基因丢失在两个加倍的同源染色体（即 homolog）上独立发生，导致在两条同源染色体上基因丢失率和位点并不完全一致，有偏好性，即基因或染色体偏分离（biased gene or chromosomal fractionation）。二倍化过程中不同类型基因的保留和丢失也同样具有显著的偏好性，某些功能类别的基因更倾向被保留下来。最近研究发现，基因的进化速率、结构复杂性与 GC 含量对基因保留具有显著的影响。例如，结构复杂的基因发生亚功能化的概率最高，低进化速率的基因往往受到剂量平衡效应的影响，而高 GC 含量的基因更倾向发生新功能化（Jiang et al.，2013）。基因偏分离导致加倍后的基因组基因数量不断减少。这样基因偏分离和多倍化两个遗传进化过程交互影响着狸藻基因组，最终决定了狸藻基因组大小（图 1-6-27B）。

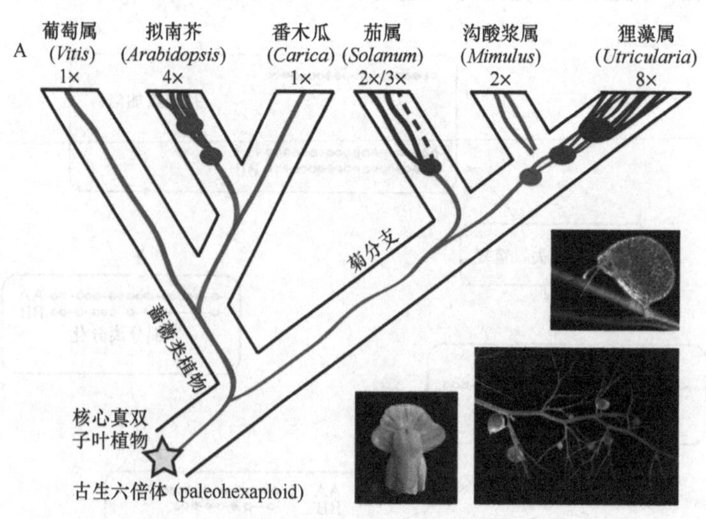

图 1-6-27 狸藻类植物 *Utricularia gibba* 基因组多倍化后基因丢失及基因组大小变化（Ibarra-Laclette et al.，2013）

虽然基因组经历 8 倍扩增，但由于二倍化过程大量基因丢失，狸藻的基因组很小。WGD 表示全基因组倍增

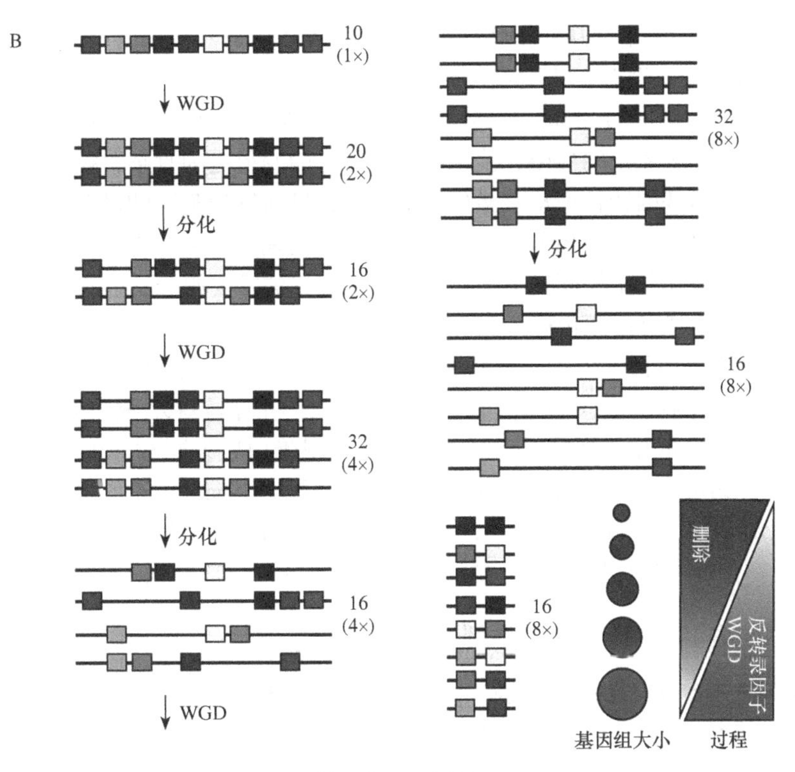

图 1-6-27（续）

即使存在二倍化进化机制，但由于重复序列增殖和多倍化等反向机制，我们还是可以发现有些植物基因组巨大。例如，蕨类植物 *Tmesipteris obliqua* 和有花植物 *Paris japonica* 基因组大小分别为 147.3Gb 和 148.8Gb，接近 150Gb，是一般植物基因组的几十倍甚至上百倍。由此产生一个问题：植物基因组大小的上限在哪里？有人提出其极限大小为 150Gb（Hidalgo et al.，2017），并给出了多个理由：①从生化和能量代价角度，要维持一个超过 150Gb 的大基因组的正常功能并非易事，需要包括与 DNA 复制和转录相关的磷、氮等元素消耗，大量合成组蛋白用于包裹基因组，调控非编码 RNA 和重复元件的活性等。②面对来自内部和外部因素引起的 DNA 损伤，维系基因组完整性需要消耗大量能量。即使一个并不大的人类基因组，每天每个细胞都要经受上万次的 DNA 损伤事件，而修复一个双链断裂就需要超过 1 万个 ATP。③几何限制和时间限制。基因组增大会降低细胞表面积，增大体积比率（volume ratio），增加有丝分裂和减数分裂的时间。这将影响一系列细胞过程，如跨膜转运等。④进化限制。最近研究表明，随着基因组的扩张，将增加基因之间的间隔，加入大量表观沉默、非编码重复 DNA 等。大量重复序列导致的基因间隔变化会影响基因表达，妨碍植物对环境胁迫的反应。

第四节　其他基因组进化机制

一、横向基因转移

（一）横向基因转移发生机制

横向基因转移，又称基因水平转移（horizontal gene transfer，HGT）或侧向基因转移（lateral gene transfer，LGT），是基因从一个物种以非生殖杂交途径转移到另外一个物种的遗传现象。它可能发生在远缘甚至没有亲缘关系的生物个体之间，也可能发生在单个细胞内部细胞器（叶绿体、线粒体及细胞核）之间。水平基因转移是相对于垂直基因转移（亲代传递给子代）提出的，它打破了亲缘关系的界限，使基因流动的可能变得更为复杂，被认为是推动生物进化的重要动力。横向基因转移最早在微生物上发现，目前发现基因的横向转移不仅普遍发生在细菌之间，而且也发生在细菌与高等生物之间，甚至是高等生物之间。由质粒或病毒等介导的水平基因转移是在各生物间进行遗传物质水平传递的重要媒介，但目前发现的大量横向转移是不需要媒介的“直接”转移（Soucy et al.，2015）。

横向基因转移是植物独特的进化机制之一，是植物获得新基因的一条重要途径。除了微生物遗传物质向植物的横向转移，植物之间也会发生横向转移。植物间遗传物质的横向转移，早期发现的是重复序列的横向转移，后来发现蛋白质编码和非编码基因也可能发生横向转移事件，如寄生植物向宿主植物的横向基因转移（Diao et al.，2006；Yoshida et al.，2010；Kim et al.，2014b；Shahid et al.，2018）。多次横向基因转移甚至可以使植物获得一个新的代谢途径，如禾本科植物间发生的古老横向基因转移使C3植物获得C4途径。

（二）植物横向基因转移类型举例

1. 禾本科毛颖草属（*Alloteropsis*）植物通过横向基因转移获得C4途径

Christin等（2012）报道了一个禾本科毛颖草属物种*A. semialata*通过C4植物横向基因转移获得C4途径的例子。该物种被视为C4植物，属于毛颖草属，但该属及近缘许多物种为C3植物。研究发现在不到2000万年的时间内，通过至少4次独立的禾本科内横向基因转移，*Alloteropsis*物种获得了C4途径的一些关键基因，由此进化出C4途径（图1-6-28）。植物C4途径进化起源是一个很有趣的问题，许多作物为C4植物（如玉米、高粱等），由于其高光效系统而备受关注。其中一个研究目标是将目前的C3作物（如水稻）改造成为C4物种，以提高光合效率，提高作物产量（详见第1-10章第二节）。

2. 寄生植物向宿主植物横向基因转移

最新研究发现，寄生植物基因直接向宿主植物横向转移进行跨物种调控。寄生植物菟丝子（*Cuscuta campestris*）可以向宿主植物（拟南芥和本氏烟）横向转移大量mRNA和非编码miRNA基因，这些RNA分子能够直接靶向寄主mRNA，从而调控其基因表达，在菟丝子寄生过程中起作用（Kim et al.，2014b；Shahid et al.，2018）。菟丝子可以在吸根（haustoria）富集大量特异miRNA，然后通过吸根把miRNA和mRNA导入宿主体内。本书编者在对另外一个独脚金属寄生植物*Striga gesnerioides*及其宿主植物豇豆（*Vigna unguiculata*）的研究中，同样发现该转移机制，*S. gesnerioides* miRNA通过根横向转移至少9个不同的miRNA，其中大多数miRNA靶向豇豆NBS类或其他抗性基因。这些miRNA可以降解这些抗性基因，使宿主抗性水平下降，达到寄生目的。与抗*S. gesnerioides*寄生豇豆品种比较发现，抗性品种可以抵御*S. gesnerioides* miRNA的横向导入，从而保持其原有抗性水平。上述例子说明，植物之间的确会发生基因的大规模跨物种间物理转移，这些横向转入的基因，一旦整合到受体基因组中，就成为受体基因组的一部分，成为我们目前可以观察到植物横向基因转移的证据。

3. 微生物向植物的横向基因转移

在植物长期进化过程中，细菌等微生物与植物长期共生，其持续向植物横向转移基因，目前植物基因组上可以发现大量横向转移而来的微生物基因。例如，早期陆生植物小立碗藓

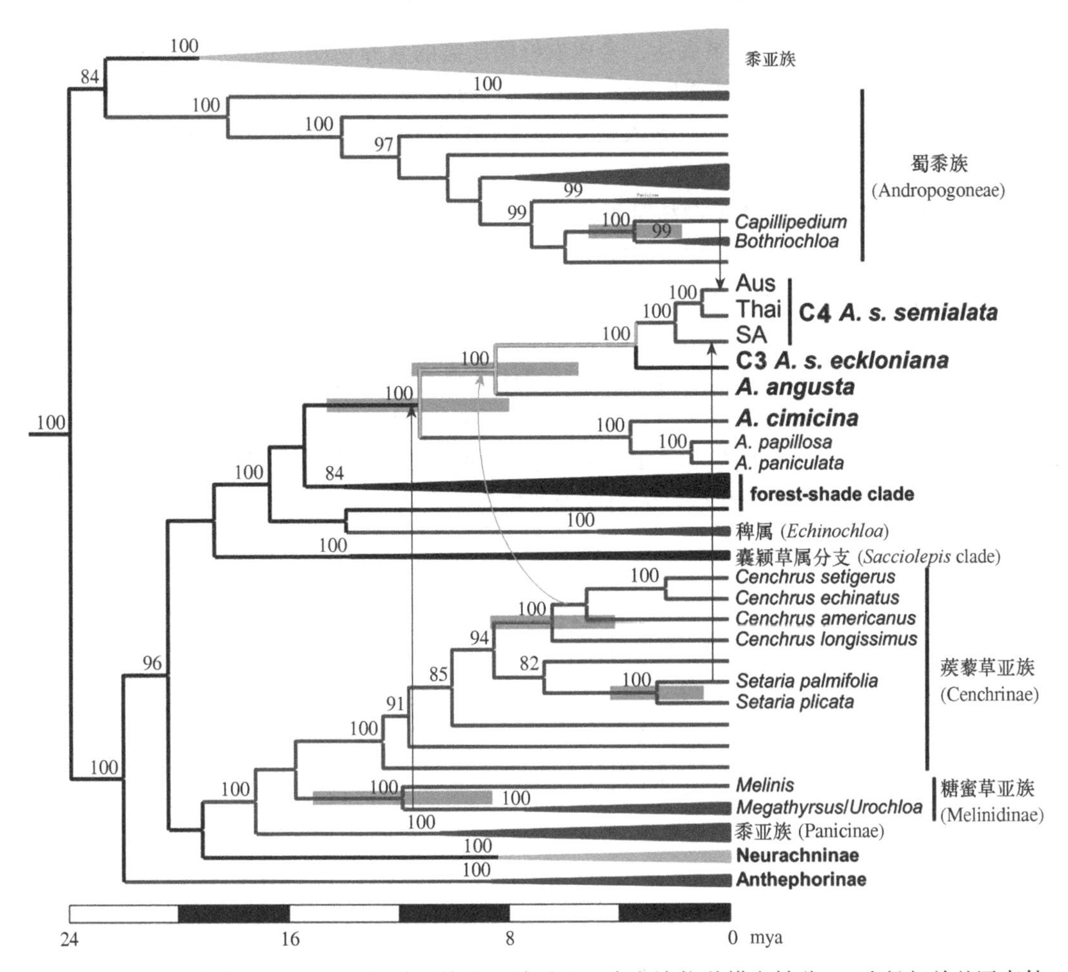

图 1-6-28　禾本科 *Alloteropsis* 物种系统发生关系及 4 次向该物种横向转移 C4 途径相关基因事件（箭头表示）（Christin et al.，2012）

mya 表示百万年前

基因组中，可以发现多达 57 个基因家族共 128 个基因是从原核生物、真菌或病毒横向转移而来的（Yue et al.，2012）。这些基因参与木质部形成、植物防御和激素合成等重要功能。根据扬州大学杨泽峰等的研究发现，早期横向基因转移对维管束植物（包括蕨类植物、裸子植物和被子植物）起源发挥了重要作用。维管束形成和进化对植物向陆地扩展具有至关重要的作用。维管束植物中，至少 31 个基因或基因家族是通过早期横向基因转移而来的，其中绝大多数来自细菌，少量来自真菌。这些基因涉及维管束发育、植物激素、谷氨酸盐和脂肪酸生物合成、糖转运等（Fang et al.，2017b）。例如，至少 5 个植物维管束发育相关基因与横向基因转移有关，包括转醛醇酶（transalbolase-like）、L-Ala-D/L-Glu epimerase（AEE）、Vein Patterning 1（VEP1）、Cellulase、β-glucosidase 等。

植物界横向基因转移其实是一个持续发生的过程，有些可能发生在近代。一个有趣的例子来自比利时研究者的一个发现——基于基因组分析，发现甘薯其实是一个天然转基因作物！即目前我们的栽培甘薯品种中存在着来自于细菌（农杆菌）的基因（Kyndt et al.，2015）。研究者是在分析甘薯细胞 RNA 时发现了细菌基因的存在。追溯这些 RNA 来源，他们发现这些细菌 RNA 来源于农杆菌。农杆菌是一种天然的植物病原菌，可以通过植物的创伤部位侵染植物，转移并整合其一段DNA（T-DNA）到植物核基因组中。转入的农杆菌T-DNA基因可以在植物体内转录表达，合成农杆菌所需的营养物质。进一步研究发现，目前栽培甘薯品种中都能发现该天然横向转入基因，但在野生甘薯种中却检测不到，说明这是一次非常近代的基因横向转移事件。导入的T-DNA也许控制某一重要性状，成为人工驯化选择靶基因之一。

4. 水稻叶绿体基因组DNA向核基因组的大规模转移

水稻叶绿体基因组很早就被测序完成（Hiratsuka et al.，1989）。随着2002年水稻核基因组和线粒体基因组测序完成，马上发现细胞器DNA序列大量插入核基因组中（Notsu et al.，2002；The Rice Chromosome 10 Sequencing Consortium，2003；Shahmuradov et al.，2003）。本书编者通过全面比较水稻核基因组序列与叶绿体基因组序列，确定了两次几乎叶绿体全基因组的横向插入和大量大片段的插入（图1-6-29）（Guo et al.，2008b）。这是一个非常惊人的横向基因转移现象。由于长期进化，其中一条插入序列与现在水稻叶绿体基因组序列相比，已有许多变化和删除，表明两次全基因组序列的横向插入时间不同。

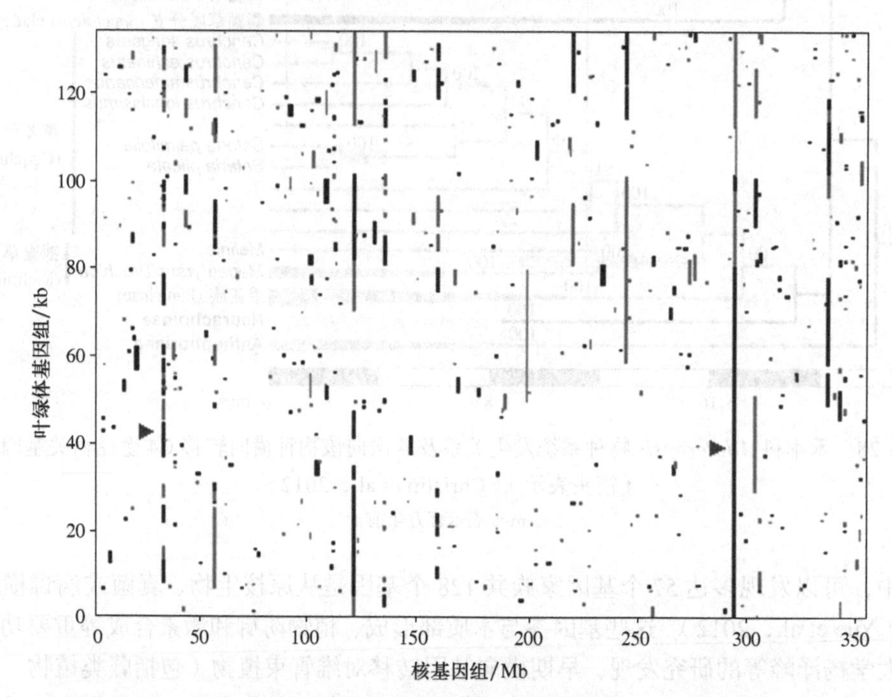

图1-6-29 水稻核基因组与叶绿体基因组序列比较图（Guo et al.，2008b）

图中可见核基因组中包含大量叶绿体DNA插入，其中包括至少两次叶绿体基因组水平的横向转移（箭头所指）。正向和反向序列联配结果用不同颜色表示

二、B染色体

（一）B染色体起源、进化和表达

B染色体（B-chromosome），又称副染色体（accessary chromosome）、超数染色体（supernumerary chromosome），为A染色体（常染色体）的对应词。在一组基本染色体外，所含的多余染色体或染色体断片称为B染色体。它们的数目和大小变化很多，比正常染色体小，一般在顶端都具有着丝粒，大多含有较多的异染色质，即主要由异染色质组成。在减

数分裂时不能和同样的常染色体配对，而且 B 染色体彼此之间配对能力也很差。在个体间 B 染色体数目和形状的变化显著，甚至同一个体的不同细胞中数目也有变化。B 染色体又被称为“自私染色体”（selfish chromosome），因为它的存在对于宿主没有带来明显生存优势；减数分裂时不与任何 A 染色体配对，B 染色体之间的配对也缺乏规律。B 染色体表现为非孟德尔遗传，对表型的影响主要取决于 B 染色体的数量，随着 B 染色体数目的增加将使生长势、结实率下降，但可以增强适应性。B 染色体的存在还可增加减数分裂中的交叉频率、重组值和多价体数，在基因组进化中起到重要作用。

B 染色体于 1927 年首先在玉米中发现，现已证实在动植物中都有 B 染色体存在。总的来说，一般认为 B 染色体源自 A 染色体，来自同一物种或相关物种。一个物种所能承受的 B 染色体数量因物种不同而不同，如玉米和黑麦（*Secale cereale*）分别是 34 条和 6 条（Houben，2017）。目前 B 染色体已引起人们的广泛重视，不少研究集中在其与基因表达、植物抗性、群落分布等方面的关系，以及它在自然选择、系统进化中的作用。目前植物 B 染色体研究大多集中在玉米和黑麦两种作物上。

随着高通量测序技术的出现，可以在序列水平上更加高效和准确地分析 B 染色体起源、进化及表达等。近年来对于植物 B 染色体有了不少新的认识（Ruban et al.，2017）。例如，对于黑麦的研究表明，黑麦 B 染色体起源于 1.1～1.3mya，在黑麦属形成后 40 万～60 万年内形成；进一步序列分析表明，B 染色体是由来自多条染色体（主要来自 3R 和 7R 染色体）序列组拼而成的镶嵌式（mosaic）序列。同样，重复序列也基本跟 A 染色体相同。也就是说，黑麦 B 染色体可能是进化过程中 A 染色体序列重组的副产物。同时从野生和栽培黑麦 B 染色体高度保守特征推测，B 染色体在形成之初有个剧烈变化，随后染色体构成等进化速率明显趋缓。有趣的是，B 染色体上基因序列的遗传变异明显大于 A 染色体的同源基因。这些基因部分存在表达活性，具有功能。例如，与黑麦耐热性和 RNA 切割酶活性有关（Banaei-Moghaddam et al.，2013；Pereira et al.，2017）。在玉米上的研究表明，B 染色体上存在具有转录活性的基因，它们在序列上与 A 染色体高度相似。玉米 B 染色体对 A 染色体上基因表达产生明显影响，随着 B 染色体拷贝数量的增加，A 染色体基因表达变化加剧（Huang et al.，2016b）。

（二）利用高通量测序技术研究 B 染色体

目前大量研究采用高通量测序技术进行植物 B 染色体分析，一般会采取两条技术路线（图 1-6-30）：一条是利用显微分离技术或流式分离技术将 B 染色体分离出来，然后进行高通量测序及后续生物信息学分析。该技术路线的难度在于 B 染色体的分离及其测序样品的制备。分离单条染色体本身就具有挑战，同时分离出来的 B 染色体不可能很多，这给 DNA 测序也提出了挑战。另外一条技术路线是利用同一宿主含有和不含有 B 染色体的一对材料，分别进行高通量测序，然后利用 3 种生物信息学方法（基于序列相似度的聚类方法、基于覆盖度差异分析方法和基于 *K*-mer 分布差异分析方法）进行 B 染色体的鉴定。该技术路线的难点在于生物信息学分析如何避免测序误差和测序数量波动等导致的 B 染色体序列判别误差。

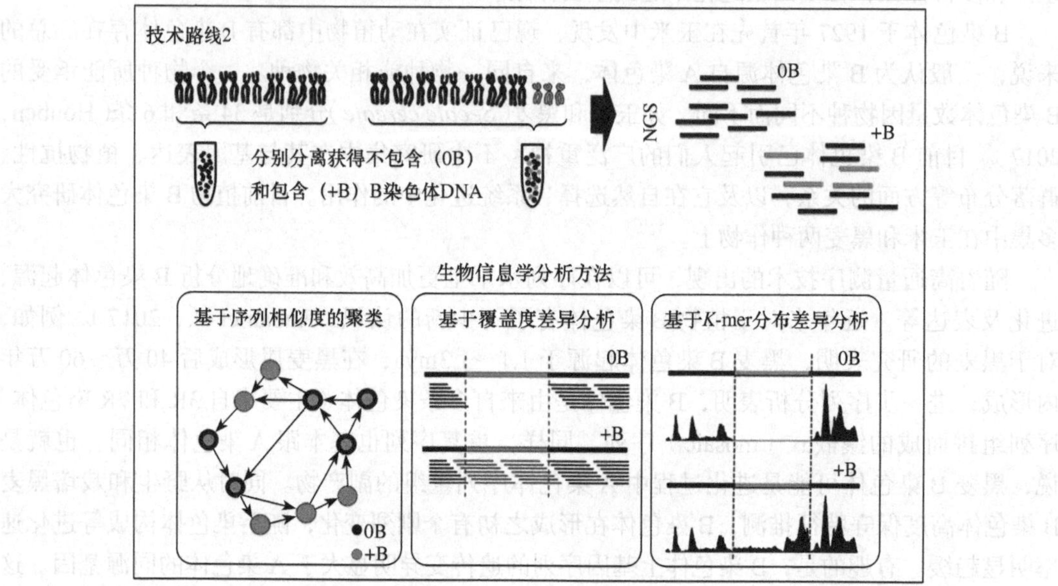

图 1-6-30 利用高通量测序（NGS）技术进行 B 染色体序列测定和分析的技术路线
（引自 Ruban et al., 2017）

第 1-7 章　植物群体基因组

扫码见
本章彩图

第一节　群体基因组学概述

群体基因组学（population genomics）是群体遗传学的重要分支，由 Gulcher 和 Stefansson 于 1998 年最早提出。21 世纪初，Black 等（2001）开始将群体基因组学视为一门学科，并定义了群体基因组学的概念，即将基因组数据和技术与群体遗传学理论体系相结合，通过覆盖全基因组范围内的多态性推测全基因组效应和位点特异性效应。之后，Luikart 等（2003）提出广义群体基因组学概念，即通过对全基因组高覆盖度的多态位点开展群体遗传学研究，从而更好地理解在进化过程中影响基因组和种群变异的因素，如突变、遗传漂移、基因流及自然选择等所扮演的角色。

群体基因组学研究经历了同工酶时代到海量数据的核苷酸测序时代。第一个通过测序完成的核苷酸序列多态性研究是由 Kreitman 于 1983 年在果蝇上完成的，该研究测定了单个 *Adh* 基因；2007 年，果蝇再次成为第一个大规模基因组水平的群体基因组学研究对象（Began et al.，2007）。与其他生物一样，植物群体基因组学研究历程可以大致分为两个阶段：第一阶段是对植物基因组单个或多位点或大片段的研究，所采取的技术路线是传统测序技术（PCR 产物）和基因芯片技术。其中拟南芥、玉米和水稻的相关研究最早也最为系统（Nordborg et al.，2002；Remington et al.，2001；Caicedo et al.，2007）。第二个阶段是基于高通量测序技术的全基因组重测序调查。植物领域相关研究成果首先出现在拟南芥（Ossowski et al.，2008）和水稻（Huang et al.，2009b）。后续越来越多的植物物种开展了全基因组重测序，从基因组水平开展了起源进化、遗传多样性、自然或人工选择信号等研究。由此，植物群体基因组学也逐渐发展起来。植物群体有其特殊性，其繁殖系统、倍性特征及生活历史等为群体基因组学研究提供了独特的研究材料和角度。本节将介绍群体基因组学研究内容和方法，并根据植物种群特点，分别对自然和作物群体进行介绍。

一、群体基因组变异检测

植物特定群体的个体基因组之间往往会存在大量变异，如单核苷酸变异（SNP）、插入缺失变异（Indel）、结构变异（SV）。这些基因组差异主要由碱基突变、遗传漂变、基因流、长期自然 / 人工选择等因素引起。因此，利用群体遗传多样性特征，可以推测种群遗传结构、群体历史、环境适应等分子机制。

目前群体基因组变异一般采取高通量测序技术测定，即进行一定基因组覆盖度的二代或三代高通量 DNA 测序。植物群体基因组学研究也大致如此，大多是对特定群体个体进行二代基因组重测序，通过检测该群体中的 SNP 和 Indel 获得群体基因组变异图谱，然后进行群体遗传学研究。随着第三代测序技术的发展，基于 *de novo* 基因组拼接的群体基因组研究也逐渐开展起来。除此之外，群体简化基因组测序（如 GBS、RAD-Seq 等）、RNA 测序和基因芯片技术等仍在群体进化研究中有所运用。几种方法各有优缺点（表 1-7-1 和图 1-7-1）。总体而言，简化基因组技术更适合于无参考基因组的物种，同时适合特大群体调查和遗传图谱构建等研究。全基因组重测序多用于群体起源进化、选择位点鉴定、全基因组关联分析等研究。而基于 *de novo* 基因组的比较多用于泛基因组、特异基因组结构变异检测等。

表 1-7-1 植物群体基因组遗传多态性分析方法及其参数比较

序号	分析方法	DNA/RNA	全基因组	测序深度或测定量	检测变异类别	优点	缺点
1	简化基因组测序	DNA	否	>10 万标记 / 个体；>8×/ 标记	SNP	成本低，适合大群体	特定酶切位点，可检测 SNP 数量少
2	高通量测序（二代）	DNA	是	（5～15）×	SNP，Indel	成本低，可进行大群体调查	无法 *de novo* 拼接分析
3	高通量测序（二代）	DNA	是	>30×	SNP 和结构变异	可获得基因组结构变异	成本较高
4	高通量测序（二代）	RNA	否	4～8Gb/ 个体	SNP	相对于大基因组物种重测序成本较低	仅能研究转录区域
5	基因芯片	DNA	否	1 张芯片 / 个体	SNP	成本低	特定基因位点，可检测 SNP 数量少
6	高通量测序（二代和三代）	DNA	是	>50×	SNP 和结构变异	可获得大尺度基因组结构变异	成本高

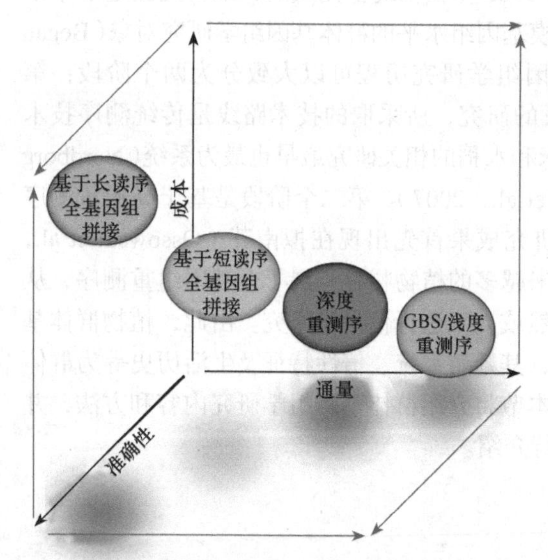

图 1-7-1 群体基因组不同分析方法的测序成本（cost）、准确性（accuracy）和通量（throughput）比较（引自 Weigel et al.，2015）

图中 4 种分析方法（从右向左）分别对应表 1-7-1 中第 1、2、3 和 6 种方法

群体基因组研究的基础是高质量的群体基因型数据。因此，在获得群体原始测序数据后，如何高效准确地进行变异检测和群体基因分型等是后续研究的关键。该过程总体可分为数据质控、读序联配、变异检测、基因分型 4 个步骤，目前应用较广泛的软件包括 SAMTOOLS 和 GATK。2018 年 10 月，谷歌公司开发出利用深度学习方法准确鉴定基因组变异的软件 DeepVariant（Poplin et al.，2018），这也预示着将来机器学习和深度学习在基因组学中会扮演越发重要的角色。此外，随着测序和基因组拼接技术的发展，越来越多的研究开始基于 *de novo* 拼接基因组，查找群体中每个个体的基因组结构变异和后续群体基因组分析（Liu et al.，2016e）。这种基于 *de novo* 拼接的方式可以更准确地挖掘复杂的结构变异（如序列倒置和易位变异），从基因水平上获知更多个体间的差异，并有效减少参考基因组偏倚的影响。

二、群体基因组进化分析方法

（一）群体系统发生树和群体结构

群体系统发生树是反映特定群体中个体间亲缘关系的重要依据。由于利用了整个基因组数据的信息，因此能一定程度抵消横向基因转移及单个基因速率差异带来的分析误差，所构建的系统发生树，通常比基于单基因或基因组片段构建的结果更接近真实进化关系。在利用全基因组 SNP 构建进化树过程中，大多数研究都将个体之间两两进行比较，根据 SNP 差异计算出个体差异距离，然后构建群体差异距离的矩阵。目前基于群体 SNP 构建进化树的软件工具已有不少，如 MEGA、PHYLIP、FastTree 等。

群体遗传结构（population genetic structure）是指基因型或基因在空间和时间上的分布模式，它包括种群内的遗传变异和种群间的遗传分化。种群遗传结构是分析生物对环境的适应、物种的形成及进化机制的基础。种群遗传结构是经过长时间的进化而形成，很多物种的遗传结构反映了其进化历史中的一些特殊进化事件。确定群体结构可以应用 Structure、Frappe、FastStructure（由 Structure 软件同一实验室发布）等主流软件。总体流程为首先确定亚群数（K），然后计算各个体归属第 K 亚群的概率 Q 值。此外，主成分分析（PCA）也常用于群体结构的划分，可用 Eigensoft、SNPRelate 等软件完成。

（二）群体遗传分化

在明确一个物种存在群体结构后，通常需要量化该物种亚群间的分化程度。固定系数（F_{ST}）反映群体等位基因杂合性水平，是体现种群间遗传分化程度的一种重要方法。F_{ST} 值越大，说明种群间的遗传分化程度越大，反之亦然。种群内及种群间的遗传变异能够反映种群间的遗传分化或基因交流程度。评估亚群间和亚群内的变异及遗传距离可利用 Arlequin 软件进行 AMOVA（analysis of molecular variance）分析；用 FSTAT 估计亚群间分化系数（F_{ST}）、群体内分化系数（F_{IS}）和群内遗传多样度（H_S）。对于大数据量分析，可使用 VCFtools、PopGenome 等全基因组水平上的软件获得群体分化相关参数。

（三）基因流（包括渐渗）

在群体遗传学上，基因流（也称基因迁移）是指从一个物种的一个种群向另一个种群引入遗传物质，从而改变群体的遗传组成。植物基因流主要是借助花粉、种子、孢子、营养体等遗传物质携带者的迁移或运动来实现的。其中，种子扩散和花粉传播是植物基因流的最主要方式。基因交流是遗传变异一个非常重要的来源，影响群体遗传多样性，产生新的性状组合。频繁的基因流动改变原有种群的基因频率，进而改变遗传结构，使种群间在遗传上趋于一致。基因流值与固定系数成反比；与种群间的地理距离成反比，空间距离越近，发生基因流动的概率就越大，而空间距离远的种群间则可能只有很小的基因流或根本没有基因流存在。植物基因流是研究植物群体动态和进化的一个中心问题，在转基因植物安全性分析、入侵植物控制等方面具有重要意义。检测群体基因流的方法包括 D-统计（ABBA-BABA）、Treemix、Migrate-N、dadi 等。

（四）种群动态和进化历史

种群是指生活在特定地理区域同一种群或物种的所有生物体。它具有自身的内敛性和整体性，是一个庞大、内稳的系统（Kelly，1994）。种群动态是指种群大小或密度随时间或空间的变化。种群动态理论与方法主要包括种群大小及其变化、种群生长模式的量化描述，以及引起种群变化的外在环境因素。有效群体大小（effective population size，N_e）指与实际群体有相同基因频率方差或相同杂合度衰减率的理想群体含量，通常小于绝对的群体大小。它决定了群体平均近交系数增量的大小，反映了群体遗传结构中基因的平均纯合速度，是群体遗传学研究的一个重要参数。通过有效群体大小，可以更清楚地了解种群进化历史和复杂性状的遗传机制。目前基于全基因组的种群历史动态分析方法主要包括 PSMC、MSMC 等。

三、基因组选择信号检测方法

选择是影响种群变化的重要因素，挖掘基因组上的选择位点或基因有助于了解植物在自然和人工环境下的适应机制。因此，群体基因组学研究的一个重要目标是发现选择作用位点。从施加选择作用的外部力量来看，选择作用包括两种类型：一是自然选择作用，主要是各种环境、生态因子对野生和栽培群体的选择作用；另一种是人工选择作用，主要是人类早期对作物的驯化及现代育种改良活动对特定性状的持续选择。选择分析可在宏观和微观两个尺度下进行选择基因和信号的鉴定（表 1-7-2 和图 1-7-2）。

表 1-7-2　选择信号检测方法汇总（改自 Vitti et al.，2013）

类别	原理	方法
宏观进化尺度的方法	基于基因	K_a/K_s（或 dN/dS 或 ω）、McDonald-Kreitman 检验（MKT）
	基于进化速率	Hudson-Kreitman-Aguad'e（HKA）
微观进化尺度的方法	基于等位基因频谱	Ewens-Watterson 检验、核苷酸多态性（π）检验、Tajima's D 检验、Fay&Wu's H
	基于连锁不平衡	LRH、iHS、XP-EHH、连锁不平衡衰减（LDD）、IBD 分析
	基于群体分化	LKT、LSBL、hapFLK、F_{ST}
	组合方法	CLR、XP-CLR、DH 检验、CMS

（一）群体选择信号分析——宏观进化尺度鉴定方法

宏观尺度检测选择信号的方法，通常是在亲缘关系相近物种之间进行同源基因序列的比较，判断这些基因是否在某一物种或进化分支上存在加速进化的情况。判断加速进化的背景指标值一般用总体的同义突变速率，或者不同物种之间总体的替换速率。目前宏观尺度常用的检测选择的指标是 K_a/K_s，也称作 dN/dS 或 ω。该方法比较每个位点区域中非同义替换率与每个位点的同义替换率。因为同义突变总体是中性进化的，因而被用作该方法的中性基准。存在相对过多的非同义突变意味着存在倾向于改变蛋白序列的正向选择。McDonald-Kreitman 检测（MKT）的本质是比较物种内和物种间的 K_a/K_s 值。在中性情况下这些值应该是相等的，而如果种间的比值显著超过种内的比率时，就意味着在该物种中存在正向选择信号，在作物驯化中可能是人工选择的信号。与 MKT 检验相似，HKA 检验利用了物种间分化（D）和种内多态性（P）的信息来衡量是否受到选择，利用适合度测试检验每个个体的位点是否偏离中性 D/P 值。相对较大的 D/P 值，表明存在选择压导致该位点的变化受到了加速作用；如果该值较小，说明可能受到平衡选择。HKA 方法相对于 MKT 或 K_a/K_s 的优势，在于其数据来源不限于基因组的基因编码区。

（二）群体选择信号分析——微观进化尺度鉴定方法

在正向选择的作用下，有利等位基因在群体中频率会变高甚至固定。当有利等位基因和其周围变异达到较高频率的时候，这段区间在群体水平就会呈现遗传多态性降低的现象，即选择性清除（selective sweep）。选择性清除是正向选择在植物基因组上留下的印迹。与野生祖先相比，栽培物种在选择性清除区域的遗传多样性显著降低，这是驯化区域的典型特征。此外，选

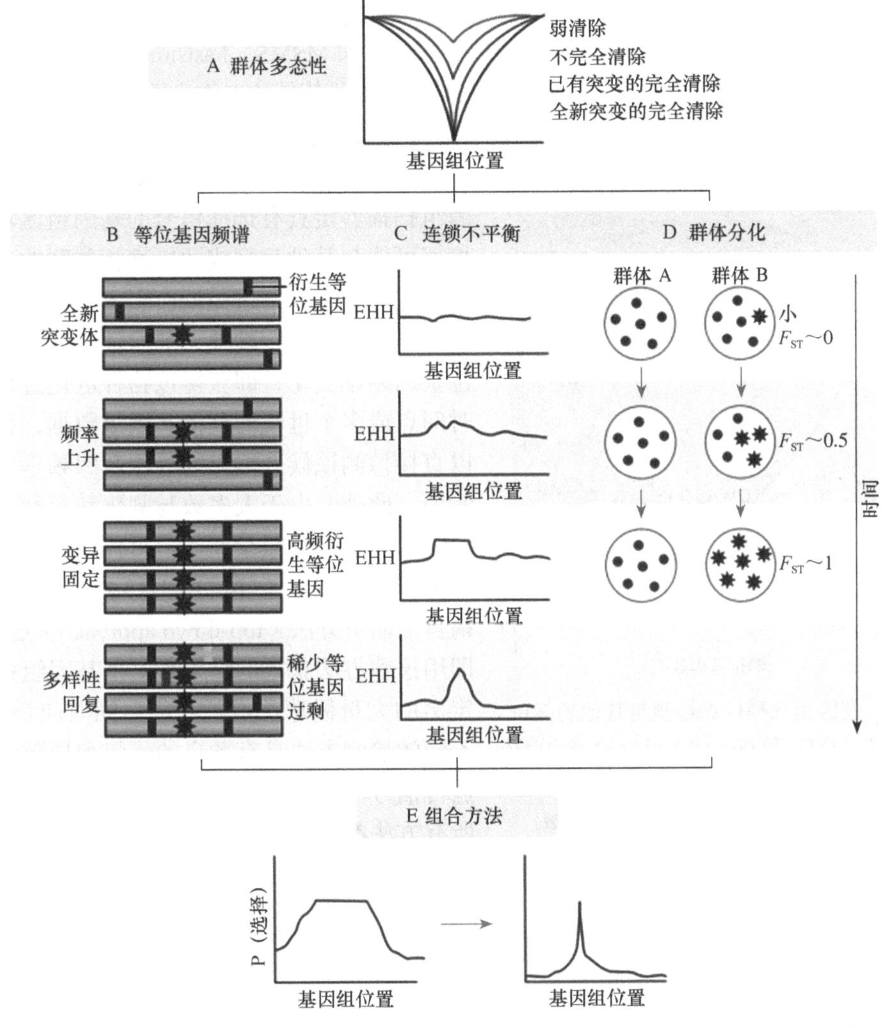

图 1-7-2　微观进化尺度选择信号检测的方法原理图解（引自 Vitti et al.，2013）

A．群体多态性：选择搭车效应将提高有利突变周围的变异频率，导致在群体范围上该选择位点的遗传多态性降低。该选择位点上等位基因变化频率的模式与选择强度和选择类型相关。B．等位基因频谱：有利突变不断在群体中固定，当完全固定时，周围可能由于随机突变会出现稀有等位基因。C．连锁不平衡：选择性清除会引起包含等位基因的单倍体纯合性提高，与周围变异的连锁不平衡程度变高。D．群体分化：随着受到选择的等位基因频率上升，该群体和原群体的分化程度（F_{ST}）变大。E．组合方法：将多种检测信号结合，可以提高选择信号的准确性并有助于找到引起直接功能改变的变异。EHH（extended haplotype homozygosity）表示群体间扩展单倍型纯合度

择性清除还会使连锁不平衡区块延长、群体间固定指数（F_{ST}）增大、Tajima's D 值为负且显著偏离零等。以中性模型为基础的检测方法有很多，其中 Tajima's D 检验是最经典的检测方法，也是第一个用于检测选择信号的方法（Tajima，1989）。后续发展了许多可在微观进化尺度检测的方法，包括随着基因组重测序的高速发展，适用于 SNP 大数据集的 XP-CLR 法和 $\pi_{野生}/\pi_{栽培}$ 等，它们已在玉米、水稻、大豆、西瓜和辣椒等作物的人工选择区域检测中发挥了重要的作用。基于上述不同原理，可大致把微观进化尺度检测或定量方法分为以下几类：①基于等位基因频谱；②基于连锁不平衡；③基于群体分化；④组合方法（表 1-7-2 和图 1-7-2）。同时，在检测选择信号的时候，需要考虑遗传漂移（genetic drift）对选择信号的影响。为了降低这种影响，通常是在全基因组扫描窗口的基础上，仅考虑极端值（如前 5% 或 1%）区域作为选择位点。

此外，也可以考虑复杂种群历史（瓶颈效应、种群扩张、迁移等）对等位基因频率的影响，用溯祖（源）模拟（coalescent simulation）的相关方法（如 MSMS、Fastsimcoal2）模拟该群体统计量（π、Tajima's D 等）分布，从而将具有极端统计变量值的位点作为选择候选位点。

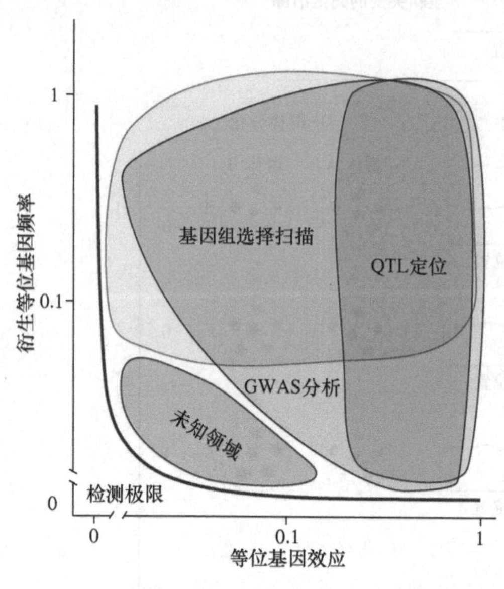

图 1-7-3 基因组选择位点检测与其他功能位点定位方法（QTL 和 GWAS）可以检测的遗传信号范围（引自 Weigel et al.，2015）

图中可见目前仍有一些无法检测和未知的领域

以上宏观和微观两个尺度方法都是基于自下而上的（bottom-up approach），即通过群体基因组扫描鉴定具有选择信号的基因组区域，从而挖掘可能与某种表型或适应性相关联的基因。然而，这种策略不可避免地会引入许多假阳性。为了减少假阳性，一种独立的验证方法是检测其等位基因频率变化，即获得该物种进化过程中多个时间点或多个世代的群体基因组数据，我们就可以直接检测该候选位点的等位基因频率变化加以验证。此外，由于大多数与驯化和育种有关的农艺性状都是复杂数量性状，可使用 QTL、GWAS 等传统定位方法（详见第 1-13 章第一节），即所谓自上而下方法（top-down approach）进行佐证，即用这些方法获得的结果来支持基因组扫描中鉴定出的大量候选位点的功能。同时应该注意到，不同的检测方法具有各自的优势和局限性，一些遗传信号仅能被一种方法所发现，同时还有目前所有方法都无法检测到的位点（图 1-7-3）。

四、泛基因组分析

随着越来越多物种基因组测序完成，人们认识到单个个体的基因组不足以代表整个物种内的遗传多样性。2005 年，Tettelin 等首次提出微生物的泛基因组概念（pan-genome，pan 源自希腊语“παν”，意为“全部”）。一个物种的基因总和被称为泛基因组（pan-genome）。泛基因组基因包括核心基因（core gene）和非必需基因（dispensable gene）（Golicz et al.，2016）。泛基因组分析对于一个物种的意义在于：①确定其核心基因组（core genome）大小，即该物种所有个体都包含的基因或基因家族数量；②确定其泛基因组大小，即该物种包含的所有基因或基因家族数量；③确定增加任何一个新个体，将为该物种泛基因组增加多少新基因。其中，核心基因组由所有个体都存在的基因组成，一般与物种生物学功能和主要表型特征相关，反映了物种的稳定性；非必需基因组（dispensable genome）由仅在单个个体或部分个体中存在的基因组成，一般与物种对特定环境的适应性或特有的生物学特征相关，反映了物种的特性。

泛基因组分析有助于理解植物物种的特征，同时泛基因组图谱提供的基因 PAV 变异或基因复制等复杂基因组变异，有助于解析作物表型和农艺性状的多样性。选择不同亚种材料进行泛基因组测序，可以研究物种的起源及演化等重要生物学问题；选择野生种和栽培种等不同特性的种质资源进行泛基因组测序，可以发掘重要性状相关的基因资源，为科学育种提供指导；选择不同生态地理类型的种质资源进行泛基因组测序，可以开展物种的适应性进化、外来物种入侵性等热门科学问题。

目前泛基因组拼接的方法主要分为 3 种（图 1-7-4）：①对个体基因组分别进行从头（*de*

novo）拼接，这样的拼接可以利用许多目前基因组拼接工具（详见第 1-2 章第三节）；②通过迭代联配和组装生成泛基因组，即先使用单个基因组作为参考基因组，其他个体基因组测序读序与其进行联配，所有联配不上的读序进一步拼接，然后加入参考基因组，依此循环，最终创建非冗余泛基因组；③把泛基因组序列构建并存储为德布鲁因图形式，泛基因组由不同基因组片段构成，这些片段在不同个体中存在或不存在，然后根据所有个体的片段构成，以基因组片段为边，就可以构成该物种泛基因组的德不鲁因图。目前泛基因组分析和可视化主要工具包括 PGAG、PanGP、Micropan、PanSeq、SplitMem 等。

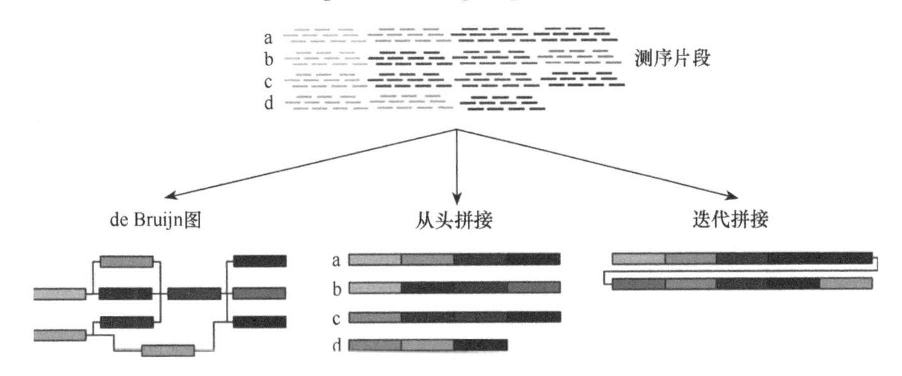

图 1-7-4 泛基因组的三种基因组拼接和分析策略（引自 Golicz et al.，2016）
图中 a～d 指同一物种 4 个不同个体材料

第二节 自然群体基因组特征与自然选择

一、自然群体基因组变异

在植物领域，自然或野生群体是相对于栽培群体而言。栽培群体是经历过人工干预，即植物的自然繁殖过程变为人工控制下的过程，使植物朝着人类所需要的性状进化，进而产生的群体。反之，自然群体是未经过人工干预，自然生长，群体内随机交配的植物种群。自然群体基因组学研究一般会根据研究目的选择具有较强的代表性样本，产生较高基因组覆盖度的测序数据，然后针对全部多态位点，利用中性进化位点推测种群进化历程，根据受到选择的基因位点推测种群的适应性进化及性状分化等。

自然群体区别于栽培群体的最大特征就是其丰富的遗传多样性。首先是与驯化植物直接相关的野生祖先种群：草本作物祖先自然群体遗传多态性（π）一般在 0.003～0.008，其遗传多态性高于相应驯化作物群体遗传多态性，而且这一趋势在草本和木本作物都是如此（详见本章第三节）。但是，作物育种过程中，远缘杂交导致的遗传渐渗会使一些物种遗传多态性急剧变化，导致一些复杂的遗传多态性变化趋势。也就是说，对于一些遗传背景复杂的植物而言，自然群体的遗传多样性并不一定高于栽培群体。其次是野生植物群体，它们的遗传多态性一般在 0.002～0.006（表 1-7-3）。例如，拟南芥作为一种野生植物，在全球广泛分布（详见第 2-1 章第一节）。国际拟南芥研究协作组对全球 1000 多份拟南芥进行了基因组重测序（The 1001 Genomes Consortium，2016），获得了这些拟南芥群体的遗传多态性（图 1-7-5）。拟南芥群体多态性（θ）在 0.003～0.006（峰值在 0.005 左右）或约 85 个 SNP/kb，π 值为 0.006。图 1-7-5A 中可见，部分拟南芥基因组变异极小，甚至完全一样，也有部分群体变异较大［如孑遗（relict）群体］。孑遗群体与其他大多数拟南芥群体都有较大差异，属于古老分化的种群。另外，也可以看到一些遗传多态性的有趣现象。例如，可以发现来自一些地域隔绝甚至很遥远的拟南芥个体之间遗传多态性极低，这也许是鸟、水流等携带拟南芥种子长距离传播导致的；随着地理距离的增加，种群之间的遗传多态性总体呈上升趋势（图 1-7-5B 和图 1-7-5C；详见本章本节“二、群体起源和进化历史”）。

表 1-7-3　植物野生自然群体基因组遗传多态性举例

物种	群体大小	遗传多态性 /$\times10^{-2}$	文献
拟南芥（*A. thaliana*）	1135	0.6	The 1001 Genomes Consortium，2016
稗草（*E. crus-galli*）	328	0.11	Ye et al.，2019
杂草稻（*O. sativa* f. *spontanea*）	155	0.21（籼型） 0.07（粳型）	Qiu et al.，2017
毛果杨（*P. trichocarpa*）	554	0.41	Evans et al.，2014
柑橘（*A. buxifolia*）	15	0.25	Wang et al.，2017e
梅花（*Prunus mume*）	15	0.28	Zhang et al.，2018e

注：作物野生祖先物种种群遗传多态性见表 1-7-5

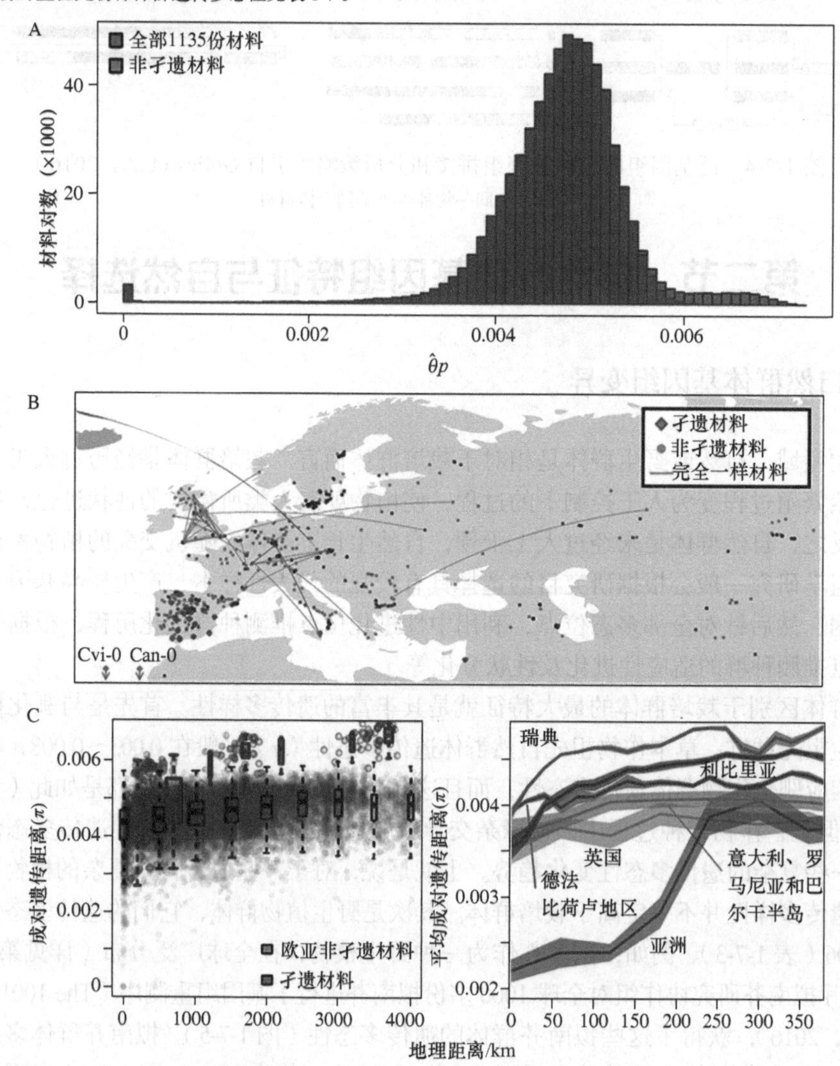

图 1-7-5　拟南芥群体基因组遗传多态性及其与地理距离的关系（引自 The 1001 Genomes Consortium，2016）
A．1135 份拟南芥每两个个体之间基因组差异分布图；B．拟南芥孑遗材料和非孑遗材料的地理分布，基因组差异小的个体间用线连接表示；C．不同地理距离种群之间遗传多态性分布

农业杂草是另外一类野生植物，它们既非作物野生祖先种，也非与拟南芥一样的真正意义上的野生植物（即生长在自然生态环境中）。根据和作物的进化关系，农业杂草可分为作物近缘杂草（weedy crop relatives）和非作物近缘杂草（weedy non-crop relatives）（Guo et al., 2018）。两类杂草在农田里的危害都很严重，它们与作物竞争，现代农业生产中不得不喷施大量除草剂来控制它们的生长。例如，生长在农田环境中的稗草是一种典型的非作物近缘杂草，为 C4 植物，与玉米、高粱等近缘，目前是稻田最严重的杂草。在其进入稻田过程中，种群规模受到人类的干预，同时经历了强烈的瓶颈效应，导致遗传多态性显著降低（Ye et al., 2019）；杂草稻是作物近缘杂草类型的典型代表，其与栽培稻形态几乎相同，极难防治，目前在全球稻田中危害严重。以中国杂草稻为例，其起源自栽培稻“去驯化”（de-domestication）过程，即其源自驯化过的栽培稻而非野生稻（Qiu et al., 2017）。在去驯化的过程中，杂草稻不断逃离人工驯化环境，进入并适应野化的生态环境，进化出了很多野生稻的性状（详见第 2-2 章第二节）。由于去驯化过程也受到了强烈的瓶颈效应，其遗传多态性低于栽培稻群体；然而，如果其进化过程中有野生稻的遗传渐渗，则其遗传多态性会显著上升。其实，去驯化是作物群体普遍发生的进化事件，农田里还可以看到杂草高粱、杂草向日葵等，它们可能是农田野生（杂草）种群的一个重要来源途径（Guo et al., 2018）。

二、群体起源和进化历史

植物自然群体经历长期进化过程，包括种群的扩张、传播、本地化适应、基因交流等。利用基因组水平遗传变异，可以更加准确和全面地了解植物群体这些进化事件。例如，基于群体基因组数据，可以解析群体系统发生关系及其结构、群体进化历史和遗传渐渗情况等。

（一）群体遗传结构与地域分化

群体遗传结构是指一个大群体中，地理、生态来源不同的亚群间基因型频率存在显著差异的现象，反映了种群在漫长的进化过程中产生的地理、生态适应性分化。群体遗传结构是推断种群历史动态如地理分布变迁、基因流、遗传分化等的重要依据。

Zou 等（2017）对我国 118 份拟南芥进行重测序，并结合已公开的具有地理代表性的 103 份材料进行整合分析。系统发生、群体结构及主成分分析表明，221 份材料中除了一些中间类型，可以分成具有地理区分的 3 个主要类群（东亚、中亚、欧洲 / 北非）（图 1-7-6），

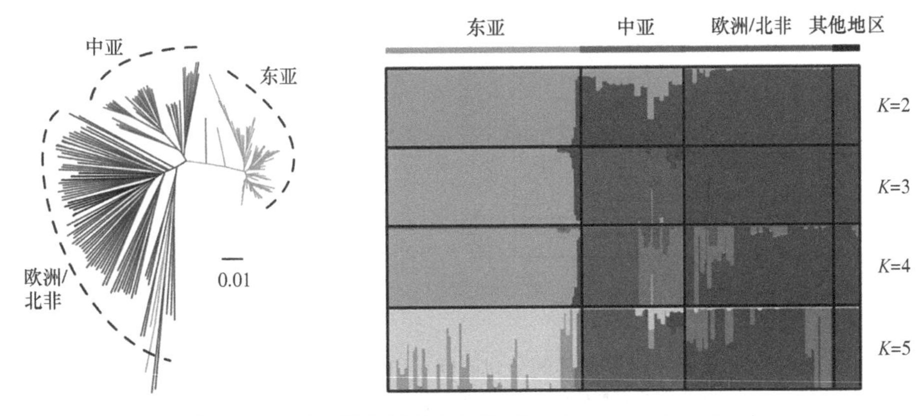

图 1-7-6　亚欧拟南芥群体结构（引自 Zou et al., 2017）

拟南芥明显根据地域来源分群。*K* 表示群体分组个数；0.01 表示遗传变异标尺（1%）

从而得到了代表东亚的长江流域材料 86 份、中亚群体的中国西北材料 25 份和欧洲 / 北非材料 67 份。进一步研究发现，欧洲 / 北非拟南芥的遗传多态性、特有 SNP 数量都比长江流域或中亚拟南芥更多，反映了欧洲 / 北非拟南芥是祖先群体，即拟南芥由欧洲向亚洲的传播历史。此外，即便对于自然群体，其地理空间分布并不一定完全和其遗传距离相关，即理想的"isolation by distance"（IBD）的模型并不一定适用于所有自然群体。例如，国际拟南芥 1001 基因组项目中发现基因组完全一样的拟南芥并非完全在一个生态位，部分材料之间的地理位置很遥远（图 1-7-5B）。此外，非孑遗拟南芥特定某个群体的 IBD 趋势仅仅在短距离中存在，而在长距离中并不存在（图 1-7-5C）。此外，来自不同地域的拟南芥群体 IBD 的趋势程度差异很大。例如，来自欧洲的一些拟南芥群体，随着地理距离的增加其遗传距离增加不明显，而亚洲群体遗传距离随地理距离增加而明显增加（图 1-7-5C），这种现象可能是拟南芥全球扩散的历史复杂性导致的。

（二）种群动态与进化历史

种群动态是研究种群数量在时间和空间上的变动规律，对种群动态及影响种群数量和分布的生态因素研究，在生物资源的合理利用、生物保护等方面都有重要的应用价值。

Durvasula 等（2017）从非洲采集了 76 份拟南芥进行了基因组重测序，并结合前期国际拟南芥 1001 基因组项目数据，对拟南芥的群体起源和种群历史动态进行了研究。该项目首先利用群体结构分析，发现非洲拟南芥和亚欧拟南芥存在明显分离，且非洲拟南芥群体遗传多样性明显更高。此外，非洲拟南芥群体相对于亚欧拟南芥具有更多的特有等位基因，且在自交不亲和位点（S-locus）上的单体型类型，非洲多于亚洲拟南芥群体。基于此，研究者推测非洲拟南芥具有非常久远的历史，可能为亚欧拟南芥的祖先。为验证这一假设，研究者基于马尔科夫溯祖（Markovian coalescent）方法（MSMC 软件工具）推断了各个群体的有效群体大小（N_e）及群体间的分化时间。分析结果表明在 12 万～9 万年前，即在最后的间冰期和更新世期间，拟南芥的祖先群体在非洲开始分离形成亚群。欧亚祖先群体在 8 万年前从非洲分化形成，然后欧亚拟南芥群体在 4 万年前进一步分化（图 1-7-7）。这一模式与包括人类在内的多种物种分化时间模式非常相似，这意味着间冰期和更新世时期的气候事件对物种分布十分重要。

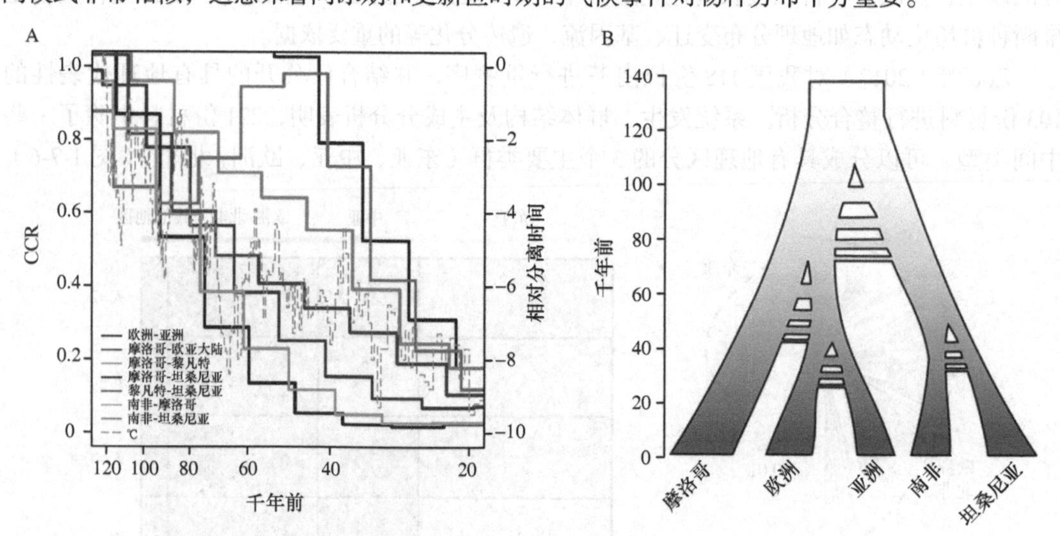

图 1-7-7 非洲拟南芥群体间分化时间（引自 Durvasula et al.，2017）

A. 群体之间相对分离时间。从 1.0 降低表示群体分离。可见欧亚群体分离时间最为近代。CCR（cross-coalescent rate）表示交叉聚合率，是推测群体间分化和迁移的指标。B. 全球各地区拟南芥群体起源与进化模型。可见拟南芥祖先群体在非洲（包括摩洛哥、南非、坦桑尼亚）起源，并于 12 万～9 万年前开始分化

三、自然选择位点及其特征

（一）自然群体适应性基因鉴定

植物自然群体为了适应特定气候因素，或在特定环境选择压下，会进行环境适应性进化。气候因子包括温度、海拔等一系列与植物生长生存息息相关的条件。基于自然群体在自然环境中的广泛分布，植物自然群体基因组重测序和 GWAS 分析等，可以研究自然植物种群中与不同环境因子相关联的基因及其生态意义。目前已开展了不少气候因子的基因组关联分析研究。

拟南芥长期生长在自然环境下，为了适应不同地域环境条件，特别是冰后期全球气候的变化，拟南芥进化出适应不同地域的生态类型。因此，长期自然选择势必在拟南芥基因组上留下痕迹。通过在不同低温环境胁迫下种植上千份拟南芥，并调查它们的开花时间，发现拟南芥的确表现出极大的花时多态性。对该性状进行全基因组关联分析（GWAS），可以鉴定出若干植物开花相关基因（*FLC*、*FT* 等）（图 1-7-8A）（The 1001 Genomes Consortium，2016）。利用 SNP 与气候关联分析，发现了一个位于 3 号染色体的基因与降雨量紧密相关。同时该

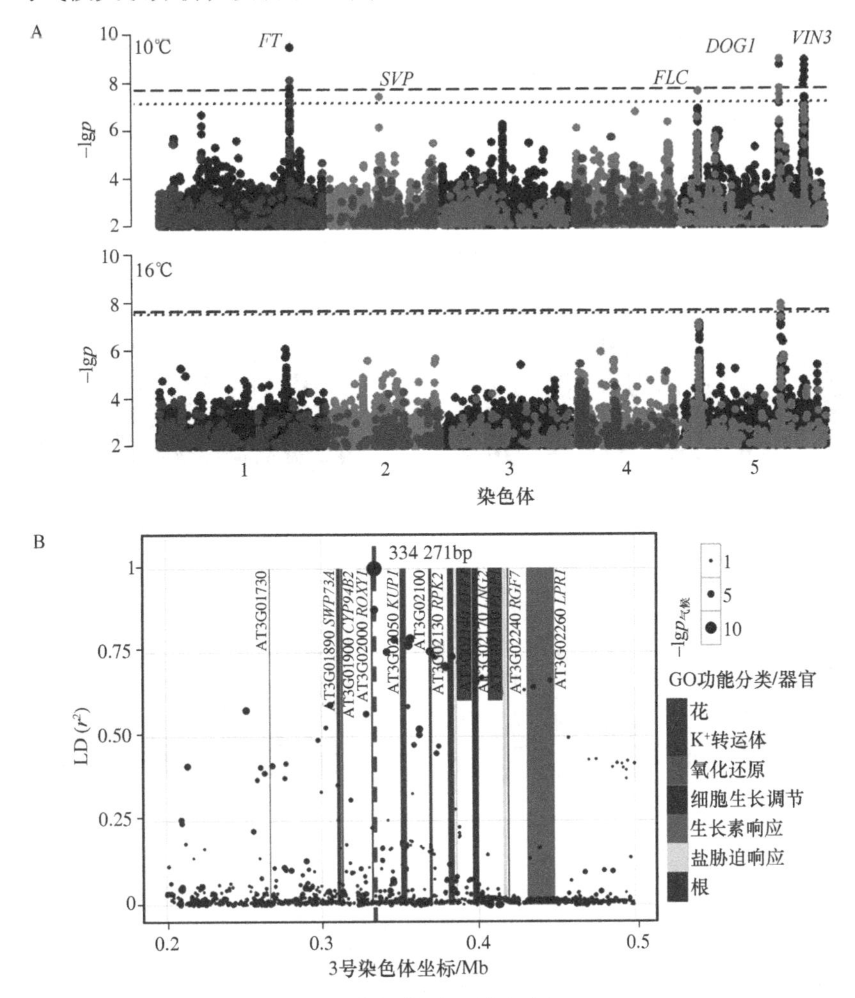

图 1-7-8　拟南芥群体基因组分化和地域适应性分子机制（引自 The 1001 Genomes Consortium，2016）

A. 不同温度条件下 GWAS 分析曼哈顿图。其中低温（10℃）环境下发现植物开花相关基因（*FLC*、*FT* 等）；B. 3 号染色体上一个降雨量关联位点（334 271bp 处）连锁不平衡（LD）分析结果。许多重要功能基因与该位点紧密连锁

SNP 还与周边很多重要功能基因（根发育和代谢、开花时间、耐盐胁迫和解毒等）紧密连锁（图 1-7-8B）。

（二）本地适应性进化

本地适应性进化是指处于某种特定环境的群体相较于其他群体，更加适合该环境的现象。这是自然群体的进化特征之一。拟南芥是研究自然群体适应性进化的一种模式植物。利用全球范围的拟南芥群体进行全基因组选择区域扫描，发现在整个拟南芥物种水平上，强烈的选择候选区域数量极少。出现这种现象的主要原因之一，就是来源于不同环境背景的群体受到不同的选择压，在基因组上形成了不同位置的选择印记。因此，通过不同环境群体的选择位点扫描，能很好地利用在本地适应性研究当中。例如，①国际拟南芥 1001 基因组项目（2016）利用 F_{ST} 比较拟南芥群体和当地孑遗群体的基因组差异，对相关分化基因进行富集分析，发现花发育和 ABA 相关功能上存在富集，与富集结果一致，孑遗拟南芥比非孑遗植物开花时间平均晚 21 天；② Zou 等（2017）对长江流域拟南芥群体受正向选择区域基因进行功能富集，发现与免疫响应、防御响应和生物调节等相关，这可能与该群体适应长江流域环境相关；③ Qiu 等（2017）对我国江苏、广东、辽宁和宁夏四地的杂草稻群体进行基因组重测序分析，发现 4 个群体的起源方式为独立去驯化起源。与当地栽培稻群体基因组分化分析，分别鉴定出了 4 个主要杂草稻群体本地环境适应（去驯化）相关的基因（图 1-7-9），发现 90% 以上的上述基因在粳型（辽宁和宁夏）和籼型（江苏和广东）杂草稻群体中是不同的，表明它们本地适应的遗传机制有所不同。

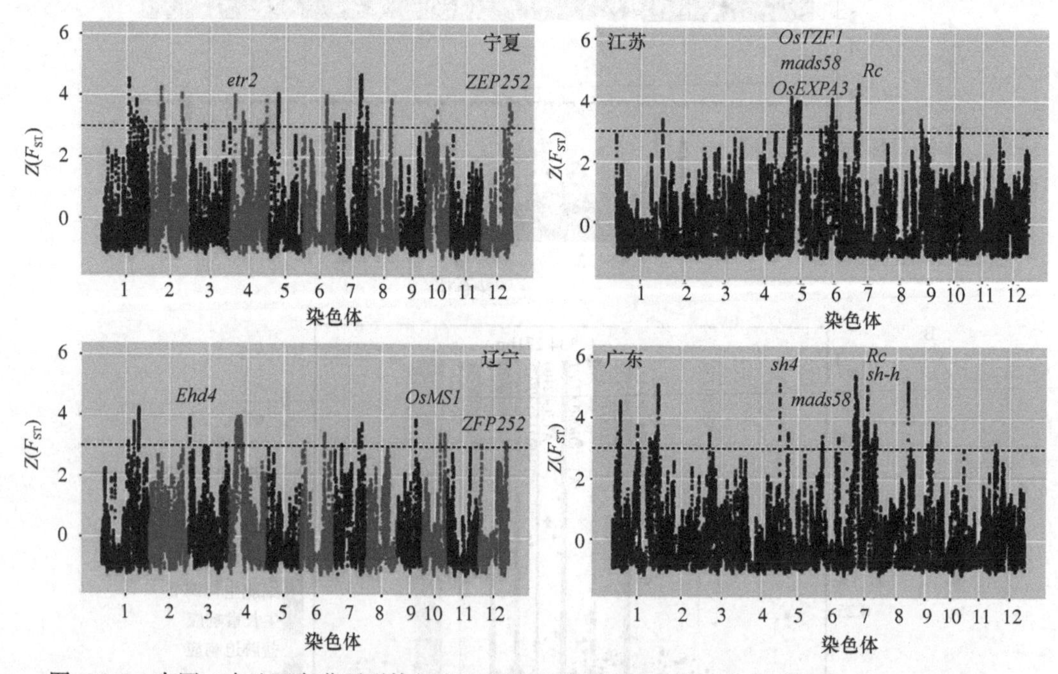

图 1-7-9　中国 4 个地区杂草稻群体与当地栽培稻群体基因组分化位点（引自 Qiu et al.，2017）

图中标出了落在分化位点的一些环境适应相关基因

相反，来自不同环境的群体中发现的共有选择区域，代表着该物种特征的环境适应机制。例如，①虽然拟南芥重测序数量至今已达上千份，但到目前为止，唯一最明显的共有选择区域 10 多年前就已发现（Clark et al.，2007），一个当时利用 20 份拟南芥重测序研究中就已鉴定获得的区域。这个区间受到选择的时间大约只有几万年，比拟南芥物种本身形成时间（100 万年）近代很多。在全世界范围内，有超过 90% 的拟南芥个体都能找到该等位基因区段。由于该区段有数百 kb 长度，所以导致选择信号非常突出。该区段的基因可能为适应自然环境扮演了重要作用，然而在这个区间中的基因功能仍然未知。② Qiu 等（2017）对我国江苏、广东、辽宁和宁夏四地杂草稻群体基因组分析，发现 7 号染色体 6.0～6.4Mb 区间为 4 个不同杂草稻群体的趋同进化区域，该区域包含了决定水稻休眠和种皮颜色的基因 *Rc*，且富集了一串编码水稻过敏性蛋白的相关基因，这段区域应该与杂草稻环境适应密切相关。

（三）平衡选择

适应性的一个核心因素是遗传多样性的高低，丰富的遗传多样性是保证物种在变化多端的生态环境中生存繁衍的根本。从对遗传多样性的影响来看，各种自然选择的作用不同。正选择表现为固定某种有利等位基因，负选择表现为清除不利等位基因，平衡选择则表现为多种等位基因均具有一定的选择优势从而能共存。因此，在这 3 种自然选择中，只有平衡选择能保持群体的遗传多样性。

中国科学院植物研究所郭亚龙团队对十字花科中两个已分化 800 万年的邻近物种——拟南芥和荠菜进行了全基因组范围的扫描，以鉴定那些受到平衡选择的基因（Wu et al.，2017a）。研究者发现有 5 个基因受到长期的平衡选择（AT1G35220、AT2G16570、AT4G29360、AT5G38460 和 AT5G44000）。这些基因参与了生物和非生物胁迫，以及一些其他基础的生化通路。有趣的是，该研究发现，具有不同基因单倍型的群体分布于不同的生态环境中，表明平衡选择对于物种的适应性起到了非常重要的作用。该研究结果揭示了除了已知的 S-locus 基因和抗性基因外，还有很多其他位点的基因受到了平衡选择。这些基因大多与胁迫抗性相关。此外，杂草稻基因组上也发现了很多区域存在强烈平衡选择信号（Qiu et al.，2017），表明杂草稻群体可能在农田自然环境的适应性进化过程中受到了平衡选择，从而产生更多的遗传多态性，以适应复杂的生存环境。

第三节　作物群体基因组特征与人工选择

作物群体基因组学研究主要包括作物驯化起源、群体结构、人工选择位点及遗传渐渗等。栽培作物的起源十分复杂，一直以来，考古是开展作物驯化起源研究的重要途径。基因组学的兴起，为作物驯化起源提供了一个全新的研究思路，帮助人们从分子遗传视角揭示作物起源过程。近 20 年来的植物基因组学研究，使大多数作物驯化起源都得到了更加准确的诠释。由于本书有关章节进行了作物起源的详细介绍，本节就不再累述。本节将集中介绍其他几方面内容。

一、人工选择对作物基因组的影响

（一）植物驯化过程

植物驯化是人类通过人工选择将野生植物转变为作物的过程。在人类有目标的选择过程中，受驯化的植物逐渐失去其野生祖先的生理、形态和遗传特性，而不断积累人类需求的目标性状（Meyer and Purugganan，2013）。作物驯化的基本特征性状是种子或果实从落粒到不落粒，休眠性减弱，植株形态由匍匐转向直立，分枝减少，开花成熟期趋于一致等。这类性状的改变也称作“驯化综合征”。与此同时，驯化会在一定程度上导致植株对野生环境的适应度降低，须依靠人类的播种、管理、收获、留种才能有效繁衍后代。作物驯化的起源地广泛分布于全球各大洲，至少有 11 个地区是独立的起源中心，包括南美洲低地、南美洲安第斯、中美洲、北美东部、萨赫尔和埃塞俄比亚高地、新月沃土、印度北部、中国北方、中国南方、中亚及新几内亚等（图 1-7-10）。

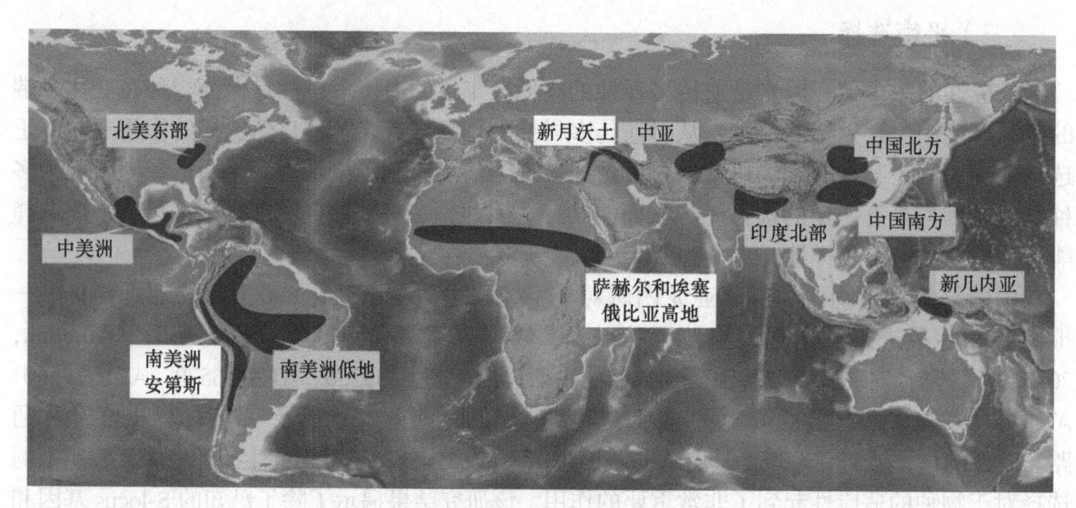

图 1-7-10　作物起源和驯化中心（引自 Gepts，2014）

作物的驯化过程主要经历 4 个不同的阶段（Meyer and Purugganan，2013）（图 1-7-11 和表 1-7-4）：阶段 1，从野生植物中选择满足人类需求并适合栽培的植株；阶段 2，对具有优良性状植株的进一步选择，在这个阶段中控制优良目标性状（尤其是产量相关）的等位基因不断增加；阶段 3，驯化作物的地理扩散阶段，作物逐渐被人类从最初的地理起源区域扩散至不同地区或环境，并进行环境适应性改良，在这一过程中，与光周期、春化、激素调控相关的基因更多地受到选择；阶段 4，精准、目的性明确的选择育种，目标在于实现产量最大化，提高作物培育质量和一致性，作物的很多特征改良都发生在这个阶段，与现代育种息息相关。

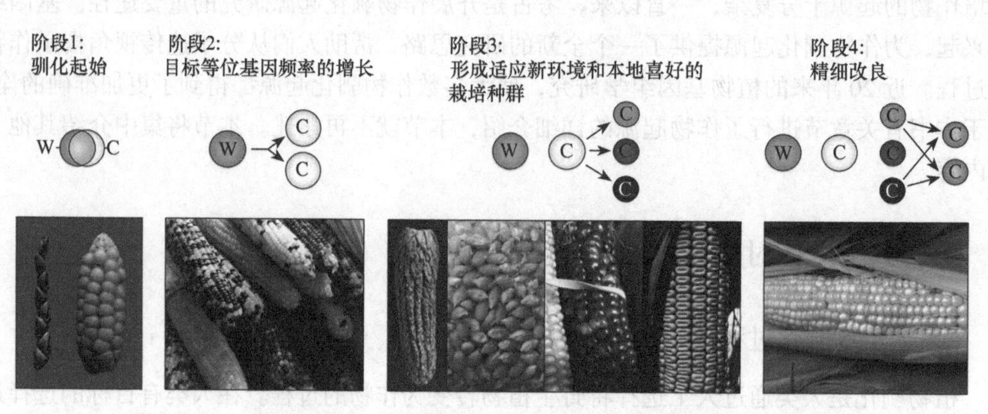

图 1-7-11　作物驯化的 4 个阶段（引自 Meyer and Purugganan，2013）
W 和 C 分别表示野生祖先种和栽培种（包括驯化作物、地方种和现代品种）

表 1-7-4　不同类型作物在不同驯化阶段的表型变化（Meyer and Purugganan，2013）

阶段	种子作物	根类、块茎作物	果实作物
阶段 1	种子变大、资源重新分配、种皮变薄、种子软化、花序结构变化、增加产量潜力和生产力、丧失休眠	风味改变、资源重新分配、淀粉含量变化、分支减少	风味改变、资源重新分配、种子变大、果实变大、生长周期变短、果实软化
阶段 2	种子数量变多、种子大小变异增加、色素变化、风味变化、淀粉含量变化、减少发芽抑制	毒性降低、营养繁殖和有性繁殖减少、非生物胁迫耐受性、生物胁迫耐受性、延长收获季节	果实大小变异、自交育种系统
阶段 3	减少春化、降低光周期敏感度和激素敏感性、同步开花时间、缩短或延长生命周期、植株矮化	利用杂种优势效应进行杂交、促进发育、提高产量	改进授粉、降低果实脱落、持续结果
阶段 4	提高产量、提高非生物胁迫耐受性、提高生物胁迫耐受性、提高食用品质	提高营养质量、提高增殖能力和比率	延迟成熟、增加收获后的质量、增加产量、非生物胁迫耐受性增加、增加抗性、果实外观改良和成熟期一致

（二）人工选择对作物群体及其基因组影响

1. 遗传瓶颈效应

瓶颈效应是指由于环境骤变（如火灾、地震、洪水等）或人类活动（如人工驯化），某一生物种群的规模迅速减少，仅有少部分个体能够顺利通过瓶颈事件，之后可能经历一段恢复期并产生大量后代。由于能够顺利通过瓶颈效应的个体数目远少于原始群体，其携带的有效等位基因个数较少，从而使其后代的遗传多样性系统性地降低。从野生植物到作物的驯化过程中，一个重要的特征是作物受到了人类活动引起的瓶颈效应。由于早期农民在驯化初期仅选取了特定植物的少量个体，导致遗传多态性大幅降低。同时，人工定向选择育种使作物群体遗传多态性进一步下降。不同作物在驯化过程中经历了不同程度的瓶颈效应，表现在其全基因组水平上，它们的遗传多样性降低程度有所差异（表 1-7-5）。除了草本作物，这一趋势即使在木本果树上也大多如此。例如，华中农业大学邓秀新院士团队收集了 100 份原始野生和栽培柑橘材料，并进行了深度测序和群体分析（Wang et al.，2017e）。研究结果表明，原始的柑橘遗传多样性最高，而栽培柑橘的遗传多样性较低，尤其是栽培柑橘中与生殖和能量代谢相关的基因，它们受到了明显的人工选择。柑橘种子由多到少，由大到小，以及生殖模式由单胚到多胚的转换，这是柑橘驯化过程中最明显的性状变化。

表 1-7-5　栽培作物在驯化前后基因组遗传多态性（π）的变化
（引自 Qi et al.，2013；Zhang et al.，2018d）

物种	群体	个体数量	$\pi/\times10^{-2}$	差异比（π_W/π_C）
水稻	W	446	0.30	1.25
	C	1083	0.24	
玉米	W	17	0.59	1.20
	C	23	0.48	
大豆	W	17	0.30	1.58
	C	14	0.19	
黄瓜	W	30	0.45	1.96
	C	85	0.23	

续表

物种	群体	个体数量	$\pi/\times10^{-2}$	差异比（π_W/π_C）
西瓜	W	10	0.76	5.43
	C	10	0.14	
番茄	W	16	0.42	2.63
	C	23	0.16	
梅花	W	15	0.28	1.40
	C	333	0.20	

注：W 表示野生祖先群体；C 表示栽培群体

除了瓶颈效应导致的基因组整体多态性降低外，在人类驯化过程中，控制驯化目标性状的等位基因会不断被选择和保留，导致该位点的遗传多态性进一步降低（图 1-7-12）。同时，这些受人工选择的靶基因附近区域的遗传多样性也随之下降。遗传学上把这种对少数基因选择导致的侧翼区域遗传多样性降低的现象，称为搭车效应（hitchhiking effect）。

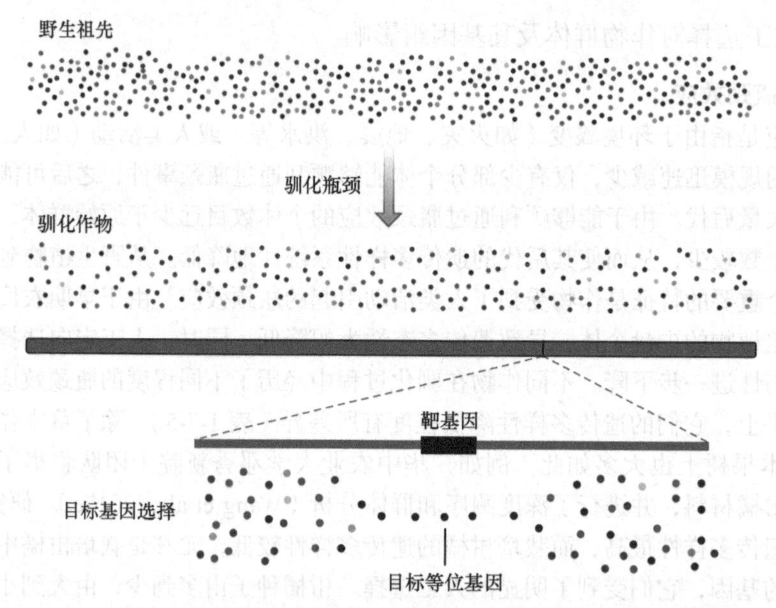

图 1-7-12　驯化选择对作物群体遗传多态性的影响（引自 Olsen et al.，2013）

驯化作物经历一个驯化遗传瓶颈效应和特定基因选择导致的优异定位基因的固定

连锁不平衡（LD）水平对群体复杂性状的关联分析具有重要的作用，是群体基因组学研究的重要领域。研究发现，驯化后的栽培种群体相对野生种群体，除了多态性下降之外，在基因组上普遍具有更强的连锁不平衡（图 1-7-13）。以大豆为例，其野生种、地方种和现代栽培大豆群体的 LD 水平明显处于递增趋势。受到人工选择的基因及其周围重组率减低，具有较高的连锁程度，在育种上导致选择累赘问题。

2. 作物驯化过程中有害性突变积累

有害性突变（deleterious SNP，dSNP）是指导致生物个体的整体适合度（fitness）减低的突变。植物在被驯化的过程中，其基因组上有害突变的数量、频率或比例会不断增加和积累，导致驯化后的作物在原本自然环境中适合度降低，这种现象称为作物“驯化成本”（Lu et al.，2006）。这种成本可能会限制人工选择效率，对育种进程产生一定的影响。在大多情况下，有害等位

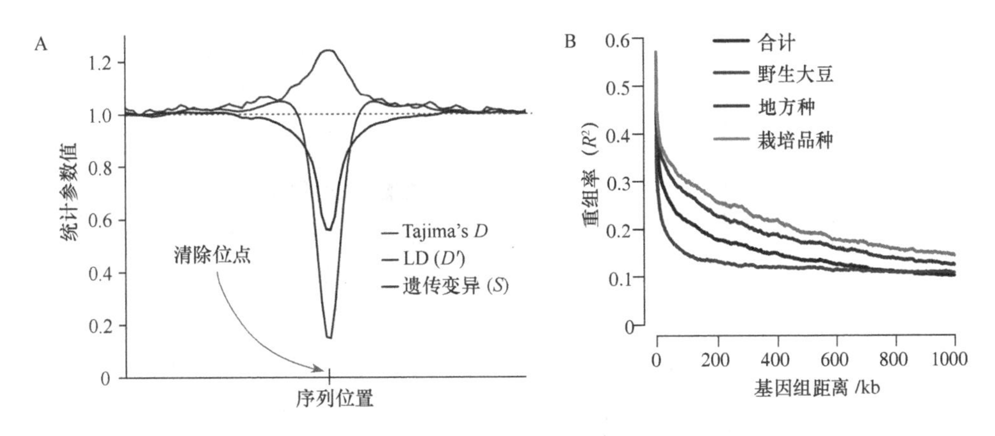

图 1-7-13 作物群体连锁不平衡（LD）变化趋势

A. 人工选择位点遗传统计特征（引自 Nielsen,2005），受到选择的位点，其遗传多态性和 Tajima's *D* 值显著降低,LD 增加，形成一个选择连带区域；B. 野生大豆、地方种、栽培品种 LD 水平逐步衰减（引自 Zhou et al., 2015）

基因受到净化选择（purifying selection）的作用被不断清除，并在群体中处于非常低频的状态。然而在作物的驯化过程中，瓶颈效应、遗传漂变、人工选择等都会影响有害突变的频率。重组能够减少有害性突变的积累，然而在作物驯化过程中的自交或近交的育种方式却降低了基因组上重组交换的效率。此外，强烈的人工选择作用会导致有害突变随着搭车效应伴随驯化目标基因传递下去（图 1-7-14）。Liu 等（2017b）利用群体基因组学方法，对栽培水稻驯化成本进行了研究，发现在水稻群体中有害突变呈现以下趋势：①驯化的水稻个体比野生个体有害等位基因数量平均多 3%～4%；②有害突变在基因组的低重组区内富集；③ dSNP 的频率在选择性清除区域内，即候选基因组驯化位点周围的比例较高。群体中高频有害突变等位基因变多，有害突变相对中性突变比率升高，以及有害等位基因数量在群体中每个个体基因组中的数目增加等，这些都是群体有害突变积累的信号。值得注意的是，在有害突变分析过程中，祖先等位基因（ancestor allele）的确定至关重要。因为只有在明确祖先等位基因的前提下，才能正确计算群体在进化过程中衍生的突变等位基因（derived allele）的频率和个数。

3. 驯化相关基因及功能变异位点特征

驯化基因，简单而言是指控制某种驯化性状的基因。Meyer 和 Purugganan（2013）认为驯化基因的确定需要满足几个条件：①已明确该基因的功能是控制某一驯化性状；②在该基因位点上存在正向选择信号；③驯化群体在该基因上存在相对祖先群体固定或趋于固定的变异。他们对 60 个功能已知的驯化基因做了分类总结，发现其中 37 个为转录因子，14 个为酶编码基因，6 个为转运蛋白和连接酶蛋白，剩余 3 个为转录调控元件（部分基因列于表 1-7-6）。这类基因在作物生长、发育、结实和成熟过程中起着重要的调控作用。目前控制不同驯化性状的基因或代谢通路也逐渐明确。产量基因大多与植物激素代谢、细胞分裂、淀粉和油脂的合成相关，而矮秆基因多与赤霉素代谢有关，适应性则与光、温感受基因等相关，抗病虫能力与 NBS 类基因密不可分，而耐逆性（盐、旱）多与膜（细胞膜、液泡膜）上的转运蛋白有关。从遗传学来看，作物对生态环境的适应性，特别是光温反应、抗病、抗虫所涉及的系统，较其他性状可能更为复杂多样，基因的等位变异更为丰富，位点之间组合可能更多，从而为适应不同的环境奠定了遗传基础。

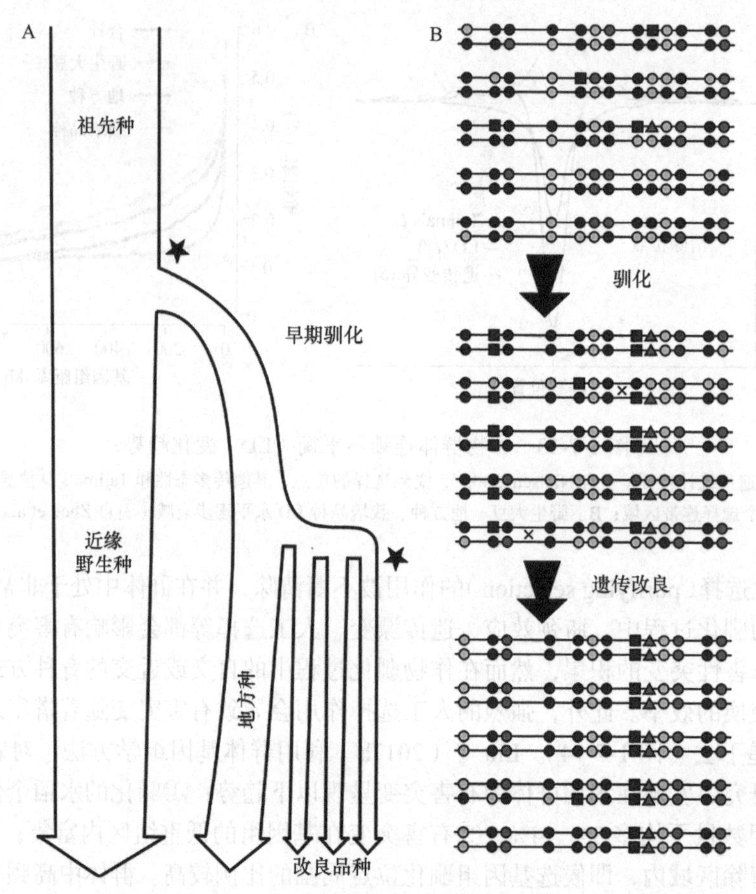

图 1-7-14 有害突变和中性突变在驯化与改良过程中的变化（引自 Moyers et al.，2018）

A．作物驯化和遗传改良过程模式图，星号表示经历遗传瓶颈；B．有害等位基因遗传，在祖先野生群体中存在 4 个有害等位基因（红色方框），频率较低并不固定。经历了驯化和遗传改良过程，控制优良性状的基因（蓝色三角）被选择，然而由于搭车效应，优良等位基因周围的有害等位基因也被遗传下来，导致有害突变在群体中固定

表 1-7-6 作物重要驯化基因及变异类型（引自 Meyer and Purugganan，2013）

作物	基因	类别	控制性状	引起的基因变化
水稻	*PROG1*	TF	植物株型	氨基酸改变（功能缺失）
	SD1	E	茎的长度（植株高度）	氨基酸改变
	Sdr4	TF	种子休眠	氨基酸改变
	sh4	TF	离层的形成，落粒	调控 / 氨基酸改变
玉米	*tb1*	TF	植物株型	通过 TE 插入顺式调控
	ra1	TF	花序结构	不确定
	Su1	E	淀粉合成	氨基酸改变
小麦	*Q*	TF	自由落粒和其他特性	顺式调控和氨基酸改变
	Vrn1	TF	春化	顺式调控，包括启动子复制
	Vrn2	TF	春化	氨基酸改变和基因缺失
大麦	*Vrs1*	TF	花序结构（两对六棱）	提早终止（缺失或氨基酸改变）
	Nud	TF	籽粒裸露	染色体缺失
	INT-C	TF	花序结构（两对六棱）	不确定

续表

作物	基因	类别	控制性状	引起的基因变化
高粱	*SH1*	TF	种子落粒	顺式调控和缺失
	GBSSI	E	直链淀粉含量	氨基酸改变
大豆	*Dt1*	TF	有限生长习性	氨基酸改变
向日葵	*HaFT1*	TF	开花时间	移码（蛋白质改变但仍有功能）
番茄	*fas*	TF	子房心室数（水果大小）	顺式调控
	fw2.2	CS	果实重量	调控改变

注：TF，转录因子（transcription factor）；E，酶编码基因（enzyme-coding gene）；CS，细胞信号（cell signaling）

在驯化和品种分化相关基因中，存在很多影响基因功能的变异，这些变异受到不同选择压的影响，引起作物表型的改变和多样化（图 1-7-15）。在已知的驯化基因中，大部分的功能变异是无义突变（如移码和剪接缺陷）导致的；还有一种重要的功能变异为顺式调控突变；最后是错义突变或其他类型的改变蛋白质功能的变异。此外，已有报道发现，很多品种间表型多态性变化是功能丧失（loss of function）导致的。

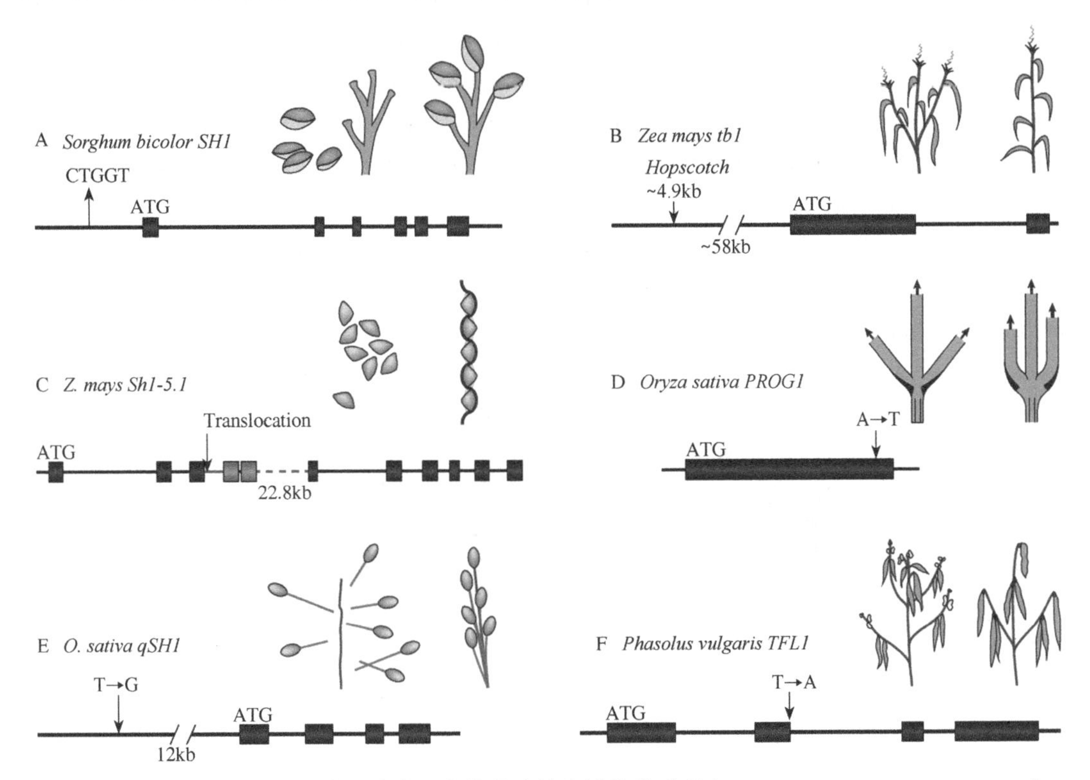

图 1-7-15　作物驯化过程中导致表型变化的遗传变异种类（引自 Meyer and Purugganan，2013）

A. 在高粱（*Sorghum bicolor*）*SH1* 基因的启动子区域的一小段序列删除，导致种子落粒性降低；B. 在玉米（*Zea mays*）*tb1* 基因上游约 58kb 存在一个转座子（*Hopscotch*）插入，引起玉米茎秆结构改变；C. 来自未知基因的两个外显子转座或易位（translocation）到玉米 *Sh1-5.1* 基因中，导致 YABBY 结构域的丢失并引起落粒性降低；D. *PROG1* 基因上单碱基的错义突变引起亚洲栽培水稻（*Oryza sativa*）茎秆直立；E. 水稻 *qSH1* 基因上游启动子区域的 SNP 引起落粒性下降；F. 菜豆（*Phasolus vulgaris*）*TFL1* 基因上的一个剪接位点上的 SNP 导致无限花序向有限花序结构的改变

二、作物群体结构

作物的驯化历史漫长而复杂，同一种作物可能存在多次起源，且在扩散过程中人类为提

高当地作物产量，常常会进行地域适应性育种。由于这些因素，同一作物不同群体之间的基因组会存在显著差异，导致作物群体结构的出现。遗传差异越大，群体结构分化越明显。在没有全基因组水平数据之前，人们对特定作物群体结构是利用分子标记进行有限的调查分析，而更全面准确的群体结构往往需要基于全基因组水平的遗传变异数据。以下列举栽培稻和黄瓜两个作物群体结构分析案例进行说明。

（一）栽培稻群体结构

对于栽培稻群体结构的认识是一个不断深入的过程。最初基于表型可将亚洲栽培稻分为籼稻和粳稻，国内外老一辈科学家在这方面做了出色的工作。进入分子生物学时代后，基于基因组片段上少量的DNA序列差异可以构建亚洲栽培稻群体的系统发生树，从而清晰看出籼稻、粳稻的分化。后来标记数目逐渐增加，研究者对亚洲栽培稻群体进行了更加细致的分析，发现籼稻和粳稻其实还包括更加复杂的群体结构，如可以进一步把粳稻分为热带和温带粳稻等。由此确定了亚洲栽培稻群体的5个亚群，即籼稻、秋稻、香稻、温带粳稻和热带粳稻（*O. sativa indica*、*O. sativa aus*、*O. sativa* aromatic、*O. sativa* temperate *japonica* 和 *O. sativa* tropical *japonica*）（Garris et al.，2005）。随着高通量测序技术的出现，基于基因组重测序和全基因组序列遗传变异开展水稻系统发生分析成为可能。不断积累的栽培稻群体基因组数据（详见第2-2章第一节），使我们对水稻栽培群体结构的认识更加清晰，进一步肯定了上述5个亚群的栽培稻群体结构（Huang et al.，2012a）。最近开展的3000份（3K）全球水稻基因组重测序研究，利用核心SNP集进行群体结构分析，将栽培稻传统的5个亚群中籼稻和粳稻亚群进一步细分（图1-7-16），其中籼稻被进一步分为4个亚群，即XI-1A（东亚）、XI-1B（现代种）、XI-2（南亚）和XI-3（东南亚）；粳稻分为4个亚群，即GJ-tmp（东亚温带）、GJ-sbtrp（东南亚亚热带）、GJ-adm（混合群体）和GJ-trp（热带）（Wang et al.，2018e）。但该群体结构分类还有待后续进一步确定。

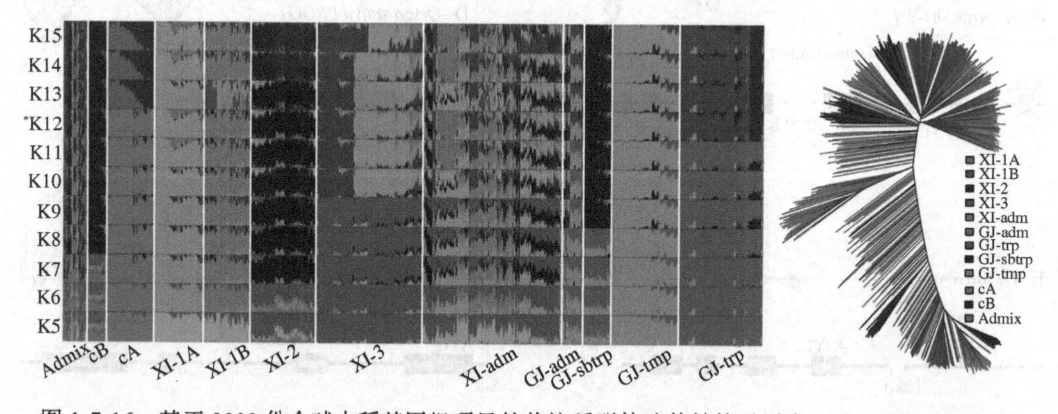

图1-7-16 基于3000份全球水稻基因组项目的栽培稻群体遗传结构（引自Wang et al.，2018e）

K表示栽培稻群体分组或亚群个数（*表示最优分组个数）；Admix表示混合群体；cA表示秋稻群体；cB表示香稻群体；XI-1A、XI-1B、XI-2、XI-3、XI-adm表示籼稻的5个亚群；GJ-adm、GJ-sbtrp、GJ-tmp、GJ-trp表示粳稻的4个亚群

（二）黄瓜群体

黄瓜源自喜马拉雅山脉南麓，本是印度境内土生土长的植物。野生黄瓜果实和植株都比较矮小，果实极苦，原本在印度被作为草药使用。在人类的驯化下，黄瓜由一种草药变成了品种多样的可口蔬菜，如今在世界范围内广泛种植。黄三文研究员领导的国际黄瓜基因组研究团队对115个黄瓜品系进行了深度重测序，并构建了包含360多万个遗传变异位点的全基

因组图谱（Qi et al.，2013）。经群体结构分析将栽培黄瓜群体分为印度类群、欧亚类群、东亚类群和西双版纳类群四大类，其中印度类群主要来自于野生变种，而其余 3 个类群均来自栽培变种。通过比较分析发现，印度类群遗传多样性远远超过其他 3 个类群（图 1-7-17）。这一结果证实了印度是黄瓜的发源地，也意味着野生资源中尚有很多待挖掘的基因资源。

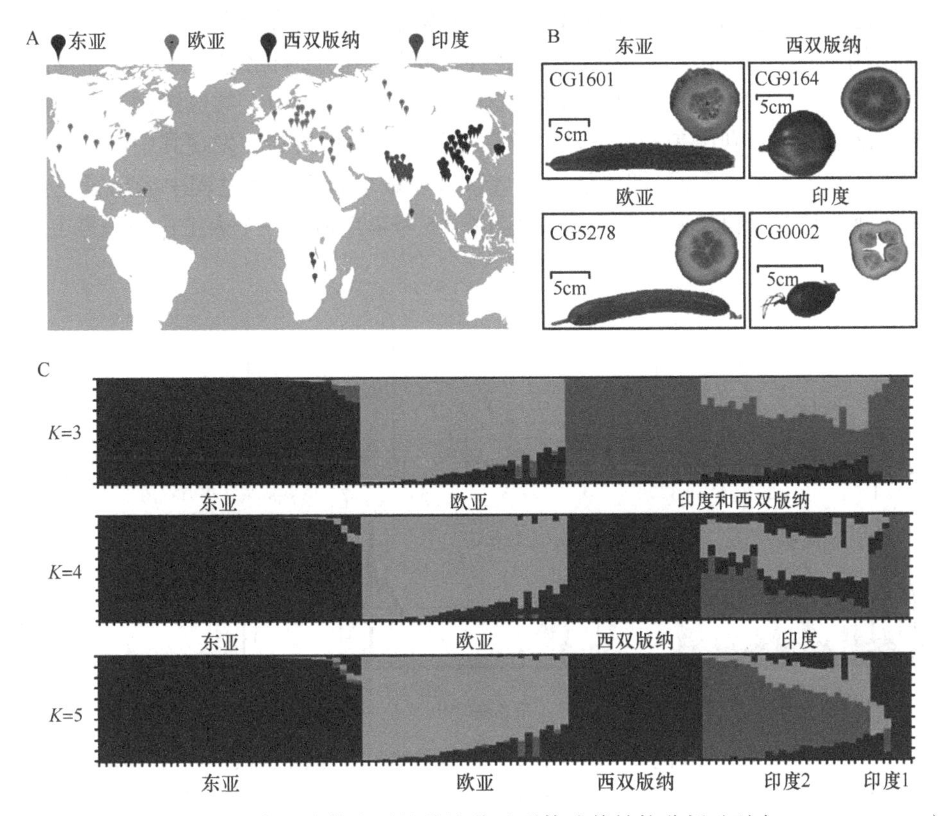

图 1-7-17　基于基因组水平遗传变异的栽培黄瓜群体遗传结构分析（引自 Qi et al.，2013）
K 指群体结构中的类群个数

三、作物基因组人工选择位点

植物在被驯化和后续遗传改良过程中，其基因组上会留下很多人工选择印迹，这是作物群体基因组不同于自然群体基因组的一个明显特征。那么作物群体基因组上到底有多少人工选择的靶位点？受到选择的基因组区域范围或比例有多大？这些都是作物群体遗传学需要回答的问题。同时，挖掘这些基因组选择印迹，有助于找到重要的驯化和遗传改良相关功能基因，从而为育种改良提供分子理论基础。

如上所述，目前检测功能基因的方法可以分为两大策略：一种是从上而下的方法（如 QTL 定位和 GWAS）；另外一种是从下而上的方法（选择信号检测方法）。在基因组上找到候选位点后，再利用反向遗传学的实验手段验证基因和表型的关系（Ross-Ibarra et al.，2007）。基于这两大策略（单独或两类方法综合使用），在作物群体基因组上已发现了大量人工选择位点。同样以水稻和黄瓜为例：①为了鉴定水稻驯化基因位点，Huang 等（2012a）利用驯化位点遗传多样性显著降低的特点，通过计算基因组上一定窗口内野生稻与栽培稻的遗传多样性比例（π_W/π_C），分别鉴定到了 60 个籼稻和 62 个粳稻基因组人工选择位点。这些位点包含重要驯化基因，如控制种壳颜色基因 *Bh4*、分蘖角基因 *PROG1*、种子落粒性基因 *sh4*、种子

宽度基因 *qSW5*，以及叶鞘颜色基因 *OsC1* 等（图 1-7-18）。此外，有 3 个明显的选择清除位点包含柱头外露率、种粒宽度、粒种相关 QTL 位点。这些驯化位点的鉴定为相关功能基因的克隆打下了很好的基础。②不同栽培黄瓜虽在瓜形、风味、性型等方面存在较大差异，但和其祖先种印度黄瓜相比，果实苦味都基本消失，叶片变大，果实增长等。因此可能存在共同的人工驯化痕迹。Qi 等（2013）将栽培黄瓜群体与祖先类型印度黄瓜进行比较，分别用遗传多样性比例（π_W/π_C）和组合方法 XP-CLR 计算黄瓜的候选驯化选择区域，并将两者结果一致的部分（80%）确定为最终的驯化选择区域。由此在基因组上共鉴定到 112 个候选驯化选择区域。该研究接着利用 Tajima's *D* 对这些区间进行中性检验，发现其中 100 个候选驯化选择区域 Tajima's *D* 值≤−2，即确认了这些区域在栽培黄瓜驯化过程中经历了正选择，为人工选择区域。其中，和苦味相关的 QTL 定位于 5 号染色体的一个人工选择位点上。

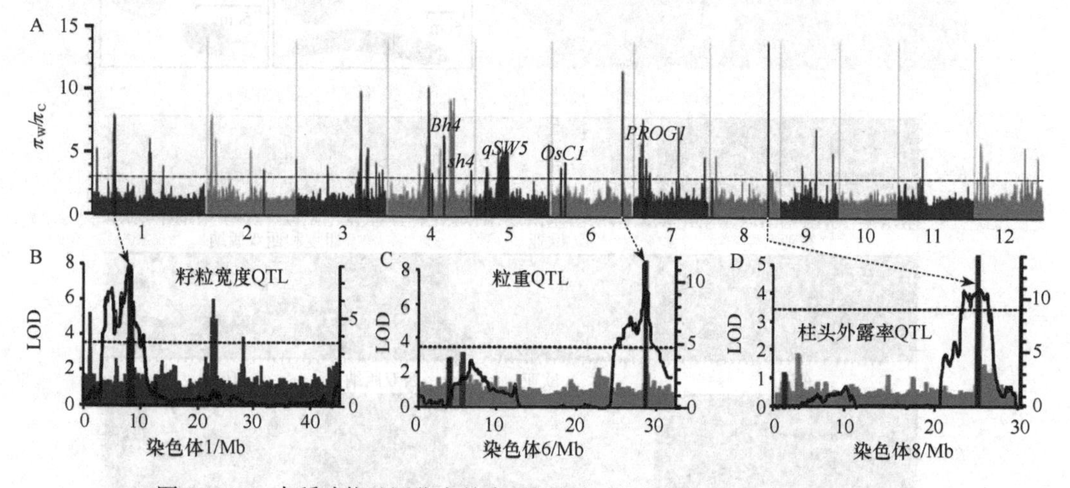

图 1-7-18 水稻功能基因位点的全基因组扫描（引自 Huang et al.，2012a）

A．利用栽培群体和野生群体的遗传多态性（π_W/π_C）比较鉴定人工选择位点；B～D．基因组选择扫描位点与粒宽、粒重及柱头外露率相关 QTL 定位区间的重叠情况。LOD 表示似然函数比值对数，LOD=lg（*L*1/*L*0），其中 *L*1 为位点存在 QTL 的概率，*L*0 为该位点无 QTL 的概率

不同植物驯化过程不尽相同，但有些人工选择位点却具有相同的特征，即具有一定保守性，这是驯化选择靶基因在不同科作物驯化中受到平行选择导致的。目前已发现不少这样的案例。例如，①非编码 miRNA：miR156 在水稻和大豆驯化过程中作为选择靶基因，参与调控理想株型。②种子休眠调控基因：中国科学院遗传与发育生物学研究所田志喜和储成才团队发现，控制大豆种子皮色的 *G* 基因同时参与大豆种子休眠的调控。进一步研究表明，*G* 基因的同源基因在水稻和拟南芥中都参与种子休眠的调控（Wang et al.，2018c）。③生长素响应相关基因：Xu 等（2012c）在栽培水稻基因组中找到了大量潜在驯化相关基因。这些候选基因的功能富集与形态、生长和转录调控有关，其中包括了生长素响应相关的 SAUR 蛋白家族基因，该家族对开花、植物生长和植物结构调节起着重要作用。值得注意的是，该家族在玉米驯化基因分析中也同样发现了富集的情况，表明这些基因在作物驯化和改良中发挥重要和普遍的作用。④生殖隔离相关的基因：在栽培群体，与生殖隔离相关的基因区域会发生遗传多样性急剧降低的现象。例如，在西瓜 3 号染色体上存在一个约为 2.2Mb 的区域，该区域在西瓜野生亲缘种具有非常高的遗传多样性，而现代栽培种中几乎没有多样性。水稻中也报道了类似的情况。这表明作物生殖隔离相关基因可能是驯化过程中的共同靶标位点，受到强烈的人工选择作用。

最近 10 年来的研究表明，人工选择除了靶向编码基因，还直接靶向调控编码基因的非编码 RNA 基因（如 miRNA）。例如，我们针对水稻开展群体遗传学研究，发现 *MIR156b/c* 基因位点可能受到强烈的自然和人工选择效应的影响，说明人工选择的对象除了转录因子等编码基因外，还可能针对非编码 RNA 基因（Wang et al.，2007）。随后李家洋院士课题组的功能研究证明，水稻 *MIR156* 调控 *OsSPL14* 基因，对水稻理想株型形成发挥关键功能，为典型的驯化相关基因（Jiao et al.，2010）。这是第一次在功能层面证明，水稻非编码 RNA 基因是人工选择的直接靶基因。而最近研究表明，*MIR156* 在大豆上同样控制大豆理想株型，为大豆株型改良和高产重要主效位点（Sun et al.，2018）。这说明作物育种过程中对非编码基因靶基因选择也具有一定的保守性。我们后续对水稻 miRNA 进行了大规模的群体调查，对水稻籼粳亚种品种和野生种群体中 40 个 miRNA 家族的 97 个位点进行了测序与分析。结果表明，miRNA 成熟位点的核苷酸多态性明显低于两端序列，表明其受到更加强烈的选择压；同时，保守 miRNA 家族的 DNA 多态性相较水稻特异 miRNA 整体低 50%，由于保守 miRNA 一般参与基础的代谢网络的调控，因而有可能受到更强的净化选择而保持序列的保守性（Wang et al.，2010）。

人工选择靶向那些控制重要农艺性状基因位点，但选择的基因组区域的大小，对育种选择的分子机制认识很重要。由于搭车效应的存在，靶基因所在的毗邻基因组区域中与非育种目标性状基因也会被连带选择，在育种上导致选择累赘问题。基于韩斌课题组研究结果，以 $\pi_{野生}/\pi_{栽培}>3$ 等标准，共检测到籼稻和粳稻受到选择位点各 60 个和 62 个，导致的选择连带区域大小平均为 535kb 和 587kb，分别累计为 32Mb 和 36Mb（Huang et al.，2012a）。另外，不少水稻驯化和遗传改良相关基因已被克隆，其中不少基因位点在群体水平上进行了人工选择信号检测。简单统计这些基因位点周围连带范围，发现水稻平均选择搭车区域大小为 403.4～474.2kb（表 1-7-7）。由此可以做个简单的估计，假设水稻基因组中有 100 个驯化和遗传改良相关基因受到强烈人工选择，每个受选择影响的基因组区域平均在 450kb 左右，这样累计 45Mb 区域受到选择影响，涵盖 10% 以上的水稻基因组区域（水稻基因组大小按 400Mb）。在番茄上，基于群体基因组分析结果，55～65Mb 基因组区域受到人工选择（Lin et al.，2014）。番茄基因组比水稻大一倍以上，其基因组受到更多人工选择也可以理解。

表 1-7-7　栽培稻群体人工选择位点区域大小

选择位点	选择性状	选择区域 /kb	文献
sh4	落粒性	60～400	He et al.，2011；Huang et al.，2012a
Prog1	分蘖角	300～600	He et al.，2011；Huang et al.，2012a
qSH1	落粒性（粳稻）	800	Lu et al.，2018
Rc	果色	20～300	He et al.，2011；Huang et al.，2012a
An1	芒长	700	Lu et al.，2018
waxy	糯性	260	Purugganan and Fuller，2009
Bh4	稻壳颜色	500	Huang et al.，2012a
qSW5	粒宽	600	Huang et al.，2012a
badh2	香气	100	Wang et al.，2014b
OsAMT1	养分吸收（氨）	100	Ding et al.，2011
SD1	株高（赤霉素合成）	404	Paterson and Li，2011
Pib	稻瘟病抗性	500	Lu et al.，2018
GAD1	粒数、粒长	900	Jin et al.，2016a
平均值*		474.2（403.4）	

* 分别按照报道的各个基因选择搭车区域最大值（最小值）统计

四、遗传渐渗与环境适应

在作物群体基因组中，有一个明显特征是存在大量来自野生祖先种的遗传渐渗，这是作物群体进化过程中时常发生的进化事件。来自野生群体的基因渗入可以有效增加栽培种的环境适应性。

一个典型例子来自玉米。Hufford 等（2013）研究发现，驯化的玉米在向墨西哥中部的高海拔地区扩张时，受到了当地高原野生玉米大刍草的基因渗入（图 1-7-19），这些渗入区间与高海拔环境适应性状（花青素含量、叶粗毛）QTL 位点相互重叠。表明这些基因渗入使玉米更好地适应了高海拔气候环境。渐渗过程中，基因流是非平衡的，即方向为大刍草向玉米的渗入，使适应性渗入位点在玉米栽培群体中均存在。然而，在驯化位点或者接近异交不亲和位点的基因组区域，则存在很低的野生玉米基因渗入。后续华中农业大学严建兵教授和陈玲玲教授合作组装了现代栽培玉米（'Mo17'）和高原野生玉米大刍草（'Mexicana'）的基因组，进一步分析证实了大刍草基因渗入促进了驯化玉米适应高原环境（Yang et al., 2017a）。他们结合新的基因组参照序列和 895 个玉米自交系，发现几乎每个玉米材料中都存在一定野生大刍草的基因组片段，包括 5 个渗入热点区域。总体而言，10.7% 玉米基因组区域显示来自大刍草的基因渗入，而且来自高原的玉米较低地玉米具有更高的渗入比例。渗入比例与海拔显著相关，说明一些渗入区域和高原适应性相关。

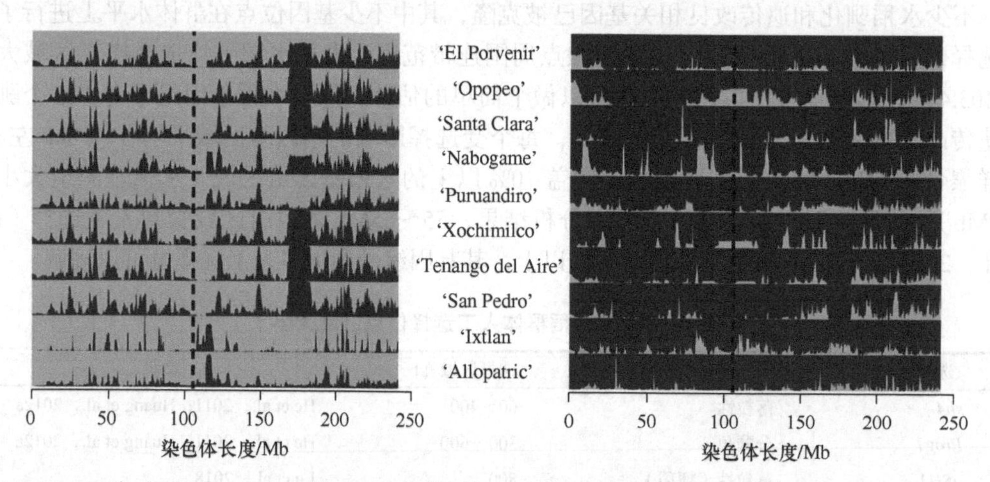

图 1-7-19 玉米（'EI Porvenir' 等 10 个不同材料，左图）和大刍草（'Mexicana'，右图）4 号染色体上的基因渗入（引自 Hufford et al., 2013）

浅黄色表示玉米基因组成分，红褐色表示大刍草基因组成分

五、作物泛基因组

目前主要作物均开展了群体基因组重测序及其遗传变异分析工作。这样的分析往往基于某一品种基因组作为参照基因组，这样的比较无法提供参照基因组以外的基因组片段和基因变异情况。也就是说，一个参考基因组只能提供作物基因组复杂多样性的部分信息。如果要上升到泛基因组水平，则必须对特定作物物种代表性个体进行独立的基因组拼接和比较（具体方法见本章第一节）。在 Web of Science 中以关键词"pangenome"（或"pan-genome"）和"pangenomics"（或"pan-genomics"）搜索，可见发表的泛基因组（包括作物泛基因组）相

关论文数量在逐年增加（图 1-7-20A）。自 2010 年以来，泛基因组相关研究论文已达 1200 多篇，其中以“plant”或“crop”为主题的泛基因组相关研究论文，截至 2018 年 12 月 31 日累计发表 264 篇。

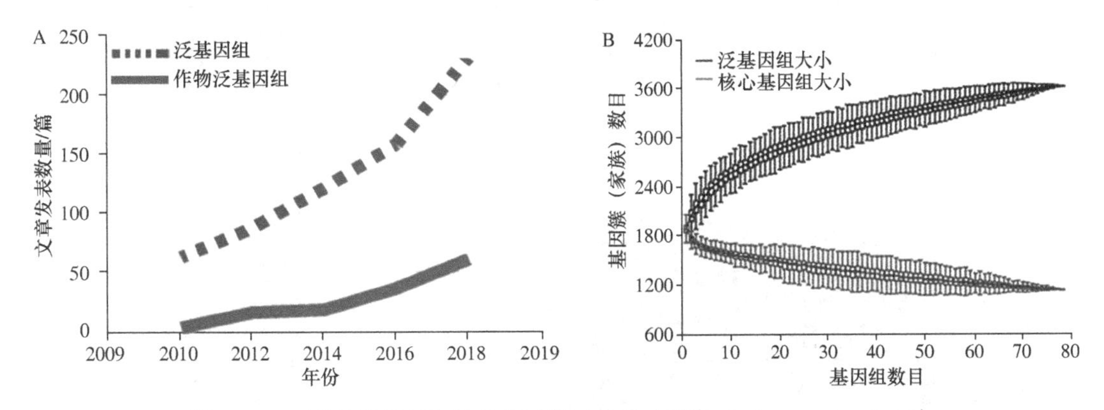

图 1-7-20　泛基因组相关研究及其数量估计（引自 Golicz et al.，2016）

A. 近年来泛基因组相关文章发表数量统计；B. 随着测定个体基因组数量增加，特定物种泛基因组和核心基因组大小变化趋势

目前针对部分作物（如水稻、小麦、玉米、大豆、棉花、油菜等）已开展了泛基因组研究（表 1-7-8）。作物泛基因组研究内容，目前主要集中在目标物种泛基因组大小、特征、核心基因数量及农艺性状相关基因等方面。以水稻为例。水稻是泛基因组研究比较领先的作物，已开展了大量相关研究。Zhao 等（2018a）从头拼接了 66 份栽培稻和野生稻的泛基因组，并系统地调查了水稻泛基因组中整套编码基因在不同种质之间的存在 / 缺失（PAV）情况，获得了水稻核心基因集等，并发现非必需基因组集合的基因富集为控制水稻抗病性非生物和生物应答基因，特别是 NBS 类基因（图 1-7-21）。此外，中国农业科学院牵头开展的国际水稻 3K（3000 份）基因组项目，使用迭代组装策略构建了亚洲栽培稻的泛基因组，获得了水稻参照基因组‘日本晴’之外 268Mb 的非冗余序列，预测了约 1.2 万个全长基因和数千个新基因（Wang et al.，2018e）。基因 GO 功能富集发现，不同水稻亚种共有的核心基因家族功能与生长、发育、繁殖相关，而非必需基因集合富集于免疫和防御响应调控及乙烯代谢等功能。该项目同时搭建了水稻 3K 泛基因组数据库（RPAN，Rice Pan-genome Browser）。水稻泛基因组体现了水稻种质资源中的遗传多样性，对水稻的育种改良有着重要意义。

表 1-7-8　作物泛基因组研究举例

作物	资源种质数量	核心基因占比 /%	文献
水稻	66	61.9	Zhao et al.，2018a
小麦	18	64.3	Montenegro et al.，2017
大豆	7	80.0	Li et al.，2014
油菜	53	62.0	Hurgobin et al.，2017
二穗短柄草	54	73.0	Gordon et al.，2017
白菜	3	87.0	Lin et al.，2014
甘蓝	10	81.3	Golicz et al.，2016
苜蓿	15	59.4	Zhou et al.，2017
辣椒	383	55.7	Ou et al.，2018
芝麻	5	58.2	Yu et al.，2018

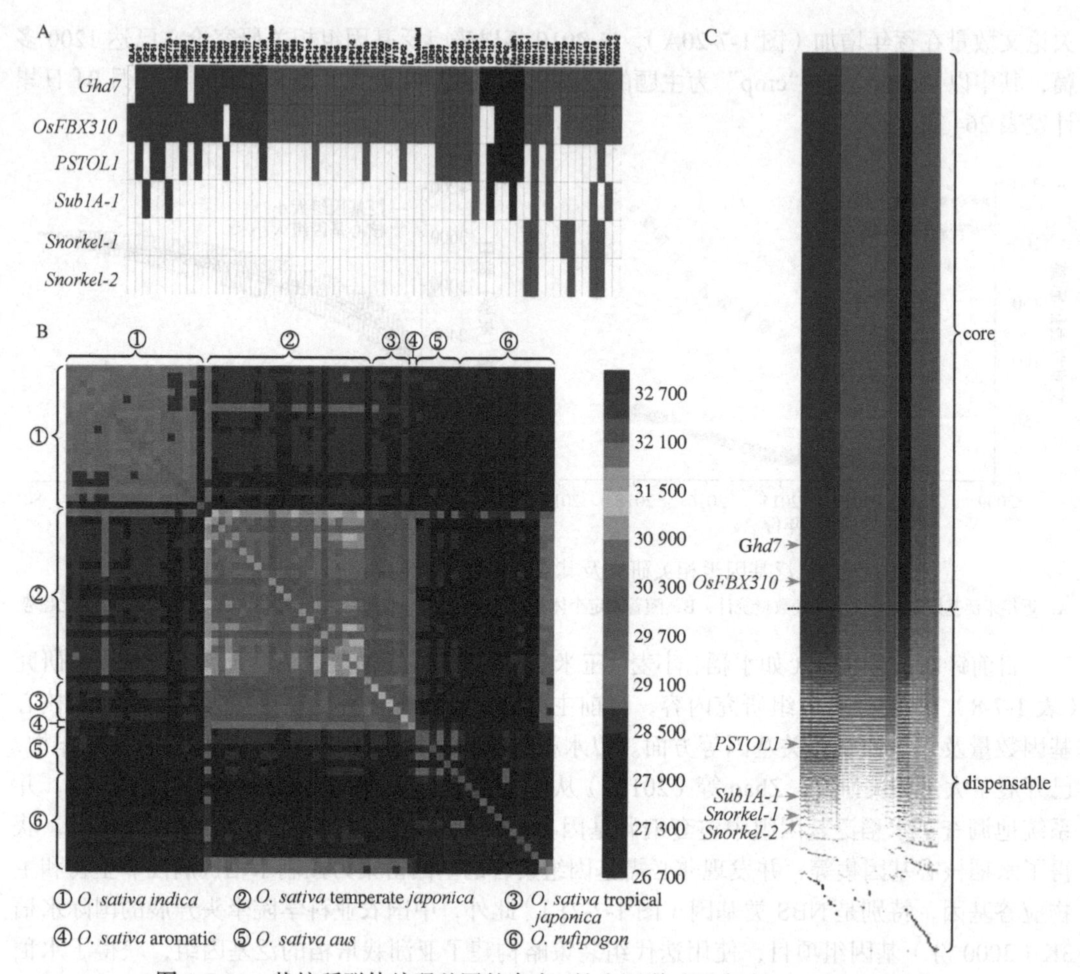

图 1-7-21 栽培稻群体编码基因的存在 / 缺失图谱（引自 Zhao et al. 2018a）

A. 6 个功能基因在 66 份水稻基因组中的存在 / 缺失情况。B. 编码基因集在 66 份水稻基因组的相互比较图谱。可见不同类型水稻同源基因数量存在明显差异。物种①～⑥依次为籼稻、温带粳稻、热带粳稻、香稻、秋稻和普通野生稻。C. 66 份水稻种质中 42 580 个基因的存在和缺失信息。其中包括核心（core）和非必需（dispensable）基因情况

作物泛基因组其实是一个动态概念。随着测定特定作物物种个体基因组数量的增加，其泛基因组及核心基因组（核心基因集）大小在不断变化，即泛基因组在不断扩大，核心基因组的基因数量在不断减少（图 1-7-20B）。目前开展泛基因组研究的作物，已经能够获得一个比参照基因组大得多的泛基因组（如水稻）。随着后续个体基因组研究不断深入，每个作物物种都会得到一个完整的泛基因组，用于遗传育种等研究。同时，目前研究获得的核心基因占比（全部基因组注释基因）在 60% 左右（表 1-7-8）。随着个体基因组研究的深入，特定作物物种核心基因集也会不断更新。该基因集代表特定物种最重要的遗传基础，是作物遗传育种最为重要的信息，将为合成基因组等研究提供重要信息。

第 1-8 章　植物单细胞基因组

第一节　单细胞基因组学概述

一、单细胞及其基因组研究历史

（一）单细胞及其基因组概念

细胞是生命的基本单位，多细胞生物体是由不同形态、功能的各类细胞构成。人类有大约 3.72×10^{13} 个在不同组织中和谐共处的单细胞（Bianconi et al.，2013）。在传统生物学中，通常假设同一组织中的细胞是具有相同状态的功能单位。因此，传统的研究手段基于该假设对细胞行为、基因表达等进行分析，得到的是细胞群体的平均反应，或仅代表该群体中数量上占优势的细胞信息。其实，来源于同一组织看似同质的细胞之间，存在很大的基因表达差异。正如世界上没有两片相同的叶子，实际上生物界中也没有两个完全一样的细胞。每个细胞都有自己独特的个性，单个细胞之间的异质性（cell heterogeneity）是生物系统和生物组织的普遍特征（Kalisky et al.，2011）。例如，在胚胎发育过程中，每个干细胞都通过不断地分裂分化产生各种不同类型细胞，从而进一步发育成不同的组织和器官。肿瘤是细胞异质性的重要体现之一，同一肿瘤内部存在不同基因表达谱和功能特征的肿瘤细胞，导致患有同种肿瘤的患者预后有着天壤之别。在高通量测序技术和基因组学发展的推动下，从单细胞水平进行生物学分析并把握这些细胞异质性，迅速成为研究热点。单细胞基因组学的兴起，让精准医疗、精准育种、物种进化等研究与应用进入了一个崭新时代。

单细胞基因组学，顾名思义，是以单个细胞为研究单位，解析其基因组结构、功能与进化的学科。单细胞基因组研究，包括不同细胞在生命过程中的个性化功能和独特的调控机制，将推动以细胞群体为基础的传统生物学向以单个细胞异质性为基础的单细胞基因组学发展。

（二）单细胞基因组学研究历史

显微技术让单细胞第一次进入人们的视野。早期的微生物学家们可以在显微镜下观察原核微生物单细胞的活动。19 世纪 50 年代末期，病理学家们首次将人类单个细胞的异常表现与疾病联系到了一起。2006 年，哈佛大学的 George Church 实验室在 *Nature Biotechnology* 上报道了世界上第一个单细胞转录组（Zhang et al.，2006）。最初开发单细胞测序技术的目的，是为了研究在自然界中难培养微生物的基因组。自然界中 99% 的微生物是无法培养的，前人主要通过宏基因组测序的方法对这类微生物进行研究，但这种方法容易遗漏弱势微生物群体。单细胞测序技术很好地弥补了宏基因组测序的主要缺陷。但由于当时测序的价格昂贵，单细胞测序技术并没有立刻开始广泛应用。随着测序技术、单细胞分离和单细胞全基因组扩增技术的进步，相应的成本大幅度降低，大力推动了单细胞测序技术在微生物（Leung et al.，2012）、肿瘤异质性（Lee et al.，2014）、罕见循环肿瘤细胞（Ni et al.，2013）、人胚胎早期分化（Klein et al.，2015），以及植物染色体重组（Li et al.，2015b）等方面的应用（图 1-8-1A）。*Nature Methods* 杂志在 2012 年将单细胞研究方法列为未来几年最值得关注的技术领域之一，2013 年将其列为最重要的方法学进展（Chi，2014）。2012 年，*Science* 杂志同样将单细胞测序列为年度最值得关注的六大领域的榜首（Pennisi，2012），并出版了“Single-cell Biology”专刊讨论单细胞技术。2018 年，*Science* 杂志将单细胞发育（development cell by cell）研究评为年度十大突破之首（图 1-8-1B），认为单细胞相关技术（单细胞分离技术、单细胞基因组测序及其生物信息学分析技术）将改变未来 10 年的生物学研究。

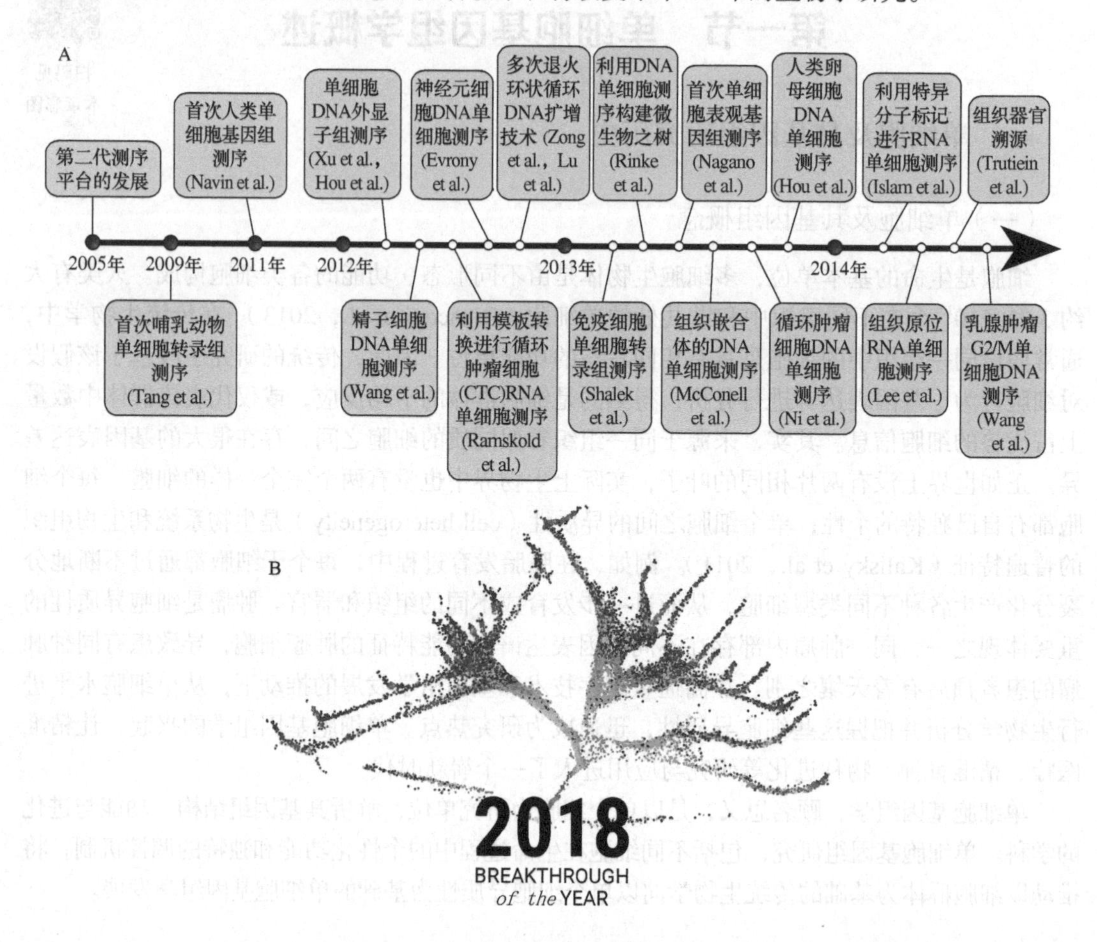

图 1-8-1 单细胞基因组测序与发展历程

A. 单细胞基因组测序研究与应用主要发展历程（引自 Wang et al.，2015h）；
B. *Science* 2018 年度十大突破进展宣传封面

回顾单细胞测序技术的发展历程，有许多里程碑事件（Wang et al.，2015h）（图 1-8-1A）。2009 年，Tang 等（2009）对小鼠四细胞胚胎阶段的单个卵裂球进行单细胞转录组测序，这是哺乳动物的第一个单细胞测序工作。2011 年，Navin 等通过流式细胞分离，对 200 个癌细胞分别测序和进化研究。这是哺乳动物第一个单细胞基因组 DNA 测序工作。2012 年，单细胞测序技术的研究与应用进入了井喷式发展阶段：华大基因在同一期 *Cell* 杂志上发表了两篇对上百个肿瘤单细胞外显子组（Xu et al.，2012b）和基因组（Hou et al.，2012）测序分析的研究；斯坦福大学 Stephen Quake 实验室在 *Cell* 上发表对单个精子的基因组测序（Wang et al.，2012b）；美国科学院院士、哈佛大学教授谢晓亮团队在 *Science* 上同期发表了两篇文章，介绍了一种基于 PCR 和多重置换扩增（multiple displacement amplification，MDA）技术的单细胞 DNA 扩增技术——多次退火环状循环扩增技术（multiple annealing and looping based amplification cycles，MALBAC）（Zong et al.，2012；Lu et al.，2012），该技术大幅度提升单细胞基因组实验室扩增的覆盖率和一致性，使单细胞基因组测序结果更加稳定；*Nature* 发表冷泉港 James Hicks 实验室有关乳腺癌的单细胞 CNV 研究结果（Garvin et al.，2015）。2015 年，华中农业大学严建兵团队首次实现植物单细胞全基因组测序。他们通过对 24 个玉米四分体单细胞测序，对玉米重组规律形成了新认识，丰富了遗传学理论，为作物育种提供了有价值的信息（Li et al.，2015b）。2017 年，谢晓亮团队又在 *Science* 上发文，介绍了一种有高基因组覆盖度（98%）、高准确度、高扩增一致性的单细胞 DNA 扩增技术——基于转座插入的线性扩增（linear amplification via transposon insertion，LIANTI）（Chen et al.，2017a），为不同物种无偏检测 CNV 和 SNV 提供了强有力的工具。

时至今日，随着技术的发展，单细胞在哺乳动物上已经实现了高通量单细胞转录组研究。浙江大学郭国骥教授利用自主开发的 Microwell-Seq 高通量单细胞测序平台，对来自小鼠近 50 种器官和组织的 40 余万个细胞进行了系统性的单细胞转录组分析，并构建了首个哺乳动物细胞图谱。该新技术的出现使单细胞测序文库的构建成本降低了一个数量级，是单细胞组学领域里程碑式的研究成果（Han ct al.，2018）。中国科学院王晓群课题组、北京大学汤富酬课题组等通过合作研究，绘制了人脑前额叶胚胎发育过程的单细胞转录组图谱，解析了人类胚胎大脑前额叶发育的细胞类型多样性及不同细胞类型之间的发育关系，揭示了神经元产生和环路形成的分子调控机制，并对其中关键的细胞类型进行了系统的功能研究，为绘制最终完整的人脑细胞图谱奠定了重要的基础（Zhong et al.，2018）。这些研究成果同样显示着中国在单细胞测序领域处于国际领先地位。高通量单细胞测序技术为人类揭开受精卵发育分化之谜照亮了一道曙光。2018 年 4 月，*Science* 同时发表了 3 篇研究长文，报道了用单细胞测序技术在斑马鱼和蛙早期胚胎发育过程中，分别建立了基因表达动态图谱，将相关数据以几分钟到几小时的时间间隔组合在一起，对细胞进行逐个描述，并观察胚胎最终形成的过程，从而建立起完整的路线图，揭示了单个细胞构建整个生物体的完整过程（Farrel et al.，2018；Wagner et al.，2018；Briggs et al.，2018）。另外，我国科学家还建立了一种单细胞三重组学测序方法（scTrio-Seq），在国际上首次从同一单一细胞中实现对基因组、转录组和表观组测序信息的同时获取，发现单细胞水平 3 种组学数据之间存在密切关联和癌症细胞的异质性（Hou et al.，2016；Bian et al.，2018）。单细胞测序技术的迅猛发展已经影响到了生命科学研究的方方面面。单细胞测序技术能够解析细胞间更加细微的差异，推动发育生物学、神经科学、免疫、癌症等领域的发展，正成为生命科学研究的焦点。

二、单细胞基因组学关键技术

单细胞基因组学研究涉及多个环节，包括通过实验手段获取单个细胞，建立测序文库，进而利用高通量测序技术获得组学数据，并借助生物信息学技术进行分析等（大致流程见图 1-8-2）。首先是单细胞分离技术。单细胞体积微小且形态多样，尤其是植物组织单细胞，由于细胞壁难以消化而使单细胞分离难度大大增加。单细胞分离是单细胞测序技术目前的主要难点。针对不同组学分析目标不同，测序文库建库的方法也不同（图 1-8-2）。就目前的单细胞测序技术而言，单个细胞的核酸量不足以满足测序要求。例如，单个哺乳动物细胞内的总 RNA 量约为 10pg，其中 mRNA 为 0.1～0.5pg，远远小于高通量测序文库构建所需的 RNA 量。因此，对单细胞进行数十万倍的扩增建库同样是单细胞测序计数的关键步骤。下

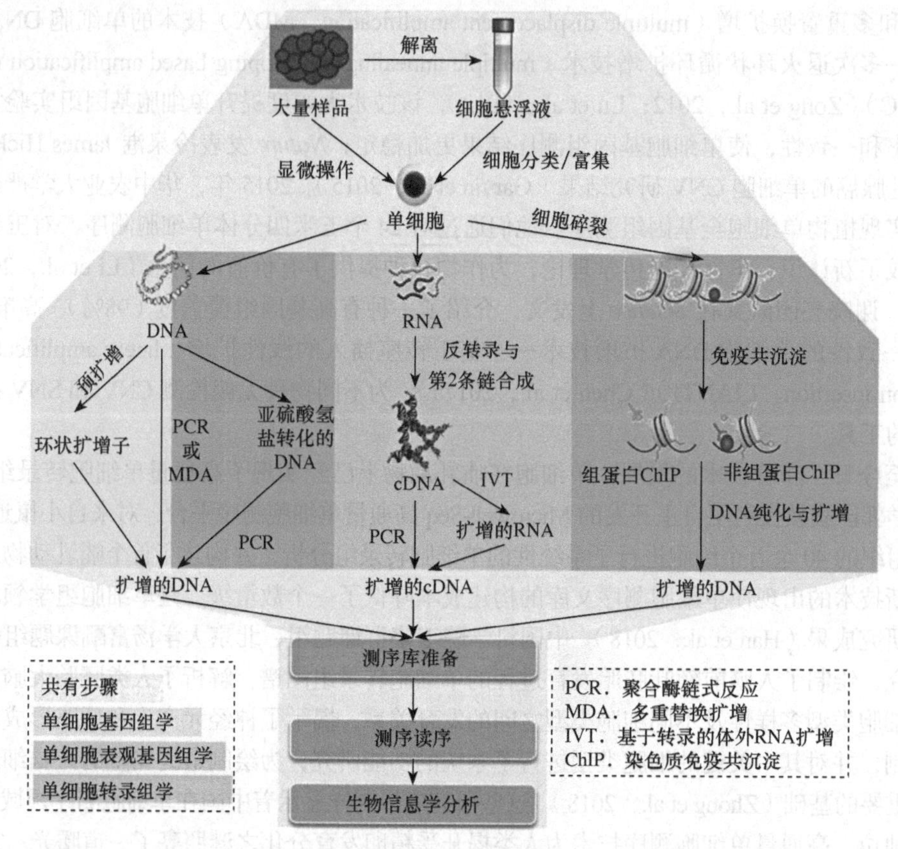

图 1-8-2　单细胞基因组测序与组学应用的技术流程（引自 Xu and Zhou，2018）
涉及单细胞分离、目标产物扩增、测序文库构建、测序及其生物信息学分析

文将从单细胞分离与获取、基因组扩增建库与测序、转录组扩增建库与测序、单细胞 DNA 甲基化测序等方面及其在植物中的应用情况进行介绍。

（一）单细胞分离与获取

虽然目前有很多基于单细胞的先进实验技术，但单细胞样品的分离和获取仍然是单细胞组学研究的挑战之一。不同细胞形态各异、各有特点。针对不同的研究目的，目前主要包括如下 5 种常见的单细胞分离方法（图 1-8-3）。

1）流式细胞分选技术（图 1-8-3A）：流式细胞分选技术（fluorescence activated cell sorter，FACS）是通过流式细胞仪对细胞或细胞器进行自动分析和分选的技术。FACS 能实现单个细胞样本分离，并对单个细胞的理化特性进行多参数定量分析。该方法通量高、分选快、能够保持细胞活力，且技术成熟，有统一的标准。但必须要有荧光才能实现细胞分选，对细胞添加荧光染料可能会影响细胞的状态，对单细胞 RNA 测序的结果产生一定的误差。

2）微流控芯片技术（图 1-8-3B）：微流控芯片技术（microfluidics）是将细胞样品和反应液全部注入微管中，相应的反应、分离、检测、分析等都在其中完成。微流控平台可以降低单细胞测序的噪声，使得基因组扩展更加均匀。而且由于在封闭的管道中完成反应，能更好地避免人为操作误差。最早在微生物中完成的单细胞测序就是采用微流控芯片来分离单细胞的。用于单细胞分离的微流控装置方案有多种，Fluidigm 的 C1 系统就是基于微流控芯片开发的，能平行分离 96 个单细胞样品用于下游的遗传分析，另外，有的微流控装置也借助

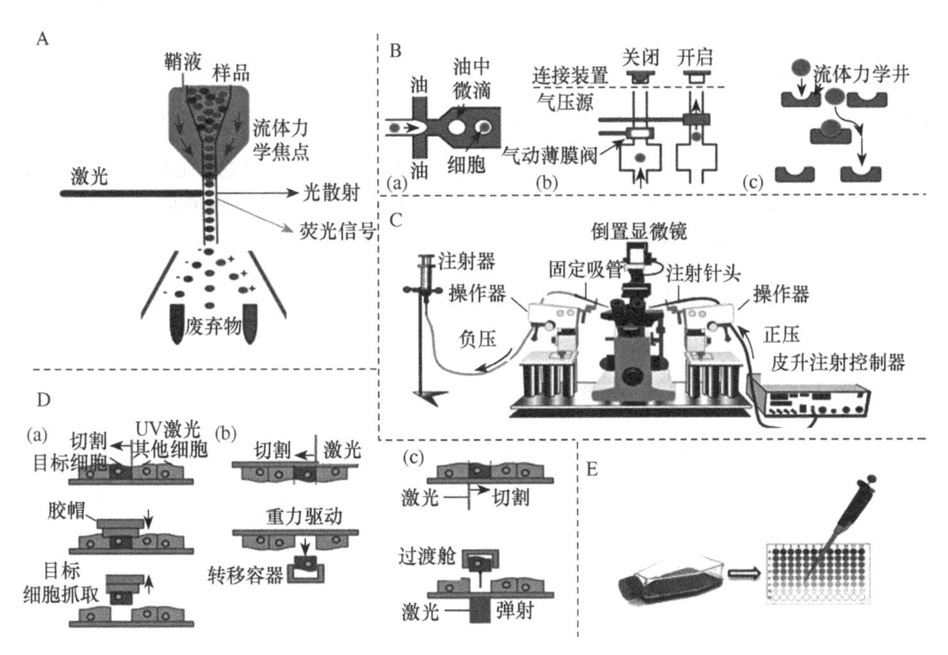

图 1-8-3　5 种常见单细胞分离方法（引自 Xu and Zhou，2018）

图中 A～E 分别为流式细胞分选技术、微流控芯片技术、人工解离法、激光显微切割分离技术和有限稀释法

油水不相容原理来完成细胞分选。

3）人工解离法（图 1-8-3C）：显微操作是利用显微镜结合机械控制的微针，通过可视化界面直观地进行目标细胞样品分离和收集，是一种灵活的获取单个细胞的技术。利用显微操作不仅能获得单细胞样品，还能获知分离细胞所在的精确位置。缺点是通量低，分离过程中容易损伤细胞，细胞识别的过程中容易出错。人工解离法应用范围涵盖细菌分析、生殖医学、植物生殖和胚胎发育等。

4）激光显微切割分离技术（图 1-8-3D）：激光显微切割分离技术（laser capture microdissection）是通过激光切割将单个细胞从组织切片中分离出来。该技术同样结合显微镜定位目标细胞，在计算机显示屏幕上对切片组织中目标细胞区域画线做标记，用激光切割以提取目标单细胞。该方法的缺点同样是通量低且成本高，但快速、方便，且能在组织中准确定位单细胞来源。激光切割的样品不受组织类型的限制，如根、叶、胚等，通常采用甲醛固定、石蜡包埋或冰冻固定。但利用激光显微切割并不能保证一定分选到单个细胞，切片中细胞也不一定具有完整的细胞质结构，激光对 RNA 等生物大分子可能存在破坏作用，所以用其分离的单细胞进行 RNA 测序结果可能会有一定误差。

5）有限稀释法（图 1-8-3E）：有限稀释法（limiting dilution）是通过将细胞悬液进行一系列稀释后，得到只含有单个细胞的液滴，从而实现单细胞分离。但悬浮液滴中含有单细胞的概率只是基于统计学原理分析，实际分离效率很难保证。为了提高单细胞并降低多细胞样品出现的概率，样品必须进行足够的稀释，且每个分装容器中是否含有单细胞，还需要显微镜观察等其他实验证实。其优点是技术简单、成本低廉；缺点是在分离过程中容易出现多细胞或分离错误或者丢失细胞。

上述方法在植物单细胞分离中也得到了应用。例如，① Grønlund 等（2012）将拟南芥叶片细胞通过原生质体分离技术去除细胞壁，利用 FACS 进行单细胞分离，研究单个细胞在发育、胁迫、衰老等不同阶段基因表达模式（Shapiro et al.，2013）。但该技术要求有大量悬浮细胞作为原始材料，影响对低丰度细胞亚群的鉴定。FACS技术中高速流动的液体也会对细胞造成一定程度的损伤。②华中农业大学严建兵团队利用显微操作技术成功分离获得玉米单个四分体小孢子（Li et al.，2015b）和花粉核（Li et al.，2017c），且能确定分离得到的4个小孢子来自同一个四分体，分离得到的3个花粉核来自于同一个成熟花粉。③Ma等（2011）通过激光显微切割分离技术分离得到烟草（*Nicotiana tabacum*）二胞原胚的顶细胞和基细胞，研究发现合子的不对称分裂将转录本不均匀地分配到两种细胞中，这可能是顶细胞和基细胞发育命运不同的原因之一；Liu等（2015）利用该技术切除拟南芥胚体细胞后，胚柄细胞的发育发生转变，形成次生胚。该研究验证了长期以来对胚柄具有发育为胚的能力的推测。

细胞分离技术在不同的植物单细胞基因组学的应用，都需要根据研究目的进行细胞分离方案特殊设计。例如，如果实验目标是检测单细胞的转录组，那就需要在分离缓冲液中加入RNase抑制剂，并尽快溶解细胞，尽量使RNA处于稳定的环境中。同时，单细胞分离方法在动植物和微生物之间都存在很大的差异。例如，在分离玉米四分体小孢子时，由于细胞具有很大的渗透压，需要在分离缓冲液中特别加入高浓度的山梨醇来平衡渗透压（Li et al.，2015b）。

（二）基因组扩增建库与测序

除了单细胞分离技术，目前单细胞基因组学的另外一个关键技术是单细胞全基因组扩增。单细胞全基因组扩增是将单个细胞的微量基因组DNA进行高效扩增，得到高覆盖度的单细胞遗传序列，扩增得到的DNA用于后续DNA文库构建和测序。目前扩增方法主要包括DOP-PCR法、MDA法、MALBAC/PicoPLEX法、LIANTI法等（图1-8-4）。

1）早期经典单细胞全基因组扩增技术仍然是基于热循环的PCR技术，主要为简并核苷酸引物PCR法（degenerate oligonucleotide primed PCR，DOP-PCR）（图1-8-4A）。基于PCR的全基因组扩增技术依赖于双端引物的扩增，PCR每个循环的扩增倍数是一定的，所以扩增的一致性较高（不同区段的扩增效率较一致）。但同时存在多种影响PCR扩增效率的因素，导致酶滑链或者从模板上脱离，或者引入错误和非特异性扩增产物，使基因组扩增覆盖度降低。不同基因组位置的扩增效率和错误等会影响后续分析。

2）多重置换扩增（multiple displacement amplification，MDA）是目前最为常用的单细胞基因组扩增技术（图1-8-4B）。MDA与PCR扩增不同，其使用的是单端随机引物及高保真DNA聚合酶，可进行等温扩增，因此测序的覆盖度很高（90%）；但该方法扩增一致性比PCR法要差。所以PCR扩增的方法更适合用于染色体倍性变异的研究，而MDA方法更适合用于检测突变及SNP的研究。

3）为了解决扩增一致性和扩增覆盖度两者不可兼得的问题，多次退火环状循环扩增技术（multiple annealing and looping based amplification cycles，MALBAC）被开发出来（图1-8-4C）。该方法结合了PCR和MDA的优势，先进行基于单引物的MDA方法扩增，保证全基因组的测序覆盖度；然后再进行PCR指数扩增，保证基因组扩增的一致性。MALBAC同时兼顾一致性和覆盖度，但其覆盖度略低于MDA。如今，为了进一步提升覆盖度和一致性，谢晓亮团队开发出了基于转座酶随机插入和体外转录扩增的单细胞基因组扩增方法LIANTI（Chen et al.，2017）。该方法利用Tn5转座酶切碎基因组后，通过末端特异序列进行扩增，测序数据能保持较高的基因组覆盖度（98%）；同时采用体外转录再反转录的扩增策略进行短片段线性扩增，使扩增一致性更优于PCR的热循环指数扩增；由于没有经过PCR循环，在同一核苷酸位点上发生的突变不会被指数放大，该方法能保证测序数据的准确度。LIANTI法为各物种的单细胞DNA研究提供了强有力的技术手段。

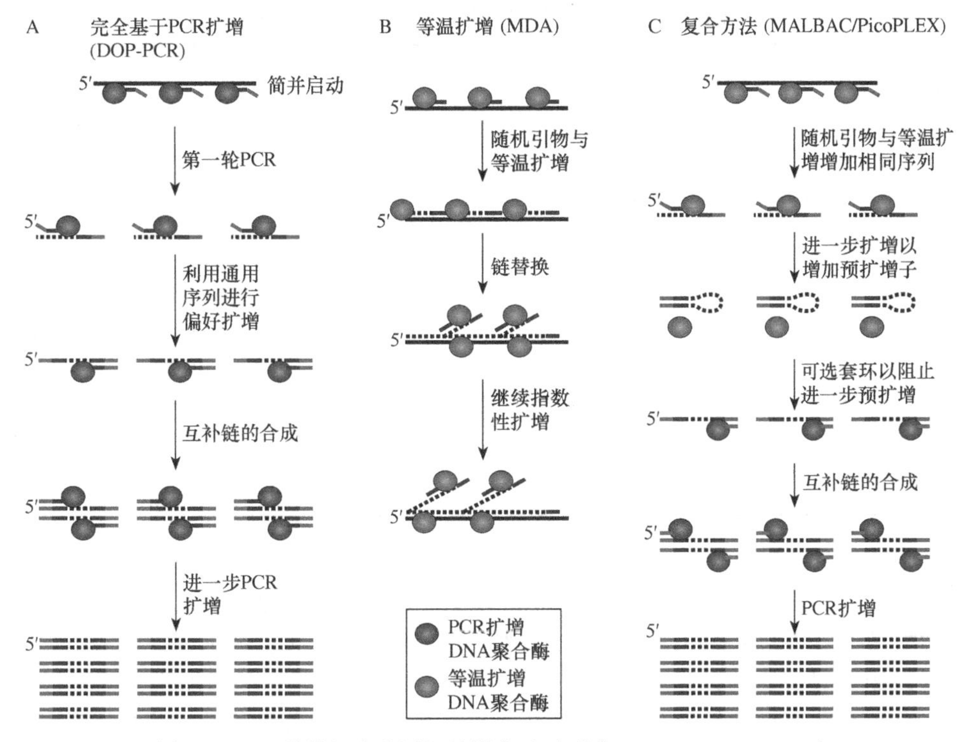

图 1-8-4　3 种单细胞基因组扩增方法（引自 Gawad et al.，2016）

A. DOP-PCR 法：使用随机引物进行 PCR 扩增，扩增一致性高，但基因组覆盖率较低；B. MDA 法：利用单端随机引物和高保真酶进行等温扩增，基因组覆盖度高，但是扩增一致性较低；C. MALBAC/PicoPLEX 法：DOP-PCR 法和 MDA 法两种方法的折中，能保证较高基因组覆盖度和较高的扩增一致性

（三）转录组扩增建库与测序

单细胞转录组测序则是以单个细胞为研究单位，主要目的是揭示不同时期组织的单细胞转录本之间差异（定量和定性）。近年来，微量样品的 RNA 测序技术在单细胞研究中大力发展，相关技术称为单细胞 RNA 测序技术（single cell RNA-sequencing，scRNA-Seq）。

Tang 等（2009）最早实现了单细胞 RNA 测序。目前单细胞转录本扩增主要有如下两种主要策略（表 1-8-1）：①对 RNA 的 3′ 端进行富集和测序。该策略能实现更均一的扩增，但仅适用于转录本定量研究。目前包括 CEL-Seq 和 MARS-Seq 等方法，在免疫细胞、癌症细胞的分型鉴定方面应用较广。②直接抓取全长转录本进行扩增，再打断测序。该策略可以保留完整编码信息，但扩增的一致性会略低。目前常用方法包括 SMART-Seq 和 Quartz-Seq。目前 SMART-Seq2（Picelli et al.，2014）利用现成的试剂，因此成本比较低，逐步替代 SMART-Seq，成为现在的主流技术。SMART-Seq2 能够无偏倚地获得全长转录本，大幅度提高其定量准确度。这些技术都可以获得 mRNA 的全长信息，但最低起始量、检测灵敏度、稳定性不尽相同，使用的研究范围也不一致。上述方法都只能对含有 poly（A）尾的 mRNA 进行测序，而使用随机引物反转录的方法还可以研究长链非编码 RNA，同时具有更好的检测能力。常用方法有 SUPeR-Seq 和 MATQ-Seq，两者原理相似，后者偏倚效应更低。另外，10x Genomics 公司推出的 Chromium TM 系统同样为超高通量单细胞转录组测序提供了可能性。其技术核心是采用微流体（microfluidics）技术构建油滴包裹的凝胶珠，结合 75 万种独特的序列条形码（barcode）对每个单细胞序列进行标记（Zhang et al.，2019）。

表 1-8-1 单细胞转录本扩增技术（引自李响，2017）

单细胞 RNA 扩增方法	RNA 反转录扩增原则	定量分析	定性分析	其他
CEL-Seq	含多聚腺苷酸［poly（A）］适合的全长转录本反转录，合成第二链后转录扩增成 RNA，打断后连上接头，再反转录为 DNA 建库	适合	不适合	只测序转录本的 3′ 端
MARS-Seq	同 CEL-Seq，通量更高	适合	不适合	只测序转录本的 3′ 端
SMART-Seq	含 poly（A）的全长转录本反转录，再扩增建库	不适合	适合	早期的全长转录组扩增技术，有成熟试剂盒
SMART-Seq2	同上	适合	适合	定性和定量提高
Quartz-Seq	同上	适合	适合	较 SMRT-Seq 有提高
SUReR-Seq	使用随机引物对转录本进行反转录，再扩增建库	适合	适合	准确度高，能检测非编码 RNA（ncRNA），同时避免 rRNA 污染
MATQ-Seq	同上	适合	适合	准确度高，能检测 ncRNA，同时避免 rRNA 污染，且无偏倚

单细胞转录组在测序之后，马上面临着差异表达基因计算方法技术的挑战。即使进行全转录组扩增，能检测到的 RNA 水平仍然非常微量，在当前主流的分析工具下，部分基因会被误认为根本不活跃，导致错误的细胞间基因表达差异结果分析。为了解决这个问题，针对单细胞转录组差异表达的计算工具也在不断发展。2018 年 5 月，美国加州大学洛杉矶分校（UCLA）的两位华裔科学家提出了一款分析软件 Sclmpute，其能准确估计单个细胞内基因表达强度，特别是针对那些在细胞中表达量低、几乎不被读取的基因（Li et al.，2018）。随着生物信息学的快速发展，全面而精准地进行单个细胞基因表达差异分析将成为可能。

由于单细胞分离操作过程中，会对细胞造成不同程度伤害，同时转录本测序本身的稳定性较差，单细胞转录组测序分析目前还是存在一定误差。相对于转录组，DNA 甲基化的稳定性更高，且与基因表达高度相关。正因如此，单细胞 DNA 甲基化测序被认为是单细胞 RNA-Seq 技术的一个有效补充。

（四）单细胞 DNA 甲基化测序

如上所述，单细胞 DNA 甲基化测序被越来越多的人所关注，该技术可能成为假阳性和系统误差更小的检测手段。单细胞 DNA 甲基化测序常用的方法是用重亚硫酸氢盐处理基因组 DNA，未发生甲基化的胞嘧啶被转化为尿嘧啶，而甲基化的胞嘧啶不变。随后设计 BSP 引物进行 PCR，在扩增过程中尿嘧啶全部转化为胸腺嘧啶，最后对 PCR 产物进行测序，可以判断 CpG 位点是否发生甲基化。该方法经改进后被应用于单细胞甲基化测序，目前主要包括 scRRBS-Seq 和 scBS-Seq 两种方法。scRRBS-Seq 采用先酶切再进行重亚硫酸盐处理的策略，能特定地检测酶切位点附近的 GC 甲基化，但这种方法只能覆盖基因组很少的区段（Guo et al.，2013a）。为了提高甲基化测序的覆盖度，scBS-Seq 则通过对全基因组进行重亚硫酸盐转换、片段化及两步扩增的策略，在小鼠中能实现 46% 的 GC 覆盖度，该方法相比 scRRBS-Seq 有很大的进步（Smallwood et al.，2014）。但基因组在重亚硫酸盐处理时会被片段化，而小片段的 DNA 只能通过 PCR 扩增，无法用 MDA 方法进行高覆盖度扩增，因此，整体上甲基化测序覆盖度仍然较低。对于重复序列比例较大的植物基因组（如玉米），则该问题更加严重。因为这种测序方法在测序数据比对回参考基因组时，非唯一定位的读序会被过滤掉，所以重复区段的序列难以被覆盖到。因此，为了提高单细胞基因组甲基化信息的完整性，并分析其与转录组之间的关系，提高甲基化组测序的覆盖度是关键。

除了上述技术之外，还有一些新技术对单细胞基因组学研究具有重要的应用价值。例如，scDNase-Seq 的方法可以检测单个细胞中 DNase Ⅰ的敏感位点（DNA 单链的位点），从而确定基因组的转录活性和其他功能性区域；单细胞 Hi-C 技术也开始陆续应用于单个细胞的染色体空间构型解析，为进一步理解其与细胞分化的关系提供了重要依据。

单细胞测序技术不仅广泛应用于生物和医学领域（神经细胞活动、循环肿瘤细胞检测、干细胞和胚胎发育等），在植物逆境胁迫、信号转导、开花调控、生殖和胚胎发育、植物与菌类互作、藻类代谢等研究中也具有广泛应用前景。随着测序技术的发展，单细胞水平的组学技术势必克服目前方法弊端，从而在更多的生命科学领域得以应用，解决目前很多领域的瓶颈问题。

第二节　植物单细胞基因组研究

一、植物单细胞基因组研究案例

华中农业大学严建兵团队首次实现植物单细胞全基因组测序，其团队李响博士等克服植物细胞壁的障碍，于 2015 年和 2017 年连续报道玉米花粉单细胞研究成果。后续其他实验室也报道了一些植物单细胞基因组研究结果。以下重点列举 3 个植物单细胞基因组分析案例。

（一）玉米花粉四分体孢子单细胞测序及其遗传重组规律分析

利用显微技术手动分离花粉单个四分体孢子（图 1-8-5A），获得 96 个小孢子，进行遗传重组机制的研究。遗传重组是物种进化的重要动力之一，也是作物遗传改良的理论与物质基础。四分体是一次细胞减数分裂后的直接产物，是遗传重组分析的理想材料。研究人员通过 MDA 对 96 个小孢子进行基因组扩增和富集，进行了全基因组重测序，平均深度达到 1.4×，平均基因组覆盖度为 41%，共获得近 60 万个高密度的 SNP 标记，构建了接近单碱基水平的重组图谱。比起 RIL 等分离群体，利用单小孢子群体可以通过在四分体 4 个同源染色单体中判定遗传背景的交换，直接评估一次减数分裂过程中的重组交换。为了验证遗传重组交换鉴定的可靠性，研究人员还对 12 个四分体的 48 个样品进行了 3072 个 SNP 的芯片分析，有 42%～62% 的 SNP 能被检测到。芯片鉴定出来的遗传背景和高通量测序鉴定的结果高度吻合，证明单细胞测序结果的可靠性（图 1-8-5B）。该研究通过比较单个小孢子之间基因组的遗传背景，得出玉米一次减数分裂平均发生 38.5 个同源重组交换，并定位了多个重组热点区域。

（二）玉米单个花粉核基因组测序及其单倍体诱导机制

严建兵团队发展出分离成熟花粉单核的方法，应用于玉米单倍体诱导形成的机制研究。玉米中存在天然的单倍体诱导系，当诱导系与普通玉米材料杂交之后，后代有一定概率产生仅含有普通玉米材料染色体的单倍体个体。剖析单倍体诱导过程，对理解染色体行为及遗传稳定与物种进化的关系有重要价值。单倍体诱导也具有巨大的商业育种价值。最近几十年，单倍体育种已经广泛应用于玉米育种中，利用单倍体诱导产生单倍体，然后加倍产生纯合的二倍体，可以大大加快育种进程，解析单倍体诱导机制将有利于进一步提高诱导率，助力作物的遗传改良。尽管玉米单倍体育种取得了较大的进展，但其遗传机制一直没有明晰。中国农业大学金危危团队与严建兵团队合作，分离到来自 22 个玉米花粉的 66 个单核和来自 18 个玉米四分体的 72 个小孢子，进一步全基因组 PCR 扩增和高通量测序，并进行拷贝数变异等分

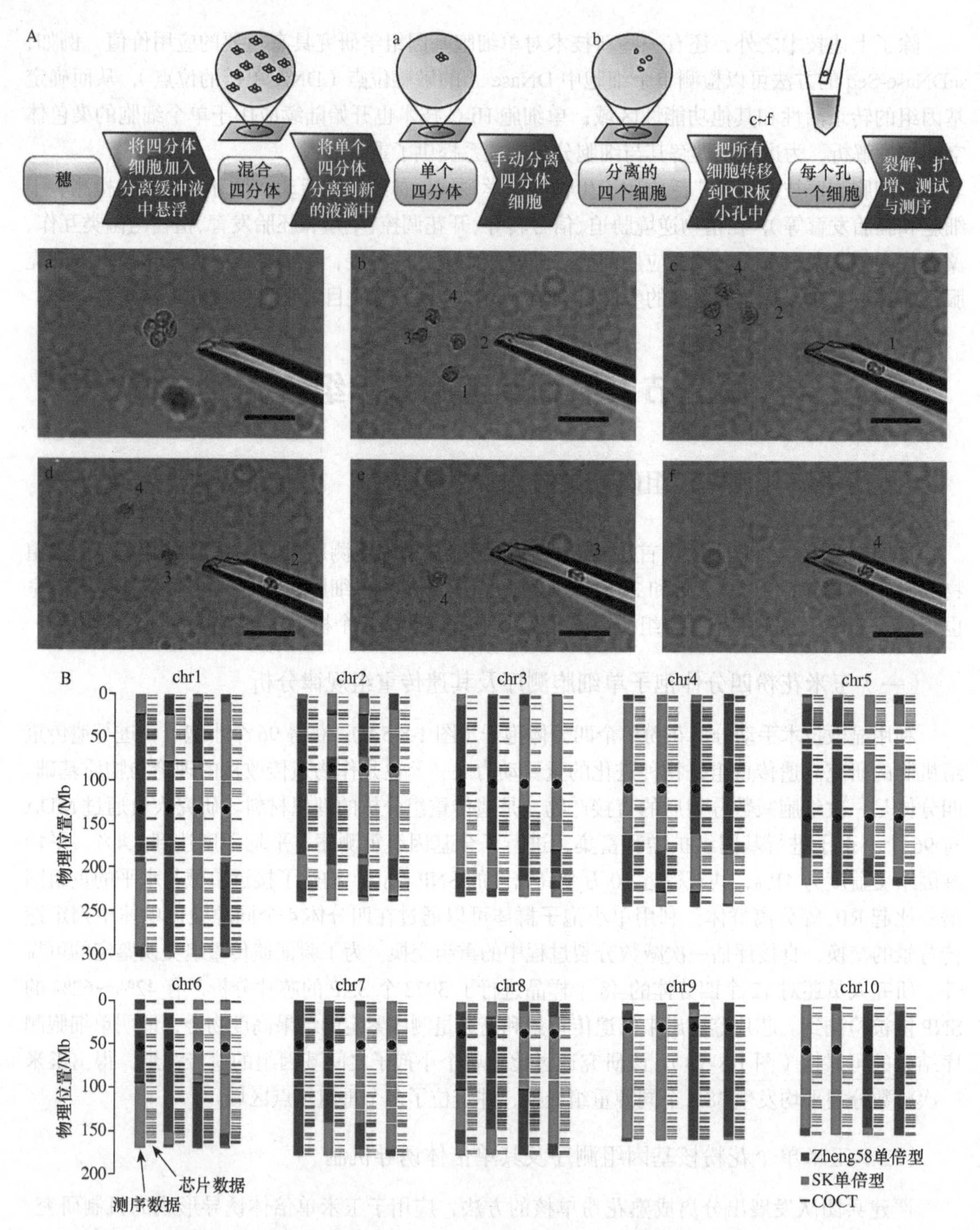

图 1-8-5 玉米单个四分体小孢子分离、单细胞测序及芯片分析结果（引自 Li et al.，2015b）

A．玉米单个四分体小孢子的分离过程：a～f 为各时期实图照片，标注于上方的流程图中。a～f 中的比例尺为 100μm；1～4 表示 4 个小孢子的序号。B．一个四分体的单细胞测序及芯片分析结果。将四分体的 4 条同源染色单体结合起来分析。对于同一条染色单体，左侧密集的标记为测序的结果，右侧稀疏的标记为芯片鉴定的结果，两种方法得到的 bin 能高度吻合。COCT（crossover-associated conversion tract）表示染色体交叉转换区域

析。研究发现诱导系成熟花粉的精核在减数分裂期之后会产生染色体的片段化现象，证明了花粉有丝分裂时期的精子染色体片段化，是造成受精后染色体消除及单倍体诱导的直接原因（图 1-8-6），为进一步研究单倍体诱导的分子机制提供理论支持。

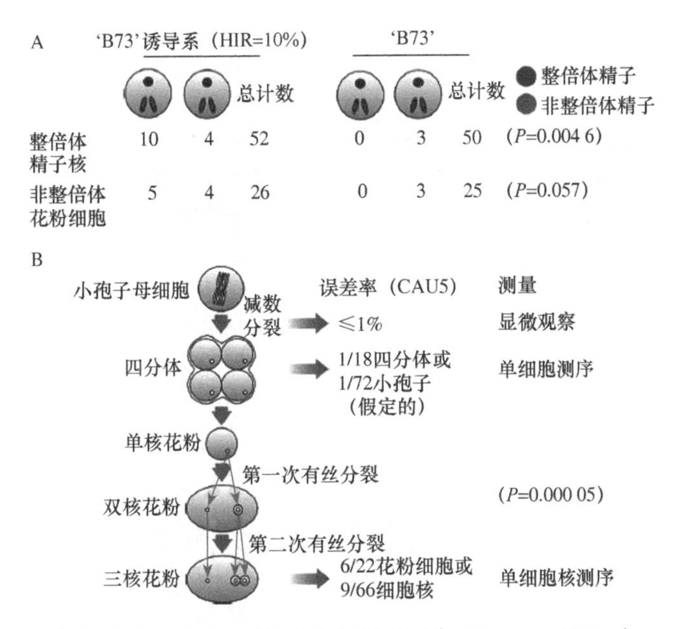

图 1-8-6　玉米单倍体产生机制（引自 Li et al.，2017c）

A．普通自交系'B73'及其诱导系单精核测序检测出的异常花粉及精核个数；B．单倍体诱导系花粉发育各个时期检测到的染色体异常率。HIR 表示单倍体诱导率

（三）单细胞转录组测序与植物根尖分生机制

植物分生组织存在于植物的一定部位，具有持续性或周期性分裂能力的细胞群，能让植物器官在受损后迅速恢复、再生。该功能主要由分生组织的干细胞参与实现（张倩倩等，2018）。纽约大学 Birnbaum 教授团队利用谱系追踪、活体成像及单细胞 RNA 测序等手段，通过研究被切除分生组织后再生的拟南芥根尖不同类型细胞的表现，证实植株可以通过重演胚胎发育，用已经特化的许多不同类型的细胞自然重建它们的干细胞（Efroni et al.，2016）。这说明，并非只有干细胞直接生成植物组织，而是植物组织同样可以生成干细胞。具体而言，Birnbaum 教授团队利用酶解法消化拟南芥根尖细胞细胞壁，之后利用 FACS 进行单细胞分离，共获取 238 个根尖分生组织单细胞，并利用 SMART-Seq2 进行单细胞测序。他们利用 579 个标记基因的表达情况，对根尖再生不同阶段的细胞进行鉴定和归类（图 1-8-7），发现根尖分生组织被切除 3h 之后，中柱细胞开始减少，而随之出现了少量的静止中心（quiscent center，QC）、干细胞、侧根冠细胞等；在切除 16h 之后（干细胞激活之前），作为根尖分生组织核心部分的干细胞和静止中心比例增加；在根恢复生长 46h 后，根尖分生组织也已经成功再生。研究结果表明，实现长期生长的要素未必是具有生成细胞特性的干细胞，而是一起构建出干细胞行为的周围组织。另外，采用 10x Genomics 分选系统，中科院植物生理生态研究所王佳伟研究组对拟南芥根尖 7695 个单细胞进行转录组测序分析，在单细胞水平上揭示了拟南芥细胞的异质性，描绘了拟南芥发育全景图并重构了根尖分生组织细胞的生育轨迹（Zhang et al.，2019）。超高通量单细胞转录组技术的发展，将极大推动植物组织类型差异及植物组织生长发育相关问题的研究。

二、植物单细胞基因组学展望

单细胞组学的出现，使得精准研究单细胞基因调控模型成为可能，且其所揭示的生物学

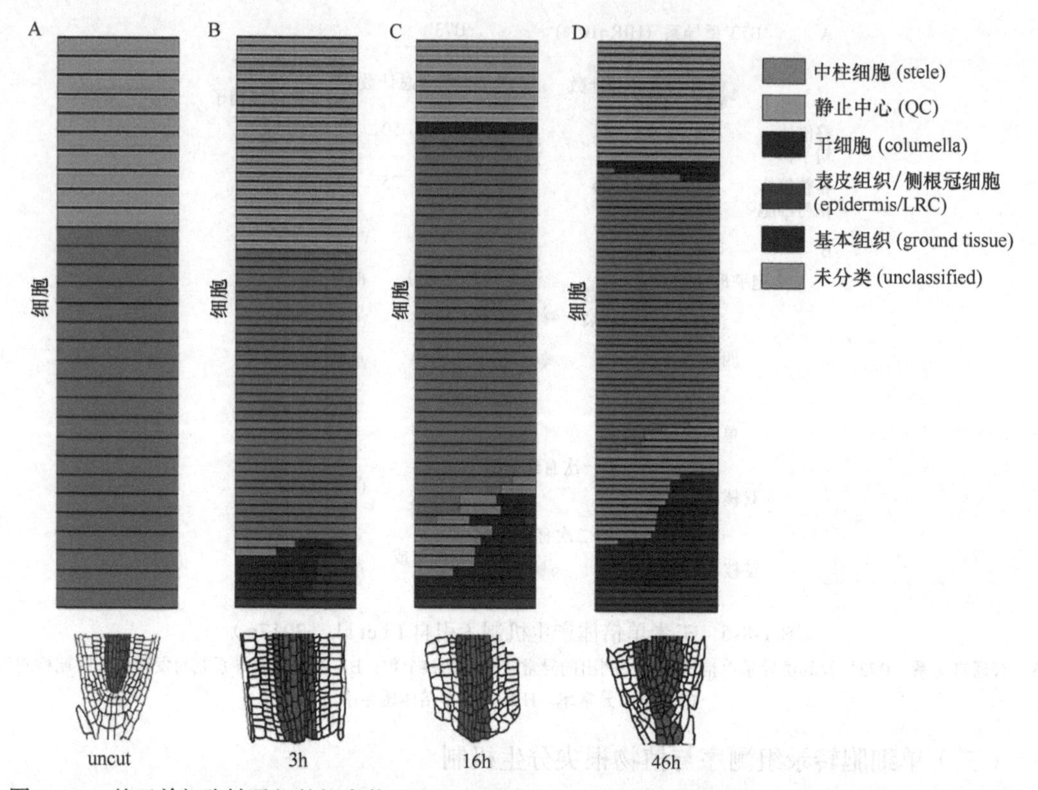

图 1-8-7 基于单细胞转录组的拟南芥再生根尖顶端生长组织单个细胞鉴定（引自 Efroni et al.，2016）
A．未切除根尖（uncut）分生组织的对照组；B～D．根尖再生的不同阶段（3h、16h 和 46h）

意义将远远超过了解基因调控本身。与动物相比，植物单细胞基因组学研究和应用虽然起步稍晚，但相关研究也已快速开展。实际上，在现代单细胞技术出现之前，一些特殊的细胞类型，如根毛、棉纤维、叶片腺毛等由于其易获得性都作为单细胞被进行相关研究。对大麦叶片表皮细胞研究表明在不同发育阶段和不同光照条件下，细胞中离子和代谢物分布会发生巨大的变化（Fricke et al.，1994）。对大豆根毛单细胞的转录组分析发现，单个根毛细胞的转录因子数量仅占整个根组织的 1/4（Libault et al.，2010）。而对于一些植物上特殊细胞，如气孔细胞、雌配子体细胞等，更是在细胞分化过程不同阶段，基因组和转录组都有着特异的表现。

除了上述列举的单细胞基因组学在植物重组机制、倍性诱导机制、器官再生等相关研究中的应用案例，植物单细胞组学同样在植物抗逆研究中有很好的应用前景。植物逆境响应是具有很强的时空效应，分析某一个组织全部细胞在逆境下的表现会稀释真正的响应细胞内的信号转导。单细胞测序的优势就在于提供了一个全新的视角去观察植物每一个细胞是如何参与逆境适应的，建立一个精准的时空调控网络。举个简单的例子，植物激素是植物胁迫响应的主要参与者，但是不同激素在胁迫下水平时高时低，激素信号通路之间协作的分子机制还不得而知。而利用单细胞测序，就能精确了解乙烯或茉莉酸或水杨酸信号通路在不同细胞或细胞分化阶段对逆境响应的调节情况。单细胞组学还有一个很重要的应用领域，就是可发现未知的细胞类型。现在对植物细胞的鉴别和定位主要还是依赖传统的细胞形态和一些已知的标记。单细胞分析则能无偏区分并鉴定到细胞群体中异质的细胞，甚至鉴定到在群体中处于弱势的未知的细胞类型。同时，单细胞组学的应用为解析植物中一些特有的科学问题，如研究叶肉单细胞分析光合途径等提供了新的策略。

目前在动物上发展起来的单细胞基因组、转录组、甲基化组测序、scDnase-Seq 等方法都适用于植物学研究。而对于植物来说，由于细胞壁的存在，还需要解决细胞难以分离的问题。单细胞分离是单细胞研究至关重要的一步，分离过程中造成的任何伤害都会对后续的分析造成误差。传统的做法是利用果胶酶、纤维素酶等消化细胞壁，使目标细胞原生质体化，获得单细胞悬浮液。然后就可以利用上文提到的单细胞分离技术进行分离提取。该方法在小麦叶片（Jia et al.，2016）、马铃薯叶片（Zhang et al.，2004）、苹果果肉（Guan et al.，2017）等组织中都成功获得单个细胞。相信技术的快速发展能很快实现植物各类细胞的无损、高效分离。随着扩增的覆盖度和灵敏度的提高，植物单细胞测序的通量也会提升，同样能够实现植物一个细胞多种组学的全面解析。在单个细胞水平探讨生命过程一定是未来的研究热点，生命科学研究者会以全新的视角探究生命活动规律，从而造福于人类。

第 1-9 章　植物三维基因组

扫码见
本章彩图

第一节　三维（3D）基因组学概述

一、三维基因组及其分析技术

（一）三维基因组简介

随着基因组学和表观基因组学的发展，细胞核中染色质的三维构象成为下一个被专注的研究重点。*Nature* 于 2018 年 8 月发布“The 3D genome”丛刊（https://www.nature.com/collections/rsxlmsyslk），其封面将地球比作一个细胞核（图 1-9-1），将各个大洲比作细胞核中的各条染色体，各大洲及地球由宛如毛线（DNA）扭曲而成的一团团杂乱而又有序的结构（DNA 3D 结构）组成，通过常见的地球模型展示了平常难以感知的生物细胞核内基因组空间构象，可谓奇妙。

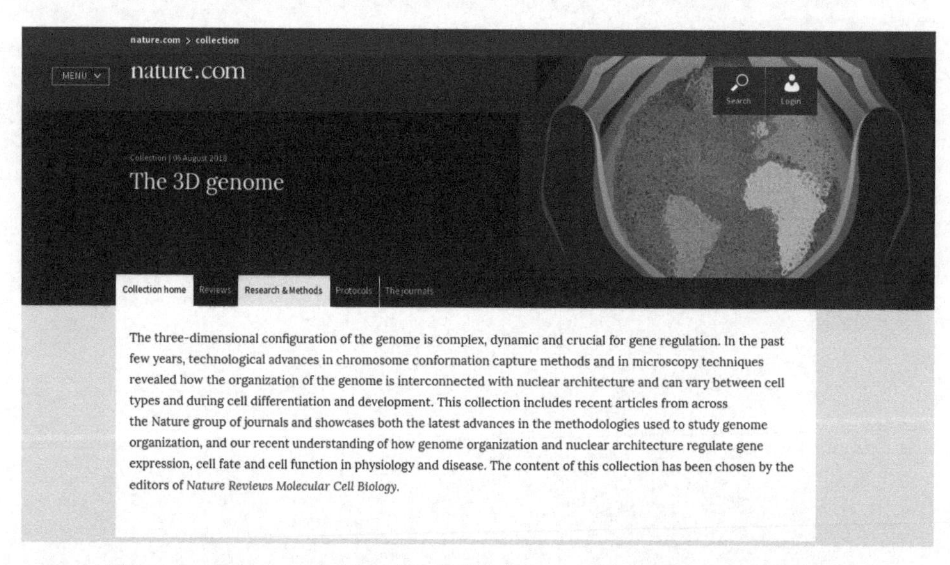

图 1-9-1　*Nature* 2018 年 8 月 6 日发布的“The 3D genome”丛刊封面图

不同于传统生物学中“简单模式生物→高等生物”的研究模式，三维基因组学研究之初，就以人类和小鼠作为研究对象。2011 年“人类基因组百科全书计划”（ENCODE）完成，科学家们对基因组中的不同序列和元件的特征及功能进行了深度解读，与此同时，科学家们意识到，基因组并不是简单的线性序列，而是具有三维空间结构的，而且这种 3D 结构可以对 DNA 复制、基因转录调控、染色质浓缩和分离等基本生物学过程产生重要的影响。2002 年，*Science* 发表题为“Capturing chromosome conformation”的文章，提出 3C 技术，为研究远距离基因之间互作提供了可能（Dekker et al.，2002）。ChIA-PET 和 Hi-C 技术［详见本节“（二）三维基因组学技术”］相继成功发明，可以从全基因组水平进行 3D 基因组研究，标志着三维基因组学时代的正式来临。三维基因组学以研究真核生物核内基因组空间构象及其对不同基因转录调控的生物学效应为主要研究内容，是后基因组学时代的一个重要研究领域和新兴学科方向。

细胞核染色质 3D 结构（图 1-9-2），包括活化 / 失活隔间、拓扑相关结构域、CCCTC 位点绑定因子、cohesin 蛋白复合体和基因质环等。活化 / 失活隔间（A/B compartment）最早

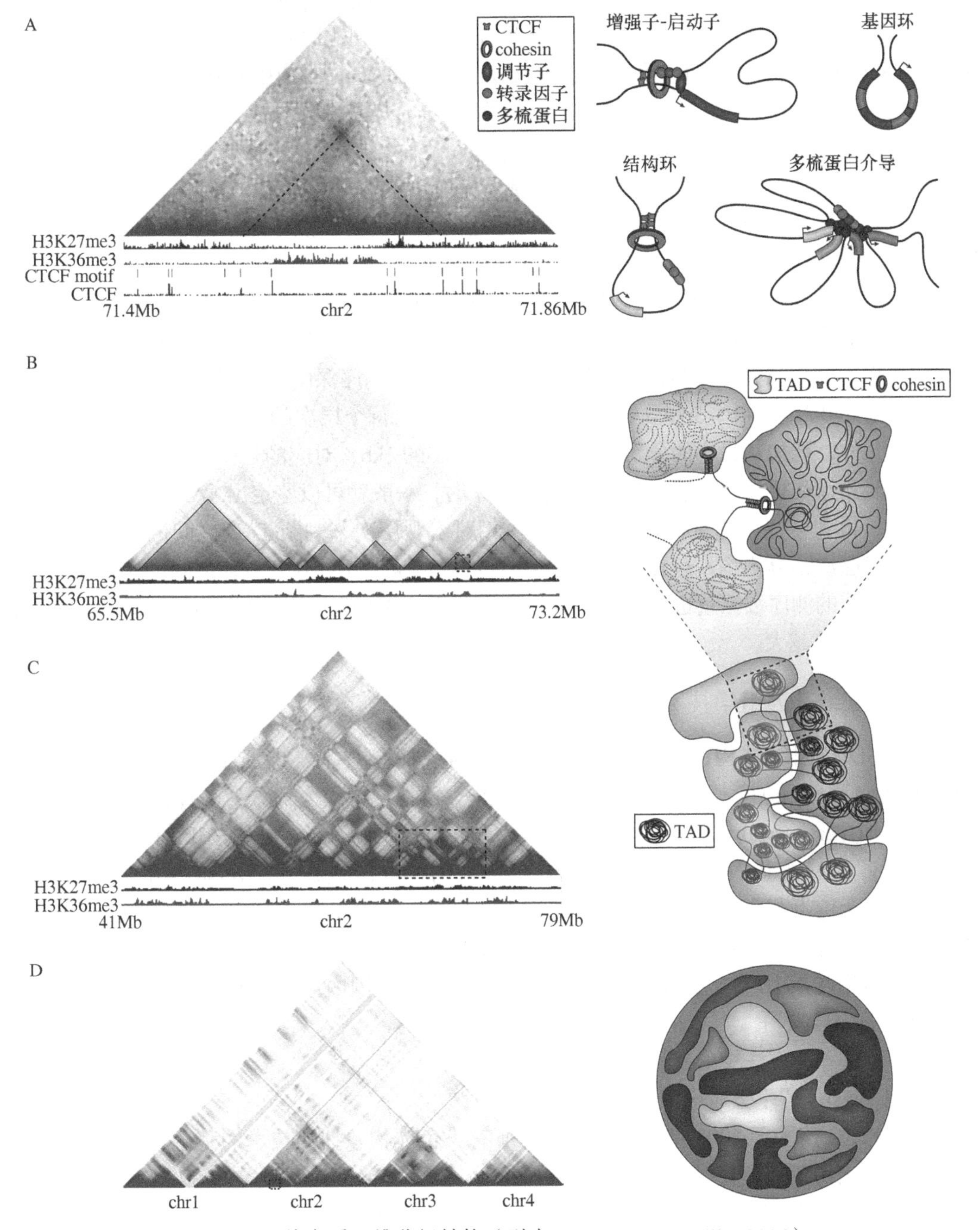

图 1-9-2　染色质三维分级结构（引自 Bonev and Cavalli，2016）

A．5kb 分辨率下观测到的染色质环，其中参与结构环形成的区域用虚线划分，而 CTCF 结合图谱及 CTCF 基序的方向（绿色代表正向，红色代表反向）提供的证据说明结构环只在特定的正向和方向 CTCF 位点之间形成。右侧代表的是不同类型的染色质环。B．10kb 分辨率下观测到的数个拓扑关联域（TAD）。右侧代表 3 种不同类型的 TAD。C．50kb 分辨率下观测到的不同拓扑域互作。在右侧可以观察到，具有相似表观遗传特征的不同拓扑域通过更强的域间相互作用结合在一起形成隔间，其中蓝色和灰色代表活化隔间，而绿色、橙色和红色 TAD 之间的相互作用形成失活隔间。D．染色体水平 3D 分析结果。此级别下，反式相互作用很少见，同时单条染色体占据不同的区域。右图单个染色体由不规则形状表示。TAD．拓扑关联域；CTCF．CCCTC 位点绑定因子；cohesin．黏着素

报道于人类基因组上，染色体根据基因富集与否及表达情况可分为活化和失活两类区域：活化隔间（A compartment）是基因富集表达活跃的区域；失活隔间（B compartment）正好相反，是缺乏基因而表达沉默的染色体区域。拓扑相关结构域（topologically associating domain，TAD）是核染色质互作富集的区域，通常长度在Mb级别（图1-9-2C）。CCCTC位点绑定因子（CCCTC-binding factor，CTCF）和cohesin蛋白复合体在TAD的形成中起到关键作用。CTCF是构建染色质环和TAD形成的边缘元素，cohesin蛋白复合体是由三个核心亚基形成的环形结构，与CTCF一起在染色体中通过成环的方式改变基因组三维结构。基因环（gene loop）为染色质环的一种，是指基因3′端和启动子并联在一起从而形成的动态环状结构（图1-9-2A）。通常转录起始位点趋向与其下游区域或转录终止位点趋向于与上游位点形成基因环结构，同时基因环结构往往会和基因表达联系在一起（Liu et al.，2016a）。

通过Hi-C技术可以确定全基因组范围内整个染色质在空间位置上的关系、较大尺度（如Mb尺度，所谓高分辨率）下染色质之间的互作关系，包括染色体之间的互作关系。图1-9-2展示的是在不同分辨率下的染色质结构，根据不同Hi-C测序深度所能获得的最高分辨率，可以分为5kb、10kb、50kb、500kb等几个结构层次分级。每个层次的分辨率可以鉴定出不同类别的功能元件，比如从最小的分辨率5kb甚至到更小的1kb，对应的是基因级别甚至CTCF等更小元件的互作观察，而达到10kb级别的分辨率时，一般就可以鉴定出TAD之间比较精细的互作关系，再大一些（如50kb），则是到一个相对宏观层次来判断TAD之间的关系；再往上到全基因组层次，分辨率一般在100kb～1Mb，可以清楚地观察到染色体之间的互作关系。不同分辨率所需的测序数据量也不同，一般分辨率越高的3D基因组互作图谱所需要的有效互作Hi-C数据量也就越大。

（二）三维基因组学技术

目前3D基因组结构的检测是基于染色体构象捕获技术，即所谓的3C（chromosome conformation capture）技术。根据染色质互作类型，3C技术可以大致分为5种方法，分别是“1 versus 1”“1 versus Many/All”“Many versus Many”“Many versus All”“All versus All”。其中“1”“Many”“All”代表的是在一次实验中所涉及的位点，例如，“1 versus All”指该次实验调查的是一个位点和全基因组中所有可能潜在互作位点之间的互作情况，“All versus All”指全基因组的所有位点之间的所有互作情况。最新的DLO Hi-C［DLO（digestion-ligation-only）Hi-C，仅消化连接Hi-C］及Hi-C技术就属于全基因组范围内进行所有互作位点检测的类型（即“All versus All”）。

下面对这5种方法中的典型技术进行介绍。

1. “1 versus 1”（一对一）

最早的3C技术于2002年发表，是目前所有染色体构象捕获技术的基础（图1-9-3）。经过特定酶消化切割成特定片段（digestion by restriction enzyme）之后，再根据空间距离邻近的不同DNA片段绑定（proximity ligation），经过反向交联（reverse crosslinking）之后，通过qPCR的方式将每一对互作位点进行确认。每次只能进行一次确认，因此为“1 versus 1”。

2. “1 verus Many/All”（一对多/全）

4C（chromosome conformation capture-on-chip）技术是3C技术的升级版，是一对多的典型技术。该方法于2006年发表（Simonis et al.，2006）。在图1-9-3中可以看到，在反向交联（reverse crosslinking）之前的技术步骤，4C、5C、Capture-C（捕获-C）均是和3C一样的。在4C技术中，通过第二轮的消化（digestion）和绑定（ligation）增加了互作分辨率，再通过对特定位点的引

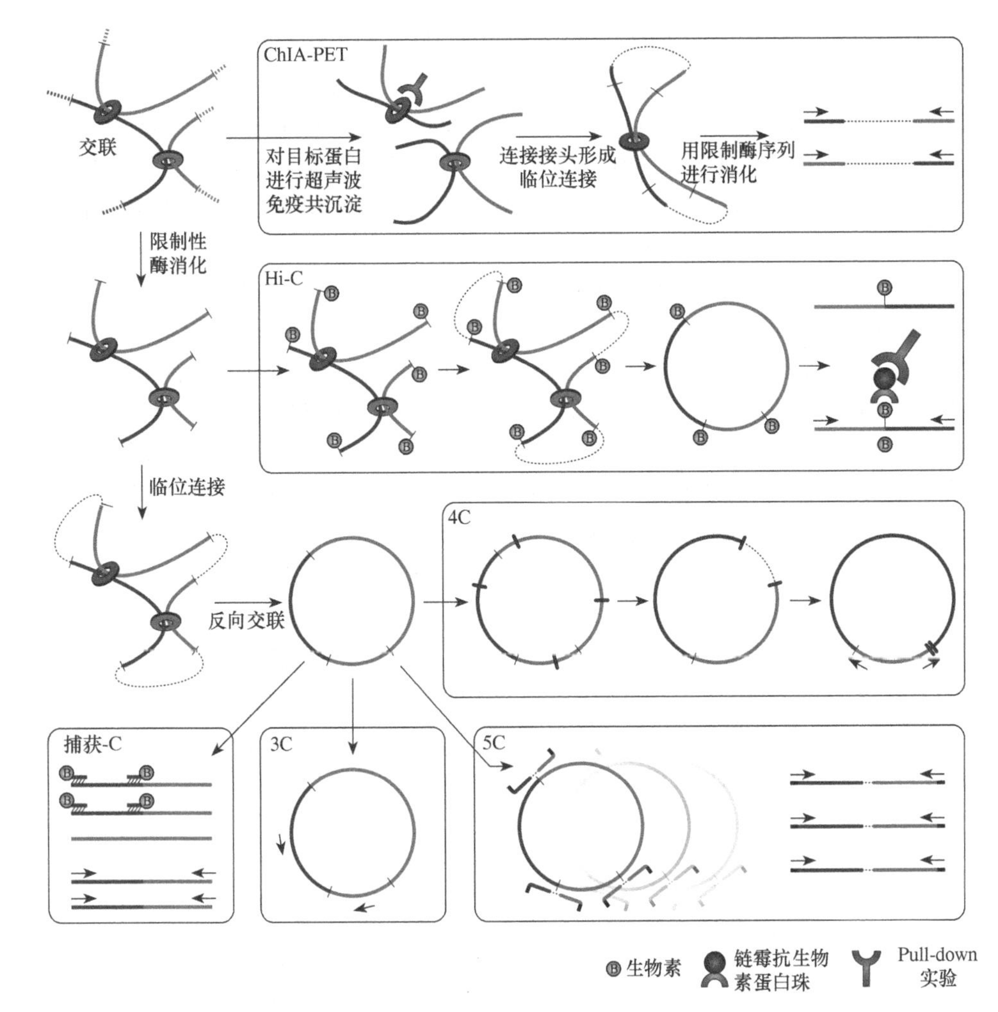

图 1-9-3　染色体构象捕获技术示意图
（引自 Bonev and Cavalli，2016；Sotelo-Silveira et al.，2018）

物来进行反向 PCR，从而检测特定位点和全基因组潜在互作位点的互作情况。

3. "Many versus Many"（多对多）

5C（chromosome conformation capture carbon copy）技术也是基于 3C 技术的另一升级版，相关文章"Chromosome conformation capture carbon copy（5C）：a massively parallel solution for mapping interactions between genomic elements"于 2006 年发表。从文章标题就可以看出，5C 的通量较之前的 3C 和 4C 大。在 5C 技术中，通过控制引物和限制酶位点，即在邻近的两个末端接口处有重叠才进行扩增和测序，从而实现通量的增大（Dostie et al.，2006）。

4. "Many versus All"（多对全）

Capture-C（chromosome conformation capture coupled with oligonucleotide capture technology）技术同样也是以 3C 技术为基础进行升级的技术，该技术于 2014 年发表。Capture-C 和以前的技术的最大不同在于互作片段对的捕捉技术，它是利用生物素标记反向互补到限制酶酶切位点，从而进行对所有感兴趣的互作位点和全基因组位点之间互作对之间的捕捉（Hughes et al.，2014）。

5. "All versus All"（全局）

Hi-C（genome-wide chromosome conformation capture）技术是近几年最热门的全基因组

3D 基因组测序技术，不仅可以用于检测全基因组的 3D 基因组结构和染色质互作，同时还可以用于辅助基因组组装等。Hi-C 技术的出现对于 3D 基因组结构探索具有里程碑意义。相关文章“Comprehensive mapping of long-range interactions reveals folding principles of the human genome”于 2009 年发表，这篇文章首次报道了全基因组染色体构象捕获技术，同时还首次报道了人类基因组核染色质中 A 和 B 两类区域，分别代表着基因组中共区域化的活跃和抑制区域（Lieberman-Aiden et al.，2009）。

ChIA-PET（chromatin interaction analysis paired-end tag sequencing）技术和早期以 3C 技术为基础的其他技术有些不同，其区别在于第一步对于互作位点的 DNA 破碎不是通过限制酶进行消化，而是利用超声波击碎。然后应用抗体对特定蛋白参与的互作区段进行富集，并对这些互作区段进行消化连接，提取含有接头的双端序列（paired end tag，PET）进行互作检测。

2018 年 4 月，一种名为 DLO Hi-C（digestion-ligation-only Hi-C）的全基因组染色体构象捕获技术发表，该技术相对于传统的全基因组染色体构象捕获技术 Hi-C 而言更加高效简单，仅需要两轮的消化连接过程（即 digestion-ligation），无须生物素（biotin）标记，未连接的 DNA 也可以被有效地去除，极大地提高了染色体构象捕获效率（图 1-9-4）（Lin et al.，2018）。DLO Hi-C 技术更像是 Hi-C 技术的一个升级优化。该技术通过简化流程，仅用两轮高效的消化连接，不需要 Hi-C 技术中的生物素标记和 Pull-down 实验步骤，从而提高效率。预计 DLO Hi-C 技术的出现，会对基因组三维结构的研究，包括基因组构成、基因调控、基因组组装等研究带来显著提升，对于许多物种受限于物种特异性而无法进行 Hi-C 技术建库测序的问题，也有望通过类似 DLO Hi-C 这样的技术提升而得到解决。

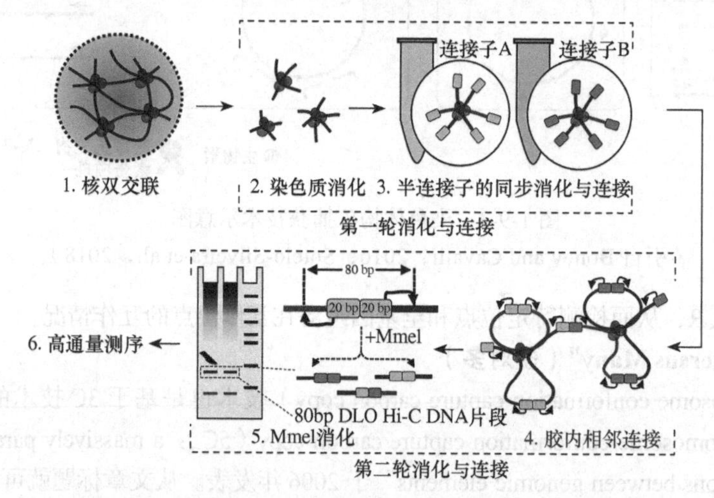

图 1-9-4　DLO Hi-C 技术流程（引自 Lin et al.，2018）

二、三维基因组学应用领域

在过去数年中，3C 技术（染色体结构捕捉技术）及显微观察技术的发展，揭示了基因组的三维结构在不同类型的细胞和细胞不同分化发育阶段是存在差异的。利用基因组三维结构可以在基因组组装、基因组三维构象重构、基因组三维构象调控元件等领域进行应用。

（一）三维基因组互作图谱及其调控元件（TAD）检测

基因组三维结构的鉴定，对于解密 DNA 的空间结构如何影响基因组功能和转录至关重要。3C 技术，尤以能够在全基因组范围内对空间相邻位点进行检测的 Hi-C 技术为代表，在基因组空间结构的检测中（包括三维基因组互作图谱及 TAD）发挥了十分重要的作用。不同技术（如 5C、ChIA-PET 和 Hi-C）特点不同，以一个远程基因调控案例为例（图 1-9-5），3 种技术中，ChIA-PET 技术的优势在于，可以提供几百个碱基的分辨率，确定到具体调控元件、转录因子结合位点的程度，同时知道染色质交互中所涉及的转录因子或蛋白，但 ChIA-PET 受限于检测位点数量和所用抗体。5C 技术可以用于同时检测多个给定位点的功能互作，但有时会丢失一些较弱的长距离的互作结果。Hi-C 技术在这两点上则表现更加优异，尽管 Hi-C 技术在少数位点的检测方面可能不太令人满意，但胜在普适性更强，因此现在 Hi-C 技术更加流行，有更多的实验技术和软件在不断跟进配套。以 2014 年 *Cell* 上发表的一项研究为例（Rao et al.，2014），研究人员通过高分辨率的 Hi-C 互作图谱构建，鉴定该基因组 TAD，然后发现 TAD 与不同模式的组蛋白修饰产生关联（图 1-9-6）。

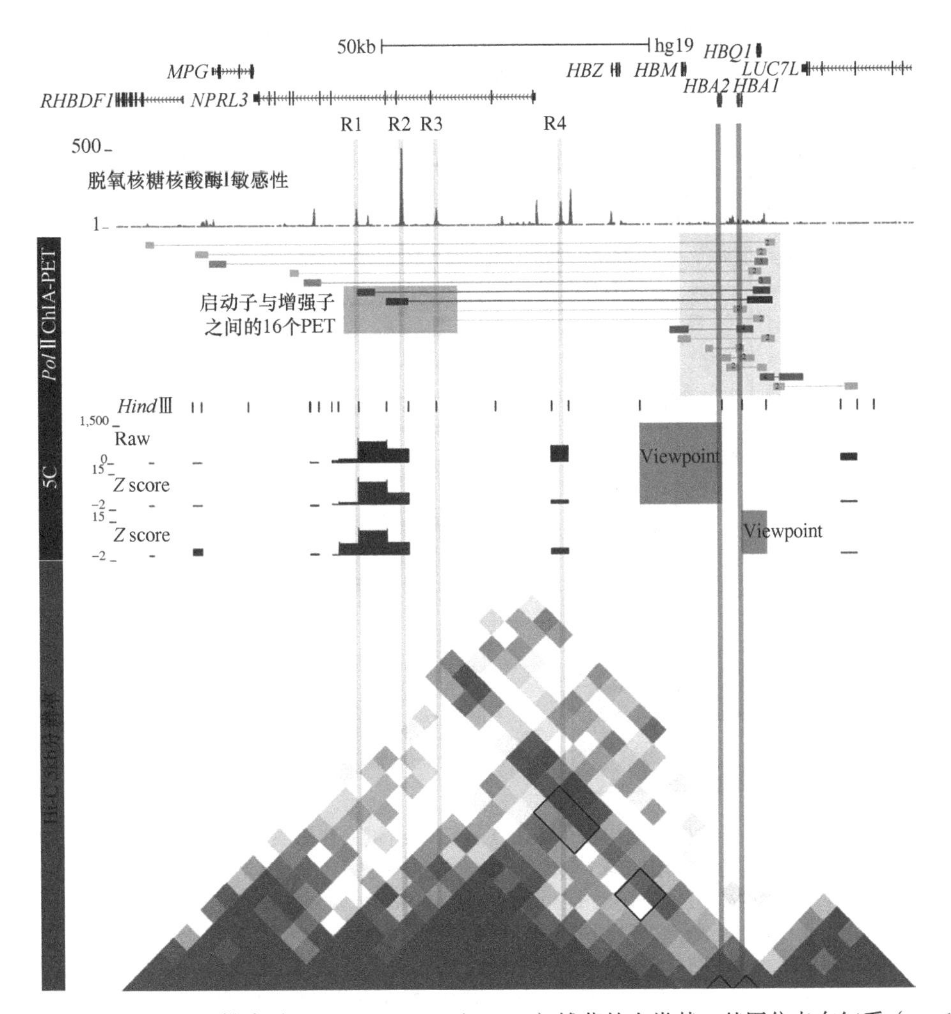

图 1-9-5 基于 3D 基因组技术（5C、ChIA-PET 和 Hi-C）捕获的人类某一基因位点在红系（erythoid）细胞中的远程调控（引自 Davies et al.，2017）

图中自下而上分别代表球蛋白（alpha-globin）基因（红色标注的 *HBA2* 和 *HBA1*）及附近区域的基因结构、由 RNA 聚合酶Ⅱ的 ChIP（chromatin accessibility and chromatin immunoprecipitation，染色质沉淀反应）数据转换而成且长度大于 20kb 的 ChIA-PET 结果、5C 技术测试结果（浅绿色）和 Hi-C 5kb 分辨率下的染色质互作图谱。PET（paired end tag）表示双端接头序列

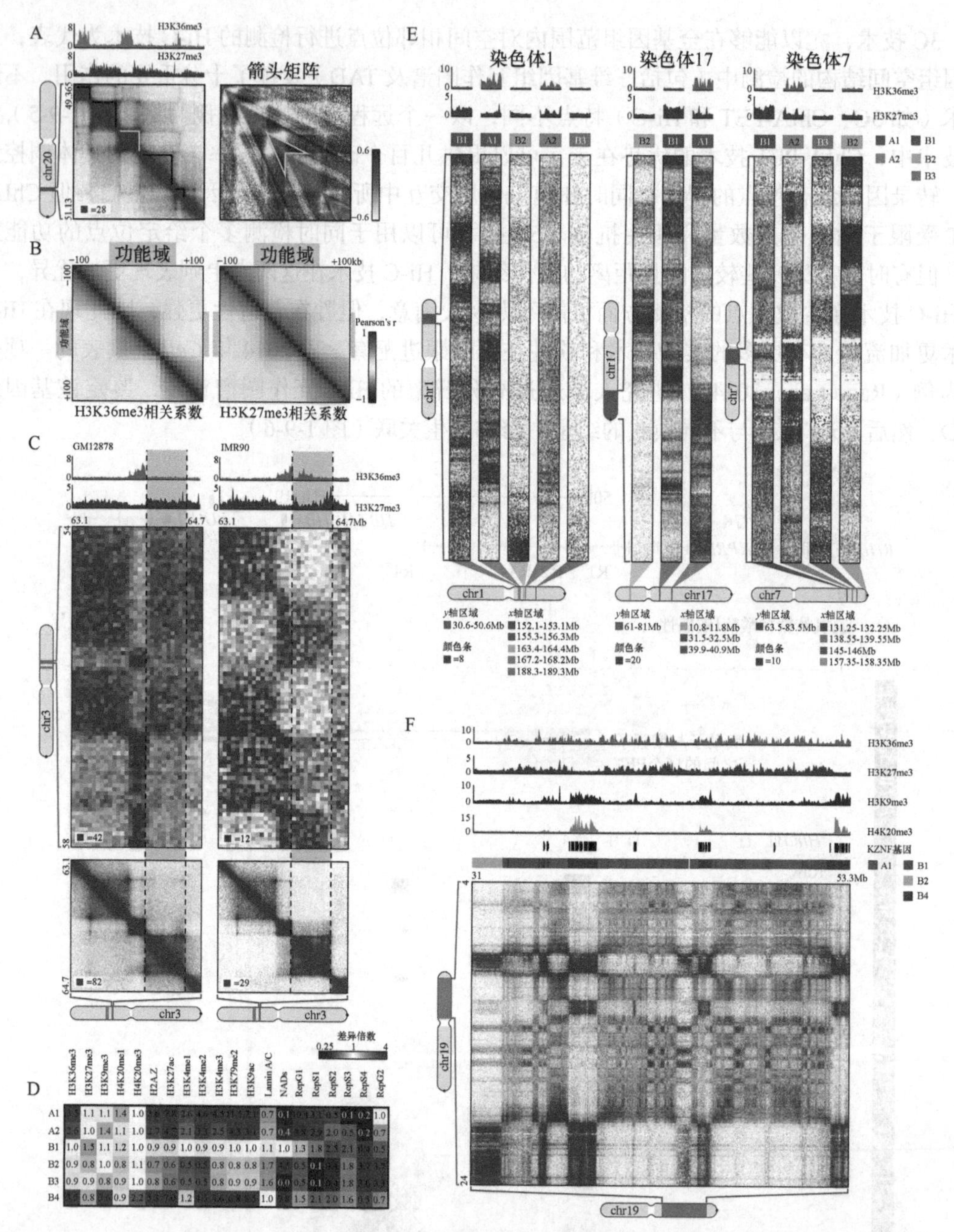

图 1-9-6 人类基因组拓扑相关结构域（TAD）图谱与组蛋白修饰关联（引自 Rao et al.，2014）

A. 利用 Arrowhead 算法（右图）鉴定出的结构域（左图），并辅以组蛋白修饰信号的证据（左上）；B. 域内 100kb 内的位点对之间的组蛋白标记信号（左为 H3K36me3，右为 H3K27me3）Pearson 相关矩阵；C. 两个不同细胞系（GM12878 和 IMR90）在 3 号染色体上的保守结构域。在 GM12878 细胞系中，突出显示的结构域（灰色）H3K27me3 标记信号富集而 H3K36me3 标记信号很低；在 IMR90 中，情况正好相反。在中图可以看到，长距离的互作模式在两个细胞系间不同，在 IMR90 中，突出显示的区域互作强度和 H3K36me3 标记信号相符合，同时和其左侧区域相匹配。而在 GM12878 有不同的互作模式，同时也与 H3K27me3 标记信号相匹配；D. 观察到的 6 种远程互作模式（A1、A2、B1、B2、B3 和 B4），并在表观遗传谱均有相匹配的证据；E. 不同远程互作模式展示的例子；F. 19 号染色体上不同互作模式 A1、B1、B2 和 B4 所展示的区间，并有相关组蛋白标记信号匹配的证据

Hi-C 测序可以产生亿万对全基因组互作位点数据，针对这些新类型基因组数据，很快出现了一批专门的生物信息学算法和计算软件。这些生物信息学算法软件包括 Hi-C 测序数据预处理（包括质量控制、比对及过滤）、去除偏好数据（互作矩阵或图谱的标准化），以及染色质结构的预测

等。这其中又以构建 Hi-C 互作图谱和 TAD 结构域的鉴定最为关键。Hi-C 互作图谱是大部分 Hi-C 数据分析的基础，而 TAD 结构域的鉴定对于基因组表观转录调控有直接关联。Forcato 等（2017）整理了目前主流的 Hi-C 互作图谱及拓扑相关结构域鉴定的生物信息学分析软件（表 1-9-1）。

表 1-9-1　Hi-C 互作图谱及拓扑相关结构域鉴定生物信息学分析软件（引自 Forcato et al.，2017）

类型	软件	来源
染色质互作分析	Fit-Hi-C	http://noble.gs.washington.edu/proj/fit-hi-c
	GOTHiC	http://bioconductor.org/packages/release/bioc/html/GOTHiC.html
	HOMER	http://homer.ucsd.edu/homer/download.html
	HIPPIE	https://www.lisanwanglab.org/hippie
	diffHic	https://bioconductor.org/packages/release/bioc/html/diffHic.html
	HiCCUPS	https://github.com/theaidenlab/juicer/wiki/Download
TAD 鉴定	HiCseg	https://cran.r-project.org/web/packages/HiCseg/index.html
	TADbit	https://github.com/3DGenomes/TADbit
	DomainCaller	http://chromosome.sdsc.edu/mouse/hi-c/download.html
	InsulationScore	https://github.com/dekkerlab/crane-nature-2015
	Arrowhead	https://github.com/theaidenlab/juicer/wiki/Download
	TADtree	https://compbio.cs.brown.edu/projects/tadtree/
	Armatus	https://github.com/kingsfordgroup/armatus

（二）基因组组装

Burton 等（2013）第一次发表 Hi-C 基因组组装软件 Lachesis。该软件的组装原理是通过染色质之间的互作关系构建 Hi-C 互作图谱，染色体内部的位点互作强度大于染色体之间的位点互作强度，染色体内部的位点互作强度随着距离增加而减少。Lachesis Hi-C 的组装流程为：Contig 聚集成染色体组（cluster into chromosome groups）→Contig 顺序确定（order Contig within groups）→Contig 方向确定（assign Contig orientations）(图 1-9-7)。从 Lachesis 算法可以发现，Hi-C 组装对于 Contig 及 Scaffold 水平的拼接的正确率要求非常高，否则就会极大加剧组装错误率。2017 年 Hi-C 数据的第二款组装软件 SALSA 发表（Ghurye et al.，2017），虽然 SALSA 对于组装的准确率相对于 Lachesis 提高不少，但 SALSA 更多基于 Hi-C 数据进行序列骨架延伸，无法达到染色体水平。同年，*Science* 发表了一个全新的 Hi-C 组装软件 3d-dna（Dudchenko et al.，2017）。3d-dna 流程中通过反复矫正和组装最终获得高质量、高准确率的染色体水平组装（图 1-9-8）。2018 年 4 月它的更新版本，已经可以用于大部分基因组的拼接组装。

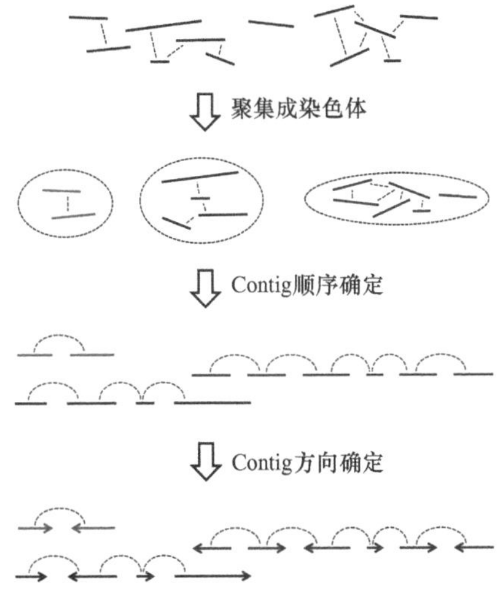

图 1-9-7　经典 Hi-C 组装软件 Lachesis 的流程（引自 Burton et al.，2013）

Hi-C 数据在基因组组装上还可以用于基因组拼装准确率的一致性评估，即通过将 Hi-C 数据比对到已经组装好的染色体上，观察 Hi-C 数据与现有的组装是否高度一致。存在有问题的区域一般有两种可能：一种是染色体上较为复杂的着丝粒区域；另一种即有可能存在拼接错误。例如，2018 年发表的月季基因组就是通过 Hi-C 数据的比对来确认组装质量（图 1-9-9）。

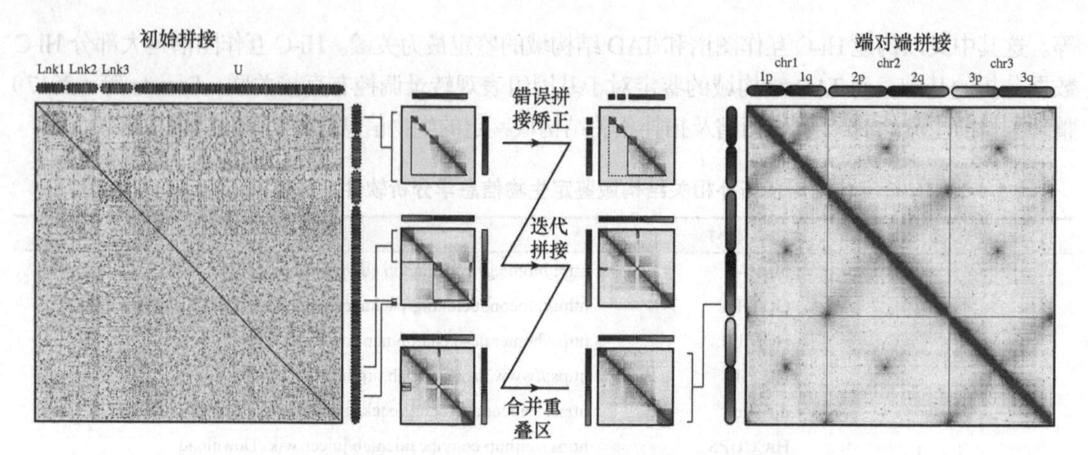

图 1-9-8 Hi-C 组装软件 3d-dna 流程图（引自 Dudchenko et al.，2017）

左图为流程中 Hi-C 初始拼接结果，中图为利用 Hi-C 数据对初始拼接的错误矫正、迭代 Scaffolding 及组装合并至染色体水平，右图为组装最终结果

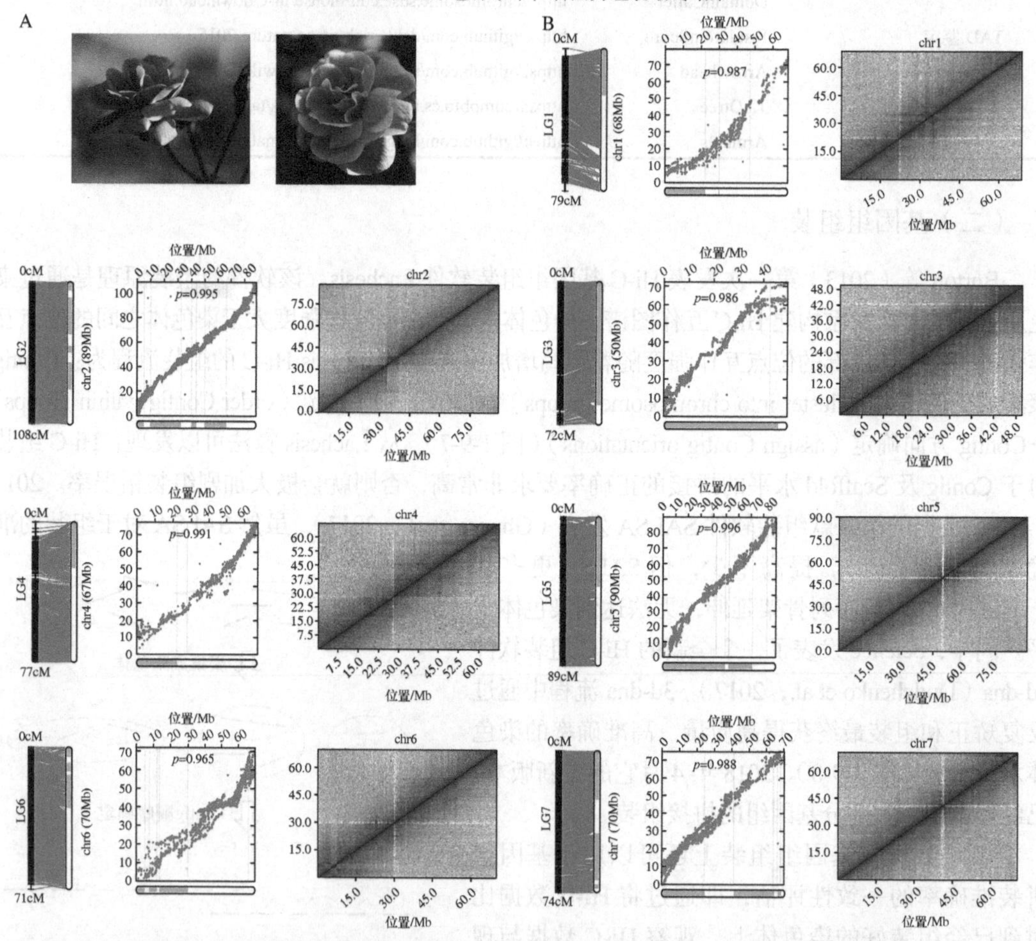

图 1-9-9 月季基因组组装质量的 Hi-C 评估图（引自 Raymond et al.，2018）

A. 月季开花形态；B. 月季 7 条染色体的组装质量的评估图：左图表示重建染色体的物理位置和遗传图谱位置之间的连接，中图表示染色体上的物理位置（x 轴）与遗传图谱的位置（y 轴），右图表示 400kb 分辨率下对应染色体内部的互作图谱

（三）基因组三维构象重构

在细胞核中，染色体并不是随机排列的，而是形成特定的三维空间结构，了解染色体的

三维结构对解析基因之间的互作和调控具有至关重要的意义。由于观察染色体三维构象相关实验技术的缺乏，对于基因组三维结构的具体形态还无法得知。3C 技术的出现使得三维基因组构象重塑变为可能。Duan 等（2010）通过将位点之间的互作频率转换为欧几里得距离（Euclidian distance），并通过算法优化进一步转换为互作位点和三维基因组中的坐标，从而发布了首个基因组三维模型——酵母三维基因组模型（图 1-9-10）。Rousseau 等（2011）在此基础上，利用马尔可夫链蒙特卡罗（Markov chain Monte Carlo，MCMC）采样技术，优化了互作位点之间的转换距离，满足了尽可能多位点的距离约束。

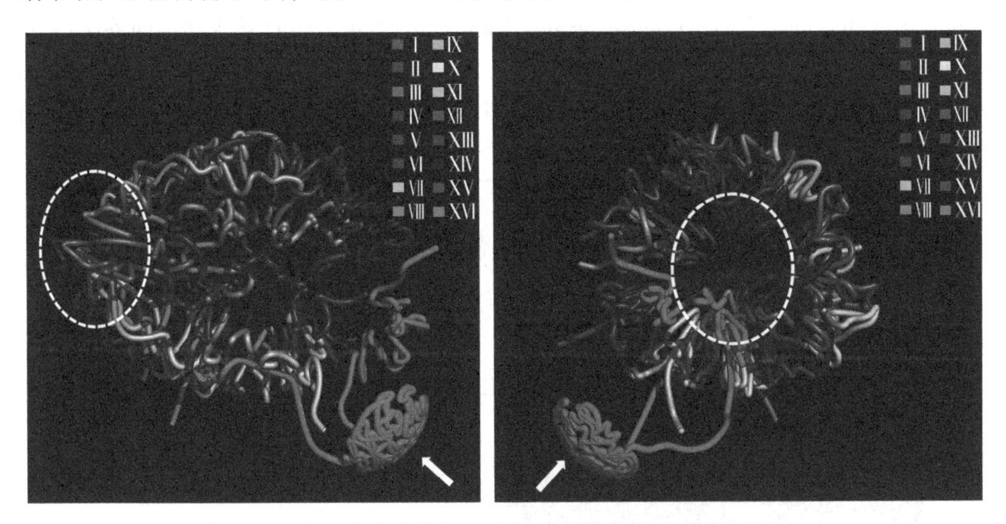

图 1-9-10　基于三维基因组学技术完成的首个基因组三维模型（酵母）（引自 Duan et al.，2010）
左右两张图分别代表基因组三维模型的不同观察角度，不同颜色代表不同的染色体

尽管基于距离转换的算法对于三维基因组构象重塑具有重要价值，但仍有许多缺陷，如转换的准确率，构造的三维模型不符合已知通过细胞遗传学实验获得的基因组构造等。后续 Trieu 等（2014）、Lesne 等（2014）、Rieber 等（2017）和 Paulsen 等（2018）均提出了基于 Hi-C 全基因组互作数据的优化算法（ShRec3D、miniMDS 及 Chrom3D 等）。Paulsen 等（2018）发布的 Chrom3D 算法，通过染色体内部和染色体之间的互作图谱并引入核纤层相关功能域（lamina-associated domains，LAD）概念，对三维基因组构想重塑进行了进一步优化（图 1-9-11）。

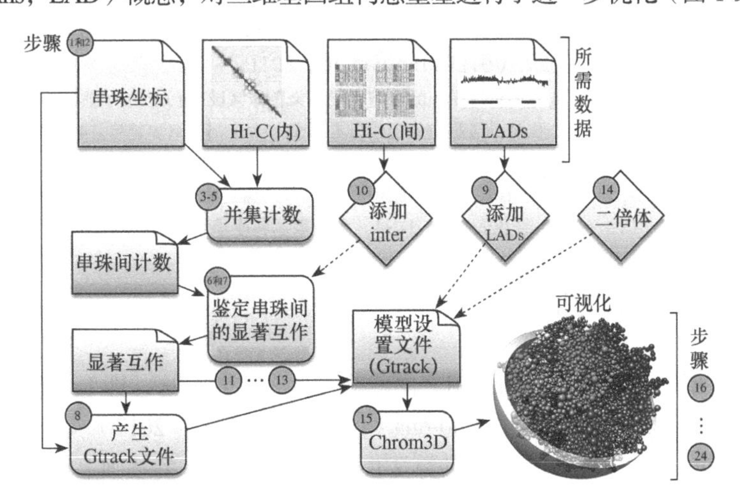

图 1-9-11　基因组三维构象软件工具 Chrom3D 的技术原理（引自 Paulsen et al.，2018）
LAD 表示核纤层相关功能域

第二节 植物三维基因组研究

在植物领域，研究者早期通过细胞生物学技术来检测植物基因组三维构象。例如，研究者通过 FISH 技术观察模式植物拟南芥核染色质中 45S rRNA 和 5S rDNA 两种标记信号的变化，推测染色体结构的变化（图 1-9-12）。目前应用最为广泛的 Hi-C 技术发表当年（2009 年），植物 3C 技术流程也在同年发表（Louwers et al.，2009）。2012 年，Hi-C 技术在拟南芥中得到应用（Moissiard et al.，2012），此后逐渐应用于植物三维基因组学领域，如三维基因组互作图谱及 3D 调控元件方面、辅助基因组拼接等。但在基因组三维构象重塑方面，植物中还未见报道。

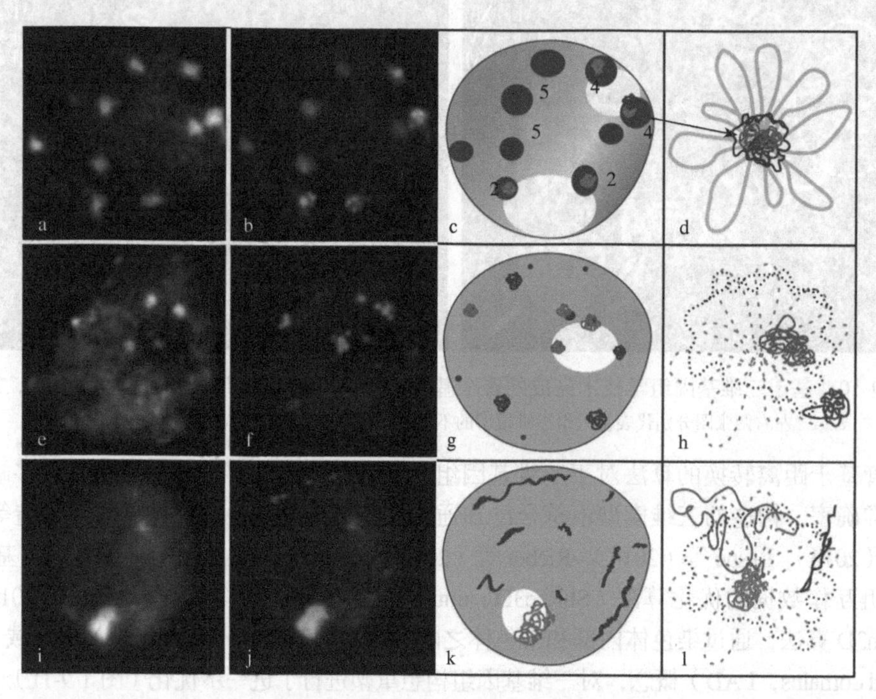

图 1-9-12 利用 FISH 技术分析拟南芥原生质体核染色质去浓缩过程中的染色体结构变化

（引自 Fransz et al.，2011）

a～d. 45S rDNA 和 5S rDNA 共定位于 4 号染色体中心的浓缩情况。染色体区域（d）展示了典型的染色体中心环重复排列（有色）和常染色质环（浅灰色）；e～h. 去浓缩过程中染色体中心数量与大小都呈减少趋势。4 号染色体亚端粒 45S rDNA 和臂间 5S rDNA 基因座不再共定位。因此，45S rDNA 不再成环；i～l. 完全去浓缩的染色体中心。只有 2 号与 4 号染色体的 45S rDNA 基因的长重复序列保持部分浓缩并共定位于一个结构域。蓝色表示着丝粒重复；绿色表示 45S rDNA；红色表示 5S rDNA；紫色表示转座子

一、基于三维构象的植物基因组组装

目前 Hi-C 数据在基因组组装的利用方面，共有 3 个主要算法，即 Lachesis（Burton et al.，2013）、Salsa（Ghurye et al.，2017）和 3d-dna（Dudchenko et al.，2017）。Lachesis 开创了 Hi-C 数据基因组组装的先河，后续两个软件的算法也只是在 Lachesis 的基础上进行优化。这些方法都可以用于植物基因组。目前植物中已经利用 Hi-C 数据进行组装的物种包括拟南芥、大麦、油菜、月季等。大麦基因组染色体构象分析案例见图 1-9-13（另一月季案例见图 1-9-9）。

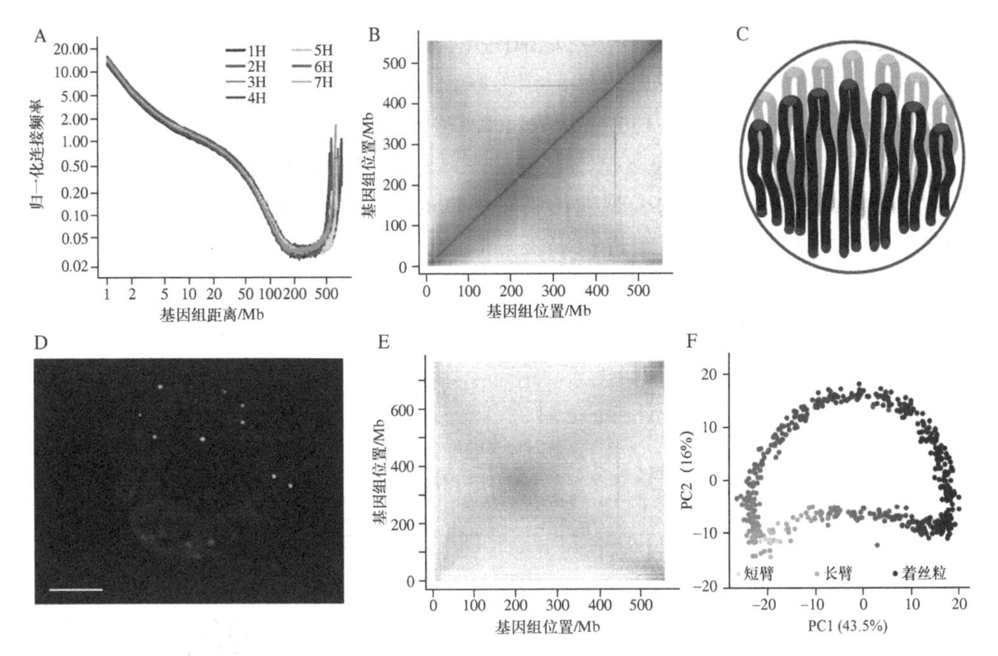

图 1-9-13　大麦基因组染色体构象捕获分析（分辨率为 1Mb）（引自 Mascher et al., 2017）

A. 基于大麦 7 条染色体（1H～7H）获得的 Hi-C 互作和基因组距离之间的关系，基因组距离越远，获得的 Hi-C 测序读序对数据越少；B. 染色体 1H 内部 Hi-C 互作关系图；C. 细胞分裂间期染色体示意图（红色代表着丝粒，绿色代表端粒）；D. FISH 染色体结构验证图，红色代表着丝粒，绿色代表端粒，结果验证了图 C 的结果；E. 染色体 1H（x 轴）和染色体 2H（y 轴）之间的 Hi-C 互作关系图；F. 染色体 1H 内部 Hi-C 互作关系的主成分分析图。着丝粒及其附近区域黑色表示，染色体短臂和长臂顶端分别用蓝色和粉色表示，过渡区用渐变色表示。横纵坐标分别为第一和第二主成分（PC1/PC2）

根据 Lachesis 的 Hi-C 组装原理，Lachesis 对于输入的草图基因组准确率要求非常高，因为一旦有大片段的基因组错拼存在，即有可能把原本两段不相邻的基因组片段组装在一起。而 Lachesis 本身并没有对草图基因组进行矫正的过程，因此这对于植物基因组，尤其是复杂植物基因组的 Hi-C 数据组装是一个严峻挑战，也是个不可忽视的问题。该问题一般可以通过遗传图谱、光学图谱等其他数据对基因组草图的反复矫正加以解决（Staňková et al., 2016；Zou et al., 2016）。此外，Lachesis 组装是利用基因组片段上的互作位点来进行聚类、排序及定向，因此初步拼成的基因组序列的完整性和连续性对后续基于 Hi-C 进一步组装也至关重要。

二、植物基因组三维构象与调控元件特征

哺乳动物的基因组三维结构中有界限分明的 Mb 级别活跃和不活跃的染色体区域，也就是所谓的 A/B 隔间，而这 A/B 隔间又和所谓的常染色质及异染色质相关联，且又与遗传和表观的一些特征相关，如 DNA 甲基化、染色质开放、转录、重复序列等。当尺度小于 Mb 级别时，哺乳动物基因组三维结构中存在着调控元件（TAD）结构域，而结构域的边缘又富集着一些结构蛋白，如 Cohesin 和 CTCF 等。那么植物基因组的三维基因组结构和调控元件的结构是否与哺乳动物中有着同样的规律呢？由于植物基因组经历了大量的多倍化事件，因此基因组大小、倍性、染色体数目和长度、基因数量和重复序列比例等都与动物不同。同时，植物不同物种间基因组存在非常大的差距（如大小和倍性）。因此，相对于动物，植物基因组的三维构象会显得更加复杂。

基于模式植物拟南芥，研究者最初发现拟南芥基因组三维结构中存在类似哺乳动物中A/B隔间的功能域，并且与一些表观遗传标记相关联，似乎不存在哺乳动物中非常明显的TAD功能域结构（Grob et al.，2014；Liu and Weigel，2015）。后续通过对水稻、玉米、高粱、番茄等多种作物进行Hi-C测序，证实植物物种的三维结构与哺乳动物类似，即存在TAD结构及A/B隔间结构，并含有明显的表观遗传特征（Dong et al.，2017）。利用Hi-C互作矩阵特征向量的方法，可以对植物基因组进行局部隔间的分离（图1-9-14）（Bi et al.，2017；Liu et al.，2017a；Wang et al.，2018d）。但是在玉米等大基因组中，染色质环的形成不像哺乳动物中富集在TAD边界，而是大多在TAD之外的基因岛之间，并且和A类型隔间紧密相关。

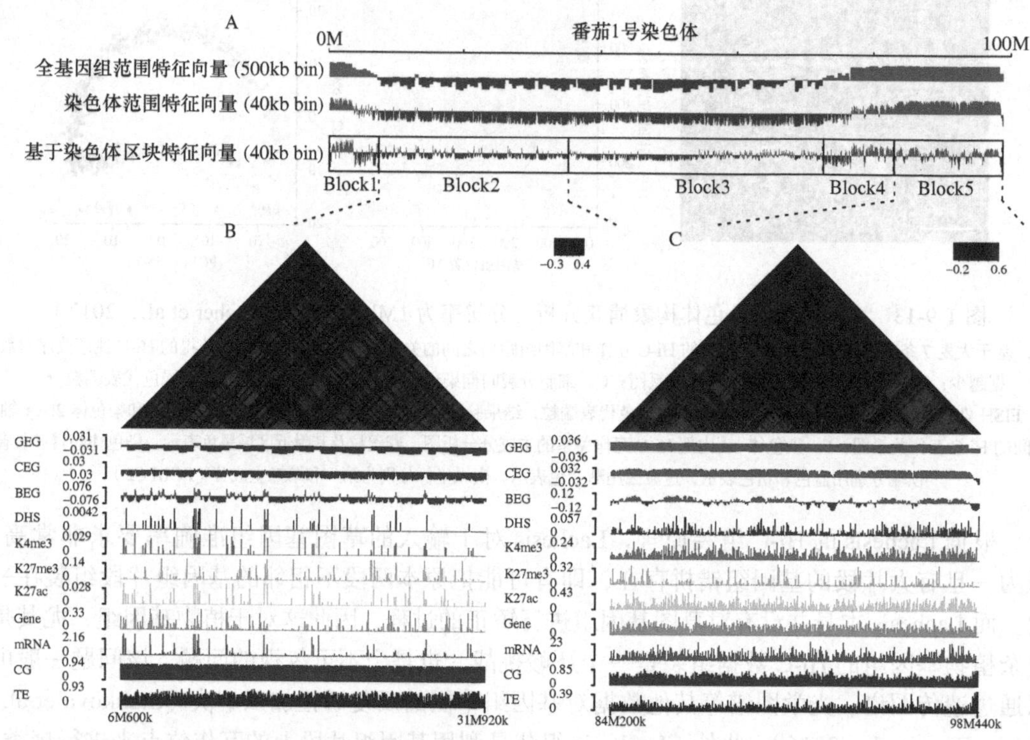

图1-9-14 基于Hi-C数据进行番茄基因组局部隔间结构的分离（引自Dong et al.，2017）

A. 番茄1号染色体局部隔间（local compartment）结构的鉴定。图中显示了基于全基因组、基于整条染色体及基于染色体区块3个层次的特征向量分析结果。B, C. 两个区域Pearson关联矩阵及其A/B两个隔间的定义。其中包括Block2和Block5的Pearson关联矩阵，Block2富含异染色质并含有常染色体岛，确定为B类型隔间；Block5富含常染色质并具有异染色质岛，确定为A类型隔间。Block表示基因组区块；bin表示窗口大小

Hi-C技术同样可以用于观察更为复杂的多倍体植物基因组。例如，Wang等（2018c）通过对多个不同倍性的棉花种进行Hi-C测序和分析。他们在多个不同倍性的棉花物种中，鉴定出A/B隔间及TAD结构，并通过二倍体和四倍体棉花的两个亚基因组比较，发现棉花在多倍化过程中出现了A隔间和B隔间之间的转变。例如，对四倍体棉花*G. hirsutumi*和*G. barbadense*的At亚基因组与二倍体棉花*G. arboretum*进行比较时发现，分别有50.6Mb和52.5Mb的区域发生了A隔间到B隔间的转换（图1-9-15A）；四倍体*G. hirsutumi*和*G. barbadense*与二倍体棉花*G. raimondii*在D12号染色体2～12Mb区间涉及A/B隔间转换（图1-9-15B）。棉花多倍化过程中大部分（83.9%）TAD是保守的（图1-9-15C），如D03染色体的一段区域内，3个棉花物种的H3K4me3标记信号和Hi-C鉴定出的TAD结构共同支持这段TAD区域的保守性（图1-9-15D）。

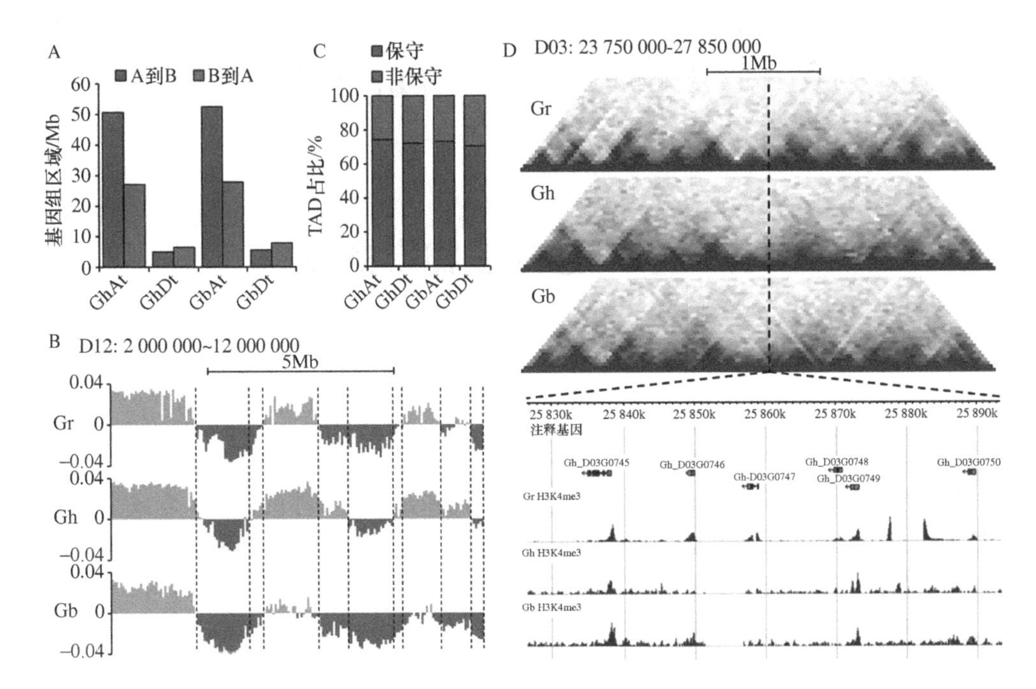

图 1-9-15　棉花多倍化过程中染色质结构（A/B 隔间及 TAD）的变化（引自 Wang et al.，2018c）

A．两个四倍体棉花（*G. hirsutumi* 和 *G. barbadense*）A 隔间和 B 隔间之间转换的基因组区域；B．四倍体棉花 *G. hirsutumi* 和 *G. barbadense* 与二倍体棉花 *G. raimondii* 在 D12 号染色体 2～12Mb 区间涉及的 A/B 隔间转换；C．两个四倍体棉花保守 TAD 区域比例；D03 染色体的一段区域内；D．3 个棉种组蛋白甲基化信号（H3K4me3）和 Hi-C 鉴定的 TAD 结构比较和保守性

第 1-10 章　植物合成基因组

第一节　合成生物学概述

扫码见
本章彩图

一、合成生物学概念及其技术

（一）合成生物学概念

合成生物学（synthetic biology）是研究如何设计和合成生物体的科学。合成生物学以工程化设计理念，对生物体进行有目标的设计、改造乃至重新合成。具体而言，合成生物学旨在设计和构建工程化的生物系统，使其能够处理信息、操作化合物、制造材料、生产能源、提供食物、保持和增强人类的健康及改善环境。也就是说，合成生物学就是通过人工设计和构建自然界中不存在的生物系统来解决能源、材料、健康和环保等问题。由此可见，合成生物学强调“设计”或“重设计”。合成生物学不仅是实验科学，它主要依据的方法是利用已有的生物学知识，根据实际的需要进行设计和重设计，建立数学模型对人工设计进行模拟，反过来指导实验的进行。

合成生物学是一门新兴交叉学科，与分子生物学、遗传工程学和生物信息学等密切相关。合成生物学涉及的关键技术包括标准化 DNA 模块、DNA 合成、DNA 测序和模型模拟等，这些技术涉及遗传工程、分子生物学、生物信息学、系统生物学等技术，离开这些相关学科技术，合成生物学将无从谈起。可以说它是继遗传工程后出现的新一代生物技术，代表着生物技术发展的一个制高点，在能源、健康等领域表现出巨大的应用潜力。同时，合成生物学的发展又推动了生物学的发展。

合成生物学研究内容主要涉及两个大的领域，一是基因线路、代谢网络和大分子模块等领域，具体研究内容包括：遗传 / 基因线路的设计与构建、合成代谢网络、生物大分子的合成与模块化（如蛋白质的工程改造和模块化；核酸分子的人工合成）、细胞群体系统及多细胞系统、数学模拟和功能预测等。二是合成基因组和合成生命，包括生物基因组的合成、简化和重构。从基因组学的角度来说，合成生物学是基因组学发展的必然阶段。基因组学除了解决基因组的解码（decoding）和解读（reading），另外一个目的是对基因组进行重编（recoding）和书写（writing）（杨焕明，2016）。因此合成基因组学是合成生物学的基础和重要组成部分。在该领域，科学家很早就提出最小细胞（minimal cell）或基因组假说，即一个生物体内可能含有必需基因（essential gene）和非必需基因，去掉非必需基因以后，该生物体应仍能存活和繁殖。最小细胞或基因组的研究，不仅有重要的科学意义，还可以以最小基因组为底盘（chassis），加入新的基因，让细胞制造人类所需要的物质，具有重要的实际意义（张先恩，2017）。

“合成生物学”一词何时被提出尚无定论，有人认为首次出现在 1911 年 7 月著名医学刊物《柳叶刀》发表的一篇书评中（The Lancet，178:97-99）。另有资料表明，1978 年，波兰科学家 W. Szybalski 等在其一篇论文中提及“合成生物学”一词，认为限制性内切核酸酶的发现可以为重组 DNA 提供工具，从而引领我们进入合成生物学新时代（Szybalski and

Skalka，1978）。1980 年，“合成生物学”一词第一次出现在论文（德文）标题中（Hobom，1980），而后沉寂 20 年。随着生物技术、基因组学和生物信息学等学科发展，2000 年合成生物学再次被提及并得到关注。2000 年 *Nature* 杂志同期发表了两篇有关基因线路设计的论文：James J. Collins 实验室的“Toggle Switch”和 Elowitz 实验室的“Repressilator”（Gardner et al.，2000；Elowitz and Leibler，2000）。这两篇论文的研究内容虽然没有取得立竿见影的实际应用价值，却为全世界的科研人员开辟出了一片充满生机的广阔天空。2010 年，为纪念这两篇经典论文，*Nature* 杂志专门出版了一期纪念专刊，总结和展望合成生物学 10 年来的发展，由此可见这两篇论文影响的深度和广度。随后，一些合成生物学成功应用案例相继出现，合成生物学快速发展，迅速成为一门新兴学科（樊龙江，2017）。

近年来，美国著名基因组学家文特尔研究小组开展的人工合成基因组等研究，再次使合成生物学成为焦点，他们构建的拥有人工合成基因组的支原体引起科学界、法律界等轰动，把合成生物学推到风口浪尖。2010 年，文特尔团队以史上最小的生物——丝状支原体（*Mycloplasma genitalium*）为基础，成功构建出全球首个人工合成细胞——辛西娅（Synthia，JCVI-syn1.0）（Gibson et al.，2010）。2016 年，该团队发布改进后的第三版合成细胞 syn3.0（Hutchson et al.，2016）。

受到文特尔的启发，纽约大学兰贡医学中心酵母遗传学家 Jef D. Bockc 开始尝试合成真核细胞染色体。他带领团队启动了一项旨在实现人工合成真核生物酿酒酵母的全部 16 条染色体（长约 14Mb）——合成酵母基因组计划（Sc2.0）（http://syntheticyeast.org）。2014 年 3 月，Boeke 及另一个研究小组的研究人员一起成功合成了第一条酵母染色体（合成染色体 3，syn Ⅲ）（Annaluru et al.，2014）。2017 年 3 月，Boeke 团队在 *Science* 上同时发表 7 篇论文，描述了合成酿酒酵母真核基因组 Sc2.0 的 2 号、5 号、6 号、10 号和 12 号这 5 条染色体的从头设计与合成，并最终获得与普通酵母菌几乎一致的人工合成酵母菌（Mercy et al.，2017；Richardson et al.，2017；Shen et al.，2017b；Wu et al.，2017b；Xie et al.，2017；Zhang et al.，2017d；Mitchell et al.，2017）。Sc2.0 项目由中国、美国、英国、法国、澳大利亚、新加坡等国家的多个研究机构参与合作。其中，来自深圳华大基因研究院、天津大学、清华大学的中国科学家团队完成了其中的 4 条，占完成数量的 66.7%。其中天津大学元英进教授团队完成了 5 号、10 号（syn Ⅴ、syn Ⅹ）染色体的化学合成，并开发了高效的染色体缺陷靶点定位技术和精准修复技术。戴俊彪研究员带领清华大学团队完成了当前已合成染色体中最长的 12 号染色体（syn Ⅻ）的合成。深圳华大基因研究院团队联合英国爱丁堡大学团队完成了 2 号染色体（syn Ⅱ）的合成及深度基因型-表型关联分析。另外，研究人员设计了原始合成酵母染色体（syn Ⅲ）后，进行短 DNA 序列的合成，并慢慢替代染色体Ⅲ上的天然 DNA 序列，直到所有碱基对都被替换。研究人员从约 750 对碱基对的短 DNA 序列开始，在体外慢慢将它们组装成长为 5 万～6 万个碱基对的 DNA 序列，然后再与酵母细胞中已存在的染色体进行重组。Sc2.0 项目中一个让人瞩目的重点是团队设计的 BioStudio 软件，它使科研人员能够对碱基对和基因组规模序列进行修改，并且能在大尺度上对研究计划进行协调修改，追踪研究进展。

由于合成生物学展现出良好的应用前景，其研究受到世界各国的高度重视。美国从 2004 年就开始资助合成生物学领域。2004 年，比尔及梅琳达·盖茨基金会向 Amyris 公司投资 4250 万美元，用于青蒿素的研发。之后美国能源部（DOE）、国家科学基金会（NSF）、农业部（USDA）、国防部（DOD）等联邦政府部门都相继支持合成生物学的基础研究、技术研发和相关机构的建立。2010 年，美国能源部启动“电燃料”专项，用于“微生物电合成”研究；美国国家科学院 Keck 未来计划资助 13 项合成生物学研究项目；2011 年，美国国防部先进研究项目局（DARPA）启动“生命铸造厂”计划，发展细胞工厂，2014年又启动第二阶段项目；美国半导体研究联盟启动“半导体合成生物学”（SemiSynBio）计划，等等。欧盟很早就起草了合成生物学路线图，描绘了欧盟2008～2016年对合成生物学的设计和规划。欧盟第六框架、第七框架计划分别资助了6项、7项合成生物学项目。2012年，合成生物学研究区域网络（ERAynBio）启动建立，致力于协调国家的经费、研究团队建设、人才培养，以及解决伦理、法律、社会和基础设施需求等问题；2014年，ERASynBio发布了题为《欧洲合成生物学下一步行动——战略愿景》的报告，对欧洲合成生物学的发展提出了5点建议。2012年，英国商务、创新与技能部（Department of Business Innovation and Skill，BIS）发布“英国合成生物学路线图”，制定了至2030年发展合成生物学的时间表，为英国合成生物学的未来发展提出了5个核心主题，包括基础科学与工程、持续开展负责任的研发与创新、用于商业的技术、应用与市场、国际合作。2016年该路线图被进一步修订，以题为《英国2016年合成生物学战略计划》发布。德国也很重视合成生物学研究。德国马尔堡大学和马普学会微生物研究所等共同成立了合成微生物学中心，并于2013年建立了马普合成生物研究网络（MaxSynBio），开展合成生物学和人工细胞研究。我国非常重视合成生物学研究，973计划和863计划很早就将合成生物学列为重点研究方向，其中973计划已经资助的项目包括人工合成细胞工厂、光合作用和人工叶片、新功能人造生物器件的构建与集成、微生物药物创新与优产的人工合成体系、用合成生物学方法构建生物基材料的合成新途径、合成微生物体系的适配性研究、抗逆元器件的构建和机理研究、合成生物器件干预膀胱癌的研究、微生物多细胞体系的设计与合成、生物固氮及相关抗逆模式的人工设计与系统优化。863计划实施了“合成生物技术”项目，该项目设了8个课题，包括“能源与医药产品模块化设计合成”“特种PHA聚合物人工合成体系的构建”“环境耐受的工业微生物人工合成体系的构建”“若干植物源化合物的人工合成体系构建”“光能人工细胞工厂的构建及应用”“若干微生物源药物人工合成体系构建”“微生物药物的高效合成生物技术研究与应用”和“人工合成酵母基因组”。2018年我国启动了合成生物学重点专项，继续支持包括植物在内的合成生物学相关研究［详见本节“（二）我国植物合成生物学研究”］。

（二）合成生物学技术

1. 基因线路设计和DNA合成组装

基因线路（gene circuit）又称遗传路线（genetic circuit），在合成生物学中是指由各种调节元件和被调节的基因组合成的遗传装置（genetic device），在给定条件下，可定时定量地表达基因产物。人工合成生物系统的层次化结构设计是合成生物学一个最基本思路。由DNA序列组成的具有一定功能的最基础元件——生物积块（BioBrick），又称为生物部件（part），不同功能的生物部件按照一定的逻辑和物理连接组成更加复杂的生物装置（device），甚至生物系统（system）。基因线路设计是基于生物装置层次进行工程化设计，它是人工合成生物系统中最基础的功能单位。Part按照其功能可以划分为终止子、蛋白质编码基因、报告基因、信号传递组件、引物组件、标签组件（tag）、蛋白质发生组件、转换器、启动子等类别。每一个Part都有一个标准的名字编码，我们可以很方便地从一块DNA元件的名字编码中，判断出它在具体生物过程中所发挥的功能。国际合成生物学组织iGEM要求每一个生物积块的结构都是标准化的。除了本身的功能序列以外，它们都具有相同的前缀和后缀，每一个BioBrick的前缀中都包括*Eco*RⅠ和*Xba*Ⅰ两个酶切位点，后缀中包括*Spe*Ⅰ和*Pst*Ⅰ两个酶切位点，并且经过特殊的遗传工程手段处理，确保真正的编码序列中不含有这4个酶切位点。整个生物积块被克隆在由iGEM组委会提供的质粒载体上，可按照设计的需要进行DNA剪切和拼接。

有了上述标准化的 Part 部件，就可以利用转录激活因子、转录阻遏蛋白、转录后机制（如 DNA 修饰酶）和核糖核酸调节子（riboregulator）等，利用逻辑拓扑结构，构建生物装置。生物装置通过调控信息流、代谢作用、生物合成功能，以及与其他装置和环境进行交流等方式，处理“输入”产生“输出”。可以说，生物装置包含了一系列转录、翻译、蛋白质磷酸化、变构调节、配体 / 受体结合、酶反应等生化反应。不同装置各自的生物化学属性具有各自的优势和限制。目前已经工程化的遗传装置还有很多，如控制基因表达的各种基因开关、切换基因表达状态的双稳态开关、3 种阻遏蛋白相继表达的抑制振荡子（repressilator）、模拟各种逻辑门功能的生物装置等。

目前基于模块进行设计和合成的合成生物技术已比较成熟，已开发出基于生物部件并进行大规模设计的工具，如 GoldenGate、DeviceEditor、J5、GenomeCarver、BiopartsBuilder、SynBIS 等。具体可参阅李诗渊等（2017）在《生物工程学报》合成生物学专刊中的综述文章，他们就合成生物学有关 DNA 合成、组装技术进行了详细介绍。

针对植物，最近也开发了专门用于植物合成生物学的在线合成生物学装配工具 GoldenBraid 3.0（https://gbcloning.upv.es/）（图 1-10-1）。用户可以用在线工具提供的生物部件 BioBrick 进行设计基因线路，然后根据功能设计进行合成。同时，许多其他合成生物学工具同样也可以用丁植物合成生物学研究（表 1-10-1）（Liu and Stcwart，2015）。

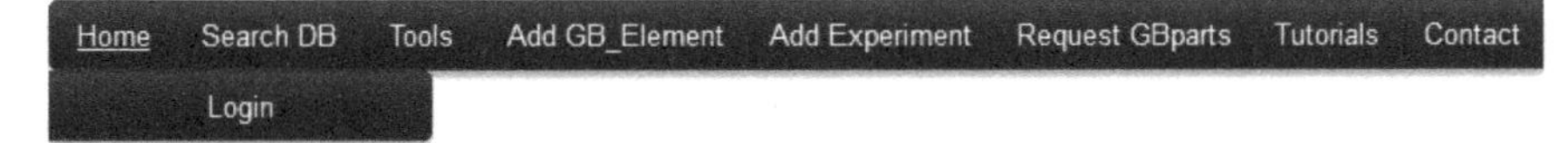

A Digital Toolbox for Plant Synthetic Biology

GoldenBraid version 3.0 is a tool for modular construction of multigenic DNA structures in Synthetic Biology applications. This webpage provides support for GB3.0 users, including searchable databases of GB elements and experiments and a number of software tools for in silico simulation of DNA assembly reactions.

The GB3.0 version introduces a number new features. The most relevant one is the possibility to incorporate experiments to the GB database. This option was introduced to enable the association of functional specifications to the description of GB3.0 elements. Other important novelties are the improvement of domestication tools, the design of descriptive datasheets, or the inclusion of a special section dedicated to genome engineering, among others.

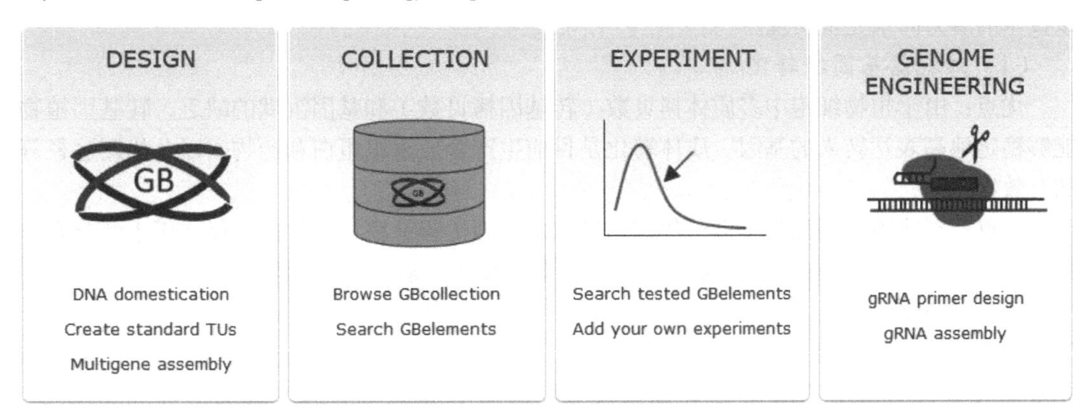

图 1-10-1　用于植物基因组设计和合成的在线工具 GoldenBraid 3.0 主页

表 1-10-1 目前可用于植物合成生物学研究的软件工具（引自 Liu and Stewart，2015）

软件工具	说明	植物适用性
构件设计与合成		
GeneDesign	具有密码子优化和密码子偏差图形算法的 Web 服务器，支持插入限制位点和构建块的设计	适用
Gene Designer2.0	可用于基因、操纵子和载体设计、密码子优化、限制性位点修饰、可读框重新编码和引物设计	适用
拓扑结构和网络设计		
GenoCAD	包含形式语义模型的框架，该模型使用属性语法表示多个部分序列的动态。它将部分函数的条件依赖性形式化，并将部分序列转换为模型来预测其行为，并通过设计草案的交互式"语法检查"来传递给用户	主要用于 *E. coli*
OptCircuit	可自动识别列表中的组件与回路重新设计连接性的优化框架。它使用确定性常微分方程和随机模拟编译启动子-蛋白质互作的综合动力学描述	可改用
SynBioSS	该软件套件通过计算动态生物表型的概率分布来进行网络设计和模拟。它包含 3 个组件：Designer、WIKI 和 Simulator。Designer 可以将零件序列转换为 Simulator 中的模拟模型	可改用
CellDesigner	用于监管和生化网络的图形绘制的软件	可改用
e-Cell	通过基于基因调控、代谢和信号转导，以及计算机实验构建的细胞整合模型，来预测细胞行为的建模和模拟环境	可改用
模拟和运行预测		
COPASI	独立的生化网络模拟器，可以在不同的模拟方法之间轻松切换	可改用
CompuCell3D	将基于特定子组件机制的特殊假设组合成统一的多尺度模型，来构建高度保守的脊椎动物机体形成的多细胞多尺度模型	可改用
CellModeller	该工具通过分析分层物理和生化形态发生机制，分析和建模多细胞植物形态发生过程	植物专用

2. 基因组编辑技术

基因组编辑技术是在基因组水平上对 DNA 序列进行定点改造，实现对一个或多个基因的敲除、敲入或对表达进行调控，是近年来出现的最为重要分子生物学技术之一。目前其主要包括两大类技术，一类是以工程核酸酶如锌指核酸酶（ZFN）或 TALE 核酸酶（TALEN）为基础，这些酶能够在几乎任何特定基因组位置产生染色体双链断裂（DSB）来促进基因组编辑。ZFN 和 TALEN 为植物基因打靶和基因组编辑提供了严格的特异性保障，这两种酶都可以区分两个同源基因的结合位点之间 2 或 3 个核苷酸的差异。另一类就是 CRISPR 技术，其已在植物领域广泛应用。有关上述技术的详细介绍请见本书第 1-13 章第三节；有关其在合成生物学领域的应用参见李诗渊等（2017）发表的综述文章。

3. 大型构建体转化技术

为了导入整个代谢途径，表达多聚体蛋白质复合物并设计遗传元件和调控等级，需要导入多基因。人造染色体是目前将长外源 DNA 片段整合入植物最有希望的转基因技术，尽管该技术的潜力尚未完全实现。

（1）细胞器基因组转化

优点：由于植物细胞中多质体拷贝数（转基因拷贝数）和基因沉默的缺乏，转基因植物能够稳定地高表达转入的基因。质体转化是目前生产合成重组蛋白和药物，以及代谢途径等的有效途径。

缺点：不能通过同源重组进行代谢途径的多基因工程；宿主特异性，仅适用于部分农作物，如烟草、大豆、马铃薯、番茄、莴苣、甜菜、茄子、胡萝卜、油菜和卷心菜。

（2）核基因组转化

核基因组转化主要是病毒介导的转移，可转化人工染色体（transformation-competent artificial chromosome，TAC）、二元细菌人工染色体（binary bacterial artificial chromosomes，BIBAC）、多轮体内位点特异性装配（multiple-round *in vivo* site-specific assembly，MISSA）

辅助转化和植物人工染色体辅助转化。TAC、BIBAC 和 MISSA 尚未广泛用于植物生物技术。

缺点：农杆菌介导的转化系统插入位置效应，内源宿主基因组可能被破坏；可能导致转基因的变异甚至沉默，使得协调复杂性状的可能性不大。

（3）植物人造染色体

植物人造染色体有可能进行基因堆积，在植物中插入完整的代谢途径，进行复杂性状的协调转化，以及作物特性工程和育种的多重位点特异性重组和整合。

4. 最小基因组技术

各种人工构建的生物模块，会被植入生命体中进行扩增和培养。生物体自身的各种代谢途径、信号转导途径及各种内源噪声，对于人工模块的执行无疑是一种干扰。同时，天然生物基因功能的多效性和冗余性也给各种模拟算法的有效应用带来了障碍。因此，作为一个重要技术手段，许多合成生物学家致力于生物基因组的简化和模块化，力图净化宿主细胞的代谢内环境，设计和构建特定生物基因组的底盘。基因组底盘往往通过所谓“最小基因组”（minimal genome）的技术路线来确定。该技术的目的是确定一个生物生存所需最小基因集，即所有“必需基因”（essential gene）。例如，基因集中包括与 DNA 复制、RNA 处理和修饰、解码遗传密码的 tRNA、翻译组分和伴侣蛋白等相关基因，它们是支持一个完整生物体存活所必需的基因。可以通过大规模敲除特定基因或基因组合来确定基因的必要性，该技术的一个很好范例是关于丝状支原体细菌最小基因组的研究，具体参见文特尔团队在 *Science* 发表的文章（Hutchison et al.，2016）。

5. 人工密码子技术

人工密码子技术就是利用更多碱基（除了 ATCG）合成新类型氨基酸。组成 DNA 的 ATCG 4 种碱基可以随机排列形成 64 种不同的包含 3 个碱基的组合，组成生命的遗传密码，每个密码子编码一种相应的氨基酸。地球上所有生命所需的蛋白质主要由 20 种氨基酸组成。来自美国的合成生物学领域著名科学家 Romesberg 教授，成功打破了 ATCG 的束缚。他们首次合成自然界中不存在的 X-Y 碱基对和相应的氨基酸，成功在实验室创造了包含“ATGCXY”6 种碱基的全新生命体（Zhang et al.，2017d）。天然存在的 4 种碱基编码了 20 种氨基酸，额外加入非天然的 X-Y 碱基对能够产生多达 172 种氨基酸。

二、植物合成基因组意义与展望

（一）植物合成基因组研究的意义和难点

合成生物学的最终目的是在人工合成完整、有活力基因组的基础上，依照人类需求对目标生物基因组进行改造或从头合成，获得所谓“人工生命”。植物是合成生物学研究的理想对象，合成植物基因组研究具有几方面重要意义：①重要植物次生代谢产物人工合成。植物具备一些特殊代谢途径，是人类所需次生代谢产物的重要来源。这些在胁迫条件下所产生的化合物不仅可以提高植物体的抗病性、抗逆性，在人类的医疗中也有相当重要的作用。例如，对疟疾有良好治疗特性的青蒿素，目前已开展了青蒿素等植物次生代谢产物人工合成研究（详见本章第二节“一、植物次生代谢途径人工合成”）。②作物育种利用，即合成育种技术。将合成生物学的技术运用至植物体上，一个明显的意义是可推进人工育种的进程。与传统育种技术不同，合成育种技术可以根据设计进行基因组合成，培育出符合人类需求的作物品种，大大缩短育种进程。目前作物育种中利用的转基因技术还仅是合成和利用单个或若干基因，改善作物品种某一特定性状。利用合成生物学技术，首先可以在特定代谢途径水平上进行人工改造或合成。例如，如何提高粮食产量一直是学者们所关心的问题。水稻作为世界四大粮食作物之一，与玉米等粮食作物的产量还存在一定的差异。这主要是因为玉米具有C4植物特有的光合途径，可更有效利用光照与光合作用底物。是否能在水稻（C3植物）基因组加入一个C4途径，将其改造成具有更高光效的C4作物？目前科学家正在开展该研究（详见本章第二节“二、光合途径与高光效植物创制”）。当然，植物合成生物学在育种中利用的最终目标是按照人类需求人工设计和合成作物基因组。可以说，植物合成基因组为作物育种和生产提供了一个崭新的研究方向。

合成植物基因组目前还存在许多困难。与其他真核生物一样，植物基因组相对于微生物基因组更大更复杂。但合成生物学需满足的首要条件是目的基因序列的确定。例如，本身的底盘基因组到底是什么——建立在何种物种上（一般选择较小的基因组）？即使是目前相当简单的微生物基因组，其底盘基因组还有许多未知因子。例如，文特尔团队对丝状支原体的研究，最新全人工合成的基因组版本syn3.0，相较于syn1.0减少了约一半的基因碱基数量。他们发现一些非必需基因情况较复杂，因此提出了“准必要基因”（quasi-essential）和“合成致死对”（synthetic lethal pair）这两个概念（Hutchison et al.，2016）。所谓的准必要基因来自最小基因组设计的基因分类。在最小基因组的设计中，将基因分为三大类：必需基因（e-genes）、非必需基因（n-genes）和准必要基因（quasi-essential）。准必要基因被破坏的细胞会经历连续的不同程度（从最小到最严重）的生长损伤。为了区分这种生长损伤连续性，进一步将缺失后生长损伤最小的准必要基因定义为“in-genes”，而将生长缺陷严重的那些准必要基因定义为“ie-genes”。相应地，合成致死对是指两个或多个基因组合致死情况。假定基因A和B均提供了某一必要功能E1。当这两个基因被分别单独删除时，并不会引起E1功能的丧失，因此通过单敲除研究，这两个基因均会被定义为非必要基因。然而，如果它们被同时删除，细胞则会因为缺失E1功能而死亡。这种致死突变组合被称为合成致死对。植物基因组相对于微生物或人和动物基因组，具有更多基因，基因家族巨大，重复序列构成复杂，其底盘研究举步维艰（详见本章第二节“三、植物底盘基因组”）。即使是模式植物（如拟南芥和水稻），其基因组也有几万个基因，目前大部分基因功能还未知或尚未充分解析，特别是基因之间的互作调控关系。

（二）我国植物合成生物学研究

我国2010年以来陆续在863计划和973计划中设立合成生物学相关项目，资助植物合成生物学等相关研究。其中植物方面的一个重要课题是高光效细胞构建，其他还包括植物源化合物合成、固氮菌等。

2018年我国启动“合成生物学”重点专项。该专项总体目标是针对人工合成生物创建的重大科学问题，围绕物质转化、生态环境保护、医疗水平提高、农业增产等重大需求，突破合成生物学的基本科学问题，构建几个实用性的重大人工生物体系，创新合成生物前沿技术，为促进生物产业创新发展与经济绿色增长等提供重大科技支撑。目前该专项将围绕4个任务部署项目：基因组人工合成与高版本底盘细胞构建、人工元器件与基因回路、特定功能的合成生物系统、使能技术体系与生物安全评估。上述4项任务中涉及植物的课题包括“植物底盘的设计与构建”“微藻底盘细胞的理想设计与系统改造”“抗逆基因回路设计合成与抗逆育种”“植物天然产物合成的工程细胞构建”等。

第二节 植物基因组设计与合成

植物是理想的合成生物学研究对象，因为植物为我们提供了重要的食物来源（如淀粉、糖、维生素等），同时植物具备一些特殊代谢途径，是人类大量次生代谢产物的重要来源。人工合成植物基因组一直是人类梦想，对它的探索其实很早就已开始。例如，作物杂交育种就是植物合成基因组早期实践活动之一。作物育种过程其实就是进行新基因组组合的过程，即利用有性繁殖系统完成基因组人工组合。通过随机获得大量新组合基因组，从中挑选出符合人类需求（如优质、高产和高抗性等）的新基因组组合。在作物传统育种——杂交育种阶段，利用有性繁殖系统，人为地产生基因组重组和新组合，目的是获得一个自然界中不存在的新基因组（品种）。但该阶段无法进行基因组设计，即缺少设计环节，而只是进行大量的随机重组，同时不断试错，获得一个新合成的基因组。到了杂种优势利用育种阶段，目的同样是合成一个基因组，获得一个杂合型的新基因组，其产量等性状更高、更好，其育种过程同样是找到符合目标的新合成基因组。多倍体育种在作物育种中是一项重要技术，如育成的新类型作物小黑麦等。其遗传本质是通过基因组多倍体化（异源加倍或同源加倍两个途径）进行基因组的重新合成，增加新合成基因的环境适应性、品质等人类需求的性状。随着现代合成生物学的兴起，植物重要次生代谢产物成为首选目标，植物合成基因组学或合成生物学研究进入新阶段。随着植物基因组学发展，以植物为底盘的重要合成代谢途径（如 C4）甚至全基因组的设计与合成已成为可能，也许不久的将来，第一个全人工合成的植物基因组就会出现在我们面前。

近年来，植物合成生物学研究已日渐活跃。不少文章对植物合成生物学研究进展、前景和方向进行了综述和展望（Liu and Stewart，2015；Nemhauser and Torii，2016）。例如，Nemhauser 和 Torii（2016）给出了合成生物学家眼中未来理想作物应该具备的功能（图 1-10-2）：细胞具有人工改造的灵敏的感受器（受体），可以感知病菌释放的信息而快速启动基因表达，产生功能分子，应对病菌侵染。

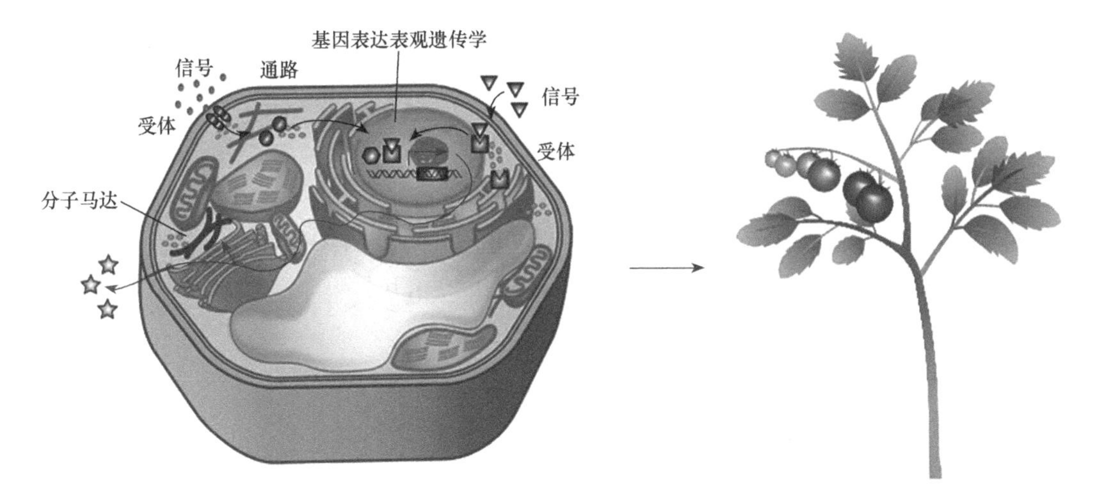

图 1-10-2　经过合成生物学遗传设计和改造的理想植物细胞，
可以行使特定功能并产生理想的农艺性状（引自 Nemhauser and Torii，2016）
每个合成的生物模块用红线标识，包括信号转导、基因表达、分子马达等系统

一、植物次生代谢途径人工合成

真正的合成基因组学研究始于基因组组分——特定代谢途径的设计和实现。植物组分相关基因及其设计、反应或实现系统最初都是选择了微生物系统作为底盘（因微生物系统繁殖

快）。以下举例说明。

利用植物的代谢途径及其生化路径来合成目标的天然产物，或以微生物等作为底盘，来合成天然的植物次生代谢物，通常指将编码某一次生代谢产物相关的一串基因制成卡盒结构，整合到生物底盘中，如微生物中，得到较高水平的表达，从而获得大量的目标次生产物。这一思路早在“生物反应器”中就得到体现。

目前较为成熟的有青蒿素及吗啡的生物合成。青蒿素是 1971 年由中国药学家屠呦呦发现的，对疟原虫具有很高的抗性。现有的青蒿素全人工合成很困难且成本高，但是微生物来源的青蒿酸是一种非常高效、可靠且成本较低的来源。青蒿素的生物合成首先是选用微生物作为底盘。率先取得重大进展的是美国加州大学伯克利分校 Jay Keasling 教授的实验室。Keasling 等尝试在大肠杆菌中完成青蒿素的前体——青蒿酸的微生物合成。该课题组 2003 年就在 *Nature Biotechnology* 上发表文章，介绍在大肠杆菌中合成青蒿酸的另外一个前体物——青蒿二烯的工作（Martin et al.，2003）。2006 年，Keasling 课题组通过对酵母中的 MVA 途径代谢调控关系的调整、关键基因表达量优化、前体物 FPP 代谢支路的削弱，结合氧化酶 *CYP71AV1* 的表达，成功构建产青蒿酸的酵母菌株，产量达到 115mg/L，通过发酵优化，青蒿酸的产量可以进一步提高到 2.5g/L（Ro et al.，2006）。2009 年，Keasling 课题组将青蒿二烯的产量提高到 27g/L（Tsuruta et al.，2009）。2013 年，Keasling 课题组成功实现了抗疟药青蒿素的半合成，被称为青蒿素合成过程中里程碑式的突破（Paddon et al.，2013）。根据现有对青蒿素生物合成途径的研究，推断其主要包括四大步骤（图 1-10-3）：①通过甲羟戊酸途径和非甲羟戊酸途径合成法尼基焦磷酸（Farnesyl pyrophosphate，FPP）；② FPP 在紫穗槐-4,11-二烯合酶作用下，环化形成中间体紫

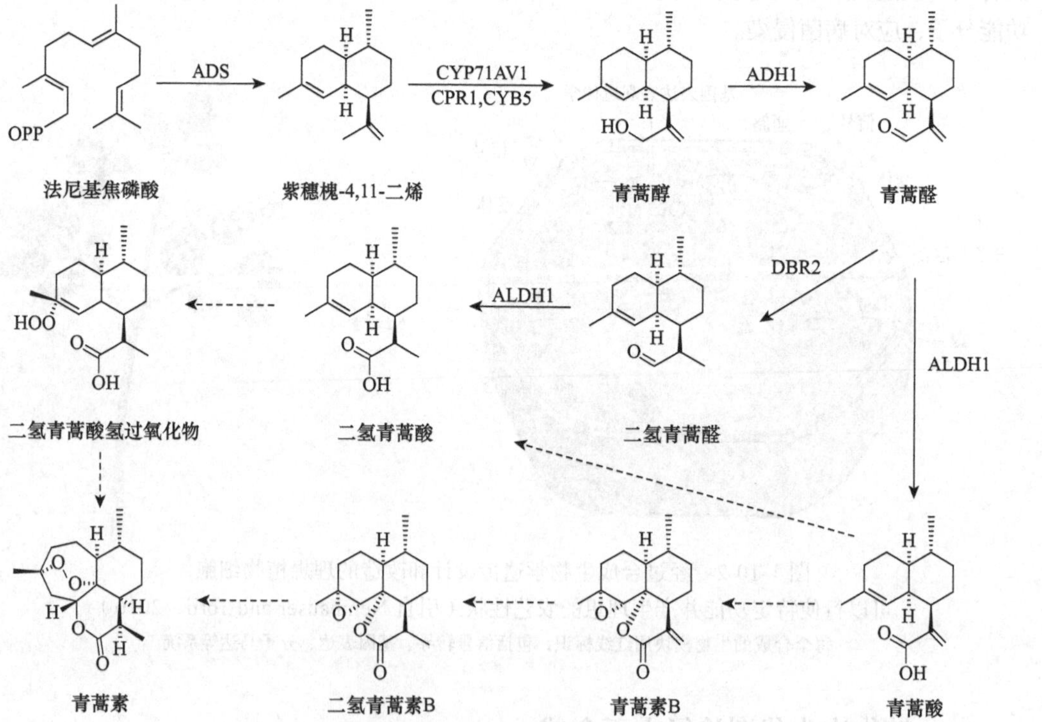

图 1-10-3　青蒿素合成途径（引自方欣等，2015）

图中实线箭头表示已证实代谢过程，虚线箭头表示推测代谢过程。ADS 表示紫穗槐-4,11-二烯合酶；CYP71AV1 表示紫穗槐-4,11-二烯 C-12 氧化酶；CPR1 表示 P450 还原酶；CYB5 表示细胞色素 b5；ADH1 表示醇脱氢酶；ALDH1 表示醛脱氢酶；DBR2 表示青蒿醛 11（13）双键还原酶

穗槐-4,11-二烯；③紫穗槐-4,11-二烯在紫穗槐-4,11-二烯 C-12 氧化酶的催化下，进一步氧化形成青蒿醇、青蒿醛，进而合成青蒿酸和（或）二氢青蒿酸；④青蒿酸和（或）二氢青蒿酸经过一系列反应生成青蒿素。Keasling 团队构建了一个能制备紫穗槐-4,11-二烯的酵母工程菌，并在这个工程菌中导入了甲羟戊酸合成模块、FPP 合成模块和紫穗槐-4,11-二烯合成模块。

叶绿体是植物细胞光合作用的场所，存在大量代谢途径，被誉为养料制造工厂和能量转换站。2016 年，Fuentes 研究组将青蒿酸的完整合成途径成功整合到烟草叶绿体基因组中，并引入了一些稳定该途径的基因，实现了以植物为底盘的青蒿酸合成（Fuentes et al.，2016）。

2015 年，斯坦福大学 Christina Smolke 教授领导的团队实现了阿片类化合物的真菌内生物合成，是至今为止合成生物学最复杂的壮举之一（Galanie et al.，2015）。吗啡是从罂粟的浓缩液阿片中提取所得。人们对吗啡全合成途径的了解较青蒿素要清晰得多，Gates 和 Tschudi 在 1952 年首次完成了吗啡的人工全合成。吗啡的合成途径主要可以分为 3 个模块：①蔗糖→葡萄糖→L-酪氨酸；② L-酪氨酸→（S）-牛心果碱；③（S）-牛心果碱→（R）-牛心果碱→吗啡。早在 2007 年，科学家就通过改造代谢通路，获得了 L-酪氨酸高表达的大肠杆菌菌株，但是由于原核表达系统很难产生后续所需的细胞色素 P450 酶，需与酵母共培养才能解决此问题。因此，人们将完整的吗啡生物合成寄托于酵母上。直至 2015 年，Smolke 团队在酵母中构建出了阿片类生物碱合成的完整途径。但是现有的生物合成途径产率仍很低，无法取代传统的生产方式，仍需大量的优化工作。

其他还有不少类似例子，如类胡萝卜素、石杉碱甲、人参皂苷、甜菊糖等，包括我国科学家最近开展的灯盏花素合成途径的人工构建（Liu et al.，2018c）。

二、光合途径与高光效植物创制

（一）利用合成生物学技术提高光合作用效率

除了在天然产物上的应用，一直以来，科学家们还致力于利用合成生物学提高植物的光合效率，以增加粮食单产，缓解日益严峻的粮食安全问题。张立新等（2017）在《生物工程学报》“合成生物学专刊”发表了一篇综述文章“利用合成生物学原理提高光合作用效率的研究进展”，很好地总结了目前合成生物学在提供植物光合效率方面的研究状况。以下基于该文进行介绍。

经过长期的研究发现，科学家认为通过优化以下 3 个主要光合作用过程可能有效提高光合作用效率：①优化光能的吸收、传递和转化效率。主要包括优化捕光天线系统；提高电子在光合膜上的传递效率；增强电能转化为 ATP 和 NAD（P）H 的效率。②光能高效利用。主要包括降低非光化学淬灭等能量损耗；增强光保护、减轻光抑制等带来的光合效率下降。③提高光合碳同化效率。主要包括提高 Rubisco（核酮糖-1,5-二磷酸羧化酶 / 加氧酶）的羧化活性；引进 CO_2 浓缩机制；减少碳损耗、降低光呼吸。以上 3 个方面中，光能的吸收、利用和转化是光合作用的起始，是高光合效率的基础，而光能的高效利用不但可以为植物的碳同化提供还原力，还可以进一步促进光能的高效吸收。所以 3 个主要光合作用过程相互依赖、相互制约与调控，提高植物光合效率必须将三者综合起来。合成生物学在这 3 个方面都能有所贡献。

利用合成生物学对光合作用进行改造，除了可以提高农作物的光合效率外，还可以改造使其生产一些高附加值的化学产品。例如，通过对光合细菌蓝藻引入特定的生化反应系统，使其吸收大量的 CO_2 而生产乙醇、醇酸、脂肪、蔗糖和倍半香茅烯等。这不但可以降低大气

中日益升高的 CO_2 浓度，还可以提供生物能源，减少对粮食的依赖。综上所述，虽然光合作用经过了数十亿年的进化，它还是可以根据人类的意愿被改进，增强光合固碳效率和增加生物量。可以预见，通过合成生物学对光合作用的改造，将为提高粮食产量和生物能源产生不可估量的推动作用。然而，光合作用是一个异常复杂的生物学过程，它的各个反应都相互调节、相互制约，对它某方面的改造将不可避免地影响其他反应。因此，对光合作用的调控机理和调控线路等基本科学问题进行详细研究，可为合成生物学的基因线路改造、光合功能优化提供理论上的支持。与此同时，还需要利用系统生物学的思想和理论，统筹建立光合作用系统模型，阐明决定光合效率的关键位点和调控网络。在此基础上，合成生物学就可以充分借鉴遗传学、化学等领域的新概念和新技术，设计出高效光合作用新体系。

（二）C4 水稻创制

创制高光效 C4 水稻一直是水稻育种者的梦想。由于 C4 植物的维管束薄壁细胞及叶肉细胞中均含有叶绿体，且含有更高的磷酸烯醇式丙酮酸羧化酶的活性及较弱的光呼吸，故光合效率远高于 C3 植物。因此，科学家们欲通过合成生物学的方法，将 C4 植物的光合途径整合到 C3 植物中，以提高光合碳同化效率。C4 水稻预计可以提高水稻 50% 的产量（杂交水稻之后，水稻产量徘徊不前）。上述工作必须以植物为底盘进行研究和开发，不同于上述以微生物为底盘的植物某一代谢途径的人工合成。为此，比尔及梅琳达·盖茨基金会在 2008 年开始资助 C4 水稻项目“The C4 Rice Project”（http://c4rice.irri.org/）。项目由国际水稻研究所（IRRI）领导一个国际研发团队进行，30 年规划分为 5 个阶段［2008～2011 年，工具和方法建立（building the toolkit）；2011～2015 年，概念验证（proof of concept）；2015～2019 年，原理理解（understanding mechanism）；2019～2029 年，生物工程（engineering）；2029～2039 年，育种（breeding）］，目前处于第三个阶段。技术路线设计上，该研究将玉米作为 C4 植物模型进行研究。

目前主要的 C4 植物模型中除了玉米之外，还有其他几种 C4 植物受到关注。例如，中国农业科学院作物科学研究所刁现民课题组一直致力于将谷子作为 C4 植物模型。浙江大学樊龙江课题组提出以稻田稗草作为模型进行 C4 水稻创制。稻田稗草高光效是其环境适应的重要机制，因为其要与水稻和其他稻田杂草进行竞争，需快速生长取得竞争优势。稻田稗草属于 C4 植物。更为重要的是，稻田稗草与水稻同处水田环境，生境一致，在苗期株型极度相似，这为其作为水稻 C4 途径模型提供了绝佳遗传背景基础。稗草 C4 途径相关基因，包括特征核心酶基因和 C4“花环”结构形成相关基因、维管束鞘细胞和叶肉细胞之间代谢物转运蛋白、细胞（维管束鞘和叶肉细胞）特异表达基因、C4 相关转录因子等，与玉米 C4 途径相关基因存在不少差异。例如，稗草中核心酶基因具有更多拷贝（表 1-10-2）。

表 1-10-2 玉米和稗草 C4 途径核心酶基因拷贝数

（引自 Zhang et al.，2012；Covshoff et al.，2016；Mao et al.，2019）

物种	PEPCK	MDH	ME	PEPC	CAH	PPDK
稗草（*E. crus-galli*）	43	12	11	6	8	3
玉米（*Z. mays*）	27	6	8	6	4	2
水稻（*O. sativa*）	21	4	6	6	2	2
小米（*S. italica*）	22	6	6	6	4	2
短柄草（*B. sylvaticum*）	21	4	7	6	3	1
高粱（*S. bicolor*）	22	6	7	6	5	2

注：核心酶包括苹果酸脱氢酶（MDH）、苹果酸酶（ME）、碳酸酐酶（CAH）、磷酸烯醇式丙酮酸羧化酶（PEPC）、磷酸烯醇丙酮酸羧化酶激酶（PEPCK）和丙酮酸磷酸二激酶（PPDK）

C4 植物创制需要两个基本条件：一是合理的 C4 途径模型设计；二是要有合适的 C3 植物底盘（Schuler et al.，2016）。C4 途径模型设计第一步是 C4 关键基因挖掘（图 1-10-4）。目前对于 C4 途径关键基因比较清晰的是 6 个核心酶（表 1-10-2）。而除了这些核心酶以外，C4 植物独特的“花环”结构基因也很重要。C4 植物维管束鞘外侧一层呈环状排列的叶肉细胞称为“花环”结构（Kranz）。C4 植物在叶肉细胞中通过将磷酸烯醇式丙酮酸（PEP）羧化，把 CO_2 固定为草酰乙酸，后转变成 C4 酸，再转移至维管束鞘细胞经过脱羧反应产生 CO_2，

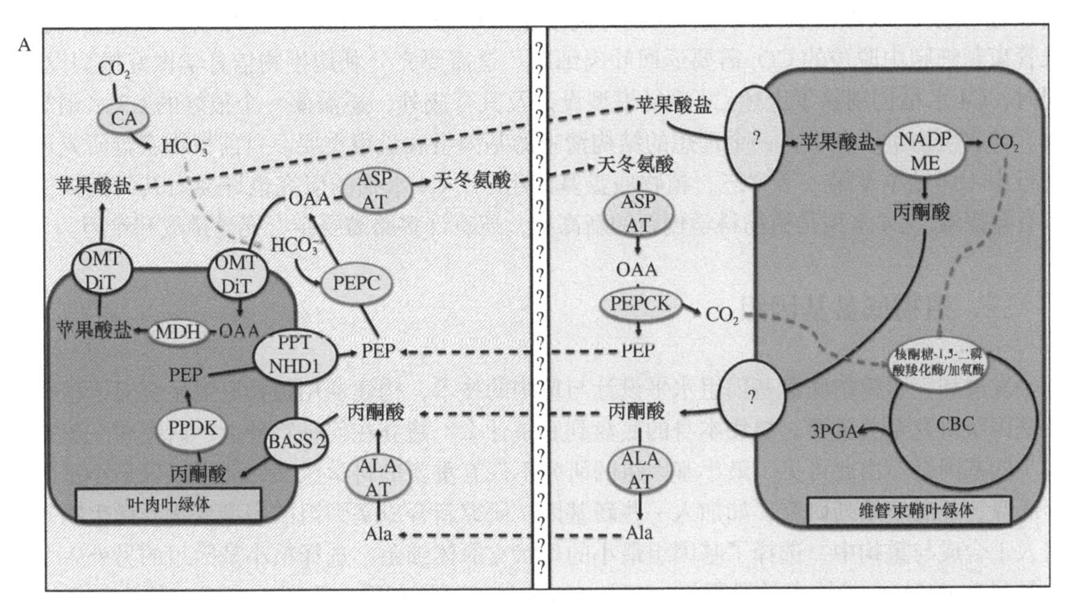

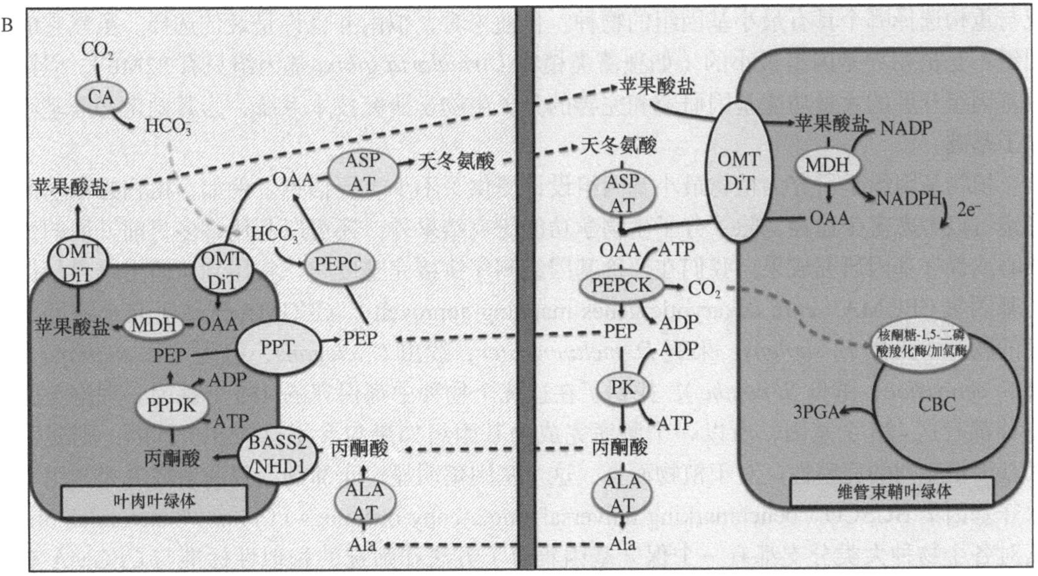

图 1-10-4　C4 光合途径（引自 Schuler et al.，2016）

A. NADP-ME 和 PEPCK 混合型 C4 途径；B. PEPCK 型 C4 途径。CA. 碳酸酐酶；OMT/DiT. 2- 氧戊二酸苹果酸盐转运体，也称为二价阴离子 / 钠离子共转运体；MDH. 苹果酸酶；PEPC. 丙酮酸羧化酶；ASPAT. 天冬氨酸转氨酶；OAA. 草酰乙酸. PPT. 磷酸烯醇丙酮酸磷酸转运蛋白；PPDK. 丙酮酸磷酸双激酶；ALAAT. 丙氨酸转氨酶；Ala. 丙氨酸；PEPCK. 磷酸烯醇丙酮酸羧激酶；3PGA. 3- 磷酸甘油酸；NADPME. NADP- 苹果酸酶；CBC. 卡尔文本森循环；BASS2/NHD1. 胆汁酸：钠共转运蛋白家族 2/ 质子钠抗转运蛋白 1；PK. 丙酮酸激酶。？表示机制不确定

CO_2经过卡尔文循环被还原成糖类。因此，“花环”结构起了一个空间隔离作用，而PEPC相当于一个“CO_2泵”，将外界CO_2压进维管束鞘薄壁细胞中，增加CO_2/O_2值，提高Rubisco羧化效率。而这一结构的关键基因目前仍然不明晰。另外还有一些其他关键基因，如转运蛋白等。更为关键的第二步是如何组配这些基因，并且将这些基因导入水稻中，能够让水稻发挥C4途径（图1-10-4）。目标是尽量导入最少的必需C4途径基因，但能发挥最优的C4光合效率。至少以下几点功能需要满足（Schuler et al., 2016）：①限制Rubisco的加氧反应；②在叶肉细胞中进行CO_2到碳酸盐的转换；③叶肉细胞中进行PEPC对CO_2的固定，维管束鞘细胞中进行C4酸的脱羧反应；④在叶肉细胞中草酰乙酸转化为苹果酸或天冬氨酸；⑤在维管束鞘细胞中脱羧的CO_2需要返回叶肉细胞。这需要充分利用生物信息学做好模型设计。同时，C4水稻创制除了上述C4途径模型设计及其合成外，还需要一个很好的C3水稻的底盘。合成生物学研究中，一个理想的结构清晰的基因组底盘很重要。目前植物底盘研究还在进行中（详见本章第二节“三、植物底盘基因组”），C4水稻的研究也许会为其研究提供许多有益探索。C4水稻是植物科学创新的新高度，还有许多路需要走，充满挑战和希望。

三、植物底盘基因组

发展和完善植物底盘基因组水平设计与重构的技术，构建通用植物底盘系统对于植物合成基因组研究至关重要。植物本身的底盘到底是什么？建立在何种物种上？研究中一般选择较小的基因组。由此可见，最小基因组的研究不仅有重要的科学意义，还可以以最小基因组为底盘，开展一系列研究，如加入一些新基因，研究新合成基因组的表型变化。微生物基因组人工合成与重构中，选择了基因组最小的丝状支原体细菌。选择最小基因组的另外一个考虑是目前DNA合成技术的局限性，超长DNA合成还是有不少困难。那么，植物基因组合成与重构选择哪个具有最小基因组的物种？目前来看，拟南芥也许是最佳选择。虽然它的基因组不是植物界基因组最小的（如狸藻类植物*Utricularia gibba*基因组只有82Mb），但针对其基因组开展的大量功能基因研究和完善的分子生物学研究技术系统，为其确定必需基因提供了基础。

植物基因组学研究为植物最小基因组设计提供了不少重要信息。例如，植物必需基因的确定可以考虑多个途径，除了分子生物学功能研究结果外，还可以利用许多目前开展的植物核心或保守基因研究成果。我们在评价基因组测序拼接完整度时，常用到所谓生物界最保守的基因集CEGMA（core eukaryotic genes mapping approach）。CEGMA选取了几个跨度比较大的物种（人类*H. sapiens*，果蝇*D. melanogaster*，线虫*C. elegans*，拟南芥*A. thaliana*，酵母*S. cerevisiae*，酵母*S. pombe*），找到了在这几个物种中都保守的458个基因。理论上所有物种都有这458个基因，所以一个测序完成的基因组如果包含了这458个基因，则表明了其基因组序列的完整性。对于植物而言，这个基因集明显过于简约。目前研究者经常用到的保守基因集BUSCO（benchmarking universal single-copy orthologs）（https://busco.ezlab.org/），其对各个物种大类分支都有一个保守基因集合（方法和筛选的相似性标准与CEGMA有不同）。目前该数据库中“Plants set”数据集对30个植物进行分析，鉴定到1440个非常保守的基因（图1-10-5，2018年7月）。BUSCO特定种类基因集是从该类型生物种群中根据系统进化关系，选择代表性物种，入选的基因需要在该种群90%以上代表性物种都包含，且一个基因家族只入选一个基因拷贝。因此BUSCO的1440个基因作为植物基因组底盘应该更为靠谱。

Datasets

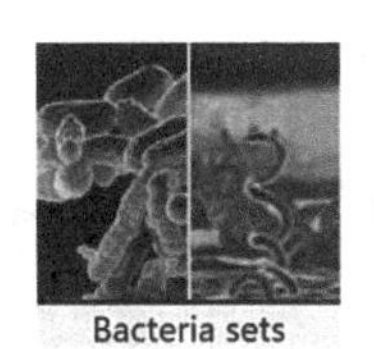

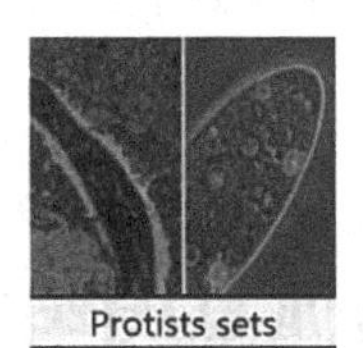

图 1-10-5　不同类生物保守基因 BUSCO 数据库界面（https://busco.ezlab.org/），其中包括植物基因集

构建植物底盘基因组相对于微生物底盘有许多难度：①代谢途径的解析仍是最大的瓶颈，天然产物的合成机制大都未知；②植物天然产物积累方式具有时空特异性，表明合成基因的表达受到植物体内或外部生长环境的严格调控；③植物系统更复杂，代谢途径高度区域化，进行底盘复杂设计、定量描述和数学建模时更困难。基于植物底盘的遗传操作技术和方法仍然不够完善，可应用于植物底盘的新一代基因组合成及基因组编辑的技术有待开发（邵洁等，2017）。因此构建植物基因组底盘任重而道远。一些研究者乐观地预测，在几年内可以实现植物基因组的全人工合成。但是，囿于现有合成生物学技术，要合成具备植物基本功能的基因组绝非易事，让我们拭目以待。

第 1-11 章　叶绿体基因组

第一节　叶绿体基因组概述

扫码见
本章彩图

一、叶绿体及其基因组测序进展

（一）叶绿体简介

植物细胞光合作用是在叶绿体中进行的。叶绿体是质体（plastid）的一种。质体是植物细胞特有的，可分为具有色素和不具有色素两种类型，前者包括叶绿体（chloroplast）和有色体（chromoplast），后者称为白色体（leucoplast）。叶绿体、有色体和白色体在发育上有密切关系，可以相互转化。一个细胞中的叶绿体数目因植物种类不同，有些藻类细胞只有一个叶绿体，而在高等植物中一个细胞可有数十乃至 100 多个。在藻类植物中，叶绿体的形状各异，有带状、板状、环状或星状等，但在藓类、蕨类和种子植物中，叶绿体一般为扁平的椭圆形，直径为 5～10μm，厚 2～3μm（郝水等，1986）。

叶绿体是由两层光滑的单位膜包被，称为叶绿体膜或外被，由内膜和外膜组成。叶绿体内部充满流动状的基质（stroma），基质中有许多片层（lamella）结构。每个片层由周围闭合的膜组成，呈扁囊状，称为类囊体（thylakoid）。可在基质中流动，并且分布不均匀，沿叶绿体的长轴平行排列，是叶绿体吸收和转化光能的场所。类囊体膜上有光合色素和电子传递链组分，所以又被称为光合膜。许多类囊体上下整齐垛叠在一起组成基粒（granum），这些类囊体称为基粒类囊体，构成叶绿体内膜系统的基粒片层；而那些将垛叠好的两个或多个基粒连接起来的并没有发生垛叠的类囊体就称为基质类囊体，它们组成了叶绿体内膜系统的基质片层（图 1-11-1）。

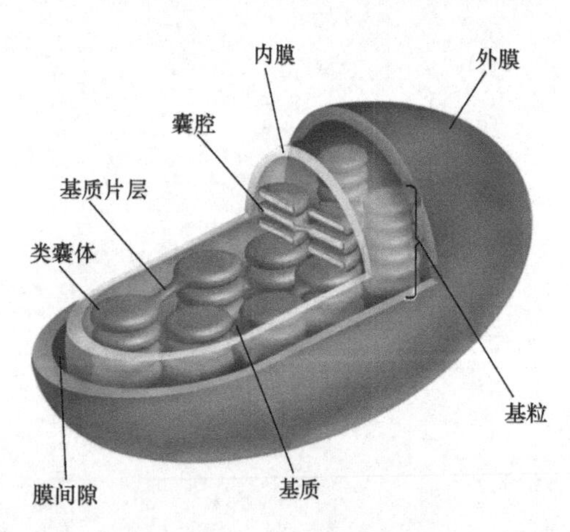

图 1-11-1　叶绿体结构简图

基质存在于内膜与类囊体之间的空间中，含有叶绿体 DNA、各种可溶性蛋白（酶）、核糖体、油体和淀粉粒等。20 世纪早期，人们就发现有关叶绿体许多性状的遗传是以一种非孟德尔方式来进行的，表明这种具有细胞质遗传特性的细胞器必然携带自身的遗传物质，即叶绿体 DNA。叶绿体中存在 DNA 的直接证据，是 Ris 和 Plaut 于 1962 年在他们关于衣藻叶绿体的细胞学研究中得到的。他们发现，对这种单细胞藻类进行孚尔根染色时，除细胞核外，叶绿体上一些部位也能着色，而且呈多个着色点。染色前如果用核糖核酸酶对材料进行消化并不影响着色点的存在，而以脱氧核糖核酸酶进行处理，就会得到孚尔根负反应。这是叶绿体存在 DNA 的一个非常明显的细胞学证据。1963 年，Sager 等从衣藻叶绿体中分离出了 DNA，同年，Gibor 和 Izawa 也得到了伞藻叶绿体 DNA，这些都直接说明了叶绿体 DNA 的存在（郝水等，1986）。叶绿体中有自己的

rRNA、tRNA 及一些蛋白质合成因子，有自己的蛋白质合成系统。叶绿体中的蛋白质一部分由叶绿体 DNA 编码，另一部分是由核 DNA 编码，在细胞质中形成后转入叶绿体，也有一部分是由两者共同编码的。核酮糖-1,5-二磷酸羧化酶是光合作用中的关键酶，其数量占叶绿体基质中可溶性蛋白 50% 以上。该酶的大亚基是由叶绿体 DNA 编码的，而小亚基由核基因编码。

叶绿体的起源目前多数研究者倾向于内共生假说（Raven and Allen，2003）。内共生假说认为，叶绿体的祖先是蓝藻或光合细菌，它们在生物进化的早期被原始真核细胞捕获（吞噬）并共生在一起，逐步进化为叶绿体。有利于这一假说的事实包括叶绿体能够以分裂方法进行增殖，说明它具有一定的自主性。同时，叶绿体在多个分子水平上的特征和蓝藻相似的证据也更利于内共生起源假说。例如，叶绿体 DNA 和蓝藻 DNA 都呈环状，两者 DNA 都不含有 5-甲基胞嘧啶，它们的 DNA 都不与组蛋白结合在一起，两者核糖体都是 70S 型，两者的蛋白质合成都受氯霉素抑制、对放线菌酮不敏感等。另外也有研究者利用分化假说解释叶绿体起源。分化假说认为，叶绿体在进化过程中的发生是由于质膜的内陷，并主张细胞膜内陷的能力是原核细胞分化为真核细胞的基本进化步骤。

（二）叶绿体基因组测序历史与进展

叶绿体中包含的所有遗传物质称为叶绿体基因组。叶绿体基因组序列和结构高度保守，具有单独的转录和转运系统，编码的蛋白质主要与光合作用密切相关。1976 年，Bedbrook 和 Bogorad 在玉米上完成了第一个叶绿体物理遗传图谱。发表于 1986 年的烟草（*Nicotiana tabacum*）和地钱（*Marchantia polymorpha*）叶绿体基因组，是最先获得的完整叶绿体基因组（Ohyama et al.，1986；Shinozaki et al.，1986）。随后，不断有其他物种的叶绿体基因组公布出来，如水稻（Hiratsuka et al.，1989）、小麦（Ogihara et al.，2002）等。第二代高通量测序技术的出现，大力推动了植物叶绿体基因组的研究。2005 年以前，每年释放的叶绿体基因组仅个位数，2006～2012 年，每年释放的叶绿体基因组数基本在 20～40 条，2013 年跃升至 120 条，2017 年达 600 多条。截至 2018 年 12 月 31 日，美国国家生物技术中心（The National Center for Biotechnology Information，NCBI）的细胞器基因组数据库（Organelle Genome Resources）共收录了 2220 条植物叶绿体基因组（图 1-11-2）。其中禾本科植物最多，有 226 条叶绿体基因组公布，包括 23 条稻属植物叶绿体基因组。其他如兰科、豆科、十字花科、金壳果科、茄科、桃金娘科等植物均有超过 40 条叶绿体基因组公布（表 1-11-1）。

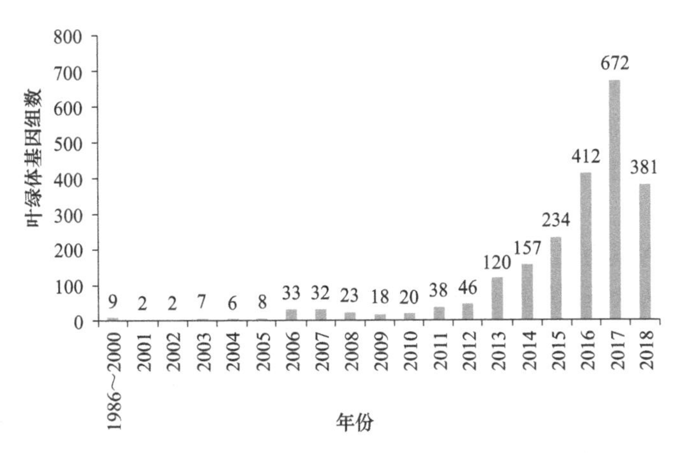

图 1-11-2　叶绿体基因组公布数目近年来显著增加

表 1-11-1 不同类型植物已测序和公布的叶绿体基因组数量
（仅列出数量大于 10 的科）（数据来自 NCBI，截至 2018 年 12 月 31 日）

来源	叶绿体基因组数量	来源	叶绿体基因组数量
禾本科	227	百合科	24
兰科	68	木兰科	19
豆科	53	五加科	17
十字花科	48	唇形科	17
金壳果科	45	山茶科	14
茄科	43	列当科	14
桃金娘科	42	杨柳科	13
棕榈科	37	伞形科	13
牻牛儿苗科	37	柏科	13
菊科	37	小檗科	12
松科	29	毛茛科	12
锦葵科	24	壳斗科	11
蔷薇科	24	石竹科	10

早期叶绿体基因组的获得一般是分离出叶绿体 DNA，随机打断或酶切后构建质粒文库，然后采用桑格法进行测序，如利用 pHC79 克隆载体获得了烟草叶绿体基因组。此外，还可在分离纯化叶绿体基因组 DNA 后，获得滚环复制（rolling circle amplication，RCA）产物，利用限制性内切核酸酶进行酶切，再转移至克隆载体进行测序，陆地棉（*Gossypium hirsutum*）、脐橙（*Citrus sinensis*）等植物的叶绿体基因组序列即是利用该方法获得的（Bausher et al.，2006；Lee et al.，2006）。这些方法的缺点在于必须经过叶绿体 DNA 提取纯化这一复杂步骤。也可利用叶绿体基因组的相对保守性设计引物，采用长 PCR 方法进行测序。例如，美洲蜡梅（*Calycanthus fertilis*）和白菖蒲（*Acorus calamus*）的叶绿体基因组就是用这种方法获得的（Goremykin et al.，2003；Goremykin et al.，2005）。这种方法的优点是省去了纯化叶绿体 DNA 的步骤；缺点是工作量大，耗时长，此外，对于没有合适的同源物种来说引物设计比较困难。

随着测序技术的发展，下一代测序技术（next generation sequencing，NGS）使基因组的测序步入了一个低成本及高通量测序的时代，推动了植物叶绿体基因组的研究。例如，Moore 等（2006）第一次利用 454 测序平台，获得了一球悬铃木（*Platanus occidentalis*）和南天竹（*Nandina domestica*）的叶绿体基因组序列，Cronn 等（2008）首次利用 Solexa 测序平台获得了 8 个针叶树叶绿体基因组序列。与传统测序方法相比，新一代测序技术在获得植物叶绿体基因组数据方面更加高效快速，但大多数研究仍然要在分离纯化叶绿体 DNA 的基础上进行。同样由于叶绿体基因组 DNA 难以和核基因组 DNA 分离，因此难度较高并且耗时较长。

基于叶绿体 DNA 具有高度保守性及二代测序的高通量性，我们可以不通过分离纯化叶绿体 DNA，而直接从全基因组高通量数据中获取叶绿体基因组。该方法主要流程：提取植物叶片 DNA（无须分离纯化叶绿体 DNA），进行高通量测序，通过比对近缘物种叶绿体基因组序列，获得可能的来自于叶绿体基因组的读序，然后将这些读序进行拼接组装，结合双端读序（paird-end reads）等信息进行补洞（gap close），剩余的未连接片段通过 PCR 扩增连接，从而获得完整的叶绿体基因组（图 1-11-3）。例如，我们利用该方法获得了稻田稗草

（*Echinochloa crus-galli* 和 *E. oryzicola*）的叶绿体全基因组（Ye et al.，2014）。在深度为 25× 的稗草叶片 DNA 高通量数据中，通过比对近缘物种柳枝稷（*Panicum virgatum*）的叶绿体基因组，收集可能来自于稗草叶绿体基因组的序列读序，对这些读段进行拼接，获得了 3 条长片段；利用双端测序获得的读序对信息对这 3 条长片段内部的缺口（gap）进行补洞，同时片段间的缺口利用 PCR 进行连接，最终获得了完整的稗草叶绿体全基因组序列。该方法的优点在于不需要分离纯化叶绿体 DNA，直接利用全基因组高通量数据通过拼接组装即可获得叶绿体基因组。缺点在于要求必须有近缘物种叶绿体基因组为参照，从而根据保守性在目标物种全基因组高通量数据中获得来源于叶绿体基因组的读序，进一步拼接获得叶绿体基因组；另外这种方式的拼接很难一次性获得一条完整的叶绿体基因组，往往是获得多条片段，因此需要少量的 PCR 实验连接这些片段并补洞。但是随着越来越多叶绿体基因组的获得，以及测序成本的降低，可以预见这种方式将逐渐成为获取叶绿体基因组快速便捷的方式之一。

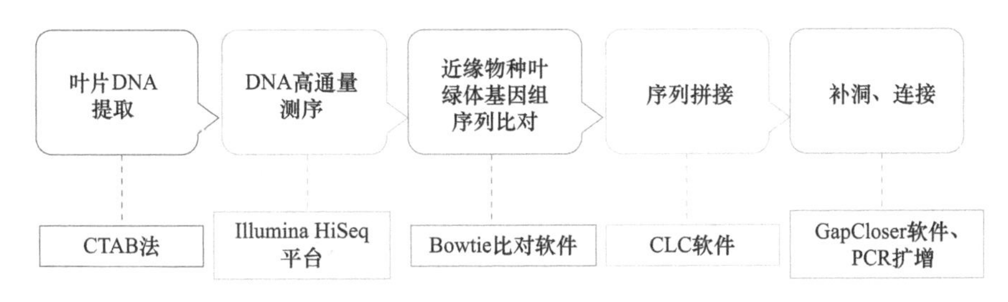

图 1-11-3　基于全基因组高通量测序的叶绿体基因组测序流程（上）与相应方法举例（下）

叶绿体基因组数据资源一般可以从一些综合性数据库获得，如美国国家生物技术中心（NCBI）的细胞器基因组数据库（Organelle Genome Resources），目前已很少见独立的叶绿体基因组数据库。

二、叶绿体基因组结构与转录

（一）叶绿体基因组结构

绝大部分叶绿体基因组为双链环状 DNA 分子，但也存在极少数线性分子结构和多聚体形式的叶绿体基因组，这种形状多在藻类中存在。双链环状的叶绿体基因组在结构上一般分为 3 个部分（图 1-11-4）：一个大单拷贝区域（large single copy，LSC）、一个小单拷贝区域（small single copy，SSC）和两个反向重复区域（inverted repeats，IR）。叶绿体基因组的大小一般为 120～180kb（图 1-11-5），但藻类的叶绿体基因组大小差异较大，尤其是绿藻叶绿体基因组跨度极大。例如，一种寄生性绿藻 *Helicosporidium* sp.ex *Simulium jonesii* 的叶绿体基因组仅为 37kb，而伞藻（*Acetabularia acetabulum*）的叶绿体基因组预估达 2Mb（目前尚未获得完整基因组；Smith，2017）。NCBI 细胞器基因组数据库中，目前收录的最小叶绿体基因组大小为 15.6kb（来自 *Asarum minus*），最大的则来自 *Haematococcus lacustris*，达 1.35Mb。多数叶绿体基因组大小为 140～160kb（图 1-11-5）。在长期进化过程中，叶绿体基因组大小的差异主要是由反向重复区的大小变化引起的。自然界中还存在一类缺失反向重复区域的叶绿体基因组，如豌豆（*Pisim sativum*）和剪叶苜蓿（*Medicago tmncatula*）等豆科植物。对于存在反向重复区域的叶绿体基因组，大小变异也较大，如天竺葵（*Pelargonium hortomm*）的反向

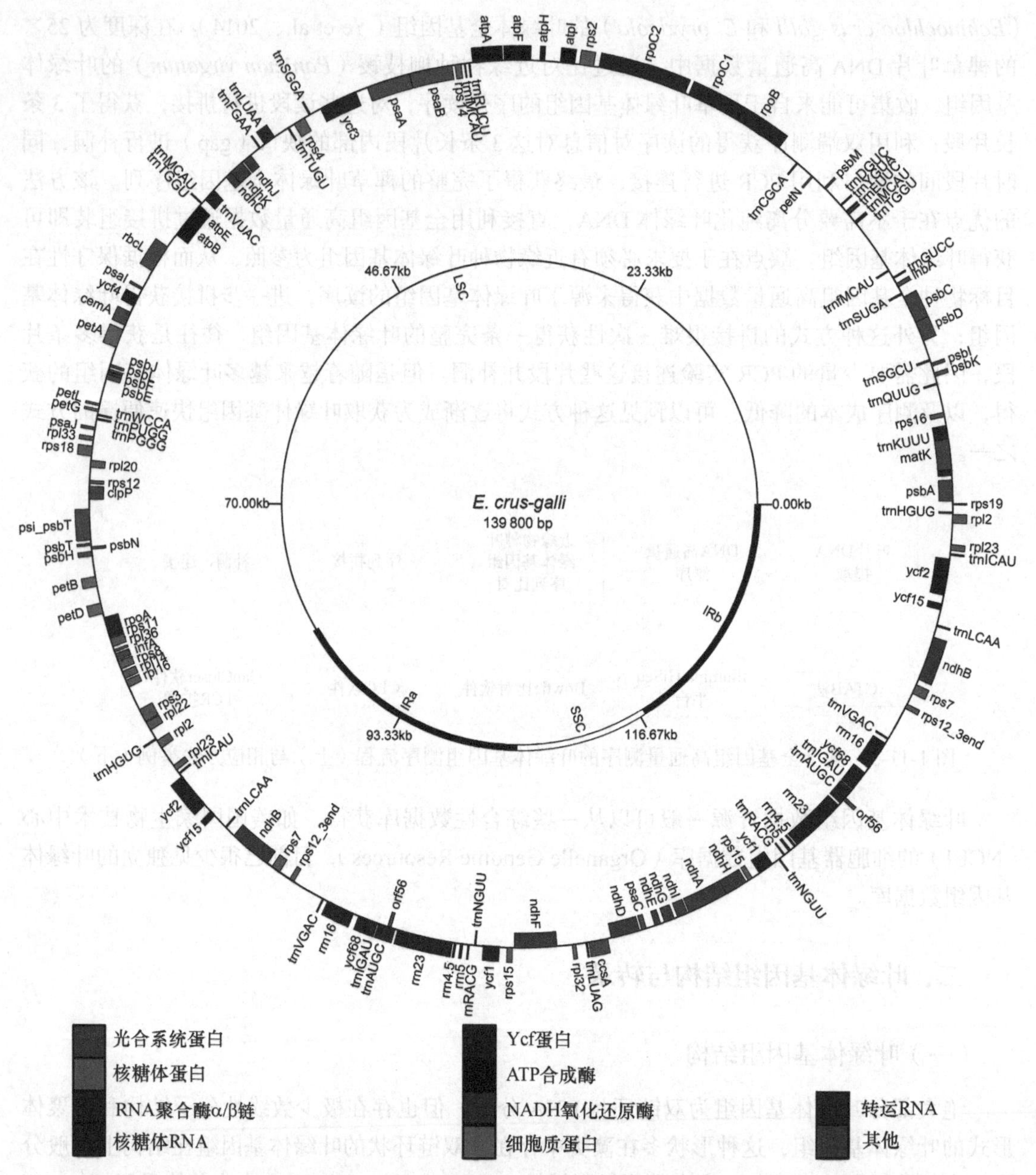

图 1-11-4 稻田稗草（*E. crus-galli*）叶绿体基因组（引自 Ye et al.，2014）

外圈表示注释基因及其类别，内圈表示叶绿体基因组 4 个特征区域

重复区达 76kb，而裸子植物如日本黑松（*Pinus thunbergii*）的反向重复区只有 495bp（朱婷婷等，2017）。

叶绿体基因组富含 AT，其 GC 含量通常在 35%～40%。叶绿体基因组一般包含基因 110～130 个。在 LSC 和 SSC 区域的基因主要包括与光系统Ⅰ（*psa*）和光系统Ⅱ（*psb*）相关的基因、NADH 质体醌氧化还原酶基因（*ndh*）、ATP 合成酶基因（*atp*）、编码 Rubisco 大亚基（*rbcL*）的基因、RNA 聚合酶基因（*rpo*）和转运 RNA 基因（*trn*）等。而所有的核糖体 RNA（*rrn*）都位于反向重复区域，包括 4.5S、5S、16S 和 23S。此外反向重复区域还有一些 *trn* 基因、*rps* 基因和 *ycf* 基因等（图 1-11-4）。

根据功能分类，叶绿体上的基因可分为三类（Odintsova et al.，2006；Wakasugi et al.，2001）。第一类是与光合作用相关的光合系统基因，如与光系统Ⅰ相关的 *psa*（*psaA*、*psaB* 等）基因，与光系统Ⅱ相关的 *psb*（*psbA*、*psbB* 等）基因，细胞色素 f/b6 *pet* 基因，ATP 合成酶基因 *atp*，编码 Rubisco 的 *rbc* 基因，NADH 质体醌氧化还原酶基因 *ndh*，碳吸收相关的 *cem* 基因。第二类是与转录、翻译相关的遗传系统基因，如核糖体 RNA 基因 *rrn*，转运 RNA 基因 *trn*，RNA 聚合酶基因 *rpo* 等。第三类是与脂肪酸等物质合成相关的生物合成基因如 *accD* 基因，以及一部分功能未知的基因，如编码很长的蛋白质基因 *ycf1* 和 *ycf2* 等。在不同的植物叶绿体上，基因数量和种类也存在较大的差异。例如，列当科的一类寄生植物 *Epifagus virginiana* 的叶绿体基因组上，与 RNA 聚合酶基因和叶绿体呼吸作用、光合作用相关的基因完全丢失；松属的叶绿体基因组上，*ndh* 基因完全丢失等。实际上叶绿体基因组的部分基因在不同物种中都有丢失现象，如 *accD*、*ycf1*、*ycf2*、*ycf4*、*psaI*、*rpoA*、*rpl20*、*rpl22*、*rpl23*、*rpl33* 和 *rps16*；也有部分基因在一个或少数物种中发现丢失，如 *psbJ*、*rps2*、*rps14* 和 *rps19*（Daniell et al.，2016）。叶绿体基因组重要基因列表如表 1-11-2 所示。

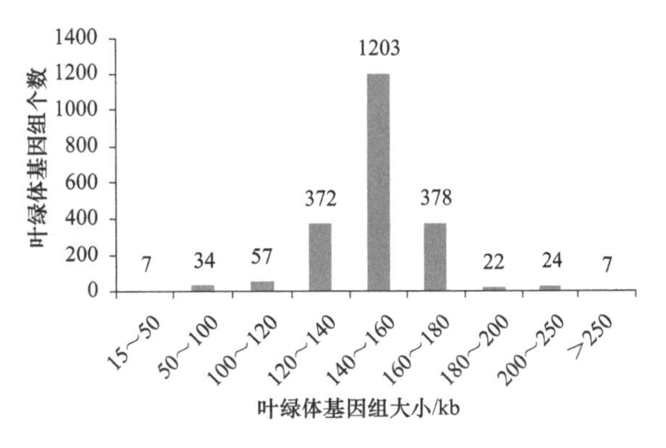

图 1-11-5 叶绿体基因组大小分布

表 1-11-2 叶绿体基因组重要基因列表

分类	基因	涉及功能
植物合成相关基因	*psa*	光系统Ⅰ
	psb	光系统Ⅱ
	pet	细胞色素 f/b6
	atp	ATP 合成酶
	rbc	RuBPCase
	cem	无机碳吸收
	ndh	NADH 脱氢酶
转录、翻译和蛋白质组装相关基因	*rrn*	核糖体 RNA
	trn	转运 RNA
	rpo	RNA 聚合酶
	rpl	核糖体蛋白 LS
转录、翻译和蛋白质组装相关基因	*rps*	核糖体蛋白 SS
	inf	翻译起始因子
	mat	成熟酶（剪切）
	clp	蛋白酶
	ycf3/4	光系统Ⅰ组装
	ccs	细胞色素 c 组装
	acc	乙酰辅酶 A 羧化酶
其他	可读框（ORF）	未知功能

（二）叶绿体基因组转录

叶绿体DNA的转录依赖两种RNA聚合酶：一种是来源于质体本身编码的RNA聚合酶（plastid-encoded plastid RNA polymerase，PEP）；另一种是核基因编码的RNA聚合酶（nuclear-encoded plastid RNA polymerase，NEP）（Kremnev and Strand，2014）。通常认为植物叶绿体基因组是以多顺反子操纵子的方式进行转录的，即叶绿体基因组的多个基因组合在一起，以同一条转录本的形式进行转录，但实际上这种转录模型并不能解释叶绿体基因组转录本的多样性与复杂性。例如，转录起始位点在叶绿体基因组可读框内、非编码区域及已知基因反链上均被大量发现。另外发现不同植物叶绿体基因组其启动子序列也是多样化的。同时3′端转录终止不够有效，经常会发生3′端RNA的延伸。这些都表明叶绿体DNA转录的复杂性（Shi et al.，2016）。

最近研究表明，通过分析水稻、玉米、拟南芥及两种藻类的高通量转录组数据，发现叶绿体全基因组都能进行转录（Shi et al.，2016）。每个物种叶绿体基因组超过99%区域都有深度480×以上的读段覆盖。基因间区同样全转录，仅仅是比CDS区域表达量略低。多个原因促使研究者们相信观察到的这一现象是真实的。例如，转录组数据读段比对的严格、读段的高覆盖度、光合部位叶绿体基因组转录读段覆盖度是非光合部位（根部）的百倍以上等。在蓝藻细菌中研究者们也观察到了同样现象。针对这一基因组全转录现象，提出了双向启动子多重转录模型（图1-11-6）。叶绿体DNA可以在一个基因的上游或内部位置开始转录，可产生多种的3′端，最终在两条链上产生大量的互相有重叠的不同大小转录本。这些RNA在核基因编码的叶绿体核糖核酸酶的作用下产生成熟的RNA，包括信使RNA和非编码小RNA。

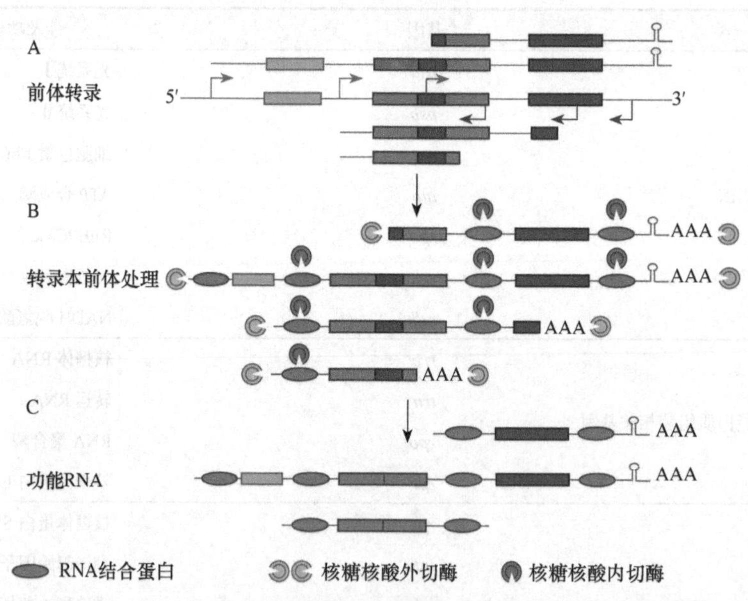

图1-11-6 叶绿体全基因组转录过程模型（引自Shi et al.，2016）

A．叶绿体基因转录可以在多个地方起始，同时在不同地方终止，从而产生丰富的不同大小转录本。箭头表示转录起始，淡灰色方框表示内含子，其他颜色方框表示不同ORF。B．转录本前体经过一系列核糖核酸酶处理剪切。内含子及无RNA结合序列保护的ORF被核糖核酸酶剪切消化。C．最终转录产生的不同RNA分子

叶绿体RNA的代谢在很多方面还保留着原核生物的特征，而具有内含子、转录及加工的复杂性等方面与原核生物有很多的不同。另一个不同之处在于叶绿体RNA编辑（RNA editing）。多数陆生植物（地钱除外）叶绿体的 RNA 通常会发生 C 碱基变为 U 碱基的情况。角苔和蕨类植物除了有很多 C 到 U 的转换，也有 U 到 C 的转换。一个典型的维管植物通常发生 30～40 个编辑位点（C-U），而角苔和蕨类植物分别为大约 350 个和 940 个编辑位点（Stern et al.，2010）。

第二节　叶绿体基因组特征与利用

一、叶绿体基因组进化缓慢

植物细胞中的 3 个基因组进化速率各有不同，其中核基因组进化速率最快，叶绿体基因组进化速率相对慢，线粒体基因组进化速率最慢。1987 年，Wolfe 等比较了单 / 双子叶植物的 3 个基因组中部分基因的进化速率，发现叶绿体 DNA 的同义替代率是线粒体 DNA 的 3 倍，而核 DNA 的同义替代率至少达到叶绿体 DNA 的 2 倍以上。Gaut 等（1998）用 3 个基因组中玉米和水稻共同存在的 94 个基因进行了同样的绝对进化速率分析，得出的 3 个基因组之间同义替代比值为 1∶3∶18（线粒体基因组∶叶绿体基因组∶核基因组）。Drouin（2008）用 27 个种子植物中同时存在的 12 个核、叶绿体、线粒体基因进行了替代速率比较研究，同样发现种子植物中线粒体基因组同义替代率最低，叶绿体基因组相对较低，核基因组最高，三者同义替代率之比为 1∶3∶10。其中在裸子植物中线粒体、叶绿体、核 DNA 同义替代率之比为 1∶2∶4，而在被子植物中为 1∶3∶16，在一些被子植物基部类群中为 1∶3∶20。

比较同一叶绿体基因组中的反向重复序列（IR）和单拷贝序列（SC）上的基因的同义替代率，发现 IR 区域较 SC 序列的核苷酸替代速率要低，即使是 IR 的基因间区也是如此（Wolfe et al.，1987；Perry and Wolfe，2002）。因此叶绿体基因组反向重序列区域相对于 LSC 和 SSC 区域进化速率要慢。有意思的是，当比较保留和丢失 IR 区域的豆科植物时发现，保留 IR 区域的豆科植物，IR 区域基因的核苷酸替代速率要低；而对于丢失 IR 区域的豆科植物（仅保留一个 IR 拷贝）其 IR 区域的基因与 SC 区域核苷酸替代速率相似（Perry and Wolfe，2002）。另外有研究发现叶绿体基因组内含子进化速率要比 CDS 区快，基因间区最快（Clegg et al.，1994；Huang et al.，2014）。

在叶绿体基因组中，*rbcL* 基因（编码核酮糖-1,5-二磷酸羧化酶 / 加氧酶大亚基）是植物系统发育关系研究中常用的基因，也较多地用于起源时间的估测。通过比较不同植物 *rbcL* 基因，发现物种之间同义替代率出现明显的差异。其中禾本科植物具有最快的同义替代率，然后依次是兰目、百合目、凤梨目、棕榈目，禾本科的同义替代率达到棕榈的 8 倍（唐萍和彭程，2010）。叶绿体基因具有高度的保守性，很少观察到处于正选择作用的基因。但 Kapralov 和 Filatov（2007）研究发现，在绝大多数的陆生植物中 *rbcL* 基因广泛存在正选择作用，而在藻类中未发现。Hao 等（2010）发现，*matK* 基因在陆生植物中受到正向选择。

二、叶绿体基因组横向转移

植物中细胞器 DNA 横向转移至核基因组是普遍存在而且正在发生的现象。Martin 等（2002）发现，拟南芥核基因组中约 18% 的基因来源于质体的祖先蓝藻。Yuan 等（2002）在粳稻 10 号染色体上发现一段长的插入片段（约 33kb），其与叶绿体基因组上的两个片段相似度达 99.7%。籼稻核基因组序列上也同样发现大量的叶绿体基因组序列插入。叶绿体基因转移至核基因组这一现象也已被实验验证。例如，Huang 等（2003）将一个核基因（*neoSTLS2*）整合至烟草叶绿体基因组，通过筛选来自于野生型烟草（母本）和含有该基因的烟草（父本）的后代，证实了叶绿体基因转移至核基因的现象。另外有报道表明至少有来自 26 属的 57 个叶绿体基因组中 *rpl22* 基因丢失而转移至核基因组（Daniell et al.，2016）。

我们通过叶绿体和核基因组序列的比对，同样在粳稻核基因组中发现大量的叶绿体转移片段（详见第 1-6 章第四节“一、横向基因转移”；图 1-6-27）。在核基因组中一共发现大于 2kb 的插入片段 45 个，包括 10 号染色体上一个大约 131kb 的插入片段，该片段几乎与整个叶绿体基因组一致。另外这些片段有的表现出以簇的形式（间隔＜15kb）位于核基因组上的相邻位置（Guo et al.，2008）。

叶绿体基因组序列同样被发现能转移至线粒体基因组，并且至少发生在 3 亿年前（Wang et al.，2007）。最先发现叶绿体基因组序列转移至线粒体基因组的现象是在玉米中（Stern and Lonsdale，1982）。叶绿体基因组序列的转移被认为贡献了 1%～10% 的线粒体基因组序列（Wang et al.，2012a）。Wang 等（2018g）从基因簇（线粒体的一段序列包含连续的叶绿体基因，中间不穿插线粒体本身的基因）的角度分析了 41 个种子植物的叶绿体基因转移线粒体事件，结果在 39 个种子植物线粒体基因组中发现了来源于叶绿体基因组的基因簇，其中未检测到基因簇的两个物种有单独叶绿体基因的转移现象。最大的基因簇在丹参（*Salvia miltiorrhiza*）中检测到，长度达 16kb；检测到最多叶绿体基因转移的是无油樟（*Amborella trichopoda*），发现 101 个来源于叶绿体的基因（图 1-11-7）。另外发现所有的叶绿体基因都能在线粒体基因组中检测到。

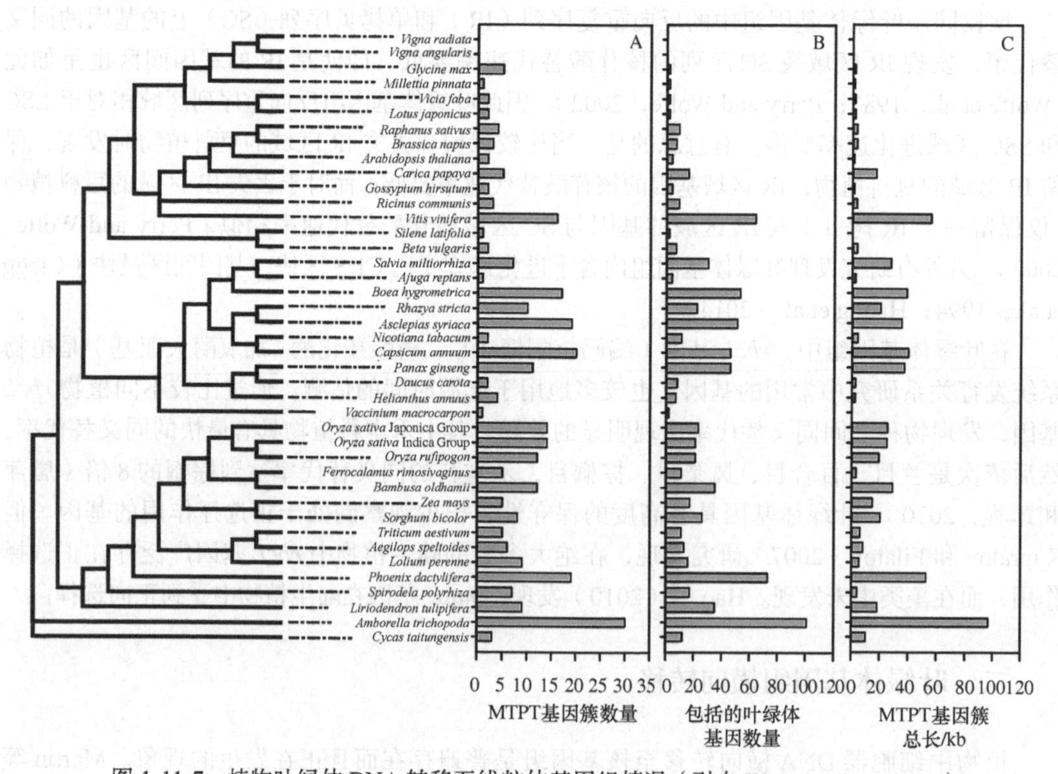

图 1-11-7　植物叶绿体 DNA 转移至线粒体基因组情况（引自 Wang et al.，2018g）

A～C 依次为各种植物物种线粒体基因组中基因簇（指线粒体中一段 DNA 包含连续的叶绿体基因）数量（A）、这些基因簇中涉及的叶绿体基因数量（B）和基因簇的最大长度（C）。MTPT（mitochondrial plastid DNA）表示线粒体基因组中的叶绿体 DNA

虽然几乎所有的转移至线粒体基因组的叶绿体基因都会降解，成为无功能的序列（Wang et al.,2007），但仍然能发现一些叶绿体序列在线粒体基因组中有功能，包括替代 tRNA 基因、产生新的启动子区域等（Wang et al.，2012a）。

叶绿体基因组被认为几乎对核及线粒体 DNA 免疫，即基本不存在线粒体和核基因组序列转移至叶绿体（Wang et al.，2018g）的情况。但仍然有线粒体基因转移至叶绿体基因组的极少数例子，例如，在胡萝卜（*Daucus carota*）、马利筋（*Asclepias syriaca*）和竹子中就发现线粒体基因转移至叶绿体的现象（Iorizzo et al.，2012；Straub et al.，2013；Ma et al.，2015c）。

三、叶绿体基因组利用

（一）叶绿体基因组在植物系统进化中的利用

尽管植物中细胞核、叶绿体和线粒体都携带遗传物质 DNA，但在植物系统发生（发育）的研究方面，叶绿体基因组具有相对较大的优势（张韵洁和李德铢，2011）。叶绿体基因组包含大量的遗传信息，同时叶绿体基因组结构保守，且除了反向重复区外所有基因均为单拷贝，几乎不存在（或很少受）旁系同源基因的干扰，同时几乎没有来自线粒体和核的外源 DNA。而核基因组虽然包含的遗传信息远远多于叶绿体，但复杂性高；线粒体基因组大小在各植物类群中变异很大，且基因组之间的横向转移使线粒体基因组中存在大量外源基因插入现象。此外，叶绿体 DNA 的核苷酸替换率适中，在应用上有很大的价值，而且叶绿体基因组编码区和非编码区分子进化速率差异较大（前者慢后者快），因此可分别为不同层级的系统学研究提供依据。

系统发生基因组学中所涉及的研究方法主要包括基于序列和基于非序列的分析方法。后者主要包括全基因组特征分析，即对基因组成成分、基因排列顺序、稀有基因组变异等事件的分析。藻类植物的叶绿体基因组常发生基因组重排、基因含量和结构等变化，因此非序列分析方法多用于藻类植物的叶绿体系统发生基因组学研究，如利用基因组结构、基因含量及基因排列顺序推断原始绿藻 *Mesostigma viride* 和轮藻类 *Chlorokybus atmophyticus* 的系统位置（Lemieux et al.，2007）。而陆生植物叶绿体基因组结构、基因含量和基因排列顺序相对保守，基于非序列的方法仅适用于发生大规模重排的类群中，如桔梗科植物（Cosner et al.，2004），其他陆生植物采用更多的是基于序列的分析方法。例如，①针对被子植物最基部类群问题，Jansen 等（2007）根据 64 个叶绿体基因组的 81 个基因进行了分析，研究结果强烈支持 *Amborella* 为被子植物的最基部类群的观点，随后依次是 *Nymphaeales* 和 *Austrobaileyales*。② Zhang 等（2011b）对 6 种木本竹类的叶绿体全基因组进行了测序，并结合已测序的 18 个禾本科叶绿体全基因组进行系统发育分析。研究结果在叶绿体基因组水平上证实了禾本科 BEP 分支中竹亚科和早熟禾亚科为姐妹关系。与传统的分子系统学研究结果相比，利用叶绿体全基因组序列所构建的系统发育树在竹亚科内部具有更高的分辨率和支持率。③ Wambugu 等（2015）利用叶绿体全基因组序列对稻属 AA 基因组进行了进化分析，结果支持 AA 基因组可能来自 *Oryza glumaepatula* 和 *Oryza longistaminata*，粳稻的母体基因组可能来自 *Oryza rufipogon*，籼稻的母体基因组可能来自 *Oryza nivara*。④本书编者课题组对杂草六倍体稗草（*Echinochloa crus-galli*）起源问题进行研究，通过对不同稗草（*E. crus-galli*、*E. oryzicola* 和 *E. haploclada*）全基因组进行重测序和叶绿体基因组的拼接，并利用叶绿体基因组进行系统发生树的构建。系统发生树显示六倍体稗草至少分为两个分支，每支分别与四倍体稗草（*E. oryzicola*）和二倍体稗草（*E. haploclada*）聚在一起，表明六倍体稗草至少有两次独立杂交起源过程（图 1-11-8）。

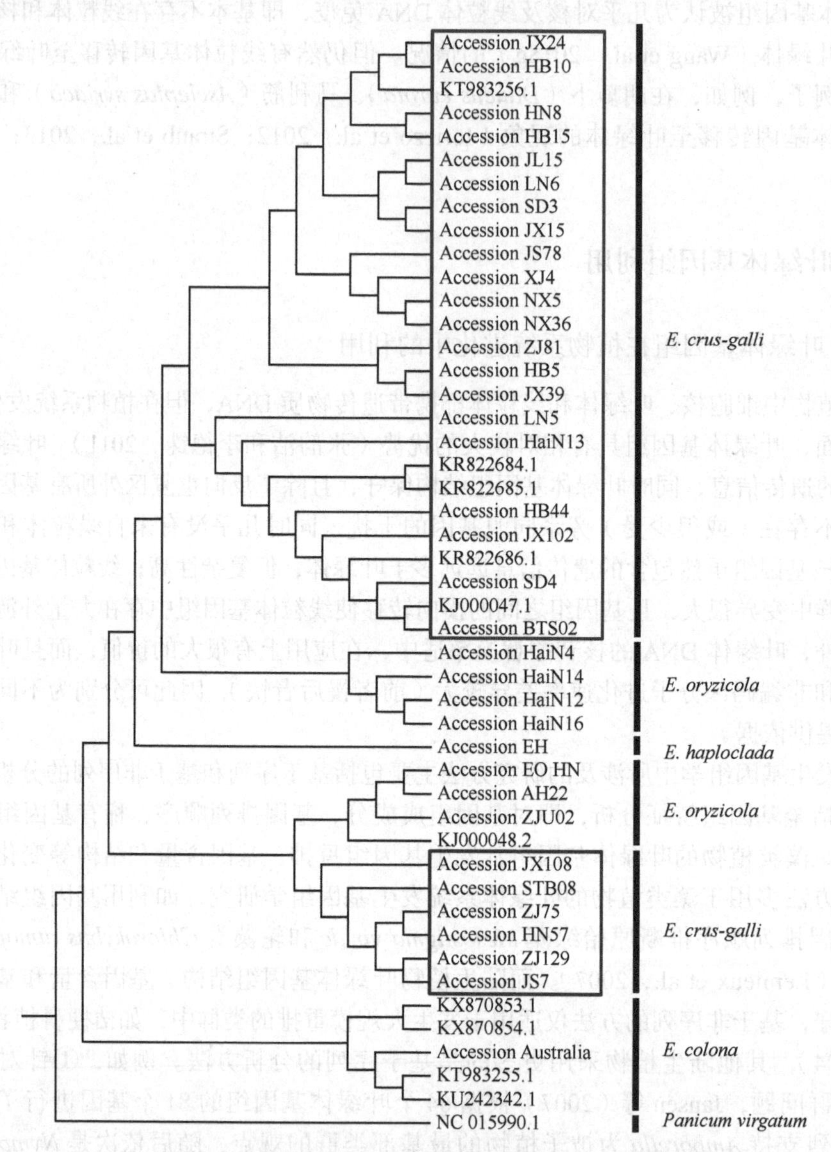

图 1-11-8 利用叶绿体基因组进行稗属物种系统发生分析

以柳枝稷（*Panicum virgatum*）叶绿体基因组为外类群，六倍体稗草（*E. crus-galli*）分为两个分支（由两个方框分别表示），表明其两次独立起源。其他不同倍性稗草：二倍体稗草（*E. haploclada*），四倍体稗草（*E. oryzicola*），六倍体稗草（*E. colona*）

虽然基于叶绿体基因组能最大限度地减少由随机误差带来的影响，但与传统的系统发育研究一样，它同样无法避免系统误差带来的影响。而这种系统误差不会因为数据量的增加而减少，在某些情况下还会因为数据量的增加而被不断放大。因此，系统发育基因组学带来的一个新的问题是，所构建的基因组树具有很高的支持率，却不一定反映真实的系统发育关系。因而相较于用较少基因片段所构建的系统发育树来说，用系统发育基因组树来判断物种之间的真实进化关系需更为谨慎（张韵洁和李德铢，2011）。对于一些在进化过程中经历了快速分化的类群，有研究表明全叶绿体基因组数据仍然不足以完全解决这些类群的系统发育关系。对于这样一些类群，结合大量核基因组数据进行分析仍然是必要的。另外，叶绿体在大多数植物类群中是单亲遗传，来自叶绿体基因组的信息一般情况下仅能反映母系或父系进化历程，并不能完全揭示植物生命进化的全部过程，也需结合来自核基因组的数据。

（二）叶绿体基因组遗传转化

叶绿体基因组遗传转化是转基因技术中一个颇有前途的领域。叶绿体基因组有很多特点使它十分适宜作为插入基因的载体（表 1-11-3）。例如，在被子植物中叶绿体是母系遗传的，这就使目的基因通过传粉扩散到环境中的可能性大大降低。叶绿体基因组在一个细胞里有多达数百个拷贝，这种高拷贝一般会导致目的基因的高水平表达。另外叶绿体基因组结构不像核基因组那么复杂，目的基因可以十分精确地定位在叶绿体基因组上，从而避免了由位置效应带来的基因表达的不确定性，使植物转基因工作的可控制性增强（Adem et al.，2017）。首次叶绿体转化成功的是一种单细胞的绿藻（*Chlamydomonas reinhardtii*；Boynton et al.，1988），烟草是高等植物中第一个建立起叶绿体转化体系的植物，并成为迄今为止应用最广泛的模式植物（Svab et al.，1990）。

表 1-11-3 叶绿体基因组转化相对于核基因组的优势（引自 Adem et al.，2017）

叶绿体基因组遗传转化	核基因组遗传转化
母系遗传，基因扩散风险低	有基因扩散的风险
高拷贝，目的基因表达高，能积累更多的外源蛋白	表达低，蛋白少
一次转化多基因且表达高效	一次表达多基因时其表达效率有限
多基因共用一个启动子	一个基因一个启动子
具有原核表达特性，多个基因同时启动表达	不具有原核表达体系
目的基因可精确定位	目的基因整合位点随机

目前，叶绿体基因组遗传转化在以下物种中获得成功：烟草、生菜、拟南芥、番茄、胡萝卜、油菜、马铃薯、卷心菜、棉花、矮牵牛、大豆、甘蔗、甜菜、水稻、茄、花椰菜和毛果杨（Adem et al., 2017）。利用叶绿体转化技术已经取得了重大进展，在农艺性状（抗病虫、抗盐耐旱、抗除草剂等）、生物制剂（生长素、干扰素、血清蛋白、胰岛素等）、疫苗生产等方面都有了成功的经验（Daniell et al.，2016；Adem et al.，2017）。例如，在农艺性状方面，将来源于细菌的羟基苯丙酮酸双加氧酶（hydroxyphenylpyruvate dioxygenase，HPPD）转化至烟草和大豆叶绿体基因组中，与转化至核基因组相比，转化至叶绿体基因组的两种植物均获得了更强的除草剂耐性（Dufourmantel et al.，2007）；将甜菜碱醛脱氢酶（betaine aldehyde dehydrogenase，BADH）通过叶绿体遗传转化技术转移至胡萝卜中，发现转基因胡萝卜耐盐，可在 400mmol/L NaCl 溶液中存活（Kumar et al.，2004）。扫右侧二维码见叶绿体遗传转化改变农艺性状的基因列表。

除了叶绿体转化技术本身的一些限制，如在某些物种中转化效率低下等，叶绿体基因组序列也是限制叶绿体基因组遗传转化的因素之一，越来越多的叶绿体基因组序列的获得，必将进一步促进叶绿体基因组转化研究。

第 1-12 章　植物线粒体基因组

扫码见
本章彩图

第一节　植物线粒体基因组概述

一、植物线粒体及其基因组测序进展

（一）植物线粒体简介

线粒体和叶绿体都是植物细胞中除了细胞核之外的含有遗传物质的细胞器。根据内共生起源学说（endosymbiosis），线粒体的祖先为 15 亿年前的原变形菌门（α-Proteobacteria）细菌，称为原线粒体（Andersson et al.，1999）。原线粒体含有三羧酸循环所需的酶系和电子传递链，可利用氧气把糖酵解的产物丙酮酸进一步分解，获得能量。当原线粒体被原始真核细胞吞噬后，原始真核细胞利用其供给能量，而原线粒体从宿主细胞获得更多的原料，两者之间形成互利的共生关系。在长期的共生过程中，原线粒体进化成了细胞器线粒体。在该进化过程中，原线粒体大量的遗传信息发生重排、丢失，或者转移到宿主基因组中，只有少部分基因信息仍然保留在细胞器线粒体基因组中（Kubo et al.，2008）。保留的这部分基因主要用于编码呼吸电子传递链复合体、氧化磷酸化系统相关蛋白，以及部分转运 RNA（tRNA）和核糖体 RNA（rRNA）。拟南芥线粒体基因组中包含有 57 个基因（Unseld et al.，1997），酵母为 34 个（Nakao et al.，2009），在人类线粒体基因组中目前鉴定到 37 个相关基因（Anderson et al.，1981）。参与线粒体合成和行使功能的其他大约 2000 个线粒体蛋白是由细胞核编码，翻译后转运至线粒体（Huot et al.，2014）。

线粒体是细胞的能量站，是细胞有氧呼吸的场所。三羧酸循环中获得的能量以 NADH 和 FADH 的形式储存，继而在线粒体内膜上通过一系列的电子传递过程将电子从 NADH 和 FADH 传递到 O_2，并生成 ATP 用于细胞各种生理活动。电子传递过程由线粒体内膜上的呼吸电子传递链实现（图 1-12-1）。该呼吸链包含 4 个蛋白复合体：复合体Ⅰ（NADH 脱氢酶）、复合体Ⅱ（琥珀酸脱氢酶）、复合体Ⅲ（细胞色素 c 还原酶）、复合体Ⅳ（细胞色素 c 氧化酶）。在电子传递过程中，线粒体内膜上的 ATP 合酶（也称为复合体Ⅴ）利用复合体Ⅰ、Ⅲ、Ⅳ产生的质子电化学势合成 ATP，提供能量。

除了为细胞生理活动提供 ATP 之外，线粒体同样参与其他重要的细胞代谢和信号通路，如脂代谢、氨基酸合成、钙信号通路、细胞凋亡等。植物线粒体与动物线粒体相比，除了通过细胞色素呼吸链提供能量之外，还存在一条交替氧化酶呼吸途径。一般认为，交替途径与细胞色素电子传递途径的分支点在泛醌。交替氧化酶呼吸途径有重要的光破坏防御作用。这表明植物线粒体与叶绿体之间是存在相互联系的。

（二）线粒体基因组测序历史

在植物核基因组测序快速发展的同时，线粒体基因组测序工作也在如火如荼地进行。截至 2018 年 12 月 31 日，NCBI 共收录了 295 条植物线粒体基因组测序数据，其中 226 条来自陆地植物。1981 年完成的人类线粒体基因组测序是第一个被完整测序的非病毒基因组，随后拉开了人类核基因组测序的序幕。1992 年首个陆地植物地钱线粒体基因组（Oda et al.，

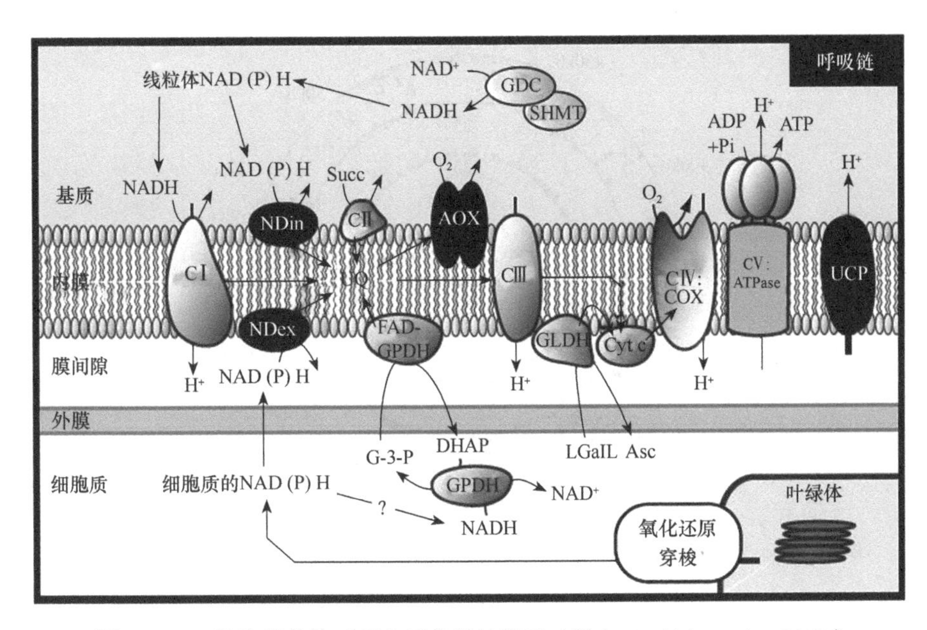

图 1-12-1　植物线粒体呼吸电子传递链模型（引自 Yoshida et al.，2010）

CI. 复合体 I；CII. 复合体 II；CIII. 复合体 III；CIV. 复合体 IV；CV. 复合体 V；UQ. 泛醌

1992）完成测序，其大小（186kb）约为人类线粒体基因组（16.6kb）的 10 倍。在 1997 年完成第一个开花植物拟南芥线粒体基因组测序之后，作物的线粒体基因组测序工作也得到快速发展。目前水稻（图 1-12-2A）（Tian et al.，2006）、油菜（图 1-12-2B）（Handa，2003）、玉米（Clifton et al.，2004）、小麦（Cui et al.，2009）等均已完成线粒体基因组测序。

虽然第一个被测序的陆地植物是苔藓类植物地钱，但植物线粒体基因组测序目前主要集中在被子植物中。1992 年地钱测序完成之后，到 2009 年才完成第二个苔纲植物 *Pleurozia purpurea* 的线粒体基因组测序工作（Wang et al.，2009a）。2006 年对藓纲植物小立碗藓进行测序（Terasawa et al.，2006），角苔纲两个代表性植物 *Megaceros aenigmaticus*（Li et al.，2009）和 *Phaeoceros laevis*（Xue et al.，2010）的线粒体基因组测序工作分别在 2009 年和 2010 年完成。第一个裸子植物线粒体基因组测序工作于 2008 年在苏铁科苏铁属植物苏铁（*Cycas taitungensis*）中完成（Chaw et al.，2008）。

（三）植物线粒体基因组相关数据库

植物线粒体基因组相关数据库名称及网址如下文所示。

NCBI 细胞器基因组数据库，https://www.ncbi.nlm.nih.gov/genome/organelle/。

线粒体基因组数据库 MITOMAP，https://www.mitomap.org/bin/view.pl/MITOMAP/MitoSeqs/。

线粒体基因组自动注释工具 MFannot，http://megasun.bch.umontreal.ca/cgi-bin/mfannot/mfannotInterface.pl/。

植物线粒体和叶绿体的在线基因注释工具，http://dogma.ccbb.utexas.edu/。

线粒体 RNA 编辑位点预测和注释数据库，http://www.prepact.de/。

二、植物线粒体基因组结构

子代线粒体基因主要遗传自卵母细胞，为母系遗传（maternal inheritance）。虽然植物

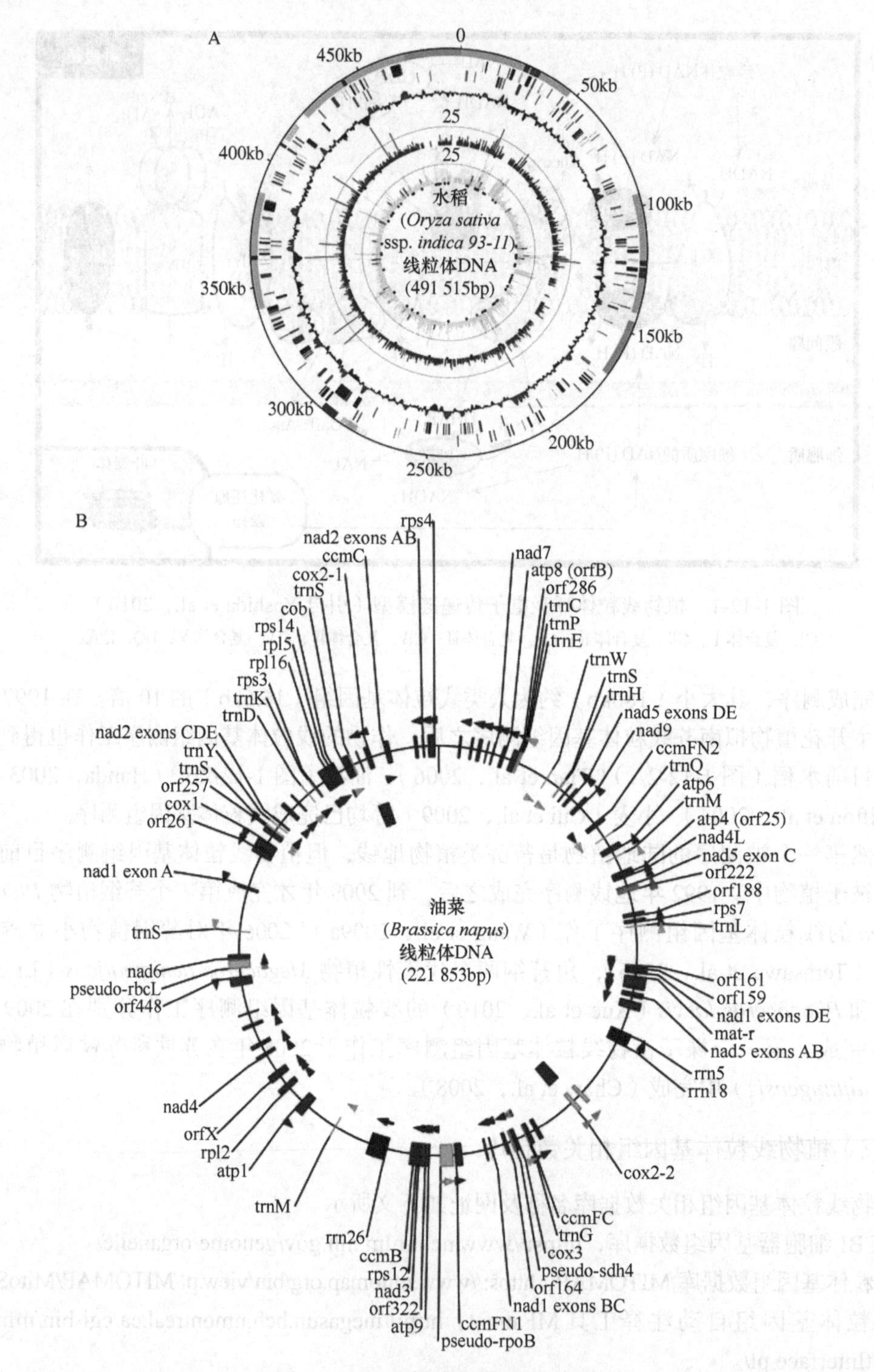

图 1-12-2 植物线粒体基因组举例

A．水稻线粒体基因组（引自 Tian et al.，2006）。水稻线粒体主环大小为 491 515bp，基因组示意图从外到内分别为线粒体基因组物理图谱；来自叶绿体转移的序列片段（绿色标注），重复序列（相同颜色标注）；正向及反向编码序列；GC 含量；Indel 和 SNP 数量等。B．油菜线粒体基因组（Handa，2003）。油菜线粒体主环大小为 221 853bp，图上不同颜色表示不同的基因类型：红色表示编码基因，蓝色表示 rRNA 基因，黄色表示 tRNA 基因，粉色表示未注释功能的 ORF 等和动物线粒体来自同一祖先，但两者的遗传特性大不相同。动物线粒体基因组多为环状 DNA 分子，带有单个复制子和转录起始位点。而大部分植物的线粒体基因组由不同比例的环状 DNA 分子和线性 DNA 分子组成，呈环形排列（图 1-12-3）。由于一个细胞里有许多线粒体，而且一个线粒体里也有几十到上百份基因组拷贝，所以一个细胞里就有多个线粒体基因组。相比之下，植物细胞中线粒体基因组的拷贝数要少于动物，动物细胞线粒体基因组拷贝数可达到几千份。植物线粒体基因组最明显的特征就是物种之间呈现高度的多样化，基因组的大小、结构等都存在很大差异。但植物线粒体仍然保留着十分保守的编码基因，从而保证线粒体功能。

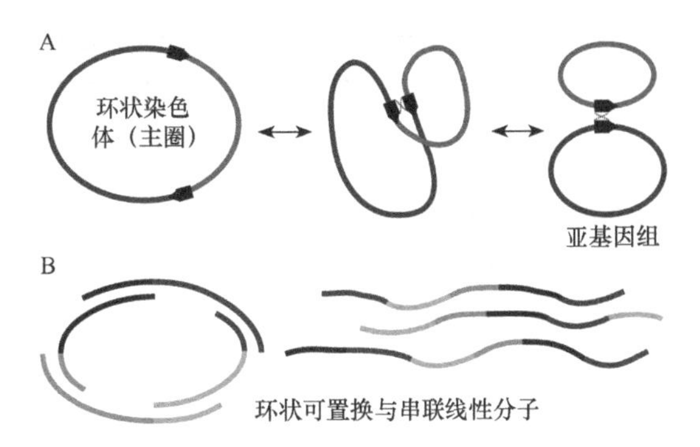

图 1-12-3　植物线粒体基因组结构的两种模型（引自 Gualberto et al.，2017）

A．主基因组（主环）与因同源重组产生的多个亚基因组共存；B．线粒体基因组呈线性 DNA 分子结构，且为环形排列，部分重叠

植物与其他物种线粒体基因组存在明显不同。植物线粒体基因组大小跨度很大（200kb～2.9Mb），但蛋白质编码基因数量则在 30～70 个（Gualberto et al.，2017）。真菌线粒体基因组大小在 30～90kb，编码基因在 20～50 个（Cupp et al.，2014）。动物线粒体基因组通常很小（15～17kb），十分保守，通常只有 37 个编码基因，包括 22 个 tRNA 基因、2 个 rRNA 基因，以及 13 个呼吸链复合体蛋白Ⅰ、Ⅲ、Ⅳ、Ⅴ（NADH 脱氢酶、琥珀酸脱氢酶、细胞色素 c 还原酶、细胞色素 c 氧化酶和 ATP 合酶）编码基因。在动物线粒体编码基因的基础上，植物进化出呼吸链蛋白其他亚基编码基因（*atp1*、*atp4*、*atp9*、*nad7*、*nad9* 等）、复合体Ⅱ亚基的编码基因（*sdh2*、*sdh3*、*sdh4* 等），以及更多的 tRNA 和 rRNA 编码基因（表 1-12-1）。不同植物物种线粒体基因组编码基因数量有所差异（表 1-12-2 列出了被子植物情况）。进化过程中基因的丢失和向细胞核的横向转移，是编码基因数量在不同植物物种中差异的主要原因。例如，无油樟的线粒体含有超过 250 个编码基因，这可能与进化过程中大量基因横向转移有关。这些差异基因主要为复合体Ⅱ亚基、核糖体蛋白编码基因和 tRNA 相关基因。

表 1-12-1　植物线粒体基因组主要编码基因（引自李双双等，2011；雷彬彬等，2012）

复合体	基因
复合体Ⅰ	*nad1*、*nad2*、*nad3*、*nad4*、*nad4L*、*nad5*、*nad6*、*nad7*、*nad9*
复合体Ⅱ	*sdh2*、*sdh3*、*sdh4*
复合体Ⅲ	*cob*
复合体Ⅳ	*cox1*、*cox2*、*cox3*
复合体Ⅴ	*atp1*、*atp4*、*atp6*、*atp8*、*atp9*
细胞色素 c 合成	*ccmB*、*ccmC*、*ccmFN1*、*ccmFN2*、*ccmFC*、*ccmFC1*、*ccmFC2*
核糖体蛋白	*rps1*、*rps2A*、*rps2B*、*rps3*、*rps4*、*rps7*、*rps10*、*rps11*、*rps12*、*rps13*、*rps14*、*rps19*
rRNA	*rrn5*、*rrn18*、*rrn26*
tRNA	15～26 个
其他	*mat-R*、*mttB*

表 1-12-2　部分植物线粒体基因组基因数量情况（引自 Yurina and Odintsova，2016）

植物物种	基因组大小 /kb	基因数量	
		蛋白质编码基因	tRNA
拟南芥（*Arabidopsis thaliana*）	367	31	17
甜菜（*Beta vulgaris*）	365～501	30	21
欧洲油菜（*Brassica napus*）	222	32	18
番木瓜（*Carica papaya*）	477	39	20
黄瓜（*Cucumis sativus*）	1556	37	22
西葫芦（*Cucurbita pepo*）	983	38	26
苏铁（*Cycas taitungensis*）	415	41	22
芝麻菜（*Eruca sativa*）	248	33	18
北美鹅掌楸（*Liriodendron tulipifera*）	554	41	14
烟草（*Nicotiana tabacum*）	431	37	21
水稻（*Oryza sativa*）	435～559	35	19
Silene conica	11	25	2
叉枝蝇子草（*Silene latifolia*）	253	25	9
夜花蝇子草（*Silene noctiflora*）	7	26	3
白玉草（*Silene vulgaris*）	427	25	6
高粱（*Sorghum bicolor*）	469	32	19
浮萍（*Spirodela polyrhiza*）	228	35	19
普通小麦（*Triticum aestivum*）	453	33	16
摩擦禾（*Tripsacum dactyloides*）	704	32	17
蔓越莓（*Vaccinium macrocarpon*）	460	34	17
葡萄（*Vitis vinifera*）	773	39	23
玉米（*Zea mays*）	536～740	32	18
大刍草（*Zea luxurians*）	539	32	18
欧洲玉米（*Zea perennis*）	570	32	18

大部分植物线粒体基因组都有编码核糖体大、小亚基的 rRNA 基因，而 5S rRNA 相关基因只在被子植物线粒体中存在。线粒体 rRNA 基因常呈片段化存在。这些片段化的基因转录出 rRNA 部分区段，然后再连接成完整的 rRNA，进一步形成有功能的核糖体（Yurina et al.，2016）。被子植物线粒体的 tRNA 编码基因有将近一半能在苔藓类植物中找到同源序列，这些基因被认为是在内共生进化过程中稳定遗传的，而另外一些 tRNA 则与叶绿体基因组有很高同源性或未知来源。tRNA 相关基因的数量和组成在被子植物之间并不保守（表 1-12-2），不同物种线粒体基因组拥有不同类型的 tRNA，所以很多植物拥有的 tRNA 基因并不完整，不足以阅读所有密码子。这些缺少的 tRNA 由细胞核基因编码后转运至线粒体。除了 tRNA 相关编码基因，其他线粒体基因组不编码产生的酶类或蛋白质。例如，用于维持线粒体结构和功能的相关蛋白，也由细胞核基因编码，在细胞质中合成，输送至线粒体中（Kubo and Newton，2008）。

不同物种的线粒体基因拷贝数不同，与线粒体基因组拷贝数不呈线性关系。同样，不同植物器官之间、同一器官不同发育时期等线粒体基因拷贝数都可能不同（Preuten et al., 2010）。拟南芥单个叶片的线粒体基因拷贝数从幼叶的 40（*cox1*）到成熟叶片的 280（*atp1*）不等；拟南芥幼叶线粒体的平均拷贝数在 300 左右，而成熟叶片的则在 450 左右。因此，植物细胞里的单个线粒体有可能只含有部分基因组，有的甚至不含 DNA。叶绿体则不存在这种差异性。

由于大量重复序列和非编码序列的存在，植物线粒体功能基因具有如下 3 个特点：①不同程度的物种特异性多拷贝；②与动物线粒体基因不同，一些植物线粒体基因含有内含子，且大部分为Ⅱ型内含子；③不同速度和类型的基因丢失、替代和功能转移。基因的丢失与物种进化不呈线性关系，物种间的基因丢失差异很大，即使同一科、属的物种间基因的丢失也不完全相同。线粒体呼吸链上的五类复合体编码基因最为保守，但保守性存在差异（Chen et al., 2017b）。Complex Ⅰ亚基的编码基因很少丢失，仅在小麦中丢失了 *nad1* 和 *nad4L*；Complex Ⅱ亚基的编码基因 *sdh2* 在所有已测序的植物中都缺失；Complex Ⅲ和 Complex Ⅳ亚基的编码基因没有发生丢失；Comlex Ⅴ亚基的编码基因 *atp4* 和 *atp8* 在少数一些物种中丢失。细胞色素 c 合成酶编码基因，以及核糖体大、小亚基编码基因丢失严重。*ccm* 类基因在拟南芥和甜菜中全部丢失。*rps11* 在单子叶和双子叶植物中全部丢失；*rps2* 仅存于单子叶植物中。丢失的部分基因转入核基因组中，成为编码基因或假基因等。一般来说，植物线粒体基因组中丢失的功能基因由核基因组提供。例如，一些 tRNA 编码基因由细胞核提供，通过跨膜通道或电子通道进入线粒体内行使功能。

第二节　植物线粒体基因组特征与利用

一、线粒体基因组大小跨度大

植物线粒体基因组测序工作的开展，为我们深入了解线粒体遗传、结构、功能等提供了重要的数据支持，大力推动了基于线粒体的作物分子育种。动物线粒体基因组大小和结构都十分保守，大小在 15～18kb，基因排列紧凑，基本不含内含子。与动物线粒体基因组相比，植物线粒体基因组要复杂得多（图 1-12-4）（Morley et al., 2017）。从大小来说，植物线粒体基因组跨度很大。藻类线粒体基因组大小在 13～96kb。而被子植物线粒体基因组则跨度能达到 200～700kb，有的甚至能达到 11Mb 左右。例如，甘蓝型油菜线粒体基因组大小在 220kb 左右，而葫芦科（Cucurbitaceae）植物线粒体基因组小的为 379kb，大的能达 2.9Mb。这种大小跨度在属内种间同样存在。夜花蝇子草（*Silene noctiflora*）的线粒体基因组大小为 6.728kb，有 59 条环状染色体，而同为蝇子草属（*Silene*）的叉枝条蝇子草（*S. latifolia*）的线粒体基因组则有 253kb，有 128 条环状染色体（Wu et al., 2015）。大部分染色体不含有重要基因，且很容易获得或丢失。线粒体基因组大小与核基因组大小同样不存在线性关系，是独立进化的。拟南芥核基因组是陆地植物中最小的，但是其线粒体基因组是中等大小（367kb），比同是十字花科的油菜（220kb）大了将近一倍。

植物线粒体基因组中还含有染色体外的环状或线性质粒，拷贝数远大于染色体。这些质粒因为它们对线粒体功能毫无贡献，被称为“自私质粒”（Handa et al., 2008）。但这些质粒可能影响线粒体进化，它们的进化速率相对于线粒体基因组上的同源序列要快很多。

植物线粒体基因组存在大量重复序列。如前文所述，植物线粒体基因组大小差异很大，

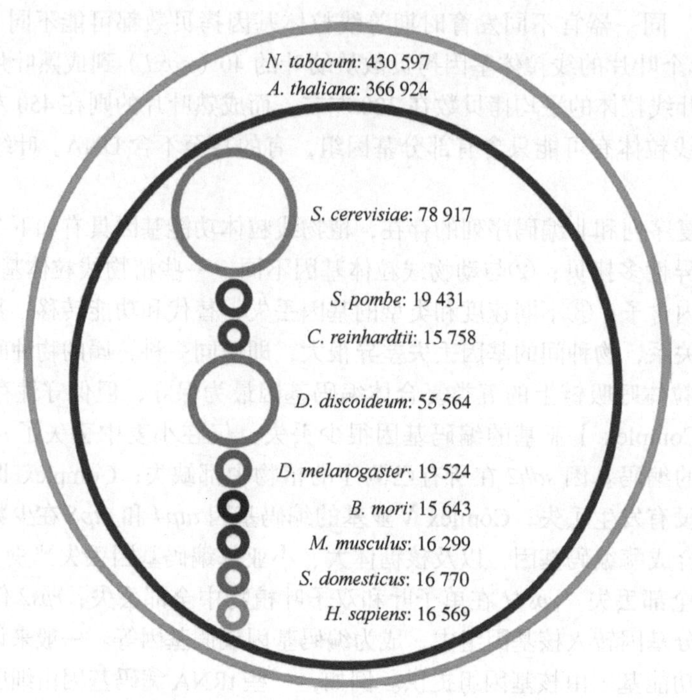

图 1-12-4 植物和其他物种线粒体基因组大小比较（引自 Morley et al.，2017）

外圈两个物种为烟草（*N. tabacum*）和拟南芥（*A. thaliana*），内圈包括酵母（*S. cerevisiae*，*S. pombe*）、衣藻（*C. reinhardtii*）、果蝇（*D. melanogaster*）、小鼠（*M. musculus*）及人类（*H. sapiens*）等。植物的线粒体基因组远远大于其他物种

但编码基因数量相对稳定。植物线粒体大部分"冗余"的基因组序列由内含子、非编码区域、重复序列等组成，重复序列是植物线粒体基因组大小变化的主要原因。动物线粒体基因组基因密度高，没有或只有极少的内含子、非编码区域等。

在水稻和小麦叶绿体基因组中，编码序列分别占整个基因组序列的 58.8% 和 60.4%（Schultze et al.，1998），而在线粒体基因组中这个比例只有 18.0% 和 15.9%。也就是说，植物线粒体基因组中，大部分都是非编码序列，如在拟南芥中这些序列占到了整个拟南芥线粒体基因组的 60% 以上。被子植物线粒体基因组是基因密度最小的线粒体基因组，基因编码区只占整个线粒体基因组的 10% 左右。黄瓜（*Cucumis sativus*）线粒体基因组有 1.56Mb（Alverson et al.，2011），有 36% 为重复序列，比拟南芥多了 4 个编码基因。十字花科植物芝麻菜（*Eruca sativa*）线粒体基因组（Wang et al.，2014f）中有 85.14% 为非编码序列。西葫芦（*Cucurbita pepo*）的线粒体基因组密度最低，只有 3.9% 是基因编码序列（Sloan et al.，2012）。多细胞绿藻团藻（*Volvox carteri*）线粒体基因组 61% 为非编码序列，而这些非编码序列大部分由穿插在基因间区或内含子区域的回文重复序列组成（Smith et al.，2009）。这些回文序列的长度在 11～77bp。大部分情况下，短的回文序列会插入到另外一个回文序列当中，经过多次嵌套形成复杂的长重复片段，长度达到 633bp。这种回文结构的重复序列在细胞器基因组中是广泛存在的。线粒体基因组的非编码序列主要是由大量重复片段、内含子、基因间区、叶绿体基因组和核基因组转移而来的序列，甚至通过基因水平转移获得的其他物种的序列所构成（Knoop et al.，2002）。最古老的被子植物无油樟的线粒体基因组（Bergthorsson et al.，2004）中，就有大量来自苔藓、绿藻和其他被子植物的非编码序列片段。

植物线粒体基因组中的重复序列，大小从几十 bp 到几十 kb 不等。这些重复序列既是组成非编码序列的主要部分，也涉及功能基因区域。这些重复序列在进化过程中的频繁加倍，在基因组上的转移、插入等，使植物线粒体基因组表现出极大的异质性，包括基因组大小、结构、基因组排序等。同样，重复序列在植物线粒体基因组重组中表现非常活跃，使植物线粒体基因组的重排率比叶绿体基因组和动物线粒体基因组要高很多。分子内或分子间的频繁重组发生还会造成基因异常嵌合突变，形成特异性可读框，导致细胞质雄性不育（cytoplasmic male sterility，CMS）（Dufay et al.，2007）。根据长度，线粒体基因组上的重复片段通常可分为三类：①大重复序列（>500bp）。该类型重复序列通常参与调节高频的 DNA 重组，从而使基因组产生较小的线粒体亚基因组环状 DNA 或线状结构，与完整的线粒体“主”基因组环状 DNA 共存于细胞内（Gualberto et al.，2017）。拟南芥线粒体基因组中的两个大重复序列（6.5kb 和 4.2kb）参与重组，形成 233kb 和 134kb 的亚环。黄瓜除了有 1.56Mb 的线粒体基因组外，还有 84kb 和 45kb 的小线粒体基因组。大重复序列在大部分植物中都存在，且这种形成亚环或线性线粒体基因组的机制相似。在部分植物中，大重复序列还决定了该植物线粒体基因组结构的复杂性。玉米线粒体基因组中检测到 22 条重复序列，长度范围在 540bp～120kb，其中 17 条大于 1kb。由于这些大重复序列的存在，玉米中检测到至少 5 种不同的线粒体细胞型，包含不同类型和数量的线粒体基因组 DNA 分子。②中重复序列（50～500bp）。中重复序列在植物线粒体基因组中的数量要比大重复序列多。在拟南芥中观察到 36 个中重复序列的非对称重组，甜菜中发现 72 个（Kubo et al.，2000）。玉米中 100～830bp 的重复序列有 32 条，烟草中发现 26 条中重复序列（100～405bp）。该类型重复序列通常参与低频的非对称 DNA 交换，是 DNA 突变进行修复的主要方式（Kuehn et al.，2012）。中重复序列参与的重组活动通常与新的 DNA 形态出现、种内线粒体基因组变异和亚化学计量的移位序列变异（substoichiometric shifting，SSS）有关。这些基因组变异通常会伴随植物表型的变化，如产生蜷曲叶片或者花叶、生长迟缓、产生细胞质雄性不育等，而且这些表型会随着线粒体遗传到下一代。上述表型在拟南芥的 *msh1* 突变体中均能观察到。③小重复序列（<50bp）。线粒体中大部分重复序列是小重复序列。该类型重复序列由于序列太短，不能同中重复序列一样有效参与同源重组，因此主要以非同源末端修复机制（nonhomologous end joining，NHEJ）的形式对突变位点进行纠正和修复（Sloan et al.，2013）。在细胞核中，NHEJ 是 DNA 修复的主要手段之一；然而在细胞器中，中重复序列参与的同源重组占主导地位。

虽然植物线粒体基因组大部分为重复序列，但重复序列之间基本上没有同源性，这说明它们在植物进化过程中是独立获得的。基因位置和基因间序列的巨大差异，是进化过程中植物线粒体基因组结构发生频繁重构的结果。拟南芥和甜菜线粒体基因组只有 21% 同源。这种情况甚至在同种植物之间也是如此。在白玉草（*Syringa vulgaris*）中（Sloan et al.，2012），任何不同种群两两之间只有约一半的线粒体基因组序列是相同的。同源重组是线粒体基因组进化、基因结构变异等的主要因素。线粒体基因组重排的效应可以是中性的，如发生在非编码区域。但发生在一些关键基因上的重排则会影响发育，甚至致死。也有一些重排会产生新的 ORF，对线粒体功能产生影响。

二、动植物线粒体基因组存在明显差异

（一）植物线粒体基因组含有Ⅰ型和Ⅱ型内含子

大部分动物线粒体基因没有内含子，只在极少部分动物线粒体基因组中发现，如珊瑚、海绵动物等（Kubo et al.,2008）。这也是植物线粒体基因组比动物线粒体基因组大的原因之一。

植物线粒体内含子由于其特殊的结构被分为Ⅰ型和Ⅱ型内含子（Ngu et al.，2017），以区别于细胞核编码基因的内含子。Ⅰ型内含子能够自我剪接，不需要剪接体和snRNA的参与；Ⅱ型内含子也能够完成自我剪接，但剪接方式与Ⅰ型不同。Ⅰ型和Ⅱ型内含子除了存在于植物线粒体基因组之外，在真菌和原生生物中也广泛存在。而对于细胞核中的编码基因来说，Ⅰ型内含子只在单细胞真核生物细胞核核糖体RNA基因中普遍存在，而Ⅱ型内含子在真核生物细胞核中未发现。内含子占线粒体基因组4%～13%，不同植物之间线粒体基因组内含子数量十分相近，为23～30个，且大部分为Ⅱ型内含子。虽然在所有植物中没有一个内含子是在基因上的同一个位置出现，但内含子的分布在植物进化过程中是相对保守的。例如，拟南芥和水稻均含有23个Ⅱ型内含子，其中22个是分布在基因的相同位置（图1-12-5）。

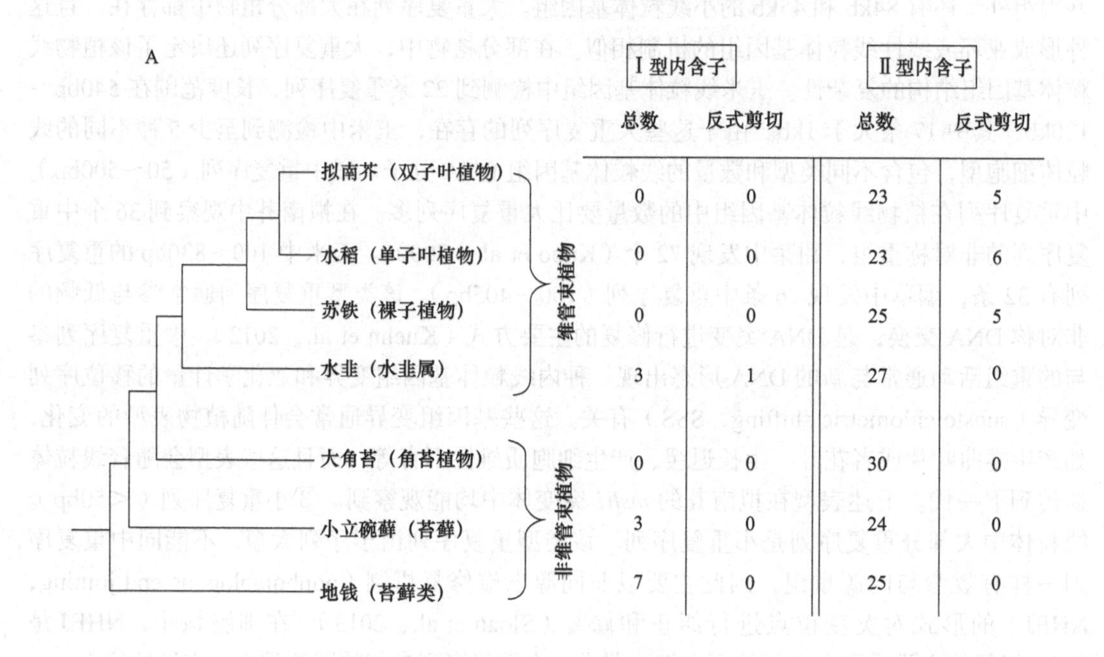

物种	Ⅰ型内含子 总数	Ⅰ型内含子 反式剪切	Ⅱ型内含子 总数	Ⅱ型内含子 反式剪切
拟南芥（双子叶植物）	0	0	23	5
水稻（单子叶植物）	0	0	23	6
苏铁（裸子植物）	0	0	25	5
水韭（水韭属）	3	1	27	0
大角苔（角苔植物）	0	0	30	0
小立碗藓（苔藓）	3	0	24	0
地钱（苔藓类）	7	0	25	0

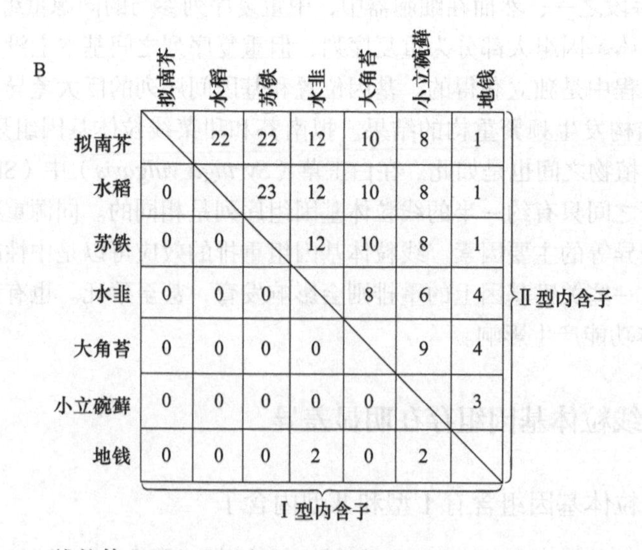

	拟南芥	水稻	苏铁	水韭	大角苔	小立碗藓	地钱
拟南芥		22	22	12	10	8	1
水稻	0		23	12	10	8	1
苏铁	0	0		12	10	8	1
水韭	0	0	0		8	6	4
大角苔	0	0	0	0		9	4
小立碗藓	0	0	0	0	0		3
地钱	0	0	0	2	0	2	

图1-12-5 线粒体Ⅰ型和Ⅱ型内含子在植物中的分布（引自Bonen，2011）

A. Ⅰ型和Ⅱ型内含子在不同植物上的分布情况，植物类别从苔藓类植物地钱到被子植物拟南芥和水稻，内含子数量保持稳定，且Ⅱ型内含子占多数；B. 不同类植物之间出现在共同基因位点上的内含子数量在植物进化过程中，经常有新的Ⅱ型内含子出现，而Ⅰ型内含子常被发现在进化过程中丢失，这也是目前发现Ⅱ型内含子占主要比例的原因之一。因此，可利用Ⅱ型内含子在线粒体基因组上的分布进行进化研究。植物之间不同的内含子数量一方面是由 mRNA 剪切和编辑造成的，另一方面是部分植物线粒体基因组上内含子所在的基因转移进入细胞核的结果。而内含子分布的多样性是由植物线粒体基因组进化过程中内含子拷贝发生多次入侵、扩散及丢失造成的。

植物线粒体内含子在线粒体内具有特殊的功能：①被折叠入高度保守的结构以便于剪切；②除了与核内含子剪接机理相似之外，Ⅱ型内含子还具有自我剪接的功能，不需要剪接体和 snRNA 的参与，也不需要 ATP 供能；③部分内含子同遗传元件一样可在基因组上进行移动和插入等；④这些内含子编码它们自己的蛋白装置用于剪接和移动。

（二）植物线粒体基因组编码基因极度保守

大量非编码序列使植物线粒体基因组大小呈现丰富的多样性，而植物线粒体基因组中的编码序列则在植物线粒体基因组中极度保守，是植物三套基因组中最保守、演化速率最慢的，且其序列进化速率同样明显慢于动物，基因序列碱基替代率十分低（Wolfe et al.，1987；Burger et al.，2003）。这可能是因为植物线粒体能通过同源重组进行高效突变纠正，从而自我修复。不同植物物种间线粒体基因序列同源性在 95% 以上。例如，籼稻和粳稻的线粒体基因组之间存在 96 个 SNP，出现的概率为 0.02%；存在 25 个 Indel，出现的概率为 0.006%，这两种变异概率分别是叶绿体中出现概率的 2/5 和 1/3，核基因组的 1/21 和 1/38，是动物线粒体基因组的 1/100 和 1/40。由于植物线粒体基因非常保守，所以一般不选作系统学研究的分子标记。这跟动物正好相反，动物的线粒体基因演化速率较快，有利于检查出在较短时期内基因发生的变化，比较不同物种的相同基因之间的差别，确定这些物种在进化上的亲缘关系。所以在动物系统学研究中，它们是最常用的分子标记。高重组率为基因组修复提供有效的工具，但反之，高重组率使得线粒体基因组容易发生重排，从而使基因组的结构快速进化。在相近物种的线粒体基因组中基因的相对位置毫不保守。白玉草不同群体之间线粒体基因组结构发生大量重排，基本没有共线性可言。

（三）植物线粒体基因组基因横向转移

前面提到植物的一些线粒体基因可能来源于叶绿体或细胞核，也可能在进化过程中转移到细胞核，这种现象称为基因横向转移（HGT，详见第 1-6 章第四节）。HGT 在植物界中普遍存在。高等植物线粒体基因组含有与叶绿体和细胞核 DNA 同源的序列，并且占有较高的比例。HGT 对植物线粒体基因组之间大小的巨大差异具有很大的贡献。1982 年，Stern 和 Lonsdale 首次在玉米线粒体基因组中发现一个 12kb 的叶绿体基因组片段（Knoop et al.，2002）。水稻线粒体基因组中有 17 段叶绿体来源的 DNA 片段，占整个线粒体基因组的 6.3%。而在葡萄中，来源于叶绿体的序列占到了 42.4%（Sloan et al.，2012）。同样，在植物线粒体基因组中发现有来自核基因组的 DNA 片段。来源于细胞核的序列主要是与反转录转座子序列同源。1996 年，Knoop 等在拟南芥线粒体基因组中找到多个来自核基因组的反转录转座子（retrotransposon）（Knoop et al.，1996）。拟南芥线粒体基因组中有 5% 来源于核基因组，1.2% 来源于叶绿体基因组。黄瓜线粒体基因组中找到 71kb 的叶绿体 DNA 和 21kb 的核基因。DNA 的高频重组率是使线粒体比叶绿体更容易成为基因横向转移的受体主要原因之一。叶绿体和线粒体都具有遗传上的半自主性，能相对独立地决定某些性状。但叶绿体和线粒体的形态发生与生物合成，在很大程度上依赖于两者之间及与核基因组的相互作用。动物线粒体的遗传信息不能转移到细胞核中，而植物则可以自由地在线粒体和细胞核之间进行相互流通。地钱线粒体基因组编码16种核糖体蛋白，而烟草、拟南芥、甜菜、葡萄和水稻的线粒体基因组分别只编码10种、7种、8种、6种和11种核糖体蛋白，而其他的核糖体蛋白均由细胞核基因进行编码。这充分说明在植物线粒体进化过程中，线粒体基因转移进入细胞核。

三、RNA 编辑

植物线粒体基因组的另外一个重要特征是存在广泛的RNA编辑。RNA编辑（editing）不同于不改变核苷酸序列的RNA剪切（cleavage）或RNA剪接（splicing），其是在RNA水平上改变核苷酸序列而引起的变异，包括核苷酸插入、缺失或者转换。RNA编辑在植物的叶绿体和线粒体中均广泛存在。1989年，3个实验室同时在植物线粒体中发现RNA编辑事件（Knoop et al.,2002）。细胞器RNA编辑多为C（cytidine，胞苷）-U（uracil，尿嘧啶）的转变。U-C之间的转变仅在石松类和苔藓类植物上发现（Ohyama et al.，2009）。但这种编辑机制在一些地钱类植物中已经丢失。

RNA编辑是线粒体产生功能蛋白所必不可少的过程，在一定程度上可提高转录本的稳定性及编码蛋白的疏水性，提高加工效率。RNA编辑具有偏好性（Yurina et al.，2016；Law et al.，2014）：①RNA编辑通常发生在蛋白质编码序列，其中只有少部分位点位于内含子上。因此RNA编辑会改变氨基酸序列从而影响植物细胞器基因组基因表达。RNA编辑还特别参与功能性保守蛋白序列的生成。例如，在*cox2*的mRNA序列上，苏氨酸被编辑为蛋氨酸，形成一个铜离子连接结构域。②RNA编辑主要发生在密码子的第一和第二位点上，常导致编码氨基酸种类发生变化。③编辑的C碱基的前一个碱基通常不是嘌呤类，尤其不是G。④因编辑产生起始/终止密码子的频率要高于消除终止密码子的频率。⑤RNA编辑并不限于在mRNA上，同样可在rRNA和tRNA上进行，但较少；烟草线粒体基因组检测到557个mRNA编辑位点，73个非编码编辑位点，65个tRNA编辑位点。不同植物线粒体基因组RNA编辑位点数目不同。葫芦藓（*Funaria hygrometrica*）和小立碗藓的线粒体基因组分别有8个和11个RNA编辑位点。绿藻*Chara vulgaris*中RNA编辑更少。而裸子植物*Cycas taitungensis*和石松植物*Isoetes engelmannii*线粒体基因组中鉴定到超过1000个RNA编辑位点，如苏铁线粒体基因组就有超过1000个编辑位点。被子植物线粒体大致有500个RNA编辑位点（表1-12-3），相比之下叶绿体基因组的RNA编辑位点很少，只有30～50个。拟南芥线粒体基因组RNA编辑位点有456个，其中441个在编码区。水稻有491个位点，油菜有427个，在进化过程中，不同植物之间还形成物种特异的编辑位点。例如，在拟南芥中特异的编辑位点为83个，在油菜中特异的编辑位点为69个。RNA编辑在动物和病毒中也是广泛存在的。

表1-12-3　植物线粒体基因组RNA编辑位点

物种	基因组大小/kb	基因数	编辑位点数	参考文献
拟南芥	367	55	441	Unseld et al.，1997
油菜	222	53	427	Handa，2003
水稻	491	56	491	Tian et al.，2006
甜菜	369	52	370	Kubo et al.，2000
小立碗藓	105	42	11	Terasawa et al.，2006

植物线粒体基因组的 RNA 编辑具有基因调控、产生遗传变异、平衡基因组 GC 含量及突变缓冲等作用。由于存在 RNA 编辑，部分突变造成的影响得以消除，使植物线粒体基因组编码基因突变变小。然而并不是所有 RNA 编辑都参与蛋白功能的形成，有大量的 RNA 编辑位点在进化过程中丢失。RNA 编辑一旦发生错误就可能改变氨基酸序列，甚至造成蛋白质分子的截断或延长，影响蛋白质功能，导致植株败育等。同时，RNA 编辑还是一些 RNA 剪接发生的先决条件。

四、植物线粒体基因组利用

线粒体是植物重要细胞器，参与植物重要生长发育过程，与籽粒发育、育性和种子老化等许多重要农艺性状有关。下文仅就育性利用进行介绍，其他方面应用可参考其他文献。

线粒体基因组在农业上的重要应用之一是细胞质雄性不育系（CMS）的培育与利用。细胞质雄性不育是广泛存在于高等植物中的一种自然现象，在超过 150 种开花植物中都有报道。CMS 是线粒体与细胞核基因组共同作用的结果，表现为母体遗传、花粉败育和雌蕊正常。CMS 在育种中是重要的性状，可以通过结合不同的核基因组和线粒体基因组背景获得；反之，雄性不育可以通过引入细胞核的 *Restorer-of-fertility*（*Rf*）基因恢复（图 1-12-6）。利用 CMS 培育不育系进行杂交育种在育种行业得到广泛使用。

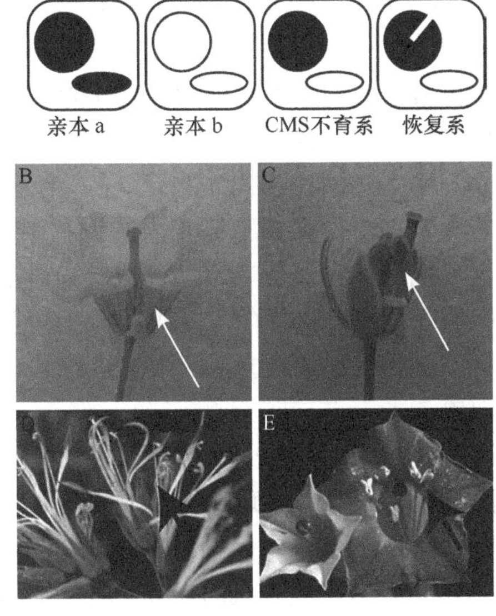

图 1-12-6　植物细胞质雄性不育系模型及其举例（引自 Carlsson et al.，2010）

A．CMS 系统模型。圆形为核基因组，椭圆形为线粒体基因组。亲本 a 为保持系，亲本 b 为不育系。B～E 为 CMS-花异常表型：B．油菜雄蕊萎缩；C．油菜没有雄蕊；D．烟草雄蕊呈丝状不能产生正常花药；E．烟草 CMS-花没有雄蕊（左）和正常花（右）

CMS 相关基因存在于线粒体 DNA 上。目前已在多种植物中确定并克隆了与 CMS 相关的基因，包括粮食作物和园艺作物。以水稻为例，目前已经鉴定到多种 CMS 不育类型相关基因，如野败型不育基因 *Wild Abortive 352*（CMS-WA），包台型 *Boro* Ⅱ（CMS-BT），红莲型 *HongLian*（CMS-HL）等（Tang et al.，2017a）。这些基因都已经被开发用来进行杂交水稻育种。

CMS 育种一般是三系法：CMS 不育系、保持系和恢复系。① CMS 不育系为细胞质雄性不育系，携带细胞质不育 CMS 基因和无功能（隐性）的、可修复这种不育性的核基因。雌性器官发育正常，能接受正常花粉受精，但雄性器官发育不正常，花粉不育。②保持系能够保持不育系的细胞质雄性不育性。保持系细胞质基因为正常可育，具有可育花粉，可自交结实；而保持系的细胞核基因型与不育系相同，不能够修复由细胞质基因所控制的不育性，因此保持系作为父本和不育系的杂种也为不育，用于繁育不育系。③恢复系则能够修复细胞质雄性不育，与不育系杂交产生的杂种正常可育且具有杂种优势。以 CMS-WA 为例，CMS-WA 是通过 CMS 不育系品种 *Oryza rufipogon* 与普通栽培水稻多次回交得到的，在 CMS-WA 中得到控制细胞质雄性不育基因 *WA352*，*WA352* 与线粒体蛋白 COX11 互作，引起花药绒毡层细胞程序性死亡，从而导致花粉败育。而携带有 *WA352* 的杂种的育性则可以通过引入的 *Rf4* 和 *Rf3* 显性恢复基因在转录和蛋白水平抑制 *WA352* 的功能而恢复。*WA352* 的序列在不同野生稻线粒体基因组上都存在同源区段，显示进化过程中线粒体 DNA 的高度重组和重排。

细胞质雄性不育与线粒体基因组许多结构特点相关，可分为以下三类。

1）大量重复序列的存在容易造成基因组重组或重排，引起线粒体基因组结构变化，进而导致 CMS。造成 CMS 的突变通常是由异常的低频率重组或非同源的末端连接形成新的 ORF 造成。Tang 等（2017a）调查了 808 份野生稻和栽培稻品种，共在线粒体基因组上鉴定到 11 种形成嵌合 ORF 的重组结构。异常 ORF 的出现是 CMS 形成的主要原因。芥菜 CMS 不育系线粒体基因组中大于 100bp 的重复序列数量是保持系的两倍，并且发现 3 个大重复片段位于 CMS 相关基因 *orf288* 的下游。造成 CMS 的突变是在物种分化之前就存在着低拷贝的重组序列，而不是在雄性不育发生时线粒体基因组突变产生新的 ORF。这些低拷贝的重复序列在一个植物的世代可能上调或下调相对的拷贝数，即序列迁移直接导致雄性不育。

2）RNA 编辑形成新的起始 / 终止密码子或其他突变，使基因的转录本发生变异，造成基因不能正常行使功能，进而引起败育。RNA 编辑在不同的物种中程度不同，而仅有一些编辑造成 CMS，所以引起 CMS 的 RNA 编辑可能以某种方式特定发生，与普遍存在的 RNA 编辑模式有差别。

3）植物细胞质雄性不育现象十分复杂，不单受到线粒体基因组结构、蛋白质编码基因的影响，还受到细胞核基因的调控。多细胞真核生物的进化往往伴随着细胞核基因组的改变。拟南芥核基因 *MSH1* 和 *RECA3* 能有效参与线粒体分子重组；油菜 pol 型胞质和 nap 型胞质在植物体内共存，但两者的亚化学剂量水平存在差异。所以，雄性不育性是核基因和线粒体基因互作，或核基因调控线粒体基因的表达而导致生殖器官不能正常发育所引起的败育现象。

CMS 育性的恢复，一种如上文所述，是通过引入细胞核编码的 *Rf* 基因来抑制 CMS 基因的表达；另一种则是通过改变线粒体基因组的结构，主要是含有 CMS 基因的亚基因组的亚化学计量变化。例如，在玉米不育系 CMS-S 中，线粒体基因组重排导致 CMS 相关基因 *orf355/orf77* 丢失，从而恢复育性（Matera et al.，2011）。大豆 CMS 不育基因 *pvs-orf239* 的消失会引起育性恢复（Janska et al.，1998）。

CMS 相关基因通常与两侧的基因共转录，并具有相同的表达特性。尽管 CMS 相关基因造成的表型相似，但基因之间在结构上却毫无关联。另外，已报道的细胞质雄性不育大多存在转录本的差异，只局限于植物线粒体基因组一级结构的研究是远远不够的，应该从转录和翻译水平对相关基因的表达调控进行研究。对 CMS 的研究和应用告诉我们，每一个新的线粒体基因组的损伤和重组，都能形成一个独特的、表达的嵌合序列，并引起表型变化。

线粒体基因组让我们认识到线粒体的起源、异质性和复杂性，从不同角度认识真核生物，对遗传学和进化有了更为深入和全面的了解。随着 DNA 测序技术的发展，将会有越来越多的植物线粒体基因组被测定，这将有助于更好地了解植物线粒体基因组及其功能，并有助于研究高等植物核-质互作，而 CMS 等与线粒体基因组突变有关性状的机理也将被揭示。

第1-13章　植物功能基因组学

扫码见
本章彩图

第一节　功能基因定位与关联

1986年，美国科学家Thomas Roderick提出将基因组学分为结构基因组学（structural genomics）和功能基因组学（functional genomics）。结构基因组学主要以建立遗传和物理图谱，获得基因组序列为目标；而功能基因组学，又称后基因组学（post genomics），是利用结构基因组提供的序列信息，在基因组水平上高通量分析和确定基因的功能。当获得一个生物基因组序列后，其基因组学研究势必向着功能、群体遗传变异等方向发展（详见第1-1章第一节）。植物也不例外，随着植物基因组序列的出现，功能基因组学研究成为其核心研究内容之一。在这个阶段，它强调发展和应用基因组水平或大规模实验手段，并结合序列大数据的生物信息学分析方法，高通量鉴定基因（并非针对单一基因）功能。由此可见，功能基因组学面临的最大挑战是建立高通量和规模化的基因功能研究体系。在植物功能基因学研究中，拟南芥和水稻往往是最为常用的模式植物。近几十年来，一些植物功能基因组学技术，即基于基因组研究基因功能的高通量技术不断被提出和发展。除了一些经典技术（如基因定位、突变体库技术），一些基于组学数据的功能基因组学新技术迅速发展起来（表1-13-1）。以水稻为例，自2002年水稻基因组被测序完成，水稻功能基因组学研究迅猛发展，目前已形成了以高质量籼/粳稻参考基因组为基础，涵盖大规模突变体资源、QTL定位信息、表型组及转录组等组学数据、群体重测序数据资源等功能的基因组学研究系统，鉴定或克隆了包括控制水稻分蘖基因*MOC1*、控制直链淀粉合成基因*Wx*、决定香味的基因*Badh2*、抗白叶枯病基因、抗稻瘟病基因等的约2000个基因（张启发等，2019），为高效鉴定水稻产量、品质、抗性、营养高效利用等相关功能基因及其调控网络奠定了必要基础（图1-13-1）。

表1-13-1　植物功能基因组学相关技术

技术类别	具体方法	详见本书章节
功能基因定位	QTL、GWAS、BSA等	本章
突变体库	T-DNA、EMS、TILLING、转座子等	本章
基因功能分析技术	基因编辑、RNAi	本章
表型组学技术	大规模和自动化表型测定技术	本章
基于转录组等组学候选功能基因分析	基因芯片和RNA-Seq；DEG、基因功能预测等生物信息学分析技术	第1-4章等
基于基因组进化的候选功能基因分析	基于等位基因频率、连锁不平衡和群体分化等方法	第1-7章

一、数量性状基因座定位

数量性状基因座（quantitative trait locus，QTL），是指基因组中引起数量性状变异的座位。数量性状是指表型呈连续变异，不可以严格分类，受多基因控制，且易受环境影响的生物性状。作物的产量、质量、株型、生长发育等大多数重要经济性状及农艺性状通常都为数量性状。利用分子标记，通过连锁分析进行QTL定位，是遗传学中研究数量性状相关功能基因的基

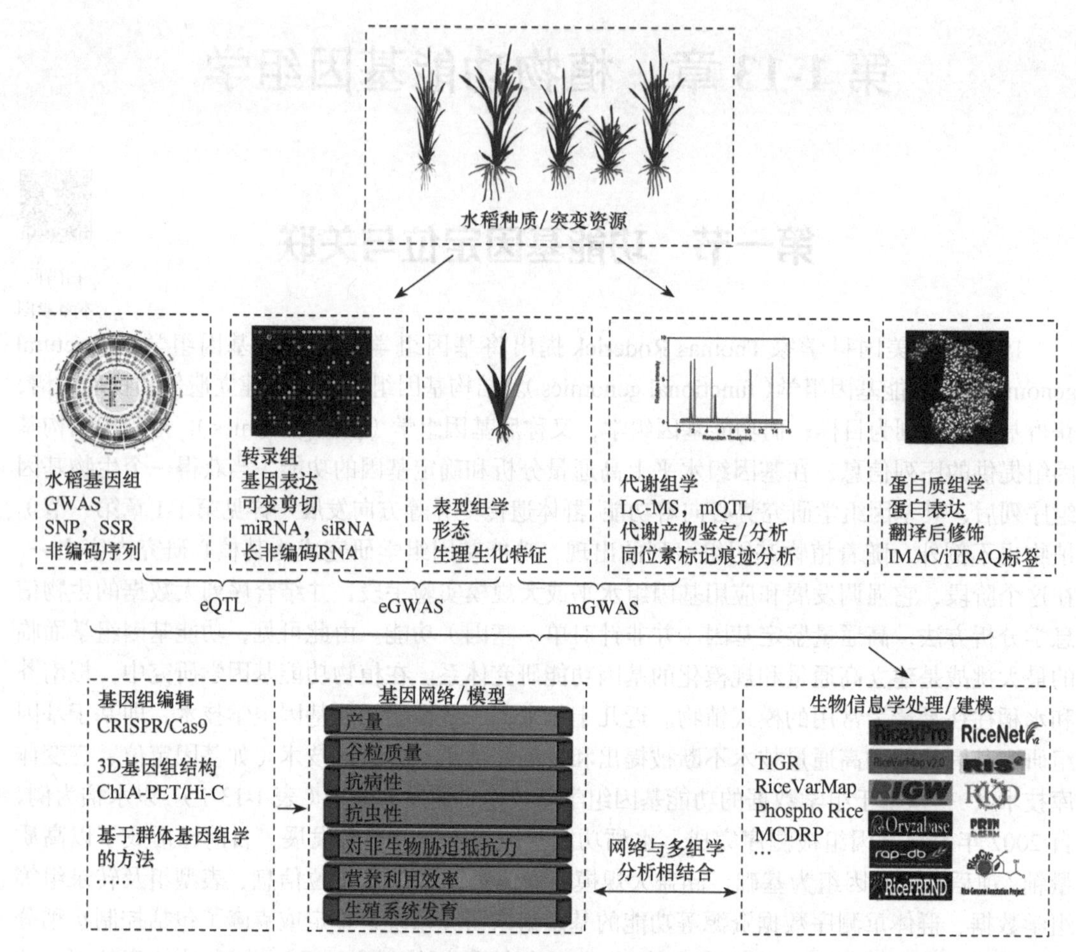

图 1-13-1 基于组学技术的水稻功能基因组学研究路线图（改自 Li et al.，2018）

本手段和确定并分离目标基因的前提，广泛应用于植物（尤其是作物）的功能基因研究。

QTL 定位的基本思想在于利用标记和 QTL 之间的连锁信息，通过最大似然法或回归分析等检测分子标记与 QTL 的连锁程度从而定位 QTL 位置，估算 QTL 效应。 Paterson 等（1988）报道了第一篇有关植物 QTL 定位的工作，此后，QTL 定位逐渐成为数量遗传学的研究重点并用于功能基因的基因组定位。QTL 定位方法的发展从最初的单标记分析，即通过比较不同标记基因型之间均值差异的显著性来推断标记附近存在 QTL 的可能性，后发展到区间作图，即通过逐一检测标记区间内各位点存在 QTL 的概率大小来推断可能存在的 QTL 的位置，并估算其各项遗传效应。根据采用模型的不同，区间作图法又可分为基于多元回归模型的复合区间作图法和基于混合线性模型的复合区间作图法。混合线性模型的复合区间作图法把群体均值、QTL 的各项遗传主效应（包括加性效应、显性效应和上位性效应）作为固定效应，而把环境效应、QTL 与环境互作效应、分子标记效应及残差作为随机效应，进行多环境的联合 QTL 定位分析。目前 QTL 定位方法已相当成熟，已有大量教材或专著对其进行介绍（参见樊龙江主编《生物信息学》数量遗传学一章），本书不做详细介绍。

目前利用 QTL 定位分析在水稻、玉米、小麦、番茄等主要作物中分离克隆了一大批控制重要农艺性状的 QTL。截至 2019 年 3 月，Gramene 数据库（http://www.gramene.org/）共收录了水稻 8646 个 QTL，玉米 1747 个 QTL，以及包括小麦、大麦、高粱等作物在内的 11 624 个 QTL，涉及产量、品质、株形等性状。

随着越来越多的作物重要农艺性状的主效 QTL 基因被成功克隆，作物 QTL 研究取得了长足的发展，发展了众多新的定位分析方法，连锁分析逐渐成为作物复杂数量性状基因定位的经典方法。但连锁分析耗时长、解析率低，且不能利用自然群体中存在的广泛变异。随着高通量测序技术的发展，大量高精度基因组数据产生，传统的分子标记已不能满足高密度的需求，使得 SNP 成为研究性状遗传机理的主流遗传标记。利用全基因组关联分析在基因组层面来发掘和定位数量性状基因、分析功能变异等已成为目前的研究热点。

二、全基因组关联分析

全基因组关联分析（genome-wide association study，GWAS）是由 Risch 和 Merikangas 在 1996 年首先提出，全基因组水平分析各位点与复杂性状遗传变异的关联强弱（Hirschhorn et al.，2005）。它以连锁不平衡（linkage disequilibrium，LD）为基础，通过分析数百个或数千个个体的高密度分子标记的分离特征，一般是上万个甚至上百万个 SNP 标记，筛选出与复杂性状表现型变异相关联的分子标记，进而分析这些分子标记对表现型的遗传效应。GWAS 研究能够充分利用群体进化过程中数千世代积累的重组事件，通过打破连锁不平衡或者一段染色体区域内多态性位点的相关性来提高 QTL 定位的解析率（Flintgarcia et al.，2013）。

连锁不平衡作为关联分析的核心，是指群体内基因组上不同位点的非随机性关联，即当位于某一座位的特定等位基因与另一座位的某一等位基因同时出现的概率大于其随机结合的概率时，就称这两个座位处于连锁不平衡状态。可见连锁不平衡是度量两个分子标记座位的基因型变化是否步调一致、是否存在相关性的指标。如果两个 SNP 标记位置相邻，那么在群体中也会呈现基因型步调一致的情况，如有两个基因座，分别对应 A/a 和 B/b 两种等位基因。如果两个基因座是相关的，我们将会看到某些等位基因往往共同遗传，即某些单倍型的频率会高于等位基因随机结合的期望频率。

D 是连锁不平衡的基本单位，指群体中实际观测到的单体型（haplotype）频率与平衡状态下期望的单体型频率的偏差。虽然 D 能够很好地表达 LD 的基本含义，但计算 D 值需要严格依赖等位基因的频率，故不适用于实际中 LD 强度的比较。一般度量 LD 的参数主要有两个：一个是 D'（standardized linkage disequilibrium coefficients）；另一个是 r^2（squared allele-frequency correlations），一般多采用后者。它们都是以 D 为基础，r^2 和 D' 反映了 LD 的不同方面。r^2 包括了重组和突变，而 D' 只包括重组史。D' 能更准确地估测重组差异，但样本较小时，低频率等位基因组合可能无法观测到，导致 LD 强度被高估，所以 D' 不适合小样本群体研究。

在基因组的进化历程中，迁移、突变、选择、有限群体大小等因素都会引起等位基因频率的改变，从而引起 LD 的改变。位点间由连锁不平衡到连锁平衡的过程的快慢是通过 LD 衰减距离来衡量的。LD 衰减距离通常指的是：当平均 LD 系数 r^2 衰减到一定大小（一般是指 r^2 降到最大值一半）的时候，所对应的物理距离。通过计算 LD 衰减可以判断 GWAS 所需的标记量，提高 GWAS 的检测效力和精度。总的来说，在 GWAS 分析中，LD 衰减速度越慢，形成的单体型区块越大，关联分析中需要的群体和标记的数目越少，但定位就越不精准；相反地，LD 衰减得越快，形成的单体型区块越小，关联分析中需要的群体和标记数目越大，定位越准确。此外，在同一个连锁群上，LD 衰减得慢说明该群体受到选择。一般来说，野生群体比驯化改良群体 LD 衰减快，异花授粉植物比自花授粉植物 LD 衰减快。

GWAS 研究可以使用线性回归、方差分析、t 检验和卡方检验等方法，在 SAS 或 R 语言等统计软件中进行分析。在实际的 GWAS 研究中，定位群体一般需要数千个个体，而且会存在若干个亚群体，亚群体之间的基因型频率也可能不同，从而可能导致假关联位点的出现（Pritchard et al.，2000）。因此，在进行 GWAS 研究时，首先要考虑控制群体结构以降低其假阳性。在人类复杂疾病研究中，定位群体通常是基于家系的样本，常使用传递不平衡检验（transmission disequilibrium test，TDT）、数量性状传递不平衡检验（quantitative transmission disequilibrium test，QTDT）等方法进行分析。在自然群体中，Paritchard 等（2000）使用一种“island-like”群体结构的方法将每个个体分到具体的一个群体中，并开发了群体结构分析软件 STRUCTURE，得到一个衡量群体之间相关性的矩阵，命名为 Q，并在关联分析中将这个矩阵作为协变量来控制群体结构；Price 等（2006）使用主成分分析（principal component analysis，PCA）将高维的基因型数据降维，然后使用降维后数据的若干个主成分控制群体结构；Yu 等（2006）发展了“统一混合模型”方法计算多水平的相关性，不仅可以控制群体结构（Q），还能够通过 K 矩阵来获得样本中每两个个体之间的相关性。GWAS 分析软件 TASSEL 可以使用将群体结构当作协变量的广义线性模型（generalized linear model，GLM）和包括 Q+K 的混合线性模型（mixed linear model，MLM）（Bradbury et al.，2007）。Yang 等（2012）提出条件和联合关联分析，使用全基因组逐步回归的方法，以条件 *P* 值作为选择依据，并在模型确立后估计所有显著 SNP 的联合效应，然后用这种方法综合分析 GIANT 人群中的身高与身体质量指数，并且通过独立样本中的预测分析验证结果。常用的 GWAS 分析软件详见表 1-13-2。

表 1-13-2 GWAS 常用分析软件（引自段忠取和朱军，2015）

功能	软件	网站
通用	SAS	http://www.sas.com
	R	http://www.r-project.org
群体结构和亲缘关系估计	STRUCTURE	http://web.stanford.edu/group/pritchardlab/structure.html
	EIGENSOFT	http://www.hsph.harvard.edu/alkes-price/sofware
	AMDIXTURE	http://www.genetics.ucla.edu/software/admixture
	SPAGeiDi	http://ebe.ulb.ac.be/ebe/SPAGeDi.html
GWAS	PLINK	http://zzz.bwh.harvard.edu/plink/
	TASSEL	http://www.maizegenetics.net
	EMMA	http://mouse.cs.ucla.edu/emma
	GCTA	https://cnsgenomics.com/software/gcta/#Overview
	QTXNetwork	http://ibi.zju.edu.cn/software/QTXNetwork

虽然关联分析是人类复杂遗传病研究的主要手段，但在植物遗传学研究中也已有十多年的历史，这种方法在拟南芥、水稻和玉米等模式植物中大量应用（详见本书第二篇中主要植物物种基因组介绍）。特别是玉米，因为其巨大的遗传多样性和迅速的连锁不平衡衰减，成为关联分析的理想物种。例如，Atwell 等（2010）基于基因芯片和 107 个材料开展了拟南芥 GWAS 分析；Huang 等（2010）利用第二代测序技术对 517 个中国水稻地方品种进行重测序获得全基因组的 SNP 信息，然后对 14 个农艺性状进行全基因组关联分析；随后通过对更广泛群体的栽培稻和野生稻进行测序，获得更为全面的水稻全基因组单体型图谱，并且对水稻开花及产量性状进行了全基因组关联分析（Huang et al.，2012b；图 1-13-2）。Wang 等（2016c）提出了对水稻微核心种质材料进行低深度重测序，用于重要农艺性状的全基因组关联分析方法。通过一系列数据模拟研究并应用于水稻微核心群体，证明了低深度测序在自交群体的关联分析中有着很大的效力。通过相对可操作的小群体经关联分析直接鉴定到导致直链淀粉含量和粒长差异的突变位点，鉴定到控制种皮颜色的新主效数量性状（QTL）位点，而新鉴定的这个位点特异性存在

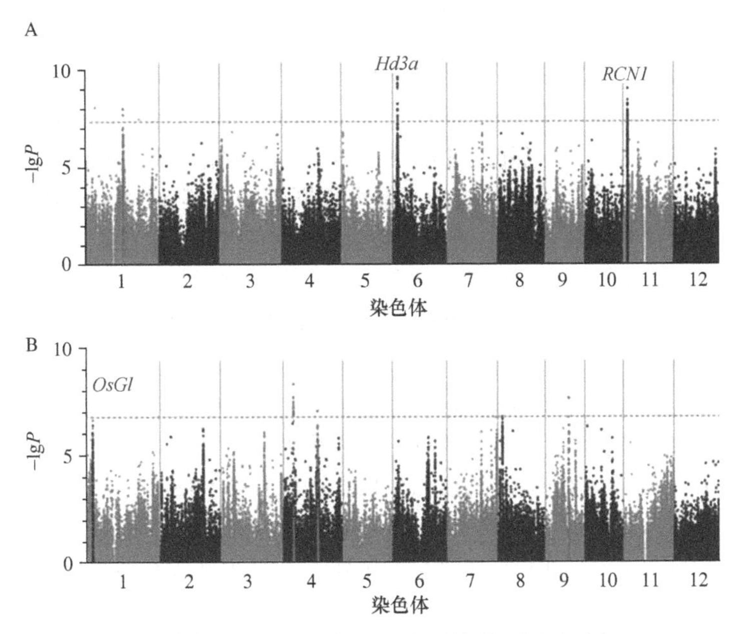

图 1-13-2 利用 GWAS 鉴定功能基因举例——水稻抽穗基因（引自 Huang ct al.，2012b）
A, B．分别为 508 份籼稻和 383 份粳稻 GWAS 分析结果。对于鉴定到的显著性位点，紫色表示已知控制抽穗相关基因，绿色表示新鉴定基因。虚线表示显著性阈值（$P<5\times10^{-8}$）

于水稻 aus 亚群，能很好地解释 aus 亚群的种皮颜色变异；Li 等（2013）利用 508 份玉米自交系（包含 35 份高油材料），通过 RNA 测序和基因型芯片获得基因型，经全基因组关联分析揭示了玉米籽粒油含量的遗传基础；严建兵等在收集全球代表性玉米自交系的基础上，通过表型和基因型分析构建了一个包含 500 个自交系具有广泛多样性的玉米关联分析群体（Yang et al.，2011）。该群体随后便迅速被我国研究者用于不同性状、不同研究方向的研究，大大促进玉米复杂性状的遗传基础剖析（Fu et al.，2013；Li et al.，2013；Wen et al.，2014；Yang et al.，2013；Liu et al.，2015；Yang et al.，2012；Zuo et al.，2015；Liu et al.，2013；Mao et al.，2015；Wang et al.，2016）。Harper 等（2012）基于异源多倍体作物油菜转录组数据的 GWAS 分析，定位到了 2 个控制芥酸含量的位点和 2 个硫代葡萄糖苷合成调控基因；Su 等（2018）针对 355 份品种进行了 GWAS 分析，获得多个与陆地棉形态建成相关的基因，包括一个控制株高的重要基因。

关联分析在植物遗传研究中能够得到广泛应用，主要因为它相比连锁分析有如下优点：①花费时间少，可利用自然群体，不需要专门构建遗传群体；②广度大，能够在全基因组范围内检测成千上万的 SNP，也能检测出同一基因组不同的等位基因；③精度高，基于历史性的重组事件，检测精度一般远高于连锁分析。相较于连锁分析，关联分析也有一定局限：①连锁分析能够检测到稀有变异，但关联分析却不易检测到；②关联分析出现假阳性和假阴性的概率高于连锁分析；③关联分析检测到的微效位点不容易得到验证，而连锁分析由于群体的优势很容易验证微效位点，并且连锁群体的简单背景有利于研究基因的功能和互作。虽然关联分析存在一定局限性，但是随着测序技术和生物信息学的发展，以及已有方法的不断完善和更多新方法的开发，关联分析的优势将会更加明显。

三、混池分离分析

混池分离分析（bulked segregant analysis，BSA）又称混合分离分析，是利用极端表型个体进行功能基因挖掘的一种定位方法。主要思想是将分离群体中两组相反极端表型的个体分别进行混池测序，比较两个组在多态位点（SNP）的等位基因频率（AF）是否存在显著差异。BSA 技术于 1991 年就被提出（Giovannoni et al.，1991；Michelmore et al.，1991），随着第二代测序技术的发展，SNP 标记开发和测序成本不断下降，BSA 技术已成为 QTL 定位和 GWAS 以外的另一个定位功能基因的有力工具。不同于 QTL 定位和 GWAS，BSA 分析基于表型分组，可以分别针对质量性状主基因和数量性状 QTL 进行定位。对于质量性状，可以简单基于两个差异表型（如红花与白花）进行分组；对于数量性状，可以基于极端表型群体混合并分组（如图 1-13-2 案例）。基于 BSA 技术已开发出一系列相应定位工具，如 MutMap（Abe et al.，2012）、QTL-Seq（Takagi et al.，2013）等。

针对数量性状，BSA 定位需要挑选两个性状差异较大的纯合亲本进行杂交，构建 F_2 或重组自交系（RIL）分离群体。由于大多数植物性状为数量性状，子代的表型不会像质量性状表现为非此即彼，而是在群体中呈连续的正态分布（图 1-13-3A）。因此，在群体中需选择性状表型具有极端差异的各 20～30 个个体进行混池测序。通常把亲本的基因组作为参考序列，将混池测序的读序（read）比对到参考序列上，对所有亲本间表现多态的位点计算出 SNP-index（突变基因型的覆盖度与此位点总覆盖度的比值，图 1-13-3B），由于基因遗传的

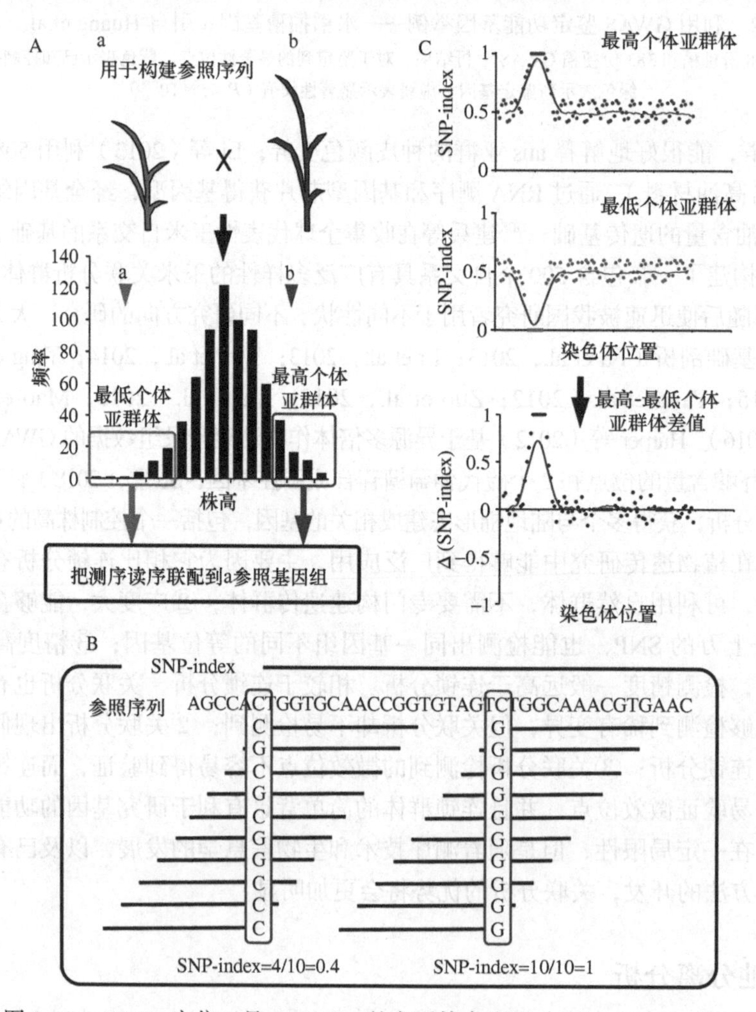

图 1-13-3　BSA 定位工具 QTL-Seq 的主要技术流程（Takagi et al.，2013）

A．定位材料的选择；B．SNP-index 计算原理；C．SNP-index 与染色体位置的关系

随机性，大部分 SNP-index 会落在 0.5 附近，即一半来自父本一半来自母本。根据 SNP 位点在基因组上的位置与 SNP-index 值的关系（图 1-13-3C），由于混池是由极端性状的个体构成，理论上在目标性状相关的 QTL 区域两个混池间 SNP-index 差异会非常大，经过分析可以在基因组上大致定位到目标性状相关的 QTL。

QTL-Seq 已经被应用在多个物种的 QTL 鉴定上，涉及水稻、番茄、白菜、大豆、花生等多种植物。例如，Ruangrak 等（2018）在番茄上构建了含 1200 个个体的 F_2 群体，从中挑选了早熟、晚熟的极端性状单株构建混池，最终将目标性状定位到 1 号染色体的 23.5～25.3Mb 的区段上。类似的，Pandey（2016）等在花生上发现了与黑斑病抗性相关的重要基因位点。目标性状的复杂性决定着 QTL-Seq 策略的设计与实施的难度，群体的大小、性状的稳定性等都会直接影响结果。

最近华中农业大学和中国农业科学院提出基于 QTL 与 BAS 组合定位的新方法（QTG-Seq），可以快速精细定位数量性状基因（QTG）（Zhang et al.，2018e）。从双亲构建群体开始，QTG-Seq 仅用 4 代即可完成 QTG 精细定位和克隆，为重要农艺性状的遗传解析提供了有力工具。QTG-Seq 技术线路概要如下：选用目标性状存在显著差异的两个纯合自交系构建 F_1、F_2、BC_1F_2 群体；对 F_2 群体进行 QTL 定位，鉴别显著的 QTL 位点；检测 BC_1F_1 群体的各个体分子标记基因型，筛选出目标 QTL 杂合而其他 QTL 纯合的株系；对筛选出的 BC_1F_1 株系进行自交，分别选择极端性状表型个体，组成高表型组、低表型组，一般各组个体数为总群体的 20%；按组提取各材料 DNA 并混合，然后进行基因组深度测序；对各组分别进行生物信息分析，鉴别目标 QTL 区段的 SNP，计算 SNP 频率，比较组间等位基因频率的差异，计算基于最大似然算法的似然比平滑统计量（smooth LOD），同时参考其他统计量，如 ED（基于等位基因频率的组间欧氏距离）（Hill et al.，2013）、G′（基于多项式分布的加权 G 统计量）（Magwene et al.，2011），确定目标基因位点。另外，中科院上海生命科学研究院韩斌团队和上海师范大学黄学辉团队等开发了一种克隆杂种优势基因新方法（GradedPool-Seq），通过批量分离 F_2 代分级池样本和全基因组测序，快速克隆相关 QTL（Wang et al.，2019）。他们利用该方法成功克隆了水稻杂种优势相关基因。

第二节　突变体创制与分析

发生突变的个体称为突变体。突变体相较野生型个体往往具有不同的表型，这为研究缺失组分的功能提供了有用的信息。

遗传学领域对基因功能的研究往往要依靠相应的突变体材料，可以说，突变体是遗传学研究的基础。由于自发突变的存在，在自然环境条件下，也会出现不同表型的突变体。早期的遗传学研究通常是采用正向遗传学研究方法，即通过对所获得的突变体的特定性状及控制特定性状基因的挖掘，来研究相关基因的功能。随着高通量测序技术的发展，大量基因组及核酸序列信息的获得，仅依靠自发突变获得的突变体来进行基因功能的挖掘已不能满足当今分子生物学的研究需要。要明确基因序列所代表的生物学信息，就需要通过大规模突变体库的构建，获得足够数量的突变体材料，才能直接高效地研究控制突变性状的基因功能。利用已完成测序的植物全基因组序列信息，借助反向遗传学的研究方法，通过对突变体库进行大规模的高通量筛选，以期解释基因组中所有基因的功能。

依据突变体库构建的方法，突变体库分为理化诱变突变体库和插入突变体库两类。

一、理化诱变

利用有诱变作用的物理或化学因素对植物进行处理，可以构建植物理化诱变突变体库。物理诱变中，常采用的诱变因素有γ射线、快中子等；化学诱变中，常使用的化学诱变剂有DES、EMS等。理化诱变操作方便，往往只引起个别或者少量位点的DNA突变、缺失或重排等，且诱变效率高，理化突变体库在总体上遗传背景还是基本一致的。由于存在这个特征，在分子生物学的研究中，特别是基因克隆和功能分析方面，理化诱变得到了极大关注。目前理化诱变在拟南芥、水稻等突变体库的创建上已得到广泛应用。

（一）EMS技术

甲基磺酸乙酯（ethyl methane sulfonate, EMS）是植物诱变中最常用的高效化学诱变剂之一，它主要使鸟嘌呤烷基化，从而与胸腺嘧啶错配（C/G→A/T），诱发高密度的系列等位基因点突变，在株型（如矮化）、叶型（如叶片大小、叶色等）、花器（花瓣颜色、苞叶颜色、花器大小等）、育性及抗逆性等性状方面产生变异，生物学上广泛运用EMS诱变来创建突变体库和诱变育种。Abe等（2012）利用EMS诱变构建了一个日本水稻品种的突变体库，通过对突变体与野生型杂交F_2群体测序并进行SNP多态性分析，绘制了其基因突变图谱，并定位挖掘了一个调控水稻叶色及株高性状的关键基因*OsCAO1*。Parry等（2009）利用EMS诱导构建了普通小麦的突变体库，筛选出106个突变体，并定位到淀粉品质相关的基因*Wx-A1*和株高相关基因*GA20ox1A*。Mateo-Bonmatí等（2014）对4个拟南芥*anu*缺失突变体进行全基因组重测序，挖掘到*SECA2*、*TOC33*、*NAP14*和*CLPR1*这4个调控叶片形状与叶色的关键基因。Kong等（2017）建立了亚洲棉种子EMS诱变体系，包含亚洲棉‘石系亚1号’M2突变群体及36份可稳定遗传的突变体株系，为棉花功能基因组研究奠定了材料基础（图1-13-4）。

图1-13-4　部分亚洲棉EMS突变体表型（引自Kong et al.，2017）

A. 野生型‘石系亚1号’；B. 黄斑叶；C. 叶白化；D. 叶黄化；E. 棉桃黄化；F. 零式果枝；G. 矮化；H. 叶皱缩；I. 叶上卷曲；J. 茎紫色

图 1-13-4 （续）

（二）定向诱导基因组局部突变技术

定向诱导基因组局部突变（targeting induced local lesions in genomes，TILLING）技术是 20 世纪 90 年代末由 Fred Hutchinson 癌症研究中心基础科学研究所发展起来的，它将诱发高频点突变的化学诱变法与 PCR 筛选技术及高通量检测方法有效结合，以发现分析目标区域的点突变，是一种全新的高通量、低成本的反向遗传学研究方法。其基本原理是通过化学诱变产生一系列的点突变，经 PCR 扩增放大，经过变性复性过程产生异源双链 DNA 分子，再利用能够特异性识别异源双链中错配碱基的核酸酶，从错配处切开 DNA，然后进行双色电泳分析从而筛选突变体（图 1-13-5）。目前，TILLING 技术已经应用于拟南芥、百脉根、玉米、水稻、油菜、小鼠、斑马鱼、果蝇、线虫等多种生物中，在功能基因组学的研究中起到了重要作用。

TILLING 技术在植物中应用最成熟的是拟南芥，已经实现流水线操作。这一切要归功

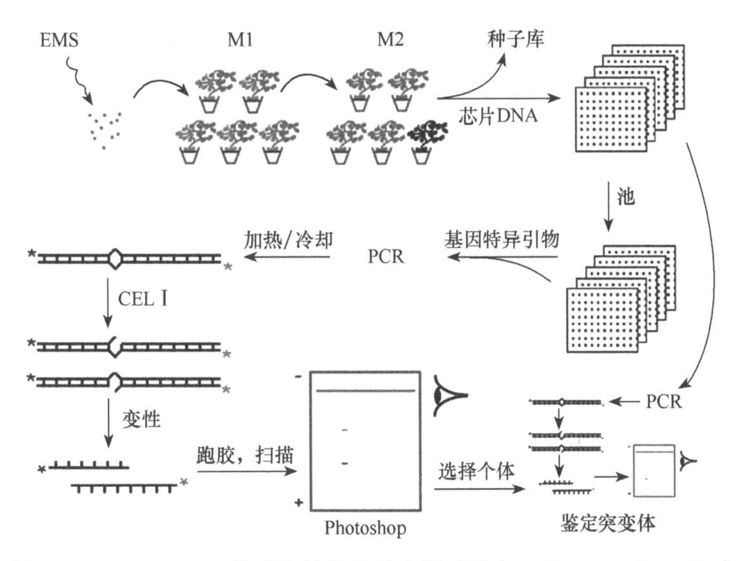

图 1-13-5 TILLING 技术在植物中的应用（引自 Colbert et al.，2001）

TILLING 技术的基本步骤是：① EMS 处理种子；②获得第一代突变个体；③ M1 自花授粉产生第二代植物 M2；④将 M2 植株提取 DNA 存放于 96 孔微量滴定板；⑤将多个 96 孔板 DNA 样本合并得到 DNA 池；⑥根据目标基因序列设计一对特异性引物进行 PCR 扩增；⑦ PCR 扩增片段经变性退火，从而得到野生型和突变型形成的异源双链核酸分子；⑧ CEL Ⅰ 酶切；⑨聚丙烯酰胺凝胶电泳；⑩利用相同方法从突变池中筛选突变个体；⑪突变个体 PCR 片段测序验证；⑫突变表型鉴定

于美国国家科学基金植物基因组计划（NSF Plant Genome Research Program）对TILLING技术的大力应用，该计划直接推动以美国为首的北美实验室联合启动拟南芥TILLING项目（Arabidopsis TILLING Project，ATP）。该项目组使用LI-COR DNA分析系统分析鉴定实验结果，在成立的第一年就为拟南芥研究者们提供了超过100个基因上的1000多个突变位点。

除拟南芥外，在豆科模式植物百脉根（*Lotus japonicus*）中TILLING技术也得到了应用。英国John Innes中心的Perry等（2003）用TILLING技术来筛选有共生突变的植株群体DNA文库。该方法在群体少的前提下可最大可能地得到目的基因位点。对于没有插入突变体工具的百脉根研究者来说，这种方法可以产生一系列的突变用来进行功能基因组学研究。

继模式植物后，TILLING技术在主要的农作物中也迅速被应用。例如，Slade等（2005）在2005年首次将TILLING技术应用于小麦，通过对EMS诱变处理的六倍体普通小麦Express和四倍体硬质小麦Kronos突变群体中的*Wx-A1*、*Wx-B1*和*Wx-D1* 3个目的基因的所有功能区域进行点突变检测，共得到246个变异位点，并获得了具有明显表型突变的株系；在玉米中2004年首次应用TILLING技术检测750个突变单株，获得17个突变体（Till et al.，2004）。小麦和玉米的基因组相较拟南芥大很多，因此TILLING技术筛选突变的比率会比拟南芥低。例如，在玉米中，如要达到每个DNA片段中与拟南芥具有同样数量的突变，就需要筛选到更多的突变植株（如拟南芥是2300株，则玉米应达到4000株）；国内外都做过油菜的EMS突变体库，如德国基尔大学Christian Jung课题组，构建了春油菜和冬油菜（YN01-429和Express 617）EMS突变体库并利用TILLING技术进行突变筛选（Harloff et al.，2012）。

虽然理化诱变技术较为简单，构建突变群体也比较容易，但其诱变过程却难以控制，往往在一个突变体中，包含了较多的点突变，可能由多个点突变共同作用，才出现了突变表型。而且，经过理化诱变的处理，植物基因组还可能发生DNA大片段的重排或缺失，还可能促使反转座子的转座，使得对功能基因进行鉴定会有更大的困难。TILLING技术的局限性在于只能针对功能已知的基因，或者是基于数据库中EST和cDNA的信息进行突变体库的筛选和鉴定，这使得理化诱变突变体库的应用在很大程度上受到限制。在理化诱变中，所处理的材料一般为植物的种子，而由处理过的种子发育形成的突变体，会不可避免地出现大量的嵌合体，给研究带来困难。

二、插入突变

插入突变体库主要是由插入突变而构建的突变体库，插入的元件主要是转座子或T-DNA，从而形成转座子插入突变体库和T-DNA插入突变体库。插入诱变的效率较高，目前已普遍应用于突变体库的构建中，在功能基因组学研究中起到了重要的作用。

（一）转座子插入

转座子是一段可以移动的DNA片段，可以被一些未知的信号激活，在染色体上从一个基因座跳到另一个基因座（详见本书第1-3章第二节“三、重复序列”）。当它插入到一个功能基因时，可以起到一种开关作用从而影响基因的表达，引起暂时性的突变，也有一些转座子由于丧失从染色体上割离出来的能力而变成永久性突变。与T-DNA插入技术（下文将介绍）相比，使用转座子进行插入突变更具有优势。首先，转座子产生的插入通常是完整的单一因子，很容易进行分子分析。其次，许多转座子在转移酶存在的情况下，可从插入基因剪切下来，使表型回复到野生型或产生具有弱表型的等位基因，因此可确定该突变是否由插入突变引起。同时转座子系统也存在一定局限性，如 Ac/Ds 转座子插入不均匀，有些区域饱和，而在距离起跳位置比较远的区域则不饱和。

由转座子构建的转座子突变体库中，可以利用转座子标签进行插入位点基因的分离和克隆。玉米和金鱼草中对转座子的研究最多，也最清楚。目前已利用玉米和金鱼草的转座子标签，克隆出了一些基因，解释了相应基因的功能。在玉米中，主要有 Activator/Dissociation（Ac/Ds）、Mutator（Mu）、Enhancer/Suppressor-mutator（En/Spm）转座子系统，金鱼草中研究比较多的是 Tam3 转座子。

（二）T-DNA 插入

由 T-DNA 插入构建的突变体库称为 T-DNA 插入突变体库。T-DNA 插入突变是利用根癌农杆菌侵染时可以释放 Ti 质粒，而其上的 T-DNA 片段会在受体细胞的基因组上随机整合的特性来获得突变体，且整合到受体基因组中的 T-DNA 能够较为稳定地遗传下去。T-DNA 插入到基因组的位置不同，即可造成基因编码信息的改变，产生不同表型的突变体。在植物中，T-DNA 一般是以低拷贝插入，多为单拷贝。单拷贝的 T-DNA 一旦整合到植物基因组中，表现孟德尔遗传特性，在后代中长期稳定表达，且不再移动，便于突变材料保存。目前研究认为，T-DNA 在基因中的整合是随机过程，没有明显的偏好性。因 T-DNA 的序列是已知的，相当于给插入基因标示了一个序列标签，从而可以通过这个标签利用反向 PCR、TAIL-PCR 等方法分离克隆插入突变的基因，因此 T-DNA 插入突变也叫 T-DNA 标签。

T-DNA 插入突变已在植物突变体库构建中得到大量应用。T-DNA 插入随机位点可以贯穿整个基因组，甚至达到饱和，像拟南芥这种基因组较小的植物几乎可以标签到所有的基因，且每一转基因单株的发生都是一个独立事件，因而利用 T-DNA 插入进行诱变，是高效产生基因突变的方法，也是功能基因组学研究的重要手段。当 T-DNA 插入到基因的编码区或者启动子区，就可能引起插入位点基因的失活，产生相应基因功能丧失的突变体；当 T-DNA 插入到增强子或启动子附近时，就有可能使这一部位的基因发生异常表达，从而产生相关功能的突变体。据统计，在拟南芥中，有 40% 的突变基因是利用 T-DNA 标签法克隆的，美国 SALK 基因组分析实验中心就有 SALK T-DNA 库。中国在 2000 年末启动了水稻大型突变体库的创建计划，华中农业大学、中国科学院遗传与发育生物学研究所、中国科学院上海生命科学研究院植物生理生态研究所等单位创建了 T-DNA 插入突变体约 27 万株系（张启发等，2019）。

虽然利用插入突变有以上诸多优势，但该方法仍存在一定的局限性。例如，T-DNA 插入的转化体系虽然在拟南芥和水稻等模式植物中较为成熟，但在难以转化及基因组比较大的物种中，如玉米等，农杆菌介导的 T-DNA 转化过程耗时长，花费大，增加了利用 T-DNA 在其他物种构建突变体库的难度。此外，T-DNA 插入突变难以鉴定到存在多拷贝的功能冗余基因。研究发现，执行重要功能的基因往往有多个基因拷贝，破坏其中一个并不能导致生物发育异常，这种情况每个物种都存在。到目前为止，拟南芥突变体有 50 万个，覆盖了 90% 左右的拟南芥基因。拟南芥基因组测序工作表明，17% 的拟南芥基因是高度重复的，而在玉米等植物的基因组中，这种重复性更高。为了增加 T-DNA 标签效率，Ma 等（2009）等建立了多功能 T-DNA 插入标签技术体系，该体系除了常规的 T-DNA 插入可以导致基因功能丧失外，他们在 T-DNA 的左边界加了一个强的启动子，这样如果 T-DNA 插入到基因组中一个基因的上游，该启动子即可激活该基因表达，产生过表达该基因的表型（activation tagging，激活标签）；而在T-DNA右边界加了一个没有启动子的报告基因（promoter trapping，启动子诱捕），这样如果T-DNA插入到基因组中启动子下游，就可以通过检测报告基因表达获得被插入基因表达定位信息，帮助研究者鉴定基因功能。多功能T-DNA插入标签技术体系对于基因组比较大的植物来说，可以大大提高突变体库的利用效率，利用这一系统，中国科学院储成才实验室鉴定了多个重要功能基因（Gao et al.，2014b；Liang et al.，2014）。

当然对于要通过愈伤组织培养转化和再生的水稻、小麦和玉米等植物，组织培养过程中也会有突变发生，常常会出现多拷贝插入，这些因素增加了鉴定突变基因功能的难度。

第三节　基因功能分析技术

一、基因编辑

基因编辑或基因组编辑（genome editing）是一种在基因组水平上对DNA序列进行定点突变的技术，可以实现对一个或多个基因的敲除或敲入，对目标基因表达进行调控。20世纪90年代末，科学家就开始探索基因组定点编辑技术，在小鼠（Capecchi，1989；Koller and Smithies，1989）和果蝇（Bellaiche et al.，1999）等少数模式生物中实现了同源重组介导的基因组定点编辑。植物中第一例基因组编辑是1988年在烟草中进行的（Paszkowski et al.，1988），称为“基因打靶”（gene targeting）。但当时利用的这种典型的同源重组效率太低，限制了应用前景。进入21世纪后，随着蛋白质结构与功能研究的新突破和人工内切核酸酶技术的出现，大大提高了基因组特定位点靶向编辑效率、准确度和精确度。这种基因组编辑技术的基本原理是利用内切核酸酶特异性识别和切割目标DNA序列，使染色体双链发生断裂（double-strand break，DSB）。DSB的修复机制包括同源重组（homology-directed repair，HDR）和非同源末端连接（non-homologous end joining，NHEJ）。同源重组因有同源序列DNA存在，能够产生精确的定点编辑；而非同源末端连接修复不够精确，常导致修复位点产生小片段DNA的插入或缺失（insertion-deletion，InDel），造成突变。

利用内切核酸酶技术的基因组编辑是目前研究基因功能最有效的手段，尤其是2010年出现“类转录激活因子效应物核酸酶”（transcription activator-like effector nucleases，TALEN）技术和2013年出现“成簇的规律间断的短回文重复序列及其相关系统”（clustered regularly interspaced short palindromic repeats/CRISPR-associated proteins，CRISPR/Cas system）技术之后，因它们相对高效、简单，很快在医学、农业等领域应用起来（Go and Stottmann，2016；Weeks et al.，2016）。TALEN和CRISPR分别在2012年和2013年被*Science*杂志评为当年十大科学突破之一。目前常用的基因组编辑技术除了TALEN技术和CRISPR/Cas技术之外，还包括锌指核酸酶（zinc finger nucleases，ZFN）技术等。这三类技术均能对植物基因组进行精准的敲除、插入和替换。相比于传统常规育种和转基因育种，基因组编辑技术能大幅提高目标性状的筛选效率，缩短育种进程，同时能通过自交或杂交剔除外援基因，消除转基因的安全顾虑。因此，基因组编辑技术不仅在科学研究上有很好的应用前景，同时已在农业育种上得到应用。下文主要介绍ZFN、TALEN和CRISPR/Cas介导的基因组编辑技术及其在植物基因功能研究与作物育种中的应用。

（一）ZFN 技术及其应用

ZFN 技术是第一代基因组编辑技术。ZFN 由人工合成的锌指结构域与内切核酸酶的切割结构域组成（Durai et al.，2005）。锌指结构域（zinc finger domain，ZFD）是真核生物中常见的 DNA 结合结构域之一，结构保守，每个 ZFD 可以特异识别 DNA 链上的碱基三联体，多个 ZFD 串联后便能特异识别较长的核苷酸序列。切割域主要是指非特异性内切核酸酶 *Fok* Ⅰ，该酶在二聚体状态时才有内切酶活性。因此实际应用时，需要在目标编辑序列两侧根据正负链序列各设计 1 个 ZFN，待 2 个 ZFN 结合到结合位点后，2 个 *Fok* Ⅰ相互作用形成二聚体进行切割（图 1-13-6A）。

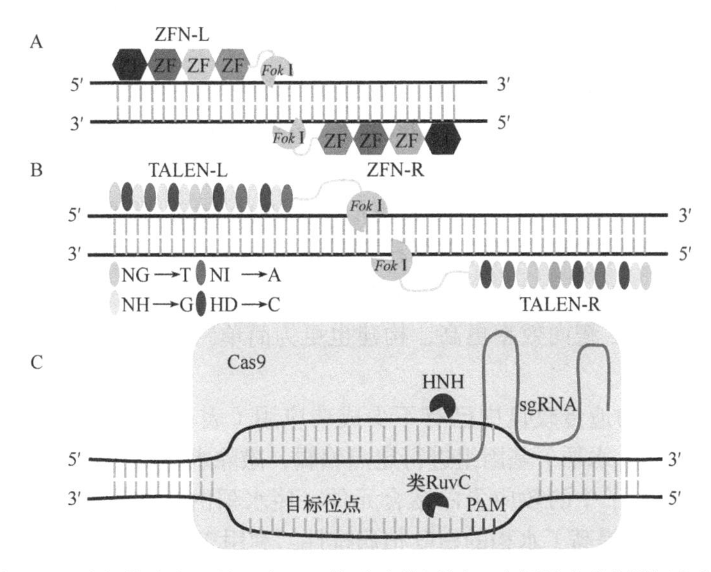

图 1-13-6 3 种基因组编辑技术所用的三类工程核酸酶作用原理示意图（引自周想春和邢永忠，2016）

A．ZFN 以二聚体的形式结合 DNA，*Fok* Ⅰ发挥切割作用；B．TALEN 以二聚体的形式结合 DNA，*Fok* Ⅰ发挥切割作用；C．CRISPR/Cas9 通过 gRNA（sgRNA）介导识别 PAM 结构结合 DNA，Cas9 发挥切割作用

ZFN 的构建方法一般包含 3 种：模块直接组装法、基于库的筛选法和 CoDA 法（context-dependent assembly）。模块直接组装法是根据锌指蛋白和碱基间的识别对应关系，直接按照靶标序列选择锌指按顺序进行组装。这个方法简单易行，是最早被应用的，但由于忽视了不同锌指蛋白之间的相互作用，会造成严重的脱靶效应，识别效率较低（Gupta et al.，2012）。基于库的筛选法则可以排除锌指蛋白之间的相互作用的影响。首先构建待筛选的锌指库，然后筛选出与靶标序列特异性及亲和力最强的锌指进行下一步组装（Townsend et al.，2009）。由于该方法需要构建锌指库，工作量大，限制了此方法的推广。CoDA 法结合模块直接组装法和基于库的筛选法的优点，筛选出功能较强的两个组合，使相邻两个锌指蛋白互作效应达到最小，然后进行商业合成表达。该方法大大缩短组装时间，在植物中得到广泛应用（Sander et al.，2011）。

2003 年，ZFN 技术首次成功应用于果蝇内源基因的定向突变（Bibikova et al.，2003）。Shukla 等（2009）利用 ZFN 技术靶向玉米 *IPK1*，获得抗除草剂和低肌醇磷酸含量的玉米突变体。Townsend 等在烟草中报道 ZFN 技术的应用。由于 ZFN 的构建难度较大，普通分子实验室难以操作，且成本高，所以很难广泛应用于植物基因组编辑。

（二）TALEN 技术及其应用

TALEN 结构与 ZFN 类似，也是由 DNA 结合域与 *Fok* Ⅰ的切割结构域人工融合而成。TALEN 技术使用人工改造的 TAL 效应子（TAL effector，TALE）蛋白结构域取代锌指蛋白结构域。TALE 最初来源于植物病原菌——假黄单胞菌分泌的效应因子，其通过识别特异的 DNA 序列，激活靶基因的转录从而引起植物病害（Kay et al.，2007）。天然的 TALE 具有高度保守的带有转运信号的 N 端和带有核定位信号及转录激活结构域的 C 端，以及具有 DNA 特异识别与结合能力的中间部分（Boch et al.，2009）。中间部分是高度保守的重复单元，但其第 12 和第 13 位氨基酸高度可变，称为重复可变双氨基酸残基（repeat variable diresidues，RVD）。不同 TALE 对靶标序列的特异性识别由 RVD 决定。在 Boch 等（2009）和 Moscou 等（2009）相继破译 RVD 与核苷酸之间的识别密码之后，人工构建靶向序列的大门便被打开。许多在线 TALEN 靶点预测与设计工具被开发供研究者使用。例如，Bogdanove 和 Voytas 实验室合作共建的 TALE-NT 网站（https://tale-net.cac.cornell.edu），可以对拟南芥、水稻、玉米、番茄和短柄草进行靶点预测和设计（Doyle et al.，2012）。

TALEN 技术的工作原理与 ZFN 技术相似（图 1-13-6B），需要在靶点两侧设计一对 TALEN。而对于其组装目前已经开发出多种方便快捷的方法，目前使用最广泛的是 Golden-Gate 组装方法（Sanjana et al.，2012）。与 ZFN 技术相比，TALEN 技术基于与核苷酸碱基一对一识别，特异性更强，靶向效率更高，构建也更为简单，迅速取代 ZFN 在植物领域得到广泛应用。

TALEN 技术在作物遗传改良中已有不少成功应用（表 1-13-3）。2012 年，Li 等首次利用 TALEN 技术对作物（水稻）基因组进行定点编辑，敲除水稻白叶枯病感病基因 *SWEET14*（也称为 *Os11N3*）启动子中的效应蛋白结合元件，使水稻白叶枯菌分泌的效应蛋白无法与 *SWEET14* 启动子结合，提高了水稻的白叶枯病抗性。利用 TALEN 技术，不仅能提高作物抗性，还对作物品质有很好的提升作用。Shan 等（2015）利用该技术敲除水稻的 *OsBADH2*，使无香味的稻米产生了香味；Ma 等（2015b）利用该技术敲除水稻脂肪氧化酶基因 *Lox3*，改良了水稻种子的耐贮藏性。TALEN 技术在多倍体作物定向遗传改良中也得到很好的应用。2014 年，中国科学院遗传与发育生物学研究所高彩霞团队利用 TALEN 技术同时靶向突变小麦 *MLO* 的 3 个拷贝（白粉病菌侵染必需基因），该突变体小麦对白粉病菌表现极为显著的抗性（Wang et al.，2014e）。

表 1-13-3　基因编辑技术在作物遗传改良中的应用（引自王福军和赵开军，2018）

类型	物种	基因	修饰方式	突变体表型
ZFN	玉米	*IPK1*	敲除	低植酸含量
	水稻	*Os11N3*	敲除	抗白叶枯病
	水稻	*OsBADH2*	敲除	具有香味
	水稻	*Lox3*	敲除	耐贮藏性
TALEN	水稻	*SWEET14*	敲除	抗白叶枯病
	小麦	*MLO*	敲除	抗白粉病
	大豆	*FAD2-1A*，*FAD2-1B*	敲除	高油酸含量
	马铃薯	*VInv*	敲除	耐冷藏性

续表

类型	物种	基因	修饰方式	突变体表型
CRISPR/Cas9	水稻	*OsERF922*	敲除	稻瘟病抗性增强
	水稻	*IPA1*	敲除	分蘖和穗粒数改变
	水稻	*DEP1*	敲除	直立穗密度增加
	水稻	*Gn1a*	敲除	主穗粒数增加
	水稻	*GS3*	敲除	谷粒变长
	水稻	*Gn1a*	敲除	穗粒数增加
	水稻	*GW2*，*GW5*，*TGW6*	敲除	粒重增加
	水稻	*Csa*	敲除	光敏核雄性不育
	水稻	*TMS5*	敲除	温敏核雄性不育
	水稻	*OsWaxy*	敲除	低直链淀粉含量
	水稻	*BEIIb*	敲除	高直链淀粉含量
	水稻	*ALS*	定点替换	抗除草剂
	水稻	*OsEPSPS*	定点替换	抗除草剂
	水稻	*ALS*	定点替换	抗除草剂
	玉米	*ARGOS8*	定点插入	抗旱
	玉米	*ALS*	定点替换	抗除草剂
	玉米	*Ms26*，*Ms45*	敲除	雄性不育
	玉米	*LIG*	敲除	无叶舌
	小麦	*TaGASR7*	敲除	粒重增加
	小麦	*TaDEP1*	敲除	植株变矮
	大豆	*GmFT2a*	敲除	花期推迟
	番茄	*SP5G*	敲除	花期提前、产量增加
	柑橘	*CsLOB1*	敲除	溃疡病的抗性增强
	双孢菇	*PPO*	敲除	抗褐变
CRISPR/Cpf1	水稻	*OsPDS*	敲除	植株白化
	水稻	*OsBEL*	敲除	除草剂敏感
	水稻	*OsCAO1*	敲除	植株黄化

（三）CRISPR/Cas 技术及其应用

CRISPR/Cas 是细菌和古细菌在长期演化过程中形成的抵御病毒及外源 DNA 入侵的适应性免疫系统。该系统由成簇间隔的短回文重复序列（clustered regularly interspaced short palindromic repeats，CRISPR）和 *Cas* 基因（CRISPR-associated genes）组成。CRISPR/Cas 系统可分为三类。第Ⅰ类和第Ⅲ类较为复杂，由多个 Cas 蛋白组成的复合体行使生物学功能，第Ⅱ类由单个 Cas 蛋白（如 Cas9、Cpf1、C2cl 和 C2c2）行使生物学功能。CRISPR/Cas9 属于第Ⅱ类，仅需要成熟的 crRNA（CRISPR-derived RNA）、tracrRNA（trans-activating RNA）和 Cas9 蛋白就能实现对外源 DNA 的切割（图 1-13-6C，图 1-13-7）。细菌 CRISPR/Cas 系统将入侵噬菌体或质粒 DNA 片段整合到细菌 CRISPR 位点间区，间区被转录形成含有外源 DNA 片段互补序列的成熟 crRNA，与 tracrRNA 形成杂合 RNA，随后引导 Cas 内切酶对再次入侵的外源 DNA 进行双

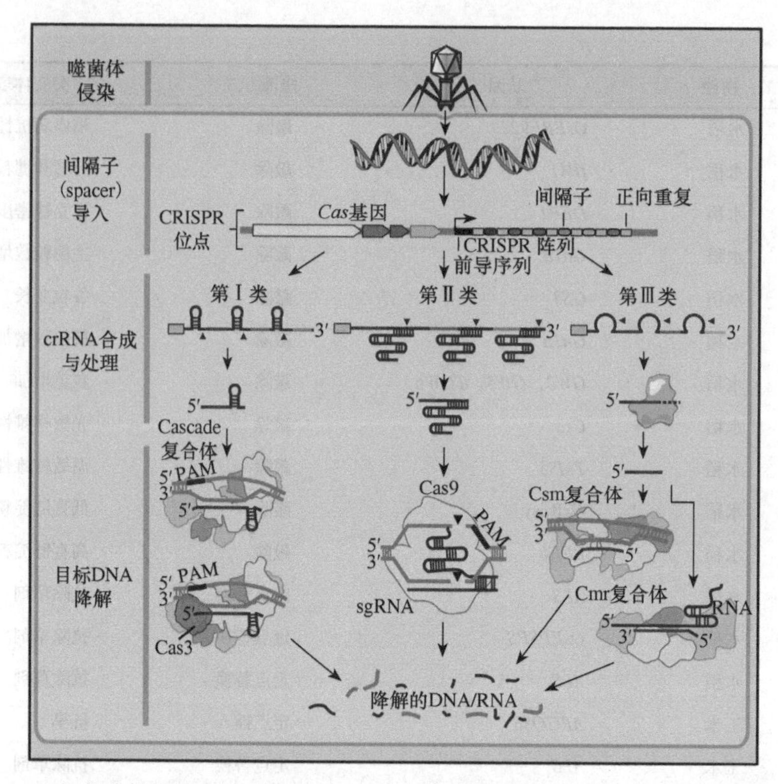

图 1-13-7 细菌中防御病毒和外源 DNA 入侵的适应性免疫系统（引自 Hsu et al.，2014）
crRNA（CRISPR-derived RNA）表示 CRISPR 来源的 RNA

链切割。Cas9 蛋白包含类 HNH 核酸酶结构域和类 RuvC 核酸酶结构域，分别负责切割靶 DNA 互补链和非互补链 DNA（Jinek et al.，2012）。外源 DNA 存在一个十分保守的-NGG 序列，称为 PAM 结构，PAM 与 crRNA-tracrRNA 共同决定了 CRISPR/Cas9 对靶序列结合的特异性。经人工改造的 CRISPR/Cas9 系统主要由引导 RNA（guide RNA，gRNA）和 Cas9 蛋白结构域组成。其中，gRNA 是人工融合的 crRNA 和 tracrRNA，起精确定位作用，其 5′端前 20 个核苷酸碱基和 PAM 共同决定 Cas9 蛋白特异性切割基因组 DNA 的部位，Cas9 切割产生 DSB，最后通过 HDR 或 NHEJ 修复途径产生基因突变。

2013 年，张锋团队利用 CRISPR/Cas9 系统成功实现人类细胞的基因组定向编辑（Cong et al.，2013），随后该技术被迅速应用于人类、动物和植物等基因组的编辑，并超越 TALEN 技术成为第三代基因组编辑技术。2014 年，南京大学模式动物研究所利用 CRISPR/Cas 技术完成首例灵长类动物——食蟹猴的基因组修饰，这对人类遗传性疾病的基因治疗具有里程碑式的意义（Niu et al.，2014）。CRISPR/Cas 载体的构建具有高通量、高效率的特点。英国洛桑研究所构建了小鼠基因组 gRNA 文库，可靶向基因组中的绝大多数基因（Koike-Yusa et al.，2013）。Wang 等（2013e）和 Shalem 等（2013）在同年同时构建了针对人类基因组的 gRNA 文库，gRNA 数量分别为 73 000 和 64 751，实现了基因组编辑技术在人全基因水平上的应用。目前在植物领域已经报道了大量的 CRISPR/Cas9 介导的基因组编辑（表 1-13-3）。例如，朱健康实验室利用 CRISPR/Cas 技术对水稻 *ROC5*、*OsWaxy* 基因进行突变，可以用于水稻卷叶育种及糯性育种（Feng et al.，2013）。杨亦农实验室利用植物细胞内源 tRNA 提高 CRISPR 对植物基因组的打靶率（Xie et al.，2015）。刘耀光实验室开发的多靶点 CRISPR/Cas9 系统在水稻和拟南芥中应用，同时靶向生物合成途径上的多基因或一个基因的多位点，获得多基因突变体及单基因大片段缺失的突变体（Ma et al.，2015b）。中国科学院遗传与发育生物学研究所的高彩霞团队和李家洋团队合作，利用 CRISPR/Cas9 获得了在水稻 *OsEPSPS* 基因保守区 2 个氨基酸定点替换（T102I 和 P106S）的杂合突变体，其对草甘膦具有抗性（Li et al.，2016b）。美国杜邦先锋公司通过 CRISPR/Cas9 技术将玉米编码区的第 165 位脯氨酸突变为丝氨酸，获得了抗氯磺隆的玉米突变体（Svitashev et al.，2016）。

CRISPR/Cas 技术和 ZFN 技术及 TALEN 技术同样存在一定的脱靶现象。gRNA 与 DNA 互补配对时，在某些位置上允许一个或两个碱基不配对，甚至会存在 5 个碱基不配对的情况（Fu et al.，2013b）。张锋团队利用一对 gRNA 来提高打靶效率（Ran et al.，2013）。

基因编辑技术有望从根本上改变农作物的选育策略。例如，①中国水稻研究所王克剑团队通过同时对水稻中的 *MTL* 及 *PAIR1*、*REC8* 和 *OSD1* 进行编辑，获得了可以进行无融合生殖的系统，使杂合背景的基因型的固定与遗传成为可能（Wang et al.，2019）；②中国农业科学院生物技术研究所王海洋课题组报道了一种 IMGE（haploid inducer-mediated genome editing）的育种策略，将单倍体诱导与 CRISPR/Cas9 技术结合起来，成功地在两代内创制出经基因编辑改良的双单倍体（DH）纯系，且为不含转基因（CRISPR 载体）的纯系（Wang et al.，2019）；③先正达公司的科研人员最新提出 HI-Edit 技术（Kelliher et al.，2019），同样将单倍体诱导育种与基因编辑技术结合起来，突破了基因型的限制。该技术先构建相应基因的 CRISPR/Cas9 载体并导入到非单倍体诱导自交系以获得稳定转化植株，然后选择携带有 Cas9 的株系与自然的单倍体诱导系进行杂交，从 F_2 中选择携带有 Cas9 和纯合单倍体诱导突变的个体与自交系再次杂交。通过特有标记筛选出单倍体并通过胚拯救的方法获得植株（图 1-13.8）。整个过程可在短时间内完成对已推广的品种的直接改良，已经在单子叶、双子叶植物的基因编辑中均获得成功，并与人工诱导单倍体技术结合进一步拓展了其适用范围，还可通过远缘杂交改良目标作物，可以说，CRISPR/Cas9 系统具有构建简单、编辑效率高、容易实现多基因编辑等优势，现已成为应用最广泛的基因组编辑技术，在作物遗传改良和品种培育上具有巨大应用潜力（Scheben et al.，2017）。

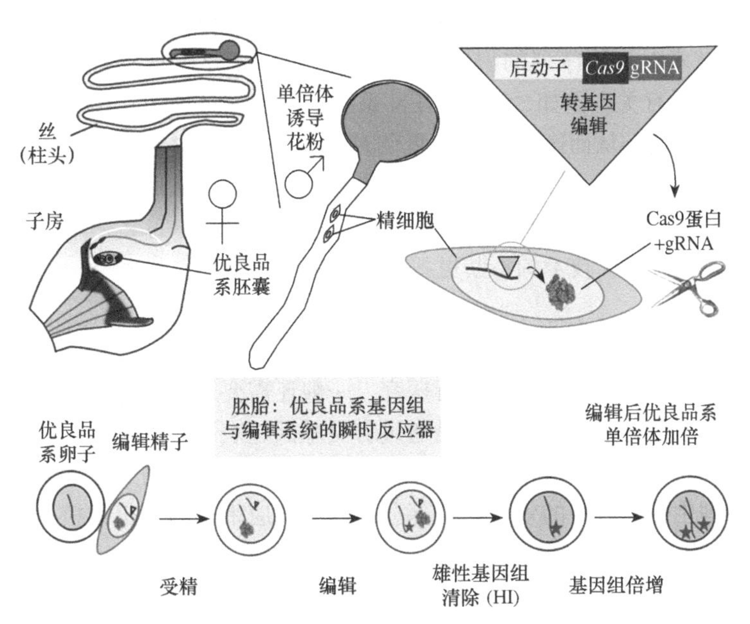

图 1-13-8　利用 HI-Edit 策略获得理想双单倍体（double haploid，DH）系的流程图
（引自 Kelliher et al.，2019）

（四）ZFN、TALEN、CRISPR/Cas9 三者比较

以上介绍的基因组编辑技术都是采用内切酶在DNA打开缺口，然后利用细胞内自有的修复机制来实现基因编辑，但每种基因编辑工具都各有特点，总结归类如表1-13-4所示（周想春和邢永忠，2016）。ZFN由于特异性不高、脱靶问题严重、构建烦琐等问题，严重阻碍其应用，目前已基本被TALEN和CRISPR/Cas9所取代。而TALEN编辑效率较低且无法进行多个基因同时编辑，在植物基因组编辑中也已逐渐失去优势。CRISPR/Cas9虽然仍然存在脱靶率高、受PAM识别位点限制等问题，但其系统构建简单、效率相对高、能同时进行多个位点编辑，且技术更新十分迅速，是目前最为广泛使用的植物基因组编辑工具。

表1-13-4　不同基因组编辑技术比较（引自周想春和邢永忠，2016）

	ZFN	TALEN	CRISPR/Cas9
识别模式	蛋白质-DNA	蛋白质-DNA	RNA-DNA
识别结构域	ZF	TALE	gRNA
切割结构域	*Fok* Ⅰ	*Fok* Ⅰ	Cas9
识别序列特点	（3～6）×3×2bp	（12～20）×2bp	20bp
靶向效率	低	较高	较高
多位点编辑	/	/	gRNA文库介导
编辑类型	定点突变、替换、插入	定点突变、替换、插入	定点突变、替换、插入、大片段缺失
载体构建	难度大	较易	容易
耗时	长	较短	短
成本	高	较低	低

有效地提高特异性、减少脱靶率是基因组编辑技术应用的核心问题，可利用生物信息学的方法尽量选择在基因组上无同源或相似性序列的位点，以减少脱靶效率。需要指出的是，不同基因组编辑技术对不同序列的识别效率存在一定的差异，原因可能与染色体的结构和不同技术的识别机制有关。例如，在TALEN系统识别切割过程中，染色体的状态可能会影响两个TALE间的距离，从而影响了左右两个*Fok* Ⅰ形成二聚体的效率；在CRISPR识别过程中，高GC含量可能会使gRNA与DNA互补配对更稳定，从而提高切割效率（Zu et al., 2013）。基因编辑工具对于基础研究和育种应用均有重大意义。总之，基因的研究离不开基因组编辑技术，基因组编辑技术的不断更新发展是必然的趋势。

（五）功能基因过表达与互补实验

通过基因组编辑技术对基因功能进行探究，一般还需要进行目标基因互补实验来进一步验证该基因的功能。基因互补实验主要是通过自身基因过表达技术实现。过表达是指融合目的基因的全长序列与启动子，通过遗传转化技术，获得该基因产物大量积累的生物体，从而增加此基因在生理生化过程中的效应，这部分扩大的效应带来的与正常植株在各种表型上的差异有助于帮助理解基因的功能。

基因过表达主要分为两个步骤，即过表达载体的构建和目的基因在转化植株中的过表达。目前常用的过表达载体可分为组成型和诱导型。基因诱导表达可以实现基因表达的空间、时间和数量的控制，从而避免了组成型过表达带来的麻烦。在非诱导条件下，诱导表达

载体所转化的基因不表达或表达产物没有活性，不会干扰植物的正常发育，也不会导致多重效应。一旦诱导，基因迅速表达或者基因产物被激活，并在一定时间内保持稳定。

目前过表达技术已经相当成熟，过表达载体的构建从传统构建方法到三段 T-DNA、Gateway 等技术延伸出了许多新的载体构建方法（Kronbak et al.，2014），如 In-Fusion 法、SLIC 法和 Gibson 等温拼接法。其中 In-Fusion 法是一种可以摆脱酶切位点的限制，用单酶切或者利用 PCR 扩增的方法将载体线性化，使之成为一个不依赖序列和连接反应高效的基因克隆体。该方法利用重叠 PCR 技术在 PCR 引物的 5′ 端增加一个与线性载体两端同源的 15bp 序列，利用序列同源性，将目的基因插入载体中，实现 DNA 重组。该方法可以将目的片段插入到一个线性化的载体的某个区域，不会产生反向插入的问题，适合在多宿主中表达。SLIC 法和 Gibson 等温拼接法都是用于快速地将多个基因片段拼接到目的载体中的方法，其原理都是把同源重组与单链退火结合起来，可以高效、定向地将任意序列的 2 个或者 2 个以上的 DNA 片段组装起来，不需要连接反应即可完成体外的重组，避免目的基因序列中原有酶切位点对 DNA 重组的限制，大大简化了重组的过程。而 Gibson 等温拼接法可以通过控制目的片段重叠序列的大小（40～600bp）直接在体外合成较大的基因片段，大大简化了合成大型 DNA 分子的过程，展示了其广泛的应用前景。

基于不断更新的过表达载体构建的方法，可实现更多基因产物在植物体内的过表达，从而为验证更多复杂基因的功能提供便利。

二、RNA 干扰

RNA 是细胞重要的调控因子这一概念已经在动物、植物、微生物及动植物与微生物的互作中得到广泛和深入的论证。RNA 干扰（RNA interference，RNAi）是 RNA 调控的一种机制，是在基因转录后进行的一种沉默调控，又称转录后基因沉默（post-transcription gene silencing）。RNAi 最初在植物中发现。1990 年，Napoli 等尝试在紫色矮牵牛花中引入查尔酮合成酶基因以加深花瓣颜色时发现，花瓣颜色不但没有加深，而且还出现了紫白相间、灰白和全白的花瓣，这种现象在当时被称为“共抑制”。后续的研究中不断发现该现象的广泛性，逐步揭示了该现象的机制，并因此开发了 RNAi 技术，即通过双链 RNA（double-strand RNA，dsRNA）分子引起目标生物中具有相同序列的 mRNA 发生降解从而下调基因的表达活性，造成功能缺失。RNAi 技术具有特异的靶向性，能够确定在不同发育阶段或不同部位表达的基因的功能，甚至可以对突变后引起胚胎死亡的基因进行功能调控，在植物功能验证、基因改良和生物防治中，RNAi 技术是重要的研究工具。Chuang 和 Meyerowitz（2000）通过重组的包含 dsRNA 结构的质粒，利用农杆菌介导转化拟南芥，首先将 RNAi 技术应用于植物中，通过 RNAi 产生了基因缺失突变体。由欧盟资助的 AGRIKOLA（www.agrikola.org）项目中提供了 25 000 个 RNAi 靶向的拟南芥基因资源；由美国国家科学基金会（National Science Foundation，NSF）资助的 ChromDB（www.ChromDB.org）项目的数据库中有上百个拟南芥和玉米 RNAi 系。

RNAi 的分子过程可以分为 3 个步骤（图 1-13-9）：第一步是细胞内产生或外源进入的 dsRNA 被内切核酸酶 Dicer 切割成 21～25bp 片段的小 RNA，该小 RNA 又称小干扰 RNA（small interference RNA，siRNA）；第二步是 siRNA 被装载至以 Argonaute 蛋白为主体的 RNA 沉默复合体（RNA-induced silencing complex，RISC），此后 dsRNA 的其中一条链被降解，而另一条链变成单链留在 RISC 中，成为向导链（guide strand），执行沉默抑制的功能；

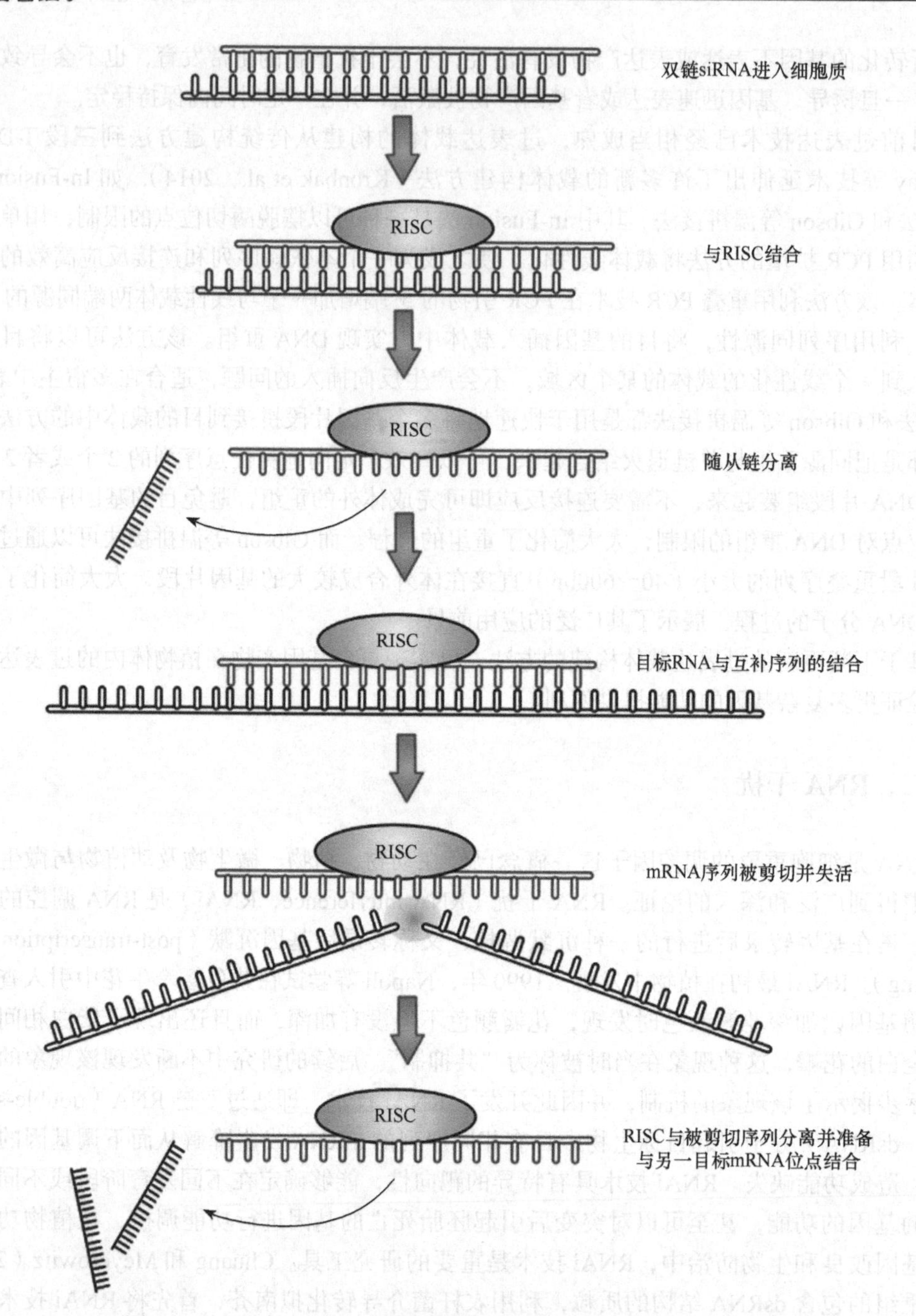

图 1-13-9 RNAi 的分子机理模式图（引自 Ratnayake et al.，2018）
RISC 表示 RNA 沉默复合体

第三步则是 RNAi 的效应阶段，向导链 siRNA 通过序列互补配对的方式找到靶标 mRNA 并与其结合，导致靶标 mRNA 的翻译抑制或者通过某些内切核酸酶的作用将其切割成短片段，从而引起靶标基因的沉默效应。

基于 RNAi 的分子机理开发的 RNAi 技术，在动植物基因功能验证领域得到了广泛的应用。在植物中因病毒侵染而发生的基因沉默现象称为 VIGS（virus induced gene silencing）。利用 VIGS 研究植物基因功能时，需要利用病毒将目的基因片段导入宿主植物，使内源基因发生沉默。为了能够产生 dsRNA，携带目的基因片段的病毒必须能够复制。应用于 VIGS 的植物病毒有很多种，烟草花叶病毒（TMV）、马铃薯病毒 X（PVX）和烟草病毒（TRV）等，其中 RNA 病毒占 90% 以上。一般而言，利用 RNAi 进行基因沉默有两种途径：一种是瞬时表达干扰基因片段；另一种是将干扰基因片段以反向重复的方式构建到双元表达载体，通过转化整合到植物基因组中，干扰序列可在植物中稳定表达，即产生稳定的转基因植株。VIGS 可应用于这两种途径。当研究中只需要瞬时表达干扰基因片段时，可在植物叶片上接种含有整合有目的片段的 VIGS 载体的农杆菌菌株，或采用包被了 VIGS 载体 DNA 的微弹轰击植物组织，进入植物细胞的重组病毒会复制并扩散至整个植株，产生沉默效果。当研究需要产生被沉默的转基因植株时，可采用扩增子（amplicon）介导的 VIGS，即利用稳定整合的病毒 cDNA 携带有目的基因的一部分，可产生 dsRNA 并引起基因沉默。在已经报道的扩增子中，有的使用 RNA 病毒载体，如 PVX、BMV，有的使用 DNA 病毒载体，如 TYDV，然而相对于瞬时表达的病毒载体，目前还比较少。

总的来说，植物中利用 VIGS 进行功能验证简便有效，它具有以下几个优势：①表达量高，因病毒增殖水平高，可使克隆的基因序列得到高水平表达；②表达速度快，因病毒增殖速度快，克隆基因片段在很短时间（通常在接种后 1～2 周）内可达到最大量的积累；③易于进行遗传操作，因病毒基因组小，大多数植物病毒可以通过机械接种感染植物，易于进行克隆操作和接种；④适用对象广泛，病毒侵染的宿主范围广，一些病毒载体能侵染农杆菌不能或很难转化的单子叶、豆科和多年生木本植物，扩大了基因工程的宿主范围。

三、植物表型组学技术

（一）植物表型组概述

对于植物基因功能研究，准确和高效获得表型（phenotype）至关重要。表型即生物某一特定物理外观或组成，如株高、花色、产量、酶活力、抗逆性等，是基因型和环境共同作用的结果。人类对动植物表型的考察要远早于基因型。但基因型在现代分子生物学发展的带动下，研究深度和广度要远大于表型。大量动植物基因组得到破译，基因组学、转录组学、蛋白质组学和代谢组学等都为基因功能研究提供了强有力的数据支持。前面的章节也已提到，在拟南芥、水稻、玉米、小麦、棉花等植物中已经获得了大量 T-DNA、CRISPR 和 EMS 等突变家系，这为基因功能验证和作物分子育种提供了大量优质材料。但受到表型动态变化等复杂性的影响，通常研究者只关注少数几个表型进行静态的粗略研究。而要充分利用相关组学数据、进行 QTL 基因定位等，需要多样且大量的性状数据。低通量、低准确度、高人力物力消耗的田间调查，无法满足系统研究基因功能的需求，给分子育种带来极大的挑战。

为更好地研究基因变异对性状的影响、一因多效及复杂数量性状的机理，加快农作物表型研究势在必行。1996 年，Steven Garan 首次提出表型组学（phenomics）的概念，Mahner 和 Kary（1997）提出表型组（phenome）概念，即利用高通量、高分辨率的表型分析技术和平台系统研究生物体或细胞在各种不同环境下所有表现型的集合，并结合基因组或蛋白质组等组学数据来探究表型的本质（Furbank et al.，2011）。随着高通量、全自动化、非破坏性的实时成像技术、光谱技术、图像分析系统、机器人表型分析等技术手段的日渐成熟，从细胞到整个生物体、从受精卵（合子）到生物体死亡的整个生命周期均能实现性状的实时捕捉，植物表型组学技术得以快速发展（Fiorani et al.，2013）。结合表型组，才能更好地挖掘基因组、转录组、蛋白质组等生物信息，更加全面、深入、系统地对植物基因功能进行探究。

随着表型组学研究的日益成熟，国内外越来越多的研究者意识到其重要性。2014 年底，来自全球 11 个国家的 17 个研究所 / 大学共同成立国际植物表型网络（International Plant Phenotyping Network，IPPN）（图 1-13-10），以促进植物表型组学技术发展，使其更好地应用于作物育种中。

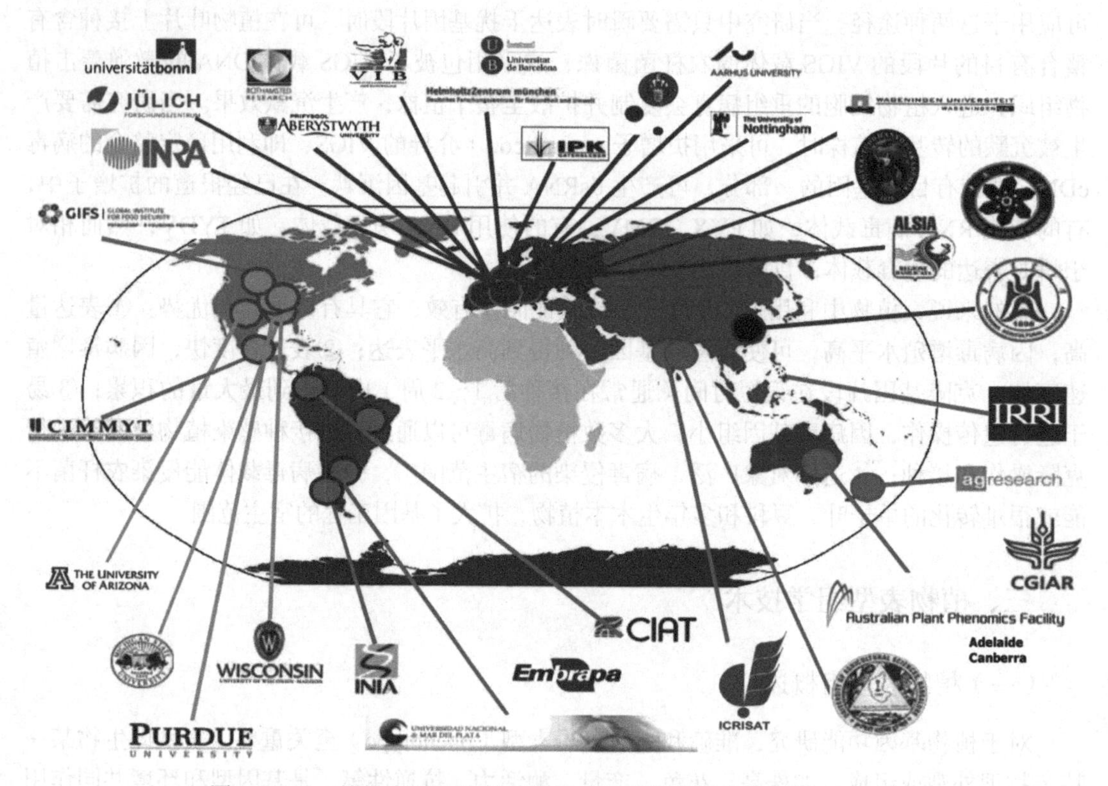

图 1-13-10　植物表型组学国际组织（引自段凌凤和杨万能，2016）

（二）技术平台与应用

植物表型易受外界环境影响，相同细胞、相同组织和相同植株在不同时间和环境下均存在差异，要充分挖掘植物基因组对表型的影响，需要对植物表型进行实时监控。植物表型组学基于光学成像和图像分析技术，可自动化、高通量地对作物表型进行实时测量。与传统表型研究相比，表型组学最为重要的一个优势在于无损，可以动态检测植物的性状，数据采集客观、严格，便于形成统一的采集标准，研究者们可以实现在多点多环境下对多群体、多样本、多组织、多性状的实时采集。

21 世纪以来，随着高通量成像技术、机器人技术、传感器技术等的飞速发展，植物表型组学的研究已经实现无损伤、自动化、高通量、高精度、大数据管理，对作物育种具有划时代的意义。目前国际植物表型组分析平台主要可分为 3 个方面：环境可控的室内植物表型平台、植物根系表型平台及大田植物表型平台（张启发等，2019）。

比利时 CropDesign 公司是世界上最早从事商业化大型表型测量平台研制的公司（现被巴斯夫公司收购），其开发的 TraitMill 平台属于环境可控的室内植物表型平台，是世界上首套大型植物高通量表型平台。该平台已被应用于全自动水稻生长设施和自动植物成株图像采集，能分析水稻地上部分全生育期表型参数，并在水稻产量、抗性研究中得以应用（Reuzeau et al.，2006）。但该表型平台和相关技术不对外开放或推广。随后德国的 LnmnaTec 公司开发出全自动高通量植物 3D 成像系统（Scanalyzer 3D），能获取植株的 3D 信息，提供全自动的表型分析。该系统在各种业集团及全球各个科研单位推广开来。但该系统只能提供基本的表型形状参数，无法根据用户需求提取个性化参数，且售价和后期维护成本过于昂贵。为了便于携带和在野外进行表型采集，荷兰 KeyGene 公司研发出了一款全球最小的便携式植物表型平台 KeyBox。2011 年 1 月，LnmnaTec 和 KeyGene 公司共同研发的植物表型工厂 PhenoFab 投入商业化作物育种应用。

根系由于生长在地下，无损检测的难度要大于地面部分表型检测。德国尤利希植物表型组研究中心开发了一套高通量作物根系检测系统 Growscreen-Rhizo。该系统能自动快速提取作物地上部分性状和根系表型性状，但由于作物必须置于该系统的生长箱内才能进行检测，空间受限，无法真实反映土壤中的作物根系状况（Nagel et al.，2012）。近几年，医学的成像技术，如计算机断层成像（computed tomography，CT）、磁共振成像（magnetic resonance imaging，MRI）、正电子发射型断层成像（positron emission tomography，PET）等，都被应用于作物根系三维无损观测（张启发等，2019）。

大田试验结果或表型是作物研究中最重要的一环。从遥感技术到可移动式高分辨率的大田表型高通量测量技术，大田植物表型平台的研发工作也已开展了十多年。同样由德国 LnmnaTec 研发的 Field Scanalyzer 在英国洛桑研究所投入使用。该田间扫描分析仪由多个传感器组成，能精准监视作物生长发育、作物生理健康等指标。室内表型和大田表型的有机结合，有望挖掘出控制作物性状的关键功能基因，有益于作物功能基因组研究。

我国科研人员也在高通量表型组学研究平台的开发和应用研究方面做出积极贡献。华中农业大学作物遗传改良国家重点实验室和华中科技大学武汉光电国家实验室合作，自主研制的水稻高通量表型测量平台，包括高通量植株表型测量平台和数字化水稻考种机两部分（图 1-13-11）（Yang et al.，2014b）。其中，表型测量平台可以自动测量水稻株高、分蘖数等表型数据，考种机则用于测量总粒数、结实率、粒长 / 宽等。该平台对于水稻功能基因组、水稻抗旱等研究具有重要意义。

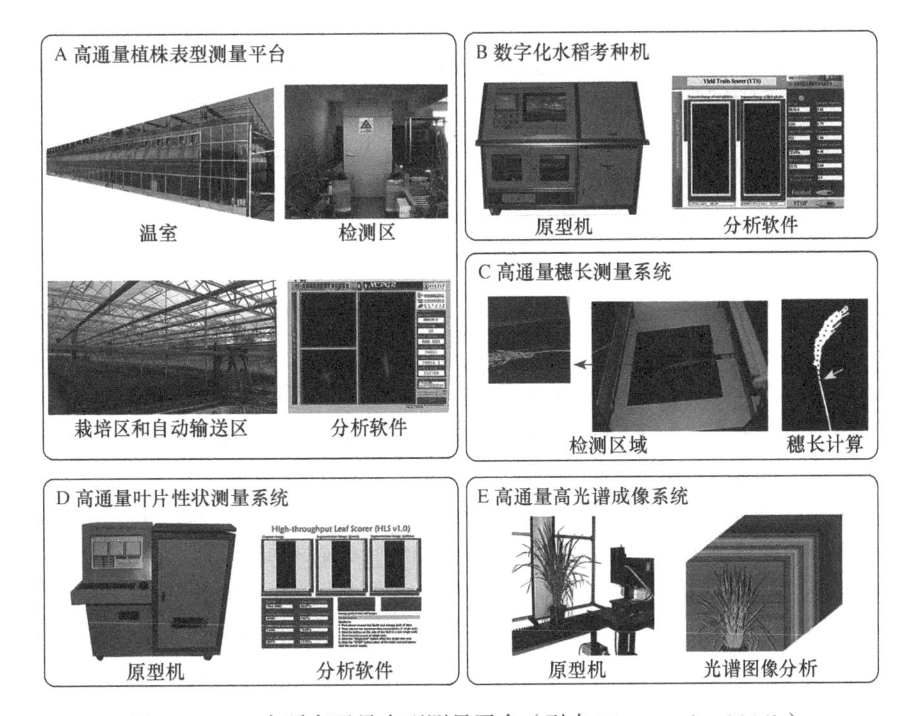

图 1-13-11　水稻高通量表型测量平台（引自 Yang et al.，2014b）

表型组平台的核心部分是表型自动化测量系统和数据管理系统。下文对这两个系统进行简要介绍。

1. 表型自动化测量系统

表型自动化测量系统主要是通过各种成像技术，无损、实时、自动地测量植物的表型性状。按照成像技术，可以分为可见光成像、近红外成像、远红外成像、超光谱成像、X射线成像等（穆金虎等，2016）。按照应用，可分为植物地上部分表型自动化测量、植物根系表型自动化测量及种子表型自动化测量（段凌凤和杨万能，2016）。

最常见的植物表型组研究，如出芽率、叶形态、穗粒特征、根系生长状况等，都可以通过可见光2D成像技术来获得相关参数，并结合红外和紫外成像装置来绘制实时植物形态。但是对于水稻等单子叶作物，由于各器官之间相互遮挡，2D成像就会丢失一些立体空间上的信息，需要通过结合多角度下的植株成像进行分析计算，进而提取各个表型性状。Clark等（2011）通过检测40张2D图像分析出27株植株根的特点，并对根和幼芽立体空间结构特征进行精确分析。然而在植株长大后出现遮挡严重的情况，简单的多角度2D成像分析无法准确估算叶面积或生物量，这时需要引入3D扫描捕获技术。Paproki等（2012）研发的3D可见光成像平台，可以在植物360°旋转过程中对各个表型参数进行监测；其开发的数字化扫描系统3D L-system模型用于构建“虚拟水稻3D结构”模型，用来预估和分析水稻分蘖过程及生物量等表型特点。表型组学所涉及的表型数据包括方方面面，除了植株各器官形态等，还包括植株的含水量、温度变化等。由于体内分子的运动会导致生物体发出不同特征的红外辐射光（Kastberger et al.，2003），因此这些表型参数则可以利用（近/远）红外光成像系统来获取。红外成像系统通过监测植物生长过程中的温度变化，来定量化诊断植物对干旱胁迫、盐害、病虫害等的响应（Siddiqui et al.，2014；Morales et al.，2014；Allbed et al.，2013）。红外成像技术也十分适用于夜间监测。Sakamoto等（2011）建立的作物物候监测系统（crop phenology with remote sensing，CPRS）利用可见光成像技术获取水稻等作物在光照条件下的表型指标，利用红外成像技术获取夜间的相对指标。对于更为复杂的大田环境，对作物地上部分的表型组数据获取则通过将多种传感器或成像装置安装于可在田间行走的机械装置上。例如，利用声呐传感器可测量冠层高度，红外传感器测量冠层温度，可见光成像系统拍摄图像等。结合多种设备实现对大田群体表型参数的测量（Andrade-Sanchez et al.，2014）。各种表型自动化测量系统各有优点，相互结合才能更好地发挥优势获取植物表型组数据，推动作物育种学的发展。

2. 数据管理系统

高通量自动化表型测量平台会产生海量图像和数据，如何对这些数据进行管理、分析和挖掘是表型组学研究的重要内容。一般来说，目前商业化的表型组学分析平台均配备了强大的表型数据管理软件系统。例如，PHENOPSIS平台配备的PHENOPSIS DB可用于研究分析拟南芥基因环境的交互作用（Fabre et al.，2011）。德国的LemnaTec平台则配备了各种数据管理及挖掘软件，对从数据采集到表型信息分析整个过程进行管理。

将表型组学数据与基因型数据（基因组、蛋白质组、代谢组等）综合起来进行深入研究，是基因功能研究的发展趋势。已有研究者利用各种算法和模型建立了一套全面分析植物各种表型参数的体系，对各种参数进行标准化，进而关联分析并归纳来确定植株对干旱的胁迫响应过程（Chen et al.，2014a）。可以预见，在未来的作物分子育种领域，表型组学和基因组学必将成为重要工具，高通量、自动化、大数据的生命科学研究手段将极大提升作物植物功能基因组研究及作物遗传改良的效率。

第 1-14 章　组学数据育种利用

第一节　组学数据与作物育种

扫码见
本章彩图

一、作物育种过程及其遗传本质

目前已发展出多种作物育种技术，从最初的系统选育，到杂交育种、杂种优势利用、诱变育种、细胞工程育种，再到转基因和基因编辑育种等，所有的育种材料涉及各种作物品种资源（包括地方种）、野生祖先资源，甚至植物以外的遗传资源。这些遗传资源材料，通过各种育种技术达到遗传重组，最后获得一个符合人类需求的新品系。育种技术的进步对作物产量提升非常明显。以美国玉米育种技术发展为例，一系列育种技术的利用使其单产迅速提高（图 1-14-1）。自 21 世纪起，各种作物组学的发展和新一代测序技术的出现，为作物育种产生了多种类型的海量数据，整合和最大化利用这些数据，无疑对于现代育种研究具有重要意义。

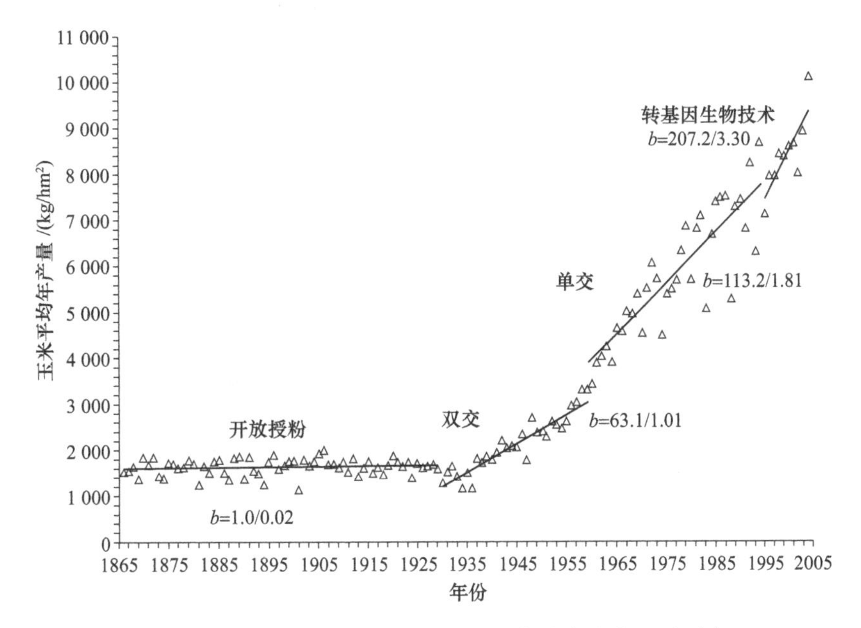

图 1-14-1　美国玉米平均年产量变化及所利用的育种方法变迁（引自 Troyer，2006）

图中育种方法从左至右分别为常规育种方法（混合品种）、杂种优势利用方法（双交种和单交种）和生物技术（转基因作物）。图中斜线为 4 种品种类型平均年产量依年份增长的线性回归斜率（b）

仔细考虑育种全过程，究其本质，其实是遗传信息的重组过程（图 1-14-2A）。实际生产中，我们可能需要一个新品种适应当地环境并达到我们对其品质的要求，但这样的品种目前生产上并不存在。在基因水平上，例如，我们需求的品种可能需要包含至少 3 个关键基因（基因 1、基因 5 和基因 8），即一个包含“基因 1＋基因 5＋基因 8”组合的品种，而这 3 个基因分散在资源材料中。通过杂交重组过程，就可以获得“基因 1＋基因 5＋基因 8” 组合的新品种（樊龙江等，2015）。当然，随着生产水平的提高，对品种的要求也越来越高（如生育期、产量、抗性和蛋白质含量等），我们就需要更多的目标基因组合。如图 1-14-2B 所示，为了获得具有理想生育期、产量、抗性和蛋白质含量的品种 X，我们就需要 4 个基因位点的“H3＋H2＋H2＋H1” 等位基因组合，形成一个最佳单倍型。作物基因组及其育种资源和育种材料基因组的解析，为高效准确地获得目标基因组合品种提供了可能，由此建立的基于基因组的育种技术或流程将使作物育种更高效、更精准。

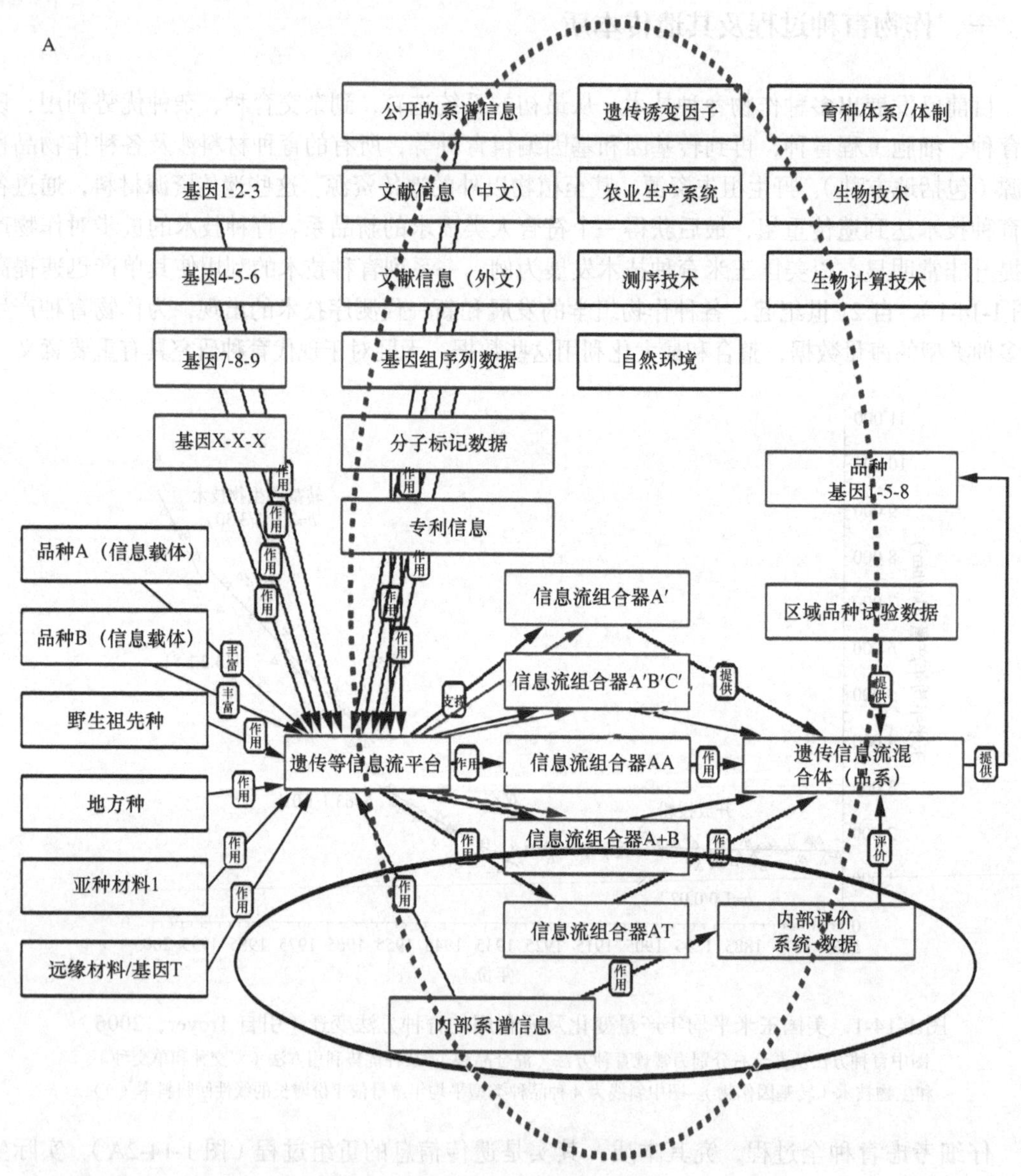

图 1-14-2 农作物育种过程及其遗传本质（引自樊龙江等，2015；Bevan et al.，2017）

作物育种过程是遗传信息不断重组的过程（A），椭圆虚框表示基因组大数据育种技术利用的信息范围；椭圆实框表示传统育种利用的信息范围。一个新品种（品种 X）就是一个基因组 DNA 序列新的组合体（B），这些 DNA 序列包括许多重要基因，控制作物的生育期、产量、抗性等

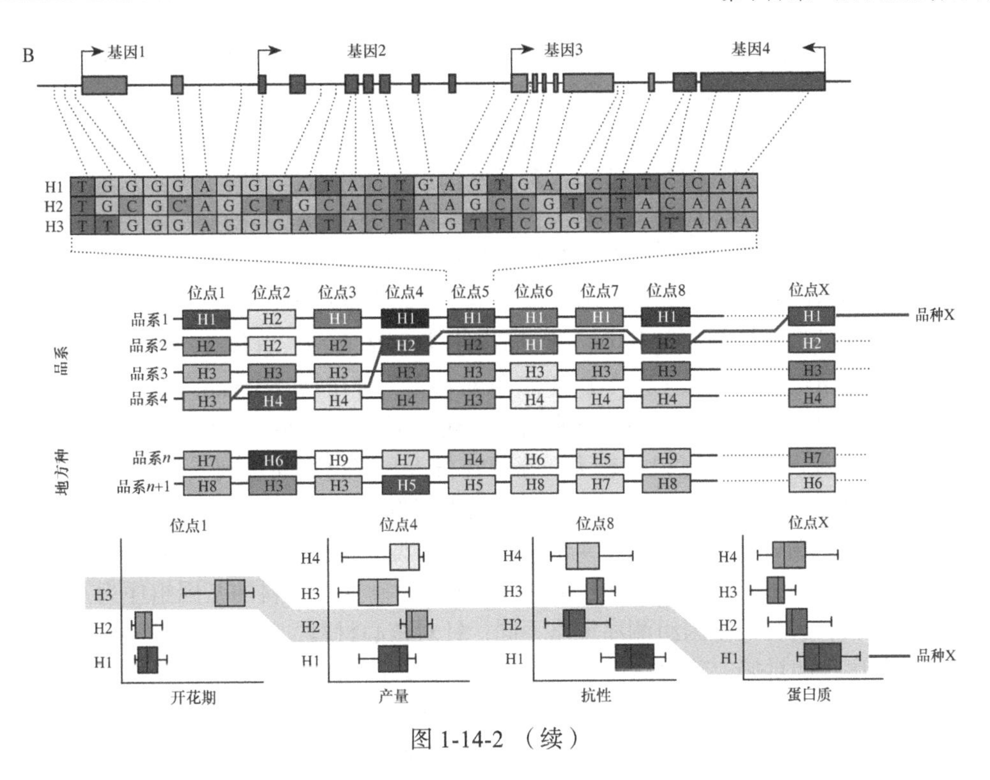

图 1-14-2 （续）

二、作物组学数据育种利用途径

（一）组学数据育种利用途径及其难点

随着高通量测序技术的出现，目前产生了大量作物组学数据（包括基因组序列、群体遗传变异、转录组、表型组等组学数据），这些数据在作物遗传育种方面的应用可分为三类：一是对作物育种选择分子基础的遗传解析，在基因组水平上回答作物育种选择的分子机制和遗传信号，这是以前作物遗传研究无法企及的（详见本书第 1-14 章第二节及第 1-7 章）。作物基因组，特别是作物群体基因组数据的产生，可以在群体遗传学水平解析作物驯化和遗传改良过程中人工选择的靶位点、具体效应、选择强度、重组率等，在育种分子基础方面提供许多新知识。可以说，植物基因组学研究极大促进了作物育种的分子基础研究，极大加深了我们对作物育种分子机制的认识，完善了育种理论。二是基因资源的高效挖掘——组学手段。在作物育种历史上，有不少成功的案例是利用近缘物种甚至远缘物种的遗传资源改进作物抗性、环境适应性等，这样的利用往往效率很低，且遗传累赘导致品种增加不良性状。高通量测序技术和低成本高密度分子标记检测技术的应用，可以低成本地获得作物野生祖先或相关植物基因组及其转录组信息，更加高效和彻底地挖掘作物育种亟需的野生抗性等基因资源，更加清楚地了解候选基因及其连锁基因，这将极大提高育种预期。我们有时需要选择远缘物种，往往是由于该物种具有作物所不具备的特征或性质。例如，C3 作物不具有 C4 植物的光合途径及其遗传资源（详见本书第 1-10 章第二节“二、光合途径与高光效植物创制”）。各类组学技术的出现为作物遗传资源挖掘提供了强有力工具，利用该技术挖掘育种重要遗传资源，已成为植物组学数据育种利用的重要途径之一（所谓作物资源组学）。三是基于组学及其数据的育种新方法或辅助育种方法（详见本章第三节）。早期分子生物学技术在作物育种中的一个成功应用就是分子标记辅助育种，目前已在作物育种领域广泛应用。全基因组序列及其遗传变异的获得，为全基因组水平的辅助选择育种（即基因组选择）提供了可能。同时基因组编辑技术和大数据技术的出现，使基于组学的育种技术得到进一步发展，应用前景光明。

既然组学数据可以对作物育种有如此多的利用途径，那么我们需要什么样的组学数据？是否某一作物有一个参照基因组，几个品种的基因组重测序数据就够了呢？这远远不够。这就像当年人类基因组测序完成后，很多人以为许多疾病分子遗传基础会马上被破解，其实不然。如果群体没有一个数量规模，如何能发现规律和利用变异？时至今日，即使超百万的不同类型人群基因组已被测序，人群基因组重测序工作还在继续中。

在作物组学数据育种利用过程中，针对不同作物群体类型、群体大小或重要程度，有人给出了一个测序策略选择建议（图 1-14-3）。针对特定一种作物，Bevan 等（2017）建议针对不同规模育种材料，利用不同测序策略和技术，获得不同序列拼接程度的基因组数据及其遗传变异数据。大规模测序毕竟投入较大，需要在投入和产出之间达到一个平衡。具体而言，应针对该作物育种材料（也许包括几万份甚至几十万份）进行归类，根据重要程度和代表性等分为不同类型。例如，将它们归为 4 个不同材料类型，从百份材料集（核心材料或泛基因组材料），分别到千份、万份和十万份育种材料集。明确这些材料的基因组序列及其遗传变异。针对这些材料进行的基因组测序策略不同：针对核心材料，需要进行精心的长读序测序（如 PacBio 测序）和拼接，获得高质量、完整的拼接基因组序列；对于千份育种材料集，需要进行全基因组测序和同样 *de novo* 拼接，这样可以明确它们之间的结构变异（不仅仅是序列变异）；对于万份材料集则可以进行普通基因组覆盖深度（5×～10×）的高通量基因组重测序（如 Illumina 测序），基于重测序数据，可以获得每个材料的 SNP 数据，获得它们的单体型类型等；针对十万份材料集，则可以进行特定位点（如外显子组）测序或利用简化基因组测序等，获得重要位点遗传变异及其等位基因型数据即可。

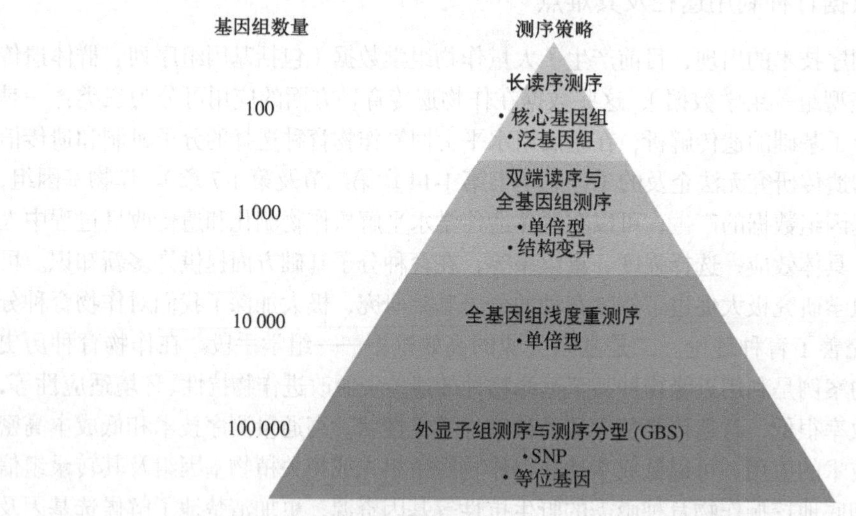

图 1-14-3　在作物组学数据育种利用过程中针对作物不同群体类型（如核心种质）和群体大小选用不同的测序策略和方法（引自 Bevan et al.，2017）

目前尚没有一种作物达到十万份基因组数据规模（也许不远的将来，水稻、玉米等作物可以达到这样的规模），但利用已有基因组数据，我们已经对作物育种分子机制有了许多新的认识（详见本章第二节），对基因组数据的育种技术已有了不少探索，提出了一些有效技术（详见本章第四节）。同时，我们还需要思考一个问题：这样的基因组数据构成和规模标准是否就能很好地解决我们目前的育种问题？编者认为，未必尽然。我们的育种材料基因组数据当然是越多越好（但要有赖于测序技术的进步及其成本的降低），同时，即使具有基因组数据，大数据分析技术是否能相匹配？具有育种意义的基因组数据分析和挖掘技术是否会成为新的瓶颈（有一种错误观点是认为机器学习可以解决一切问题）？计算机硬件和生物信息学技术（软件）都是有其极限的。这些都是未来组学大数据育种利用中需要解决的问题。

（二）组学数据育种利用——水稻为例

组学大数据育种利用技术大致可以归为两条技术路线：一条是以基因功能及其调控网络为先导或前提，组学数据利用是围绕已知功能基因的有效利用问题，这是所谓从上而下的利用途径；另一条是以一个基因组变异数据与表型性状变异关系数据集作为训练数据集，建立预测模型，利用模型对已知基因组信息的育种材料个体或组合性状进行预测，用于育种材料选择、组配等育种环节，这是所谓从下而上的利用途径。下文以水稻为例，介绍从上而下的组学数据育种利用技术途径（从下而上的利用途径详见本章第三节）。

目前水稻品种对农药、化肥和水资源等过度依赖。绿色超级水稻（green super rice，GSR）作为一种满足未来需要的手段，其关键特点在于减少水稻对肥料、杀虫剂和水分的需求，同时提升产量和品质。为了实现这一目的，必须更好地理解、管理和利用目前的驯化水稻及其相关野生遗传变异，利用基因组、转录组、蛋白组、表型组等组学数据实现对基因和调控元件的挖掘，然后通过功能基因组学的分析挖掘农艺性状的调控网络，这些基因及其基因组信息在基因组育种中扮演关键角色。张启发院士与美国科学家合作，给出了培育绿色超级水稻的基因组选择育种路线图（Wing et al.，2018）。基于该路线图（图 1-14-4），首先需要明确有哪些基因参与了绿色超级水稻性状形成。这些性状与育种目标息息相关，如产量和品质（消费者和生产者的需求）、养分高效利用少施肥、生物抗性强少喷农药等（环境友好、资源消耗少）。其次是明确如何利用大量遗传资源和组学数据资源，破解水稻基因功能及其调控网络，建立基因与农艺性状之间关系，获得水稻功能基因组学知识。具备了这些关键知识和遗传资源，就可以利用组学知识开展基因组选择育种。

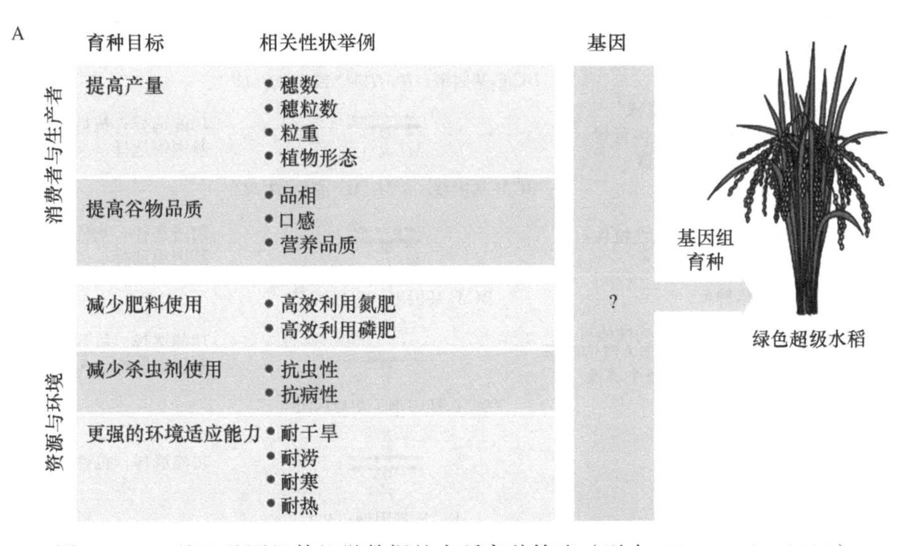

图 1-14-4 基于基因组等组学数据的水稻育种策略（引自 Wing et al.，2018）

A. 水稻育种涉及育种目标（根据消费者、环境资源限制等因素）及其相应农艺性状。理解有哪些基因参与调控所谓的“绿色”性状，有助于通过基因组育种获得新型绿色超级水稻。B. 基因组育种与水稻遗传资源、基因组和基因的关系。箭头表示工作流和信息流。最终目标是鉴定和理解水稻基因组全部基因的功能及其调控网络，这个流程中任一阶段取得的进展都可以应用于基因组育种。？表示目前尚不明确

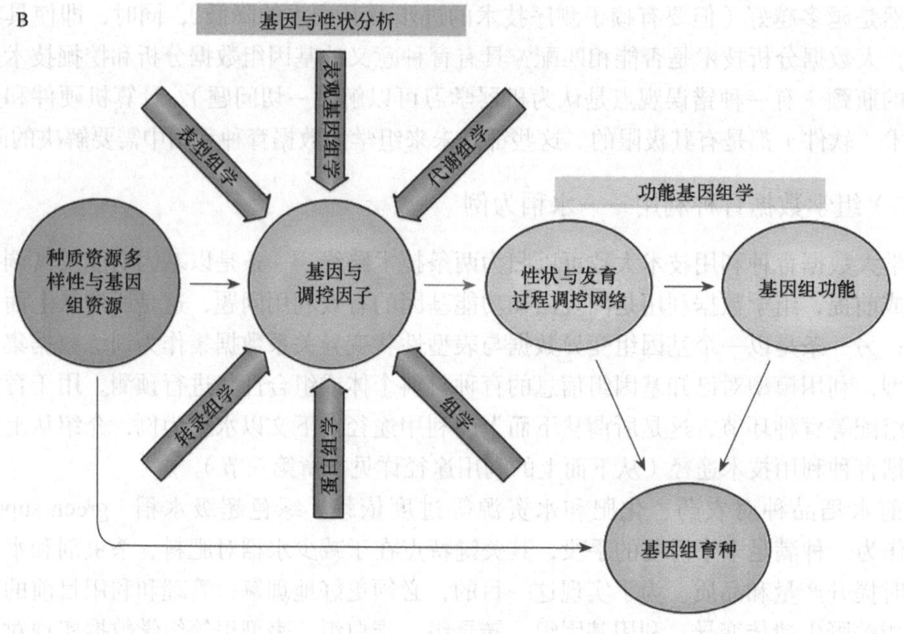

图 1-14-4 （续）

具体如何利用基因组学数据进行精准育种？下面以水稻单基因精准导入某一目标品种为例进行说明（即利用全基因组分子标记和连续回交来完成育种，图 1-14-5）。该育种选择系

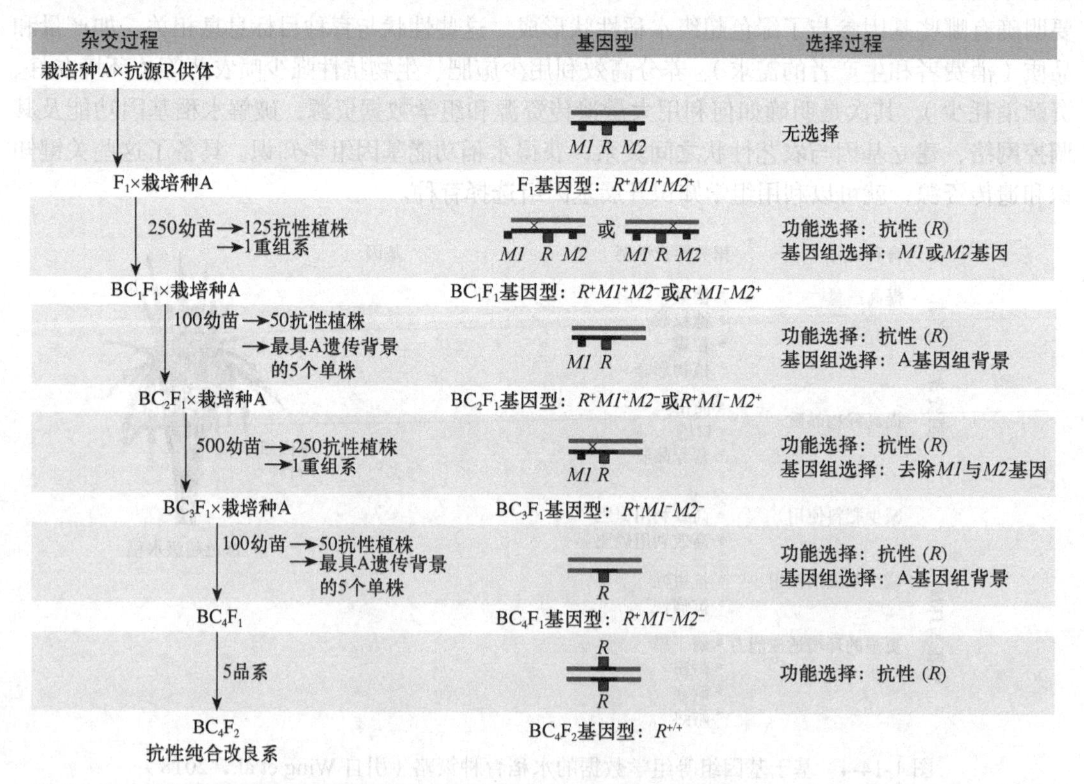

图 1-14-5 利用全基因组分子标记辅助回交育种技术进行单基因精准导入（引自 Wing et al.，2018）
通过连续回交（左列）和基因组选择过程（右列）将目标抗性基因（*R*）精准导入品种 A 基因组背景中（中列）。通过使用基因组特异性选择系统来完成选择，这个系统由用于选择目标基因的功能标记和位于目标基因（*M1* 和 *M2*）两侧的 DNA 标记构成

统有两个组成部分：一个是用于基因分型的平台；另一个是特定基因组选择系统。基因分型平台主要采用水稻育种 DNA 芯片，目前已经通过大规模重测序项目及单基因功能研究的数据开发了一些育种芯片。而特定基因组选择系统应当包括一个或一些与目标基因紧密相连的功能标记，检测回交过程中的重组并实现精确的选择。这个系统由用于选择目标基因的功能标记（正向选择）和位于目标基因（*M1* 和 *M2*）两侧的 DNA 标记构成，DNA 标记用于识别目标基因之间的重组和遗传背景（反向选择）。每个 DNA 标记与目标基因之间距离需要小于 100kb。每一代的个体数目可以通过水稻基因组的平均物理距离和遗传距离的比值（250kb/cM）来确定。目前的文献已经包括了大量水稻基因的功能信息，这些信息可以用来开发这种特定基因组选择系统。该选择系统为针对性改良水稻特定性状提供了一个有效的方法。例如，为培育一个抗稻瘟病品种，4 种稻瘟病抗性基因（*Pi1*、*Pi2*、*Pi9* 和 *Pigm*）分别被导入黑龙江省广泛种植的水稻品种——'空育 131'基因组中，整个育种过程包括了一次杂交和 4 次回交，以及一次自交的过程（Wing et al.，2018）。在这个过程中，6K 育种芯片和特定基因选择系统促进了目标基因、重组事件的选择。通过选择从其供体中共获得了 4 个近等位基因系，每一个都包含一个非常短的具有稻瘟病抗性基因的 DNA 片段（<200kb）。大规模的田间试验表明，这些品系都具备很高的稻瘟病抗性。

当我们完成对某一作物物种的基因组测序后，往往会把目光转向其野生祖先种、近缘物种甚至远缘物种，通过对它们基因组的有效解析，可以明确作物起源和发现重要遗传资源，为作物育种提供支撑。以水稻为例，2002 年水稻基因组测序完成后，大量稻属野生稻（包括杂草稻）基因组被陆续测序（Huang et al.，2012a；Zhao et al.，2018a；Wang et al.，2018e），同时一些近缘种和相关物种也被测序完成（如李氏禾、菰、稻田稗草等）（详见本书第 2-2 章第一节）。基于基因组序列，这些近缘或相关物种特有的大量环境和生物胁迫相关基因、高光效基因、化感相关基因等被鉴定，为水稻育种提供了丰富遗传资源。

（三）育种 4.0——基于组学大数据的智能育种

在上万年的作物驯化与育种发展历程中，农作物育种经历了经验性选择、基于统计和杂交实验设计的选择育种、基于分子标记和基因工程的现代育种技术 3 个阶段。伴随着互联网、基因组大数据和人工智能的不断发展，美国科学院院士 Edwards Buckler 等提出作物育种正在跨入育种 4.0——基于组学大数据的智能育种阶段（Wallace et al.，2018）。

育种 3.0 阶段将整合遗传和基因组数据，用于育种，而到了育种 4.0 阶段，则强调生命科学、信息科学与育种科学的深度融合，将所有具有利用价值的资源整合到极致（图 1-14-6）。在育种 4.0 阶段，育种家将依托多层面生物技术与信息技术推动育种向着智能化的方向发展，即以基因组测序技术与人工智能图像识别技术为依托，通过基因型、表型数据的快速自动获取，实现组学大数据的快速积累；以生物信息学、机器学习技术为依托，通过各类组学数据、杂交育种数据等的整合，实现作物性状调控基因的快速挖掘、表型的精准预测；以基因编辑与合成生物学技术为依托，通过人工改造基因元件与人工合成基因回路，实现作物具备新抗性等生物学特征；以作物组学大数据与人工智能技术为依托，通过全基因组层面建立机器学习预测模型，建立智能组合优良等位基因的育种设计方案（图 1-14-7A）。

作物育种 4.0 阶段的核心是大数据驱动的基因组智能设计育种，其跨学科、多技术交叉的特点决定了其商业运行模式需要多学科领域的技术支撑与产学研一体的研发链条，围绕育种行业需求，整合各个学科推动育种产业向智能化发展。以玉米育种 4.0 为例（图 1-14-7B），整个玉米智能设计育种应该包括玉米基因型大数据体系、玉米表型与环境大数据体系、玉米

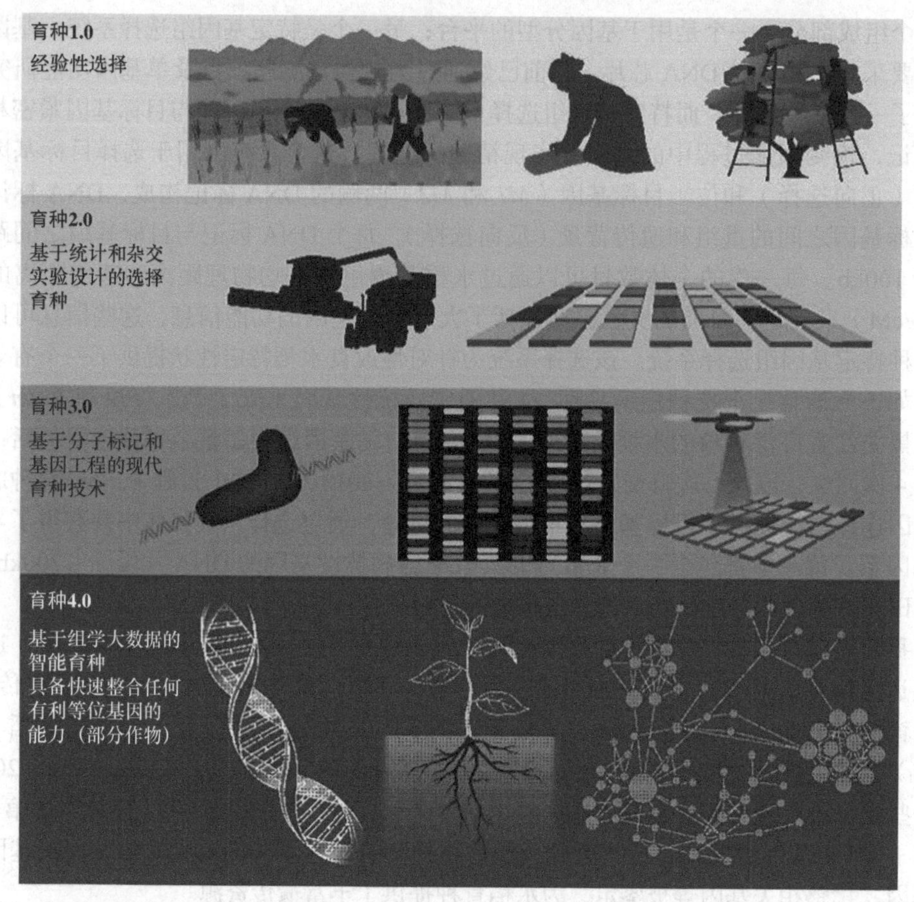

图 1-14-6 作物育种的 4 个阶段（引自 Wallace et al.，2018）

基因组育种模型体系、玉米精准种植模型体系和玉米育种方案设计决策体系五部分（王向峰和才卓，2019）。①玉米基因型大数据体系：包括种质资源群体的基因组、转录组、代谢组等数据类型，通过多维度生物学数据综合分析，挖掘株型、产量、抗性等相关的重要基因和自然变异，为分子设计育种等提供素材。商业化基因编辑与转基因技术公司为玉米基因改造提供专业化技术服务，建立大规模的玉米定向基因突变体库与育种供体材料。而以玉米为底盘细胞的合成生物学可以借助极端微生物中抗性基因创造人工合成抗逆基因回路，突破玉米自身基因抗胁迫瓶颈。②玉米表型与环境大数据体系：在图像技术、物联网技术等的支撑下，搭载光学设备、雷达设备的无人机、野外机器人、农业机械设备可以在玉米不同生长时期自动化采集表型图像数据。在经过专业的深度学习模型数字化处理后，这些图像数据被转换为育种中常用的标准化农艺性状数据。应用农业物联网技术配合田间农情监测系统可以对测试区域的气象、土壤、病虫害等数据进行自动化采集。这部分数据的快速积累会逐步形成玉米表型与环境大数据的体系。③玉米育种材料基因型数据与田间表型数据的集中采集和管理为建立育种智能决策模型体系提供了广泛的训练集合。玉米育种 4.0 阶段的重要任务之一就是为玉米种业行业建立工程化育种与信息化管理体系，应用大数据与机器学习技术建立一系列育种智能决策模型，覆盖育种流程中的每一环节，为育种企业提供数据分析和决策服务。④玉米精准种植模型体系与育种模型体系是相辅相成的。大数据驱动的精准种植模型可以结合气候、土壤、遥感等环境大数据，针对某一玉米品种建立对应气候模型、土壤模型及品种生长模拟模型等，为玉米种植者提供实时、高效、精准的耕作管理决策。⑤玉米育种模型的

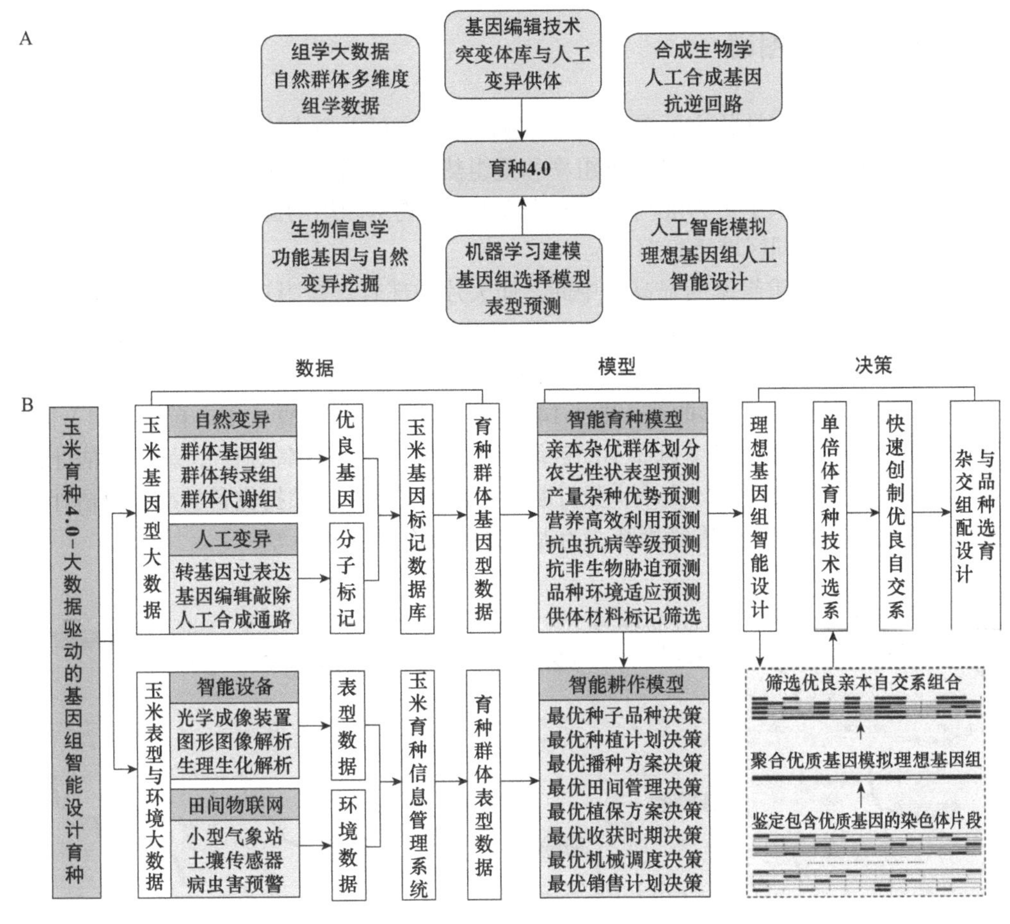

图 1-14-7　依托组学大数据及其多层次生命科学与信息科学技术的现代育种技术——育种 4.0（A）及玉米育种 4.0 运行模式（B）（引自王向峰和才卓，2019）

分析与预测结果整理成标准化报告，辅助育种家筛选育种材料与设计育种流程。

基因组设计育种智能决策体系在基因组水平上具备两个功能：第一个是根据杂种一代表型预测结果，筛选一般配合力和特殊配合力整体优于对照品种的优良亲本自交系，建立杂交育种组合试验方案；第二个是采用基因组智能设计方法，以子代理想表型为目标，设计亲本杂交方案。由此可见，育种 4.0 相关技术依赖基因组技术、大数据技术、人工智能技术与传统育种理论的紧密结合，其可以实现育种从“艺术”到“科学”再到“智能”的革命性转变。

第二节　作物育种选择的基因组学解析

随着对作物基因组特别是作物群体基因组的测序和分析，作物育种选择在基因组水平上的影响逐步被揭示，人们对育种理论和育种选择分子机制有了许多新认识。本节仅重点介绍 3 个方面的基因组解析结果（遗传重组、遗传传递和杂种优势），而其他方面，如作物基因组人工选择位点（详见第 1-7 章第三节）和作物驯化起源及其祖先种的认识等，由于有关章节均有所涉及，就不在此累述。

一、遗传重组率图谱

遗传重组是遗传多态性的主要来源。提高遗传重组率可以极大增加育种群体的遗传多样性，产生符合育种目标的重组材料。重组率和重组热点一直是育种者最为关注的遗传特征。基因组序列为该特征提供了更为准确和具体的信息。作物基因组的出现才使我们第一次在全基因组水平上观察到不同区域重组率情况。

染色体两端序列的重组率明显高于中间，而大片中部着丝粒附近区域几乎不发生重组。几乎无一例外的，各条染色体都是这样的趋势。如果将遗传距离（重组率）与物理距离（染色体序列）进行比较，则呈现出“S”形曲线（图 1-14-8A）；如果观察重组率大小在染色体序列上分布，则呈现出“U”形曲线（图 1-14-8B）。有些染色体短臂（中心粒的一端）很短，则其重组区域也很短。知道了染色体不同区域的重组率（即重组率图谱），就可以估计特定区域发生重组事件所需交配群体大小，为打断特定目标区域的连锁提供科学准确的估计；为估计遗传连锁的累赘效应提供准确判断，为提高育种效率提供指导等。

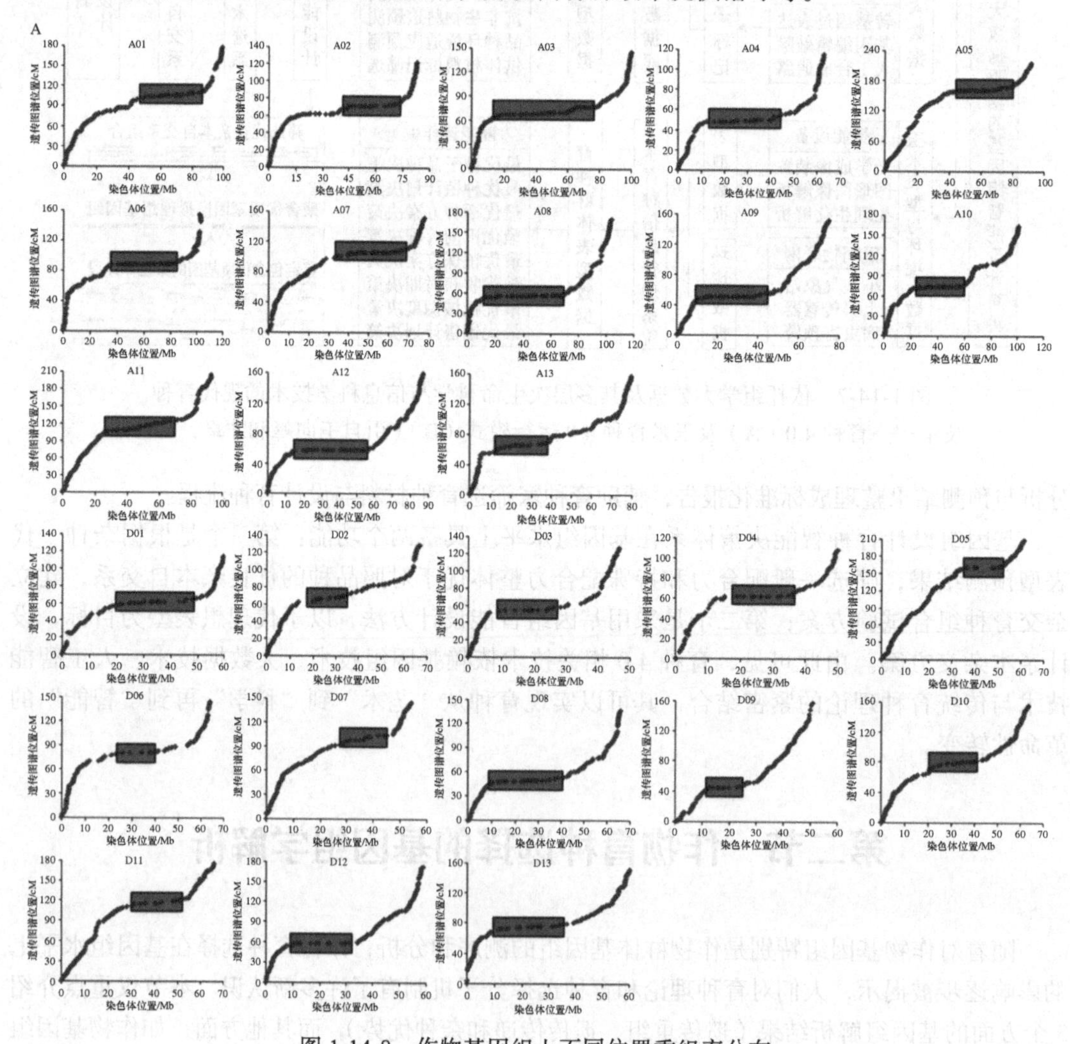

图 1-14-8 作物基因组上不同位置重组率分布

A．棉花基因组上不同位置重组率分布，红色方框为低重组率区域（引自 Wang et al.，2015b）；B．高粱基因组重组率分布（引自 Morris et al.，2013），其 10 条染色体上重组率分布呈现“U”形，中间灰色区域为着丝粒区

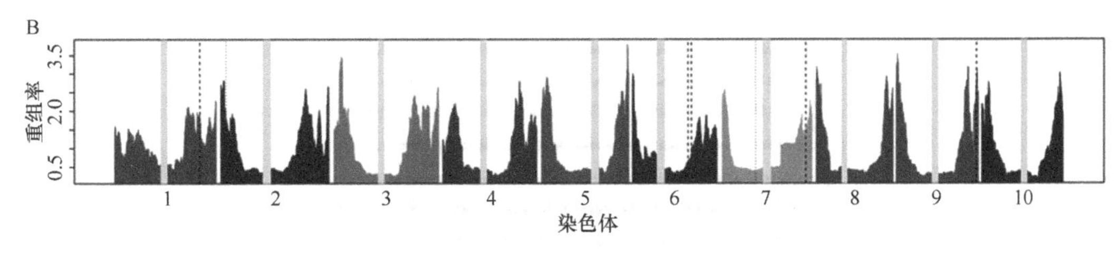

图 1-14-8 （续）

同源重组或同源交换(homologous exchange，HE)是作物基因组经常发生的遗传重组事件，是作物进化的重要推动力、作物遗传多态性的重要来源。高质量的基因组序列的出现，为基因组水平上大规模鉴定和发现 HE 提供了可能。同时，通过群体基因组重测序，可以在不同群体水平上评估 HE 发生的规模（范围）、分布、频率等，如家系群体、泛基因组群体、核心种质和资源种质材料等。遗传重组事件不仅发生在普通二倍体作物中，对于多倍体作物，来自不同亚基因组的同源染色体之间的 HE 事件增加了这类作物发生遗传变异的来源。目前许多作物基因组已测序完成，可以进行 HE 分析和鉴定。下文以油菜为例进行说明。

油菜是由二倍体甘蓝和白菜种间杂交自发形成的年轻异源四倍体物种。由于白菜和甘蓝同属十字花科芸薹属，是非常近缘的两个物种，因此两个物种基因组之间存在相当高的序列相似度。在油菜减数分裂时期，部分同源染色体之间由于序列高相似度而出现配对，从而发生部分同源交换和基因转换事件，尤其是在人工合成油菜中发生频率更高（He et al.，2018）。部分 HE 在大部分多倍体中均有发生，但由于油菜两个亚基因组之间的高序列相似度，HE 的发生频率相对很高。早在油菜基因组还未测序发表之前，研究者们通过细胞遗传学的核型方法来鉴定部分同源染色体对，即在细胞遗传学核型上证明了 HE 的真实存在。例如，Xiong 等（2011）开发了 FISH 的一系列标记，包括 5S rDNA、45S rDNA 等进行的油菜基因组中部分同源染色体对的鉴定。随着第一个油菜基因组 Darmor-*bzh* 测序完成，Chalhoub 等（2014）通过将各个油菜的重测序序列比对到两个祖先种白菜和甘蓝基因上，在两个部分同源的染色体上，发现两个祖先种的部分共线性对应位置的覆盖深度呈现了完全相反的状况（图 1-14-9）。这是由同源染色体之间发生的 HE 造成的，即同源共线性区段交换到其他位点，导致来自相应材料测序数据覆盖深度的变化。在这些 HE 区间中，发现了很多油菜农艺性状相关基因，如种子硫苷含量、抗病性、开花时间等重要性状。后续发表的其他基因组，如‘中双 11 号’和‘宁油七号’油菜基因组，也同样发现了许多 HE。说明 HE 是一种重要的油菜基因组结构变异，而且和油菜中很多重要性状相关，对于油菜育种有非常重要的意义。

二、作物遗传传递及其变异

（一）基于系谱的遗传传递分析

作物育成品种都经历相应的杂交育种过程（系谱）。通过对系谱中各个成员基因组进行分析，可以获得对优异品种的杂交育种过程、遗传重组和传递等的清晰认识，对培育优异骨干品种提供重要信息。以下基于玉米和油菜两个系谱为例进行描述。

Lai 等（2010）对玉米优良自交系‘郑 58’（‘Zheng58’）及其系谱（‘8112’‘5003’‘478’等）进行了基因组深度测序（图 1-14-10A）。其中，优良自交系‘478’（‘掖 478’）为‘郑 58’亲本之一，而‘8112’和‘5003’则是‘478’的亲本。这种包含系谱关系的重测序项目，可以让我们能够评价在系谱选择（pedigree breeding）过程中的基因组改变。利用‘B73’作

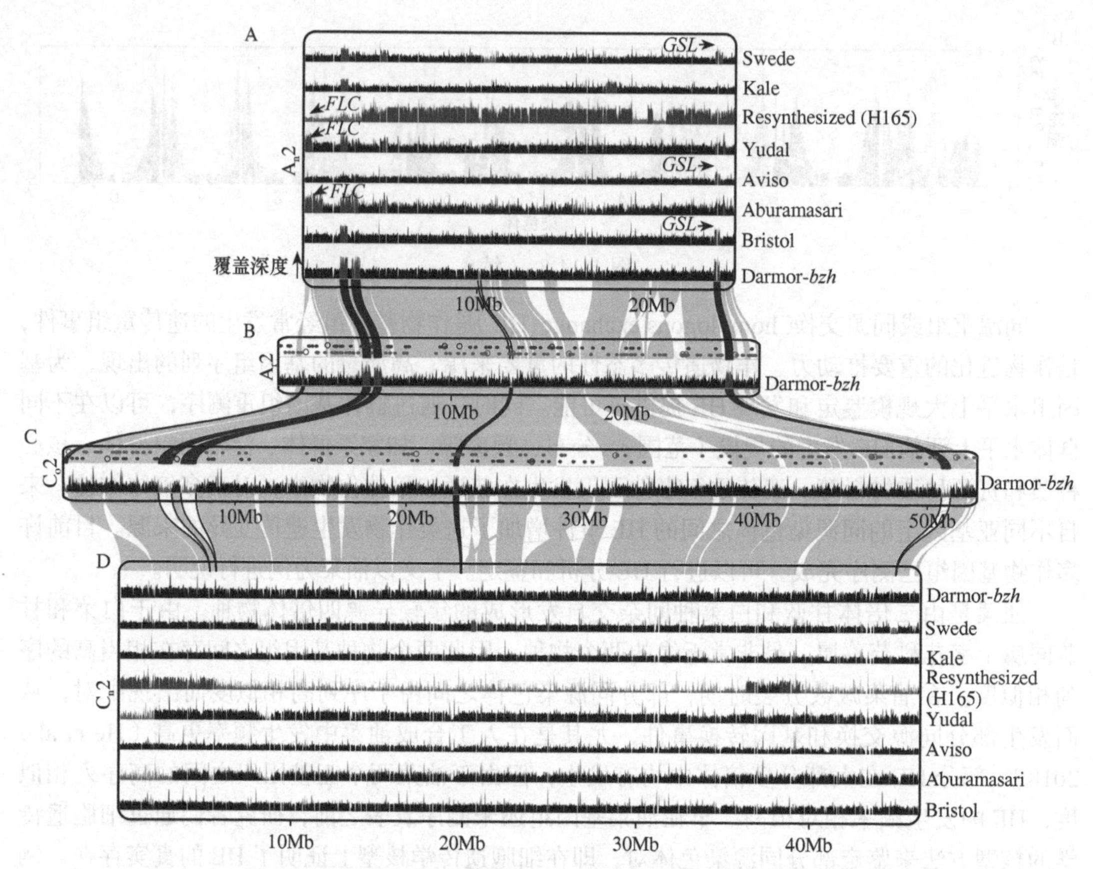

图 1-14-9 油菜基因组序列中同源重组（HE）事件举例（引自 Chalhoub et al.，2014）

图中为油菜同源染色体 A_n2 和 C_n2 之间发生的 HE 事件。A, D. 来自 8 个油菜相关材料（包括一个人工合成材料 H165、芜菁甘蓝和羽衣甘蓝等）的高通量测序数据定位到参考基因组（Darmor-*bzh*）第二条染色体 A_n2 和 C_n2 上的覆盖深度（coverage）。图中红蓝色圆点或圆圈表示油菜两条同源染色体直接的基因交换；B, C. 两个祖先种（*B. rapa*/*B. oleracea*）第二号染色体（A_r2/C_o2）上来自 Darmor-*bzh* 读序的覆盖深度。红色柱状图代表高覆盖区域（序列倍增），蓝色柱状图代表低覆盖区域（序列删除），灰色连线表示染色体之间的共线性，而深灰色连线表示两条同源染色体直接发生的片段 HE 事件。A 图中箭头标出与硫代葡萄糖苷 *GSL* 和 *FLC* 基因相关的 HE 事件

为参考基因组获得高密度 SNP，基于已知的系谱关系使我们能够重建整个重组事件。观察两个亲本遗传背景向优良自交系‘478’的传递，可见遗传重组并不多，从自交系‘8812’和‘5003’到自交系‘478’，仅有 27 个重组断点，同时，有些染色体几乎没有重组，全部来自一个亲本（如染色体 9）；自交系‘478’从两个亲本中继承了相近比例的基因组背景（43%的‘5003’和 57% 的‘8112’）。从自交系‘478’到自交系‘郑 58’的育成过程，可以发现 46 个重组断点，‘郑 58’继承了 43% 的‘478’基因组（其中 12% 来源于‘5003’，31% 来源于‘8112’）。总体来看，玉米杂交育种过程中，重组没有我们想象的那么多。

我国种植油菜已有几千年历史。但最初种植的为白菜型油菜（*B. rapa*），20 世纪初引入欧洲甘蓝型油菜（*B. napus*），成为我国目前油菜主要栽培种。‘宁油 7 号’（‘NY7’）是 20 世纪七八十年代我国长江流域甘蓝型油菜主栽品种之一。在‘NY7’的系谱中，先是通过‘胜利’油菜（‘SL’）与‘成都矮’白菜型油菜（‘CDA’）的种间杂交来缩短开花期，从而达到高产的目的，育成‘川油 2 号’（‘CY2’），后续通过与‘宁油 1 号’（‘NY1’）杂交育成‘NY7’（图 1-14-10B）。本书编者通过对‘NY7’及其家系的全基因组从头测序及组装，获得它们基因组序列变异与传递情况。在整个‘NY7’家系育种历程中，二倍体‘成都矮’在‘NY7’

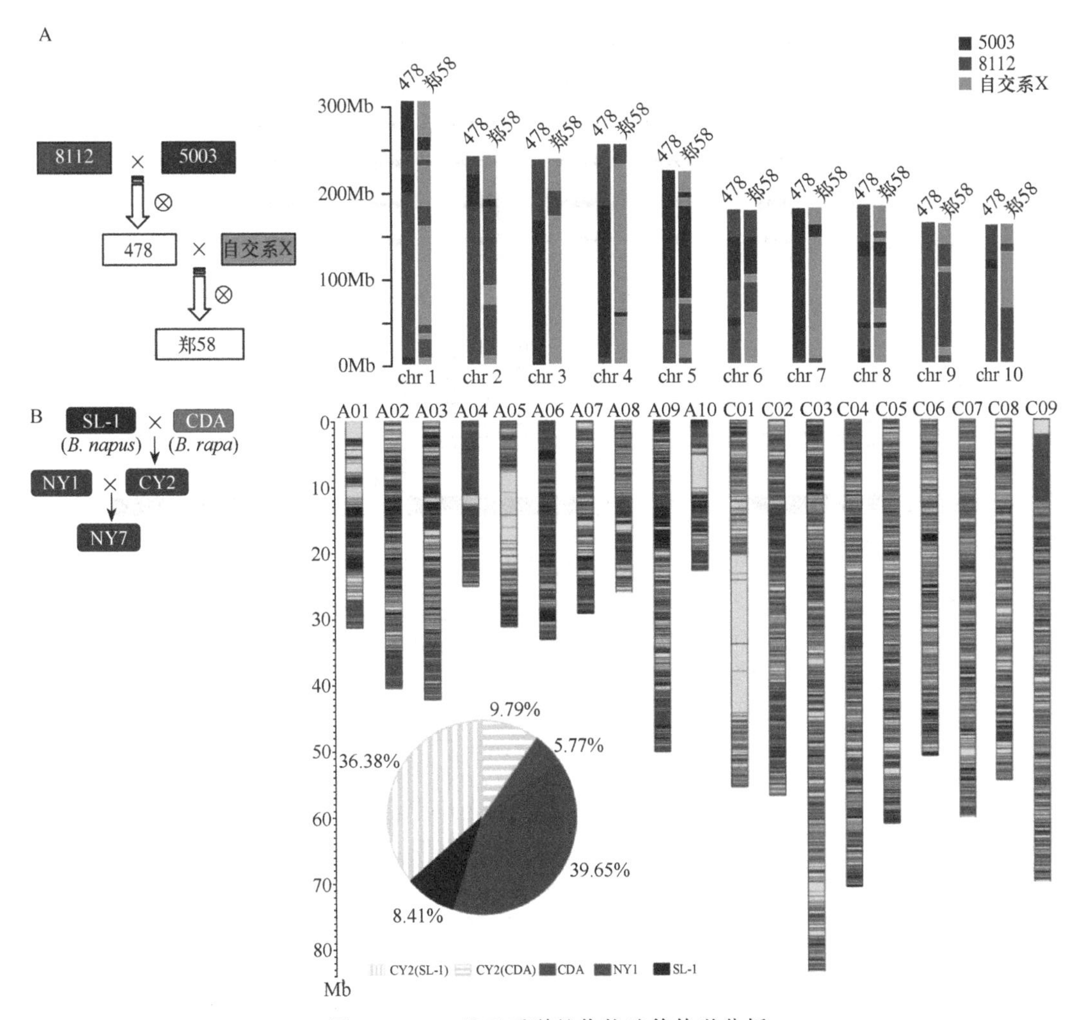

图 1-14-10　基于系谱的作物遗传传递分析

A．玉米优良自交系‘郑 58’系谱分析（引自 Lai et al.，2010）；B.‘宁油 7 号’（‘NY7’）系谱及其供体亲本基因组印迹图（引自 Zou et al.，2019）。图中‘胜利’油菜（‘SL-1’）与‘成都矮’白菜型油菜（‘CDA’）种间杂交育成‘川油 2 号’（‘CY2’），而后续通过与‘宁油 1 号’（‘NY1’）杂交育成‘NY7’

基因组中留下了 8.6% 的基因组印迹，而‘胜利’油菜及其后来的亲本‘宁油 1 号’贡献了主要部分（Zou et al.，2019）。遗传传递过程中有两个观察结果值得注意：一是可见大量重组位点，表明育成‘NY7’经历的大量染色体水平交换、重组等过程，这与玉米情况有所不同。这也许是多倍体植物与二倍体作物之间的区别。二是在某些染色体中，3 个亲本基因组贡献率明显不同，可以观察到单一亲本贡献的基因组大片段。例如，C01、A05 和 A10染色体由‘CYZ’贡献了不少大片区域，A04、A09 和 C09 则由‘NY1’贡献了大片段（图 1-14-10B）。

（二）基于泛基因组的遗传变异解析

作物由野生植物驯化而来，然后由地方种逐步改良成现代作物品种。这个育种过程会发生遗传变异，一个显著的变化是遗传多态性的下降（图 1-14-11）。在基因组序列出现前，上述知识是通过单个或数个基因序列获得的，而基因组为更全面地解析作物遗传变异提供了可能。通过对基因组范围的单个基因的多样性研究，我们已经建立了一些揭示有利遗传变异的方法。而为了揭示作物群体中完整的遗传变异，就需要通过更广泛、深度更高的测序来获得

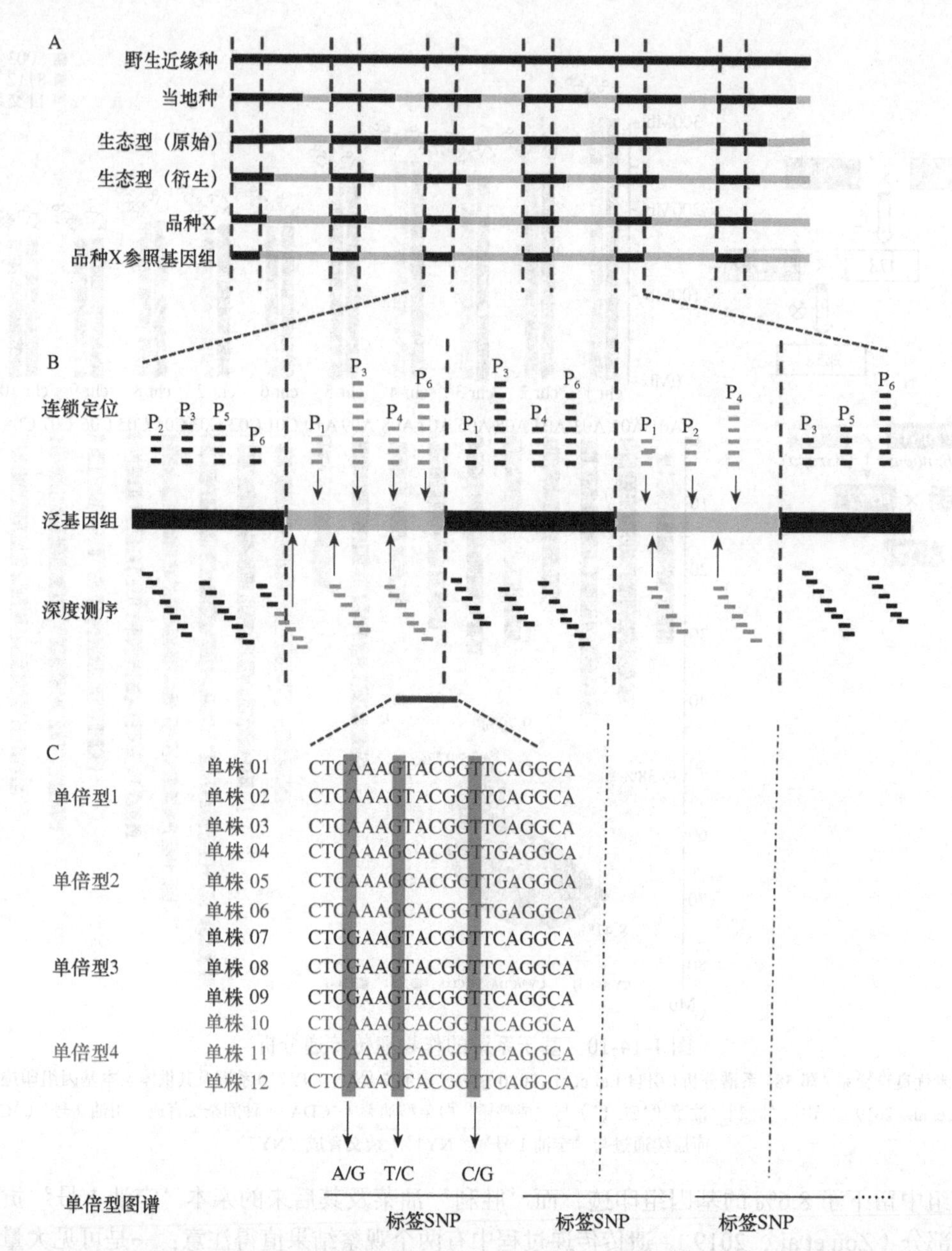

图 1-14-11 通过泛基因组分析可以更好地解析作物遗传变异，在序列、单倍型等不同层面上减少遗传信息缺失（引自 Xu et al.，2017c）

A. 从野生近缘种到作物，遗传变异程度不断下降，单个作物品种参考基因组（variety X reference）不足以代表整个作物遗传多态性；B. 可以通过多个基因组的从头测序及大规模深度重测序，并结合连锁图谱来填充（P_1～P_6 表示用于构建作图群体的不同亲本系，箭头表示通过连锁图谱和深度测序填补空缺构建的泛基因组）；C. 利用标签 SNP 可以构建全基因组单倍型图谱

覆盖全基因组的信息。对于大部分作物，其测序主要基于单一品种作为参考基因组。这种策略产生很多遗传信息缺失，给遗传变异的检测造成很大的影响（图 1-14-11）。首先，是由于测序技术的限制，单一基因组测序通常只能够覆盖基因组的 80%～90%，而且通常只有代表驯化的优良品种的单一基因型能够被准确检测到。其次，不同生态型重测序数据通常只有 50%～80% 能够比对到参考基因组上。例如，通过玉米‘B73’与‘Mo17’的全基因组比较（Springer et al.，2009），以及对大刍草（teosinte，玉米祖先种）的比较证明了多达 50% 的基

因组是不共享的。此外，在水稻中，15%～20% 的序列不能被比对到参考基因组‘日本晴’上（3000 Rice Genomes Project，2014）。因此，构建基于多个基因组的参考基因组，即泛基因组，是揭示隐藏在不同种质资源中遗传变异的重要途径。

为了绘制和利用作物物种的遗传多样性，研究人员已经对作物大量优良品种、地方品种和野生祖先种进行了大规模重测序。在物种水平上基因组是动态的，一些核心基因在每个个体中存在，而其他基因则可能只在一部分个体中存在，两者的集合构成泛基因组。在现有测序条件下为了获得覆盖全基因组的遗传变异，一个作物的重测序需要满足 3 个“1000×”（1000 个基因组，平均测序 1× 可以获得良好的种质资源代表性；100 个基因组，平均测序 10× 可以获得良好的种质资源代表性和更好的遗传多样性覆盖度；10 个基因组，每个基因组测序 100× 来填补基因组上的空缺）（Xu et al.，2014a）。在水稻、玉米中已经实现了这样的 3 个“1000×”，并且通过对所有资源的整合实现对基因组的全覆盖。基于连锁图谱和重测序数据的整合，使我们能够更好地探究隐藏在玉米热带自交系、地方种和野生近缘种中的遗传变异。

三、杂种优势

杂种优势（heterosis）是指遗传结构不同的两个亲本杂交所产生的子代，在生产、生活和繁殖等方面优于双亲均值或超过两个亲本的现象（Hoecker et al.，2006）（图 1-14-12）。杂种优势已经在农业生产上得到广泛的应用。但杂种优势的分子机理至今没有研究清楚。大量的研究表明，杂种优势的遗传基础十分复杂，既有加性、显性和上位性的作用，又有它们与环境之间的复杂互作（Yu et al.，1997）。基因型的杂合性是杂种优势的遗传学基础，杂交种

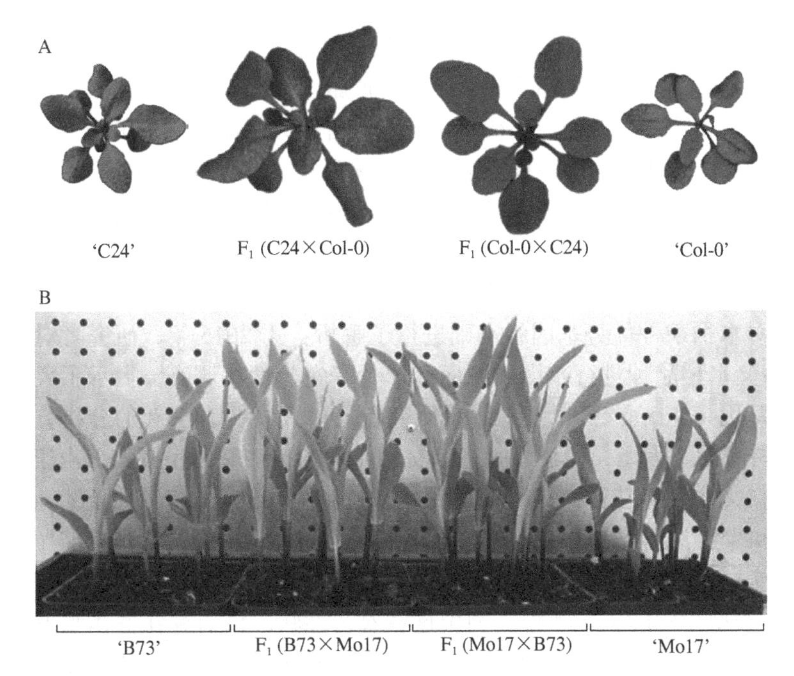

图 1-14-12 植物在生长方面的杂种优势和杂种加性与非加性基因表达（引自 Chen，2013b）

A. 生长 10 天的拟南芥幼苗（亲本：‘C24’和‘Col-0’；F_1：C24×Col-0、Col-0×C24）；B. 生长 9 天的玉米幼苗（亲本：‘B73’和‘Mo17’；F_1：B73×Mo17、Mo17×B73）；C. F_1 杂种加性与非加性基因表达情况。MPV. 亲本 P_1 和 P_2 的中亲值（平均值）；F_1. 亲本 P_1 和 P_2 的第一代杂种

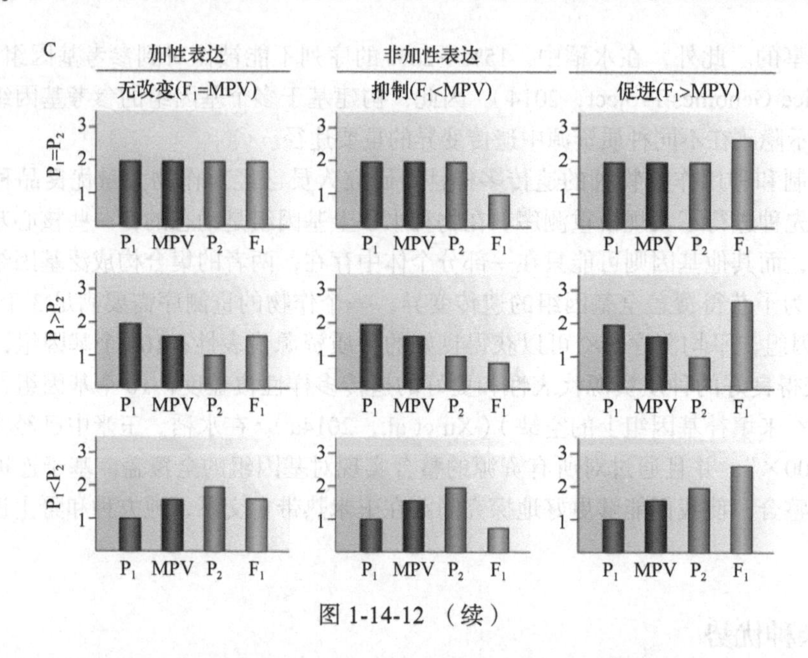

图 1-14-12 （续）

F_1 表现出来的杂种优势是亲本杂交构成的一个新的调控系统所控制的，简单地说，杂种优势是在全新的调控系统下基因表达调控的外在表现。但是杂交种的基因虽然全部来自双亲，其表型性状又并非是双亲基因简单组合所控制的（Guo et al.，2004）。近年来，随着植物基因组学研究的进展，我们在基因组水平上对植物杂种优势有了更加深入的认识。

（一）杂种优势的基因组学解析

20 世纪 70 年代开始，我国育种学家率先开展了水稻杂种优势利用研究，陆续通过三系法、两系法等途径培育出大量杂交水稻组合，包括‘汕优 63’‘两优培九’在内的一系列高产杂交组合得到大面积推广，大幅度提高了稻谷产量。杂交稻的高产来自对水稻杂种优势的有效利用。在一些优异杂交组合中，杂交种的产量可以大大超越它们的双亲。杂种优势的产生是双亲基因组互作的结果，是一种复杂的生物学现象，然而这一现象背后的遗传机理一直以来不完全清楚。只有深入了解杂种优势的遗传基础，才能实现杂种优势的高效利用，推动育种技术的变革。

中国科学院国家基因研究中心联合中国水稻研究所等单位，分别根据杂交种和 F_2 群体两条技术路线对水稻杂种优势基因组基础进行了解析：① 2015 年，研究者对我国水稻主产区的 1495 份杂交水稻品种进行基因组测序和产量等农艺性状调查，揭示了大量杂种优势相关的优异等位基因（Huang et al.，2015）。研究者通过开发一套全新的分析方法，有效地鉴定了高度杂合材料的基因型，构建了一张杂交稻品种的精细基因型图谱。由于大多数杂交稻品种的亲本材料无法直接获得，该研究还开发了一种多层迭代的计算方法，利用这 1000 多份杂交稻品种和少量常用亲本的基因组信息，准确推测出这些杂交稻的双亲（即不育系和恢复系）基因组信息。同时，研究者在三亚、杭州两地种植这些杂交稻品种，进行产量、品质和抗病共 38 项表型指标的鉴定考察。利用这些农艺性状，该研究在群体水平上对杂交稻材料的纯合及杂合基因型的遗传效应进行了精细分析。研究发现杂交稻中产量性状的表现与杂合程度相关性不高，杂交稻的高产主要来自大量优异等位基因的聚合。研究还发现了单位点超显性的存在；但无论数目上还是效应上，杂交稻品种中杂种优势的形成更多地依赖于产量位点上正向的不完全显性。该研究结果为杂交水稻的分子设计育种、杂种优势的机制研究，以及通过基因组辅助聚合育种技术，培育出具有超亲优势的常规稻新品种打下了重要基础。②2016 年，研究者通过对来自 17 套代表性遗传群体的 10 074 份杂交稻 F_2 材料进行基因组测序分析和田间产量性状考察，发表了水稻产量性状杂种优势的全基因组解析研究结果（Huang et al.,2016c）。基于全基因组变异的主成分分析发现,3 种类型杂交稻，即籼-籼杂交稻(Type A)、两系杂交稻（Type B）和籼-粳杂交稻（Type C）明显分为 3 个亚群（图 1-14-13），说明它们的基因组构成明显不同。通过全基因组关联分析鉴定出了控制水稻杂种优势的主要基因位点，分析了纯合基因型（父本或母本基因型）和杂合基因型（父 / 母本型）的遗传效应，详细剖析了三系法、两系法杂交稻和亚种间杂交稻杂种优势的遗传位点。研究表明，水稻杂种优势的表现正是由鉴定到的基因位点所决定的。控制水稻杂种优势的遗传位点在杂合状态时，大多表现出不完全显性，通过杂交育种产生了全新的基因型组合，从而在杂交一代高效地实现了对水稻花期、株型、产量各要素的理想搭配，形成杂种优势。例如，传统三系杂交稻组合中，父本（恢复系）聚集了较多的优良等位基因，综合性状配置优良；在此基础上，来自母本（不育系 / 保持系）的少数等位基因则进一步改善了水稻植株的结实率、穗粒数（如 *hd3a* 基因）及株型（如 *tac1* 基因），实现了杂交组合子一代的优势表现。这些发现对推动杂交稻和常规稻的精准分子设计育种实践有重大意义。利用这项研究成果，科研人员有望进一步优化水稻品种的杂交改良，实现对亲本材料的高效选育和配组，服务于具有高配合力特性的亲本材料，聚合双亲优点的常规稻材料的创制和改良，选育出更加高产、优质和多抗的水稻种质资源，对实现高效的分子设计杂交育种有重要的指导意义。

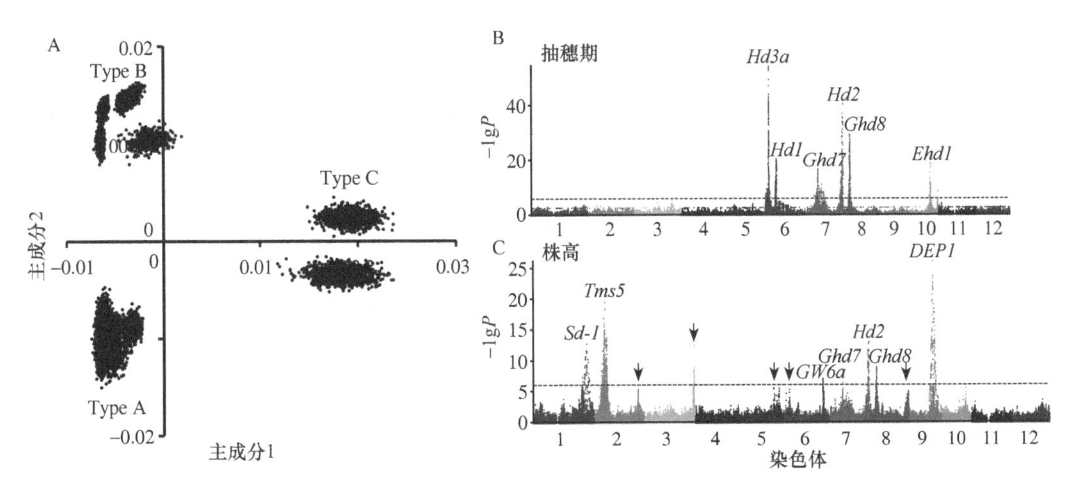

图 1-14-13　水稻杂种优势解析——基于 10 074 份杂交稻 F_2 材料基因组变异及杂种优势遗传关联分析的结果（引自 Huang et al.，2016）

A．根据全基因组单核苷酸多态性对 10 074 份 F_2 单株进行主成分分析，明显分出 3 种杂交稻类型或亚群体（A～C）；B～C．抽穗期和株高全基因组关联分析结果

（二）杂种优势的表观基因组学调控

一般而言，杂种优势的表现程度与双亲的遗传距离有很强的相关性，如种间杂交往往会形成很强的杂种优势（Chen，2010）。但是很多种内杂交也表现出较强的杂种优势，如水稻亚种间的杂交、烟草和拟南芥等种内杂交（He et al.，2010）。在拟南芥中，即使两个遗传距离很近的亲本，其杂交后代 F_1 也表现出很强的杂种优势。因此，遗传距离并不能完全解释杂种优势，人们开始从表观遗传的角度来研究杂种优势。研究发现，表观遗传修饰能产生很多表观等位基因，这些表观等位基因在遗传背景相近的双亲中对基因表达有着不同的影响，

从而产生杂种优势形成所需要的多种变异（Groszmann et al.，2011）。在异源多倍体和杂交种中关键的调控基因或者蛋白的表观遗传修饰，连同转录组、蛋白组和代谢组等一起形成了复杂的调控网络，从而导致杂种优势的形成（Chen，2013b）。表观遗传调控可以从 DNA 甲基化、小分子 RNA 和组蛋白修饰 3 个层次调节植物基因的表达，在植物体响应外界环境胁迫、自身生长发育和内在稳定基因组等方面发挥重要作用，对杂种优势的形成发挥作用（图 1-14-14）。以下分别就 DNA 甲基化和小 RNA 调控杂种优势的分子生物学机制进行阐述。

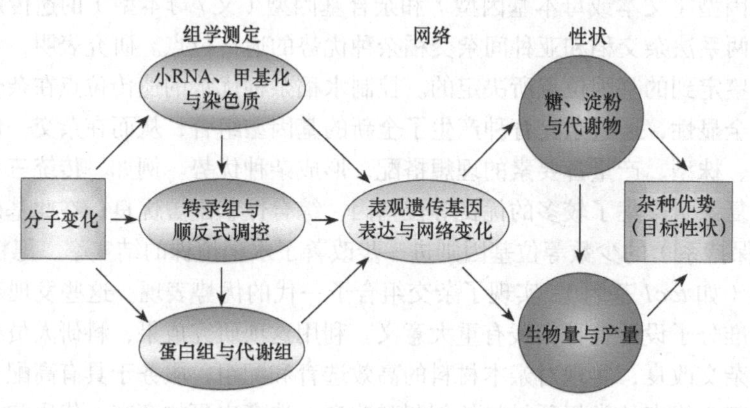

图 1-14-14　杂种优势形成的分子遗传机制，涉及表观遗传（如小 RNA、甲基化等），连同转录组、蛋白组和代谢组等一起形成的复杂表观遗传调控网络（引自 Chen，2013b）

在群体 DNA 序列变异中，区分表观遗传变异是一项极具挑战的工作。现多利用 DNA 甲基化缺陷突变株与野生型杂交，建立表观遗传重组自交系（epigenetic recombinant inbred lines，epiRIL）来研究表观等位基因（epialleles）对植物性状的影响，如株高、生物量和开花时间等（Cortijo et al.，2014）。研究表明，epiRIL 种群自交系形成的表观等位基因至少可以在 8 代之内稳定遗传，且能影响可观察的表型。例如，利用 epiRIL 群体进行拟南芥表观数量性状位点（QTLepi）定位分析，结合两个甲基化程度不同的近等自交系亲本及其 F_1 杂种（epiHybrid）的甲基化组、转录组分析，可量化表征亲本甲基化差异对杂种优势的重要贡献（Lauss et al.，2018）。

利用高通量的甲基化测序技术，通过检测两个亲本与杂种 F_1 的甲基化位点差异，可以研究杂种优势和 DNA 甲基化之间的关系。首先，基于甲基化程度明显差异的两个拟南芥近等自交系亲本及其 F_1 杂种的甲基化分析表明，亲本甲基化水平直接影响杂种优势（Lauss et al.，2018）。杂种 F_1 中的 DNA 甲基化水平同亲本相比发生显著的变化，其中 CG 位点变化程度最大，CHH（H 代表 A、C 或 T）甲基化水平通常表现为下降，CHG 甲基化则没有特定的规律（Groszmann et al.，2013）。杂种 F_1 中的 DNA 甲基化程度同双亲的亲缘远近程度成正比，亲本的亲缘关系越远，那么 F_1 中的 DNA 甲基化程度变化就越大（Groszmann et al.，2011）。当双亲等位基因区域的甲基化水平显著不同时，往往会造成杂种中甲基化水平的显著变化。有研究表明，在某一区域，其中一个亲本表现出高度甲基化，但是在另外一个亲本的等位区域甲基化水平较低，由于双亲在特定区域 DNA 甲基化水平的显著差异和相互作用，在杂交种中这一特定区域的 DNA 甲基化水平将不同于双亲的平均水平，或高于或低于平均水平（Greaves et al.，2012）。这种甲基化水平的变化可以调控基因的表达，从而导致最终的表型变化。杂种中很大一部分甲基化发生变化的区域与产生 siRNA 的区域是一致的（Groszmann et al.，2011），这也说明了 RNA 介导的 DNA 甲基化，对调控杂交种 F_1 中等位基因的表达具有重要作用。除此之外，研究者发现在拟南芥种间，杂交

种 F_1 染色质较亲本更致密化，H3K27me3 组蛋白甲基化在差异表达基因中富集，表明两者是杂交种 F_1 基因表达差异的重要影响因子（Zhu et al.，2017）。总之，DNA 甲基化模式和水平的变化与杂种优势的形成有着密切的关系。虽然总体上具有杂种优势的杂种甲基化水平比双亲的甲基化平均水平要高，但并不是所有位点的甲基化都与杂种优势相关，杂种优势仅与特异位点甲基化水平和模式的改变有着很强的关联性。由于植物 DNA 甲基化在组织、器官等中具有特异性，因此在某些植物某些特定组织和特定器官，一些位点的 DNA 甲基化水平升高与植物杂种优势呈正相关，而有些位点的甲基化水平降低则与植物杂种优势呈正相关。

除了 DNA 甲基化，小 RNA（包括 siRNA 和 miRNA）同样能参与基因表达和表观遗传调控。基于拟南芥杂交种研究结果表明，小 RNA 被认为起着缓冲剂的作用，缓解基因组间的撞击，保持基因组的稳定性（Chen，2010）。拟南芥杂交种 F_1 相对于亲本，长度为 24nt 的小 RNA 表达呈下降趋势，而且大部分显著下降出现在父本与母本差异明显的位点，这些小 RNA 影响基因的表达；并且认为表观遗传调控基因活性导致的杂种优势，源于调控 DNA 甲基化的 24nt siRNA（Groszmann et al.，2011）。在杂交种中，双亲 siRNA 表达水平有差异的区域，其 24nt siRNA 的表达量呈下降趋势，而其他类型的小 RNA 没有这种变化。但是这种特点仅限于特定的组织类型，不具有普遍性，这说明需将特定的组织、细胞类型和发育时期分开进行研究。另外，24nt siRNA 在拟南芥杂交种中的变化主要发生在基因及基因的两侧区域，在转座子区域比较稳定（He et al.，2013a）。在油菜的杂交种优势研究中发现，相比于双亲的 siRNA 表达水平，杂交种中的 siRNA 表达水平显著升高，同时影响了转座子的活性。同时 24nt siRNA 的变化也引起了基因及转座子区域的 DNA 甲基化的变化（Shen et al.，2017d）。对于 miRNA 而言，如果两个亲本的亲缘关系比较近，那么它们的杂交种 F_1 中 21nt miRNA 主要表现出加性表达模式；如果两个亲本的亲缘关系较远，则杂交种中 miRNA 的表达模式主要表现出非加性。非加性的 miRNA 往往与其靶基因在双亲和杂交种 F_1 中的差异表达有很大的关联性，表现为非加性的 siRNA 往往在杂交种中表现出下调表达的趋势（Greaves et al.，2012）。

第三节　组学相关育种技术

多组学的发展为作物育种提供了许多技术支撑，许多以组学为基础的育种技术应运而生。这些技术有些已在育种中开始利用并取得良好育种效果，如基因组选择、基因组编辑（详见本书第 1-13 章第三节）等；有些还处于起步探索阶段，但已展现出良好前景，如基因组大数据育种技术、基因组合成育种技术。下文仅就基因组选择和大数据技术及其育种利用进行介绍。

一、基因组选择

20 世纪 80 年代，植物遗传学家及育种家们开始把分子标记技术引入他们的育种工作中。这项技术首先推动了数量性状基因座（QTL）定位研究（Lander and Botstein，1989）。随后出现了标记辅助选择（marker-assisted selection，MAS）（Bernardo and Charcosset，2006）。MAS 方法假定已知基因与表型的关系，其可以选择具有与主效 QTL 关联标记的个体。对于那些存在已知关联标记的主效基因，这类假设是可行的，但是对于数量性状来说，其会受到大量微效基因及环境的影响，MAS 这类方法就不再适用。这个阶段仍旧依赖大量的田间

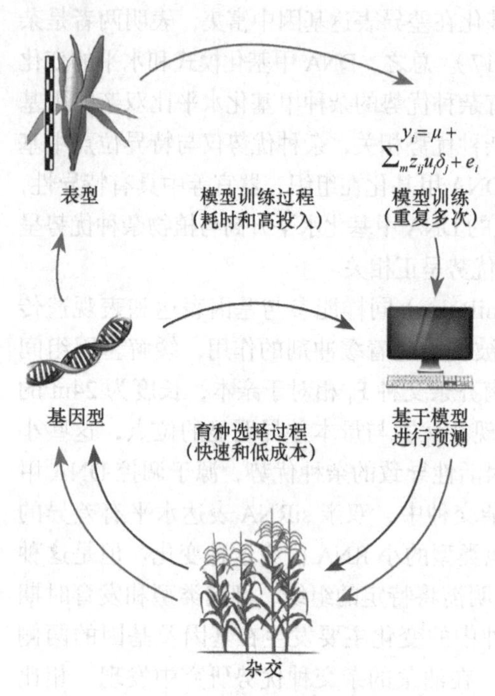

图 1-14-15　基因组选择基本过程

（引自 Wallace et al.，2018）

包括训练过程（training cycle）和选择过程（selection cycle）。前一个过程需要大量时间和经费投入，但一旦建立起准确预测模型，后续选择就会快速和低成本。图中公式：y_i 表示表型值；μ 表示平均值；z_{ij}、u_j、δ_j、e_i 分别表示不同类型的机械误差

试验。为了处理这类数量性状，需要新的统计方法来解释这种不确定性，从而获得可能的最佳预测。例如，在位点识别中，需要同时估计所有标记位点的效应。在提出这种观点的同时，Meuwissen 等（2001）将其命名为“基因组选择”（genomic selection，GS）。

与早期发展的 QTL、关联作图不同，基因组选择可以同时估计全基因组范围内所有位点的效应，来计算全基因组的育种值（genomic estimated breeding value，GEBV）。基因组选择过程包括训练过程和选择过程，训练过程中需要一个训练群体，其表型和基因型均为已知（图 1-14-15）。选择过程是根据训练群体训练得到的模型来预测未知材料（基因型已知而表型未知，即育种材料）或称为测试个体的 GEBV，以此作为育种选择的依据。

基因组选择通过对候选育种材料进行育种值大小估计，进而进行育种选择。这里育种值包含亲本平均值及孟德尔抽样造成的子代表现与平均值的偏差。传统育种中，亲本的平均水平通过家系信息来进行量化，从家系信息中可以直接得出亲缘关系矩阵 A。孟德尔抽样导致的家系内部变异则是通过在多环境田间试验的测试中来量化。基因组选择通过利用高密度的标记来量化孟德尔抽样，以此可以避免对子代进行广泛的表型调查。这样可以通过减少循环周期节省时间及其他资源，同时可以提高期望遗传增益（genetic gain）及单位时间内的选择响应。基因组选择具备快速提升低遗传力复杂性状的潜力（Crossa，2017）。

基因组选择不同于 MAS 策略，其不是仅仅利用预先定义的与性状显著相关的标记进行估计，而是利用全基因组范围内的标记来估计每个基因型的育种值。因此，需要有一定的分子标记密度，来让更多 QTL 连锁不平衡区间中至少存在一个标记，这样也就可以使这些标记捕获到更多的 QTL。目标标记密度可以由全基因组范围的 LD 衰减（LD decay）决定，利用标记间决定系数（r^2，coefficient of determination）及遗传距离之间的关系进行估计（Heffner，2009）。

LD 衰减速率和模式会受到群体特征的影响，如演化历史、种群大小、重组率和选择效应等。因此，种群间 LD 衰减率在物种间、群体间或者不同遗传区域是高度可变的。例如，水稻不同品系群体间 LD 衰减率（LD decayrate）在 75～500kb（Mather，2007），小麦优良品种群体为 10～20cM（50～100Mb）（Chao，2007），玉米不同自交系中为 0.1～1.5kb（Remington，2001a），高粱不同品系中为 15～20kb（Hamblin，2005）。因为很多因素会影响到 LD，所以上述这些只是一个参考，实际研究中需要对每一个案例进行独立的估计。LD 估计可以用来确定基因组选择标记密度。Calus 和 Veerkamp（2007）利用标记间平均 r^2 作为 LD 相关标记密度的评价指标。他们发现对于高遗传力的性状，0.15 的平均标记 r^2 足够用于分析，而对于低遗传力的性状，将 r^2 增加到 0.2 后可以提升 GEBV 预测的准确性。

基因组选择的统计模型，需要通过有限个数的表型数据来同时估计大量标记的效应。这

种标记数目远大于样本数的情况导致自由度的缺乏，必须通过选择使用最合适的统计模型来进行处理，也就是在考虑模型复杂性和计算需求的情况下，得到最高 GEBV 精度的模型。传统 MAS 认为标记效应是固定的，需要采用逐步回归（SR）的方法，通过对标记进行单独或者小群体的分割来避免自由度问题。模型选择过程中，标记会根据显著性阈值被加入或者移出模型，在此之后，未达到显著的标记其效应值被设置为 0，而显著的标记则会被同时测试来估计其效应值。这种逐步将不显著标记效应设为 0 的方法对于维护模型的可估计性至关重要。但这种方法的弱点在于，仅仅估计达到显著的标记效应时，只有一部分的标记能够被捕获到，与之对应的模型中，剩余效应会被过高估计。

岭回归最佳线性无偏预测（ridge regression BLUP，RR-BLUP）可以在基因组选择过程中一次性估计所有标记效应。相比于将标记归类为显著性标记或者零效应标记，岭回归则是将所有标记效应向着零效应缩小，这种方法假设这些标记是具有相同方差的随机效应。虽然假设相同的标记方差存在一定错误，RR-BLUP 的效果依旧优于逐步回归方法。因为其可以一次性估计所有标记效应，这样就避免了对标记的选择，也就避免了将这种选择导致的偏差引入到后续的选择过程中。基于 Meuwissen 等（2001）模拟数据估计，RR-BLUP 得到的 GEBV 准确性达到 0.732，比逐步回归和基于表型的 BLUP 高出 41% 和 33%。通过对一个玉米自交系双亲杂交群体的分析，同样印证了 RR-BLUP 的效果要比逐步回归方法更好（Bernardo and Yu，2007）。

RR-BLUP 方法的假设会导致一些大的效应被过度收缩（over shrinking），随后提出的贝叶斯方法则可以避免这种假设，从而能够更好地模拟标记效应（Hayes，2007）。Meuwissen 等（2001）对标记方差提出两种类型的先验分布：第一种类型的先验分布（BayesA 模型）是尺度逆卡方分布，这样可以使得分布的均值和方差能够符合标记预期均值和方差。在一次模拟试验中，BayesA 的 GEBV 准确性达到 0.798，比逐步回归和 RR-BLUP 都要高。Xu（2003）提出的 BayesA 方法被用于一个包含 145 个个体的大麦群体，逐步回归和 BayesA 都可以检测到那些具有较大效应的 QTL，但是 BayesA 可以提供更精确的定位和效应估计。第二种类型的先验分布与 BayesA 的不同之处在于其有一个先验质量为 0 的条件，即可以允许零效应标记的存在。BayesA 的逆卡方分布可以设置为使方差强烈回归到 0，但其本身并不允许零效应的存在。相比而言，BayesB 提供了一个更加真实的先验分布，因为我们可以预期到基因组中一些区域没有 QTL 的存在，对这些区域的标记效应应该为零效应。Meuwissen 等（2001）的结果表明，BayesB 得到的 GEBV 准确性达到 0.848，要比测试的其他方法都要高。与 BayesA 相比，除了精度高以外，其所需要的计算资源也更少。

除了上述介绍的一些参数方法，基因组选择领域还有一些非参数方法及机器学习方法，如支持向量机（SVM）、随机森林（RF）等。基因组选择方法的不断发展使其逐步适应于植物育种研究领域，而高通量测序技术的发展及标记检测成本的降低则不断推动着基因组选择的应用。目前基因组选择已成为基因组数据育种利用和数量遗传学的一个研究热点，相关的研究成果数量正在迅速增加。例如，利用多个训练群体的结果，可以发展适合特定育种群体或测试材料的最佳预测模型。大量训练和育种群体数据的累积，为发展中国家和中小种业公司通过开源育种（open-source breeding）模式实现高效、低成本的基因组选择育种创造了条件。

二、大数据技术及其育种利用

（一）大数据与机器学习

大数据概念最早由维克托·迈尔·舍恩伯格和肯尼斯·库克耶在《大数据时代》中提出，

指不用随机分析法（抽样调查）的捷径，而是采用所有数据进行分析处理。大数据有“4V”特点，即 Volume（大量）、Velocity（高速）、Variety（多样）、Value（价值）。农业大数据则是融合了农业地域性、季节性、多样性、周期性等自身特征后产生的来源广泛、类型多样、结构复杂、具有潜在价值，并难以应用通常方法处理和分析的数据集合。农业大数据同样具备大数据的基本特征，其涉及领域以农业领域为核心，逐步拓展到相关上下游产业，并且整合宏观经济背景的数据。农业大数据的出现为作物育种带来了新的契机，基于农业大数据的育种技术有望解决常规育种中存在的诸多问题。

现代生命科学研究中经常涉及大数据。随着高通量测序技术的快速发展，生物学家们真正进入了大数据时代（Marx，2013）。数据产生的成本已经不再是全基因组研究的主要问题，而分析 TB 级别甚至是 PB 级别数据的计算效率已成为目前研究的瓶颈，大数据倒逼生命领域技术创新和分析策略的发展（Berman，2013）。面对植物组学大数据，目前可以寻求的解决方案包括可伸缩的并行计算基础设施、大规模数据管理方案及智能数据挖掘分析，这与任何生产大数据的研究领域面临的挑战相似（图 1-14-16）。ApacheHadoop 生态系统为数据存储、访问和自动并行处理提供了一个库和一套工具，它被认为是一个很有前景的平台，可以解决大数据分析面临的两个问题：并行计算与存储管理。海量数据、高维度、复杂或非结构化、不完整、噪声和错误的独特特征严重挑战了传统的统计方法（主要应用于小样本分析），同时，

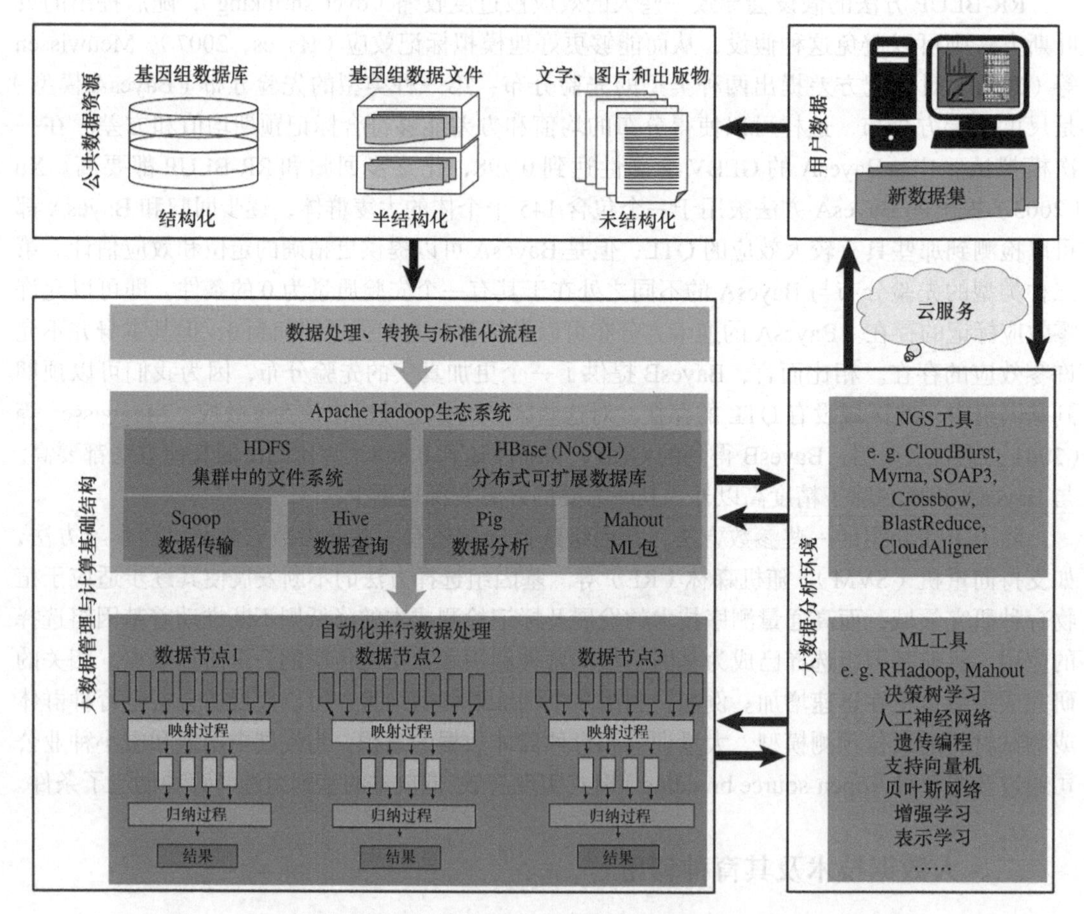

图 1-14-16 植物基因组大数据机器学习分析框架（引自 Ma et al.，2014）

大数据技术通常指处理超大数据集的技术创新的 3 个方面：自动并行计算、数据管理方案和数据挖掘分析。植物基因组大数据机器学习分析同样需要包括大数据管理计算设备、集成植物基因组数据库、公共数据集的大数据存储域和生物信息学分析工具等

生物系统非常复杂，传统统计方法（如经典线性回归和基于相关的统计分析）无法充分描述它们，这些统计方法是基于假设或者预先确定的数据分布。这样要求生物学者重新思考数据分析策略，并创造强有力的新工具来分析数据。许多现代技术则是数据驱动的，能够提供更加可行的解决方案，如机器学习方法。机器学习，如支持向量机和分类树等，并不需要假定数据的分布。近几十年来，生物学家一直认为机器学习是一种用于数据驱动发现的高性能、可伸缩的学习系统（Bassel，2011；Ma et al.，2014）。因此，植物学领域不仅需要建立自己的大数据并行计算和数据管理平台，还需要寻找新的分析方法来从海量的数据中提取信息。

机器学习在计算机科学、统计学、人工智能等领域应用广泛，在挖掘大数据中隐藏的信息方面受到数据科学家的青睐。机器学习（machine learning，ML）指通过计算机学习，从训练数据集中提取重要信息来获得对未知数据集的预测能力（Mjolsness，2001）。机器学习涉及计算科学、统计学、人工智能和信息论等诸多学科领域。根据学习任务的目标，机器学习主要包括有监督学习和无监督学习两类。有监督学习指训练集有明确的输出，例如，为了预测拟南芥中盐胁迫相关基因，其训练集中每个基因都会对应+1 或者−1 的标签，分别表示胁迫响应和非胁迫响应基因。无监督学习指训练集中只有属性而没有对应的输出。有监督学习可以根据输出结果是质量型或者数量型，进一步分为分类算法和回归算法（Tarca，2007）。分类算法的目的是预测样本的标签，而回归则涉及对趋势的估计及对实际输出的预测。在二进制分类问题中，我们通常使用标签+1 或−1 来标记每个样本，这两个类别的样本分别成为正样本或负样本。此外还有其他更加复杂的机器学习算法（Zhao，2014；Bordes，2005）。实际研究中遇到的机器学习问题包括分类、回归、聚类、推荐（recommendation）、降维（dimensionality reduction）、网络分析、密度估计等。

建立一个机器学习模型系统是一个复杂的、多步骤的，有时候甚至是循环的过程，其主要包括 3 个基本步骤。第一步，对原始数据进行预处理来获得更具有代表性、质量更好的数据集。数据预处理包括清洗、标准化、转换、缺失数据处理，以及进一步的提取和选择。数据处理是机器学习中重要的一步，其能够去除冗余信息、噪声，以及不可信数据。第二步，基于对数据和学习任务选择的机器学习算法，训练预测模型。模型训练通常包括确定模型结构和参数估计。第三步，通过评估矩阵对训练模型进行整体评估。一个比较流行的评估方法是交叉验证，这种方法可以有效避免过度适应（overfitting）。考虑到模型预测的准确性、可靠性和计算时间，各种类型的矩阵被用于评估机器学习系统的整体质量。对于很多复杂的生物系统，可以获得各种类型的信息和先验知识。如何把这些信息整合到模型学习中，是机器学习的一个重要环节。

与机器学习相关的另外一个热门技术是深度学习（deep learning）。有人将其作为机器学习的一种方法或前沿技术。深度学习的概念源于人工神经网络的研究，由 Hinton 等于 2006 年提出。深度学习是一种基于对数据进行表征学习的方法，其目的是建立类似人脑可以进行分析学习的人工神经网络，用于判读图像、声音和文本等。深度学习与传统机器学习之间的区别在于对特征的定义（Shaikh，2017）。传统机器学习方法，需要事先定义一些特征用于训练或学习。例如，人脸识别，需要事先定义胡须、耳朵、鼻子、嘴巴等作为人脸识别的面部特征，作为机器学习的特征，以此来对我们的对象进行分类识别。而深度学习方法则更进一步。深度学习可以自动地找出这个分类问题所需要的重要特征，这是深度学习与传统机器学习之间最重要的区别。那么，深度学习是如何做到这一点的呢？以人脸识别的例子来说，深度学习分为 3 个步骤或网络层级：首先，是输入层，输入的数据是原始数据（raw data），这些数据机器没法理解，于是，深度学习尽可能找到与这个头像相关的各种边，这些边就是底层的特征（low-level feature）；然后，对这些底层特征进行组合，就可以看到鼻子、眼睛、耳朵等，它们就是中间层特征（mid-level feature）；最后，对鼻子、眼睛、耳朵等进行组合，这样就可以组成出各种各样的头像了，也就是高层特征（high-level feature）。这个时候就可以识别或者分类出各种头像了。

理解了机器学习和深度学习的基本原理，就不难总结出两种技术的具体区别：①数据依赖。深度学习适合处理大数据，而数据量比较小的时候，用传统机器学习方法也许更合适。②硬件依赖。深度学习十分依赖于高端的硬件设施，因为计算量实在太大。深度学习中涉及很多矩阵运算，因此很多深度学习都要求有GPU参与运算（因为GPU就是专门为矩阵运算而设计的）。相反，普通的机器学习只需一台普通电脑就可以运行了。③特征工程。我们在训练一个模型的时候，需要首先确定有哪些特征。在机器学习方法中，几乎所有的特征都需要通过行业专家确定，而深度学习算法试图自己从数据中学习特征。这也是深度学习十分引人注目的一点，毕竟特征工程是一项十分烦琐、耗费很多人力物力的工作，深度学习的出现大大减少了发现特征的成本。④解决问题的方式。在解决问题时，传统机器学习算法通常先把问题分成几块，一个个地解决好之后，再重新组合起来。但是深度学习则是一次性、端到端地解决。⑤运行时间。深度学习需要花大量的时间来训练，因为有太多的参数需要去学习。例如，顶级的深度学习算法ResNet需要花两周的时间训练，而机器学习一般几秒钟最多几小时就可以训练好。⑥可理解性。深度学习很多时候我们难以理解，这可以算作深度学习的一个缺点。一个深层的神经网络，每一层都代表一个特征；当层数变多，也许根本就无法知道它们代表什么特征，就没法把训练出来的模型用于对预测结果的解释。例如，我们用深度学习方法来批改课程论文，也许训练出来的模型对论文评分十分准确，但是我们无法理解模型到底是基于什么规则进行打分的，因为往往深度学习模型太复杂，内部的规则很难理解。这样一来，如果那些拿了低分的学生提出质疑，我们也许无言以对。但是机器学习不一样，例如，决策树算法，就可以明确地把规则列出来，包括每一个规则或特征。这样就可以很好地对低分论文的失分原因给出解释。

（二）机器学习在组学数据分析中的应用

早在2001年，Pierre Baldi和Soren Brunak编写了一本著名的生物信息学教材*Bioinformatics*：*The Machine Learning Approach*（生物信息学——机器学习方法）（2003年中文版出版）。这本经典教材系统总结了生物序列数据分析中涉及的机器学习算法，如动态规划、马尔科夫链-蒙特卡罗、HMM、EM，等等。看来机器学习方法早已在分子生物学领域（至少在生物信息学领域）被广泛应用。时至今日，机器学习方法已经被广泛应用于基因组学、转录组学、蛋白质组学和系统生物学的大规模数据分析中（Kelchtermans et al.，2014；Washburn et al.，2019）。

机器学习目前在植物基因组研究领域已有一些成功应用，如基因组拼接和注释、基因调控网络推断，以及基因功能预测等方面，列举如下：①基因组拼接。为了提升基因组拼接质量，机器学习被用来检测由于重复序列导致的拼接错误。这项技术在使用基于Hadoop的并行计算拼接组装大型、高度重复的作物基因组时非常有用。例如，基因组大小达到17Gb的多倍体小麦基因组，传统*de novo*拼接技术难以应对。机器学习被用来区分小麦3个亚基因组中高度相似的同源基因（Brenchley et al.，2012）。考虑到多倍化在植物界中广泛存在，机器学习可以用来确定多倍体植物中同源基因的表达水平和基因型。机器学习可以通过RNA-Seq数据识别可变剪切不同转录本。该技术在动物中已得到很好的应用（Li et al.，2013）。②基因表达预测。机器学习改变了面部识别、语音识别、无人驾驶等的预测方法，其已经具备在遗传领域应用的潜质。但是直接应用现有的方法而忽略生物系统中的进化依赖性会导致很多问题。以预测 DNA 启动子区域 mRNA 水平为例，直接采用图像识别问题中的机器学习方法会忽略生物系统的进化依赖性，致使训练数据集和测试数据集产生依赖性。例如，基因家族的基因被分别划分到测试数据集和训练数据集，导致最终模型的过度拟合或者假阳性结果。为应对这些问题，Washburn 等（2019）设计了两种卷积神经网络（convolutional neural network，CNN）模型，用来预测 DNA 启动子 / 终止子区域的 mRNA 表达水平，这两个模型可以实现预测一个基因属于高表达还是低表达，以及两个直系同源基因集中哪个有更高的 mRNA 丰度。第一种模型被称为“基因家族介导的分割”（gene-family guided splitting），可以使用基因家族的信息来确保同一个家族的基因不会被分开到训练数据集和测试数据集中；第二种模型是“直系同源比对”（ortholog contrasts），其可以限制进化依赖性。在启动子、终止子同时作为输入预测基因高表达 / 不表达的测试中，其精度达到了 86.6%，而两者分别作为输入预测基因高表达 / 不表达的测试中模型精度也都超过了 80%。③基因调控网络推断。生物功能是通过细胞内基因间复杂的分子相互作用来实现的，这些相互作用通过网络来表示，如转录因子与靶基因之间的调控关系，可以极大地帮助生物学家形成假说和识别实验验证的候选基因。基于基因的共表达模式，研究人员可以模拟重构调控网络，然而，在这样的一个网络中，两个基因的关联只是暗示了它们功能的潜在联系，并不一定反映直接的调控。基于机器学习，可以把来自不同数据源的多种类型调控证据集成到基于表达的网络中，以提高调控网络的推断准确性。目前在拟南芥、水稻和玉米等植物中，大量类似的数据集均可获得，这使得将基于机器学习的调控网络综合推断应用成为可能。④基因功能预测。在拟南芥中，28 775 个基因中只有 16% 已经进行了功能研究，46% 的基因通过同源预测进行了功能注释。在作物及其他非模式植物中，很大比例的基因依旧缺乏功能注释。而在动物的研究中，基于机器学习的多数据源集成预测基因功能已经成为一种新的策略。集成学习结合了一套有监督的机器学习方法，包括支持向量机、随机森林、人工神经网络和贝叶斯马尔可夫随机场，已经被用来从各种类型的证据中预测基因功能。此外，有关基因产物的蛋白质的一系列信息也有助于推断其功能。在蛋白质注释中，基于机器学习的 2D 和 3D 结构预测、亚细胞定位、蛋白质家族描述、蛋白质相互作用，以及蛋白质突变的功能效果已经在动物和植物的研究中得到应用。大多数作物都是单子叶植物，缺乏拟南芥的 T-DNA 突变体等反向遗传系统，因此，基于机器学习的基因功能和蛋白质特性的模拟集成预测，可以大大加快后基因组时代农业重要基因的发现。为了保证机器学习模型的应用效果，物种特征的训练数据十分必要。目前植物的机器学习模型大多训练自拟南芥数据，急需开展对不同植物物种基因组及其功能基因资源、实验数据和相关文献等的梳理，建立植物物种特征的训练数据集。

（三）基于机器学习的组学大数据育种技术

组学数据育种利用是植物基因组研究的一个重要目的，也是作物育种领域的迫切需求。目前国内外已有大量研究力量投入其中，已展现出美好应用前景，特别是在基于基因组序列预测水稻重要农艺性状和杂种优势等方面。

基因组数据育种利用的前景取决于我们对基因型数据与表型的关联分析能力。具体到作物育种方面，则是我们能够对基因型数据与产量、抗性等农艺性状表型数据的关联分析能力，特别是基于基因组序列从头（*de novo*）预测作物农艺性状技术水平。基于机器学习的基因组数据-性状预测研究还处于起步阶段。在作物基因组选择中，它已被用于基于一定数量分子标记进行性状预测。其在人类和动物中已经取得一定进展，获得一些成功应用的案例。例如，Lippert 等（2017）利用基因组数据及详细的人脸表型数据作为训练数据库，建立了机器学习模型，搭建起二者之间的关联。研究人员开发了一种最大熵算法，集成多种预测手段，确定哪些基因组数据和表型数据来自于同一个人。基于这种算法和 1061 名不同血统的参与者，研究人员建立了一个从 WGS 数据中识别个体和估计年龄、肤色等的预测模型。尽管训练样本规模不大，统计模型能力有限，但取得了不错的预测准确率。虽然从模型角度来说，每个模型能够提供的个体识别信息非常有限，但是研究人员从多个预测模型中获得了最优相似度的度量，这些预测模型能够使基因组和表型特征的匹配具有良好的准确性。随着时间的推移和数据的积累，这种预测将会更加准确。对于作物育种研究，同样可以在基因组数据与农艺性状相关的表型数据之间建立机器学习模型，通过大量数据的训练，确定合适的基于基因组数据直接估计表型的模型，并在育种改良中加以应用。以水稻为例（图 1-14-17），机器学习应用过程首先包括组学数据收集处理、算法选择、模型训练等，然后深入应用于育种过程的各个环节（如基因组选择、基因组编辑、基因组设计和合成、杂种优势预测等）。

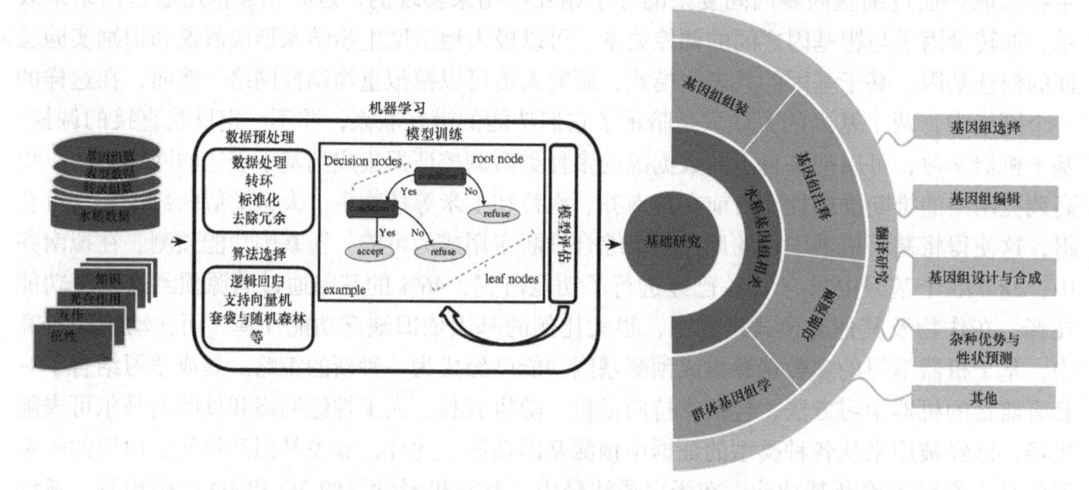

图 1-14-17 基于机器学习的水稻基因组数据育种利用框架

从左向右分别为：水稻和其他基因组数据、数据处理与算法选择、模型训练、用于相应水稻基因组相关基础研究（基因组拼接、功能基因分析等）、进一步应用于基因组育种过程（基因组选择、基因组编辑、基因组设计与合成、杂种优势与性状预测等）

基于基因组序列预测杂交组合的杂交种优势是另外一个潜在应用领域。杂交种优势利用育种过程中，育种者需要开展大量组配工作，寻找最佳的两个亲本组合。由于无法通过双亲的表型性状来预测杂交种优势大小，育种者不得不进行大量随机组合获得杂交种，然后根据杂交种田间表现判断杂交种优势大小。如果能够根据两个亲本基因组构成预测它们的杂交种优势大小，将极大减少随机组配工作量，提高育种效率。目前已有不少课题组开展该研究，并提出了相应的预测方法，如针对玉米和水稻开展的有关工作（Riedelsheimer et al.，2012a；Xu et al.，2014b）。但是目前的方法均利用有限基因组变异数据（所谓分子标记或降维数据），无法真正利用所有基因组变异，因此解释的遗传变异比例有限，预测准确率不高。由于高通量测序成本下降，目前已比较容易获得亲本基因组序列，需要的是建立预测模型并用合适的训练数据集训练模型。一个准确并具有代表性的训练数据集是目前基因组数据利用的一个难点，这样的数据集（包括其基因组及其表型的准确信息）非常难以获得。另外一个难点是模型的选择，需要根据作物基因组特征进行构建。一个合适的模型可以最大限度地解释遗传变异。可以预见，真正在育种中高效利用基因组大数据还有相当长的路要走。

第 1-15 章　植物基因组数据资源

扫码见
本章彩图

第一节　综合性基因组数据资源

植物基因组数据资源包括植物基因组及其他组学数据，它们一般被储存在国际公共基因组数据库、植物综合性基因组数据库、特定物种基因组数据库和一些专业数据库中。

一、国际公共基因组数据库

（一）国际公共核苷酸序列数据库

目前国际上有 4 个主要的核苷酸序列公共数据库，包括欧洲生物信息研究所（European Molecular Biology Laboratory-European Bioinformatics Institute，EMBL-EBI）维护的欧洲分子生物学实验室（ENA）、美国国家生物技术信息中心（NCBI）的基因银行（GenBank）、日本 DNA 数据库 DDBJ（DNA Data Bank of Japan），以及 2017 年成立的位于中国北京基因组研究所的生命与健康大数据中心 BIGD（BIG Data Center）（表 1-15-1）。其中前 3 个数据库构成了国际核苷酸序列数据库合作组织 INSDC（International Nucleotide Sequence Database Collaboration，http://www.insdc.org），INSDC 的 3 个数据库每天进行数据交换，所以这三大国际数据库在任何给定时间均包含相同的数据。而 BIGD 通过建立大数据储存、开展原始组学存储与共享服务，成为生物大数据汇交共享平台，其核苷酸序列数据库（GSA）成为继 GenBank、ENA、DDBJ 之后的第四个核苷酸序列公共数据库，目前 *Cell*、*Nature Communications*、*PNAS*、*Genome Research* 等刊物都认可该数据库记录。上述这些数据库均包括来自植物的所有核苷酸序列或基因组序列。

表 1-15-1　基因组序列相关综合性数据库

数据库类别	数据库	网址
综合性基因组数据库	NCBI	http://www.ncbi.nlm.nih.gov
	EMBL-EBI	http://www.ebi.ac.uk
	BIGD	http://bigd.big.ac.cn
国际公共核苷酸序列数据库	GenBank	http://www.ncbi.nlm.nih.gov/genbank
	ENA	http://www.ebi.ac.uk/ena
	DDBJ	http://www.ddbj.nig.ac.jp
	GSA	http://bigd.big.ac.cn/gsa

（二）综合性基因组数据库

综合性基因组数据库往往包含大量基因组相关数据及其注释信息。NCBI 除了维护公共核苷酸数据库 GenBank 外，还包含很多具有特定功能的基因组相关数据库。例如，① RefSeq 数据库：会对基因组、转录组、蛋白组的参考序列按照物种进行定期整理，去除冗余注释，为 NCBI 其他特定功能数据提供数据支持；② Genome 数据库：可以实现对基因组序列注释数据的获取，以及组装和注释的基本信息的浏览；③ Gene 数据库：不但可以获取一些基因记录的基本注释如命名、物种、功能、参考序列、变异、文献等，还可以获得整合自 BioGrid、STRING 及 IntAct 等数据库的基因与基因、基因与蛋白、基因与 mRNA 的互作信息；④ Protein 数据库：整合了不同来源的蛋白序列，包括 GenBank、RefSeq 和 TPA 编码序列翻译来的蛋白序列，以及来自 SwissProt、PIR、PRF 和 PDB 的记录；⑤ GEO DataSets 数据库：储存了基因表达数据。除了特定功能的数据库，NCBI 还开发了许多有用的在线分析工具。例如，其中最有名的就是 BLAST，几乎已经成了序列比对的代名词，现在已经衍生出许多类型和版本的 BLAST 相关软件，它可以用于特定基因组序列的搜索；MAP Viewer 则是 NCBI 开发出的基因组浏览器，可以用来查看基因在基因组所处的位置及相关的信息。

与 NCBI 相对应的另一大综合性门户网站 EMBL-EBI，同样囊括了庞大的基因组相关子数据库和在线工具。其中最有名的子库当属广为人知的 Ensembl 数据库，其提供了大量物种参考基因组及相关注释并提供基因组浏览器等工具。另外还有高质量蛋白数据库 Swiss-Prot；不同物种间不同生物学条件下的基因组表达数据库 Expression Altas；重要功能域数据库，如 PFAM、RFAM、PRIDE 等。EMBL-EBI 同样也开发了许多重要、好用的在线生物信息学工具。例如，已经广泛应用于生物学研究，与 BLAST 相对应的 HMMER，它基于隐马尔科夫模型快速搜索同源蛋白；InterProScan 可以利用各类主流数据库蛋白标签用于预测蛋白功能，等等。

我国作为国际基因组数据最大产出国之一，建立了 BIGD 数据库。该数据库除了可以提供公共核苷酸序列数据库功能外，还陆续建立了 ICG、LncRNAWiki、MethBank 及 GVM 等专门数据库。例如，基因组变异图谱数据库（Genome Variation Map，GVM）囊括了人类基因组、主要栽培植物，以及驯化动物的 SNP、Indel 等变异；MethBank 提供了多个模式物种的基因组水平甲基化数据并提供了高分辨率的甲基化互作浏览器；ScienceWikis 生物知识库（包括 LncRNAWiki、ICG、RiceWiki 等 6 个数据库）为生物学百科知识提供基础。

除了以上三大综合性数据库之外，还有一些综合性基因组数据库。例如，美国能源部联合基因组研究所（JGI）建立了基因组数据库“JGI Genome Portal”。该数据库是由基因组在线数据库 GOLD（Genomes OnLine Database）、微生物基因组及宏基因组综合数据库 IMG/M（Intergrated Microbial Genomes and Metagenomes）、真菌综合基因组数据库 MycoCosm，以及植物综合基因组数据库 Phytozome 组成。其中 GOLD 数据库可以对基因组项目的详细信息进行多个层面的查询，既可以从项目类型，如全基因组从头测序、全基因组重测序及转录组测序，也可以从项目的进展，如是否已经发表、分析是否已经完成等方面进行查询。而其余 3 个子数据库可以分别对相关有需要的基因组进行查询并完成所需要的在线分析。同时，可以根据 JGI Genome Portal 提供的生命之树对相应基因组或者进行的基因组测序项目进行查询（图 1-15-1）。

二、植物综合性基因组数据库

（一）植物参照基因组数据库

目前植物基因组综合数据库主要包括 Phytozome、Ensembl Plants、PlantGDB、Gramene 及 PLAZA 等（表 1-15-2）。这 5 个数据库囊括了目前已经发表的大部分植物基因组的信息，包

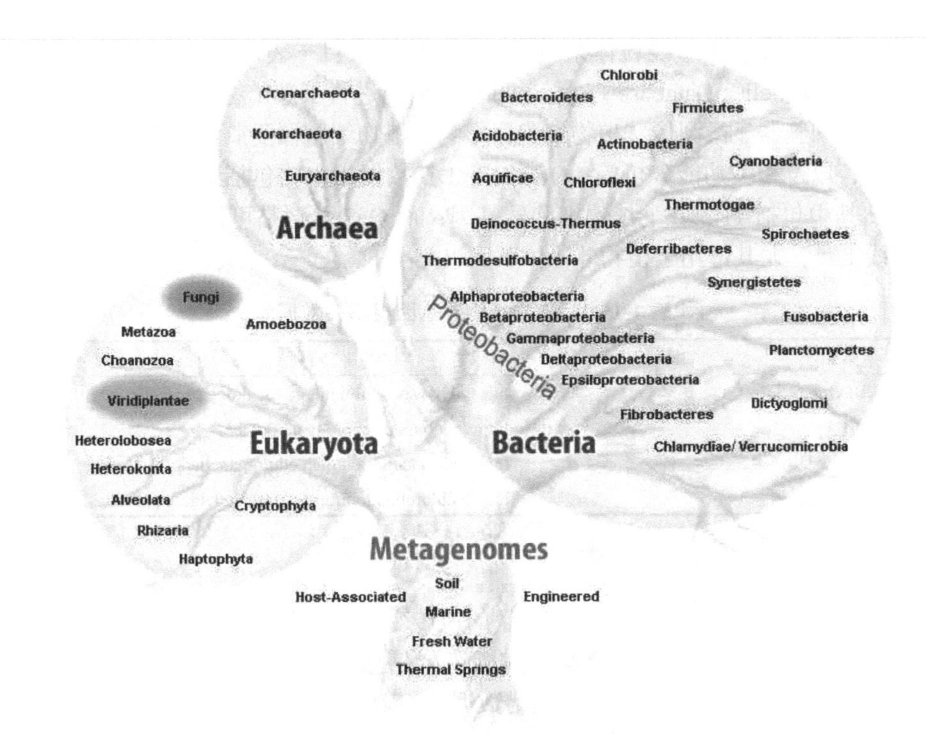

图 1-15-1　美国能源部联合基因组研究所（JGI）提供的基于生命之树的基因组查询界面（https://genome.jgi.doe.gov/portal/pages/tree-of-life.jsf）

括基因组序列和注释信息等，以及简单的序列搜索比对功能、比较基因组学功能等，并且这 5 个数据库能够实时更新。Phytozome 数据库是目前植物基因组学中数据最全的一个数据，在 Phytozome V12.1.5 的版本中，共有 92 个拼接并被注释的基因组，而且 Phytozome 数据库中所有基因都已经经过 KOG、KEGG、ENZYME、Pathway 及 InterPro 蛋白家族分析的注释，所有的基因组和注释都按照界、门、纲、目、科、属、种这样严谨的物种分类进行排列，可以说是最全面的植物综合数据库。Gramene 数据库最近的更新（release #56）当中共有 53 个植物参考基因组；Ensembl Plants 与 Gramene 有着直接的合作关系，保持数据的互通，同样也包括 53 个植物参考参考基因组。另外 3 个数据库则更偏重比较植物基因组学相关功能。由此可见，几个数据库各有优点，在具体使用过程中可以互相弥补。值得注意的是，在对具体植物基因组下载及使用时，一定要注意植物基因组拼接序列和注释版本的一致性，以免出现麻烦。

表 1-15-2　主要植物基因组综合数据库

数据库	网址
Phytozome	https://phytozome.jgi.doe.gov/pz/portal.html
Ensembl Plants	http://plants.ensembl.org/index.html
PlantGDB	http://www.plantgdb.org/
Gramene	http://www.gramene.org/
PLAZA	https://bioinformatics.psb.ugent.be/plaza/

在植物基因组中，除了核基因组之外，还有线粒体和叶绿体基因组。NCBI 的细胞器数据库 Organelle 是目前最全的细胞器基因组数据库，其中共有 2775 个植物细胞器条目，包括

1971个叶绿体条目、291个线粒体条目及513个质粒条目（表1-15-3）。植物细胞器数据库PODB（Plant Organelles Database）对植物细胞器研究进行了总结综合，包括植物细胞器基因组数据、植物细胞器显微图像、植物细胞器影响、植物细胞器受刺激后变化影响、植物细胞器研究协议，以及相关功能分析等；Organelle DB数据库主要包括细胞器蛋白及细胞器结构和复合体，其中包括11 590个植物细胞器基因；而GeSeq则是可以用于植物细胞器基因组注释的在线工具，尤其适用于植物叶绿体基因组。

表1-15-3 植物细胞器基因组相关数据库

数据库	网址
NCBI Organelle	https://www.ncbi.nlm.nih.gov/genome/organelle/
PODB	http://podb.nibb.ac.jp/Organellome/
Organelle DB	http://labs.mcdb.lsa.umich.edu/organelledb/
GeSeq	https://chlorobox.mpimp-golm.mpg.de/geseq.html

（二）植物群体基因组数据库

植物自然群体和作物群体均包含着大量的遗传变异。目前一般通过全基因组重测序进行遗传变异鉴定，如SNP、InDel、CNV、SV等变异信息。目前已经有相当数量的群体基因组相关公共数据库。BIGD的基因组变异图谱数据库GVM（Genome Variation Map），主要提供了除人类相关物种之外，12个栽培植物物种的SNP和Indel两大类变异信息，除动物物种之外，还包含了12个栽培植物物种，其中水稻、玉米和大豆3个物种还提供了表型与基因型关联信息（表1-15-4）。植物领域已开展了不少大规模群体基因组测序项目，如国际拟南芥1001基因组项目（The 1001 Genomes Project）及水稻3K（3000个）基因组项目等。基于水稻3K基因组数据建立了数个水稻群体基因组数据库，如RPAN、Rice SNP-seek、水稻变异信息数据库、RiceVarMap、水稻综合变异信息数据库等。水稻泛基因组RPAN数据库（http://cgm.sjtu.edu.cn/3kricedb/）提供了大量遗传变异信息。如图1-15-2所示，可以清晰地观察水稻中抗盐抗旱基因*Os12g0569600*在3000份水稻中的分布，从而可以更好地辅助水稻育种。植物群体数据也可以用来预测植物种群历史，如在线植物种群数据库COMPADREV4.0，它构建了植物种群矩阵模型，预测了695个植物物种种群的变化。

表1-15-4 植物群体基因组相关数据库

数据库	网址
GVM	http://bigd.big.ac.cn/gvm/
COMPADRE	https://www.compadre-db.org/
RPAN	http://cgm.sjtu.edu.cn/3kricedb/
RICE SNP-SEEK	http://snp-seek.irri.org/
RiceVarMap	http://ricevarmap.ncpgr.cn/v2/
Angiosperm Phylogeny Website	http://www.mobot.org/MOBOT/research/APweb/welcome.html
Timetree	http://www.timetree.org/
plaBiPD	http://www.plabipd.de/
PIECE	https://wheat.pw.usda.gov/piece/
GreenPhylDB	http://www.greenphyl.org/cgi-bin/index.cgi
Phylogeny.fr	http://phylogeny.lirmm.fr/phylo_cgi/index.cgi
ITOL	https://itol.embl.de/

除了针对单个物种群体基因组，也可以利用每个植物物种基因组，建立整个植物界物种之

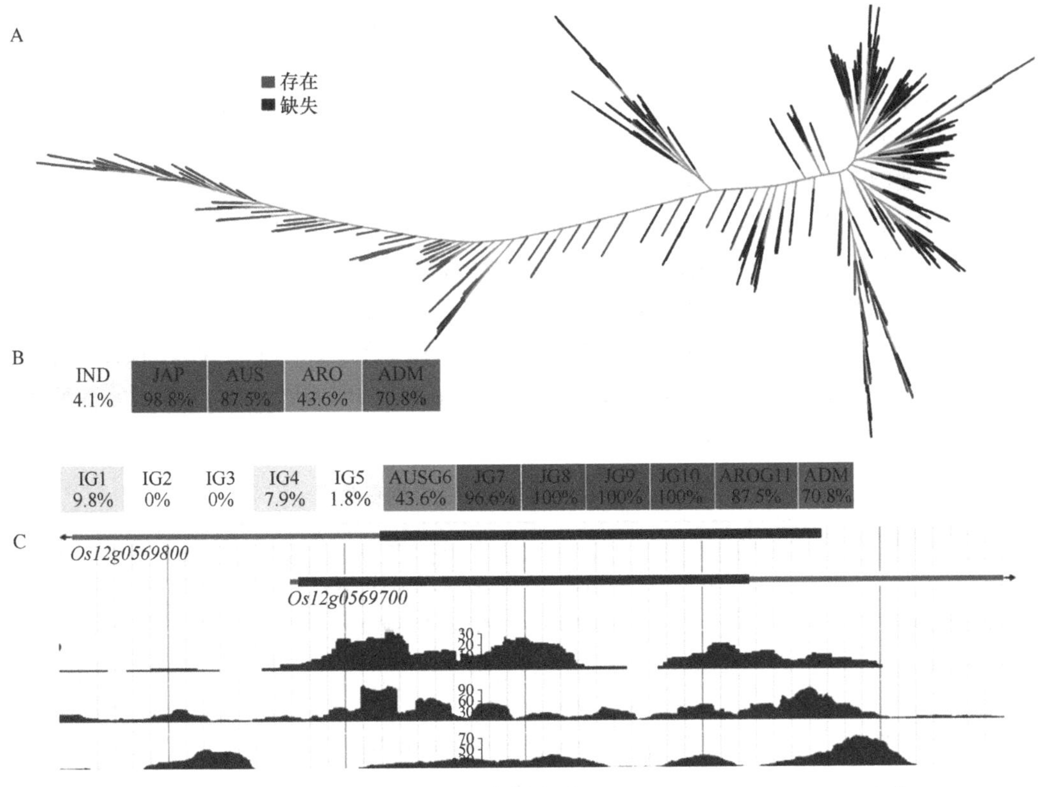

图 1-15-2　水稻泛基因组 RPAN 数据库（http://cgm.sjtu.edu.cn/3kricedb/）搜索结果界面（以抗盐抗旱基因 *Os12g0569700* 搜索结果为例）

A 和 B 表示数据库材料总体情况（类型和亲缘关系）；C 为具体搜索结果

间的进化关系和比较基因组学信息。目前已有一些这样的在线基因组数据库资源（表 1-15-4）。例如，Timetree 可以非常方便地查询到数个物种之间的进化关系、分化时间等，同时还提供了各个植物入门级别的进化描述电子书、各类进化资源及其研究等，对于研究物种进化的工作者们提供了很大帮助；Angiosperm Phylogeny Website 提供了被子植物的进化关系和相关信息；plaBiPD 提供了所有发表植物基因组的时间轴，同时还按照开花植物和不开花植物对所有植物基因组按照科属种进行分类。

在对植物群体数据进行分析的时候，除了利用本地软件进行处理之外，很多在线的工具资源也十分必要（表 1-15-4）。例如，PIECE 和 GreenPhylDB 均提供了数十个植物物种基因家族的比较和进化分析，而 Phylogeny.fr 则开发了一个很好的多功能进化分析平台，囊括大部分已知的群体进化分析基础软件，ITOL 则是在进化树构建和美化方面广为人知。

第二节　植物转录与修饰相关数据资源

一、植物转录相关数据库

（一）转录组相关数据

在遗传学中，表达序列标签（expressed sequence tag，EST）是 cDNA 序列从 5′ 或 3′ 端

测序得到的一段 cDNA 序列。EST 可以被用于鉴定基因转录本，同时在基因挖掘和基因位置定位中起到重要作用。在 NGS 还未出现之前，已产生了大量 EST 数据，目前 NCBI dbEST 数据库（www.ncbi.nlm.nih.gov/dbEST/）中共有 7.42 亿条 EST 条目，是目前科研工作者获取 EST 数据的最主要渠道。

高通量基因表达测定技术（如基因芯片）和全转录组测序技术（DGE、RNA-Seq 等），为揭示植物在某个特定时期基因是否表达和表达丰度提供了最重要技术。目前在公共基因组表达数据资源中，NCBI 的子数据库 GEO（Gene Expression Omnibus）是最大也是最全面的，包括芯片和高通量测序数据（表 1-15-5）。GEO 由数据集组“Datasets”和表达谱“Profiles”两大部分组成。数据集组由所提交样本中有生物学意义和在统计学上可比较的数据集组成，而表达谱则是存储了来自数据集组中的基因表达谱信息。同时 GEO 还提供了搜索、样本比较、聚类等一系列表达分析工具。

表 1-15-5　植物转录组相关数据资源

数据库	网址
GEO	https://www.ncbi.nlm.nih.gov/geo/
Expression Atlas	https://www.ebi.ac.uk/gxa/home
PLEXdb	https://www.plantgdblprjl PLEXdb/
ATTED-Ⅱ	http://atted.jp
GENEVESTIGATOR	https://genevestigator.com/gv/
PlantExpress	http://plantomics.mind.meiji.ac.jp/PlantExpress/
MODOMICS	http://modomics.genesilico.pl
Rfam	http://rfam.xfam.org
RNALocate	http://www.rna-society.org/rnalocate/

相对于 GEO 数据库的巨大规模而言，PLEXdb（Plant Expression Database）侧重于数量有限的植物和植物病原体表达数据，通过整合包括 GEO、Gramene、Phytozome、TAIR、MaizeGDB、SoyBase 等一系列专业数据库中的表达数据，提供了目前包含的 14 个植物物种更加综合精细的注释，同时提供包括了数据提交、浏览和分析数据、指定基因列表分析等功能表（表 1-15-5）。此外，EMBL-EBI 的 Expression Atlas 数据库提供了 6 个植物物种的表达数据和分析，而 PlantExpress 数据库则针对水稻和拟南芥两个模式物种建立了基因表达网络分析平台。日本科学家构建的植物共表达数据库 ATTED-Ⅱ为植物中未知功能基因的关系提供了依据。该数据库利用独立的芯片数据和 RNA-Seq 数据证明了共表达分析的可重复性和表达数据的可靠性，说明基于转录组数据的基因共表达网络具有一定的生物学意义。目前 ATTED-Ⅱ数据库共提供了 9 种植物的 16 个共表达分析平台结果和可视化等一系列功能。在线转录组分析工具 GENEVESTIGATOR 功能全面，其目前共包含来自 11 个植物的超过 24 000 个芯片和 RNA-Seq 数据样本，可以通过基因搜索、分层聚类、共表达分析、功能富集等系列在线工具，实现在单个实验中查找关键基因，鉴定影响目标基因的环境影响因素和不同环境下的表达模式分析等。GENEVESTIGATOR 分为基础版、付费版和企业版，目前付费版只提供 7 天试用期，免费的基础版则功能有限。

除了上述表达相关的在线资源之外，还有一些其他功能的在线资源（表 1-15-5），如 MODOMICS 是 RNA 修饰相关在线数据库，Rfam 是 RNA 功能注释在线数据库，RNALocate 是 RNA 在细胞定位在线数据库等。

（二）非编码 RNA 数据库

真核生物基因组中编码了数以千计的非编码 RNA（ncRNA），这些非编码 RNA 在基因表达的转录及转录后的调控中发挥了重要作用，小 RNA（如 miRNA）和长非编码 RNA（lncRNA）尤其重要。以下对植物以 miRNA 和 lncRNA 为主的 ncRNA 在线数据资源进行总结（表 1-15-6）。

表 1-15-6　植物非编码 RNA 数据资源

数据库	网址
miRBase	http://www.mirbase.org
PmiRKB	http://bis.zju.edu.cn/pmirkb/
PMRD	http://bioinformatics.cau.edu.cn/PMRD/
PlanTE-MIR DB	http://bioinfo-tool.cp.utfpr.edu.br/plantemirdb/
miRTarBase	http://mirtarbase.mbc.nctu.edu.tw
PASmiR	http://pcsb.ahau.edu.cn:8080/PASmiR
TAPIR	http://bioinformatics.psb.ugent.be/webtools/tapir/
psRNATarget	http://plantgrn.noble.org/psRNATarget/
Semirna	http://www.bioinfocabd.upo.es/semirna/
spongeScan	http://spongescan.rc.ufl.edu
RegRNA	http://regrna2.mbc.nctu.edu.tw
NONCODE	http://www.noncode.org
GREENC	http://greenc.sciencedesigners.com
PNRD	http://structuralbiology.cau.edu.cn/PNRD/
CANTATAdb	http://yeti.amu.edu.pl/CANTATA/
PLNlncRbase	http://bioinformatics.ahau.edu.cn/PLNlncRbase/pcsb
PceRBase	http://bis.zju.edu.cn/pcernadb/
PlantcircBase	http://ibi.zju.edu.cn/plantcircbase/
PlantCircNet	http://bis.zju.edu.cn/plantcircnet/

目前已经有相当数量的 miRNA 数据库。例如，miRBase 包括各类生物的 miRNA 数据，其中收录了来自 86 个植物物种的 miRNA 基因（Release 22，2018），包括 miRNA 序列及相关注释信息；Rfam 数据库提供了基于同源关系的 ncRNA 功能注释；PmiRKB（Plant MicroRNA Knowledge Base）数据库和 PMRD（Plant MicroRNA Database）是植物的专业 miRNA 数据库。还有一些植物 miRNA 特定功能数据库，例如，miRTarBase 为 miRNA 靶向互作数据库，PlanTE-MIR DB 为转座子相关植物 miRNA 数据库，而 PASmiR 则是与逆境调节相关植物 miRNA 数据库。除了 miRNA 在线数据库，还有一些 miRNA 在线分析工具，如最常见的 miRNA 鉴定在线工具 psRNATarget、TAPIR 和 Semirna；鉴定 miRNA 海绵结构的 spongeScan；鉴定 RNAmotif 的 RegRNA。

NONCODE 和 lncRNAdb 是目前主要的 lncRNA 综合数据库，其中 NONCODE 囊括了 17 个物种的 lncRNA，但仅含有拟南芥 lncRNA 数据，而 lncRNAdb 则包括了数十个植物物种。除了这两个数据库，目前也建立了数个植物专业 lncRNA 数据库，如 GREENC 数据库（包含 37 个植物物种）、PLNlncRbase数据库（43个植物物种）、PNRD数据库及CANTATA数据库等。

除了miRNA和lncRNA在线数据资源外，还有一些植物其他类型ncRNA数据资源，如植物环形RNA数据库plantcircBase、植物竞争性内源RNA数据库PceRBase等。

（三）转录因子数据库

植物基因组有7%的编码序列为转录因子（transcription factor，TF），一定程度上说明了转录调控的复杂性（Udvardi et al.，2007）。最近数十年间开展了大量TF在生物途径中的作用相关研究，通过多层次数据搜索鉴定TF的数据库及其在线工具应运而生（表1-15-7）。通常TF相关数据库会根据TF的“DNA-binding domain”“auxiliary domain”及“forbidden domain”这三大类功能域具体特征进行家族划分（Hakeem et al.，2017）。目前共发现58个植物TF家族在绿色植物中是保守的。目前许多植物综合数据库均包含检索TF的功能，如Phytozome 12.1和PLAZA 4.0，可以从多个层次搜索TF，包括关键词搜索、TF家族搜索、TF基因序列搜索等。而除了综合数据库，许多转录因子专业数据库也大量出现，如两个主要植物转录因子数据库PlantTFDB和PlnTFDB。PlantTFDB收录了来自165个植物物种的超过32万个转录因子。另外，还有不同类型植物的转录因子数据库，如林木转录因子数据库TreeTFDB、草本转录因子数据库GrassTFDB、以藻类和苔藓为主的转录因子数据库PlanTAPD及拟南芥转录因子数据库AtTFDB。在线工具PlantTFcat提供针对植物转录因子、转录调节因子（transcriptional regulator，TR）和染色质调节因子（chromatin regulator，CR）的在线分析。

表1-15-7 植物转录因子相关数据库

数据库	网址
PlantTFDB	http://planttfdb.cbi.pku.edu.cn
PlnTFDB	http://plntfdb.bio.uni-potsdam.de/v3.0/
GrassTFDB	www.grassius.org
AtTFDB	http://agris-knowledgebase.org/AtTFDB/
PlantTFcat	http://plantgrn.noble.org/PlantTFcat/

二、植物表观遗传修饰相关数据库

植物表观遗传学的在线数据库资源相对有限。成立于2010年的植物表观组学国际协作组织（Epigenomics of Plants International Consortium，EPIC），其数据库提供了关于植物表观遗传学的一些整合的资源，包括植物表观遗传在线资源、实验规程（protocol）、教学材料等（表1-15-8）。2018年建立的植物染色质状态数据库（Plant Chromatin State Database，PCSD）包括了来自3个植物物种（拟南芥、水稻和玉米）的超过21万个表观遗传学数据集，主要提供了3个植物的染色质状态（chromatin state）分析、自组织映射图谱（self-organization mapping，SOM）分析等结果（图1-15-3）。这些分析结果通过UCSC基因组浏览器进行可视化展示，同时可以对不同组织SOM图谱作比较来对表观遗传修饰标记进行研究，通过多物种染色质状态数据比较研究，更有利于发现植物染色质可能存在的保守性及其功能。其他还包括ChromDB、SIGnAL、EPIC-CoGe、EPigara及ASRP等相关数据库，其中ChromDB数据库提供与染色质互作蛋白及RNAi相关蛋白的数据。

表 1-15-8 植物表观遗传修饰相关数据库

数据库	网址
PCSD	http://systemsbiology.cau.edu.cn/chromstates/
SIGnAL	http://signal.salk.edu/cgi-bin/methylome
ASRP	http://asrp.danforthcenter.org/
Epigara	http://neomorph.salk.edu/epigenome/epigenome.html
EPIC-CoGe	http://genomevolution.org/r/939v

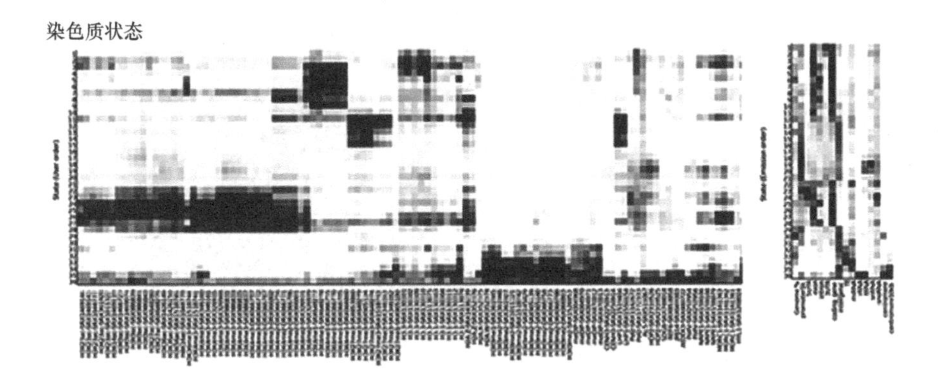

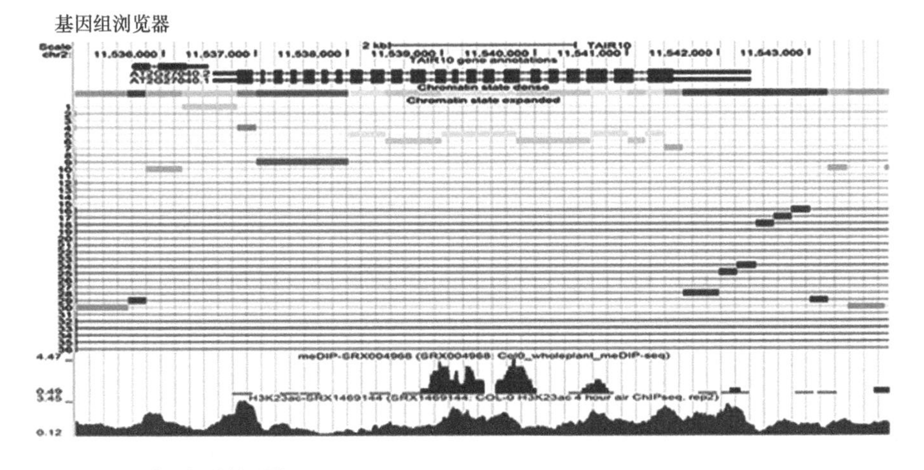

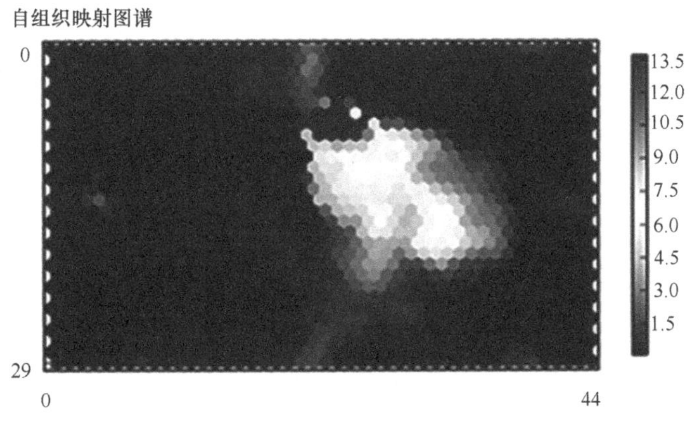

图 1-15-3 植物染色质状态数据库 PCSD（http://systemsbiology.cau.edu.cn/chromstates/）主要功能界面展示

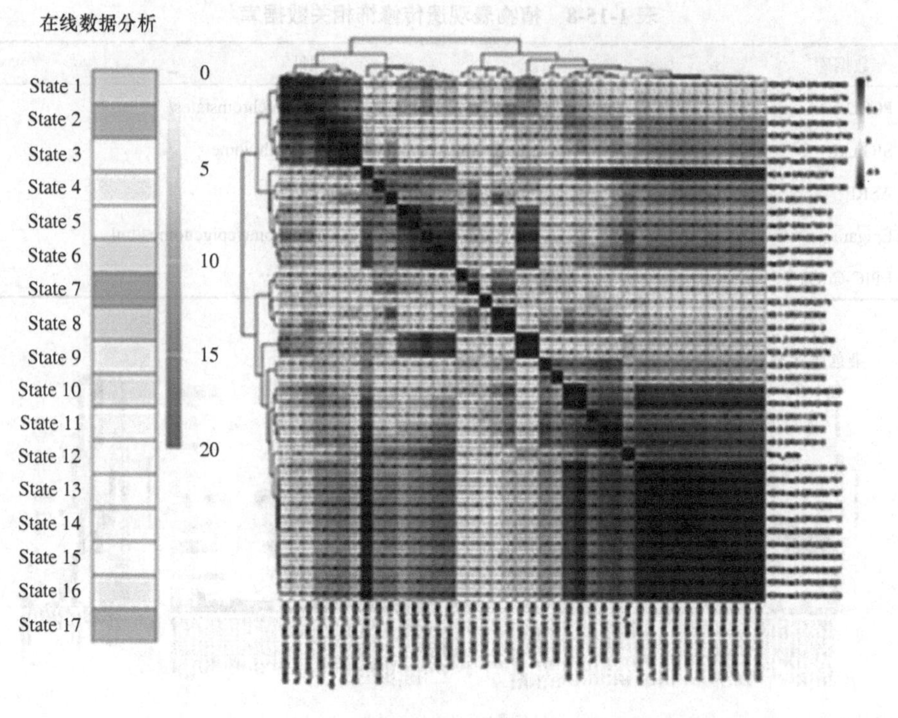
在线数据分析
State 1
State 2
State 3
State 4
State 5
State 6
State 7
State 8
State 9
State 10
State 11
State 12
State 13
State 14
State 15
State 16
State 17
0
5
10
15
20

图 1-15-3 （续）

第二篇 各 论

第 2-1 章　拟南芥基因组

扫码见
本章彩图

第一节　拟南芥基因组概况

一、拟南芥及其系统发生关系

拟南芥（*Arabidopsis thaliana*）由于其基因组小、生育期短等因素，20 世纪 40 年代被选为模式植物。利用该植物已开展了大量基因功能和基因组研究，它是第一个被基因组测序的植物物种。拟南芥基因组的测序完成，第一次为植物学家呈现了植物基因组的概貌和构成，为植物遗传与发育等基因功能研究提供了第一个植物参照基因组。

拟南芥又名鼠耳芥、阿拉伯芥、阿拉伯草，属双子叶植物十字花科拟南芥属，其一套基因组由 5 对染色体组成，大小约为 157Mb（Bennett et al.，2003），是目前已知高等植物基因组最小的物种之一。1821 年，属名"*Arabidopsis*"一词由 Candolle 首次提出，并作为 *Sisymbrium* 属的亚属。1942 年 Heynhold 把 *Arabidopsis* 调整为属级，并将拟南芥列为该属唯一物种，但基于不同的分类原则和分类标准，拟南芥属的物种界定后一直得不到统一。有学者认为除了拟南芥外，拟南芥属还包括其他 12 个种（或者更多）及 9 个亚种（Koch et al.，2008）。

拟南芥作为一种草本植物广泛分布于欧亚大陆和非洲西北部。在我国的内蒙古、新疆、陕西、甘肃、西藏、山东、江苏、安徽、湖北、四川、云南等地均有生长。我国古人常将身边的一些卑微、低贱之物"视若草芥"，拟南芥早先也就是一种无声无息、名不见经传的小草。既不好吃、也不好看，经济价值不高。但近一百年来，随着生物学和经典遗传学的蓬勃发展，科学家们逐渐注意到它的研究价值。

拟南芥植株较小（一个 8cm 见方的培养钵可种植 4～10 株）、生长周期短（从发芽到开花只需 4～6 周）、结实多（每株植物可产生数千粒种子）。拟南芥的形态特征分明，莲座叶着生在植株基部，呈倒卵形或匙形；茎生叶无柄，呈披针形或线形。侧枝着生在叶腋基部，主茎及侧枝顶部生有总状花序，四片白色匙形花瓣，四强雄蕊。长角果线形，长 1～1.5cm，每个果荚可着生 50～60 粒种子（图 2-1-1）。拟南芥形成许多生态型。拟南芥生物资源中心（ABRC）和欧洲拟南芥种质中心（NASC）两大拟南芥生物资源库中，保存着植物学家从世界各地收集到的约 3000 份材料，这些材料属于不同生态型，在形态发育、生理生化等方面都存在明显差异。目前研究中最常用的生态型主要有 3 个，分别为 Columbia（Col）、

图 2-1-1　拟南芥形态

Landsberg erecta（Ler）和 Wassilewskija（Ws）。

上述特点使得拟南芥的突变表型易于观察，为突变体筛选提供了便利。拟南芥是典型的自交繁殖植物，易于保持遗传稳定性。同时，可以方便地进行人工杂交，利于遗传研究。拟南芥的另一个优点是易于转化。经过不断的实践，浸花法（floral tip）已成为拟南芥转化最常用的方法。对生长 5～6 周已抽薹的拟南芥打顶来促进侧枝生长，待花序大量产生时，将其在含有转化辅助剂 silwet 和蔗糖的农杆菌溶液中浸泡几分钟，3～4 周后对转化植株收种子。在含有合适抗生素的平板上对种子进行筛选，能够健康生长的幼苗为转基因植株。这种转化方法不需要组织培养和再生植株的过程，操作简便、转化效率较高，为研究人员建立突变体库、改变目的基因的表达特征以及开展互补验证等实验提供了便利。此外，通过物理（如辐射处理）、化学（如 EMS 诱变）及生物（如利用植物内源转座子或者根瘤农杆菌将 DNA 片段转入拟南芥基因组）的手段，已获得大量的发生在不同基因位点的突变体。研究人员建立了若干种质资源中心，方便了突变体的获取和交流。

拟南芥从发现到最终成为模式植物经历了一个漫长的过程。国际拟南芥基因组数据库（TAIR）对该过程进行了介绍：16 世纪，Johannes Thal 在德国哈尔茨山脉首次发现拟南芥，当时他把拟南芥称为 *Pilosella siliquosa*，随后拟南芥多次更名。关于拟南芥突变体的报道最早是在 1873 年，Laibach 在 1907 年公布了拟南芥的准确染色体数，并在研究基础之上于 1943 年首次总结了拟南芥作为遗传学模式物种的可能性。Laibach 的学生 E. Reinholz 获得了首批拟南芥诱导突变体，这项工作于 1947 年发表。在拟南芥特性、通用性的实验室研究上，20 世纪 50 年代的 Langridge 发挥了重要作用，以及 20 世纪 60 年代的 Rédei、荷兰的 J. H. van der Veen、捷克的 J. Veleminsky、德国的 Röbbelen 等均发挥了重要作用。Rédei 的众多重要贡献之一是撰写了关于拟南芥的学术评论，其中总结最透彻的文章于 1970 年发表在 *Bibliographica Genetica*。

二、基因组测序历史与进展

拟南芥是首个完成全基因组测序的植物物种。1999 年拟南芥 2 号和 4 号染色体相继测序完成并首先发表。2000 年 12 月其余 3 条染色体完成，由此全部基因组测序完成并发表于 *Nature*（基因组每条染色体测序与分析都单独发表一篇文章，整个基因组分析结果再组织为独立的一篇文章，这在植物基因组学研究历史上绝无仅有。水稻 12 条染色体中，仅针对 3 条单独发表文章）。

拟南芥基因组研究从 20 世纪 80 年代已开始（详见 TAIR，http://www.arabidopsis.org）：1983 年第一张比较完整的遗传图谱已构建完成，1984 年其基因组大小及复杂度确定，1985 年首次被提议作为植物遗传研究的模式植物，1988 年第一张 RFLP 分子标记遗传图谱完成，1990 年美国拟南芥基因组测序项目启动（属于 7 个模式生物基因组项目的一部分），1996 年拟南芥基因组测序国际协作组（Arabidopsis Genome Initiative，AGI）成立，1997 年，拟南芥全基因组物理图谱完成，1999 年 2 号和 4 号染色体测序完成，2000 年 12 月全部染色体测序完成。当时完成测序的生态型为 Col，获得其 114.5Mb 基因组序列（总基因组大小 157Mb）（表 2-1-1）。在 7 个模式生物（大肠杆菌、酿酒酵母、秀丽隐杆线虫、拟南芥、黑腹果蝇、河豚和小鼠）中，拟南芥是第五个被完成测序的。

表 2-1-1 拟南芥属物种基因组测序情况

物种	拉丁名	生态型或亚种	基因组拼接大小 /Mb	参考文献
拟南芥	*A. thaliana*	Col	114.5	The Arabidopsis Genome Initiative，2000*
		Ler-1	100.8	Schneeberger et al.，2011
		C24	101.3	Schneeberger et al.，2011
		Bur-0	101	Schneeberger et al.，2011
		Kro-0	99.9	Schneeberger et al.，2011
		Ler	120	Berlin et al.，2015
		Nd-1	117	Pucker et al.，2016
		Ler	117	Zapata et al.，2016
琴叶拟南芥	*A. lyrata*	MN47	206.7	Hu et al.，2011
		ssp. *petraea*	221.1	Akama et al.，2014
圆叶拟南芥	*A. halleri*	ssp. *gemmifera*	203	Akama et al.，2014
		ssp. *gemmifera*	196	Briskine et al.，2017

* 拟南芥基因组单条染色体分别于 1999 年和 2000 年测序完成（Lin et al.，1999；Mayer et al.，1999；Salanoubat et al.，2000；Tabata et al.，2000；Theologis et al.，2000）

拟南芥属内 9 个种，目前除拟南芥外，还有两个种已完成全基因组测序（琴叶拟南芥和圆叶拟南芥）（表 2-1-1），这两个种的基因组均比拟南芥大。中文里有不少植物都叫“芥”，如条叶蓝芥或盐芥（*Thellungiella salsuginea*）、碎米芥（*Cardamine hirsuta*）等，它们的基因组也被测序完成（详见附录 1），这些物种往往属于十字花科，与拟南芥的亲缘关系很近，但不属于拟南芥属。

除了核基因组外，拟南芥的线粒体和叶绿体基因组分别于 1997 年和 1999 年被测序完成（Unseld et al.，1997；Sato et al.，1999）。

拟南芥群体基因组重测序及其分析结果在其基因组测序完成两年后出现。Nordborg 等（2002）对 20 份拟南芥材料的开花基因 *FRI* 附近 250kb 区域 PCR 扩增出的 13 个片段进行测序分析基因组连锁不平衡。这是植物学家们在基因组水平上，分析植物群体遗传变异和环境适应选择机制的早期报道之一。在这之前，玉米已有类似研究报道（基因片段的群体传统 Sanger 测序）（如 Tenaillon et al.，2001）。水稻类似群体研究工作直到 2006 年才出现（Londo et al.，2006；Caicedo et al.，2007；Zhu et al.，2007）。后来拟南芥基因组片段测定的群体数量持续增加，Nordborg 等（2005）对 96 份拟南芥材料的 876 个片段进行了测序（表 2-1-2），重点研究了群体结构、遗传多样性等；Aranzana 等（2005）利用多态性数据集进行全基因组关联定位，检测到了开花时间、病原菌抗性等基因。基于片段信息开展的群体研究始终会受到片段数量、片段类型等局限，SNP 芯片技术具备高通量的特点。从 2007 年开始，出现了大规模利用芯片技术对拟南芥群体进行测定和分析（Clark et al.，2007；Kim et al.，2007；Atwell et al.，2010）。随着高通量测序技术的出现，真正意义上的全基因组遗传变异测序分析马上在拟南芥上得以应用。2008 年，Ossowski 等首次对 3 份拟南芥材料进行了（15～25）× 深度测序。随后不断在更大群体规模和地域范围内进行测序和分析，其中最具代表性的是国际拟南芥 1001 基因组测序计划（The 1001 Genomes Project），其对 1135 份分布于全球范围的拟南芥材料进行了测序，并做了全基因组关联分析、群体结构分析、自然选择等研究（表 2-1-2）。紧随拟南芥，水稻群体基因组研究也迅速展开（详见本书第 2-2 章）。从以上可见，拟南芥和水稻分别作为双子叶和单子叶模式植物，并驾齐驱，开启了植物群体基因组分析的新时代。在后来不到 10 年时间，海量基因组数据产生，大量植物群体基因组分析文章发表，揭示了许多群体水平的分子遗传新机制（详见本书第 1-7 章）。

表 2-1-2　拟南芥群体基因组研究情况（包括基因组片段、SNP 芯片和全基因组重测序）

研究群体大小	平均测序深度 /×	序列分析方式	文献
20	/	13 个片段，Sanger 测序	Nordborg et al.，2002
76	/	SNP 芯片	Nordborg et al.，2002
12	/	1 万个 EST 和 STS 测序	Schmid et al.，2003
96	/	876 个片段，Sanger 测序	Nordborg et al.，2005
95	/	4 个基因位点	Aranzana et al.，2005
20	/	SNP 芯片	Clark et al.，2007
19	/	SNP 芯片	Kim et al.，2007
3	15～25	NGS	Ossowski et al.，2008
199	/	SNP 芯片	Atwell et al.，2010
157	/	SNP 芯片	Fournier-Level et al.，2011
948	/	SNP 芯片	Hancock et al.，2011
80	10～20	NGS	Cao et al.，2011
18	27～60	NGS	Gan et al.，2011
1307	/	SNP 芯片	Horton et al.，2012
180	39	NGS	Long et al.，2013
217	/	NGS	Schmitz et al.，2013
1135	＞5	NGS	The 1001 Genomes Consortium，2016
94	24	NGS	Novikova et al.，2016
119	32	NGS	Zou et al.，2017
74	10	SNP 芯片	Busoms et al.，2018
31	10	NGS	Monnahan et al.，2019

三、基因组基本构成及其数据库

（一）基因组基本构成

根据 AGI 最新基因组拼接结果，合计获得 134.6Mb 基因组序列，其中还有近 40 个缺口没有测通（TIAR）。根据最新注释版本（Araport11），拟南芥基因组由近 3 万个蛋白质编码基因（27 655 个），其中 10 695 个基因存在可变剪接基因，上游可读框 84 个；5000 多个非编码基因，包括 2444 个长非编码 RNA，325 个 miRNA 前体序列。另外，还有近 1000 个假基因和近 4000 个转座子（表 2-1-3）。

表 2-1-3　拟南芥基因组基本构成（www.arabidopsis.org，Araport11，2016）

类型	数量 / 个	类型	数量 / 个
蛋白质编码基因	27 655	小核 RNA（snoRNA）	287
可变剪接基因	10 695	转运 RNA（tRNA）	689
上游可读框（uORF）	84	其他类型基因	4 853
非编码基因	5 178	假基因	952
长非编码 RNA（lncRNA）	2 444	转座子	3 901
miRNA 前体序列	325		

基因组注释是一个不断完善和挖掘的过程。经过多次更新，目前版本注释质量较最初一些注释版本有了显著的提升，如可变剪接基因等（表 2-1-4）。最初的拟南芥基因组注释版本仅预测（注释）出 25 000 个蛋白质编码基因。

表 2-1-4　拟南芥基因组注释信息变化情况（TAIR，2000 年 12 月～2016 年 6 月）

版本（更新时间）	蛋白质编码基因数	转座子及假基因	可变剪接基因	基因平均外显子数	平均外显子长度
Araport11（2016/6）	27 655	4 853	10 695	6.70	335.5
TAIR10（2010/11）	27 206	4 827	5 885	5.89	296
TAIR9（2009/6）	27 379	4 827	4 626	5.67	304
TAIR8（2008/4）	27 235	4 759	4 330	5.62	306
TAIR7（2007/4）	26 819	3 889	3 866	5.79	268
TAIR6（2005/11）	26 541	3 818	3 159	5.64	269
TIGR5（2004/1）	26 207	3 786	2 330	5.42	276
TIGR4（2003/4）	27 170	2 218	1 267	5.31	279
TIGR3（2002/8）	27 117	1 967	162	5.24	266
TIGR2（2002/1）	26 156	1 305	28	5.25	265
TIGR1（2001/8）	25 554	1 274	0	5.23	256
Nature（2000/12）	25 498	NA	NA	5.20	250

注：NA 表示未知。

（二）基因组数据资源

1. TAIR（The Arabidopsis Information Resource）

网址：www.arabidopsis.org。

TAIR 是目前公认的拟南芥最权威数据库（图 2-1-2），也是目前植物科研工作者访问的

图 2-1-2　拟南芥 TAIR 数据库界面

主要数据库。TAIR 成立于 1999 年，经过近 20 年的发展，TAIR 已成为国际上最权威的拟南芥基因组数据库和拟南芥基因组注释系统，具有丰富的数据资源和最新的注释信息。作为植物研究的“一站式”信息枢纽，TAIR 除了各种类型数据查询、下载外，同时提供多种生物信息学工具供用户分析处理数据，而且 TAIR 和位于俄亥俄州立大学的拟南芥生物资源中心（Arabidopsis Biological Resource Center，ABRC）合作为全球用户提供 DNA 和突变体种子等研究材料。TAIR 是拟南芥、其他植物和农业研究不可或缺的资源，被 *Nature* 杂志誉为“世界上最有价值的植物遗传数据库”。

TAIR 数据库具有三大特点：首先是数据全面，信息量大。TAIR 为研究者提供完整的基因组序列、基因结构、基因产物、代谢过程、基因表达、DNA 和种子库、相关文献等信息，用户可以通过“搜索”功能找到目的词条，支持关键词搜索方便了用户的使用。同时 TAIR 提供了基因组浏览器 Gbrowse、共线性浏览器 Synteny Viewer、基因本体富集工具、BLAST 比对等常见生物信息学分析手段，使数据库具备了数据分析与处理的能力。其次是 TAIR 维护稳定，更新及时。TAIR 作为访问量最大的生物学公共数据库之一，有专业的管理员负责及时更新拟南芥研究进展。同时，用户除了可以下载各种类型的数据外，也可以提交一些材料，如分子标记、表型数据、种质资源等，这种数据交互形式极大丰富了数据库的内容，实现了资源的充分利用。最后就是国际权威性，任何一位从事植物学研究的科研工作者一定程度上都会从 TAIR 上获取信息。

2. 1001 Genomes

网址：http://1001genomes.org。

国际拟南芥 1001 基因组项目于 2008 年启动，目的是获得至少 1001 个拟南芥全基因组序列水平上的变异。作为该项目的门户网站，1001 Genomes 数据库负责及时更新该项目的进展和数据的释放。目前该数据库提供数据下载（包括材料信息、基因组序列、SNP、Indel、SV）、分析工具（检测变异、数据分析、可视化等）和种质资源信息（图 2-1-3）。

图 2-1-3 1001 Genomes 数据库界面

3. Araport

网址：www.araport.org。

Araport（Arabidopsis Information Portal）是拟南芥基因组学的一站式数据库（图 2-1-4），2014 年正式上线，开源免费，提供蛋白基因的同源性、注释、表达、互作等信息，还有分析工具、社区应用等。

4. AtGDB

网址：http://plantgdb.org/AtGDB/。

AtGDB 是 PlantGDB 数据库的一部分，提供拟南芥基因组序列、基因组可视化、BLAST 等分析工具，更加关注基因结构注释（图 2-1-5）。

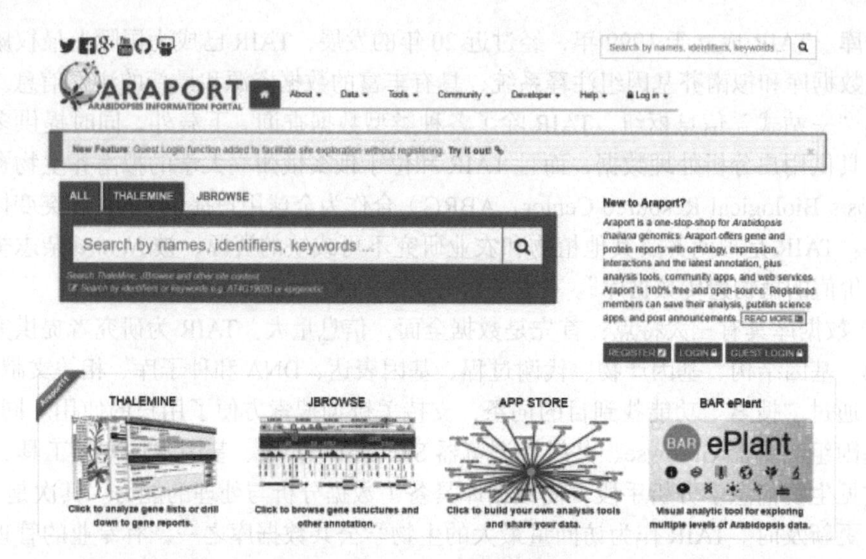

图 2-1-4 Araport 数据库界面

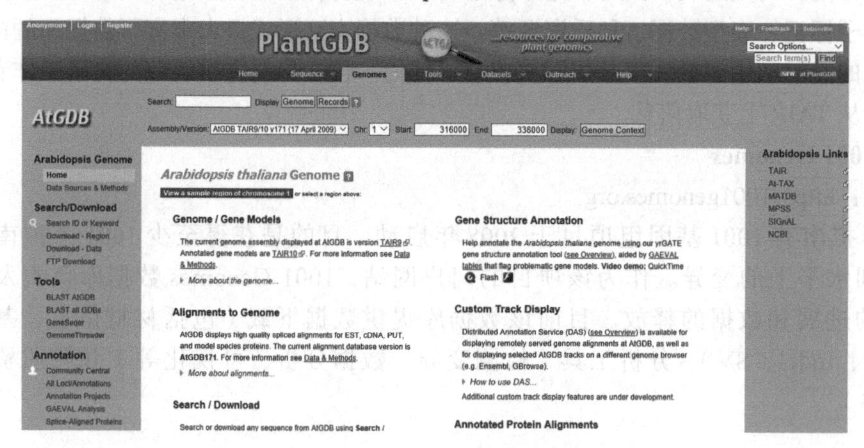

图 2-1-5 AtGDB 数据库界面

5. MAtDB

网址：http://pgsb.helmholtz-muenchen.de/plant/athal/。

MAtDB（PGSB Arabidopsis thaliana Database）是 PGSB 数据库的一部分，建立初衷是收集 EsSA（European Scientists Sequencing Arabidopsis）项目的基因组序列数据，后来不断整合各种数据、工具和可视化方法，逐渐成为综合性拟南芥资源数据库（图 2-1-6）。

图 2-1-6 PGSB 数据库界面

6. ABRC

网址：https://abrc.osu.edu/。

拟南芥生物资源中心（ABRC）位于美国俄亥俄州立大学，该中心收集、保存、繁殖来自世界各地的拟南芥及相关物种的种质资源，从 1991 年开始向科研工作者提供种子，现在每年向超过 60 个国家的研究人员提供超过 10 万份拟南芥材料（图 2-1-7）。

图 2-1-7　ABRC 数据库界面

第二节　拟南芥基因组特征与进化

许多植物基因组学的最初观察或知识都来自拟南芥基因组。2000 年测序完成的拟南芥基因组，第一次为我们提供观察植物基因组的机会，使我们真正观察到植物全基因组加倍、横向基因转移和植物基因组上特有基因等，可谓惊鸿一瞥，具有里程碑意义。本节重点介绍早期拟南芥基因组及其群体基因组研究结果。

一、首个植物基因组倍增证据

植物在进化的过程中，为了适应环境发生基因组加倍事件是很普遍的，拟南芥基因组首次从基因组序列层面向我们展示了这一进化事件的足迹。拟南芥基因组出现前，对于基因组水平的倍增或加倍（genome duplication）更多的是一种推测，因为缺乏染色体序列共线性的证据。最初基于酵母基因组，推测酵母进化过程中经历过多倍化事件（Wolfe and Shields，1997）。由于酵母进化速度快，从目前基因组上能看到的仅是一些保守的同源基因，它们的分化时间很集中，因此推测有基因组倍增事件的发生。在植物上，同样基于一些同源基因对进化速率分布，推测二倍体玉米是古老四倍体（Gaut and Dobley，1997）。基于当时建立起来的植物遗传图谱，也隐约可以看到基因组水平的加倍（如 Pateson et al.，2000）。拟南芥基因组序列出现后，马上观察到大规模的片段倍增，如基于 1 号和 4 号染色体序列（Mayer et al.，

1999；Lin et al.，1999；Ku et al.，2000），提出了全基因倍增的推测。基于全部基因组序列，全基因组倍增事件就变得清晰了，被明确提出（Blanc et al.，2000；The Arabidopsis Genome Initiative，2000；Vision et al.，2000）。通过直接的染色体间序列联配和共线性分析，可以看到拟南芥基因组中有 24 个长度超过 100kb 的片段出现复制加倍，总长度达到 65.6Mb，占整个基因组的 58%（图 2-1-8）（The Arabidopsis Genome Initiative，2000）。倍增片段中的 1.7 万多个倍增基因对之间的序列存在明显保守性，37% 的基因高度保守（BLAST E 值$<10e^{-30}$）。因此猜测可能和玉米一样，拟南芥基因组来源于一个四倍体祖先，经过基因丢失、染色体重排等后形成如今的二倍体基因组。Vision 等（2000）认为基因加倍不是来源于单次全基因组倍增事件，而是在 22 000 万～5000 万年前先后发生了至少 4 次的大规模的倍增。随着对拟南芥及后续水稻等植物基因组倍增事件研究的不断深入，人们发现多倍化是植物基因组的一个显著特征（详见第 1-6 章），由此开启了基因组多倍化研究的一个热潮，植物也成为基因组多倍化研究最好的模式生物。

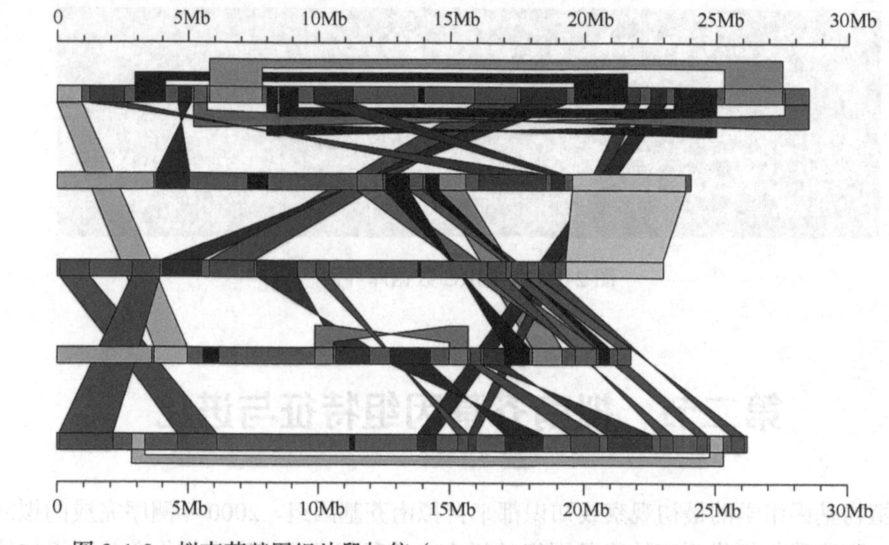

图 2-1-8 拟南芥基因组片段加倍（The Arabidopsis Genome Initiative，2000）

后续关于拟南芥基因组倍增事件的时间估计及倍增过程的研究不断深入，同时出现更多的方法用于检测基因组倍增区域，克服同源基因有差异的丢失带来的共线性分析的限制。例如，检测到基因倍增的区域核苷酸序列比例达到 80%（Simillion et al.，2002）；Blanc 等利用蛋白质序列来检测倍增区域相似性，通过计算倍增基因同义替换率估算复制事件发生的时间，认为拟南芥发生两次基因组倍增，其中较近的一次发生在拟南芥属与芸薹属分化前（十字花科形成早期，4000 万～2400 万年前）。随后，通过分析拟南芥 K_s 分布，将出现的峰区分为多倍化和串联复制两大部分，其中多倍化对应的 K_s 区间为 0.75～0.80，根据双子叶植物线性同义突变速率，估算得到拟南芥多倍化发生在 2670 万～2500 万年前（Blanc et al.，2004）。

二、植物模式基因组构成

（一）蓝藻类序列大量插入——横向基因转移

拟南芥基因组为观察植物横向基因转移提供了可能。通过拟南芥基因组编码的蛋白质与其他物种的细胞器基因组（14 个线粒体和 44 个叶绿体基因组）编码蛋白的比较，发现大量拟南芥核编码蛋白可能来自蓝藻的集胞藻（806 个拟南芥蛋白匹配到 404 个蓝藻蛋白），还有 69 个其他基因来源于其他蓝藻（The Arabidopsis Genome Initiative，2000）。后续 Martin 等对拟南芥的蓝藻来源基因做了更加详细的分析（Martin et al.，2002），认为拟南芥基因组上有大约 18% 的基因（4500 个）来自蓝藻的横向基因转移。其中已鉴定的 1700 个基因几乎涵盖所有的功能类别（functional category），还有很多基因的功能是蓝藻不具备的，如抗病性、细胞内蛋白通道等，说明基因从蓝藻转移到拟南芥后发生了进一步的分化，蓝藻基因的贡献为功能分化提供了更多的材料。另外，还发现叶绿体基因在核基因组上的插入一共有 17 处，总长 11kb，包括完整基因、基因片段、内含子等，插入后核基因组发生各种重排，这一点可以从 *atpH* 基因看出，*atpH* 基因从叶绿体完整转移到核基因组上，但是现在基因分成两个片段，且两个片段间隔 2kb。核基因组上有 14 处线粒体基因组的插入，其中最大的插入位于 2 号染色体的着丝粒附近（The Arabidopsis Genome Initiative，2000）。细胞器基因组相对核基因组而言，基因组小很多，基因数量少，基因功能相对保守。叶绿体基因组保守，线粒体基因组重组剧烈。从一个完整的生物体基因组，到现存基因组小到甚至不如核基因组一个基因大，原因就在于大部分细胞器基因组被转移到了真核生物的细胞核内，通过接收整合细胞器基因，细胞核实现了对整个细胞的调控。横向基因转移在微生物之间发生非常普遍，拟南芥及后续水稻基因组分析，使我们对植物水平基因转移规模和数量有了全新认识。

（二）植物与动物基因组差异

和大多数的动物不同，植物一般不发生移动，理想状态下可以无限期地固定生长，可以合成它们自身所有的代谢产物。通过拟南芥与细菌、真菌和动物基因组的比较，第一次观察到植物和其他生命形式遗传上的明显差异（The Arabidopsis Genome Initiative，2000）。基本的细胞内代谢过程是比较保守的，如翻译、囊泡运输等，但细胞间的代谢过程，如细胞生理和发育，植物和动物表现出两种不同的形式，如膜通道、转运蛋白、信号转导等物质或过程在植物和动物细胞内具有明显差异。

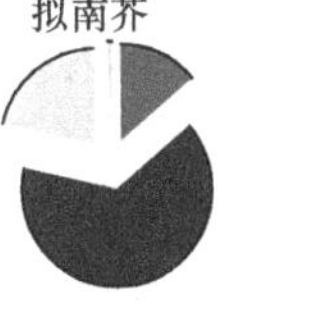
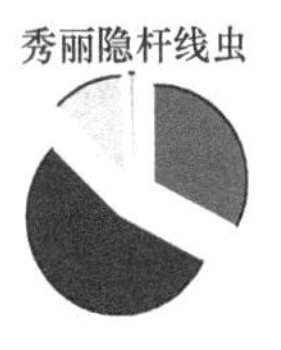
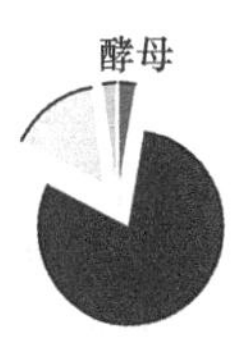
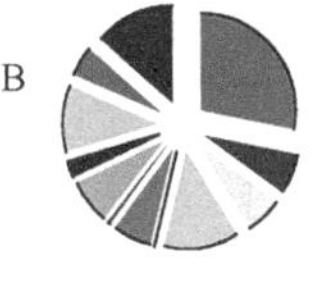

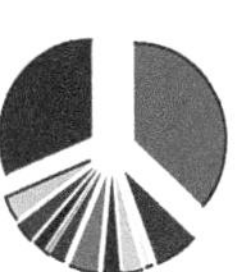

图 2-1-9　拟南芥、秀丽隐杆线虫、酵母转运因子比较（引自 The Arabidopsis Genome Initiative，2000）
A．转运因子自身特性分类；B．转运底物特异性分类

转运因子在有机营养和无机盐离子的获取、重分配和划分、有毒物质和代谢产物的排出、信号转导等过程发挥重要作用。酵母和秀丽隐杆线虫基因组的分析中鉴定出了超过 100 种膜转运因子家族。比较拟南芥、动物、真菌和原核生物，拟南芥具有超过 600 个膜转运系统（图 2-1-9）。和动物利用钠离子 P-type ATP 酶泵产生跨膜

的电化学梯度不同，植物和真菌利用氢离子 P-type ATP 酶泵形成 250mV 的跨膜势能，转运单位主要结合氢离子而不是钠离子。拟南芥中没有羧酸盐（如乳酸和丙酮酸）的转运因子，糖转运因子占 12%，主要是己糖转运因子 MFS 家族的同源蛋白。酵母、线虫和其他的原核生物主要会通过 APC 家族转运因子来运输氨基酸，但拟南芥主要依赖 AAAP 家族来运输氨基酸和生长素。

当外界环境发生变化时，拟南芥需要自身作出响应以适应新环境。来自环境的信号包括光、温度、水、养分、重力、病原菌侵染等。除了自身细胞做出响应外，一些刺激信号会在不同组织或个体间传递，而这种信号传递依靠的就是植物激素或肽等信号转导物质。通过对拟南芥、线虫和果蝇的基因组的比较发现，动植物均具有一些自己独特的信号转导途径。动物上广泛存在的信号转导途径相关因子，如 Wingless/Wnt、Hedgehog、Notch/lin12、JAK/STAT、受体酪氨酸激酶 /Ras 和核类固醇激素受体，在拟南芥中均没有发现。生长素信号转导代表一种植物特异性信号转导模式，在改变基因表达之前通过泛素-蛋白酶体途径降解蛋白质。拟南芥通过利用编码泛素-蛋白酶体途径组分，消除负调控因子，这可能是植物信号转导中更普遍的现象。

三、植物自然群体基因组变异

在完成拟南芥个体基因组的测序后，后续研究者对其群体的基因组进行了大规模重测序。在相当长一段时间内，拟南芥研究是我们理解植物自然群体在基因组水平遗传变异和自然选择进化知识的主要来源。从最初对基因组范围内十余个位点的群体测序（如 Nordborg et al.，2002），到第一次基于高通量测序技术的植物群体基因组重测序，研究者针对拟南芥自然群体开展了系列研究，取得了很多群体基因组学成果（表 2-1-2）。本书第 1-7 章对拟南芥群体相关研究进行了比较系统的说明，下文仅就拟南芥最早期有关连锁不平衡群体的研究结果进行介绍。

连锁不平衡（LD）是指一个群体内不同座位之间的非随机关联，是群体遗传学中不可忽视的研究内容之一，是群体中遗传变异的表现之一。拟南芥拥有非常高的自交率（超过 99%），理论上存在非常强烈的连锁不平衡现象。Nordborg 等（2002）在这项开拓性研究工作中，报道了基因组水平上植物基因组连锁不平衡程度，利用开花基因 *FDI* 附近 250kb 区间内的 83 个多态性位点计算连锁不平衡程度（LD 的指标 r^2，r^2 越接近 1，说明 LD 程度越大）。结果表明，大约 1cM 或 250kb 范围内 LD 出现明显衰减，而且可能由于奠基者效应（founder effect），地区群体 LD 程度比全球群体更高。在随后的研究中，拟南芥的 LD 衰减距离不断被缩小。Nordborg 等将 SNP 数量扩大到 17 000 多个，发现在 25～50kb 区间 LD 就已经出现显著衰减（Nordborg et al.，2005）。Kim 等（2007）借助高通量 SNP 芯片技术发现 19 份拟南芥材料产生了 34 万多个 SNP，计算发现平均 10kb 范围内 LD 出现显著衰减，半衰距离只有 3～4kb（图 2-1-10）。拟南芥连锁不平衡的研究不

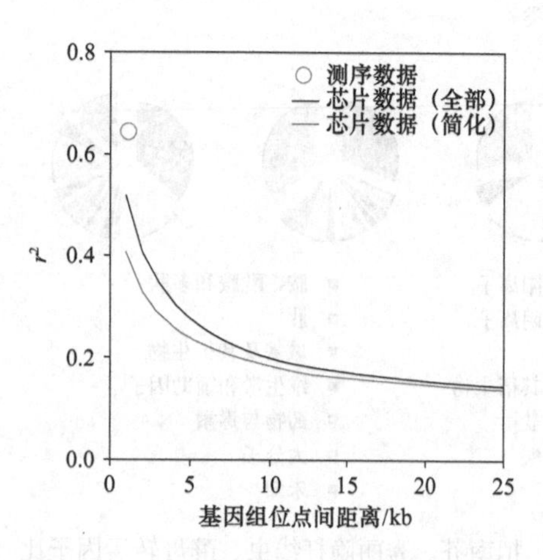

图 2-1-10　拟南芥全基因组范围内连锁不平衡衰减图（Kim et al.，2007）

横坐标为基因组位点间距离，纵坐标为重组率

仅给我们呈现了全基因组水平上的遗传变异相貌，对于纯化选择区域的筛选也提供了一个手段，因为在选择作用固定等位基因的同时，连锁不平衡的程度也会随之增强，这一点与等位基因频率趋势是相反的。

第三节　拟南芥基因组转录与功能

一、拟南芥基因组转录与修饰

拟南芥作为模式植物，其大规模转录组测序是在植物中最先开展起来的。截至目前，大量来自拟南芥基因组的转录组数据已经测定和分析，为我们了解拟南芥基因组水平的转录提供了海量数据。本节将介绍拟南芥基因组上编码基因的转录和表达、非编码 RNA 的转录及 DNA 甲基化修饰。

（一）蛋白质编码基因转录

拟南芥基因组共注释出蛋白质编码基因 27 000 多个，在苗期，大约 70% 的基因能检测到转录组表达证据（Gan et al.，2011）。不同基因家族基因表达情况有明显差异，例如，抗性相关 NBS 类基因表达率很高（95%），且差异表达基因比率也很高（70%），而有些基因家族则正好相反（图 2-1-11A）。不同地域拟南芥基因组表达也有显著差异。国际拟南芥 1001 基因组项目测定了全球 727 份材料在 20℃生长条件下的叶片组织转录组数据（Kawakatsu et al.，2016），分析发现大多数拟南芥材料，平均有 1.8 万个基因表达（同样约占全部基因的

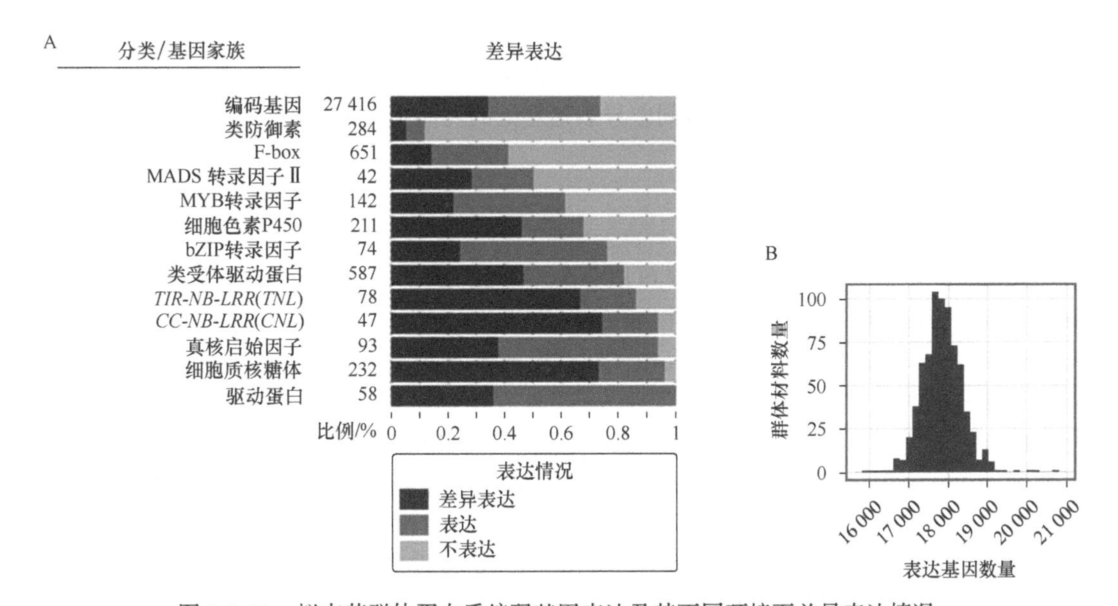

图 2-1-11　拟南芥群体蛋白质编码基因表达及其不同环境下差异表达情况

A. 不同拟南芥苗期基因组转录情况（Gan et al.，2011），图中列出了全部编码基因表达和一些基因家族表达情况；B～C. 全球 727 份拟南芥材料在 20℃条件下编码基因表达数量和不同地域拟南芥差异表达情况（Kawakatsu et al.，2016），C 图中包括两个种群：孑遗群体（欧洲地中海地区）与非孑遗群体（欧亚其他地区）

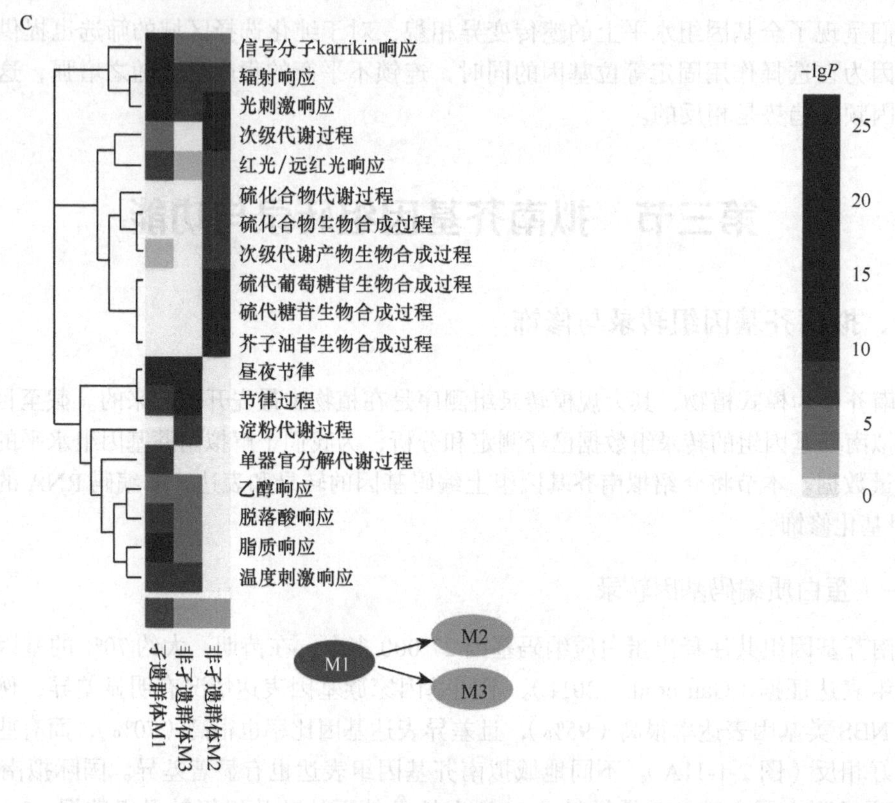

图 2-1-11 （续）

70%）（图 2-1-11B）。通过比较不同种群间基因的差异表达情况，发现许多差异表达的基因。例如，欧洲地中海地区的孑遗群体（relict）与欧亚其他地区非孑遗群体（non-relict）之间，存在 5725 个差异表达基因（图 2-1-11C）。这说明拟南芥不同地域种群的编码基因表达模式进一步分化。孑遗与非孑遗群体之间差异表达基因的功能主要涉及生物胁迫和温度响应等，这与种群环境适应直接相关。

（二）非编码 RNA 转录

调控非编码 RNA 按照序列长度可以分为小非编码 RNA（miRNA 和 siRNA）和长非编码 RNA（lncRNA）两大类。植物 miRNA 最早是在拟南芥和水稻上发现的（Reinhart et al.，2002）。当时 16 个拟南芥 miRNA 家族被鉴定报道（表 2-1-5）。这些 miRNA 家族中，部分同时也在水稻上发现，说明 miRNA 在植物中存在保守性。保守 miRNA 在植物中的表达相对比较稳定，同时表达量相对较高，最容易被鉴定到。后续研究发现，除了保守 miRNA 外，还发现大量拟南芥特有 miRNA（如 miR163），即物种特异 miRNA。研究者同时对上述拟南芥 miRNA 的靶基因进行了预测和实验验证，表明它们靶向转录因子等编码基因，同时它们的靶基因在水稻上也是保守的（Rhoades et al.，2002）。拟南芥 miRNA 相关研究工作由此开启了植物 miRNA 研究热潮。根据 miRBase 的最新发布版本（Release 22），拟南芥基因组上一共有 326 个 miRNA 前体序列和 428 个 miRNA 成熟序列记录。

表 2-1-5　最早被鉴定发现的 16 个植物 miRNA 家族（Reinhart et al.，2002）

miRNA 家族	拟南芥	水稻	miRNA 家族	拟南芥	水稻
miR156	ath-MIR156a-f	osa-MIR156a-j	miR164	ath-MIR164a-b	osa-MIR164a-b
miR157	ath-MIR157a-d		miR165	ath-MIR165a-b	
miR158	ath-MIR158a		miR166	ath-MIR166a-g	osa-MIR166a-f
miR159	ath-MIR159a		miR167	ath-MIR167a-b	osa-MIR167a-c
miR160	ath-MIR160a-c	osa-MIR160a-d	miR168	ath-MIR168a-b	
miR161	ath-MIR161		miR169	ath-MIR169a	osa-MIR169a
miR162	ath-MIR162a-b	osa-MIR162a	miR170	ath-MIR170	
miR163	ath-MIR163		miR171	ath-MIR171a	osa-MIR171a

随着高通量测序技术出现，在基因组水平上开展了大量拟南芥小 RNA 鉴定和表达分析，鉴定出成千上万的拟南芥非编码小 RNA。例如，Wang 等（2014a）测定了拟南芥不同组织小 RNA，发现了约 1.5 万个小 RNA，其中 7000 多个在多个组织（根、叶和花）稳定表达（图 2-1-12）。

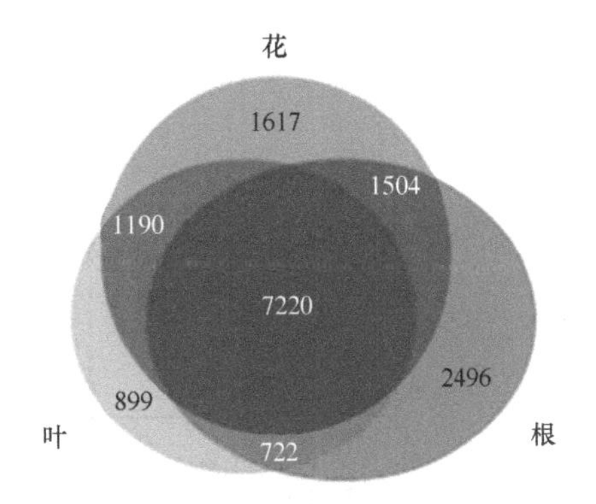

图 2-1-12　拟南芥组织特异性非编码小 RNA 鉴定和表达（Wang et al.，2014a）

高通量测序技术出现之初，拟南芥长非编码 RNA（lncRNA）的大规模鉴定就开始了（Wang et al.，2005；Chekanova et al.，2007）。Wang 等（2005）利用大规模平行信号测序（massively parallel signature sequencing，MPSS）高通量数据等进行拟南芥天然反义转录本（natural antisense transcript，NAT）鉴定。目前拟南芥基因组上已鉴定出 4 万个左右 lncRNA 基因，其中包括 3 万多个 NAT 类型（lncNAT），6000 多个基因间区类型（long intergenic non-coding RNA，lincRNA）（Chekanova et al.，2015）。这些 lncRNA 大多表达水平较低，是编码基因表达水平的 1/60～1/30，与哺乳动物 lncRNA 类似。大约 70% 拟南芥蛋白质编码基因位点会产生 NAT 类 lncRNA，同时在不同组织具有特性性表达。

随着高通量测序技术的发展和进步，研究人员证实环形 RNA（circRNA）在真核生物中广泛分布且稳定存在。Ye 等（2015）首次在拟南芥中大规模鉴定 6000 多个环形 RNA，发现相当数量的环形 RNA 在拟南芥和水稻中保守。随着研究的不断深入，目前在拟南芥基因组上已鉴定出接近 4 万个环形 RNA，其中 60 多个被实验验证（Chu et al.，2017）。

（三）DNA 甲基化修饰

基于拟南芥的植物 DNA 甲基化研究很早就已开始，如对启动子区域和开花相关基因的研究（Kilby et al.，1992；Burn et al.，1993）。基因组水平的大规模 DNA 甲基化分析则是在高通量测序技术出现以后。例如，Lister 等（2008）对拟南芥甲基化水平进行高通量测序，是最早出现的拟南芥（植物界）甲基化高通量测序研究。该研究发现拟南芥 DNA 甲基化发生在 3 种类型的胞嘧啶（CG、CHG 和 CHH，H 为不包括 G 的任一种碱基）比例分别为 50%、23% 和 22%。后续基于国际拟南芥 1001 基因组项目，Kawakatsu1 等（2016）对 1107 个拟南芥材料不同组织进行单碱基甲基化测定（MethylC-Seq），包括来自不同地点、不同温度条件下的拟南芥材料（图 2-1-13）。该研究表明，超过 1/3 的拟南芥基因组胞嘧啶（C）位

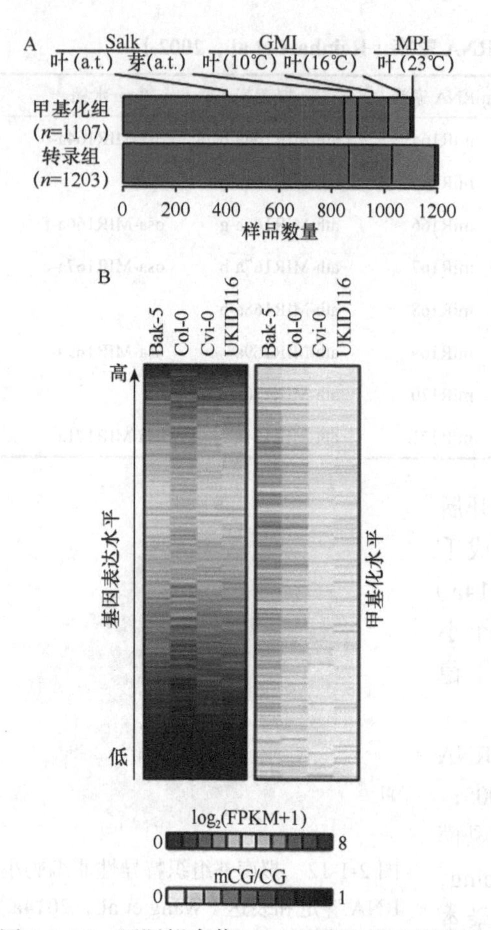

图 2-1-13　国际拟南芥 1001 基因组项目单碱基甲基化测定情况（Kawakatsu et al.，2016）

A. 对来自 3 个地点（Salk、GMI 和 MPI）不同温度（a.t.，环境温度 22℃）的 1000 多份拟南芥两个组织继续了转录组和甲基化组测定；B. 不同甲基化水平材料基因表达水平情况。Bak-5 表示高甲基化；Col-0 表示平均甲基化水平；Cvi-0 和 UKID116 表示低甲基化

点都有可能发生甲基化；从基因组水平看，平均 5.8% 胞嘧啶被甲基化；其中 78% 的甲基化位点在不同拟南芥材料间甲基化程度不同；从单条染色体分布上看，甲基化胞嘧啶在中心粒附近富集，而 CG 甲基化类型在染色体两条臂比例比较高，这与基因序列 CG 甲基化类型相似（Kawakatsu1 et al.，2016）。同时，不同个体基因序列 CG 甲基化程度有明显差异。在基因水平上，每 2.2 万个基因中至少在一个材料中发现有甲基化情况出现。拟南芥转录组和甲基化数据大规模联合分析可以发现拟南芥甲基化的一些特征：①基因序列 CG 甲基化并不能解释它们转录水平的总体变化（图 2-1-13）；②甲基化程度的变化与基因组结构变异相关；③抗性基因位点是序列结构和甲基化变化的主要目标位点（Kawakatsu1 et al.，2016）。

二、拟南芥功能基因及其基因组分布

（一）已知功能基因情况

拟南芥作为模式植物，全世界科学家开展了大量功能基因组学研究，克隆了大量基因。其基因组序列出现后，更加加速了基因克隆及其功能研究。作为知识源头，拟南芥功能基因研究为整个植物界提供了重要参考信息。

目前拟南芥基因组上已开展功能研究的基因约为 31 000 个（TAIR10，2016 年 12 月 31 日发布），涉及九类基因：①蛋白质编码基因；②假基因；③转座子基因；④ miRNA 基因；⑤ tRNA 前体基因；⑥核糖体 RNA 基因；⑦核内小 RNA 基因；⑧核仁小 RNA 基因；⑨其他 RNA 基因（具体详见 TAIR 数据库）。基于功能研究结果，可以根据它们参与的生物过程、细胞组成和分子功能（GO 分类），将其归类（表 2-1-6）。这些注释基因在各染色体上分布基本均匀，平均基因密度（基因数 /Mb）约为 250 个（其 1～5 号染色体依次为 257 个、228 个、243 个、248 个和 251 个）。拟南芥功能已知基因是植物基因功能研究的重要基础，是其他植物基因组进行生物信息学基因功能注释的重要依据。

表 2-1-6　拟南芥蛋白质编码基因功能分类

分类（细胞组成）	基因数	分类（生物过程）	基因数	分类（分子功能）	基因数
细胞核	10 520	其他细胞过程	13 180	其他结合	7 443
其他细胞质成分	8 452	其他代谢过程	12 302	其他酶活性	5 712
其他细胞内成分	7 220	未知的生物过程	8 033	未知的分子功能	8 752

续表

分类（细胞组成）	基因数	分类（生物过程）	基因数	分类（分子功能）	基因数
其他膜	7 038	蛋白质代谢	4 790	转移酶活性	3 932
叶绿体	5 396	对压力的反应	3 877	蛋白质结合	4 584
线粒体	4 343	其他生物过程	3 723	DNA 或 RNA 结合	4 264
未知的细胞组成	3 876	对非生物刺激的反应	3 431	水解酶活性	3 392
等离子膜	3 574	发育过程	3 267	核苷酸结合	2 882
胞外	3 276	细胞组织与合成	3 033	激酶活性	1 495
细胞质	2 272	运输	2 485	运输活性	1 432
其他细胞组成	1 763	转录	2 296	转录因子活性	1 740
细胞质基质	1 624	信号转导	1 955	核酸结合	1 629
高尔基体	1 213	DNA 或 RNA 代谢	680	其他分子功能	819
内质网	1 037	电子传导或能量通路	400	结构分子活性	568
细胞壁	794			受体结合	83
核糖体	529				
合计	29 441	合计	26 613	合计	26 520

注：由于同一基因可能参与不同功能，所以 GO 注释的各类基因数统计有重复。数据统计基于“TAIR10_functional_descriptions_20161231”

（二）拟南芥研究热点基因

国际拟南芥基因组数据库（TAIR）根据 2017 年 11 月 27 日前发表的论文，统计了论文涉及的相关蛋白质编码基因，列出了发表相关论文最多的前 20 个拟南芥基因（www.arabidopsis.org）（图 2-1-14 列出了前 10 个）。这 20 个基因编码的蛋白质参与一些重要功能，包括开花（*FLC*，*FT*，*AG*，*LFY*，*CO*，*AP1*）、光接受和光形态形成（*PHYB*，*PHYA*，*CRY1*，*COP1*，*HY5*）、植物生长调控信号（*ETR1*，*BRI1*，*EIN2*，*ABI1*，*ABI3*）、抗性（*NPR1*，*PR1*）、顶端生长调控和生长素运输（*WUS*，*PIN1*）等。TAIR 列出的前 20 个拟南芥基因是基于在 TAIR 中收录的拟南芥基因和已发表的文献中标题与关键词匹配得到的，所以可能存在比实际偏低的情况。

图 2-1-14　发表相关论文数量最多的前 10 个拟南芥基因

数字表示发表相关论文数量

第2-2章　水稻基因组

第一节　水稻基因组概况

水稻为我国最重要的粮食作物之一，是第二大种植面积作物。由于基因组较小、转基因体系完善等，它还是禾本科和单子叶植物研究的模式植物。水稻是第一个完成基因组测序的作物物种。

一、稻属系统发生关系与基因组大小

（一）稻属系统发生关系

水稻（*Oryza sativa*）属于禾本科（Gramineae 或 Poaceae）三大谷类植物之一，为人类提供了主要食物来源。禾本科大约在7700万年前从同一祖先分化而来，其两个亚科——稻亚科（Oryzoideae）（水稻）和黍亚科（Panicoideae）（玉米和高粱）大约在5000万年前分开（Gaut et al.，2002）。水稻化石的研究可追溯到约4000万年前。22个稻属物种中有9个物种为二倍体类型（$2n$=24），其余为由不同杂交形成的异源四倍体（$2n$=48）等。*O. rufigogon* 是栽培稻（*Oryza sativa*，AA 基因组）的野生祖先，其驯化时间可能起源于1.2万～1.0万年前，在浙江浦江和河姆渡等地均有考古发现（图2-2-1）。目前栽培稻有2个主要亚种（籼稻和粳稻），它们的进化距离大致在十万至几十万年，该时间是基于叶绿体和线粒体基因组序列的研究结果（Tian et al.，2006）和核基因做出的推断（Ma et al.，2004；Zhu and Ge，2005；Huang et al.，2005；Guo et al.，2008a）。

图2-2-1　浙江河姆渡（左）和浦江（右）出土的水稻谷壳

稻属（*Oryza*）属于禾本科稻亚科，广泛分布于全球热带和亚热带地区（Lu et al.，1999）。稻亚科同时也包括假稻属（*Leersia*）、菰属（*Zizania*）、水禾属（*Hygroryza*）等，在系统发生关系上，稻亚科在4130～2770万年前拥有共同祖先，分布在大洋洲或者非洲热带地区（图2-2-2）。稻属和假稻属大约在1420万年前在非洲热带地区发生分化，随后通过独

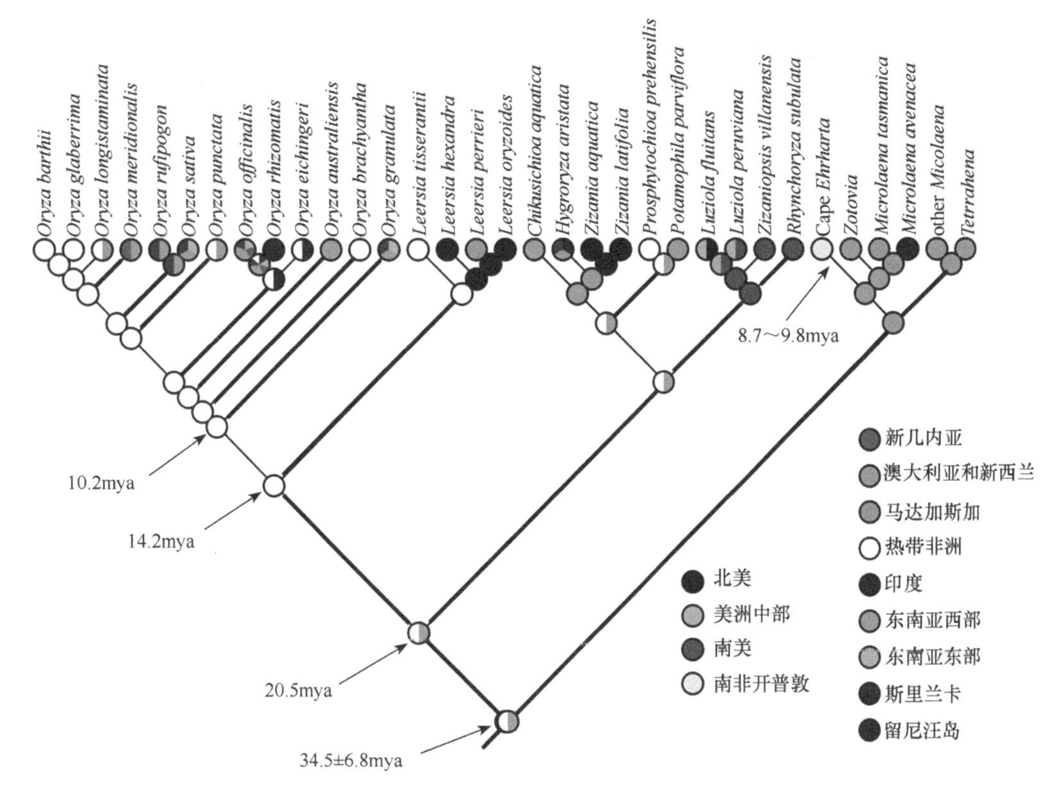

图 2-2-2　水稻系统发生关系，包括稻亚科地理分布及成员分化时间（Kellogg et al.，2009）
mya 表示百万年前

立事件传播到世界各地。稻属物种在 1020 万～880 万年前发生属内物种分化。截至目前，稻属的物种数量还没有明确。

对稻属的分类研究早在 20 世纪初期就已开始，但不同研究者的分类结果不同，即使同一研究者其分类结果也在发生变化。Prodoehl 在 1922 年首先对稻属进行了分类研究，记载了 17 个种；1989 年 Vaughan 提出了包括 22 个种的稻属分种检索表；卢宝荣等根据前人对稻属的不同分类系统，以及对稻属研究资料的积累和分析，提出了新的稻属分类系统，即 3 组 7 系 24 种的分类系统。稻属的种类数量，到现在仍然众说纷纭。无论是整个稻属还是某个组合，都还存在争议。一般认为稻属有约 24 个物种，其中包括 2 个栽培种（*O. sativa* 和 *O. glaberrima*）和 22 个野生种（表 2-2-1）。稻属存在多个基因型及不同倍性物种，栽培稻基因组类型属于 AA 型。

表 2-2-1　稻属各物种染色体数、倍性、基因组类型、*C* 值及地理分布
（Khush et al.，1997；刘铁燕等，2014）

物种	拉丁名	染色体数	倍性	基因组类型	*C* 值 /pg	地理分布
亚洲栽培稻	*O. sativa*	24	二	AA	0.50	世界各地
尼瓦拉野生稻*	*O. nivara*	24	二	AA	0.47	亚洲热带和亚热带地区
普通野生稻*	*O. rufipogon*	24	二	AA	0.46	亚洲热带和亚热带地区
非洲栽培稻	*O. glaberrima*	24	二	AA	0.83	非洲西部
短舌野生稻	*O. barthii*	24	二	AA	0.63	非洲
长雄蕊野稻	*O. longistaminata*	24	二	AA	0.75	非洲

续表

物种	拉丁名	染色体数	倍性	基因组类型	*C* 值 /pg	地理分布
南方野生稻	*O. meridionalis*	24	二	AA	0.50	大洋洲
展颖野生稻	*O. glumaepatula*	24	二	AA	0.50	拉丁美洲
斑点野生稻	*O. punctata*	24	二	BB	0.55	非洲
马蓝普野生稻	*O. malapuzhaensis*	48	四	BBCC	NA	印度
小粒野生稻	*O. minuta*	48	四	BBCC	1.73	菲律宾、巴布亚新几内亚
药用野生稻	*O. officinalis*	24	二	CC	0.68	亚洲热带、亚热带及大洋洲热带地区
根状茎野生稻	*O. rhizomatis*	24	二	CC	NA	斯里兰卡
紧穗野生稻	*O. eichingeri*	24	二	CC	0.58	亚洲南部和非洲东部
宽叶野生稻	*O. latifolia*	48	四	CCDD	1.15	美洲中部和南部
高秆野生稻	*O. alta*	48	四	CCDD	1.05	美洲中部和南部
大护颖野生稻	*O. grandiglumis*	48	四	CCDD	1.00	美洲中部和南部
澳洲野生稻	*O. australiensis*	24	二	EE	1.08	大洋洲热带地区
长护颖野生稻	*O. longiglumis*	48	四	HHJJ	NA	印度尼西亚、巴布亚新几内亚
马来野生稻	*O. ridleyi*	48	四	HHJJ	1.33	亚洲南部
颗粒野生稻	*O. granulata*	24	二	GG	0.93	亚洲南部、东南部
疣粒野生稻	*O. meyeriana*	24	二	GG	NA	亚洲东南部
短花药野生稻	*O. brachyantha*	24	二	FF	0.35	非洲
极短粒野生稻	*O. schlechteri*	48	四	NA	NA	巴布亚新几内亚
	O. coarctata	48	四	KKLL	NA	印度、缅甸

* 一年生尼瓦拉野生稻和多年生普通野生稻在分类上属于同一物种；NA 表示未知

关于栽培稻与野生稻之间的亲缘关系，已有大量的研究。普遍认为，亚洲栽培稻（*O. sativa*）与普通野生稻（*O. rufipogon*）的亲缘关系最近，而非洲栽培稻（*O. glaberrima*）与短舌野生稻（*O. barthii*）关系最密切。因此，普通野生稻和短舌野生稻分别被认为是亚洲栽培稻和非洲栽培稻的野生祖先种，同时只有这两种野生稻能分别与对应的栽培稻产生正常结实的杂种后代。由于野生稻含有大量的优良农艺性状基因，在水稻遗传学研究中日益受到重视。随着国际稻属基因组计划的开展，越来越多的稻属基因组序列被测定，稻属成为进行比较、功能和进化基因组学研究的模式系统。栽培稻群体的构成也是一个不断被研究的课题。随着水稻基因组及其群体基因组研究的深入，目前栽培稻群体构成已日趋明晰。

（二）稻属物种基因组核型和大小

通过形态学、细胞学及分子标记等研究，稻属 24 个种的基因组被划分为 10 个类型，包括 6 个二倍体类型（AA、BB、CC、EE、FF 和 GG）及 4 个异源四倍体类型（BBCC、CCDD、HHJJ 和 KKLL）（图 2-2-2；表 2-2-1）（Ge et al.，1999；Zou et al.，2008；Lu et al.，2009）。此外，育种学家根据各个物种间的生殖隔离及杂交育性，将稻属划分成不同的复合群，包括 *O. sativa*、*O. officinalis*、*O. meyeriana* 和 *O. ridleyi* 等（Harland et al.，1971）。处于 *O. sativa* 复合群中的物种属于 AA 类型，它们和栽培稻之间可通过传统授粉方式进行杂交。*O. sativa* 与 *O. officinalis* 复合群的物种之间必须依靠胚胎拯救的方法才可以进行杂交（Jena et al.，1990；Multani et al.，1994）；*O. sativa* 和其他复合群的稻种之间即使使用胚胎拯救的方法，也极难形成杂种（Khush et al.，1997）。

在流式细胞术及其他方法估计基因组大小的技术出现之前，*C* 值是衡量基因组大小的指标之一。稻属二倍体类型中，澳洲野生稻（*O. australiensis*）的 *C* 值最高（1.08pg，1pg=10^{-12}g），短花药野生稻（*O. brachyantha*）的 *C* 值最低（0.35pg）；异源四倍体中，大护颖野生稻（*O. grandiglumis*）的 *C* 值最低（1.00pg），小粒野生稻（*O. minuta*）的 *C* 值最高（1.73pg）（表 2-2-1）。

二、基因组测序历史与进展

水稻是第一个被完成全基因组测序的作物。其测序过程大致可分为前后两个阶段。第一个阶段主要是以亚洲栽培粳稻品种‘日本晴’（‘Nipponbare’）为对象进行的基因组测序（表 2-2-2）。亚洲栽培稻有两个亚种［籼稻（*O. sativa* spp. *indica*）和粳稻（*O. sativa* spp. *japonica*）］，其中粳稻品种‘日本晴’分别通过逐步克隆方法（Sasaki et al.，2002；Feng et al.，2002；The Rice Chromosome 10 Sequencing Consortium，2003；International Rice Genome Sequencing Project，2005）和全基因组鸟枪法（Goff et al.，2002）完成测序，并于 2002 年首次公布基因组草图。作为禾本科或单子叶植物模式植物，水稻基因组后续在‘日本晴’基因组的基础上，进行了大量的完善和补洞工作，不断公布更新版本（如 MUS7）（Kawahara et al.，2013）。同时也建立了相应的水稻基因组数据库，主要包括两个：一个是由美国密歇根州立大学（MUS）维护的 Rice Genome Annotation Project 数据库（http://rice.plantbiology.msu.edu/）；另一个是由日本国家农业和粮食研究组织维护的 The Rice Annotation Project（RAP-DB）数据库（http://rapdb.dna.affrc.go.jp/）。籼稻品种‘9311’也通过全基因组鸟枪法完成测序、拼接（Yu et al.，2002），与‘日本晴’基因组在同年发表，后期该基因组也进行了更新（Yu et al.，2005）并建立了数据库。

第二个阶段是以其他水稻类型（亚洲栽培籼稻和非洲栽培稻）为对象进行的基因组测序和亚洲栽培稻群体基因组重测序（表 2-2-2）。随着早期籼稻品种‘9311’的基因组草图公布，其他一些籼稻品种基因组也陆续被测序，如‘珍汕 97’（‘ZS97’）和‘明恢 63’（‘MH63’）（Zhang et al.，2016b），研究者为籼稻建立了一个高质量参考基因组数据库（Rice Information GateWay，RIGW，http://rice.hzau.edu.cn/rice/）。日本也于 2014 年完成了对籼稻品种‘Kasalath’的基因组测序与拼接（Sakai et al.，2014）。最新一个籼稻基因组测序材料是来自籼型恢复系的‘蜀恢 498’（‘R498’），除了传统遗传图谱，研究者利用第三代测序技术等最新技术对其进行了全面组装，获得了一个据称目前最为完整的籼稻基因组（Du et al.，2017）。非洲栽培稻（*O. glaberrima*）精细图也于 2014 年测序完成（Wang et al.，2014b；Zhang et al.，2014a），后续在 2016 年，Monat 等对 3 份非洲栽培稻进行了从头拼接。同时，一些水稻野生祖先种等也被陆续测序完成，如 2014 年，Zhang 等同时对 5 份野生水稻（非洲栽培稻、尼瓦拉野生稻、短舌野生稻、展颖野生稻、南方野生稻）完成了基因组从头组装，研究了 AA 基因组的快速分化适应性机制。

表 2-2-2 稻属物种基因组大小和从头（*de novo*）测序情况

物种	拉丁名	基因组 / 染色体拼接大小 /Mb	基因组	文献
粳稻	*O. sativa* ssp. *japonica*	43.3	‘日本晴’（1 号染色体）	Sasaki et al.，2002
		34.6	‘日本晴’（4 号染色体）	Feng et al.，2002
		420	‘日本晴’	Goff et al.，2002
		22.4	‘日本晴’（10 号染色体）	The Rice Chromosome 10 Sequencing Consortium，2003
		370	‘日本晴’	The Rice Genome Sequencing Project，2005
		321	‘日本晴’	Kawahara et al.，2013
		356	‘日本晴’	Schatz et al.，2014
		381	‘日本晴’	Zhang et al.，2018d
籼稻	*O. sativa* ssp. *indica*	400	‘93-11’	Yu et al.，2002
		466	‘93-11’	Yu et al.，2005
		382	‘PA64s’	Gao et al.，2013
		331	‘Kasalath’	Sakai et al.，2014
		345	‘IR64’	Schatz et al.，2014
		347	‘珍汕 97’	Zhang et al.，2016a
		360	‘明恢 63’	Zhang et al.，2016a
		390	‘蜀恢 498’	Du et al.，2017
		396	‘93-11’	Zhang et al.，2018d
		346	‘DJ123’	Schatz et al.，2014
非洲栽培稻	*O. glaberrima*	316	‘CG14’	Wang et al.，2014b
		299	‘CG14’	Monat et al.，2017
		292	‘TOG5681’	Monat et al.，2017
		305	‘G22’	Monat et al.，2017
		345	‘103486’（IRRI）	Zhang et al.，2014a
尼瓦拉野生稻	*O. nivara*	375	‘88812’（IRRI）	Zhang et al.，2014a
短舌野生稻	*O. barthii*	335	‘101252’（IRRI）	Zhang et al.，2014a
展颖野生稻	*O. glumaepatula*	335	‘88793’（IRRI）	Zhang et al.，2014a
南方野生稻	*O. meridionalis*	341	‘105298’（IRRI）	Zhang et al.，2014a
长雄蕊野生稻	*O. longistaminata*	347	未知	Zhang et al.，2015e
短花药野生稻*	*O. brachyantha*	261	‘IRGC101232’	Chen et al.，2013a

* 基因组类型为 FF，其他均为 AA

随着水稻参照基因组的完成和完善，栽培稻群体基因片段和全基因组重测序随后展开（表 2-2-3）。与拟南芥、玉米等情况类似，在进行真正意义上的群体基因组重测序之前，首先进行的往往是多基因位点或大基因组片段的群体测定（PCR 产物 Sanger 测序）与分析。拟南芥和玉米群体类似工作在 2001～2002 年开始（Nordborg et al.，2002；Schmid et al.，2003；Tenaillo et al.，2001；Remington et al.，2001b；Ching et al.，2002），水稻类似群体研究结果 2005 年才出现（Garris et al.，2005；Caicedo et al.，2007；Zhu et al.，2007）。真正全基因组范围的水稻群体基因组学研究是从 2009 年起始的，以韩斌课题组为代表，他们先后发表了 1 万余份水稻群体基因组重测序和分析结果（Huang et al.，2009，2010，2012，2015，2016），重点研究了水稻群体的多样性、驯化演变、杂种优势等问题。期间，王文和华大基因合作发表的 50 份栽培稻与野生稻基因组高深度（超过 15×）重测序的分析结果，揭示了野生稻与栽培稻的群体结构特征，以及人工选择对于群体的影响（Xu et al.,2012c）。2013 年，钱前课题组利用 132 份重组自交系材料重测序结果，挖掘了 43 个与产量相关的位点（Zhang et al.，2013）；Wang 等（2014b）围绕驯化问题，对非洲栽培稻和非洲野生稻进行了 114 份材料的重测序；Qiu 等（2017）和 Li 等（2017）比较了杂草稻与栽培稻的遗传学关系，为“杂草稻是由水稻去驯化而来”的观点提供了基因组证据；2018 年，中国科学院国家基因研究中心对 66 份材料进行了深度测序（平均 115×）和从头拼接，在泛基因组水平上揭示了栽培稻和野生稻之间存在的大量基因组变异。

表 2-2-3　水稻群体基因组片段和全基因组重测序情况

群体组成	测序深度	文献	群体组成	测序深度	文献
234 份材料，171 个位点	Sanger	Garris et al.，2005	238 份杂草稻和地方种	18.2×	Qiu et al.，2017
93 份材料，111 位点	Sanger	Caicedo et al.，2007	38 份杂草稻	18.9×	Li et al.，2017a
60 份材料，10 个位点	Sanger	Zhu et al.，2007	529 份材料	3×	Chen et al.，2014b
150 份材料	0.02×	Huang et al.，2009	1 495 份材料	2.2×	Huang et al.，2015
517 份材料	1×	Huang et al.，2010	53 份 *O. sativa*、49 份 *O. rufipogon*、20 份 *O. glaberrima*、83 份 *O. barthii*	（2.8～12.7）×	Huang et al.，2015
40 份栽培种、10 份野生稻	＞15×	Xu et al.，2011			
446 份 *O. rufipogon*、1 083 份栽培种	2×	Huang et al.，2012	620 份中国地方种、330 份外国材料	1×	Huang et al.，2012
132 份重组自交系	4×	Gao et al.，2013	27 份 *O. sativa* spp. *japonica*、1 份 *O. sativa* spp. *aromatic*、19 份 *O. sativa* spp. *indica*、6 份 *O. sativa* spp. *aus*、13 份 *O. rufipogon*	115×	Zhao et al.，2018a
20 份 *O. glaberrima*、94 份 *O. barthii*	3×	Wang et al.，2014b			
3 000 份全球材料	14×	Li et al.，2014g			
10 074 份 F_2 材料		Huang et al.，2016	163 份 *O. glaberrima* 和 83 份 *O. barthii*	37×	Cubry et al.，2018
176 份材料	5.8×	Yano et al.，2016			
203 全球核心种质	1.5×	Wang et al.，2016c	国际水稻所 3K 水稻资源	（4～50）×	Wang et al.，2018e

除了核基因组外，水稻的叶绿体基因组序列早在 1989 年就被测序完成（Hiratsuka et al.，1989）。同时，水稻线粒体基因组也在 2002 年被测序完成（Notsu et al.，2002）。

三、基因组基本构成及其数据库

（一）基因组基本构成

根据水稻基因组数据库 RAP-DB（Os-Nipponbare-Reference-IRGSP-1.0 pseudomolecules）和美国 MSU Rice Genome Annotation Project（Release 7）2013 年发布的水稻参照基因组（'日本晴'），水稻基因组中共有具有表达证据支持的基因 37 869 个（其中有 2190 个非编码基因），以及无表达数据支持的 8121 个预测基因，合计注释（预测）出 45 990 个基因位点。所有转录产物共包含 187 538 个外显子，这些表达位点覆盖了约 29.0% 的染色体区域，另外包括转座（TE）位点 16 941 个（Sakai et al.，2013；Kawahara et al.，2013）（表 2-2-4）。

表 2-2-4 水稻基因组基本构成（Sakai et al.，2013；Kawahara et al.，2013）

基因 / 重复序列	数量 / 个	基因 / 重复序列	数量 / 个
基因（具有表达证据）	37 869	预测基因（无表达证据）	8 121
蛋白质编码基因位点	33 279	miRNA 前体	604
平均基因大小 /bp	2 853	TE 位点	16 941
平均基因外显子数量	4.9	TE 基因	17 272
非编码基因位点	2 190	平均基因大小 /bp	3 223
从头预测基因	2 400	平均基因外显子数量	4.2
交替剪接本	6 667		

（二）主要基因组数据库

水稻基因组研究起步早，目前已有不少水稻相关基因组数据库（表 2-2-5）。

表 2-2-5 水稻相关基因组数据库

数据库	网址
RAP-DB	http://rapdb.dna.affrc.go.jp/
MSU-RGAP	http://rice.plantbiology.msu.edu/
RIGW	http://rice.hzau.edu.cn/rice/
RIS	http://rise2.genomics.org.cn/page/rice/index.jsp
RPAN	http://cgm.sjtu.edu.cn/3kricedb/
SNP-Seek	http://snp-seek.irri.org
RiceVarMap	http://ricevarmap.ncpgr.cn/v2/
OryzaGenome	http://viewer.shigen.info/oryzagenome2detail/index.xhtml
Oryzabase	https://shigen.nig.ac.jp/rice/oryzabase/
IC4R	http://ic4r.org/
RiceRelativesGD	http://ibi.zju.edu.cn/ricerelativesgd/
eRice	http://www.elabcaas.cn/rice/

下面重点介绍几个数据库。

1. RAP-DB（日本水稻基因组注释项目数据库）

2004 年粳稻'日本晴'基因组测序计划完成之时，RAP-DB 为科学界提供了准确、及时的'日本晴'基因组序列注释（图 2-2-3）。目前 Os-Nipponbare-Reference-IRGSP-1.0（IRGSP-1.0）

提供了最新注释结果，其参照基因组基于 RAP 和 MSU 水稻基因组注释项目合作更新的基因组。它们基于高通量测序数据，校正了许多测序和拼接错误，构建了一个水稻高质量基因组参考序列（Kawahara et al.，2013）。

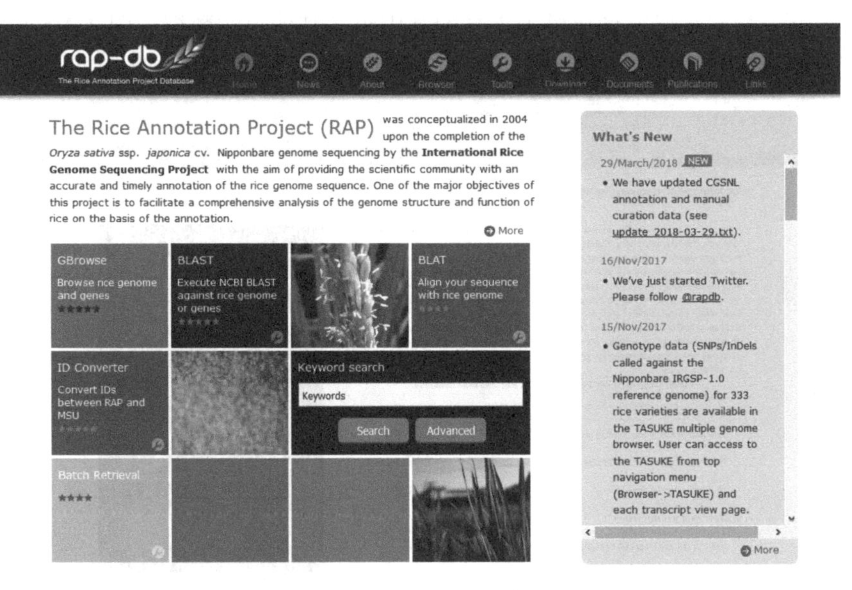

图 2-2-3　RAP-DB 数据库界面

2. MSU-RGAP（美国水稻基因组注释项目）

美国密歇根州立大学（MSU）水稻基因组注释项目数据库是美国国家科学基金会资助项目之一，为水稻基因组提供序列和注释数据（图 2-2-4）。该网站以‘日本晴’作为水稻参照基因组进行基因注释等。这些数据可通过搜索页面和基因组浏览器获得，它提供完整的注释数据集成显示。

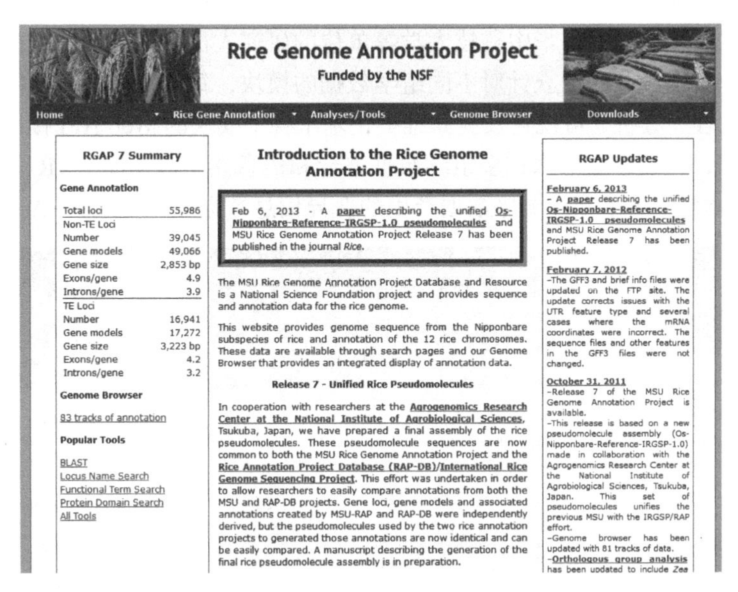

图 2-2-4　MSU-RGAP 数据库界面

3. RIGW（水稻信息平台——华中农业大学）

RIGW（Rice Information Gateway）是华中农业大学陈玲玲和张建伟研究组共同建立

的一个综合全面的籼稻基因组生物信息平台。该平台通过利用最新获得的籼稻品种‘珍汕97’（‘ZS97’）和‘明恢 63’（‘MH63’）的参考基因组（Zhang et al.,2016），提供基因组、转录组学、蛋白质-蛋白质互作（PPI）、代谢网络、代谢物和计算工具等。RIGW 通过直观的网络界面，为水稻研究者提供了丰富的基因组和其他组学数据（图 2-2-5）。

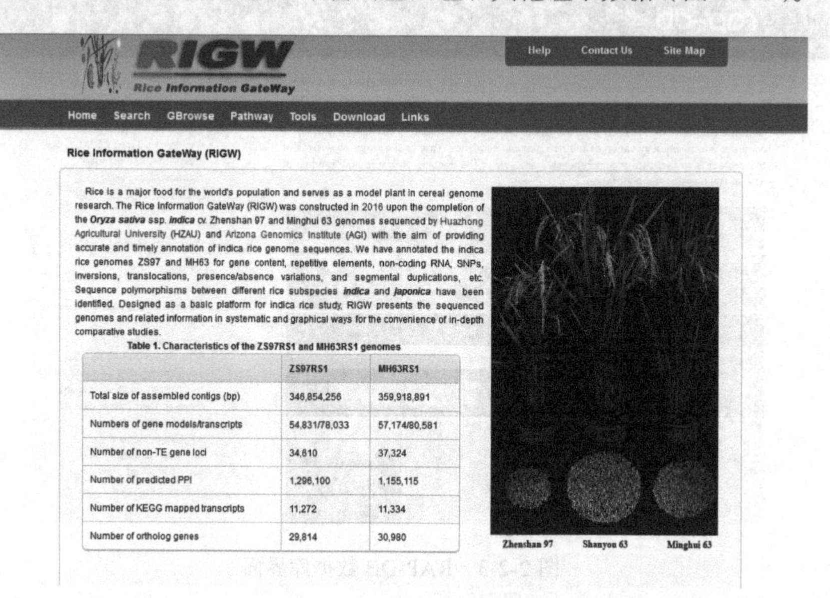

图 2-2-5　RIGW 数据库界面

4. IC4R（水稻信息共享数据库——中国科学院北京基因组研究所）

IC4R（Information Commons for Rice）是一个水稻知识库，致力于为水稻参考基因组提供基于大量组学数据和大量水稻相关文献的标准化及准确的基因注释（图 2-2-6）。该数据库由中国科学院北京基因组研究所基因组科学与信息重点实验室章张研究组、胡松年研究组、陈非研究组，以及北京大学、华中科技大学等单位的研究人员合作开发。数据库采用可扩展和可持续的系统架构设计，设立针对不同组学数据的模块，每个模块由具体的工作小组负责数据的收集、整理、分析、可视化及更新维护，基于各个模块的 Web API 接口集成整合水稻的多种组学数据，开发建立了水稻多组学数据整合和信息共享数据库 IC4R。IC4R 包含的模块主要有基于 5000 多株水稻重测序数据产生的变异信息数据库、基于 RNA-Seq 测序数据的

图 2-2-6　IC4R 数据库界面

水稻基因表达数据库、以稻属为核心的植物同源数据库、水稻蛋白不同水平翻译后修饰数据库、水稻文献数据库，以及基于 Wiki 的水稻基因信息大众审编（community curation）平台。

5. RiceRelativesGD（水稻相关物种基因组数据库——浙江大学）

RiceRelativesGD 收集了水稻近缘种（如杂草稻、野生稻、李氏禾）或与水稻相同生境物种（如稻田稗草、菰）的基因组序列及其相关功能基因信息（Mao et al.，2019）（图 2-2-7）。这些物种具有明显的水稻育种价值，如杂草稻早发快生、C4 稗草高光效和茭白高生物量等特征，可为水稻遗传育种和稻田杂草领域科学家提供重要遗传资源。

图 2-2-7　RiceRelativesGD 数据库界面

6. eRice（水稻基因组注释和甲基化数据库——中国农业科学院）

eRice 数据库由中国农业科学院生物技术研究所谷晓峰课题组建立（图 2-2-8）。他们更新了参照基因组‘日本晴’和‘93-11’建立的水稻基因组及其注释信息，并以此建立水稻基

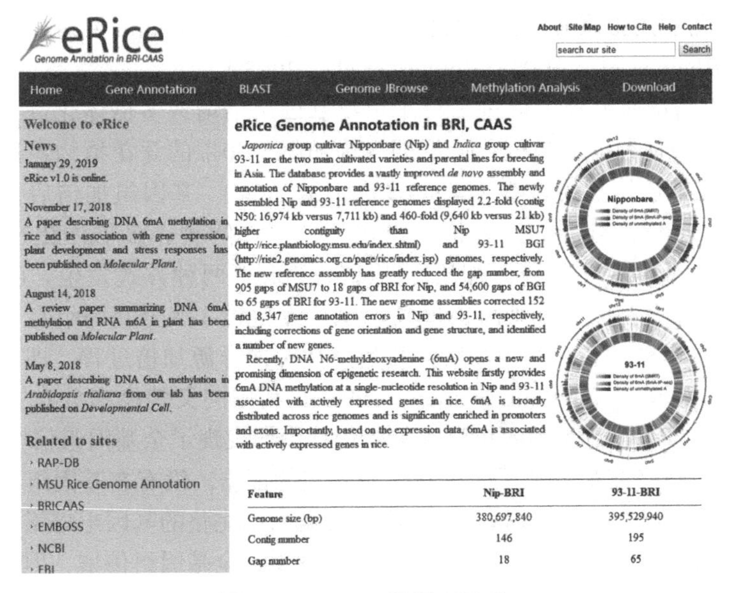

图 2-2-8　eRice 数据库界面

因组数据库。数据库特别提供了水稻全基因组甲基化分布及其比较结果。

第二节 水稻基因组特征与进化

一、古老多倍体

水稻是典型的二倍体物种，这是在水稻基因组出现前普遍的认识。随着水稻基因组草图序列出现，Goff 等（2002）基于同义替换率分布（K_s-based age distribution）提出水稻基因组可能发生过一次全基因组倍增的观点。而在此之前，利用分子标记、DNA 重复元件等方法对水稻部分染色体区段的研究，也提出水稻基因组的一些染色体间可能发生过片段倍增（segmental duplication）（Kishimoto et al.，1994；Nagamura et al.，1995；Wang et al.，2000）。2003 年两篇重要文章相继发表，对水稻基因组起源和倍增事件做出了初步分析和有益探索（Paterson et al.，2003；Vandepoele et al.，2003）。而后水稻基因组研究的一个重要进展是获得清晰的基因组共线性证据，表明水稻基因组的确发生过全基因组倍增，而且发生在禾本科作物分化前（Paterson et al.，2004；Guyot et al.，2004；Zhang et al.，2005；Yu et al.，2005；Wang et al.，2005；Zhang et al.，2005）。随着水稻基因组序列数据的增加，特别是美国基因组研究院（TIGR）利用逐步克隆测序的数据首次拼成 12 条水稻染色体序列，利用这些数据和基因相似性矩阵，可以检测到大量染色体间的倍增片段，这些倍增片段几乎覆盖了水稻全基因组（图 2-2-9）。这是全基因组倍增的有力证据。根据倍增片段上同源基因的分子进化分析，全基因组倍增发生在 7000 万年（Paterson et al.，2004）至 8750 万年前（Zhang et al.，2005），即在禾本科作物分化前。根据最新化石证据，禾本科分化时间提早到 7000 万年前（原来认为是 5500 万年前），则该多倍化事件的发生时间现被估计在 9600 万年前（Wang et al.，2015f）。后利用 TIGR 更新的水稻基因组数据（osa1，Version 2）和同义替换率分布方法，我们还检测到另一次更古老的基因组倍增事件（单子叶与双子叶植物分化前）（Zhang et al.，2005）。该结果与利用拟南芥基因组数据获得的证据一致（Vision et al.，2000；Simillion et al.，2002；Blanc et al.，2003；Bowers et al.，2003）。

水稻基因组倍增研究极大促进了对于植物基因组倍增或多倍体化进化的认识，尤其是对于禾本科作物物种形成与进化。早期认为 50%～70% 的开花植物在进化过程中均经历了一次或多次染色体加倍过程（Wendel et al.，2000）。基因组加倍后，会经历所谓的二倍体化过程（diploidization），进化成当代的二倍体物种。多倍体化过程一般可通过同源加倍（autopolyploid）和异源加倍（allopolyploid）两种方式发生。已测序完成的模式植物拟南芥，经全基因组序列分析发现，至少发生过 3 次全基因组自身复制（Bowers et al.，2003）；玉米被认为在其与高粱分化后发生一次异源加倍过程，即起源于异源四倍体（allotetrapolyploid）（Gaut and Dobley，1997）。利用同义替换率分布方法检测和最新序列数据库数据，Blanc 和 Wolfe 在很多重要作物中均发现了全基因组倍增的证据（Blanc et al.，2004）。上述推测都是基于同源基因对分布的证据，没有在基因组共线性上获得证据。水稻全基因组提供了当时动植物基因中最为清晰、完整的基因组倍增遗留下来的基因组共线性证据。拟南芥基因组在更近代的时候也发生过全基因组倍增，但它的倍增片段都比较短且凌乱（Bowers et al.，2003；Simillion et al.，2002）。水稻之所以保存得这么完整，

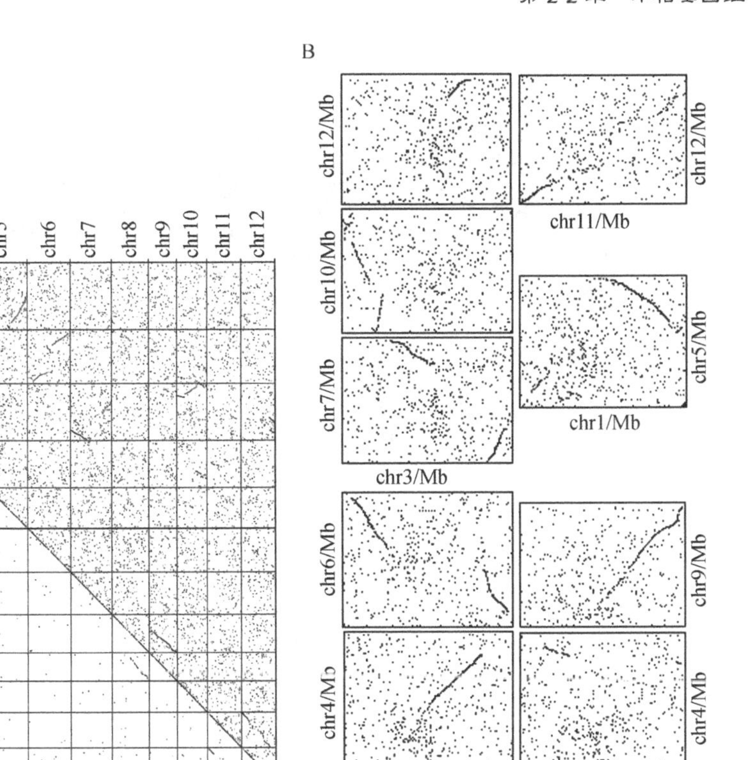

图 2-2-9 水稻 12 条染色体之间的基因组共线性片段

（A 图引自 Paterson et al.，2004；B 图引自 Zhang et al.，2005）

这些共线性片段主要来自一次全基因组倍增事件，例如，2 号染色体与 4 号和 6 号染色体；3 号染色体与 7 号、10 号和 12 号染色体；1 号染色体与 5 号染色体之间的倍增片段

可能与水稻基因组进化速率慢、比较稳定有关（Ilic et al.，2003；Wang et al.，2015f）。

二、基因组提供籼稻与粳稻驯化起源的证据

水稻的驯化起源一直以来都是水稻遗传育种领域关注的焦点，提出了一系列起源假说。如上所述，亚洲栽培稻在 1.2 万～1.0 万年前从野生祖先（*O. rufigogon*）驯化而来。基于基因或基因组片段序列数据，利用群体和系统进化等方法，提出了一系列起源假说，包括籼稻和粳稻水稻独立驯化假说（如 Londo et al.，2006）、籼稻和粳稻一次驯化起源等。但这些假说都因缺少强有力的遗传证据而莫衷一是。

水稻栽培群体和野生群体的大规模重测序及其进化分析，为混乱的籼粳稻驯化起源提供了基因组“亲子鉴定”证据。韩斌院士课题组利用 1083 份籼粳栽培稻品种、446 份来自世界各地的野生祖先稻材料和其他稻属内相关物种基因组重测序数据，基于系统发生和溯源法（coalescent simulation）进行了水稻驯化起源分析（Huang et al.，2012）。基于全基因组 SNP 数据，他们构建了水稻及其祖先野生种的系统发生树（图 2-2-10）。从图 2-2-10 中可以见到籼粳栽培稻与祖先野生稻具有复杂的系统发生关系，籼粳栽培稻分别与不同地域的野生稻聚类在一起，而不是彼此先聚类在一起。例如，籼稻首先与 Or-Ⅰ野生稻（即 *O. nivara*）聚在一起，说明籼稻和粳稻分别起源于两类不同的野生稻（Or-Ⅰ和 Or-Ⅲ）。进一步的群体进化

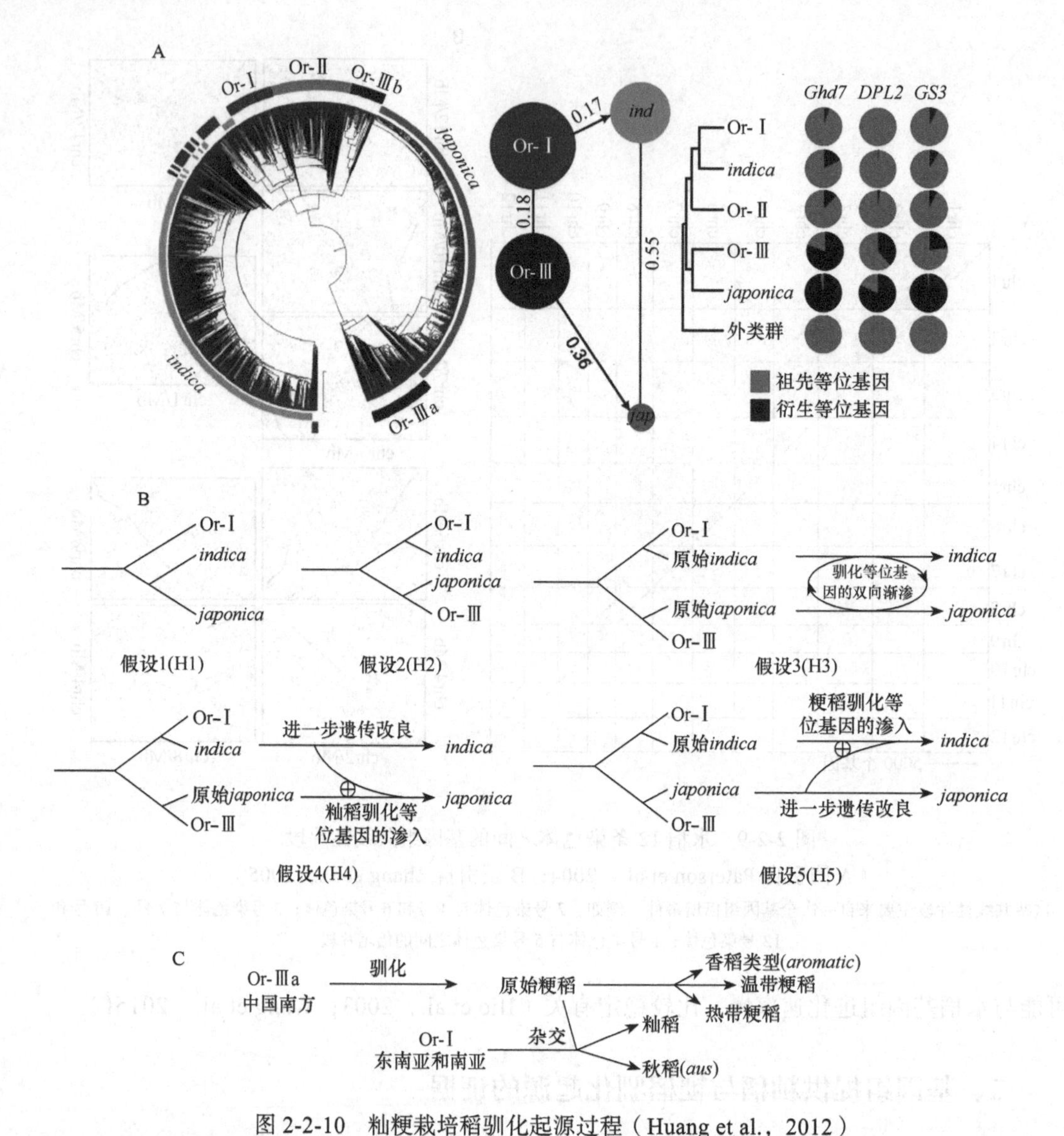

图 2-2-10 籼粳栽培稻驯化起源过程（Huang et al.，2012）

A. 基于全基因组变异的籼型（*indica*）和粳型（*japonica*）水稻及其祖先野生稻（Or）系统发生树、主要亚群多态性及其主要驯化相关基因基因型构成；B. 5 种进行测验的水稻驯化进化模型（H1～H5）；C. 水稻主要栽培类型的驯化起源过程。Or 代表 *O. rufipogen*

模型分析，可以对各种可能的粳稻驯化起源假设进行测验。他们测试了 5 种可能的起源模式（H1～H5，图 2-2-10），然后基于基因组水平 SNP 数据进行测验，看哪种起源模式与基因组数据具有更好的拟合程度。结果表明，第 5 种起源模式（H5）获得了最佳匹配结果，即基因组数据支持该水稻驯化起源过程。这也解开了籼粳稻驯化起源之谜，即粳稻首先在我国华南珠江流域野生稻被驯化，经过漫长的人工选择，驯化出了粳稻，随后往北逐渐扩散。粳稻后续进化出不同亚群，包括香稻类型；而往南扩散的一支，进入了东南亚，在当地与野生稻种杂交，经历了第二次驯化，即驯化的粳稻与印度、泰国一带野生稻杂交，形成目前的栽培籼稻和东南亚地区种植的秋稻（图 2-2-10）。该研究结果得到后续水稻群体基因组研究结果的支持（Wang et al.，2016c，2018e；图 2-2-2）。香稻和秋稻看来是籼粳稻以外两个非常重要的栽培稻类型，经历了独立驯化的过程。

三、栽培稻可能发生去驯化过程

去驯化（de-domestication）也称为“野化”（feralization），是栽培作物和家养牲畜、家禽等经常发生的遗传现象，是指植物或动物从人工环境返回自然环境，恢复野生植物或动物特征的遗传现象。目前对作物进化的研究大多集中于作物的驯化，即植物从自然环境到被人工选择环境的进化过程。然而对去驯化的进化研究却鲜有报道。水稻同样会发生去驯化事件，去驯化的水稻会恢复水稻野生特性，在稻田环境生存下来，成为一种杂草性质的水稻（即杂草稻）。

杂草稻（*Oryza sativa* f. *spontanea*）目前已成为世界性的稻田恶性杂草，在亚洲、美洲等稻区大面积分布，严重危害水稻生产（Reagon et al., 2011；Cui et al., 2016a；Li et al., 2017）。由于轻型栽培技术的推广，杂草稻在我国江苏、广东、辽宁、宁夏、浙江等地大面积发生，已成为我国稻田杂草中除稗草外最严重的杂草之一（Xia et al., 2011；Sun et al., 2013；Qiu et al., 2014，2017；Sun et al., 2019a）。杂草稻经过长期环境适应，具备落粒特征，种子成熟即散落田间，然后来年随水稻耕作生长季节与栽培稻伴生。由于其遗传背景与栽培稻极其相似（图 2-2-11A），除草剂难以根除，给水稻生产带来极大影响。对于杂草稻的起源，目前越来越多的证据表明去驯化是杂草稻重要的起源，即杂草稻起源于人工驯化后的栽培稻。

本书编者从我国杂草稻主要危害地区收集了 155 份杂草稻材料和 76 份当地历年栽培稻品种。群体基因组学分析发现：①我国杂草稻均与栽培稻，特别是当地历年种植的水稻地方种聚类在一起（图 2-2-11B），这清晰表明杂草稻其实就是起源于栽培稻。该结果与美国杂草稻研究结论一致（Li et al., 2017）。中国杂草稻（江苏）和同为籼型的美国杂草稻 SH 起源近代

A

图 2-2-11　稻田杂草稻及其起源

A. 我国稻区杂草稻危害情况（2013 年摄于江苏省扬州地区）。图中可见粳稻田中的籼型杂草稻（箭头所示）。B. 中国杂草稻与栽培水稻系统发生树（Qiu et al., 2017）。系统发生树中杂草稻（圈内）与大量栽培籼稻（淡黄）和粳稻（蓝色）完全聚类在一起。intermedia. 中间型；aromatic. 香稻；*aus*. 秋稻；tropical *japonica*. 热带粳稻；*indica*. 籼稻；temperate *japonica*. 温带粳稻。LN. 辽宁；NX. 宁夏；JS. 江苏；GD. 广东；FW. 中国以外的杂草稻样本。C. 基于水稻驯化和遗传改良相关基因确定的中国和美国（SH 和 BHA）杂草稻起源时间（Li et al., 2017）。其中中国杂草稻采样来自江苏（Qiu et al., 2014）。图中将水稻驯化起源分为 4 个阶段：祖先种、祖先作物、地方种和现代品种。不同阶段人工选择的靶基因不同，驯化阶段主要包括株型、落粒性等，后期育种选择包括淀粉和抗性等

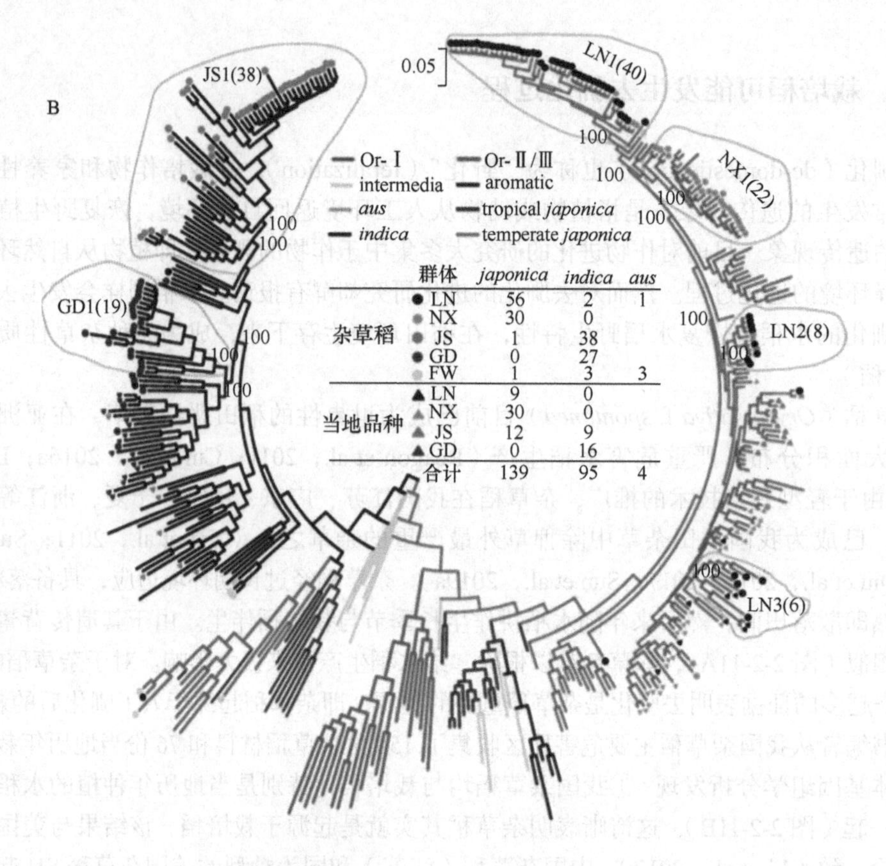
B
0.05
JS1(38)
LN1(40)
NX1(22)
GD1(19)
LN2(8)
LN3(6)
Or-Ⅰ
Or-Ⅱ/Ⅲ
intermedia
aromatic
aus
tropical japonica
indica
temperate japonica
群体 japonica indica aus
杂草稻
LN 56 2 1
NX 30 0
JS 1 38
GD 0 27
FW 1 3 3
当地品种
LN 9 0
NX 30 0
JS 12 9
GD 0 16
合计 139 95 4

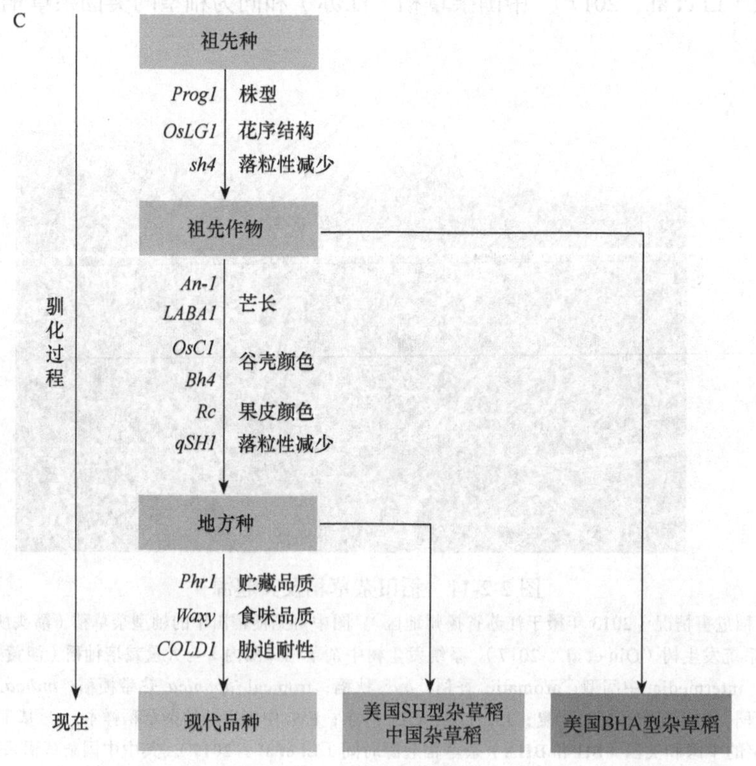
C
祖先种
Prog1 株型
OsLG1 花序结构
sh4 落粒性减少
祖先作物
An-1
LABA1 芒长
OsC1
Bh4 谷壳颜色
Rc 果皮颜色
qSH1 落粒性减少
驯化过程
地方种
Phr1 贮藏品质
Waxy 食味品质
COLD1 胁迫耐性
现在
现代品种
美国SH型杂草稻
中国杂草稻
美国BHA型杂草稻

图 2-2-11 （续）

（图 2-2-11C）。但基于中国北方杂草稻群体，得到一个非常古老的起源估计（Sun et al.，2019a）。中国杂草稻中，江苏、广州杂草稻起源于籼稻，而辽宁、宁夏杂草稻起源于粳稻，且 4 个群体为独立去驯化起源。杂草稻起源过程中均经历了强烈的遗传瓶颈效应。②将杂草稻去驯化区域和栽培稻驯化区域比较发现，杂草稻去驯化过程中并非是简单地将栽培基因型恢复为野生型，而是利用大量新的变异和分子机制适应环境。这与家禽（鸡）去驯化后环境适应的遗传机制一致。等位基因频率变化分析发现，已有变异（standing variation）和新的突变（new mutation）在不同类型（籼、粳）杂草稻进化中的作用有明显差异。上述研究结果，加深了对作物驯化和去驯化进化的遗传机制认识，对理解杂草稻环境适应机制及其防控，以及合理制订水稻栽培措施具有重要理论指导意义。同时，杂草稻也为水稻育种提供了大量重要遗传新资源。

第三节 水稻基因组转录与功能

一、基因组转录与修饰

（一）转录组

水稻基因组水平的转录分析最初是利用基于传统测序方法的 EST 技术。在 2002 年水稻基因组测序发表前后，研究者进行了大量 EST 测序和分析。日本科学家第一次比较全面地研究了水稻基因组的转录（Kikuchi et al.，2003），他们进行了水稻全长 cDNA 序列大规模测序，获得 1 万多条不同发育时期表达的全长 cDNA 序列，为了解水稻基因组表达水平和特征提供了重要基础数据。这些数据均采取 Sanger 测序技术，数据量巨大，至今还是水稻及其他植物基因组和基因研究的重要表达数据。随着转录组测序技术（RNA-Seq）的出现，该技术被迅速用于水稻基因组水平转录测定和分析。华大基因和韩斌课题组最早开展了水稻基因组转录的大规模测序和分析，他们的研究结果均于 2010 年发表在 *Genome Research*（Zhang et al.，2010；Lu et al.，2010）。利用该技术的强大优势，他们发现水稻基因组存在大量不同类型的基因可变剪接、融合基因和大量非编码区的转录本等。例如，他们研究发现：① 7 种不同的可变剪接方式（ES、IR、A5SS、A3SS、MXE、AFE 和 ALE）（图 2-2-12A），同时，近 50% 的水稻基因发生交替剪接；②水稻基因组中鉴定出 15 708 个所谓非编码的特异转录活跃区（novel transcriptional active region，nTAR）（图 2-2-12B）。他们发现这些区域序列 51% 与蛋白质编码序列没有相似性，且大多为单外显子（63%），这与编码基因明显不同。按照现在的定义，这些均是长非编码 RNA 基因。

有关水稻基因组转录水平，参见本书第 1-4 章第二节中有关水稻转录组的举例。

（二）非编码 RNA

1. 小 RNA

植物 miRNA 最初是在拟南芥和水稻发现的（详见本书第 2-1 章）。最初基于小 RNA 转录组数据的水稻 miRNA 大规模鉴定来自多个实验室（Zhu et al.，2008；Sunkar et al.，2008）。Zhu 等（2008）以发育的水稻种子为材料鉴定了 39 个新的非保守的 miRNA 家族，Sunkar 等以胁迫处理的水稻幼苗为材料鉴定了 23 个新的 miRNA（Sunkar et al.，2008）。后续大量相关研究论文发表，如 Zhang 等（2010）预测了 181 条新的水稻 miRNA 等。截至目前，水稻基因组中已鉴定出 604 个 miRNA 前体（miRBase，Release 22，2018）。

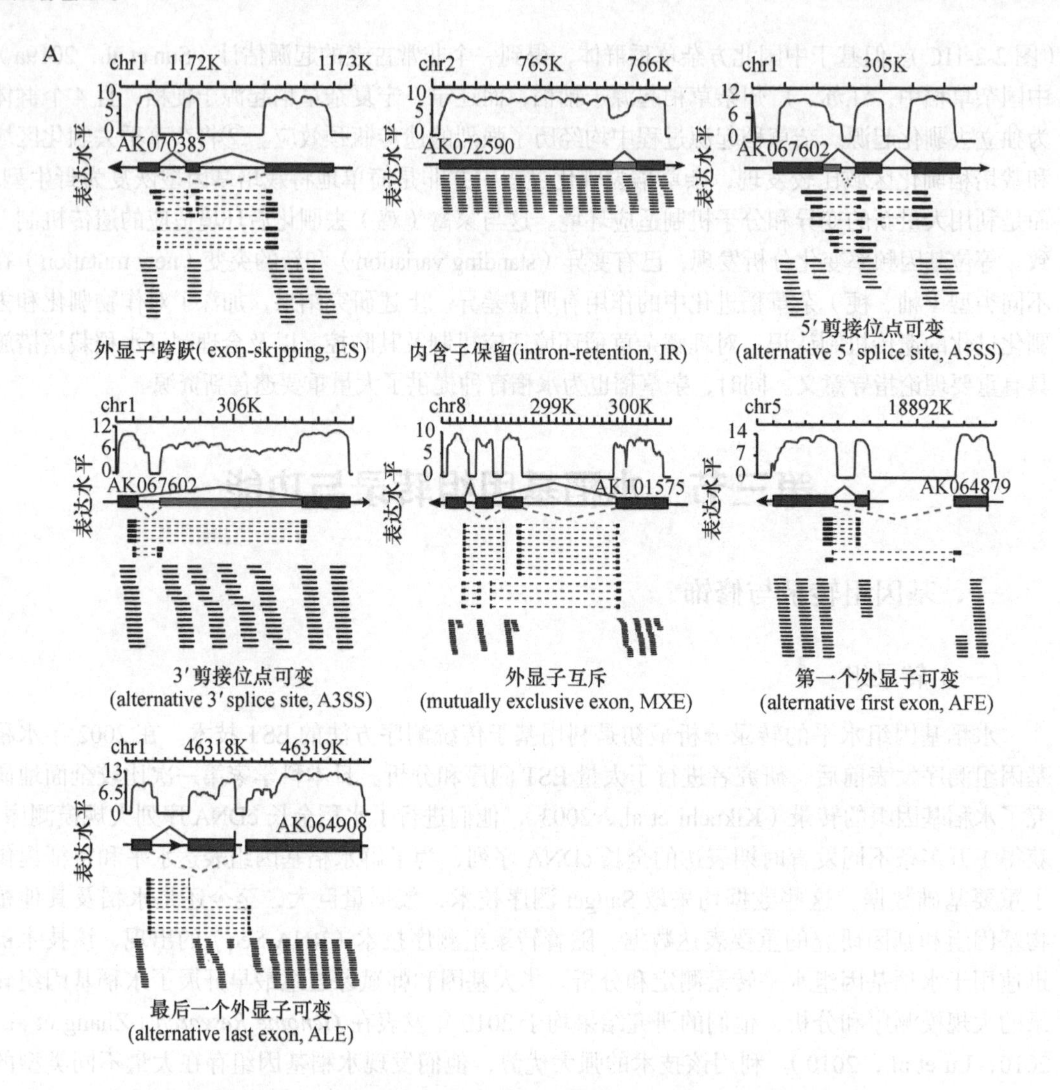

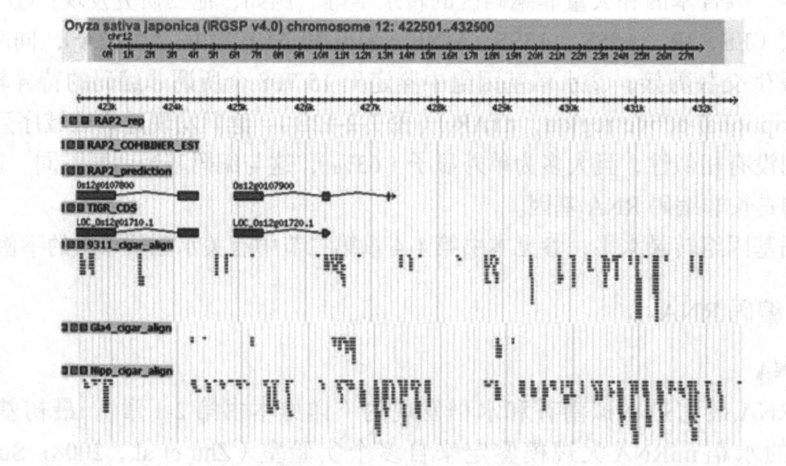

图 2-2-12 利用 RNA-Seq 技术对水稻基因组水平转录的最早期分析结果

A. 转录组分析发现水稻基因存在 7 种不同的可变剪接方式（ES、IR、A5SS、A3SS、MXE、AFE 和 ALE）（Zhang et al., 2010）；B. 转录组分析发现大量蛋白质编码基因间区的大规模非编码区转录（Lu et al., 2010）。RAP2_prediction 和 TIGR_CDS 为蛋白质编码基因预测（注释）结果

miRNA 在水稻驯化和遗传改良过程中，对生长发育和重要农艺性状都发挥着重要调控功能（Tang et al.，2017b）。例如，miR156 靶向 OsSPL13、OsSPL14、OsSPL16 等转录因子，在水稻株型起调控作用，且能对籽粒大小、谷物产量产生影响；miR159 靶向 OsGAMYB 和 OsGAMYBL1，调控小花的发育和拔节；miR397 靶向 OsLAC，与 miR156、miR396 共同控制穗分枝、籽粒大小和产量等（图 2-2-13）。大量研究都表明，大多数 miRNA 不能独立工作，而是参与到复杂的调控网络，以协调不同的调控网络和应激反应。

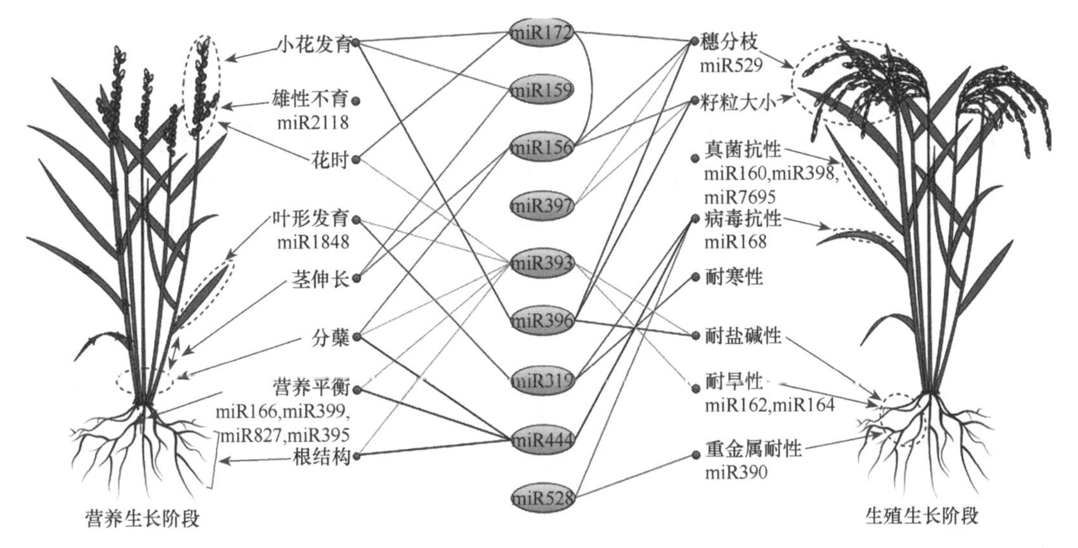

图 2-2-13　miRNA 参与调控水稻营养和生殖生长功能举例（Tang et al.，2017b）

在水稻基因组上的另外一类小 RNA，siRNA（如 phsiRNA 和 NAT-siRNA 等）也得到比较全面研究。例如，在水稻上，我们基于高通量小 RNA 数据和 Howell 算法，找到了 4 个 phsiRNA 基因——*TAS3* 基因（Zhu et al.，2008）。进一步比对生物信息学序列，发现 *TAS3* 基因在禾本科存在良好的保守性，其通过基因组和单基因倍增，在禾本科物种基因组中至少有 2 个拷贝，多的可达到近 10 个拷贝（Shen et al.，2009）。后续研究发现，水稻基因组上存在大量 phsiRNA 基因位点（Wang et al.，2012），可能发挥重要调控作用。

2. 长非编码 RNA

对于水稻长非编码 RNA 的认识经历了一个比较长的过程。其实研究者很早就发现了不具备编码功能的水稻长转录本。例如，①前面提及的 2003 年发表的水稻全长 cDNA 序列大规模测序工作（Kikuchi et al.，2003），当时就包括一些无法预测出编码区的长转录本。②编者在水稻基因组中分析 miRNA 时，发现有一类长转录本没有编码功能，但可以像普通 miRNA 那样形成长的发夹结构，产生 tasi-RNA，当时命名为“miRNA-like long hairpin”（Zhu et al.，2008），其实这是一种长非编码 RNA。③前面提及的韩斌课题组发现的 15 708 个非编码区域，所谓特异转录活跃区（nTAR）（Lu et al.，2010），这类不具备编码功能的转录本，按照现在的标准就是长非编码 RNA。2014 年，水稻基因组转录的长非编码 RNA 第一次被大规模鉴定和分析（Zhang et al.，2014b）。该研究表明，与拟南芥和哺乳动物相比，水稻 lncRNA 具有一些不同的特征，并且以高度组织特异性或阶段特异性方式表达。根据植物长非编码 RNA 数据库 GreeNC（http://greenc.sciencedesigners.com）中的资料，截至 2016 年，在粳稻上已鉴定到 4995 个 lncRNA 基因，对应 5237 个转录本。水稻基因组上 lncRNA 的数量应该远远不止这些，后续应该还会有更多 lncRNA 被鉴定出来。例如，Yuan 等（2018）测定了水稻在4种非生物胁迫（冷、热、干旱和盐）下lncRNA的表达与调控，总计鉴定到7231个lncRNA，对应7336个转录本。

目前已发现水稻长非编码RNA参与水稻多方面调控功能。例如，华中农业大学张启发团队发现控制水稻光敏雄性核不育相关lncRNA基因——*pms1*（Fan et al.，2016）；陈月琴课题组发现lncRNA参与水稻生殖发育阶段表达，在穗发育和生育中发挥作用（Zhang et al.，2014b）；lncRNA参与水稻磷饥饿反应（Xu et al.，2016）等。

3. 环形RNA

编者和韩斌课题组第一次在水稻上进行了大规模环形RNA的鉴定，发现水稻基因组上同样存在大量环形RNA（Ye et al.，2015；Lu et al.，2015）。基于各个发育时期和不同组织的环形RNA分析，目前已在水稻基因组上发现4万多个环形RNA（其中137个被实验验证，3000个获得全长环序列）（Ye et al.，2016；Chu et al.，2017）。这些环形RNA中，绝大多数来自编码区，涉及1.2万个编码基因；将近1000个环形circRNA预测为miRNA诱捕靶标，可能参与90余个编码基因调控网络（circRNA-mRNA-miRNA network）（Chu et al.，2018）。

（三）DNA甲基化

基于高通量测序技术，水稻基因组水平DNA甲基化于2008年首次被测定和分析（Li et al.，2008）。随后开展了大量相关研究，包括不同育性、不同倍性、不同光温条件等。总体上，水稻基因组甲基化情况与拟南芥类似，即CG发生甲基化比例最高（40%左右），CHG次之（15%），CHH甲基化比例最低（Chodavarapu et al.，2012）。粳稻（‘日本晴’）和籼稻（‘93-11’）甲基化程度差异不大，其杂交种甲基化水平基本介于两个亲本之间（图2-2-14）。5-甲基胞嘧啶（5-mC）目前研究比较深入，包括在水稻上。但对于DNA的6mA（6-甲基腺嘌呤）甲基化研究刚刚起步。中国农业科学院谷晓峰课题组利用第三代测序技术测定了粳稻和籼稻全基因组6mA单碱基修饰图谱，比较了两个亚种6mA分布模式和响应环境胁迫的调控机制差异（Zhang et al.，2018d）。研究发现6mA甲基化在粳稻（‘日本晴’）中主要富集在基因编码序列，而在籼稻（‘93-11’）中主要富集在基因间区。

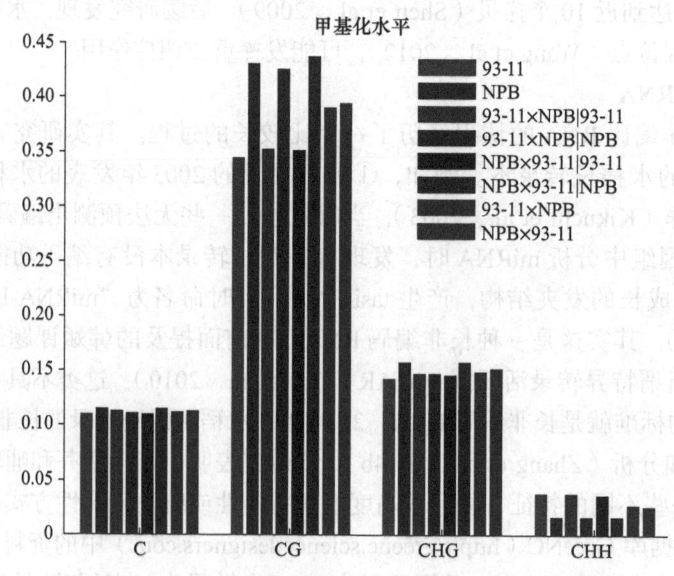

图2-2-14 水稻粳稻（‘日本晴’）和籼稻（‘93-11’）及其杂交种DNA甲基化情况（引自Chodavarapu et al.，2012）

二、重要农艺性状功能基因位点

2002 年水稻基因组测序完成，为水稻基因功能研究提供了重要的参照基因组，一大批控制重要农艺性状的基因陆续被克隆，极大促进了水稻功能基因组学研究。特别是最近 10 年，随着高通量基因鉴定技术和资源平台、重要农艺性状和生物过程的基因网络、功能基因组分析工具等开发成功，水稻功能基因组学研究取得巨大进展。目前水稻已有约 2300 个基因被克隆（国家水稻数据库，http://www.ricedata.cn/gene/；Wing et al.，2018）。同时自 2010 年以后，每年克隆的水稻基因数量都在 200 个以上（图 2-2-15A）。从已克隆基因功能分类上看，生长发育（17.1%）、植物激素（15.8%）和胁迫响应（12.2%）相关基因研究最为集中。同时，与作物驯化和育种相关的产量、品质和养分利用效率等也有不少相关基因被克隆（图 2-2-15B），扫右侧二维码可见近 10 年来克隆的水稻重要农艺性状功能基因列表。

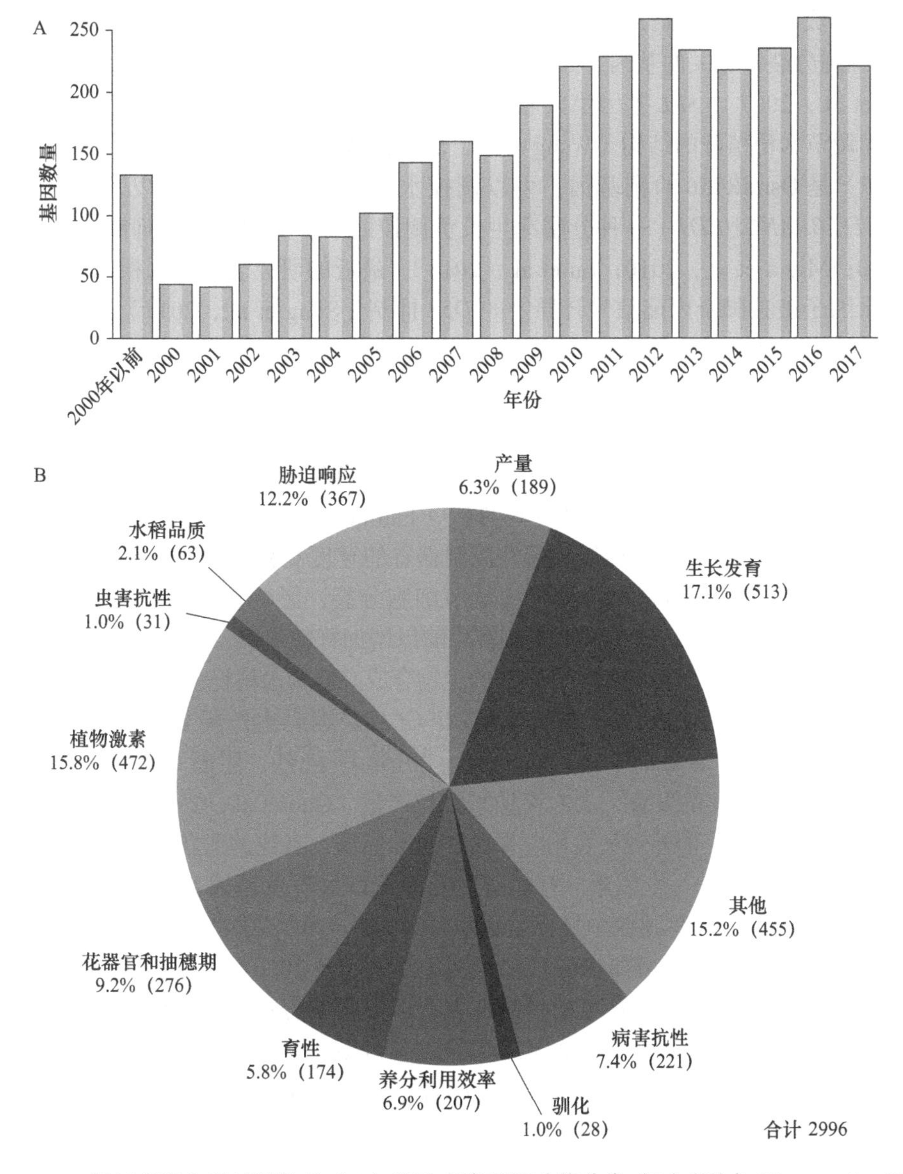

图 2-2-15　每年克隆水稻基因数量（A）及已克隆基因功能分类（B）（引自 Wing et al.，2018）

水稻驯化的过程涉及一系列由选择引起的深刻遗传变化，使得野生种更适合人类种植和食用。除了改变水稻落粒性、植株结构等，人类还对籽粒性状进行了选择，如粒型、颜色、香味和直链淀粉含量等，使得水稻朝着更适合作为主食的方向发展。10年前，控制水稻落粒性基因 *sh4*（Li et al.，2006）和控制分蘖角度和分蘖数关键基因 *PROG1*（*PROSTRATE GROWTH* 1）（Jin et al.，2008；Tan et al.，2008）先后被克隆。最近一篇综述文章（Li et al.，2018）总结了水稻功能基因组学研究近10年取得的进展，以下基于该文章进行介绍。

水稻遗传改良过程中，产量与品质是主要育种目标。最近10年发现了不少产量和品质相关基因：①作物产量是一个复杂的性状，由穗数、每穗粒数和千粒重决定。谷物产量的形成主要取决于控制分蘖和穗发育的基因。*MOC1* 编码植物特异性的 GRAS 蛋白家族，能启动腋芽，并促进水稻分蘖生长（Li et al.，2003）。基因 *D3*、*D10* 和 *D27* 参与独脚金内酯的生物合成和信号转导，还能影响水稻分蘖数（Arite et al.，2007）。*OsTB1* 与 *OsMADS57* 通过参与独脚金内酯信号通路的 *D14* 调控水稻分蘖（Guo et al.，2013b）。每穗实粒数由穗发育长度和小穗形成率决定，*LAX1*、*LAX2* 和 *SPA* 共同促进侧生分生组织的形成（Tabuchi et al.，2011）。与细胞分裂素相关的基因，如 *Gn1a* 和 *LOG* 也影响每穗粒数（Ashikari et al.，2005；Kurakawa et al.，2007）。*SPL* 基因家族通过抑制分蘖并以最佳表达水平促进穗分枝来增加籽粒数量从而调节水稻植株的结构（Wang et al.，2015c；Wang and Zhang，2017）。② *OsSPL14*（IPA1/WFP）是 OsmiR156 的靶基因，可以调控水稻植株的结构。*OsSPL14* 直接结合水稻的 *TEOSINTE BRANCHED1*（一种分蘖芽生长负调控因子）的启动子来抑制水稻分蘖（Jiao et al.，2010；Miura et al.，2010；Lu et al.，2013）。最近的研究表明，水稻中 *OsSPL14* 作为下游的转录因子被独脚金内酯信号转导中的 *D53* 抑制（Song et al.，2017）。此外，*OsSPL14* 通过直接调控水稻穗部结构的关键基因 *DEP1*，可以调控穗长和每穗粒数（Lu et al.，2013）。*OsmiR397* 的过表达导致每个主穗上更多数量的分枝和谷粒，并且显著提高了谷物产量（Zhang et al.，2013）。最近的研究表明，抑制 *FZP* 表达可延长穗分枝期并增加籽粒产量（Bai et al.，2017）。③在鉴定籽粒大小和重量相关的基因方面也取得了重要进展。例如，*GS3* 是决定粒长和粒重的重要数量性状基因座（QTL）（Fan et al.，2006；Mao et al.，2010）。*GW2* 编码环型蛋白质并结合 E3 泛素连接酶活性控制稻谷的宽度和粒重（Song et al.，2007）。在种子发育时期，*GW5* 在泛素蛋白酶体途径中调节细胞分裂，影响谷粒的宽度（Shomura et al.，2008；Weng et al.,2008）。*GIF1* 编码细胞壁转化酶以增加籽粒灌浆，从而影响籽粒重量（Wang et al.，2008）。*DST* 基因通过控制细胞分裂素的生物合成来影响水稻籽粒产量（Li et al.，2013）。由 OsmiR396 调控的显性 QTL ——*GS2* / *OsGRF4* / *GL2* 编码生长调节因子来控制籽粒大小（Che et al.，2015；Duan et al.，2015；Hu et al.，2015b）。此外，阻断 OsmiR396 可直接诱导 *OsGRF6* 调节分枝和小穗的发育，大大增加了籽粒产量（Gao et al.，2015）。④水稻籽粒的质量主要由4个因素决定，即外观、食用、碾磨和营养品质。谷物的形状不仅是一个产量性状，也是决定稻谷外观品质的一个因素。籽粒长度基因 *GS3* 和宽度基因 *GW5* 是决定籽粒形态的主要基因，在水稻整精米率调控中发挥重要作用（Fan et al.，2006；Weng et al.，2008）。最近克隆的基因 *OsSPL13* 可以增加水稻籽粒长度（Si et al.，2016）。特定基因型（*GS3*、*GW7* 和 *GW8*）的整合可以极大地提高水稻籽粒长度，但不影响籽粒产量，因此可用于改善水稻籽粒外观（Wang et al.，2015c）。⑤大米中的垩白对外观、食用、碾磨、营养品质及整精米率有负面影响。*Chalk5* 来自控制稻谷垩白的 QTL 之一（Li et al.，2014c），其编码在液泡中转运 H^+ 的焦磷酸酶。*Chalk5* 是一个在胚乳中具有特异表达的正调控因子，其高表达和酶活性提高了 H^+ 浓度并增加了液泡中的水分损失，导致垩白胚乳的形成。谷粒形状的基因也影响垩白。例如，*qTGW6* 可以增加籽粒长宽比，同时显著降低高温胁迫下的稻米垩白率（Kim et al.，2014a）。*OsSPL16 / GW8* 和 *GW7* 增加了籽粒长度，减少了籽粒宽度，也显著降低了垩白度（Wang et al.，2012；Wang et al.，2015c）。⑥一般通过 3 个理化指标确定米粒的食用和烹饪质量：淀粉酶含量、凝胶稠度和糊化温度。蜡质基因调节胚乳中的直链淀粉含量（Wang et al.，1995），而 *ALK / SSIIa* 和 *RSR1* 控制糊化温度（Zhang et al.，2011a）。稻谷香味主要由 *Badh2* 控制，该基因编码甜菜碱醛脱氢酶（Bradbury et al.，2005）。在大多数香米品种中，*Badh2* 基因的第七个外显子上存在 8bp 缺失，导致 *Badh2* 功能的丧失和其底物 2- 乙酰基 -1- 吡咯啉的积累，使稻米产生香味（Chen et al.，2008）。⑦大米的营养品质主要包括谷物蛋白质含量（GPC）、脂肪、氨基酸、维生素和其他微量营养素的含量。编码氨基酸转运蛋白 OsAAP6 的 *qPC1* 加速了谷蛋白、谷醇溶蛋白、球蛋白、清蛋白和淀粉的合成及积累，从而显著增强了 GPC 的积累（Peng et al.，2014）。⑧ Si 等（2016）报道了一个数量性状基因座 *GLW7*，可以编码植物特异性转录因子 *OsSPL13*，可正向调控稻壳内细胞大小，导致水稻籽粒长度和产量的增加，研究人员确定 *OsSPL13* 的 5′UTR 中的串联重复序列通过影响转录和翻译而改变其表达，并且 *OsSPL13* 的高表达与热带粳稻的大颗粒性状相关联，进一步分析表明，热带粳稻 *GLW7* 的大粒等位基因是在人工选择下从籼稻品种中渗入的。研究发现，水稻的数量性状位点 *GS5* 通过调节谷粒宽度、灌浆量和重量来控制籽粒大小，且 *GS5* 的自然变异能够促成水稻籽粒大小的多样性（Li et al.，2010）。

第 2-3 章　玉米基因组

扫码见
本章彩图

第一节　玉米基因组概况

一、玉蜀黍属系统发生及其基因组测序进展

玉米是最重要的粮食作物之一，在世界范围内广泛种植，是美国、中国等国的第一大种植面积作物。玉米是遗传研究最为充分的植物之一，许多遗传机制（如转座子）都首次在玉米上发现，同时其育种方法及品种水平均处于作物育种前沿。

（一）玉蜀黍属系统发生及其基因组大小

玉米（*Zea mays*）又名玉蜀黍、苞谷、苞米等，广泛种植于世界各地，可食用，也可用作饲料和生物燃料。因其栽培历史悠久，所以变种甚多。玉米属于禾本科（Gramineae）玉蜀黍族（Maydeae）玉蜀黍属（*Zea*）。玉蜀黍族由 7 个属组成，其中 2 个属——玉蜀黍属和摩擦禾属（*Tripsacum*）起源于西半球，而另 5 个属——薏苡属（*Coix*）、流苏果属（*Chionachne*）、硬皮果属（*Schlerachne*）、三裂果属（*Trilobachne*）和多裔黍属（*Polytoca*）起源于东半球（王振萍等，2011）。玉蜀黍族的 7 个属有 2 种染色体基数，除摩擦禾属染色体基数 9 条外，其余属染色体基数为 5 条。

禾本科二倍体基因组大小变异范围很大（图 2-3-1）。二倍体水稻具有 12 条染色体，基因组较小，每 2C 细胞核只有 0.9pg DNA。其他物种则拥有更大的基因组，包括玉米。二倍体玉米具有 10 条染色体（$2n$=20），其 2C 基因组含量比水稻大约 6 倍，基因组大小约为 2.1Gb（玉蜀黍属物种基因组大小详见表 2-3-1），处于禾本科基因组大小和结构复杂性中间

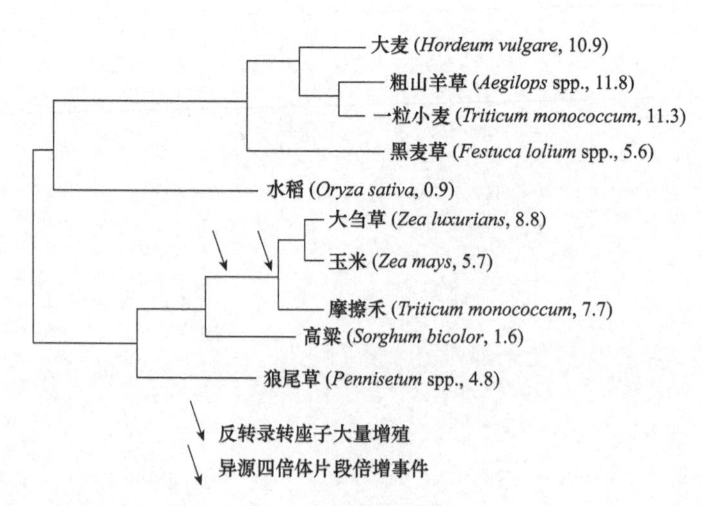

图 2-3-1　禾本科二倍体物种及玉蜀黍属系统发生关系（引自 Gaut et al.，2000）
拉丁名后的数值表示该物种的基因组大小（2C 含量，单位为皮克）；箭头代表两次重要基因组进化事件

部分（Gaut et al.，2000）。

表 2-3-1　玉蜀黍属物种基因组大小及其测序情况（资料来自 MaizeGDB 数据库）

基因组	组装结果	测序及组装策略	文献
‘B73’	2.3Gb	BAC 文库、Shotgun、Sanger 测序	Schnable et al.，2009. *Science*
‘B73’	2.1Gb Contig N50 ：1.18Mb Scaffold N50 ：9.56Mb	PacBio（65×）、BioNano、BAC 文库、遗传图谱	Jiao et al.，2017. *Nature*
‘Palomero Toluqueno’ ‘EDMX2233’	1.8Gb	454 GS20、454 Titanium、Sanger 测序	Vielle-Calzada et al.，2009. *Science*
‘PH207’	2.1Gb Contig N50 ：5.2kb Scaffold N50 ：654kb	Illumina HiSeq（230×）、SOAPdenovo/BWA-SW	Hirsch et al.，2016. *The Plant Cell*
	2.041Gb Contig N50 ：60.5kb Scaffold N50 ：3Mb	PacBio、Illumina、DenovoMAGIC 2TM	Yang et al.，2017a. *Nature Communications*
‘Mo17’	2.183Gb Contig N50 ：1.48Mb Scaffold N50 ：10.2Mb	PacBio（90×） Illumina（113×） BioNano（120×）	Sun et al.，2018. *Nature Genetics*
‘CML247’	2.197Gb Contig N50 ：39.7kb Scaffold N50 ：2.59Mb	Illumina HiSeq2500/MiSeq（130×）、DenovoMAGIC	Lu et al.，2015. *Nature Communications*
大刍草‘PI 566673’	1.2Gb	Illumina、PacBio	Yang et al.，2017a. *Nature Communication*
‘F7’	2.405Gb Contig N50 ：96.4kb Scaffold N50 ：9.483Mb	Illumina、NRGene DeNovoMAGIC 2.0	Unterseer et al.，2017. *BioRxiv*
‘EP1’	2.463Gb Contig N50 ：82.3kb Scaffold N50 ：6.134Mb	Illumina、NRGene DeNovoMAGIC 2.0	Unterseer et al.，2017. *BioRxiv*
‘W22’	2.133Gb Contig N50 ：72.4kb Scaffold N50 ：35.5Mb	Illumina HiSeq（210×）、10×Genomics、DenovoMAGIC	Springer et al.，2018. *Nature Genetics*

现代玉米是人类根据自身需要长期选择进化而来。玉米起源与演化一直存在不少理论假说。随着遗传研究的深入，特别是高通量测序技术在基因组层面的研究，目前普遍认为现代玉米的天然祖先是大刍草（*Zea mays* subsp. *parviglumis*）。大刍草籽粒与玉米毫不相像，但它们拥有相同数量的染色体，基因组共线性明显；大刍草能够与现代玉米杂交，它们的后代也能够自然繁殖。

（二）玉米基因组测序及其进展

玉米基因组测序最初由美国科学家主导并完成。2002 年 9 月美国国家科学基金会启动了玉米基因组测序项目（Chandler and Brendel，2002）。当时基于 4 点考虑启动该项目：第一，

DNA 测序技术的进步允许以更低的成本和更快的速度测序；第二，高分辨率的高通量 DNA 指纹分析方法可以产生覆盖玉米基因组的最小克隆集合；第三，已经开发出可以筛选和测序富含基因的玉米基因组序列的方法；第四，玉米与水稻或拟南芥的比较分析表明，这两个物种的基因组序列不足以理解玉米基因含量和表达的确切细节。在美国国家科学基金会、农业部、能源部支持下，许多美国实验室联合对玉米基因组进行测序。

由于玉米基因组中存在大量重复序列，利用传统结构基因组学技术对拥有大量重复序列的玉米基因组的拼接效果不佳，致使玉米基因组学研究进展缓慢。传统的技术路线是构建全基因组的 BAC 文库，通过鸟枪法（shotgun）对全基因组 BAC 文库进行大规模测序，而后通过 DNA 指纹（DNA finger printing）方法，将这些序列整合成连续的序列定位在遗传图上。这种方法对于重复序列少的基因组非常有效，但对于重复序列高的玉米则比较困难（Timmermans et al.，2004）。为了避免测定重复序列的 BAC 克隆，研究人员提出了两种挑选富集基因的 BAC 克隆策略：① 甲基化筛选法（methylation filtration，MF），利用大多数基因甲基化程度较低的特点，通过细菌限制体系（bacteric restriction system）排除高度甲基化的 DNA 序列，富集甲基化程度低的克隆进行测序；② Cot 值法，其原理是编码基因的 DNA 大都为“低拷贝”序列（Cot 值比较高），而非编码基因通常为“高拷贝”序列（Cot 值比较低）（所占比例较高），对基因组内高 Cot 值的低拷贝基因富集序列进行测序，可以富集编码基因的序列。

基于上述方法，对玉米基因组的测序逐步推进。首先是来自美国圣路易斯华盛顿大学、亚利桑那大学等机构的研究人员历时 4 年多在 2009 年完成了第一个玉米自交系‘B73’的基因组测序（Schnable et al.，2009）。‘B73’是玉米硬粒种质的关键起始系，几十年来被广泛用于育种和遗传研究。分析结果显示，‘B73’有约 3.2 万个基因，23 亿个碱基，是当时已测序的植物中基因数量最多的物种。其中 85% 的基因组由数百个转座因子家族组成，在基因组中不均匀地分布。这些转座子家族负责捕获和扩增许多基因片段并影响着丝粒的组成、大小和位置。此外，还发现甲基化程度低的区域与 Mutator（Mu）转座子插入和重组，以及具有插入和（或）缺失的拷贝数变体有相关性，而且不均衡的基因丢失与玉米古老异源四倍体的二倍化状态有关。这些结果为进一步研究玉米驯化和遗传改良提供了理论基础。但是这次原始组装结果是由超过 10 万个小重叠群组成，其中许多是任意排序或定向的。于是随后在 2011 年和 2013 年，研究人员对‘B73’基因组进行了完善，最新一版的‘B73’基因组于 2017 年公布，由冷泉港实验室等机构合作，使用单分子测序和高分辨率光学制图技术，通过解读长测序，构建了一个更新的‘B73’参考基因组图谱（Jiao et al.,2017）。新拼成的‘B73’基因组仅包括 2958 个重叠群，N50 长度达到 1.2Mb。我们相信高质量的基因组序列及越来越完善的基因组注释，将会扩大我们对遗传多样性的理解，而遗传多样性是玉米和其他重要粮食与经济作物表型多样性的基础。

在第一代玉米基因组发表后，为了解玉米基因组的多样性，Vielle-Calzada 等（2009）紧接着完成了来自墨西哥的地方品种‘Palomero’的基因组草图（表 2-3-1），完整基因组数据于 2011 年公开。‘Palomero’是一个古老的爆裂长条形玉米品种，在墨西哥玉米中基因组最小。‘Palomero’基因组大小相对于‘B73’基因组小了近 22%，基因组中的重复序列比例也少了 20%。通过比较‘Palomero’与‘B73’的基因组序列，发现了多个受到人工栽培影响的基因座。同时，结构和功能分析也发现了大量未被报道的基因，表明古代长条形玉米品种含有大量未开发的遗传多样性。这种多样性可能对新作物的形成，以及玉米和其他谷物的进化及驯化研究有着潜在的帮助。2015 年，Lu 等利用 Illumina HiSeq 2500

和 MiSeq 技术对玉米近交系‘CML247’基因组进行了测序和组装，将其作为玉米泛基因组的试验项目。利用 14 129 个玉米自交系，他们开发了有效的遗传作图方法，结合机器学习算法，为玉米泛基因组绘制了数百万个准确定位的序列标签（tag）或基因组位点（sequence anchor）。此外，在 2016 年，Hirsch 等也完成了玉米自交系‘PH207’的基因组草图，基因组大小为 2.45Gb。Unterseer 等（2017）为填补欧洲弗林特玉米系（European Flint maize line）空缺，利用 Illumina 测序平台完成了对‘EP1’和‘F7’两个玉米系的基因组测序，虽然目前两种基因组的结构和功能注释正在进行中，但是这两个基因组丰富了玉米泛基因组，并为未来的功能和比较基因组研究奠定了基础。结合‘B73’基因组信息，Yang 等（2017a）测定了高原大刍草材料‘Mexicana’和玉米自交系‘Mo17’的基因组，从基因组层面上比较‘Mo17’‘B73’和‘Mexicana’，进而研究高原大刍草对现代玉米的贡献。结果显示在‘Mo17’‘B73’和‘Mexicana’之间存在高度的多样性，包括 3 个 Mb 水平的结构重排；同时在着丝粒周围区域观察到较高的有害突变率，超过 10% 的玉米基因组显示来自‘Mexicana’基因组的渗入迹象，表明墨西哥玉米对玉米适应和改善做出贡献。自 20 世纪中期以来，玉米‘W22’自交系一直被用作玉米遗传研究。‘W22’自交系来自威斯康星农业发展试验站，其特点是缺乏大多数玉米中普遍存在的花青素色素抑制因子。‘W22’自交系曾被用于植物中第一次转座子标记实验，并解析了激活因子和解离转座的机制。为了简化玉米基因组的分析，Springer 等（2018）使用短读长测序技术对‘W22’参考基因组进行测序并进行组装。与‘B73’参考基因组相比，从转座子组成和拷贝数变异到单核苷酸多态性，‘W22’自交系基因组在多个尺度上存在显著的结构异质性。‘W22’参考基因组的组装完成使得成千上万个突变体（Mu）和分离转座因子插入物的精确定位成为可能。

（三）玉米群体基因组重测序

玉米群体基因组重测序研究几乎与参照基因组测序同步进行。最早基于参考基因组‘B73’的两项玉米群体重测序结果，2009 年与其参照基因组同时发表在 *Science* 上：Mcmullen 等（2009）利用了 25 种不同的玉米自交系和‘B73’参照基因组，共发现了 136 000 个重组事件（表 2-3-2）；美国 Buckler 实验室同样借助于‘B73’参照基因组，在 27 个不同的玉米品种中鉴别出了几百万个序列多态性，同时发现高度分化的单倍体类型及其重组率变化，构建了第一代玉米单体型图谱；发现大多数染色体具有高度抑制重组的区域，这似乎会影响玉米在育种过程中选择的有效性，并且可能是杂种优势的一个主要遗传机制（Gore 等，2009）。玉米家系重测序研究最早来自中国农业大学赖锦盛等实验室。他们对 6 个优异玉米品种进行了深度测序，发现玉米基因组中超过 100 万个 SNP、3 万个插入缺失多态性和 101 个低序列多样性的染色体区间（Lai et al.，2010），为玉米的遗传研究和分子育种提供了宝贵的资源。随后越来越多的玉米重测序研究被报道。严建兵团队建立了一个包含 500 多个自交系和 10 多个种群的联合种群小组（Yang et al.，2014a），将多年、多点表型资料与超高密度分子标记相结合，进行大范围的基因组关联分析，探索复杂数量性状的遗传基础。另外，基于更新的‘B73’参照基因组，Jiao 等（2017）同时比较了新的‘B73’基因组图谱与在不同气候条件下生长的‘W22’和‘Ki11’基因组图谱，发现后两个品系的基因组与‘B73’的基因组差异巨大，平均只有 35% 匹配一致。这种差异不仅表现在基因序列变化方面，还表现在基因表达的时间、位点及表达水平方面。这表明，玉米基因组具有良好的表型可塑性，也意味着其环境适应能力极强。

表 2-3-2 部分玉米群体基因组重测序情况

测序群体大小	文献
25 个不同的玉米自交系	Mcmullen et al., 2009. *Science*
27 个不同的玉米自交系	Gore et al., 2009. *Science*
6 个骨干玉米自交系	Lai et al., 2010. *Nature Genetics*
75 个野生、地方和改良的玉米品系	Hufford et al., 2012. *Nature Genetics*
103 个野生、地方和改良玉米自交系	Chia et al., 2012. *Nature Genetics*
368 个玉米自交系	Li et al., 2013a. *Nature Genetics*
513 个玉米自交系	Yang et al., 2014a. *PLOS Genetics*
278 个温带玉米自交系	Jiao et al., 2014. *Nature Genetics*
201 个玉米自交系	Owens et al., 2014. *Genetics*
14 129 个玉米自交系	Lu et al., 2015. *Nature Communications*
10 个玉米和大刍草杂交系	Yang et al., 2017a. *Nature Communications*
80 个骨干玉米自交系	Dai et al., 2017. *Euphytica*
83 个玉米自交系	Lai et al., 2017. *BMC Genomics*
31 个玉米地方种质	Wang et al., 2017b. *Genome Biology*
1218 个玉米自交系	Bukowski et al., 2017. *Gigascience*

基于多个玉米品种从头测序和群体重测序，玉米的单体型图谱（haplotype map）也从第一代完善到第三代。如前所述，美国农业部 Buckler 实验室利用 27 个玉米自交系的全基因组序列，构建了第一张玉米单体型图谱后（Gore et al.,2009），美国冷泉港实验室的 Chia 等（2012）构建了第二张图，该图包括了玉米驯化前品种（摩擦禾）和驯化品种，从 103 份材料中鉴定出超过 5000 万个 SNP。他们发现结构变异在玉米基因组中广泛存在，并在与重要性状相关的基因座中富集。通过研究基因组大小变异的驱动因素，还发现较大的摩擦禾基因组可以通过转座元件丰度来解释，而不是来源于异源多倍体；玉米和摩擦禾的关键基因存在巨大的重叠，这表明摩擦禾对霜冻及耐旱性等的适应性很可能被整合到玉米中（Chia et al., 2012）。随着越来越多的玉米品种完成测序，第三代玉米单体型图谱由中国农业科学院作物科学研究所等单位于 2017 年 12 月合作完成。该图谱涵盖世界各地的未驯化和驯化的 1218 个玉米品系或品种（Bukowski et al., 2017）。通过建立一个新的计算流程来处理超过 12 万亿 bp 的测序数据，最终确定了超过 8300 万个的变异位点。虽然玉米单体型图谱已经到了第三代，但由于'B73'参考基因组通常与其他玉米品系差异较大，这正成为研究玉米多样性及育种实践的单一限制因素。唯一的补救办法是摆脱单一的基于基因组的参考坐标，采用泛基因组参考系统。

除核基因组外，玉米细胞器基因组研究早在 20 世纪 80 年代就已开始，当时使用限制性酶切作图方法来确定玉米线粒体基因组结构。研究结果显示，玉米品种'WF9-N'线粒体基因组大小约为 570kb，这是第一个完成基因组物理图谱的单子叶植物线粒体基因组（Lonsdale et al., 1984）。Clifton 等（2004）利用鸟枪法测序技术测定完成了第一个完整的玉米（NB）线粒体基因组测序，长度为 569 630bp，获得 58 个注释基因。2007 年，Allen 等又对玉米 5 种不同类型的线粒体基因组进行了测序（两种可育的细胞类型和 3 种细胞质雄性不育的细胞类型）。5 种玉米线粒体基因组大小变幅为 38%，但都包含 51 个共同功能基因。此外，利用考古挖掘获得的玉米样品，通过 DNA 序列分析表明，玉米不育 CMS 基因型是在完全可育

NB 基因型基础上产生的。玉米叶绿体基因组于 1995 年测序完成（Maier et al.，1995），其基因组是一个 140 387 个碱基组成的环形 DNA 分子，包括一对 22 748bp 的反向重复区；基因组共包含 104 个注释基因（70 个肽编码基因、30 个 tRNA 基因和 4 个 rRNA 基因）。

二、基因组基本构成及其数据库

（一）玉米基因组基本构成

目前玉米参照基因组‘B73’已更新至第 4 版。根据 NCBI 关于‘B73’基因组的最新版本注释（表 2-3-3），‘B73’基因组共包含基因 43 821 个，其中蛋白质编码基因 37 380 个，非编码基因和假基因数量分别为 6441 个和 3625 个，还发现超过 130 000 个完整的转座元件；每个基因的平均转录本数量为 1.62 个，最多的可以达到 50 个转录本。此外，共有 70 755 个转录本，除含有 58 014 个 mRNA 外，其余均为非编码基因，包括 7615 个 lncRNA、290 个 miRNA。每个转录本平均含有 6.1 个外显子，最多含有 79 个外显子。

表 2-3-3　玉米基因组基本构成

基因组构成	数量	平均长度 /bp	最大长度 /bp
基因数	43 821	4 571	196 842
所有转录本	70 755	1 865	23 842
信使 RNA	58 014	1 900	23 842
未知功能 RNA	3 955	2 653	12 069
miRNA	290	21	23
转运 RNA	878	74	88
长非编码 RNA	7 615	1 465	13 188
反义 RNA	1	1 042	1 042
核糖体 RNA	2	2 597	3 385
单外显子转录本	7 863	1 242	23 842
编码转录本	7 843	1 242	23 842
非编码转录本	20	1 115	3 091
编码序列	58 014	1 284	16 278
外显子	251 136	352	23 842
位于编码转录本	224 287	348	23 842
位于非编码转录本	37 055	344	8 328
内含子	184 694	852	183 894
位于编码转录本	167 485	847	183 894
位于非编码转录本	27 374	857	69 754

资料来自 NCBI 数据库（www.ncbi.nlm.nih.gov/genome/annotation_euk/Zea_mays/101/#FeatureCountsStats）

玉米基因组含有较多的重复序列，这给基因组序列的组装带来了不小的挑战。目前‘B73’基因组第 4 版采用第三代测序技术和高分辨率光学制图技术，相比于第 3 版基因组在组装和注释方面已有很大的提升，如注释基因数量从 3.2 万个升到 4.4 万个。相信随着测序拼接技术的进步，玉米基因组的组装和注释将更完善。

（二）基因组相关数据库情况

1. MaizeGDB

网址：www.maizegdb.org。

MaizeGDB 前身是 1991 年创建的玉米遗传数据库 MaizeDB，2003 年 MaizeDB 和 ZmDB 的序列数据联合构成了现在的数据库（图 2-3-2）。2015 年，MaizeGDB 团队通过升级硬件和基础设施，整合新数据类型（包括多样性数据、表达数据、基因模型和代谢途径），进行了一次大规模更新（Andorf et al.，2015）。MaizeGDB 是目前玉米基因组数据最为完整的数据库（包含中文版）。该数据库不仅包括多种玉米品系的基因组数据，还含有各种基因数据、表达数据、SNP、PAV、拷贝数变异（CNV），以及表型和遗传图谱等多种数据。

图 2-3-2　MaizeGDB 数据库主页

2. MODEM（Multi-Omics Data Envelopment and Mining in Maize）

网址：http://modem.hzau.edu.cn/ 或 http://maizego.org。

MODEM 是玉米组学数据的综合数据库，包括从细胞到个体水平的基因组、转录组、代谢和表型信息（图 2-3-3）。数据库提供各种类型的遗传作图（包括 QTL、pQTL、eQTL、mQTL 等）；提供多尺度下玉米籽粒发育的基因型-表型关系和调控数据；涵盖当前大量数据资源，并提供易于浏览的可视化工具等（Liu et al.，2016b）。

3. 玉米转座子数据库（Maize Transposable Element Database，TEDB）

网址：http://www.genomics.purdue.edu/～maize/。

转座子（TE）是高等真核生物所有特征基因组中含量最高的成分，玉米基因组被认为具有最大的动态转座子成分。玉米转座子数据库提供玉米中鉴定的所有 TE，包括一些特殊 TE 元件（如 Pack-MULE 和 Helitron），这些 TE 常常与非转座子基因注释相混淆。

图 2-3-3　MODEM 玉米组学数据库主页

图 2-3-4　玉米转座子数据库主页

第二节　玉米基因组进化与功能

一、基因组特征与进化

（一）属内基因组多倍化和重复序列增殖

多倍化过程可迅速使物种基因组加倍，产生大量基因冗余，引发大规模的基因组变化，如染色体重排、基因倒位、基因丢失等，进而导致物种进化。从细胞学到遗传和分子作图，大量证据表明玉米基因组含有广泛的染色体重复。基于玉米基因组内旁系同源基因分化时间分布，玉米被认为在其与高粱分化后发生过一次异源加倍过程，即起源于异源四倍体

(allotetrapolyploid)(Gaut and Dobley，1997)。后续一系列研究表明，除了在禾本科分化前禾本科祖先种共同经历的多次多倍化事件，玉米的确经历了一次属内近代基因组多倍化。

随着玉米基因组测序完成，在基因组水平上可以清晰观察属内基因组倍增事件(图 2-3-5)。玉米基因组内部染色体序列比较结果可见染色体间共线性(图 2-3-5 内圈)，相对于水稻和高粱基因组(与玉米分化后，均未发生属内基因组倍增)，玉米基因组明显具有两个拷贝。这些染色体之间的共线性，提供了玉米属内基因组倍增事件的清晰证据。根据估计，玉米属内发生的全基因组倍增时间在 1200 万～500 万年前。

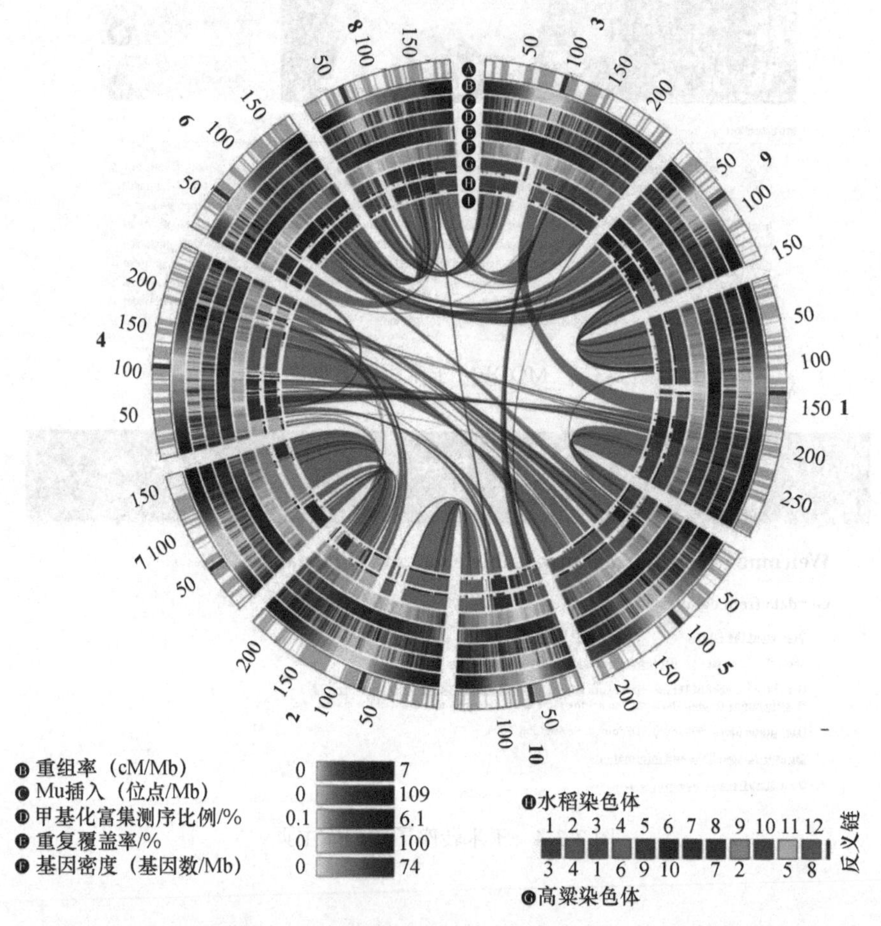

图 2-3-5 玉米基因组构成(引自 Schnable et al.，2009)

图中内圈可见其属内基因组倍增事件导致的基因组共线性，即相对于水稻和高粱（H 和 G）基因组（均未发生属内基因组倍增），玉米基因组具有两个拷贝。最内圈连线表示玉米基因组内部染色体之间的序列保守区块

早在 2000 年，Gaut 等发现玉米基因组的重复多是由于 1000 多万年前发生的古代多倍化事件造成的。基于 DNA 序列数据分析，多倍化事件发生在高粱和玉米之间的分化之后，因此多倍化事件解释了这两个物种之间 DNA 含量的一些差异。玉米基因组中的大多数重复 DNA 是可反转录元件，约占基因组的 50%。反转录转座子在过去的 500 万～600 万年内扩增，表明反转录转座子的增殖也是导致高粱和玉米之间 DNA 含量差异的原因之一。后续玉米基因组研究，为玉米重复序列的构成和进化提供了前所未有的机会。下文以最新发表的 ‘W22’ 基因组重复序列分析结果(Springer et al.，2018)为例，介绍玉米基因组重复序列总体规模、分布和增殖过程。

高质量‘W22’基因组的测序完成，为比较‘W22’和‘B73’之间的基因拷贝数、基因结构和剪接等提供了机会。对‘W22’和‘B73’基因组进行比对，发现除基因存在较大差异外，还存在许多仅在‘B73’基因组（1394 个）或‘W22’基因组（1261 个）中的串联重复。在不同基因组中串联重复的增殖或缺失是基因快速扩增或收缩的遗传机制，是基因组进化的遗传基础。‘W22’基因组中共鉴定到 177 000 多个转座子，分属于 26 833 个家族（图 2-3-6）。长末端重复（LTR）反转录转座子是‘W22’基因组中最主要的转座子类型，其中包括 23 144 个家族，约占基因组的 64%；末端反向重复（TIR）DNA 转座子被分为 5 种主要类型，占整体基因组的 0.46%。虽然许多转座子存在于基因间区，但还是有许多转座子存在于基因内含子中。近 9% 的注释基因中含有转座子，包括含有 TIR 元件的 1626 个基因和含有 LTR 元件的 1864 个基因。通过比较‘B73’和‘W22’基因组中存在的转座子，发现 TIR 和 LTR 家族转座子种类及其拷贝数都存在较大差异。例如，107 个 TIR 家族仅在‘B73’中发现，62 个 TIR 家族仅在‘W22’中发现，这些‘B73’和‘W22’特有的 TIR 均主要集中在 CACTA（DTC）家族中；除了‘B73’和‘W22’基因组都存在 12 740 个共有 LTR 家族外，还有许多 LTR 是‘W22’（10 531 个）或‘B73’（11 032 个）特有的。在‘B73’和‘W22’两个基因组中，每个转座子家族的元件数量一般都相近，但仍存在不少拷贝数变异的例子。例如，在两个基因组中存在拷贝数差异大于 100 的 23 个 LTR 家族和 30 个 TIR 家族，其中存在于‘W22’中拷贝数较高的有 27 个，‘B73’中拷贝数较高的有 26 个。玉米基因组转座子的转座插入异常活跃，导致不同品种之间转座子分布和数量都存在明显差异，即使是近交系之间也存在差异。TIR 和 LTR 元件的多态性表明了玉米基因组中转座子插入事件的异常多样性。

（二）品种间基因组变异巨大

玉米自交系之间存在着广泛的遗传变异，即玉米群体遗传多态性高，不同个体间杂种优势明显。随着玉米不同品种资源的基因组被陆续完成，研究人员发现玉米不同品种间的基因组差异，远远超过了所有其他作物。例如，玉米‘W22’和‘Ki11’基因组与‘B73’基因组进行比较，平均只有 35% 的基因组序列可以匹配一致（Jiao et al.,2017）。以‘B73’自交系为代表的 Reid 群和以‘Mo17’自交系为代表的 Lancaster 群，是最著名的两个玉米种群，由‘B73’和‘Mo17’杂交产生的后代杂种优势强，曾经在全球范围内广泛种植。由‘B73’和‘Mo17’为亲本构建的遗传群体长期以来被广泛应用到基因克隆、基因印记、杂种优势机理等玉米遗传学和基础生物学研究中。鉴于‘Mo17’基因组的重要性，赖锦盛课题组多年来一直致力于‘Mo17’自交系高质量参考基因组的组装，以及‘Mo17’基因组与其他玉米基因组的比较分析（Sun et al.,2018）。下文对最新发表的‘Mo17’与‘B73’两个基因组之间的基因组构成差异进行介绍。

‘B73’和‘Mo17’两个基因组的比较结果表明，两种玉米品系基因组之间存在广泛的 SNP 和 Indel 变异，以及很大程度的基因排序变异和结构变异（表 2-3-4 和图 2-3-7）。超过 10% 的‘B73’和‘Mo17’基因是相互非同源的，比水稻籼 / 粳稻亚种（如籼稻‘R498’和粳稻‘日本晴’）之间的非同义基因比例还高出 2～3 倍。只有 60% 的‘B73’和‘Mo17’基因组能够以一对一的方式排列，剩余的（40%）基因组变化区域主要包含重复元件。‘B73’和‘Mo17’基因组各自含有约 12Mb 的特有低拷贝序列，两者有 122 个存在 / 缺失（PAV）基因变异（‘B73’中 72 个，‘Mo17’中 50 个）；‘B73’和‘Mo17’基因组分别有 320 个和 170 个特有基因家族。此外，两个品种之间，超过 20% 的注释基因存在具有较大影响的突变或大的结构变异，这可能导致潜在的蛋白质序列变化和两个玉米品系之间潜在的功能差异。

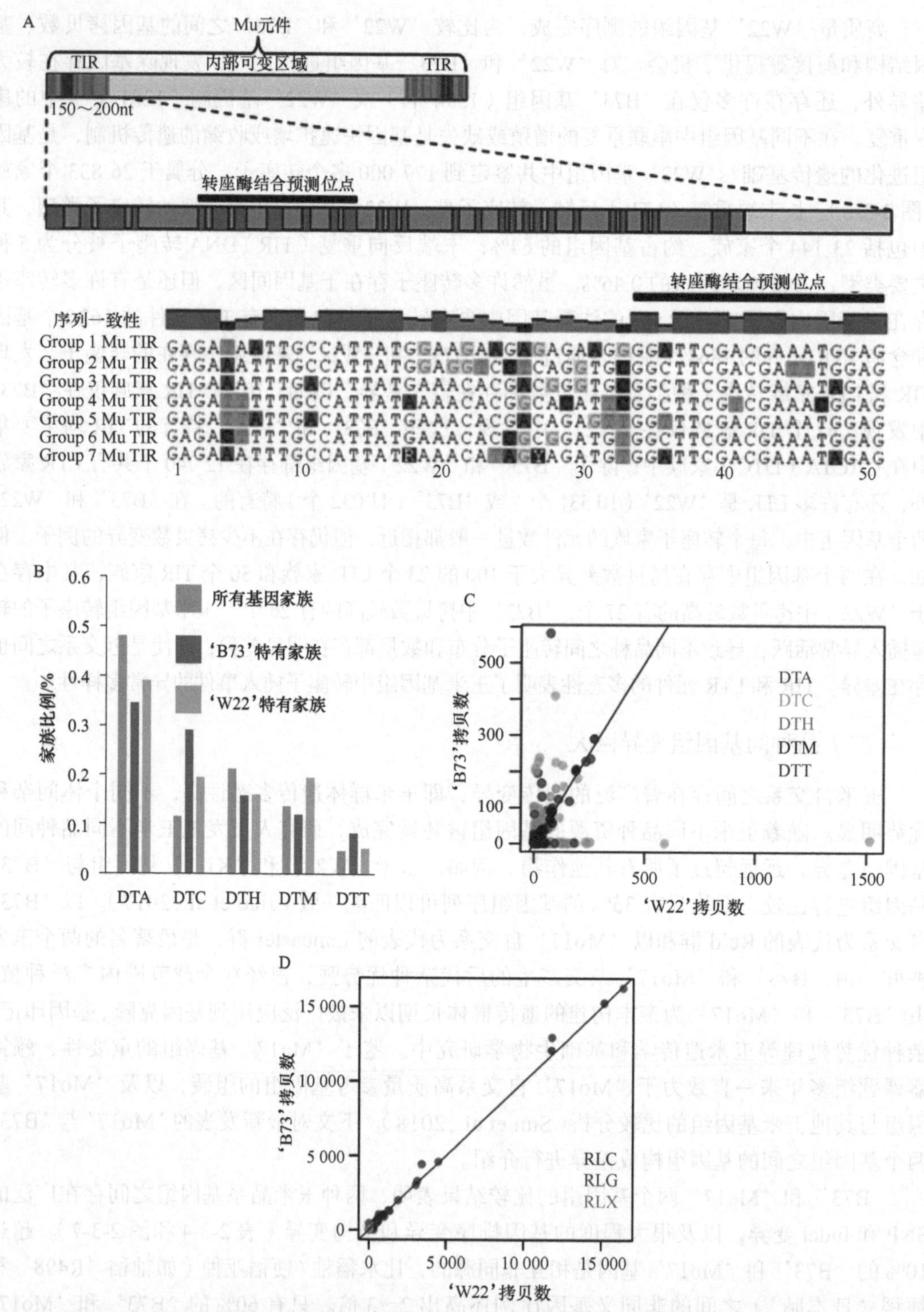

图 2-3-6　玉米重复序列构成情况及转座子 Mutator 构成（引自 Springer et al.，2018）

A. 高度保守的末端反向重复（TIR）可用于鉴定转座子，即基于系统发育关系可以对其进行分类；B.'B73'和'W22'基因组中，转座子超家族中 TIR 家族的比例；C.'B73'和'W22'基因组中每个 TIR 转座子家族的拷贝数；D.'B73'和'W22'基因组中不同类型长末端重复（LTR）转座子家族（RLC、RLG 和 RLX）拷贝数。转座子缩写：DTA. Activator；DTC.CACTA；DTH. PIF/Harbinger；DTM. Mutator；DTT. Tourist

表 2-3-4 ‘B73’和‘MO17’两个基因组之间基因构成的差异（Sun et al.，2018）

变异类型	共线基因		非共线基因	
	‘B73’	‘Mo17’	‘B73’	‘Mo17’
结构保守基因	28 122	28 186	1 534	1 216
无氨基酸替代	12 167	12 674	326	306
无 DNA 变异的 CDS 区域	9 760	10 231	256	246
无 DNA 变异的 CDS 和内含子区域	6 870	7 344	169	169
无 DNA 变异的基因区	2 490	2 458	12	10
存在氨基酸变化	15 955	15 512	1 198	910
存在非同义突变的 CDS 区域	15 611	15 438	1 387	899
存在 3 倍数碱基插入 / 删除的 CDS 区域	5 941	5 632	186	221
含有较大影响突变的基因	3 947	4 020	1 387	977
起始密码子突变	240	374	175	109
终止密码子突变	268	418	244	236
剪接供体变异	170	124	73	37
剪接受体变异	256	162	175	90
存在非 3 倍数碱基插入 / 删除的 CDS 区域	2 044	1 983	547	384
密码子提早终止	2 692	2 635	922	648
具有较大结构变异的基因	1 612	1 391	2 112	1 765
至少丢失一个外显子	1 025	811	1 725	1 508
PAV 基因	/	/	72	50
基因总和	33 681	33 597	5 105	4 008

二、基因组转录与功能

（一）基因组转录与修饰

早在 1998 年，美国国家科学基金会 NSF 就资助“玉米基因发掘计划”（MGDP）项目，进行玉米 EST 大规模测序，目标是获得覆盖 5 万个玉米基因的 EST 序列。根据‘B73’基因组最新版本注释统计，‘B73’玉米品种共有 70 755 个转录本，包括 58 014 个 mRNA，其他为非编码 RNA。随着高通量测序技术 RNA-Seq 的出现，提供了覆盖全转录组的检测技术，玉米转录组被全面揭示，可以检测到的玉米转录本远超预期。例如，对 21 个玉米自交系的苗期 RNA 进行测序，351 710 个多态性转录本被鉴定出来（Hansey et al.，2012）；采用 PacBio 三代测序技术对 6 个不同玉米组织进行测定，获得 111 151 个转录本，涵盖了玉米基因组（RefGen_v3）中约 70% 的蛋白质编码基因（Wang et al.，2016a）。

与其他植物类似，在特定时期，玉米基因组上近 70% 的蛋白质编码基因会发生转录。Hansey 等（2012）对 21 个玉米自交系的苗期 RNA 进行测序，发现这 21 个品系的表达基因总数相近（占全部注释基因的 57.1%～66.0%），变化幅度不大。不同组织器官的 RNA-Seq 测定分析表明，82% 以上的玉米基因在至少一个组织中可以获得表达证据（Sekhon et al.，2013）。基于玉米大群体（368 个）自交系发育籽粒的 RNA 测序，发现至少 16 408 个玉米籽粒发育相关表达数量性状基因座（Fu et al.，2013a）。利用第三代高通量测序技术，发现玉米中存在不

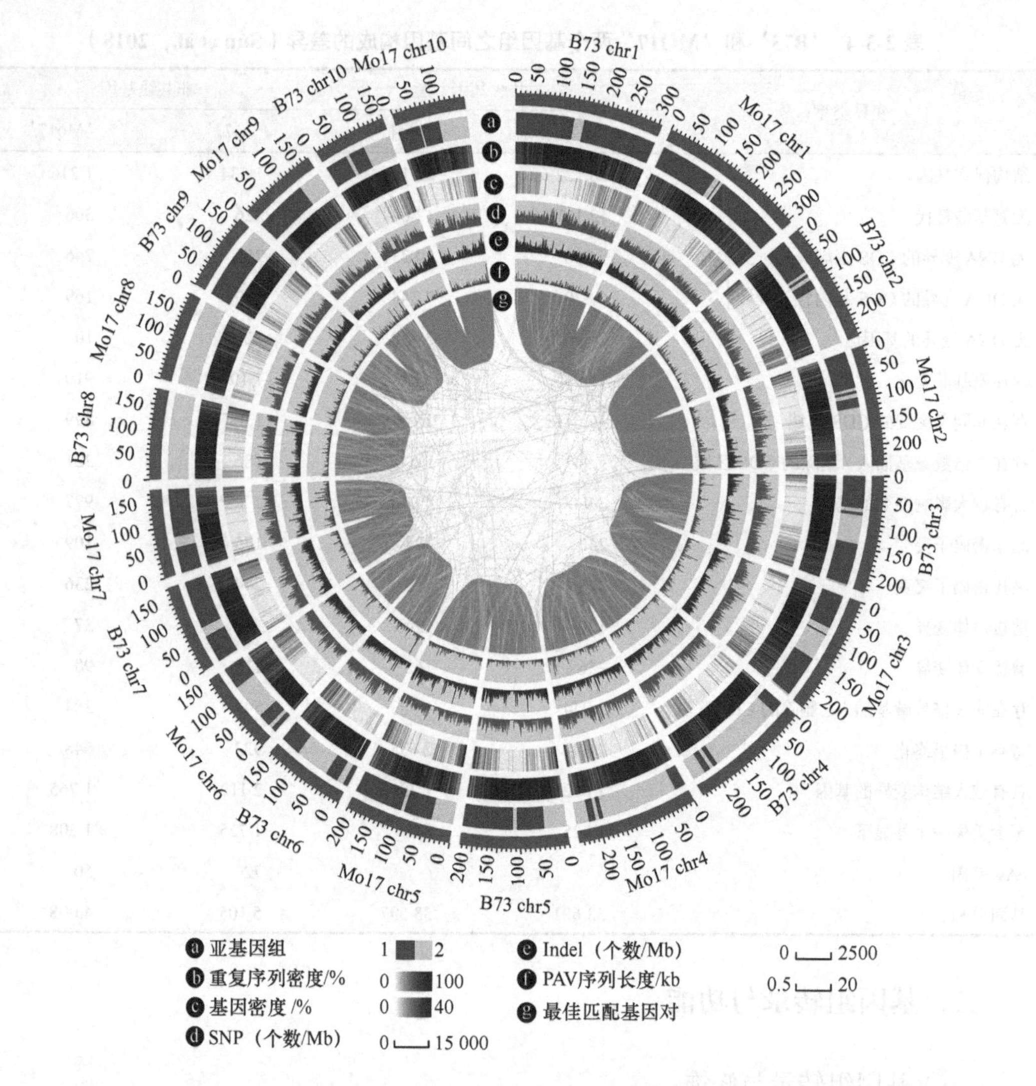

图 2-3-7 ‘B73’和‘Mo17’两个基因组染色体水平序列比较（引自 Sun et al.，2018）

从相邻同源染色体对比较可见，‘B73’和‘Mo17’在重复序列密度、基因密度、SNP、Indel、PAV 序列长度等（图中圈 b～圈 f）分布都明显差异

同基因的反式剪接或嵌合基因情况，共鉴定发现 1430 个玉米融合转录本（融合基因）（Wang et al.，2016a）。

MaizeGDB 数据库的‘B73’基因组最新版本，共包括 290 个非编码 miRNA。这个数据明显偏低，一般一个植物基因组应包含更多 miRNA，如水稻包含 500 多个 miRNA，油菜则超过 1000 个。随着对玉米不同组织、不同发育时期、不同胁迫条件下非编码 RNA 的深入研究，预期还会发现更多玉米 miRNA。玉米全基因组 lncRNA 鉴定已有一些研究（Li et al.，2014c）。‘B73’基因组最新版本包括 7615 个 lncRNA，同样，这个数据也偏低了，目前植物基因组鉴定的 lncRNA 数量都在 1 万以上，预计还有不少未被鉴定出来。另外，玉米环形 RNA 研究已有报道（Chen et al.，2017）。

玉米全基因组 DNA 甲基化系统研究始于 2013 年。Regulski 等（2013）确定了玉米基因组的核苷酸甲基化图谱，为玉米的表观遗传学研究提供了宝贵的资源。Eichten 等（2013）调查了 51 个不同玉米自交系中 DNA 甲基化状态的多样性及其与基因型和基因表达的关联，发现了数以千计的甲基化差异区域（differentially methylated region，DMR）；同时通过 DNA 甲基化水平和基因型的比较，发现大部分 DMR 与局部基因型存在相关性。通过分析 RIL 中的甲基化水平，证实了许多 DMR 的 DNA 甲基化模式的可遗传性。同时位于 DMR 附近的基因具有与基因型中的甲基化状态强烈相关的表达模式。Li 等（2014d）通过正向或反向遗传方法，研究了控制玉米 DNA 甲基化基因的突变等位基因。

（二）功能基因位点

玉米一直以来都是植物遗传研究的模式物种之一，通过 QTL 定位等途径，一批与玉米驯化和遗传改良相关的基因被克隆。例如，玉米驯化相关基因，包括控制玉米籽粒外壳的 *tga1* 基因及控制植株分支的 *tb1* 基因；遗传改良基因方面的研究多集中在玉米籽粒发育、花期、生物胁迫抗性方面，包括 *Opanque-2*、*HM1*、*id1*、*dlf1*、*zfl1*、*Vgt1*、*conz1* 等（完整功能位点详见 MaizeGDB 数据库）。

玉米基因组序列的出现，大大加速了玉米基因克隆的速度。GWAS 作为玉米功能基因组学的有效研究方法，过去的 10 年里，在从分子（包括转录组）到细胞（即代谢物），以及从单个形态尺度（农艺、产量或繁殖特征）到与不同环境因子的相互作用的各种性状（生物或非生物胁迫耐受性）方面得到许多应用，克隆了许多相关基因或提供了相应性状的候选基因（Xiao et al.，2017a）。具体而言，玉米 GWAS 涉及了玉米生长发育、抗逆品质等各个方面：从玉米次生代谢产物、油料含量、叶片油脂到碳氮代谢，从开花时间、株高到茎秆强度，从产量到抗旱、抗涝等（表 2-3-5）。玉米 GWAS 研究主要利用自交系或自交系的衍生群体，包括 NAM 群体（nested association mapping，巢式关联作图群体）。

表 2-3-5　通过 GWAS 解析玉米重要农艺性状情况（引自 Xiao et al.，2017a）

性状分类	表型	群体*	样本大小	标记数量	参考文献
分子与细胞	基因表达	IAP	368	557K	Fu et al.，2013a
		IAP	368	1.25M	Liu et al.，2016c
	次生代谢物	IAP	368	557K	Wen et al.，2014
	含油量	IAP	508	557K	Li et al.，2013a
		USNAM + IAP	4699 + 282	1.6M/52K	Cook et al.，2012
	类胡萝卜素	IAP	380	476K	Suwarno et al.，2015
		IAP	201	284K	Owens et al.，2014
	生育酚	IAP	513	56K	Li et al.，2012
		IAP	252	294K	Lipka et al.，2013
	碳氮代谢	IAP	263	56K	Liu et al.，2016c
		USNAM	4699	1.6M	Zhang et al.，2015a
		USNAM + IAP	4699 + 282	1.6M/52K	Cook et al.，2012
	氨基酸	IAP	289	56K	Riedelsheimer et al.，2012b
		USNAM + IAP	4699 + 282	1.6M/52K	Cook et al.，2012
	叶片脂质	IAP	289	56K	Riedelsheimer et al.，2013
	叶代谢物	IAP	289	56K	Riedelsheimer et al.，2012b
	干旱相关代谢物	IAP	318	157K	Zhang et al.，2016c
	铁稳态	IAP	267	438K	Benke et al.，2015

续表

性状分类	表型	群体*	样本大小	标记数量	参考文献
发育与农艺性状	饲用品质	IAP	368	557K	Wang et al., 2016a
	顶端分生组织	IAP	384	1.2M	Leiboff et al., 2015
	花期	IAP	1487	8.2K	van Inghelandt et al., 2012
		IAP	368	557K	Yang et al., 2013
		IAP	513	557K	Yang et al., 2014a
		IAP	346	60K	Farfan et al., 2015
		USNAM	5000 + 500	1.2K	Buckler et al., 2009
		USNAM + IAP	5000 + 281	1.1K	Hung et al., 2012
		USNAM + CNNAM + Ames	4763 + 1971 + 1745	950K	Li et al., 2016f
		MAGIC	529	54K	Dell'Acqua et al., 2015
	株高相关	IAP	284	41K	Weng et al., 2011
		IAP	289	56K	Riedelsheimer et al., 2012b
		IAP	513	557K	Yang et al., 2014a
		IAP	258	224K	Li et al., 2016e
		IAP	346	60K	Farfan et al., 2015
		USNAM	4892	1.6M	Peiffer et al., 2014
		MAGIC	529	54K	Dell'Acqua et al., 2015
	叶片结构特征	USNAM	4892	1.6M	Tian et al., 2011
		IAP500	513	557K	Yang et al., 2014b
		USNAM + NCRPIS	4892 + 2572	1.6M/405K	Xue et al., 2016
	种皮特征	IAP	508	557K	Cui et al., 2016b
	穗结构特征	IAP	513	557K	Yang et al., 2014a
		USNAM	4892	1.6M	Brown et al., 2011
		USNAM + CNNAM + IAP	4623 + 1972 + 945	500K/500K/44K	Wu et al., 2016b
	穗位高度	IAP	513	557K	Yang et al., 2014a
		IAP	346	60K	Farfan et al., 2015
		USNAM	4892	1.6M	Peiffer et al., 2014
		USNAM + CNNAM + Ames	4763 + 1971 + 1745	950K	Li et al., 2016e
		MAGIC	529	54K	Dell'Acqua et al., 2015
	茎秆强度	IAP	368	557K	Li et al., 2016c
		USNAM + NCRPIS	4536 + 2293	1.6M/681K	Peiffer et al., 2013
	根相关	IAP	267	438K	Benke et al., 2015
		Ames	384	681K	Pace et al., 2015
产量	穗结构	IAP	513	557K	Yang et al., 2014a
		IAP	513	49K	Liu et al., 2015a

续表

性状分类	表型	群体*	样本大小	标记数量	参考文献
产量	穗结构	IAP	368	557K	Liu et al.，2015a
		USNAM	4892	1.6M	Brown et al.，2011
		USNAM + NCRPIS	4892 + 2572	1.6M/405K	Xue et al.，2016
		ROAM	1887	185K	Xiao et al.，2016
		XP panel	400	940K	Yang et al.，2015
	玉米粒大小	IAP	513	557K	Yang et al.，2014a
		MAGIC	529	54K	Dell'Acqua et al.，2015
	生物量	IAP	289	56K	Riedelsheimer et al.，2012
抗逆性	抗病性	IAP	1487	8.2K	van Inghelandt et al.，2012
		IAP	527	557K	Chen et al.，2015
		IAP	1687	201K	Zila et al.，2014
		IAP	999	56K	Ding et al.，2015
		IAP	890	56K	Mahuku et al.，2016
		IAP	818	43.4K	Chen et al.，2016b
		IAP	274	246K	Mammadov et al.，2015
		IAP	287	261K	Tang et al.，2015b；Warburton et al.，2015
		IAP	380 + 235	259K/264K	Gowda et al.，2015
		IAP	267	47K	Zila et al.，2013
		IAP	346	60K	Farfan et al.，2015
		IAP	267	287K	Horn et al.，2014
		USNAM	4892	1.6M	Poland et al.，2011；Kump et al.，2011
	抗虫性	IAP	302	246K	Samayoa et al.，2015
	过敏反应	IAP	231	47K	Olukolu et al.，2013
		USNAM	3381	26.5M	Olukolu et al.，2014
	耐旱性	IAP	80	1K	Hao et al.，2011
		IAP	368	525K	Liu et al.，2013；Mao et al.，2015，Wang et al.，2016a；Wang et al.，2016b
		IAP	318	157K	Zhang et al.，2016c
		IAP	346	60K	Farfan et al.，2015
		IAP	240	30K	Thirunavukkarasu et al.，2014
	耐涝性	IAP	350	56K	Xue et al.，2013
	耐寒性	IAP	125	56K	Huang et al.，2013a
		IAP	375	56K	Strigens et al.，2013
		Dent + Flint	306 + 292	50K	Revilla et al.，2016

*群体缩写说明：IAP（inbred association panel），近交关联组合（由一系列近交系组成）；NAM（nested association mapping），巢式联合作图群体（US 和 CN 分别表示美国和中国）；ROAM（random-open-parent association mapping），随机交配重组自交系关联作图群体；MAGIC（multi-parent advanced generation intercross population），多亲本高世代杂交群体；NCRPIS（North Central Region Plant Introduction Station），美国农业部中北部地区植物引进站收集的 2815 份玉米近交种质资源群体（NCRPIS；Romay et al.，2013）；Ames，来自 USDA-ARS NCRPIS 的 1745 种不同自交系群体；Dent 和 Flint，两个温带玉米亚群，代表适应欧洲农业气候条件的育种种质；XP panel，极端表型群体。加号（+）表示多个群体被整合到关联作图中。K 表示千；M 表示百万

第 2-4 章 小麦基因组

扫码见
本章彩图

第一节 小麦基因组概况

小麦是禾本科小麦属植物的统称，世界三大谷物之一，35%～40% 的世界人口以小麦为主要粮食。我国是小麦生产和消费大国，常年小麦种植面积为 2400 万公顷左右，对保障国家粮食安全具有重要意义。目前主要种植的普通小麦（*Triticum aestivum*）为异源六倍体，其基因组巨大（17Gb）。

一、小麦系统发生及其基因组测序情况

（一）小麦系统发生及其基因组大小

小麦属于禾本科小麦属，大约在 650 万年前，小麦祖先种与其一个近缘属——山羊草属物种彼此分开。在大约 100 万年前，小麦逐步独立演化为至少 3 个彼此分离的物种，称为一粒小麦和乌拉尔图小麦等。基于基因组序列推测，在 80 万年内（大约 50 万年前），有一株遗传学称为 AA 基因组的二倍体乌拉尔图小麦（*Triticum uratu*，AA），与一株二倍体山羊草（BB）杂交，产生了一个异源二倍体的后代（图 2-4-1）。这个后代经过一次染色体加倍变成后来的二粒小麦（*T. turgidum*，AABB）。在大约 1 万年前，异源四倍体的二粒小麦与粗山羊草（*Aegilops tauschii*，DD）杂交，产生了具备多种优良性状的异源六倍体普通小麦（*T. aestivum*，AABBDD），也就是当今主要种植的面包小麦。所以简单地说，普通小麦在大约 1 万年前起源于中东肥沃月湾（从地中海延伸到伊朗的广阔地区），其基因组为异源六倍体，来源于异源四倍体的二粒小麦与二倍体的粗山羊草杂交。因此，普通小麦（$2n=6x=42$）的基因组由 3 个亚基因组构成。普通小麦的 A 基因组的供体为乌拉尔图小麦（$2n=2x=14$），B 基因组来源学界尚未有定论，现多认为来自拟斯卑尔脱山羊草（*Ae. speltoides*，SS，$2n=2x=14$），两种天然杂交形成异源四倍体二粒小麦（$2n=4x=28$），D 基因组供体为粗山羊草（$2n=2x=14$）。

相比于其他作物，普通小麦及其祖先物种基因组普遍较大（表 2-4-1）。从二倍体开始，乌拉尔图小麦和粗山羊草基因组分别为 4.9Gb 和 4.5Gb（Jia et al.，2013；Ling et al.，2013），而四倍体和六倍体小麦基因组则到达 12Gb 和 17Gb（IWGSC，2014）。

表 2-4-1 小麦及其祖先物种基因组核型和大小

物种	拉丁名	基因组核型	染色体基数（*n*）	基因组大小 /Gb
普通小麦	*Triticum aestivum*	AABBDD	21	17
圆锥小麦	*Triticum turgidum*	AABB	14	12
乌拉尔图小麦	*Triticum uratu*	AA	7	4.9
粗山羊草	*Aegilops tauschii*	DD	7	4.5
拟斯卑尔脱山羊草	*Aegilops speltoides*	SS	7	5.3～5.6

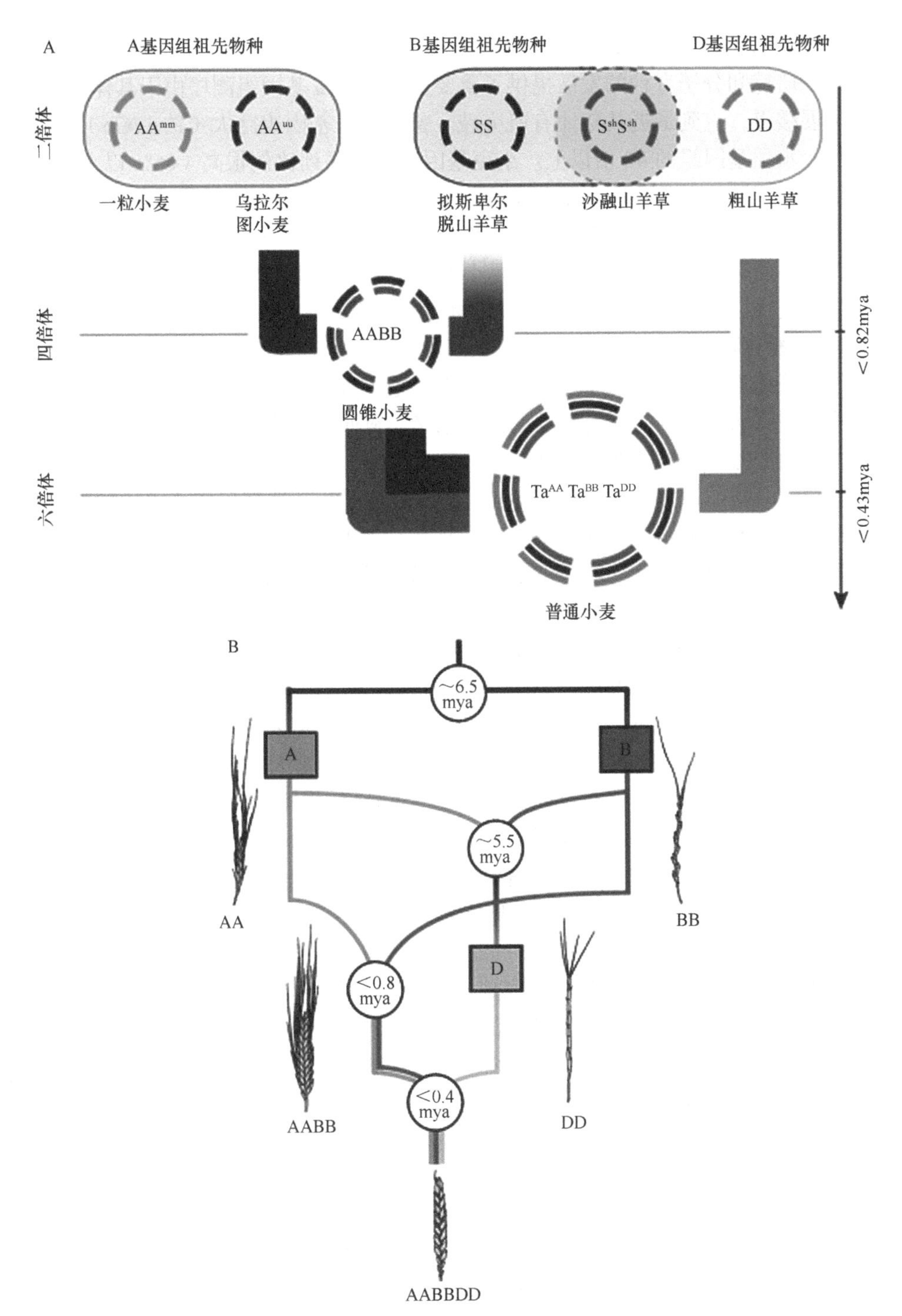

图 2-4-1　普通小麦（AABBDD）起源与系统发生关系（引自 Marcussen et al.，2014）

A 图提供了普通小麦起源相关详细物种、基因组核型及其时间尺度；B 图给出一个起源框架图。mya 表示百万年前

（二）基因组测序历史与进展

在世界三大粮食作物之中，水稻（2002 年）和玉米（2009 年）基因组率先被测序，为粮食作物基础研究和分子育种的发展提供了重要支撑。小麦基因组测序由于其体量庞大、复杂，一直进展缓慢，直到最近几年才有所突破。普通小麦基因组巨大（约 17Gb），是人类基因组的 5 倍，水稻基因组的 40 倍以上。小麦基因组重复序列比例很高（85% 以上），这无疑极大地增加了小麦基因组的测序和组装难度。为此，针对小麦二倍体祖先物种的基因组测序先行先试，我国科学家开展了卓有成效的工作，2013 年发表了 AA 和 DD 基因组草图，并持续完善；普通小麦基因组的测序工作在国际小麦基因组测序联盟（IWGSC）的协调和组织下，于 2018 年完成。以下分别介绍小麦及其祖先物种的测序历史和进展。

1. 二倍体祖先种和四倍体种小麦

小麦的二倍体祖先种是普通小麦形成的基础，鉴于普通小麦基因组的复杂性，进行二倍体小麦的测序对普通小麦的测序有重要的简化意义。科研工作者们在二倍体小麦的测序工作中付出了很大的努力，取得了许多重要进展（表 2-4-2）。

追本溯源，乌拉尔图小麦（AA 基因组）是普通小麦和其他多倍体小麦（如野生和栽培的四倍体小麦、Timopheevii 和 Zhukoviskyi 小麦等）中 A 基因组的原始供体，是形成多倍体栽培小麦的核心基因组。因此，对乌拉尔图小麦基因组的解析是阐明多倍体小麦基因组的结构、功能和进化的一个关键基础。2013 年，中国科学院遗传与发育生物学研究所凌宏清领导完成了乌拉尔图小麦‘G1812’系的基因组序列草图（Ling et al.，2013）。他们构建了 57 个含有 8 种不同插入片段大小（200bp～20kb）的测序文库，用 Illumina 测序平台进行全基因组鸟枪法测序，获得了总长 4.66Gb 的基因组序列草图，其中重复序列含量为 66.9%。预测了 34 879 个蛋白质编码基因，同时鉴定了一批控制农艺性状的基因。2018 年，他们进一步与梁承志课题组合作完成了其精细图谱的绘制，通过构建 BAC 文库和 BAC 测序，结合第三代测序技术 PacBio 单分子测序及最新物理图谱构建技术（BioNano 和 10x Genomics），最终完成了乌拉尔图小麦材料‘G1812’的基因组精细组装，绘制了小麦 A 基因组 7 条染色体的序列图谱，注释了 41 507 个蛋白质编码基因（Ling et al.，2018）。

祖先 D 基因组粗山羊草（节节麦）的基因组测序也成绩斐然。2013 年，中国农业科学院作物科学研究所贾继增研究员牵头完成对小麦 D 基因组的测序。利用 Illumina 高通量测序技术对粗山羊草进行了全基因组鸟枪法测序，经 90× 不同插入片段的短读长测序，组装的长序列（Scaffold）覆盖了 83.4% 基因组，其中 65.9% 为重复元件（TE）；鉴定出 43 150 个功能基因，其中 30 697（71.1%）个基因定位到了遗传图谱上。2017 年，他们进一步完成 D 基因组的染色体级别精细图谱绘制，首次获得了一个完整的整合图谱，基因组大约为 4.3Gb，其中 TE 占基因组序列的 84.4%。同年，其他国家的科学家利用第二代、第三代等测序技术与最新的组装技术，对 D 基因组重新测序与组装，同样完成了染色体级别的 D 基因组精细图谱的绘制（表 2-4-2）。

小麦 B 基因组的起源一直是小麦起源研究的一个“历史悬案”。山羊草属的 S 基因组是其可能的供体种，但存在许多问题。基因组研究也许可以为破解这个悬案创造条件。

四倍体小麦（AABB）又称二粒小麦，包括野生二粒小麦、硬粒小麦、圆锥小麦等多种类型，是小麦起源的重要祖先种。2015 年，以色列特拉维夫大学联合美国、加拿大和土耳其等国的科学家成立了野生二粒小麦测序联盟，于 2017 年完成了野生二粒小麦的基因组序列组装（Avni et al.，2017）。他们以野生二粒小麦系 Zavitan 为材料，采用鸟枪法的策略，利用第二代测序技

表 2-4-2 普通小麦及其祖先物种基因组测序情况

物种	拉丁名	基因组	基因组拼接长度 /Gb	拼接质量（N50）*	测序组装技术	文献
普通小麦	*Triticum aestivum*	AABBDD				
		中国春	未拼接（5×）	未拼接	454	Brenchley et al.，2012. *Nature*
		中国春	0.77	297.3kb	BAC＋Illumina	Choulet et al.，2014. *Science*
		中国春	10.23	1.7～8.9kb	Illumina	IWGSC，2014. *Science*
		W7984	9.1	24.8kb	Illumina	Chapman et al.，2015. *Genome Biology*
		中国春	15.34	232.7kb	Illumina＋PacBio	Zimin et al.，2017. *GigaScience*
		中国春	13.43	88.8kb	Illumina RNA-Seq＋PacBio	Clavijo et al.，2017. *Genome Research*
		中国春	14.5	7Mb	Illumina＋Hi-C＋BioNano etc.	IWGSC，2018. *Science*
野生二粒小麦	*Triticum turgidum* ssp. *dicoccoides*	AABB				
		Zavitan	10.1	6.96Mb	Illumina＋Hi-C＋遗传图谱	Avni et al.，2017. *Science*
乌拉尔图小麦	*Triticum uratu*	AA				
		G1812（PI428198）	4.66	63.7kb	Illumina	Ling et al.，2013. *Nature*
		G1812（PI428198）	4.86	3.7Mb	BAC＋PacBio＋BioNano＋10x Genomics	Ling et al.，2018. *Nature*
粗山羊草	*Aegilops tauschii*	DD				
		AL8/78	4.23	57.6kb	Illumina	Jia et al.，2013. *Nature*
		AL8/78	4.03	2.9Mb	Illumina＋PacBio	Luo et al.，2017a. *Nature*
		AL8/78	4.31	12.1Mb	Illumina＋PacBio	Zhao et al.，2017b. *Nature Plants*
		AL8/78	4.25	486.8kb	Illumina＋PacBio	Zimin et al.，2017. *Genome Research*

*Contig/Scaffold N50 长度

术测序，然后利用NRGene公司开发的新的组装软件进行从头拼装，最后获得总长为10.5Gb的基因组拼接序列。基于野生二粒小麦超高密度的SNP遗传图谱，将其中10.1Gb的序列组装到染色体水平，并预测出71 000多个基因。对于四倍体小麦的基因测序，不仅对于实际生产生活有很大意义，同时也为普通小麦的测序提供了重要的参考。

2. 普通小麦

由于小麦基因组序列高度重复，国际小麦基因组测序联盟（IWGSC）制订了构建物理图谱并进行逐条染色体测序的小麦基因组测序策略（图2-4-2）。IWGSC将小麦21条染色体逐条分配给相应机构进行测序。早在2000年，流式细胞仪（flow sorting技术）已被用于分离小麦3B染色体，为后续相关工作奠定了基础（Vrana et al.，2000；Kubalakova et al.，2002；Werner et al.，1992）。2004年，构建了第一个小麦3B染色体的BAC文库；2008年，3B染色体的第一个物理图谱建成（Paux et al.，2008）。至2009年，全基因组鸟枪测序法继续发展，第一次实现了对某一特定染色体的测序，由此3B染色体的测序和分析工作拉开序幕。2012年，Brenchley等采用全基因组鸟枪测序法和454测序技术，率先进行了小麦基因组调查测序，获得了85Gb（5×）的小麦基因组数据（以'中国春'为材料）。

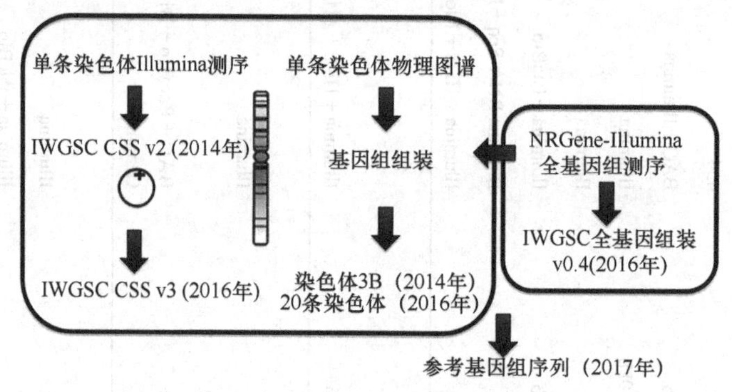

图2-4-2 普通小麦基因组测序策略及其过程（引自IWGSC）

在国际小麦基因组测序联盟的大力推动下，3B染色体的高质量测序工作首先完成，为其余染色体的测序建立了基准（Choulet et al.，2014）。Choulet等（2014）完成了第一条真正意义上的小麦染色体水平的DNA参考序列。他们利用3B的物理图谱，结合逐步克隆的测序策略，对8452个BAC克隆进行了测序，组装绘制了3B染色体的DNA序列框架图。该框架图包含2802个拼接片段（Scaffold），序列总长为833Mb。与遗传图整合后，将其中的1358个Scaffold排列成了一个总长774.4Mb的拼接染色体序列（Pseudo-molecule），约占3B染色体DNA总长的93%。该条染色体85%为转座子重复元件，基因预测共鉴定到了5326个编码基因及1938个假基因。采用类似3B的测序策略，即基于高质量和高效率的物理图谱，先后有1AS、1AL、1BL、4D、7B、6B、5DS、7DS（Akpinar et al.，2015；Lucas et al.，2013；Philippe et al.，2013；Belope et al.，2014；Helguera et al.，2015；Kobayashi et al.，2015；Staňková et al.，2016；Choulet et al.，2014）等20条染色体被测序完成（图2-4-2）。同时，国际小麦基因组测序联盟联通过单条染色体高通量测序策略，完成小麦全基因组序列草图（IWGSC，2014）（图2-4-2）。通过对'中国春'每个染色体臂的分离、测序及组装，获得了小麦所有21条染色体的DNA序列，并明确了小麦各个染色体的基因含量、遗传组成及结构特征。在预测出的133 090个基因位点中，124 201个（93.3%）基因可以被精确定位到染色体臂上，蛋白质编码基因共106 000个。同时还发现各个染色体上基因分布差异较大，

6B 染色体上只有 2125 个基因，是基因数量最少的染色体，而 2D 上则有 4404 个，为基因数量最多的染色体。同时发现小麦基因组中的基因复制现象十分普遍，平均有 23.6% 的基因发生了复制，表明其复杂的起源及进化关系，为小麦基因组精细图的绘制奠定了坚实的基础。2014 年，国际小麦测序联盟启动 WGP 技术生成新的染色体序列信息，以期提高 15 个染色体物理图谱的质量。最终 2016 年，迎来了全基因组组装数据的发布——由 NRGene 公司利用 DenovoMAGICTM 软件和 Illumina 短序列整合产生（图 2-4-2）。该数据与物理图谱和其他基于染色体的序列资源互为补充，一起推动了 2017 年 1 月第一版的参考序列（IWGSCRefSeq v1.0）的发布（相关文章于 2018 年 8 月在 *Science* 上发表），其基因组拼接水平比 2014 年发表的基因组有了极大提升（Scaffold N50＝7Mb）。同时，继 IWGSC V1.0 小麦全基因组参考序列发行后，另一版本的参考序列数据库 Triticum 3.0 和 Triticum 3.1 陆续问世。同时，不同研究小组通过不同基因组测序策略，也针对普通小麦基因组开展了不少 *de novo* 基因组测序拼接工作（表 2-4-2），这些基因组数据都是上述 IWGSC 基因组的很好补充。

普通小麦参考序列提供了单个染色体结构和组织方面的准确信息，有助于进行精确定位普通小麦基因、调控元件、重复序列、分子标记等，意义十分重大。尽管测序技术从传统的 Sanger 发展到第二代测序 Illumina 等高通量测序手段，技术进步很快，做出了极大贡献。良好的物理图谱是获得普通小麦完整的参考序列的关键。由于小麦基因组的六倍体和高度重复的性质，一张整合的物理和遗传图谱是将高通量序列数据组装成高质量参考序列的关键。尽管小麦的参考序列已经获得，但并不是像水稻那样高质量、注释完全的基因组参考序列。可以预见，今后小麦基因组研究首先需完善小麦全基因组精细图谱；其次，随着海量的组学数据出现，结构基因组学也将走进小麦功能基因组学的新时代；最后，参考基因组的出现，为小麦群体基因组学研究建立了基础，未来群体研究将为小麦进化起源、驯化和选择等提供许多重要信息。

二、普通小麦基因组基本构成及其数据库

（一）基因组基本构成

基于最新发表的普通小麦基因组，小麦基因组至少包含 10 万个蛋白质编码基因（IWGSCRefSeq v1.0），将近 30 万个假基因，85% 左右的基因组为重复序列（表 2-4-3）。小麦 10.8 万个蛋白质编码基因，平均含有 5.6 个外显子，转录本平均长度 1.7kb，约 15% 基因发生可变剪接。小麦 3 个亚基因组的基本构成（数量和比例）基本一致，仅在假基因数量上有些差异（D 基因组明显少些）。

表 2-4-3 普通小麦基因组基本构成（基于 IWGSCRefSeq v1.0 高可信度基因集及其注释信息）

类型	总计	A 基因组	B 基因组	D 基因组	未定位
编码基因 / 个	107 891	35 345	35 643	34 212	2 691
转录本 / 个	133 745	43 697	44 221	42 828	2 999
每个基因的转录本 / 个	1.2	1.2	1.2	1.2	1.1
转录本的平均大小 cDNA/bp	1 699.3	1 672.8	1 716.9	1 733.3	1 340.0
每个转录本的外显子 / 个	5.6	5.6	5.6	5.7	3.5
外显子的平均大小 /bp	303.3	297.7	305.7	303.4	378.7

续表

类型	总计	A 基因组	B 基因组	D 基因组	未定位
转录本的平均大小 CDS/bp	1 333.3	1 310.9	1 351.2	1 354.3	1 097.9
单个外显子转录本[a]/个	26 973（20.2%）	8 605（19.7%）	8 872（20.1%）	8 457（19.8%）	1 039（34.6%）
含有可变剪接的基因[b]/个	16 961（15.7%）	5 507（15.6%）	5 610（15.7%）	5 638（16.5%）	206（7.7%）
TE/%	85.9	84.7	83.1	84.7	/
假基因数量/个	288 839	94 686	103 352	77 738	/

a. 括号内的百分数为单个外显子转录本占总转录本的比例；b. 括号内的百分数为含有可变剪接的基因占总编码基因的比例

（二）基因组数据资源

1. 国际小麦基因组测序联盟（IWGSC）

网址：http://www.wheatgenome.org/。

IWGSC 是 2005 年由美国、法国等国科学家发起成立的国际小麦基因组测序联盟（International Wheat Genome Sequening Consortium，IWGSC），致力于协调和组织全球科学家展开小麦基因组测序工作，目标是获得高质量的普通小麦基因组序列。IWGSC 在国际层面上划定研究领域，建立共同准则、指导方针和资源共享框架等，并定期组织科学会议和研讨会。IWGSC 同时建立了一个数据共享平台，提供普通小麦、A 和 D 基因组，以及相关野生种基因组测序进展及其相应数据，包括生物信息学工具、联盟活动等。该数据库资料非常丰富，为目前小麦基因组主要数据库（图 2-4-3）。截至 2018 年 7 月，IWGSC 已拥有来自 68 个国家的 2400 名成员。

图 2-4-3 IWGSC 网站界面

2. WheatGenome

网址：http://www.wheatgenome.info/。

WheatGenome 是一个提供小麦及其野生近缘种基因组信息的整合数据资源库（泛基因组，图 2-4-4），其基因组序列草图的数量及质量、不同小麦品种和野生近缘种的相关基因组信息的数量在不断提高，为方便使用，WheatGenome 集成了几个主要的网络数据而将这些信息整理到一起，并链入了外部小麦基因组资源的链接，包括基于 GBrowse2 的小麦染色体注释数据库、TAGdb 数据库、CMap 数据库和 autoSNPdb 应用程序。

图 2-4-4 WheatGenome 数据库界面

3. GrainGenes

网址：https://wheat.pw.usda.gov/GG3/。

GrainGenes 数据库（图 2-4-5）包括小麦、大麦、黑麦和其他相关物种（包括燕麦）分子和表型信息的综合资源。GrainGenes 由美国农业部资助，旨在为小型谷物研究机构提供中心数据储存库。

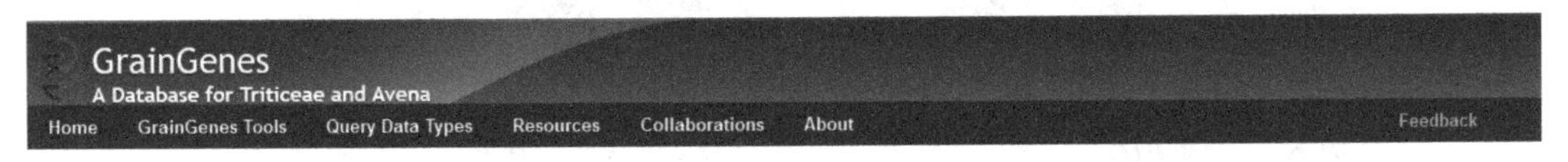

图 2-4-5　GrainGenes 数据库界面

4. Wheat Genomics

网址：http://www.cerealsdb.uk.net/cerealgenomics/。

Wheat Genomics 由英国布里斯托大学支持，由 4 个部分组成（图 2-4-6），如 cerealsDB，为研究小麦基因提供了获得的 SNP 标记信息，使相关学者能够较方便地获得 SNP 标记信息；WheatBP，提供小麦各方面的背景资料和信息，如小麦的进化、发展、种植、烘焙与酿造等。

Wheat Genomics

图 2-4-6　Wheat Genomics 网站界面

第二节　小麦基因组进化与功能

一、基因组特征与进化

（一）基因组多倍化与基因家族扩张，促进环境适应

普通小麦为异源六倍体（AABBDD），大约 1 万年前由一个二倍体（DD）和一个四倍体（AABB）杂交而成（图 2-4-1）。3 个祖先二倍体可以自然杂交形成六倍体，说明它们之间很近缘。普通小麦基因组的确存在非常明显的同源染色体（如 1A-1B-1D）共线性（图 2-4-7）。同时，也可见少量不同同源染色体序列的大片段移位（translocation）（如 4A 与其他染色体之间）。

普通小麦基因组中预测的高可信度基因（HC gene）和低可信度基因（LC gene）在 3 个亚基因组上数量基本一致，D 亚基因组略少些（图 2-4-8A）。在普通小麦基因组中发现大量假基因（在其他植物基因组中尚未见此现象），每个亚基因组上都有 10 万个左右，而同样，D 亚基因组数量明显少于其他 2 个亚基因组。在小麦基因组中，大量基因具有 3 个拷贝（相对于植物 BUSCO 基因而言），明显不同于其他禾本科作物（如玉米、高粱、水稻、大麦、短柄草）和拟南芥，它们以单拷贝为主（图 2-4-8B）。这符合小麦为近代形成的异源六倍体基因组的情况。

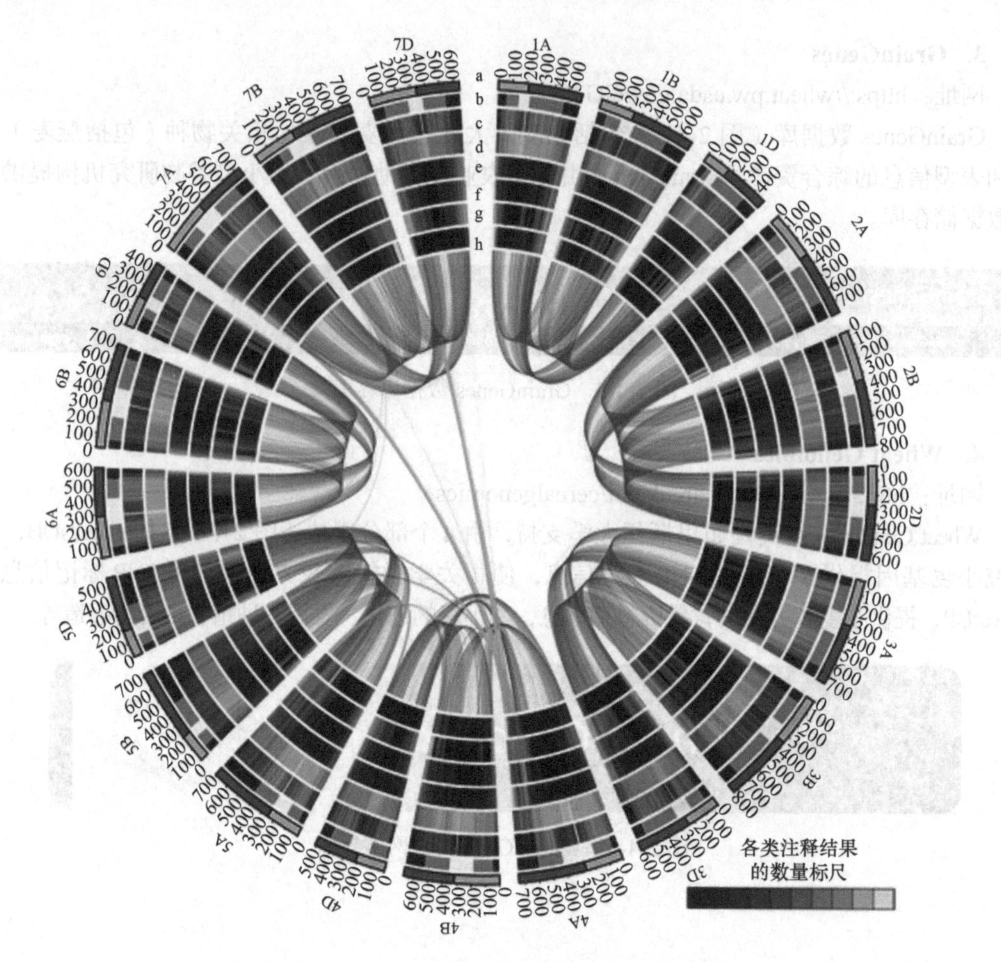

图 2-4-7　普通小麦基因组构成（IWGSC，2018）

可见 3 个亚基因组（A/B/D）高度基因组共线性和部分非同源染色体之间的移位（中圈连线表示）

基因家族扩张是生物进化和环境适应的重要遗传机制，也是表型变异的重要来源。如果以基因家族为单元，比较普通小麦基因组与其他禾本科作物基因组（包括普通小麦两个二倍体祖先种），通过直系同源基因比较分析，可以发现普通小麦两个二倍体祖先种大量基因家族已明显扩张了。它们作为普通小麦基因组的 3 个亚基因组，同样基因家族扩张明显，这导致普通小麦基因组基因家族的剧烈扩张（图 2-4-9A）。这些扩张家族类别（基于 GO 基因功能分类）涉及许多重要性状（图 2-4-9B），这说明普通小麦的多倍化显著增加了基因家族成员，为小麦许多重要性状遗传多态性、环境适应等提供了重要遗传基础。

上述小麦祖先种基因组重要基因家族的扩张，在之前对祖先种基因组（A/D）的研究中就已发现了这一现象（Ling et al.，2013；Jia et al.，2013）。例如，① A 基因组特定基因家族的扩张：将乌拉尔图小麦与已知禾本科作物基因组（玉米、高粱、短柄草）比较分析，最新的研究中鉴定出了来自 1567 个基因家族的 4610 个 A 基因组特异基因，其中许多具有与胁迫和应激反应有关的功能基因，如 NB-ARC 抗病基因在小麦 A 基因组明显增多。此外，转录因子 B3 家族中生殖分生组织（REM）亚家族基因在乌拉尔图小麦、粗山羊草（D 基因组）和六倍体小麦 A 基因组中扩张。REM 亚家族在功能上与春化和花发育有关。这些基因和小 RNA 的扩张可能是小麦广适性的主要原因。② D 基因组特定基因家族的扩张：通过粗山羊草全基因组分析发现，其抗性相关基因、抗非生物应激反应的基因数量都发生显著扩张

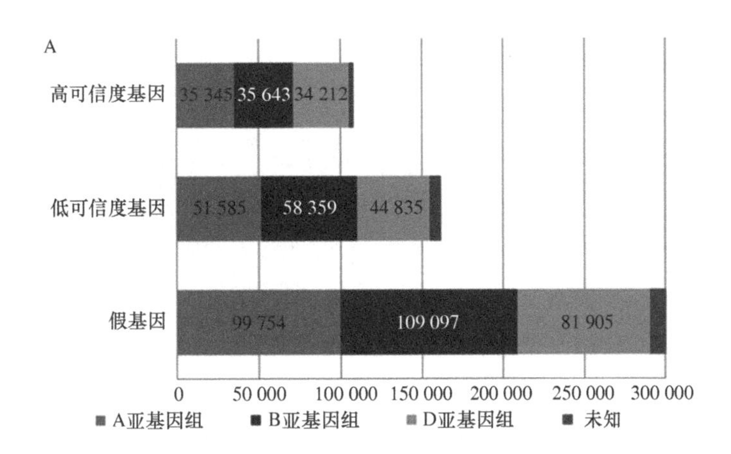

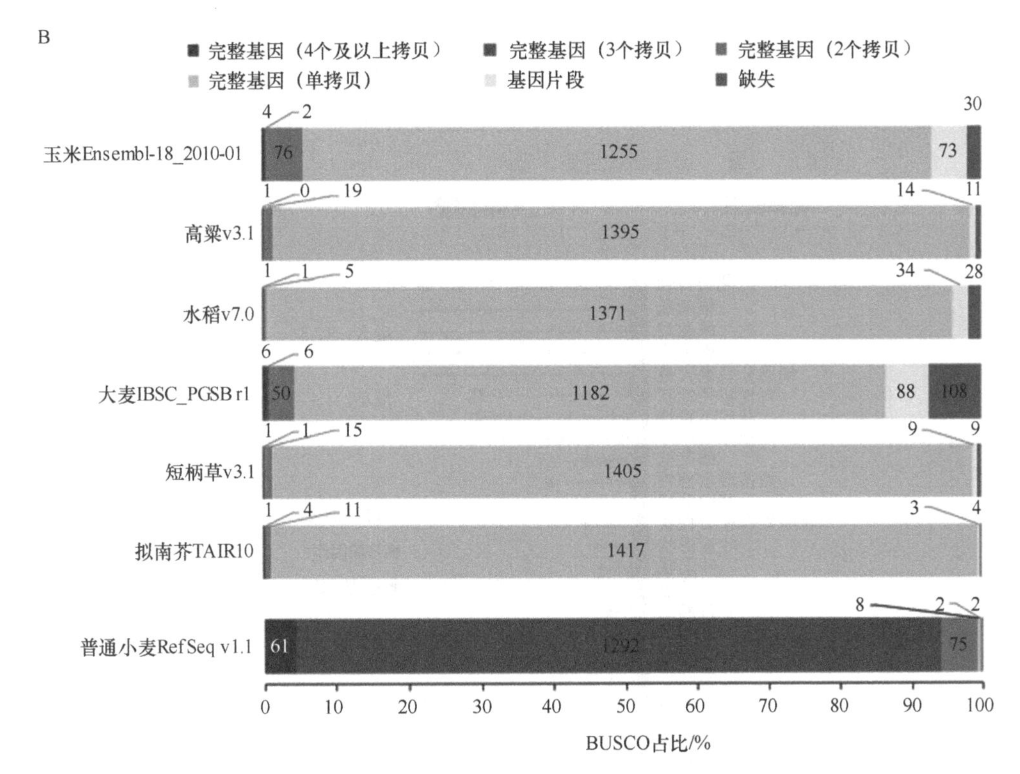

图 2-4-8 普通小麦基因组 3 个亚基因组基因构成和基因拷贝数量比较（IWGSC，2018）

A. 普通小麦基因组高可信度和低可信度基因及假基因注释情况；B. 普通小麦与其他禾本科物种及拟南芥基因组基因构成比较。BUSCO（benchmarking universal single-copy orthologs）表示单拷贝保守基因集

（表 2-4-4），即粗山羊草一些特定基因家族存在扩增现象，因而大大增强了其抗病性、抗逆性与适应性。NBS 基因家族在粗山羊草中明显扩张，在粗山羊草中的数目是水稻的 2 倍、玉米的 6 倍。此基因家族与小麦环境适应有关。粗山羊草中，对于非生物胁迫应答，特别是生物合成和解毒途径十分重要的细胞色素 P450 基因家族也存在扩增现象。该基因在粗山羊草中的数目是 485 个，明显高于其他植物（高粱 365，水稻 333，两穗短柄草 262，玉米 261）。此外，在粗山羊草基因组中鉴定了 216 个与低温逆境相关的基因，数目明显高于其他禾本科植物（高粱 159，水稻 132，两穗短柄草 164，玉米 148）。粗山羊草中还有大量扩增的转录因子，如参与众多逆境响应的 MYB 相关基因在粗山羊草中的数目是 103 个，明显多于两穗

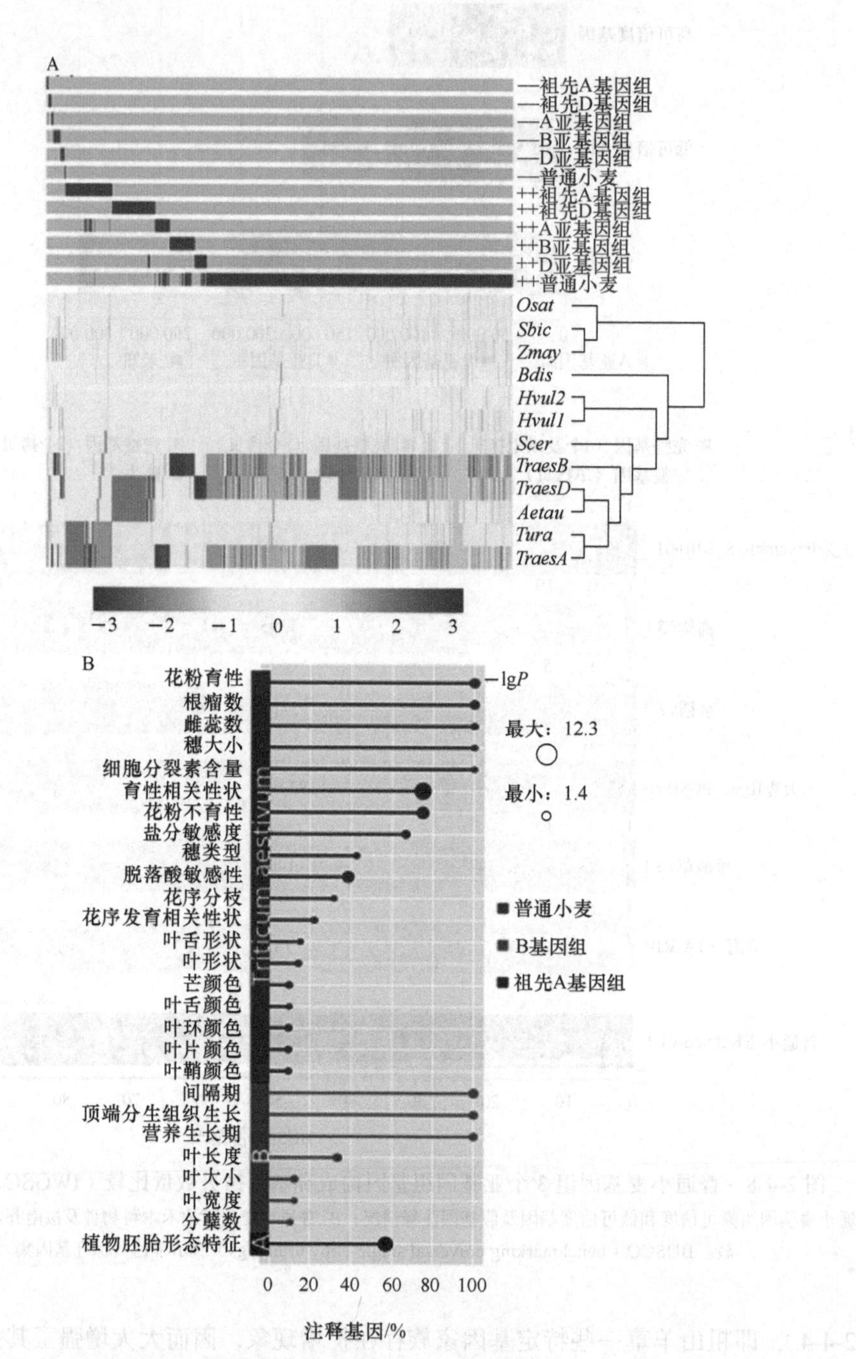

图 2-4-9 普通小麦基因组中基因家族的扩张及其主要家族类型（改自IWGSC，2018）

A. 普通小麦 3 个亚基因组和两个祖先基因组（A/D）基因家族缩减和扩张情况。上图分别表示普通小麦 3 个亚基因组（A/B/D）和两个祖先基因组物种（A/D-lineage）基因家族的缩减（蓝色）和扩张（红色）；下图表示普通小麦 3 个亚基因组与其祖先种和禾本科其他作物基因家族扩张倍数比较。从 *Osat* 至 *TraesA* 从上至下依次代表：水稻、高粱、玉米、短柄草、大麦（*Hvul2* 和 *Hvul1*）、黑麦、普通小麦 B 基因组、普通小麦 D 基因组、粗山羊草、乌拉尔图小麦和普通小麦 A 基因组。B. 普通小麦扩张基因家族 GO 功能分类富集分析短柄草和玉米（66 个和 95 个）。参与调控植物繁殖的 M 型 MADS-box 基因，在粗山羊草中数目是 58 个（短柄草属 23 个，玉米 34 个）。非编码基因 miRNA 的扩增现象也得到了证实。MiR2118 基因家族中的 42 个成员被证明存在串联倍增。参与调控水稻有机磷稳态的 miR399 家族得到扩张（粗山羊草 20 个，水稻 11 个，玉米 10 个），并且可能有助于粗山羊草在低营养土壤中生长的能力；miR2275 家族（粗山羊草 8 个，水稻 2 个，玉米 4 个）的扩大可能有助于提高粗山羊草的抗病性。综上所述，从基因组水平来看，粗山羊草经历一次近代的 DD 基因组基因扩张过程（非全基因组扩增），且扩张的基因往往在逆境胁迫下大量表达，使小麦抗逆能力增强。

表 2-4-4 粗山羊草抗性基因数目及其与其他禾本作物的比较

基因家族	粗山羊草	两穗短柄草	水稻	高粱	玉米
NBS	1334	284	622	420	216
NBS-LRR	302	94	135	140	50
LRR-RLK	343	219	230	240	199
激酶	2110	1192	1282	1296	1256

在普通小麦 10 万多个基因中，由于遗传冗余等，进化过程中会发生基因丢失和获得（loss and gain），目前已发现 3.9 万个普通小麦 3 个亚基因组的旁系同源基因。对这近 4 万个基因进行分析（表 2-4-5），发现 55.1% 的同源基因（21 603 个）在 3 个亚基因组中保持原来状态（所谓 1∶1∶1 同源关系模式），即其中任何一个同源基因都没有发生丢失或扩张，且还保持了很好的局部共线性（microsynteny）；但有 30.5% 的同源基因发生其中一个旁系同源基因的丢失（如 1∶1∶0 模式）；另有 6.0% 的同源基因其中一个同源基因扩张了，增加了其拷贝数（如 1∶1∶*N* 模式）。1∶1∶1 同源关系基因在 3 个亚基因组中大多还保持很好的基因组共线性，说明了这些基因及其基因组区域进化上的保守性。其他进化模式，特别是基因的丢失，会产生大量孤儿基因。

表 2-4-5 普通小麦 3 个亚基因组旁系同源基因扩张、丢失和保留等进化情况（IWGSC，2018）

亚基因组（A∶B∶D）中同源模式*	在小麦基因组中的数量	所占比例 /%	A 亚基因组的基因数量	B 亚基因组的基因数量	D 亚基因组的基因数量	总基因数
1∶1∶1	21 603	55.1	21 603	21 603	21 603	64 809
1∶1∶*N*	644	1.6	644	644	1 482	2 770
1∶*N*∶1	998	2.5	998	2 396	998	4 392
N∶1∶1	761	1.9	1 752	761	761	3 274
1∶1∶0	3 708	9.5	3 708	3 708	0	7 416
1∶0∶1	4 057	10.3	4 057	0	4 057	8 114
0∶1∶1	4 197	10.7	0	4 197	4 197	8 394
其他比例	3 270	8.3	4 999	5 371	4 114	14 484
1∶1∶1 微观共线性	18 595	47.4	18 595	18 595	18 595	55 785
微观共线性合计	30 339	77.3	27 240	27 063	28 005	82 308
1∶1∶1 宏观共线性	19 701	50.2	19 701	19 701	19 701	59 103
宏观共线性合计	32 591	83.1	29 064	30 615	30 553	90 232

续表

亚基因组（A∶B∶D）中同源模式*	在小麦基因组中的数量	所占比例 /%	A 亚基因组的基因数量	B 亚基因组的基因数量	D 亚基因组的基因数量	总基因数
同源模式合计	39 238	100.0	37 761	38 680	37 212	113 653
亚基因组保守孤儿基因			12 412	12 987	10 844	36 243
亚基因组非保守孤儿基因（孤体）			10 084	12 185	8 679	30 948
亚基因组非保守孤儿基因（新拷贝）			71	83	38	192
合计总基因数量			60 328	63 935	56 773	181 036

*①N表示多个拷贝数量；②微观和宏观共线性表示同源染色体区间本地基因排序的保守性与共线性。微观共线性要求相应基因排列顺序也保守，而宏观共线性定义为总体一致，但包括由于易位、颠换和删除等导致的局部变化；③亚基因组保守孤儿基因指一个亚基因上的一个孤儿基因，其在其他两个亚基因组上存在明显的同源基因；亚基因组非保守孤儿基因为只在一个亚基因组中存在的孤儿基因或由其倍增导致的新基因拷贝，其在其他两个亚基因组中无同源基因；④合计总基因数量包括高可信度和低可信度两个基因集基因，但利用转录组数据进行了必要过滤

（二）神奇的小麦祖先 D 基因组

图 2-4-10　粗山羊草（D 基因组）的功与过

小麦祖先 D 基因组——粗山羊草（*Ae. tauschii*）是普通小麦或面包小麦起源的一个关键物种，它提供了普通小麦特殊淀粉品质性状，使我们吃上了面包，但同时它作为麦田杂草（节节麦）与小麦争肥争光（图 2-4-10）。除了上文所描述的——其为普通小麦提供了大量与环境胁迫相关的基因家族外，其基因组中具备的特有品质相关基因，使普通小麦的品质性状得到改良，成为能够制作馒头、面包等多种食品的粮食作物。在 D 基因组中有小麦特有的品质相关基因，包括高分子质量麦谷蛋白亚基（HMW-GS）、低分子质量麦谷蛋白亚基（LMW-GS）、谷物质构蛋白（GSP）和贮藏蛋白激活因子（SPA）。也正是由于 D 基因组的加入，才使小麦的抗病性、适应性与品质得到大大改良，推动小麦成为世界上种植区域最广的粮食作物（Luo et al.，2017a）。但人类没有想到 D 基因组物种自身也进入了小麦田里，成为普通小麦的竞争者（节节麦，麦田最恶性杂草），使人类为除之付出不少代价。

节节麦（粗山羊草）能成为普通小麦的竞争者，即麦田最恶性杂草，正说明了 D 基因组对普通小麦环境适应性的突出贡献和重要性。节节麦主要分布在地中海气候的非洲北部、欧洲南部及包括外高加索在内的亚洲西南部，它们在生长过程中与小麦竞争水、肥、光照等生长因子，对小麦的生长造成不同程度的影响，从而影响小麦产量和品质，造成严重经济损失。已有研究表明，TE 含量高与小麦进化速度快有着一定联系。对节节麦的比较基因组分析表明，节节麦的基因组相比于其他已测序的植物基因组含有更多的散生重复序列，且相比于其他草本基因组，其染色体结构进化更快。节节麦基因组与其他草本植物基因组的共线性随着染色体上重组率的升高而衰减。可能大量高相似性重复序列使得在重组中发生的错误频率增高，导致了基因重复和染色体结构性的改变，最终驱动了节节麦基因组的快速进化。目

前科学家正在对作为杂草类型的节节麦进行大规模基因组重测序，以期解析节节麦环境适应，特别是与普通小麦竞争的分子机制。

（三）重复序列增殖造就巨大基因组

普通小麦是已知作物中基因组最大的，同时也是重复序列（TE）比例最高的基因组，甚至高于玉米。也就是说，普通小麦是一个具有极大和复杂基因组的物种，含有比任何已知物种更多的 TE（84.7%），其 3 个亚基因组 TE 含量比例类似（表 2-4-5），AA 基因组重复序列比例最高（85.9%）。总之，小麦 TE 数量远高于其他作物，在一定程度上说，小麦是一个天然 TE 插入的突变体库。

普通小麦 TE 类型分布很特异，主要是 LTR 反转录因子（66.6% 的基因组序列或 78.6% 的 TE），其中以 *Gypsy* 类型 LTR 为主（46.7%），远远高于其他禾本科物种（除了玉米）；另外一种类型 TE 是 DNA 转座子 CACTA（15.5%）（表 2-4-6）。同时，在普通小麦 3 个亚基因组和其他祖先种中，TE 构成比例也类似，总体变化不大。这说明在小麦属物种进化过程中，LTR 大量增殖，导致其基因组剧烈扩张增大。这一基因组大小进化过程在裸子植物（如松杉）和一些被子植物（如玉米）都同样发生过，是基因组进化的一个重要途径。

表 2-4-6 普通小麦基因组各个亚基因组重复序列构成与比较（IWGSC，2018）

主要类别	AA	BB	DD	总计
染色体组装序列 /Gb	4.94	5.18	3.95	14.10
转座因子相关序列大小 /Gb	4.24	4.39	3.29	11.90
转座因子 /%	85.9	84.7	83.1	84.7
重复序列类别 I				
LTR 反转录转座子				
Gypsy（RLG）	50.8	46.8	41.4	46.7
Copia（RLC）	17.4	16.2	16.3	16.7
未分类的 LTR 反转录转座子	2.6	3.5	3.7	3.2
非 LTR 反转录转座子				
长散在核元件（RIX）	0.81	0.96	0.93	0.90
短散在核元件（SIX）	0.01	0.01	0.01	0.01
重复序列类别 II				
DNA 转座子				
CACTA（DTC）	12.8	15.5	19.0	15.5
增变基因（DTM）	0.30	0.38	0.48	0.38
未分类的末端反向重复	0.21	0.20	0.22	0.21
Harbinger（DTH）	0.15	0.16	0.18	0.16
Mariner（DTT）	0.14	0.16	0.17	0.16
未分类的重复序列类别 II	0.05	0.08	0.05	0.06
hAT（DTA）	0.01	0.00	0.01	0.01
Helitron（DHH）	0.004 6	0.004 4	0.003 6	0.004 2
未分类的重复序列	0.55	0.85	0.63	0.68
编码 DNA	0.89	0.89	1.11	0.95
未注释的 DNA	13.2	14.4	15.7	14.4
miRNA（前体序列）	0.039	0.057	0.046	0.047
tRNA	0.005 6	0.005 0	0.006 8	0.005 7

重复序列作为基因组中的非编码成分，曾经被认为是基因组中的“垃圾 DNA”。近些年，TE 被认为是基因组的重要功能成分，在序列突变、调节基因表达、基因组大小和重排、改变染色体结构等方面发挥作用，被公认是宿主丰富的基因调控序列。富含转座子为产生小麦表型提供了丰富的遗传变异基础。许多重要基因及其性状形成是由于 TE 的插入导致。例如，小麦太谷核不育基因（*Ms2*）是显性突变，只在不育材料中表达，所有最初的基因注释集中都没有注释出来。进化分析显示，*Ms2* 基因属于小麦族特有进化产物，只在粗山羊草和普通小麦等部分小麦族物种中出现。研究表明，一个新的非自主型的 TRIM 反转录转座子插入到 *Ms2* 基因的启动子区，激活了该基因并使其在花药中特异表达，导致不育表型的产生；Ms2-TRIM 插入只影响基因的表达，表明 TRIM 插入到基因附近增加了基因新功能和表型的可塑性。

TE 在基因表达调控中很重要。研究表明，粗山羊草基因组中近一半基因有 TE 插入，全基因组甲基化测序和 RNA 测序结果显示，这些基因的甲基化水平升高，而转录水平下降，显示小麦基因组中转座子对基因表达调控的作用。在确定基因组大小和重排方面，即改变染色体结构方面，TE 同样发挥了重要作用。基因组比较研究发现，在进化过程中由于大量反转座子重复序列在基因间的插入，导致了小麦 A 基因组的剧烈扩增。在大拇指矮秆基因中，启动子区域插入大量 TE，TE 仅影响基因表达，即对功能无影响。

TE 还可用于基因组进化时间的估计。在野生二粒小麦中，所有 LTR 插入的时间分布表明，大约 150 万年前发生一次普遍扩张，其中 *Ty3/Gypsy* 和未分类 LTR 的插入时间分布相似。然而，*Ty1/Copia* LTR 的时间分布峰值发生在 50 万年前左右，与子代基因组杂交的时间一致。子代基因组也显示 *Ty1/Copia* LTR 分布最大值约为 120 万年前，表明了在杂交之前亚基因组 LTR 的特异性扩张。

二、基因组转录与功能

（一）基因组转录与修饰

大规模转录组分析（RNA-Seq）在小麦上的应用相对较晚，最近几年才陆续出现。比较有代表性的是 2014 年和 2018 年发表于 *Science* 的两篇文章（表 2-4-7）。以下重点基于这两篇文章介绍普通小麦基因组转录情况。

表 2-4-7 普通小麦转录组等组学研究举例

组学数据	个体 / 群体 / 目的	文献
RNA-Seq	个体，籽粒发育	Pfeifer et al.，2014
	个体，抗锈病	Ramirez-Gonzalez et al.，2015
小 RNA	个体，miRNA 克隆与鉴定	Yao et al.，2007
	个体，抗白粉病和热胁迫	Xin et al.，2010
	个体，Argonaute 基因克隆及鉴定	Meng et al.，2013
	个体，种子萌发和旗叶	Han et al.，2014
RNA-Seq＋DNA 甲基化＋组蛋白修饰	全生育期	Ramirez-Gonzalez et al.，2018

基于旁系同源基因在 3 个亚基因组中的表达水平，可以把普通小麦基因定义成平衡表达模式（即在 3 个亚基因组中表达水平一致）和非平衡表达模式（即在 3 个亚基因组中，至少在一个亚基因组中表达水平不一致）。非平衡表达模式可以进一步分为上位（dominant）表达模式和抑制（suppressed）表达模式（图 2-4-11A）：上位表达模式是指该基因在其中一个

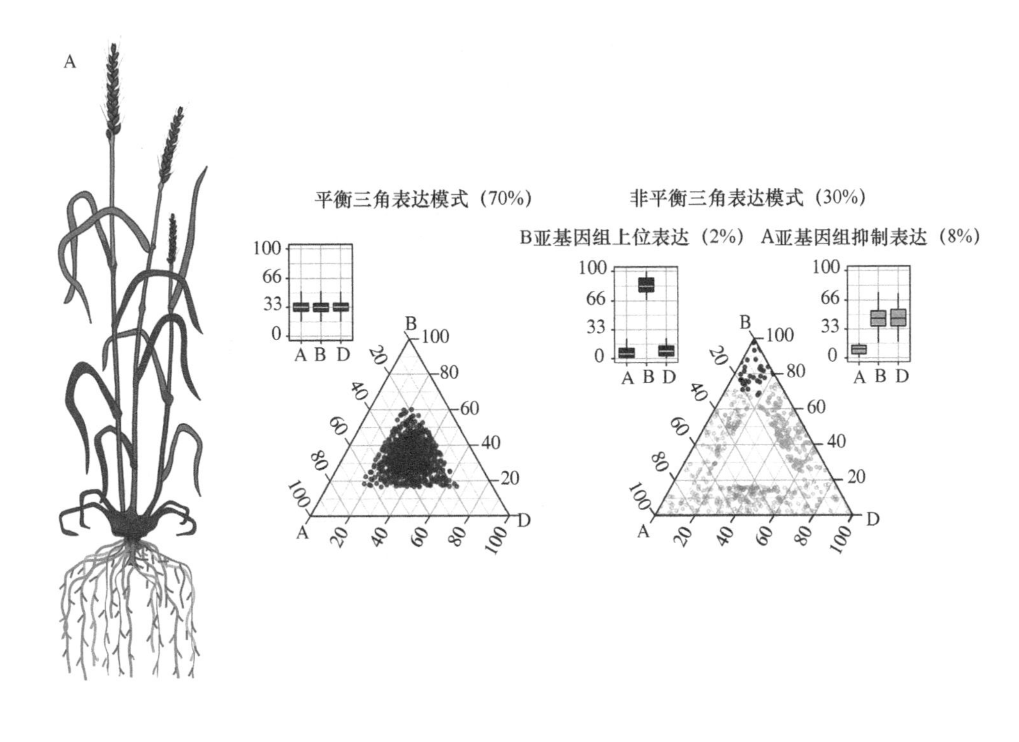

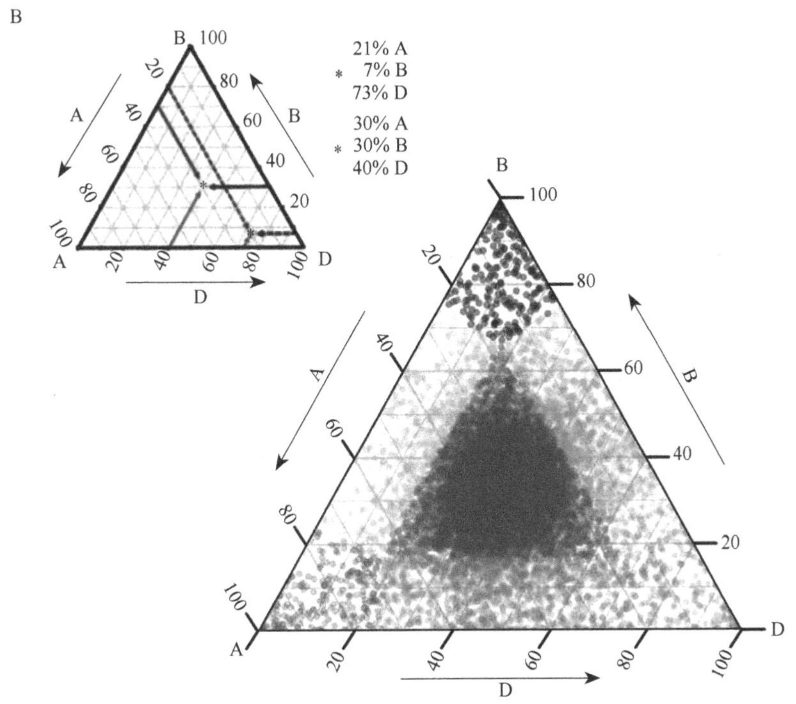

图 2-4-11　普通小麦基因在 3 个亚基因组（A、B、D）中的基因表达偏好性

（引自 Ramirez-Gonzalez et al.，2018）

A. 普通小麦基因在 3 个亚基因组间的平衡（balanced）表达与非平衡（non-balanced）表达模式。非平衡三角表达模式包括在某一亚基因组上位（dominant）表达或抑制（suppressed）表达。 B. 普通小麦 3 个亚基因组旁系同源基因表达模式分布图。箭头表示基因在相应 3 个亚基因组表达从低到高，不同颜色 * 表示不同基因，百分数为该基因在 3 个亚基因组的表达比例。 C. 普通小麦基因在 3 个亚基因组中表达偏好性表现

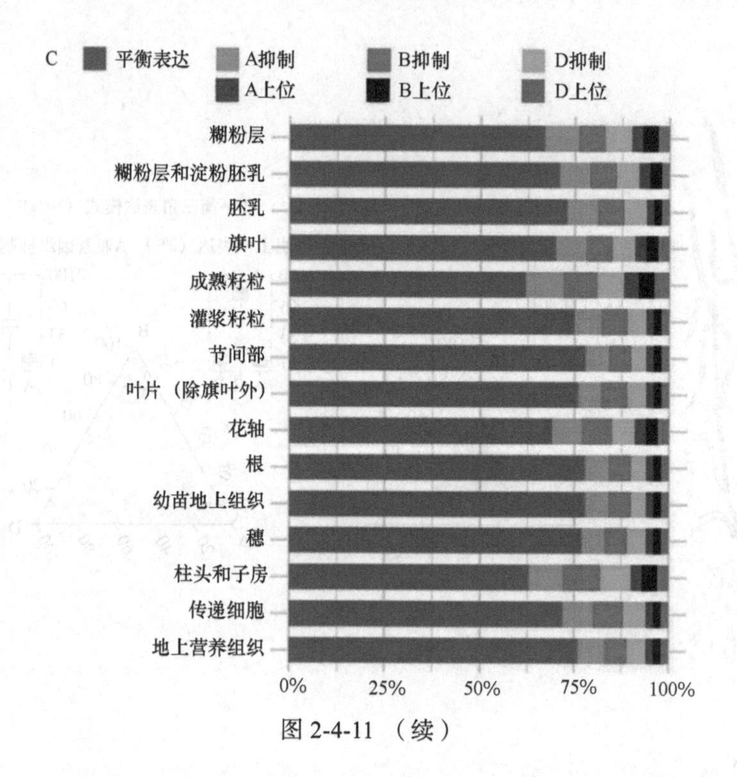

图 2-4-11 （续）

亚基因中表达明显高于另外两个亚基因组；而抑制表达模式则正好相反。以上表达模式，可以用三角图来表示，每个边表示基因在 3 个亚基因组中的表达水平，顶点（角）区域表示在 A、B、D 3 个亚基因组的一个亚基因组中，小麦基因极度表达偏好。所以，顶点附近基因处于所谓上位（dominant）表达模式，处于两个顶点之间区域的基因处于抑制（suppressed）表达模式，而处于平衡表达模式的基因则处于三角的中间区域，形成所谓平衡三角表达模式（balanced-triad）。基于普通小麦不同组织 RNA-Seq 数据和上述表达模式，我们可以获得普通小麦 3 个亚基因组旁系同源基因表达模式分布图（图 2-4-11B）。普通小麦 3 个亚基因组基因表达偏好性总体上表现为，大部分基因（平均 70%）具有平衡表达模式，另 30% 基因处于非平衡表达模式。在不同组织中，平衡表达模式的比例会有所波动，高的可超过 75%（如根、节间等），也可能降低到 60% 左右（如柱头、子房、成熟籽粒）（图 2-4-11C）。

基于在 15 个不同组织中的三角表达模式，可以把小麦基因分为差异表达基因集（前 10%，所谓“Dynamic”）和稳定表达基因集（后 10%，所谓“Stable”）（图 2-4-12A）。这两类基因的三角表达模式明显不同。同时，两个基因集在不同组织中的表达数量分布不同（图 2-4-12B）。可见“Dynamic”基因在 6～8 个组织中表达比例最高，而“Stable”基因大部分是在所有 15 个组织中都有表达，即稳定表达，很少在某一组织中不表达。“Dynamic”和“Stable”基因集在 3 个亚基因组中的表达模式，即三角表达模式明显不同。大量“Dynamic”基因属于非平衡三角表达模式（non-balanced-triad），而“Stable”基因集大量处于平衡三角表达模式（balanced-triad）（图 2-4-12C）。

面包小麦的胚乳主要是由 3 种细胞类型组成：淀粉胚乳细胞、糊粉层细胞和转移细胞。Pfeifer 等（2014）对籽粒发育过程中花后（DPA）10～30 天的整个籽粒（W）、淀粉胚乳层（SE）、传递细胞（TC）、糊粉层（AL）、糊粉层＋淀粉胚乳层（ALSE）进行采样和 RNA 测定（图 2-4-13A）。开花期后 10 天采集完整胚乳，20 天时人工分离 SE、AL、TC 层，30 天后，

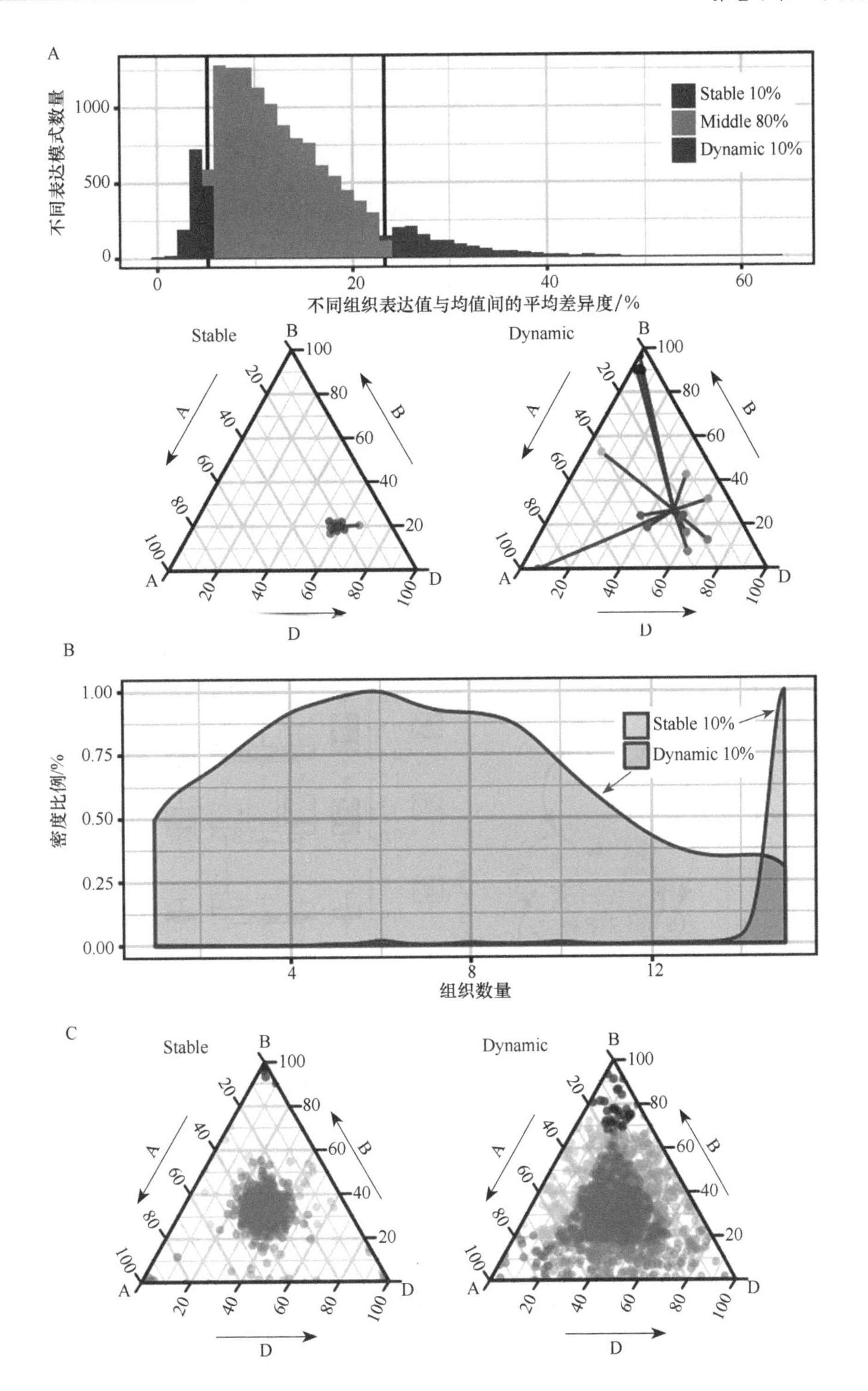

图 2-4-12 不同组织中普通小麦基因表达偏好性（引自 Ramirez-Gonzalez et al.，2018）

A. 普通小麦 3 个亚基因组（A/B/D）旁系同源基因在不同组织间不同表达模式的情况；B. 两个不同表达类型基因集在不同组织表达数量分布；C. 两个不同表达类型基因集在 3 个亚基因组中的表达模式。图中箭头表示基因在相应 3 个亚基因组表达从低到高。Stable、Middle 和 Dynamic 分别表示不同组织间稳定表达、中间类型和差异表达基因集

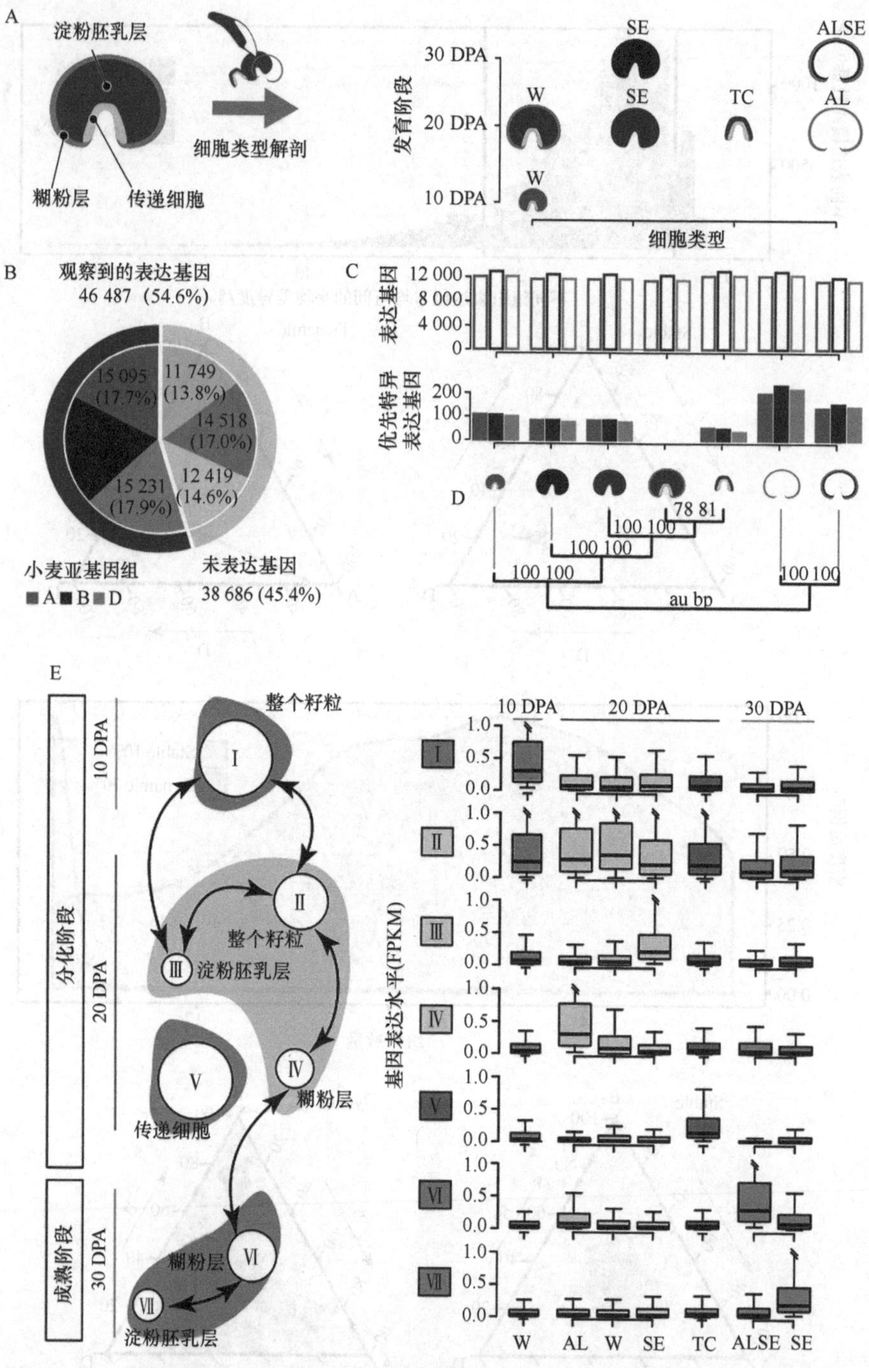

图 2-4-13 普通小麦籽粒发育转录组及其调控网络分析（引自 Pfeifer et al.，2014）

A. 采样示意图。主要包括淀粉胚乳层（SE）、传递细胞（TC）、糊粉层（AL）、糊粉层＋淀粉胚乳层（ALSE）和整个籽粒（W）。B. 小麦胚乳基因表达图。深色为表达基因，浅色为未表达基因。图中 A、B、D 表示小麦 3 个亚基因组。C. 小麦优先表达基因与表达基因的时空表达控制。绿、紫、黄分别表示 A、B、D 3 个亚基因组，横轴表示不同发育时期及不同细胞类型。优先表达基因（下图）用实心条表示；表达基因（上图）用空心条表示。D. 样本全基因相似表达聚类图。树分枝上列出两种 Bootsrap 统计结果（au 和 bp）。E. 胚乳基因的时空表达调控，共鉴定了淀粉和贮藏蛋白积累 7 个阶段的共表达基因簇（簇Ⅰ～Ⅶ）。簇Ⅰ到Ⅶ的排序是按照籽粒成熟度和不同构成来确定的。双向的箭头连接的簇在同源三倍体中有相近的表达模式。基因表达水平用箱型图来描述，箱体是 25% 和 75% 之间的数据，中位数表示为水平线

AL、SE 聚集在一起形成了 ALSE。对胚乳表达模式进行全局分析，约 55% 基因在胚乳发育阶段表达（图 2-4-13B）。优先表达基因是指与其他组织相比，此基因仅在一个组织中表达上调。在不同细胞类型及不同发育时期的优先表达基因数差距很大（图 2-4-13C）。针对这些优先表达基因进行分析，发现开花后 10 天的胚乳优先表达基因，主要与碳水化合物的代谢过程及糖酵解相关；糊粉层优先表达基因富集在脂质代谢、结构发育、碳水化合物代谢和氨基酸合成上；淀粉胚乳层优先表达基因则富集在碳水化合物及糖代谢；传递细胞优先表达基因富集在蛋白质水解和防御反应相关。此外，A、B、D 3 个小麦亚基因组在每个单个细胞类型和发育阶段（图 2-4-13C），以及胚乳整体（图 2-4-13B）中，表达基因的数量贡献都大致相同。由图 2-4-13D 可以看出，糊粉层细胞（AL）与淀粉胚乳层细胞（SE）在全基因组转录组分析中表达差异明显。胚乳发育通过 4 个阶段进行：合胞体阶段、细胞化阶段、分化阶段和成熟阶段。基于 3 个亚基因组同源单拷贝基因（所谓同源三联体），通过时空特异性 *K*-mean 鉴定，确定了 7 个共表达基因簇（簇Ⅰ～Ⅶ）。从图 2-4-13E 中看出，不同簇之间存在一定的表达前后顺序。对于同源三联体，表达模式往往不一样。数据表明，只有 28% 的同源三联体全部 3 个同源等位基因被分配到同一个表达簇中，在不同簇中的同源三倍体成员可能具有不同的时空表达特异性。例如，同源 A 基因可能位于簇Ⅰ中，在早期（10 天）高表达，而 B、D 基因组拷贝聚集在簇Ⅶ中，在晚期（30 天）高表达。正是这种不同亚基因组之间的分工合作，调控胚乳发育过程。

小麦 miRNA 研究起步比较早，2007 年以来就陆续有关文献发表（表 2-4-7）。最新研究表明（Ramirez-Gonzalez et al.，2018），普通小麦基因组上鉴定出合计 110 个 miRNA 家族，这些家族成员位点分布在各条染色体上，每条染色体少则 2000 多个位点，多的达到 5200 多个（表 2-4-8）。其中至少两个 miRNA 家族（miR1117 和 miR1130）在小麦基因组上大量扩张，A 亚基因组的 6 条染色体上都有 miR1117，B 亚基因组、D 亚基因组所有染色体上及 2 条 A 亚基因组染色体上都存在 miR1130。

表 2-4-8　普通小麦 miRNA 数量及其分布（引自 Ramirez-Gonzalez et al.，2018）

染色体	miRNA 位点数量	miRNA 家族数量	表达丰度最高 miRNA	染色体特有 miRNA
1A	2342	46	miR1130	
1B	4064	47	miR1130	
1D	2532	47	miR1130	
2A	3101	51	miR1130	
2B	5199	52	miR1130	miR9774
2D	3364	51	miR1130	miR6224
3A	2899	47	miR1117	
3B	5262	52	miR1130	
3D	3042	50	miR1130	miR9669
4A	3210	45	miR1117	
4B	3694	46	miR1130	miR5085，miR7742
4D	2070	47	miR1130	miR5169
5A	2862	55	miR1117	miR5183，miR528
5B	4831	56	miR1130	miR8155
5D	2792	56	miR1130	miR9672

续表

染色体	miRNA 位点数量	miRNA 家族数量	表达丰度最高 miRNA	染色体特有 miRNA
6A	2331	45	miR1117	
6B	4383	51	miR1130	miR9659，miR9663
6D	2221	51	miR1130	miR5566，miR6219，miR9662
7A	3341	55	miR1117	miR8740，miR9671
7B	4858	49	miR1130	
7D	3352	52	miR1130	

研究表明 miRNA 在小麦中具有时空差异表达特性。相关研究（Yao et al.，2007；Xin et al.，2010）证明了 miR502 在茎间、根和叶中高表达；miR507 和 miR509 在根中高表达，在茎和茎间中表达量减少，在叶、旗叶和穗中表达量极低；miR513 和 miR514 在根中表达量高；miR515 只在根和叶中表达；miR2003 和 miR2004 在茎、穗和根中的表达量高于在叶中的表达；miR2001 和 miR2011 在叶和根中表达量高于茎和穗。Meng 等（2013）在小麦发育期的籽粒中得到 605 条保守 miRNA 和 268 条新 miRNA，推测其中的 86 条保守 miRNA 可能参与调控小麦籽粒的灌浆，18 条新 miRNA 可能对小麦籽粒的成熟有重要作用。韩冉等在小麦五叶期幼苗、孕穗期旗叶，以及扬花后 5 天、10 天、20 天的小麦籽粒中共得到 24 条已知 miRNA 和 55 条新 miRNA。时空表达模式分析发现，已知 miRNA 中的 miR160、miR164、miR166 和 miR169 在籽粒中的表达量高于其他组织 / 器官，miR156、miR172、miR168、miR396、miR159、miR398、miR1318、miR167 在旗叶的表达量高于其他组织 / 器官；55 条新 miRNA 中的 22 条在籽粒中表达量高于其他组织（其中有 12 条只在籽粒中表达），28 条在旗叶的表达量高于其他组织 / 器官。毛龙团队（2017）在小麦幼穗中发现重要 miRNA 如 miR159、miR167、miR319、miR396 等高度表达，与其靶基因的表达模式协同，并能进行有效切割、调控。

DNA 甲基化是一种重要的表观遗传修饰过程，可以不改变 DNA 序列实现可遗传修饰，目前针对小麦的相关研究并不是很多，最近几年陆续有些报道（表 2-4-7）。如上所述，Ramirez-Gonzalez 等（2018）研究发现，约 30% 的小麦同源三联体（由 A、B 和 D 亚基因组拷贝组成）显示出非平衡的表达模式，单个同源基因的表达相对于另外两种更高或更低。同源基因之间的这些差异与 DNA 甲基化和组蛋白修饰的表观遗传变化相关。尽管通过在二倍体祖先中的表达，可预测部分非平衡同源基因的表达，但多倍化使相对同源基因表达发生更大变化。组成型表达的三联体，比组织特异性三联体中的同源基因具有更高的基因体 CG 甲基化（平衡＞抑制＞上位性）。在非平衡三联体内，具有较高表达的同源基因比其相应的非优势和抑制型同源基因具有更高的 CG 甲基化，进一步证明了 DNA 甲基化所带来的表观遗传变化与小麦 A、B、D 亚基因组转录表达差异有关。

（二）功能基因位点

由于小麦基因组的复杂性（多倍体大基因），其高质量基因组序列 2018 年才公布，基因组学相关研究相对滞后，如小麦功能基因组学研究明显落后于其他作物。目前，利用 F_2 群体、重组自交系、双单倍体群体和近等基因系等遗传群体，对控制小麦产量相关性状和其他农艺性状的 QTL 已经进行了定位。例如，Wang 等（2011d）利用 F_2 群体分别在染色体 5A、6A 和 4BL 的相同标记区间定位了控制穗粒数、可育小穗数、穗长、总小穗数的 QTL；Deng

等（2011）利用 F_2 群体，将小麦穗粒数、总小穗数、穗长性状同时定位到 4B 染色体上的同一区段；Liu 等（2018a）利用小麦 55K 芯片在小麦 21 条染色体上共检测出 6 个与有效分蘖相关的 QTL；Shao 等（2018）利用双单倍体（doubled haploid，DH）群体定位了抗穗发芽 QTL；Cheng 等（2018）利用重组近交系（RIL）群体定位到 3 个赤霉病抗性相关 QTL。此外，预计小麦群体基因组学研究成果很快会出现，特别是基于 GWAS 的重要农艺性状关联分析结果将很快被公布。

目前一些小麦重要功能基因已被克隆。以下仅列举部分研究结果：①矮化基因：通过比较基因组学方法，当时在英国 Harberd 教授实验室的彭金荣教授克隆了小麦半显性矮秆基因 *Rht*（又称作小麦“绿色革命基因”），并从分子水平上揭示了其遗传机制（Peng et al.，1999）。②春化基因：目前全世界种植面积最大的小麦类型为冬小麦，春化作用是冬小麦所必需的。调控春化的功能位点（VRN1、VRN2、VRN3、VRN4 等）分别被定位，其中 VRN1 在春小麦中为显性，VRN2 在冬小麦中为显性。春化相关功能基因先后被克隆：2003 年 *PNAS* 报道了 VRN1 的图位克隆工作；2004 年，*Science* 报道了 VRN2 的图位克隆和基因分析；2006 年，通过研究拟南芥中一个调控开花的重要基因 *FLOWERING LOCUS T*（*FT*），在小麦中实现 *FT* 同源基因——*VRN3* 基因克隆。*VRN3* 是一种放大春化信号通路的基因，该基因受春化信号和长日照的诱导，进一步通过放大 *VRN1* 的信号通路促进开花，实现小麦由营养生长到生殖生长的转换。③雄性不育基因：在玉米和水稻上杂种优势已经得到利用，对于小麦杂种优势利用，优异小麦雄性不育系的选育至关重要。小麦上 5 个雄性不育位点先后被定位，其中 *Ms1* 和 *Ms5* 是隐性突变，*Ms2*、*Ms3* 和 *Ms4* 是显性突变。2017 年以来，国内外科学家陆续克隆了小麦 *Ms1* 和 *Ms2* 基因。*Ms1* 作为小麦隐性细胞核雄性不育基因，为禾本科特异基因，只在小孢子母细胞特异表达，突变之后会导致小孢子有丝分裂障碍，继而导致雄性不育。利用突变体和图位克隆技术，*Ms1* 被克隆，发现其编码脂转运蛋白的功能基因，仅在小孢子中表达，在杂交小麦创制中具有重要的应用潜力（Tucker et al.，2017；Wang et al.，2017f）。*Ms2* 基因，即太谷核不育基因，是一个小麦族特异基因。中国农业科学院作物科学研究所贾继增团队和山东农业大学付道林团队分别克隆了该显性细胞核雄性不育基因，证明 *Ms2* 基因启动子区的转座子序列插入激活了一个原来不表达的孤儿基因，在花药中特异表达引起雄蕊的败育（Ni et al.，2017；Xia et al.，2017）。④落粒基因：落粒性（shattering）是一个关键的作物驯化性状，相对于野生小麦，栽培小麦具有落粒抗性，避免了因落粒造成的粮食损失减产。研究发现，驯化二粒小麦中名为 *Brittle Rachis 1*（*TtBtr1*）的一类基因（包括 *TtBtr1-A* 和 *TtBtr1-B*）发生了改变，使得小麦落粒性丧失（Avni et al.，2017）。⑤ *Q* 基因：由异源多倍体小麦自发突变产生，为栽培小麦中重要的驯化基因，它与小麦脱粒特征、穗轴脆性、颖片韧性、穗状花序结构、开花时间、植株高度等相关。*Q* 基因的突变对小麦在世界范围内的种植和传播产生了深远的影响（Zhang et al.，2011c）。⑥籽粒硬度基因：颗粒硬度或胚乳质地包括硬质胚乳（硬质小麦）或软质胚乳（软质小麦），是小麦品质的主要决定因素之一，对小麦的磨粉及加工品质有重要的影响。颗粒硬度主要由 *Puroindoline*（*Pin*）基因控制，属于 D 亚基因组的一部分，位于 5 号染色体上 *Hardness*（*Ha*）基因位点（Nirmal et al.，2016）。⑦抗病基因：最近小麦锈病、叶斑病和白粉病等多个抗性基因被克隆。锈病是小麦波及面积最广，也是最具破坏性的病害之一。澳大利亚、英国两国研究人员通力协作，克隆了 3 个抗条锈病的相关基因（*Yr7*、*Yr5* 和 *YrSP*）（Marchal et al.，2018）；小麦叶斑病抗性基因 *Stb6* 位于小麦 3 号染色体的短臂上，编码一个细胞壁关联类受体激酶蛋白（Saintenac et al.，2018）；利用已测序的乌拉尔图小麦序列，并结合图位克隆策略，小麦白粉病抗性基因 *Pm60* 被克隆（Zou et al.，2018）。

第2-5章 大豆基因组

第一节 大豆基因组概况

扫码见
本章彩图

一、大豆系统发生及其基因组测序情况

大豆（*Glycine max*）是一种重要的油料和饲料作物，其种子富含蛋白质，是世界上70%可食用蛋白质的来源，同时也是生物柴油的新兴原料。大豆起源于中国，目前为我国仅次于油菜的第二大油料作物。

（一）豆科系统发生关系

豆科（Leguminosae）作为被子植物的第三大科，仅次于兰科（Orchidaceae）和菊科（Asteraceae），约有751个现生属和19 500种，全球广泛分布，具有重要的生态和经济价值。近来研究表明，传统的豆科3个亚科（云实亚科Caesalpinioideae、含羞草亚科Mimosoideae和蝶形花亚科Papilionoideae）的分类系统从进化上解读并不合理，因为3个亚科不能如实反映豆科的系统发生关系，含羞草亚科和蝶形花亚科被嵌入到并系的云实亚科中（Wojciechowski et al.，2004； Bruneau et al.，2008）。2013年，第6届国际豆科植物会议主题为“豆科新分类系统”，重新修订豆科分类系统。对于3个豆科多亚科分类方案：①豆科15个亚科的分类系统，将含羞草亚科和蝶形花亚科嵌入云实亚科；②豆科10～12个亚科分类系统；③豆科6个亚科的分类系统，会议大约有一半的专家赞成豆科6亚科分类系统（Borges et al.，2013）。目前一些主要的豆科物种已被基因组测序，包括大豆、两种野花生、蒺藜状苜蓿、菜豆、百脉根、鹰嘴豆、木豆、赤豆、绿豆等（图2-5-1）。豆科物种的基因组大小为420Mb～13Gb，差别很大（表2-5-1）。它们的染色单体（*n*）数目范围在6～20。

大豆属于大豆属*Soja*亚属，该亚属包含栽培大豆（*G. max*）和野生大豆（*G. soja*）。这两个物种都含有$2n$=40条染色体，并且能杂交产生具有杂种优势的可育F_1代，表明它们之间可能发生了基因交换。大豆种皮颜色有黄色、淡绿色、黑色，故分别名为黄豆、青豆、黑豆，其中以黄豆最为常见。许多豆类植物（包括大豆）在其根部都有共生的根瘤菌，根瘤菌可以进行固氮作用。大豆是东亚的原生种植物，在中国已有五千年栽培历史，现在世界各地广泛栽培。

（二）豆科基因组测序历史与进展

第一个大豆基因组测序项目由美国科学家主导完成。美国能源部、农业部和国家科学基金资助的大豆基因组计划，由来自美国能源部联合基因组研究所（DOE JGI）的Dan Rokhsar和Jeremy Schmutz、Missouri-Columbia大学的Gary Stacey、USDA-ARS的Randy Shoemaker，以及普渡大学的Scott Jackson共同组织实施。该研究团队人员来自18个单位，历时15年，利用全基因组鸟枪法测序（WGS）法最终完成大豆（‘Williams 82’）85%基因组序列的测定（Schmutz et al.，2010）。大豆参考基因组（‘Williams 82’或‘Wm82’）为美

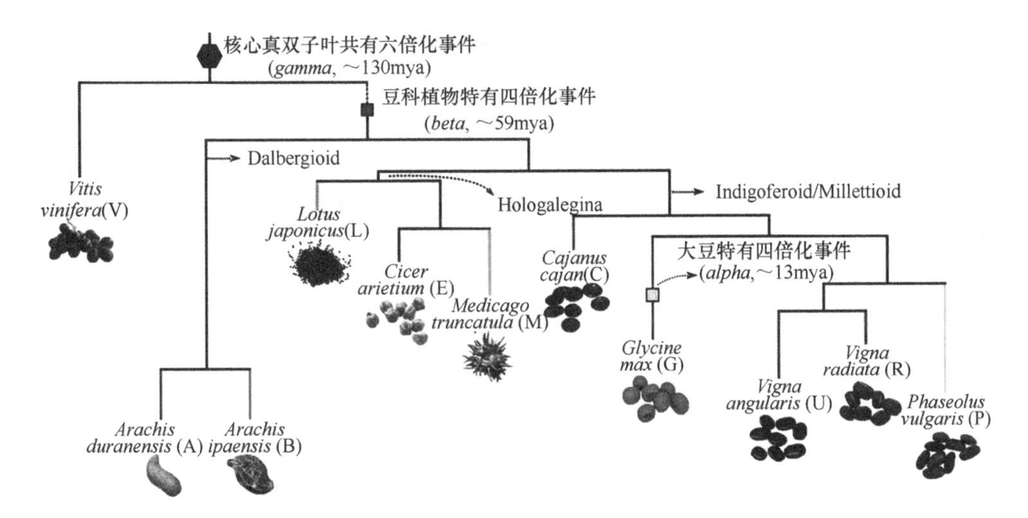

图 2-5-1　大豆与豆科其他 9 种基因组测序物种系统发生树
（葡萄科葡萄作为外类群）（改自 Wang et al.，2018f）

图中包括大豆（G）、两种野花生［*A. duranensis*（A）和 *A. ipaensis*（B）］、蒺藜状苜蓿（M）、菜豆（P）、百脉根（L）、鹰嘴豆（E）、木豆（C）、赤豆（U）、绿豆（R）和葡萄（V）。蓝色六边形表示双子叶植物共有的六倍化事件；红色四边形表示豆科植物共有的四倍化事件；黄色四边形表示大豆特有的四倍化事件。mya 表示百万年前

表 2-5-1　豆科物种基因组大小和从头（*de novo*）测序情况

物种	拉丁名	基因组	基因组大小	文献（按发表时间排序）
百脉根	*Lotus japonicas*	DRS013041	472Mb	Sato et al.，2008．*DNA Research*
大豆	*Glycine max*	Williams 82	1.1Gb	Schmutz et al.，2010．*Nature*
		中黄 13	1.03Gb	Shen et al.，2018b．*Science China Life Sciences*
野生大豆	*Glycine soja*	IT182932/W05	915.4Mb	Kim et al.，2010．*PNAS*
		W05	1.2Gb	Qi et al.，2014．*Nature Communications*
		W05	1.0Gb	Xie et al.，2019．*Nature Communications*
蒺藜苜蓿	*Medicago truncatula*	Strain A17	500Mb	Young et al.，2011．*Nature*
木豆	*Cajanus cajan*	ICPL 87119	833Mb	Varshney et al.，2012．*Nature Biotechnology*
鹰嘴豆	*Cicer arietinum*	CDC Frontier	738Mb	Varshney et al.，2013．*Nature Biotechnology*
绿豆	*Vigna radiata*	VC1973A	543Mb	Kang et al.，2014．*Nature Communications*
菜豆	*Phaseolus vulgaris*	G19833	587Mb	Schmutz et al.，2014．*Nature Genetics*
		BAT93	549.6Mb	Vlasova et al.，2016．*Genome Biology*
红车轴草	*Trifolium pratense*	Tatra	420Mb	de Vega JJ et al.，2015．*Scientific Reports*
赤豆（小豆）	*Vigna angularis*	Gyeongwon	591Mb	Kang et al.，2015．*Scientific Reports*
		Jingnong 6	542Mb	Yang et al.，2015．*PNAS*
地三叶	*Trifolium subterraneum*	Daliak	471.8Mb	Hirakawa et al.，2016．*Scientific Reports*
狭叶羽扇豆	*Lupinus angustifolius*	Tanjil	951Mb	Hane et al.，2017．*Plant Biotechnology Journal*
蔓花生	*Arachis duranensis*	V14167	1.25Gb	Bertioli et al.，2016．*Nature Genetics*
	Arachis ipaensis	K30076	1.56Gb	Bertioli et al.，2016．*Nature Genetics*
豇豆	*Vigna unguiculata*	IT97K-499-35	695.1Mb	Muñoz-Amatriaín et al.，2017．*Plant Journal*

国育成品种，随着研究深入，科学家发现这一品种的基因组并不能完全代表所有大豆的遗传变异，特别是亚洲品种，其与美国品种具有明显的遗传变异。2018 年，中国科学院遗传与发育生物学研究所联合中国科学技术大学等在《中国科学：生命科学》（英文版）报道了国审大豆品种‘中黄 13’的高质量基因组序列（Gmax_ZH13）及其注释信息。比较分析表明，Gmax_ZH13 和 Williams 82 基因组之间的确存在着大量的遗传变异。Gmax_ZH13 基因组的发表为大豆基础研究提供了重要资源，也为国产大豆优良品种的培育奠定了基础。

野生大豆与栽培大豆属于大豆属中同一亚属，被认为是与栽培大豆亲缘关系最近的野生近缘种。野生大豆种类繁多，从野生大豆到栽培大豆存在一系列进化程度不同的连续形态。野生大豆在自然条件下产生很多变异，如主茎分化较明显、叶片增大、籽粒变大、种皮颜色变淡等，但野生性状仍普遍存在，如细茎、蔓生、缠绕性强、极易炸荚等，所以仍属于野生大豆。在大豆基因序列公开发表同年，韩国科学家对韩国来源的大豆野生种‘IT182932’进行了深度测序，公布了第一个野生大豆的基因组序列（Kim et al.，2010）；后续 Qi 等（2014）对中国来源的大豆野生种‘W05’进行从头测序，探明了与盐胁迫响应相关的 *GmCHX1* 基因等。同年，中国农业科学院邱丽娟课题组主导完成了 7 份有代表性的野生大豆的泛基因组测序，完善了大豆的基因资源，并首次报道了野生大豆特有基因（Li et al.，2014f）。

大豆并非第一个完成基因组测序的豆科植物。百脉根在 2008 年即被完成基因组测序（Sato et al.，2008）（表 2-5-1）。大豆基因组发表后，蒺藜苜蓿（*Medicago truncatula*）基因组随即测序完成（Young et al.，2011）。蒺藜苜蓿是植物生物学研究常用的模式植物，其遗传信息的破译有助于其他豆科植物的研究。蒺藜苜蓿基因组的研究发现该物种与大豆、百脉根、葡萄等植物有很好的基因组共线性，但是内部的微共线性很少。除了上述植物，豆科中其他植物如木豆、鹰嘴豆、绿豆、菜豆、小豆等豆科植物基因组的测序也已经完成。

大豆群体基因组重测序研究与其参照基因组几乎同步进行（表 2-5-2）。第一篇大豆基因组重测序文章于同年发表在 *Nature Genetics* 上（Lam et al.，2010）。该研究由我国科学家主导研究，对 31 份大豆野生种和栽培种材料进行了深度测序和分析。随后，由韩国科学家重测序了 10 份栽培种和 6 份野生大豆材料（Chung et al.，2014）；中国农业科学院邱丽娟课题组对 25 份中国大豆材料进行深度测序（Li et al.，2013b）；中国科学院遗传与发育生物学研究所田志喜课题组联合昆明动物研究所王文团队对 302 份包含野生种、地方种和改良的大豆品种进行深度测序（Zhou et al.，2015）。这些研究结果对认识大豆及其野生祖先种进化和育种选择过程都提供了许多新的证据和发现（详见本书第 2-5 章第二节）。

大豆叶绿体基因组的测序远远早于其核基因组，2005 年基因组测序就已完成（Saski et al.，2005）。相对于核基因组和叶绿体基因组，线粒体基因组研究完成较晚（Chang et al.，2013），这可能与其线粒体基因组的复杂结构有关。

表 2-5-2　部分大豆群体基因组重测序情况

研究群体构成	测序深度(×)	序列测定和分析方式	文献
17 个野生品种和 14 个栽培品种	5	Sanger 测序；SNP	Lam et al.，2010．*Nature Genetics*
‘Magellan’和‘PI 438489B’杂交种后代产生的 246 个重组自交系	0.19	Illumina，SNP	Xu et al.，2013．*PNAS*
7 个亚洲地区代表性野生大豆品种	112	Illumina，SNP，InDel，CNV，PAV	Li et al.，2014e．*Nature Biotechnology*
302 个野生品种、地方品种和改良品种	11	Illumina，SNP、Indel	Zhou et al.，2015．*Nature Biotechnology*

续表

研究群体构成	测序深度(×)	序列测定和分析方式	文献
世界范围内大豆样品 809 份	8.3	Illumina，SNP/GWAS	Fang et al.，2017a．*Genome Biology*
215 个重组近交系，来自栽培和野生豇豆种质的杂交	65	Illumina，SNP，QTL，WGS	Lo et al.，2018．*Scientific Reports*
来自世界 50 个国家的 370 份地方品种	30	Illumina，SNP	Fatokun et al.，2018．*Scientific Reports*

二、基因组基本构成及其数据库

（一）大豆基因组基本构成

根据NCBI基因组数据库公布的大豆基因组最新注释版本（Glycine_max_v2.0，GCF_000004515.4），大豆基因组包含 47 794 个蛋白质编码基因、7439 个非编码基因和 5352 个假基因，13 607 个基因存在可变剪切（表 2-5-3）。转录共产生 82 622 个转录本，单外显子转录本仅 8366 个。转录产生 71 352 个 mRNA，613 个 miRNA 和 6133 个 lncRNA。大豆基因组重复序列比例为 44.29%（WindowMasker）。

表 2-5-3　大豆基因组基本构成

类型	数量 / 个	类型	数量 / 个
蛋白质编码基因		miRNA	613
总数	47 794	tRNA	693
可变剪接基因数量	13 607	其他类型基因	
非编码基因		假基因	5 352
长非编码 RNA（lncRNA）	6 133		

（二）基因组相关数据库情况

1. Phytozome

网址：https://phytozome.jgi.doe.gov/pz/portal.html。

Phytozome 由美国能源部联合基因组研究所（JGI）等创办，旨在促进各种绿色植物的比较基因组研究（图 2-5-2）。该数据库收集了大豆基因组新的组装版本——Wm82.a2.v1。Wm82.a2.v1 是利用 ARCHNE 方法组装而成的，通过使用高密度遗传连锁图谱与菜豆共线进行组装，其基因注释利用 160 多万 EST 和大量 RNA-Seq 序列，蛋白质编码基因使用与拟南芥类似的命名规则。

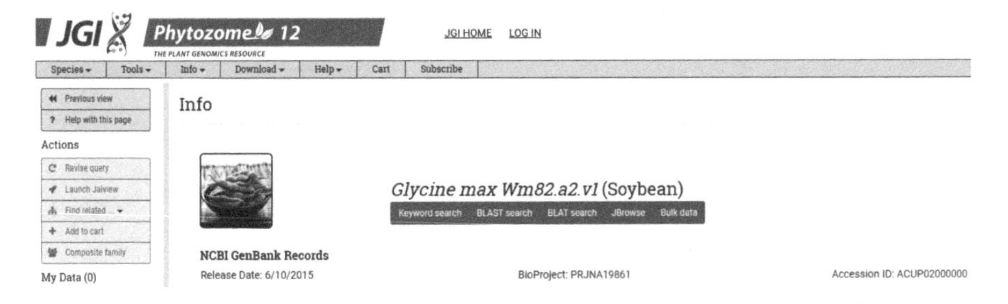

图 2-5-2　Phytozome 数据库主页

2. SoyBase

网址：https://soybase.org。

SoyBase 是大豆遗传学和基因组学数据库（图 2-5-3），为大豆育种家和分子生物学家提供“工具箱”用于基础研究和品种改良方面挖掘有用的遗传性状。SoyBase 已维护超过 20 年并且在不断更新，随着 2010 年 Williams 82 基因组序列的发表和测序成本下降，数据量速度迅速增加。SoyBase 提供了最新的遗传图谱、含有遗传标记的大豆基因组参考序列、基因组结构、基因的注释及表达、转座子、重测序基因组数据和基因敲除突变体信息等。

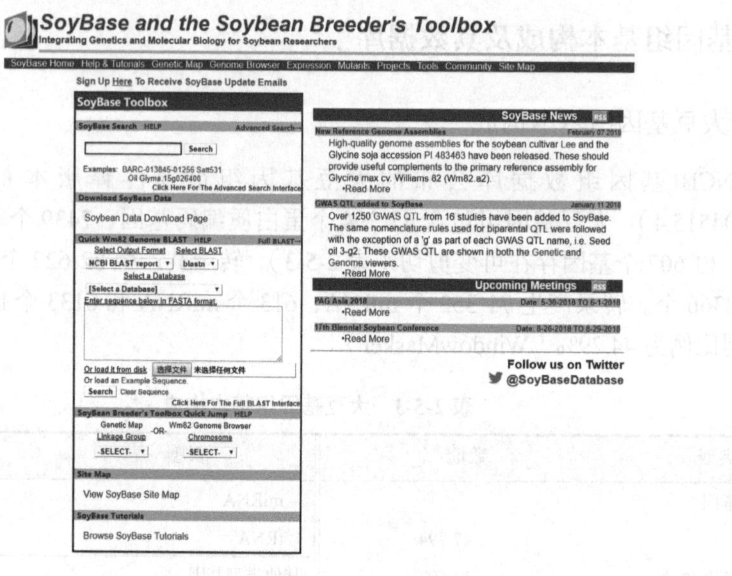

图 2-5-3 SoyBase 数据库界面

4. SoyKB

网址：http://soykb.org/。

SoyKB 是为大豆功能基因组学和分子育种研究而开发的大豆综合性知识数据库（图 2-5-4）。SoyKB 整合了多组学数据集，包含转录组学、蛋白组学、代谢组学和分子育种

图 2-5-4 SoyKB 数据库界面

相关数据。SoyKB 也提供了很多有用的分析工具，如基因功能富集分析、代谢通路分析和蛋白质 3D 结构可视化等。

第二节　大豆基因组进化与功能

一、基因组特征与进化

（一）大豆经历两次近代（豆科特有）全基因组倍增

Schmutz 等（2010）首次完成大豆基因组草图，并对大豆进化历程进行了分析。根据大豆基因组分析结果，推测大豆可能发生两次以上豆科分化后的全基因组倍增事件，一次发生在 5900 万年前，另一次发生在 1300 万年前（图 2-5-5A）。两次全基因组倍增导致基因组高度重复，约 75% 基因存在多拷贝。两次倍增事件后，出现了大量的染色体重排，从而导致基因丢失和多样化。虽然豆科植物共有许多的古代进化事件，但是发生在 1300 万年前的进化事件是大豆属植物所特有的。

双子叶植物基因组在 24 000 万～13 000 万年前均经历过一次三倍化事件。豆科（约 5900 万年前）和大豆属（约 1300 万年前）植物后来再经历两次全基因组倍增。三轮多倍化事件之后，大豆基因组保存下来 12 个染色体水平的同源区域（图 2-5-5B）。经历了一次或者多次多倍化事件后，同源基因在 12 个同源区域中呈现几种保留模式。如图 2-5-5 所示，经历了双子叶植物共有的基因组三倍化后，不同基因家族在随后的多倍化中有不同程度的保留。例如，基因家族 #5066/#5068（α- 内输蛋白，α-importin）、#10025（果胶酯酶）和 #659（蛋白激酶），在二次基因组倍增后均得到保留；基因家族 #3263（含有 WD 重复序列）、#10002（转运蛋白）和 #1458（Di19）在第一次基因组三倍化和大豆属基因组倍增事件后均得到保留；基因家族 #656（铜转运蛋白）在第一次多倍化后保留 3 份，但在随后的豆科植物和大豆属植物全基因组复制事件后，不同程度的基因保留和丢失变异（图 2-5-5B）。对在第一次三倍化后至少保留两份拷贝的 38 个大豆基因家族进行生物学功能分类（Berardini et al.，2004），发现信号转导和对生物 / 非生物逆境响应的基因富集，这样与拟南芥多倍化事件后保留的基因趋势一致。

在植物中出现古多倍化后，大多数旁系同源基因通过染色体内重组而被删除，基因组会不成比例地把同源基因从亚基因组中丢失，这一现象称为基因偏分离（biased fractionation），同时在同源基因表达水平上也可能发生偏离。大豆基因组中发生最近的一次全基因组倍增后，基因缺失和基因表达模式并没有发生偏离，在复制区域也没有表达偏离的证据。这说明，自从大豆全基因组复制以来，基因组似乎发生了基因无偏离分离过程，来自两个祖先中的基因存在和表达相对平等（Garsmeur et al.，2014）。即使经历了基因组分离和二倍化，大豆基因组仍然保持了 60%～70% 的旁系同源基因，大部分来自最近的一次基因组倍增（Anderson et al.，2016）。

（二）大豆固氮起源和演化

氮元素是植物生长发育不可或缺的重要元素，占植物干重的 1%～3%，是许多化合物的组成成分，被称为生命元素。但是植物不能直接利用空气中游离的氮气获得氮元素，少数拥有活性固氮酶的细菌（根瘤菌、放线菌或蓝细菌）能将空气中的氮气转化成土壤中供植物吸收利用的氨盐。结瘤共生固氮物种只分布于植物蔷薇分支（Rosid Ⅰ）这一个进化点上，

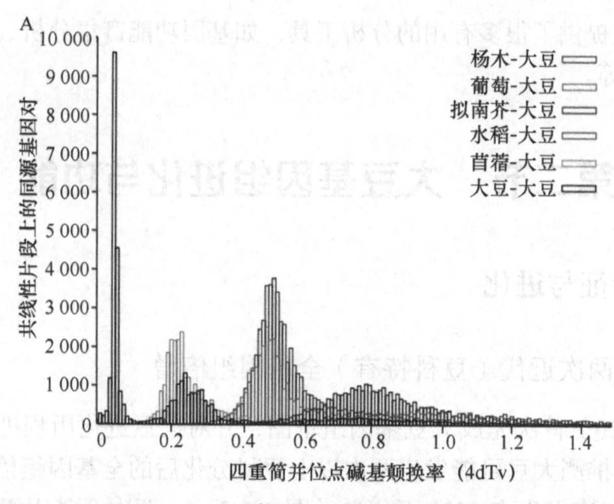

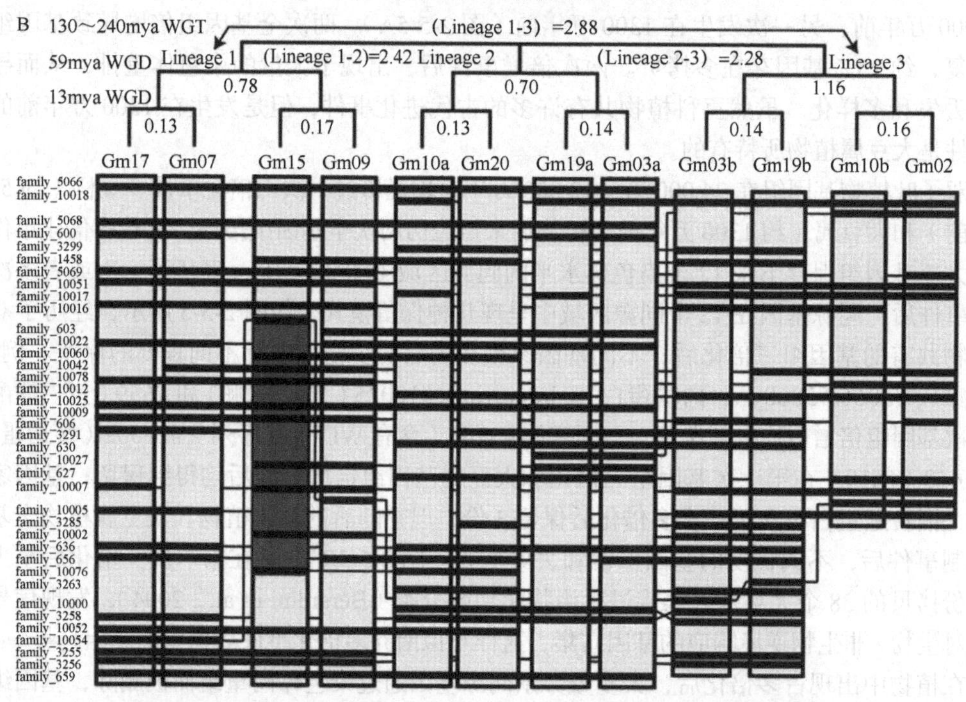

图 2-5-5 大豆基因组倍增事件及其同源片段间的共线性

A. 大豆基因组中不同变异程度旁系和直系同源基因分布图（Schmutz et al.，2010）。图中可见最近代（最左侧）两个峰均由大豆基因组内部或豆科内部同源基因形成。B. 同源片段间的共线性和系统发生关系（Severin et al.，2011）。图中列出了 3 次基因组多倍化事件及其与大豆染色体之间的同源关系；部分基因家族在多倍化事件后在各条染色体上的保留情况。WGT 表示全基因组三倍化；WGD 表示全基因组倍增；mya 表示百万年前

仅 10 个科中存在。但是这 10 个科与其近缘的 18 个不固氮的科处在同一个分支，这个分支被命名为 NFN 固氮分支（nitrogen-fixing nodulation clade），囊括了 4 个目：豆目（Fabales）、蔷薇目（Rosales）、葫芦目（Cucurbitales）和壳斗目（Fagales）。豆目植物与根瘤菌共生固氮，后 3 个目中固氮菌均为放线菌。有关生物固氮起源和演化的最新研究成果由华大基因负责组织，联合全球十多家单位历经 3 年完成，于 2018 年发表在 *Science* 上（Griesmann et al.，2018）。该项目第一次详细地覆盖了不同分支的固氮与不固氮物种，新测 10 个代表性的植物全基因组序列，结合已发表的近缘物种的基因组，对 37 种植物物种全基因组进行

了深入系统的比较基因组学分析。他们发现了固氮遗传代谢通路上两个关键的基因：*NIN*（NODULE INCEPTION）和 *RPG*（RHIZOBIUM-DIRECTED POLAR GROWTH），它们的缺失和固氮分支中非固氮植物丢失固氮性状正好一致（图 2-5-6）。*NIN* 独立丢失或片段化与 NFN 进化枝后没有根瘤相关。与 *NIN* 相比，*RPG* 在更多的非固氮物种中缺失或片段化，但在结瘤共生固氮物种 *Arachis ipaensis* 和 *Mimosa pudica* 中也是如此。

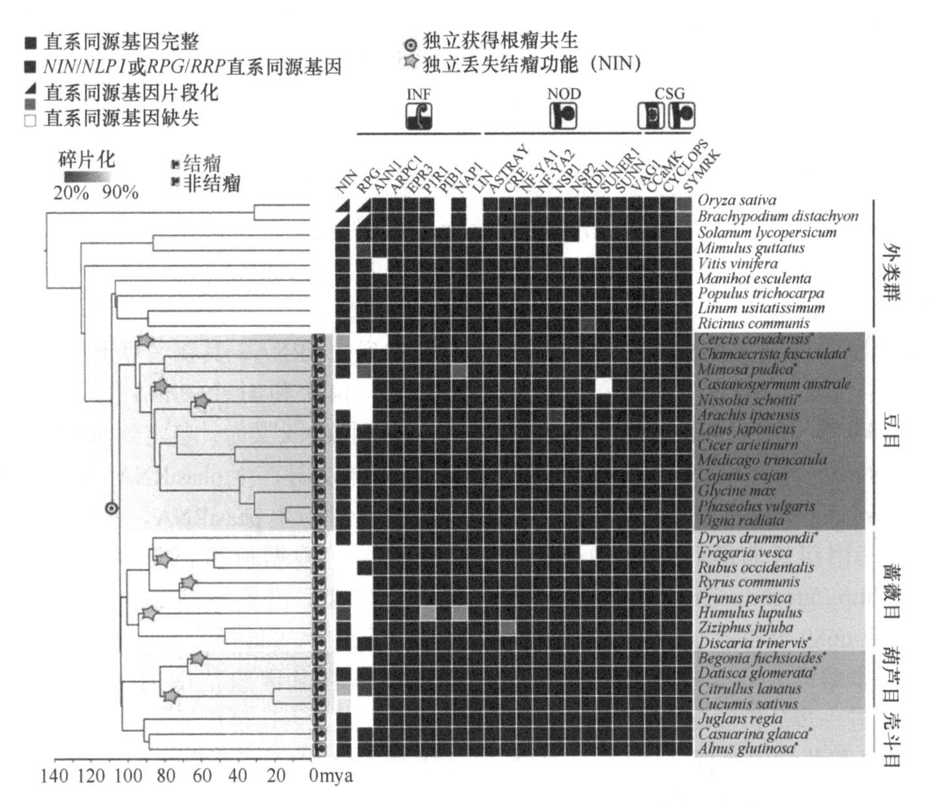

图 2-5-6 固氮分支 NFN（nitrogen-fixing nodulation）共生相关基因的系统发生模式（Griesmann et al.，2018）

NFN 进化分支（蓝点）4 个目的结瘤共生固氮物种（蓝色）和非固氮物种（灰色）。22 个共生基因的完整或片段化拷贝的缺失和存在分别由白色、黑色和灰色框表示。INF 表示感染所需的基因，NOD 表示参与结瘤器官发生和调控的基因，CSG 表示 NFN 共生和丛枝菌根共生所需的基因

该研究提出“多重独立丢失”（multiple independent losses）新假说，简而言之就是选择决定了进化的方向：在缺乏氮元素的环境中，共生固氮植物具有选择优势，而在富含氮元素的土壤中，抛弃结瘤共生固氮能力反而是为了更好地生存和繁衍。上述研究提供了比较进化基因组学分子证据，更好地解释了现有共生结瘤固氮物种在被子植物中镶嵌分布的现象。

二、基因组转录与功能

（一）基因组转录与甲基化

大豆参照基因组 Williams 82 全基因组发表后，Severin 等（2010）最早利用高通量测序技术进行了大豆转录组分析。他们选取了 14 个不同组织进行测定，发现 66 210 个大豆基因组注释基因中，74.2% 的基因至少在一个组织中表达。随后，田志喜课题组对大豆 28 个表达时期和组织进行转录组测序，发现大豆中存在大量的可变剪接，同时发现了基因的表达差异

与可变剪接也存在着相应的关系（Shen et al.，2014b）。另外，通过对 10 个野生大豆和 8 个栽培大豆发育种子进行转录组测定，结果在栽培大豆和野生大豆共 54 175 个编码基因中鉴定到 2680 个差异表达基因（Song et al.，2013；Liu et al.，2014d）。

大豆非编码 RNA 大规模鉴定与分析始于 2008 年对非编码小 RNA 的研究。Subramanian 等（2008）利用 454 测序方法筛选到 55 个 miRNA 家族；Zhang 等（2008）基于比较基因组对大豆 EST 数据库进行扫描，并通过定量 PCR 验证了来自 33 个家族的 69 个 miRNA；Wang 等（2009）将 miRNA 和大豆根瘤相结合研究，鉴定了 11 个家族的 32 个 miRNA。后续出现了大量大豆 miRNA 相关研究。截至目前，大豆基因组上已鉴定出 684 个 miRNA（miRBase，Release 22，2018；http://www.mirbase.org/）。大豆 miRNA 功能网络（Soybean miRNA Functional Network，SmiRFN；http://118.178.236.158/SoymiRNet/）是大豆首个 miRNA 功能分析综合在线工具，其收集了 555 条大豆 miRNA，同时可以预测和查看 miRNA 的靶基因、miRNA 网络及 KEGG 代谢通路分析等。结合模式植物上 miRNA 的研究成果，许多大豆 miRNA 的生物学功能、作用机制与调控生长发育途径都得到清晰的阐释。siRNA 是另外一类常见的非编码小 RNA。PhasiRNA（phased siRNA）是由 *PHAS* 位点产生的一类呈相位排列的 siRNA，其在大豆上的研究相对拟南芥和水稻较晚，2011 年在苜蓿和大豆上分别鉴定到 114 个和 41 个 *PHAS* 位点（Zhai et al.，2011）。Arikit 等（2014）通过大量构建大豆不同组织的小 RNA 文库，鉴定到 500 多个 21nt 长度的 phasiRNA，其中 127 个 *PHAS* 位点是由 20 个 miRNA 介导产生 phasiRNA。转录本 *ARF3* / *ETT* 和 *ARF4* 不仅被两种 tasiARFs 切割，而且 *ARF* 的靶标也产生 phasiRNA。

大豆基因组长非编码 RNA 也进行了大规模鉴定。根据植物长非编码 RNA 数据库 GreeNC（http://greenc.sciencedesigners.com），截至 2016 年，已鉴定到 5974 个大豆 lncRNA 基因，对应 6689 个转录本。Golicz 等（2017）从 37 个 RNA-Seq 样本数据中鉴定到 6018 个基因间长非编码 RNA（lincRNA）位点，这是第一次在基因组范围内大规模鉴定大豆 lincRNA。进一步分析发现 lincRNA 比编码基因长度更短，表达量更低，极少量 lincRNA 位点在鹰嘴豆和苜蓿中有保守性位点。另外，近年来环化 RNA 成为研究的一个热点。Zhao 等（2017d）使用高通量测序技术和生物信息学方法，第一次系统鉴定来自大豆不同组织的 circRNA。该研究共鉴定出 5372 个大豆 circRNA，其中约 80% 是由旁系同源编码基因产生的旁系同源的 circRNA；通过 miRNA 靶基因预测，可以发现 92 个大豆 miRNA 靶向 2134 个 circRNA，说明这些 circRNA 可能参与 miRNA 调控，起到 miRNA 海绵作用。

2013 年，Song 等利用高通量测序技术鉴定了基因的转录起始位点，分析了大豆根、茎、叶和子叶在 CH、CHG、CHH 形式下的 DNA 甲基化分布和平均水平。在不同器官中鉴定到 2162 个差异甲基化区域，并且一部分低甲基化区域与侧翼基因表达的上调显著相关。由于Ⅰ类（反转录转座子）和Ⅱ类 TE（DNA 转座子）的不同分布，最低表达基因的启动子显示出高水平的 CG 和 CHG 甲基化，但 CHH 甲基化水平低。在发育种子的子叶中，转录丰度与高甲基化区域大致正相关，但与低甲基化区域负相关。Baidouri 等（2018）进行了大豆全基因组甲基化图谱测序，发现大豆 38% 的编码基因会发生不同程度的甲基化（存在 3 种类型甲基化基因），不同类型甲基化基因与 TE 含量存在明显关系，同时在染色体分布上存在明显差异，表达水平存在明显差异（图 2-5-7）。同时调查了野生和驯化大豆之间胞嘧啶甲基化差异，发现大多数沉默的甲基化基因属于改变位置的旁系同源基因（不在共线区段中），表明野生大豆和驯化大豆群体内直系同源基因表达的丧失常常与甲基化的出现和附近 TE 的出现有关。同年，田志喜研究组开展了 9 个野生种和 45 个大豆品种全基因组甲基化测序及分析（Shen et al.，2018）。通过比较亚群之间甲基化差异水平，分别鉴定到 4248 个驯化和

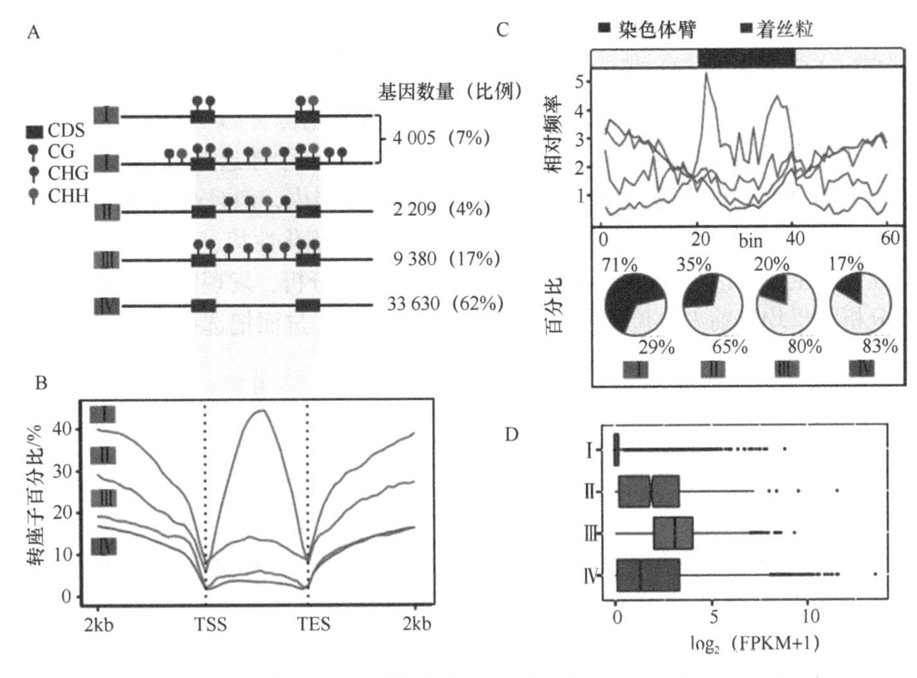

图 2-5-7　大豆基因组基因甲基化与表达特征（Baidouri et al.，2018）

A. 甲基化基因分类及其比例。Ⅰ. 在 CDS 区域甲基化且包含 3 种甲基化形式的基因；Ⅱ. 包含 3 种甲基化形式且包括内含子区域甲基化的基因；Ⅲ. 只包含 GC 甲基化的基因；Ⅳ. 非甲基化的基因。B. 每类甲基化基因 TE 含量变化。包括基因转录起始位点（TSS）上游 2kb 和基因转录终止位点（TES）下游 2kb。C. 每类甲基化基因沿染色体的分布（染色体臂和近着丝粒区域）。上图：染色体（染色体臂和近着丝粒区域）从 5′ 到 3′ 方向被分为 20 个相等的窗口；下图：位于染色图臂（浅灰）和着丝粒区域（深灰）的甲基化基因比例。D. 每类甲基化基因表达水平（FPKM 箱线图）

1164 个遗传改良相关甲基化水平显著差异区间（differentially methylated region，DMR）。这些差异甲基化区间表现出与基因选择区域不同的特征，关联分析发现只有 22.54% 的 DMR 能被遗传变异所解释，而且与遗传变异无关的 DMR 基因在碳水化合物通路中显著富集。该研究提供了大豆驯化改良过程中 DNA 甲基化变异图谱，为 DNA 甲基化在大豆驯化过程中的生物学作用提供重要的证据，说明大部分 DMR 是人工选择的直接靶位点，DNA 甲基化被独立选择。

（二）QTL 定位、GWAS 及其基因克隆

基于分子标记和遗传图谱，1990 年 Keim 等首次在大豆产量和品质性状方面进行了大豆 QTL 定位，随后 Mian 等（1996）利用不同环境和不同年份的两个大豆群体鉴定单株产量相关的 QTL。随着大豆基因组序列测序完成，基于全基因组变异的大豆 GWAS 分析迅速展开（表 2-5-2）。SoyBase 数据库收录了大豆 QTL 和 GWAS 最新研究结果。

以下列举部分大豆 GWAS 研究最新结果。

大豆驯化是一个复杂过程，在驯化和育种改良过程中选择许多形态特征。例如，野生大豆有小而粗糙的黑色种子；地方品种有许多不同颜色的大种子（黑色、黄色、绿色或条纹）；改良品种有较大的且有光泽的黄色种子。这说明种子大小的选择主要在驯化期间，种子颜色则在改良过程中均匀选择。除了形态学的变化外，栽培大豆和野生大豆具有不同的种子含油量，一般野生大豆种子具有较低的含油量。这些结果表明不同性状的显性选择发生在不同的进化阶段。为了鉴定大豆驯化和改良过程中潜在选择性信号，2015 年中科院遗传与发育生物

学研究所田志喜课题组和中科院昆明动物研究所王文课题组对 302 份代表性大豆种质进行了深度重测序和基因组分析，结果表明大豆在驯化和改良中遗传多态性明显降低，说明大豆具有明显的选择瓶颈效应（Zhou et al.，2015）。利用选择性清除分析（XP-CLR）方法在驯化阶段鉴定出 121 个强选择信号，在品种改良阶段鉴定出 109 个强选择信号。分析结果表明，受选择区域大多都在已经报道过的与驯化相关的 QTL 区间内，但是受选择区间比已发现的 QTL 区间更小、更精确。对不同种群之间具有显著变异的驯化性状，包括种子大小、种子重量、种皮颜色、生长习性和含油量等进行了全基因组关联分析，发现针对各驯化性状的全基因组关联分析结果均与前人定位到的区间重叠（图 2-5-8）。进而把选择信号、GWAS 信号及

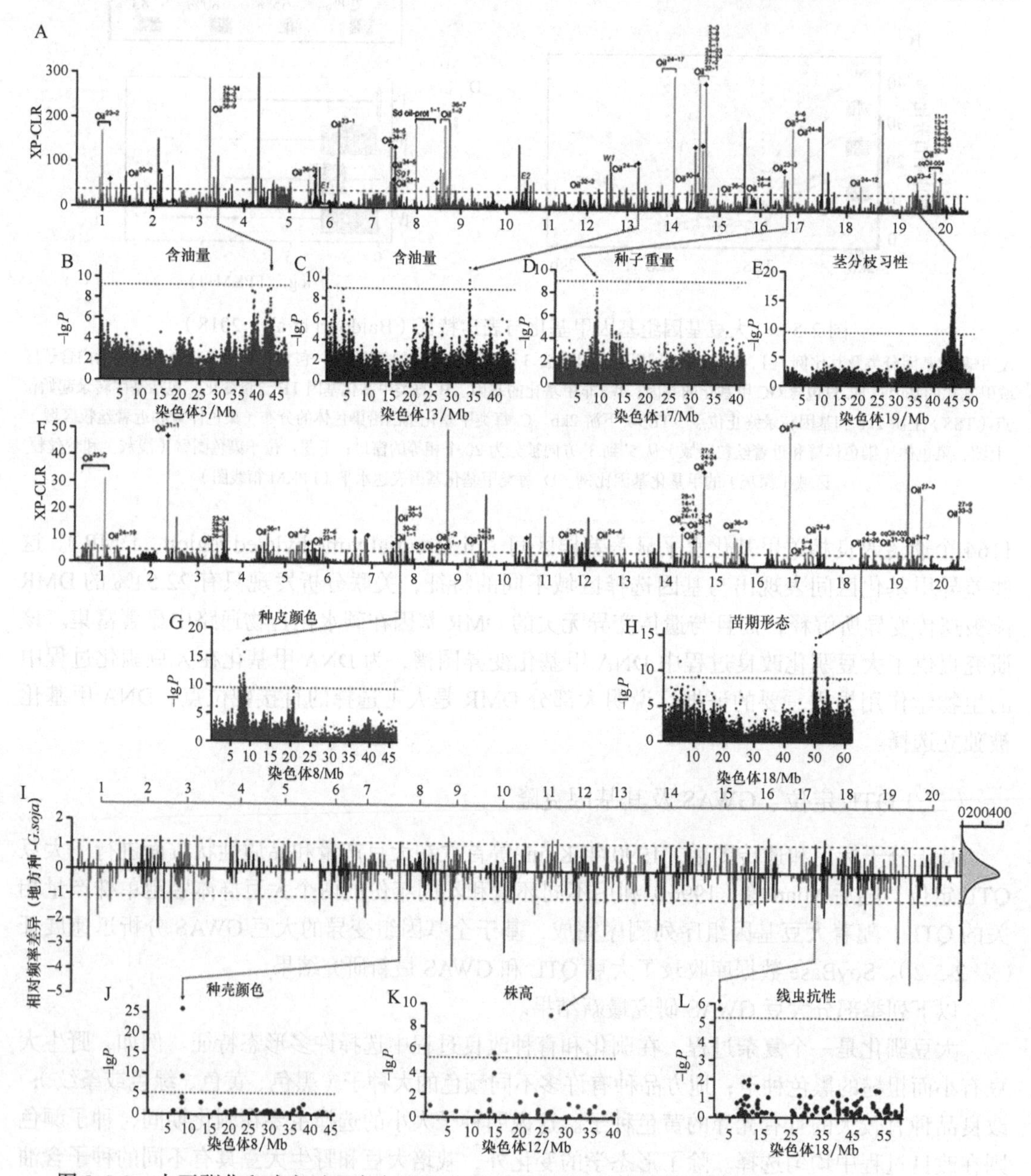

图 2-5-8 大豆驯化和改良过程中全基因组范围区域的选择和功能注释（Zhou et al.，2015）

A 和 F 表示在驯化和改良中全基因组范围内的选择信号；B～E，G 和 H 是 6 个重叠强选择性信号的 GWAS 结果；I 显示驯化期间选择拷贝数变异（CNV）的全基因组筛选与功能注释；J～L 显示了与强选择性 CNV 重叠的 3 个 GWAS 结果

前人研究的油含量 QTL 相整合，发现很多选择信号和含油性状有关，检测到 6 个与含油量相关 GWAS 信号，其中 5 个与先前鉴定的含油量 QTL 重叠，另一个为新鉴定发现的位点，说明大豆产油性状受大量人工选择。研究还定位了一些重要农艺性状的调控位点，如调控花期的 *E1*、控制生长习性的 *Dt1*、控制绒毛颜色的 *T* 等。

在对 302 份大豆进行基因组重测序基础上，田志喜课题组联合中科院遗传与发育生物学研究所朱保葛、王国栋及国内多家研究团队继续对 809 份大豆进行了重测序分析，深入解析了大豆 84 个农艺性状间的遗传调控网络。通过全基因组扫描调查 84 个性状的调控位点（图 2-5-9 给出了大豆株高 GWAS 分析结果），一共鉴定出 245 个显著关联位点，发现其中 95 个关联位点和其他位点存在上位性效应（Fang et al.，2017a）。

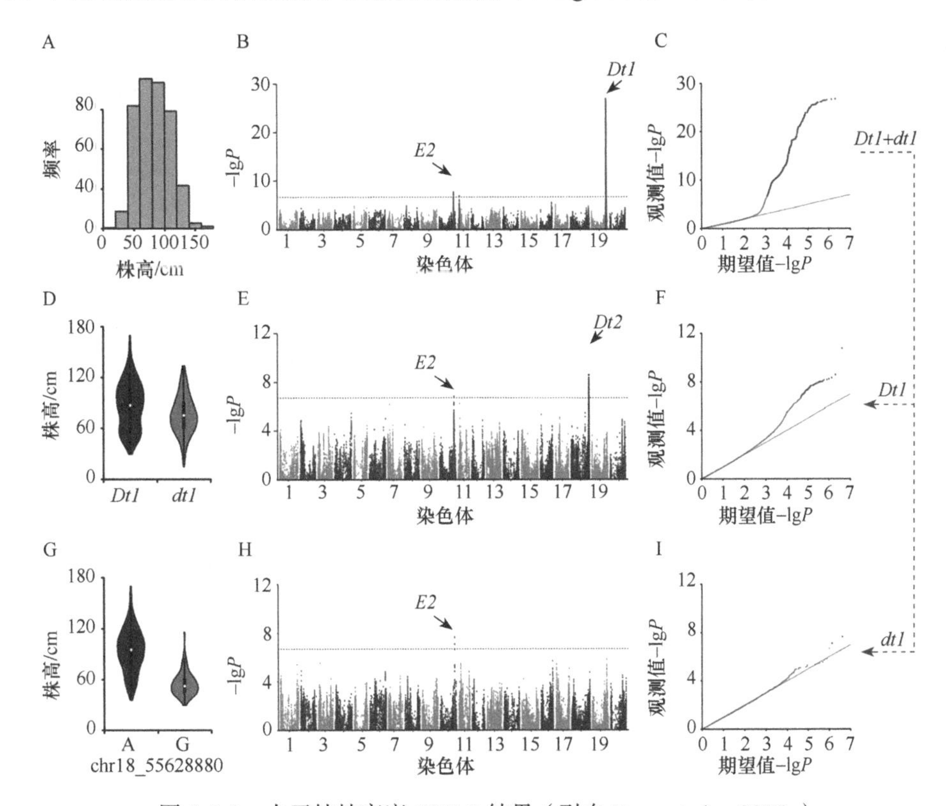

图 2-5-9　大豆植株高度 GWAS 结果（引自 Fang et al.，2017a）

A．809 份大豆品种的植物高度分布；B．大豆株高 GWAS 分析结果，已知功能基因 *Dt1* 和 *E2* 都被发现；C．809 份大豆群体株高的分位数图（Q-Q plot）；D．所有 809 份材料中具有两个 *Dt1* 等位基因群体的株高差异和概率分布图（Violin plot），基于 *Dt1* 基因两个基因型将 809 份材料分成两个具有不同植物高度平均值的亚组；E. 基于 *Dt1* 亚组的植物高度 GWAS 结果；F．*Dt1* 亚群株高的分位数图；G．*Dt1* 亚组中两个不同 *Dt2* 基因型之间的株高差异；H．基于 *dt1* 亚组的大豆植物高度 GWAS 结果；I．*dt1* 亚群株高的分位数图。GWAS 结果由 20 个染色体上各个位置的 −lg*P* 值表示，水平虚线表示全基因组关联显著性阈值（2×10^{-7}）

基于基因组序列和大量功能基因组学工作，大豆一些重要功能基因也得到克隆，如开花结荚性状、非生物胁迫、含油量相关等（表 2-5-4）。例如，控制大豆生长的 *Dt1* 基因，其为拟南芥开花终止相关基因 *TFL1* 的同源基因（Liu et al.，2010；Tian et al.，2010）；控制大豆生育期的重要基因 *E1* 位于 6 号染色体的中心粒附近，是豆科植物特有的基因序列（Xia et al.，2012）；控制大豆宽叶与窄叶的基因为 *Gm-jag1*（*Ln*），该基因还一因多效地调控大豆每荚粒数（Jeong et al.，2011；Fang et al.，2013）；*J* 基因在适应低纬度大豆品种中存在多种等位变异，是大豆适应低纬度地区和产量增加的重要进化机制（Lu et al., 2017）；栽培大豆的耐盐性由位于3号染色体上的一对显性基因控制，其功能基因*GmSALT3*编码1个位于内质网的离子转运蛋白（Qi et al., 2014；Guan et al., 2014）；控制大豆种皮成为绿色的*G*基因，还参与对大豆种子休眠的调控（Wang et al., 2018f）；*GmZF351*编码串联CCCH锌指蛋白，可直接激活油脂合成和贮存基因*BCCP2*、*KASIII*、*TAG1*和*OLEO2*，为脂肪酸合成提供更多乙酰-CoA，从而促进油脂在种子中的积累（Li et al., 2017b）。

表2-5-4 大豆部分重要农艺性状相关功能基因

功能基因	记录号	性状	文献
Dt1	GLYMA_03G194700	结荚习性	Liu et al., 2010；Tian et al., 2010
E1	GLYMA_06G207800	花期	Xia et al., 2012
Ln	GLYMA_20G116200	结荚和叶形	Jeong et al., 2011；Fang et al., 2013
J	GLYMA_04G050200	长童期	Lu et al., 2017
GmSALT3	GLYMA_03G171600	盐胁迫	Qi et al., 2014；Guan et al., 2014
G	GLYMA_01G198500	种子休眠	Wang et al., 2018f
E9	GLYMA_16G150700	花期	Kong et al., 2014；Zhao et al., 2016
Dt2	GLYMA_18G273600	结荚习性	Ping et al., 2014
SHAT1-5	GLYMA_16G019400	种子发育	Dong et al., 2014
HS1	GLYMA_02G269500	种子吸水性	Sun et al., 2015
CHS7	GLYMA_01G228700	异黄酮含量	Dhaubhadel et al., 2007
CHS8	GLYMA_11G011500	异黄酮含量	Dhaubhadel et al., 2007
RHG1	GLYMA_18G023500	生物胁迫	Liu et al., 2012
RHG4	GLYMA_08G107700	生物胁迫	Liu et al., 2012
GmZF351	GLYMA_06G44440	含油量	Li et al., 2017b

第 2-6 章　棉花基因组

扫码见
本章彩图

第一节　棉花基因组概况

一、棉属系统发生及其基因组测序进展

棉花是世界上最主要的天然纤维来源，也是重要的油料作物，具有极高的经济价值。棉花也是研究基因组多倍化、植物细胞分化、纤维素合成的模式系统。解码其复杂基因组是理解棉花基因组变化、异源多倍体形成与演化、基因资源挖掘利用和重要农艺性状形成分子机制的基础，可为加快培育棉花高产、优质、抗病和适合机械化生产的新品种提供指导。

（一）棉属系统发生及其基因组大小

棉花（*Gossypium hisutum*）属锦葵科（Malvaceae）棉族（Gossypium）棉属（*Gossypium*）。分布于非洲东部马达加斯加的拟似棉属和夏威夷岛的柯基阿棉属是棉属最近的亲缘属。研究表明，棉属和近源属拟似棉属及柯基阿棉属的分化时间在 1500 万～1000 万年前（Cronn et al.，2002）。棉属是棉族里最大的属，物种在世界范围内分布，且多样性丰富。棉属物种目前主要分布在大洋洲（尤其是西北部的金伯利地区）、非洲和阿拉伯半岛、墨西哥中西部和南部（表 2-6-1）。物种进化分析表明，最早的新世界棉与旧世界棉祖先分化时间为 1000 万～500 万年前（Wendel and Grover，2015）。随后，旧世界棉家系演化成 3 个棉属基因组型，即澳洲棉种（C、G、K 组）、非洲阿拉伯半岛的棉种（E 组）和非洲棉种（A、B、F 组）（图 2-6-1）。在与 *Kokia-Gossypioides* 分支分化出来后，棉属种的主要家系以辐射状的形式，在较短的时间内分化形成。目前，棉属种系统发生关系虽然比较清楚，但 7 个异源四倍体种的进化关系还存在一些不确定性。经历上述一系列物种形成和分化事件，棉属现共有 52 个种，其中 45 个是二倍体（$2n=2x=26$），7 个是四倍体（$2n=2x=52$），二倍体棉花（A～G 和 K 共 8 个染色体组）基因组大小差异较大。四倍体棉种是由染色体 A 组（旧世界栽培二倍体种）和染色体 D 组（新世界野生二倍体种）杂交，随后染色体加倍产生的异源四倍体，基因组大小约为 2400Mb（表 2-6-1）。

表 2-6-1　棉属种主要家系的多样性和地理分布（引自 Wendel and Grover，2015）

基因组	鉴定到的棉属种	基因组大小 /Mb	地理分布
A	草棉、亚洲棉	1170	非洲、亚洲
B	异常棉、三叶棉、绿顶棉	1350	非洲和佛得角群岛
C	斯特提棉、鲁滨孙氏棉	1980	大洋洲
D	瑟伯氏棉、辣根棉、哈克尼西棉、戴维逊氏棉、克劳茨基棉、旱地棉、雷蒙德氏棉、拟似棉、裂片棉、三裂棉、松散棉、特纳氏棉、施沃恩蒂曼氏棉、新棉种	885	主要分布在墨西哥，其他涉及秘鲁、科隆群岛和亚利桑那州
E	司笃克氏棉、索马里棉、亚雷西棉、灰白棉	1560	阿拉伯半岛、非洲东北部和亚洲西南部

续表

基因组	鉴定到的棉属种	基因组大小 /Mb	地理分布
F	长萼棉	1310	非洲东部
G	比克氏棉、澳洲棉、纳尔逊氏棉	1780	大洋洲
K	孪生叶面棉、皱壳棉、肯宁汉氏棉、林地棉、小小棉、伦敦德里棉、马全特氏棉、稀毛棉、杨叶棉、小丽棉、圆叶棉	2570	大洋洲西北部、科伯斜纹呢半岛
AD	陆地棉、海岛棉、毛棉、黄褐棉、达尔文氏棉、艾克曼棉、斯提芬氏棉	2400	新世界热岛、亚热带地区，包括夏威夷岛、威克岛、科隆群岛

目前栽培种棉花主要包含四倍体棉种的陆地棉（*G. hirsutum*）和海岛棉（*G. barbadense*），以及二倍体棉种的亚洲棉（*G. arboreum*）和草棉（*G. herbaceum*）。相比于二倍体栽培种，四倍体栽培种纤维品质明显提高。生产上主要的棉花栽培种为异源四倍体陆地棉，其棉花纤维产量占世界棉花纤维产量的95%，也是研究多倍体起源进化的重要模式植物。

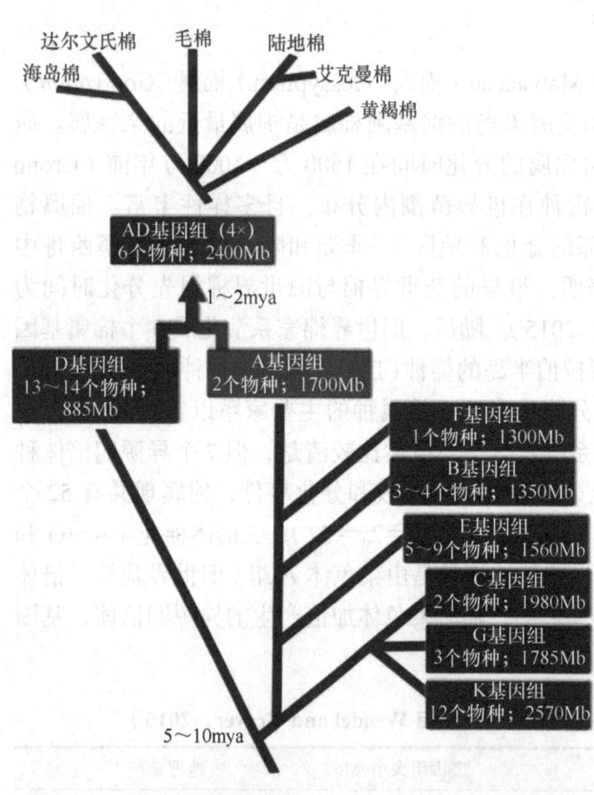

图 2-6-1 棉属的进化史（引自 Wendel and Grover，2015）

图中列出了各个物种基因组核型和大小、倍性及相应物种数量，其中四倍体物种列出了具体物种名。mya 表示百万年前

（二）基因组测序历史与进展

2000 年，国际棉花基因组研究计划（International Cotton Genome Iinitiative，ICGI）正式启动。截至目前，主要棉种都先后完成基因组测序（表 2-6-2），为棉花功能基因组和基因组选择育种等研究提供了有力的支持。

1. 棉花基因组测序

2012 年，Wang 等和 Paterson 等分别利用全基因组鸟枪法和基于高分辨率物理图谱的逐步克隆法完成了棉花二倍体 D 基因组（雷蒙德氏棉）的全基因组测序工作；2014 年，Li 等同样利用全基因组鸟枪法，对一株连续培养 18 代的纯系栽培木本棉（二倍体 A 基因组）‘石系亚 1 号’（‘SXY1’）进行了全基因组测序和组装工作；2018 年，Du 等更新了该基因组（表 2-6-2）。Li 等（2015）整合了全基因组鸟枪法、逐步克隆（BAC-to-BAC）、高密度遗传图谱构建等策略，对异源四倍体陆地棉遗传标准系——‘TM-1’进行了全基因组测序和组装，完成了陆地棉基因组（AD 组）图谱的绘制；同时，Zhang 等（2015c）利用第二代高通量测序技术并结合 BAC 末端大片段测序方法，同样完成了异源四倍体陆地棉 TM-1 基因组的全序列测定和组装，结束了四倍体棉花没有参考基因组图谱的历史。同年，Yuan 等（2015）和 Liu 等（2015）采用全基因组鸟枪

表 2-6-2 棉花基因组（A、D、AD 基因组）测序情况

物种	核型	拼接基因组大小 /Gb	测序材料	参考文献
雷蒙德氏棉（*G. raimondii*）	DD	0.57	‘Ulbr’	Wang et al., 2012c. *Nature Genetics*
		0.74	‘Ulbr’	Paterson et al., 2012. *Nature*
亚洲棉（*G. arboreum*）	AA	1.69	‘石系亚 1 号’	Li et al., 2014b. *Nature Genetics*
		1.71	‘石系亚 1 号’	Du et al., 2018. *Nature Genetics*
陆地棉（*G. hirsutum*）	$(AD)_1$	2.17	‘TM-1’	Li et al., 2015a. *Nature Biotechnology*
	$(AD)_1$	2.31	‘TM-1’	Zhang et al., 2015c. *Nature Biotechnology*
	$(AD)_1$	2.35	‘TM-1’	Wang et al., 2018d. *Nature Genetics*
	$(AD)_1$	2.30	‘TM-1’	Hu et al., 2019. *Nature Genetics*
海岛棉（*G. barbadense*）	$(AD)_2$	2.57	‘3-79’	Yuan et al., 2015. *Scientific Report*
	$(AD)_2$	2.47	‘新海 21’	Liu et al., 2015c. *Scientific Report*
	$(AD)_2$	2.27	‘3-79’	Wang et al., 2018d. *Nature Genetics*
	$(AD)_2$	2.23	‘Hai7124’	Hu et al., 2019. *Nature Genetics*

法测序、BAC 测序及高分辨率遗传图谱 3 种方法相结合，分别对异源四倍体海岛棉品种‘3-79’和‘新海 21’进行了全基因组测序和组装。

2. 棉花基因组重测序

随着棉花全基因组测序工作的完成，棉花基因组重测序工作进展迅速（表 2-6-3）。Fang 等（2017c）选用了来自世界各地的 33 个陆地棉半野生棉、53 个陆地棉栽培品种和 58 个海岛棉品种等进行基因组重测序。通过群体遗传多样性的评估、群体结构和主成分分析等分析，发现多倍化后陆地棉和海岛棉有明显的基因组分化，两者是独立驯化的关系。棉花栽培品种存在两个定向的驯化过程，两个驯化方向之间存在着基因流动，交换着部分的遗传资源。Wang 等（2017d）选择 352 份陆地棉材料进行了基因组重测序，包括 31 份野生棉和 321 份栽培品种。根据群体结构分析将 352 份棉花品种分为 3 类：中国型（China）、美国巴西印度型（ABI）和半野生型（semi-Wild）。同年，Fang 等（2017e）对 318 份棉花地方品种和现代栽培品种进行了全基因组重测序。通过遗传多样性评估，鉴定出 25 个从地方品种到栽培品种的改良位点；通过全基因组关联分析，鉴定出 71 个产量、45 个纤维品质和 3 个黄萎病抗性相关的关联位点，并发现我国自育品种和美国品种关系紧密，自育品种中的优异变异数目要多于美国引进品种，且美棉的优异遗传资源很好地传递到我国自育品种中。Sun 等（2017c）利用高通量单核苷酸多态性（SNP）芯片，对 719 份陆地棉品种进行了 GWAS 分析，检测到 46 个与纤维长度、强度等棉花主要的纤维品质显著关联的 46 个 SNP 位点。Ma 等（2018）完成了来自于中国、美国、澳大利亚等主要植棉国家 419 份陆地棉核心种质（代表中国棉花种质资源库 7362 份陆地棉）的基因组重测序；同年，Du 等（2018）利用三代 PacBio 测序和 Hi-C 技术对亚洲棉参考基因组进行了从头测序和组装，并对 230 份亚洲棉群体和 13 份草棉群体进行了重测序和全基因组关联分析，鉴定到了与种子油含量、抗病、棉纤维发育等相关的调控位点。

表 2-6-3 棉花群体基因组重测序情况

群体组成	平均测序深度（×）	参考文献
144 份棉花品种	5	Fang et al.，2017c. *Genome Biology*
352 份陆地棉（31 份半野生棉和 321 份栽培品种）	6.9	Wang et al.，2017d. *Nature Genetics*
318 份陆地棉	5	Fang et al.，2017e. *Nature Genetics*
719 份陆地棉	6	Sun et al.，2017c. *Plant Biotechnology Journal*
419 份陆地棉	6.6	Ma et al.，2018b. *Nature Genetics*
230 份亚洲棉和 13 份草棉	6	Du et al.，2018. *Nature Genetics*

二、棉花基因组基本构成及其数据库

随着研究的不断深入，大多数棉花基因组不断被解析。根据测序注释结果，二倍体和四倍体棉种基因组分别包含约 4 万和 8 万个蛋白质编码基因，编码区段占 4 种棉花基因组的 6.2%～14.9%，重复序列区段占 57.0%～85.4%（表 2-6-4）。蛋白质编码基因功能注释结果表明，67.1%～76.9% 的编码基因具有已知功能结构域（InterPro）；50% 以上基因可以被功能分类系统 GO 注释，28%～52% 的编码基因可以定位到已知代谢途径（KEGG）中，约 65% 的基因可与高质量蛋白质序列数据库 Swiss-Pro 的记录匹配，与普通蛋白质序列数据库 TrEMBL 则可有 90% 以上的序列匹配。

表 2-6-4 不同倍性棉种基因组基本构成（引自尤琪，2017；Du et al.，2018）

	雷蒙德氏棉	亚洲棉	陆地棉	海岛棉
注释基因数量	40 976（14.9%）	40 960（7.2%）	76 943（9.5%）	80 876（10.3%）
InterPro	28 676（70.0%）	NA	51 616（67.1%）	62 232（76.9%）
GO	21 801（53.2%）	11 457（28.0%）	38 791（50.4%）	48 960（60.5%）
KEGG	23 167（48.0%）	13 001（32.0%）	38 612（50.2%）	23 015（28.5%）
Swiss-Prot	26 587（64.9%）	NA	49 352（64.1%）	52 701（65.2%）
TrEMBL	34 288（83.7%）	38 238（93.0%）	64 597（84.0%）	72 885（90.1%）
重复序列 /Mb	441.4（57.0%）	1 460（85.4%）	1 471（67.2%）	1 778.6（69.4%）
参考文献	Wang et al.，2012	Du et al.，2018	Li et al.，2015a	Yuan et al.，2015

注：括号内比值表示占相应基因组序列的比例；NA 表示未知

COTTONGEN（www.cottongen.org）为目前棉花基因组主要数据库（图 2-6-2）。该数据库利用雷蒙德氏棉基因组序列，对已有棉花遗传资源和数据进行了校对和整合。数据库提供了棉花基因组数据及 Unigenes 序列、充实的遗传分子标记、CottonCyc 代谢通路、对最新的棉花文献数据进行了整理和归类，并提供了各棉种已有的农艺性状数据、遗传图谱的比较分析等。另外，Cotton EST database、棉花比较基因组学数据库、PLAZA 及 TGI 等都对棉花相关的农学、生物学分子数据进行了收集和编纂，包括逆境胁迫相关形态学数据等。这些数据库提供了主要的基础遗传数据，为棉花育种家提供了更有靶向性的检索资源。

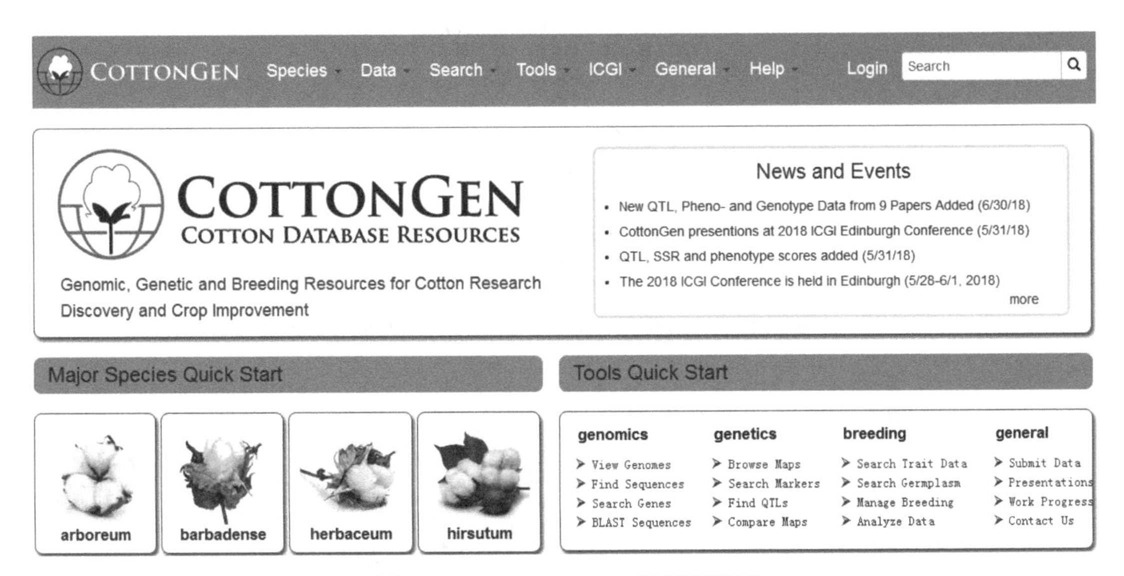

图 2-6-2　COTTONGEN 数据库界面

第二节　棉花基因组进化与功能

一、基因组特征与进化

（一）基因组多倍体化

多倍化是物种形成和促进植物进化的重要力量，绝大多数被子植物在其进化史上都曾发生过一次或多次多倍化过程。棉花与其他双子叶植物的共同祖先在 1 亿 3000 万年前经历了一次全基因组三倍化事件（eudicot-common triplication），在 6000 万～3370 万年前与可可（*Theobroma cacao*）分开之后，早期棉种又经历了一次全基因组倍增事件（图 2-6-3），这次事件可能造成基因 5～6 倍的扩张。630 万～600 万年前棉种进化成现在的 A 与 D 基因组棉种，然后 150 万～100 万年前二者杂交形成了四倍体棉种（Zhang et al.，2015c；Liu et al. 2015c）。目前异源四体棉花基因组基本保留了两个二倍体棉花的基因组。

棉花在经历多倍化事件后，四倍体棉花两个亚基因组在基因组结构重排、进化速率、基因丢失、表达偏好和甲基化水平等方面表现出非对称进化的特征。具体表现在（图 2-6-4）：①异源四倍体亚基因组间结构变异存在不对称性。四倍体基因组（AD）和其祖先种 A、D 二倍体基因组的共线性比较，发现四倍体形成之后亚基因组发生较大结构变异，且 A 亚基因组变异大于 D 亚基因组。②异源四倍体亚基因组间进化上存在非对称性，A 亚基因组在四倍体形成之后的进化速率均显著快于 D 亚基因组。③异源四倍体亚基因组间基因丢失和失活、表达偏好存在不对称性。Zhang 等（2015c）发现陆地棉 A 和 D 亚基因组中，分别有 228 个和 141 个基因丢失，A 亚基因组比 D 亚基因组丢失、染色体结构重排等现象更加常见，即出现了进化的不对称性。他们还鉴定到了 4312 个发生移码突变或提前终止密码子的基因，与对应亚基因组的旁系同源基因相比，这些基因的表达水平较低，表明异源四倍体棉花中基因丢失现象可能是一个持续的过程。在不同的组织和纤维发育期样品中，20%～40% 的部分同

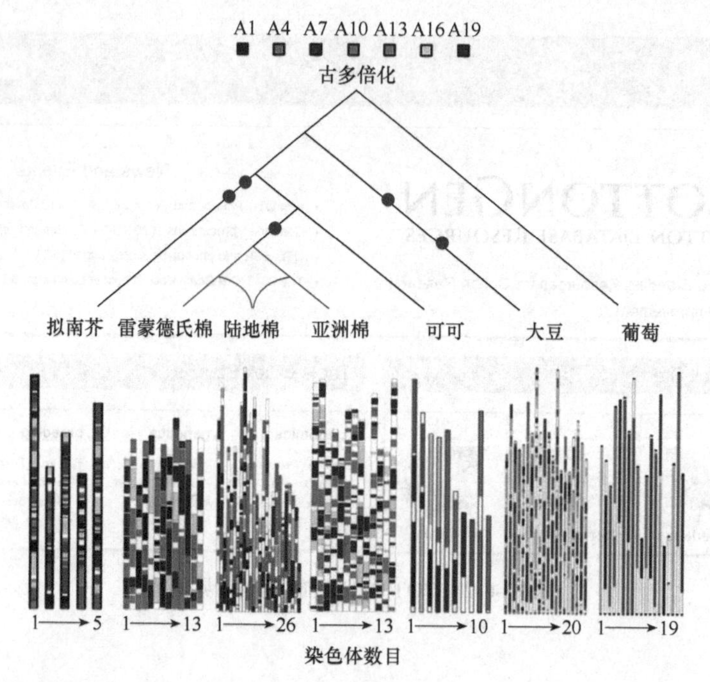

图 2-6-3 陆地棉和其他 6 个双子叶植物系统发生树及其经历的全基因倍增事件（圆点表示）（引自 Li et al., 2015a）

图中列出上述物种 7 条祖先染色体数目（最上部）和经历全基因组倍增后目前每个物种染色体数目和序列构成（最下部）

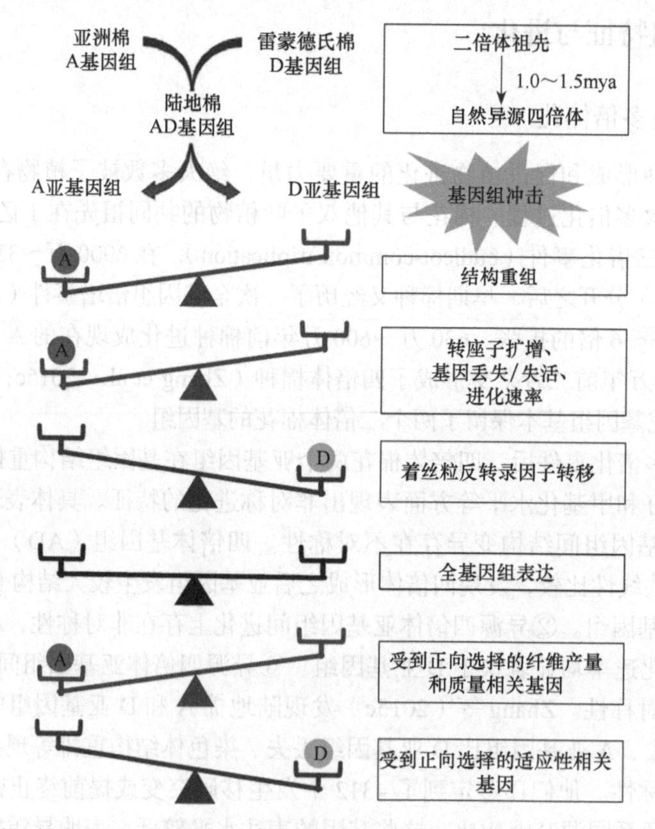

图 2-6-4 陆地棉起源过程亚基因组及其基因的非对称进化（引自 Fang et al., 2017d）

mya 表示百万年前

源基因在 A 亚基因组与 D 亚基因组之间存在表达水平的差异，并且偏向 D 亚基因组基因多于 A 亚基因组（Zhang et al.，2015）。通过分析二倍体和四倍体棉花中保守序列的差异甲基化区域（DMR），发现亚洲棉（AA）基因中的 CG 甲基化的水平低于雷蒙德氏棉（DD），但四倍体棉花两个亚基因组中却恰恰相反（Song et al.，2017）。④异源四倍体亚基因组间受选择基因的数目和种类存在不对称性。在棉纤维发育过程中，A 亚基因组主要负责调节纤维发育，D 亚基因组的作用则是通过调节抗逆性来进一步辅助纤维发育。另外，Zhao 等（2018）研究了长非编码 RNA 在棉花多倍化过程中的分布、功能等。

随着各个棉种基因组测序完成，研究发现重复序列在棉种基因组中明显扩张。Wang 等（2012）发现雷蒙德氏棉中重复序列大约占基因组的 57%，而可可和拟南芥中的重复序列分别为 24% 和 14%，他们推测大量的重复序列的扩张导致了雷蒙德氏棉基因组的增大。Zhang 等（2015c）发现陆地棉基因组中有 64.8% 的重复序列，At 亚基因组中 TE 的数量大于 Dt 亚基因组。Li 等（2015）同样发现陆地棉重复序列占基因组的 66%，他们还发现经过多倍化事件后,Dt 亚基因组中的 TE 较 At 亚基因组活跃。Yuan 等（2015）对海岛棉进行了基因组测序，发现重复序列占基因组的 69.1%，其中 At 和 Dt 亚基因组中分别为 73.5% 和 63.5%。这些重复序列在基因表达、转录调控、染色体的构建及生理代谢等过程中都起着主要作用。

（二）棉花纤维发育相关基因进化

棉属祖先种的种子表面长有短的纤维，棉属的大多数物种如亚洲棉、非洲棉野生种长有短纤维，可纺织性低，相比而言四倍体棉花栽培种长有长纤维，具有非常良好的品质（图 2-6-5）。通过比较不同基因组类型的野生种和驯化种棉花纤维生长趋势，发现所有棉属物种在胚胎细胞的起始高度相似，大多数物种的纤维伸长阶段都在开花后大约两周结束，但是 A 和 F 基因组的二倍体棉花纤维伸长阶段却在开花后三周结束，这个延长的纤维伸长期可能是导致长纤维形成的关键进化因素之一（Applequist et al.，2001）。同时棉花纤维长度进化的另一个关键因素是能够产生长纤维的棉花具有较高的纤维生长速率，在此基础上，对二倍体和四倍体驯化种的人工选择也使纤维伸长期进一步延长，从而造成不同棉种纤维长短的差异。棉花纤维发育过程包括了起始、伸长、次生壁加厚和脱水等过程，是一个非常复杂的生物学过程，大量基因参与了纤维发育的各个阶段，棉花基因组中大约有 1/3 的基因在纤维发育过程中表达。棉纤维是由棉花胚珠外珠被表皮层的单细胞分化发育而成的，它的次生细胞壁几乎是由纯纤维素组成。

图 2-6-5　棉花纤维的进化

（引自 Paterson et al.，2012）

图中列出了四倍体棉花（AD）及其祖先种（A 和 D）纤维发育情况比较

1. 纤维发育起始阶段关键基因

Wu 等（2017c）和 Wan 等（2016）利用图位克隆的方法分别克隆出纤维发育起始阶段关键基因——MIXTA 基因家族中的两个基因（*GhMML3* 和 *GhMML4*），它们分别位于染色体 A12 和 D12 上，编码 MYB-MIXTA 转录因子。*GhMML3* 和 *GhMML4* 分别调控短绒纤维和长绒纤维的起始分化。对 *GrMML* 与其他 *MIXTA* 基因进行了进化分析，发现雷蒙德氏棉中 10 个 MML 分为 4 个进化分支（SBG9-1 至 SBG9-4），SBG9-2 和 SBG9-3 为调控表皮细胞分化的锦葵科特异的基因家族，它们参与调控叶表皮毛发育。与锦葵科中其他的 *MIXTA* 基因不同，棉花已形成一个独特的纤维发育转录调控系统。棉花表皮细胞不同时期的变异导致棉花长绒与短绒纤维的形成，长绒纤维起始于开花前或当日，伸长至 3cm，而短绒纤维起始于开花后 4～5 天。*N2* 基因对短绒纤维与长绒纤维均有调节作用，作用于 *GhMML3* 和 *GhMML4* 基因上游。

2. 棉花纤维次生壁加厚期关键基因

次生壁加厚时期的主要特征是纤维素的大量合成和沉淀，纤维伸长速率下降且趋于停止，成熟的纤维素含量占纤维的 95% 以上。多个纤维素合成酶 A（*CesA*）基因组装成的纤维素合酶复合体具有调节纤维素合成的功能，在这一过程中发挥非常重要的作用。Paterson 等（2012）首次在二倍体雷蒙德氏棉中鉴定到了 15 个 *CesA* 基因。Zhang 等（2015c）在四倍体陆地棉基因组中鉴定了 32 个 *CesA* 基因。陆地棉中多个纤维素合酶等糖代谢基因在驯化过程中受到了显著的正选择作用，与棉纤维品质改良有直接关系。Yuan 等（2015）在海岛棉鉴定到 37 个 *CesA* 基因。基于海岛棉的 37 个 *CesA* 基因（At 亚基因组 19 个，Dt 亚基因组 18 个）构建系统发生树，该系统发生树分为 6 个进化分支（图 2-6-6A）。进一步分析雷德蒙氏棉、海岛棉和拟南芥 3 个物种在每个进化分支中基因表达的数量，发现除了 P1 和 P3 进化分支，雷德蒙氏棉中基因数量较拟南芥多，与 At 和 Dt 亚基因组中数量相当。而在 P3 进化支中，海岛棉两个亚基因组中 *CesA* 基因的数量大约是拟南芥和雷蒙德氏棉数量的二倍，表明这些基因的复制事件发生在异源多倍化事件之后。在陆地棉中鉴定 P3 进化支中 *CesA* 基因的数目，同样支持了上述结论。由此提出了 *CesA* 基因家族在海岛棉纤维发育过程中“接力赛跑”模型（图 2-6-6B），即海岛棉中的 *CesA* 基因形成 6 个 CesA 蛋白复合物，P1～P3 分支 CesA 复合物联合参与初生细胞壁的合成，S1～S3 分支 CesA 复合物参与次生细胞壁的合成。

二、基因组转录与功能

（一）基因组转录

基因组转录产物包括蛋白质编码和非编码 RNA。结合棉花参考基因组，RNA-Seq 分析目前已经广泛用于棉花纤维发育和非生物胁迫相应相关重要功能基因的挖掘。以下列举两个研究案例：①通过对雷蒙德氏棉和陆地棉开花后 3 天的胚珠进行转录组分析，鉴定到 4 个在纤维发育起始和伸长阶段差异表达的基因——*Sus*、*KCS*、*ACO*、*MYB*、*bHLH*（图 2-6-7）。在 4 个蔗糖合成酶基因（*Sus*）中，3 个基因（*SusB*、*Sus1* 和 *SusD*）在陆地棉中具有较高的表达水平。*β*- 酮脂酰 -CoA 合酶基因（*KCS*）中的 *KCS2*、*KCS13* 和 *KCS6* 基因在陆地棉中高表达，而 *KCS7* 在陆地棉和雷蒙德氏棉中高表达。表明 *Sus* 和 *KCS* 家族基因的表达水平在棉花纤维发育起始和伸长阶段具有重要作用。而乙烯合成中的关键限速酶 *ACO* 基因在雷蒙德氏棉中具有很高的表达水平，表明了乙烯在纤维发育早期具有重要作用。前人在拟南芥中的研究表明，转录因子 *MYB* 和 *bHLH* 与 *TTG*1 相互作用形成复杂的复合物，影响表皮细胞的命运。大量的 *MYB* 和 *bHLH* 基因只在陆地棉中表达，表明这些基因在纤维发育的起始阶段是必需的。②对陆地棉 35 个组织进行了全基因组基因表达谱分析，发现 90% 的基因在这些组织中均有表达，虽然同源基因在不同组织、不同发育时期的表达水平

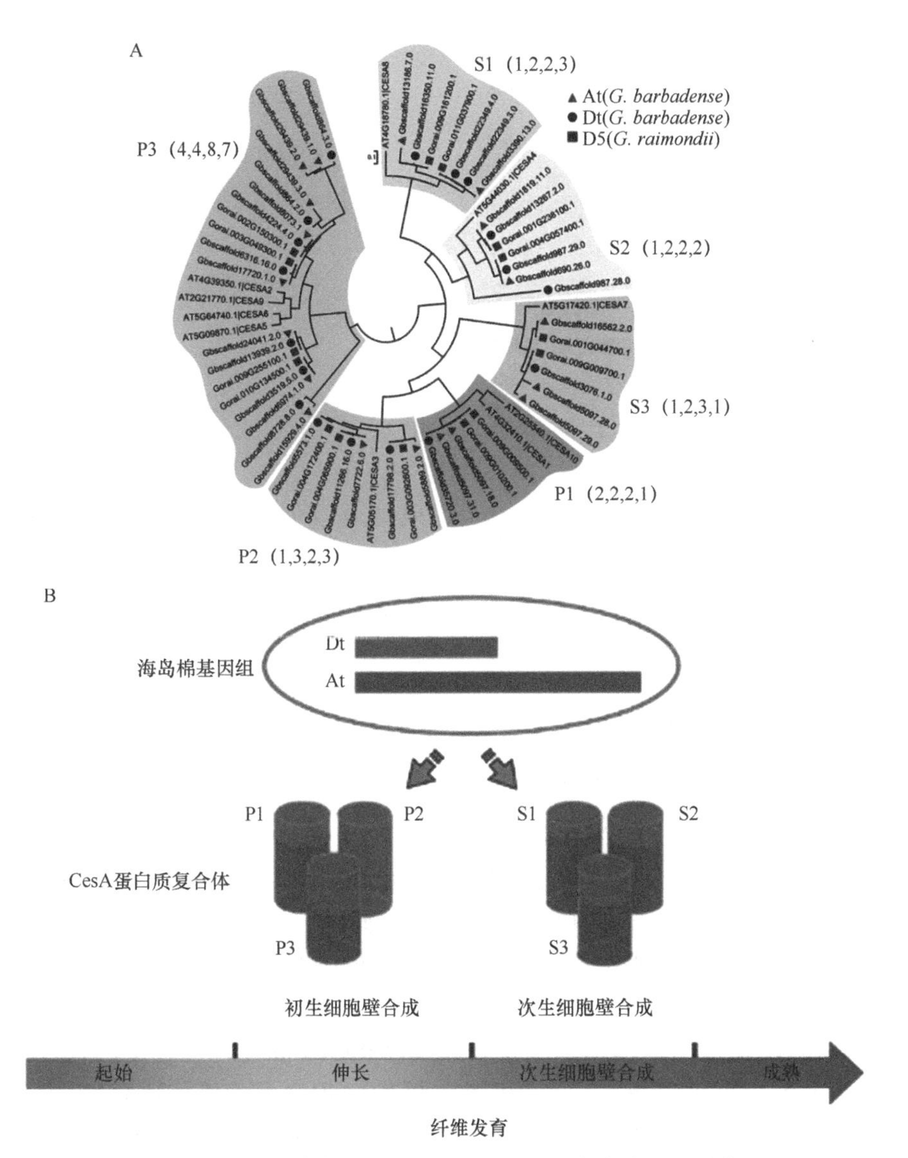

图 2-6-6　棉花纤维发育过程中纤维素合成酶 A（*CesA*）基因进化与表达（引自 Yuan et al.，2015）

A. 雷蒙德氏棉、海岛棉、拟南芥 *CesA* 基因家族系统发生树。*CesA* 基因家族不同分支基因在初生细胞壁（P1～P3 分支）和次生细胞壁（S1～S3 分支）发育过程中分别进行表达。括号内数字分别表示拟南芥、雷蒙德氏棉、海岛棉 At 亚基因组、海岛棉 Dt 亚基因组中 *CesA* 基因的数量。B. 海岛棉纤维发育过程中 *CesA* 基因的“接力赛跑”模型。图中列出了纤维发育过程中，CesA 蛋白来源及其不同成员基因在细胞壁合成中的作用

与表达的数目存在差异，但是在全基因组水平上不存在差异（Zhang et al.，2015c）。在单个组织和纤维发育不同时期的样本中，20%～40% 的部分同源基因在 A 亚基因组与 D 亚基因组之间存在表达的偏好性，Dt 亚基因组中差异表达的基因比 At 亚基因组稍多。

miRNA 是一类重要的非编码 RNA 调控因子。Zhang 等（2015）首次报道了棉花中存在 miRNA，利用 EST 技术在雷德蒙氏棉中鉴定出了 4 个 miRNA——miRNA157、miRNA160、miRNA171、miRNA172。Farooq 等（2017）利用高通量测序技术及生物信息学分析在亚洲棉中鉴定到 224 个 miRNA 家族，其中 48 个是保守的 miRNA 家族。目前，miRNA 权威数据库 miRBase 中共收录了 376 个雷德蒙氏棉 miRNA 记录（Release 22）。

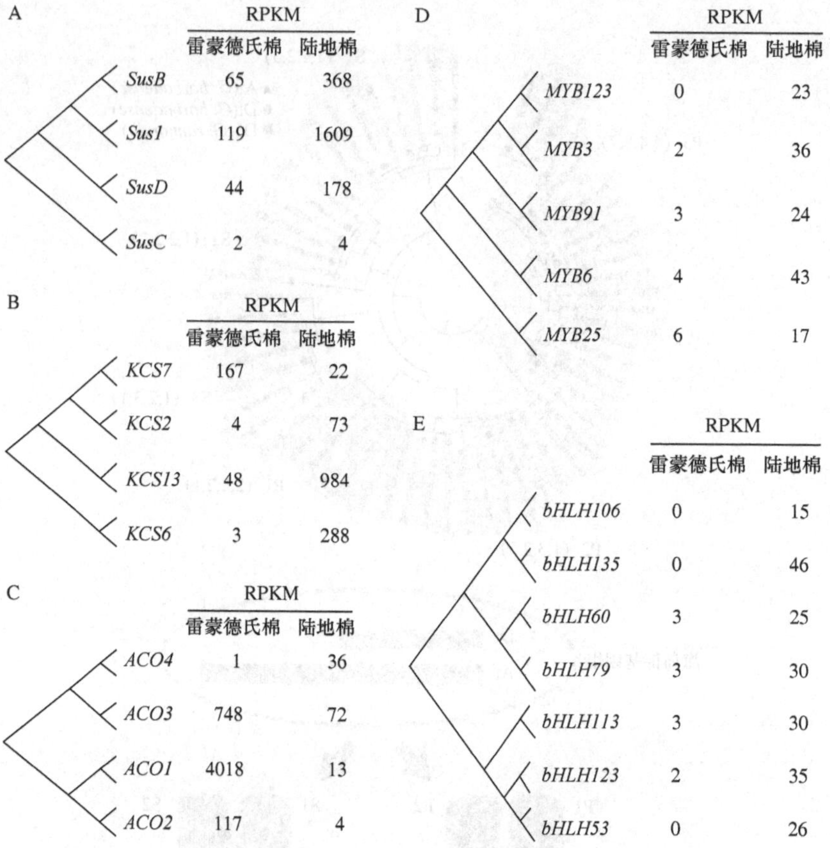

A

	RPKM	
	雷蒙德氏棉	陆地棉
SusB	65	368
Sus1	119	1609
SusD	44	178
SusC	2	4

B

	RPKM	
	雷蒙德氏棉	陆地棉
KCS7	167	22
KCS2	4	73
KCS13	48	984
KCS6	3	288

C

	RPKM	
	雷蒙德氏棉	陆地棉
ACO4	1	36
ACO3	748	72
ACO1	4018	13
ACO2	117	4

D

	RPKM	
	雷蒙德氏棉	陆地棉
MYB123	0	23
MYB3	2	36
MYB91	3	24
MYB6	4	43
MYB25	6	17

E

	RPKM	
	雷蒙德氏棉	陆地棉
bHLH106	0	15
bHLH135	0	46
bHLH60	3	25
bHLH79	3	30
bHLH113	3	30
bHLH123	2	35
bHLH53	0	26

图 2-6-7 *Sus*、*KCS*、*ACO*、*MYB*、*bHLH* 基因在雷蒙德氏棉（*G. raimondii*）和陆地棉（*G. hirsutum*）中的系统发生树（引自 Wang et al.，2012）

A～E：图左侧表示基因在两个棉种的系统发生树，图右侧表示相关基因在花后 3 天胚珠的表达水平（RPKM 值）

随着高通量测序技术的发展，大量长非编码 RNA（lncRNA）在不同物种中被鉴定出来，主要集中在拟南芥、水稻、玉米等作物，棉花 lncRNA 研究工作还不多。早期利用棉花 RNA-Seq 数据，在海岛棉中鉴定了 30 550 个基因间 lncRNA（lincRNA）及 4718 个天然反义 lncRNA（lncNAT）(Wang et al.，2015f)。lncRNA 的外显子数目分析表示，海岛棉基因组编码大约 63% 的单外显子 lincRNA 和 77% 的单外显子 lncNAT，lncRNA 的平均转录本长度通常小于蛋白质编码基因。预测 lncRNA 的功能时发现，A 亚基因组特异性的 lncRNA 主要富集在核糖体装配、精胺的生物合成过程和微管细胞骨架组织，D 亚基因组特异性 lncRNA 主要富集在木质素分解过程，刺激反应和碳利用。发现 lncRNA 在重复序列中较丰富，其表达具有组织特异性，并且鉴定了几个与棉纤维起始相关的 lncRNA。最近张献龙团队鉴定了棉花抗黄萎病菌过程中疾病响应相关的 lncRNA 图谱（图 2-6-8）。他们分别在海岛棉中发现了 14 547 个 lincRNA 和 1297 个 lncNAT，陆地棉中有 14 547 个 lincRNA 和 1406 个 lncNAT（Zhang et al., 2018）。海岛棉和陆地棉在接种黄萎病菌前后的 lncRNA 的表达分为 3 种情况：上调、下调、复合的表达模式，在病原菌的响应过程中具有保守性和特异性，其中 D 亚基因组中的 lncRNA 具有表达优势。另外，Zhao 等（2018b）研究了棉花种间杂交和全基因组复制过程非编码 RNA 变化。他们将异源四倍体棉花（*G. hirsutum*）的编码基因和它的二倍体祖先（*G. arboreum* 和 *G. raimondii*），以及它们的一个 F_1 杂交种进行了比较，发现大多数

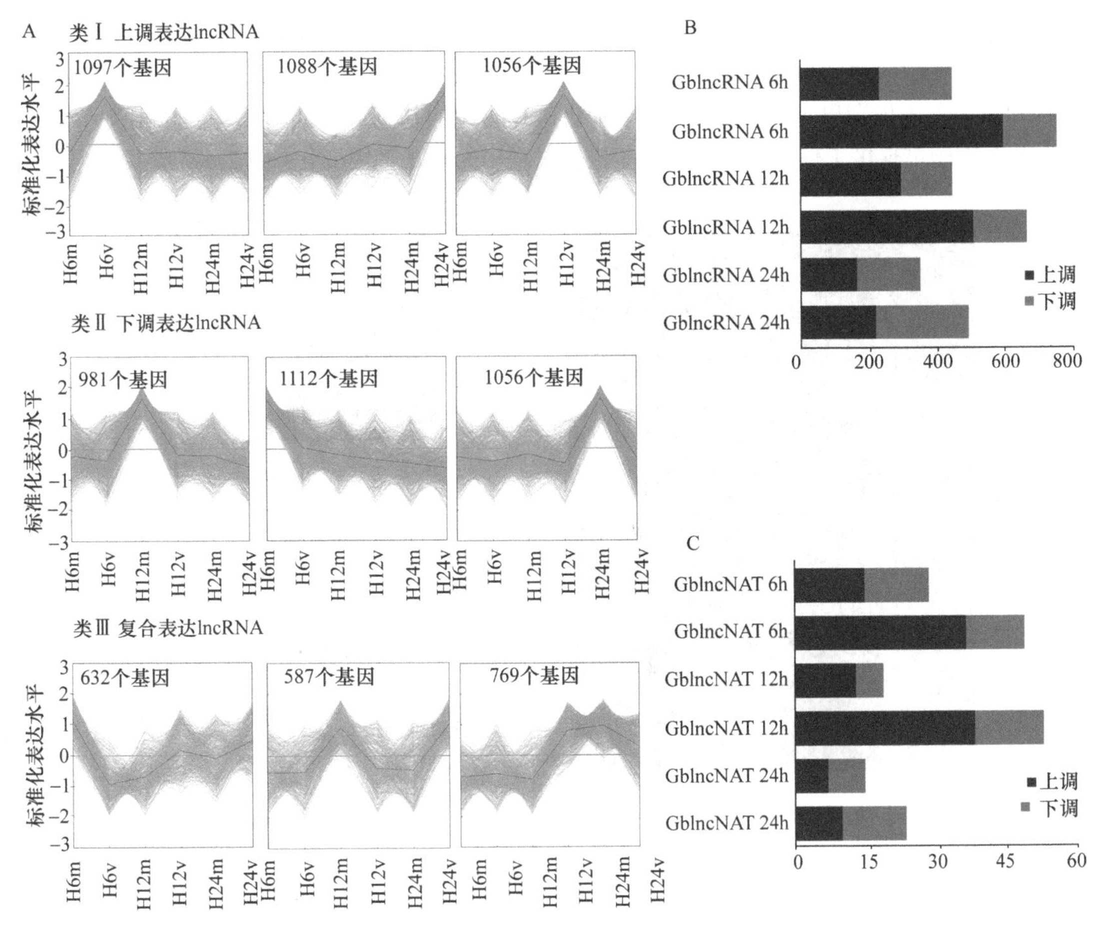

图 2-6-8　棉花基因组 lncRNA 的全局表达谱和差异表达 lncRNA 的分布（引自 Zhang et al.，2018c）

A. 接种黄萎病菌后海岛棉中 lncRNA 的 3 种表达情况（上调、下调、复合表达模式），横坐标中 6、12、24 表示接种时间（小时），m 和 v 分别表示没有 / 有接种黄萎病菌；B. 接种黄萎病菌前后陆地棉和海岛棉中上调、下调表达的 lincRNA；C. 接种黄萎病菌前后陆地棉和海岛棉中上调、下调表达的 lncNAT

lncRNA（80%）在异源四倍体基因组中是等位表达的，杂交导致的基因组冲击会使 F_1 杂交种的非编码转录体重新编程；活化的 lncRNA 主要是从去甲基化的 TE 区转录而来，物种间杂交导致的 DNA 甲基化变化主要与 lncRNA 的剧烈表达变异有关。

环形 RNA（circRNA）是一类新的非编码 RNA。Zhao 等（2017c）首次进行了棉花基因组环形 RNA 鉴定工作，在亚洲棉、雷蒙德氏棉及它们的杂交一代（F_1）和陆地棉中分别鉴定到 1401 个、1478 个、1311 个和 499 个环形 RNA。发现棉花中环形 RNA 具有以下几个特征：①环形 RNA 大部分（45.89%～84.24%）是由外显子区域产生的，并且具有多个外显子的基因更加倾向于产生环形 RNA，但是单外显子环形 RNA 的长度是多个外显子形成的环形 RNA 长度的 3 倍；②表达具有组织特异性，并且胚珠中环形 RNA 的表达水平较叶片中高；③存在非经典的 GT/AG 剪切信号；④共鉴定到 432 个在 4 个样本中保守的环形 RNA。目前植物环形 RNA 数据库 PlantcircBase 中，收录了来自陆地棉、亚洲棉、雷蒙德氏棉的 3000 个左右环形 RNA 记录。

（二）基因组甲基化

Song 等（2017）比较了驯化的异源四倍体棉花，以及与其相关的其他四倍体与二倍体棉花中的甲基化变化情况，发现了1200万个差异的甲基胞核嘧啶（DmCs），并且四倍体棉花比二倍体棉花中的DmCs数量更多，说明甲基化的改变速度大于棉花进化与驯化过程。在野生种和栽培种中识别出519种与DNA甲基化过程有关的基因，可能与棉花驯化相关。棉花甲基化基因图谱提供了棉花在100多万年进化过程中的表观基因变化（图2-6-9）。

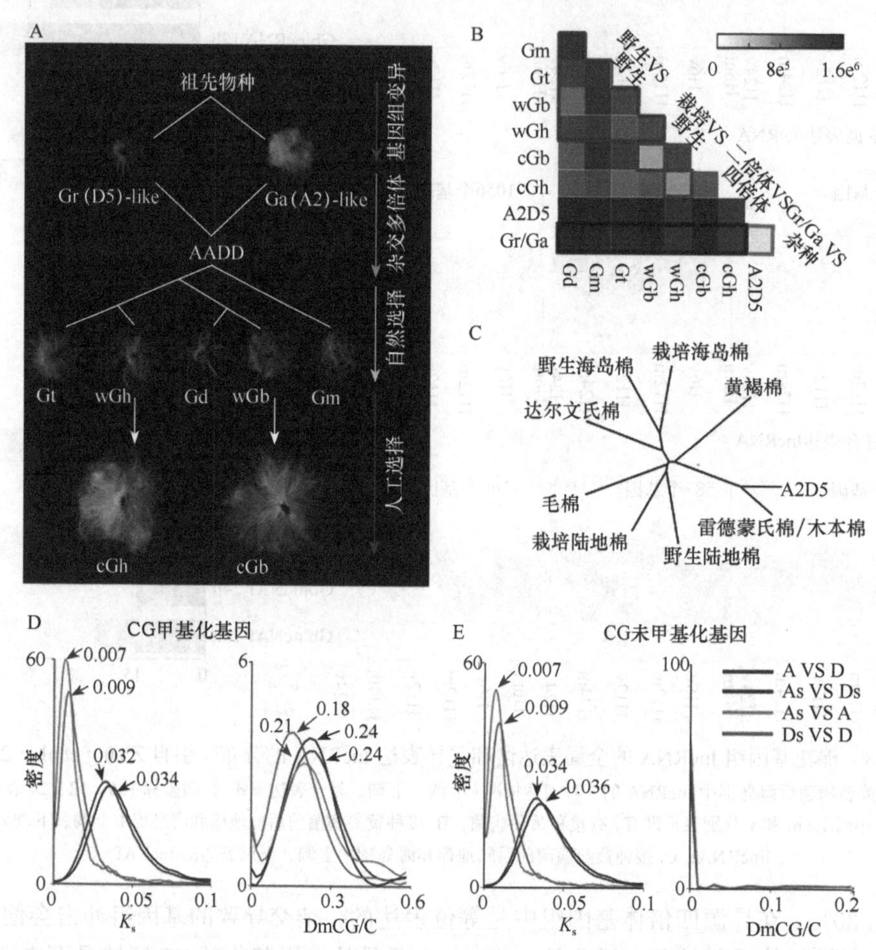

图2-6-9 棉花在100多万年进化过程中的DNA甲基化与基因组变化（引自Song et al.，2017）

A.异源四倍体棉花进化过程。异源四倍体体棉花由At亚基因组和Dt亚基因组杂交而成，共有5种：野生陆地棉（wGh）、野生海岛棉（wGb）、毛棉（Gt）、达尔文氏棉（Gd）、黄褐棉（Gm）。野生陆地棉和海岛棉经过人工驯化形成栽培陆地棉（cGh）和栽培海岛棉（cGb）。B.不同棉花中甲基化水平。C.根据基因组中甲基化水平建立的棉属系统发生树。D，E.甲基化（DmCG/C）与基因组序列（K_s）在被CG甲基化与未被CG甲基化基因之间进化分布情况。As和Ds分别代表祖先二倍体A和D基因组与栽培陆地棉A和D亚基因组的平均值

Ma等（2018）利用亚硫酸盐测序技术分析了高温和正常温度下陆地棉耐高温株系'84021'和高温敏感株系'H05'花药发育过程3个阶段的DNA甲基化水平。他们发现高温胁迫下，'H05'的DNA甲基化水平低于'84021'（图2-6-10A）。有趣的是在高温胁迫下'H05'和'84021'CG中CHG甲基化的改变非常小，但是'H05'和'84021'中CHH甲基化具有非常明显的改变，他们认为CHH甲基化在棉花响应高温胁迫过程中发挥着重要的作用（图2-6-10B）。RNA测序结果表明，高温条件会破坏DNA甲基化，从而使糖和活性氧代谢受到干扰，最终导致小孢子不育，揭示了高温胁迫下DNA甲基化调控棉花雄性不育的机制。

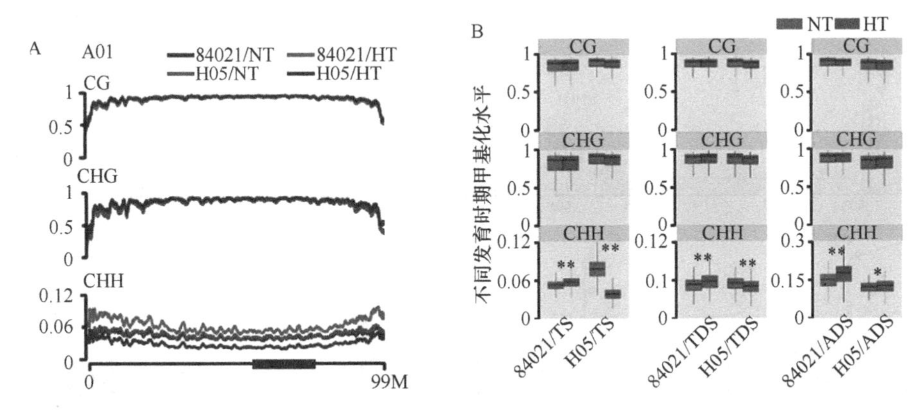

图 2-6-10　棉花不同品种和不同环境胁迫下甲基化水平变化（引自 Ma et al.，2018a）

A. 高温（HT）与正常温度下（NT）棉花 A01 染色体中陆地棉‘84021’与‘H05’甲基化水平。图中包括 2 个不同位点甲基化类型（CG/CHG/CHH）。B. HT 与 NT 下，不同品种在 3 个不同发育时期（TS/TDS/ADS）三类甲基化变化情况。TS（tetrad stage）表示四分体时期；TDS（tapetum degradation stage）表示绒毡层退化阶段；ADS（anther dehiscence stage）表示花药开裂期

（三）功能基因位点

棉花有许多重要的农艺性状和经济性状，如产量、纤维品质、抗病虫性、形态、生理及熟性等均属数量性状，其表现受数量性状基因和环境共同作用。在棉花基因组序列出现前，借助分子标记和 QTL 定位技术，许多复杂的数量性状 QTL 被定位（李付广，2013）。例如，提高棉花纤维产量、品质是当前棉花遗传育种的重要目标，棉花中已经报道 1000 多个纤维品质与产量相关的 QTL 位点，并且分布于整个基因组的 26 条染色体。在种间群体中，纤维品质 QTL 更多地定位于 A 亚基因组，而在种内群体中，纤维产量和品质的 QTL 较多定位于 D 亚基因组（王森,2013）。随着分子标记技术的发展，研究人员构建了大量高密度遗传图谱，越来越多棉花纤维品质相关的 QTL 被定位。CottonQTLdb 数据库（www.cottonqtldb.org）中收录了陆地棉和陆海杂种中多种生物特征的 QTL 的详细信息，包括 QTL 名称、在染色体上的位置、该 QTL 对表型的贡献率等（图 2-6-11）。

随着棉花参照基因组测序完成，基于高通量测序技术的棉花基因组重测序进展迅速，大量棉花资源群体被测序完成（表 2-6-3）。于是，结合多年、多点的表型数据进行全基因组关联（GWAS）分析，近年来获得了不少棉花重要农艺性状相关遗传变异。以下分别进行介绍：①张献龙团队对 352 份陆地棉种质资源进行全基因组重测序（Wang et al.，2017d），利用 267 份棉花种质资源两年的表型数据进行 GWAS 分析，共找到 19 个显著位点与纤维品质相关性状相关，其中在 A 亚基因组上有 8 个，在 D 亚基因组上有 11 个。这些候选位点上，位于群体受选择区段的关联信号有 3 个（图 2-6-11）。进一步的研究结果表明，A 亚基因组鉴定到的基因与纤维长度有关，D 亚基因组上鉴定的基因与纤维伸长有关。②张天真团队对 318 份陆地棉进行了全基因组重测序，对 258 个棉花现在栽培品种进行 GWAS 分析，共鉴定出 25 个品种改良相关位点和 119 个与产量、纤维品质、抗黄萎病等相关联的位点，2或3 个能够同时提高产量和纤维品质的基因，对棉花“精准育种”具有重大的意义（Fang et al.，2017e）。③李付广团队将大丽轮枝菌接种到 215 份中国棉花种质的幼苗上，进行 GWAS 分析，检测到 309 个与棉花抗黄萎病显著相关的位点，发现了关联程度最高的位点并命名为 *GaGSTF9*，该基因可以通过水杨酸相关途径对大丽轮枝菌的侵染做出反应，通过病毒诱导的基因沉默和在拟南芥中的过表达证明其是棉花黄萎病的正向调节因子（Gong et al.，2018）。④马峙英等

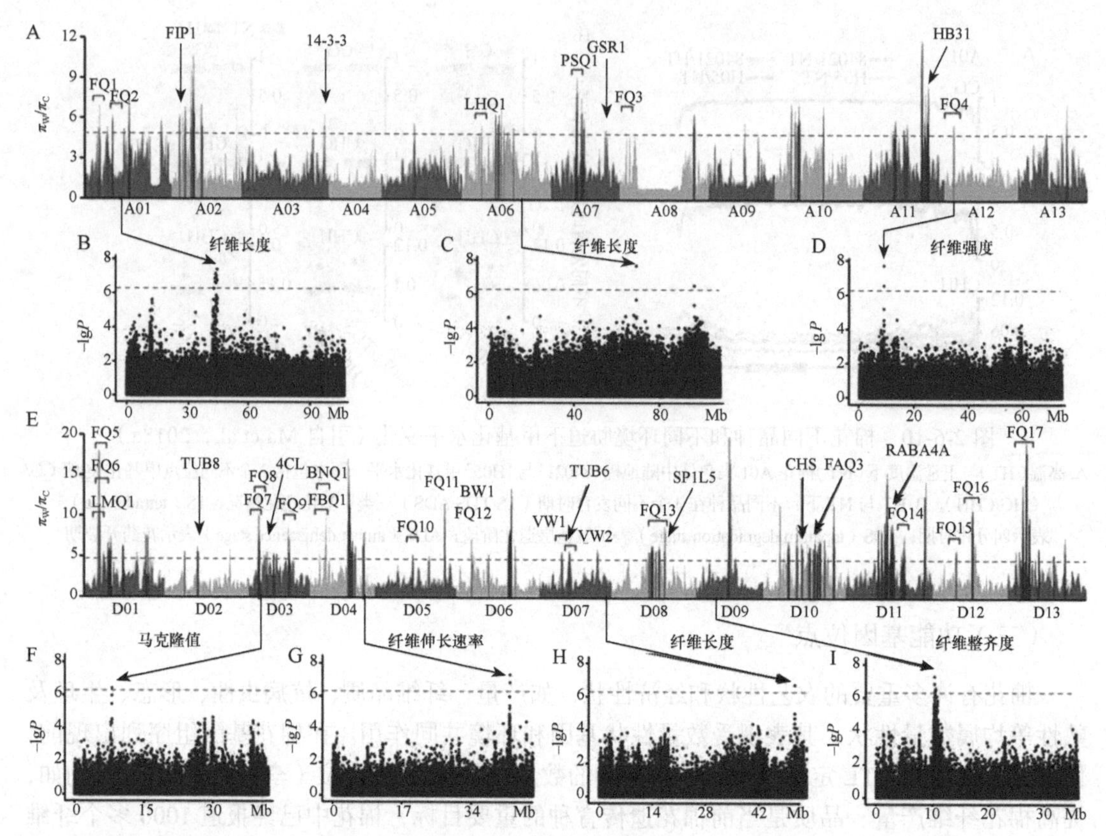

图 2-6-11 棉花基因组的驯化扫描和通过 GWAS 筛选的与纤维质量相关的 GWAS 位点

（引自 Wang et al.，2017d）

A，E. At 和 Dt 亚基因组上通过 XP-CLR 及 π_W/π_C 分析，鉴定到的受选择区段；B～D，F～I. GWAS 分析结果，B～D，H 为与纤维长度相关的位点，F 为与马克隆值相关的位点，G 为与纤维伸长速率相关的位点，I 为与纤维整齐度相关的位点

团队利用高通量 SNP 芯片，对 719 份陆地棉核心种质进行了 GWAS 分析，检测到 46 个与棉花纤维品质关联的 SNP 位点，涉及 612 个与多糖合成、信号转导和蛋白质转移等方面的候选基因。将 GWAS 分析与转录组结合，进一步鉴定了 163 个与纤维长度、120 个与纤维强度有关的基因，并从中筛选到未报道过的新基因及 19 个具有研究价值的候选基因（Sun et al.，2017c）。另外，马峙英等对 419 份陆地棉核心种质的基因组进行了重测序，并对 13 个纤维品质和产量相关的性状进行了 GWAS 分析，共鉴定出 11 026 个显著关联的 SNP，并且首次发现与纤维品质相关的 SNP 数量远远多于纤维产量 SNP，与 A 亚基因组相比，D 亚基因组上存在着更多与性状关联的 SNP（Ma et al.，2018）。⑤杜雄明团队对 230 份亚洲棉群体和 13 份草棉群体进行重测序，对棉花抗枯萎病的 GWAS 分析定位到谷胱甘肽转移酶 *GSTF9* 基因的启动子上，抑制该基因的表达抗病品种表现出感病性状，表明 *GaGSTF9* 基因调控棉花抗枯萎病抗性（Du et al.，2018）。

第 2-7 章　油菜基因组

扫码见
本章彩图

第一节　油菜基因组概况

油菜是世界上植物油的主要来源之一，也是我国长江流域最重要的油料作物。目前世界上种植最广泛的油菜物种为甘蓝型油菜（*Brassica napus*）。甘蓝型油菜为异源四倍体，起源不早于 7500 年前，为目前已知最年轻的多倍体作物之一。

一、油菜基因组大小及其测序进展

（一）油菜系统发生和基因组大小

我国种植油菜已有几千年历史。最早可以追溯到公元前 3000 年夏代历书《夏小正》中有关油菜的记述（“正月采芸，二月荣芸”）。我国最初种植的为白菜型（*B. rapa*）和芥菜型（*B. juncea*）油菜，20 世纪 50 年代，引入欧洲甘蓝型油菜（*B. napus*）（图 2-7-1），成为我国目前油菜主要栽培种（本章以下所称油菜，均特指甘蓝型油菜）。甘蓝型油菜为双子叶植物，属于十字花科（Cruciferae）芸薹族芸薹属（图 2-7-2），其为异源四倍体（AACC），起源于近代两个二倍体近缘种白菜（*B. rapa*，AA）和甘蓝（*B. oleracea*，CC）杂交（详见本书第 2-7 章第三节）。甘蓝型油菜所在的十字花科包括 340 个属，超过 3350 个物种。十字花科物种的核基因组含量在被子植物中属于比较低的，而且核基因组含量变化很小，如禾本科的核基因组含量 1C 值在 0.3～26.0pg，而在十字花科中没有物种的核基因组含量超过 1.95pg，最小的核基因组含量则只有 0.16pg（表 2-7-1）。因此十字花科物种相对小的基因组使十字花科物种成为进行基因组进化研究的很好材料。

图 2-7-1　油菜开花形态

油菜基因组染色体基数和大小等早已有研究（Johnston et al.，2005；Price et al.，2005b）。它们以拟南芥（Columbia）（1C DNA 含量＝0.16pg）和高粱（TX623）（1C DNA 含量＝0.835pg）作为内参进行流式仪核 DNA 含量测定（表 2-7-1）。得到甘蓝型油菜的染色体数组为 38（4×），核 DNA 含量 1C 值 1.154pg，根据核 DNA 含量 1C 值和单倍基因组碱基数总数之间的比值进行转换得到，甘蓝型油菜基因组大小为 1132Mb。该结果与基于 *K*-mer 方法估计的甘蓝型油菜基因组大小基本一致，如 Zou 等（2019）进行 *K*-mer 预测的基因组大小为 1170Mb（图 2-7-3）。

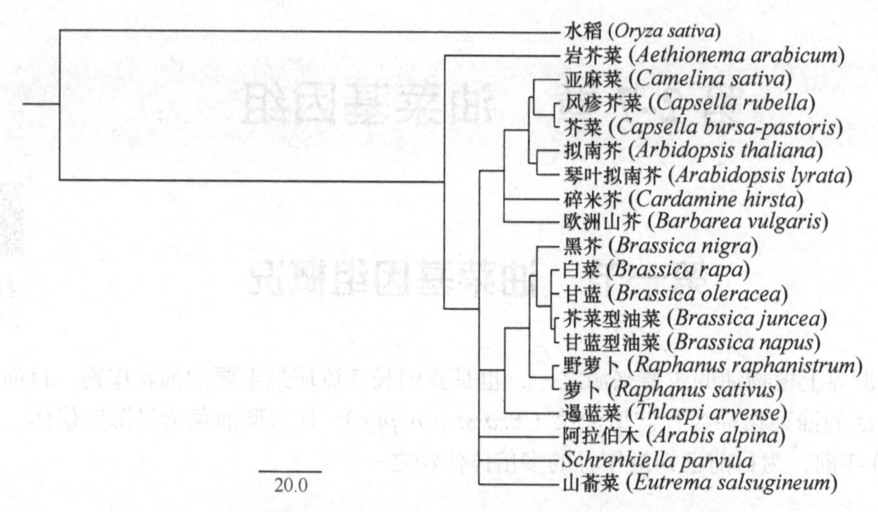

图 2-7-2 目前已基因组测序十字花科物种和其他物种系统进化关系图

图中十字花科物种系统进化关系基于 TimeTree 数据库

表 2-7-1 油菜及其他十字花科物种基因组情况（引自 Johnston et al.，2005）

物种	中文名	染色体数目（2*n*）	核 DNA 含量（1C 值）	基因组大小 /Mb
Arabidopsis halleri	圆叶拟南芥	16	0.261±0.004	255
Arabidopsis lyrata	琴叶拟南芥	32（4×）	0.468±0.003	460
Arabidopsis thaliana	拟南芥	10	0.160±0.001	157
Arabis hirsuta	硬毛南芥	32（4×）	0.686±0.005	670
Brassica carinata	埃塞俄比亚芥	34（4×）	1.308±0.012	1284
Brassica juncea	芥菜型油菜	36（4×）	1.092±0.001	1068
Brassica napus	甘蓝型油菜	38（4×）	1.154±0.006	1132
Brassica nigra	黑芥	16	0.647±0.009	632
Brassica oleracea	甘蓝	18	0.710±0.002	696
Brassica rapa	白菜	20	0.539±0.018	529

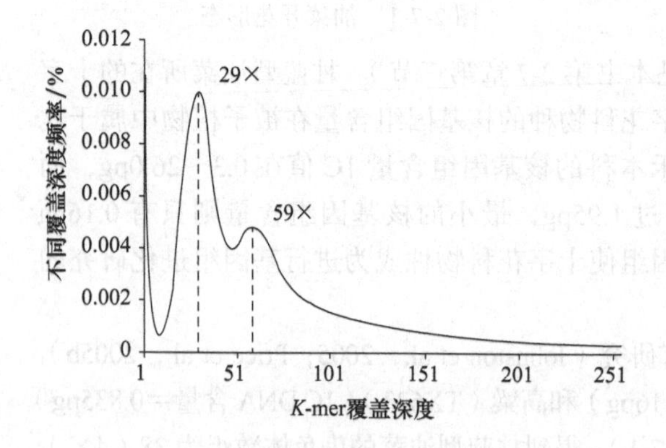

图 2-7-3 甘蓝型油菜 *K*-mer 分布图

（引自 Zou et al.，2019）

本图提供了 17nt 长度字符（17-mer）不同覆盖深度（横坐标）频率分布，可见其四倍体基因组形成的两个峰值

作为参考，白菜和甘蓝的染色体数分别为 20（2×）和 19（2×），核 DNA 含量 1C 值分别是 0.539pg 和 0.710pg，转换后的基因组碱基数总数分别为 529Mb 和 696Mb。该估计值与 Wang 等（2011c）和 Liu 等（2014b）通过 *K*-mer 估计的 485Mb 和 630Mb 基本相符合。

（二）油菜基因组测序情况

甘蓝型油菜分为欧洲油菜、亚洲油菜等亚群。甘蓝型油菜首个基因组 Darmor-*bzh* 于 2014 年在 *Science* 上发表（Chalhoub et al.，2014）。它的两个祖先基因组，即白菜基因组（A 基因组）和甘蓝基因组（C 基因组）之前已经发表（表 2-7-2）。'Darmor-*bzh*'是欧洲冬油菜品种，经历诱变育种过程。2017 年，欧洲冬油菜另外一个品种 'Tapidor' 完成测序，但基因组拼接结果不佳，仅获得 650Mb 草图序列，Scaffold N50 不到 200kb（Bayer et al., 2017）；后续 Zou 等（2019）进行了改进，获得 1.02Gb 草图序列。

表 2-7-2　甘蓝型油菜及其两个祖先种基因组测序进展

物种	基因组	染色体数目	基因组组装大小 /Mb	Scaffold N50/Mb	Contig N50/kb	测序策略	文献
B. rapa	Chiifu-401-42	10	284	1.97	27.3	BAC＋Illumina	Wang et al., 2011c
	Chiifu-401-42	10	389	3.38	52.7	BAC ＋ Illumina ＋ PacBio	Cai et al., 2017
B. oleracea	02-12	9	540	1.46	26.8	454 ＋ Sanger ＋ Illumina	Liu et al., 2014b
B. napus	Darmor-*bzh*	19	850	0.66	37.2	454 ＋ Sanger ＋ Illumina	Chalhoub et al., 2014
	Tapidor	19	697	0.20	19.7	Illumina	Bayer et al., 2017
	Tapidor	19	1020	0.81	8.3	Illumina	Zou et al., 2019
	中双 11 号（ZS11）	19	976	0.60	39.6	BAC ＋ Illumina	Sun et al., 2017a
	宁油 7 号（NY7）	19	957	6.91	43.7	Illumina＋PacBio ＋ Hi-C	Zou et al., 2019

'Darmor-*bzh*' 和 'Tapidor' 为欧洲冬性油菜品种，代表的是欧洲经过数百年育种历程而形成的双低油菜品种，而亚洲甘蓝型油菜经历了独特遗传改造（详见本书第 2-7 章第二节），因此具备其独特遗传背景。2017 年，亚洲半冬性双低油菜第一个基因组——'中双 11'（'ZS11'）基因组发表。Sun 等（2017a）通过逐步克隆（BAC-to-BAC）和全基因组鸟枪法两个策略拼接出一个与 Darmor-*bzh* 及两个祖先基因组（Ar 和 Co）一致性较高的基因组。另外一个亚洲"双高"油菜——'宁油七号'（'NY7'）也通过 Illumina、PacBio、遗传图谱、转录组群体数据，以及 Hi-C 等多套数据进行了高质量拼接，其 Scaffold N50 达到了 6.9Mb，染色体拼接累计总长度达到 893Mb（Zou et al., 2019）。'NY7' 为双高油菜品种，为我国 20 世纪 70～80 年代主栽品种之一，它代表着亚洲油菜在欧洲双低油菜渗入前的典型基因组（即双高油菜基因组），而 'ZS11' 代表的是经过欧洲双低油菜渗入改良后的亚洲现代双低油菜品种。此外，芥菜基因组也于 2016 年测序完成（Yang et al., 2016）。

（三）基因组重测序进展

在油菜基因组未发布之前，甘蓝型油菜高通量 SNP 芯片已研发成功（如 60K Illumina Infinium 芯片），2013 年开始用于油菜遗传图谱构建、农艺性状 GWAS 和 QTL 定位等（详见本书第 2-7 章第二节）。油菜基因组重测序研究同样在油菜基因组出现之前就开始了。Huang 等（2013b）利用已发表的两个油菜祖先种基因组作为参考基因组，进行了 10 份油菜材料重测序及全基因组 SNP 分析。随着油菜参考基因组 Damor-*bzh* 的发表，不少油菜群体基因组重测序工作随即开展（表 2-7-3）。例如，Schmutzer 等（2015）对 52 份具有高度多态性的油菜材料进行了基因组重测序，其中包括了 22 份通过种间人工杂交合成的油菜材料，这些具有高度多态性的油菜材料总共提供了430万个高质量的全基因组SNP，对于研究油菜育种提供了可靠的基因组重测序数据基础；Wang等（2018a）对200多份不同地区和种植类型的油菜栽培种或者自交系材料进行了基因组重测序，研究了油菜群体的多样性及重要农艺性状相关遗传变异；Malmberg等（2018）对149份澳大利亚油菜材料进行了重测序，并结合转录组测序数据对澳大利亚和全球油菜进行了进化及多态性分析；Zou等（2019）对‘宁油7号’系谱（包括‘胜利’油菜、‘成都矮’白菜型油菜、‘宁油1号’及‘川油2号’等）进行基因组深度测序，通过基因组 *de novo* 拼接方式对‘宁油7号’育种过程的遗传传递进行了解析；Wu等（2019）和Lu等（2019）分别对来自全球39个国家的991份油菜种质资源和来自21个国家的588份材料甘蓝型油菜进行了基因组重测序。

表 2-7-3　甘蓝型油菜群体基因组重测序进展

群体组成	平均测序深度（×）	序列分析方式	文献
8个半冬性，1个冬性，1个春性	10	SNP calling	Huang et al., 2013b
8个不同形态的油菜材料	15	SNP calling	Chalhoub et al., 2014
52份油菜材料（包括30份油菜和22份人工合成油菜）	13	SNP calling	Schmutzer et al., 2015
22个油菜自交系材料	13	SNP calling	Mahmood et al., 2016
230个油用油菜主产区材料（中国：139，欧洲：56，加拿大：18，澳大利亚：13，日本：4）	5.8	SNP calling	Wang et al., 2018a
149份澳大利亚材料	10	SNP calling	Malmberg et al., 2018
4份‘宁油7号’系谱材料	150	*de novo*	Zou et al., 2019
991份来自39个国家材料	6.6	SNP calling	Wu et al., 2019
588份来自21个国家材料	5.0	SNP calling	Lu et al., 2019

二、油菜基因组基本构成及其数据库

（一）油菜基因组基本构成

基于目前油菜基因组研究结果（Chalhoub et al., 2014；Sun et al., 2017a；Zou et al., 2019），油菜基因组注释基因的数量在10.1万～10.4万，即油菜基因组包含超过10万个蛋白质编码基因（表2-7-4）。这些注释基因中，48%基因可以发生交替剪接。油菜基因组中非编码RNA基因目前鉴定出8905个长非编码RNA（lncRNA）和1195个miRNA（详见本书第2-7章第二节）。此外，重复序列为油菜基因组的重要组成部分，主要为以转座子（transposable elements，TE）为主的散落重复和串联重复。由于品种或者鉴定方法不同，重复序列比例也会有所不同，大致在40%～55%。

表 2-7-4　甘蓝型油菜基因组基本构成

类型	数量或比例	类型	数量或比例
蛋白质编码基因		微小RNA（microRNA）	1 195
总数	101 040～104 179	重复序列比例	40%～55%
可变剪接基因数量	48%	散落重复（interspersed repeats）	35.7%～49.8%
非编码基因		串联重复（tandem repeats）	2.5%～5.8%
长非编码RNA（lncRNA）	8 905		

（二）油菜主要基因组数据库

Cheng 等（2017）将目前芸薹属基因组数据库资源分为三类：基因组资源、综合性资源及基因组可视化比较基因组学资源（表 2-7-5）。BRAD、GENOSCOPE、BnPedigome 及 Ensemblplants 等数据库均提供直接下载油菜基因组注释等相关数据、序列搜索，以及部分数据的基因组浏览器在线可视化浏览。在 Ensemblplant 和 COGE 中可以进行一些油菜相关的共线性比较等比较基因组学相关分析。BRAD 提供了以白菜为主和模式植物拟南芥相对应的功能基因列表，这些基因列表在油菜功能基因分析中可提供参考。此外，在 Brassibase 和 Brassica Genome Gateway 等数据库中提供了油菜群体、性状等其他相关数据资源。

表 2-7-5　芸薹属基因组数据库资源

数据库名称	网址
BRAD	http://brassicadb.org/brad/
GENOSCOPE	http://www.genoscope.cns.fr/brassicanapus/
BnPedigome	http://ibi.zju.edu.cn/bnpedigome/
CropStore	http://www.cropstoredb.org/interface.html
Brassibase	http://brassibase.cos.uni-heidelberg.de/
Brassica Genome Gateway	http://brassica.nbi.ac.uk/
Brassica Genome Browser	http://appliedbioinformatics.com.au/cgi-bin/gb2/gbrowse/XA/
EnsemblPlants	http://plants.ensembl.org/index.html
BrGDB	http://www.plantgdb.org/BrGDB/
CoGe	https://genomevolution.org/CoGe/
Brassica IGF	http://brassica.nbi.ac.uk/IGF/?page=body/database.htm
BACMan	http://www.plantgenome.uga.edu/bacman/brassica/BACManwww.php

第二节　油菜基因组进化与功能

一、甘蓝型油菜基因组特征与进化

（一）一个新石器时期出现的多倍体作物

甘蓝型油菜是著名“禹氏三角”（U'triangle）中的重要一角（图 2-7-4）（U，1935）。在“禹氏三角”中甘蓝型油菜是二倍体白菜和二倍体甘蓝种间杂交而产生的异源四倍体。基于基因组序列数据的时间估计，甘蓝型油菜（AACC）大约起源于 7500 年前，即二倍体白菜（A_rA_r）和二倍体甘蓝（C_oC_o）之间种间杂交，形成其异源四倍体（Chalhoub et al.，2014）。最新研究表明，A 亚基因组可能起源于欧洲芜菁，C 亚基因组可能起源于球茎甘蓝、花椰菜、青花菜和芥蓝的共同祖先（Lu et al.，2019）。甘蓝型油菜由两个二倍体杂交而成的多倍化过程，其实只是其经历的多倍化事件的最近一次。在漫长的进化过程中，油菜及其芸薹属内其他物种基因组经历了许多次多倍化事件，包括全基因组三倍化（WGT）（详见本书第 1-6 章和第 2-8 章）。三倍化的芸薹属基因组特征明显，可以观察到不少相应遗传现象，如基因偏好差异

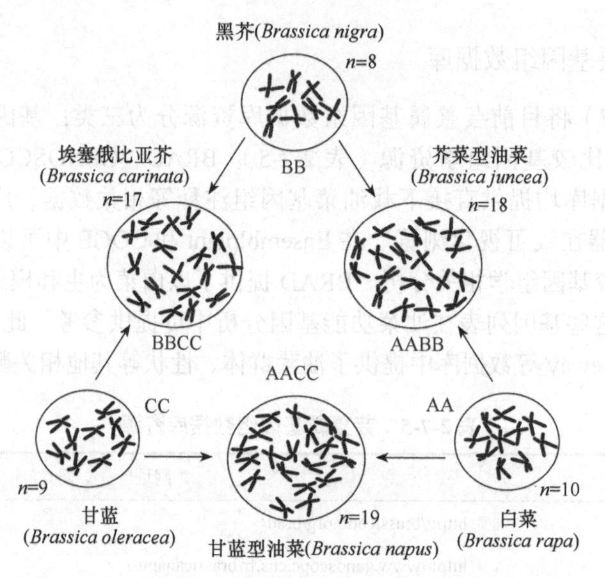

图 2-7-4 芸薹属"禹氏三角"物种构成及其基因组

及基因显性表达等。基于基因组序列分析可以观察到，从无油樟属到葡萄属再到十字花科不同物种分化阶段，油菜进化过程中共经历 72 次基因组倍增历程（图 2-7-5）。因此，油菜及其他芸薹属作物，是研究植物多倍体进化一个非常好的系统。

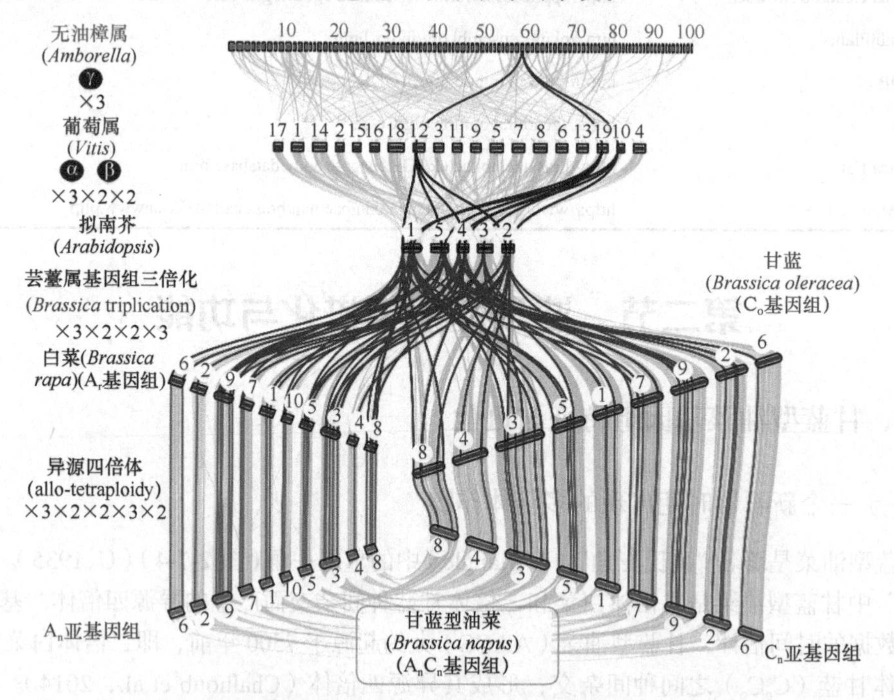

图 2-7-5 油菜多倍化历程（引自 Chalhoub et al., 2014）

图中显示出甘蓝型油菜进化过程中经历了多次基因组三倍化（×3）和倍增（×2）事件

Schranz 等（2006）以古老十字花科物种拟南芥的染色体核型为基础，整合了十字花科比较基因组学相关结果，确定了 24 个十字花科保守染色体区段，分别以 A～X 进行命名。Liu 等（2014b）以该保守区块将白菜和甘蓝分别与拟南芥染色体基因组序列进行比较基因组学比较（图 2-7-6）。如图 2-7-6 所示，芸薹属物种（包括白菜、甘蓝及油菜）基因组经历了全基因组三倍化。在白菜和甘蓝中，从三倍化而来的基因组区块可分为三类亚基因组，分别是 LF（least-fractionated，最小分离的）、MF1（medium-fractionated，中等分离的）和 MF2（most-fractionated，最大分离的）（Cheng et al.，2013）。有意思的是，经过 Liu 等（2014b）对这三类亚基因组的转录组表达比较分析发现，在 LF 亚基因组中的基因表达水平要明显高于 MF1 和 MF2 亚基因组，同时在 MF1 和 MF2 亚基因组中，两者的表达水平没有明显差别。从油菜两个祖先种基因组的结果可以推测出三倍化对于油菜的巨大影响。同时，从这些区块在基因组拼接序列的比例及基因数目来看，在拟南芥中共涉及 19 628 个基因（共占 27 169 个基因的 72.2%）、白菜共 26 698 个基因（占所有基因的 64.8%），以及甘蓝共 26 485 个基因（占所有基因的 57.9%）。伴随着进化历程，不断重组导致原始区块比例越来越低，但依旧可以看到古老保守序列的影响。

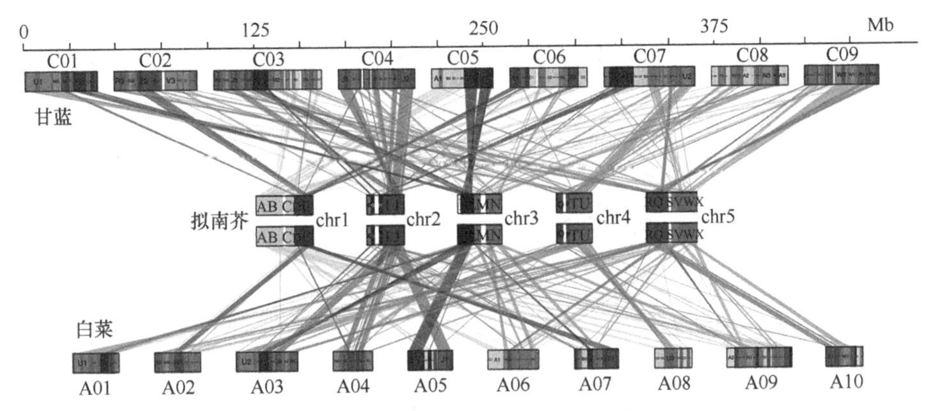

图 2-7-6 甘蓝型油菜两个祖先种（白菜和甘蓝）与拟南芥基因组共线性（Liu et al.，2014b）
图中拟南芥染色体不同颜色代表古老十字花科物种 24 个保守染色体区块及其在油菜基因组的倍增情况

（二）亚洲甘蓝型油菜起源及其基因组遗传分化

据历史记载，甘蓝型油菜于 14 世纪在欧洲作为叶用蔬菜或者叶用饲料作物进行栽培，到了 19 世纪初，甘蓝型油菜则被作为油料作物广泛种植。甘蓝型油菜在中国只有 70 多年的栽培历史。关于我国甘蓝型油菜的来源，没有详细的文字记载，一直是个谜团。油菜在几千年进化史中，逐渐适应了不同的海拔与气候生态环境，形成了冬性、半冬性和春性 3 种基本生态类型，北起斯堪的纳维亚半岛、加拿大等高纬度区域，南至我国长江流域、印度、巴基斯坦、澳大利亚，都有分布。Wu 等（2019）通过近千份油菜基因组重测序及全基因组关联分析，发现了 *FLOWERING LOCUS T* 与 *C* 等 2 个基因启动子区域的 SNP 单倍型差异，以及乙烯合成与信号转导途径基因的遗传多态性，是导致 3 种生态分型的关键分子基础；发现从古罗马帝国时期（公元前 8 世纪至公元 6 世纪），起源于地中海沿岸地区的油菜，沿着 8 条主要途径逐步向世界各地扩散。亚洲甘蓝型油菜来自欧洲，首先传入日本，19 世纪 50 年代由日本引进中国作为油料作物进行广泛种植。

我国对引入的甘蓝型油菜进行过两次重要的改良过程：一是利用亚洲白菜型油菜（二倍体）与甘蓝型油菜杂交，即白菜型油菜基因组的渗入，完成从欧洲冬性到亚洲半冬性乃至春性油菜的改良过程（代表性品种‘宁油 7 号’）；二是利用加拿大等双低油菜改良亚洲油菜形成现代双低油菜品种（代表性品种‘中双 11’）。基于亚洲和欧洲油菜基因组变异，可见亚洲油菜和欧洲油菜群体分化明显（图 2-7-7），特别是以‘宁油 7 号’为代表的亚洲双高油菜，与欧洲油菜（包括双高、双低）群体完全分开；后来的加拿大等双低油菜渗入的亚洲双低油菜群体（以‘中双 11’为代表）则更接近欧洲油菜，说明亚洲双低油菜育种过程中，除了硫苷和芥酸合成代谢相关基因，还导入了不少欧洲油菜遗传背景（加拿大油菜也是由欧洲引入）。因此，‘宁油 7 号’经历了独特的亚洲油菜早期育种历程，在油菜育种历程占据着承上启下的地位，即上承来自日本的双高油菜‘胜利油菜’和中国本土的早花白菜型油菜品种‘成都矮’的遗传背景，下传中国现代双低油菜品种。基于 60 余份亚洲油菜染色体的基因组区段祖先溯源分析结果（图 2-7-7C，红色代表由二倍体白菜渗入的保守区段，蓝色代表欧洲油菜），可见双低油菜遗传渗入对亚洲油菜影响非常明显。

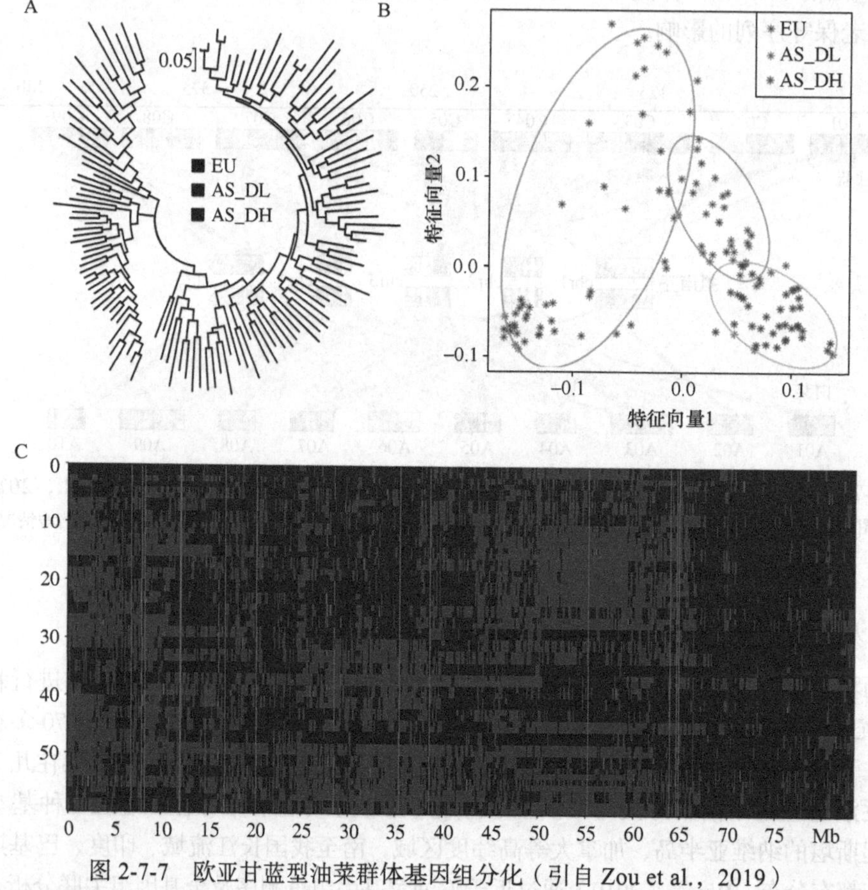

图 2-7-7 欧亚甘蓝型油菜群体基因组分化（引自 Zou et al.，2019）

A, B. 基于基因组重测序及其遗传变异构建的欧亚甘蓝型油菜群体系统发生树和主成分分析（PCA）图。EU. 欧洲油菜；AS_DL. 亚洲双低油菜；AS_DH. 亚洲双高油菜。C. 亚洲甘蓝型油菜遗传背景分析。图中为 60 余份亚洲油菜（纵坐标）在 C03 染色体的基因组区段祖先来源分析结果，两种颜色分别代表二倍体白菜和欧洲油菜的保守区段

二、基因组转录与修饰

（一）转录组

油菜与拟南芥、水稻等其他重要植物物种一样，经历了从基于传统测序技术的 cDNA/EST 到基于高通量测序技术的 RNA-Seq 等过程。例如，2007 年 RNA-Seq 技术出现前，

GenBank 数据库已积累了 45 万多条油菜 EST 序列记录。Trick 等（2009）第一次通过 RNA-Seq 技术开展了大规模油菜基因组转录研究，他们对两个油菜品种‘Tapidor’和‘宁油 7 号’及其 4 株双单倍体（DH）系进行了转录组序列高通量测序，产生了约 1.5Gb 序列数据，这是当时芸薹属物种最大规模的转录组数据。这些数据通过比对，在 15 626 个基因（unigene）序列中共鉴定出了‘Tapidor’和‘宁油 7 号’两个油菜之间共计 41 593 个 SNP，即使提高 SNP 鉴定标准，仍旧还在 9265 个基因中鉴定到 23 330 个 SNP，其中 21 259 个为 hemi-SNP 类型 SNP（即在部分同源序列中鉴定出的 SNP）（91.2%）（图 2-7-8）。相比于二倍体物种中

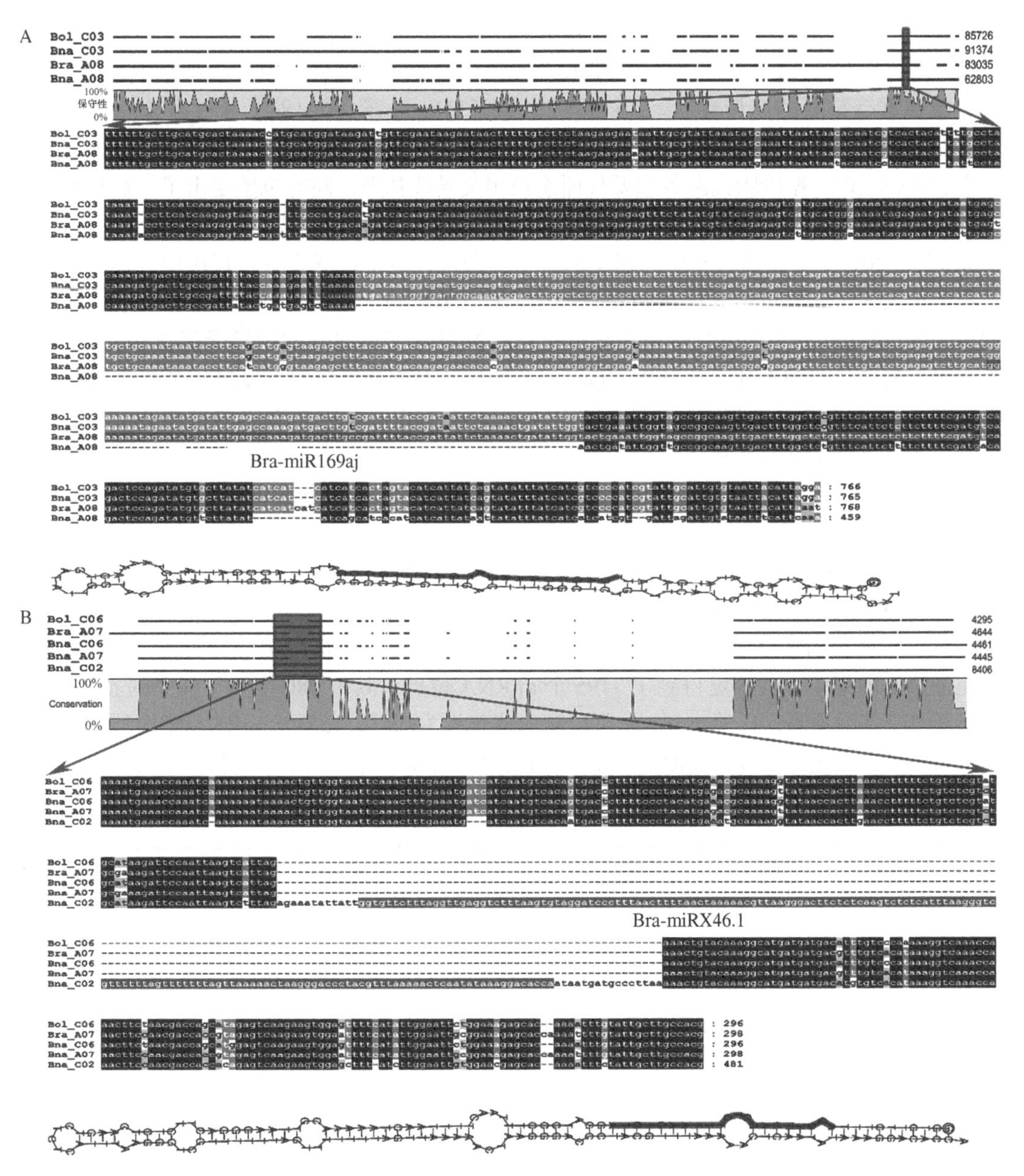

图 2-7-8　油菜多倍化过程中发生 miRNA 丢失和获得的例子（引自 Shen et al.，2015）

A. 一个 miR169 在油菜基因组中丢失的例子；B.novel-miRX46.1 作为油菜基因组中 miRNA 获得的例子。上图和中图分别为油菜基因组序列和祖先种共线性区域序列联配情况，下图为序列形成的 miRNA 二级结构

普遍存在的简单 SNP，hemi-SNP 大量存在于油菜这种异源四倍体物种中，这在后续 Bancroft 等（2011）及 Huang 等（2013b）的研究均得到证实。此外，Chalhoub 等（2014）、Sun 等（2017a）及 He 等（2017）均开展了转录组分析，证实了亚基因组的表达偏好性等。

甘蓝型油菜是较早利用转录组测序进行分子标记开发和遗传图谱构建的作物之一。Bancroft 等（2011）通过对‘Tapidor’和‘宁油 7 号’的 DH 系群体进行转录组测序，构建油菜 TN 群体的遗传图谱。与已有的一些数据进行比较，如 DH 群体重组区域图谱（bin map）遗传关系、独立基因（unigene）在遗传图谱上的表达丰度关联性，以及拟南芥基因组共线性关系等，均说明其遗传图谱的可靠性。同时对转录组数据在油菜育种中的利用途径，包括育种过程中的传递及种间杂交在转录组上的表现进行了方法上的探寻。

转录组数据被广泛应用于油菜各类农艺性状相关功能基因分析中，如油菜种子含油量及种子千粒重等重要的产量性状。Xu 等（2015）和 Huang 等（2018a）通过高含油量油菜和低含油量油菜的转录组数据之间的比较分析，发现了不同含油量之间的差异表达基因和光合效应、脂肪代谢、糖磷脂代谢等重要代谢途径相关候选基因，同时也鉴定出了一些与油脂合成代谢相关候选基因。除了产量性状之外，转录组数据分析同样被应用于油菜抗性研究中，Girard 等（2017）对菌核病易感和耐受的材料分别进行转录组测序并进行比较分析，鉴定出了乙烯相应因子家族可能激活参与识别菌核病菌（*Sclerotinia sclerotiorum*）等一系列反应的相关基因；Vogel 等（2014）对油菜花粉甲虫抗性进行了不同时期的转录组测序比较分析，鉴定出了抗虫相关的差异表达基因；Gill 等（2016）对重金属铬对油菜产生的毒性利用转录组数据进行了研究，发现编码谷胱甘肽（glutathione）相关基因随着铬的毒性通过激活植物新陈代谢、应激反应等上调。

（二）非编码 RNA

非编码 RNA 主要包括小 RNA 和长非编码 RNA。基于小 RNA 高通量测序和油菜基因组数据，自 2012 年开始，研究者对油菜 miRNA 有了一定的了解（表 2-7-6）。基于油菜全基因组序列，编者进行了多次油菜 miRNA 大规模鉴定（Shen et al.，2014a，2015，2017a）。目前在油菜基因组中一共鉴定得到了 1195 个 miRNA 位点，其中 280 个属于保守的 miRNA 家族。通过靶基因预测，11 个 miRNA 可以靶向硫苷相关基因，158 个 miRNA 靶向油脂合成或降解相关基因。这意味着，miRNA 在改良油菜的品质及提升含油量方面扮演重要角色。

表 2-7-6 甘蓝型油菜 miRNA 鉴定情况

来源	miRNA 鉴定数量
Zhao et al.，2012	59
Xu et al.，2012	55
Zhou et al.，2012	84
Korbes et al.，2012	251
Shen et al.，2014a	893
Shen et al.，2015	645
Shen et al.，2017a	851
合计	1195

在甘蓝型油菜异源四倍体化事件中，编者观察到了一些 miRNA 的有趣进化现象。通过

比较基因组分析，发现甘蓝型油菜中 76% 的 miRNA 与其两个祖先种存在着较好的保守性。此外，在甘蓝型油菜形成的过程中，有 133 个 miRNA 经历了丢失（lost）或获得（gain）事件（图 2-7-8）。

长非编码 RNA 的表达往往具有组织特异性和时空特异性。因此鉴定 lncRNA 不但需要各种组织的转录组数据，并且需要进行多步过滤以获得不具备编码潜能的转录本。基于 20 个油菜油脂合成的链特异性 RNA 测序数据（strandssRNA-Seq）和 30 个公开发表的各个组织的普通转录组数据（RNA-Seq），编者在油菜中鉴定了 8905 个长非编码 RNA 基因，其中包括 7100 个基因间长非编码 RNA（lincRNA）和 1805 个天然反义长非编码 RNA（lncNAT）基因（Shen et al.，2018a）。两种建库测序（ssRNA-Seq 和 RNA-Seq）方式所获得的 lncRNA 位点，它们的各种特征具有显著差异性，并且它们的重叠率只有 20%～30%，这说明了结合不同建库方式进行 lncRNA 鉴定的必要性（图 2-7-9）。油菜 lncRNA 的特征与编码基因有所不同：①转录本的外显子构成数量，油菜中的 lincRNA（一个外显子：32.7%；两个外显子：29.8%）和 lncNAT（一个外显子：26.2%；两个外显子：54.7%）多由一个或两个外显子构成，显著高于编码基因转录本；②平均转录本长度，lincRNA（约 929 个碱基）和 lncNAT（约 985 个碱基）的转录本明显短于编码基因转录本长度（约 1287 个碱基）；③ A/U 含量比例，lincRNA 和 lncNAT 的转录本相比于编码基因，转录本 A/U 含量较高，并且 lincRNA 的最高（图 2-7-9）。这个结果表明 lncRNA 较编码基因转录本更加不稳定。最后，36% 的 lincRNA

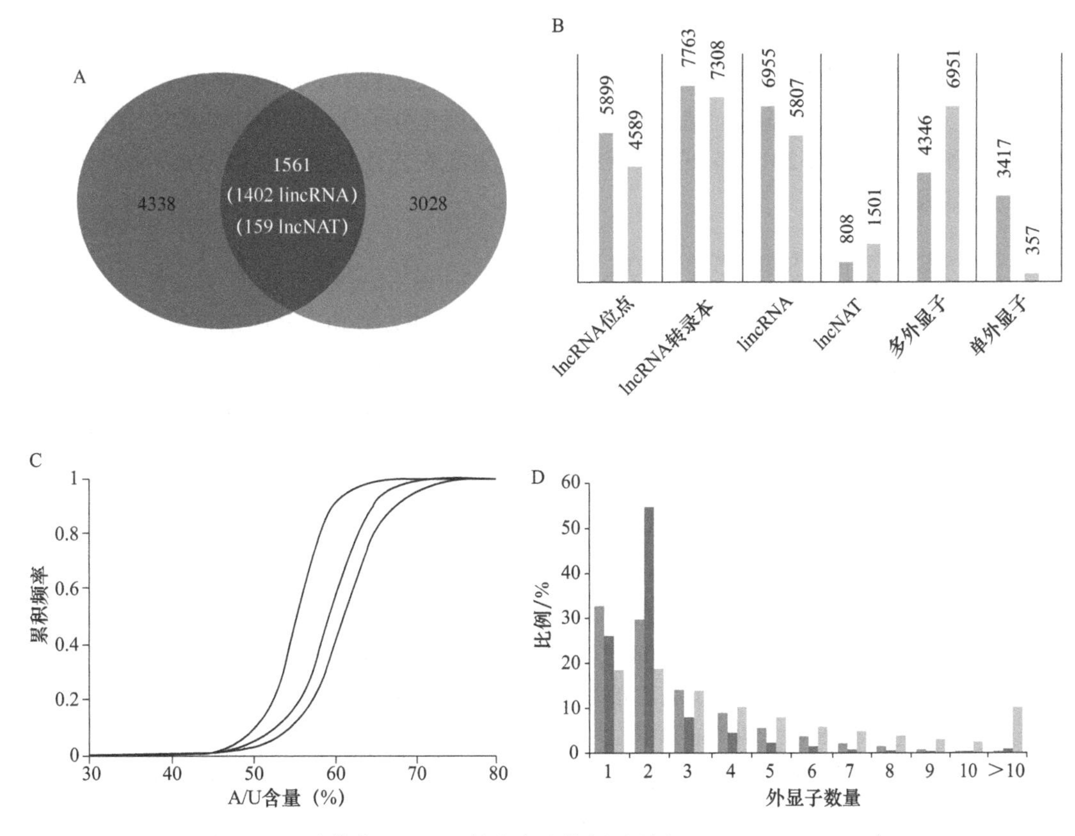

图 2-7-9　油菜中 lncRNA 的鉴定和特征（引自 Shen et al.，2018a）

A, B. 两种不同建库测序数据（左，ssRNA-Seq；右，RNA-Seq，图 A）获得的 lncRNA 位点、lncRNA 转录本、lincRNA、lncNAT 和外显子构成的数量比较（图 B）；C, D. lincRNA、lncNAT 和信使 RNA 转录本中外显子的分布情况（图 D 从左向右）和 A/U 含量的分布密度（图 C 从右向左）

与重复序列具有重叠，显著高于编码基因。

（三）甲基化

甘蓝型油菜全基因组甲基化测序和分析尚不多。例如，孟金陵团队通过 TNDH 群体甲基化标记进行遗传图谱构建、QTL 定位等分析（Long et al.，2011）；Chalhoub 等（2014）分别研究了油菜的叶片和根部的甲基化水平；Shen 等（2017）研究了油菜花芽分化组织和幼蕾甲基化水平等。根据 Chalhoub 等（2014）研究发现，油菜不同组织甲基化程度不同，如油菜叶片的 CG 位点甲基化水平为 53%，CHG 位点甲基化水平为 22%，CHH 位点甲基化水平为 7%；根部的甲基化水平更高一些，CG 位点甲基化水平为 55%，CHG 位点甲基化水平为 26%，CHH 位点甲基化水平为 8%（表 2-7-7）。在油菜基因组中，在不同组织和不同亚基因组上，重复元件处于高度被甲基化的状态。例如，油菜叶片 A_n 亚基因组中重复元件 CG 位点的甲基化水平为 86.6%，CHG 位点的甲基化水平为 39.3%，CHH 位点为 13.0%；在油菜 C_n 亚基因组中，存在类似甲基化比例。油菜基因组中的启动子区域（UTR）是甲基化程度相对较低的。例如，在叶片 A_n 亚基因组中启动子区域 CG 位点的甲基化水平只有 8.5%，根部的甲基化水平为 9.2%；CHG 位点的叶片甲基化水平为 4.1%，根部的甲基化水平为 5.0%；CHH 则更低，分别为 2.4% 和 3.0%。

三、功能基因基因组关联分析

基于作物群体及其 SNP 分子标记，可以对重要农艺性状进行基因组变异关联分析（GWAS），获得候选功能基因。基于油菜群体及其规模化分子标记，特别是基于 SNP 芯片和基因组重测序结果，自 2013 年开始，获得了大量重要农艺性状候选基因位点，极大推进了油菜功能基因组学研究。

（一）基于高通量 SNP 芯片（60K）

油菜高通量 SNP 芯片在油菜基因组测序完成前就已研发成功。其中最重要的进展为 60K Illumina Infinium 芯片，该芯片包含超过 52 万个 SNP 位点，2013 年开始用于油菜遗传图谱构建、资源群体结构调查、农艺性状 GWAS 和 QTL 定位等（Mason et al.，2017）。基于该芯片，短短几年间就发表了大量论文（Li et al.，2014a；Liu and Li，2014；Fletcher et al.，2015；Zhang et al.，2015b；Qu et al.，2015；Mason et al.，2015；Schiessl et al.，2015；Hatzig et al.，2015；Qian et al.，2016；Liu et al.，2016d；Wei et al.，2016；Li et al.，2016a；Xu et al.，2016）。

对于作物生产而言，产量通常是最重要的农艺性状之一。油菜产量特指油菜产油量。和其他作物产量性状一样，油菜产油量性状异常复杂而且受环境影响巨大。中国农业科学院油料作物研究所吴晓明团队率先利用 60K 芯片技术对 472 个油菜品种材料进行全基因组关联分析，其中在油菜 A8 染色体发现了与含油量关联的位点，在 A7 和 A9 染色体检测到与千粒重关联的两个信号（Li et al.，2014a）（图 2-7-10A）。后续出现了大量针对不同群体的全基因组关联分析或基于高密度 SNP 标记的 QTL 定位结果。例如，Xu 等（2016）利用 60K 芯片对来自 8 个不同环境的 523 个油菜品种和近交系进行的 GWAS 分析，共找到 41 个与开花基因相关的 SNP，其中 12 个 SNP 在已鉴定的 15 个具有较大效应的开花相关 QTL 区间内，也鉴定了和拟南芥开花相关基因具有同源关系的 25 个油菜基因（图 2-7-10B）；Luo 等（2017b）基于油菜 TN 遗传群体和 60K SNP 芯片基因型所构建的高密度遗传图谱，结合 19 个环境下 22 个

表 2-7-7　油菜叶片和根部中基因组 CG、CHG、CHH 位点的甲基化水平（引自 Chalhoub et al.，2014）

	亚基因组 A_n 和 C_n				亚基因组 A_n				亚基因组 C_n			
	平均甲基化比例 /%		胞嘧啶甲基化比例 /%		平均甲基化比例 /%		胞嘧啶甲基化比例 /%		平均甲基化比例 /%		胞嘧啶甲基化比例 /%	
	叶	根	叶	根	叶	根	叶	根	叶	根	叶	根
CG 甲基化												
总甲基化含量	53.00	55.00	/	/	42.00	44.00	/	/	56.00	58.00	/	/
UTR	10.98	11.75	27.71	28.15	8.52	9.24	24.71	25.24	12.43	13.19	28.90	29.24
基因	23.44	24.59	40.63	41.12	18.52	19.52	35.41	35.90	26.68	27.89	43.00	43.55
重复序列	87.70	89.89	97.59	97.67	86.60	88.58	96.55	96,65	88.37	90.42	97.62	97.71
CHG 甲基化												
总甲基化含量	22.00	26.00	/	/	18.00	21.00	/	/	23.00	28.00	/	/
UTR	4.88	5.92	22.87	23.89	4.09	5.01	20.58	21.61	5.35	6.04	23.69	24.52
基因	8.63	10.21	31.85	32.74	6.75	8.15	27.19	28.11	9.85	11.55	33.76	34.64
重复序列	38.58	90.19	90.26	91.68	39.25	46.91	89.35	90.19	40.34	47.85	90.44	91.16
CHH 甲基化												
总甲基化含量	7.00	8.00	/	/	6.00	7.00	/	/	7.00	8.00	/	/
UTR	2.55	3.17	20.93	22.18	2.39	2.97	19.75	20.93	2.56	3.21	22.14	23.18
基因	3.66	4.37	26.63	27.65	3.21	3.87	24.09	25.09	2.67	3.30	21.25	22.46
重复序列	12.01	13.37	61.80	62.49	13.05	14.33	63.18	63.72	12.13	13.42	60.86	61.60

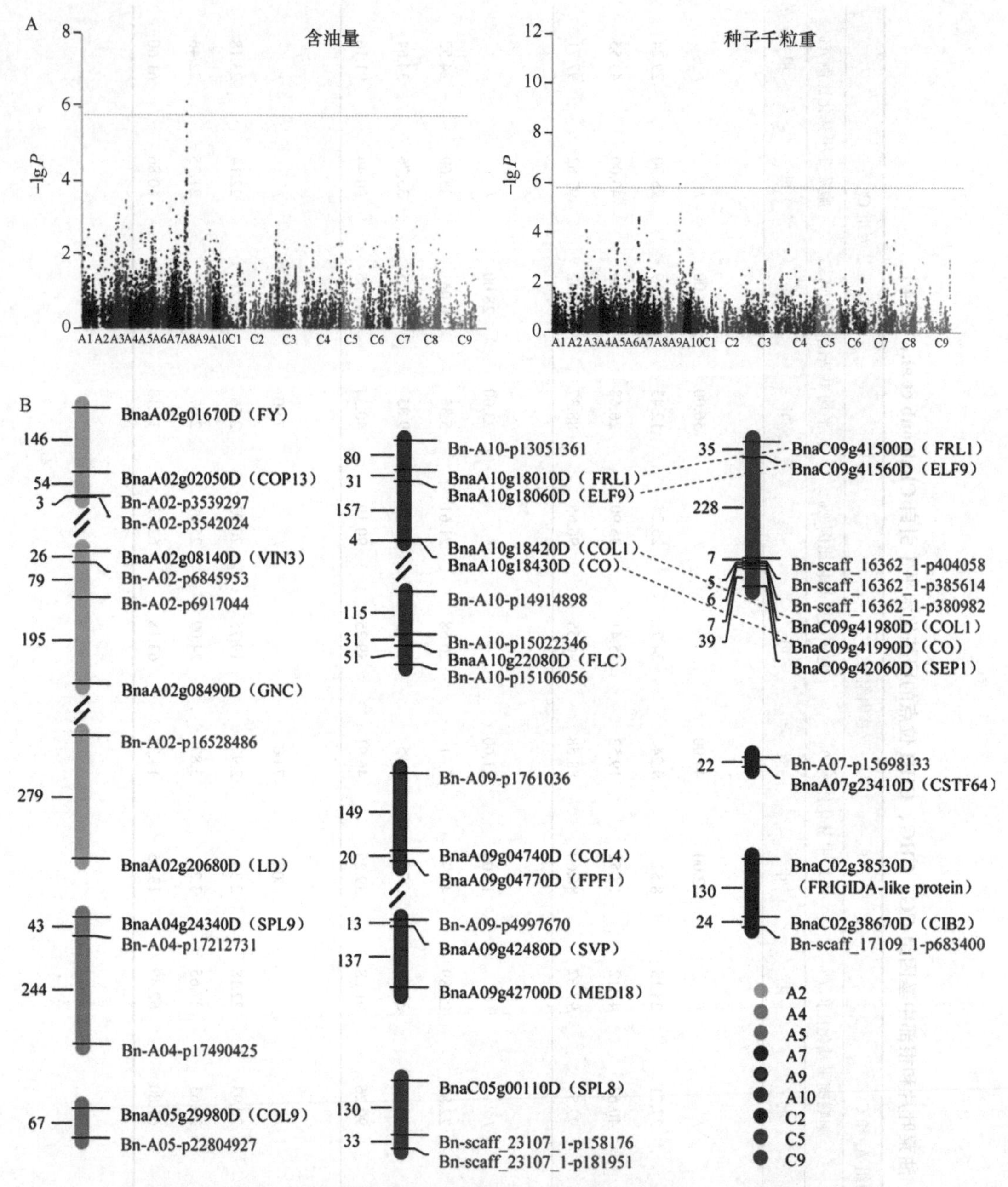

图 2-7-10　基于高通量 SNP 芯片（60K）的油菜全基因组关联分析结果举例

A. 油菜含油量和种子千粒重关联分析曼哈顿图（Li et al.，2014a）；B. 油菜花期基因组关联分析结果。图中各条染色体上黑色字体代表花期相关候选基因，括号为拟南芥同源基因，红色字体代表与开花时间关联的 SNP（Xu et al.，2016）

性状的表型，共鉴定出 525 个对种子产量性状直接或者间接产生影响的 QTL，包括种子产量、产量构成因子、生育期性状、抗病性状，以及与种子产量显著相关的品质性状，其中 295 个 QTL 能在多个环境下同时被检测出。

（二）基于基因组重测序

油菜群体基因组重测序自 2013 年开始出现有关报道（表 2-7-3），目前已开展的较大群体基因组重测序研究，主要来自中国、德国和澳大利亚（Schmutzer et al.，2015；Wang et al.，2018；Malmberg et al.，2018；Wu et al.，2018；Lu et al.，2019）。相对于 60K 芯片技术，群体全基因组重测序提供了真正意义上的全基因组 SNP 及其 GWAS 分析。油菜的大规模基因组重测序研究可鉴定出 556 百万个 SNP，远远超过 SNP 芯片所能鉴定的 SNP 数量。同时，通过高通量重测序及其序列分析，可以更加准确鉴定多倍体油菜基因组中的不同类型 SNP，这些海量 SNP 数据为 GWAS 分析提供了重要基础。

Wang 等（2018）通过 238 份油菜的全基因组重测序进行 GWAS 分析，共有 17 个位点被检测到在多个环境都与含油量相关。另外，还鉴定出油菜 6 个芥酸（EAC）相关联的位点及 49 个硫苷（GSC）相关联位点（图 2-7-11A），在多个环境下，这 6 个芥酸关联位点贡献率达到 94.1%，而 49 个硫苷相关联位点则达到 87.9%。芥酸和硫苷含量对于甘蓝型油菜的品质影响重大，所以在油菜育种的过程中芥酸和硫苷含量一直是育种家致力于改善的重要性状。由于这两个品质性状的重要性，针对这两个性状开展了大量 QTL/GWAS 基

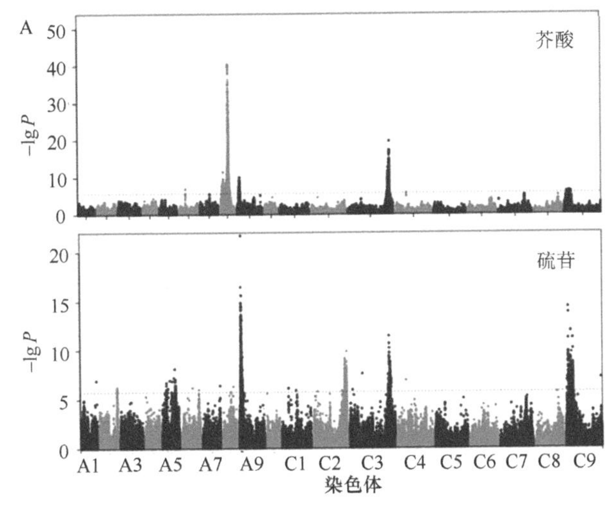

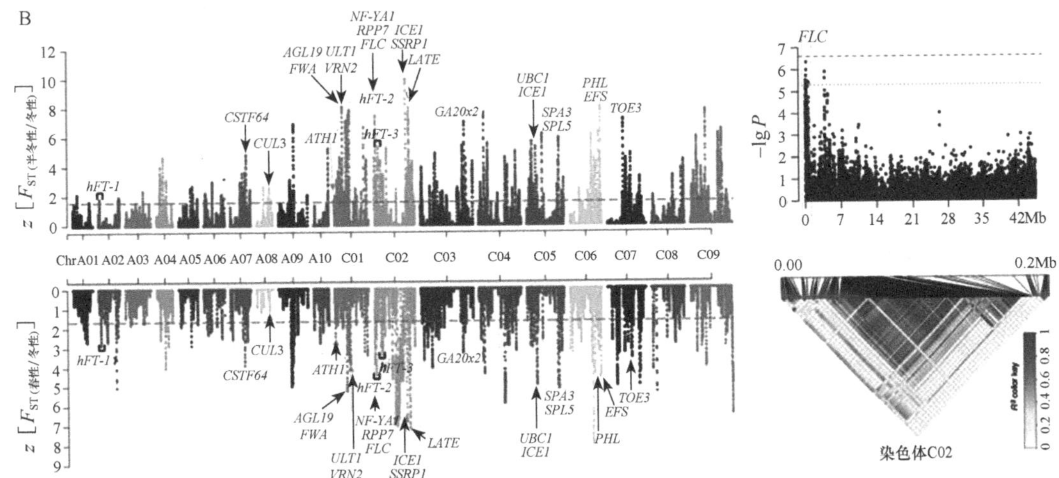

图 2-7-11　基于基因组重测序的油菜全基因组关联分析结果举例

A. 芥酸（EAC）和硫苷（GSC）含量关联分析曼哈顿图（Wang et al.，2018）；B. 油菜基因组选择及其开花相关基因与（Lu et al.，2019）。选择信号（F_{ST}，半冬性和春性与冬性群体比较）和 GWAS 覆盖区域及其开花相关候选基因，其中 GWAS 分析显著（$-\lg P=6.61$）关联花时相关基因 *FLC* 结果单独列出

因定位研究。通过大量芥酸数量性状定位分析（Qiu et al., 2006; Harper et al., 2012; Li et al., 2014a; Qu et al., 2017），在A8和C3染色体上共发现两个主效QTL，两个微效QTL，其中两个油菜基因 *BnaA08g11130D* 和 *BnaC03g65980D* 落在两个主效QTL中，控制种子芥酸含量（Chalhoub et al., 2014）。A9、C2及C9染色体上发现3个主效硫苷QTL（Harper et al., 2012; Howell et al., 2003; Li et al., 2014a; Lu et al., 2014; Qu et al., 2015）。由此可见，Wang等（2018a）通过全基因重测序，发现了更多的与这两个性状关联的位点。同样，Lu等（2019）利用冬性、半冬性和春性油菜群体进行了群体分化及其开花相关基因的GWAS分析，发现油菜大量开花相关基因，如 *FLC* 等（图2-7-11B）。

目前基于基因组重测序和SNP芯片等油菜群体分析存在一些问题。例如，①目前油菜群体分析仅利用基因组SNP变异，但基因组遗传变异还有Indel等，特别是基于基因组重测序数据，大量Indel等数据没有被充分利用；②目前群体基因组研究都还是低覆盖度测序，油菜基因组结构（SV）和拷贝数变异（CNV）等都无法获得。作为新形成的异源四倍体作物，这些变异在油菜基因组中非常普遍。

第 2-8 章　蔬菜基因组

扫码见
本章彩图

第一节　蔬菜基因组概述

一、蔬菜主要种类及其基因组测序情况

蔬菜是重要经济作物之一，与其他 6 种粮油作物一起被列入我国七大农作物育种重大专项。蔬菜种类繁多，常见蔬菜主要包括十字花科、茄科、葫芦科蔬菜。本章主要针对这些蔬菜基因组进行介绍。

（一）我国蔬菜主要分类与来源

据不完全统计，我国的蔬菜植物有 700 余种（按照植物学分类），其中栽培蔬菜有 20 余科共计 110 多种，绝大多数是种子植物，而且以双子叶植物为主（表 2-8-1）。主要栽培的双子叶植物蔬菜有 17 科 82 种（部分稀有特种蔬菜不包括在内），在双子叶植物蔬菜中又以十字花科（11 种）、茄科（6 种）、葫芦科（12 种）、豆科（17 种）、菊科（9 种）和伞形科（7 种）为主（曹家树等，2005）。单子叶植物蔬菜有 8 科 29 种。按照食用器官分类，也可以将蔬菜分为根菜类、茎菜类、叶菜类、花菜类、果菜类等。

表 2-8-1　我国蔬菜主要种类和来源分布情况

植物分类（科）	蔬菜种属	
	中文名	拉丁名
十字花科	芸薹属（含白菜、甘蓝、芥菜）	*Brassica*
	萝卜属	*Raphanus*
葫芦科	南瓜属（中国南瓜、印度南瓜、西葫芦）	*Cucurbita*
	黄瓜属（含甜瓜、黄瓜）	*Cucumis*
	冬瓜属	*Benincasa*
茄科	茄属 / 番茄属 / 辣椒属	*Solanum/Lycopersicon/Capsicum*
豆科	菜豆属	*Phaseolus*
	豇豆属	*Vigna*
百合科	葱属（含葱、韭葱、洋葱、大蒜）	*Allium*
菊科	莴苣属（含叶用莴苣、莴笋）	*Lactuca*

（二）蔬菜基因组测序进展

最早进行全基因组测序的蔬菜是来自葫芦科的黄瓜。2007 年，中国农业科学院蔬菜花卉研究所发起了国际黄瓜基因组计划，率先利用高通量测序技术并结合 Sanger 测序数据，从头拼接获得了黄瓜基因组草图，全基因组拼接大小为 243.5Mb，占预估基因组大小的70%左右，Scaffold N50达到1.1Mb。黄瓜基因组文章于2009年发表在《自然-遗传》上，这是世界上第一个蔬菜作物基因组序列图，也是第一个通过二代测序技术完成的植物基因组。随后2011～2012年，其他重要蔬菜，如白菜、马铃薯和番茄等基因组先后被测序完成（表2-8-2）。截至2018年底，至少25个重要蔬菜物种基因组被测序完成。

表 2-8-2　已完成基因组测序的重要蔬菜物种（按照发表时间顺序排列）

物种	拉丁名	科	基因组大小	文献
黄瓜	*Cucumis sativus*	葫芦科	243～350Mb	Huang et al.，2009a. *Nat Genet*
马铃薯	*Solanum tuberosum*	茄科	727～844Mb	Potato Genome Sequencing Consortium，2011. *Nature*
白菜	*Brassica rapa*	十字花科	283～500Mb	Wang et al.，2011c. *Nat Genet*
番茄	*Solanum lycopersicum*	茄科	760～900Mb	Tomato Genome Consortium，2012. *Nature*
甜瓜	*Cucumis melo*	葫芦科	375～450Mb	Garcia-Mas et al.，2012. *PNAS*
西瓜	*Citrullus lanatus*	葫芦科	354～425Mb	Guo et al.，2013c. *Nat Genet*
甜菜	*Beta vulgaris*	苋科	567～731Mb	Dohm et al.，2014. *Nature*
辣椒	*Capsicum annuum*	茄科	3.06～3.48Gb	Kim et al.，2014c. *Nat Genet*
萝卜	*Raphanus sativus*	十字花科	402～529Mb	Kitashiba et al.，2014. *DNA Res*
甘蓝	*Brassica oleracea*	十字花科	540～630Mb	Liu et al.，2014. *Nat Commun*
茄	*Solanum melongena*	茄科	833～1127Mb	Hirakawa et al.，2014b. *DNA Res*
茭白	*Zizania latifolia*	禾本科	594～604Mb	Guo et al.，2015. *Plant J*
胡萝卜	*Daucus carota*	伞形科	422～473Mb	Iorizzo et al.，2016. *Nat Genet*
芥菜	*Brassica juncea*	十字花科	922～955Mb	Yang et al.，2016. *Nat Genet*
黑芥	*Brassica nigra*	十字花科	397～591Mb	Yang et al.，2016. *Nat Genet*
苦瓜	*Momordica charantia*	葫芦科	286～339Mb	Urasaki et al.，2016. *DNA Res*
荠菜	*Capsella bursa-pastoris*	十字花科	252～410Mb	Kasianov et al.，2017. *Plant J*
莴苣	*Lactuca sativa*	菊科	2.38～2.7Gb	Reyes-Chin-Wo et al.，2017. *Nat Commun*
菠菜	*Spinacia oleracea*	苋科	996～1009Mb	Xu et al.，2017. *Nat Commun*
笋瓜	*Cucurbita maxima*	葫芦科	271～387Mb	Sun et al.，2017b. *Mol Plant*
中国南瓜	*Cucurbita moschata*	葫芦科	270～372Mb	Sun et al.，2017b. *Mol Plant*
葫芦	*Lagenaria siceraria*	葫芦科	313～334Mb	Wu et al.，2017. *Plant J*
灯笼辣椒	*Capsicum baccatum*	茄科	3.2～3.9Gb	Kim et al.，2017a. *Genome Biol*
中华辣椒	*Capsicum chinense*	茄科	3.0～3.2Gb	Kim et al.，2017a. *Genome Biol*
西葫芦	*Cucurbita pepo*	葫芦科	263～283Mb	Montero-Pau et al.，2017. *Plant Biotechnol J*
芦笋	*Asparagus officinalis*	天门冬科	1.18～1.32Gb	Harkess et al.，2018. *Nat Commun*

目前已开展了大量十字花科中芸薹属蔬菜基因组研究。芸薹属包括著名“禹氏三角”物种及其组合形成的栽培种（详见本书第2-8章第二节）。白菜是位于“禹氏三角”中顶点的重要二倍体物种，其基因组最小，重复序列比例低。白菜基因组测序项目（*Brassica rapa* Genome Sequencing Project，BrGSP）最初试图通过逐步克隆（BAC-by-BAC）策略完成基因组测序与组装。随着高通量测序技术的出现，王晓武课题组2009年开始基于二代测序技术进行白菜基因组测序，并于2011年完成白菜全基因组测序（Wang et al.，2011c）。当

时完成的结球白菜品种‘Chiifu-401-42’基因组拼接只占到白菜预估基因组大小的 58.5%，基因组拼接完整性尚有很大提升空间。后续王晓武课题组在原有测序数据基础上，加入二代长插入文库数据和三代长读序（PacBio）数据，2016 年发布了白菜基因组版本 V2.0，拼接质量得到显著提升。新版本基因组大小 389Mb，覆盖基因组 80%，共注释得到 48 826 个蛋白质编码基因（Cai et al.，2017）。“禹氏三角”中的另外一个顶点物种——甘蓝（*B. oleracea*）基因组于 2014 年测序完成，由刘胜毅课题组等科研团队测序组装了其 540Mb 基因组，占预估基因组的 85%（Liu et al.，2014）。2016 年，张明方教授团队选取“禹氏三角”中菜用芥菜的一个变种（榨菜），使用二代测序和三代测序相结合的方法进行初步组装，然后利用光学图谱进行校正，得到了一版高质量的芥菜基因组（Yang et al.，2016）。萝卜（*R. sativus*）也是十字花科重要蔬菜之一。对于萝卜的基因组研究很多，但发展速度相对芸薹属较为缓慢。2014 年 5 月，同时发表了栽培和野生萝卜基因组序列。Kitashiba 等发表了第一个栽培萝卜基因组（表 2-8-2）。他们利用全基因组鸟枪法进行测序，得到高覆盖度数据（247×），结合 BAC 克隆，最后拼接得到 402Mb 大小的萝卜基因组，占预估基因组（530Mb）的 75.8%，预测得到 61 572 个蛋白质编码基因；Moghe 等（2014）完成萝卜野生种（*R. raphanistrum*）基因组测序和拼接，最终完成 255Mb 的基因组。随后，多个研究组对萝卜基因组进行拼接。Mitsui 等（2015）利用二代数据（122×），拼接得到大小为 383Mb 的萝卜基因组；Zhang 等（2015）利用二代数据（225×），拼接得到 388Mb 的基因组，Scaffold N50 达到 1.35Mb；Jeong 等（2016）利用二代数据（267×），得到 426Mb 萝卜基因组，Scaffold N50 达到 0.93Mb。

茄科蔬菜中最早被基因组测序的物种是番茄。2003 年，由中国、美国、荷兰、以色列、日本等 14 个国家组成的番茄基因组研究国际协作组成立。历经 9 年艰苦努力，于 2012 年完成了对栽培番茄（*Solarium lycopersicum*）的全基因组测序拼接，并以封面文章发表在 *Nature* 上。协作组最先采取逐步克隆的测序策略，第二代测序技术出现后，协作组利用第二代测序技术产生了大量数据，并结合 BAC 数据和物理图谱，最终拼接得到 742Mb 大小的番茄基因组，一共鉴定出 34 727 个基因，其中 97.4% 的基因被定位到染色体上。协作组同时也公布了栽培番茄祖先种——野生醋栗番茄（*S. pimpiriellifolium*）的基因组草图，通过比较分析发现了番茄果实进化的基因组基础。国际马铃薯基因组研究由荷兰发起，由 14 个国家科研人员组成马铃薯基因组测序国际协作组。但由于材料杂合、策略落后、经费需求大等限制，项目进展极为缓慢。在这种举步维艰的困境下，中方团队黄三文研究员提出以单倍体马铃薯为材料来降低基因组分析的复杂性，采用新一代高通量低成本的测序技术，大大提高了马铃薯测序工作的研究进程。最后，拼接得到了单倍体马铃薯 844Mb 基因组序列，占预估基因组大小的 86%，预测出 39 031 个蛋白质编码基因。

随着重要蔬菜基因组的发布，基于全基因组特征的生物学问题挖掘研究也随之开展起来，一些重要蔬菜的群体基因组被测序和分析（表 2-8-3）。例如，黄三文课题组对 360 份番茄重测序，分析研究了番茄果实变大及果皮颜色的演化机制（Lin et al.，2014）。随后，该课题组进一步将研究群体扩大到 610 份番茄材料，系统整合变异组（基因组）、代谢组、转录组数据构建多组学网络，深入挖掘了果实重量选择过程中代谢组的变化关系、果实颜色与代谢组关系，以及糖苷生物碱的生物合成网络（Zhu et al.，2018）；王晓武团队基于全基因组重测序的方法深度解析了白菜、甘蓝的亚基因组平行选择和表型上的趋同进化（Cheng et al.，2016）；Kim 等（2016）通过对野生和栽培种萝卜重测序分析，鉴定亚洲栽培种萝卜的驯化选择位点，同时通过代谢通路分析发现，受选择的基因主要集中在植物激素行为、基因表达和转运方面；杨景华等（2016）利用芥菜的重测序数据，研究了芸薹属A亚基因组的系统发生关系；Hardigan等（2017）对马铃薯栽培种、地方种及祖先种的重测序分析揭示了马铃薯群体的高遗传多态性，并鉴定了受到驯化选择的遗传位点。

表 2-8-3 重要蔬菜群体基因组重测序情况

科	物种	拉丁名	平均测序深度 /×	材料数量	文献
十字花科	白菜	*B. rapa*	8	199	Cheng et al., 2016
	甘蓝	*B. oleracea*	8	119	Cheng et al., 2016
	芥菜	*B. juncea*	9	18	Yang et al., 2016
	萝卜	*R. sativus*	＞25	13	Kim et al., 2016
			13	95	Mun et al., 2015
茄科	番茄	*S. lycopersicum*	6	360	Lin et al., 2014
			7	398	Tieman et al., 2017
			6.6	610	Zhu et al., 2018
	辣椒	*C. annuum*	＞10	20	Qin et al., 2014
	马铃薯	*S. tuberosum*	＞8	67	Hardigan et al., 2017
葫芦科	西瓜	*C. lanatus*	5～16	20	Guo et al., 2013c
	黄瓜	*C. sativus*	18	115	Qi et al., 2013

（三）主要蔬菜基因组数据资源

蔬菜基因组数据库主要包括以下3类（表2-8-4）：①公共的植物基因组数据库，如Phytozome、EnsemblPlants，均由政府部门、高校或研究机构搭建，包含多种植物基因组数据。不同数据库侧重点不同，大多为了促进植物比较基因组研究，提供植物基因组数据下载、序列比对、基因组浏览器等信息。②包含同科或同属内多种植物基因组的数据库，如芸薹属基因组数据库（BRAD、Brassica. info）。③针对特定某种植物的基因组数据库。这些数据库将为深入开展蔬菜基因组学相关研究提供丰富的数据资源。

表 2-8-4 重要蔬菜基因组数据库

物种	数据库名称	网址
白菜	BRAD（Brassica database）	http://brassicadb.org/brad/index.php
	Brassica.info	http://www.brassica.info
	Brassica Genome Gateway	http://brassica.nbi.ac.uk
	Brassica Information Portal	http://bip.earlham.ac.uk
甘蓝	BRAD	https://plants.ensembl.org/Brassica_oleracea/Info/Index
萝卜	Raphanus sativus Genome DataBase	http://radish.kazusa.or.jp
	NODAI Radish Genome Database	http://www.nodai-genome-d.org
	RadishBase	http://bioinfo.bti.cornell.edu/cgi-bin/radish/index.cgi
	Radish Genome Database	http://radish-genome.org
	RadishDB	http://radish.plantbiology.msu.edu/index.php/Main_Page

续表

物种	数据库名称	网址
番茄	PGSB（plant genome and systems biology）	http://pgsb.helmholtz-muenchen.de
	TOMATOMICS	http://bioinf.mind.meiji.ac.jp/tomatomics/
	KaTomicsDB	http://www.kazusa.or.jp/tomato/
	International Tomato Genome Sequencing Project	https://solgenomics.net/organism/solanum_lycopersicum/genome
辣椒	Pepper Genome Database	/
	Pepper Genome Platform（PGP）	http://peppergenome.snu.ac.kr/
	Genome Data	https://solgenomics.net/organism/Capsicum_annuum/genome
马铃薯	Spud DB	http://potato.plantbiology.msu.edu/
	PoMaMo Database	http://www.gabipd.org/projects/Pomamo/
	SolCAP	http://solcap.msu.edu/potato.shtml
茄子	Eggplant Genome DataBase	http://eggplant.kazusa.or.jp/
甜瓜	Melonomics	http://www.melonomics.net/
黄瓜	Cucumber Genome DataBase	https://wenglab.horticulture.wisc.edu/cucumber-gehome-database/
	Cucurbit Genomics Database	http://cucurbitgenomics.org/

二、蔬菜基因组特征与进化

蔬菜物种繁多，下文仅以十字花科芸薹族基因组三倍化及其进化，以及茄科茄属基因组三倍化及其果实发育等为例，进行蔬菜基因组特征与进化说明。

（一）芸薹族基因组三倍化及其进化模型

植物除了可能发生全基因组倍增（duplication）外，还可能发生基因组三倍化（triplication）。这一独特进化现象至今为止仅在双子叶植物中发现（详见本书第 1-6 章）。蔬菜作物中，目前已在十字花科（芸薹族）和茄科（茄属）等基因组中发现基因组三倍化证据。

白菜（*B. rapa*）染色体数为 $2n=2x=20$，染色体组为 AA。白菜与拟南芥同属于十字花科，在进化上关系密切。白菜的 16 917 个基因家族中，有 15 725 个（93.0%）与拟南芥共有。通过两者之间基因组共线性的比较，研究者发现拟南芥上共有 108.6Mb 大小的区间与白菜的 259.6Mb 区间存在共线关系，同时拟南芥的大部分共线区块都会在白菜基因组上找到 3 个对应区块（图 2-8-1A），这些区块其实是由全基因组三倍化事件导致的（Wang et al., 2011）。

很多植物在进化过程中都会经历全基因组的倍增或三倍化事件，如拟南芥至少经历 3 次古基因组倍增事件（图 2-8-1B），即大多数双子叶植物都经历的古倍增事件（γ）、两次十字花目经历的古倍增事件（α、β）。芸薹属与拟南芥属联系密切，有着同样复杂的进化历史，除此之外在 900 万～540 万年前发生的一次全基因组三倍化事件，使芸薹属植物基因组有六倍化的特点，这一点从白菜与拟南芥基因组的共线性关系中可以清楚看到。“禹氏三角”的另外两个二倍体顶点物种（甘蓝和黑芥）也有这个现象。全基因组三倍化事件对于芸薹属物种形成与表型多样性意义重大，随后的基因组重排和基因演化促成了芸薹属物种（白菜、甘蓝等）的多样性。

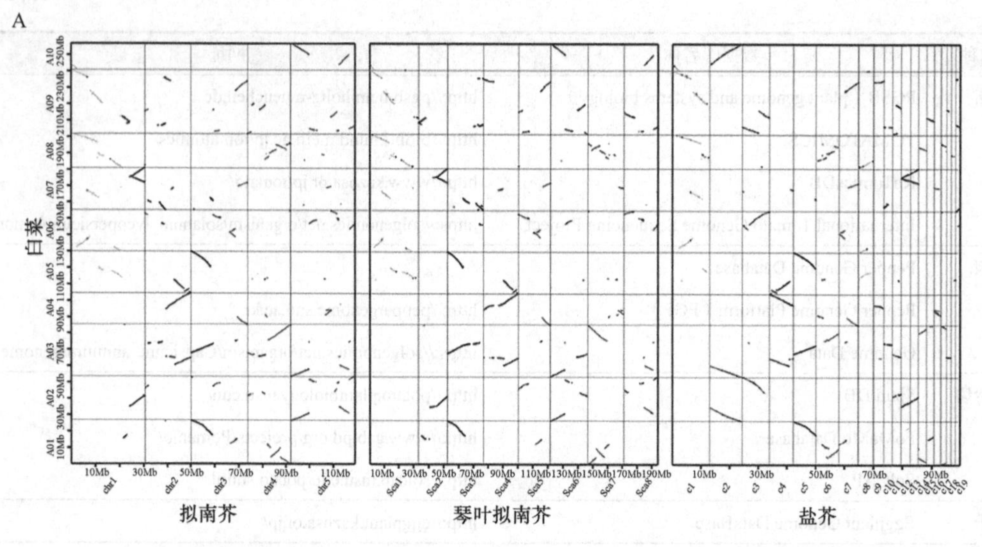

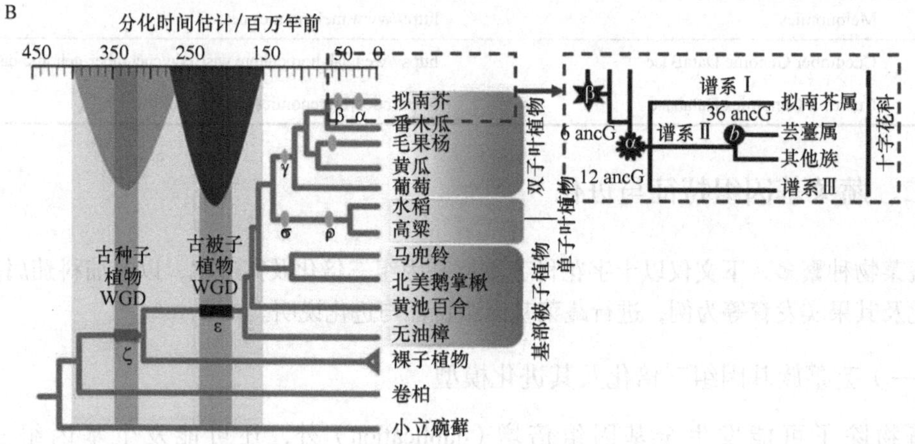

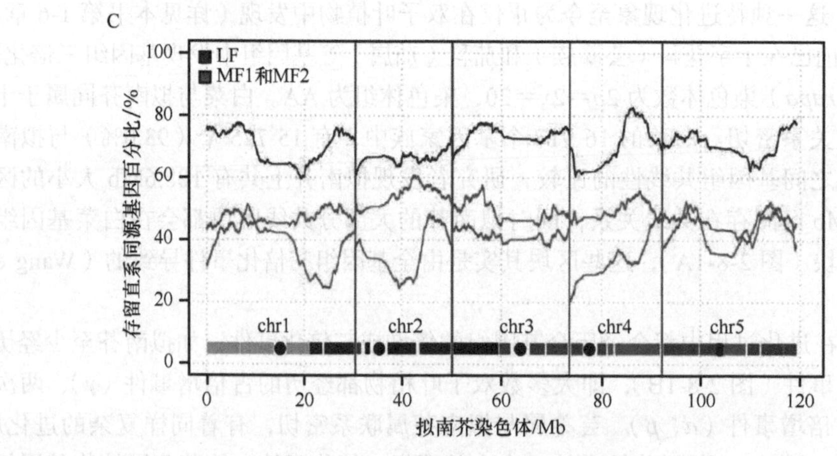

图 2-8-1　白菜基因组三倍化进化事件

A. 白菜与 3 个近缘物种（*A. thaliana*、*A. lyrata* 和 *Thellungtella Parvulla*）基因组染色体之间的共线性（Cheng et al., 2012）；B. 种子植物祖先到芸薹属经历的多倍化事件（Liu et al., 2014），除了多次全基因组倍增（WGD）事件（从 ζ 至 α），芸薹属还经历一次基因组三倍化事件（*b*），ancG 表示古老基因组倍增；C. 白菜三倍化基因组的 3 个古老拷贝（LF/MF1/MF2）与拟南芥基因组（未经历基因组三倍化）比较，其直系同源基因保留比例不同（Wang et al., 2011c）

假设白菜祖先种与拟南芥相近，拟南芥的蛋白质编码基因大约 3 万个，那么三倍化之后，理论上白菜应该有 9 万个蛋白质编码基因。但实际上数量不到 5 万个，这说明了多倍化后白菜基因发生大量丢失或去冗余。根据与拟南芥的共线性程度，可以将白菜共线性区块串联排列，获得 3 份古老亚基因组拷贝，即 LF（least fractionated blocks）、MF1（most fractionated blocks 1）和 MF2（图 2-8-1C）。其中 LF 是指相对于拟南芥基因组基因保留最多的亚基因组（保留比例 70%），MF2 是指基因丢失程度最高的亚基因组（保留比例 36%），MF1 的基因丢失比例介于 LF 和 MF2 之间（保留比例 46%）。基于共线性关系，白菜共检测出 3 个古老亚基因组（LF/MF1/MF2）共 71 个区块。进一步与十字花科 3 个祖先基因组 ACK（ancestral crucifer karyotype，$n=8$）、PCK（proto-calepineae karyotype，$n=7$）和 tPCK（translocation PCK，$n=7$）进行比较，发现白菜祖先物种核型更接近于由 7 条染色体组成的 tPCK 模型（Cheng et al.，2013）。

萝卜（*R. sativus*）属于十字花科芸薹族，与芸薹属在进化关系上很近，拥有 tPCK 核型共同祖先种，同样也经历了全基因组三倍化事件。萝卜基因组（$2n=2x=18$）与芸薹属物种基因组有很多相同的特征，长期以来育种家通过芸薹属蔬菜与栽培萝卜种间杂交，提高芸薹属蔬菜品质。鉴于此，有学者认为应该将萝卜纳入“禹氏三角”中，形成四顶点四边形模型，甚至更多顶点模型（图 2-8-2）。已有研究表明，萝卜可以与白菜、甘蓝、黑芥杂交形成新的异源四倍体种。如果进一步囊括其他经历过 WGT 事件的十字花科相近物种，四边形模型变为多顶点多边形模型，二倍体种间可以相互进行杂交形成全新的异源四倍体，这对于创制新种质、十字花科蔬菜作物改良具有潜在价值。

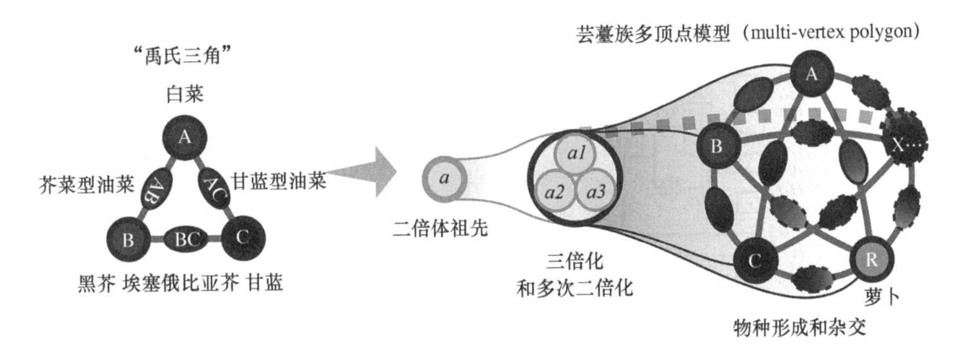

图 2-8-2　芸薹族物种分化的多顶点模型（引自 Cheng et al.，2017）

左图为“禹氏三角”；右图显示多顶点模型假设。A、B、C 分别表示白菜、黑芥和甘蓝，R 表示萝卜（作为第四顶点），X 表示其他物种，椭圆表示不同物种之间可能的关系（相互杂交形成新的异源多倍体）

（二）茄科基因组三倍化及其果实发育相关基因进化

茄科茄属（包括番茄和马铃薯）分化前同样发生过基因组三倍化过程（详见本书第 1-6 章）。该三倍化过程对番茄果实发育相关基因进化影响显著，如三倍化事件增加了很多与调控果实发育相关的基因家族成员数量（图 2-8-3A）。具体而言，因为三倍化事件新增基因拷贝的基因家族，包括乙烯生物合成过程的上游转录因子 *MADS-RIN*、*CNR*、*ACC*（氨基环丙烷羧酸）合成酶 *ACS*，乙烯感知响应相关基因（乙烯受体 *ETR3/NR*、*ETR4*），影响果实品质的红光受体（*PHYB1/PHYB2*），介导番茄红素合成的乙烯调控和光调控相关基因（类胡萝卜合成反应过程中的限速酶八氢番茄红素合酶 *PSY1/PSY2*）等。而与有毒生物碱生物合成相关的部分细胞色素 P450 亚家族成员，在番茄中表现为数量显

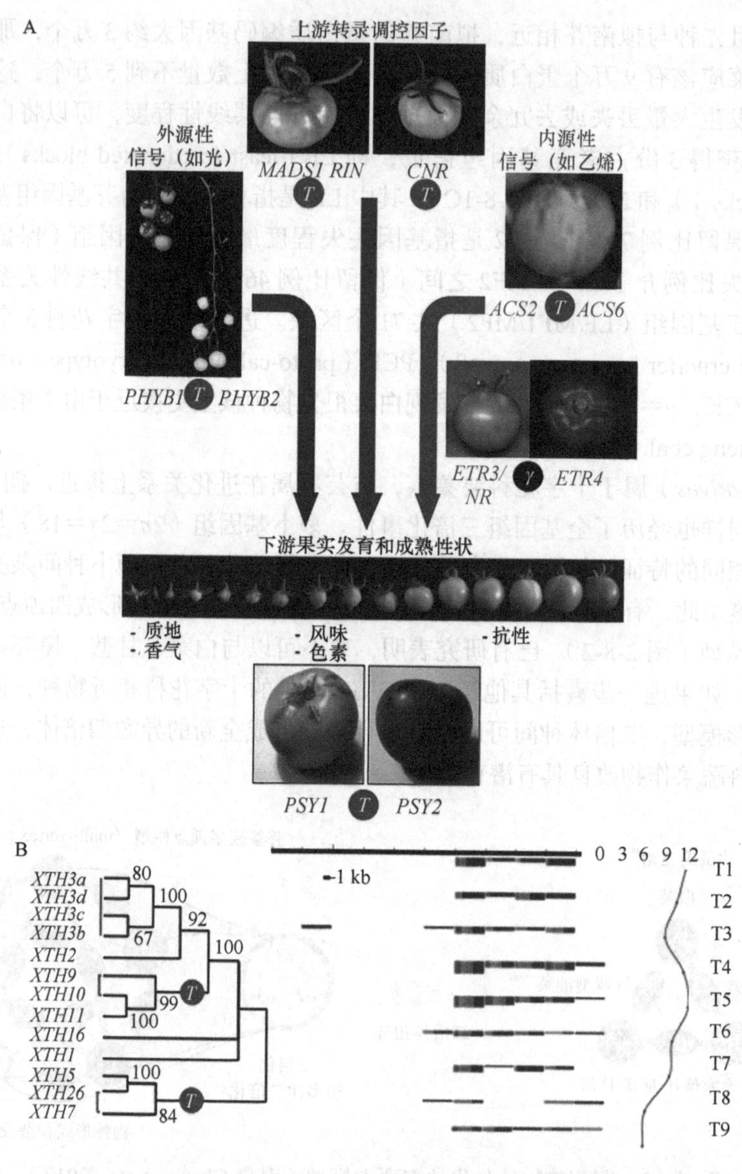

图 2-8-3　基因组三倍化对番茄果实发育相关基因进化的影响

（引自 The Tomato Genome Consortium，2012）

A. 番茄果实发育及其主要调控基因。图中 *T* 表示基因组三倍化事件。B. 果实发育相关基因表达。*XTH* 表示木葡聚糖内转糖苷酶 / 水解酶基因；图右表示果胶乙酰酯酶基因（*Solyc08g005800*）在不同组织（T1～T9）中表达水平（右）及其启动子区域小 RNA（21～24nt，不同颜色表示）的丰度。T1～T9：T1，芽；T2，花；T3，果实（1～3mm）；T4，果实（5～7mm）；T5，果实（11～13mm）；T6，果实绿熟；T7，果实破色；T8，破色后 3 天；T9，破色后 7 天

著减少或完全丧失，即使保留下来的基因在成熟果实中的表达也很低。

果实质地是重要农艺性状和商品性指标之一，主要受果实的细胞壁结构和组成影响。果实的发育和成熟过程中有超过 50 个细胞壁结构修饰相关的基因差异表达。例如，木葡聚糖内转糖苷酶 / 水解酶（xyloglucan transglucosylase/hydrolases，XTH）家族；通过最近一次的全基因组三倍化事件和串联重复发生扩增，在绿熟和成熟果实中呈现差异表达（图 2-8-3B）。三倍化成员之一 *XTH10* 在马铃薯中出现丢失。从番茄花和果实中鉴定的小 RNA 一共定位到了 8416 个基因的启动子区域，在果实发育过程中小 RNA 出现差异表达的

一共有 2687 个启动子，包括细胞壁相关基因，且主要发生在关键的发育转换阶段，如由花转向果实、果实发育到果实成熟阶段。果胶乙酰酯酶基因（*Solyc08g005800*）与果实细胞壁发育有关，三倍化过程产生大量拷贝，在不同发育阶段的组织 / 果实，其启动子区域小 RNA 的累积类型和丰度明显不同，导致其转录水平差异显著。

第二节　蔬菜基因组功能与利用

一、番茄果实发育相关功能基因

在强烈的人工选择下，蔬菜果实大小变化很大。在所有作物中，蔬菜果实大小变化是最显著的，基因组序列为破解这些变化的遗传机制提供了可能。以模式植物番茄为例，番茄在安第斯山脉被驯化，果实大小是人工选择的主要靶向性状之一。果重是重要目标性状之一，它影响着番茄的产量和品质（Tieman et al.，2017）。现代番茄品种果型比野生祖先大近百倍，其人工选择过程分为驯化和遗传改良两个不同阶段。根据番茄果实大小或果种及其他表型，可将番茄划分为大、中、小（PIM、CER、BIG）3 个群体，其中地方种 CER 群体是由野生群体 PIM 经过人工驯化而来，现代品种 BIG 是 CER 群体经过遗传改良得到的。PIM 番茄外果皮厚、中果皮薄且种子量较大，CER 群体则为介于 PIM 和 BIG 群体的中间类型。黄三文课题组对 360 份番茄种质资源进行重测序，包括 PIM、CER 和 BIG 3 个群体（图 2-8-4）。核苷酸多态性的全基因组扫描结果表明，从 PIM 到 CER 的过程中，有 64.6Mb 区间受到驯化，包含 5 个番茄果实膨大相关的 QTL 位点（*fw1.1*，*fw5.2*，*fw7.2*，*fw12.1* 和 *lcn12.1*），如 *fw12.1* 物理位置上位于 12 号染色体断臂的端粒位置，与基因 *Solyc12g005310* 在位置上接近，后者编码一个与生长素响应相关的类 GH3 蛋白，在花芽中有很高表达；*lcn2.1* 则与增加小室数量有关。从 CER 到 BIG 的遗传改良过程中共有 54.5Mb 的区间受到选择，其中包含 13 个相关 QTL。其中，2 号染色体长臂末端的一段 10.3Mb 区域集中了 5 个 QTL，包括两个被克隆的果实重量相关的 QTL（*fw2.2* 和 *lcn2.1*）和被定位到的其他 3 个 QTL（*fw2.1*、*fw2.3* 和 *lcn2.2*），上述选择也导致了该区域核苷酸多态性的显著降低。*fw2.2* 是果实发育中非常重要的 QTL 之一，该区域的 *ORFX* 基因在花发育早期表达，控制心皮细胞数量，在果实大小和重量的进化过程中起到重要作用。启动子区域的一个 SNP（起始密码子前 912 位置）在 BIG 群体中几乎被固定（97.3%），但是在 CER 群体中没有被固定下来（66.7%），PIM 群体中只有 2.6% 的比例。因此 *fw2.2* 更有可能是遗传改良过程中受到的选择。

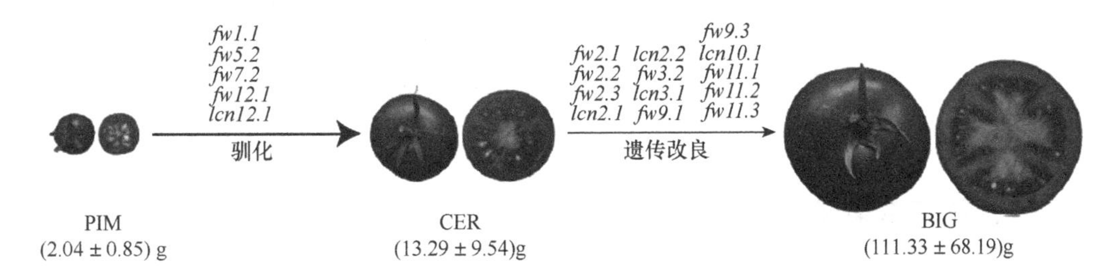

图 2-8-4　番茄果实大小过程及相关 QTL（引自 Lin et al.，2014）

图中列出了人工选择的两个过程（驯化和遗传改良）相关 QTL

番茄营养价值丰富。在传播过程中，由于所在地气候条件、栽培方式和人们喜好不同，在遗传变异的基础上经过自然选择和人工选择，番茄形成了表型、风味上有差异的不同群体。由于风味易受环境变化的影响，难以采用高通量的方法检测，因此育种者关注的多为外观或产量、抗病性及硬度等与运输贮藏相关的性状。同时，番茄果实大小与果实糖分含量呈现负相关（Tieman et al.，2017），从而造成育种过程中番茄风味品质的下降。黄三文课题组通过整合多组学数据（变异组、代谢组、转录组）构建多组学网络，进一步分析了番茄果实大小选择过程中代谢产物的变化情况，挖掘果实色泽（红色和粉色）与代谢产物的关系等（图 2-8-5）。结果表明，PIM 群体和 CER 群体之间存在 389 种代谢产物的明显差异，CER 群体和 BIG 群体之间存在 614 种代谢产物的显著差异，其中 30% 的代谢差异可能与果实大小的选择基因相关，而其他大多数的代谢差异，可能是受其他选择性清除关联基因控制的。其中，*fw11.3* 基因所在的选择性清除窗口区间内定位到 47 种代谢产物，其中有 8 种代谢物被认为是与 *fw11.3* 直接相关。进一步的转基因试验结果表明，8 种代谢物的含量并没有显著变化，说明 *fw11.3* 并没有直接调控这 8 种代谢物的表达，推测是受到该选择区间其他关联基因的影响。

改善番茄风味必须首先确定果实中最重要的化学成分，了解现代品种风味丧失的原因。Tieman 等（2017）建立消费者评估小组，对多种感官属性进行评估，定义了消费者对番茄的偏好。结果表明，番茄果实中大量的糖、酸、矿物质、氨基酸、维生素等物质是其风味和营养的重要体现。此外，对 398 个番茄品种的代谢产物进行全基因组关联性分析，目标性状包括糖、酸、香气等。GWAS 分析鉴定出两个与糖分相关联的基因 *Lin5* 和 *SSC11.1*，分别定位在 9 号和 11 号染色体上，这两个基因位点均位于已鉴定的驯化改良遗传区域内。绝大部分现代栽培品种均具有这两个位点基因，这种等位基因的结合导致了番茄果实糖分的显著下降。此外还鉴定到了与水杨酸甲酯 / 愈创木酚关联的基因 *E8*、脱辅基类胡萝卜素相关的基因位点等。单个等位基因的缺失对番茄风味的丧失没有影响，但在选择进化过程中，基因的累积会对整体风味造成巨大影响。通过分子标记育种的手段可提高目标化学成分的含量，从而改善番茄风味。

果实的颜色虽然不像糖、酸等代谢物直接影响果实的口感，但色泽在消费者消费决策中也是一个重要的考虑指标，如红果番茄被广泛接受，但在中国和日本等亚洲地区，粉果番茄更受欢迎（Ballester et al.，2010），因此挖掘果实颜色调控机制对于番茄育种具有指导意义。研究表明，番茄 1 号染色体的转录因子 *SlMYB12* 调控番茄果实上表皮的类黄酮表达，粉果番茄中缺乏该基因从而导致颜色的变化（Adato et al.，2009）。为寻找变异的原因，Lin 等（2014）对 231 个已知性状的番茄品种进行 GWAS 分析，推断 *SlMYB12* 上游或下游序列基因的部分删除影响 *SlMYB12* 的转录过程，从而导致粉果番茄中的 *SlMYB12* 基因沉默。在果皮颜色的人工选择过程中，番茄果实的风味也会发生改变。研究表明，*SlMYB12* 的基因突变不仅仅导致了果皮颜色的变化，红果番茄和粉果番茄成熟时，果肉中的 122 种代谢产物成分也出现显著差异，其中部分代谢产物的合成直接受到 *SlMYB* 转录因子的调控。

二、蔬菜瓜果风味功能基因

蔬菜瓜果风味丰富，酸甜苦辣样样齐全，如黄瓜的苦，辣椒和芥末的辣，西瓜的甜和番茄的酸。这些蔬菜基因组测序完成，为破解这些性状的遗传机制及进化过程提供了机会。

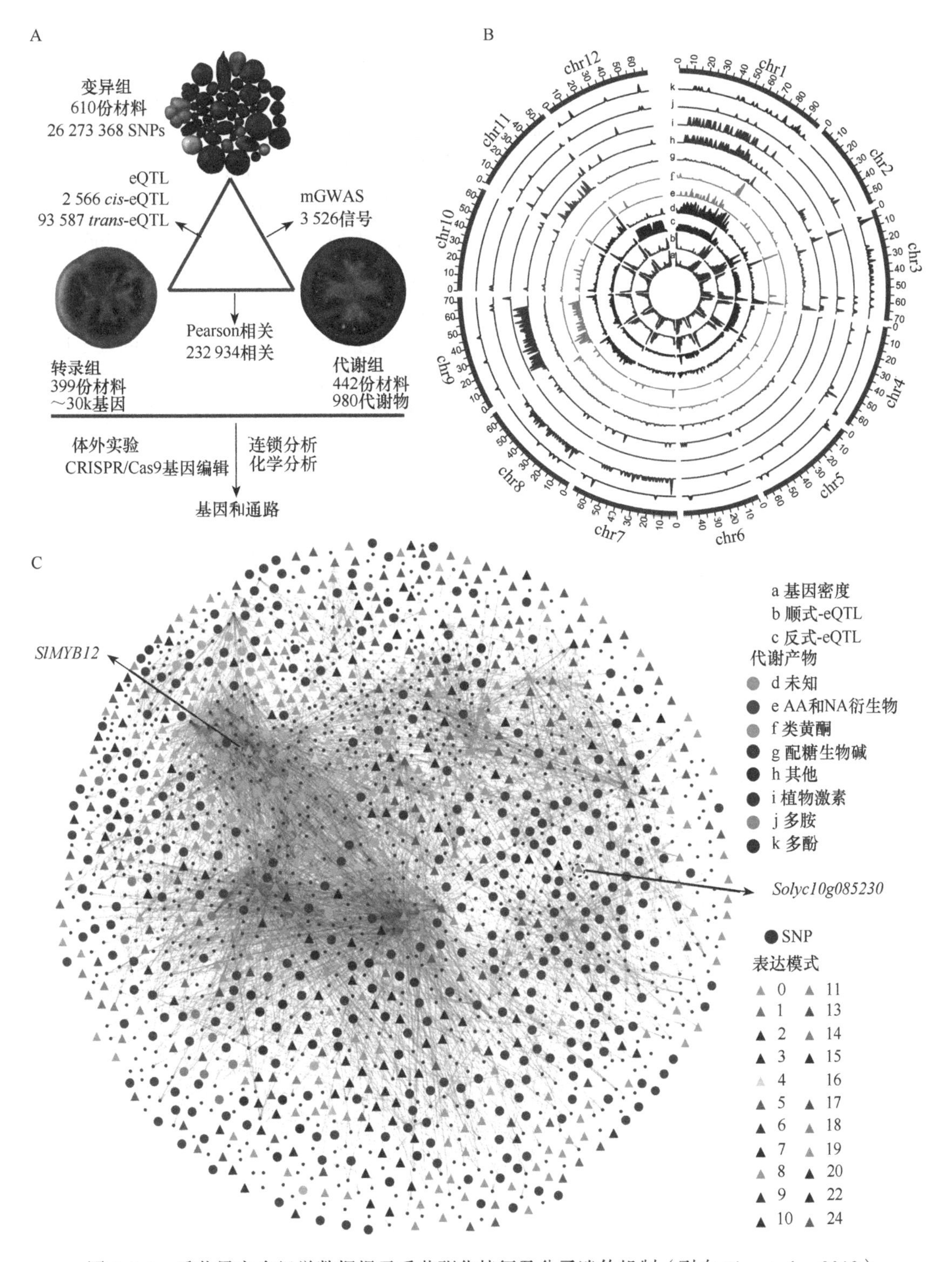

图 2-8-5 番茄果实多组学数据揭示番茄驯化特征及分子遗传机制（引自 Zhu et al.，2018）

A. 结合变异组、转录组、代谢组数据的分析策略，研究涉及基于基因表达水平的 QTL（eQTL）和代谢组变异的 GWAS 分析（mGWAS）；B. mGWAS 和 eQTL 基因组分布，图中每圈（a～k）代表基因密度、2 个 eQTL 和 8 个组分 GWAS 结果；C. 基于基因、SNP、代谢物所构建的基因调控网络

（一）黄瓜苦味

2014 年 11 月 28 日出版的 *Science*，以杂志封面论文发表了黄瓜苦味生物合成与调控的研究成果，揭示了黄瓜苦味进化的历程。黄瓜苦味是葫芦素 C 造成的，葫芦素在果实中存在，会影响品质口感，但在叶片中存在能提高抗虫性、减少虫害。

前期研究发现，有两个显性单基因遗传位点分别控制着黄瓜叶片苦味（*Bi*）和果实苦味（*Bt*）。黄三文团队通过对 115 份黄瓜种质资源的基因组重测序和全基因组关联分析，发现了位于 6 号染色体上的 *Bi* 基因。该基因发生的一次非同义突变（C393Y）和一次移码突变（FS760），导致叶片从苦变成不苦（图 2-8-6）；随后突变体重测序分析，发现了 bHLH 转录因子 *Bl* 基因，*Bl* 通过调节 *Bi* 基因的转录来调控叶片部位葫芦素的合成。发生在 *Bl* 上的两个 SNP 突变均导致叶片从苦变成不苦。位于 5 号染色体上的 *Bt* 基因是黄瓜驯化的主要基因，受到明显的人工选择作用，主要体现在 *Bt* 基因区域 10 个 SNP 和一个启动子上游的结构变异（SV-2195）。同时，一些黄瓜品种果实在胁迫条件下会积累更多葫芦素，如低温环境。造成这一现象的主要原因是 *Bt* 基因编码起始密码子前 1601 位置处的碱基变异（SNP-1601）。突变体（G→A）在低温环境下果实也不会变苦，这个突变对于 *Bi* 基因响应环境因子具有重要的调控作用。通过精准调节果实和叶片中 *Bt* 和 *Bl* 的基因表达模式，让黄瓜果实不积累苦味物质葫芦素，保证品质与口感，并提高叶片葫芦素含量来抵御虫害。上述研究结果为黄瓜品种选育提供了科学指导。黄三文课题组与湖南省蔬菜研究所合作，开展了黄瓜基因组设计育种，开发出了高效的不苦基因分子标记，育成了‘蔬研 2 号’‘蔬研 5 号’‘蔬研 12’和‘蔬研白绿’等不苦黄瓜系列品种。

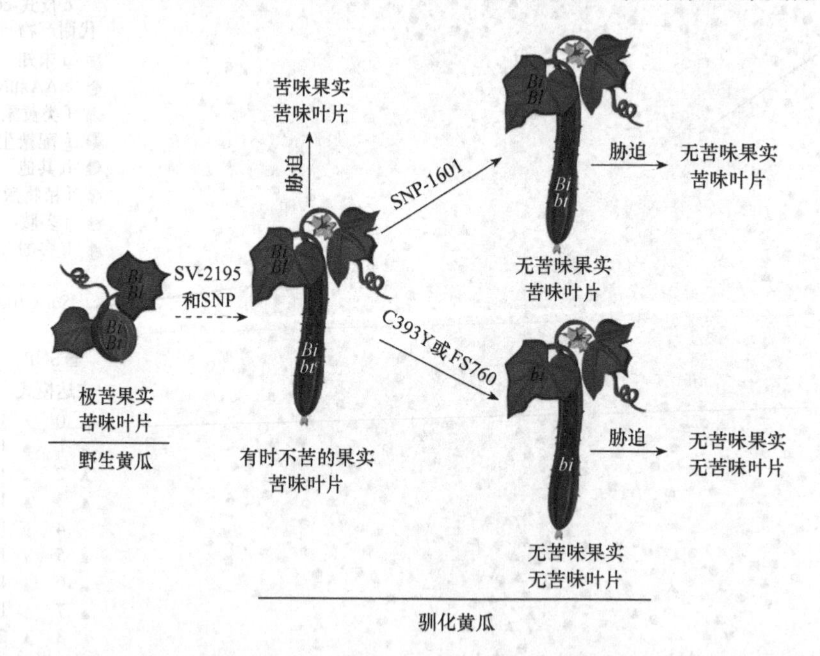

图 2-8-6 黄瓜驯化及其苦味相关基因（*Bi*、*Bl* 和 *Bt*）突变进化模式图（引自 Shang et al.，2014c）

针对极度苦味的野生黄瓜的驯化，*Bt* 基因的一些突变导致驯化后的黄瓜不苦，现代黄瓜育种家育出的 *bi* 突变体果实和叶片均不苦

（二）辣味

1. 辣椒辣味

辣椒是饭桌上重要的调味剂之一。辣椒让人产生辛辣的感官刺激，主要是辣椒中的辣

椒素类物质发挥的作用。辣椒素具有一定的抑癌作用，可作镇痛剂等，在实际生产中有着广泛应用。但是关于辣椒素类物质合成与代谢遗传机制始终没有明确。2014 年发表于《自然-遗传》和美国科学院院报的两篇辣椒基因组论文解析了辣椒辛辣产生的分子机理。

辣椒属于茄科辣椒属，茄科中还包括果实结构与辣椒相似的番茄。同样是茄科，为什么辛辣特征只出现在辣椒属中？为了回答这个问题，Kim 等测定了辣椒和番茄不同时期的转录组数据，比较了它们辣椒素合成通路关键基因表达差异（图 2-8-7）。辣椒素合成代谢途径中，基因 *CS/AT3/Pun1* 编码辣椒素合成酶（图 2-8-7A）。研究发现辣椒中的 *CS* 基因只在果实胎座发育的时期表达，同时其他相关通路基因在这个阶段也都表达。不同的是，番茄在这段时期基因 *CS*、*BCAT* 和 *Kas* 几乎没有表达，这个现象在马铃薯中同样存在（图 2-8-7B）。因此猜测由于 *BCAT*、*Kas* 和 *CS* 在果实胎座发育过程中基因表达量上的差异导致了辣椒素只在辣椒属中出现。此外，为何有的辣椒味道辛辣，有的辣椒没有辛辣味道？转录组分析表明，在果实胎座发育阶段，非辣辣椒的 *CS* 基因并不表达，其他基因的表达模式与辛辣辣椒基因一致。和辛辣辣椒的 *CS* 基因相比，非辣辣椒的 *CS* 基因出现大片段的结构变异，从启动子到第一个外显子区域出现缺失，最终导致了 *CS* 基因不能正常表达行使其功能，合成辣椒素。

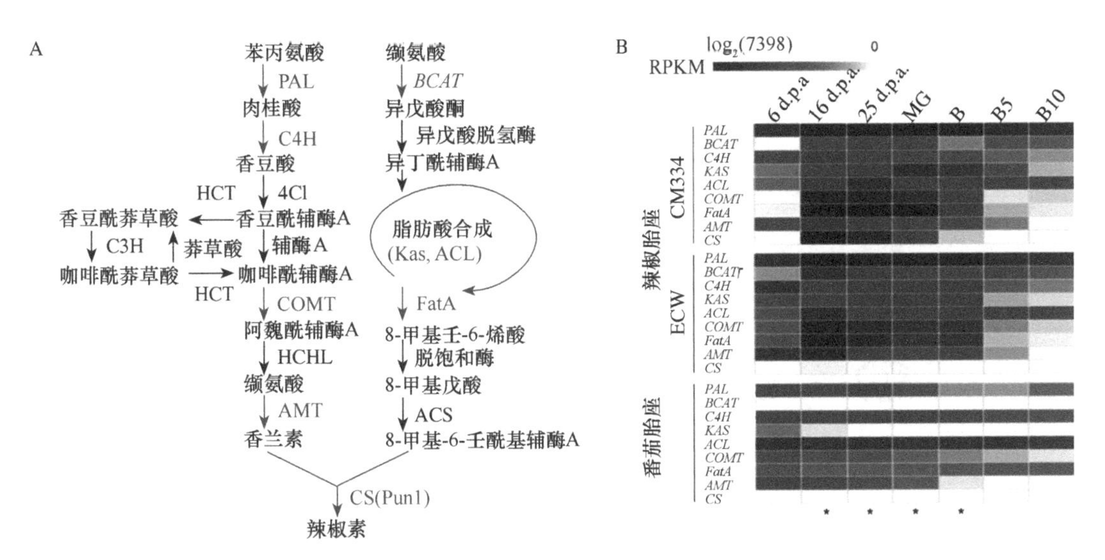

图 2-8-7　辣椒素合成途径及关键基因表达情况（引自 Kim et al.，2014c）

A. 辣椒素合成途径；B. 辣椒素合成途径关键基因在辛辣辣椒（CM334）、非辣辣椒（ECW）和番茄中的转录组表达；d.p.a 表示开花后天数

2. 芥辣味

十字花科蔬菜的芥辣味研究也已比较深入。芥末酱或芥末粉有着独特的刺激辣味，芥末的这种辛辣味是由一种特殊的脂肪族芥子油苷（glucosinolate，GS）——黑芥子苷（sinigrin）引起的。而不同种类的脂肪族芥子油苷等决定了十字花科蔬菜特有的风味（辛辣味和苦味）。芥子油苷是一类富含硫的植物次生代谢产物，根据核心氨基酸来源可分为三大类：脂肪族（aliphatic GS 或 AG，主要衍生自蛋氨酸）、芳香族（aromatic GS 或 ARG，主要衍生自苯丙氨酸和酪氨酸）和吲哚族（indole GS 或 IG，主要衍生自色氨酸）。

早在 20 世纪 90 年代，基于模式植物拟南芥已开始芥子油苷遗传研究（汪俏梅和曹家树，2001）。例如，发现脂肪类芥子油苷的分布在拟南芥不同生态型之间差异很大，生态型 Glucoraphin 叶片中富含脂肪类芥子油苷，而 Landsberg erecta 生态型则完全不含有该次生代谢产物。同时，发现细胞色素 P450 家族参与其合成，部分基因被克隆。2000 年以后，拟南芥上大量芥子油苷生物合成关键酶基因相继被克隆。例如，拟南芥吲哚族芥子油苷的生物合成途径（图 2-8-8）：许多基因参与该合成途径，其中 MYB 转录因子发挥重要调控作用，如 MYB34、MYB51 和 MYB122 等（Frerigmann et al.，2014）。基于拟南芥研究结果和同源性分析，同样可以发现十字花科其他物种中大量的芥子油苷合成代谢相关基因。例如，通过与拟南芥进行全基因组水平上的比较分析，可以发现白菜中芥子油苷生物合成途径相关的 102 个直系同源基因，分别位于 10 条染色体上（Wang et al.，2011a）。进一步通过 QTL 定位，发现目标区域候选基因属于 MYB 转录因子和甲硫烷基化苹果酸合成酶（methylthioalkylmalate synthase，MYM），深入研究证实 MAM 基因第一个外显子的一个自然插入突变，导致白菜脂肪类芥子油苷含量的显著变化（Zhang et al.，2018b）。

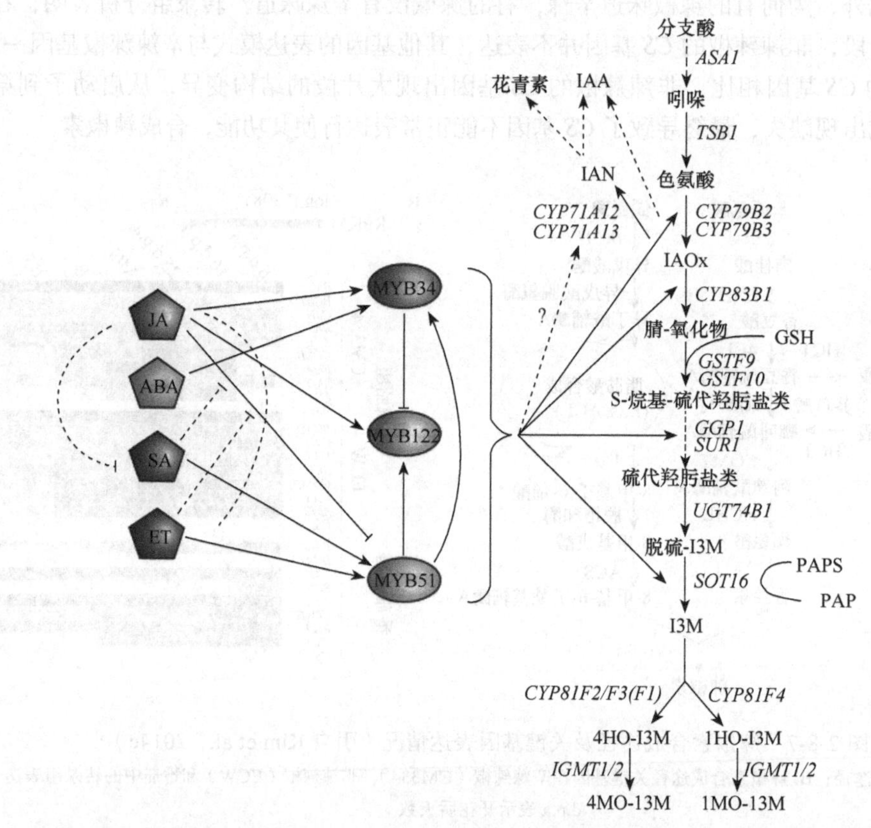

图 2-8-8 拟南芥吲哚族芥子油苷（IG）生物合成途径（引自 Frerigmann et al.，2014）

MYB34、MYB51 和 MYB122 转录因子为 IG 生物合成主要转录调节因子，负责整合来自各方的激素信号（如 JA、ABA、SA 和 ET，即茉莉酸、脱落酸、乙烯、水杨酸）。该合成途径从分支酸（chorismate）开始，到终产物 I3M（吲哚-3-甲基-GS），其中涉及许多基因（如 P450 基因）

（三）西瓜甜味

含糖量是影响西瓜口味的重要因素之一，西瓜的甜味取决于总糖含量及各种糖分的比例（葡萄糖、果糖、蔗糖）。在西瓜成熟的过程中，果实的主要糖分会由果糖和葡萄糖转变成蔗糖。最终西瓜“库”中积累的糖分多少，取决于“源”积累的糖分通过韧皮部的运输和随后的糖代谢过程。西瓜皮中糖的含量相对于果实是很低的。通过西瓜基因组测序，发现西瓜基因组中有 62 个糖代谢酶基因和 76 个糖转运基因，其中分别有 13 个和 14 个在瓜皮和果实中的表达有差异（Guo et al. 2013c）。图 2-8-9 为果实发育过程中细胞中的糖代谢模式图，其中半乳糖苷酶（AGA）、不溶酸转化酶（IAI）、中性转化酶（NI）、蔗糖磷酸合成酶（SPS）、UDP- 葡萄糖 -4- 差向异构酶（UGE）、可溶性酸转化酶（SAI）和 UDP- 乳糖 / 葡萄糖焦磷酸酶（UGGP）作为关键酶参与糖代谢和运输。此外，转录因子在糖分积累的过程中也发挥了重要的作用。全基因组范围内，1448 个转录因子中有 193 个在西瓜果实发育过程中出现显著的表达差异，如 bZIP 转录因子、MADS 盒转录因子 MADS-RIN 等。

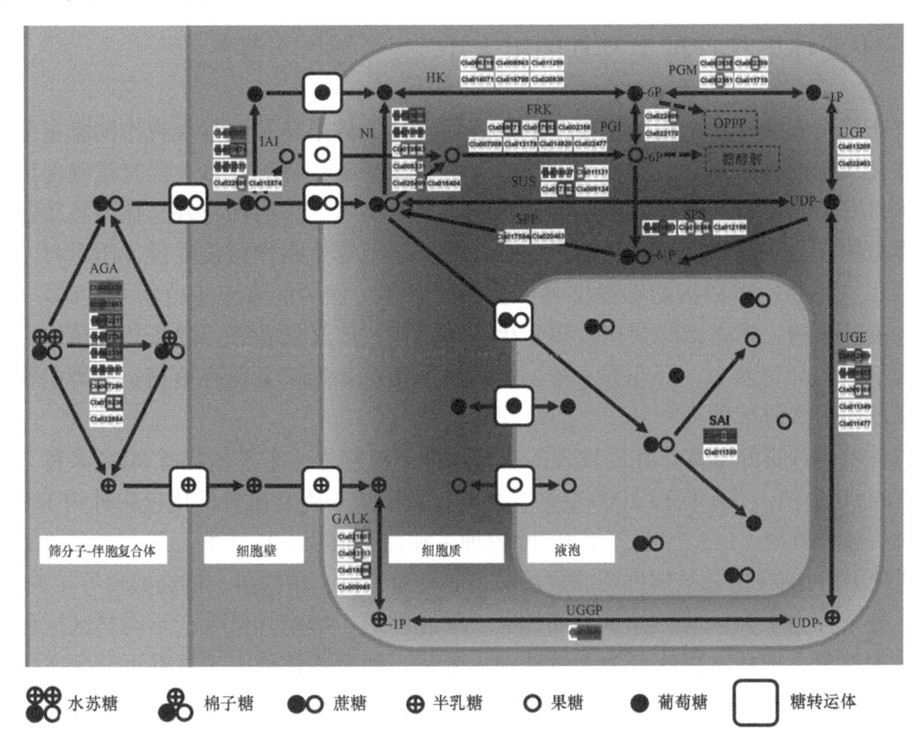

图 2-8-9　西瓜果实糖转运与代谢模式图（引自 Guo et al.，2013c）

糖转运过程的各个环节中（箭头方向表示转运方向），西瓜糖转运相关基因表达情况：绿框表示基因在果实中表达高于西瓜皮，深蓝色框表示基因在西瓜果实中的表达低于瓜皮，黄色则表示基因表达无差异。AGA. α - 半乳糖苷酶；GALK. 半乳糖激酶；UGGP. UDP- 半乳糖 / 葡萄糖焦磷酸化酶；UGE. UDP- 葡萄糖 -4- 表异构酶；UGP. UDP- 葡萄糖焦磷酸化酶；PGM. 磷酸葡萄糖变位酶；HK. 己糖激酶；NI. 中性转化酶；IAI. 不溶性酸转化酶；SAI. 可溶性酸转化酶；SUS. 蔗糖合酶；FRK. 果糖激酶；PGI. 磷酸葡萄糖异构酶；SPS. 蔗糖磷酸合酶；SPP. 蔗糖磷酸磷酸酶；OPPP. 氧化戊糖磷酸途径

第 2-9 章　林果花卉基因组

第一节　林果花卉基因组概述

扫码见
本章彩图

一、主要林果花卉种类及基因组大小

林果花草是农业产业结构的重要组成部分，发达的林果花草业常被视作国家富强、民族繁荣和社会文明的标志之一，是实现“绿水青山”的基础。林果花草业同时是确保国家生态安全、木材安全和乡村产业振兴的基础性产业，其中林木、果树和花卉是林果花草业最主要的三大类植物。林木是指能够起到防风固沙、保持水土等生态作用或提供优质木材、高产优质林果的木本植物；果树指能够提供可供食用的果实、种子的多年生植物及其砧木的总称，包括木本落叶果树、木本常绿果树及多年生草本果树；广义的花卉，除了草本植物，还包括具有观赏价值的开花灌木、开花乔木等，本章中所指花卉为广义花卉植物；草类植物则指适宜建植草坪的禾本科草种。

我国林木树种资源丰富，在已发现的 3 万种种子植物中，木本植物有 8000 余种，其中灌木树种有 6000 余种，乔木树种 2000 余种，另外，我国成功引自国外的优良树种约 100 种。林木树种包括被子植物（165 个科，均为阔叶树种）和裸子植物（11 个科，除银杏科外，其他都为针叶树种）。目前我国林果树种资源数量最多的科为松科、蔷薇科、桃金娘科等（表 2-9-1）。我国林木分布分为十大区域，如东北部林区、华北林区、华南林区等，不同林区树种种类不同。按林木起源可把林木群体分为天然林和人工林。而天然林或人工林都可分为实生林（由种子起源）或萌生林（由根株上萌发或由根蘖形成）。

表 2-9-1　我国收集的主要树种资源数量（前 30 个科）

科	资源数量（树种）	代表性林果树种
松科	3886	火炬松、云杉、糖松
蔷薇科	3853	桃、苹果、梨、月季、梅花
桃金娘科	2149	巨桉
杨柳科	2133	柳、毛果杨
胡桃科	1925	核桃、野核桃、枫杨
木犀科	1328	白蜡树、油橄榄
杉科	1096	巨杉
杜仲科	1043	杜仲
樟科	854	香樟
鼠李科	697	枣
茄科	682	矮牵牛
壳斗科	637	欧洲栎、欧洲山毛榉、板栗
大戟科	619	麻风树

续表

科	资源数量（树种）	代表性林果树种
山茶科	597	茶树
蝶形花科	532	紫檀、洋槐
玄参科	426	泡桐
桦木科	358	白桦树、桦木
柏科	345	翠柏
木兰科	284	木兰
槭树科	243	槭树
木通科	224	木通
榆科	208	山黄麻、白榆
冬青科	157	冬青
金缕梅科	141	金缕梅
苏木科	141	苏木
禾本科	135	毛竹
马鞭草科	127	柚木
含羞草科	106	银荆
银杏科	104	银杏
柿树科	92	柿树

注：数据引自国家林木种质资源平台（www.nfgrp.cn）

可产生食用果实是果树区别于其他树木的特征。按照果实形态等特征，可分为核果（桃、李、杏等）、仁果（梨、苹果、山楂等）、浆果（葡萄、草莓、猕猴桃等）、柑果（柑、橘、橙等）、坚果（核桃、板栗、山核桃等）及一些热带果树等。果树物种众多，各物种处在不同系统发生位置。例如，裸子植物中包含紫杉科的香榧、松科的果松等，被子植物中的单子叶植物包括凤梨科的菠萝、芭蕉科的香蕉、棕榈科的椰子等。果树大多数属于双子叶植物，主要包括蔷薇科（如苹果）、芸香科（如柑橘类）、葡萄科（葡萄）、桑科（无花果）、漆树科（芒果）、无患子科（荔枝）、猕猴桃科（猕猴桃）、胡桃科（核桃）、鼠李科（枣）、壳斗科（板栗）等植物。果树栽培历史悠久，资源分布地域辽阔，遗传多样性极其丰富。据不完全统计，在全世界果树种质资源 2893 个植物学种中，起源于中国的有 700 多种，其中主要水果柑橘、荔枝、龙眼、苹果、桃、李、杏、猕猴桃等占 60% 以上。例如，苹果属全世界有 35 种，中国就有 23 种。梨属全世界约 230 种，原产中国的就有 13 种。桃全部原产于中国。柑橘亚属大部分为中国原产，金柑属和枳属的所有种全部原产于中国。猕猴桃属植物共有 66 种，中国分布有 62 种（钟广炎和江东，2007）。

大多数林果植物生命周期较长、基因组的杂合度较高、重复序列较多，且多因自交不亲和而导致遗传背景不清晰，这些因素限制了其分子生物学及全基因组测序研究的进程。然而近些年，随着测序技术及生物信息学的发展，林果植物全基因组测序及分析工作快速发展，已完成大量物种基因组测序（详见本书第 2-9 章）。在已测林果植物中，基因组大小多在 1Gb 以内，其中基因组最小的是蔷薇科的美国黑树莓（*Rubus occidentalis*）（193Mb），最大的是松科的糖松（*Pinus lambertiana*）（超过 30Gb）。除糖松外，已测林果植物中其他裸子植物基因组也普遍较大，如银杏（*Ginkgo biloba*）、挪威云杉（*Picea abies*）、火炬松（*Pinus taeda*）等，它们基因组大小均超过 10Gb。

与其他作物相比，花卉具有属种众多、习性多样、生态条件复杂及栽培技术不一等特点。我国幅员辽阔，自然生态环境复杂，植物种质资源极为丰富，有显花植物 25 000～30 000 种，主要分布在热带和亚热带地区（包满珠，2012）。目前在世界园林中广泛应用的许多著名花卉都是我国特有的，如梅花（*Prunus mume*）、月季（*Rosa chinensis*）、牡丹（*Paeonia suffruticosa*）、桂花（*Osmanthus fragrans*）、菊花（*Chrysanthemum morifolium*）等。我国不仅是很多亚热带花卉和部分热带花卉的自然分布中心，还是很多著名花卉的栽培中心。梅在我国已有 3000 多年的栽培历史，四川、云南、西藏是野梅的分布中心；我国有兰属植物 25 种和几个变种，占世界兰属总数的 62.5%，以西南地区为分布中心，春兰、蕙兰分布最广；中国月季、蔷薇约 1800 年前传入英国、法国后，欧洲人用中国月季、蔷薇与欧洲原产蔷薇杂交并多次回交，创造出许多优秀的现代月季品种；我国约有杜鹃花属植物 600 种，占世界的 75%，云南、四川、西藏等地是杜鹃花集中分布的地区，约有 400 种；此外，我国曾出土 7000 多年前的莲花粉化石和 1000 多年前的古莲子，莲栽培历史悠久且品种多样性明显，是现代莲的起源中心（包满珠，2012；韩振海，2009）。

目前常用的草坪草多为禾本科植物，因其普遍具有质地柔软、匍匐根茎、须根较发达的特点而适合建植草坪绿地（陈蕴等，2008）。根据对气候条件的不同适应性，草坪草可分为冷季型和暖季型两个大类，共涉及禾本科 24 属 59 种（我国拥有原生分布的 32 种）。我国是全球暖季型草坪草资源最为丰富的国家，有自然分布的种质数量占全球总数的 80%，多数属于禾本科画眉草亚科和黍亚科，以 C4 植物为主，分布在热带亚热带地区，其中结缕草属（*Zoysia*）为过渡型草坪草，在我国资源丰富并得到广泛应用，现有 5 个种、2 个变种和 1 个变型，分布于辽宁至广西等地沿海狭长区域内。冷季型草坪草有早熟禾属（*Poa*）、剪股颖属（*Agrostis*）、黑麦草属（*Lolium*）和羊茅属（*Festyca*）等，主要分布在我国东北、华北、西北和西南等地区，能够很好地适应极端低温，但在长江以南地区越夏困难。

二、林果花卉基因组测序概况

（一）林果花卉全基因组测序历史与进展

林木承载着我国环境与资源双重需求，林木基因组研究的进步为林木遗传育种、资源鉴定与保护等提供了前所未有的机遇。杨属植物具有基因组小、物种丰富、生长快速、遗传转化简单、严格异交等特点，这使得毛果杨（*Populus trichocarpa*）成为木本植物研究的首选模式物种。2002 年起，美国能源部下属的联合基因组研究所（JGI）联合多家研究机构启动了杨属植物基因组计划。该项目以毛果杨雌株无性系 Nisqually1 为测序材料，采用全基因组鸟枪法测序，在拼接组装的基因组上初步鉴定到 45 555 个蛋白质编码基因，相关论文于 2006 年发表在 *Science*（Tuskan et al.，2006）（表 2-9-2）。毛果杨基因组测序完成具有里程碑式的意义，自 2006 年发布以来，已经在植物生物学、形态学、遗传学和生态学等领域得到广泛应用并取得大量研究成果，毛果杨已成为林木树种基因组学研究的模式物种。2013 年，杨属的另一个物种胡杨（*P. euphratica*）也被测序，由兰州大学刘建全团队完成（Ma et al.，2013）。2017 年，该团队又发表了灰胡杨（*P. pruinosa*）基因组（Yang et al.，2017）。柳树（*Salix suchowensis*）与毛果杨同属杨柳科，2014 年南京林业大学尹佟明团队破译了柳树基因组，并与毛果杨基因组进行比较基因组学分析（Dai et al.，2014）。重要林木桉树（*Eucalyptus grandis*）在世界上广泛种植，是造纸和化学纤维素等的重要来源，也被看作生物能源和生物材料的潜在生物质原料，其基因组在南非、巴西科学家和美国 JGI 的 Tuskan 教授等的合作下完成，2014 年发表在 *Nature*（Myburg et al.，2014）。禾本科竹子是世界上最重要的非木材林之一，中国林业科学院及中国科学院韩斌院士等合作完成了毛竹（*Phyllostachys heterocycla*）（Peng et al.，2013）、中国科学院昆明植物研究所李德铢团队完成了多种竹子（Guo et al.，2019）的基因组测序。

表 2-9-2 主要林果花草基因组测序进展（仅列出 2012 年前发表的基因组论文，扫二维码见完整目录）

物种	拉丁名	科	基因组大小 /Mb	文献
毛果杨	*Populus trichocarpa*	杨柳科	485	Tuskan et al., 2006. *Science*
葡萄	*Vitis vinifera*	葡萄科	475	Jaillon et al., 2006. *Nature*
番木瓜	*Carica papaya*	番木瓜科	372	Ming et al., 2008. *Nature*
苹果	*Malus×domestica*	蔷薇科	742	Velasco et al., 2010. *Nature Genetics*
麻风树	*Jatropha curcas*	大戟科	380	Sato et al., 2010. *DNA Research*
野草莓	*Fragaria vesca*	蔷薇科	430	Shulaev et al., 2011. *Nature Genetics*
可可	*Theobroma cacao*	梧桐科	430	Argout et al., 2011. *Nature Genetics*
江南卷柏	*Selaginella moellendorffii*	卷柏科	213	Banks et al., 2011. *Science*
枣椰树	*Phoenix dactylifera*	棕榈科	685	Al-Dous et al., 2011. *Nature Biotechnology*
梅花	*Prunus mume*	蔷薇科	280	Zhang et al., 2012b. *Nature Communications*

林木中有一类属于裸子植物。挪威云杉是第一个被测序的裸子植物，基因组大小达到 20Gb（Nystedt et al.，2013）。随后白云杉和火炬松基因组相继报道。银杏素有“活化石”之称，这使得它在植物进化史中拥有非常独特的地位，由华大基因、浙江大学和中国科学院的科学团队合作完成银杏基因组测序研究（Guan et al.，2016）。

葡萄（*Vitis vinifera*）是第一个测序的果树植物，2007 年由法国和意大利科学家完成，发表在 *Nature* 杂志。葡萄同时是第四个被测序的显花植物、第二个被测序的木本植物。随后，越来越多的果树基因组完成测序。苹果（*Malus×domestica*）基因组（‘金冠’苹果，‘Golden Delicious’）最先于 2010 年发表，主要利用 Sanger 和 454 测序技术；2016 年中国科学家利用 Illumina 和 PacBio 测序技术对苹果基因组进行了更新，使其 Contig N50 达到了 110kb，提升了 7 倍；2017 年又结合光学图谱 BioNano 技术再次对苹果基因组进行了更新（Li et al.，2016d）。2017 年法国科学家完成了苹果的双单倍体高质量基因组的组装和分析（Daccord et al.，2017）。另外柑橘属（*Citrus*）、可可（*Theobroma cacao*）、枣（*Ziziphus jujuba*）、枣椰树（*Phoenix dactylifera*）等都由多家科研机构测序完成。目前已测序果树中包括 4 个单子叶果树物种，分别是香蕉（*Musa acuminata*）、菠萝（*Ananas comosus*）、椰子（*Cocos nucifera*）和枣椰树。测序最多的则是蔷薇科果树，包括苹果、桃（*Prunus persica*）、梨（*Pyrus bretschneideri*）、草莓（*Fragaria vesca*、*Fragaria×ananassa*）、甜樱桃（*Prunus avium*）、黑树莓（*Rubus occidentalis*）等物种。棕榈科植物也有两个物种被测序。

中国科学家在果树基因组中也做出了很大贡献。甜橙（*C. sinensis*）和梨是我国科学家最早主导获得的两个果树基因组，前者由华中农业大学等单位完成（Xu et al.，2013），后者由南京农业大学等单位完成（Wu et al.，2013）。之后陆续完成了柚单倍体基因组组装（Contig N50＝2.2Mb），以及宜昌橙、酒饼簕、枸橼及莽山野橘等野生柑橘的基因组组装（Wang et al.，2017e；Wang et al.，2018b）。另外桑树（*Morus notabilis*）、猕猴桃（*Actinidia chinensis*）、枣、菠萝、苹果（基因组更新）、椰子树、榴莲（*Durio zibethinus*）、石榴（*Punica granatum*）、杨梅（*Morella rubra*）、中国鹅掌楸（*Liriodendron chinense*）等均是以我国科学家为主进行的基因组测序计划。

花卉全基因组测序起步相对较晚（表 2-9-2）。2012 年底，第一个花卉植物——梅花全基因组测序研究成果发表于 *Nature Communications* 上，由北京林业大学国家花卉工程技术研究中心张启翔教授联合华大基因等多家单位合作完成。目前，单子叶花卉中仅兰科植物小兰屿蝴蝶兰（*Phalaenopsis equestris*）和深圳拟兰（*Apostasia shenzhenica*）完成了全基因组测序。小兰屿蝴蝶兰具有重要的园艺价值，广泛应用于杂交育种，2014 年 11 月 *Nature Genetics* 以封面文章的形式公布了小兰屿蝴蝶兰的全基因组测序结果（Cai et al.，2014）。2017 年 9 月，国家兰科植物种质资源保护中心刘仲健教授领衔国际兰科植物基因组重大项目，解析了深圳拟兰的全基因组序列并发表在 *Nature* 上（Zhang et al.，2017a）。矮牵牛（*Petunia hybrida*）为茄科碧冬茄属一年生花卉，在园林绿化和家庭园艺中广受欢迎，同时矮牵牛也长期作为遗传研究的模式系统。其基因组于 2016 年发表（Bombarely et al.，2016）。野蔷薇（*R. multiflora*）是现代栽培月季的重要亲本之一，2017 年 10 月日本学者首次报道了其全基因组序列（Nakamura et al.，2018）。法国农业科学研究院、里昂大学和法国国家科学研究中心（CNRS）科研人员组成的联合研究团队于 2018 年 5 月在 *Nature Genetics* 上刊文，首次揭示现代月季品种另一亲本——中国月季（*R. chinensis*）的全基因组序列（Raymond et al.，2018）。随后，由法国、比利时、俄罗斯、荷兰、德国和日本科研人员组成的研究团队于 2018 年 6 月在 *Nature Plants* 上再次发表文章，利用中国月季高质量基因组序列阐释其观赏性状（Hibrand Saint-Oyant et al.，2018）。此外，以中国科学家为主获得的花卉基因组还包括莲（Minget al.，2013；Wang et al.，2013c）、杜鹃（Zhang et al.，2017b）、一串红（Dong et al.，2018a）等重要观赏花卉。第一个完成全基因组测序的草坪草是冷季型的多年生黑麦草（*Lolium perenne*），由丹麦、德国、英国和瑞士的多所研究机构共同完成（Byrne et al.，2015）。随后，暖季型草坪草中应用最广泛的结缕草属（*Zoysia*）基因组也被测序完成（Tanaka et al.，2016）。结缕草属由 11 个异源四倍体物种组成，研究人员采用 HiSeq 和 MiSeq 平台获得了 *Z. japonica*（334Mb）高质量的基因组草图序列和另外两个种（*Z. matrella* 和 *Z. pacifica*）的基因组序列。

（二）林果花卉基因组重测序

尽管目前林果花卉植物基因组从头测序已取得较大进展，但其基因组重测序研究仍不多。森林树木分布范围跨越广泛的环境梯度，很多树种对当地环境有着良好的适应性，而我们对这种适应的潜在机制知之甚少。Evans 等（2014）使用重测序数据对 544 个毛果杨群体通过 GWAS 分析，发现了 377 个基因组区域显示出对自适应性状相关的不同选择和富集的证据，揭示了毛果杨在宽纬度范围内适应性变异的基因组基础。

果树基因组重测序则主要集中在柑橘和蔷薇科果树。Xu 等（2013）在从头测序甜橙（*C. sinensis*）基因组时，对 3 个柚子（*C. grandis*）和 3 个柑橘（*C. reticulata*）栽培种进行了全基因组重测序，以研究甜橙与柚和柑橘的关系。为了进一步研究柑橘属植物的演化，Wu 等（2014）测定了 4 个柑橘、2 个柚子、1 个酸橙及 1 个甜橙品种。Wang 等（2017e）对 100 份代表性原始、野生和栽培柑橘进行重测序及分析，揭示栽培柑橘中的生殖和能量代谢相关的基因受到了选择。Wu 等（2018）对 60 份柑橘材料（其中 30 份为新测材料）基因组重测序进行分析，进一步揭示柑橘演化历史。为了阐明桃的驯化历程，国际桃基因组协作组 2013 年对 11 个普通桃（*Prunus persica*）品种及其他 4 个种进行了重测序。Cao 等（2014）进一步对桃的 10 个野生种和 74 个栽培种材料进行基因组重测序以揭示桃的驯化历史。Duan 等（2017）对 117 份苹果材料进行了基因组重测序以揭示苹果驯化过程。Wu 等（2018）对 113 份梨的野生种及栽培种进行了全基因组重测序，以揭示亚洲和欧洲梨的驯化历史。另外，Huang 等（2016a）通过对枣的 10 个野生或半野生种，以及 21 个栽培种进行重测序解析枣的群体结构。可可也已进行基因组重测序（Motamayor et al.，2013）。

花卉植物中已经进行过基因组重测序的物种主要有梅花、月季、莲等（表 2-9-3）。2018 年 4 月，由张启翔教授领衔的国家花卉工程技术中心等单位在完成梅花全基因组测序的同时，还选取了 333 株梅花品种、15 株野生梅花及 3 种梅花近缘物种（山杏、山桃和李）开展全基因组重测序工作。为探索莲中与根茎生长模式相关的基因组多样性和微进化，特别是生态型分化的基因组标记，中国科学院武汉植物园石涛课题组对 19 种莲进行基因组重测序和分析，包括根茎莲、种子莲、花莲、温带莲、热带莲和美国莲（Huang et al.，2018b）。Raymond 等（2018）在对纯合中国月季‘Old Blush’进行基因组测序的同时，为了了解现代月季的基因组成，对参与了现代杂交月季的驯化和育种的‘Synstylae’‘Chinenses’和‘Cinnamomeae’三组代表种进行了重测序。Hibrand 等（2018）对蔷薇属中 8 个种（代表了 3 个亚属）进行基因组重测序，期望分析蔷薇属遗传多样性和重要性状的遗传调控机制。

表 2-9-3　林果花卉基因组重测序进展

物种	样本数	平均测序深度 /×	文献
柑橘	100	30	Wang et al., 2017e
橘	30	9～178	Wu et al., 2018
	38	30	Wang et al., 2018b
桃	11	14～84	Verde et al., 2013
	84	3.2	Cao et al., 2014
可可	13	15～29	Motamayor et al., 2013
猴面花	混合样品	255	Hellsten et al., 2013
毛果杨	544	15	Evans et al., 2014
莲	19	4	Huang et al., 2018b
	181	30	Gui et al., 2018
枣	31	27.8	Huang et al., 2016a
苹果	117	12.2	Duan et al., 2017
向日葵	80 72	10～20 9.3～19.5	Badouin et al., 2017
梨	113	11	Wu et al., 2018
梅花	348	19.3	Zhang et al., 2018e
月季	8	36.5	Saint-Oyant et al., 2018
	14	5-60	Raymond et al., 2018

（三）林果花卉基因组数据资源

与拟南芥及重要粮食、经济作物相比，林果基因组数据库较少，部分已测序物种甚至没有建立物种基因组数据库。目前林果数据库主要有以下 3 类（表 2-9-4）：①公共的植物基因组数据库，如 Phytozome、EnsemblPlants、Plant Genome Duplication Database，由政府部门、高校或研究机构搭建，包含多种植物基因组数据，不同数据库侧重点不同，大多为了促进植物比较基因组研究，提供植物基因组数据下载、序列比对、基因组浏览器等信息；②按照植物科、属或特定用途包含多种植物基因组的数据库，如蔷薇科基因组数据库（Genome Database for Rosaceae，GDR）（图 2-9-1）、兰科（Orchidstra 2.0）、木本植物（Hardwood Genomics Project）基因组数据库等，通常由代表性研究机构搭建，用于促进该领域植物科研、育种和品质提高；③针对特定某种植物的基因组数据库，如中科院武汉植物园搭建的莲基因组数据库（Scared Lotus Genome Database）等。这些数据库将为深入开展林果植物基因组学相关研究提供丰富的数据资源。

表 2-9-4 林果花草基因组数据资源

物种	数据库	网址	备注
越橘属	Genome Database for Vaccinium（GDV）	https://www.vaccinium.org/	越橘属（*Vaccinium*）综合基因组数据库，目前收录了蓝莓、蔓越莓、越橘等相关的基因组数据及相应分析工具
柑橘属	Sweet Orange Genome	https://citrus.hzau.edu.cn/	包括柚单倍体、甜橙双单倍体，以及野生柑橘枸橼、酒饼簕、莽山野橘等；基本序列分析及 Pathway 富集、Network 预测等
	Citrus Genome	https://www.citrusgenomedb.org/	柑橘属（*Citrus*）综合基因组数据库提供了甜橙、柑橘等基因组信息
香蕉	Banana Genome	http://banana-genome.cirad.fr/	由法国 Cirad 和 Bioversity International 搭建，提供香蕉基因组信息
梨	Pear Genome	http://peargenome.njau.edu.cn/	由南京农业大学搭建，提供梨基因组信息
野蔷薇、月季、委陵菜、甘菊	Genome Database for Rosaceae（GDR）	https://www.rosaceae.org/	提供蔷薇科植物基因组、遗传和育种信息，包括基因组数据下载；表型性状、连锁图谱、QTL、分子标记等
莲	Sacred Lotus Genome Database	http://lotus-db.wbgcas.cn/	由中科院武汉植物园搭建，包括基因功能注释、分类、基因组序列、CDS 和蛋白序列等信息
杜鹃花属	Rhododendron Plant Genome Database（RPGD）	http://bioinfor.kib.ac.cn/RPGD/	由中国科学院昆明植物研究所建立
狭叶羽扇豆	Lupin Genome Portal	http://www.lupinexpress.org/	由西澳大学、华大基因和澳大利亚谷物研发公司（GRDC）共同搭建，提供狭叶羽扇豆基因组数据下载和序列比对等
康乃馨	Carnation DB	http://carnation.kazusa.or.jp/	由 Kazusa DNA Research Institute 构建，提供康乃馨基因组数据下载、比对等
小兰屿蝴蝶兰	Orchidstra 2.0	http://orchidstra2.abrc.sinica.edu.tw/orchidstra2/index.php	提供兰科植物转录组数据资源，包括基因查找、序列比对、基因注释、通路分析等
长春花	Medicinal Plant Genomics Resource	http://www.medicinalplantgenomics.msu.edu	包含长春花基因组数据、JBrowse 基因组浏览器和 BLAST 工具
牵牛花	National BioResource Project（NBRP）	http://shigen.nig.ac.jp/asagao/	由日本九州大学搭建，提供牵牛花变异系表型数据、图片、EST 克隆、连锁图谱和转基因系信息
风铃木	Hardwood Genomics Project（HGP）	http://www.fagaceae.org/	由田纳西大学搭建，旨在建立森林树种和木本植物比较和功能基因组开源数据库

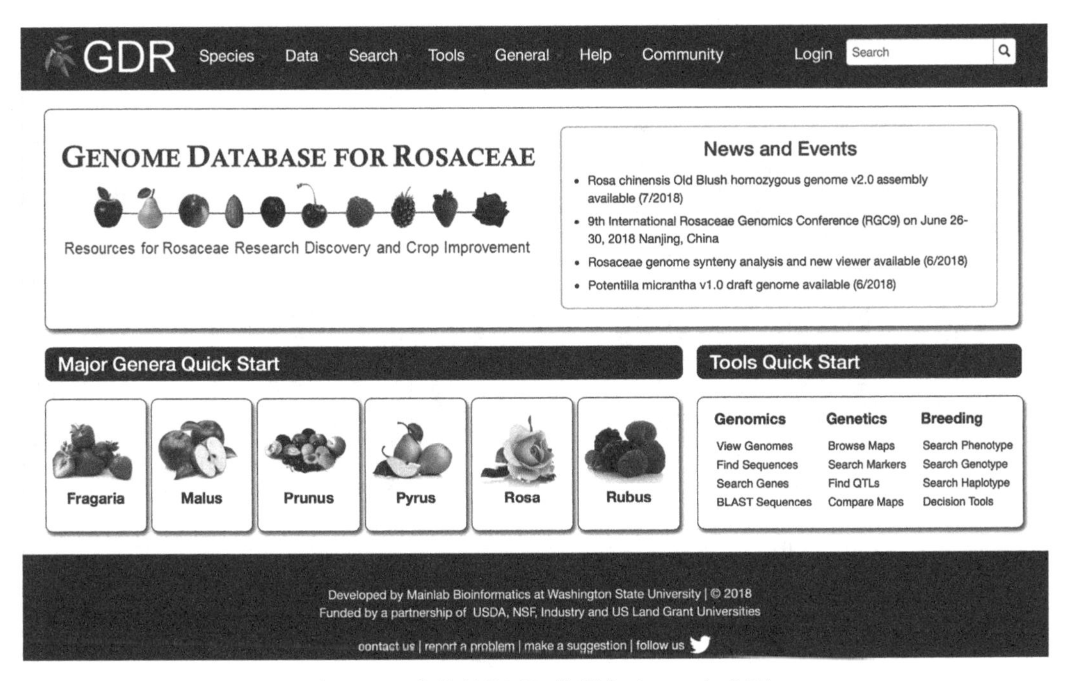

图 2-9-1　蔷薇科基因组数据库（GDR）主页

三、林果花卉基因组特征与进化

（一）葡萄基因组为植物三倍化现象提供最早期证据

葡萄是第一个被基因组测序的果树树种，也是继拟南芥、水稻和毛果杨之后的第四个测序物种。在葡萄基因组中，能发现一个有意思的现象：很多基因区段有 3 个相似的拷贝，即从其基因组内部染色体之间共线性区域，可见葡萄基因组明显的 3 个拷贝（图 2-9-2A）。因此推测现在的葡萄基因组祖先经历了一次三倍化事件（Jaillon et al.，2007）。这是第一次在基因组水平上观察到如此奇特的植物基因组进化事件。根据估测，这是一个非常古老的三倍化事件，是单双子叶分化后发生的。从时间上看，拟南芥和毛果杨也经历了这个事件（图 2-9-2B），但从当时已测序完成的其他植物基因组上为何没有观察到这个事件呢？从图 2-9-2A 可见，由于拟南芥和毛果杨基因组进化速率快，且后续又发生了 1 次或 2 次全基因组倍增事件，它们基因组序列的 3 个拷贝的保守性已难以被发现，大量染色体重组已使目前的基因组很难观察到完整的古老拷贝了。相反，葡萄基因组比较好地保留了 3 个古老基因组拷贝的完整性。

为了进一步证实这一猜想及推测古三倍化发生时间，Jaillon 等（2007）分析了葡萄和当时基因组已测的植物的同源基因。如果葡萄和另一物种的祖先中就已经发生了这一现象，则一个葡萄基因对应一个另一物种基因（“一对一”的关系）；如果是物种分化以后仅在葡萄中发生的这一现象，则 3 个葡萄基因对应一个另一物种基因（“三对一”的关系）。在当时基因组已测物种中，毛果杨与葡萄最近，属于蔷薇类中的 Eurosid Ⅰ类，与毛果杨基因组比较分析发现两个明显的特征：一是能比对上的葡萄基因组区域有两个对应的毛果杨基因组区域；二是具有 3 个同源区域的各基因分别比对不同的毛果杨基因。前者是毛果杨有一次近的全基因组倍增事件导致的，后者表明古三倍化事件发生在葡萄和毛果杨分化前。与拟南芥（属于 Eurosid Ⅱ类）基因组比较分析发现，这一事件发生在整个 Eurosid 类。而与水稻基因组比较

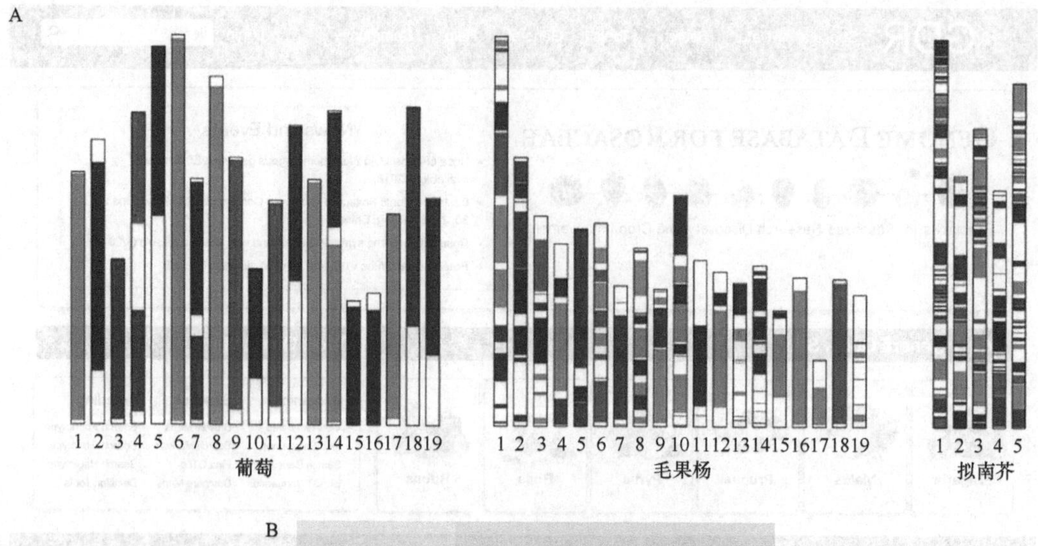

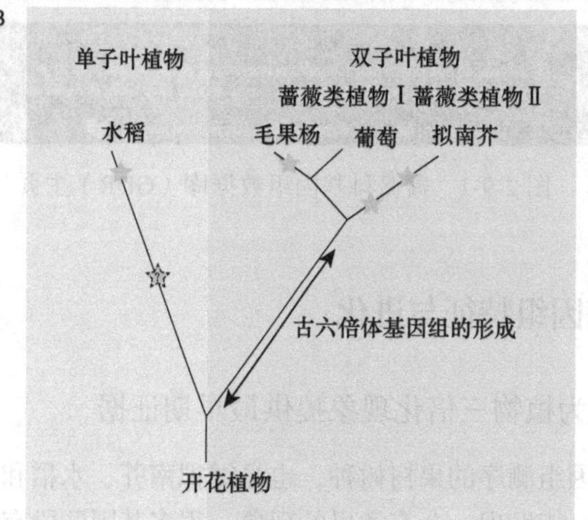

图 2-9-2 双子叶植物经历的一次古老基因组三倍化事件（引自 Jaillon et al.，2007）

A. 每个物种染色体之间基因组共线区块（用同一个颜色表示）；B. 三倍化事件发生时间估计（箭头区域）。图中星形表示全基因组倍增事件

分析明显发现相反的特征，即“三对一”的关系，表明这一事件是在单双子叶分化后。葡萄中并没有发现近代的全基因组倍增事件。

后续测序完成的苹果、梨和桃基因组，同样证实了上述古老三倍化事件。苹果基因组在6500万～6000万年前有过一次全基因组倍增事件，同时也发现一次古老的全基因组倍增事件。苹果基因组中有一个4～7Mb的区域明显具有6个拷贝，重新比对至苹果基因组可明显发现三倍化结构并且与葡萄的3条染色体（1号、14号和17号）具有共线性，证明了葡萄基因组中发现的真双子叶植物（eudicots）共同经历了一次古三倍化事件。梨基因组分析表明，梨和苹果经历了两次同样的全基因组倍增事件，即古三倍化事件和近期的倍增事件，其近期的倍增事件发生在梨和苹果分化前（Wu et al.，2013）。桃基因组中，明显发现7个三倍化特征的区域（Verde et al.，2013），与葡萄和毛果杨基因呈现出“一对一”和“一对二”的特征。同时表明它们都没有发生近代的全基因组倍增事件。

（二）复杂驯化起源的基因组证据

基因组往往可以为植物进化提供清晰的分子证据。林果花卉基因组的不断测序完成，为许多林果花卉起源驯化提供了基因组证据。例如，蔷薇科包括苹果属、梨属、桃属、杏属、李属、山楂属、草莓属、樱属、枇杷属等，该科许多果树树种基因组已测序完成（表 2-9-2 和表 2-9-3）。以下分别就一些主要果树树种基因组提供的起源驯化证据进行介绍。

现代栽培苹果的祖先种存在争议，有观点认为来自中亚野生种 *Malus sieversii*，也有观点认为是欧洲野苹果 *M. sylvestris*。后者主要是基于栽培苹果和 *M. sylvestris* 两者在分子水平的相似（Coart et al.，2006）。通过分析包含栽培品种及 *M. sieversii* 和 *M. sylvestris* 的 74 个苹果材料的 23 个基因发现，*M. sieversii* 和栽培苹果位于一个共同分支，和 *M. sylvestris* 明显分开。另外发现，*M. sieversii* 和栽培苹果遗传分化（F_{ST}=0.14）较 *M. sylvestris* 和栽培苹果（F_{ST}=0.17），以及 *M. sieversii* 和 *M. sylvestris*（F_{ST}=0.21）程度要低。这些证据支持栽培苹果来源于 *M. sieversii*（Velasco et al.，2010）。而 Duan 等（2017）对 117 份苹果材料进行了基因组重测序，基于全基因组 SNP 信息构建进化树发现，栽培苹果首先与 *M. sylvestris* 形成一个亚支，再与 *M. sieversii* 形成一个进化分支，而与其他野生苹果明显分开，主成分分析发现类似结果。这表明 *M. sylvestris* 对栽培苹果的贡献（如基因渗入）很大，这也与之前的报道结果相同（Cornille et al.，2012）。由此他们提出欧亚苹果驯化路线图：首先是哈萨克斯坦的 *M. sieversii* 被驯化，而后 *M. sylvestris* 与早期的栽培苹果杂交，沿丝绸之路向西从中亚传播至欧洲；哈萨克斯坦的 *M. sieversii* 与野生苹果山荆子（*M. baccata*）杂交种沿丝绸之路向东。

在驯化过程中，栽培苹果保留了来自 *M. sieversii* 的果实大的性状，通过杂交获得 *M. sylvestris* 的质地和风味。为了进一步研究祖先种 *M. sieversii* 和 *M. sylvestris* 对现代苹果性状形成的贡献，比较了栽培苹果与这两个野生种的基因组选择情况。结果发现，在栽培种 *M. sieversii* 及栽培种 *M. sylvestris* 中检测到控制不同性状的选择靶基因。例如，与糖分含量相关的基因两者均能检测到选择信号，而与果实酸度相关的基因仅在栽培种 *M. sylvestris* 中检测到选择信号。该研究结果表明，这两个野生种在苹果驯化过程中对相关性状贡献有所不同。另外，基于核苷酸多态性的估算，栽培苹果与 *M. sieversii* 相比很接近，前者 π 值为 2.20×10^{-3}，后者为 2.35×10^{-3}，表明苹果的驯化过程中经历了非常弱的瓶颈效应。

为了阐明桃的驯化历程，国际桃基因组协作组对 11 个普通桃（*Prunus persica*）品种，以及分别来自新疆桃（*P. ferganensis*）、甘肃桃（*P. kansuensis*）、山桃（*P. davidiana*）和西藏光核桃（*P. mira*）的一个品种进行了重测序。基于全基因组 SNP 的系统进化分析表明，新疆桃与 11 个普通桃品种同属一个类群，这表明新疆桃与桃栽培种可能属于同一个种，新疆桃可能只是一种未经驯化的野生桃，也可能代表桃驯化过程中的一个中间态基因组（Verde et al.，2013）。由于桃自交亲和及驯化过程中经历过重要的瓶颈效应，其遗传多态性低，但是表型上能观察到很多不同类型的桃。Cao 等（2014）基于 84 份桃品种的全基因组 SNP，观察到普通桃与野生桃群体相比，SNP 数显著降低。少数观赏性品种中检测到特有的 SNP，即多数 SNP 是与食用品种共有的，这表明观赏性和食用类普通桃品种间具有很近的进化关性。同时，普通桃中的 SNP 有很多相对于野生桃来说是特有的，这一定程度上很好地解释了桃的多样性。基于全基因组 SNP 构建的进化树，可以确定普通桃的进化始于西藏光核桃，之后为山桃，再为甘肃桃，最终形成普通桃。新疆桃与普通桃在进化类群上难以分开，可以认为是普通桃的一个地理类群。

梨的种质资源较为丰富，但是由于其自交不亲和性，品种资源间存在广泛的基因交流和遗传重组，对不同种的分化和遗传关系一直没有清楚的认知。为探明梨的起源、传播与驯化特征，Wu 等（2018）对 113 份野生及栽培梨种质资源（亚洲 63 份、欧洲 50 份）进行了全基因组重测序。结果显示，亚洲梨具有更高的遗传多态性，包括野生和栽培种。进一步的进化树分析表明，欧洲梨遗传背景相对简单，可分为野生种与栽培种组群；而亚洲梨遗传组成复杂，野生与栽培种形成多个亚组。利用420个单拷贝基因，得出亚洲梨和欧洲梨在660万～330万年前分化。群体驯化研究进一步揭示了两大组群受选择区域有显著差异，表明亚洲梨和欧洲梨属于独立驯化起源。同时提出了梨的驯化和传播路径，即起源于中国西南部的梨，经过亚欧大陆传播到中亚地区，最后到达亚洲西部和欧洲。

柑橘属植物起源一直是众说纷纭，不同种之间的关系也是错综复杂。Xu 等（2013）通过对3个柚品种和3个柑橘品种进行全基因重测序（覆盖深度>30×），确定了甜橙（*C. sinensis*）基因组中有39.7Mb的序列来源于柚（*C. grandis*），118.2Mb的序列来源于宽皮橘（*C. reticulata*），符合1∶3的遗传分离规律；结合甜橙叶绿体基因组来自于柚，他们进而推测甜橙来源于柚（母本）和柑橘（父本）的回交杂种［sweet orange＝（pummelo×mandarin）×mandarin］。为了进一步研究柑橘属植物的演化，Wu 等（2014）测定了一个高质量的柑橘属参考基因组（*C.×clementina* cv. Clemenules），并测定了4个柑橘、2个柚、1个酸橙及1个甜橙品种。通过分析发现，栽培柚来源于祖先种 *C. maxima*，栽培宽皮橘来源于 *C. reticulata*，同时有栽培柚祖先种 *C. maxima* 的渗入，即使是之前人们认为没有其他渗入的传统柑橘（'Ponkan'和'Willowleaf'）也是如此，同时这两种之前认为没有关联的传统柑橘互相之间，其单倍型也有很多共有部分，即这两种柑橘也有混杂渐渗。甜橙和酸橙经历了不同的育种过程，酸橙来自祖先种 *C. maxima*（母本）和 *C. reticulata*（父本）的杂交，而甜橙则经历了更加复杂的过程，推测甜橙可能来自 *C. reticulata*×［（*C. maxima*×*C. reticulata*）×*C. maxima*］的杂交过程。Wu 等（2018）通过分析58份柑橘属材料和2份外类群，结合基因组学、系统发生及生物地理学等手段，详细阐述柑橘属演化进程（图2-9-3）。主成分分析首先分离3个祖先种，即香橼（*C. medica*）、柑橘（*C. reticulata*）和柚（*C. maxima*），也就是柑橘属的3个基本种。利用非基因区域和着丝粒区域的36万个SNP构建系统发生关系，同时结合云南临沧发

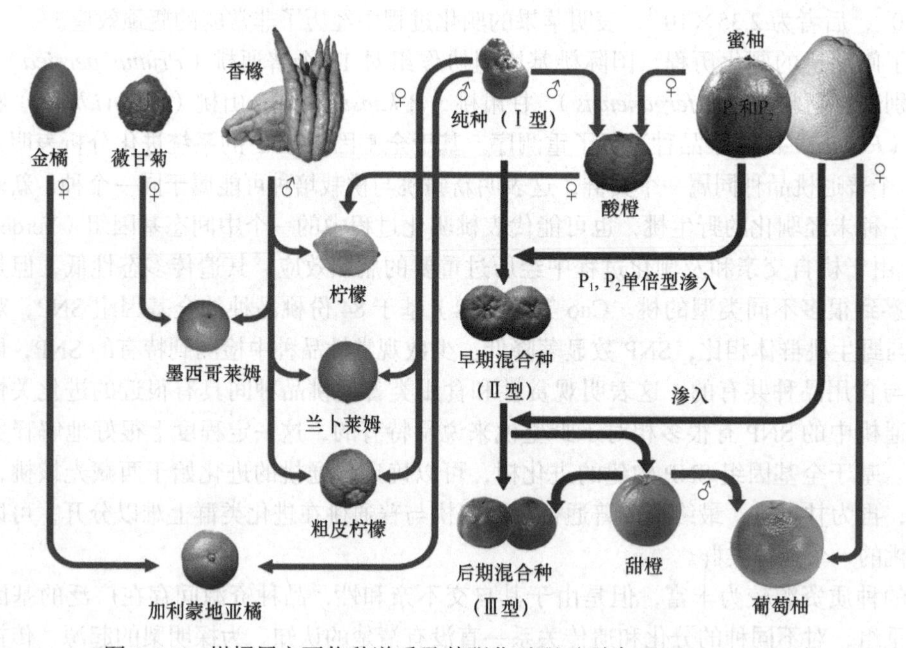

图2-9-3　柑橘属主要物种谱系及其驯化过程（引自 Wu et al.，2018）

蓝色表示两个亲本简单杂交，红线代表多个体、多代、回交等复杂过程。Ⅰ型指没有柚基因组渗入的柑橘，Ⅱ型指有少量柚基因组混杂，并可以追溯到普通的柚基因组祖先，Ⅲ型指柚基因组贡献度高的柑橘

现的中新世后期的柑橘化石，从而估算出其他柑橘种的分化时间：在 800 万～600 万年前的中新世后期，柑橘出现第一次扩张，随着亚洲季风减弱，柑橘发生分化，并向东南亚快速传播；大约在 400 万年前的上新世早期，柑橘越过华莱士线从东南亚传播到大洋洲大陆。基于 28 个柑橘基因组中 59 万个 SNP，发现 23 个基因组中有柚基因组的贡献。

通过群体基因组学比较发现，我国栽培橘（*C. reticulata*）有两个独立的驯化事件，大致分布在南岭山脉的南面和北面，说明橘群体中发生不同地域的独立选择和驯化方向（Wang et al.，2018b）。南岭北部的橘表现为果实大，颜色偏红，果实柠檬酸含量中等；南岭南部的橘表现为果实小，颜色偏黄，柠檬酸含量很低。野生橘中，莽山野橘是最原始的类型。

（三）林木纤维素发育相关基因剧烈扩增

纤维素是植物细胞壁的主要成分，决定了植物细胞壁的机械支持能力。此外，纤维素的生化代谢合成与碳水化合物的代谢与分配、细胞分裂与衰老、细胞骨架的建立与装配等有关。木材中天然纤维素存在的基本物理单位是基本纤丝或称原纤丝，由 2～4 个原纤丝相连构成微纤丝，微纤丝进而组成纤丝，纤丝再聚集成粗纤丝，粗纤丝相互结合形成薄层再聚集成细胞壁。在初生壁和次生壁上，微纤丝排列有所不同，初生壁上微纤丝排列相对比较松散，有利于细胞的扩增。

生物体内催化纤维素合成的蛋白质称为纤维素合成酶。早在 1996 年，Pear 等（1996）首次在棉花中克隆出了编码纤维素合成酶催化亚基的纤维素合成酶基因（*CesA*）。此后，在水稻、拟南芥、玉米、毛果杨等更多的植物中分离克隆出 *CesA* 基因，其中林木类的毛果杨中鉴定到 18 个 *CesA* 基因，绿竹（*Dendrocalamopsis oldhami*）中分离出 8 个。人们推断植物中的 *CesA* 基因来源于蓝细菌，而植物数目繁多的 *CesA* 基因可能与进化过程中基因组倍增有关。

竹是森林中唯一的主要禾本科植物，也是世界上最重要的非木材林产品之一。毛竹的生长速度极快，具有隔年连续采伐及永续利用的特点。竹笋从出土到长成新竹仅需 40～50 天（约高 10m，粗 10cm）。Peng 等（2013）采用一代测序和二代测序结合的策略完成了毛竹全基因组序列，并基于基因组序列对毛竹细胞壁结构形成的基因做了进一步分析。研究人员在竹基因组中检测到了 19 个纤维素合成酶基因和 38 个类纤维素合成酶基因（图 2-9-4）。如此

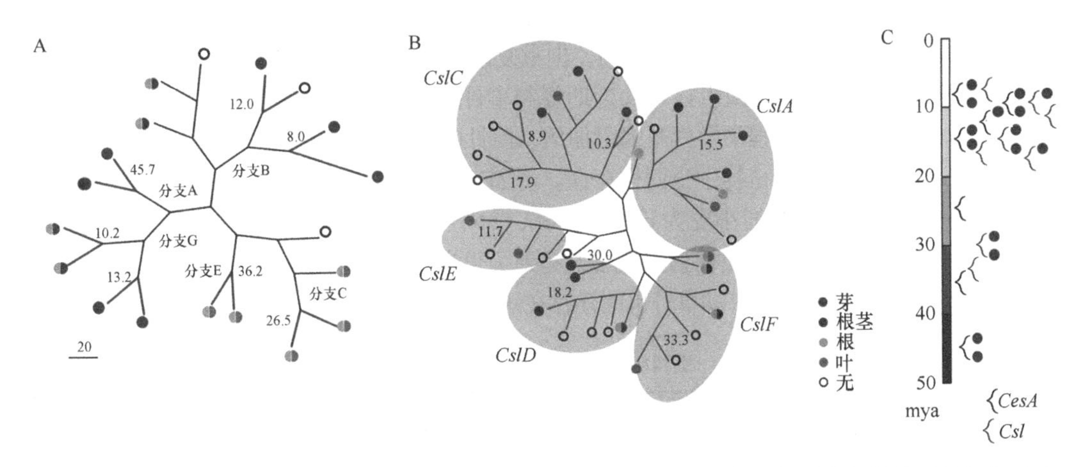

图 2-9-4　毛竹纤维素合成酶基因（*CesA*）和类纤维素合成酶基因（*Csl*）近代倍增及不同组织表达情况（引自 Peng et al.，2013）

A．*CesA* 基因进化树；B．*Csl* 基因进化树；C．*CesA* 和 *Csl* 基因扩增历史。进化树中红色分枝表示物种形成后发生的近代倍增基因（数字表示倍增时间）。实心圆圈表示在该组织中高表达。mya 表示百万年前

高的拷贝数，说明 *CesA* 和 *Csl* 基因家族在竹基因组中剧烈扩张，这与玉米基因组中观察到的情况类似。研究发现这些新近的拷贝中几乎没有出现串联重复，这说明 *CesA* 和 *Csl* 基因的大部分拷贝来自全基因组倍增。

（四）裸子植物的基因组进化

林果树种中包括裸子植物，甚至更古老的蕨类植物。随着植物基因组测序不断深入，各个进化重要节点植物物种都陆续被测序，为解析绿色植物进化提供了重要依据。植物起源于绿藻和轮藻，最早出现的陆生植物为苔藓类植物（详见本书第 2-10 章）。随后陆生植物进化出具有维管束结构的蕨类植物和裸子植物，再后来进化出目前人类赖以生存的被子植物。下文重点介绍蕨类植物和裸子植物基因组及其进化。

2018 年 7 月，*Nature Plants* 杂志在线发表了来自美国康奈尔大学的 Li 等（2018）的研究论文，该论文首次报道了蕨类植物 *Azolla filiculoides* 和 *Salvinia cucullata* 的全基因组序列。蕨类是泥盆纪时期的低地生长木生植物的总称，是比苔藓类植物略高级的陆生植物。研究人员选择了两种基因组较小的蕨类植物 *A. filiculoides*（0.75Gb）和 *S. cucullata*（0.26Gb）进行测序。这两个物种在蕨类植物中是特殊的，因为蕨类植物通常基因组较大（平均 12Gb），最大可达 148Gb。该研究分别在 *A. filiculoides* 和 *S. cucullata* 中鉴定出 20 201 个和 19 914 个高可信度的蛋白质编码基因。*Azolla* 具有更多的重复序列，其中重复序列含量为 233Mb，反转录转座子占其中的 191Mb，尤其是 *Gypsy* 和 *Copia* 两种长末端重复反转录转座子。该研究将 *A. filiculoides* 和 *S. cucullata* 基因组进行系统发生分析，发现 *A. filiculoides* 经历了独立于其他蕨类植物的基因组倍增事件。同时，为明确所有绿色植物基因和基因家族进化，研究者对 23 个基因组的基因进行分类并重建了基因家族进化，结果表明蕨类和其他非种子植物中包含 39 个拟南芥种子转录因子同源基因，即种子转录因子在种子植物起源之前就已出现。

随着地球上自然地理环境的变迁，从二叠纪至白垩纪早期，历时约 1.4 亿年，许多蕨类植物由于不适应当时环境的变化相继灭绝，陆地植被的主角则由裸子植物所取代。最原始的裸子植物（原裸子植物）也是由裸蕨类演化出来的。与蕨类植物类似，裸子植物基因组普遍很大，目前已经测序的挪威云杉、火炬松、糖松等林木的基因组大小都在 10Gb 以上（表 2-9-5）。对这 3 种林木大基因组进化机制的研究表明，它们基因组偏大主要与基因组大量重复序列增殖有关。其中长末端重复反转录转座子所占比例均极高，但重复序列的积累机制略有差异（表 2-9-5）。基于 *K*-mer 分布确实检测到糖松基因组显著的近期复制事件，但这不足以解释松科植物不同基因组大小的差异。阔叶树进化过程中发生基因组加倍，而针叶树则只有染色体片段或基因水平加倍。上述基因组进化机制在被子植物中也同样存在。例如，普通小麦基因组约 15Gb，其基因组如此巨大主要是多倍化所致，普通小麦为异源六倍体，每个二倍体祖先种贡献约 5Gb 的亚基因组。当然重复序列对每个二倍体祖先种基因组增大起到了很大作用（详见本书第 2-4 章）。同样，其他多倍体作物，如棉花、油菜、烟草等也同样存在这样的基因组进化机制。

表 2-9-5　松科植物和银杏大基因组形成机制比较

物种	基因组大小 /Gb	大基因组形成机制	参考文献
云杉（*P. abies*）	19.7	缺乏有效的 LTR 等清除机制，导致 LRT 缓慢且稳定的积累	Nystedt et al., 2013
火炬松（*P. taeda*）	21.6	重复序列由外来 DNA 片段及其他拷贝自身基因组 DNA 片段组成	Neale et al., 2014
糖松（*P. lambertiana*）	31.0	LTR 大量增殖	Stevens et al., 2016
银杏（*G. bibloba*）	11.75	两次全基因组倍增事件和 LTRT 逐步积累	Guan et al., 2016

这 3 种大基因组松科植物中，挪威云杉是最早测序的裸子植物。Nystedt 等（2013）发现导致云杉大基因组的原因是缺乏有效的清除机制，使得长末端重复转座元件稳定积累，最终导致了云杉庞大的基因组。研究人员对另外几种松柏类植物进行了比较测序，发现上述转座元件多样性是这类植物所共有的特性。火炬松原产于美国东南部，为美国南方松中最重要的速生针叶用材树种，使得它成为早期基因测序的候选物种。研究人员经过分析发现火炬松有 82% 的序列是重复序列，反转录转座子占基因组的 62%，其中有 70% 是 LTR，并指出这些重复序列是由外来 DNA 片段及自身基因组 DNA 片段拷贝组成。糖松是世界上最高的树种之一（可达 80 多米），主要分布于美国和墨西哥。糖松属于白松亚种，白松是一个以拥有最大的松树基因组而闻名的种群，糖松的基因组大小为 31Gb。Stevens 等（2016）研究发现糖松基因组中转座元件所占比例高达 79%，其中又有 67% 是 LTR，并指出糖松中 LTR 增殖插入的时间和云杉基因组报道的一致。LTR 大量增殖也许与适应当时的地质与气候变化有关。

除松科植物外，银杏基因组也较大，约为 12Gb，其基因组含有 76.6% 的重复序列，其中 79.2% 是 LTR。Guan 等（2016）研究指出银杏的 LTR 是早期逐渐积累和两次全基因组复制事件引起的，这些事件使得整个银杏基因组的重复序列占到 3/4 以上。由于转座元件的活跃造成了银杏的平均内含子长度长于其他普通测序物种。

第二节　林果花卉基因组功能与利用

一、风味和营养形成相关功能基因

（一）水果风味和营养的形成

随着果树基因组及转录组等数据的获得，控制果树重要农艺性状的基因被更有效地鉴定，如与维生素 C、糖和酸代谢、香气等性状相关基因在基因组分析中就得以重点关注。以下举例进行说明。

Xu 等（2013）分析了甜橙果实中 L-抗坏血酸（L-ascorbic acid，AsA，也称维生素 C）上游的 4 个合成分支途径的关键酶基因，半乳糖醛酸代谢途径的许多基因都发生了上调。特别是半乳糖醛酸酯分支途径的 3 个关键酶基因（*PG*、*PME* 和 *GalUR*）发生了明显的上调，其中编码 D-半乳糖醛酸还原酶的基因（*GalUR*）是这一代谢途径的限速酶基因。而在甜橙鉴定出了 18 个 *GalUR* 同源基因，明显发生了基因扩张。在猕猴桃中，虽然合成维生素 C 的主要途径（L-半乳糖途径）相关基因没有发生扩张，但是与抗环血酸合成有关的其他基因家族出现了扩张，如 *Alase*（aldonolactonase）、*APX*（L-ascorbate peroxidase）、*MIOX*（myo-inositol oxygenase）和维生素 C 再生途径中的 *MDHAR*（monohydroascorbate reductase）基因家族等。糖代谢对果实风味的形成具有重要影响。例如，桃和苹果基因组中山梨醇转运体（sorbitol transporters，SOT）和山梨醇脱氢酶（sorbitol dehydrogenase，SDH）基因家族相比于非蔷薇类植物明显扩增（Verde et al.，2013）。草莓果实的香味物质主要来源于脂肪酸代谢、萜类化合物代谢和苯丙烷代谢途径，有 7 个基因家族与这些挥发性组分的产生有关，包括酰基转移酶、萜烯合酶和小分子 *O*-甲基转移酶等。葡萄酒的香气直接与促进萜烯类合成的萜烯合酶（terpene synthase，TPS）基因有关。在葡萄的基因组中，发现有 89 个与萜烯类合成相关的功能基因和 27 个假基因。Wang 等（2018b）在柑橘基因组中鉴定到与柠檬酸合成相关的乌头酸水合酶（aconitate hydratase，ACO）基因高度分化，表明该基因在柑橘驯化过程中受到选择。栽培枣与野生枣相比，具有更高的糖类和更低的有机酸，基因组重测序研究发现，1372 个基因受到选择（Huang et al.，2016a）。这些与酸代谢相关基因包括苹果酸酶（NADP-dependent malic enzyme，NADP-ME）基因、丙酮酸激酶（pyruvate kinase，PK）基因、异柠檬酸脱氢酶（isocitrate dehydrogenase，IDH）基因、乌头酸水合酶（aconitate hydratase，ACO）基因等（图 2-9-5）。同时也包括与糖代谢相关基因，如蔗糖合成酶（sucrose synthase，SUSY）基因、糖转运体基因等。另外，表达分析表明与酸代谢相关基因大多在野生枣中高表达，而在栽培枣中低表达。

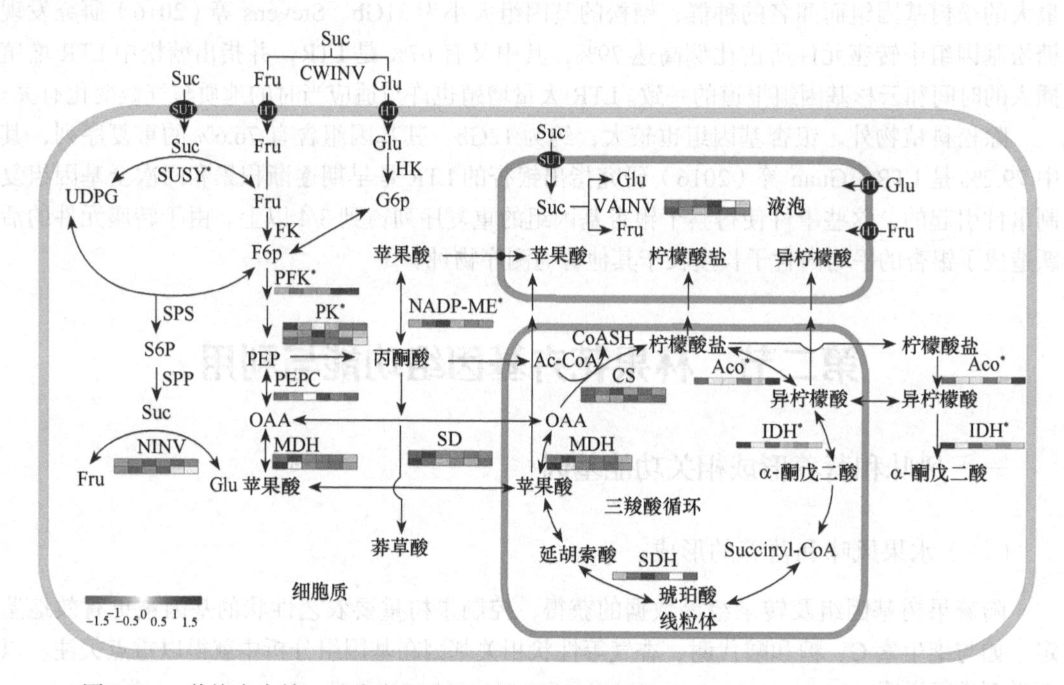

图 2-9-5 栽培枣中糖、酸代谢相关基因的选择及表达情况（引自 Huang et al.，2016a）

*表示该基因位于栽培枣中受选择区域。基因表达热图表示基因表达情况，从左到右分别表示野生枣的 3 个果实发育阶段和栽培枣的 3 个果实发育阶段

（二）茶树次生代谢物质对香气和风味的影响

茶与咖啡、可可并称为世界三大植物饮料。茶树的次生代谢物质对于茶的香气和风味影响巨大，也是研究人员最为关注的热点之一。目前，儿茶素、茶氨酸和咖啡因是茶树最主要的三大次生代谢物质。中国科学院昆明植物研究所高立志研究员带领的研究团队与国内外诸多单位联合攻关，攻克了茶树高杂合、高重复和基因组庞大的植物基因组测序的难题，率先在国际上破解了栽培茶树（*Camellia sinensis* var. *assamica*）基因组，并揭示了茶树基因组中有关茶叶风味、适制性及茶树全球生态适应的遗传学基础（Xia et al.，2017）。茶树基因组重复序列含量极高，占整个基因组的近 90%。研究表明，在过去的 5000 万年间，茶树基因组逐步变大，原因是少数重复序列 LTR 家族缓慢和稳定的扩增。茶树基因组中，与黄酮类代谢生物合成相关基因的谱系特异性扩增，增强了儿茶素产生、萜烯酶活化和胁迫耐受性，这是茶味道和适应性的重要特征。咖啡因是植物中最著名的嘌呤生物碱之一，咖啡因合成需要 3 个甲基化步骤（图 2-9-6A），该关键途径需要 *N*-甲基转移酶（SAM-dependent

N-methyltransferase，NMT）催化。通过比较发现，茶树中鉴定到的 NMT 基因比可可和咖啡更少（图 2-9-6B），且不同茶树发育阶段的基因表达谱显示，大多数 NMT 基因在叶和花中表达，因此积累了更多的咖啡因。通过系统发生树（图 2-9-6C）可以看到，茶树和可可中的 NMT 与咖啡明显分离，表明相对于咖啡，茶树和可可中咖啡因合成途径为独立进化而来。

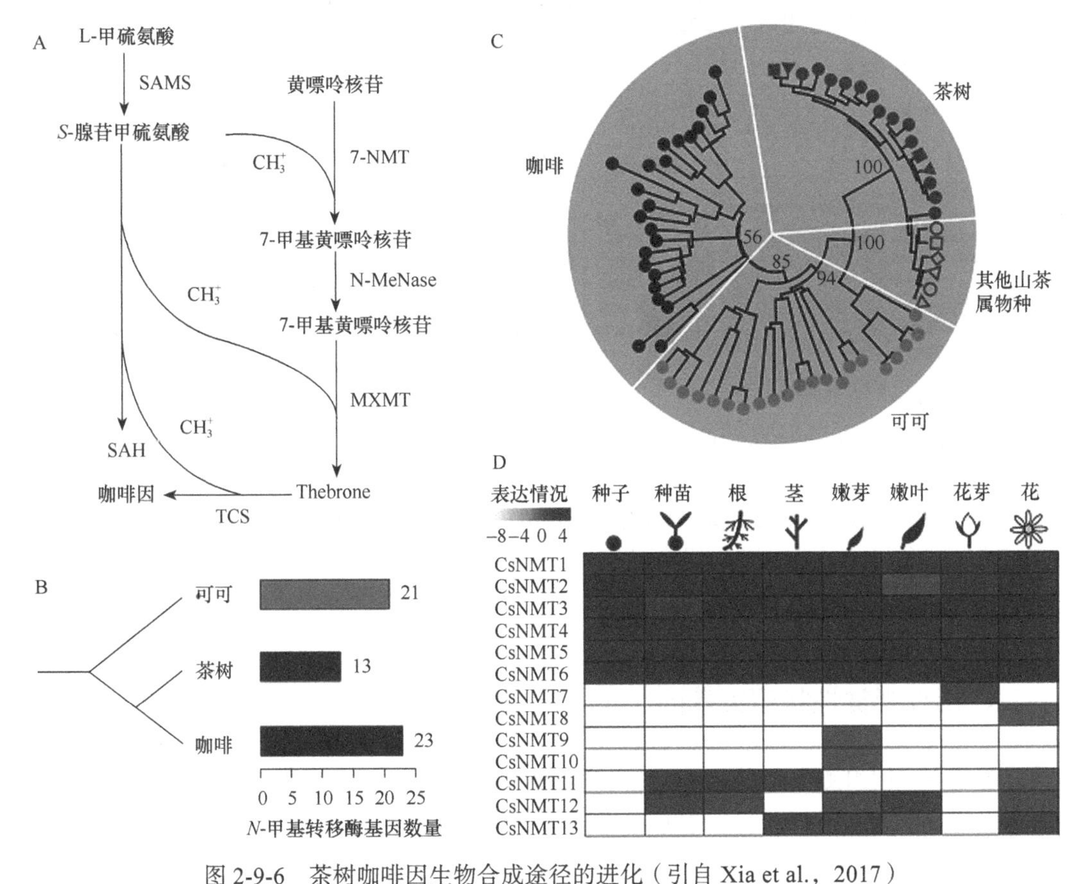

图 2-9-6　茶树咖啡因生物合成途径的进化（引自 Xia et al.，2017）

A．咖啡因合成的 3 个甲基化步骤；B．茶树、咖啡及可可中 *N*-甲基转移酶（NMT）基因数量分布；C．NMT 基因进化树；D．茶树中 13 个 NMT 基因拷贝在不同组织中的表达情况

2018 年，安徽农业大学茶树生物学与资源利用国家重点实验室发表了另外一个茶树种 *C. sinensis* var. *sinensis* 的全基因组序列（Wei et al.，2018）。基因组分析结果表明，茶树基因组发生过两次全基因组倍增事件，最近一次发生在 4000 万～3000 万年前，该事件及后续串联复制导致了与儿茶素类物质和咖啡因生物合成相关的基因拷贝数显著增加。在茶基因组中共鉴定出 429 个茶树特有基因家族。对茶的香气和风味至关重要的挥发性化合物，可通过脂质和类胡萝卜素的氧化或来自萜类和莽草酸途径。有趣的是，与这些代谢产物合成有关的基因家族，在茶基因组中特异性扩增。儿茶素衍生自苯丙烷途径，儿茶素的生物合成受到复杂的转录调控，许多与生物逆境和非生物逆境相关的转录因子都与儿茶素含量高度相关（图 2-9-7）。比较基因组分析发现，萜烯类等物质的合成酶基因拷贝数在茶树基因组中发生显著扩增，有助于解释茶叶独特的香气。这些发现首次从基因组层面系统解开了茶叶中富含独特风味物质之谜，如茶叶如何产生丰富多样的黄酮类化合物和茶氨酸，以及这些类黄酮和茶氨酸如何协同促进茶叶适口性等。

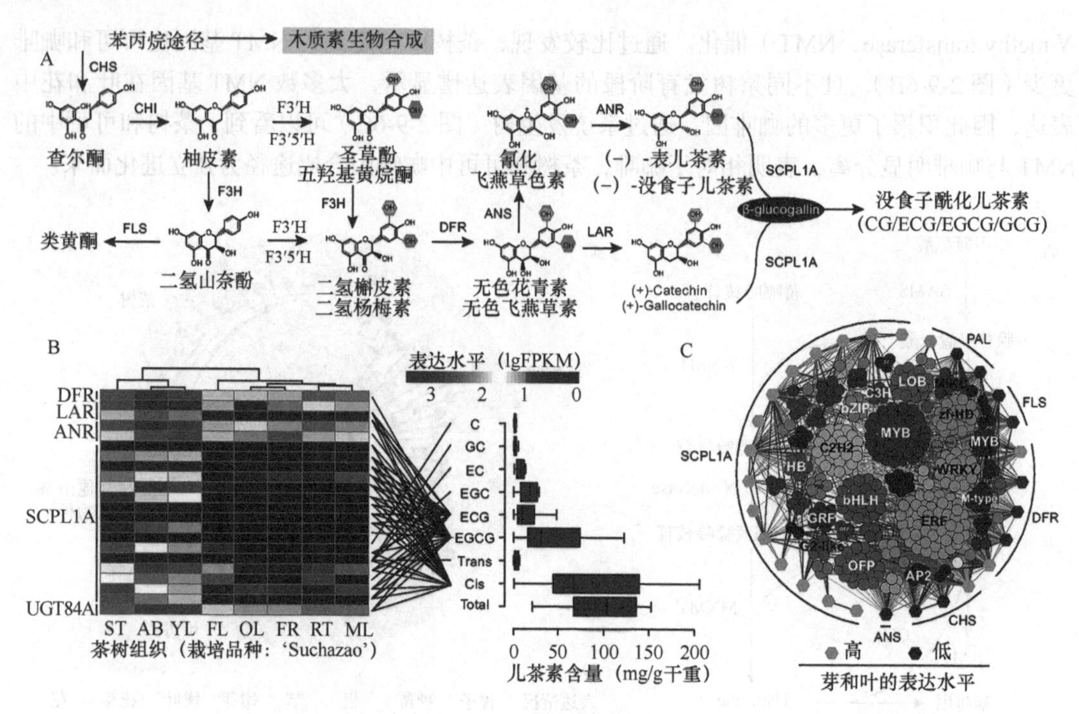

图 2-9.7　儿茶素生物合成关键基因的遗传和表达（引自 Wei et al.，2018）

A. 儿茶素合成途径；B. 儿茶素合成关键基因在不同类型和儿茶素含量茶树不同组织中的表达情况；C. 基因表达共表达网络显示儿茶素合成关键基因转录调控情况

二、花卉观赏性状相关基因

随着花卉基因组测序完成，一些花发育重要遗传机制及其进化起源得到很好诠释。以下列举部分研究结果：①梅花是春季开花最早的观赏树种之一，0℃低温条件下仍可开花。利用梅花基因组信息分析发现梅花休眠相关 MADS-box 转录因子（dormancy associated MADS-box transcription factor，DAM）和 C-重复序列结合子（C-repeat-binding transcription factor，CBF）基因与植物休眠、开花调节和冷驯化关系密切，可能参与控制观赏植物与果树开花时间（Zhang et al.，2012b）。Zhang 等（2018e）通过梅花全基因组测序和大量梅花品种重测序，挖掘到 534 万个 SNP 标记，基于挖掘的 SNP 标记，对 333 株梅花品种的 24 个重要观赏性状进行了 GWAS 分析，在梅花的 4 条染色体上分别鉴定了 5 个显著的候选基因区域，与花色、花萼颜色、柱头颜色、花药颜色、花瓣数、花径、木质部颜色和株型等 10 个性状相关。②向日葵基因组研究人员采用 GWAS 分析解析由 72 个近交系获得的 480 个 F_1 杂种开花时间变异的遗传基础，对 72 个自交系进行基因组重测序，鉴定出 35 个与开花时间相关的基因组区域（Badouin et al.，2017）。③康乃馨为世界四大切花之一，切花寿命或花期长短是影响其切花品质的重要因素。康乃馨花对乙烯高度敏感，康乃馨花瓣中自催化产生乙烯并发生萎蔫。康乃馨基因组研究发现，传统的杂交育种技术成功地改善了康乃馨瓶插寿命，这是一种多基因性状，由参与乙烯生产和乙烯敏感性的多个基因控制，包括乙烯受体（constitutive triple response，CTR）基因、乙烯不敏感基因（ethylene-insensitive 2/3，*EIN2/3*），以及乙烯生物合成相关基因，1- 氨基环丙烷 -1- 羧酸（1-ami-nocyclopropane-1-carboxylic acid，ACC）基因、ACC 合酶基因（*DcACS1*、*DcACS2* 和 *DcACS3*）和 ACC 氧化酶基因（*DcACO1*）（Yagi et al.，2014）。此外，康乃馨基因组中有大量与花瓣色素相关苯丙烷类生物合成途径有关的转运蛋白、转录因子等同系物，也有少量甜菜素生物合成酶基因同系物，然而不能催化甜菜碱合成或编码相关蛋白（Yagi et al.，2014）。④研究人员结合遗传学和基因组学方法，开展调控月季关键观赏性状遗传机制研究。结果表明，月季 *APETALA2*/*TO*E 同源基因可能是控制月季花瓣数量的主要调节因子，连续开花性状由位于 3 号染色体上 *TERMINAL FLOWER 1*（*TFL1*）家族的 RoKSN 调控。该研究首次证实了 *RoKSN*^{null} 等位基因是由于 *CONTINUOUS FLOWERING* 位点大规模重组后形成的，导致了 *RoKSN* 基因完全缺失，从而出现了连续开花表型（Hibrand Saint-Oyant et al.，2018）。Raymond 等（2018）则利用将中国杂交月季的基因组位传递到‘La France’来鉴定可能参与连续开花的新候选基因。*R. chinensis*‘Old Blush’×*R. wichurana*‘La France’回交后代的分离分析表明，连续开花可能至少涉及第二个独立的基因位点。该基因位点可能仅由 *R. chinensis* 传递给‘La France’，如区段 2.4 和 5.1（图 2-9-8）。在这些片段上，转录因子 *SPT* 的同源基因（段 2.4）及 *DOG1*（段 5.1）是决定月季连续性开花的新候选基因。⑤醉蝶花科是十字花科的系统发育姐妹家族，两科植物明显的区别就是花的对称性和结构。利用姐妹谱系基因组分析，研究人员检测了植物花发育基因的状态，证实十字花科植物的 *MADS* 基因数量是醉蝶花中的两倍，有可能促成了十字花科植物形态多样性。小兰屿蝴蝶兰具有极高的观赏价值，且兰花花型一直是研究重点和热点，通过对其基因组数据分析发现，共有 51 个 *MADS-box* 同源基因和 9 个假基因，明显少于其他已测序的被子植物（Cai et al.，2014）。

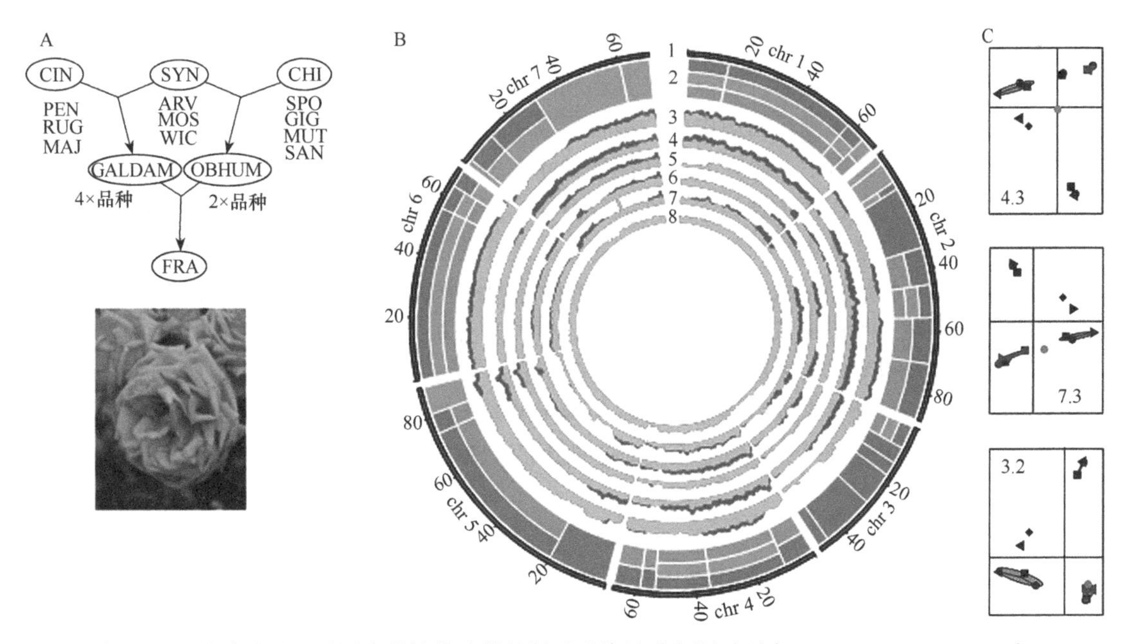

图 2-9-8　月季基因组重测序的结构多样性揭示现代月季起源（引自 Raymond et al.，2018）

A. 重测序月季谱系。CIN、SYN 和 CHI 分别表示 Cinnamomeae、Synstylae 和 Chinenses。B. 遗传结构与变异。第 1 圈表示染色体；第 2 圈表示 CIN、SYN 和 CHI 在 35 个染色体片段上对‘La France’的贡献（淡红色、淡绿色和淡蓝色分别表示 CIN、SYN 和 CHI）；第 3～8 圈表示 6 个品种与参照基因组杂合（淡色）和纯合（深色）变异情况。3～8 分别为‘La France’、*R. gigantea*、‘Hume's Blush’‘Mutabilis’‘Sanguinea’和‘Old Blush’。以 1Mb 长度为单位依次统计相关数据。C. PCA 主成分分析。橙色表示‘La France’，蓝色表示 CIN，绿色表示 SYN，红色表示 CHI，黑色表示其他品种。数字表示基因组片段（如 4.3 表示 4 号染色体的第三个区段）

三、其他重要性状基因位点鉴定

（一）抗病基因

林果的分子病理学研究长期落后于农作物，随着高通量测序技术的发展，林果分子病理学研究也进入高潮。2006年毛果杨基因组测序完成以后，一系列林果基因组测序相继完成，为全面解析林果抗病遗传基础（如NBS类抗性基因构成）建立了重要基础。同时转录组学和全基因组关联分析的应用也快速积累了大量的数据，为揭示林果植物和病原菌之间的分子机制奠定了基础。例如，La等（2013）利用基因分型芯片对400多个不同基因型毛果杨做了GWAS分析，最终找到了与叶锈病抗性显著相关的40个SNP及其关联的26个基因。

林木的抗病机制与草本植物相似，但也有自己的特点。在漫长的生命周期中，为了降低发病率，林木从化学和物理两个方面增强了对病原菌的防御。坚韧的树皮有保护作用，木质部的木质素又具有抗菌的作用。此类特征属于木本植物的第一道防线，当第一道防线被攻破时，就会诱导化学防御。木本植物感知病原菌的入侵和草本植物类似，也是通过受体蛋白或者R蛋白介导。*R*基因是激活ETI（效应子触发的免疫反应）的重要组分，其种类和数量对树种抗感病菌的种类和敏感度起决定性作用。目前，大多数已克隆的*R*基因是一类含有多个核苷酸结合位点及富含亮氨酸重复的*NBS-LRR*基因。这类基因所编码的蛋白N端结构域可以是CC（coiled coil）或者TIR（toll/interleukin-1 receptor）。研究发现TNL类基因最早出现在苔藓类植物中，而CNL类基因起源于石松类植物中。经过科学家对不同植物物种的*NBS*基因汇总发现，*NBS*基因数量的多少和基因组大小没有直接联系，不过木本植物的*R*基因普遍多于草本。

银杏有“活化石”之称，可以在极其不利的条件下生存，是少数几种在广岛原子弹爆炸后仍能存活的生物。在漫长的历史中，银杏形成了特有的防御机制来抵御昆虫、细菌和真菌的侵害。在银杏基因组中，研究人员从注释的4万多个基因中分析了植物已知防御基因。分析结果显示，银杏中各种防御相关基因家族存在广泛扩增的现象。全基因组关联分析也被广泛应用于挖掘及鉴定复杂性状关联的遗传变异。最近发表的橡树基因组论文（Plomion et al.，2018），分析发现橡树寿命长可能是由于其抗病基因的扩张。橡树基因组发生了一次近代基因串联复制事件，使橡树基因家族增加73%。进一步分析发现，扩张的基因家族在很大程度上都与抗病基因相关，且表现受正向选择特征。进一步比较木本和草本植物，发现这种情况并不限于橡树。相对于草本植物而言，其他树木的基因组也有类似的抗病基因扩张。这种平行进化的基因扩张表明树木的免疫系统对于树木的长寿具有至关重要的作用。

（二）耐盐性

尽管世界许多地区对于高盐碱地种植林木有强烈的需求，但是林木中很少有能够生长在盐碱地上的物种，对于林木耐盐胁迫的遗传基础知之甚少。胡杨原产于中国西部和北非的沙漠地区，对盐胁迫具备极强的适应能力。在高盐水平条件下，其比其他杨树保持更高的生长和光合速率。兰州大学刘建全课题组等完成了胡杨基因组测序，通过比较耐盐胁迫的胡杨和盐胁迫敏感的毛白杨，研究了它们的耐盐胁迫的遗传基础（Ma et al.，2013）。通过比较，研究人员发现若干相关重要功能基因：编码K^+转运蛋白KUP3的基因在胡杨盐胁迫24h后显著上调，而在毛白杨中保持在稳定水平；*PeNhaD1*基因编码一个NhaD类型的Na^+/H^+逆转运蛋白，对于胡杨的钠耐受性具备一定的介导作用。基于此，研究人员鉴定了两个编码NhaD类型的逆转运蛋白的基因，当盐胁迫12h后，其转录水平急剧降低；一个转运蛋白编码基因*NCL*，在拟南芥中参与盐胁迫条件下体内Ca^{2+}平衡的维持，其在胡杨中的表达水平相比于对盐胁迫敏感的毛白杨有明显上升；拟南芥中编码细胞表面黏附蛋白的基因*SOS5*用于盐胁迫维持细胞壁结构完整性，其在胡杨盐胁迫处理12h后出现了下调。研究人员进一步发现转基因水稻中过表达提升其抗旱能力的基因*SDIR1*在胡杨盐胁迫处理后6～12h出现明显的表达上调。

（三）自交不亲和性

自交不亲和性一直是果树分子遗传生物学的研究热点之一，根据花粉不亲和表型的不同遗传方式，可分为孢子体自交不亲和与配子体自交不亲和。蔷薇科多种果树如梨、苹果、甜樱桃、杏、果梅、李和扁桃等表现出配子体型自交不亲和性，由S位点复等位基因控制，包括两个连锁基因：一个是在雌蕊组织中特异表达的*S-RNase*（S-核糖核酸酶）基因；一个是花粉中特异表达的*SFB*（S-haplotype-specific F-box）基因。梨基因组分析结果表明，在S-基因座预测到6个*SFB*候选基因，呈现串联重复形式，不同于在苹果和草莓中的随机分布。另外发现梨与苹果在S-基因座上都有高度重复序列，而草莓基因组中没有。

Wu等（2018）通过对113份梨品种进行基因组重测序，计算*S-RNase*基因在野生和栽培种群体中的选择信号及进化速率，发现梨通过*S-RNase*基因的快速进化和平衡选择，来保持自交不亲和性，从而促进了梨的异交和高度遗传多样性。浙江大学高中山课题组等通过杨梅全基因组测序、混池测序和重测序等，检测到一段59kb的雌性杨梅特有的染色体片段，进一步结合转录组数据发现，该区域基因的表达水平决定了杨梅花最终的发育方向，而且其表达水平受到环境因素的诱导，会导致雌性杨梅开雄花的现象（Jia et al.，2018）。

第 2-10 章　非维管束植物基因组

扫码见
本章彩图

第一节　绿藻基因组

一、绿藻基因组概述

植物起源于水生单细胞绿藻（Chlorophyta），绿藻进一步进化出轮藻（Charophyceanalgae）。陆地植物大约在 4.5 亿年前由轮藻进化而来，最早分化出苔藓类植物（Bryophyte），实现了从水生到陆生的过渡。进化至此，植物还没有出现维管束和根（图 2-10-1）。这些非维管束植物是植物进化的重要节点，对于解析植物基因组进化具有重要意义。本章将重点介绍绿藻、轮藻和苔藓类植物基因组。

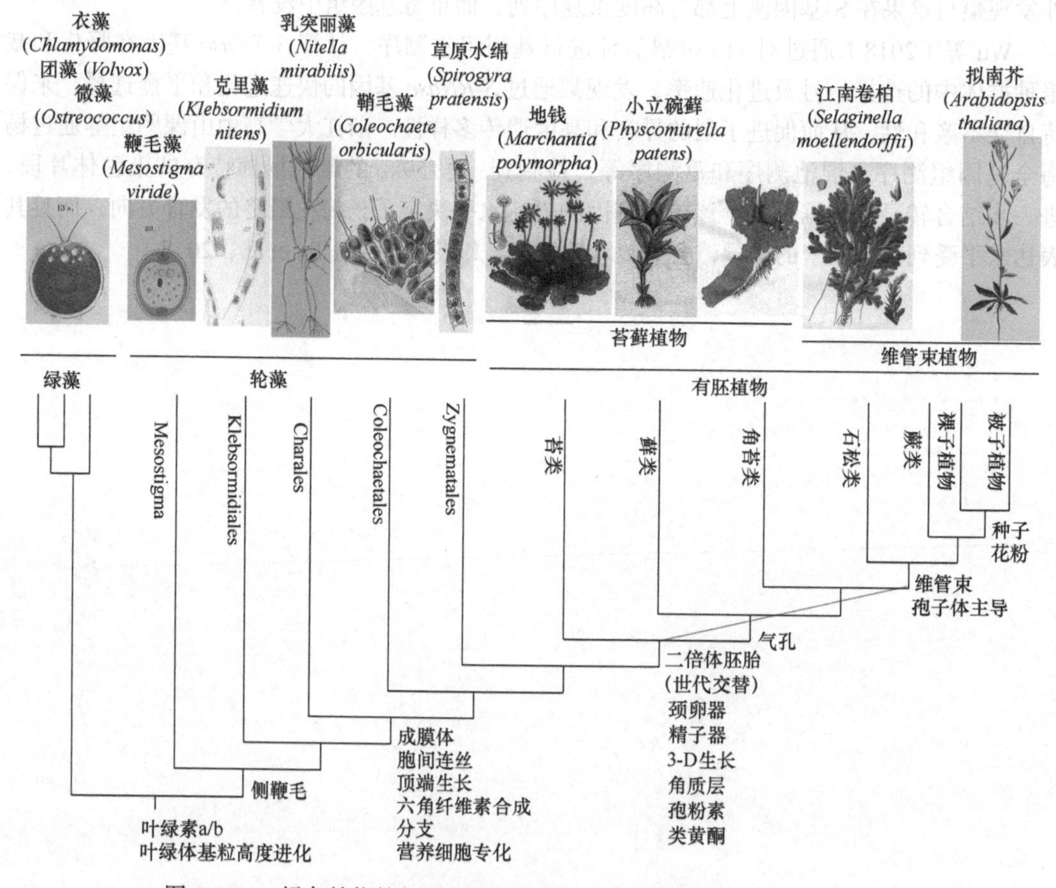

图 2-10-1　绿色植物的起源和系统进化图（引自 Bowman et al.，2017）

图中包括植物起源种群（绿藻和轮藻）、早期陆生植物（苔藓类植物）和维管束植物（蕨类植物、裸子和被子植物）及其代表性物种；同时包括绿色植物进化过程中主要的进化创新

（一）绿藻分类及其系统进化

藻类是地球上最古老的生物之一，可追溯到前寒武纪。藻类在形态和进化上十分复杂，从原核的蓝藻门跨越到复杂多细胞的真核藻类。真核藻类在真核生物 6 个超群（supergroup）中的 5 个均有分布。其中绿藻有 8000 余种，分布极广，约 90% 的种类生长于淡水水域，10% 生长于海水水域。

在漫长的进化过程当中，蓝藻进化出具有双层质膜包被的叶绿体。含有叶绿体和光合色素（主要为叶绿素 a 和 b）的一类真核生物被定义为绿色植物（Viridiplantae）。绿色植物进一步被分类为两大支系，即绿藻门（Chlorophyta）和链形植物门（Streptophyta）。绿色植物的祖先可能是具有鞭毛的单细胞藻类（ancestral green flagellate，AGF），如具有该特征的葱绿藻类（Prasinococcales）就位于绿藻门的基部（图 2-10-2）。较为高等绿藻类的原生质体开始出现由纤维素和果胶构成的细胞壁包被，这类绿藻包括绿藻纲（Chlorophyceae）、共球藻纲（Trebouxiophyceae）、石莼纲（Ulvophyceae）等。分类学上，大多数藻类学家认可的绿藻门指的就是由这三类绿藻（即 UTC 支系）组成的核心绿藻类群（core chlorophytes）（图 2-10-2）。细胞壁的出现是绿色植物进化过程中的里程碑事件之一，为绿藻从单一细胞进化为多细胞类群等奠定了基础。

随着生物信息学和分子生物学的发展，以及高通量测序技术的成熟，基于核糖体 RNA、叶绿体基因组、线粒体基因组等系统发生证据，将不同环境条件下、不同生命阶

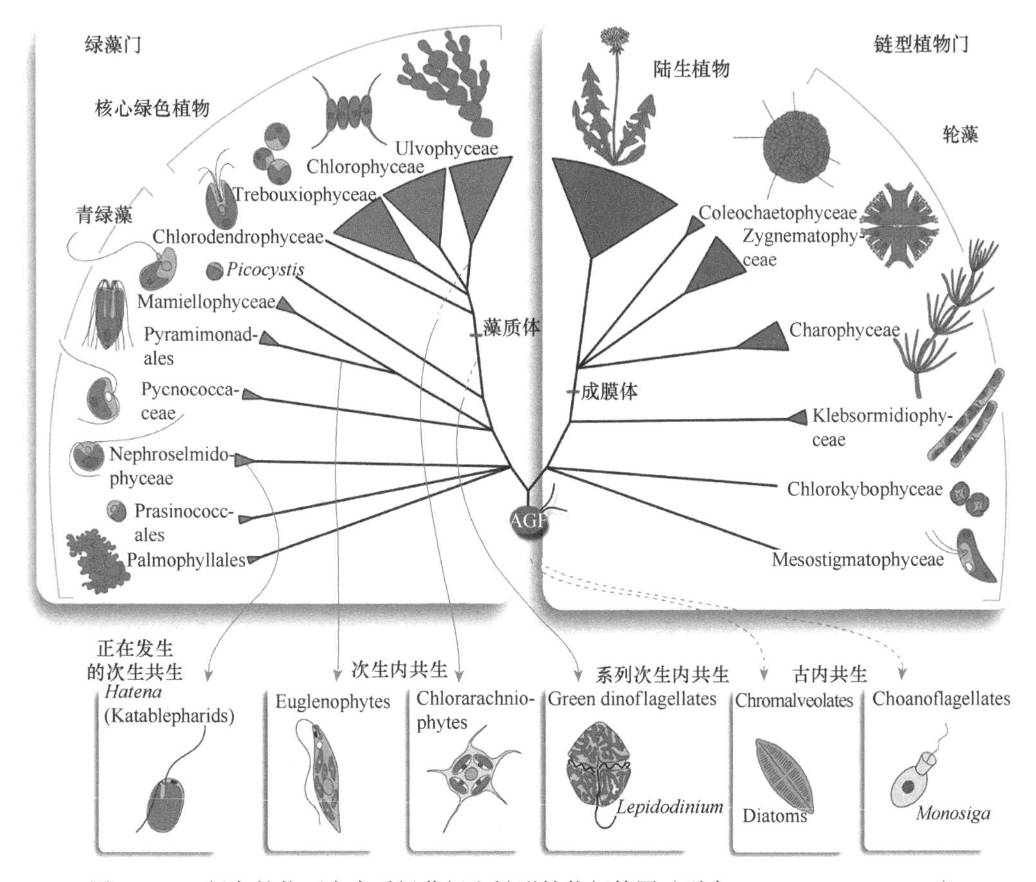

图 2-10-2 绿色植物两大支系绿藻门和链形植物门简图（引自 Leliaert et al.，2012）

段的形态学、超微结构等相结合，从而对绿藻门的系统发育有了更好理解。Baudelet 等（2017）根据近年来的分子发育研究成果，将绿藻门进一步划分为绿藻亚门（Chlorophytina）和葱绿藻亚门（Prasinophytina）。绿藻亚门包含绿藻纲（Chlorophyceae）、共球藻纲（Trebouxiophyceae）、石莼纲（Ulvophyceae）、四爿藻纲（Chlorodendrophyceae）和平藻纲（Pedinophyceae）5 个纲；葱绿藻亚门包含掌叶藻纲（Palmophyllophyceae）、塔胞藻纲（Pyramimonadophyceae）、小豆藻纲（Mamiellophyceae）、肾爿藻纲（Nephroselmidophyceae）4 个纲。由于葱绿藻亚门和共球藻纲、石莼纲的分类还没有得到有力的数据支持，未来绿藻门的分类仍可能出现修正。但采用分子发育数据进行系统分类是绿藻门乃至整个藻类、植物界的分类发展趋势。

绿藻门与链形植物门的分离同样得到大量的实验证据支持。Merchant 等（2007）利用包括蓝藻和非光合细菌、古细菌、真菌、莱茵衣藻、变形虫、高等植物等在内的 20 种已测序物种构建进化关系，可以明显看出绿藻门（绿藻，包括衣藻等）与链形植物门（陆地植物及其近亲）形成不同的分支。绿藻在进化过程中，经历了从微小简单单细胞到宏观复杂多细胞的过程，直至高等植物的出现。因此在植物进化方面，绿藻的相关研究显得尤为重要。

（二）绿藻基因组测序历史与进展

截至 2018 年 12 月 31 日，NCBI 已收录 41 个绿藻植物核基因组序列数据，其中部分测序物种列于表 2-10-1。

表 2-10-1　部分绿藻植物测序情况（按照发表时间排序）

物种	中文名	纲	基因组大小 /Mb	文献
Ostreococcus tauri	金牛坨球藻	Prasinophyceae	12.9	Derelle et al., 2006
Chlamydomonas reinhardtii	莱茵衣藻	Chlorophyceae	118.0	Sabeeha et al., 2007
Ostreococcus lucimarinus	绿色鞭毛藻	Prasinophyceae	13.2	Palenik et al., 2007
Micromonas pusilla	细小微胞藻	Prasinophyceae	21.9	Worden et al., 2009
Chlorella variabilis	小球藻	Trebouxiophyceae	46.0	Blanc et al., 2010
Volvox carteri	团藻	Chlorophyceae	138.0	Prochnik et al., 2010
Coccomyxa subellipsoidea	胶球藻	Trebouxiophyceae	48.8	Blanc et al., 2012
Chlorella protothecoides	原始小球藻	Trebouxiophyceae	22.9	Gao et al., 2014
Chlorella pyrenoidosa	蛋白核小球藻	Trebouxiophyceae	56.8	Fan et al., 2015
Botryococcus braunii	布朗葡萄藻	Trebouxiophyceae	184.4	Browne et al., 2017
Gonium pectorale	胸状盘藻	Chlorophyceae	148.8	Hanschen et al., 2016
Chlorella sorokiniana	耐热性小球藻	Trebouxiophyceae	59.6	Arriola et al., 2017
Tetrabaena socialis	简单四豆藻	Chlorophyceae	135.8	Featherston et al., 2017

除核基因组外，绿藻门中许多物种的线粒体基因组和叶绿体基因组也得到广泛测序。绿藻线粒体和叶绿体基因组具有和高等植物相似的特征，但进化更加多元化，如相应基因组所包含的基因一般要比高等植物多，编码能力也要强一些。第一个被测序的绿藻叶绿体基因组来自小球藻（*Chlorella vulgaris*）（Wakasugi et al.，1997），大小在 150kb 左右。在小球藻的叶绿体基因组中发现两个与细菌细胞分裂有关的同源基因 *minD* 和 *minE*，表明小球藻的叶绿

体仍然保留细菌的细胞分离机制。截至 2018 年 12 月 31 日，NCBI 上共收录了 58 条绿藻线粒体基因组测序数据和 9 条叶绿体基因组测序数据。这些数据为深入分析绿藻基因组组织和真核基因组进化过程提供了很好的资源。

绿藻基因组相关数据均可在 NCBI 或 Phytozome 数据库上查找到。部分研究者建立了单个物种的基因组网站，如佐夫色绿藻（*Chromochloris zofingiensis*）基因组数据网站（http://genomes.mcdb.ucla.edu/Chromochloris/）。另外还有一些藻类数据库可用于藻类分类等方面的应用，如 AlgaeBase（http://www.algaebase.org/）。

二、绿藻基因组特征及其进化

单细胞葱绿藻类（Prasinococcales）位于绿藻门进化树基部，属于原始绿藻（图 2-10-2）。从 2006 年开始，藻类学家们从葱绿藻类原始绿藻着手开始对绿藻基因组进行测序（Derelle et al.，2006）。在高通量测序技术的推动下，藻类植物测序工作陆续开展。

（一）绿藻基因组基本特征

绿藻种类繁多，跨度从单细胞的绿藻类原始绿藻到多细胞的团藻类绿藻。表 2-10-2 列举了部分目前在研究上应用较多的绿藻的基因组构成情况。结合目前已经测序的绿藻基因组情况，可以了解到绿藻基因组具有如下基本特征。

表 2-10-2　常见绿藻基因组结构概况

物种	中文名	基因组大小 /Mb	GC 含量 /%	基因数量	内含子平均长度 /bp	内含子比例（每基因）/%
Ostreococcus tauri	金牛坨球藻	12.9	58	8 166	103	39
Micromonas pusilla	微胞藻	21.9	65	10 575	187	90
Chlamydomonas reinhardtii	莱茵衣藻	111.1	64	17 737	279	92.4
Volvox carteri	团藻	137.8	56	15 669	496.7	82.8
Gonium pectorale	胸状盘藻	148.8	65	17 984	349.8	92.6
Chlorella variabilis	小球藻	46.2	67	9 791	209	/

1）总体上绿藻基因组的大小随着细胞复杂度的增加而增大。例如，葱绿藻类原始绿藻金牛坨球藻的基因组大小为 13Mb 左右（Derelle et al.，2006），而处于进化树上端的四链藻属的 *Tetradesmus obliquus* 基因组达到 100Mb（Carreres et al.，2017）。但多细胞团藻的基因组大小与单细胞莱茵衣藻的基因组大小十分相近（Prochnik et al.，2010；Sabeeha et al.，2007）。

2）绿藻的体积虽小，但基因组结构十分紧凑，单细胞莱茵衣藻的基因组大小与拟南芥相当，基因密度达到 160 基因 /Mb，且绿藻基因组编码陆地植物所需的大部分核心基因，包括细胞壁形成、光合作用、信号转导等（Sabeeha et al.，2007；Roth et al.，2017）。

3）绿藻基因组的 GC 含量普遍较高，达到 50%～70%。高 GC 含量与绿藻基因组片段化组装有关。但不同绿藻基因组内 GC 含量分布差异很大。例如，佐夫色绿藻基因组 GC 含量在不同染色体之间十分平均，而葱绿藻类的原始绿藻都存在一个 GC 含量很低的染色体区域（Roth et al.，2017）。GC 含量低会导致种间基因组共线性差，为绿藻进化提供条件。

4）绿藻和其他藻类之间存在横向基因转移现象。例如，在绿藻小球藻、硅藻三角褐指藻和灰胞藻的基因组中均发现了横向基因转移，可以推测这些基因在其适应环境和进化中可能至关重要。

（二）原始绿藻进化与种间基因组变异

对原始藻类基因组测序工作的开展，使我们得以从祖先绿藻开始对藻类及陆生植物的进化进行深入研究。原始绿藻的基因组很小，基因数少。最早完成测序的绿藻是金牛坨球藻（*Ostreococcus tauri*）。金牛坨球藻是十分原始的生物，其起源可以追溯到15亿年前。同时也是迄今为止已知最小的真核生物（细胞直径约1μm）。Derelle等（2006）最初对金牛坨球藻的全基因组进行BAC测序和全基因组鸟枪法测序；2014年，Blanc-Mathieu等对其进行了重新测序，进一步提高基因组质量。2007年，Palenik等随即利用同样的方法——全基因组鸟枪法对与金牛坨球藻同属的绿色鞭毛藻（*O. lucimarinus*）进行测序。金牛坨球藻和绿色鞭毛藻基因组大小在12～13Mb，基因数在8000左右。同为葱绿藻植物分支的原始绿藻——细小微胞藻（*Micromonas pusilla*）RCC299和CCMP1545分别是第四个和第五个完成测序的绿藻植物，2009年发表在*Science*上（Worden et al., 2009）。细小微胞藻基因组大小为21Mb左右，基因数在11 000左右，比金牛坨球藻略大。细小微胞藻比金牛坨球藻和绿色鞭毛藻分布更为广泛，从热带到极地均有发现，且其在特定气候条件下会成为群落中的优势物种，因此细小微胞藻又可被用作"气候变化感应器"。对细小微胞藻基因组测序工作的开展得以了解植物进化过程中如何适应环境改变，以及如何形成在极端环境中的生存能力。这些原始绿藻都具有相似的结构，直径在1～3μm，细胞结构简单，没有细胞壁，含有一个线粒体和一个叶绿体，没有或有一条鞭毛。

通过对4种原始绿藻基因组的比较，可以发现：①原始绿藻的基因组虽小，但由于内含子数量少、长度短等，基因组结构十分紧凑，保留了较大比例的基因序列。例如，这4种绿藻基因组均显示原始绿藻可能利用C4途径进行CO_2同化，均富含编码含硒酶的序列，这都是浮游微藻适应环境的策略。并且，在它们的基因组中均发现编码合成细胞壁相关蛋白的基因，即使它们的细胞外还没有出现细胞壁包被。②基因组GC含量在55%～65%，但部分染色体区域含有较低的GC水平。在这些低GC含量区域，原始绿藻种间基因组共线性差，从而使原始绿藻基因组变异较大。金牛坨球藻和细小微胞藻基因数相似，但两者之间保守的基因序列仅为95%左右（图2-10-3），而金牛坨球藻与莱茵衣藻达到97%同源，与酵母有95%的同源性。在细小微胞藻和金牛坨球藻之间保守的这部分基因被称为原始绿藻的核心基因，大部分参与重要的生命活动，如光合作用，且这部分基因中很大一部分比例与陆地植物同源。在细小微胞藻RCC299和CCMP1545中均发现的基因占两者编码基因的比例为10%～15%，这部分基因具有比核心基因更快的进化速率，表明这部分基因可能同样扮演重要角色。基因组变异在原始绿藻属内同样存在。金牛坨球藻与绿色鞭毛藻基因组虽然具有较好的共线性，但部分染色体区域之间存在不同程度的差异（图2-10-4）。细小微胞藻属内两个种RCC299和CCMP1545之间的18S rDNA有97%相似度，但是基因序列只有90%同源比例，非同源部分可能是通过横向基因转移（HGT）获得。属内变异让原始绿藻得以适应不同的外界环境，并为新物种的形成提供条件。

（三）单细胞到多细胞进化之谜

单细胞到多细胞的过渡，是地球上生物进化的里程碑事件之一。在不同的系统发育谱系中，这种改变已经独立发生过多次。仅仅通过分析和比较目前多细胞生物的基因组，很难回

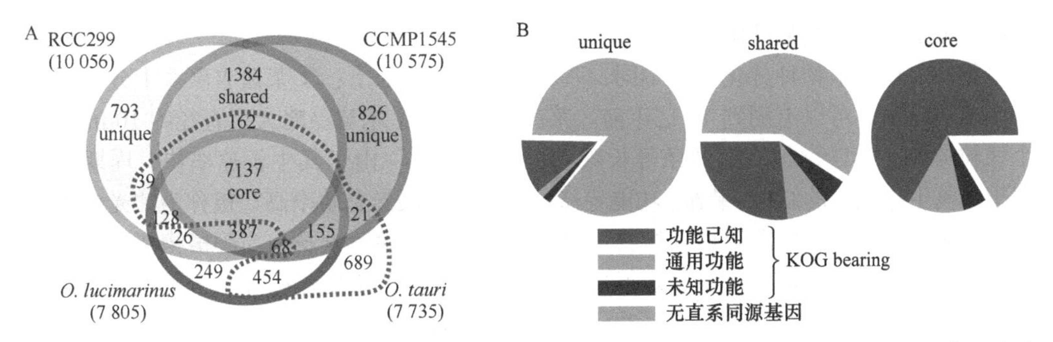

图 2-10-3　细小微胞藻 RCC299 和 CCMP1545 基因组与金牛坨球藻和绿色鞭毛藻基因组编码基因比较（引自 Worden et al.，2009）

A. 金牛坨球藻和绿色鞭毛藻的基因组编码基因数少于细小微胞藻。90%（7137）的金牛坨球藻和绿色鞭毛藻编码基因在细小微胞藻基因组中保守，这部分基因被称为原始绿藻的核心基因（core）；仅细小微胞藻两个亚种之间保守的基因（shared）有 1384 个。在两个细小微胞藻中的特异基因（unique）在其适应不同环境中发挥重要作用。B. 核心基因大部分为已知功能的基因，而细小微胞藻亚种之间的特异基因则大部分在其他物种中找不到同源基因

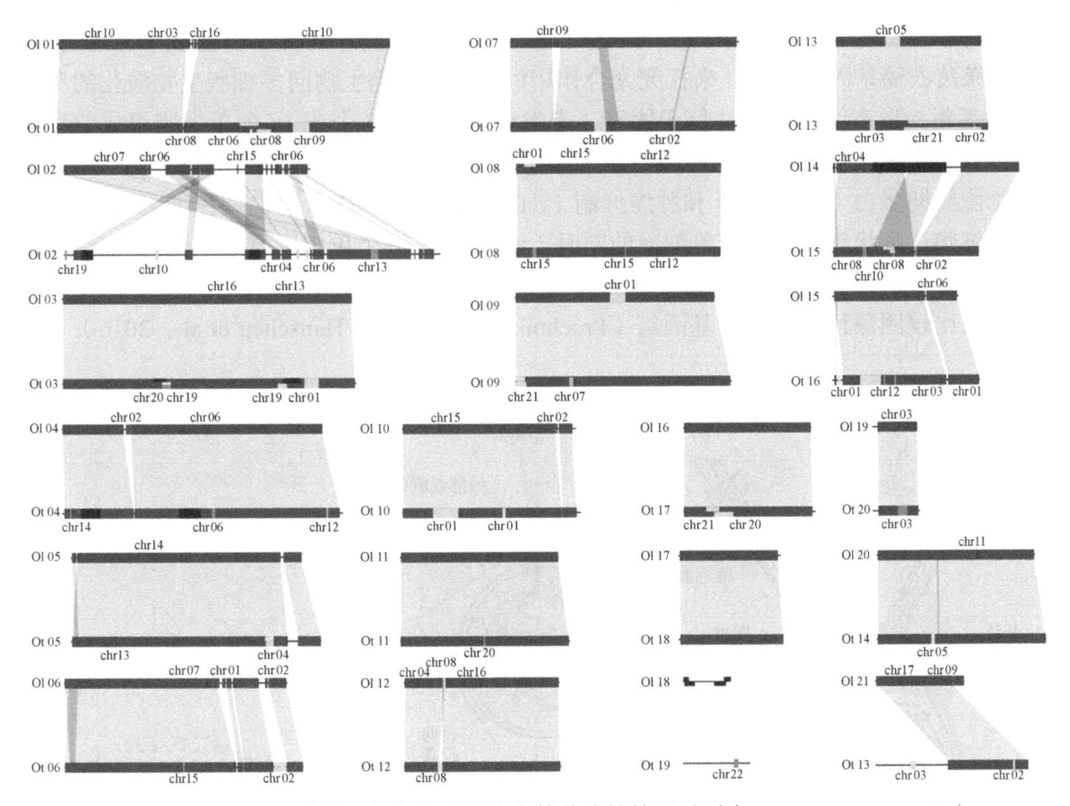

图 2-10-4　金牛坨球藻和绿色鞭毛藻染色体共线性情况（引自 Palenik et al.，2007）

答单细胞是如何向多细胞进化的问题，因为从单细胞祖先到多细胞生物的转变以来，每一个基因组都发生了大量变化。而绿藻中的团藻目既包含单细胞的单胞藻，也包含 500 个以上细胞组成的团藻类多细胞绿藻，具有丰富的细胞形态和发育特性，是研究从单细胞生物进化至多细胞生物的理想模式生物群。2010 年，Prochnik 等通过比较团藻和莱茵衣藻基因组，即最简单和最复杂的团藻科植物，来探究单细胞向多细胞生物演化的奥秘。2016 年，Hanschen 等在该研究基础上，加入胸状盘藻，这是一个中等复杂性的团藻科物种。通过比较三者基因

组，进一步阐明了多细胞进化之谜。

团藻科上述3个物种分化程度不同，基因组基本情况如下：①莱茵衣藻。十分古老的团藻目单细胞绿藻，可以追溯到10亿年前。莱茵衣藻比金牛坨球藻略大，直径约10μm，含有多个线粒体和1个叶绿体，有两条等长鞭毛（图2-10-5）。由于其生长速率快、周期短，常被用于真核生物鞭毛的结构、装配、功能等研究。莱茵衣藻光合效率高，被称为“光合酵母”，因此也是研究光合作用的重要模式植物。除此之外，由于莱茵衣藻与高等植物在进化上有很高的同源性，生命周期比高等植物短得多，它又是研究高等植物代谢和胁迫等反应的理想模式植物。莱茵衣藻基因组大小约为120Mb，基因数约为18 000个，远远多于其他的单细胞绿藻。莱茵衣藻基因组测序的完成，为解决由于密码子偏好性、外源基因甲基化、缺乏调控元件等造成的外源基因不稳定表达的问题提供了强有力的基因组数据支持，大大推进了基因工程方面的技术飞跃。②团藻。团藻目多细胞绿藻，基因组大小为138Mb，包含大约15 000个基因，与莱茵衣藻相当，约为人类基因总数的一半。团藻基因组比莱茵衣藻大的部分主要是由重复序列组成。团藻藻体为球形群体，由约2000个具有鞭毛的体细胞排列在包含有细胞外基质（extracellular matrix，ECM）的球状体表面（图2-10-5），中间嵌入16个大的生殖细胞。每个体细胞在形态、结构上与衣藻相似。团藻基因测序的重要价值在于通过它与单细胞的莱茵衣藻基因组对比，来探究光合作用机理及单细胞生物向多细胞生物演化的奥秘。③胸状盘藻。形态组织复杂性低于团藻，未发生分化，由8个或16个单细胞组成的集群。其基因组大小为150Mb左右，基因数在18 000个左右，与莱茵衣藻和团藻相近。莱茵衣藻利用细胞周期蛋白（cyclin）D和肿瘤抑制（retinoblastoma，RB）蛋白调控细胞增殖形成独立的单细胞；胸状盘藻在形成单细胞的同时，使8个或16个单细胞聚集黏附到一起；而团藻则是大约2000个分化的体细胞聚集在一个球状体表面。

通过比较团藻科3个物种基因组（Prochnik et al.，2010；Hanschen et al.，2016），发现

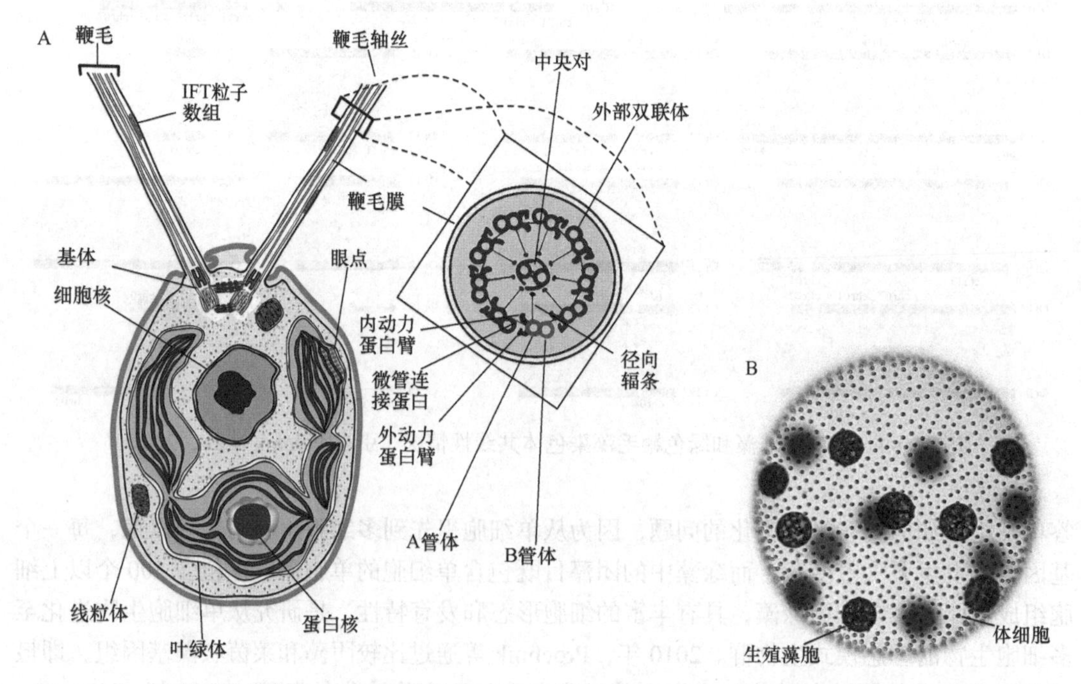

图2-10-5 团藻目单细胞和多细胞绿藻物种列举：莱茵衣藻（引自Sabeeha et al.，2007）（A）和团藻（B）（引自Prochnik et al.，2010）

如下特征：①团藻和莱茵衣藻基因组之间的共线性和人与鸡基因组之间的共线性相当，而这两个绿藻的基因组重组率要高于动物和双子叶植物。高重组率有利于绿藻进化。②团藻和莱茵衣藻的基因数相当，都富含内含子，和大部分多细胞绿藻相似（表 2-10-2）。③虽然我们已知新的蛋白家族的出现是生物多细胞化的重要条件之一，以及基因家族扩增是生物适应环境变异的前提条件之一，但团藻基因组编码的蛋白家族的数量和种类与莱茵衣藻及其他单细胞绿藻十分相似（图 2-10-6 A），并没有大量出现新的蛋白家族（图 2-10-6 B）。而团藻特有的蛋白家族主要是参与细胞外基质的形成，该家族蛋白可能与团藻形成复杂结构及适应不同环境有关。④团藻基因组编码的细胞周期蛋白 D 家族成员（8 个）比莱茵衣藻基因组多 3 个。细胞周期蛋白 D 与 RB 蛋白相互作用，并且受其积极调控表达。RB 蛋白与细胞分化密不可分，因此细胞周期蛋白 D 家族可能与多细胞形成有关。Prochnik 等（2010）在团藻中发现的额外编码的细胞周期蛋白 D 家族成员在盘藻中同样存在。Hanschen 等（2016）意外发现在团藻和盘藻中 RB 蛋白是被修改的，表明其与染色质结合连同特定的转录因子可能会受到影响，这可能诱导多细胞生物所需的基因表达。进一步在一个缺乏 RB（*rb*）的衣藻突变株系过表达盘藻的 RB 编码基因，使 *rb* 株系形成 2～16 个正常尺寸的细胞集群，从而验证了 RB 编码基因可引起单细胞转向多细胞集群，而不是通过新基因的大规模增加来进行多细胞演化。

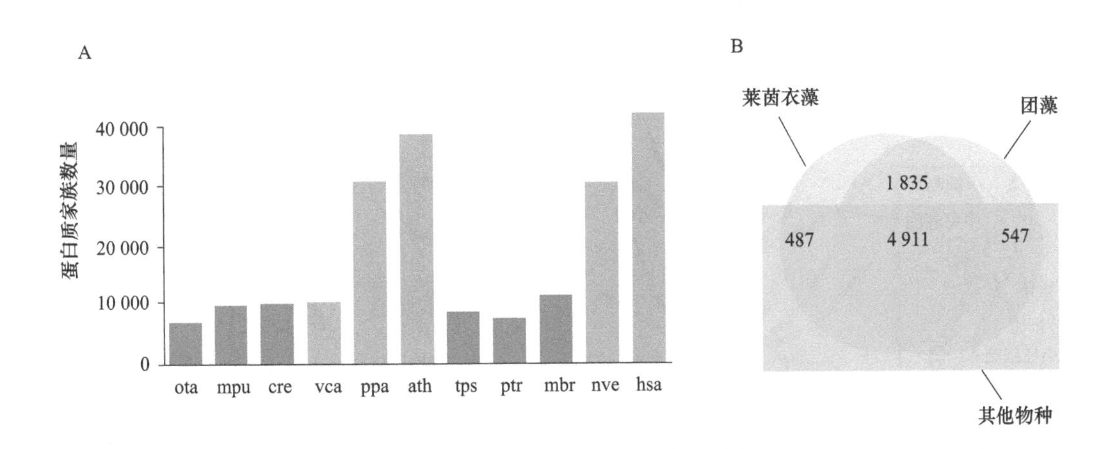

图 2-10-6 单细胞和多细胞植物蛋白质编码基因比较（引自 Prochnik et al.，2010）

A. 蛋白家族数量比较。深色（蓝色）为单细胞生物，浅色（绿色）为多细胞生物，ota. *Ostreococcus tauri*；mpu. *Micromonase pusilla*；cre. *Chlamydomonas reinhardtii*；vca. *Volvox carteri*；ppa. *Physcomitrella patens*；ath. *Arabidopsis thaliana*；tps. *Thalassiosira pseudonana*；ptr. *Phaeodactylum tricornutum*；mbr. *Monosiga brevicollis*；nve. *Nematostella vectensis*；has. *Homo sapiens*。B. 蛋白家族数量在团藻和莱茵衣藻之间的分布，以及两者与其他绿藻的比较

综上所述，通过比较团藻、莱茵衣藻和盘藻基因组发现，尽管这 3 种生物的复杂程度和生命史存在很大差异，三者的基因组却有相似的蛋白质编码潜能。从单细胞生物演变为多细胞生物并非必须大幅提高基因的数目，在这种演变中，基因如何及何时编码合成特定的蛋白质才具有决定意义。

第二节 轮藻基因组

轮藻纲（Charophyceae）是膜生植物的一支，具有在新生细胞壁形成过程中起作用的成膜体，是陆生植物（有胚植物）最近缘的物种（图 1-6-1）。布氏轮藻（*Chara braunii*）（第

一个成膜体植物）基因组和轮藻纲基因组于 2018 年 7 月在 *Cell* 上发表（Nishiyama et al., 2018）。

一、轮藻系统发生关系及其基因组

陆地植物生命出现的一个关键事件是中古生代藻类对陆地的适应进化。虽然在中古生代早期已有数支藻类家系适应了陆地环境，但最后只有一支传奇般地成为陆地植物的祖先。轮藻是膜生植物，为陆生植物最近缘物种（图 1-6-1）。轮藻纲在形态学上较为复杂：单倍体叶状体横剖面包括一个芽状轴，其由轮生节点、节间、单一顶端分生组织和多细胞根状茎组成（图 2-10-7）。节间的细胞大而复杂，具有内胚层和外质体，以及多个质粒和细胞核，并通过电信号进行通信。因此认为现代轮藻群的形态发生了镶嵌进化（mosaic evolution），轮藻的基因组可揭示陆地化进化的一系列特征。

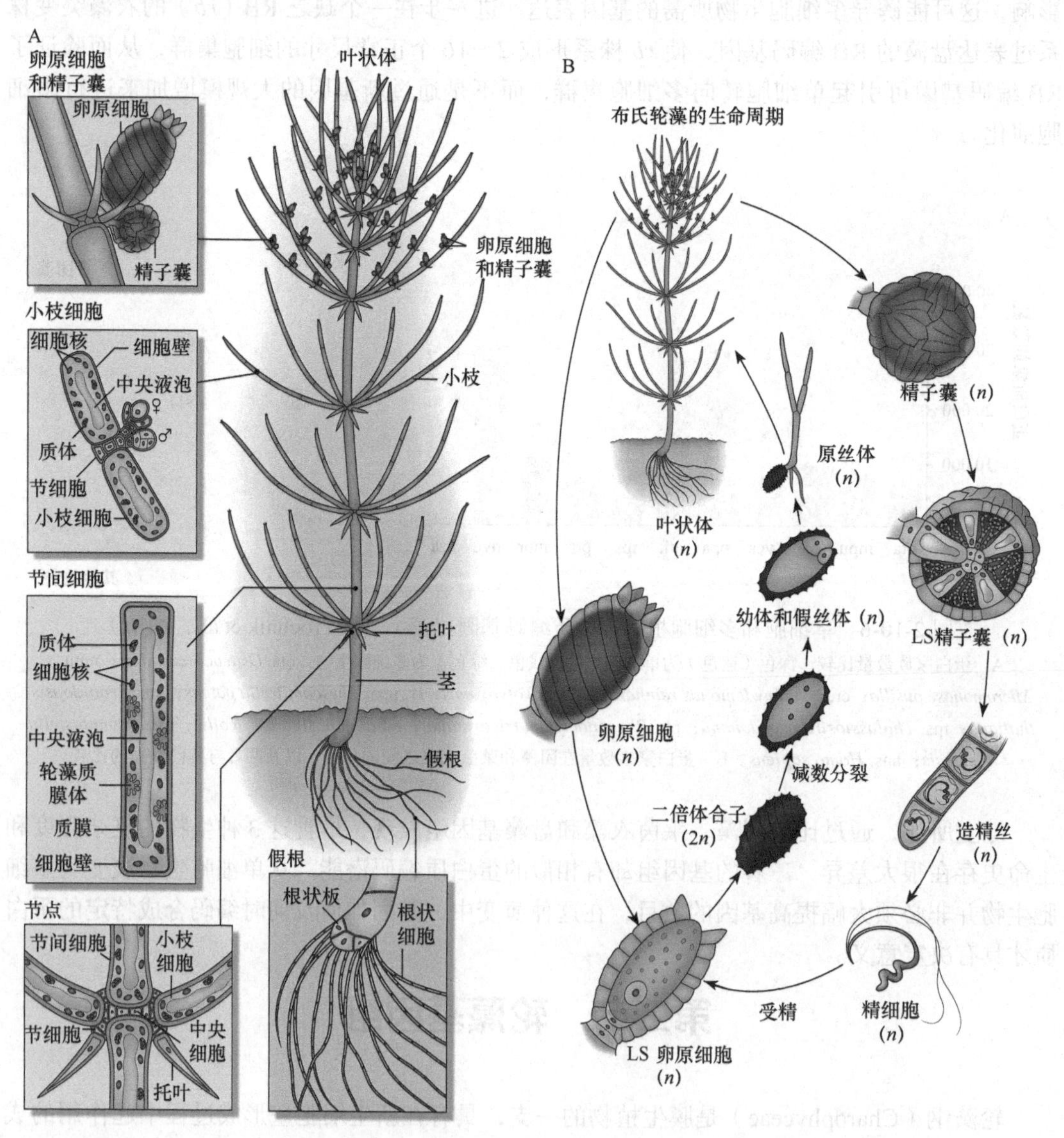

图 2-10-7 布氏轮藻形态特征（A）及其生命周期（B）（引自 Nishiyama et al., 2018）

布氏轮藻是现存形态最复杂的轮藻纲植物之一，具有单倍体生命周期（图 2-10-7），布氏轮藻的基因组序列为揭示早期胚胎植物多样化和植物对陆地的入侵（或陆地植物的形成）机制提供了可能。

目前布氏轮藻基因组草图序列为其单倍体核基因组，累计 1.75Gb 的碱基长度，其中 1.43Gb 拼接成 Contig，覆盖了 74% 的布氏轮藻基因组。基因组注释共预测出 23 546 个蛋白质编码基因，其中 53% 的基因具有表达数据支持，并鉴定得到至少 94% 的保守关键基因集。布氏轮藻没有发生过全基因组扩增事件，同源基因获得和保留可能是由小规模基因复制或者差异化丢失造成的。这种特异性的基因获得或丢失造就了布氏轮藻的形态学复杂性。布氏轮藻基因组重复序列大约有 1.1Gb，占基因组 61%。但与大多数植物和绿藻不同，布氏轮藻中并没有检测到 *Copia* 型长末端重复（LTR）反转录转座子（RT）。反而发现了在陆生植物基因组中十分少见的重复序列家族，如包含类似 Penelope RT 和Ⅱ类内含子特征序列等。这种特异的重复序列单元构成了布氏轮藻基因内含子的主要组成序列之一（约占 39%）。

二、陆地植物遗产基因

膜生植物的共同祖先与现存陆地植物之间的共有特征，被认为是穿越了数十亿年的进化历程仍被保留的祖先性状。与这些性状相关的基因称为陆地植物遗产基因（land plant heritage gene，LPHG）。布氏轮藻与陆地植物相距 5.5 亿～7.5 亿年，其基因组中含有丰富的遗产基因。利用这些特征基因，可以推测保留超过数亿年的祖先性状，推断出轮藻陆地化的进化创新。

（一）细胞分裂和细胞壁

与陆地植物一样，布氏轮藻通过成膜体微管阵列组装细胞板来进行胞质分裂。除了成膜体，陆地植物还进化出另一种微管阵列，即早前期微管带（preprophase band，PPB），其在成膜体和细胞板引导中起作用。布氏轮藻缺乏 PPB 的 *TANGLED1* 基因。*TANGLED1* 是成膜体引导所必需的，同源基因在部分苔藓植物中存在，但在任何藻类中均未发现。而对于成膜体的进化，布氏轮藻中成膜体相关基因家族的扩增，在绿藻门、克里藻等中没有出现——表明成膜体植物基因的亚功能和新功能使其实现了成膜体的功能。

与陆生植物细胞壁一样，布氏轮藻细胞壁由嵌入在果胶和半纤维素基质内的纤维素构成，且所需纤维素全部由糖基转移酶合成。不同的是，布氏轮藻有一套极其独特的木聚糖合成机理。在克里藻中已经鉴定得到了糖基转移酶 GT47 基因家族的木聚糖合成酶 XYS1，以及来自 GT43 家族的 IRX9 和 IRX14 酶类，这些酶虽然在木聚糖合成过程中存在，但并不具有活性。布氏轮藻中未鉴定出任何 XYS1 或 IRX9/14 的直系同源基因，但是得到了 GT43 家族一个高度分化分支的同源基因，该基因极大可能编码布氏轮藻木聚糖合成酶。

（二）植物激素

植物激素在植物发育过程中起着应对环境刺激的作用，是陆生植物得到进化的重要因素之一。一些植物激素很明显起源于藻类植物。通过比较布氏轮藻、克里藻、小立碗藓和拟南芥植物激素网络（表 2-10-3 和图 2-10-8），可以阐明布氏轮藻中激素相关遗产基因。

表 2-10-3　植物激素生物合成与信号转导网络相关基因家族比较（引自 Nishiyama et al., 2018）

基因 / 基因家族	克里藻	布氏轮藻	小立碗藓	拟南芥
植物生长素生物合成				
色氨酸氨基转移酶相关蛋白基因（TAA/TAR）	1	0	6	5
YUCCA 基因（YUC）	1	0	8	11
植物生长素信号转导				
转运抑制响应基因 1/ 植物生长素信号转导 F-box 蛋白基因（TIR1/AFB）	0	0	5	5
植物生长素响应因子（ARF）	0	1	15	22
3-吲哚乙酸诱导基因	1/0	2	4	29
植物生长素新陈代谢				
植物生长素酰胺合成酶（GH）	4	1	2	20
植物生长素转运				
ATP 结合盒转运蛋白基因（ABCB）	7	5	10	22
植物生长素输入载体蛋白（AUX1/LAX）	1	0	9	4
植物生长素输出 PIN 蛋白（PIN）	1	6	4	8
植物生长素输出类 PIN 蛋白（PILS）	3	0	3	7
细胞分裂素信号转导				
含 CHASE 功能域的组氨酸激酶（CHK）	6	2	11	3
含组氨酸的磷酸转移酶（HPT）	1	1	2	5
B 型响应调节因子（RRB）	1	0	5	11
A 型响应调节因子（RRA）	1	2	7	10
乙烯的生物合成				
1-氨基环丙烷-1-羧酸合酶（ACS）	1	2	2	12
1-氨基环丙烷-1-羧酸氧化酶（ACO）	0	0	0	5
乙烯信号转导				
乙烯反应传感蛋白（ETR/ERS）	5	4	8	5
乙烯组成型三重反应因子（CTR1）	1	2	1	1
乙烯不敏感基因 EIN2	0	1	2	1
乙烯不敏感基因 EIN3	1	4	2	6
乙烯 F-box 结合蛋白（EBF1）	1	1	2	2
脱落酸生物合成				
茄红素合酶（PSY1）	1	1	3	1
茄红素脱氢酶（PDS）	2	1	2	1
叶黄素缺乏基因（LUT）	1	1	1	3
玉米黄质环氧酶（ZEP/ABA1）	1	1	1	1
9-顺式-环氧类胡萝卜素双加氧酶（NCED）	0	0	2	5
脱落酸醛氧化酶（AAO3）	1	0	2	1
脱落酸信号转导				
Pyrabactin 抗性基因（PYR）	0	0	4	14
2C 类植物蛋白磷酸酶（PP2C Group A）	1	0	2	9

续表

基因 / 基因家族	克里藻	布氏轮藻	小立碗藓	拟南芥
SNF 相关激酶（SnRK）	1	1	4	5
CBL 互作蛋白激酶（CIPK）	1	0	7	25
钙依赖性蛋白激酶（CPK）	1	2	30	34
独脚金内酯合成				
β 胡萝卜素异构酶（D27）	2	1	1	1
类胡萝卜素裂解双加氧酶（CCD7）	2	0	1	1
类胡萝卜素裂解双加氧酶（CCD8）	2	0	1	1
独脚金内酯信号转导				
αβ 水解酶（D14）	0	0	0	1
类 D14/karrikin 不敏感基因（KAI2）	2	1	11	2
分枝增加基因（MAX2）	0	0	1	1

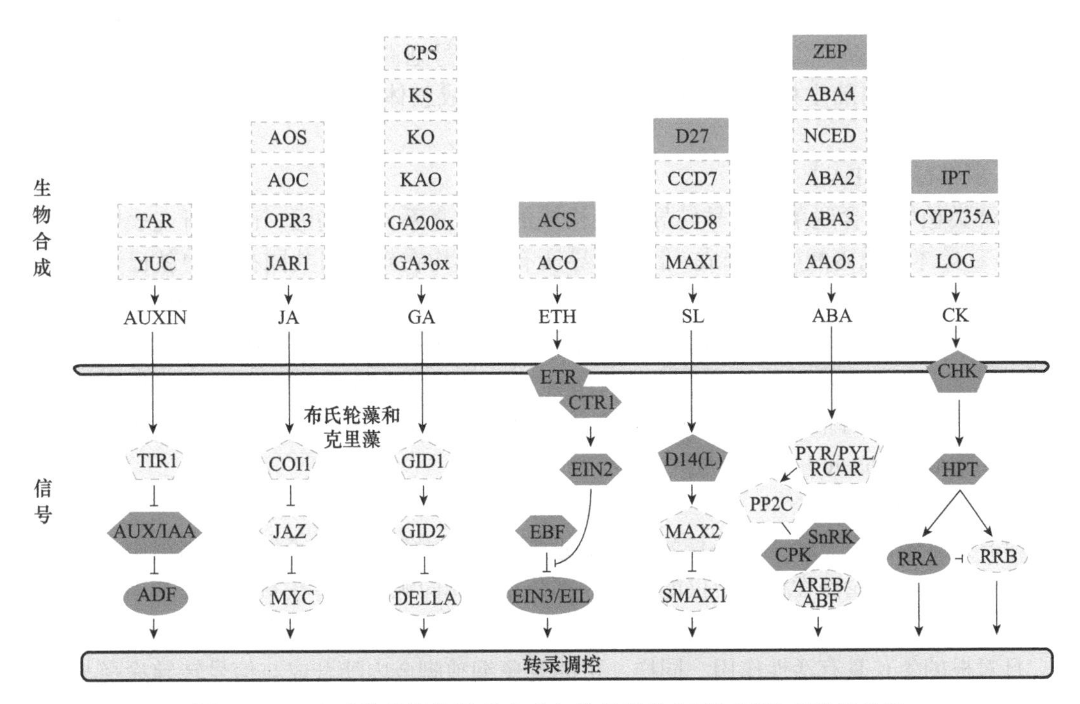

图 2-10-8　布氏轮藻植物激素合成与信号通路相关因子鉴定结果总览

（引自 Nishiyama et al.，2018）

图中包括生物合成酶类（长方形）、受体（五边形）、信号转导构成（六边形）及转录因子（椭圆形）。其中有些直系同源基因可以找到（深绿色实线框），有些无法找到（浅绿色虚线框）。缩写全称见表 2-10-3

1. 植物生长素

植物生长素（AUX）是植物生长与发育过程中最重要的调节因子之一。克里藻和布氏轮藻都可以进行生长素的生物合成，但两者均不同程度缺少典型陆生植物生长素生物合成相关基因（表 2-10-3）。例如，布氏轮藻缺少编码合成酶的 TAA 与 YUCCA 基因家族，布氏轮藻和克里藻均缺少 TIR1 类受体和 ARF 因子（AUX response factor）。尽管缺少典型陆生植物生长素生物合成候选基因，布氏轮藻仍含有一部分陆生植物生长素信号转导基因。例如，布氏轮藻编码一个与陆生植物类似的 ARF，尽管该转录因子可能不具有功能。总而言之，生长素生物合成、转运，以及一些形式的信号转导早已存在于布氏轮藻和克里藻的共同祖先中，布氏轮藻可能通过与陆生植物不同的路线来合成与代谢生长素，具有不同的生长素转运与平衡进化史。

2. 细胞分裂素

细胞分裂素（CK）信号通路由 4 个蛋白家族组成，分别是受体蛋白、含组氨酸磷酸转移蛋白，以及 A 型与 B 型响应调节子（response regulator A，RRA；response regulator B，RRB）。在大部分绿藻与轮藻中，这 4 种蛋白质均存在，而布氏轮藻基因组仅编码前 3 个蛋白成员，不包括 RRB（图 2-10-8 和表 2-10-3）。由于细胞分裂素与其他信号途径有连接的部分，可能是由于其他基因取代 RRB 行使合成细胞分裂素信号的功能。

3. 乙烯

对于乙烯（ETH）信号合成和转导的所有核心构成，布氏轮藻基因组均编码一个或多个拷贝的同源基因。轮藻具有结合乙烯的活性，而布氏轮藻编码若干乙烯受体同源基因。布氏轮藻含有一个 *EIN2* 的全长同源序列，该序列在乙烯信号转导中起中心调控作用。而克里藻基因组中则缺少 *EIN2*，水绵（*Spirogyra pratensis*）转录组中也仅有 *EIN2* 的部分序列。除 *EIN2* 之外，水绵还拥有一套乙烯信号通路，该通路在已知的陆生植物中功能保守。这表明陆生植物的乙烯信号通路，是在成膜体植物共同祖先与克里藻祖先分开之后进化形成的。

4. 脱落酸（ABA）

苔藓类植物包含脱落酸信号转导核心构成的所有直系同源基因。已有研究表明，除了 PYR/PYL 受体，脱落酸生物合成 / 信号转导所有构成均在轮藻门共同祖先中就已形成，前者可能在双星藻纲和陆生植物的共同祖先中才形成。布氏轮藻基因组不含 ABI/HAB 共受体同源基因，也不含受体相关 PYR/RCAR 家族，但含有一些同源基因，编码参与脱落酸合成途径上游的调控酶（从类胡萝卜素到紫黄质合成；图 2-10-8 和表 2-10-3）。鉴于布氏轮藻中确实存在脱落酸，可推测其脱落酸生物合成途径与陆生植物不同，前者可能从法尼焦磷酸（farnesyl pyrophosphate）直接合成脱落酸。

5. 独脚金内酯

所有独脚金内酯（SL）核心信号构成的直系同源基因都仅在种子植物基因组中被鉴定发现，而在苔藓类和轮藻类植物中仅能鉴定到部分类受体同源基因。在布氏轮藻基因组中鉴定得到两个独脚金内酯合成相关同源基因。已有研究表明，独脚金内酯在一些轮藻目物种中存在，且对根的生长具有活性作用，同样，可能轮藻纲独脚金内酯合成与信号转导途径与种子植物不同。

综上所述，尽管植物激素生长素与细胞分裂素可能是链形植物的祖先特征，而独脚金内酯与脱落酸可能为成膜体植物的祖先特征，但种子植物与布氏轮藻有关上述植物激素的生物合成途径与信号通路不同。以上所述 4 种植物激素网络及乙烯信号，有一些特征首先出现在成膜体植物中——因为我们在布氏轮藻基因组中可以看到；而其他特征，或者不存在于祖先种之中，或者是后来才分化出来。

（三）叶绿体进化：光呼吸作用与逆行信号转导

光呼吸作用，即通过二磷酸核酮糖盐羧化酶 / 氧化酶与氧气而不是二氧化碳作用，来实现二碳化合物循环。该过程对于富氧环境中的光合作用至关重要。布氏轮藻基因组编码了进行类似植物光呼吸循环的必要蛋白，包括植物乙醇酸氧化酶（plant-type glycolate oxidase，GOX）。显然，类似植物的光呼吸作用在链形植物的共同祖先之中就已经形成，该途径可能促进了藻类植物陆地化进程。

“叶绿体→细胞核”（plastid-to-nucleus）反向信号转导网络更加丰富了陆生植物叶绿体的功能。例如，植物叶绿体能通过多种途径向植物传递胁迫信号。这都离不开绿色植物中由核编码但定位于叶绿体的 GUN 蛋白家族（图 2-10-9A）。布氏轮藻同样编码 GUN1，参与陆生植物多个逆行信号，而克里藻则无此特征。因此，GUN1 参与的逆行信号转导可能代表了成膜体植物的进化创新。

叶绿体编码的 RNA 聚合酶（plastid-encoded RNA polymerase，PEP）是叶绿体 RNA 聚合酶的祖先，也是唯一定位于叶绿体的 RNA 聚合酶。在陆生植物中，PEP 活性由 PEP 关联蛋白（PEP-associated protein，PAP）控制。研究表明 PAP 在链形植物藻类中早已存在（图 2-10-9A），在莱茵衣藻、克里藻、布氏轮藻和小立碗藓中均存在 PAP 直系同源基因，并且在陆生植物中呈扩张趋势。多数检测到的 PAP 被预测靶向叶绿体或线粒体，或同时靶向两个细胞器。PAP 同时靶向两个细胞器可能是一种古老的保守状态。

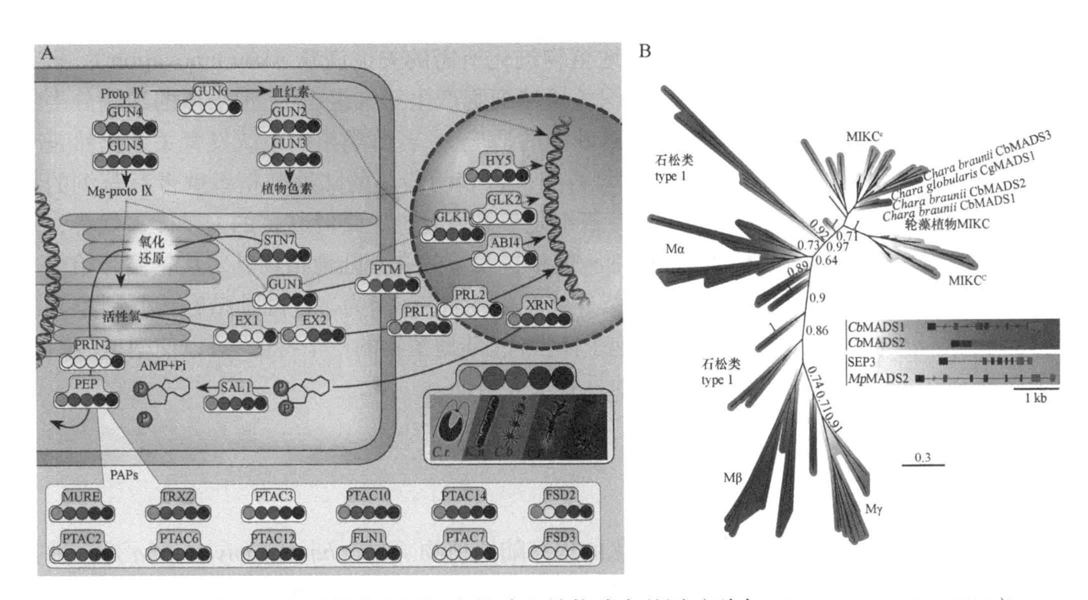

图 2-10-9　存在于布氏轮藻基因组中的陆生植物遗产基因（引自 Nishiyama et al.，2018）

A. 沿链形植物进化过程有关逆行信号转导构成（包括 PAP）扩张情况。潜在逆行信号转导直系同源基因用不同彩色点标注（*C.r.*、*K.n.*、*C.b.*、*P.p.*、*A.t.*，分别表示团藻、克里藻、布氏轮藻、苔藓和拟南芥）。PAP 展示在图底部插入栏。XRN2/XRN3 由于旁系同源而未区分；无色点表示衣藻 FSD2 的旁系同源；苔藓（*P. patens*）直系同源基因 *PAT7* 搜索标准为 $E<10^{-4}$；苔藓植物编码蓝藻（如 non-PAP）*MurE* 基因，可能对于藻类 *MurE* 基因也有适用性。B. 基于贝叶斯推断的植物 MADS-box 基因系统发生树。主要分支后验概率（≥0.6）已在分支旁标出。插入内容展示了 $MIKC^C$ 类基因与轮藻 MIKC 类基因的典型外显子-内含子结构

（四）转录调节

在绿色植物中，形态学复杂程度与转录因子（transcriptional factor，TF）和转录调节因子（transcriptional regulator，TR）数目相关。在布氏轮藻基因组中鉴定到 730 个 TF/TR 基因，多于克里藻（627 个）和莱茵衣藻（542 个），这也与形态学复杂性相一致。布氏轮藻还额外编码了一些其他藻类（包括克里藻）中不存在的 TF。这些基因家族最初都是出现在成膜体

植物中。MADS-box 类基因是另外一类植物转录调节因子，分为Ⅰ类基因与Ⅱ类基因。陆生植物Ⅱ类基因进一步分成 MIKC^{C}-类和 MIKC*-类基因。在布氏轮藻基因组中尚未发现Ⅰ类基因，并且 3 个Ⅱ类基因中只有一个（*CbMADS1*）表现出了标准 MIKC 结构域。系统发生重构和外显子-内含子结构分析表明，MIKC^{C}-类和 MIKC*-类基因进化自一个祖先Ⅱ类基因的复制，随后伴随着两个基因不同的外显子复制过程（图 2-10-9B）。因此，*CbMADS1* 可能代表着祖先 MIKC 类基因型，后来在陆生植物进化出 MIKC^{C}-类和 MIKC*-类基因。反之，布氏轮藻还编码了一些在陆生植物中不存在的转录因子，如一些 bHLH 转录因子，可能是藻类植物在向陆生植物进化过程中丢失了。

轮藻的进化创新还涉及有性生殖与活性氧类（ROS）、三螺旋转录因子、植物激素 PIN 和与微生物共生等，其基因组序列均提供了大量相关遗传基础信息。

第三节　苔藓类植物

苔藓类植物包括 3 个现存最早分化的陆地植物种群（苔纲、藓纲、角苔纲），它们缺乏维管组织和真正的根，但是拥有所有陆地植物进化所需的关键创新（key innovation）：多细胞二倍体孢子体、配子体的顶端分生组织（顶端细胞产生三维组织）、孢子体的顶端分生组织和细胞专门化（提供了形态和生理上对陆地的适应）。苔藓类植物系统发育关系仍然是个谜。但是，苔类植物的化石先于藓类和角苔类，这表明最早的陆地开拓者携带有苔纲的特性。因此，苔纲可能存留更多祖先特性。苔纲是单系发育的，带叶状体的配子体占优势，孢子体退化；具有膜结合的油体和腹侧单细胞假根，没有气孔。陆地植物其实从轮藻开始也遗传了一些陆地生理适应能力（如脱水和紫外线辐射耐性），因为一些陆地植物的基因家族源于轮藻祖先。相比之下，多细胞二倍体孢子体世代（陆地植物的一个特征）可以使耐旱（脱水）孢子充分分散，对陆地植物逐渐支配陆地具有重大帮助。

一、苔类基因组

地钱作为苔纲植物代表，是最早分化的现存陆地植物。*Marchantia polymorpha* 是一种具有复杂的叶状体配子体的地钱。其化石可追溯到二叠纪或三叠纪时期，推测该复杂叶状体可以适应干旱环境。由于其在生长繁殖和基因操作方面的便利，*M. polymorpha* 被选择作为一种代表性苔类，进行了大量研究，包括对其基因组的分析。*M. polymorpha* 是目前唯一被测序的苔类植物基因组，相关文章于 2017 年 10 月发表于 *Cell*（Bowman et al.，2017）。

（一）地钱基因组结构

一个单克隆雌株地钱基因组通过全基因组鸟枪法完成测序。该雌株来自一个经雌株（Tak-2）回交 4 次的雄株（Tak-1）。测序完成的核基因组由 2957 个片段（Scaffold）组成，累计大小为 225.8Mb。同时其叶绿体和线粒体基因组序列也被全基因组鸟枪法测序，大小分别为 120.3kb 和 186.2kb。

1. 基因数量

地钱基因组共预测出 19 138 个蛋白质编码基因（其中 5385 个蛋白质编码基因存在交替剪接），其中大部分（90% 以上）具有转录表达证据。*M. polymorpha* 高表达基因的第三位密码子更偏好同义嘧啶，这可能是翻译偏好导致的，这与其他类型植物观察到的结果一致。地钱非编码基因鉴定到 265 个 miRNA、769 个 tRNA（51 个假基因）和 301 个 snRNA。地钱基因组非编码区和内含子的平均长度均大于其他植物；与其他陆地植物相比，至少 50 个非编码区含有较高频率的 ATG，具有潜在编码能力，即上游可读框（uORF）。

2. 基因与基因组进化

在地钱 2 万多个编码基因中，6404 个可在真核生物同源基因数据库（KOG）中找到，12 842 个可在同源数据库 OrthoMCL（6348 个基因与 KOG 重叠）中找到，419 个基因与 PANTHER/Pfam 数据库记录具有高相似度，余下 5821 个基因与任何已知基因没有任何序列相似性。通过对绿色植物的比较分析，发现在链形植物起源，也就是陆地植物起源前有过一次同源基因的大幅扩张。那些在 *M. polymorpha* 中发现而在其他陆地植物没有发现的 KOG 同源基因，往往与真菌基因同源或与移动元件（TE）有关，暗示这些基因可能来自横向基因转移。地钱基因组中发现大量的孤儿基因（orphan gene）、物种特异基因或最新进化基因，说明地钱基因组与其他基因组已测序植物物种的系统发育进化距离都比较大。

与其他陆地植物相比，*M. polymorpha* 基因组含有更多编码转运蛋白（如磷酸铵）的基因家族，而 *M. polymorpha* 中丢失的基因家族包括那些固定丛枝菌根所需的基因家族。虽然有些地钱属形成菌根寄生，但在该测序地钱并不形成菌根。运输能力提高，而不是依赖菌根体系，这可能是 *M. polymorpha* 在贫瘠地区也能生存的基因组适应进化机制。

所有现存的地钱物种祖先染色体数目均为 9 条，这意味着地钱没有发生常见的古老全基因组倍增进化过程。基因组分析的确证实 *M. polymorpha* 没有经历全基因组倍增事件。一个佐证就是地钱基因组中大多数调控基因都是单拷贝的。然而，局部串联排列基因（tandemly arrayed gene，TAG）并不少见，合计 1125 个 TAG 基因，以 2～11 个数量不等的相邻旁系同源基因串联排列。其 TAG 比例（5.9%）处于开花植物（4.6%～26%）低端，但高于小立碗藓（1%）。在 *M. polymorpha* 中，75% 的 TAG 被编码在同一条链上，这与小立碗藓的情形完全不同。这是由于小立碗藓缺失同源重组，从而减少了这类 TAG 的产生。

3. 重复 DNA

重复序列占 *M. polymorpha* 常染色体基因组的 22%，远低于小立碗藓（48%），但高于一种金鱼藻（*Anthoceros agrestis*，角苔纲，7%）。与被子植物相似，长末端重复（LTR）反转录转座子（包括 264 个全长的反转录转座子）构成了重复序列的最大部分（9.7%）。除了已知 X 和 Y 染色体特有重复序列外，未发现新的性别相关重复序列。

（二）性染色体

M. polymorpha 具有性染色体。X 染色体上有一个所谓“雌化”（feminizer）基因位点，Y 染色体上存在多个与精子运动有关的基因位点。4.37Mb 的 X 染色体，预测到 74 个基因；6Mb 的 Y 染色体，预测到 105 个基因。X 与 Y 染色体基因密度类似（约每 57.0kb 编码一个基因），是常染色体（每 11.3kb 编码一个基因）的 1/5。20 个 X 染色体基因与 Y 染色体上的基因同源性最高，可以被视为等位基因（图 2-10-10）。这些基因在整个绿色植物中都保守，它们应该是古老常染色体的遗存片段，即性染色体从中进化而来。X 和 Y 染色体拼接序列之间缺乏共线性，这表明这些染色体区缺乏重组。另外，上述 X 和 Y 之间等位基因的同义替换突变（同义突变）是饱和的，印证了性染色体的古老起源。X 和 Y 等位基因之间的分歧与现存的苔类植物同源序列的分歧相近，系统发育分析表明性染色体的起源在苔纲分化之前，这与“原始的苔类植物可能具有性染色体”观点一致。在以二倍体世代为主的生物体中，独

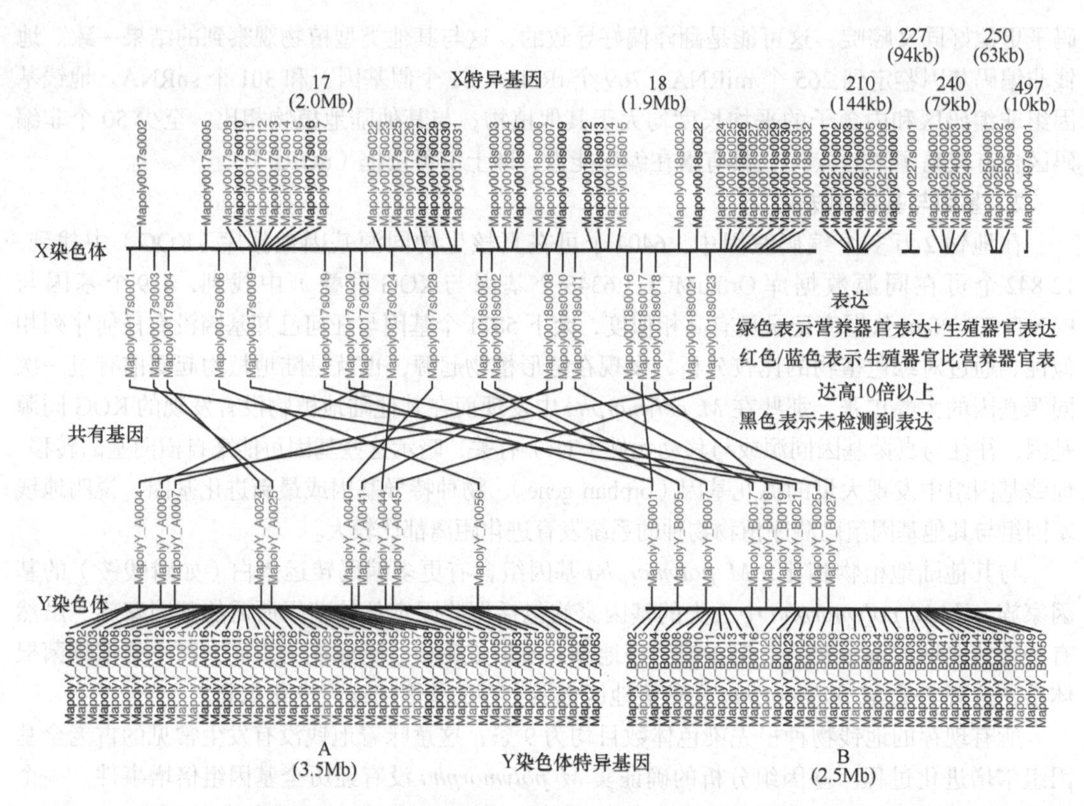

图 2-10-10　地钱性染色体（引自 Bowman et al.，2017）

图中列出了 X 和 Y 染色体上注释的基因及其表达情况（不同颜色表示），它们的共有基因以连线相接

特的异形配子的性染色体由于有害突变的积累而遭受退化。相反，以单倍体世代为主的生物体性染色体的进化路线则完全不同：①性染色体拥有相同的特征，即两条性染色体具有相同的退化；②退化有限，它保留了配子体基因而丢失孢子体基因；③染色体大小的改变是增添了异染色质的缘故。从性染色体基因密度可以推断，其基因发生大量丢失。

地钱 X 或 Y 染色体中特有基因表达时，在生殖器官中往往是特异性表达。许多 X 染色体特有基因或基因片段与常染色体的旁系同源基因密切相关，表明它们最近从常染色质移入 X 染色体。因此，在这些 X 染色体特有基因中，只有少数基因保持功能，一半基因只在孢子体中可以检测到它们的表达，几乎找不到明显的“雌化”位点候选基因。Y 染色体特有基因与上述 X 染色体特有基因类似，但可以发现几个明显的精子移动相关候选基因。

相比于其他已测序的陆地植物基因组，地钱基因组的独特之处是其很少存在调控基因的冗余，这暗示着现存植物最近的共有祖先很可能拥有与地钱类似的调控基因集。地钱中缺少重复的调节因子，但它的生物合成、代谢及结构基因却并非如此。地钱冗余基因比较少，可能是由于缺乏古老的全基因组倍增（全基因组倍增往往会产生大量冗余基因）。一般认为，多倍体物种在动物中远比植物中少，是因为其具有二型性的性染色体。异型性染色体在减数分裂的四倍体形成中，难以组合成可存活的染色体组合。因为性染色体并不能杜绝多倍体形成（同型性染色体），所以早期二型性染色体的进化导致了地钱基因组的稳定性（也就是不形成多倍体）。地钱纲减数分裂中二分体的形成并不罕见（减数第二次分裂着丝点不分离形成的二倍体配子），但祖先多倍体仍然缺失，说明了其对多倍体基因型的选择排除，这可能是因为其性染色体低效的配对。在诱导得到的地钱多倍体中均观察到这一现象。现存的地钱，其多倍体植株都不可避免地成为雌雄同株。苔藓、蕨类及被子植物都没有二型性染色体，所以都很容易变成多倍体，而角苔类因为性染色体，很少有多倍体存在，符合上述理论。由此可见，早期地钱植物染色体的进化导致了全基因组倍增的缺失，从而减少了调控因子基因的冗余。

（三）转录调控分化

M. polymorpha 基因组包含 394 个转录调控基因（387 个位于常染色体），属于 47 个转录因子（TF）家族。这些家族存在于其他陆地植物中，但不出现在除绿色植物外的其他真核生物中。*M. polymorpha* 的 TF 家族基因占蛋白质编码基因的 2.1%，低于其他陆地植物，但高于藻类，这支持了 TF 家族基因数量随着生物复杂性的增加而增加的说法（图 2-10-11）。通过对 18 个 TF 家族的系统发育分析，估计出了祖先陆地植物中的 TF 数量。地钱中的 TF 家族基因数量与祖先陆地植物预测的 TF 家族基因数量相似，只有少数一些例外，地钱特异性基因扩增。

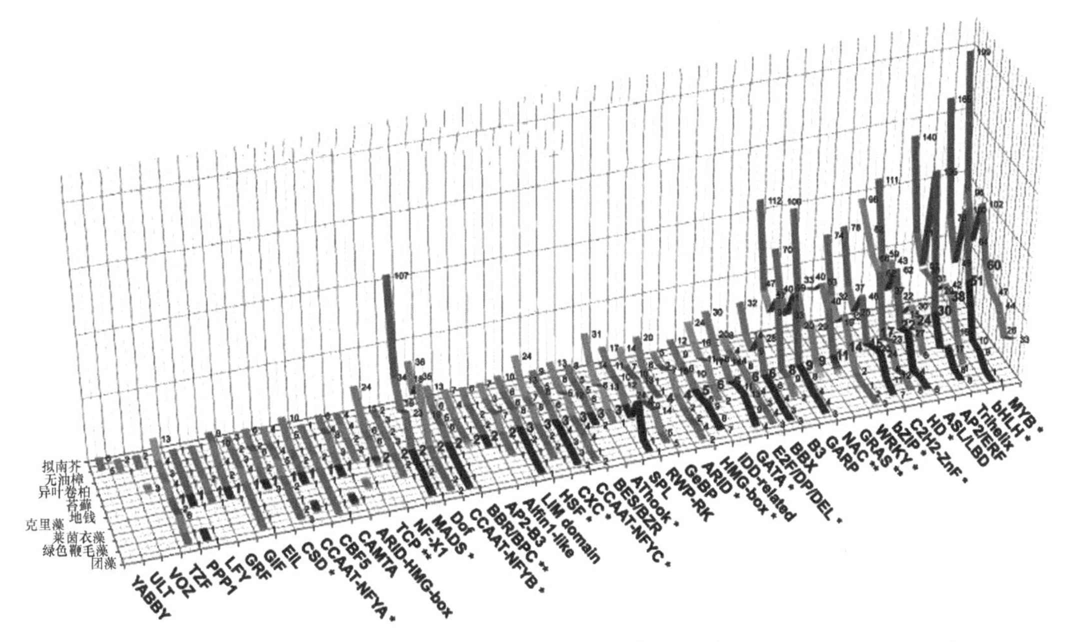

图 2-10-11 陆生植物和藻类转录因子基因数量比较（引自 Bowman et al.，2017）

陆生植物物种：拟南芥（*A. thaliana*）、无油樟（*Am. trichopoda*）、异叶卷柏（*S. moellendorffii*）、苔藓（*P. patens*）、地钱（*M. polymorpha*）；藻类：克里藻（*K. nitens*）、莱茵衣藻（*C. reinhardtii*）、绿色鞭毛藻（*O. lucimarinus*）和团藻（*O. tauri*）。

* 除了绿色植物外以外也存在的转录因子家族；** 克里藻中不存在的转录因子家族，但存在于其他藻类

在克里藻和多细胞生物分化前，位于系统发生基部的绿色植物的 TF 多样性（数量）就已开始增加（图 2-10-11）。进化过程中只有一个 TF 家族（GeBP）与陆地植物共同演变，而且仅有少数 TF 家族（YABBY、VOZ 和 ULT）只在陆地植物内才出现。因此，新的 TF 家族的起源本身对于陆地植物的演化来说并不重要。然而，许多 TF 家族（如 bHLH、NAC、GRAS、AP2/ERF、ASL/LBD 和 WRKY）多样性的增加，表明它们可能对于植物陆地化有帮助。例如，有 14 个 bHLH 亚家族基因仅存在于陆地植物中，其中一些亚家族基因可以调控陆地植物中参与营养和水分吸收的功能细胞的形成（被子植物根毛和苔藓植物根茎），而其他 bHLH 亚家族基因在维管植物的组织或一些未在苔纲中发现的细胞类型分化（如脉管系统和气孔）中发挥作用。这表明在陆地植物分化期间，存在原有调控机制与新的调控功能共存

的现象（co-option）。

地钱18个TF家族（如MYB基因家族）的系统发育分析表明，它们的进化起源可以归为4类：①先于陆地植物的分化起源；②在祖先陆地植物进化过程中起源，这样*M. polymorpha*中一个单独的基因与许多其他陆地植物的旁系同源基因（paralog）属于直系同源基因（ortholog）；③在被子植物中不存在直系同源；④在*M. polymorpha*中物种特异扩张。

陆生植物的一个特征是它具备多细胞孢子体。从原始的单细胞受精卵到多细胞孢子体的进化，可能是通过现有基因调控网络的变化和新基因调控网络的构建完成的。在两种相关藓类的比较分析发现，大部分重叠的TF主要是在孢子体表达。在*M. polymorpha*中，41个TF主要在孢子体发育过程中表达，其中10个IF基因与苔藓存在直系同源关系。有限的同源基因数量可能反映了*M. polymorpha*和藓类之间在孢子体解剖学和形态学的显著差异。

DNA甲基化是真核生物表观遗传的修饰方式，它在重复元件的沉默和一些蛋白质编码基因的调控中发挥着作用。地钱基因组中携带有重复片段的基因座上，DNA甲基化富集，且存在23～24nt siRNA簇，这与维管植物的模式相一致。DNA甲基化并不出现在基因区域，而性染色体有所不同，其基因的甲基化可能是由附近重复片段转移而来。除了不存在CMT3基因外，*M. polymorpha*具有与其他陆地植物相似的一套甲基转移酶。

二、藓类基因组

（一）藓类植物基因组概况

已完成测序的藓类植物包括小立碗藓（*P. patens*）和大灰藓（*H. plumaeforme*或*C. plumiforme*）（表2-10-4）。

小立碗藓属于葫芦藓科小立碗藓属，分布于欧洲、亚洲、非洲及大洋洲，我国湖南张家界地区有分布。小立碗藓具有相对简单的发育模式和较短的生长周期，有利于规模化培养和突变体的筛选，其生活史世代以单倍体的配子体形态为主，这有利于突变的产生和遗传性状分析。小立碗藓DNA具有极高的同源重组率，使其成为研究植物基因功能组学的有效工具。此外，考虑到其重要的进化地位，即在系统发生树中能够连接起单细胞绿藻和维管植物之间约10亿年的间隔，以及具备模式生物的大多数特征，小立碗藓对植物学家有越来越大的吸引力。

大灰藓属于灰藓科灰藓属植物，在国内多个省份均有分布，生长于阔叶林、针阔混交林的腐木、树干、岩面薄土、草地等，有一定的药用功效。大灰藓植物体型大，植株呈绿色或黄绿色，常交织呈大片生长，在自然界中分布广泛。其生态位宽，适应能力强，加之质感均匀，有比较高的观赏价值。此外，由于灰藓属植物分布广泛，植物体大，易于采样，被世界各地广泛用于监测环境污染。

表2-10-4 两个基因组测序的藓类植物基因组大小

物种	拉丁名	基因组大小/Mb	文献
小立碗藓	*Physcomitrella patens*	480	Rensing et al., 2008
		462	Lang et al., 2018
大灰藓	*Hypnum plumaeforme* （*Calohypnum plumiforme*）	434	Mao et al., 2020

小立碗藓全基因组测序起始于2004年，在德国召开的第七届国际苔藓植物学研讨会上，

正式启动了这项工作。2007 年，德国弗莱堡大学完成小立碗藓基因组草图（V1.2 版），拼接得到 480Mb 的基因组，相关成果发表于 *Science*（Rensing et al.，2008）。后续进一步使用高密度遗传连锁图进行了染色体组装，对组装结果使用 BAC/fosmid 测序数据进一步提升质量，最终获得了覆盖 27 条染色体的 462.3Mb 的组装数据（Lang et al.，2018）。小立碗藓叶绿体基因组于 2003 年完成测序，基因组大小为 123kb；线粒体基因组于 2006 年完成测序，基因组大小为 105kb（Terasawa et al.，2006）。另外，编者与日本东京大学 Okada 教授实验室联合对大灰藓进行了基因组测序与拼接，通过二代测序与三代测序数据混合拼接的策略，最终得到了 332Mb 的组装基因组（Mao et al.，2019）。

小立碗藓基因组相关的数据库有 COSMOSS、PHYSCObase 等。COSMOSS（https://www.cosmoss.org/）由德国弗莱堡大学实验室维护，提供小立碗藓基因组、基因组注释、转录组等相关数据，同时提供 Gbrowser、BLAST、Functional annotation 等工具辅助分析。PHYSCObase（http://moss.nibb.ac.jp/）由日本国立自然科学实验室搭建，其提供公共数据库可以获得的所有小立碗藓 DNA 序列及 EST 数据。Phytozome 是一个综合性的基因组数据库，其中也包括了小立碗藓基因组及基因组注释信息等数据（V3.3 版本）。

（二）藓类基因组特征与进化

1. 基因组基本构成与特征

基于最新版本的小立碗藓基因组（V3.1 版；Lang et al.，2018），共注释得到 35 307 个蛋白质编码基因，其中 27 511 个（78%）能够得到功能注释，即与已知功能域或者其他物种编码基因同源；20 274 个基因（57%）具有转录组表达证据；13 160 个基因在幼年配子体中表达，12 714 个基因在成熟配子体中表达，14 309 个在二倍体孢子体中表达，有 10 388 个基因在这 3 个阶段都有表达。

开花植物的基因组通常由单一着丝粒的染色体构成，而且单一着丝粒通常被含有大量重复序列和低基因密度的异染色质所包围（Lamb et al.，2007）。但是通过对小立碗藓基因组的研究发现，在其基因组中不存在这种高度重复序列与低基因密度的区域（图 2-10-12）。通过对多个基因组中串联重复的统计，只能得到小立碗藓中潜在的着丝粒重复区域（Melters et al.，2013）。通过将这些串联重复序列定位到小立碗藓基因组 V3 版本上，研究人员发现 *Copia* 类型的 TE 呈现了一种独特的分布，每条染色体只有一个 *Copia* 类型的 TE 的峰，而每个 *Copia* 峰主要由 RLC5 构成。研究人员认为，小立碗藓中这些 RLC5 簇是着丝粒的特殊构成。通常来说，植物染色体近着丝粒区域相比于染色体臂更倾向于发生结构变异，但是通过对小立碗藓染色体的分析，却没能发现与近着丝粒区域相关的结构变异热点。通过着丝粒区域特异的抗体对有丝分裂中期免疫标记，证实小立碗藓基因组是单一着丝粒的。由此可见，

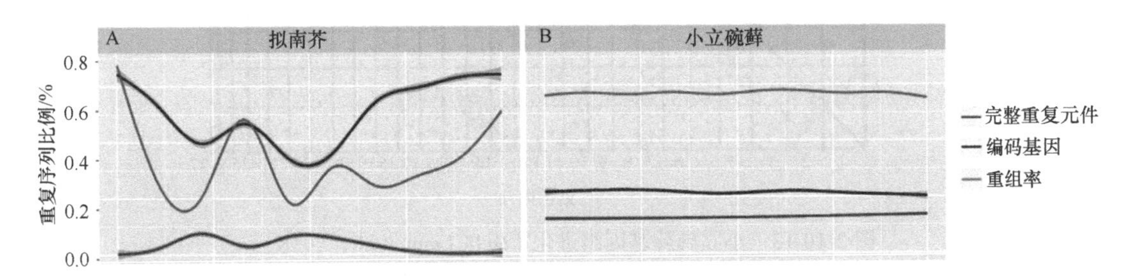

图 2-10-12　拟南芥（A）与小立碗藓（B）基因组主要构成比例分布比较（引自 Lang et al.，2018）

基于每条染色体以 1000bp 的窗口进行滑动来统计基因和重复序列构成

不同于很多开花植物基因组，小立碗藓基因组中常染色质和异染色质的分布均一。

2. 基因组多倍化事件

全基因组倍增（WGD）事件在藓纲植物中比较常见，但是在其他类型的苔藓植物（苔纲、角苔纲）中却不是这样。基于旁系同源基因的同义替换率（K_s）分布，小立碗藓至少经历了一次 WGD 事件（Rensing et al.，2008）。一般认为苔藓祖先种的核型为 7 条染色体，而如今的小立碗藓染色体数目为 n=27，这表明了两次 WGD 事件的发生。两次 WGD 事件的时间分别出现在 3500 万～2700 万年前和 4800 万～4000 万年前（图 2-10-13）。分析表明，484 个

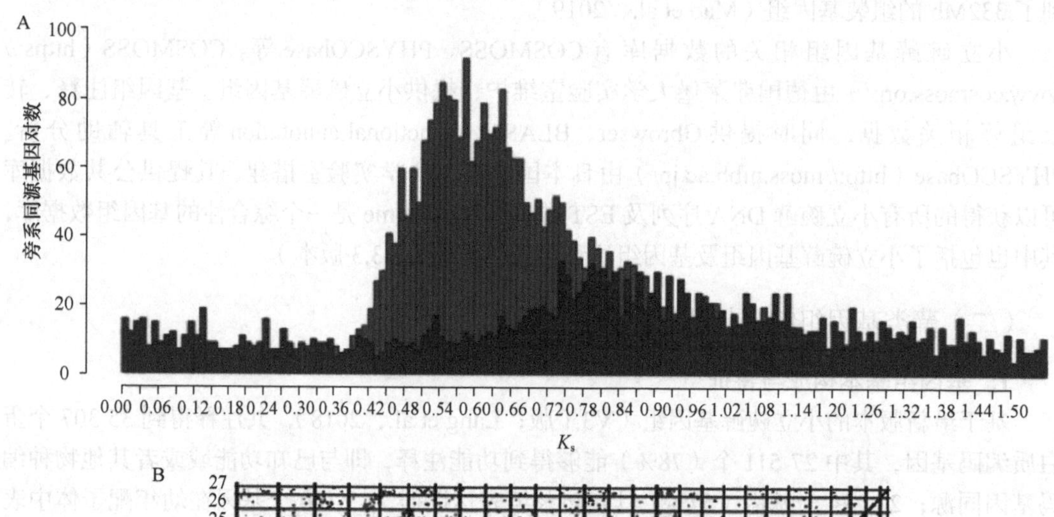

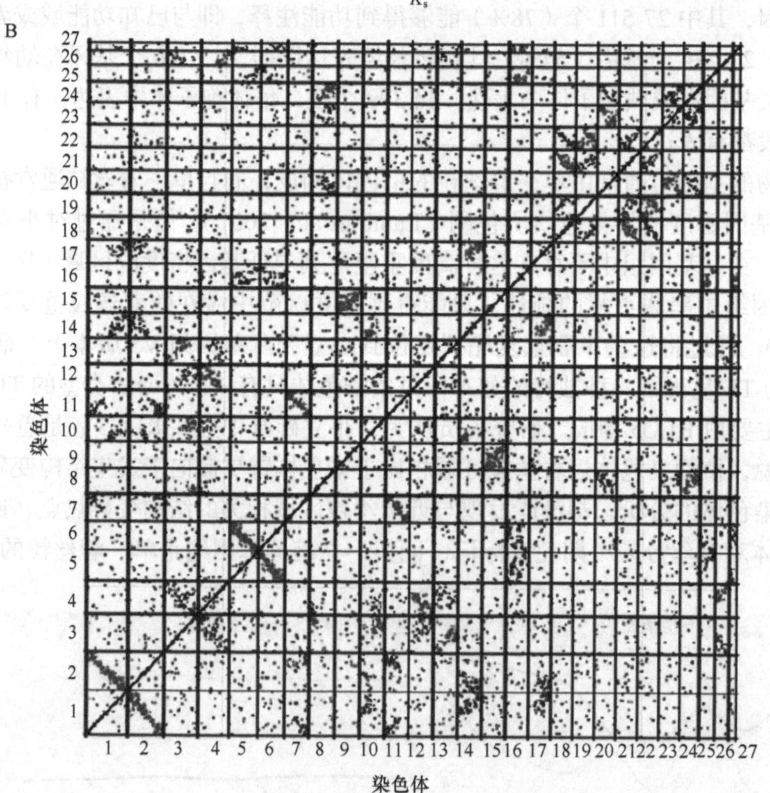

图 2-10-13　小立碗藓基因组进化（引自 Lang et al.，2018）

A. 两次全基因组倍增（WGD）事件（蓝色表示较早的 WGD，红色表示近期的 WGD）对应的 K_s 分布图；B. 分属于两次 WGD 事件的旁系同源基因的点图展示；C. 大灰藓基因组由 n=7 的祖先核型通过两次 WGD 事件发生的核型演化。现代小立碗藓基因组中通过不同颜色区块来表示祖先基因组的片段分布。mya 表示百万年前

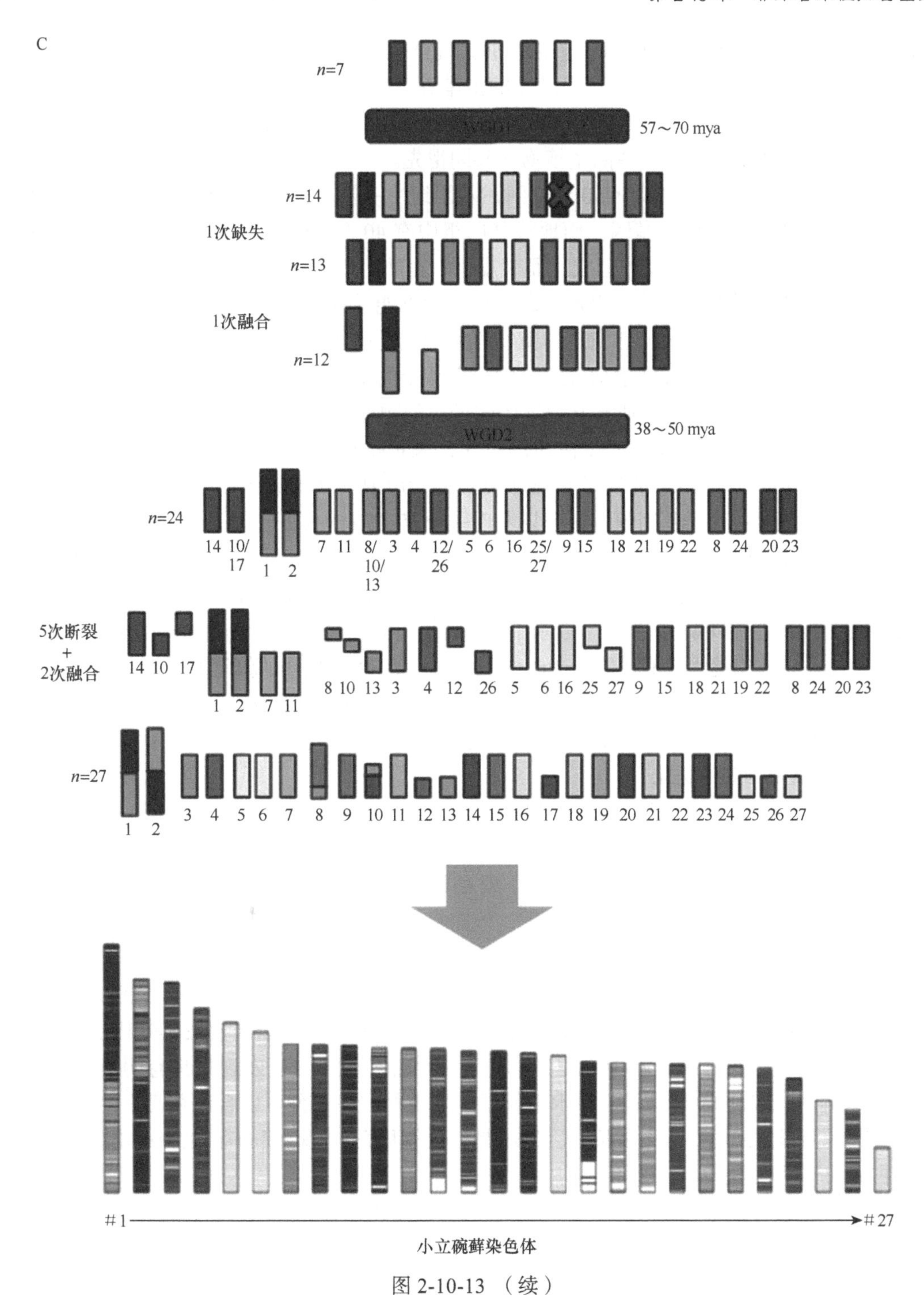

图 2-10-13 （续）

基因可以追溯到第一次 WGD 之前的基因组，3112 个基因可以追溯到第二次 WGD 事件之前。

3. 陆生环境的适应性进化

维管植物生殖器官广泛具备耐脱水的特点，但是除了苔藓以外，本身具备耐脱水性的植物却很少见。耐脱水性的进化对于植物征服陆地具有重要的意义，但是却在随后的维管植物中逐步退化。种子的耐脱水性依赖于 ABA 诱导的种子特异性基因的表达，合成如 LEA 蛋白

（late embryogenesis abundant protein）等。小立碗藓具有 LEA 基因的直系同源基因。此外，研究人员发现，小立碗藓基因组包含潜在的拟南芥 ABA 受体的同源序列，其中一个更可能专一化于种子的发育。小立碗藓中这些基因的发现及地钱中相似序列的发现，表明耐脱水性的基因调控网络可能起源于这些陆生植物的共同祖先。

开花植物中编码细胞色素 P450 酶基因在基因组中一般具有 250～350 个拷贝，小立碗藓基因组中仅发现 71 个 P450 基因，而地钱基因组中有 40 个。P450 基因家族（CYP86）包含脂肪酸 Ω-氢化酶参与表皮素的形成，而表皮素在植物组织中起到抗脱水的作用。CYP86 在小立碗藓中出现却没有在绿藻中出现，表明角质素可能是古老的陆生植物适应陆地环境的一种进化创新。开花植物中胚形态发育的植物激素和光受体在单细胞藻类中缺失，但却在小立碗藓中出现。例如，细胞分裂素信号通路的所有 4 个类型的基因均在小立碗藓中发现。这成为当时具备细胞色素转导信号所有基因家族的最早的物种。

对陆生环境的适应同样需要蛋白质的进化，来抵抗如温度、光照变化，以及水分可获得性带来的胁迫。一个典型的例子是热休克蛋白 70（HSP70）家族，小立碗藓中拥有 9 个 HSP70 基因，而所有藻类基因组中至今只发现一个 HSP70 的拷贝。

DNA 修复能够维持基因组的完整性，双链断裂（DSB）可以通过非同源末端连接修复，但是通过拷贝序列的修复会更加精确。通过将线性 DNA 引入细胞中模拟 DNA 损伤，研究人员发现，苔藓能够同酵母一样，表现出强烈的使用同源序列来将线性 DNA 整合进基因组的偏好，这在植物中绝无仅有（Zimmer et al.，2013）。DNA 损伤的修复通过多亚基大分子复合体的动态组合实现。小立碗藓基因组的独特结构，可能很好地反映一个二倍体基因组对基因组完整性监控，以及实现高效 DSB 修复的特殊需要。

4. 稻壳素基因簇的进化

20 世纪 70 年代，日本科学家最初从稻壳中分离出一种二萜类化合物——稻壳素（momilactone），后在叶片、根等器官中分离到该化合物，发现其具有抑制植物生长的作用（Kato-Noguchi，2011）。例如，在低浓度下对稻田稗草有抑制作用，说明其（稻壳素 B）是水稻重要化感物质。分子生物学研究发现，该防御性次生代谢产物是由位于水稻第 4 号染色体上的一个基因簇合成的（Shimura et al.,2007）。后续研究在稻属其他物种和稗草（*Echinochloa crus-galli*）基因组上也发现该基因簇，且检测到该化合物的合成（Miyamoto et al.，2016；Guo et al.，2017）。这些研究均表明，在禾本科物种中可以发现稻壳素及其基因簇的存在。2007 年，日本科学家在大灰藓中检测到稻壳素 A 和稻壳素 B，且发现其具有明显化感作用（Kato-Noguchi，2011）。这是目前在禾本科以外发现的唯一一种可以合成稻壳素的物种。由此就引起一个科学问题——大灰藓基因组中是否也有稻壳素基因簇的存在？换句话说，这是一个古老的基因簇吗？

为此，编者与日本科学家一起，测定了大灰藓基因组。结果有些出人意料：大灰藓基因组的确包含一个稻壳素基因簇！虽然基因簇中 3 个关键基因顺序有些变化，但都包含了合成途径中的每一类关键基因（图 2-10-14）。苔藓类植物中，小立碗藓（*P. patens*）基因组最早被测序完成，但其上没有发现稻壳素基因簇。进一步利用生物信息学工具，对已知的 100 余个已测序植物基因组进行比较基因组分析，发现大灰藓的稻壳素基因簇并非一个古老基因簇，并非禾本科（水稻和稗草）稻壳素基因簇的祖先，而是趋同进化（convergent evolution）而来。

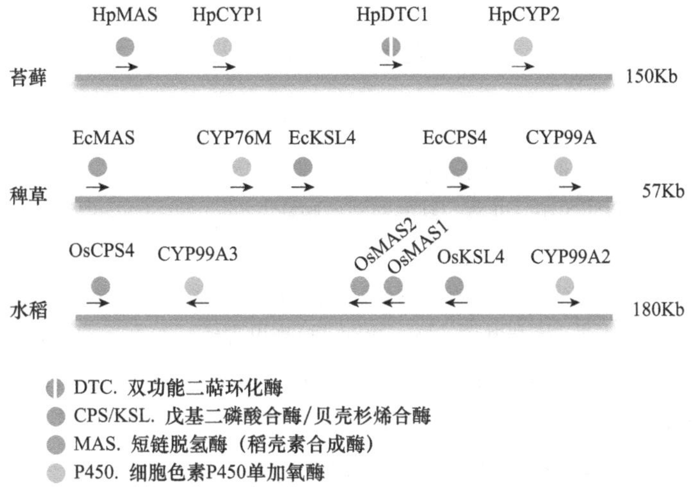

图 2-10-14 水稻、稗草和苔藓稻壳素基因簇比较基因组学分析
（引自 Mao et al.，2020）

主要参考文献①

樊龙江，吴三玲，邱杰，等．2017．生物信息学 [M]．杭州：浙江大学出版社．

杨焕明．2016．基因组学 [M]．北京：科学出版社．

杨金水．2013．基因组学 [M]．3 版．北京：高等教育出版社．

张启发．2019．作物功能基因组学 [M]．北京：科学出版社．

中国生物技术发展中心，深圳华大基因研究院．2012. 基因组学方法 [M]．北京：科学出版社．

Brown TA．2009．基因组 3[M]．袁建刚等，译．北京：科学出版社，

Arabidopsis Genome Initiative. 2000. Analysis of the genome sequence of the flowering plant *Arabidopsis thaliana* [J]. Nature, 408 (6814): 796.

Brown TA. 2017. Genomes 4 [M]. New York: Garland Science.

Bowman JL, Kohchi T, Yamato KT, et al. 2017. Insights into land plant evolution garnered from the *Marchantia polymorpha* genome [J]. Cell, 171 (2): 287-304. e15.

Chalhoub B, Denoeud F, Liu S, et al. 2014. Early allopolyploid evolution in the post-Neolithic *Brassica napus* oilseed genome [J]. Science, 345 (6199): 950-953.

Goff SA, Ricke D, Lan TH, et al. 2002. A draft sequence of the rice genome (*Oryza sativa* L. ssp. *japonica*) [J]. Science, 296 (5565): 92-100.

Huang S, Li R, Zhang Z, et al. 2009. The genome of the cucumber, *Cucumis sativus* L. [J]. Nature Genetics, 41 (12): 1275.

Huang X, Kurata N, Wei X, et al. 2012. A map of rice genome variation reveals the origin of cultivated rice [J]. Nature, 490 (7421): 497-501.

Huang X, Yang S, Gong J, et al. 2016. Genomic architecture of heterosis for yield traits in rice [J]. Nature, 537 (7622): 629.

Ibarra-Laclette E, Lyons E, Hernández-Guzmán G, et al. 2013. Architecture and evolution of a minute plant genome [J]. Nature, 498 (7452): 94.

International Rice Genome Sequencing Project. 2005. The map-based sequence of the rice genome [J]. Nature, 436 (7052): 793.

International Wheat Genome Sequencing Consortium. 2014. A chromosome-based draft sequence of the hexaploid bread wheat (*Triticum aestivum*) genome [J]. Science, 345 (6194): 1251788.

International Wheat Genome Sequencing Consortium. 2018. Shifting the limits in wheat research and breeding using a fully annotated reference genome [J]. Science, 361 (6403): eaar7191.

Li F, Fan G, Lu C, et al. 2015. Genome sequence of cultivated upland cotton (*Gossypium hirsutum* TM-1) provides insights into genome evolution [J]. Nature Biotechnology, 33 (5): 524.

Jaillon O, Aury JM, Noel B, et al. 2007. The grapevine genome sequence suggests ancestral hexaploidization in major angiosperm phyla [J]. Nature, 449 (7161): 463.

Merchant SS, Prochnik SE, Vallon O, et al. 2007. The *Chlamydomonas* genome reveals the evolution of key animal and plant functions [J]. Science, 318 (5848): 245-250.

Nishiyama T, Sakayama H, de Vries J, et al. 2018. The Chara genome: secondary complexity and implications for

① 仅列出主要参考文献（完整参考文献扫二维码可见）

plant terrestrialization [J]. Cell, 174 (2): 448-464. e24.

Paterson AH, Bowers JE, Bruggmann R, et al. 2009. The *Sorghum bicolor* genome and the diversification of grasses [J]. Nature, 475: 551-556.

Paterson AH, Bowers JE, Chapman BA. 2004. Ancient polyploidization predating divergence of the cereals, and its consequences for comparative genomics [J]. Proceedings of the National Academy of Sciences, 101 (26): 9903-9908.

Potato Genome Sequencing Consortium. 2011. Genome sequence and analysis of the tuber crop potato [J]. Nature, 475 (7355): 189.

Ramírez-González RH, Borrill P, Lang D, et al. 2018. The transcriptional landscape of polyploid wheat [J]. Science, 361 (6403): eaar6089.

Rensing SA, Lang D, Zimmer AD, et al. 2008. The *Physcomitrella* genome reveals evolutionary insights into the conquest of land by plants [J]. Science, 319 (5859): 64-69.

Schmutz J, Cannon SB, Schlueter J, et al. 2010. Genome sequence of the palaeopolyploid soybean [J]. Nature, 465 (7294): 120.

Schnable PS, Ware D, Fulton RS, et al. 2009. The B73 maize genome: complexity, diversity, and dynamics [J]. Science, 326 (5956): 1112-1115.

The 1001 Genomes Consortium. 2016. 1, 135 genomes reveal the global pattern of polymorphism in *Arabidopsis thaliana* [J]. Cell, 166 (2): 481-491.

Tomato Genome Consortium. 2012. The tomato genome sequence provides insights into fleshy fruit evolution [J]. Nature, 485 (7400): 635.

Tuskan GA, Difazio S, Jansson S, et al. 2006. The genome of black cottonwood, *Populus trichocarpa* (Torr. & Gray) [J]. Science, 313 (5793): 1596-1604.

Wang W, Mauleon R, Hu Z, et al. 2018e. Genomic variation in 3, 010 diverse accessions of Asian cultivated rice [J]. Nature, 557 (7703): 43.

Wang X, Wang H, Wang J, et al. 2011c. The genome of the mesopolyploid crop species *Brassica rapa* [J]. Nature Genetics, 43 (10): 1035.

Yu J, Hu S, Wang J, et al. 2002. A draft sequence of the rice genome (*Oryza sativa* L. ssp. *indica*) [J]. Science, 296 (5565): 79-92.

Zhang T, Hu Y, Jiang W, et al. 2015c. Sequencing of allotetraploid cotton (*Gossypium hirsutum* L. acc. TM-1) provides a resource for fiber improvement [J]. Nature Biotechnology, 33 (5): 531.

Zhao Q, Feng Q, Lu H, et al. 2018a. Pan-genome analysis highlights the extent of genomic variation in cultivated and wild rice [J]. Nature Genetics, 50 (2): 278.

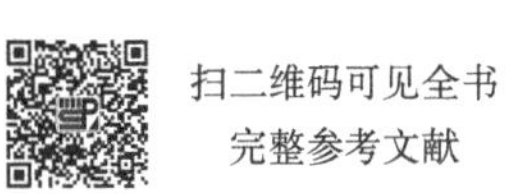

附录 1　植物基因组测序物种清单

附表 1　植物基因组测序物种清单（按拉丁名排序）

拉丁名	中文名	发表时间	刊物	科	属	组装大小/Mb
Actinidia chinensis	猕猴桃	2013/10/18	*Nature Communications*	猕猴桃科	猕猴桃属	758
Aegilops tauschii	粗山羊草 / 节节麦	2013/3/24	*Nature*	禾本科	山羊草属	4 360
Aethionema arabicum		2013/6/30	*Nature Genetics*	十字花科	岩芥菜属	240
Alnus glutinosa	欧洲赤杨	2018/7/13	*Science*	桦木科	桤木属	461
Amaranthus hypochondriacus	千穗谷	2014/7/28	*DNA Research*	苋科	苋属	466
Amborella trichopoda	无油樟	2013/12/20	*Science*	无油樟科	无油樟属	748
Ammopiptanthus nanus	新疆沙冬青	2018/6/18	*GigaScience*	豆科	沙冬青属	890
Ananas comosus	凤梨	2015/11/2	*Nature Genetics*	凤梨科	凤梨属	526
Andrographis paniculata	穿心莲	2018/11/16	*The Plant Journal*	爵床科	穿心莲属	280
Antirrhinum majus	金鱼草	2019/1/28	*Nature Plants*	车前科	金鱼草属	510
Apostasia shenzhenica	深圳拟兰	2017/9/13	*Nature*	兰科	兰属	349
Aquilaria agallocha	沉香	2014/7/9	*BMC Genomics*	瑞香科	沉香属	736
Aquilegia coerulea	蓝花耧斗菜	2018/10/16	*eLife*	毛茛科	耧斗菜属	307
Arabidopsis halleri (*ssp. gemmifera*)	圆叶拟南芥	2011/4/1	*Nucleic Acids Research*	十字花科	拟南芥属	203
Arabidopsis halleri (*ssp. gemmifera*)	圆叶拟南芥	2016/9/27	*Molecular Ecology Resources*	十字花科	拟南芥属	196
Arabidopsis lyrata	琴叶拟南芥	2011/4/10	*Nature Genetics*	十字花科	拟南芥属	207
Arabidopsis lyrata (*ssp. petraea*)	琴叶拟南芥	2011/4/1	*Nucleic Acids Research*	十字花科	拟南芥属	221
Arabidopsis thaliana	拟南芥（'Columbia'）	2000/12/14	*Nature*	十字花科	拟南芥属	125
Arabidopsis thaliana	拟南芥（'Bur-0'）	2011/6/21	*PNAS*	十字花科	拟南芥属	101
Arabidopsis thaliana	拟南芥（'C24'）	2011/6/21	*PNAS*	十字花科	拟南芥属	101
Arabidopsis thaliana	拟南芥（'Kro-0'）	2011/6/21	*PNAS*	十字花科	拟南芥属	100
Arabidopsis thaliana	拟南芥（'Ler-1'）	2011/6/21	*PNAS*	十字花科	拟南芥属	101
Arabidopsis thaliana	拟南芥（'Ler'）	2015/5/25	*Nature Biotechnology*	十字花科	拟南芥属	120
Arabidopsis thaliana	拟南芥（'Ler'）	2016/7/12	*PNAS*	十字花科	拟南芥属	117
Arabidopsis thaliana	拟南芥（'Nd-1'）	2016/10/6	*PLOS One*	十字花科	拟南芥属	117
Arabis alpina	小花南芥	2015/2/2	*Nature Plants*	十字花科	南芥属	375
Arachis duranensis	蔓花生	2016/2/22	*Nature Genetics*	豆科	落花生属	1 250
Arachis hypogaea	花生	2019/3/19	*Molecular Plant*	豆科	落花生属	2 600
Arachis ipaensis	野生花生	2016/2/22	*Nature Genetics*	豆科	落花生属	1 560
Arachis monticola	野生花生	2018/6/1	*GigaScience*	豆科	落花生属	2 700
Artemisia annua	黄花蒿	2018/4/20	*Molecular Plant*	菊科	蒿属	1 740
Artocarpus camansi	面包树	2016/7/13	*Plant Science*	桑科	木菠萝属	669
Asparagus officinalis	石刁柏	2017/11/2	*Nature Communications*	百合科	天门冬属	1 300
Atalantia buxifolia	酒饼簕	2017/4/10	*Nature Genetics*	芸香科	酒饼簕属	328
Azadirachta indica	印度苦楝树	2012/9/9	*BMC Genomics*	楝科	印楝属	364
Azolla filiculoides	细叶满江红	2018/7/2	*Nature Plants*	满江红科	满江红属	750
Barbarea vulgaris	欧洲山芥	2017/1/17	*Scientific Reports*	十字花科	山芥属	270
Bathycoccus prasinos		2012/8/24	*Genome Biology*	Bathycoccaceae	*Bathycoccus*	15
Begonia fuchsioides	柳叶秋海棠	2018/7/13	*Science*	秋海棠科	秋海棠属	935
Beta vulgaris	甜菜	2013/12/18	*Nature*	苋科	甜菜属	731
Betula nana	桦木	2012/11/21	*Molecular Ecology*	桦木科	桦木属	450
Betula pendula	白桦树	2017/5/8	*Nature Genetics*	桦木科	桦木属	440
Boea hygrometrica	牛耳草	2015/4/20	*PNAS*	苦苣苔科	旋蒴苣苔属	1 690

续表

拉丁名	中文名	发表时间	刊物	科	属	组装大小/Mb
Boechera retrofracta		2018/3/28	*Genes*	十字花科	筷子芥属	227
Boehmeria nivea	苎麻	2017/11/15	*DNA Research*	荨麻科	苎麻属	448
Bombax ceiba	木棉花	2018/5/10	*GigaScience*	木棉科	木棉属	809
Botryococcus braunii	布朗葡萄藻	2017/4/20	*Genome Announcements*	葡萄藻科	葡萄藻属	166
Brachypodium distachyon	短柄草	2010/2/11	*Nature*	禾本科	短柄草属	272
brassica juncea	芥菜	2016/9/5	*Nature Genetics*	十字花科	芸薹属	922
Brassica napus	欧洲油菜（‘Darmor-*bzh*’）	2014/8/22	*Science*	十字花科	芸薹属	1 130
Brassica napus	欧洲油菜（‘Tapidor’）	2017/4/12	*Plant Biotechnology Journal*	十字花科	芸薹属	697
Brassica napus	亚洲油菜（‘中双11号’）	2017/8/28	*The Plant Journal*	十字花科	芸薹属	976
Brassica napus	欧洲油菜（‘Tapidor’）	2018/9/9	*Plant Biotechnology Journal*	十字花科	芸薹属	1 020
Brassica napus	亚洲油菜（‘宁油7号’）	2018/9/9	*Plant Biotechnology Journal*	十字花科	芸薹属	891
Brassica nigra	黑芥菜	2016/9/5	*Nature Genetics*	十字花科	芸薹属	591
Brassica oleracea	甘蓝	2014/5/23	*Nature Communications*	十字花科	芸薹属	630
Brassica rapa	结球白菜（‘Chiifu-401-42’）	2011/8/28	*Nature Genetics*	十字花科	芸薹属	485
Brassica rapa	结球白菜（‘Chiifu-401-42’）	2017/4/3	*Molecular Plant*	十字花科	芸薹属	389
Broussonetia papyrifera	构树	2019/1/31	*Molecular Plant*	构树	构属	380
Cajanus cajan	木豆	2011/11/6	*Nature Biotechnology*	豆科	木豆属	833
Calamus simplicifolius	省藤	2018/8/7	*GigaScience*	棕榈科	省藤属	1 980
Calotropis gigantea	牛角瓜	2017/12/12	*G3: Genes, Genomes, Genetics*	萝藦科	牛角瓜属	225
Camelina sativa	亚麻荠	2014/4/23	*Nature Communications*	十字花科	亚麻荠属	750
Camellia sinensis var. *assamica*	茶树	2017/5/1	*Molecular Plant*	山茶科	山茶属	3 000
Camellia sinensis var. *sinensis*	茶树	2018/3/16	*PNAS*	山茶科	山茶属	3 100
Camptotheca acuminata	喜树	2017/7/24	*GigaScience*	蓝果树科	喜树属	516
Cannabis sativa	大麻	2011/10/20	*Genome Biology*	大麻科	大麻属	820
Capsella bursa-pastoris	荠菜	2017/4/7	*The Plant Journal*	十字花科	荠属	410
Capsella rubella		2013/6/9	*Nature Genetics*	十字花科	荠属	219
Capsicum annuum	辣椒	2014/1/19	*Nature Genetics*	茄科	辣椒属	3 480
Capsicum annuum var. *glabriusculum*	野生辣椒	2014/3/3	*PNAS*	胡麻科	辣椒属	3 070
Capsicum baccatum	灯笼辣椒	2017/11/1	*Genome Biology*	茄科	辣椒属	3 900
Capsicum chinense	黄灯笼辣椒	2017/11/1	*Genome Biology*	茄科	辣椒属	3 200
Cardamine hirsuta	碎米芥	2016/10/31	*Nature Plants*	十字花科	碎米芥属	225
Carica papaya	番木瓜	2008/4/24	*Nature*	番木瓜科	番木瓜属	372
Carnegiea gigantea	仙人掌	2017/10/23	*PNAS*	仙人掌科	仙人掌属	1 300
Casuarina equisetifolia	木麻黄	2018/11/14	*The Plant Journal*	木麻黄科	木麻黄属	300
Casuarina glauca	粗枝木麻黄	2018/7/13	*Science*	木麻黄科	木麻黄属	314
Catharanthus roseus	长春花	2015/4/11	*The Plant Journal*	夹竹桃科	长春花属	738
Cenchrus americanus	珍珠粟	2017/9/18	*Nature Biotechnology*	禾本科	狼尾草属	2 350
Cephalotus follicularis	土瓶草	2017/2/6	*Nature Ecology & Evolution*	土瓶草科	土瓶草属	2 110
Cercis canadensis	加拿大紫荆	2018/7/13	*Science*	豆科	紫荆属	301

续表

拉丁名	中文名	发表时间	刊物	科	属	组装大小/Mb
Chamaecrista fasciculata	蕨脉山扁豆	2018/7/13	*Science*	豆科	山扁豆属	550
Chara braunii	布氏轮藻	2018/7/12	*Cell*	轮藻科	轮藻属	2 100
Chenopodium quinoa	藜麦	2016/7/25	*DNA Research*	苋科	藜属	1 500
Chenopodium quinoa	藜麦	2017/2/16	*Nature*	藜科	藜属	1 390
Chlamydomonas eustigma	耐酸绿藻	2017/9/11	*PNAS*	衣藻科	衣藻属	130
Chlamydomonas reinhardtii	衣藻	2007/10/12	*Science*	衣藻科	衣藻属	121
Chlorella protothecoides	小球藻	2014/7/10	*BMC Genomics*	小球藻科	小球藻属	23
Chlorella pyrenoidosa	蛋白核小球藻	2015/10/20	*Plant Physiology*	小球藻科	小球藻属	57
Chlorella sorokiniana	小球藻	2017/11/27	*The Plant Journal*	小球藻科	小球藻属	60
Chlorella variabilis	小球藻	2010/9/17	*The Plant Cell*	小球藻科	小球藻属	46
Chondrus crispus	角叉菜	2013/3/15	*PNAS*	杉藻科	角叉菜属	105
Chromochloris zofingiensis	佐夫色绿藻	2017/5/8	*PNAS*	环藻目	色绿藻属	58
Chrysanthemum nankingense	菊花脑	2018/10/18	*Molecular Plant*	菊科	菊属	3 100
Cicer arietinum	鹰嘴豆	2013/1/27	*Nature Biotechnology*	豆科	鹰嘴豆属	738
Cicer reticulatum	野生鹰嘴豆	2016/8/26	*DNA Research*	豆科	鹰嘴豆属	817
Cinnamomum kanehirae	牛樟	2019/1/9	*Nature Plants*	樟科	樟属	830
Citrullus lanatus	西瓜	2012/11/25	*Nature Genetics*	葫芦科	西瓜属	425
Citrus clementina	克莱门柚	2014/6/8	*Nature Biotechnology*	芸香科	柑橘属	302
Citrus grandis	柚	2017/4/10	*Nature Genetics*	芸香科	柑橘属	381
Citrus ichangensis	橙	2017/4/10	*Nature Genetics*	芸香科	柑橘属	391
Citrus medica	枸橼 / 香橼	2017/4/10	*Nature Genetics*	芸香科	柑橘属	407
Citrus paradisi × *Poncirus trifoliata*	葡萄柚 × 枳	2016/7/8	*BMC Genomics*	芸香科	柑橘属 × 枳属	380
Citrus reticulata	柑橘	2018/6/6	*Molecular Plant*	芸香科	柑橘属	370
Citrus sinensis	甜橙	2012/11/25	*Nature Genetics*	芸香科	柑橘属	367
Citrus unshiu	温州蜜柑	2017/12/5	*Frontiers in Genetics*	芸香科	柑橘属	370
Coccomyxa subellipsoidea	胶球藻	2012/5/25	*Genome Biology*	球菌藻科	胶球藻属	49
Cocos nucifera	椰子树	2017/10/5	*GigaScience*	棕榈科	椰子属	2 420
Coffea arabica	小粒（小果）咖啡	2018/3/6	*Plant Biotechnology Journal*	茜草科	咖啡属	1 300
Coffea canephora	中粒（中果）咖啡	2014/9/4	*Science*	茜草科	咖啡属	710
Conyza canadensis	小蓬草	2014/9/10	*Plant Physiology*	菊科	白酒草属	335
Corchorus capsularis	圆果种黄麻	2017/1/30	*Nature Plants*	锦葵科	黄麻属	404
Corchorus olitorius	长果种黄麻	2017/1/30	*Nature Plants*	锦葵科	黄麻属	448
Cucumis melo	香瓜	2012/7/2	*PNAS*	葫芦科	黄瓜属	450
Cucumis sativus	黄瓜	2009/11/1	*Nature Genetics*	葫芦科	黄瓜属	367
Cucurbita argyrosperma	日本南瓜	2019/1/7	*Molecular Plant*	葫芦科	南瓜属	238
Cucurbita maxima	笋瓜	2017/9/13	*Molecular Plant*	葫芦科	南瓜属	387
Cucurbita moschata	中国南瓜	2017/9/13	*Molecular Plant*	葫芦科	南瓜属	372
Cucurbita pepo	西葫芦	2017/11/7	*Plant Biotechnology Journal*	葫芦科	南瓜属	283
Cuscuta australis	南方菟丝子	2018/7/11	*Nature Communications*	旋花科	菟丝子属	272
Cuscuta campestris	菟丝子	2018/6/28	*Nature Communications*	旋花科	菟丝子属	580
Cyanidioschyzon merolae	温泉红藻	2004/4/8	*Nature*	Cyanidiaceae	*Cyanidioschyzon*	17
Cyanophora paradoxa	蓝载藻	2012/2/17	*Science*	藻亚科	灰胞藻属	70

续表

拉丁名	中文名	发表时间	刊物	科	属	组装大小/Mb
Cymbomonas tetramitiformis		2015/7/29	*Genome Biology and Evolution*	Pyramimonadaceae	*Cymbomonas*	850
Cynara cardunculus	球状朝鲜蓟	2016/1/20	*Scientific Reports*	菊科	菜蓟属	1 084
Daemonorops jenkinsiana	黄藤	2018/8/7	*GigaScience*	棕榈科	黄藤属	1 610
Datisca glomerata	北美假大麻	2018/7/13	*Science*	野麻科	野麻属	827
Daucus carota	胡萝卜	2016/5/9	*Nature Genetics*	伞形科	胡萝卜属	473
Dendrobium catenatum	铁皮石斛	2016/1/12	*Scientific Reports*	兰科	石斛属	1 110
Dendrobium officinale	黑节草	2014/12/24	*Molecular Plant*	兰科	石斛属	1 350
Dianthus caryophyllus	康乃馨	2013/12/17	*DNA Research*	石竹科	石竹属	622
Dichanthelium oligosanthes	海勒的玫瑰草	2016/10/28	*Genome Biology*	禾本科	两性花属	750
Dimocarpus longan	龙眼	2017/3/28	*GigaScience*	无患子科	龙眼属	480
Dioscorea rotundata	几内亚山药	2017/9/19	*BMC Biology*	薯蓣科	薯蓣属	580
Dracaena cambodiana	柬埔寨龙血树	2018/12/14	*PLOS One*	龙舌兰科	龙血树属	1 120
Drosera capensis	好望角茅膏菜	2016/6/29	*Proteins*	茅膏菜科	茅膏菜科	293
Dryas drummondii	仙女木	2018/7/13	*Science*	蔷薇科	仙女木属	253
Durio zibethinus	榴莲	2017/10/9	*Nature Genetics*	锦葵科	榴莲属	738
Echinochloa crus-galli	稗草（‘STB08’）	2017/10/18	*Nature Communications*	禾本科	稗属	1 400
Elaeis guineensis	油棕	2013/7/24	*Nature*	棕榈科	油棕属	1 800
Eleusine coracana	龙爪稷	2017/6/15	*BMC Genomics*	禾本科	穇属	1 460
Eleusine indica	牛筋草	2019/3/8	*Pest Management Science*	禾本科	穇属	584
Ensete ventricosum	阿比西尼亚红脉蕉	2014/1/17	*Agronomy*	芭蕉属	象腿蕉属	547
Eragrostis tef	画眉草	2014/7/9	*BMC Genomics*	禾本科	画眉草属	700
Erigeron breviscapus	灯盏细辛	2017/4/18	*GigaScience*	菊科	灯盏菊花属	1 200
Eschscholzia californica	花菱草	2017/12/29	*Plant and Cell Physiology*	罂粟科	花菱草属	502
Eucalyptus grandis	巨桉	2014/6/11	*Nature*	桃金娘科	桉属	640
Eucommia ulmoides	杜仲	2017/12/8	*Molecular Plant*	杜仲科	杜仲属	1 200
Eutrema heterophyllum	密序山萮菜	2018/1/30	*DNA Research*	十字花科	山萮菜属	405
Eutrema salsugineum		2013/3/21	*The Plant Science*	十字花科	山萮菜属	240
Eutrema yunnanense	山萮菜	2018/1/30	*DNA Research*	十字花科	山萮菜属	423
Fagopyrum esculentum	荞麦	2016/4/2	*DNA Research*	蓼科	荞麦属	1 300
Fagopyrum tataricum	苦荞麦	2017/8/30	*Molecular Plant*	蓼科	荞麦属	490
Fagus sylvatica	欧洲山毛榉	2018/5/28	*GigaScience*	壳斗科	山毛榉属	541
Faidherbia albida	相思树 / 金合欢	2018/12/7	*GigaScience*	豆科	*Faidherbia*	661
Ficus carica	无花果	2017/1/25	*Scientific Reports*	桑科	榕属	356
Fragaria ×ananassa	草莓	2019/2/25	*Nature Genetics*	蔷薇科	草莓属	813
Fragaria vesca	野生草莓	2010/12/26	*Nature Genetics*	蔷薇科	草莓属	430
Fragaria×ananassa	栽培草莓	2013/11/26	*DNA Research*	蔷薇科	草莓属	692
Fraxinus excelsior	欧洲白蜡树	2016/12/26	*Nature*	木犀科	梣属	880
Galdieria sulphuraria	温泉藻	2013/3/8	*Science*	Galdieriaceae	*Galdieria*	14
Gastrodia elata	天麻	2018/4/24	*Nature Communications*	兰科	天麻属	1 180
Gelsemium sempervirens	金钩吻	2018/10/9	*ChemBioChem*	马钱科	钩吻属	312
Genlisea aurea	狸藻	2013/7/15	*BMC Genomics*	狸藻科	螺旋狸藻属	64
Ginkgo biloba	银杏	2016/11/21	*GigaScience*	银杏科	银杏属	11 750
Glycine latifolia		2018/4/19	*The Plant Journal*	豆科	大豆属	1 130
Glycine max	大豆（‘William 82’）	2010/1/14	*Nature*	豆科	大豆属	1 115
Glycine soja	野生大豆（‘W05’）	2014/9/14	*Nature Communications*	豆科	大豆属	1 000

续表

拉丁名	中文名	发表时间	刊物	科	属	组装大小/Mb
Glycine soja	野生大豆（'W05'）	2019/3/14	*Nature Communications*	豆科	大豆属	1 013
Glycyrrhiza uralensis	甘草	2016/10/24	*The Plant Journal*	豆科	甘草属	400
Gnetum montanum	买麻藤	2018/1/29	*Nature Plants*	买麻藤科	买麻藤属	4 200
Gonium pectorale	胸状盘藻	2016/4/22	*Nature Communications*	团藻科	盘藻属	149
Gossypium arboreum	亚洲棉（'石系亚1号'）	2018/5/7	*Nature Genetics*	锦葵科	棉属	1 710
Gossypium arboreum	亚洲棉（'石系亚1号'）	2014/5/18	*Nature Genetics*	锦葵科	棉属	1 746
Gossypium barbadense	海岛棉（'新海21'）	2015/9/30	*Scientific Reports*	锦葵科	棉属	2 470
Gossypium barbadense	海岛棉（'3-79'）	2015/12/4	*Scientific Report*	锦葵科	棉属	2 570
Gossypium barbadense	海岛棉（'3-79'）	2018/12/3	*Nature Genetics*	锦葵科	棉属	2 270
Gossypium barbadense	海岛棉（'新海21'）	2019/3/18	*Nature Genetics*	锦葵科	棉属	2 225
Gossypium hirsutum	陆地棉（'TM-1'）	2015/4/20	*Nature Biotechnology*	锦葵科	棉属	2 170
Gossypium hirsutum	陆地棉（'TM-1'）	2015/4/20	*Nature Biotechnology*	锦葵科	棉属	2 310
Gossypium hirsutum	陆地棉（'TM-1'）	2018/12/3	*Nature Genetics*	锦葵科	棉属	2 350
Gossypium hirsutum	陆地棉（'TM-1'）	2019/3/18	*Nature Genetics*	锦葵科	棉属	2 295
Gossypium raimondii	雷蒙德氏棉	2012/8/26	*Nature Genetics*	锦葵科	棉属	880
Gracilariopsis chorda	海蓠	2018/4/23	*Molecular Biology and Evolution*	江蓠科	江蓠属	92
Gracilariopsis lemaneiformis	红藻龙须菜	2013/7/16	*PLOS One*	江蓠科	龙须菜属	97
Haematacoccus pluvialis	雨生红球藻	2018/11/29	*Genome Biology*	红球藻科	红球藻属	935
Handroanthus impetiginosus	紫花风铃木	2017/12/13	*GigaScience*	紫葳科	风铃木属	557
Helianthus annuus	向日葵	2017/5/22	*Nature*	菊科	向日葵属	3 600
Helicosporidium sp.	绿藻	2014/5/8	*PLOS Genetics*	小球藻科	螺旋孢子虫属	13
Hevea brasiliensis	橡胶树	2013/2/2	*BMC Genomics*	大戟科	橡胶树属	2 150
Hibiscus syriacus	木槿	2016/12/22	*DNA Research*	锦葵科	木槿属	1 900
Hordeum vulgare	大麦（'Morex'）	2012/10/17	*Nature*	禾本科	大麦属	5 100
Hordeum vulgare	大麦（'Morex'）	2017/4/26	*Nature*	禾本科	大麦属	5 100
Hordeum vulgare var. *nudum*	青稞	2015/1/12	*PNAS*	禾本科	大麦属	4 500
Humulus lupulus	啤酒花	2014/11/20	*Plant Cell Physiology*	大麻科	葎草属	2 570
Ipomoea batatas	番薯	2017/8/21	*Nature Plants*	旋花科	番薯属	2 200
Ipomoea nil	牵牛	2016/11/8	*Nature Communications*	旋花科	牵牛属	750
Ipomoea trifida	三浅裂野牵牛	2015/3/24	*DNA Research*	旋花科	番薯属	520
Ipomoea triloba	三裂叶薯	2018/11/2	*Nature Communications*	旋花科	番薯属	496
Jaltomata sinuosa		2019/1/4	*Genome Biology and Evolution*	茄科	*Jaltomata*	1 512
Jatropha curcas	麻风树	2010/12/13	*DNA Research*	大戟科	麻疯树属	380
Juglans cathayensis	野核桃	2018/5/23	*G3: Genes, Genomes, Genetics*	胡桃科	胡桃属	582
Juglans hindsii	北加州黑核桃	2018/5/23	*G3: Genes, Genomes, Genetics*	胡桃科	胡桃属	577
Juglans microcarpa	小黑核桃	2018/5/23	*G3: Genes, Genomes, Genetics*	胡桃科	胡桃属	571
Juglans nigra	美国黑核桃	2018/5/23	*G3: Genes, Genomes, Genetics*	胡桃科	胡桃属	583
Juglans regia	核桃	2016/7/8	*The Plant Journal*	胡桃科	胡桃属	606
Juglans sigillata	泡核桃 / 深纹核桃	2018/5/23	*G3: Genes, Genomes, Genetics*	胡桃科	胡桃属	594

续表

拉丁名	中文名	发表时间	刊物	科	属	组装大小/Mb
Kalanchoe fedtschenkoi	玉吊钟	2017/12/1	*Nature Communications*	景天科	伽蓝菜属	260
Klebsormidium flaccidum	软克里藻	2014/5/28	*Nature Communications*	丝藻科	克里藻属	117
Lablab purpureus	扁豆	2018/12/7	*GigaScience*	豆科	扁豆属	423
Lactuca sativa	莴苣	2017/4/12	*Nature Communications*	菊科	莴苣属	2 500
Lagenaria siceraria	葫芦	2017/9/23	*The Plant Journal*	葫芦科	葫芦属	334
Lavandula angustifolia	薰衣草	2018/9/29	*Planta*	唇形科	薰衣草属	870
Leavenworthia alabamica	李氏禾	2013/6/30	*Nature Genetics*	十字花科	*Leavenworthia*	316
Leersia perrieri		2018/1/22	*Nature Genetics*	禾本科	假稻属	323
Lemna minor	浮萍	2015/11/25	*Biotechnology for Biofuels*	浮萍科	浮萍属	481
Lepidium meyenii	玛咖 / 玛卡	2016/5/10	*Molecular Plant*	十字花科	独行菜属	751
Lindernia brevidens		2018/10/25	*The Plant Cell*	母草科	母草属	270
Lindernia subracemosa		2018/10/25	*The Plant Cell*	母草科	母草属	250
Linum usitatissimum	亚麻	2012/8/14	*The Plant Journal*	亚麻科	亚麻属	373
Liriodendron chinense	鹅掌楸	2018/12/17	*Nature Plants*	木兰科	鹅掌楸属	1 750
Lolium perenne	黑麦草	2015/9/26	*The Plant Journal*	禾本科	黑麦草属	2 000
Lotus japonicus	百脉根	2008/5/28	*DNA Research*	豆科	百脉根属	472
Lupinus angustifolius	狭叶羽扇豆	2013/5/29	*PLOS One*	豆科	羽扇豆属	1 150
Lupinus angustifolius	狭叶羽扇豆	2016/8/24	*Plant Biotechnology Journal*	豆科	羽扇豆属	1 153
Macadamia integrifolia	澳洲坚果	2016/11/17	*BMC Genomics*	山龙眼科	澳洲坚果属	650
Macleaya cordata	博落回	2017/5/25	*Molecular Plant*	罂粟科	博落回属	540
Malus domestica	苹果（‘金冠’）	2010/8/29	*Nature Genetics*	蔷薇科	苹果属	742
Malus domestica	苹果（‘金冠’）	2016/8/8	*GigaScience*	蔷薇科	苹果属	701
Malus domestica	苹果（‘金冠’）	2017/6/5	*Nature Genetics*	蔷薇科	苹果属	650
Manihot esculenta	木薯	2012/1/5	*Tropical Plant Biology*	大戟科	木薯属	760
Manihot esculenta ssp. *flabellifolia*	木薯	2014/10/10	*Nature Communications*	大戟科	木薯属	742
Marchantia polymorpha	地钱	2017/10/5	*Cell*	地钱科	地钱属	280
Medicago truncatula	蒺藜苜蓿	2011/11/16	*Nature*	豆科	苜蓿属	454
Mentha longifolia	长叶薄荷	2016/11/17	*Molecular Plant*	唇形科	薄荷属	400
Mentha longifolia	欧薄荷	2017/2/13	*Molecular Plant*	唇形科	唇形目	400
Micractinium conductrix	微芒藻	2017/11/27	*The Plant Journal*	栅藻科	微芒藻属	61
Micromonas commoda		2009/4/10	*Science*	Mamiellaceae	微单胞菌属	21
Micromonas pusilla	细小微胞藻	2009/4/10	*Science*	Mamiellaceae	微单胞菌属	22
Mimosa pudica	含羞草	2018/7/13	*Science*	豆科	含羞草属	896
Mimulus guttatus	猴面花	2013/10/10	*PNAS*	透骨草科	沟酸浆属	430
Momordica charantia	苦瓜	2016/12/27	*DNA Research*	葫芦科	苦瓜属	340
Monoraphidium neglectum	单针藻	2013/12/28	*BMC Genomics*	月牙藻亚科	单针藻属	68
Morella rubra	杨梅	2018/7/10	*Plant Biotechnology Journal*	杨梅科	杨梅属	320
Moringa oleifera	辣木	2015/6/1	*Science China Life Sciences*	辣木科	辣木属	315
Morus notabilis	桑树	2013/9/19	*Nature Communications*	桑科	桑属	357
Musa acuminata	香蕉	2012/8/9	*Nature*	芭蕉科	芭蕉属	523
Musa balbisiana	野生香蕉	2013/10/5	*BMC Genomics*	芭蕉科	芭蕉属	438
Musa itinerans	阿宽蕉	2016/8/17	*Scientific Reports*	芭蕉科	芭蕉属	615

续表

拉丁名	中文名	发表时间	刊物	科	属	组装大小/Mb
Musa schizocarpa	野生香蕉	2018/11/2	*Nature Plants*	芭蕉科	芭蕉属	587
Nelumbo nucifera	莲	2013/5/10	*BMC Biology*	莲科	莲属	929
Nicotiana attenuata	渐狭叶烟草	2017/5/23	*PNAS*	茄科	烟草属	2 500
Nicotiana benthamiana	本氏烟	2012/12/25	*Molecular Plant*	茄科	烟草属	3 000
Nicotiana knightiana	奈特氏烟草	2018/11/29	*BMC Genomics*	茄科	烟草属	3 120
Nicotiana obtusifolia	野生烟草（'Desert'）	2017/5/23	*PNAS*	茄科	烟草属	1 500
Nicotiana paniculata	圆锥烟草	2018/11/29	*BMC Genomics*	茄科	烟草属	3 260
Nicotiana rustica	黄花烟草	2018/11/29	*BMC Genomics*	茄科	烟草属	4 990
Nicotiana sylvestris	林烟草	2013/6/17	*Genome Biology*	茄科	烟草属	2 636
Nicotiana tabacum	烟草	2014/5/8	*Nature Communications*	茄科	烟草属	4 500
Nicotiana tomentosiformis	绒毛状烟草	2013/6/17	*Genome Biology*	茄科	烟草属	2 682
Nicotiana undulata	波缘烟草	2018/11/29	*BMC Genomics*	茄科	烟草属	2 180
Nissolia schottii		2018/7/13	*Science*	豆科	*Nissolia*	471
Ochetophila trinervis	筋骨草	2018/7/13	*Science*	唇形科	筋骨草属	650
Ocimum sanctum	圣罗勒	2015/5/28	*BMC Genomics*	唇形科	罗勒属	386
Olea europaea	油橄榄	2016/6/27	*GigaScience*	木犀科	木犀	1 380
Olea europaea var. *syvestris*	变种油橄榄	2017/10/9	*PNAS*	木犀科	木犀榄属	1 480
Oropetium thomaeum	复活草	2015/11/11	*Nature*	禾本科	确山草属	245
Oryza glumaepatula	展颖野生稻	2014/11/18	*PNAS*	禾本科	稻属	366
Oryza barthii	短舌野生稻（'IRGC101252'）	2014/11/18	*PNAS*	禾本科	稻属	376
Oryza brachyantha	短花药野生稻（'IRGC101232'）	2013/3/12	*Nature Communications*	禾本科	稻属	300
Oryza glaberrima	非洲栽培稻（'CG14'）	2014/7/27	*Nature Genetics*	禾本科	稻属	316
Oryza glaberrima	非洲栽培稻（'IRGC103486'）	2014/11/18	*PNAS*	禾本科	稻属	345
Oryza glaberrima	非洲栽培稻（'CG14'）	2016/10/20	*Genome Biology and Evolution*	禾本科	稻属	299
Oryza glaberrima	非洲栽培稻（'G22'）	2016/10/20	*Genome Biology and Evolution*	禾本科	稻属	305
Oryza glaberrima	非洲栽培稻（'TOG5681'）	2016/10/20	*Genome Biology and Evolution*	禾本科	稻属	292
Oryza glumaepatula	展颖野生稻（'IRGC88793'）	2014/11/18	*PNAS*	禾本科	稻属	335
Oryza granulata	疣粒稻（'IRGC102117'）	2018/6/29	*Communication Biology*	禾本科	稻属	780
Oryza longistaminata	长雄蕊野生稻	2015/11/2	*Molecular Plant*	禾本科	稻属	347
Oryza meridionalis	南方野生稻（'IRGC105298'）	2014/11/18	*PNAS*	禾本科	稻属	341
Oryza nivara	普通野生稻（'IRGC88812'）	2014/11/18	*PNAS*	禾本科	稻属	375
Oryza punctata	斑点野生稻（'IRGC105690'）	2018/1/22	*Nature Genetics*	禾本科	稻属	423
Oryza rufipogon	普通野生稻（'陵水'）	2018/1/22	*Nature Genetics*	禾本科	稻属	450
Oryza sativa f. *spontanea*	杂草稻（'WR04-6'）	2019/1/30	*Molecular Plant*	禾本科	稻属	377
Oryza sativa ssp. *indica*	籼稻（'93-11'）	2002/4/5	*Science*	禾本科	稻属	400
Oryza sativa ssp. *indica*	籼稻（'93-11'）	2005/7/15	*PLOS Biology*	禾本科	稻属	466
Oryza sativa ssp. *indica*	籼稻（'PA64s'）	2013/8/27	*PNAS*	禾本科	稻属	382

续表

拉丁名	中文名	发表时间	刊物	科	属	组装大小/Mb
Oryza sativa ssp. *indica*	籼稻（‘Kasalath’）	2014/8/1	*DNA Research*	禾本科	稻属	331
Oryza sativa ssp. *indica*	籼稻（‘aus’）	2014/10/21	*Genome Biology*	禾本科	稻属	346
Oryza sativa ssp. *indica*	籼稻（‘IR64’）	2014/10/21	*Genome Biology*	禾本科	稻属	345
Oryza sativa ssp. *indica*	籼稻（‘明恢 63’）	2016/9/13	*Scientific Data*	禾本科	稻属	360
Oryza sativa ssp. *indica*	籼稻（‘珍汕 97’）	2016/9/13	*Scientific Data*	禾本科	稻属	347
Oryza sativa ssp. *indica*	籼稻（‘蜀恢 498’）	2017/5/4	*Nature Communications*	禾本科	稻属	390
Oryza sativa ssp. *indica*	籼稻（‘93-11’）	2018/11/18	*Molecular Plant*	禾本科	稻属	396
Oryza sativa ssp. *japonica*	粳稻（‘日本晴’）	2002/4/5	*Science*	禾本科	稻属	420
Oryza sativa ssp. *japonica*	粳稻（‘日本晴’）	2005/8/11	*Nature*	禾本科	稻属	370
Oryza sativa ssp. *japonica*	粳稻（‘日本晴’）	2013/2/6	*Rice*	禾本科	稻属	321
Oryza sativa ssp. *japonica*	粳稻（‘日本晴’）	2014/10/21	*Genome Biology*	禾本科	稻属	356
Oryza sativa ssp. *japonica*	粳稻（‘日本晴’）	2018/11/18	*Molecular Plant*	禾本科	稻属	381
Osmanthus fragrans	桂花	2018/11/20	*Horticulture Research*	木犀科	木樨属	730
Ostreococcus lucimarinus	绿色鞭毛藻	2007/4/25	*PNAS*	Bathycoccaceae	*Ostreococcus*	13
Ostreococcus tauri	单细胞绿藻	2006/7/25	*PNAS*	Bathycoccaceae	*Ostreococcus*	12
Ostrya chinensis	铁木	2018/12/21	*Nature Communications*	桦木科	榆属	386
Ostrya rehderiana	天目铁木	2018/12/21	*Nature Communications*	桦木科	榆属	386
Panax ginseng	人参	2017/10/5	*GigaScience*	五加科	人参属	3 500
Panax notoginseng	三七	2017/3/15	*Molecular Plant*	五加科	人参属	2 310
Papaver somniferum	罂粟	2018/8/30	*Science*	罂粟科	罂粟属	2 870
Parachlorella kessleri	小球藻	2016/1/25	*Biotechnology for Biofuels*	小球藻科	小球藻属	63
Parasponia andersonii	糙叶山黄麻	2018/5/1	*PNAS*	榆科	山黄麻属	563
Petunia axillaris	腋花矮牵牛	2016/5/27	*Nature Plants*	茄科	碧冬茄属	1 400
Petunia inflata	矮牵牛	2016/5/27	*Nature Plants*	茄科	碧冬茄属	1 400
Phalaenopsis aphrodite	台湾蝶兰	2018/4/28	*Plant Biotechnology Journal*	兰科	蝴蝶属	1 200
Phalaenopsis equestris	小兰屿蝴蝶兰	2014/11/24	*Nature Genetics*	兰科	蝴蝶兰属	1 160
Phaseolus vulgaris	菜豆	2014/6/8	*Nature Genetics*	豆科	菜豆属	587
Phoenix dactylifera	枣椰树	2011/5/29	*Nature Biotechnology*	棕榈科	刺葵属	658
Phyllostachys heterocycla	龟甲竹	2013/2/24	*Nature Genetics*	禾本科	刚竹属	2 075
Physcomitrella patens	小立碗藓	2007/12/13	*Science*	葫芦藓科	小立碗藓属	510
Picea abies	欧洲云杉	2013/5/22	*Nature*	松科	云杉属	19 700
Pinus lambertiana	糖松	2016/12/1	*Genetics*	松科	松属	31 000
Pinus taeda	火炬松	2014/3/20	*Genome Biology*	松科	松属	21 600
Pogostemon cablin	广藿香	2016/5/20	*Scientific Reports*	唇形科	刺蕊草属	1 570
Populus alba	银白杨	2018/7/25	*Plant Biotechnology Journal*	杨柳科	杨属	536
Populus pruinosa	灰胡杨	2017/8/8	*GigaScience*	杨柳科	杨属	590
Populus tremuloides	美洲山杨	2018/10/29	*PNAS*	杨柳科	杨属	560
Populus trichocarpa	毛果杨	2006/9/15	*Science*	杨柳科	杨属	485
Populus tremula	欧洲山杨	2018/10/29	*PNAS*	杨柳科	杨属	442
Porphyra umbilicalis	脐形紫菜	2017/7/17	*PNAS*	红毛菜科	紫菜属	88

续表

拉丁名	中文名	发表时间	刊物	科	属	组装大小/Mb
Porphyridium purpureum	紫球藻	2013/6/17	*Nature Communications*	紫球藻科	紫球藻属	20
Potentilla micrantha	委陵菜甘菊	2018/2/15	*GigaScience*	蔷薇科	委陵菜属	406
Primula veris	报春花	2015/1/24	*Genome Biology*	报春花科	报春花属	480
Primula vulgaris	欧洲报春花	2018/12/18	*Scientific Reports*	报春花科	报春花属	470
Prototheca zopfii	左氏原壁菌	2018/10/2	*Scientific Reports*	小球藻科	原壁菌属	26
Prunus avium	甜樱桃	2017/5/25	*DNA Research*	蔷薇科	樱属	353
Prunus mume	梅花	2012/12/27	*Nature Communications*	蔷薇科	杏属	280
Prunus persica	桃	2013/3/24	*Nature Genetics*	蔷薇科	李属	265
Prunus yedoensis	吉野樱	2018/9/4	*Genome Biology*	蔷薇科	樱属	257
Pterocarya stenoptera	枫杨	2018/5/23	*G3: Genes, Genomes, Genetics*	胡桃科	枫杨属	600
Punica granatum	石榴	2017/8/3	*The Plant Journal*	石榴科	石榴属	328
Pyropia yezoensis	条斑紫菜	2013/3/11	*PLOS One*	红毛菜科	紫菜属	43
Pyrus bretschneideri	白梨	2012/11/13	*Genome Research*	蔷薇科	梨属	527
Pyrus communis	西洋梨	2014/4/3	*PLOS One*	蔷薇科	梨属	600
Quercus lobata	葛	2016/9/12	*G3: Genes, Genomes, Genetics*	豆科	葛属	725
Quercus robur	欧洲栎	2018/6/18	*Nature Plants*	壳斗科	栎属	736
Quercus suber	欧洲栓皮栎	2018/5/22	*Scientific Data*	山毛榉科	栎属	934
Raphanus raphanistrum	野萝卜 / 野芥菜	2014/5/29	*The Plant Cell*	十字花科	萝卜属	515
Raphanus sativus	萝卜	2014/5/16	*DNA Research*	十字花科	萝卜属	529
Raphidocelis subcapitata	月牙藻	2018/5/23	*Scientific Reports*	小球藻科	月牙藻属	47
Rhazya stricta		2016/9/22	*Scientific Reports*	夹竹桃科	端兹亚属	274
Rhizophora apiculata	红树	2017/6/5	*National Science Review*	红树科	红树属	274
Rhodiola crenulata	大花红景天	2017/5/5	*GigaScience*	景天科	红景天属	420
Rhododendron delavayi	马缨杜鹃	2017/8/26	*GigaScience*	杜鹃花科	杜鹃花属	700
Ricinus communis	蓖麻	2010/8/22	*Nature Biotechnology*	大戟科	蓖麻属	320
Rosa chinensis	月季花（'Old Blush'）	2018/4/30	*Nature Genetics*	蔷薇科	蔷薇属	560
Rosa chinensis	月季花（'HapOB'）	2018/6/11	*Nature Plants*	蔷薇科	蔷薇属	532
Rosa multiflora	野蔷薇	2017/10/16	*DNA Research*	蔷薇科	蔷薇属	750
Rosa roxburghii	刺梨	2016/2/5	*PLOS One*	蔷薇科	蔷薇属	481
Rubus occidentalis	美国黑树莓	2016/5/26	*The Plant Journal*	蔷薇科	悬钩子属	193
Saccharum spontaneum	甜根子草	2018/10/8	*Nature Genetics*	禾本科	甘蔗属	3 360
Saccharum spp.	甘蔗	2018/7/6	*Nature Communications*	禾本科	甘蔗属	10 000
Salix suchowensis	簸箕柳	2014/7/1	*Cell Research*	杨柳科	柳属	425
Salvia miltiorrhiza	丹参	2015/12/14	*GigaScience*	唇形科	鼠尾草属	641
Salvia splendens	一串红	2018/6/19	*GigaScience*	唇形科	鼠尾草属	711
Salvinia cucullata	槐叶萍	2018/7/2	*Nature Plants*	槐叶苹科	槐叶萍属	260
Santalum album	白檀	2018/2/12	*Plant Physiology*	山矾科	山矾属	220
Scenedesmus quadricauda	四尾栅藻	2018/11/9	*Biotechnology for Biofuels*	栅藻科	栅藻属	65
Sclerocarya birrea	马鲁拉树	2018/12/7	*GigaScience*	漆树科	*Sclerocarya*	356
Secale cereale	黑麦	2017/2/8	*The Plant Journal*	禾本科	黑麦属	2 800
Selaginella lepidophylla	还魂草 / 复活草	2018/1/2	*Nature Communications*	卷柏科	卷柏属	109
Selaginella moellendorffii	江南卷柏	2011/5/5	*Science*	卷柏科	卷柏属	213

续表

拉丁名	中文名	发表时间	刊物	科	属	组装大小/Mb
Selaginella tamariscina	卷柏	2018/5/16	*Molecular Plant*	卷柏科	卷柏属	130
Sesamum indicum	芝麻	2014/2/27	*Genome Biology*	胡麻科	胡麻属	357
Setaria italica	小米 / 谷子	2012/5/13	*Nature Biotechnology*	禾本科	狗尾草属	490
Siraitia grosvenorii	罗汉果	2016/11/7	*PNAS*	葫芦科	罗汉果属	420
Sisymbrium irio	水蒜芥	2013/6/30	*Nature Genetics*	十字花科	大蒜芥属	262
Solanum chacoense	野生马铃薯	2018/2/5	*The Plant Journal*	茄科	茄属	882
Solanum commersonii	野生马铃薯	2015/4/14	*The Plant Cell*	茄科	茄属	830
Solanum lycopersicum	番茄	2012/5/30	*Nature*	茄科	番茄属	900
Solanum melongena	茄子	2014/9/18	*DNA Research*	茄科	茄属	1 130
Solanum pennellii	野生番茄	2014/7/27	*Nature Genetics*	茄科	番茄属	1 200
Solanum pimpinellifolium	野生番茄	2012/5/30	*Nature*	茄科	番茄属	739
Solanum tuberosum	马铃薯	2011/7/10	*Nature*	茄科	茄属	844
Sorghum bicolor	高粱	2009/1/29	*Nature*	禾本科	高粱属	818
Spinacia oleracea	菠菜	2017/5/24	*Nature Communications*	苋科	菠菜属	1 010
Spirodela polyrhiza	紫萍	2014/2/19	*Nature Communications*	紫萍科	紫萍属	158
Taraxacum kok-saghyz	橡胶草	2017/8/25	*National Science Review*	菊科	蒲公英属	1 040
Tarenaya hassleriana	醉蝶花	2013/8/27	*The Plant Cell*	山柑科	白花菜属	290
Tectona grandis	柚木	2018/5/24	*DNA Research*	马鞭草科	柚木属	465
Tetrabaena socialis	简单四豆藻	2017/12/26	*Molecular Biology and Evolution*	四豆藻科	四豆藻属	120
Tetradesmus obliquus	栅藻	2017/1/19	*Genome Announcements*	栅藻科	四链藻属	108
Thellungiella parvula	盐芥	2011/8/7	*Nature Genetics*	十字花科	盐芥属	140
Theobroma cacao	可可（‘B97-61/B2’）	2010/12/26	*Nature Genetics*	锦葵科	可可属	430
Theobroma cacao	可可（‘Matina1-6’）	2013/10/7	*Genome Biology*	锦葵科	可可属	445
Thlaspi arvense	败酱草	2015/1/27	*DNA Research*	十字花科	菥蓂属	539
Trema orientalis	山黄麻	2018/5/1	*PNAS*	榆科	山黄麻属	506
Trifolium pratense	红花车轴草	2015/11/30	*Scientific Reports*	豆科	车轴草属	420
Trifolium subterranum	落地三叶草	2016/8/22	*Scientific Reports*	豆科	车轴草属	540
Triticum aestivum	普通小麦（‘中国春’）	2014/7/18	*Science*	禾本科	小麦属	7 700
Triticum aestivum	普通小麦（‘中国春’）	2014/7/18	*Science*	禾本科	小麦属	10 230
Triticum aestivum	普通小麦（‘W7984’）	2015/1/31	*Genome Biology*	禾本科	小麦属	9 100
Triticum aestivum	普通小麦（‘中国春’）	2017/4/18	*Genome Research*	禾本科	小麦属	13 430
Triticum aestivum	普通小麦（‘中国春’）	2017/10/23	*GigaScience*	禾本科	小麦属	15 340
Triticum aestivum	普通小麦（‘中国春’）	2018/8/17	*Science*	禾本科	小麦属	14 500
Triticum dicoccoides	野生二粒小麦	2017/7/7	*Science*	禾本科	小麦属	12 000
Triticum turgidum	硬粒小麦	2017/7/6	*Science*	禾本科	小麦属	12 000
Triticum urartu	乌拉尔图小麦	2013/3/24	*Nature*	禾本科	小麦属	4 940
Ulva mutabilis	石莼	2018/9/24	*Current Biology*	石莼科	石莼属	100
Utricularia gibba	丝叶狸藻	2013/5/12	*Nature*	狸藻科	狸藻属	77
Vaccinium corymbosum	高丛越橘	2015/2/13	*GigaScience*	杜鹃花科	越橘属	500
Vaccinium macrocarpon	蔓越莓	2014/6/13	*BMC Plant Biology*	杜鹃花科	越橘属	470
Vernicia fordii	油棕	2018/8/21	*Plant Cell Physiology*	大戟科	油桐属	1 200
Vigna angularis	赤豆	2015/1/28	*PNAS*	豆科	豇豆属	538

续表

拉丁名	中文名	发表时间	刊物	科	属	组装大小/Mb
Vigna radiata	绿豆	2014/11/11	*Nature Communications*	豆科	豇豆属	548
Vigna subterranea	刚果落花生	2018/12/7	*GigaScience*	豆科	豇豆属	550
Vigna unguiculata	豇豆	2016/10/24	*The Plant Journal*	豆科	豇豆属	695
Vitis vinifera	葡萄	2007/8/26	*Nature*	葡萄科	葡萄属	475
Volvox carteri	团藻	2010/7/9	*Science*	团藻科	团藻属	138
Xerophyta viscosa	维柯萨	2017/3/27	*Nature Plants*	维罗齐科	黑炭木属	296
Zea mays	玉米（‘B73’）	2009/11/20	*Science*	禾本科	玉蜀黍属	2 300
Zea mays	玉米（‘CML247’）	2015/4/16	*Nature Communications*	禾本科	玉蜀黍属	2 197
Zea mays	玉米（‘PH207’）	2016/11/1	*The Plant Cell*	禾本科	玉蜀黍属	2 100
Zea mays	玉米（‘B73’）	2017/6/12	*Nature*	禾本科	玉蜀黍属	2 106
Zea mays	玉米（‘Mo17’）	2017/11/30	*Nature Communications*	禾本科	玉蜀黍属	2 041
Zea mays	玉米（‘Mo17’）	2018/7/30	*Nature Genetics*	禾本科	玉蜀黍属	2 183
Zea mays	玉米（‘W22’）	2018/7/30	*Nature Genetics*	禾本科	玉蜀黍属	2 133
Zea mays subsp. *parviglumis*	大刍草（‘PI 566673’）	2017/11/30	*Nature Communications*	禾本科	玉蜀黍属	1 200
Zizania latifolia	菰（‘HSD2’）	2015/7/7	*The Plant Journal*	禾本科	菰属	590
Ziziphus jujuba	枣	2014/10/28	*Nature Communications*	鼠李科	枣属	443
Zostera marina	大叶藻	2016/1/27	*Nature*	大叶藻科	大叶藻属	238
Zostera muelleri	大叶藻	2016/7/3	*Plant Physiology*	大叶藻科	大叶藻属	890
Zoysia japonica	结缕草	2016/3/14	*DNA Research*	禾本科	结缕草属	390
Zoysia matrella	细叶结缕草	2016/3/14	*DNA Research*	禾本科	结缕草属	380
Zoysia pacifica	天鹅绒草	2016/3/14	*DNA Research*	禾本科	结缕草属	370

注：扫右侧二维码可见按照发表时间排序的清单

附录 2　主要中英文术语释义

扫码见主要中英文术语释义